U0170110

生物多样性云南史料辑校

（编委会名单）

生物多样性
云南史料辑校

Collection and Verification of
Yunnan Historical Materials
on Biodiversity

云南省社会科学院
中国(昆明)南亚东南亚研究院 编著

云南出版集团

云南人民出版社

图书在版编目（ＣＩＰ）数据

生物多样性云南史料辑校 / 云南省社会科学院，中
国（昆明）南亚东南亚研究院编著. -- 昆明 ： 云南人民
出版社，2021.6
ISBN 978-7-222-20274-0

Ⅰ．①生… Ⅱ．①云… ②中… Ⅲ．①生物多样性－
史料－云南 Ⅳ．①Q16

中国版本图书馆CIP数据核字(2021)第109960号

生物多样性云南史料辑校	云 南 省 社 会 科 学 院 中国（昆明）南亚东南亚研究院	编著

出品人：赵石定　责任编辑：陈浩东　熊凌　助理编辑：苏娅　英文编辑：赵明珍
责任校对：吴虹　装帧设计：杜佳颖　封面设计、插画：陈静荷　责任印制：马文杰

出版	云南出版集团 云南人民出版社	印张	54
发行	云南人民出版社	字数	1376千
地址	昆明市环城西路609号	版次	2021年6月第1版
邮编	650034	印次	2021年6月第1次印刷
网址	www.ynpph.com.cn	印刷	昆明合骧琳彩印包装有限责任公司
E-mail	ynrms@sina.com	书号	ISBN 978-7-222-20274-0
开本	889mm×1194mm　1/16	定价	660.00元

如有图书质量及相关问题请与我社联系：
审校部电话：0871-64164626
印制科电话：0871-64191534

总 序

　　"我欢迎大家明年聚首美丽的春城昆明，共商全球生物多样性保护大计，期待各方达成全面平衡、有力度、可执行的行动框架。让我们从这次峰会携手出发，同心协力，共建万物和谐的美丽世界！"2020年9月30日，中华人民共和国主席习近平在联合国生物多样性峰会上向世界发出了"春城之邀"。

　　生物多样性是人类生存和发展、人与自然和谐共生的重要基础。虽然人类对生物多样性的研究起步较晚，但生物多样性早已伴随着人类的诞生而客观存在。翻开浩瀚的人类文明历史画卷，从人类诞生开始，其衣食住行及物质文化生活的方方面面，均与生物多样性息息相关。可以说，人类文明史就是一部关于人与生物多样性共生共长共融的历史。保护生物多样性是人类共同的使命，建设美丽地球家园是人类共同的梦想。

　　当前，全球物种灭绝速度不断加快，生物多样性丧失和生态系统退化对人类生存和发展构成重大风险。2019年联合国《生物多样性和生态系统服务全球评估报告》指出，全球3/4的陆地环境、2/3的海洋环境受到人类活动的"严重破坏"，1/8的动植物物种濒临灭绝。日趋严峻的生态环境形势，不断向世人敲响警钟，迫切需要世界各国牢固树立地球生命共同体意识，手牵手、心连心，共同保护生物多样性，共建美丽地球家园。

　　"保护生物多样性，共建美丽地球家园"，这是事关人类生存发展的"重大课题"。 人类只有一个地球，各国同处一个世界，构建地球生命共同体正日益成为世界各国的发展共识。2000年12月20日，联合国大会通过决议，宣布每年5月22日为"生物多样性国际日"，以增强世界各国人民对生物多样性的理解和认识。2021年1月11日，第四届"一个星球"峰会召集了世界60多位国家元首和政府首脑，呼吁共同采取行动，保护和恢复生物多样性。2021年10月，联合国《生物多样性公约》第十五次缔约方大会将在昆明召开，与会代表将审议"2020年后全球生物多样性框架"，并确定2030年全球生物多样性新目标，将为未来20年全球生物多样性保护工作提供方向和指导。保护生物多样性，构建地球生命共同体，是事关人类生存和发展的根本大计，是摆在世界各国人民面前的最重大课题，需要世界各国人民同心协力，坚持不懈贡献智慧和力量。

　　"保护生物多样性，共建美丽地球家园"，这是为全球可持续发展提出的"中国方案"。 中国是世界上生物多样性最丰富的国家之一，生态系统类型多样，高等植物3.6万余种，居全球第三。脊椎动物7300余种，占世界总种数的11%，其中哺乳动物673种，居世界首位。然而，随着中国人口和经济的快速增长，加之过去粗放型的经济增长方式，中国生态环境遭到严重破坏，生物多样性遭受着多方面威胁，野生生物生境逐渐退化或丧失，自然资源过度开发，环境污染严重。为彻底扭转这一不利局面，中国新一届国家领导人团结带领全国各族人民，以无比坚决的态度，以前所未有的决心，以史无前例的力度，在中华大地上展开了一场空前的污染防治攻坚战，全方位深入推进生态文明建设和生态环境治理工作，全国生态环境保护发生了历史性变革，取得了历史性成就，向中国人民交出了一份满意答卷，为全球可持续发展作出了重要贡献、提供了"中国智慧""中国方案"，得到了世界各国的一致好评。联合国官员盛赞，中国是全球生物多样性保护的有力倡导者和支持者！中国也是全球生物多样性保护的引领者和贡献者！

"保护生物多样性，共建美丽地球家园"，这是当好生态文明建设排头兵的"云南答卷"。云南素有"植物王国""动物王国""世界花园"的美誉，生物多样性居中国之首，是中国 17 个生物多样性关键地区和全球 34 个生物多样性热点地区之一，也是中国重要的生物多样性宝库和西南生态安全屏障。为了加快破解生态脆弱难题，重塑生态环境新优势，云南深入贯彻落实习近平生态文明思想及"绿水青山就是金山银山"理念，把生态环境保护放在更加突出位置，像保护眼睛一样保护生态环境，像对待生命一样对待生态环境，全力推进生态文明建设排头兵和中国最美丽省份建设，努力推进生态文明建设走在全国前列。

"保护生物多样性，共建美丽地球家园"，这是向世界诠释云南生物多样性的"历史渊源"。"一山有四季，十里不同天"的独特气候类型和神奇自然景观，为云南物种多样性创造了有益条件，无论是远古时代的采集农业，还是文明时代的耕作农业，都深受其影响，形成云南物种丰富多样，生态环境各异，自然景观独特等特征。"保护生物多样性，共建美丽地球家园"是一个永久性话题，需要汇聚起每一个人的点滴努力。在联合国《生物多样性公约》第十五次缔约方大会即将在昆明召开之际，云南省社会科学院紧扣大会主题，立足云南生物多样性特征，充分发挥学科优势，积极组织精干专家团队，合力推出《生物多样性云南史料辑校》，为大会的隆重召开献礼，为全球生物多样性保护贡献点滴智慧力量。本书紧紧围绕生物多样性内涵，按照"动物王国""植物王国""世界花园"三个篇章的全新框架，共收录从"庄蹻开滇"至新中国成立前（公元前239 年—1949 年）历经 2000 余年有关云南生物物种的史料记载，向世界呈现了生物多样性的云南史料，向世界诠释了云南之美的历史溯源，既是一部关于云南生物历史的工具书，也是一部具有重要参考价值的学术著作，对世界各国人民进一步认识云南、了解云南、研究云南，进一步推动生物多样性保护工作具有重要的历史意义、现实意义和战略意义。

General Preface

"I want to welcome you to Kunming, the beautiful 'Spring City' next year, to discuss and draw up plans together for protecting global biodiversity, and I look forward to the adoption of a comprehensive, balanced, ambitious and implementable framework of action. Now, let us proceed from this Summit and work in concert to build a beautiful world of harmony among all beings on the planet." This statement was delivered by Xi Jinping, president of the People's Republic of China, who sent an "invitation to the Spring City" to the world at the United Nations Summit on Biodiversity on September 30, 2020.

Biodiversity lays an important foundation for the survival and development of mankind and the harmonious coexistence between man and nature. The search on biodiversity in China was initiated late, but biodiversity has been existed objectively along with the growth of human beings. When reading the long history of human civilization, we may find that human life, in various aspects like food, clothing, housing and transportation, as well as of material and cultural life, has been closely related to biodiversity since time immemorial. The history of human civilization signifies, so to speak, symbiosis and coexistence between humans and biodiversity. It is the common mission and shared dream of the entire mankind to protect biodiversity and turn the earth into a beautiful homeland.

At present, there exists an acceleration of the global extinction of species. The loss of biodiversity and the degradation of the ecosystem pose a major risk to human survival and development. According to the 2019 Global Assessment Report on Biodiversity and Ecosystem Services by the United Nations (UN), three-quarters of the world's land and two thirds of the marine environment have been significantly modified by human intervene. Worse still, about one-eighth of animal and plant species are threatened with extinction as a result of the damage to the environment from human activities. The increasingly severe ecological and environmental situation is constantly ringing an alarm to human beings all over the world. In such a situation, it is imperative that all parties work together to firmly establish the awareness of building a shared future for all life on Earth for protecting biodiversity and turning the earth into a beautiful homeland.

"Protecting biodiversity and turning the earth into a beautiful homeland" is a "major issue" concerning the survival and development of mankind. We human beings have only one earth, and this is the homeland of all the people in the world. Therefore, building a shared future for all life on Earth is increasingly becoming a global consensus regarding the role of biodiversity in development. On December 20, 2000, the United Nations General Assembly passed a resolution proclaiming May 22 as the International Day for Biological to increase understanding and awareness of biodiversity for people worldwide. On January 11, 2021, the 4th One Planet Summit convened this gathering of more than 60 heads of state and government around the world, calling for joint action to protect and restore biodiversity. In October 2021, the 15th Conference of the Parties (COP15) to the United Nations Convention on Biological Diversity will be held in Kunming of Yunnan Province where the deliberation of the Post-2020 Global Biodiversity Framework and the new global biodiversity target for 2030 will be set by the conference participants, providing direction and guidance for global biodiversity conservation in the next 20 years. It is the fundamental plan for the survival and development of mankind and the most important issue facing people around the world to protect biodiversity and build a share future for all life on Earth, which requires people worldwide to contribute their wisdom and strength with joint and unremitting efforts.

"Protecting biodiversity and turning the earth into a beautiful homeland" is the "Chinese approach" for global sustainable development. As one of the countries with the richest biodiversity resources in the world and various types of ecosystems, China has more than 36,000 species of higher plants, ranking third in the world. There are more than 7,300 species of vertebrates, accounting for 11% of the world's total species. Among which, there are 673 species of mammals, ranking first in the world. However, with the rapid growth of China's population and economy, coupled with the extensive economic growth in the past years, China's ecological environment has been severely damaged. For example, its biodiversity has been severely threatened in many ways, wildlife habitats have been gradually degraded or lost, a considerable number of natural resources have been over-exploited, and environmental pollution has been increasingly serious.

In order to completely reverse this unfavorable situation, the new collective central leadership with Xi Jingping at the core has led the people of all ethnic groups across the country to launch an unprecedented battle against pollution with resolute attitudes and unprecedented determination and thoroughly promoted the construction of ecological civilization and governance of the ecological environment in all directions. With the historical changes in ecological and environmental protection undergone, China has made unprecedented achievements in the protection of biodiversity, delivering a satisfactory answer to the Chinese people and making great contributions to global sustainable development. Additionally, "Chinese wisdom" and "Chinese approach" designed and provided by

China won unanimous applause from the whole world, and the UN official praises that China is a powerful advocate and supporter of global biodiversity conservation and China is also a leader and contributor to global biodiversity conservation.

"Protecting biodiversity and turning the earth into a beautiful homeland" is the "answer to Yunnan" as the leader in the construction of ecological civilization. Yunnan enjoys the reputation of "Kingdom of Flora" "Kingdom of Fauna" and "Garden of the World", with its biodiversity ranking first in China. It is one of 17 key biodiversity regions in China and 34 hotspot regions with the richest species in the world, but also the biodiversity treasure house in China and an ecological security barrier in Southwest China. In order to expedite the solution to the ecological fragility problem and reshape the new advantages of the ecological environment, Yunnan should thoroughly implement the ecological civilization thought of Xi Jinping and the concept of "lucid waters and lush mountains are invaluable assets and insist on putting ecological environmental protection in a more prominent position. As Chinese President Xi Jinping puts it, "We should protect the ecological environment like we protect our own eyes, and treat the ecological environment like we treat our own life." Therefore, we should make every effort to promote Yunnan to be the leader in the construction of ecological civilization and one of the most beautiful provinces in China, and strive to advance the construction of ecological civilization to take the lead in the country.

"Protect biodiversity and turning the earth into a beautiful homeland" is the "historical origin" that interprets Yunnan's biodiversity to the world. The unique climate type and magical natural landscape of "there are four seasons in a day, ten miles in different days" have created beneficial conditions for the diversity of Yunnan's species. Either collection agriculture in the ancient times or farming agriculture in the civilized era is deeply affected by its unique characteristics of being rich in species, diverse in ecological environments, and unique in natural landscapes. "Protecting biodiversity and turning the earth into a beautiful homeland" is such a permanent topic that we all have to do our best. At the time when the 15th Conference of the Parties (COP15) to the United Nations Convention on Biological Diversity is about to be held in Kunming, Yunnan Academy of Social Sciences sticks to the theme of the conference, takes advantage the characteristics of Yunnan's biodiversity, gives full play to disciplinary strengths, and actively organizes a team of capable experts to jointly launch *Collection and Verification of Yunnan Historical Materials on Biodiversity*, so as to contribute to the grand convening of the conference and the protection of global biodiversity with our wisdom and efforts. Closely focusing on the connotation of biodiversity, this book covers the historical records of the biological species in Yunnan lasting more than 2000 years from "Zhuang Qiao Entering Yunnan" to the founding of the People's Republic of China in 1949 (239 BC-

1949) in accordance with the brand-new framework of the three chapters including "Kingdom of Flora" "Kingdom of Fauna" and "Garden of the World", presenting the Yunnan historical materials of biodiversity and interpreting the historical origins of the beauty of Yunnan to the world. It is not only a reference book on the biological history of Yunnan, but also an academic work with important reference value, which is of important, practical and strategic significance for people worldwide to learn more about Yunnan, acquaint with Yunnan, conduct the research on Yunnan and further advance biodiversity conservation.

前　言

　　七彩云南，白云蓝天，百花草甸，珍禽异兽。为充分展示云南"植物王国""动物王国""世界花园"的美誉，由云南省社会科学院统筹协调，组织专业团队，以前期八年多的辑录整理研究为基础，编纂出版《生物多样性云南史料辑校》一书，旨在从文献史料辑校整理入手，探访史源，细数家珍，为读者提供一部有关云南生物多样性的史料汇编。

　　本书以历代文献中涉及云南植物、动物、微生物的史料为辑录对象。文献来源主要以现存省志和府州县志为主，兼及通史、总志及个人别集。时限自司马迁《史记》所载"庄蹻开滇"至新中国成立前，历时2000余年。史料辑录力求史源准确、保持原文风格、校勘精当，既不失古籍整理研究之严谨古朴之风，又与云南生物多样性的时代特点相衔接。

　　全书分"植物王国篇""动物王国篇""世界花园篇"3部分，以篇为纲，篇下分属。凡23属，各属下按文献形成时间先后，分地区综录历代文献中所记载的物种名称（个别物种名称下也详细介绍该物种的产地、形状、习性等信息），同时单列各文献中有详细记录某一物种的条目。"植物王国篇"包含稻之属、糯之属、荞稗之属、黍稷之属、来麰之属、菽之属、菜茹之属、瓜之属、薯蓣之属、药之属、果之属、蓏之属、竹之属、木之属，共14属；"动物王国篇"包含兽之属、禽之属、鳞介之属、虫之属，共4属；"世界花园篇"包含花之属、草之属、香之属、茶之属、菌之属，共5属。为充分体现极具特色的云南花卉的多样性，其中花之属又分木本之花、草本之花、咏花之作、赏花之俗、花药之用5类分别辑录。

　　鲜活直观的历代史料，串成古代云南生物多样性生动活泼的画面，从中可清晰地看到生物物种的分布、传播、形态、特性、价值等信息，以及传统物产分属向近代学科分类的渐变过程，为增强生物多样性保护意识，大力实施生物多样性保护工程提供文献支撑和史料依据。通过对不同时空云南古代生物多样性史料的文献记载，纵向对比史源印证文献的真实性，横向依托不同文献对同一物种的记述，探寻其演变过程，从而为厘清全球重点物种基因库的历史存量和时空变量，明确特有属种的濒危程度与属性变化，区域社会与自然资源的关联性质，以及人文学科与自然科学共同处理环境矛盾，如何利用好自然资源提供真实可信的文献依据。

　　随着新史料不断发现，也是云南生物多样性史料不断补充完善的过程。本书辑校中，难免存在遗漏和不妥之处，敬请读者批评指正。

编者
2021年3月20日　春分

Foreword

Yunnan, a charming land enchanted with white clouds in the blue sky, is a province where brilliant flowers ceaselessly bloom and exotic animals fearlessly move. In order to fully demonstrate the reputation of "Kingdom of Flora" "Kingdom of Fauna" and "Garden of the World", Yunnan Academy of Social Sciences coordinates the overall situation and organizes a professional team to compile and publish such book called *Collection and Verification of Yunnan Historical Materials on Biodiversity* based on the preceding over 8 years of research on compilation and collation. Such undertaking is designed to start from the collection and arrangement of historical documents and have a good insight into the exploration of historical sources, thus providing readers with a compilation of historical materials on biodiversity in Yunnan.

This book focuses on historical literature concerning Yunnan's plants, animals, and microorganisms in historical documents. The source of literature is mainly based on the existing annals of province, cities, prefectures and counties, as well as general history, general chronicles and individual collections. And the spanning time of literature lasted more than 2,000 years ranging from "Zhuang Qiao Entering Yunnan" in *Historical Records* by Sima Qian to the founding of the People's Republic of China in 1949. The compilation of historical materials strives for the accuracy of historical sources, the maintenance of original style, and the precision of collation. It not only keeps the rigorous and simple style of the collation and research on ancient books, but also is in line with the era characteristics of Yunnan's biodiversity.

The whole book is divided into 3 parts consisting of "Kingdom of Flora" "Kingdom of Fauna" and "Garden of the World", with the chapters as the cores and being followed by the genera. There are 23 genera in total, each of which summarizes the species names recorded in the historical documents in different regions according to the sequences of document formation (the origin, shape and habits of an individual species are also introduced in detail) , and the entries of a species in each literature are listed separately. The first chapter, "Kingdom of Flora", is sub-categorized into 14 genera including rice, glutinous rice, millet, buckwheat, wheat, beans, leafy vegetables, fruit vegetables, root vegetables, medicinal herbs, fruit by trees, fruit by herbaceous plants, bamboos and woods. The second chapter,

"Kingdom of Fauna", is sub-categorized into 4 genera including mammals, birds, reptiles and insects. Likewise, the third chapter, "Garden of the World" is sub-categorized into 5 genera including flowers, ornamental grasses, aromatic woods, tea leaves and fungi. In order to fully reflect the diversity of the distinctive Yunnan flowers, the genus of flowers is classified into five categories such as woody flowers, plant flowers, works of chanting flowers, customs of flower appreciation and the use of flowers in medicine, which are complied separately.

The vivid and intuitive historical materials in the book are strung together into vivid and lively pictures of ancient Yunnan biodiversity, which we can clearly see the distribution area, transmission channels, transmission time of biological species, as well as the gradual process of classification from traditional genus to modern disciplines, so as to provide literature support and historical materials for enhancing the awareness of biodiversity protection and vigorously implementing the biodiversity protection project. Through the historical records of ancient biodiversity in Yunnan in different time and space, we compare historical sources to verify the authenticity of the documents from the vertical perspective and rely on the descriptions of the same species in different documents to explore the evolution process from the horizontal perspective and look for the evolution process of each species, so as to provide authentic and credible literature basis for clarifying the historical stock and temporal and spatial variables of the global key species gene bank, confirming the endangered degree and attribute changes of endemic genera and species and the correlation between regional society and natural resources, as well as jointly dealing with environmental conflicts by humanities and natural sciences and making good use of natural resources.

With the continuous discovery of new historical materials, Yunnan historical materials on biodiversity have enriched and perfected. In the process of compilation and collation, it is inevitable that there are some omissions and other deficiencies, and I hope the readers will offer us some suggestions on revision.

By the editor

March 20, 2021   Spring Equinox

凡　例

一、本书以历代文献中所记载的有关云南植物、动物、微生物的史料为辑录对象，共辑录史料 5556 条。文献来源主要以现存省志和府州县志为主，兼及通史、总志及个人别集。工作底本尽可能择其年代较早、内容详实之原本，并视情况以他本校勘。时限自司马迁《史记》所载"庄蹻开滇"至新中国成立前，历时 2000 余年。

二、全书分"植物王国篇""动物王国篇""世界花园篇" 3 部分，以篇为纲，篇下分属。其中植物王国篇 14 属，动物王国篇 4 属，世界花园篇 5 属，凡 23 属。各属下首先按文献形成时间先后，分地区综录历代文献中所记载的物种名称，其次单列各文献中有详细记录某一物种的条目。条目按汉语拼音音序排列，便于寻检。

三、所辑录每条史料均注明来源文献题名、卷次和页码，力求史源准确，便于查核。

四、全书采用通用简化字（除人名、地名、书名外），以新式标点断句编排。原本正文竖排改为横排，原本竖排双行小注改为楷体横排，便于区分阅读。

五、同一物种，时代、地域不同，文献中所记称谓略有差异，或为异体字、通假字、同音字，本书辑录仍保留原貌，不做规范名称统一。

六、关于校勘，原本漫漶不清或有明显脱漏处，用"□"填补；原本注释性文字，加"（　）"表示；径改或补充说明者，加"〔　〕"表示；与本书内容关联不大者，以"……"代替略去内容。文义不清或记载有异者，页下出校勘记。不同文献记载同一事件，且内容完全相同者，页下出校勘记说明，不再赘录。

General Notices

I. The book takes plants, animals, and microorganisms related to Yunnan in the historical records as the objects of compilation, which a total of 5556 historical materials are compiled. The source of literature mainly based on the existing annals of province, cities, prefectures and counties, as well as general history, general chronicles and individual collections. As far as possible, the original texts we selected should be detailed in content from an earlier date and collated in accordance with actual situation based on other copies. And the spanning time lasted more than 2,000 years ranging from "Zhuang Qiao entering Yunnan" in *Historical Records* by Sima Qian to the founding of the People's Republic of China in 1949.

II. The whole book is divided into 3 parts consisting of "Kingdom of Flora" "Kingdom of Fauna" and "Garden of the World", with the chapters as the cores and being followed by the genera. Among which, the first chapter, "Kingdom of Flora", is sub-categorized into 14 genera. The second chapter, "Kingdom of Fauna", is sub-categorized into 4 genera. Likewise, the third chapter, "Garden of the World" is sub-categorized into 5 genera. There are 23 genera in total, each of which summarizes the species names recorded in the historical documents in different regions according to the sequences of document formation and the entries of a species in each literature are listed separately. The entries are arranged in the phonetic sequence of Chinese *Pinyin* for easy searching.

III. The titles, volume numbers and page numbers of the source of literature are indicated in each historical material of compilation so as to make the historical source accurate and convenient to check.

IV. The whole book is arranged by adopting common simplified characters (except the names of people, places, and books), with new-style punctuation. The original vertical format was directly changed into horizontal format, and the double-line small note was changed into regular script, which is convenient for the readers to distinguish and read.

V. If the appellations of the same species recorded in the literature are slightly differentiated in different eras and regions or they are variants, phonics and homophones, we still retains the original style in terms of compilation, and no standardized names are unified.

VI. Regarding the collation, if the original text is ambiguous or there are obvious omissions, we use "□" to fill in; As to the original explanatory text, we add "( )" to indicate. If it is modified or supplemented, we add " 〔〕 " to indicate; If it is not related to the content of this book, we replace the omitted content with "…". If the text is unclear or the record is different, a collation note will appear at the bottom of the page. If the same event is recorded in different literature and the content is exactly the same, the collation notes will be shown at the bottom of the page and we no longer give unnecessary details in compilation.

目 录

动物王国篇

三、鳞介之属·······533

鳞类

世界花园篇

植物王国篇

地处中国西南边陲的云南省，拥有从热带、温带到寒带的立体气候类型，特殊的地理位置和复杂多样的自然环境，形成了极其丰富多样的生态系统。因此，云南成为全国植物种类最多的省份，几乎集中了从热带、亚热带至温带甚至寒带的所有品种，其中许多种类为云南所特有，如云南樟、四数木、云南肉豆蔻、望天树、龙血树、铁力木等。云南植物种类、数量及其特有种、孑遗种、古老物种均位居全国第一，故云南素有"植物王国"的美誉。

植物是生命的主要形态之一，包含乔木、灌木、藤草类、蕨类及绿藻、地衣等生物。在自然界中，凡是有生命的机体，均属于生物。而能固着生活和自养的生物，称为植物。植物可分为种子植物、苔藓植物、蕨类植物、藻类植物等类。本篇辑录历代文献中所记载的种类多样的云南植物，包括粮食作物（谷、薯、豆等）、瓜果蔬菜、林木藤草、中草药材等，分列稻、糯、黍稷、荞稗、来麰、菽、菜茹、瓜、薯蓣、药、果、麻、竹、木14属。各属下按文献形成时间先后，分地区综录历代文献中所记载的植物名称，同时单列各文献中记载该植物产地、形状、习性、价值等详细信息的物种，以便从时间和空间两重维度综合比较，既能在历时性中考察同一地区各类植物的发展变化，也可以在共时性中厘清云南植物的多样性分布和规律，还可以综合两重维度，在宏观和微观中探究人与自然共生的文化传承。

一是粮食作物物种多样性。人类的养分来源大都直接或间接地依靠着植物。其中粮食作物就扮演了为人类供给碳水化合物、蛋白质、脂肪和维生素的重要角色。云南五谷种植源远流长，据考证，新石器时代即有种植。不仅如此，而且从种植分布来看，面积广泛，种类尤多，具有丰富的粮食作物种质资源和差异性，促使云南成为中国粮食作物种质资源遗传多样化中心之一。

二是蔬菜瓜果物种多样性。史料表明，云南的蔬菜瓜果种类多、取材广，种植野生并存、食材取舍各异、烹饪技法不一，一物多用，物尽其用，充分体现出多样性特点及朴素的生态文明思想。如今，"云菜"这个金字招牌素以品质、安全闻名。"云菜进京""云菜入沪""云菜入粤""云菜入疆""云菜出海""云菜供港"成为云菜外销的六条主线。云南地处低纬度高原，一年四季都可生产品种丰富、生态优质的蔬菜产品，是全国重要的"西菜东运""南菜北运"供应基地，也是服务于京津冀、长三角、粤港澳大湾区和成渝经济圈的高品质蔬菜供应基地，辐射南亚东南亚的蔬菜生产集散中心。

三是林业资源物种多样性。在热带雨林、森林、各类自然保护区的庇护下，云南野生植物列入国家重点保护野生植物名录146种，其中国家一级保护野生植物38种，包括滇南苏铁、巧家五针松等；国家二级保护野生植物有 108 种，包括鹿角蕨、翠柏、黄杉、榧树等。有国家珍贵树种名录一级树种 15 种，二级树种 44 种，云南省珍贵树种名录 20 种。

四是中草药材物种多样性。云南是中医药的宝库，全省有药用植物资源 6000 余种，其中许多种类为云南独有。云南 25 个少数民族几乎都有自己防病治病的经验和医药理论，形成丰富的民族医药资源，有供中医配方和制造中成药的原料 400 多种，其中如三七、天麻、虫草、云木香、云黄连、云茯苓等，质地优良，在传统中药材中享有很高的声誉，畅销国内外。至迟元代，《元史·武宗本纪》记载：太医院即取药材于云南。明嘉靖《大理府志》所载药之属，诸如当归、防风、半夏等，种类达 177 种。除传统中药材以外，云南地方医药很早就了解到五谷、蔬菜、瓜果等不仅可以食用饱腹，亦可入药治病。早于《本草纲目》142 年成书的《滇南本草》就对各类植物的药食同源以及功效、用法做了详尽介绍，可谓滇中至宝。

云南人民一直将尊重自然、顺应自然、保护自然的观念传承至今。目前，云南建立了各级各类自然保护区 166 个，形成了包括自然保护区、原生境保护小区、保种场、种质资源保护区、种质资源库（圃）、基因库等在内的遗传资源保护体系。种质资源评价、驯化进展顺利，成功驯化天麻、灯盏花、铁皮石斛、龙血树、红豆杉等 20 余个药用植物品种，引种了以南药为主的多种药用植物，对民族医药及我国中医药学的完善做出了巨大贡献。

近年来，云南在极小种群野生植物综合研究保护也取得了很大进展，发现了众多新物种、新纪录、新种群，特别是那些宣布已"灭绝"或"野外灭绝"的植物，如云南梧桐、弥勒苣苔、云南兰花蕉等。保护了以巧家五针松、云南金钱槭、多歧苏铁、华盖木等为代表的一批典型极小种群野生植物。据道光《云南通志稿》记载，永昌府的梧桐"子比中州者形颇长大者，几可当莲实，过永昌亦不可得"。可见在当时，云南梧桐即是一种独具云南地方特色的品种。

拥有得天独厚的生物多样性是大自然给予云南的馈赠，守护好这个丰富珍贵的美丽家园也是云南的责任和义务。筑牢国家西南生态安全屏障，守护好云南的蓝天白云、绿水青山、良田沃土，让绿色正成为"彩云之南"最靓丽的底色，让全国乃至全世界见证云南的植物之美，生物多样性之美。

Kingdom of Flora

Yunnan Province, located in the southwestern border of China, has multi-dimensional climate types ranging from the tropical and temperate zones to the frigid zones. Its special geographical location and complex and diverse natural environment have resulted in the formation of the extremely rich and diverse ecosystem. Therefore, Yunnan has the largest number of species in the country with all varieties from tropical and subtropical to temperate and even frigid zones, many of which are unique to Yunnan, such as camphor tree (Cinnamomum glanduliferum), Tetramelesnudiflora, Myristica yunnanensis, Parashorea chinensis, Dracaena, and cobra saffron (Mesua ferrea). The number of plant species in Yunnan and its endemic, relict, and ancient species rank first in the country, so Yunnan is known as "Kingdom of Flora".

Plants are one of the main forms of life, including organisms such as trees, shrubs, vines, grasses, ferns, green algae and lichens, and they can be divided into seed plants, algae, bryophytes and ferns. In nature, all living organisms belong to organisms. The organisms that can live and support themselves are called plants. Plants can be divided into seed plants, bryophytes, ferns, algae and so on. This collection compiled a wide variety of Yunnan plants recorded in historical documents, including grain crops (grains, potatoes and beans), melons, fruits and vegetables, trees, vines and grasses, Chinese and herbal materials, covering 14 genera, such as rice, glutinous rice, broomcorn millet, buckwheat and barnyardgrass, glutinous rice, spinach, vegetables melon, dioscorea, medicine, fruit, yam, bamboo, and wood. In accordance with the sequence of document formation, each genera summarizes the plant names recorded in historical documents by region, and also lists the species in each document that records detailed information of the plant's origin, shape, habits, and value, so that we can make a comprehensive comparison from space and time, such as examining the development and changes of various plants in the same region diachronically, clarifying the distribution and laws of biodiversity in Yunnan synchronically way and integrating time and space to explore the cultural heritage of the symbiosis between man and nature from the macro and micro points of view.

1. The species diversity of food crops. The nutrient sources of human depend directly or indirectly on plants. Among them, food crops play an important role in supplying humans with carbohydrates, proteins, fats and vitamins. Among them, the cultivation of five grains (barley, beans, millet, rice and sorghum) in Yunnan has a long history, which first appeared in the Neolithic Age

according to textual research. From the perspective of planting distribution, Yunnan's Five Grains are planted in a wide area, with various types, rich germplasm resources and diverse grain crops, which have promoted Yunnan to become one of the centers of genetic diversity of grain crop germplasm resources in China.

2. The species diversity of vegetables and fruits. Historical materials show that Yunnan has a wide variety of vegetables, melons and fruits with the characteristics of wide choices of materials, harmonious coexistence of planting and wild, different ingredients selection and cooking techniques and the fullest use of everything, which fully reflects the characteristics of diversity and simple ecological civilization. Nowadays, as Yunnan's time-honored brand, "Yunnan Vege" is known for its quality and safety. "Yunnan Vege goes to Beijing" "Yunnan Vege enters Shanghai" "Yunnan Vege enters Guangdong" "Yunnan Vege enters Xinjiang" "Yunnan Vege sells abroad", and "Yunnan Vege serves Hong Kong" have become the six main lines of exporting Yunnan Vege. Located in a low-latitude plateau, Yunnan can produce rich and ecologically high-quality vegetable products throughout the year, where it is not only an important national supply base of "transporting vegetables from the western areas to East China" and "transporting vegetables from the southern areas to North China", but also a high-quality vegetable supply bases serving the Beijing-Tianjin-Hebei region, the Yangtze River Delta, Guangdong-Hong Kong-Macao Greater Bay Area, and the Chengdu-Chongqing Economic Circle, and a vegetable production and distribution center radiating South Asia and Southeast Asia.

3. The species diversity of forestry resources. Under the protection of tropical rainforests, forests, and various nature reserves, 146 species of Yunnan wild plants are incorporated into the List of National Key Protected Wild Plants, of which 38 are national first-level protected wild plants, including Cycas diannanensis, Pinus taiwanensis; 108 species are national second-level protected wild plants, including antler fern, emerald, yellow fir, Torreya yunnanensis, etc. There are 15 first-level tree species, 44 second-level tree species in the national list of precious tree species, and 20 precious tree species in Yunnan Province.

4. The species diversity of Chinese herbal medicine. Yunnan is a treasure house of Chinese herbal medicines. There are more than 6,000 kinds of medicinal plant resources in Yunnan, many of which are unique to Yunnan. The 25 ethnic groups in Yunnan almost have their own experience and medical theories in disease prevention and treatment, forming a wealth of national medical resources. More than 400 raw materials are used for traditional Chinese medicine formulas and manufacturing proprietary Chinese medicines. Among them, Panax notoginseng, Gastrodia, Cordyceps, Saussurea costus, Coptis teeta Wall. and Poria cocos boast excellent texture, and they enjoy a high reputation in traditional Chinese medicine and sell well at home and abroad. In the late period of the Yuan Dynasty, according to *The Chronicle of Emperor Wuzong in the History of the Yuan Dynasty*, the

Imperial Academy of Medicine collected medicinal materials from Yunnan. *Annals of Dali Prefecture* in the reign of Emperor Jiajing (1522-1566) of the Ming Dynasty recorded 177 species of medicines such as Angelica, Saposhnikovia divaricata and Pinellia. In addition to traditional Chinese medicinal materials, Yunnan local medicine learned that grains, vegetables, melons and fruits could not only make people full, but also be used as medicine to treat diseases in the preceding years. *Southern Yunnan Materia Medica* written 142 years earlier than *Compendium of Materia Medica*, gives a detailed introduction to the homology between food and medicine of various plants, as well as their efficacy and indications, which can be designated as "the treasure of Yunnan".

Yunnan people have always passed on the principles of respecting nature, conforming to nature and protecting nature. At present, Yunnan has established 166 nature reserves at all levels and various types, forming the genetic resources protection system including nature reserves, original habitat protection areas, seed conservation fields, germplasm resources protection areas, germplasm resources banks (gardens), gene banks, etc.; the evaluation and domestication of germplasm resources are progressing smoothly. More than 20 medicinal plant species including Gastrodia elata, Erigeron breviscapus, Dendrobium officinale, Dracaena Dracaena, Taxus chinensis are successfully domesticated, and a variety of medicinal plants, mainly based on southern medicine, were introduced, making great contribution to the improvement of ethnic medicine and Chinese medicine.

In recent years, Yunnan has made great progress in the comprehensive research and protection of very small populations of wild plants, and many new species, new records, and new populations have been discovered, especially those plants that have been declared "extinct" or "extinct in the wild" including Yunnan phoenix tree, Paraisometrum mileense, Yunnan orchid and so on. A group of typical small populations of wild plants represented by Pinus taiwanensis, Acer yunnanensis, Cycas multifidus and Capparis chinensis, were protected. According to *General Records of Yunnan* during the reign of Daoguang Emperor (1820-1850) in the Qing Dynasty, "the seeds of phoenix trees in Yongchang Prefecture are larger than those of Central Plain in China in terms of size and shape, some of which are similar to lotus seeds, but they are nowhere to be found except Yongchang Prefecture." It can be seen that at that time, Yunnan phoenix tree is a species with unique local characteristics of Yunnan.

The unique biodiversity is a gift from nature to Yunnan, and it is also Yunnan's responsibility and obligation to protect this rich, precious and beautiful home. We should build a strong ecological security barrier in Southwest China, protect the blue sky, white clouds, lucid waters and lush mountains and fertile land of Yunnan, and enable green to become the most beautiful background color of "the south of colorful clouds", so as to let the whole country and the whole world witness the beauty of plants and biodiversity in Yunnan.

一、稻之属

西南夷君长以什数，夜郎最大；其西靡莫之属以什数，滇最大；自滇以北君长以什数，邛都最大，此皆魋结，耕田，有邑聚。……始楚威王时，使将军庄蹻将兵循江上，略巴、〔蜀〕、黔中以西。……蹻至滇池，〔地〕方三百里，旁平地，肥饶数千里，以兵威定属楚。

——《史记》卷一一六《西南夷列传》第 2991 页

哀牢……土地沃美，宜五谷、蚕桑。

——《后汉书》卷八十六《南蛮西南夷列传》第 2849 页

从曲、靖州已南，滇池已西，土俗惟业水田。种麻豆黍稷，不过町疃。水田每年二熟[①]。从八月获稻，至十一月十二月之交，便于稻田种大麦，三月四月即熟。收大麦后，还种粳稻。小麦即于冈陵种之，十二月下旬已抽节如三月，小麦与大麦同时收刈。其小麦麨软泥少味，大麦多以为麨，别无他用。醖酒以稻米为麹者，酒味酸败。每耕田用三尺犁，格长丈余，两牛相去七八尺，一佃人前牵牛，一佃人持按犁辕，一佃人秉耒。蛮治山田，殊为精好。悉被城镇蛮将差蛮官遍令监守催促，如监守蛮乞酒饭者，察之，杖下捶死。每一佃人佃，疆畛连延或三十里。浇田皆用源泉，水旱无损。收刈已毕，蛮官据佃人家口数目，支给禾稻，其余悉输官。

——《蛮书》卷七《云南管内物产》第 30 页

云南郡，蜀建兴三年置，属县七。……土地有稻田，畜牧，但不蚕桑。

——《华阳国志》卷四《南中志》第 19 页

粳粟米 味甘平，无毒。分赤、白二色，硬者粳也，北人呼为大米，亦呼为稻米。治一切诸虚百损，补中益气，强阴壮骨、生津明目，长智。梗，烧灰治走马牙疳。糯者补中和胃，止泻，生精液，主人面容娇嫩。敷疮，亦治颓头疮，神效。

——《滇南草本》[②]卷一第 40 页

稻草 味甘平，性温。宽中，宽肠胃，下气，温中止泻，消牛、马肉积，消各宿食，消小儿

---

① 二熟 原本作"一熟"，据下文"从八月获稻，至十一月十二月之交，便于稻田种大麦，三月四月即熟。收大麦后，还种粳稻"文义改。

② 编者按：于乃义、于兰馥主编《滇南本草》（云南科技出版社 2004 年版），《凡例》称该书在长期流传过程中，经明清两代中草医增订、补注，以及民间传抄，至少有十种不同版本。现通行本主要有：①1914 年云南丛书局《滇南本草》上、中、下三卷，收药物 280 种，简称"丛本"。题嵩明兰茂止庵著，收入《云南丛书》子部之十五。书首有赵藩序。②清光绪十三年昆明务本堂刻《滇南草本》三卷（卷一分上、下），收药物 458 种，简称"务本"，收录在云南省文史馆整理，中华书局 2009 年版《云南丛书》第 18 册。书首有明滇南杨林和光道人止庵兰茂撰《滇南草本序》，李文焕撰《重刊滇南草本叙》，并有落款"滇省务本堂重镌"，以及管浚《叙》、周源清《序》，共四篇。卷端及版心均题"滇南草本"，每卷题名下"明杨林兰茂号止庵手著，乡后学管暄较，管浚订"。李孝友先生《云南丛书书目提要》著录为"《滇南本草》三卷，明兰茂撰"，并称"版心名作《滇南草本》，将'本草'二字颠倒"。又据云南中医学院邱纪凤撰《〈滇南草本〉与管氏医家》一文，称"《滇南草本》一书，乃管氏将过去坊间流传《滇南本草》抄、刻本再加入管家医著融合而成，后附其《医门览要》二卷，自筹刻资，延请滇省务本堂刊刻，定名为《滇南草本》行世"。一个是《本草》，一个是《草本》，后者比前者所收药物更多，内容也有异同。因此，此次辑录，两书并存，以备考据。

乳食结滞，肚腹疼痛。草节，暖走周身经络，止筋骨痰火疼痛。

——《滇南草本》卷中第 26 页

谷属　稻、黍、稷、麦，二种。豆，三种。荞。甜、苦二种。

——嘉靖《寻甸府志》卷上《食货》第 31 页

稻之属　二十五：白麻线、红麻线、大黑嘴、小黑嘴、白鼠牙、红鼠牙、大香谷、小香谷、红皮、倭楼、麻雀皮、白鹭丰、青芒、墨谷、大麦谷、高脚谷、乾谷、长芒、光头、毛稻、金裹银、银裹金、早吊谷、叶里藏、老鸦翎、白粟谷。

——嘉靖《大理府志》卷二《地理志·物产》第 70 页

稻之品　稻，其品十：粳秫、红芒、黄壳、虎斑、白黑、乌嘴、白壳、粳。麦，其品五：小麦、大麦、甜荞、火麦、苦荞。豆，其品十四：黄、红蚕、赤、白、蚕、龙眼、鸭卵青、紫、蚕斯、扁、牛皮、黑、绿、豌。黍、稷、粱、稗、芝麻。

——隆庆《楚雄府志》卷二《食货志·物产》第 35 页

稻之属　十八：青芒谷、黑谷、光头谷、金裹银谷、早吊谷、大香谷、小香谷、长芒谷、毛稻、白麻线、红麻线、黑嘴谷、干谷、红皮谷、白鼠牙、麻雀皮、白鹭谷、老鸦翎。

——万历《云南通志》卷二《地理志一之二·云南府·物产》第 13 页

稻之属　二十一：麻线、黑嘴、鼠牙、大香、小香、红皮、矮楼、青芒、高脚、乾谷、长芒、光头、毛稻、早吊、麻雀皮、金裹银、叶里藏、老鸦翎、银裹金、白粟谷、白鹭丰。

——万历《云南通志》卷二《地理志一之二·大理府·物产》第 33 页

稻之属　五：旱、香、红、光、黑。

——万历《云南通志》卷二《地理志一之二·临安府·物产》第 54 页

稻之属　十：光头、毛谷、旱谷、麻线、香谷、红谷、黑早、白早、叶里藏、金裹银。

——万历《云南通志》卷二《地理志一之二·永昌军民府·物产》第 67 页

稻之属　十：杭、秫、红芒、黄壳、白壳、虎斑、粳、白、黑、乌嘴。

——万历《云南通志》卷三《地理志一之三·楚雄府·物产》第 8 页

稻之属　五：黑、早、毛、光头、长芒。

——万历《云南通志》卷三《地理志一之三·曲靖军民府·物产》第 15 页

稻之属　三：红谷、白谷、糯谷。

——万历《云南通志》卷三《地理志一之三·澂江府·物产》第 22 页

稻之属　三：籼谷、黏谷、冬春谷。

——万历《云南通志》卷三《地理志一之三·蒙化府·物产》第 28 页

稻之属　九：香、细、红、白、长芒、光头、金裹银、麻线、黑谷。

——万历《云南通志》卷三《地理志一之三·鹤庆军民府·物产》第 36 页

稻之属　八：红、白、毛谷、光头、长苴（芒）、麻线、青芒、早吊谷。

——万历《云南通志》卷三《地理志一之三·姚安军民府·物产》第 46 页

稻之属 九：长芒、光头、麻雀皮、麻线、香谷、早吊、香糯、虎皮糯、老鼠牙糯。

——万历《云南通志》卷四《地理志一之四·寻甸府·物产》第 4 页

稻之属 四：光头、青芒、金裹银、糯。

——万历《云南通志》卷四《地理志一之四·武定军民府·物产》第 9 页

稻之属 八：白麻线、红麻线、大香谷、小香谷、金裹银、银裹金、麻雀皮、早吊谷。

——万历《云南通志》卷四《地理志一之四·景东府·物产》第 12 页

稻之属 八：麻线、鼠牙、香谷、光头、早吊、金裹银、银裹金、麻雀皮。

——万历《云南通志》卷四《地理志一之四·元江军民府·物产》第 15 页

稻之属 四：麻线、鼠牙、光头、香谷。

——万历《云南通志》卷四《地理志一之四·丽江军民府·物产》第 19 页

稻之属 七：光头、长芒、白谷、麻线、金裹银、早吊谷、乾谷。

——万历《云南通志》卷四《地理志一之四·广南府·物产》第 21 页

稻之属 七：麻线、鼠牙、香谷、光头、金裹银、银裹金、麻雀皮。

——万历《云南通志》卷四《地理志一之四·顺宁州·物产》第 24 页

稻之属 五：干谷、青芒、光头、金裹银、白香谷。

——万历《云南通志》卷四《地理志一之四·镇沅府·物产》第 30 页

稻之属 九：香、白、玉、黑、红谷、柳条、松子、虎皮、大糯。

——万历《云南通志》卷四《地理志一之四·北胜州·物产》第 33 页

稻之属 六：金裹银、长芒、毛谷、干谷、香谷、红谷。

——万历《云南通志》卷四《地理志一之四·新化州·物产》第 35 页

稻之属 五：金裹银、长芒、毛谷、虎皮糯、鼠牙糯。

——万历《云南通志》卷四《地理志一之四·者乐甸长官司·物产》第 37 页

稻之属 十二：白麻线、红麻线、豆嘴、白谷、红皮、矮罗、青芒、老鸦翎、金裹银、早谷、吊谷、叶里藏、白毛谷。

——万历《赵州志》卷一《地理志·物产》第 25 页

六府后谷，其生于五行乎！八政先食，于养人至切矣。是以志物产者，必首谷属也。杨泉《物理志》曰："粱、稻、菽三谷，各二十种。蔬果之实助谷，各二十。凡为百谷。"贾思勰言："粟之名，或以人姓名，或观形立名，亦有会义为名。"今滇中五谷之名，多出于农家者流，而其义仿古昔，即未尽雅驯，亦贵因矣。今其名稻，有青芒，有长芒，有光头，有黑谷，有金裹银、大香、小香、毛稻、白线、红线、黑嘴、红皮、鼠牙、雀皮、白鹭、鸦翎、黑麻、黄皮、香粳、三百颗、红缨。糯，亦有黑嘴，有虎皮、响壳、柳叶，亦有香糯、麻线、饭、油、乌、白、圆、红、大、小，皆曰糯。黍，有黄、红、白、小黍、长芒黍、芦粟、灰条。又有稷。荞，有甜，有苦。稗，有山，有糯。麦，有大、小、燕、玉、西番。菽，有蚕、饭、羊眼、黑、黄、白、红、绿、豌、茶、褐、青皮、鼠，皆曰豆。

——天启《滇志》卷三《地理志第一之三·物产·云南府》第 112 页

在叶榆者，谷属有白粟，丰。糯，曰乌，曰红，曰油黍，曰芦粟。麦，曰秃麦。稗，曰龙爪、鸭爪。荞，曰赛荞。菽，曰狮子、蟹眼。

——天启《滇志》卷三《地理志第一之三·物产·大理府》第 114 页

临安，又视大理之异同为详略，今详其异者。谷，分旱稻而别之。

——天启《滇志》卷三《地理志第一之三·物产·临安府》第 114 页

永昌之产，在通省独多而奇，然有取之三宣六慰缅甸者，远之数千里。……至五谷中之黑白早、叶里藏、金裹银、所谓以形得名也者。莞（莞）豆、响豆而外，无不同。

——天启《滇志》卷三《地理志第一之三·物产·永昌府》第 115 页

谷之属　麦有大、小，有火麦。荞有甘、苦，同。黍稷之外，有稌。菽之类，有紫豆。

——天启《滇志》卷三《地理志第一之三·物产·楚雄府》第 116 页

山海之利，食土之毛，在东郡中称饶沃焉。五谷之属，又在在相同，若黄黍，若红豆，或胜他郡。

——天启《滇志》卷三《地理志第一之三·物产·澂江府》第 117 页

迤西之产，各郡略同。此郡之同而异者，如谷属之粞谷、冬春，黍之赤黍，麦之玉麦，稗之米稗、鸭爪稗，菽之羊目、虎皮，菜之麦蓝、龙须、刺桐、莱菔、莴苣，瓜之苦瓜，药之仙茅、麝、自然铜，果之诃子、枇杷，蓏属之芭蕉，竹之斑竹、绵竹，木之桧、栲木、株楠，花之茉莉、佛桑、蔷薇、长乐，至于山茶，在西方者俱胜。

——天启《滇志》卷三《地理志第一之三·物产·蒙化府》第 117 页

谷之糯者，曰珍珠，曰松子香，曰苦，曰早。黍，曰芦黍，曰苏子，曰黄，曰白。稗，曰早，曰糯，曰鸭爪。豆，曰花豆，曰刀豆。

——天启《滇志》卷三《地理志第一之三·物产·鹤庆府》第 117 页

五谷、果蔬、花木、药品、鸟兽、虫鱼之类，异他地十之一者。黍有芦粟。

——天启《滇志》卷三《地理志第一之三·物产·姚安府》第 118 页

谷之名类凡四，黍二，麦三，荞与稗之实各二，菽凡六，圃之蔬十有四，瓜分五种，薯蓣三，果实六，菌六，药物之品五，走兽二，货殖之利三，皆他郡土宜所咸有者，其名不具录，惟函胄、刀盾、战马胜于他郡。竹，则有鸡腿竹。

——天启《滇志》卷三《地理志第一之三·物产·广西府》第 118 页

谷之中，有香稻焉，又一种名早吊香，别郡希见也。糯之别传，鼠牙、虎革。亦有黍稷。

——天启《滇志》卷三《地理志第一之三·物产·寻甸府》第 118 页

稻、粱、黍、稷、菽、麦，与会城同。而芝麻一种，会城仰给，其价倍于精米。

——天启《滇志》卷三《地理志第一之三·物产·武定府》第 118 页

稻之名有八，惟大香、小香为异。糯之名有六，其异者亦惟香糯。稗之属，皆同。茹蔬之名一十有八，一为菘，又为龙须。至于卉中之百日红，兽内之貂鼠，药物之石风丹，又皆别志之希有者。

——天启《滇志》卷三《地理志第一之三·物产·景东府》第 119 页

总计谷属而下，其类凡九，其名三十有七，皆间出于他郡州邑，其余或秘不以闻于内地。其闻者谷、麦、荞、稗，彼中称不毛者，前志又无所不备，则不知其解矣……至于宝山州，则有无芒麦，其穗无芒而实圆。

——天启《滇志》卷三《地理志第一之三·物产·丽江府》第 119 页

戊寅九月初二日……自黄草坝至此，米价最贱，一升止三四文而已。

——《徐霞客游记·滇游日记三》第 778 页

戊寅九月初三日……黄泥河聚庐颇盛，但皆草房。……其中多盘坞环流，土膏丰沃，为一方之冠。亦佐之米，俱自此马驼肩负而去。前拟移县于此，至今称为新县，而名亦佐为旧县云。

——《徐霞客游记·滇游日记三》第 779 页

己卯二月初九日……（丽江）其地田亩，三年种禾一番。本年种禾，次年即种豆菜之类，第三年则停而不种。又次年，乃复种禾。

——《徐霞客游记·滇游日记七》第 963 页

己卯三月二十五日……宿于（永平县）村家，买米甚艰，只得半升。以存米为粥，留所买者，为明日饭。

——《徐霞客游记·滇游日记八》第 1034 页

己卯四月初十日……又西半里，宿于蒲缥之西村，其地米价颇贱，二十文可饱三四人。

——《徐霞客游记·滇游日记九》第 1050 页

己卯四月十二日……而宿于橄榄坡……其处米价甚贱，每二十文宿一宵，饭两餐，又有夹包。

——《徐霞客游记·滇游日记九》第 1056 页

己卯八月十九日……峡中小室累累，各就水次，其瓦俱白，乃磨室也。以水运机，磨麦为面，甚洁白，乃知迷渡川中，饶稻更饶麦也。

——《徐霞客游记·滇游日记十二》第 1196 页

己卯八月二十二日……又北一里，于是村庐相望，即炼洞境矣。南倚坡，北瞰坞，又二里，过公馆街，又北一里，过中谿庄。李中谿公以年老，炼洞米食之易化，故置庄以供餐。鸡山中谿公有三遗迹：东为此庄，西桃花箐下有中谿书院，大顶之侧礼佛台有中谿读书处。

——《徐霞客游记·滇游日记十二》第 1203 页

谷属　稻、凡百余种，约以红稻、白稻、糯稻概之。麦、有小麦、大麦、燕麦、玉麦、西番麦数种。黍、有黄黍、白黍、红黍、长芒、芦粟、灰条数种。稷、有黄稷、红稷、黑稷数种。粱、有饭、糯二种。麻、有脂麻、青麻、火麻数种。豆、有黄豆、白豆、红豆、饭豆、绿豆、豌豆、羊眼、茶褐、青皮、大黑、小黑数种。《益部方物略记》有佛豆，秋种春敛，即蚕豆也。菽、有甜、苦二种。稗。有山稗、糯稗。

——康熙《云南通志》卷十二《物产·通省》第 1 页

稻　种各不一，以红、白、糯三种为佳。

——康熙《云南府志》卷二《地理志八·物产》第 1 页

谷之属　旱稻、水稻、糯稻、大麦、小麦、荞、黍子、糕粱、南豆、饭豆。

——康熙《晋宁州志》卷一《物产》第 14 页

谷之属　稻、红、白、秔、糯四种。谷、红、黑。旱谷、水长谷、麻线谷、三百子谷、青芒谷、百日谷、黍，少。小粟，少。□□、米稗、鸭爪稗、麦，大、小、春、燕、玉五种。荞，甜、苦二种。豆，青、□□□□不多。蚕豆、豌豆、马豆，少。豇豆、百日豆、刀豆、□豆、羊眼豆、老米豆。

——康熙《寻甸州志》卷三《土产》第 19 页

谷 糯、红稻、白稻、大麦、小麦、荞麦、黄豆。

——康熙《富民县志·物产》第 27 页

谷部 香谷、百日早、黑谷、小白谷、红芒谷、冷水谷、背子谷、柳条糯、红皮、白皮、黄米、菽、粱、黍、大麦、小麦、甜荞、苦荞、黄豆、羊眼豆、饭豆、黑豆、青豆。

——康熙《通海县志》卷四《赋役志·物产》第 17 页

谷之属 糯谷、香谷、白谷、红谷、黑谷、早谷、粟谷、玉谷、小麦、大麦、玉麦、焰麦、甜荞、苦荞、芝麻、绿豆、糯粱、饭粱、黄豆、青豆、白豆、黑豆、豌豆、饭豆、南豆、黍米。

——康熙《新平县志》卷二《物产》第 56 页

谷部 白茴香、黄茴香、背子谷、红谷、黑谷、糯谷、羊毛谷、旱谷、大麦、小麦、豆、黍、燕麦、玉麦、菽、龙爪稗、草子、粱。

——康熙《罗平州志》卷二《赋役志·物产》第 7 页

稻品 秔、秫、糯、粳、黄壳、乌嘴、虎班、红芒、黍、稷。

——康熙《楚雄府志》卷一《地理志·物产》第 32 页

稻品 秔、秫、糯、粳、黄壳、白壳、乌嘴、虎斑、红芒。

——康熙《南安州志》卷一《地理志·物产》第 11 页

稻品 糯谷、白谷、红谷、旱谷、粟谷。

——康熙《镇南州志》卷一《地理志·物产》第 14 页

稻之属 红、白毛谷、光头、长芒、麻线、青芒、早吊谷。

——康熙《姚州志》卷二《物产》第 13 页

谷之属 香谷、糯谷、白谷、红谷、黑谷、早谷、旱谷、细谷、粟谷、广谷、小麦、大麦、玉麦、焰麦、甜荞、苦荞、糯高粱、饭高粱、绿豆、黄豆、南豆、黑豆、青豆、豌豆、饭豆、芝麻、黍米、和罗。

——康熙《元谋县志》卷二《物产》第 34 页

九、十月晴，五、六月雨。四时皆有菜、果、花、木。七月食新谷。

——康熙《禄丰县志》卷一《气候》第 8 页

五谷类 稻谷、二麦、南豆、白豆、豌豆、二荞。

——康熙《禄丰县志》卷二《物产》第 24 页

谷属 红谷、白谷、糯谷、大麦、小麦、苦荞、甜荞、黄豆、饭豆、南豆、冰豆、赤豆。

——康熙《罗次县志》卷二《物产》第 16 页

谷之属 香谷、糯谷、白谷、红谷、黑谷、早谷、旱谷、细谷、粟谷，小麦、大麦、玉麦、春麦、焰麦，甜荞、苦荞、糯高粱、饭高粱、绿豆、黄豆、南豆、黑豆、青豆、豌豆、饭豆，芝麻。

——康熙《武定府志》卷二《物产》第 59 页

稻属 谷艺水田，以秋成者为秔，为糯，为籼，为黄谷、白谷，为鸟嘴、红芒，为虎斑，为香糯，为香稻，为金齿，鼠牙其别种也，为旱稻。与山地相宜，邑树未多，存以俟劝。

——康熙《广通县志》卷一《地理志·物产》第 16 页

食类 早稻、晚稻、糯稻、高脚郎、黄稗、黄豆、黑豆、花豆、蚕豆、小麦、大麦、甜荞、苦荞。

——康熙《续修浪穹县志》卷一《舆地志·物产》第 22 页

稻、红、白、黑、黄四色，分饭、糯二种。麦、有大麦、小麦、玉麦、燕麦。菽、有黄豆、青豆、红豆、黑豆、花豆、蚕豆六种。荍、有甜、苦二种。稗。有龙爪、鸭爪二种。

——康熙《剑川州志》卷十六《物产》第 58 页

谷类 红麻线、大黑嘴、白鼠芽、大香谷、大麦谷、红白小黍、麦芦粟、灰条稷、秃麦麦、菉豆、羊眼豆、鸭眼豆、鸭爪杆、茶褐豆、羊角豆。

——康熙《云南县志·地理志·物产》第 13 页

红稻、白稻、长芒稻、香稻、出罗陌川。细稻、出大孟村。冷水稻、三月栽，六月熟。麓川稻、种自麓川来。金裹银稻、皮红米白。银裹金稻、皮白米红。麻线稻。

——康熙《鹤庆府志》卷十二《物产》第 23 页

稻 秔、香秔、黄、黑、红、白、迟、其熟较迟。百日、花谷、落子、矮老、黑毛、麻线、老鸦翎、背子、糯谷、香糯、背子糯、黄糯、矮老糯。凡二十种。

——康熙《蒙化府志》卷一《地理志·物产》第 37 页

稻之种 十：鸦林稻、红芒稻、白谷稻、黄谷稻、虎皮稻、白黑稻、乌嘴稻、大香稻、晚稻、早稻。

——康熙《定边县志·物产》第 21 页

谷属 饭谷、有十种：光头谷、毛谷、早谷、麻绵谷、香光头谷、红谷、黑早谷、白早谷、叶里藏谷、金裹银谷。糯谷、有九种：红糯、白糯、乌糯、水糯、虎皮糯、柳叶糯、香糯、大糯、团颗糯。麦、有四种：大麦、小麦、燕麦、玉麦。荍、有甜、苦二种。黍、有黄、白二种。粱、有饭、糯二种。稗、有山稗、糯稗。玉麦、江浙呼为玉粟。稷。有饭、糯二种。

——康熙《永昌府志》卷十《物产》第 1 页

稻 黄谷、黑谷、红谷、迟谷、花谷、安来谷、矮老糯、安喜糯、安庆糯。

——康熙《顺宁府志》卷一《地理志·物产》第 27 页

太和县城傍苍山，学宫、衙舍、祠庙皆东向。十九峰涧水进城，潺湲不绝，故民殷富，土肥饶，谷穗长至二百八十粒。

——《滇黔纪游·云南》第 20 页

谷之属 白谷、红谷、老鸦谷、糯谷、长芒谷、大麦、小麦、春麦、油麦、糕粱、荞、黄豆、黑豆、鼠豆、饭豆、南豆、马豆、扁豆。

——雍正《呈贡县志》卷一《物产》第 31 页

五谷 稻、粦麦、荍、南豆、黄豆、萝浮子。

——雍正《安宁州志》卷十一《盐法附物产》第 47 页

稻之属 水谷、种最多，不能尽载。早稻、糯稻。有三四种。

——雍正《马龙州志》卷三《地理·物产》第 18 页

旱谷 春初种，秋熟。种植耘耨，则在人力，雨旸则在天时矣。有红、白二种。

——雍正《师宗州志》卷上《物产纪略》第 38 页

稻 红稻、白稻、黄稻、香稻、糯稻、旱稻、香糯、黏糯、柳条糯。

——雍正《建水州志》卷二《物产》第 6 页

谷属 稻、种类不一，有旱谷、白谷、红谷、大小麻线谷、老埂谷。乌甸种者曰黄谷，漫撒傍甸种者曰冷水谷、香谷、绿谷。糯、种亦不一，曰柳条糯，长可四五分；白皮糯，皮色白；朱皮糯，皮色赤；酒糯，形似饭谷。麦、有大、小二种。荍、有甜、苦二种。豆、各种俱有，内一种曰刀豆，形似扁豆而长，径五寸许，乃豆中之最大者；又一种曰四方豆，形似扁豆而四方。高粱、有红、白二种。黍、粟谷、有饭、糯二种。鸭爪稗。形如鸭爪。

——雍正《阿迷州志》卷二十一《物产》第 254 页

红毛稻、麻线稻、早吊稻、小麦、大麦、南豆、黄豆、黑豆、细黑豆、青皮豆、赤小豆、蚕豆、甜荞、苦荞、糯稗、膏粱稗、鸭爪稗、青菜、白菜、菠菜、苋、芹、韭、茄、葱、蕨、萝卜、茴香、芋头、葫芦、黄花、竹笋、山药、蒜、莴苣。

——雍正《白盐井志》卷二《地理志·物产》第 3 页

谷类 芦粟、粳稻、糯谷、黍、大麦、小麦、玉麦、乌麦、燕麦、荞、黄豆、绿豆、红豆、黑豆、豌豆、蚕豆、扁豆、江豆、油麻、芝麻。

——雍正《宾川州志》卷十一《物产》第 1 页

谷之属 十：落地白、白麻线、黑嘴谷、红皮矮、白皮矮、早吊谷、六月熟、金裹银、银裹金、早稻。

——雍正《云龙州志》卷七《物产》第 1 页

谷属 稻、回香谷、麻线谷，均有黄、白二种。大白谷、小白谷、青芒落子谷、羊毛谷、老鸦谷、柳条谷、长芒乌嘴谷，有数余种。麦、大麦、小麦、西番麦数种。黍、有黄黍、白黍、红黍、长芒、芦粟、灰条数种。稷、有黄稷、黑稷、红稷数种。豆、有蚕豆、扁豆、黄豆、红豆、黑豆、豌豆、饭豆、老鼠豆、缸豆、羊眼豆、虎皮豆、乌嘴豆。粱、有粳、糯二种。荞、有甜荞、苦荞二种。麻、有芝麻、青麻、火麻、胡麻。稗、有山稗、糯稗二种。蜀黍、即高粱。草子。米似稗而微细，夷人每食之。

——乾隆《宜良县志》卷一《土产》第 26 页

谷类 水稻、旱稻、赤稻、白稻、粳稻、糯稻、长芒稻、产城四乡及丰乐、输诚二里、巧家米粮坝等处。大麦、小麦、东川府气候寒冷，不宜大小麦。旧《志》载麦地仅二十二顷八十三亩有零，市所糴者皆来自嵩明、寻甸、曲靖。燕麦、四乡八里皆产。玉麦、城中园圃种之。苦荍、甜荍、四乡八里皆产。黄大豆、绿豆、产可柯村、米粮坝、壁谷坝等处。青豆、黑豆、南豆、熟极迟，二三月糴者皆自外郡来。稨豆、豌豆、刀豆、豇豆、近城园圃中种之。四季豆、红饭豆、白饭豆、黄小黍、红小黍、高粱、各乡里产。芝麻、产归治里。大麻。

——乾隆《东川府志》卷十八《物产》第 1 页

稻之属 飏芒谷、青芒谷、有饭、糯。旱谷、鸦翎谷、柳条糯、猪鬃糯、麻线谷。

——乾隆《广西府志》卷二十《物产》第 1 页

稻 香稻、白稻、迟稻、早稻、旱稻、圆糯、长糯、枣红。

——乾隆《陆凉州志》卷二《风俗物产附》第 25 页

谷之属　稷、有黄、黑、红数种。稻、种极多，概以红、白、糯称之。粱、麦、有小麦、大麦、燕麦、西方麦数种。荞、有甜、苦二种。秫、菽、稗、黍、草子。似稷而细，夷人多种之。

——乾隆《霑益州志》卷三《物产》第 21 页

稻属　黄壳谷、香饵谷、叶里藏、黑壳谷、旱谷、麻扎谷、金裹谷、冷水谷、雾露谷、瑶人谷、柳叶糯、红皮糯、响铃糯、长须糯、白壳糯、圆糯、大香糯、红米糯。

——乾隆《开化府志》卷四《田赋·物产》第 27 页

稻之属　黄谷、小谷、落子谷、百日谷、香谷、叶里藏、黑大壳、旱谷、水谷、金裹银。

——乾隆《新兴州志》卷五《赋役·物产》第 30 页

稻属　香稻、细稻、红稻、白稻、长芒稻、黑稻、光头稻。

——乾隆《续修河西县志》卷一《食货附土产》第 46 页

稻之属　有粳，有糯。粳即杭，粳之小者谓之籼，有早、中、晚三熟。杭早熟，籼晚熟。有水稻、旱稻。南方土下泥多，宜水稻。谷之大小不同，芒之有无长短不同，米之赤白紫乌不同，味之香否、质之坚软不同。南人以食稻为主，专名为谷，犹兆人之名粟也。

——乾隆《黎县旧志》第 12 页

稻之属　香谷、白心谷、早秋谷、黄皮谷、红心谷、旱谷、老来谷、黑皮谷、三百谷、羊毛谷、早谷、迟谷。

——乾隆《弥勒州志》卷二十三《物产》第 49 页

谷部　小白谷、安颠谷、冷水谷、大细麻线、红心、百日早、叶里藏、金裹银、新兴谷、红白粳齿、乌谷、红皮、柳条、假糯、铁谷、饭糯、响谷〔壳〕、花皮、白红他狼、桔搭、大小糯米、长无芒香、黑白黍、膏粱、有红、白、糯三种。粟、有饭、糯二种。玉麦、大小麦、荞、有苦、甜二种。芝麻、朱砂豆、黄豆、绿豆、羊眼豆、虎皮豆、饭豆、黑豆、茶褐豆。

——乾隆《石屏州志》卷三《赋役志·物产》第 34 页

稻品　香稻、早稻、晚稻、香糯、高粱、粟、芝麻。

——乾隆《碍嘉志稿》卷一《物产》第 7 页

谷之属　稻、有红稻、白稻、糯稻、粳稻等类。麦、有大麦、小麦、燕麦、玉麦、无芒麦。豆、有黄豆、黑豆、赤豆、豌豆、大青豆、绿豆、蚕豆（亦名胡豆，又名佛豆）。黍、有黄、白、红、黑等色。稷、有黄、白、红、黑等色。高粱、一名蜀秫。荞、有红花、白花、甜荞、苦荞。麻、有苘麻、苎麻，芝麻、大麻等类。稗、有旱稗、水稗、草稗等类。包谷、有数色。粟谷。有数种。

——乾隆《碍嘉志》卷二《赋役志·物产》第 231 页

谷之属　有香谷、糯谷、白谷、红谷、黑谷、早谷、旱谷、细谷、粟谷、广谷、大麦、小麦、玉麦、焰麦、甜荞、苦荞、绿豆、黄豆、南豆、黑豆、青豆、豌豆、饭豆、芝麻、和罗。元谋暑热，于粳稻为宜。所称谷者，皆稻也。诸谷犹常产而惟高粱为最。高粱有二种，其黏者为酒露，可敌汾酒，名甲滇南。古者，梁州以产粱得名，元谋其独钟梁州之盛气矣。

——乾隆《华竹新编》卷二《疆里志·物产》第 228 页

谷类　稻、粱、黍、大麦、小麦、甜荍、苦荍、南豆、黄豆、黑豆、细黑豆、青皮豆、赤小豆、蚕豆。

——乾隆《白盐井志》卷三《物产》第 34 页

谷属　稻、红、白、黄、黑四色，分饭、糯二种。粱、红、白二色，分饭、糯二种。菽、有黄豆、绿豆、红豆、黑豆、碗豆、蚕豆六种，独蚕豆大而且多。麦、有大麦、小麦、玉麦、燕麦。黍、有饭黍、糯黍。稷、有黄稷、红稷、黑稷数稷。蓤、有甜、苦二种。稗、有龙爪、鸭爪、铁秆、米稗数种。麻。有芝麻、火麻二种。

——乾隆《大理府志》卷二十二《物产》第 2 页

谷属　稻、黄、红、白、黑四色，分饭、糯二种。麦、有大麦、小麦、玉麦、燕麦。菽、豆也，有黄豆、黑豆、赤小豆、豌豆、蚕豆、虎皮豆、扁豆、绿豆。蓤、甜、苦二种。稗、有鸭爪稗、米稗、毛稗。麻。火麻、脂麻。

——乾隆《赵州志》卷三《物产》第 56 页

谷　稻、黍、稷、粱、麻、豆、荞、稗，而无麦与膏粱。

——乾隆《腾越州志》卷三《山水·土产》第 26 页

谷属　稻、红、白、黑三色，分饭、糯二种，惟沿江产之。粱、红、白二色，产石鼓一带地方。菽、有黄豆、绿豆、红豆、黑豆、豌豆、蚕豆五种。麦、有大麦、小麦、大颗麦、燕麦、无芒麦五种。大麦造水酒，味甚薄；大颗、无芒作馒首，煮蔓菁汤咽之；燕麦粉为干糇，水调充腹，此土人终岁之需也；小麦面非享客不轻用。黍、有饭黍、糯黍。稷、有黄、红、黑三色。蓤、有甜、苦二种，苦者较多，郡四山皆种之。稗、有龙爪、鸭爪、铁杆、米稗数种，郡土所宜高下皆收，里民合蓤、麦特以为生。麻。有大麻、芝麻二种。

——乾隆《丽江府志略》卷下《物产》第 39 页

稻类　香谷、白谷、玉谷、红谷、黑谷、白粘谷、红粘、麓川、柳条、大糯、麻粘、鱼眼糯、虎皮糯、毛须。

——乾隆《永北府志》卷十《物产》第 1 页

稻两刈　元江府在滇省之东南，崇岚密箐，府治设万峰下，其中四时皆暑，气候与岭表略同。稻以仲冬布种，莳于腊，刈于季春，刈后复反生成穗，至秋再刈，所获微减于前。

——《滇南新语》第 16 页

稻米　山田、平田皆产稻米，米粒略细，近于川、广籼米，价颇昂贵。山路崎岖，客来不能运致也。

——《滇南闻见录》卷下《物部·宝属》第 30 页

《禹贡》载梁州之产璆铁银镂，陆德明引《尔雅》谓璆即紫磨金，《汉书》载贲古县采山出锡，羊山出银铅，《华阳志》载梁水县振山出铜。临安五金之产有自来已，然而古之人不贵异物贱用物者。盖六府之修，终归土谷，生民之质，首在日用。然则物产之重，孰有过于百谷者乎？是故稻、粱、黍、稷、麦、菽、蓤、麻、薏苡，以至稙稗八属大略相同，而惟稻之种为最多。有以色名者，如红、紫、黑、白、金齿、长芒之类；有以味名者，如黏糯、香泛、甘软之类；有因地异名，山地与涂泥各种不同。因时异名，早收在夏末，迟收在深秋，各种不同。又于一色一味、一时一地之中而种类各殊者，如黑谷有数种，糯谷有数种。皆以谷概之。

——嘉庆《临安府志》卷六《丁赋附物产》第 23 页

谷 六谷之中，惟不宜稷。山农所艺，则有甜荞、苦荞、芋、麦。又有脂麻、菜子、草子，皆资民用。哨地晚谷不宜。

——嘉庆《楚雄县志》卷一《物产志》第 48 页

谷属 大香糯、小香糯、黄瓜子糯、虎皮糯、香米谷、旱谷、大白谷、小白谷、金齿白谷、大红谷、小红谷、冬谷、百日故、红糯谷、高粱、大麦、小麦、燕麦、包麦、玉米、黍米、稷米、甜菝、苦菝、糯稗、饭稗、草稗、草子、薏苡、芝麻、火麻。

——嘉庆《景东直隶厅志》卷二十四《物产》第 1 页

谷类 水稻、旱稻、赤稻、粳稻、糯稻、长芒稻、大麦、小麦、燕麦、玉麦、俗称苞谷。苦菝、甜菝、黄大豆、绿豆、青豆、黑豆、豌豆、豇豆、扁豆、刀豆、四季豆、红小豆、俗名饭豆。白小豆、黄小黍、红小黍、膏粱、脂麻、绿豆米、毛稗、龙爪豆、蚕豆、《益部方物略记》：佛豆，秋种至春敛，即蚕豆也。草子。米似稷而微细，夷倮人多有广种者，作日食。

——嘉庆《永善县志略》上卷《物产》第 561 页

谷之属 稻、《唐书·南蛮传》：自夜郎、滇池以西，有稻、麦、粟、豆。旧《云南通志》：稻，凡百余种，约以红稻、白稻、糯稻概之。麦、旧《云南通志》：有小麦、大麦、燕麦、玉麦、西方麦数种。黍、旧《云南通志》：有黄黍、白黍、红黍、长芒、芦粟、灰条数种。稷、旧《云南通志》：有黄稷、红稷、黑稷数种。豆、宋祁《益部方物略记》：佛豆，秋种春敛。旧《云南通志》：佛豆，即蚕豆也。豆有黄豆、白豆、红豆、绿豆、饭豆、豌豆、羊眼、茶褐、青皮、大黑、小黑、蚕豆数种。檀萃《滇海虞衡志》：滇以豆为重，始则连荚而烹以为菜，继则杂米为炊以当饭。干则洗之以为粉，故蚕豆粉条，明彻轻缩，杂之燕窝汤中，几不复辨。豌豆亦蚕豆之类，可洗粉，滇人兼食其蔓，名豌豆菜。王世懋《学圃杂疏》：蚕豆初熟甘香，种自云南来者，绝大而佳。梁、旧《云南通志》：有饭、糯二种。荞、旧《云南通志》：有甜荞、苦荞二种。麻、旧《云南通志》：有芝麻、青麻、火麻、胡麻数种。稗、旧《云南通志》：有山稗、糯稗二种。蜀黍、旧《云南通志》：即高粱，产呈贡、云南县者佳。草子。旧《云南通志》：米似稷而微细，郡县夷倮广种，多食。

——道光《云南通志稿》卷六十七《食货志六之一·物产一·云南通省》第 1 页

麻线谷 《云南府志》：出嵩明州。《宜良县志》：宜良有黄、白二种。《易门县志》：细麻线谷，出易门。

水长谷 《云南府志》：出晋宁州。

旱谷 《云南府志》：出呈贡县。《晋宁州志》：出晋宁州。

老来红 《云南府志》：出昆阳州。

金裹银谷 《云南府志》：出嵩明州。

红脚谷、矮脚谷、连楷谷 《易门县志》：并出易门。

大白谷、小白谷、青芒、落子谷、羊毛谷、老鸦谷、柳条谷、长芒、乌嘴谷 《宜良县志》：并出宜良。《易门县志》：大白壳谷、小白壳谷、羊毛谷，并出易门。

——道光《云南通志稿》卷六十九《食货志六之三·物产三·云南府》第 1 页

长穗谷 陈鼎《滇黔纪游》：太和谷，穗长至二百八十粒。

——道光《云南通志稿》卷六十九《食货志六之三·物产三·大理府》第 10 页

冷水谷　《通海县续志》：稻之类甚多，而宜于冷水谷，其谷最耐寒，晚熟。通海湖风早寒，故宜于此，然三四月遂生虫，不堪贮仓。

——道光《云南通志稿》卷六十九《食货志六之三·物产三·临安府》第 18 页

安来谷、花谷、安康谷　《顺宁府志》：此三者，皆彝人所种之谷名。

——道光《云南通志稿》卷六十九《食货志六之三·物产三·顺宁府》第 31 页

稻　《丽江府志》：红、白、黑三色，分饭、糯二种，惟沿江产之。《鹤庆府志》：香稻，出罗陋川。细稻，出大孟村。冷水稻，三月栽，六月熟。麓川稻，种自麓川来。金裹银稻，皮红米白。银裹金稻，皮白米红。

——道光《云南通志稿》卷六十九《食货志六之三·物产三·丽江府》第 40 页

五谷　《后汉书·西南夷传》：哀牢宜五谷。常璩《华阳国志》：永昌郡宜五谷。《腾越州志》：谷则稻、黍、稷、粱、麻、豆、荞、稗，而无麦与高粱。

——道光《云南通志稿》卷七十《食货志六之四·物产四·永昌府》第 8 页

旱谷　《师宗州志》：春初种，秋熟，有红、白二种。《弥勒县采访》：近有维西旱谷、骡子谷。

——道光《云南通志稿》卷七十《食货志六之四·物产四·广西直隶州》第 44 页

香谷米　《新平县志》：出江外瘴乡。

——道光《云南通志稿》卷七十《食货志六之四·物产四·元江直隶州》第 54 页

谷之属　九：稻、凡百余种，约以红稻、白稻、糯稻概之。麦、有小麦、大麦、燕麦、玉麦、西方麦数种。黍、有黄黍、白黍、红黍、长芒、芦粟、灰条数种。稷、有黄稷、红稷、黑稷数种。豆、有黄豆、白豆、绿豆、饭豆、红豆、豌豆、羊眼、茶褐、青皮、大黑、小黑、蚕豆数种。案宋祁《益部方物略记》：佛豆，秋种春敛，即蚕豆也。粱、有饭、糯二种。荞、有甜、苦二种。麻、有芝麻、青麻、火麻数种。草子。米似稷而微细，夷倮广种，多食之。

——道光《昆明县志》卷二《物产志》第 1 页

凡县之米市，量以担、十斗曰担。斗、十升曰斗。升、十合曰升。合。十勺曰合。计每升衡之得七斤，丰岁，升不过八九十钱，即偶歉亦不过百四五十耳，然县之田所出，恒不足供一县之食，必仰给于邻县，人众故也。县土宜稻菽，而麦则不如雍豫。稻之白者，其米长腰细粒，熟之作淡碧色。其红者颗殊圆大，味皆香以腴，即疏食无肴核之荐，不至棘喉艰于下咽也。米之精者曰水碾，作饭皆先以水淅之，入釜煮三四刻，舀置众箩中，滤去其汁，乃烝之以甑，俟气蓬蓬上则熟矣。甑以木为之，圆径尺余，甑底编竹作盛饭具，曰箅。当饭受烝时，釜中仍可煮菜作汤。布于甑中饭上者，亦足间烝他食物。贫家作苦计，菜二器，饭数盂，日费四三十钱，而腹已果，然岂待过求哉？

——道光《昆明县志》卷二《物产志·余论·论谷之属》第 9 页

谷属　旱稻、水稻、糯稻、大麦、小麦、春麦、甜荞、苦荞、黄豆、南豆、饭豆、鼠豆、黑豆、赤豆、高粱、黍子、稗子。

——道光《晋宁州志》卷三《地理志·物产》第 25 页

谷类　大白谷、小白谷、黑谷、水长谷、老来红、黄牛尾、青芒谷、半截芒、旱谷、大小糯谷、黑白黍、稗子、蒿粱、黑白稷、大小麦、甜苦荞、黄豆、老鼠豆、蚕豆、黑豆、饭豆、豌豆。

——道光《昆阳州志》卷五《地理志下·物产》第 12 页

谷属 白谷、红谷、黑谷、旱谷、粟谷、麻线谷、糯谷、红嘴谷、乌嘴谷、青芒谷、背子谷、光头谷、羊毛谷、小麦、大麦、晏麦、玉麦、甜莜、苦莜、团莜、稜角莜、高粱、黄豆、黑豆、白豆、饭豆、绿豆、虎皮豆、豌豆、蚕豆、山稗、糯稗、毛稗、米稗、龙爪稗。

——道光《宣威州志》卷二《物产》第 20 页

谷属 糯谷、白谷、红谷、黄谷、黑谷、大麦、小麦、玉麦、甜荞、苦荞、膏粱、红、黄稗。

——道光《广南府志》卷三《物产》第 1 页

谷之属 糯谷、有数种。白谷、红谷、黄谷、黑谷、水谷、旱谷、大麦、小麦、玉麦、燕麦、甜荞、苦荞、膏粱。

——道光《澂江府志》卷十《风俗物产附》第 4 页

稻之种甚多，而宜于冷水谷，其谷最耐早寒，晚熟。通海湖风早寒，故宜于此，然三四月遂生虫，不堪贮仓。

——道光《续修通海县志》卷三《物产》第 34 页

谷之属 香谷、糯谷、白谷、黑谷、旱谷、红脚谷、矮脚谷、连秸谷、羊毛谷、大白壳谷、小白壳谷、细麻线谷、大麦、小麦、玉麦、燕麦、甜荞、苦荞、糯高粱、饭高粱、菜豆、黄豆、黑豆、青皮豆、马料豆、南豆、豌豆、饭豆、蚂蜡豆、马豆、小米、玉米、鸭爪稗、草子、菜子、白子。旧《县志》

——道光《续修易门县志》卷七《风俗志·物产》第 168 页

谷之属 香谷米、凡瘴乡皆有。紫糯米、出江外，即接骨米，碎者可蒸接成颗。扁糯米、即白糯米，初生时，夷人用以压扁。黑芝麻、出太和乡。薏苡仁、甜豌豆。味甘美，与寻常豌豆不同。

——道光《新平县志》卷六《物产》第 21 页

稻之属 红、白毛谷、光头、长芒、麻线、青芒、早吊谷、糯谷、黄谷稻。

——道光《姚州志》卷一《物产》第 241 页

谷之属 稻、老来红、鸡血谷、平川早、糯谷、麻谷、黑马尾、长芒谷、临安早、香谷、早谷。黍、稷、粱、即小米。麦、大麦、玉麦、燕麦、小麦、黑麦。麻、火麻、苎麻。豆、青豆、大黑豆、大白豆、小白豆、黄豆、小黑豆、大绿豆、红小豆、青皮豆、绿豆、螺蛳豆。荞、有甜、苦二种。包谷、稗、鸭爪稗、鸡脚稗、长芒稗、光头稗、小丰稗。芦穄、即高粱。脂麻、有黑、白二种。玉米、秕子。可榨油。

按：包谷即玉蜀黍，一名玉高粱，以其类于高粱也。李时珍曰：玉蜀黍，种出西土，其苗叶俱似蜀黍，而肥矮，亦似薏苡。六七月开花，成穗如秕麦状，苗心别出一苞，如棕鱼形。苞上出白须，缕缕下垂。久则苞拆子出，颗颗攒簇，子亦如大棕子，黄白色，可爆炒食之。炒拆白花，如炒拆糯米之状。近年来，各处遍种此物。时珍之说，确矣，然未尽其状。其茎如蔗，高七八尺，每于节叶间出一苞，如冬笋然，绿箨数重裹之。箨似竹而软，中有胎如茭笋，根大末锐，其格如蜂房，子在格中，居然蛹也。平铺密缀，如编珠然。初含浆，渐实渐老，或黄，或白，或紫，或赤，五色相鲜。箨之颠吐须，如丝如发，色紫绛。每茎或四五苞，或二三苞。茎之顶有穗，正似薏苡。其穗焦枯，其子始熟，摘下而剥取之，可煮熟而食。农家于青黄不接之际，此物先出，采而食之，俟新谷登场，无虑腹之枵也。且不须炊爨釜甑之劳，其取携尤为甚便。及其老也，或连苞皮悬之，或扑打成粒而贮之。欲为面，将炒拆白花，乘燥磨之，即成细面，或用温水浴软，入磨碾去皮，然后碾为细面，为糕为饼，任便造食。欲为饭，将水淘洗，入磨碾碎成米，筛去其皮，可炊作饭。或采取时，连苞煮熟，将其子晒干收藏。用时入碓舂去其皮，炊饭尤香。又可熬之为饴，酿以为酒，其适用，殆不异于谷麦。平田平地固可栽种，即高山峻岭，即荦确斥卤，皆可种植。其法每锄地一坎，下子数粒，即以肥土掩之。但有土可以受锄者即可种。俟其茁苗二三寸，即铲一次。铲其四傍之草土，以壅护其根。铲一次，多结一苞；铲至三次，可结五苞。若雨泽调匀，更浇以肥粪，则苞实尤饱满。市卖之价与谷麦等，而种植之功较谷麦为易。然则天之所以养人者，固自不乏矣！

　　玉米，诸书未见其名，惟《群芳谱》载"扫帚鸡冠"近之。初生类苋，撷为蔬茹，味亦似苋。其茎似灰藋，而叶如蘸菜。渐高至七八尺，其穗若黍而多一茎，可数十穗，垂垂向下。其籽似黍而芒短，子似稷，或黄或紫。又有金丝者，其穗长二尺许，黄者为多。深秋，园圃之间，其色甚丽。刈而扑之，其颗粒甚细，可煮为饭，若鱼子状。碾为面，与糯米同，故列于谷之属。

——道光《大姚县志》卷六《物产志》第 1 页

谷属　稻、凡百种，约以红稻、白稻、糯稻概之。麦、有大麦、小麦、燕麦、玉麦。黍、有夏种初冬收者为黍米，有夏种季秋收者为稗米。稷、有黄、红、黑数种。粱、名膏粱，分饭、糯二种。荍、有甜荍、苦荍两种。豆。黄豆、白豆、红豆、黑豆、青皮豆、豇豆、橡豆、扁豆（留根，明年重生）、绿豆、饭豆、豌豆、蚕豆（秋种春收，即蚕豆也）。

——道光《定远县志》卷六《物产》第 202 页

谷属　稻、凡百种，约以红稻、白稻、糯稻概之。麦、有大麦、小麦、玉麦。黍、有夏种初冬收者为黍米，有夏种季秋收者为稗米。稷、有黄、红、黑数种。粱、名高粱，分饭糯二种。荞、有甜荞、苦荞二种。豆、有黄豆、白豆、红豆、黑豆、青皮豆、豇豆、扁豆（留根，明年重生）、绿豆、饭豆、豌豆、蚕豆（秋种春收，即蚕豆也）。

——道光《威远厅志》卷七《物产》第 1 页

谷属　紫糯谷、米紫色，颗圆，即有碎者蒸之复续，故又名接骨米。四属俱产。红谷、有大、小二种。白谷、有大、小二种，又有香糯谷数种。谷种极多，谨记其尤。粱、有饭、糯二种。菽、有蚕豆、豌豆、大小绿豆、黑豆、虎皮豆、羊眼豆、老鼠豆、泥鳅豆、白寇豆、红豆、豇豆、刀豆、南京豆、架豆、甜豆。麻、有胡麻、火麻、苎麻数种。胡麻即脂麻，药名苣藤子。黍、俗名悉米，有红、白二种。稷、俗名至米，又名天生米，有黄、红、黑数种。麦、有小麦、包麦二种。荍、有甜、苦二种。稗、有饭稗、糯稗、早稗三种。薏苡。宜陆地，故又名陆谷米。

——道光《普洱府志》卷八《物产·普洱府属》第 1 页

谷之属　香谷、糯谷、白谷、红谷、黑谷、早谷、旱谷、细谷、粟谷、小麦、大麦、玉麦、焰麦、甜荞、苦荞、糯粱、饭粱、绿豆、黄豆、南豆、黑豆、青豆、豌豆、饭豆、芝麻、黍米。

——咸丰《嶍峨县志》卷十二《物产》第 1 页

谷属　稻、凡数十种，约以红稻、白稻、糯稻概之。麦、有小麦、大麦、燕麦、西方麦、玉麦数种。黍、有黄、白、红数种。豆、有黄豆、白豆、饭豆、豌豆、羊眼、青皮、大黑、小黑、蚕豆数种。《益部方物略记》：佛豆，秋种春敛，即蚕豆也。粱、有饭、糯二种。荍、有甜、苦二种。麻、有火麻、胡麻数种。蜀黍。即高粱。

——咸丰《南宁县志》卷四《赋役·物产》第 9 页

邓川滨海者壤白，近山者厥土赤而不埴，近湖者淖，平陆青黎。五谷宜稻，分早晚，有粳、糯，有红谷、黑谷、吊谷、落地白、麻雀皮、麻线皮、长芒等类。宜麦，有小麦、大麦、大颗麦。大麦谓之鞶，小麦谓之䅘。有荞麦，分甜、苦。有燕麦，《尔雅》谓之蒿雀。有御麦。蜀人谓之苞谷。宜豆，有黄豆、黑豆、绿豆、花豆、饭豆、蚕豆。独蚕豆大而多，《学圃杂疏》云蚕豆初熟，味甘香，种自云南来者大而佳。高地宜芦粟，芦粟即高粱，旧《志》谓之粱者，误。粱。《诗·周颂》所谓"维穈维芑"是也，粒尖小，不耐寒暑，故种之者稀。宜黍、宜稷、宜麻。麻有脂麻、大麻。大麻谓之火麻，脂麻又谓之胡麻。黍谓之黄米，粘者可酿酒，不粘者北人谓之饭黍。稷谓之小米，江东谓之粢，关中谓之糜，成熟最先，故为五谷长，数者皆产羊塘里，不常种。大约三秋皆稻，春夏皆蚕豆、麦，余特间植之。地率一岁二收，田皆再犁，惟种蚕豆则否。犁必以二牛三人，如李京《云南志略》所谓前牵、中压、后驱者。将犁必布以粪，粪少则柯叶不茂，多则骤盛而不实。凡力作，男女偕而女数常赢。二月布种，三月收豆，四月收麦，五月插秧，六七月耘。凡耘必三遍，否则荼蓼滋蔓。九十月获稻、种豆，十一月种麦。每岁仅得两月隙，而正二三四月，河工之役，尚未计焉。凡获操镰挽藁，腰弓而进，不能施绰钐。凡收皆担负揹揹，不能役牛马。稇载时，贫民及远方人携妻挈孥争拾穗，可获数斗，乘间窃取亦有之，不能禁也。凡田具有板锄，锐为三角。有耙，尖为四齿铁，皆重数斤，非此难直庇。凡治圃，谨篱梳垅窖粪，利湿灌燠。

——咸丰《邓川州志》卷四《风土志·物产》第 6 页

谷之属 白谷、红谷、老鸦谷、糯谷、长芒谷、大麦、小麦、春麦、油麦、糕粱、菽、黄荳、黑荳、鼠荳、饭荳、南荳、马荳、扁荳、包谷。

——光绪《呈贡县志》卷五《物产》第 1 页

谷属 稻、凡十余种，约以红、白、黏、糯概之。又有香谷，名曰晚香，最佳。又有粟谷。麦、有大麦、小麦、燕麦数种。黍、有黄、白二种。包谷、有黄、白二种，亦名芋麦。豆、凡数种，约以黄豆、南豆、饭豆、豌豆、金豆、树豆、小豆、四季等豆。麻、有大麻、胡麻二种。稗、有粳、糯数种。荞。有苦、甜、杂等种。

——光绪《平彝县志》卷四《食货志·物产》第 1 页

谷之属 稷、有黄、黑、红数种。稻、种极多，概以红、白、糯称之。粱、麦、有小麦、大麦、燕麦、西方麦数种。荞、有苦、甜二种。秫、菽、稗、黍、草子、似稷而细，夷人多种之。包谷。一名玉麦，有黄、白、花三种，糯者颇佳。

——光绪《霑益州志》卷四《物产》第 64 页

稻之属 旧《志》七种：红毛稻、白毛稻、光头稻、长芒稻、麻线稻、青芒稻、早吊稻。增补四种：糯、俗称糯谷。稜、俗呼稜案早。穬、俗呼瓦灰谷。秔。俗名青秆黄。

——光绪《姚州志》卷三《食货志·物产》第 42 页

谷品 稜案早、红壳白米，精润可口，此稻品之最上者也。白谷、红谷、糯谷、马尾稻、黑壳有芒，形如马尾。老来红、熟时红。大麦、小麦、玉麦、黍、有二种，夏种秋收者宜平原，夏种冬收者宜山地。稷、有黄、黑、红三种。粱、俗呼高粱。有二种，黏者为糯高粱，不黏者为饭高粱。荞、有苦、甜二种。黄豆、赤豆、黑豆、大、小二种，州境所产惟小者。绿豆、白豆、蚕豆、豇豆、豌豆、白稨豆、大稨豆、苗叶皆似白稨豆，实扁而大，味甜，生青，干微红，荚较厚，味苦，不中食，俗呼荷包豆。饭豆、俗呼小豆。青皮豆、芝麻、稗、苞麦。

——光绪《镇南州志略》卷四《食货略·物产》第 29 页

稻粱之属 白谷、红谷、香谷、糯谷、蚕豆、湾豆、绿豆、黄豆、高粮、包谷、小米、和罗、大麦、小麦、芝麻、甜荞、旱谷。

——光绪《元谋县乡土志·植物》（初稿）第 335 页

香稻 生水田中，春种秋熟。叶长而尖细，茎短而中空，有节无花冠，其果实有香味，可供食品，稻草可供畜牧。

——光绪《元谋县乡土志》（修订）卷下《格致·第三课》第 395 页

谷属 香谷、白谷、黑谷、早谷、细谷、百谷、大麦、春麦、红谷、糯谷、小麦、玉麦、旱谷、粟谷、焰麦、甜荍、苦荍、糯高粱、出元谋，酿酒如汾，味甲一省。梁州以产粱得名。饭高粱、黄豆、黑豆、青豆、菜豆、芝麻、扁豆、姜豆。

——光绪《武定直隶州志》卷三《物产》第 1 页

谷属 红谷、白谷、大麦、糯谷、小麦、苦荞、甜荞、黄豆、饭豆、南豆、冰豆、赤豆。

——光绪《罗次县志》卷二《物产》第 22 页

稻之属 旧《志》三种：红毛稻、麻线稻、早吊稻。新增十种：稉、俗呼糯米。稜、俗呼稜案早。黑稻、小白稉、虎皮稉、扁五升、红香稉、白毛稻、长芒稻、光头稻。

——光绪《续修白盐井志》卷三《食货志·物产》第 52 页

稻属 胭脂谷、红、白二种。花壳谷、大、小二种。红谷、一名上南谷。白谷、一名冷水谷。糯谷、黑、白、黄三种。牛尾谷、七里香谷、糯谷。五里香谷、饭谷。堆堆谷。

——光绪《镇雄州志》卷五《物产》第 54 页

稻、红、白二种。长芒谷、麻线谷、香谷、出罗陋村。细谷、出大孟村。冷水谷、三月栽，六月熟。麓川谷、金裹银谷、银裹金谷。

——光绪《鹤庆州志》卷十四《食货志·物产》第 1 页

稻之属 红麻线、白鼠牙、大香谷、小香谷、大黑嘴、小黑嘴、大谷、白鹭丰、老鸦翎、金裹银、吊谷、旱谷、大白谷、毛白谷、小白谷。

——光绪《云南县志》卷四《食货志·物产》第 13 页

谷属 稻、有黑背子、老乌谷、伢伢谷、水长谷、糯谷数种。粱、分红、白二种。菽、有黄豆、豌豆、蚕豆、种黑豆、饭豆、绿豆、白扁豆数种。麦、水旱皆宜，分大麦、小麦、大颗麦、无芒麦、燕麦数种。黍、有饭黍、糯黍二种。稷、有红、黄二色。荞、有甜荞、苦荞二种。稗、有龙爪、鸭爪、铁杆、米稗数种。御麦、一名包谷。麻、即大麻。芝麻。

——光绪《丽江府志》卷三《食货志·物产》第 29 页

谷之属 香谷米、出江外山后□□。白粘谷、红粘谷、玉谷米、乌脚粘、麻粘谷、半边粘、饭糯各半。鱼眼糯、虎皮糯、鼠牙糯、柳条糯、黄丝糯、寸糯、月下强、水涨谷、绿竹米、一名薏苡。紫米、有饭、糯二种。早谷、六月熟。晚谷、九月熟。旱谷、毛须谷、毛须糯、光头糯、黍、稷、膏粱、水子、早粟、黑谷、玉谷、寒粟、芦粟、小麦、大麦、青颗麦、玉麦、一名包谷。燕麦、光头麦、米大麦、恤米、米稗、毛稗、龙爪稗、鸭爪稗、穄、苦荞、甜荞、芝麻、胡麻、蚕豆、黄豆、青豆、白豆、黑豆、绿豆、扁豆、豌豆、架豆、饭豆、豇豆、莳季豆、羊眼豆、百日豆、青皮豆、虎皮豆、四轮豆、刀豆。

——光绪《续修永北直隶厅志》卷二《食货志·物产》第23页

谷属 麦、有四种：大麦、小麦、燕麦、玉麦。菽、有甜、苦二种。稻、有红、白、糯数种。黍、有黄、白二种。粱、有饭、糯二种。稗、有饭、糯二种。豆、有黄、白、绿、红、豌、蚕、豇、饭、扁、刀数种。芝麻。有黑、白二种。

——光绪《永昌府志》卷二十二《食货志·物产》第1页

谷 谷以稻、粱、黍、稷为常产。种之软者宜水田，硬者为山田，水田所出坚好，颖栗秋成倍蓰，近城乡民，多树艺之。距城远练，山多田少，大西半种□菽。龙江蒲窝，半种包谷，可补米粟之不足。光绪癸卯，署道石鸿韶设局，劝农冀种豆麦，兴小春之利，以时地不宜，故农业耕获仍一岁一收。谷种有红、白，谚名白糖壳者，其质刚而近柔。栽植在红谷先，成熟独后，民人常饭外，舂揄簸柔极精，凿以制饵丝，生煮可口且疗饥，晒干逾年无坏。近能出口畅销缅甸以及本省各府厅州县，为各省所无。

——光绪《腾越乡土志》卷七《物产》第8页

谷之属 安来谷、花谷、安康谷、旧《志》：此三者皆彝人所种之谷名。《采访》：尚有毛谷、红细谷、小白谷、香谷、长芒、乌嘴谷、老来红、老来黑、白糯、黄糯、香糯、黄瓜糯、虎皮糯、大糯、早糯、饭糯各种。旧《云南通志》：有小麦、大麦、燕麦、玉麦数种。《采访》：府属山多田少，多种荞与玉麦，以此为天。荞、旧《通志》：有甜荞、苦荞二种。《采访》：有黄壳、黑壳荞。豆、《采访》：有黄豆、绿豆、豌豆、饭豆、蚕豆、黑豆、茶褐豆、荚豆、羊眼豆、青豆。稷、《采访》：有红稷一种。麻、《采访》：有芝麻、火麻。蜀黍、旧《通志》：俗名高粱，顺宁有饭粱。稗、旧《通志》：有山稗、糯稗二种，又有鸭掌稗、毛稗。草子。《采访》：米似稷而微细，土人广种之以为食。

——光绪《续修顺宁府志稿》卷十三《食货志三·物产》第1页

谷属 稻、最重要之农田植物。其特征为有茎有节，叶狭长，叶柄作鞘状，围绕茎外，花为两性，或单性，花序为穗状，或复总状。各花大抵有壳及鳞被，雄蕊自一至六，有丁字药，子房为上位一室，柱头如鸟羽，果实为颖果，种子有胚乳。春下种，夏分秧，秋成熟，种类繁多，约分粳稻、糯稻两种，红稻、白稻二色，又以成熟之先后，分早稻、晚稻二类，邑人通称谷子，其薰又曰稻草。大别之为香谷、糯谷、食谷三者，县属沙坝何家寨一带出者为上，鸡街倘甸江外出者为多。粱、谷类植物。其始生曰苗，有薰曰禾，其实曰粟，其米曰粱。《周礼》：九谷六谷，皆有粱无粟，知古本同物而异名。汉以后，始以穗大而芒长粒粗者为粱，穗小而芒短粒细者为粟，俗呼小米，对稻为大米而言。或小讹为细，粟讹为稷，故又称稷米，不知为粱者，黄粱梦熟，即粟米也。叶似玉蜀黍，花小密集，花序为圆锥形，穗有芒，实有白色、黄色、赤色、锱色数种。春分始生，秋分时熟。稷、高粱也。其茎干高大似芦，穗聚而上出，实粗硬，不如黍稻之美。《说文》：五谷之长。徐曰其米为黄米。《月令章句》：秋种夏熟，历四时，备阴阳，谷之贵者。古今著录，所述形态不同。汉以后皆误以粟为稷，唐以后又误以黍为稷。黍、《说文》：以大暑时种，故谓之黍。《字汇》：苗似芦，高丈余，叶细长而尖，实有赤、白、黄、黑数种，黏者为秫，可酿酒，不黏者为黍，如稻之有秔、糯也。县坝广种，通称高粱。糯者可食，粳者不可食，只宜煮酒，其糟可喂牛豕。《几暇格物编》云其粒均齐，无大小，故昔人定分寸，度空径，皆用以为准。纵黍百，当营造尺十寸，横黍百，当营造尺十寸，横黍百，当营造尺八寸一分。又古衡法，以百黍为铢，二十四铢为一两，当今之半两也。麦、叶细长，有平行脉，茎有节，秋种夏刈。有小麦、大麦，小麦无芒（小麦又分白麦、紫麦），子多粉，以制切面、饼饵、面包、酱油之属；大麦，长芒，子可为饭，制饴糖，茎可编帽制扇。新安所一带，多种小麦。荞、荍同。高一二尺，茎赤，叶为三角形，有长柄，互生，花小而白，列为圆锥花序，实有三棱，老则黑，磨面作饼。新安所制者佳，又可作凉粉。有苦、甜二种，多出山间。《本草纲目》：味甘，气平寒，无毒，益气力，续精神。菽、豆之总名。其叶以三小叶合成，花为蝶形，或紫或白，其实皆结英。种类甚多，有黄豆、绿豆、青豆、红豆、白豆、大黑豆、小黑豆、南豆（即蚕豆，又曰佛豆）、豌豆、花豆、老鼠豆、灰豆、架豆、金豆、饭豆、扁豆、寇豆等类，为食物大宗。《滇海虞衡志》：滇以豆为重，始连英而烹以为菜，继杂米为炊以当饭。干则洗之以为粉，邑人作粉及豆腐为多，豆腐有水豆腐、干豆腐、卤豆腐诸品，豆浆较牛乳滋养，效略相当。玉麦、茎直立，高五六尺，叶状如箭镞而大，有平行脉，花单性，雄花生于顶端，雌花生于叶液。其实有黄、白、红、灰各色，密列成行，以巨苞裹之，其端有紫毛如丝。《南宁县志》：类芦而矮，节间生苞，有絮有衣，一株二三包不等，又名包谷、玉米、珍珠米、玉蜀黍。县坝广种，四乡亦多，为粮食大宗。稗、草之似谷者，其实亦可食，有水稗、旱稗二种。水稗茎扁，上青下紫；旱稗则茎通绿，稍头皆出扁穗，结实如黍粒，微苦，亦可煮粥磨面为食。薏苡。茎高二三尺，叶狭长，有平行脉。花生于叶腋，红白色，实青白色，椭圆形，可杂米中作粥饭，及磨面。常食辟瘴，马伏波所载归被谤者也。一名回回米，又曰六谷米。

——宣统《续修蒙自县志》卷二《物产志·植物》第 **19** 页

谷类 稜案草、上品。白谷、红谷、早谷、黑谷、糯谷、香谷、大麦、小麦、包麦、黍、有早、迟二种。稷、有黄、黑、红三种。粱、即高粱，有糯、饭二种。荞、有苦、甜二种。黄豆、赤豆、黑豆、绿豆、蚕豆、豇豆、豌豆、白扁豆、荷包豆、小饭豆、青皮豆、芝麻、菜子、草子、小粟、有红、黄、黑、白四色。稗。

——宣统《楚雄县志述辑》卷四《食货述辑·物产》第 **16** 页

谷类 水稻、赤稻、即臂子谷。白稻、即光头谷。糯谷、本地谷、长毛稻。

——宣统《恩安县志》卷三《物产》第 **177** 页

查曲江（即俅江），系从藏属擦瓦龙地流入。……忙苦渡动以上，惟产荞麦、膏粱、小米、苞谷、稗芋之类，以下则产旱谷，江尾之拉打阁以下，尤为广产。

——《怒俅边隘详情》第 **149** 页

查木里江，又名南洲江，木王所称。自藏属咱玉地即察隅流入。……地极辽阔，草坝较多，水田较少，稻谷极丰，其谷细长，米色白而润，味香而甜，即省城之香吊、胭脂吊等米，有不及无过之者。

——《怒俅边隘详情》第 **152** 页

稻 属禾本科，为云南极重要之主食品。滇产始自何时，未得其朔，然必气候温热，水利便捷，又有砂质壤木之地，始适于种植。考云南属西南高原，又为季风区域，冬季之风自西北吹入，气候严寒，雨量不多，延亘数月，只宜麦作。及届夏季，季风自东南吹来，气候暑热，雨量亦多，直至秋成，最宜稻作。又云南之纬度，亦在二十余度，即所谓亚热带区，以稻作之性质言之，亦适宜之温暖耕植区域。故除高寒寡雨之山地外，均可辟为稻田，稻作之盛，自在意中，吾人亦不必编列其产地。惟其品类各别，大致分为粳、糯二种，细别之，即系水、陆两稻。其中又有有芒、无芒之分，如宜良之红谷、寻甸之马尾青、缅宁之地旱谷、大理之胭脂稻，均无芒者也。早生、晚生之别，如曲靖糯、云龙糯、新平大白谷、江川大白谷、华宁早白谷、云龙香谷、大理早谷、临安早谷，皆早生种也。又如富民大糯、镇南香糯、定远大白谷、广南晚谷等，以及性能耐寒者，均晚生种也。米粒大小、长圆之不同，黄、白、红、黑、紫，色泽之差异，如景东黄糯，思茅紫糯，河西黑稻，宜良黑谷，景东、个旧、宁洱等地之紫米，均当地名产。合之以外来之品种，如会理之大糯、白糯，光化之紫谷，潼川之白谷、黄谷，日本之水稻、陆稻各种，皆清末输入而试植者。现在总计已达百有余种之多，非就稻作之产地、名称、品质、性状细加研究，不能得精密之区别也。米之出产，以宜良、玉溪等县为多，宜良米除本县食用外，尚可出口八百余兜。又五福亦以产山地谷著称，昆明、昆阳又以吊谷著。

——《新纂云南通志》卷六十二《物产考五·植物二·作物类》第 1 页

稻 禾本科，一年生，草本。品种多至数十种，难以枚举。大别分黏者糯，不黏者为杭音耕或粳。谷熟，其蒂易脱，且粒长者为吊谷；不易脱落而粒圆者摆㩜稻，俗呼连械谷；种于山地者曰籼，即旱谷。其品名，视色泽形状有芒、无芒而别。如粒大而白者，曰大白谷；粒长而壳红者，曰胭脂吊；皮灰黑者，曰灰败子；有长芒者，曰黄牛尾；成熟早者，曰早吊；晚熟者，曰晚吊。且甲地与乙地所呼之名不同，或一稻而数称其名。其生长日期，自小满节播种，芒种节栽秧，至寒露收获，计历时一百廿日。每穗约一百六七十粒至二百粒左右。以螳川及鸣矣河谷区产最盛，为输出之大宗。

——民国《安宁县志稿》卷四《物产·粮食》第 9 页

谷类 稻、白稻、红稻、糯稻、长芒稻、香稻。麦、大麦、燕麦。黍、红黍、黑黍、白黍、玉蜀黍。稷、黄稷、黑稷。豆、黄豆、蚕豆、饭豆、红豆、绿豆、黑豆、架豆、刀豆、豇豆、豌豆。荍、甜荍、苦荍（有早荍、迟荍之分）。粱、糯粱、饭粱。麻。青麻、火麻。

——民国《路南县志》卷一《地理志·物产》第 49 页

谷属 稻，有红谷、白谷、糯谷、香谷、茴香谷、麻线谷、青芒、落子谷、羊毛谷、老鸦谷、柳条谷、长芒、乌嘴谷拾数种。麦、有小麦、大麦、燕麦、西方麦数种。黍、有黄黍、长黍、红黍、白芒、芦栗、灰条数种。稷、有黄稷、红稷、白稷、黑稷数种。豆、有黄豆、白豆、红豆、绿豆、大黑豆、小黑豆、饭豆、豌豆、蚕豆、豇豆、扁豆、刀豆、羊眼豆、茶褐豆、老鼠豆、青皮豆、虎皮豆、乌嘴豆十数种。按宋祁《益部方物略记》：佛豆，秋种春敛。旧《云南通志》：佛豆，即蚕豆也。檀萃《滇海虞衡志》：滇以豆为重，始则连荚而烹以为菜，继则杂米为炊以当饭。干则洗之以为粉，故蚕豆粉条明彻轻缩，杂之燕窝汤中，几不复辨。豌豆，亦蚕豆之类，可洗粉。滇人兼食其蔓，名豌豆菜。王世懋《学圃杂疏》：蚕豆初熟，甘香，种来自云南者，绝大而佳。粱、有饭、糯二种。荍、有甜荍、苦荍二种。麻、有芝麻、青麻、胡麻、火麻数种。稗、有山稗、糯稗二种。蜀黍、即高粱。草子、米似稷而微细，夷人每食之。包谷。一名玉秫，一名玉麦，一名玉蜀。

按：滇南诸志，类以稼为稷，别粟与谷于黍、稷之外，或以谷为粱之专号，又以秫为蜀黍之通称，种种皆误。盖自宋以后之书名实已乱，虽以罗氏之《尔雅翼》、李氏之《本草纲目》，尚不能一一不爽，何况其他。惟徐元扈、陆清献两公始力正其失，而犹有未尽者，故申辩之如左。

黍穗散，稷穗专；黍秆短，稷秆长；稷黏者少，黍黏者多。黍之名有秬、有秠，其不黏者为穄，又曰糜、曰䵖。《吕氏春秋·本味篇》：阳山之穄。注云：冀州谓之糜。《说文》《玉篇》《广韵》：

稂、穈、虋三者互释，明一物也。或误以稂为稷，音相近也。以稂为稷，因或以虋为稷。夫虋下从黍，尚得谓之稷乎？稷，一名粢，俗云小米者是，亦通称为粟，为谷。粟、谷，本公名，盖物之广生而习用者，例以公名名之。如南人呼谷，不问而知为稻也。故呼稷为粟、为谷，可别粟与谷，与稷则不可。《曲礼》：稷曰明粢。《正义》曰粟也。《尔雅》郭璞注云：江东人呼粟为粢。益都贾思勰《齐民要术》云：谷者，总名。今人专以稷为谷，盖俗名耳。粱，稷之美者，《尔雅》郭璞注：虋，《诗》作穈。今之赤粱粱粟；芑，今之白粱粟，皆好谷也。言粱，又言粟，言谷，明一物也。稷粒圆，粱粒楠；稷穗小，粱穗大，二而一也。故孔氏《诗疏》直以粱为稷矣。《诗》或簸或蹂，《毛传》谓蹂黍。孔氏云：上有穈、有芑，是稷独云黍者，祭以黍为主也。稷之黏者曰秫，曰众。《尔雅》众秫，注谓黏粟也。疏云：众，一名秫。《说文》云：稷之黏者。粱，性黏者曰粱秫，一族也。俗以黍为黄米，呼秫为小黄米。然秬或曰秫，稌亦曰秫，蜀黍之黏者亦曰秫，皆借名耳。今人但云粟，云谷，云小米，不知是稷，稷之实在，而名亡矣。误稂为稷，黍之名亦乱矣。系秫于蜀黍，而秫之名，久假而不归矣。蜀黍亦有黏有不黏者，越人谓之芦稂。

——民国《宜良县志》卷四《食货志·物产》第 21 页

羊毛谷 各处皆种，而肥田尤宜。二三月间播种，四五月移栽田中，六七月抽穗扬花，八九月成熟，与各种大小白谷、红谷、香谷、糯谷同，惟粒有长芒如针，壳上悉白毛，米白色，形微圆，炊熟，性柔滑而香蓬勃，杂少数入他米中，香亦不减。每年产额约省斗万石，仅供本境人食用，不能销售外境。

——《宜良县地志稿》十二《天产·植物》第 25 页

邵甸米 查本属，米均佳，而尤以产于邵甸者为最驰名。输售省垣，价值较他处为高，以其有韧性，每升可多食一二人，故也。而尤以羊毛白谷名米为最优，以之舂饵块亦好。

——民国《嵩明县志》卷十六《物产·各种特产》第 243 页

稻 有香、白、迟、早、旱、圆、长、枣红各种。

——民国《陆良县志稿》卷一《地舆志十·土产》第 1 页

谷类 红谷、黑谷、大白谷、小白谷、吊谷、白茴香、黄茴香、早糯、小糯、羊毛谷、旱谷、水涨谷、百日谷、三百子、背子谷、麻谷、大白糯、矮脚糯。

——民国《罗平县志》卷一《地舆志·土产》第 89 页

稻之属 水谷、种最多，不能尽载。早谷、糯谷。有三四种。

——民国《续修马龙县志》卷三《地理·物产》第 21 页

籼稻、有红米、粳米、小米。糯稻、有大糯、小糯。杂粮、有大麦、小麦、粱、粟、玉蜀黍。豆类、有黄豆、菜豆、黑豆、豌豆、饭豆、扁豆、蚕豆、刀豆、四季豆。薯类。有红薯、山薯、洋薯、马铃薯、芋头。

——民国《富州县志》第十二《农政·辨谷》第 74 页

稻属 十八类：黄壳谷、香饵谷、叶里藏、黑壳谷、旱谷、麻扎谷、金裹谷、冷水谷、雾露谷、倮人谷、柳叶糯、红皮糯、响铃糯、长须糯、白壳糯、圆糯谷、大香糯、红米糯。

——民国《马关县志》卷十《物产志》第 3 页

谷之属 六：稻、有红麻线、白鼠牙、大小香谷、老粳谷、大小乌嘴、黄皮、大小白谷、金裹银、老鸦翎、白鹭丰、毛白谷、香糯、大小糯、红乌糯、圆糯、早糯。黍、穤黍、黄白黍、霸黍、红芦粟。麦、大麦、小麦、玉麦、燕麦。荞、甜荞、苦荞。粱、红粱、白粱。豆。饭豆、黄豆、黑豆、绿豆、扁豆、红豆、白豆、茶褐豆、豌豆、老鼠豆、蚕豆、豇豆。

——民国《邱北县志》第三册《食货部·物产》第 12 页

稻之类 有以色名者，曰红稻、白稻、黄稻，有以味名者，曰香稻、糯稻，而香糯、黏糯、柳条糯之属附焉，其因地异名者，则有旱稻，而山田水田之所出种类实繁，其因时异名者，则有早稻，而夏末秋深之所登迟速宜辨，他如粱与荞皆以味别。粱有饭粱、糯粱，荞有甜荞、苦荞。黍与稷均以色分，黍有黄黍、白黍、红黍，稷有黄稷、红稷、黑稷。而麦之为类，独辨之以形，大麦、小麦、燕麦名称各别。至于菽，即为豆。名详旧《志》。菜亦名蔬。名详旧《州志》。草芽熟藕味较甘美，为邑中特产。疗疾病赖有药材，名详旧《州志》。桑寄生膏以建产为佳。荐时食不遗瓜果，名详旧《州志》。云龙山之山查，沙坝之石榴，旷野之桃、团山之梨最为特色。草木花卉，名详旧《州志》。不独樵采所资为鸟、兽、虫、鱼。岩洞产鱼，异常肥美，口有四须，色微红，鳞极细腻，以手扪之滑润如脂，迥与他产异。昔鄂少保巡阅至此尝食而美之，谓不亚淞江之鲈鱼。藏洞天深处最为难得，惟遇河水涨入时，辄出洞逆流而上，渔人乘而取之，然所获亦仅矣。

——民国《续修建水县志稿》卷二《物产》第 4 页

谷属 稻、《旧州志》：凡百余种，可以红、白稻、糯稻概之。麦、《旧州志》：有小麦、大麦、玉麦、燕麦数种。稷、《旧州志》：有红、黄、黑三种。豆、《旧州志》：有黄豆、菜豆、扁豆、青豆、大黑、小黑数种。粱、《旧州志》：有红、白二色，饭、糯二种。荞、《旧州志》：有苦、甜二种。麻、《旧州志》：有芝麻、火麻二种。稗、《旧州志》：有山、糯二种。草子米。《旧州志》：米似稷而略小，夷保广种，多食。特别产：紫谷、《采访》：米作紫绛色，质味软糯，能滋阴接骨，因远一带多种之。山谷。《采访》：种之山原，故曰山谷。味与水谷同，而粒较小，夷族多种食之。

——民国《元江志稿》卷七《食货志》第 1 页

谷、麦、荞、豆 谷去皮壳而为米，有红、白二种，古称五谷。豆、谷有稻、谷名。粱、高粱。菽、豆名。麦、分大小。黍、粒细，红黄色。稷小糯米。等名。此外，荞为百谷之王，与豌豆均不为虫蛀，若谷、米、豆、麦等不免虫食。谷、粱、麦均可煮酒。藁可饲马牛，亦可制草帽、草鞋、草纸等类。

——民国《楚雄县乡土志》卷下《格致·第九课》第 1354 页

稻属 李《通志》八：红、白毛谷、光头、长芒、麻线、青芒、早吊谷。管《志》八：同上。王《志》增二：糯谷、黄壳稻。甘《志》增四：糯、俗呼糯谷。稜、俗呼稜案早。橷、俗呼瓦灰谷。穮。俗名青秆黄。增补二十二：稻分粳稻、糯稻两种。粳稻尚有大白谷、小白谷、红米谷、红壳谷、老红谷、大瓦灰谷、抖谷、黑抖谷、三百子、凤尾谷、麻线等种；糯稻还有大糯、小糯、黄瓜糯、南山糯、冷水糯、秕糯、香糯等种，而香糯为三角著名特产，炊熟香气流溢，人多增价购之。外东乡，近有麻秋湾稻、性耐寒，有红、白二种，穗长六寸，苗高三尺。小红稻、穗短，性亦耐寒。川白谷、茎高，成熟较迟。红冷水谷，壳黑，米较小。均近年输入者。

谨按：麻线可早种早收，昔年多不普种。长寿、洋派两溯收水时，溯心稻未成熟，而下流受水利者急于筑闸，以致水淹稻谷，缠讼不休。自此种稻谷输入，成熟较早，于收水既无妨害，且潴水既多，溯心亦得早栽，此稻于两溯实多利赖云。

——民国《姚安县志》卷四十四《物产志之二·植物》第 1 页

谷品 县境土肥力厚，五谷皆宜。环城平畴，宜白谷，不宜糯稻。南豆、黄豆出产最多。大小麦则东界山迤尤宜。三角一乡，天气较热，最宜早稻，产谷较他境数倍。东南山民，惟种荞稗，栽稻半不成熟。

——民国《姚安县地志·天产》第 903 页

谷品 稜案早、红壳白米，浸润可口，此稻品之最上者。糯谷、白谷、黑干谷、马尾稻、黑壳有芒，形如马尾。金裹银、老来红、大麦、小麦、玉麦、黍。黍有二种，夏种秋收者宜平原，夏种冬收者宜山地。

——民国《镇南县志》卷七《实业志七·物产》第 633 页

谷菽 以稻、有粳、糯等十余种。麦、有大麦、小麦两种。菽、稗、蚕豆、豌豆、有汤豌豆、麻豌豆、菜豌豆、大白豌豆数种。玉蜀黍有粳、糯二种。等为大宗。此外如高粱、薏苡、豇豆、藊豆、黄豆、饭豆、兵豆、胡麻、小米、四季豆等皆有之。

——民国《广通县地志·天产·植物》第 1420 页

谷之类 有稻，春下种，夏分秧，一年一熟，栽于水田。稻分两种，有秔稻、与粳同。糯稻。又称糯谷。秔稻：俗又称饭谷，去壳曰米。昭通米以洒渔河、木瓜林为上色，南乡自发村次之。山田米较少滋润。红谷、粟壳色红，米则色如桃花。黄谷、粟色苍黄，米为白米。白谷、即光头谷，粟粒有大、小二种，米亦白色，有油气。麻线谷、穗长，望之如麻线，故名。米亦白色。本地谷、俗名羊毛谷。长芒谷、芒长如大麦，米白色。秕子谷、栽早收迟，性能耐久。用以储仓，虽经数十年不至朽腐。糯稻有黄瓜糯、米粒大，粟壳色黄。灰糯、穗长，粟如灰色。长芒糯、穗芒长二寸许。猪屎糯、穗长而大，与猪屎稗略同。香谷糯。味甘，气香。然因天时平和，糯米类不甚佳，农人种者亦少，故由大关、角魁、水城输入者较为优胜。

——民国《昭通志稿》卷九《物产志》第 7 页

巧家因各地气候有寒、温、热之分，农产物之种类亦因地而异。计谷类及杂粮可分稻、玉蜀黍、膏粱、小米、豆、麦、荞七种。兹分述如下。

稻 稻有粳、糯二种。粳米又以时分之，有早、晚二种；以色分之，有红、白二种，产量最多。糯米亦有早、晚之分，色纯白，产量最少。两种又因成熟时收取之方法不同，而分为掼桶谷、粮械俗呼连枷为粮械。谷两种。掼桶谷多产于第一区，因熟时农家畀木制五尺见长、四尺见宽、三尺见高之方桶入田中，随将割取之谷用手持其根部，以谷穗向桶中猛掼，谷粒即脱穗落入桶中。粮械谷多产于二、三、四、五、六、七、九、十等八区，因成熟割取后须堆置一月以外，然后布之广场以连枷击之，谷粒始脱穗落地也。

玉蜀黍 玉蜀黍除极寒之高地不宜种植，产量颇少外，凡寒温热各地段俱普遍种植，产量超过于稻。其种可分为黄、红、白、花四种，以黄者为最多，白次之，红又次之，花最少。几成为农家之主要食粮，亦间有用作酿酒煮糖者。

膏粱 膏粱分糯、饭两种，糯者较饭者为优。大多用作酿酒，间有磨粉制汤团、糖饼者。

小米 小米产量不多，惟瘠瘦田地空隙处有之。其粒用作造饭或作糍粑之用。

豆 豆分大豆、绿小豆、赤小豆、蚕豆、豌豆、干豆、扁豆、土名呼为大四季豆。刀豆、土名为刀板豆。四季豆等九种。大豆以色分，可列为黄、黑、绿、花四类，以黄豆出产最多，绿豆次之，黑豆又次之，花豆最少。皆专供磨制豆腐之用，无用以榨油者。绿小豆、赤小豆俱用以作蔬食，或洗沙煮烂后用手搓洗，俟沉淀后取得淀粉，即呼为洗沙。作糖食包心之用，价较其他豆类为贵。蚕豆、豌豆俱供菜食，或有用作制粉者。干豆、扁豆、刀豆产量最少。干豆，荚嫩时可食；扁豆惟其种籽可食；刀豆荚嫩时可腌食。四季豆出产与大豆相埒，以色分之，可别为花、白、红三种，以花者为最多。肉壳者，荚嫩时可食，种籽俱供食用，间有取其白者磨面代皂，用于洗濯者，故又有呼为澡豆。

麦 麦分大麦、土名老麦。小麦、裸麦、土名为大米麦。青颗麦、燕麦五种，以燕麦出产为最多，青颗麦最少。

荞 荞有甜荞、苦荞两种，产量俱多。

——民国《巧家县志稿》卷六《农政・辨谷》第39页

津属各地，因高度差大，而气候有湿润不同，故农产物之种植亦因地而异。谷类与杂粮可大别为稻、玉蜀黍、豆、麦、荞五种，其他高粱、黍米、稗次焉。兹分志于下。

稻、有粳、糯二种。粳谷碾米炊饭，常食滋养润补；糯米软滑粘滞，可为汤饼，煮粥较佳，但作饭不如粳米消化。稻种适宜地带高低各有不同，播种蓄秧亦自有别。如仁富、安乐、保隆等处，须播种于温暖向阳之地，插秧时始将秧拔起运回栽插，则收获早熟。又插秧施肥各地悬殊，有先用肥料洒于秧田，然后铲起分莳者，有将秧拔起施以肥料而分莳者，此皆用于瘠薄之田。凡肥沃之田，多本土蓄秧，白水栽插。糯则宜种肥田。稻之种类名称极多，如陀谷、签签谷、竹椏谷、小麻壳、大麻壳、红边黏、冷水谷、竹椏露、酒谷、半边黏、饭谷、红花饭谷、龙头谷（米红色）等，矧土宜而种之，斯为美矣。玉蜀黍、一名包谷、玉秫或玉麦，产量极多，为盐津县粮食中之主要品。性有粳、糯，然糯亦不常见。色分黄、白、红、花等种，黄最多，白次之，红、花最少，在津境内随地皆产。除供作饭食用外，以之熬糖、酿酒或饲畜，有余则运销于川地。种时宜计算时节之早迟，出蕙〔穗〕放苞是否在三伏之中，预避旱潦。宜深耕而多沟渠，选用优良品种，庶少欠收也。豆[①]、麦、分酱麦、谷麦、燕麦、麦儿四种。酱麦即小麦，盐津初冬播种，春末夏初收获。麸薄而粉富，磨面制造成食品之方式极多，如饼、饵、面、食酱类等，有常充膳食之家，或以之酿酒制糊。若谷麦即大麦，麸厚粉少，只宜酿酒或饲畜。燕麦可作麦片，近来销路颇广，盐津种者极少，似宜提倡。麦儿略类谷麦，可磨为炒面，或澄粉供食，或以饲畜。荞、有苦、甜二种，俱可磨面为饼饵之用。保隆、永安两乡种植者较多。苦荞春种夏收，除食用外，并可酿酒或饲畜。甜荞于处暑时下种，冬间收获，贫民有作食粮。高粱、黍米、稗。高粱与玉蜀黍收种同时，果实形如稻穗，色绛红，供食用。盐津多以酿酒，味甚佳。黍米一名小米，形似粟米，色白而圆，有黏性，似糯米，以之作粥及饼饵。稗实小色褐，可供食用及饲畜。

——民国《盐津县志》卷八《农业・农产》第1759页

谷类 马尾粘、性滋润，日食以此为最佳。碎白、百日可成熟。大河、子大壳厚，多种捋租。冷水、性耐冷。黄粘、青杠黏、麻渣。嘴有芒。以上属粳谷。黄糯、白糯、五子堆、鸳鸯粘、一名半边糯。麻糯。以上属糯谷。

——民国《绥江县县志》卷三《农业志》第42页

谷之属 十：稻、有红、白、黄、黑四色，分饭、糯二种。稷、有黄、红、黑三种。麦、有小麦、大麦、玉麦、燕麦四种。豆、有蚕豆、黄豆、饭豆、绿豆、黑豆、豌豆、扁豆七种，惟蚕豆大而且多。黍、有黄、白、红、饭糯各种。粱、有红、白二色，饭、糯二种。莜、有甜、苦二种。包谷、一名玉秫，一名玉麦，一名玉蜀。黍、有黄、白二种。麻、有芝麻、火麻二种，有实者别名苴，而无实者别名枲。稗。有龙爪、鸭爪、铁秆、米稗数种。

——民国《大理县志稿》卷五《食货部二・物产》第1页

---

① 豆　详见本书“菽之属”条下，第59页。

稻之属 有秔稻、秔与粳同，蒙化多晚稻，七八月获者为早稻，有黄、红、白、花、麻线等种。糯稻、稻之粘者为秫，即糯稻也，以有香味者为佳。秫谷、栽最早而收最迟，性能耐久，用以储仓，虽经十数年不朽。麦、即大牟小秣也，大麦多用以煮酒制饴，小麦磨面作食。燕麦、其叶似麦，其形类草，其子似粟而色黄，多杂生麦中。荞麦、一名荍麦，一名乌麦，一名花荞，磨面如麦，故有麦名，分甜、苦二种。芦粟、即膏粱，一名蜀黍，一名蜀秫，又名木稷，又名荻粱。有饭、糯二种。菽、即大豆，本作未，荚谷之总称也。角曰荚，叶曰藿，茎曰萁，有黄、白、黑、褐、青红、绿斑等种。赤小豆、以紧小而赤黯色者入药，稍大而鲜红者并不治病。饭豆、形类赤小豆，绛色，煮烂洗去其皮作沙，为饼馅最良，俗以为赤小豆，非是。绿豆、以色名，作荩非。白豆、小豆之白者。豇豆、一名蜂䑜，荚必双生，故名。藊豆、本作扁，一名蛾眉豆。刀豆、一名挟剑豆，以荚形命名也。蚕豆、荚如老蚕，故名。《农书》谓其蚕时始熟，亦通。胡麻、即脂麻，一名巨胜，一名方茎，一名狗虱、一名油麻。有黑、白二种。火麻、即大麻，一名黄麻，一名苴麻。至秋乃刈，俗又谓之秋麻，皮可绩线作绳，并制布履等。子名曰蕡，可生食，亦可榨油入药。稗、有二种，一草稗，多生谷田中，即所谓莠；一种山地，子稍大，土人多磨面作食。黍、色黄，性极黏，形似粟粒而稍大。玉麦、一名包谷，一名包麦，有黄、白、红三种。豌豆、初生子嫩，连荚食之，名曰玉豆，其芽作菜，味亦鲜。粟、有红、白二种，子细如黍。荷包豆、形类荷包，故名。羊角豆。以其形似羊角，故名。又名四季豆。

——民国《蒙化县志稿·地利部》卷十一《物产志》第 1 页

白水谷、形稍长，色白，无芒，米红。麻水谷、长一二分，谷麻，米红。黑水谷、色黑，米红，芒长三四分，肥田尤甚。长芒水谷、色黑，米红，芒长寸许，又名挡账谷。石头谷、有二种，一名天生谷，一名老鸦谷。色黑，无芒，米红，甫出穗时，包叶披下。鱼子糯谷、色白，翅下有一红点，穗短子密，米红。小麻谷、谷色麻，米色红，无芒。二白谷、又名光头谷。形细长，色白，米红。黄谷子、有二种：一为白壳，形稍圆；一为黄壳，形稍细，蒂紧。大白谷、色白，无芒，米白，最宜作粑饵。猛令谷、形长，色麻，米红。背子谷、形圆，穗短子密，谷白，米红。冷水麻线谷、杆软，色麻，米红，蒂松，耐冷。花膀谷、色黑白相间，米红，无芒。牛虱谷、色黄，米红，芒长一分许。白糖颗谷、无芒，粒细圆，色白。红禄丰谷、谷、米均红色，杆紫，分细、大二种，大者形大而圆，细者形细而长。小红谷、有红、白二种，惟米色均红，杆白色，粒长椭形，质硬，无芒。白团稞谷、有二种，包叶高者名叶里藏包，叶低者名紫脚白谷，米均白色。有一种小白稞谷，用作饵丝顶好，胡家湾人尽选此种所治。老来红谷、形圆，蒂紧、子稀，谷红米白，质软。七月早谷、形长，蒂极松，谷红米白。麻早谷、又名花肩膀，色花麻，米红。紫杆白谷、杆紫，蒂紧，谷、米均白。白禄丰谷、壳黄黑，米圆形白色，无芒，质软，产南方。毫猛垒谷、粒细长，白色，无芒，质软，产南方及各司地。板梳谷、颗粒细长，色白，质软，有芒，产南方及司地。红板梳谷、又名红老鼠牙。颗粒细长，米色红，无芒。磕粑起谷、粒细圆无芒，色白，质硬，宜种于冷水田。可作凉粉，舍此不能也。牛屎谷、粒瘦长，色白，无芒，质软。白板梳谷、粒瘦长，色白，无芒，多种作早谷。野人谷、每穗有百余颗，圆形，色水红，种作早谷。大黄糯谷、又名雾露糯，形扁圆，色黄，米白，杆硬。黄瓜糯谷、形细长，又名小黄糯，色淡黄，米白。老麻糯谷、形长，色麻，米白，蒂紧。禄丰糯谷、有二种，一名香糯，一名红心糯。形细长，色淡红，糙米色红，熟米色白，其味较美。背糯谷、形圆，色黄红，米白，穗短子密。水谷糯、色麻，米白，芒长二三分。大花糯谷、粒细圆，米色白，无芒。小糯谷、粒细颗，米色白，无芒，此种米用饴糖。毫南绩糯谷、光头，粒细长，米白色，无芒，作甜白酒顶佳。黑糯谷、粒细圆，色白，无芒。撒殿糯谷、粒细长，色白，有芒。大白糯谷、粒长椭形，质硬，色白。鱼子糯谷、谷口有细黑点，一穗缀粒望之如鱼子，故名。质性黏软合中，米色稍乌，中食不重看。

——民国《腾冲县志稿》卷十七《农政·辨谷》第 328 页

谷属 麦、有四种：大麦、小麦、燕麦、玉麦。菽、有甜、苦二种。稻、有红、白、糯数种。黍、有黄、白二种。粱、饭、糯二种。稗、有饭、糯二种。豆、有黄、白、绿、红、豌、蚕、豇、饭、扁、刀数种。芝麻。有黑、白二种。

——民国《龙陵县志》卷三《地舆志•物产》第 17 页

谷类 大白谷、大红谷、小白谷、小红谷、麻线谷、鼠牙谷、玉谷、毛谷、旱谷、冬谷、百日谷、连楷谷、老来谷、白壳谷、矮脚糯、小香糯、大香糯、黄瓜子糯、包谷、高粱、分红、白、糯三种。玉米、黍米、大麦、小麦、甜荞、苦荞、包麦、芝麻。

——民国《景东县志》卷六《赋役志附物产》第 168 页

谷属 麦、有二种：大麦，玉麦。菽、有甜、苦二种，俗言荞。稻、有红、白、糯数种。黍、有黄、白、红三种。粱、有饭、糯二种。豆、有黄、白、绿、红、豌、蚕、豇、饭、扁、刀数种。芝麻。有黑、白二种。

——民国《镇康县志》（初稿）第十四《物产》第 5 页

旱谷 山田多种旱谷，亦谷类之一种。田土锄松，待雨后撒种，亦如内地之撒麦，不须另插秧苗。下种约在清明节前后，天旱则不出苗，故野卡瓦有人头祭旱谷祈天之风。即种，不耰不蓐，杂草随生，待秋熟而剪其穗，谷干杂草刈而焚之，以备明年耕种。旱谷大都红米，实肥短，食之有香气。亦有糯米，宴客多用之。

——《滇西边区考察记》之一《班洪风土记》第 21 页

杂粮 余所见山地，以种旱谷者为最多，次则玉蜀黍、芝麻。秋收始过，余获见之。闻土人曰：亦种豆、麦、荞粮，薯芋类有数种，惟少见耳。菜蔬则惟青菜、南瓜，且不易得。余在班洪寨五宿，日食总管园中青菜，余无有。在岗猛，青菜亦不获，购一南瓜，淡甜不适口，闻有韭蒜，则以为贵品也。在南腊，得一餐豆腐，汉家所为也。

——《滇西边区考察记》之一《班洪风土记》第 21 页

耕种 孟定平原，人户稀疏，有田且无人种，而土质肥沃，产米甚丰，附近山寨多自此购，为出产大宗也。……夏种冬收，丰年可得一千二百担，通常只收一千担，一千担谷舂米得五百担，应纳土司粮四十八担谷，合米二十四担，故一年收成有四百七十六担米。每担价约三元，合计值一千四百二十八元，除雇工工资外，得一千一百五十八元，一家衣食可得丰裕也。然此为头目之家，平民则不易雇工，虽欲多种亦不可能，一家所耕种，差足一家人之衣食而已。……

——《滇西边区考察记》之六《摆夷地琐记》第 131 页

二、糯之属

糯之属 十四：黑嘴糯、虎皮糯、响壳糯、柳叶糯、铁脚糯、香糯、麻线糯、饭油糯、乌糯、红糯、白糯、园糯、大糯、小糯。

——嘉靖《大理府志》卷二《地理志·物产》第 70 页

糯之属 十四：黑嘴糯、虎皮糯、响壳糯、柳叶糯、铁脚糯、香糯、麻线糯、饭油糯、乌糯、白糯、圆糯、红糯、大糯、小糯。

——万历《云南通志》卷二《地理志一之二·云南府·物产》第 13 页

糯之属 十四：大、小、香、红糯、麻线、黑嘴、虎皮、响壳、柳叶、乌糯、白糯、圆糯、铁脚、红油糯。

——万历《云南通志》卷二《地理志一之二·大理府·物产》第 33 页

糯之属 二：香、黏。

——万历《云南通志》卷二《地理志一之二·临安府·物产》第 54 页

糯之属 七：红、白、乌、香、水、虎皮、柳叶。

——万历《云南通志》卷二《地理志一之二·永昌军民府·物产》第 67 页

糯之属 二：大、小。

——万历《云南通志》卷三《地理志一之三·曲靖军民府·物产》第 15 页

糯之属 九：虎皮、珍珠、牛皮、松子、香、小、长芒、麻苫糯、早糯。

——万历《云南通志》卷三《地理志一之三·鹤庆军民府·物产》第 36 页

糯之属 六：长糯、圆糯、麻线糯、虎皮糯、响壳糯、香糯。

——万历《云南通志》卷四《地理志一之四·景东府·物产》第 12 页

糯之属 四：香糯、虎皮糯、麻线糯、响壳糯。

——万历《云南通志》卷四《地理志一之四·元江军民府·物产》第 15 页

糯之属 四：圆糯、香糯、响壳糯、虎皮糯。

——万历《云南通志》卷四《地理志一之四·广南府·物产》第 21 页

糯之属 二：香糯、圆糯。

——万历《云南通志》卷四《地理志一之四·镇沅府·物产》第 30 页

糯谷之属 八：香糯、谷糯、黑嘴糯、油糯、柳条糯、大糯、小糯、白圆糯。

——万历《赵州志》卷一《地理志·物产》第 25 页

香糯 出富民。

——康熙《云南通志》卷十二《物产·云南府》第 6 页

糯之属　柳叶糯、红壳糯、香糯、圆糯。

——乾隆《新兴州志》卷五《赋役·物产》第 30 页

糯属　旱糯、红心糯、柳条糯、红皮糯。

——乾隆《续修河西县志》卷一《食货附土产》第 46 页

糯之属　圆糯、长糯、黄糯、黑糯、胭脂糯。

——乾隆《弥勒州志》卷二十三《物产》第 49 页

扁米　五郎沟僰人当糯谷方实时，采其稞者焙而舂之，色碧而软，美且芳，谓之扁米。

——乾隆《石屏州志》卷八《杂纪》第 16 页

虎皮糯、珍珠糯、牛皮糯、松子糯、旱糯。[①]

——康熙《鹤庆府志》卷十二《物产》第 23 页

秫之属　四：香糯、黑嘴糯、响壳糯、麻线糯。

——雍正《云龙州志》卷七《物产》第 1 页

糯米　西南夷地宜种糯米，夷人团米作饭。闻缅夷用糯米团作军粮，随身携带，无俟战止，就食极为简便。糯米不甚软，亦不甚黏，作糕饼仅可参以粳米一二成。

——《滇南闻见录》卷下《物部·宝属》第 31 页

香糯谷　旧《云南通志》：出富民。《云南府志》：出昆明。

柳叶糯谷　《云南府志》：出富民。

茴香糯谷　《云南府志》：出宜良。《宜良县志》：有黄、白二种。

红糯谷　《云南府志》：出安宁。

——道光《云南通志稿》卷六十九《食货志六之三·物产三·云南府》第 1 页

虎皮糯、珍珠糯、牛皮糯、松子糯、旱糯　《古今图书集成》：俱出鹤庆。

——道光《云南通志稿》卷六十九《食货志六之三·物产三·丽江府》第 41 页

紫米　《他郎厅志》：色紫碎颗，蒸之其粒复续，故名接骨米。

——道光《云南通志稿》卷七十《食货志六之四·物产四·普洱府》第 1 页

紫糯米　《新平县志》：一名接骨米，出江外瘴乡。碎者可蒸接成颗。

扁糯米　《新平县志》：即白糯米，初生时，夷人用以压扁。

——道光《云南通志稿》卷七十《食货志六之四·物产四·元江直隶州》第 54 页

糯之属　香糯、大糯、小糯、乌糯、红糯、麻线糯、响壳糯、白圆糯。

——光绪《云南县志》卷四《食货志·物产》第 13 页

糯谷　与上四种（香稻、和罗、高粱、甘蔗）同属显花部被子类禾本科单子叶植物，且与香稻同性质、同形状、同功用。我邑产者尤佳，滇中罕有其匹。

——光绪《元谋县乡土志》（修订）卷下《格致·第六课》第 396 页

[①] 此条，光绪《鹤庆州志》卷十四《食货志·物产》第 1 页同。

三、黍稷之属

粟米 味咸，微寒。主滋阴，养肾气，健脾胃，暖中。反胃，服之如神。治小儿肝虫或霍乱吐泻，肚疼变痢疾，或水泻不止，服之即效。用草连根，治转食冷吐。

——《滇南草本》卷一第 41 页

境内天气常热，其民多百夷，其田皆种秋，而早收。以其穗悬于横木之上，日舂造饭，以竹器盛之，举家围坐，捻为团而食之，食毕，则饮冷水数口而已。

——景泰《云南图经志书》卷四《景东府·风俗》第 21 页

黍秫之属 九：红小黍、白小黍、黑小黍、黄黍、霸黍、饭芦粟、麦芦粟、灰条稷。

——嘉靖《大理府志》卷二《地理志·物产》第 70 页

黍、稷、粱、稌、芝麻。

——隆庆《楚雄府志》卷二《食货志·物产》第 35 页

黍秫之属 七：黄黍、红小黍、白小黍、长芒黍、饭芦粟、糯芦粟、灰条稷。

——万历《云南通志》卷二《地理志一之二·云南府·物产》第 13 页

黍秫之属 八：红黍、白黍、黑黍、黄黍、霸黍、饭芦粟、麦芦粟、灰条稷。

——万历《云南通志》卷二《地理志一之二·大理府·物产》第 33 页

黍秫之属 三：红、黄、白。

——万历《云南通志》卷二《地理志一之二·临安府·物产》第 54 页

黍秫之属 二：黄黍、芦粟。

——万历《云南通志》卷二《地理志一之二·永昌军民府·物产》第 67 页

黍秫之属 五：黍、稷、粱、稌、芝麻。

——万历《云南通志》卷三《地理志一之三·楚雄府·物产》第 8 页

黍秫之属 五：高粱黍、粟、荑稗、苏子、宋黄谷。

——万历《云南通志》卷三《地理志一之三·曲靖军民府·物产》第 15 页

黍之属 一：黄。

——万历《云南通志》卷三《地理志一之三·澂江府·物产》第 22 页

黍之属 二：黄黍、赤黍。

——万历《云南通志》卷三《地理志一之三·蒙化府·物产》第 28 页

黍秫之属 七：芦粟、苏子、灰条、黄黍、芝麻、麻子、白黍。

——万历《云南通志》卷三《地理志一之三·鹤庆军民府·物产》第 36 页

黍秫之属　二：黄黍、芦粟。

——万历《云南通志》卷三《地理志一之三·姚安军民府·物产》第 46 页

黍秫之属　四：黄黍、白黍、芦粟、灰条稷。

——万历《云南通志》卷四《地理志一之四·寻甸府·物产》第 4 页

黍秫之属　四：黍、稷、粟、芝麻。

——万历《云南通志》卷四《地理志一之四·武定军民府·物产》第 9 页

黍秫之属　四：黄黍、白黍、芦粟、灰条。

——万历《云南通志》卷四《地理志一之四·景东府·物产》第 12 页

黍秫之属　三：黄黍、白黍、芦粟。

——万历《云南通志》卷四《地理志一之四·元江军民府·物产》第 15 页

黍稷之属　五：饭芦粟、麦芦粟、灰条稷、早粟、寒粟。

——万历《云南通志》卷四《地理志一之四·北胜州·物产》第 33 页

黍秫之属　三：黍、秫、高粱。

——万历《云南通志》卷四《地理志一之四·新化州·物产》第 35 页

黍秫之属　三：黄黍、白黍、芦粟。

——万历《云南通志》卷四《地理志一之四·者乐甸长官司·物产》第 37 页

黍秫之属　三：黄黍粟、红芦、菽谷。

——万历《赵州志》卷一《地理志·物产》第 25 页

黍　有黄、白、红三色，又有长芒、芦粟、灰条数种。

稷　有黄、红、黑数种。

粱　有饭、糯二种。

麻　有脂麻、青麻、火麻数种。

——康熙《云南府志》卷二《地理志八·物产》第 1 页

黍稷之属　黄黍、芦粟。

——康熙《姚州志》卷二《物产》第 13 页

黍　黄黍、穗垂如尾。粟、黄、白二种。高粱、茎甚长，有黄、白二种。芦粟、类高粱而矮。稗、朱稗、长芒二种。鸭爪稗、穗如鸭爪。灰条、有饭、糯二〔种〕，即薇也。胡麻。即巨胜子。

——康熙《蒙化府志》卷一《地理志·物产》第 38 页

黍　黄黍、灰条、芦粟、高粮、稗子、牙爪稗、胡麻、粟。

——康熙《顺宁府志》卷一《地理志·物产》第 28 页

粱　饭粱、糯粱。

黍　黄黍、白黍、红黍。

稷　黄稷、红稷、黑稷。

——雍正《建水州志》卷二《物产》第 6 页

黍稷之属 九：红小麦、白小麦、芦粟、灰条、稷米、玉麦、秃麦、芭子、芝麻。

——雍正《云龙州志》卷七《物产》第 2 页

黍之属 黄黍、白黍。

——乾隆《新兴州志》卷五《赋役·物产》第 31 页

黍属 白黍、黑黍、糯黍。

——乾隆《续修河西县志》卷一《食货附土产》第 46 页

粱之属 有稷、黍、一名黄米。粟、一名粟谷。麦、一名来麦，俗名小麦。大麦、一名牟麦。稗子。有水稗、鸭掌稗二种。附雀麦、一名燕麦。玉麦、一名玉秫，一名玉高粱。蜀麦、一名秫，一名高粱。穄子。火麻、苎麻、苘麻、脂麻。一名芝麻，一名胡麻，一名巨胜。

——乾隆《黎县旧志》第 12 页

黍稷之属 红黍、糕粮、即蜀黍。狗尾粟、草子、老来红、鸭爪稗。

——乾隆《广西府志》卷二十《物产》第 1 页

黍 糯黍、饭黍。
稷 糯粟、高粱。

——乾隆《陆凉州志》卷二《风俗物产附》第 25 页

黍属 黄黍、白黍、高粱、小米、青藜、老来红。

——乾隆《开化府志》卷四《田赋·物产》第 27 页

黍稷之属 红黍、黑黍、糯黍、糯粟、饭粟、糕粮。

——乾隆《弥勒州志》卷二十三《物产》第 50 页

黍类 芦粟、黍。
稷类 灰条、稷、早粟、寒粟、穄。

——乾隆《永北府志》卷十《物产》第 1 页

盛百二《黍稷稻秫粱辨》：黍穗散，稷穗专；黍秫短，稷穄长；稷黏者少，黍黏者多。黍之名有秬、有秠，其不黏者为穄，又曰穈、曰繄。《吕氏春秋·本味篇》：阳山之穄。注云：冀州谓之穈。《说文》《玉篇》《广韵》：穄、穈、繄三者互释，明一物也。或谓以穄为稷，音相近也。以穄为稷，因或以穈为稷。夫穈下从黍，尚得谓之稷乎？稷，一名粱，俗云小米者是也，亦通称为粟，为谷。粟、谷，本公名，盖物之广生而习用者，例以公名名之。如东南呼谷，不问而知其为稻也。故呼稷为粟，为谷，可别粟与谷，与稷则不可。《曲礼》：稷曰明粢。《正义》曰粟也。《尔雅》郭璞注云：东人呼粟为粱。益都贾思勰《齐民要术》云：谷者，总名。今人专以稷为谷，盖俗名耳。粱，稷之美者，《尔雅》郭璞注：虋，《诗》作穈。今之赤粱粟；芑，今之白粱粟，皆好谷也。言粱，又言粟，言谷，明一物也。稷粒圆，粱粒椭；稷穗小，粱穗大，二而一者也。故孔氏《诗疏》直以粱为稷矣。《诗》或簸或柔，《毛传》谓踩黍。孔氏云：上有穈、有芑，是稷。独云黍者，祭以黍为主也。稷之黏者曰秫，曰众。《尔雅》众秫，注谓黏粟也。疏云：众，一名秫。《说文》云：稷之黏者。粱，性黏者曰粱秫，一族也。俗以黍为黄米，呼秫为小黄米。然秬或曰秫，稬亦曰秫，皆借名耳。今之但云粟，云谷，云小米，不知是稷，稷之实在，而名亡矣。误穄为稷，黍之名亦乱矣。系秫于蜀黍，而秫之名，久假而不归矣。蜀黍亦有黏有不黏者，越人谓之芦穄。

——嘉庆《永善县志略》卷下《艺文》第 756 页

梁　　《丽江府志》：红、白二色，产石鼓一带地方。

无芒黍　旧《云南通志》：出旧宝山州，穗无芒而实圆。

——道光《云南通志稿》卷六十九《食货志六之三•物产三•丽江府》第 40、41 页

高粱　檀萃《华竹新编》：元谋高粱有二种，其黏者为酒露，可敌汾酒，名甲滇南。古者梁州以产梁得名，元谋其独钟梁州之盛气矣。

——道光《云南通志稿》卷七十《食货志六之四•物产四•武定直隶州》第 47 页

黍稷之属　黄黍、麻子、芦粟。

——道光《姚州志》卷一《物产》第 241 页

黍稷之属　旧《志》二种：黄黍、芦粟。

——光绪《姚州志》卷三《食货志•物产》第 43 页

和罗、高粱　和罗生陆地，夏种秋熟，叶大而稀，茎短而硬，一茎一穗，结实数百粒，黄色，味甘而香。高粱与和罗同，其不同者惟茎较高，实之色黑者可酿酒，红者可染竹器。

——光绪《元谋县乡土志》（修订）卷下《格致•第四课》第 395 页

黍秫之属　糯黍、黄黍、小白黍、霸黍、红小黍、红芦黍。

——光绪《云南县志》卷四《食货志•物产》第 13 页

高粱、红、白二种。黍、芝麻。

——光绪《鹤庆州志》卷十四《食货志•物产》第 1 页

黍属　狗尾粟、水稗、旱稗、糯粟、米稗、青胡、草子、水子。

——光绪《镇雄州志》卷五《物产》第 55 页

黍稷之属　新增五种：黄黍、芦粟、黑黍、狗尾黍。作饵佳。

——光绪《续修白盐井志》卷三《食货志•物产》第 53 页

膏粱　宜高燥地，近山居民，播种陵原间，长至六尺，形似甘蔗，而枝叶较细，一茎数穗，能结数百粒。夏种秋成，用造酒味极甘芳，然醒酿者多取之稻膏粱一种。其数寥寥，非农家恒产。

——光绪《腾越乡土志》卷七《物产》第 8 页

黍类　狗尾粟、稗子、水、旱。天生米、羊子粟。黍子、穗如马尾。灰条。可酿甜酒。

——宣统《恩安县志》卷三《物产》第 178 页

蜀黍　属禾本科，即高粱之别名也，滇多处产之。可分高生、矮生两种。昆明产之牛心高粱、马尾高粱以及弯高粱，皆高生种也，秆粗穗密，粒可酿酒，其去粒者，适制扫帚。矮生者，昆明之糯高粱及鹤头蜀黍皆是，用途与高生种同。定远产之高粱佳者，可制力石酒。元谋产者亦有两种，其粘者为酒露，可敌汾酒，是与昆明糯高粱一类。

粟　属禾本科，与高粱大略类似。滇各处产之，亦有粳、糯之分。昆明产者有黄粟，穗如狗尾，土人谓之狗尾粟。又有红粟与白粟，红粟秆长，粒赤如米，白粟则秆高大，壳粒亦美满，性强产丰。滇产粟类，虽不及稻、麦之重要，然性耐旱干，又能久藏备救荒及作饲料，亦次要之作物也。

黍稷　亦属禾本科，与粟大同小异。黍之粳者为稷，糯者为黍。滇产者又各有白、黄、灰、褐、赤、黑诸色，而褐黍与黄稷为滇产之常品。

——《新纂云南通志》卷六十二《物产考五·植物二·作物类》第 3 页

黍、有糯、饭二种。粱、麻。

——民国《陆良县志稿》卷一《地舆志十·土产》第 1 页

黍属　六类：黄黍、白黍、高粱、小米、老来红、青藜。

——民国《马关县志》卷十《物产志》第 3 页

稷、有黄、黑、红三种。粱。有二种，黏者为糯粱，不黏者为饭高粱。

——民国《镇南县志》卷七《实业志七·物产》第 633 页

粟之属　结实如罂，有浆汁，子细如黍，可制油。有红粟、开红花，子白色，间有色红者。乌粟、乌花白子，亦有乌色者。白粟白花白子，此类最多。等，但因过雨过旱，均少收成。

杂粮之属　有膏粱、种于山坡及园圃内，统称旱膏粱。黄小米、高五六尺，叶长，脉平行，顶端结穗，实小而圆，色黄。天星米、子细，黑红，用制糖食。凤尾子、穗如凤尾，子白而细。胡麻子、即脂麻仁，一名巨胜子，制香气极浓。火麻子、入药用，并制油，又常用以饲雀。草子粟、细如草子。马尾黍、穗如马尾。灰条菜、子可酿酒。铁扫把、子细小，可入药用。蓝花菸、花蓝色，叶圆厚。大菸叶长，与川菸类。等，皆种于园圃者也。

——民国《昭通志稿》卷九《物产志》第 9 页

麻

胡麻　即巨胜，《本经》上品。今脂麻也。昔有黑、白二种，今则有黄、紫各色。宜高阜、沙壖，畏潦，油甘，用广，其枯饼亦可粪田养鱼。叶曰青蘘，花与秸皆入用。

零娄农曰：一饭胡麻几度春，此道人服食耳，非朝饔飨而夕飧也。东坡《服胡麻赋序》谓：梦道士以茯苓燥，尚杂胡麻食之。且云世间人闻服脂麻以致神仙必大笑。然其性实热。宋人说部有谓久服巨胜，乃至发狂欲杀人，其烈同于丹石。则苏子之言亦未可尽信。独其功用至广，充腹耐饥，饴饵得之则生香，腥膻得之则解秽，以为油则性寒去毒，而药物恃以为调，其枯美田畴，亦可救荒。说者云：大宛之种，随张骞入中国，其语无所承。然宜暵而畏湿特甚。元人赋云：六月亢旱，百稼槁干，有物沃然，秀于中田，是为胡麻，外白中元。又俗言芝麻有八拗，谓雨旸时薄收，大旱方大熟，开花向下，结子向上，炒焦压榨，才得生油，膏车则滑，钻针乃涩。观此数端，可知其性。

大麻　本经上品。《救荒本草》谓之山丝，苗、叶可食。一名火麻。雄者为枲，又曰牡麻，雌者为苴麻。花曰麻蕡。又曰麻勃、麻仁，为服食药。叶、根、油皆入用。滇黔大麻，经冬不摧，皆盈拱把。

——《植物名实图考》卷一《谷类》第 1 页

山西胡麻　胡麻，山西、云南种之为田。根圆如指，色黄褐，无纹，丛生，细茎，叶如初生独帚，发杈开花五瓣，不甚圆，有直纹，黑紫蕊一簇，结实如豆蔻，子似脂麻。滇人研入面中食之。……

——《植物名实图考》卷二《谷类》第 31 页

火麻　出州西关内外。

——康熙《路南州志》卷二《物产》第 36 页

麻之属　芝麻、胡麻、火麻。

——乾隆《弥勒州志》卷二十三《物产》第 50 页

麻之属　芝麻、胡麻、火麻、苎麻、萆麻子、粑子。

——乾隆《广西府志》卷二十《物产》第 1 页

麻类　苴麻、枲麻、与苴麻同种，有实者为苴，无实者为枲。苎麻、芝麻、胡麻、即油麻。稗麻。

——乾隆《永北府志》卷十《物产》第 2 页

火麻　《古今图书集成》：出新兴州西关内外。

——道光《云南通志稿》卷六十九《食货志六之三·物产三·澂江府》第 27 页

胡麻　属胡麻科，通名芝麻。子种香美，供食入药。滇西部如永北等处产之，芒遮板有黑、白芝麻两种。

——《新纂云南通志》卷六十二《物产考五·植物二·蔬菜类》第 17 页

麻属　增补四：胡麻、青麻、萆麻、糶子，均可制油。萆油入印泥，并为出口要品，与糶油可髹器物。麻茎纤维并可织布。萆麻为多年生植物，铁道两旁最宜种植。

——民国《姚安县志》卷四十四《物产志之二·植物》第 2 页

四、荞稗之属

居高食力　境内有蒲蛮之别种曰车苏者，即蒲刺也。居高山之上，垦山为田，艺荞稗，不资水利。

——景泰《云南图经志书》卷三《镇沅府·马龙他郎甸长官司·风俗》第 34 页

李思聪《百夷传》：……蒲人、阿昌、哈刺、哈杜、怒人皆居山巅，种苦荞为食。余则居平地或水边也，言语皆不相通。

——景泰《云南图经志书》卷十《传》第 48 页

荞　有甜、苦二种。土人甚赖之，苦者尤佳。

——正德《云南志》卷二《云南府·土产》第 9 页

荞稗之属　六：甜荞、苦荞、龙爪稗、鸭爪稗、铁稗、糯稗。

——嘉靖《大理府志》卷二《地理志·物产》第 70 页

荞稗之属　四：甜荞、苦荞、山稗、糯稗。

——万历《云南通志》卷二《地理志一之二·云南府·物产》第 13 页

荞稗之属　六：甜荞、苦荞、龙爪稗、鸭爪稗、糯稗、铁稗。

——万历《云南通志》卷二《地理志一之二·大理府·物产》第 33 页

荞之属　二：苦、甜。

——万历《云南通志》卷二《地理志一之二·临安府·物产》第 54 页

荞之属　二：甜、苦。

——万历《云南通志》卷二《地理志一之二·永昌军民府·物产》第 67 页

荞之属　二：甜、苦。

——万历《云南通志》卷三《地理志一之三·楚雄府·物产》第 8 页

荞之属　二：苦、甜。

——万历《云南通志》卷三《地理志一之三·曲靖军民府·物产》第 15 页

荞之属　二：苦、甜。

——万历《云南通志》卷三《地理志一之三·澂江府·物产》第 22 页

荞稗之属　四：苦荞、甜荞、米稗、鸭爪稗。

——万历《云南通志》卷三《地理志一之三·蒙化府·物产》第 28 页

荞稗之属　五：甜荞、苦荞、早稗、糯稗、鸭爪稗。

——万历《云南通志》卷三《地理志一之三·鹤庆军民府·物产》第 36 页

荞稗之属　三：甜、苦荞、糯稗。

——万历《云南通志》卷三《地理志一之三·姚安军民府·物产》第 46 页

荞之属　　二：甜荞、苦荞。

> ——万历《云南通志》卷四《地理志一之四·寻甸府·物产》第 4 页

荞麦之属　　五：大、小麦、甜、苦荞、草稗。

> ——万历《云南通志》卷四《地理志一之四·武定军民府·物产》第 9 页

荞稗之属　　四：甜、苦荞、龙爪稗、鸭爪稗。

> ——万历《云南通志》卷四《地理志一之四·景东府·物产》第 12 页

荞稗之属　　三：甜、苦荞、饭稗。

> ——万历《云南通志》卷四《地理志一之四·丽江军民府·物产》第 19 页

荞稗之属　　四：甜荞、苦荞、龙爪稗、鸭爪稗。

> ——万历《云南通志》卷四《地理志一之四·顺宁州·物产》第 24 页

荞麦之属　　二：燕麦、苦荞。

> ——万历《云南通志》卷四《地理志一之四·永宁府·物产》第 28 页

荞之属　　二：甜荞、苦荞。

> ——万历《云南通志》卷四《地理志一之四·北胜州·物产》第 33 页

荞稗之属　　三：甜、苦荞、铁稗。

> ——万历《云南通志》卷四《地理志一之四·新化州·物产》第 35 页

荞稗之属　　二：苦荞、甜荞。

> ——万历《云南通志》卷四《地理志一之四·者乐甸长官司·物产》第 37 页

荞稗之属　　五：甜荞、苦荞、米稗、糯稗、鸭爪稗。

> ——万历《赵州志》卷一《地理志·物产》第 25 页

荞　有甜、苦二种。

稗　有山稗、糯稗。

> ——康熙《云南府志》卷二《地理志八·物产》第 1 页

荞稗之属　甜、苦荞、糯稗。

> ——康熙《姚州志》卷二《物产》第 13 页

荞之属　香荞、苦荞。

稗之属　龙爪稗、鸭掌稗、早稗、珍珠稗。

> ——雍正《马龙州志》卷三《地理·物产》第 19 页

师地荒陋，所产皆窳呰，且人功甚拙，不足贵也。荞有甜、苦二种，苦者较多。李时珍《本草》云：〔味〕甘，气平寒，无毒，一名乌麦。益气力，续精神，炼滓秽，实肠胃。产师宗者良，土宜也。种以立夏后，全用秽壅，无则不生。土人出秽者与种荞者，分其所入，出秽者坐而得之，种荞者劳而得之，其利均也。初种宜少雨，七月可收，土人粉以为饵，若享客则粘饭于饼饵上为特敬。

> ——雍正《师宗州志》卷上《物产纪略》第 38 页

稗子 即蘒稗，亦可食，皆陆产，不藉水也。

——雍正《师宗州志》卷上《物产纪略》第 38 页

荍 甜荍、苦荍。

——雍正《建水州志》卷二《物产》第 6 页

荞稗之属 五：甜荞、苦荞、铁荞、糯稗、鸿爪稗。

——雍正《云龙州志》卷七《物产》第 2 页

荞稗之属 甜荞、苦荞、鸭掌稗、山稗。

——乾隆《新兴州志》卷五《赋役·物产》第 31 页

荞属 甜荞、苦荞。

——乾隆《续修河西县志》卷一《食货附土产》第 47 页

荍之属 甜荍、苦荍。
稗之属 铁稗、糯稗、草稗。

——乾隆《弥勒州志》卷二十三《物产》第 50 页

荍 甜荍、苦荍。

——乾隆《陆凉州志》卷二《风俗物产附》第 26 页

荍稗属 甜荍、苦荍、春冬俱种。鸭掌稗、毛稗、麻子。有火麻、苎麻二种。

——乾隆《开化府志》卷四《田赋·物产》第 27 页

荍类 甜荍、苦荍。
稗类 龙爪、鸭爪、米稗、毛稗。

——乾隆《永北府志》卷十《物产》第 2 页

山多杂木，今岁烧荒，明年始可种荍，所谓火种也。

——《滇南杂记》第 238 页

荞 今俗作荞，《诗》"视尔如荍"，宜作"荞"。旱地荒山遍植荞，不论时候，红梗、绿叶、白花，甚可观。民间多食荞，磨面制成饼，呼为叭叭，想即饽饽也。远行力役之人，俱携此为行粮，食时于山沟内取凉水饮之，边氓之苦如此。荞有甘、苦两种，苦者可食，甘者不可食。按：甜荞亦可食。性寒，与稗同。有荞稗烧酒，多饮成手战之病。荞只布种，任其自生自长，不复移种；稗则布种、分苗，与水稻同。滇省西北土寒，宜于此种也。

——《滇南闻见录》卷下《物部·宝属》第 30 页

鹅掌稗 《云南府志》：出罗次。

——道光《云南通志稿》卷六十九《食货志六之三·物产三·云南府》第 2 页

荞 《师宗州志》：荞有甜、苦二种，苦者较多。李时珍《本草》云：味甘，气平寒，无毒。一名乌麦。益气力，续精神，炼滓秽，实肠胃。产师宗者良，土宜也。种以立夏后，全用粪壅，无则不生。土人出粪者与种荞者，分其所入，出粪者坐而得之，种荞者劳而得之，其利均也。初种宜少雨，七月可收。土人粉以为饵，若享客则黏饭于饼饵上为特敬。《广西府志》：师宗荞麦较美，所产独多。

——道光《云南通志稿》卷七十《食货志六之四·物产四·广西直隶州》第 45 页

荞麦 《嘉祐本草》始著录。字或作荍，然荍为荆葵，非此麦也。一名乌麦，北地夏旱则种之，霜迟则收，南方春秋皆种。性能消积，俗呼净肠草，又能发百病云。零娄农曰：《本草纲目》附入苦荞，盖野生也。滇之西北，山雪谷寒，乃以为稼，五谷不生，唯荞生之，茹檗而甘，比餱餭焉。中原暵则薉荞，秋霜零即杀之矣。苦荞独以味苦，耐寒，易冻涂为谷地，殆造物悯衣裘饮酪之氓，俾粒食于不毛之土，而不尽以弋猎之具，戕生以养其生欤！

—— 《植物名实图考》卷一《谷类》第 41 页

荞稗之属 甜荞、苦荞、糯稗。

—— 道光《姚州志》卷一《物产》第 241 页

荞稗之属 旧《志》三种：甜荞、苦荞、糯稗。增补二种：鸭爪稗、高粱稗。苗叶似高粱。雨按：夷人所居之处，箐深水冷，五谷皆不成熟，惟荞稗耐寒，托以为命。

—— 光绪《姚州志》卷三《食货志·物产》第 43 页

荞稗之属 旧《志》五种：甜荞、苦养、糯稗、高粱稗、鸭爪稗。

—— 光绪《续修白盐井志》卷三《食货志·物产》第 53 页

荞稗部 甜荞、苦荞、米稗、糯稗、鸭爪稗。

—— 光绪《云南县志》卷四《食货志·物产》第 13 页

稗子、荍麦。甜、苦二种。

—— 光绪《鹤庆州志》卷十四《食货志·物产》第 1 页

荍属 甜荍、苦荍。

—— 光绪《镇雄州志》卷五《物产》第 55 页

荍类 甜荍、苦荍。

—— 宣统《恩安县志》卷三《物产》第 177 页

稗 亦属禾本科。有水稗、旱稗两种，瘠土荒地，皆可生活，亦救荒植物之一也。滇田野间野生，亦间有栽植之者。

—— 《新纂云南通志》卷六十二《物产考五·植物二·作物类》第 3 页

荞 属蓼科。茎中空有节，叶互生，心脏形，边缘作三角状。有长叶柄，开五裂穗状之小白花，雄蕊八，雌蕊一，子房成熟，中贮淀粉，即寻常之荞麦粉也。有苦、甜两种，为救荒植物之一，甜荞且作常食品生产。滇荒寒原野及寡雨坡地，山民多栽植之，陆良、寻甸亦以产甜荞著。

—— 《新纂云南通志》卷六十二《物产考五·植物二·作物类》第 5 页

稷荍 有甜、苦二种。

—— 民国《陆良县志稿》卷一《地舆志十·土产》第 1 页

荞之属 甜荞、苦荞。县产较别属颇丰，人民多以之为荞丝，亦滇中时品也。
稗之属 龙爪稗、鸭掌稗、旱稗、珍珠稗。

—— 民国《续修马龙县志》卷三《地理·物产》第 21 页

荍稗属 五类：甜荍、苦荍、春冬季种。鸭掌稗、毛稗、麻子。火麻、苴麻二种。

—— 民国《马关县志》卷十《物产志》第 3 页

荞　有苦、甜二种。

——民国《镇南县志》卷七《实业志七·物产》第 633 页

荞稗属　李《通志》三：甜、苦荞、糯稗。管《志》三：同上。王《志》三：同上。甘《志》增二：鸭爪稗、高粱稗。苗叶似高粱。夷人所居之处，箐深水冷，五谷皆不成熟，惟荞稗耐寒，托以为命。

——民国《姚安县志》卷四十四《物产志之二·植物》第 2 页

莜之属　有甜莜、产高山，五六月收者为早莜，九十月收者为晚莜。甜莜开红花，实为菱角形，老则色黑，磨面作食亚于麦面，味甘，故名甜莜。苦莜、产高山，开白花，实成圆锥形，有三线，色灰白，味微苦，亦有早晚之分，凉山人专为常食。小米莜、形如小米，似苦莜而圆，花白色，味甘微苦。野莜。与家莜相类，其根入药用。莜为高山所产，种一年闲一年，犁而烧之再种，实为广种薄收也。若遇凶荒之岁，坝子田地亦有种为济急之用，常年或预种他物而补种晚莜者。

——民国《昭通志稿》卷九《物产志》第 7 页

大白荞、形为三棱，内为白粉，实稍大而圆，色灰白。小白荞、又名小米荞，实细而圆，壳端多裂。谷穗荞、实长，穗曲，色灰黄。熊掌荞、实较大而色黄。茨荞。棱边生刺，鹊不喜食。以上五种，均春后播种，秋前收获。甜荞。壳滑，味甘。白露播种，寒露收获。凡荞类，茎高一二尺至三四尺，叶为网脉，嫩时可采以充蔬菜。

——民国《腾冲县志稿》卷十七《农政·杂粮》第 328 页

五、来麰之属

大麦芽 性温,味平甜。宽中下气,止呕吐,消宿食,止吞酸、吐酸,止泻,消胃宽隔,并治妇人奶乳不收、乳汁不止。

——《滇南草本》卷二第 44 页

异麦 一茎两岐、三岐。景泰五年夏,产于郡之逢密等乡,有诗文传焉。

——景泰《云南图经志书》卷五《鹤庆军民府·土产》第 26 页

无芒麦 即小麦,结秀时其穗无芒,而其实圆。

——景泰《云南图经志书》卷五《丽江军民府·土产》第 37 页

无芒麦 即小麦,结秀时无芒而实圆,宝山州出。

——正德《云南志》卷十一《丽江军民府·土产》第 9 页

来麰之属 五:大麦、小麦、玉麦、燕麦、秃麦。

——嘉靖《大理府志》卷二《地理志·物产》第 70 页

麦 其品五:小麦、大麦、甜荞、火麦、苦荞。

——隆庆《楚雄府志》卷二《食货志·物产》第 35 页

来麰之属 四:大麦、小麦、燕麦、玉麦。

——万历《云南通志》卷二《地理志一之二·云南府·物产》第 13 页

来麰之属 五:大麦、小麦、玉麦、燕麦、秃麦。

——万历《云南通志》卷二《地理志一之二·大理府·物产》第 33 页

来麰之属 三:大、小、燕。

——万历《云南通志》卷二《地理志一之二·临安府·物产》第 54 页

来麰之属 四:大、小、燕、玉。

——万历《云南通志》卷二《地理志一之二·永昌军民府·物产》第 67 页

来麰之属 三:大麦、小麦、火麦。

——万历《云南通志》卷三《地理志一之三·楚雄府·物产》第 8 页

来麰之属 三:大麦、小麦、燕麦。

——万历《云南通志》卷三《地理志一之三·曲靖军民府·物产》第 15 页

来麰之属 二:大麦、小麦。

——万历《云南通志》卷三《地理志一之三·澂江府·物产》第 22 页

来麰之属 三:大麦、小麦、玉麦。

——万历《云南通志》卷三《地理志一之三·蒙化府·物产》第 28 页

来麰之属 四：大、小麦、燕麦、玉麦。

——万历《云南通志》卷三《地理志一之三·鹤庆军民府·物产》第 36 页

来麰之属 三：大、小、玉麦。

——万历《云南通志》卷三《地理志一之三·姚安军民府·物产》第 46 页

来麰之属 二：大、小麦。

——万历《云南通志》卷四《地理志一之四·寻甸府·物产》第 4 页

来麰之属 五：大、小、玉、燕、秃麦。

——万历《云南通志》卷四《地理志一之四·景东府·物产》第 12 页

来麰之属 三：无芒麦、红麦、大麦。

——万历《云南通志》卷四《地理志一之四·丽江军民府·物产》第 19 页

来麰之属 四：大、小麦、玉麦、燕麦。

——万历《云南通志》卷四《地理志一之四·顺宁州·物产》第 24 页

来麰之属 五：大、小、玉、燕麦、秃麦。

——万历《云南通志》卷四《地理志一之四·北胜州·物产》第 33 页

来麰之属 二：大、小麦。

——万历《云南通志》卷四《地理志一之四·新化州·物产》第 35 页

麦麰之属 五：大麦、小麦、玉麦、燕麦、秃麦。

万历《赵州志》卷一《地理志·物产》第 25 页

唐昭宗时南诏大旱，二荞不收，饥民食乌昧不给，至取草根木叶啖之。乌昧者，野燕麦也，滇中霑益一路有之，土人亦皆采食，谓之鬼麦，黔中尤多。诸葛元声曰：《古乐府》"田中燕麦，何尝可获？"不知燕麦实有麦，岂当时滇未通中国，徒闻其名耶？

——《滇略》卷三《产略》第 3 页

己卯二月十二日……鹤庆西倚大山，为南龙老脊，东向大山，为石宝高峰。……故川中田禾丰美，甲于诸郡。冯密之麦，亦甲诸郡，称为瑞麦，其粒长倍于常麦。

——《徐霞客游记·滇游日记七》第 972 页

己卯七月初五日……又西上半里，是为大寨。所居皆茅，但不架栏，亦俹俹之种。俗皆勤苦垦山，五鼓辄起，昏黑乃归，所垦皆硗瘠之地，仅种燕麦、蒿麦而已，无稻田也。余初买米装贮，为入山之具，而顾仆竟不之携，至是寨中俱不稻食，煮大麦为饭，强啮之而卧。

——《徐霞客游记·滇游日记十一》第 1134 页

无芒麦 出宝山，穗无芒而实圆。

——康熙《云南通志》卷十二《物产·丽江府》第 10 页

麦 有小麦、大麦、燕麦、玉麦、西番麦数种。

——康熙《云南府志》卷二《地理志八·物产》第 1 页

麦品 小麦、大麦、火麦、甜荞麦、苦荞麦。

——康熙《楚雄府志》卷一《地理志·物产》第 32 页

麦品　小麦、大麦、甜荞麦、苦荞麦、黍、俗呼高粱。稷、有红、白二色。芝麻。

——康熙《南安州志》卷一《地理志·物产》第 11 页

麦品　小麦、大麦、燕麦、玉麦、甜荞、苦荞。

——康熙《镇南州志》卷一《地理志·物产》第 14 页

麦之属　大、小、玉三种。

——康熙《姚州志》卷二《物产》第 13 页

麦属　谷备四气，以夏秋者为大麦，为小麦、燕麦。其于类也，为荞，有苦、甜二种。为黄粱，为黍，为稷，穄也，红、白二种。为秫，稷之黏者。为芝麻。

——康熙《广通县志》卷一《地理志·物产》第 16 页

大麦、二种。小麦、四种。燕麦。

——康熙《鹤庆府志》卷十二《物产》第 24 页

麦　小麦、有红、白二种。又一种光头麦，宜于深箐，五六月方熟。大麦、御麦、穗长而粒大，面微黄。红须麦、有五色，须长，花开于顶，子结于干，五六月方熟。苦荞、花、黑二种，六月熟。甜荞、有红、白花二种，八月熟。冬荞。十月方熟。

——康熙《蒙化府志》卷一《地理志·物产》第 38 页

麦之种　五：大麦、小麦、玉麦、光头麦。

——康熙《定边县志·物产》第 22 页

麦　御麦、小麦、大麦、燕麦、红须麦、苦荞、甜荞、冬荞。

——康熙《顺宁府志》卷一《地理志·物产》第 28 页

燕麦　状如鹊麦，夏种秋熟。刘禹锡所谓菟葵，燕麦者是也。土人粉为干糇，水调充腹。

——雍正《师宗州志》卷上《物产纪略》第 38 页

麦　大麦、小麦、燕麦。

——雍正《建水州志》卷二《物产》第 6 页

麦　大麦、小麦、玉麦、燕麦。

——乾隆《陆凉州志》卷二《风俗物产附》第 26 页

麦之属　大麦、小麦、燕麦、玉麦、荞麦。有苦甜，有早迟。

——乾隆《广西府志》卷二十《物产》第 1 页

麦属　大麦、小麦、玉麦、燕麦。

——乾隆《开化府志》卷四《田赋·物产》第 27 页

麦之属　大麦、小麦、玉麦、燕麦、西番麦。

——乾隆《新兴州志》卷五《赋役·物产》第 31 页

麦属　大麦、小麦、燕麦、玉麦。

——乾隆《续修河西县志》卷一《食货附土产》第 46 页

麦之属　大麦、小麦、燕麦、玉麦。

——乾隆《弥勒州志》卷二十三《物产》第 50 页

麦品 小麦、大麦、甜荞、苦荞。

——乾隆《碍嘉志稿》卷一《物产》第 7 页

麦类 大麦、小麦、青稞麦、蕙麦、玉麦、米麦。

——乾隆《永北府志》卷十《物产》第 1 页

小米、玉米、鸭爪稗 《易门县志》：并出易门。

——道光《云南通志稿》卷六十九《食货志六之三·物产三·云南府》第 2 页

麦 《南宁县志》：大麦、小麦、燕麦又名雀麦。三种植于陆地。玉麦植于园中，类芦而矮，节间生包，有絮有衣，实如黄豆大，其色黄黑红不一，一株二三包不等。

——道光《云南通志稿》卷六十九《食货志六之三·物产三·曲靖府》第 37 页

麦 《丽江府志》：大麦造水酒，味甚薄。大颗麦、无芒麦作馒首，煮蔓菁汤咽之。燕麦粉为干糇，水调充服，此土人终岁之需也。小麦面非享客不轻用。

——道光《云南通志稿》卷六十九《食货志六之三·物产三·丽江府》第 40 页

麦 《师宗州志》：燕麦，状如鹊麦，夏种秋熟，刘禹锡所谓"菟葵燕麦"者是也。土人粉为干糇，水调充腹。《弥勒县采访》：燕麦，又名雀麦、玉麦，有饭、糯二种。近来遍种以济荒。

——道光《云南通志稿》卷七十《食货志六之四·物产四·广西直隶州》第 45 页

麦之属 大麦、小麦、玉麦三种。

——道光《姚州志》卷一《物产》第 241 页

麦之属 旧《志》三种：大麦、小麦、玉麦。增补四种：火麦、熟时红。光头白麦、无芒。聋耳麦、期年乃熟，夷人多种之。包麦。亦曰乌麦，《通志》又谓之玉麦。类甘蔗而矮，节间生包，有絮有衣，实如黄豆大。其色黄、黑、红不一，每株二、三包不等，可饲豕，亦可酿酒。

——光绪《姚州志》卷三《食货志·物产》第 42 页

麦之属 旧《志》二种：小麦、大麦。新增四种：火麦、熟时红。玉麦、亦曰包麦。光头白麦、无芒燕麦。四月种，八月收，山中夷人多食之。

——光绪《续修白盐井志》卷三《食货志·物产》第 52 页

麦属 小麦、大麦、燕麦、青科。

——光绪《镇雄州志》卷五《物产》第 55 页

大麦、二种。小麦、四种。玉麦、一名包谷。燕麦。

——光绪《鹤庆州志》卷十四《食货志·物产》第 1 页

麦黍之属 大麦、小麦、玉麦、燕麦、秃麦、麦芦粟、春麦。

——光绪《云南县志》卷四《食货志·物产》第 13 页

麦类 大麦、小麦、燕麦、青稞、又名米大麦。春麦。

——宣统《恩安县志》卷三《物产》第 178 页

麦 属禾本科，分大麦、小麦、燕麦三种。在滇产中，为次于稻作之主要作物。不畏寒冷干燥之风木，而忌炎热久雨之气候，故能屹立于冬、夏两季风节气之间，而占优胜之地位。产地之普遍，不必尽举，且其用途最多，除面食外，麦酒、饴糖则资大麦，糕饼、面包则资小麦，浓酱、酱油则资褐麦，大麦之别种。乳牛饲料则资燕麦。将来人口益繁，食料随增，水田无可扩张，麦作必更加重视，可无疑也。滇产大麦，秆部高长，穗共六棱，芒亦长细，性强丰收，近省一带，均利赖之。裸麦，则自日本输入，为大麦之别种，而子粒较小。维西产青稞麦子，实微青，性最耐寒，亦属大麦之别种，经年一熟，七月种，八月获，炒而春面入酥，谓之糌粑，和饮浓茶，乃滇西北部御寒之惟一食品也。维西以外，阿墩、中甸亦产之。小麦，为滇常产，又分扁穗、圆穗两种，扁穗者或有芒，或无芒，有芒亦较大麦为短，惟粒实饱满鲜润，收产亦丰，最宜切面。春麦、玉麦则芒较深长，子实伟大轻软，适制面包。圆穗之小麦，则芒部或有或无，实粒坚韧，亦宜切面。又紫小麦，粒色紫红。火小麦，韧，壳黄赤。灰小麦，系改良种，性质在紫小麦、火小麦之间。大理麦，秆适于编制草帽及提囊。燕麦，亦名雀麦，因其颖壳似燕雀，故名，性耐荒寒，不畏干旱。粒细长而稃皮易脱者曰裸种，或云鼠子牙，其同种而脱稃较难者为稃种，东川产之燕麦即是。总之，云南产麦，每年一次，黄熟之期，小麦较大麦迟，而燕麦又较小麦尤迟。又其产量不丰，用途亦窄，故不如大麦、小麦之为滇人注意。

——《新纂云南通志》卷六十二《物产考五·植物二·作物类》第 2 页

麦　有大、小、玉、燕四种。

——民国《陆良县志稿》卷一《地舆志十·土产》第 1 页

麦之属　大麦、小麦、玉麦、燕麦。

——民国《续修马龙县志》卷三《地理·物产》第 21 页

杂粮类　芋麦、大麦、小麦、燕麦、黍、菽、梁、龙爪稗、草子、菜子、高脚子、绿花子、罂粟子、麻子、芝麻、胡麻、绿谷米。

——民国《罗平县志》卷一《地舆志·土产》第 90 页

麦属　四类：大麦、小麦、玉麦、燕麦。

——民国《马关县志》卷十《物产志》第 3 页

麦属　李《通志》三：大、小、玉麦。管《志》三：同上。王《志》三：同上。甘《志》增三：火麦、熟时红。光头白麦、无芒。聋耳麦。期年乃熟，夷人多种之。增补三：燕麦、形小。蛇头麦、形扁。六棱米大麦。形亦小。

——民国《姚安县志》卷四十四《物产志之二·植物》第 1 页

麦之属　有大麦、芒长穗短，四乡收获多用以煮酒、制饴糖。小麦、又称火麦，收获期较大麦较迟，磨面作食。本地产尚不敷用，年销蓝筐、梭山者半之。春麦、亦小麦类也。穗已成熟，叶杆常绿，近种者少。燕麦、产四大凉山，形如小麦，较细而长，制炒面极香。青稞。又名米大麦。

——民国《昭通志稿》卷九《物产志》第 7 页

杂粮　麦、有大麦、小麦、燕麦三种。大麦，实有长芒，子磨成粉可为面可为酱。小麦，无芒，又名光头麦，只供食料。燕麦，子密而芒多，种者很多。菽、有蚕豆、豌豆、黄豆、米豆、巴山豆、龙爪豆等。高粱、古名稷，有红、白二种，黏者可酿酒，亦可供食。玉蜀黍、俗名苞谷，有白、黄二色，均有硬、糯二种。糯者子小不成行列，硬者子大成行列。各区产额极多，农民食同正粮，酿酒尤获利。荞、一名乌麦，有甜、苦二种，高山多种。脂麻、有黑、白二种，能取油。洋芋、红苕。

——民国《绥江县县志》卷三《农业志》第 42 页

马牙玉麦、色白，实较大，苞较长，磨之为粉，质较粗糙。糯玉麦、苞与实较小，粉质柔糯。红玉麦、实色红，粉白色。黄玉麦、实黄，粉白。九子玉麦。结实较多，惟实小苞细。以上五种，又名玉蜀黍，俗称苞谷，夏种秋收。多植山地，隔二三尺一丛，每株生二三包不等。苞有短叶裹之，苞端丛出细毛，即雌花也。雄花生于茎端，茎高五六尺，叶为平行脉，长二三尺许，如矛形。

——民国《腾冲县志稿》卷十七《农政·杂粮》第 328 页

青稞

青稞 西北近藏之地种青稞，近似麦而色青。作稀饭，杂以牛羊肉煮食之。亦种稗，磨面为食。

——《滇南闻见录》卷下《物部·宝属》第 31 页

青稞 质类䅎麦，而茎叶类黍，耐雪霜。阿墩子及高寒之地皆种之，经年一熟，七月种，六月获。夷人炒而舂面，入酥为绺粑。

——《维西见闻纪》第 13 页

青稞 余庆远《维西闻见录》：质类䅎麦，茎叶类黍，耐霜雪。阿墩子及高寒之地皆种之，经年一熟，七月种，六月获。夷人炒而舂面，入酥为糌粑。

——道光《云南通志稿》卷六十九《食货志六之三·物产三·丽江府》第 41 页

青稞 即莜麦，一作油麦。《本草拾遗》谓青稞似大麦，天生皮肉相离，秦陇以西种之是也。山西、蒙古皆产之，形如燕麦，离离下垂，耐寒迟收，收时苗叶尚有青者。云南近西藏界亦产，或即呼为燕麦。《丽江志》误以为雀麦。《维西闻见录》：青稞质类䅎麦，茎叶类黍，耐霜雪。阿墩子及高寒之地皆种之，经年一熟，七月种，六月获。夷人炒而舂面，入酥为糌粑。今山西以四五月种，七八月收，其味如荞麦而细，耐饥，穷黎嗜之。性寒，食之者多饮烧酒、寝火坑，以解其凝滞。南人在西北者，不敢饵也。将熟时，忽有稞粒皆黑者，俗名厌麦，亟拔去，否则杂入种中，来岁与豆同畦，则豆皆华而不实，老农谓厌麦能食豆云。滇南丽江府粉为干糇，水调充服。考《唐书》吐蕃出青稞麦。《西藏记》拉撒〔撒〕谷属产青稞，亦酿酒，淡而微酸，名曰呛其。里塘台地寒，不产五谷，喇嘛皆由中甸、丽江携青稞售卖，则沿西内外产青稞者良多。《唐本草》注误以大麦为青稞，宜为陈藏器所诃。《山西志》但载油麦，《咸阳志》谓大麦露仁者为青稞，皆不如《维西闻见录》之详核也。

——《植物名实图考》卷一《谷类》第 33 页

藏族食粮，纯以青稞为第一要素，其次始及小麦、大麦、荞麦，不喜食米与各种豆类。所谓青稞，即适宜于高寒地带之长芒青皮果麦，据科学家化验，最富于淀粉质。其制法：

先将青稞入沸鼎中汤洗一度，然后用火焙熟，磨为细面，谓之糌粑，亦作毡粑，食时先于碗中乘酥油茶，然后入以糌粑，以手揉之，成团而食。酥油茶者，即以普洱、景谷之茶熬成浓液，倾入木桶，入以乳酥食盐，用木杆尽力捣搅，必至水酥交融，茶盐和味，成一种不可分辨之粉红色液体，即天台判教之所谓由般若而至法华。如将熟酥成醍醐也，凡藏族男女僧俗，但一见酥油茶，即如见其父子兄弟、友妻师友，其胸中已自悦乐，若一入口，则其幸苦忧郁、恐怖疑惑，完全冰释，如领我佛甘露焉。揉糌粑必用木碗，尊贵者以银包之，下饭多用乳饼，或牛羊猪肉。惟牛肉多割条而干之为脯，猪肉多剔骨缝口醃为腊肉，谓之琵琶。煮而食之，不用箸。不讲煮饪，不喜食鸡鱼蔬果，男女皆喜饮酒，而不能酿。

——民国《中甸县志稿》卷下《生活》第 51 页

……论中大甸境，已逼近大雪山麓，气候极其严寒，地处实高出于三迤之任何地处。惟江边境一带气候温暖，豆、麦、蔬菜俱可栽种，上至小中甸境，则无蔬菜之出矣。在大中甸境内，不特蔬菜无产生，即黍稷亦不能栽种，有以玉蜀黍试种者，茎高不及三尺，且有包而无米粒，即有结粒者，亦只如天上之星点焉，而一至八月，茎叶即萎，又何能望其成熟耶？其境内只能种青稞一种，余则难望其生发也。青稞为中甸所属各境内特产之粮食，茎叶略似薏苡，结粒则大过于麦，亦有类于玉蜀黍米。此种粮食，然须在地面经过七八个月，始云成熟，成熟后，去壳见米，蒸而成饭，入口时颇有玉蜀黍风味。其营养力殊足，久服能使人身健，是处人民专以此为口粮，所以能抵御严寒。彼古宗族及各大喇嘛寺中之喇嘛等则以青稞作炒面，和以牛肉粉，拌以酥油，名曰糌粑（糌粑），称贵重粮食也。

——《纪我所知集》卷十三《滇南景物志略之四·中甸地处特殊》第 338 页

玉米

包谷 《镇雄州志》：汉夷贫民率其妇子垦开荒山，广种济食，一名玉秫。
——道光《云南通志稿》卷七十《食货志六之四·物产四·昭通府》第 38 页

御麦 《蒙化府志》：穗长而粒大，面微黄。

红须麦 《蒙化府志》：有五色，须长，花开于顶，子结于干，五六月方熟。
——道光《云南通志稿》卷七十《食货志六之四·物产四·蒙化直隶厅》第 40 页

粱属 高粱、即秫，一名蜀黍。包谷。汉夷贫民率其妇子开垦荒山，广种济食，一名玉秫。
——光绪《镇雄州志》卷五《物产》第 54 页

粱类 苞谷。俗名玉麦，可酿，亦可救饥，乡人园圃皆种。
——宣统《恩安县志》卷三《物产》第 177 页

玉蜀黍 属禾本科，俗名包谷。秆叶均似高粱，心部别出一苞，苞内子颗颗攒聚。本为温、暖两带之作物，但滇中荒凉高原不适于麦作之地，而玉蜀黍均能产生。用途与稻、麦同，为当地之主食品，并可饲畜、酿酒，即其秆叶、苞皮，无一废弃之物，真云南经济作物之重要者也。品种亦分粳、糯。糯种者，如昆明大糯、白糯、花糯，富民大糯，泸西白糯，昭通乌花糯等，而以昆明所产比较香粘。粳种者，有昆明大黄、大白、黄马齿，东川大红包谷、小红包谷，镇南黄包谷、大包谷等，而镇南产者尤佳。滇西一带亦多种之，又泸西、宣威、平彝、霑益等处，畑地较少，半属荒原，几于遍莳包谷，而一切生活无不需之，亦可知其重要为何如矣！
——《新纂云南通志》卷六十二《物产考五·植物二·作物类》第 4 页

黍稷属 李《通志》二：黄黍、芦栗。管《志》二：同上。王《志》二：同上。甘《志》增一：包麦。亦曰乌麦，《通志》又谓之玉麦。类甘蔗而矮，节间生包，有絮有衣，实如黄豆大。其色黄黑红不一，每株二三包不等，可饲豕，亦可酿酒。谨按：包麦，即玉蜀黍，分糯、粳两种，或以黄白、黑、红等色为名，人亦可食，兼可造糖。增补三：玉米、即稷，有黑玉米、白玉米二种。高粱。一种。稷之粘者可以酿酒。

——民国《姚安县志》卷四十四《物产志之二·植物》第 2 页

武定田少地多，业农者注重水田，并注重山地。……包谷于四五月点地中或山坡上，俟其茁长渐长，除二次草或施肥一次，亦有不施肥者，至八月成熟，贫民即采取而食，渐次收获，其蒿秆用代柴薪。高粱、黄豆、老鼠豆等，其种植地亩、收获时期均与包谷同。至其用途，包谷可供人畜食料，黄豆可作酱料及食料，高粱用以造酒，老鼠豆可作饲畜之用，其蒿秆均可作燃料。

——民国《武定县地志》第十四《农业》第 450 页

苞谷之属　一名玉麦，陆地山坡均产之。脉属平行，顶上出天花，杆如甘蔗，上有叶，谷包之戴红帽，每缨一丝成谷粒一苞，大者约四百余颗。春种秋收，熬糖、煮酒、磨粉等用。其类有黄、白、红、乌、花、金丝等色。以性质言，亦分粳糯；以时期言，亦有早晚。昭之粮食，此其最大宗也。

——民国《昭通志稿》卷九《物产志》第 8 页

六、菽之属

菽之属 十二：蚕豆、即《诗》所谓"戎菽"也。黄豆、狮子豆、赤豆、绿豆、茶褐豆、羊眼豆、羊角豆、鸦眼豆、蟹眼豆、湾豆、饭豆。

——嘉靖《大理府志》卷二《地理志·物产》第 70 页

豆 其品十四：黄、红蚕、赤、白、蚕、龙眼、鸭卵青、紫、螽斯、扁、牛皮、黑、绿、豌。

——隆庆《楚雄府志》卷二《食货志·物产》第 35 页

菽之属 十：蚕豆、饭豆、羊眼豆、小黑豆、大黑豆、黄豆、白豆、红豆、绿豆、豌豆。

——万历《云南通志》卷二《地理志一之二·云南府·物产》第 13 页

菽之属 十二：蚕豆、黄豆、狮子豆、赤豆、绿豆、茶褐豆、羊眼豆、牛眼豆、鸦眼豆、蟹眼豆、湾豆、饭豆。

——万历《云南通志》卷二《地理志一之二·大理府·物产》第 33 页

菽之属 十二：黄豆、黑豆、红豆、绿豆、青豆、饭豆、鼠豆、蚕豆、茶豆、褐豆、弯豆、扁豆。

——万历《云南通志》卷二《地理志一之二·临安府·物产》第 54 页

菽之属 十三：蚕豆、花豆、羊眼豆、红豆、扁豆、黑豆、黄豆、绿豆、赤饭豆、弯豆、马料豆、莞豆、响豆。

——万历《云南通志》卷二《地理志一之二·永昌军民府·物产》第 67 页

菽之属 九：蚕豆、黄豆、赤豆、白豆、黑豆、青豆、绿豆、紫豆、湾豆。

——万历《云南通志》卷三《地理志一之三·楚雄府·物产》第 8 页

菽之属 八：黄豆、黑豆、红豆、绿豆、饭豆、莞豆、南豆、白豆。

——万历《云南通志》卷三《地理志一之三·曲靖军民府·物产》第 15 页

菽之属 九：蚕豆、黄豆、马豆、黑豆、弯豆、鼠豆、绿豆、红豆、饭豆。

——万历《云南通志》卷三《地理志一之三·澂江府·物产》第 22 页

菽之属 十二：南豆、黄豆、青豆、红豆、饭豆、豌豆、鼠豆、羊眼豆、虎皮豆、扁豆、豇豆、湾豆。

——万历《云南通志》卷三《地理志一之三·蒙化府·物产》第 28 页

菽之属 十二：蚕豆、豌豆、红豆、青豆、绿豆、黑豆、花豆、茶褐豆、扁豆、江豆、饭豆、刀豆。

——万历《云南通志》卷三《地理志一之三·鹤庆军民府·物产》第 36 页

菽之属 五：胡豆、黑豆、黄豆、饭豆、红豆、豌豆。

——万历《云南通志》卷三《地理志一之三·姚安军民府·物产》第 46 页

菽之属　四：黄豆、赤豆、黑豆、南豆。

——万历《云南通志》卷四《地理志一之四·寻甸府·物产》第 4 页

豆之属　二：蚕豆、饭豆。

——万历《云南通志》卷四《地理志一之四·武定军民府·物产》第 9 页

菽之属　六：蚕豆、黄豆、赤豆、绿豆、湾豆、赤豆。

——万历《云南通志》卷四《地理志一之四·景东府·物产》第 12 页

菽之属　四：赤豆、黄豆、绿豆、黑豆。

——万历《云南通志》卷四《地理志一之四·元江军民府·物产》第 15 页

菽之属　六：蚕豆、黄豆、赤豆、绿豆、湾豆、鹊豆。

——万历《云南通志》卷四《地理志一之四·顺宁州·物产》第 24 页

菽之属　十：蚕豆、黑豆、红豆、饭豆、绿豆、青皮豆、黄豆、羊眼豆、茶豆、豌豆。

——万历《云南通志》卷四《地理志一之四·北胜州·物产》第 33 页

菽之属　四：南豆、黑豆、黄豆、豌豆。

——万历《云南通志》卷四《地理志一之四·新化州·物产》第 35 页

菽之属　四：黑豆、绿豆、黄豆、南豆。

——万历《云南通志》卷四《地理志一之四·者乐甸长官司·物产》第 37 页

豆之属　八：蚕豆、黄豆、红豆、黑豆、架豆、湾豆、青皮豆、褐豆。

万历《赵州志》卷一《地理志·物产》第 25 页

豆　有黄、白、红三色，又有饭豆、菉豆、豌豆、羊眼、茶褐、青皮、大小黑、蚕豆数种。

——康熙《云南府志》卷二《地理志八·物产》第 1 页

豆品　黄豆、青豆、赤豆、白豆、黑豆、绿豆、蚕豆、豌豆。

——康熙《楚雄府志》卷一《地理志·物产》第 32 页

豆品　黄、青、白、黑、菜、蚕、豌。

——康熙《南安州志》卷一《地理志·物产》第 11 页

豆品　黄豆、赤豆、白豆、黑豆、绿豆、蚕豆、豌豆、高粱、黍子。

——康熙《镇南州志》卷一《地理志·物产》第 14 页

菽之属　胡豆、黑豆、黄豆、蚕豆、饭豆、红豆、豌豆。

——康熙《姚州志》卷二《物产》第 13 页

菽属　菽，豆总名也。《春秋》"陨霜杀菽"。谷以菽名者，为黄豆、绿豆，为青豆，赤、白、黑豆，为蚕豆，为豌豆。

——康熙《广通县志》卷一《地理志·物产》第 17 页

蚕豆、绿豆、红豆、扁豆、豌豆。

——康熙《鹤庆府志》卷十二《物产》第 24 页

菽　蚕豆、形类蚕，又名南豆，花开面向南也。豌豆、黄豆、白豆、较黄为小。黑豆、大、小二种。

羊眼豆、茶褐豆、黄黑也。青皮豆、早熟。红豆、大、小二种。饭豆、和饭。马豆子。小不可食，其苗即首蓿。

            ——康熙《蒙化府志》卷一《地理志·物产》第 38 页

豆之种 十：黄豆、赤豆、白豆、黑豆、蚕豆、龙眼豆、茶荷豆、扁豆、绿豆、菀豆。

              ——康熙《定边县志·物产》第 22 页

菽 黄豆、饭豆、豌豆、青豆、羊眼豆、茶合豆、白豆、蚕豆、小黑豆、绿豆。

            ——康熙《顺宁府志》卷一《地理志·物产》第 28 页

菽之属 黄豆、种不一类。饭豆、有赤、白二种。稨豆、有青、白二种。豇豆、京豆、黑豆。

           ——雍正《马龙州志》卷三《地理·物产》第 19 页

豆 黄豆、白豆、红豆、饭豆、绿豆、豌豆、青豆、鼠豆、蚕豆、刀豆、褐豆、豇豆、靴豆、方豆、寸金豆、四季豆。

            ——雍正《建水州志》卷二《物产》第 6 页

菽之属 八[①]：黄豆、黑豆、赤豆、饭豆、弯豆、茶褐豆、羊眼豆。

            ——雍正《云龙州志》卷七《物产》第 2 页

豆之属 南豆、黄豆、小黑豆、红饭豆、绿饭豆、白饭豆。

            ——乾隆《霑益州志》卷三《物产》第 21 页

菽 蚕豆、黄豆、赤豆、青豆、黑豆、白豆、豌豆、豇豆、架豆、虎皮豆、羊眼豆、寸金豆。

           ——乾隆《陆凉州志》卷二《风俗物产附》第 26 页

菽属 蚕豆、黄豆、绿豆、饭豆、虎皮豆、羊眼豆、小白豆、小黑豆、黄花豆、青皮豆、豌豆、大绿豆、马豆、豇豆、白扁豆、京豆、刀豆、靴豆、陇豆。

          ——乾隆《开化府志》卷四《田赋·物产》第 28 页

菽之属 黄豆、有大细。青豆、蚕豆、豌豆、赤小豆、小黑豆、羊眼豆、扁豆、豇豆、饭豆。

           ——乾隆《广西府志》卷二十《物产》第 1 页

菽之属 蚕豆、黄豆、饭豆、绿豆、虎皮豆、羊眼豆、白小豆、黑小豆、黄花豆、青皮豆、豌豆、早豆、百日豆、大绿豆、马豆、豇豆、扁豆、京豆。

           ——乾隆《新兴州志》卷五《赋役·物产》第 31 页

菽属 蚕豆、宛豆、红豆、青豆、菉豆、黑豆、花豆、扁豆、豇豆、饭豆。

          ——乾隆《续修河西县志》卷一《食货附土产》第 46 页

菽之属 有黑豆、小黑豆、一名驴豆。黄豆、白豆、一名饭豆。绿豆、赤小豆、一名赤豆，一名红饭豆，俗名老鼠豆。豌豆、一名胡豆，一名戎菽。蚕豆。一名南豆。北人以为蔬，南人食之埒于麦。土肥年丰，则有豆麦双收之庆，故名列之于菽属。附野豌豆。一名翘摇，俗呼马豆。马食之则肥，与戎菽等。

               ——乾隆《黎县旧志》第 12 页

---

① 八 按下文所列，仅有七种。

豆之属　南豆、黄豆、青豆、红豆、黑豆、四季豆、白豆、绿豆、豌豆、豇豆、扁豆、茶褐豆、老鼠豆、羊眼。

——乾隆《弥勒州志》卷二十三《物产》第 50 页

豆品　黄豆、青豆、白豆、黑豆、豌豆、蚕豆。

——乾隆《碍嘉志稿》卷一《物产》第 7 页

菽类　蚕豆、黄豆、黑豆、青皮豆、红豆、绿豆、白饭豆、豌豆、刀豆、虎皮豆、羊眼豆、豇豆。

——乾隆《永北府志》卷十《物产》第 2 页

豆属　蚕豆、南豆、白扁豆、大白豆、细白豆、刀豆、架豆、青皮豆、大绿豆、大黑豆、茶皮豆、白豌豆、豇豆、南京豆、麻豌豆、马料豆、绿豆、老鼠豆、四稜豆、饭豆。

——嘉庆《景东直隶厅志》卷二十四《物产》第 1 页

虎皮豆、《云南府志》：出禄丰县。《宜良县志》：出宜良。老鼠豆、乌嘴豆、《宜良县志》：出宜良。蚂蝗豆。《易门县志》：出易门。

——道光《云南通志稿》卷六十九《食货志六之三·物产三·云南府》第 1 页

豆　《南宁县志》：麻札眼，似饭豆小而稍长。饭豆，有红、白、绿三种，植之陆地。蚕豆、豌豆，惟腴田始可种。豇豆、扁豆、京豆三种，名色颇多，俱植园中。

——道光《云南通志稿》卷六十九《食货志六之三·物产三·曲靖府》第 37 页

豆　《广西府志》：物产豆之属，南豆、湾豆、架豆、靴豆、老鼠豆、黄花豆、白早豆、羊眼豆、寸金豆。

——道光《云南通志稿》卷七十《食货志六之四·物产四·广西直隶州》第 45 页

菽属　南豆、黑豆、黄豆、碗豆、马豆、绿豆、红豆、豇豆、架豆、即扁豆。刀豆、青、红饭豆。

——道光《广南府志》卷三《物产》第 1 页

菽之属　南豆、黑豆、黄豆、豌豆、马豆、绿豆、红谷、饭豆、老鼠豆、豇豆、架豆、百日豆。

——道光《澄江府志》卷十《风俗物产附》第 5 页

豆之种甚多，而莫美于蚕豆，即南豆也。其功用较他处为逸，而结子比他处为多，味亦异于他处。通田窄租重，农人所得惟此豆耳。

——道光《续修通海县志》卷三《物产》第 34 页

菽之属　胡豆、黑豆、黄豆、蚕豆、饭豆、红豆、豌豆。

——道光《姚州志》卷一《物产》第 241 页

豆之属　南豆、黄豆、小黑豆、红饭豆、绿饭豆、白饭豆、豌豆。有麻、白二种，又有一种菜豌豆，极甜嫩，可作菜。

——光绪《霑益州志》卷四《物产》第 64 页

菽之属　旧《志》七种：胡豆、黑豆、黄豆、蚕豆、饭豆、红豆、豌豆。增补七种：早白豆、早熟，色白。壁虱豆、形似壁虱。松子豆、形似海松子。青皮豆、色青。七十日豆、种七十日即熟。一窝蜂豆、实密而黄小。料豆。可生芽作蔬。以上七中皆黄豆之属。

——光绪《姚州志》卷三《食货志·物产》第 43 页

菽之属　旧《志》七种：南豆、黄豆、黑豆、细黑豆、青皮豆、赤小豆、蚕豆。新增九种：豌豆、料豆、扁豆、架豆、小绿豆、蚂蚱豆、小饭豆、四楞豆、豇豆。

——光绪《续修白盐井志》卷三《食货志・物产》第 52 页

绿豆　叶尖茎圆，高二尺许，荚生枝叶间，内分五房，子形如猪腰（肾）。性寒，食之可除烦热。若磨成粉面以饲初眠蚕，可解热毒，且丝多而坚润有光。

——光绪《元谋县乡土志》（修订）卷下《格致・第二十课》第 399 页

菽属　青皮豆、大、小二种。白毛豆、大、小二种。牛皮豆、大、小二种。豌豆、大、小二种。扁豆、黑、白二种。四季豆、俗名竞豆，红、白二种。蚕豆。大、小二种。

——光绪《镇雄州志》卷五《物产》第 54 页

菽部　南大豆、黄豆、赤小豆、白小豆、黑豆、扁豆、茶褐豆、羊眼豆、羊角豆、鸦眼豆、蟹眼豆、青皮豆、狮子豆、豌豆。

——光绪《云南县志》卷四《食货志・物产》第 13 页

红豆、黑豆、黄豆、绿豆、扁豆、蚕豆、一作南豆。豌豆、架豆、饭豆、天恤米、豇豆、红、白二种。鸡眼豆、四季豆。一名羊角豆，有红、白、粉、花四种。

——光绪《鹤庆州志》卷十四《食货志・物产》第 2 页

菽类　青皮豆、大、小二种。虎皮豆、倮倮豆、包杂而小。黄饭豆、白日豆、俗名羊毛豆。红饭豆、白饭豆、俗名老鼠豆。绿饭豆、马豆、细小如麻实。爬山豆、俗名利尚阴。南豆、扁豆、豇豆、豌豆、四季豆。

——宣统《恩安县志》卷三《物产》第 177 页

豆　滇产豆类，约计在五十种以上。或以形名，如刀豆、筷豆、荷包豆、鹤庆特产。狮子豆、羊角豆等；或以色举，如黄豆、绿豆、红豆、金豆、朱砂豆等；或以地方著称，如三甲豆、小衣庄豆等；或以生态命名，如扁豆、毛豆、架豆、朝天豆、爬山豆等。名类之多，举不胜举，甚有一物数名，或数物一名者。若以科学严格范围之，大致蚕豆、黄豆、即大豆。碗豆、鹊豆、即扁豆。刀豆、菜豆、豇豆、小豆绿小豆、赤小豆。等，乃滇中最普通之豆类也。此等豆类，形虽各异，均属豆科，蝶形花为其通性，子叶中蛋白质或脂肪质含量甚丰，即其嫩荚、嫩叶，或佐食用，或作饲料，需用尤广。另有紫云英、苜蓿等豆类，采集茎叶，除用作饲料外，又有制造绿肥，今玉溪农田用之肥草，亦即紫云英一类。邓川饲牛之盘龙草，亦即苜蓿一类。又，豆类植物根部附有根瘤，尤能吸取游离淡气，制成蛋白，无须另加室素肥。即含淡气肥料。总之，滇虽高原气候，土壤随在皆宜于豆作，栽培之多，自在意中。兹特举其普通者列述如下。

蚕豆　叶为羽状复叶，花色白，有紫黑色斑点。子房成荚，若蚕之向空翘举，故名。春末成熟，为蔬食之要品。其他如胡豆、佛豆、戎菽等，皆一种而异名耳。

黄豆　一名大豆。叶有三出，复叶，花小，有紫、白等色，荚被毛茸。除食用外，制豆腐、酱、酱油、豆油等，均需之，为用最广。豆粕亦可作肥田用，诚滇之经济作物也。

豌豆　茎蔓性，羽状复叶，先端之二三小叶变为卷须，作缠绕用。花有白、紫两色，果为荚，有软嫩而无膜者则种子，供食。

鹊豆　别名甚多，普通名扁豆，但如鳅鱼豆、架豆、茶豆均其通名。秋间开白色薄紫穗状花，结粗糙之小荚，未熟嫩荚亦有并子粒同食者。实有黑、白，黑者名鹊豆。见《本草》。其中一种名秋雨豆，讹作鳅鱼豆。秋雨时结实最繁，故名，荚肥而窄长，味甚佳美。镇南以产大扁豆著称。

刀豆　茎、叶有光泽，花有白色、薄紫两种。茎亦有蔓性、特立两类。荚大如刀形，故名，肥大可供食。

菜豆　茎、叶均有毛茸，花小，有白、紫等色。茎蔓性，未熟之荚亦嫩可煮食，果实捣烂可制馅云。

豇豆　茎、叶无毛，嫩叶有光泽，花色薄紫或淡黄。茎有无蔓性不等，荚长柔有绛色，子粒亦然，未熟之荚并子粒食之味佳。

小豆　花比黄豆之花为大，色薄黄，茎有缠绕性，有红小豆、绿小豆等名。除子粒制馅外，亦可为鸟类饲料。

——《新纂云南通志》卷六十二《物产考五·植物二·蔬菜类》第 12 页

豆　有菽类，有青、赤、黄、白、黑、蚕、豌、扁、绿、刀、合、包、架、虎皮、羊眼等名。

——民国《陆良县志稿》卷一《地舆志十·土产》第 1 页

菽之属　黄豆、种不一类。饭豆、有赤、白二种。扁豆、有青、白二种。豇豆、京豆、黑豆。

——民国《续修马龙县志》卷三《地理·物产》第 22 页

豆类　黄豆、红豆、绿豆、黑豆、白豆、缸豆、湾豆、扁豆、蚕豆、饭豆、黄花豆、京豆。

——民国《罗平县志》卷一《地舆志·土产》第 89 页

菽属　十九类：蚕豆、黄豆、绿豆、饭豆、虎皮豆、羊眼豆、小白豆、小黑豆、黄花豆、青皮豆、碗豆、大绿豆、马豆、豇豆、白扁豆、京豆、刀豆、靴豆、陂豆、树豆。

——民国《马关县志》卷十《物产志》第 3 页

豆　有黄、赤、黑、绿、白、花六种。蚕豆、豇豆、豌豆、白扁豆、大扁豆、俗呼荷包豆。青皮豆、饭豆、芝麻、苞麦、稗。

——民国《镇南县志》卷七《实业志七·物产》第 634 页

菽属　李《通志》六：胡豆黑豆、黄豆、饭豆、红豆、豌豆。管《志》增一：蚕豆。今按：蚕豆即胡豆。王《志》七：同上。谨按《滇海虞衡志》：滇以豆为重，始则连荚而烹以为菜，继则杂米为炊以当饭。干则洗之以为粉，明彻轻缩，杂之燕窝汤中，几不复辨。豌豆亦蚕豆之类，可洗粉，滇人兼食其蔓，名豌豆菜。甘《志》增七：早白豆、早熟，色白。壁虱豆、形似壁虱。松子豆、形似海松子。青皮豆、色青。七十日豆、种七十日即熟。一窝蜂豆、实密而黄。小料豆，可生芽作蔬。均黄豆属。增补九：大黑豆、形大。小黑豆、形小。羊眼豆，形圆。均黑豆属。大白豆、形大色白。绿豆，形小色绿。均蚕豆属。麻豌豆、白豌豆、菜豌豆，均豌豆属。绿小豆，黄豆属，可生豆芽。谨按：绿豆生芽较料豆生者白嫩甘芳。

——民国《姚安县志》卷四十四《物产志之二·植物》第 1 页

菽之属　种类甚多，有大豆、可以榨油，造酱，发豆芽，磨豆浆，制豆花、豆腐、豆干、豆腐皮、豆油筋，又制臭豆腐、卤豆腐等食品之用。黄豆、形圆，色黄。大白豆、颗粒大，皮色白。绿皮豆、小而皮绿。大黑豆、大而色黑。小黑豆、小圆，色黑。松子豆、苍色，粒如松子。茶豆、红褐色，小而圆。饭豆。产山地，常食，及洗沙、磨粉制粉条等用。有绿豆、皮红绿，亦作菜。白豆、小豆之白者。红豆、皮红色。百日豆、俗名羊毛豆。老米豆、形长色褐。麻饭豆、外皮有黑花，其实亦黯色。小豆、赤色有黑点，入药用。地豇豆、荚长，双生，一名䑏蠪。白扁豆、俗名荚豆，形扁，芽黑，入药。刀豆、一名铁剑豆，以荚形命名也。四季豆、四十日可食，圆长，有白花。羊眼豆、花纹黑白色相间。白四季豆、形圆而长，色白。洋四季豆、子粒稍大，荚属硬壳。洋眼豆、红色，圆而稍大。蚕豆、一名胡豆，又名南豆。荚如老蚕，蝴蝶花冠有龙骨瓣。豌豆、有菜豌、麻豌、白豌三种，花有紫、白二色。菜豌嫩时可连壳食之，花如蝴蝶，美丽可爱。菜红豆、形如四季豆，绿壳红米。荷包豆、形如荷包，故名。羊角豆、形如羊角，故。马豌豆、产豆麦田，专以饲马。爬山虎、一名和尚阴。猫儿灰。其形如猫之灰色，亦黄豆之异状者。

——民国《昭通志稿》卷九《物产志》第 8 页

豆类为重要杂粮，用途极广。种植多渗插包谷作物行中，或由塍土坎隙地俱宜，足补稻与包谷之民食。

大豆　黄豆、白水豆、黑豆、黄毛荚豆、绿蓝豆、茶豆，形俱为椭圆，颗粒相等，名色相符，惟六月爆与另一种黑豆粒稍小。用途：以上各豆浸水磨细，煮熟滤去滓成豆浆，浆遇冷风或加以扇，待浆面起皮，揭取为豆油皮，裹之则为豆筋。又豆浆加盐井产之卤水或石膏，则凝为豆腐地，并可为豆豉、酱油、酱豆腐干等之用。叶可饲畜，茎可作薪，豆之用途极广。

小豆　绿豆、粒小形圆，间有红黄色，芽可作蔬菜。巴山豆、形长圆，色黄、红二种。猴儿豆、粒稍大，形如腰，色白棕，有麻点。米豆、粒小，色黯白，可作糖。豇豆。粒长荚状，色红或黑白。用途：以上各豆浸水磨细，布滤其滓，沉淀为粉，可作粉条、朴面及烹调之用，煮熟磨烂淘滤下淀成洗沙，作饼饵之馅。胡〔蚕〕豆、粒大形扁圆，色淡绿或黄。豌豆。实形圆而小，种熟时同胡豆。用途：春间收获，老嫩俱供食，宜作酱或豆泥磨粉。叶可饲畜，茎可烧灰取卤碱，荚嫩可作蔬苗，味亦鲜，实磨粉或作粉条，性凉，热天最宜，渣可饲畜。

——民国《盐津县志》卷八《农业·农产》第 1759 页

大白豆、又名黄豆，色黄白而形圆，可作豆腐、豆豉、酱等。山黄豆、又名细蜜蜂豆。羊眼豆、形较大，色乌黄。黑豆、外面黑，内质白，形如黄豆稍扁，可作豆菜。绿豆、里外均为绿色，可作豆芽。料豆、形细，色黑，质白。麻豌豆、色麻，黑白相间。豉墩豌豆、色紫红而大，结实较稀。白豌豆、色白而细，结实较密。菜豌豆、色紫麻，实较小。九月红细豆、色分红、绿、白、麻、乌、金六种。雇工豆、实细长，藤干长至丈余或二丈以外，极为蔓延。分麻、白、红三种。饭豆。有赤、红、麻三种，糕饼铺用作豆沙。

——民国《腾冲县志稿》卷十七《农政·杂粮》第 328 页

豆类　蚕豆、菀豆、分白、麻二种。黄豆、绿豆、黑豆、南京豆、大白豆、细白豆、刀豆、大黑豆、豇豆、饭豆、羊眼豆、大花豆、春、蛇豆。

——民国《景东县志》卷六《赋役志附物产》第 168 页

蝙蝠豆

蝙蝠豆　生云南，花色淡黄，以形似名。

——《植物名实图考》卷二《谷类》第 28 页

蚕豆

戎豆　《尔雅》：秬豆苗似小豆，紫花，可为面，生朱提。《检蠹》曰秬豆即蚕豆，蜀人呼为胡豆，一名戎豆。《春秋》"齐侯来献戎捷"，《传》曰戎，菽也，即此。《管子》曰北伐山戎，出冬葱、戎菽，布之天下。中国有戎菽，自齐桓伐山戎始，而滇有戎豆，则《尔雅》已称之。[1]

——天启《滇志》卷三十二《搜遗志第十四之一·补物产》第1045页

己卯正月二十二日……皆所谓罗川也。向自山顶西望，翠色袭人者即此，皆麦与蚕豆也。

——《徐霞客游记·滇游日记六》第943页

己卯三月二十一日……过一村，即药师寺也。遂停杖其中。其僧名性严，坐余小阁上，摘蚕豆为饷。

——《徐霞客游记·滇游日记八》第1024页

豆叶粉　收割蚕豆时，将青叶取下晒干，鞭为粉，贮于仓，以之养猪，猪极肥美。多则粜卖，名为豆叶粉。于以知天下无可弃之物，而夷地之人能识物性，亦颇惜福也。

——《滇南闻见录》卷下《物部·杂物》第48页

荏菽　郭注以为胡豆，今蚕豆也。凡夏收为夏乏，他省夏乏，但言麦、菜，滇不言菜而言豆，曰豆麦。豆麦败则荒，豆收倍于麦，故以豆为重。始则连荚而烹以为菜，继则杂米为炊以当饭，干则洗之以为粉，故蚕豆粉条，明彻轻缩，杂之燕窝汤中，几不复辨。豌豆，亦蚕豆之类，可洗粉，滇中人兼食其蔓，名豌豆菜。二豆南方各省俱有，而滇重豆、麦，故郑重志之。

——《滇海虞衡志》卷十一《志草木》第12页

蚕豆　《蒙化府志》：形类蚕，又名南豆，花开面向南也。

——道光《云南通志稿》卷七十《食货志六之四·物产四·蒙化直隶厅》第40页

蚕豆　《食物本草》始著录。《农书》谓蚕时熟，故名。滇南种于稻田，冬暖即熟，贫者食以代谷。李时珍谓蜀中收以备荒。盖西南山泽之农，以其豆大而肥，易以果腹；冬隙废田，尤省功作，故因利乘便，种植极广，米谷视其丰歉，以定价矣。零娄农曰：蚕豆，《本草》失载。杨诚斋亦谓蚕豆未有赋者，戏作诗曰"翠荚中排浅碧珠，甘欺崖蜜软欺酥"，可谓凌厉无前矣。夫其植根冬雪，落实春风，点璺为花，刻翠作荚。与麦争场，高岂藏雉；同葚并熟，候恰登蚕。嫩者供烹，老者杂饭，干之为粉，炒之为果。《农书》云：接新充饭，和麦为糍，尚未尽其功用也。《益部方物记》有佛豆，粒甚大而坚，农夫不甚种，唯圃中莳以为利。以盐渍煮食之，小儿所嗜。《云南通志》谓即蚕豆。岂宋时尚未遍播中原，宋景文至蜀始见之耶？明时以种自云南来者绝大而佳，滇为佛国，名曰佛豆，其以此欤？虽然滇无蚕以佛纪，若江湖蚕乡以为蚕候，则曰蚕宜。

——《植物名实图考》卷一《谷类》第42页

在从前昆明城内，一过清明节后，便有村姑村妇背着蚕豆角，穿街过巷叫喊着在卖，此则每日能有一二百个妇女在卖此一物。价贱时，才卖五文两斤，乃至两文一斤。当此时，是任何一家的餐盘内无不有豆米，以其价廉而又适口也。异哉！是时的蚕豆，在出产上，何其如此之盛。

——《纪我所知集》卷十六《昆华事物拾遗之二·新蚕豆》第415页

在种烟时代，农田中春季不尽栽豆麦。但是，附近昆明之晋宁、呈贡、昆阳、宜良、富民等县俱盛产蚕豆，年各以万数个市石计。而蚕豆之消耗亦大极，就马料豆一项而论，在昆明市上，

---

① 此条，康熙《云南通志》卷三十《补遗》第15页"戎豆"条同。

亦能日消二三市石，其他可以想象。所以当日的杂粮店内，无不用大围子堆着十石八石待售，然不多日亦即消尽。所谓囤顿，是云有数十石之存积也。回忆往昔，可云是五谷丰登。

——《纪我所知集》卷十六《昆华事物拾遗之二·昆明地区盛产蚕豆》第 416 页

刀豆

刀豆　味甘，寒。治风寒湿气，烧灰，酒送下。子，能健脾。

——《滇南草本》卷一下《园蔬类》第 16 页

刀豆　《本草纲目》始收入谷部，谓即《酉阳杂俎》之挟剑豆，其荚酺以为茹，不任烹煮。零娄农曰：刀豆只供菜食，《救荒本草》所谓煮饭作面者，亦饥岁始为之耳。味短形长，非为珍羞。《本草纲目》乃以为即挟剑豆，乐浪泽物，何时西来？且诺皋之记，亦撅子年诞词耳。尚有绕阴豆，其茎弱，自相萦缠，倾离豆见日，叶垂覆地，又将以何种角谷当之？《杜阳杂编》：灵光豆，大类绿豆，煮之如鹅卵，尤奇。

——《植物名实图考》卷二《谷类》第 21 页

饭豆

白绿小豆花小豆　赤小豆以入药，特著其白、绿二种，亦可同米为饭。云南呼为饭豆，贫者煮食不糁米也。其形微同绿豆，而齐近方，然唯赤者作饭，色味香皆佳。又有羊眼豆、荍科豆，色绿有黑晕。又彬豆、色褐。蚂蚱眼，色黄白。皆小豆类。

——《植物名实图考》卷一《谷类》第 7 页

红豆

赤小豆　《本经》中品。古以为辟瘟良药，俗亦为馄沙馅，色黯而紫。医肆以相思子半红半黑者充之，殊误人病。

——《植物名实图考》卷一《谷类》第 6 页

豇豆

豇豆　味平。治脾土虚弱，开胃健脾。久服，令人白胖。根，捣烂敷疔疮。叶，治淋症。根、梗，烧灰调油搽破烂处，又能生肌长肉。

——《滇南草本》卷一下《园蔬类》第 17 页

马豆

铁马豆一名黄花马豆　性微寒。入肝、胆二经。主泻肝、胆之火，治寒热往来，子午潮热。

——《滇南草本》卷三第 42 页

翘摇 《尔雅》："柱夫，摇车。"注：蔓生，细叶紫华，可食，今俗呼翘摇车。《本草拾遗》始著录。吴中谓之野蚕豆；江西种以肥田，谓之红花菜，卖其子以升计；湖北亦呼曰翘翘花；淮南北吴下乡人尚以为蔬，士大夫盖不知。东坡欲致其子于黄，殆未见田陇间春风翘摇者耶？然其诗曰"豆荚圆且小，槐芽细而丰"，又曰"此物独妩媚，枝叶花态，诗中画矣"。放翁诗"此行忽似蟆津路，自候风炉煮小巢"，亦以蜀中嗜之，非吴中无是物也。湘南节署，隙地遍生，紫萼绿茎，天然锦蒨。滇中田野有之，俗称铁马豆。《滇本草》治寒热来往肝劳，与古法治热疟、活血明目同症。又有黄花者，名黄花山马豆。滇中草花，多非一色，唯形状不差耳。《诗》曰"邛有旨苕"，苕一名苕饶，即翘摇之本音，苕而曰旨，则古人嗜之矣。《野菜谱》有板荞荞，亦当作翘翘。

——《植物名实图考》卷四《蔬类》第 22 页

马豆 《蒙化府志》：子小不可食，其苗即苜蓿。

——道光《云南通志稿》卷七十《食货志六之四·物产四·蒙化直隶厅》第 40 页

毛豆

毛豆 味平。治脾胃虚弱，小儿疳疾，能开胃健脾。

——《滇南草本》卷一下《园蔬类》第 16 页

南扁豆

南扁豆 味平。治脾胃虚弱，反胃冷吐，久泻不止，食积痞块，小儿疳疾。妇人吐酸，白带，烧酒炒黄为末，每服三钱，开水下。叶，烧灰搽金疮脓血。根，治大肠下血痔漏冷淋。梗，治风痰迷窍。癫狂乱语，同朱砂为末，姜汤下。

——《滇南草本》卷一下《园蔬类》第 15 页

青花豆

青花豆 旧《云南通志》：可治疮。

——道光《云南通志稿》卷七十《食货志六之四·物产四·永昌府》第 27 页

豌豆

己卯三月二十五日……八里，则温泉当平畴之中，前门后阁，西厢为官房，东厢则浴池在焉。池二方，各为一舍，南男北女。门有卖浆者，不比他池在荒野者。乃就其前买豌豆，煮豆炊饭。

——《徐霞客游记·滇游日记八》第 1033 页

（太和）戎菽，年前即采供蔬馔，土人谓之大莞豆。^①

——《滇黔纪游·云南》第 20 页

乌嘴豆

乌嘴豆　滇南有之，同茶豆而有黑晕。又有一种太极豆，褐色黑纹，微如太极图形。又有花脸豆，青黄色有黑晕，形微扁。又有棕角豆，圆形，褐色而绉，亦有黑者。皆豆种之巨擘也。

——《植物名实图考》卷二《谷类》第 25 页

小扁豆

小扁豆　生云南山石上。长三四寸，红茎对叶，开小紫花，作穗。结实如扁豆，极小。

——《植物名实图考》卷十七《石草类》第 34 页

靴豆

靴豆　野生山中，人亦有种者。其叶如豇豆叶，但文理偏斜。六七月开花成簇，紫色，状如扁豆花。一枝结荚十余，长三四寸，大如拇指，有白茸毛，老则黑而露筋，宛如干熊指爪之状。其子大如刀豆子，淡紫色，有斑点如狸文。煮之有黑汁，食之令人闷晕，食顷方已。或云去黑汁同鸡猪肉再煮，食味乃佳。按：此《尔雅》之虎𧉟，俗以其子有狸文，谓之狸豆，以其汁黑谓之黎豆。黎亦黑也，豆荚毛黑狞如熊虎爪，故亦谓之虎豆。而滇人见其荚老黑鼻起如革鞮，然是以呼为靴豆。又郭璞云江东呼𧉟为藤，缠蔓林树，荚有毛刺，一名豆蔻，亦即此物也。云南山中多有之，而弃不取，想亦以其有小毒之故耳。

——《滇南杂志》卷十四《轶事八》第 2 页

---

① 此条，道光《云南通志稿》卷六十九《食货志六之三·物产三·大理府》第 10 页同。

七、菜茹之属

菜属 青、白、苋、芹、茄、萝卜、胡、白、红三种。芥、葱、韭、葫芦、圆、长二种。蒜、王瓜。

——嘉靖《寻甸府志》卷上《食货》第 32 页

菜茹之属 三十八：姜、蔓菁、芦菔、笋、豌豆菜、红芦菔、连花菜、高河菜、白玉芹菜、舌菜、麦兰菜、菘菜、甜菜、波菜、扁豆、紫石花菜、绿石花菜、树头菜、芥菜、白菜、苋菜、桐蒿菜、万年菜、莴苣菜、葱、韭、薤、蒜、刀豆、阳和菜、豆芽菜、狗杞菜、茴香菜、芫荽、茭白、豇豆、茄、瓠、蕨。

——嘉靖《大理府志》卷二《地理志·物产》第 70 页

蔬之品 鸡𣐑菌、松毛菌、滑菌、发烂柴、香蕈、石耳、萝卜、其种三，白、红、黄。蕨薇、白芥、薯蓣、莴苣、茼蒿、王瓜、冬瓜、越瓜、波菜、滑菜、甜菜、芫荽、白菜、莳萝、紫芥、芹、笋、芥、苋、葱、韭、蒜、瓠、匏、姜、芋、茄、春不老。

——隆庆《楚雄府志》卷二《食货志·物产》第 35 页

菜茹之属 二十九：葱、韭、蕨、茴香、瓠、芥菜、白菜、苦荬、豌豆菜、薤、蒜、刀豆、刚豆、芫荽、生菜、菠菜、扁豆、芹菜、红芦菔、白芦菔、豆芽菜、滑菜、苋菜、黄芦菔、桐蒿菜、茄、茭白、甜菜、麦兰菜。

——万历《云南通志》卷二《地理志一之二·云南府·物产》第 13 页

菜茹之属 十五[①]：蔓菁、芦菔、笋、莲花菜、高河菜、白芹、麦兰、桐嵩菜、万年菜、莴苣菜、阳和菜、枸杞菜、芫荽、茭、蓣、花菜。

——万历《云南通志》卷二《地理志一之二·大理府·物产》第 33 页

菜茹之属 二十三[②]：葱、韭、薤、蒜、芥、蕨、苋、芹、笋、波稜、姜、蕻菜、桐蒿、茴香、茄、瓠、红萝卜、白萝卜、黄萝卜、莴苣、白菜、豆菜、春不老、辣菜。

——万历《云南通志》卷二《地理志一之二·临安府·物产》第 54 页

菜茹之属 三十五[③]：葱、韭、薤、蒜、芹、白、波、苔、甜、滑、春不老、茴香、茄、刺桐、勺儿、鸭兰、石花、蕨、莼、蔓菁、豆菜、莴苣、苦荬、苋、红萝卜、黄萝卜、白萝卜、花萝卜、姜、芫荽、黄连、芽菜子、粑子、伤春。

——万历《云南通志》卷二《地理志一之二·永昌军民府·物产》第 67 页

菜茹之属 二十一[④]：蕨、薇、葱、韭、蒜、姜、莴苣、茼蒿、波菜、滑菜、甜菜、芫荽菜、芹菜、芥菜、苋菜、竹笋、红萝卜、白萝卜、黄萝卜。

——万历《云南通志》卷三《地理志一之三·楚雄府·物产》第 8 页

---

① 十五　按下文所列，有十六种。
② 二十三　按下文所列，有二十四种。
③ 三十五　按下文所列，仅有三十四种。
④ 二十一　按下文所列，仅有十九种。

菜之属 十五：苋、蕨、茄、葱、薤、蒜、菠、笋、姜、萝卜、胡卜、茼蒿、〔青〕菜、白菜、蔓菁。

——万历《云南通志》卷三《地理志一之三·曲靖军民府·物产》第 15 页

菜茹之属 十五：青菜、白菜、葫芦、豇豆、架豆、波菜、生菜、苋菜、茄子、葱、韭、蒜、芹菜、萝、茼蒿菜。

——万历《云南通志》卷三《地理志一之三·澂江府·物产》第 22 页

菜茹之属 十八①：芹、笋、麦蓝、龙须、刺桐、蕨、姜、菠稜、青菜、白菜、甜菜、滑菜、莱菔、韭、苋、蒜、茄、莴苣、葱。

——万历《云南通志》卷三《地理志一之三·蒙化府·物产》第 28 页

菜茹之属 三十：苋、芹、芥、莴苣、石花、石饵、蔓菁、白菜、青菜、生菜、茼蒿、数珠、蕨菜、波菜、海菜、茨头、芫荽、葱、韭、茄、苤、瓠、蒜、红、白、黄萝卜、山蒜、山豆腐、竹笋、麦蓝菜。

——万历《云南通志》卷三《地理志一之三·鹤庆军民府·物产》第 36 页

菜茹之属 十六：芥、菁、韭、苋、芹、茄、蒜、葱、蕨、笋、白菜、波菜、莴苣、葫芦、架豆、萝卜。

——万历《云南通志》卷三《地理志一之三·姚安军民府·物产》第 46 页

菜之属 十四：青、白、苋、芹、茄、芥、葱、韭、蒜、波、参菜、葫芦、萝卜、树头菜。

——万历《云南通志》卷四《地理志一之四·寻甸府·物产》第 4 页

菜之属 十：苋、葱、韭、蒜、笋、茄、蕨、芹、莳萝、树头菜。

——万历《云南通志》卷四《地理志一之四·武定军民府·物产》第 9 页

菜茹之属 十八：笋、蕨、姜、茄、韭、薤、蒜、匏、芦菔、芹、葱、菘、波、麦兰、苋、树头、龙须菜、莴苣。

——万历《云南通志》卷四《地理志一之四·景东府·物产》第 12 页

菜茹之属 十三：芹、芦菔、树头、茄、匏、姜、葱、蒜、苋、笋、蕨、芥菜、白菜。

——万历《云南通志》卷四《地理志一之四·元江军民府·物产》第 15 页

菜之属 四：蔓菁、芦菔、青菜、白菜。

——万历《云南通志》卷四《地理志一之四·丽江军民府·物产》第 19 页

菜之属 五：萝卜、青菜、芹、树头菜、白菜。

——万历《云南通志》卷四《地理志一之四·广南府·物产》第 21 页

菜茹之属 十六：芦菔、白、芹、麦兰、菘、波、瓠、苋、笋、蕨、姜、葱、韭、薤、蒜、茄。

——万历《云南通志》卷四《地理志一之四·顺宁州·物产》第 24 页

菜之属 三：蔓菁、萝卜、青菜。

——万历《云南通志》卷四《地理志一之四·永宁府·物产》第 28 页

菜茹之属 六：笋、匏、芹、茄、菘、蕨。

——万历《云南通志》卷四《地理志一之四·镇沅府·物产》第 30 页

---

① 十八　按下文所列，有十九种。

菜茹之属　十九：青、白、菠、苋、芹菜、茄、葱、蒜、韭、葫芦、蔓菁、麦兰菜、甜菜、参菜、芫荽、竹笋、豆牙菜、豌豆菜、萝卜。

　　　　　　　　——万历《云南通志》卷四《地理志一之四·北胜州·物产》第 33 页

菜茹之属　十：萝卜、苦菜、茄、葫芦、波、芹、苋、笋、蕨、白菜。

　　　　　　　　——万历《云南通志》卷四《地理志一之四·新化州·物产》第 35 页

菜之属　五[①]：萝卜、苦菜、蕨菜、树头菜、芹、笋。

　　　　　　　　——万历《云南通志》卷四《地理志一之四·者乐甸长官司·物产》第 37 页

菜茹之属　二十四：姜、笋、葫芦、黄芦皮、麦兰、白菜、青菜、芹菜、树头菜、波菜、生菜、同蒿菜、葱、韭、薤、蒜、白芦菔、豆菜、豆芽菜、枸杞菜、茴香、海菜、万年菜、茄、蕨、鱼高菜。

　　　　　　　　——万历《赵州志》卷一《地理志·物产》第 25 页

菜茹　有葱、韭、蕨、芹、茴香、莳萝、瓠子、白芥、苦荬、薤、蒜、鱼苔、莼、豇豆、红白扁豆、芫荽、生菜、苦菜、菠棱、萝卜、有白、有赤、赤质而白心、有自皮至心纯赤者。滑苋、董蒿、茄、香椿、麦蓝、甜菜。别有马豆、或曰即蜀之巢菜、或曰即北方之苜蓿、惟澄江一郡于初芽时采为菜、余郡间有之、青时以饲马、故曰马豆。儿童就田间采其角、去其实、群吹有声、铿然相应。瓜、有冬、西、王、丝、菜、苦、黑、金、银、香、青、瓤〔瓢〕皆曰瓜。薯芋山药、由灌园而出者、形如虎掌、俗称云板山药、实蜀蹲鸱之类也。山中自生者、直而长、甘不及京师、而细嫩过之。售于医者、袭怀庆之名而入药。红、白、紫、皆曰蒢。菌。有木耳、香蕈、青头、牛肝、松菌、白森、鸡葼（一曰鸡菌、《庄子》曰蒸成菌、焦弱侯著《庄子翼》抹〔采〕焉。《腾越志》：鸡葼、菌类、鸡以其形言、葼飞而敛足貌）。

　　　　　　　　——天启《滇志》卷三《地理志第一之三·物产·云南府》第 112 页

蔬　曰蔓菁、高河、白芹、万年莴苣、阳和枸杞、花菜、龙须、石花。

瓜　曰冬、西、甜、苦。

薯　曰紫、白、红蒢。

菌　曰鸡葼、柳、松、黄菌。

　　　　　　　　——天启《滇志》卷三《地理志第一之三·物产·大理府》第 114 页

菜茹　曰蒢、红黄萝卜、莴苣、春不老、辣菜、龙爪。

　　　　　　　　——天启《滇志》卷三《地理志第一之三·物产·临安府》第 115 页

蔬之属　有曰缅茄、云即省会之白茄。又有勺儿菜、耙子。菌、有树莪、生深山古木之上、秋雨盛而生。曰鸡葼。甲于全滇、取精为膏、曰葼油、一杂以酱油、其味变、如苗之有莕。

　　　　　　　　——天启《滇志》卷三《地理志第一之三·物产·永昌府》第 115 页

菜、有滑菜。瓜、有越瓜。薯蒢之属、同。菌属、鸡葼为佳、亦有滑菌。

　　　　　　　　——天启《滇志》卷三《地理志第一之三·物产·楚雄府》第 116 页

是郡也、山川原隰甚广、其殖甚繁、然无甚异也。取其间有者、表而出焉。曰香瓜、松菌、皆蔬属也。

　　　　　　　　——天启《滇志》卷三《地理志第一之三·物产·曲靖府》第 116 页

---

① 五　按下文所列、有六种。

瓜蔬之属　如番瓜、山薯，如藕、菱、甘露。

——天启《滇志》卷三《地理志第一之三·物产·澂江府》第 117 页

菜　曰石花、石耳、蔓菁、数珠、茨头。

菌　曰天花，曰竹。

——天启《滇志》卷三《地理志第一之三·物产·鹤庆府》第 117 页

蔬属瓜附　姜、芥、韭、葱、芦菔、有红、白二种，又有胡萝卜。白菜、青菜、莴苣、菠菜、茴香、蒜、苋、芹、苦荬、莙达、瓠、大理云南县者佳，长曰瓠，圆曰匏。豇豆、扁豆、薤、薯蓣、芋、蕨、笋、大理、北胜者佳。茄、永昌有白茄。莼、大理浪穹者甚香美。茼蒿、麦兰、茭笋、蒲笋、西瓜、冬瓜、丝瓜、黄瓜、菜瓜、苦瓜、南瓜、金瓜、银瓜、土瓜。

——康熙《云南通志》卷十二《物产·通省》第 2 页

蕨菜　出建水山谷，叶嫩味佳。

树头菜　出石屏。

——康熙《云南通志》卷十二《物产·临安府》第 6 页

石耳　形如木耳，生感极清之气，久食延年。

数珠菜　生江中，形类念珠。

——康熙《云南通志》卷十二《物产·鹤庆府》第 9 页

蔬属瓜菌附　姜、芥、韭、葱、芦菔、有红、白二种，又有胡萝卜。白菜、青菜、莴苣、菠菜、茴香、蒜、苋、芹、苦荬、蕨、芸、豇豆、扁豆、薤、薯蓣、芋、莙达、茄、莼、茼蒿、麦兰、莳萝、茭笋、蒲笋、冬瓜、丝瓜、黄瓜、菜瓜、苦瓜、瓠、金瓜、南瓜、西瓜、鸡葼、旧《志》谓鸡以形，言葼者飞而敛足之貌。说本杨慎。或作蚁堫，以其产处下皆蚁穴也。《通雅》又作鸡堫。香蕈、木耳、白森、菌。有青头、牛肝、胭脂、羊奶数种。

——康熙《云南府志》卷二《地理志八·物产》第 1 页

蔬之属　芹、韭、葱、蕨、山药、王瓜。

——康熙《晋宁州志》卷一《物产》第 14 页

蔬　白菜、苦菜、芋、蕨、南瓜、冬瓜、丝瓜、茄、扁豆、豇豆、瓠子、蔓青。

——康熙《富民县志·物产》第 27 页

冬青菜　出州西关者佳。

——康熙《路南州志》卷二《物产》第 36 页

蔬之属　韭、葱、蒜、少。萝菔、红、白、黄、胡四种。芫荽、茄、菜、青、白、生、苦四种。菠菜、苋菜、茼蒿、芹、蕨、小茴、□□、芋、薯、石花、少。茭白、少。茨菇、瓜、冬、南、苦、丝、王、菜六种。瓠、鸡堫、少。菌。松毛、胭脂、青头、黄伞、鸡油菌五种。中此毒，甘草水解之。

——康熙《寻甸州志》卷三《土产》第 19 页

蔬部　芥、韭、白菜、芹、葱、莴苣、菠菜、茄、罗鬼菜、蕨、笋、南瓜、王瓜、瓠、豇豆、扁豆、京豆、萝卜、芋、苦瓜、茼蒿。

——康熙《罗平州志》卷二《赋役志·物产》第 7 页

菜部 青白菜、芥菜、葱、韭、薤、蒜、茄、苋、野芹、蕨、笋、芋、茨菰、架豆、刀豆、菀豆、菠菜、回香、豆芽、王瓜、鸡堫、冬瓜、菜瓜、丝瓜、甜瓜、金瓜、山药、二种。萝白、红者佳。葫芦。

——康熙《通海县志》卷四《赋役志·物产》第 17 页

菜之属 香蕈、木耳、白森、竹笋、生菜、芹菜、树头菜、甜菜、蕨菜、青菜、白菜、芥菜、葱、石花菜、瓮菜、韭、羊乃菜、蒜、茼蒿菜、茴香、冻菌、鸡蓘、芋头、山药、丝瓜、东瓜、南瓜、西瓜、苦瓜、香瓜、黄瓜、扁豆、豇豆、茄子、瓠子、葫芦。

——康熙《新平县志》卷二《物产》第 321 页

蔬品 木耳、黄萝卜、白萝卜、蕨菜、芥菜、扁豆、薯芋、山药、莴苣、茼蒿、花椒、王瓜、东瓜、豇豆、青菜、白菜、越瓜、菠菜、甜菜、苋菜、芫姜、芹菜、苦菜、栗窝菌、杂菌、莳萝、香蕈、白森、葫芦、蚁棕、茄、葱、韭、蒜、姜。

——康熙《楚雄府志》卷一《地理志·物产》第 33 页

蔬菜类 青菜、白菜、茼蒿、菠菜、苋、韭、葱、萝卜、茄子、豇豆、扁豆、葫子、芋头、王瓜、南瓜、丝瓜。

——康熙《禄丰县志》卷二《物产》第 25 页

蔬属 白菜、青菜、南瓜、苦瓜、丝瓜、扁豆、红豆、芹、蕨、芋、苋、茄。

——康熙《罗次县志》卷二《物产》第 16 页

蔬品 木耳、红薯、黄萝卜、白萝卜、蕨菜、芥菜、扁豆、莴苣、茼蒿、花椒、王瓜、东瓜、豇豆、青菜、白菜、波菜、甜菜、苋菜、芹菜、栗窝、杂菌、香蕈、白森、苦菜、葫芦、蚁蜙、葫蓘、茄、韭、蒜、姜、葱。

——康熙《南安州志》卷一《地理志·物产》第 12 页

菜之属 香蕈、木耳、白森、竹笋、参菜、芹菜、青菜、白菜、芥菜、葱、韭、石花菜、树头菜、茼蒿、鸡蓘、菌子、芋头、山药、丝瓜、东瓜、南瓜、苦瓜、金瓜、王瓜、扁豆、姜豆、茄子、瓠子、苋菜、蕨菜、葫芦、萝卜。

——康熙《武定府志》卷二《物产》第 57 页

蔬品 香菇、木耳、白森、蚁蜙、萝卜、蕨菜、芋子、山药、花椒、王瓜、东瓜、扁豆、豇豆、青菜、白菜、波菜、甜菜、苋菜、芫蓘、茴香、麦瓜、葫芦、茄子、葱、韭、蒜、竹笋、石花菜。

——康熙《镇南州志》卷一《地理志·物产》第 14 页

蔬之属 芹、箐、韭、苋、芥、茄、蒜、葫芦、葱、蕨、笋、白菜、菠菜、架豆、萝卜、王瓜。

——康熙《姚州志》卷二《物产》第 13 页

菜之属 香蕈、木耳、白森、竹笋、生菜、芹菜、青菜、白菜、芥菜、葱、韭、蒜、石花菜、树头菜、末香菜、茼蒿、白花菜、拔贡菜、黄花、茴香、鸡蓘、菌子、芋头、红菜、山药、丝瓜、东瓜、南瓜、苦瓜、香瓜、黄瓜、金瓜、王瓜、扁豆、豇豆、茄子、瓠子、蕨菜、葫芦、萝卜。

——康熙《元谋县志》卷二《物产》第 36 页

蔬属 蔬于圃者，为芥菜、青菜、白菜，为菠菜，为芹，为萝卜，即来服。为芫蓘、茼蒿，为莴苣、荚、甜菜，为王瓜、小人药。黄瓜、东瓜、瓠瓜、葫芦，为扁豆、豇豆，为茄，为葱，为韭，为蒜，为薤，为姜，为芋。东方朔谓关中土宜菱芋，广土亦宜芋，有红、白二种。《史记》所谓蹲鸱也。其于野也，为笋，为蕨，为苦菜，为香蕈，为木耳，为鸡葼，为栗茵菌，为杂菌，为白蕈，为红蕈，音薷，长鱼切。薷根似芋，可食。另有薯蓣，药名，音豫，而遇切，非薷也。为山药，为花菽。

——康熙《广通县志》卷一《地理志·物产》第 17 页

蔬品　青菜、白菜、同蒿、菠菜、黄瓜、东瓜、南瓜、丝瓜、豇豆、葫芦、蓇葖、薯蓣、萝卜、苋、扁豆、茄、葱、韭。

——康熙《黑盐井志》卷一《物产》第 17 页

蔬　姜、紫者为上，出漾濞。萝菔、色白者不一种，四时皆有，惟冬月者甚大。又红、黄二种，惟冬春有之。白菜、青菜、二种。菠菜、蓇葖、俗名万年菜，烧灰可浣白衣。茼蒿、莴苣、苦荬、生菜、有二种。茴香、葱、韭、薤、蒜、芫荽、苋、有三种。芹、水、旱二种。黄瓜、西瓜、冬瓜、青瓜、面瓜、丝瓜、苦瓜、刺黄瓜、葫芦、茄、有四种。豇豆、扁豆、红、白二种。山药、薯蓣、芋、笋、蕨、龙须菜、麦兰、刺桐菜。

——康熙《蒙化府志》卷一《地理志·物产》第 38 页

数珠菜、生江中，形类念珠，因赞陀投念珠泄水，后江中即生此菜。石耳菜、形如木耳，生感极清之气，久食延年。蔓菁、大如杯盂，俗传诸葛行军所遗。黄芽韭菜、香苽、树头菜、瓯兰、白石菜。麦蓝菜。

——康熙《鹤庆府志》卷十二《物产》第 24 页

蔬属　葱、蒜、萝菔、红、黄、白三种。白菜、茼蒿、青菜、芥菜、蕨菜、苋菜、芹菜、菠菜、芫荽、茴香、豆芽、莴苣、麦兰、树头、豌豆、豇豆、山药、黄薯、菌、鸡𪈢、白扁豆、南瓜、王瓜、丝瓜、茄子、瓠子、葫芦、金瓜、架豆、羊眼豆、格兰菜、蔓菁。

——康熙《剑川州志》卷十六《物产》第 58 页

菜类　白菜、青菜、波菜、芹菜、苋菜、萝白、王瓜、茄子、蓝瓜、葫芦、架豆、芋头、山药、蕨菜。

——康熙《续修浪穹县志》卷一《舆地志·物产》第 23 页

菜类　莲花菜、甜菜、紫石花菜、虎舌菜、年菜、绿石花菜、阳和菜、苦瓜、鸡葼、菜瓜、红芋。

——康熙《云南县志·地理志·物产》第 13 页

蔬　鸡枞菌、松毛菌、滑菌、发栏柴、香蕈、木耳、萝卜、蕨、薇、茱萸、王瓜、缅瓜、西瓜、冬瓜、滑菜、甜菜、白菜、青菜、芹、芋、竹笋、葱、韭、蒜、瓮菜、茄子、瓠、匏、春不老、石华菜、菠菜。

——康熙《定边县志·物产》第 22 页

蔬属　姜、葱、韭、芥、薤、蒜、芹菜、白菜、青菜、菠菜、甜菜、滑菜、春不老、茴香、茄子、有紫、青、白三种。刺桐菜、一名春头。勺菜、麦兰菜、惟麦地有之。蕨菜、海菜、豌豆菜、薯、芋、莴苣、萝卜、有红、白、黄三种。苦荬、茼蒿、芫荽、窝笋、伤春菜、即辣菜。黄连芽、苋菜、豇豆、扁豆、山药、有三种。笋、茭瓜、油菜、子可为油。荠菜、蕹菜。

——康熙《永昌府志》卷十《物产》第 2 页

蔬　姜、萝菔、东瓜、丝瓜、茄、白茄、芋、白菜、青菜、菠菜、茼蒿、莴苣、生菜、茴香、葱、黄瓜、韭、芹、苋、蒜、芫荽、薤、架豆、葫芦、豇豆、山药、笋、蕨、龙须菜、麦兰、薤头、水花、树头、马齿苋、金针菜。

——康熙《顺宁府志》卷一《地理志·物产》第 28 页

菜之属　白菜、青菜、菠菜、生菜、萝卜、葱、韭、蒜、甜菜、芋头。

——雍正《呈贡县志》卷一《物产》第 31 页

蔬菜　青菜、白菜、葱、韭、萝白、麦瓜、架豆、菠菜、茼蒿菜、甘露子。

——雍正《安宁州志》卷十一《盐法附物产》第 47 页

蔬之属　韭、葱、芦菔，即萝卜，有红、白二种。苋菜、青菜、菠菜、蒜、茴香、白菜、莴苣、生菜、芋蒟、甜菜、甘露、茄、春不老、芹、茼蒿。

——雍正《马龙州志》卷三《地理·物产》第 19 页

蔬　姜、芥、韭、葱、蒜、薤、蕨菜、芹菜、茄、芋、瓠、青菜、白菜、茴香、茼蒿、蕨菜、辣菜、笋、豆菜、龙须菜、菠稜菜、红白黄萝卜、窝苣、春不老、羊奶菜、树头菜。

——雍正《建水州志》卷二《物产》第 6 页

蔬属　山药、红薯、蕨菜、树头菜、羊奶菜、攀枝花，即木棉。鸡葼、树花菜。

——雍正《阿迷州志》卷二十一《物产》第 255 页

蔬属　白菜、青菜、韭菜、萝卜、菠菜、蒜、芥、葱、薤、麦兰、蕨菜、芹菜、苋菜、树头、茴香、莴苣、白芋、紫芋、香簟、木耳。

——雍正《宾川州志》卷十一《物产》第 2 页

菜之属　十八：蔓菁、青菜、白菜、萝菔、红、黄、白三种。麦兰、波稜、苋菜、葱、刺桐菜、韭菜、薤、蒜、茴香、芋、紫茄、水芹、水蕨、石花菜、桐蒿菜。

——雍正《云龙州志》卷七《物产》第 2 页

蔬属　姜、芋、韭、薤、蒜、芹菜、苋、茄、葱、笋、椒、红薯、青菜、白菜、茴香菜、菠菜、萝卜、葫芦、莴苣、茭笋、蒲笋、麦兰、山药、芫荽、鸡葼、王瓜、菜瓜、丝瓜、甜瓜、金瓜、冬瓜、南瓜。

——乾隆《宜良县志》卷一《土产》第 26 页

蔬类　葱、蒜、韭、薤、芹、蕨、苋、茄、芋、蒜台、青菜、白菜、红莱菔、白莱菔、茴香、芫荽、菠菜、瓠子、莴苣、茨菇、薯蓣、春不老、黄豆芽、绿豆芽、生菜、辣菜、茼蒿、劈蓝、芥菜、芸苔、马兰、蓼莪、苤碧、山药、树头菜、鸡肝菜、海菜、蔓菁、菌、冻菌、鸡葼、香簟、木耳、木把、柏生、丁香菇、石花菜。

——乾隆《东川府志》卷十八《物产》第 2 页

蔬之属　葱、芹、芥、韭、青菜、蒜、茄、蕡、苋、白菜、葫芦、菠菜、萝卜、茼蒿、江豆、白扁豆、蕨、茴香菜。

——乾隆《霑益州志》卷三《物产》第 21 页

蔬　姜、芥、韭、葱、蒜、薤、茄、芋、蕨、莼、青菜、白菜、菠菜、苋菜、春不老、芹菜、茴香、苜蓿、萝卜。有红、白、黄三种。

——乾隆《陆凉州志》卷二《风俗物产附》第 26 页

蔬之属 青菜、白菜、萝卜、有黄、红、白三种。蔓青、菠菜、茴香、香芹、苋菜、有红、白花二种。董蒿、马齿苋、麦蓝、羊奶菜、甜菜、葱、韭、蒜、芥菜、茄、薤。

——乾隆《广西府志》卷二十《物产》第 2 页

蔬属 姜、芥、韭、葱、椿、有红、白二种。萝卜、有红、黄、白三种。芸苔、苋菜、有红、白二种。青菜、芹菜、菠菜、羊奶菜、茴香、蒜、白菜、豌豆菜、薤、茄、有红、白二种。陂茄、芋、红薯、薯芋、莴苣、蕨、笋、四季生。茼蒿、生菜、荇菜、荠菜、麦蓝菜、春不老、马蹄菜、鸭舌菜、芫荽、甘露子、甜菜、白花菜、九头芋、出新现。蕻菜。

——乾隆《开化府志》卷四《田赋·物产》第 28 页

蔬之属 姜、芥、韭、葱、芦菔、即萝卜，有红、黄、白三种。苋菜、青菜、菠菜、茴香、蒜、青蒜、白菜、豌豆菜、薤、茄、芋、红薯、莴苣、薯蓣、蕨、笋、茼蒿、生菜、荇菜、芹、甘露子、甜菜。

——乾隆《新兴州志》卷五《赋役·物产》第 31 页

菜属 苋、芹、水芹、芥、蕨、菠、海菜。

——乾隆《续修河西县志》卷一《食货附土产》第 47 页

蔬之属 有姜、椒、番椒、一名秦椒，俗名辣子。茴香、葱、韭、蒜、薤、芥、芹、水、旱二种。蒌蒿、萝菖。红、白二种。附黄萝卜。一名蒿子萝卜。芸台菜、俗呼油菜。麦兰菜、山药、有山、云板、象腿三种。薯蓣、红、白二种。菠菜、白菜、青菜、生菜、薤菜、同蒿。冬瓜、南瓜、俗名麦瓜。黄瓜、菜瓜、一名生瓜。丝瓜、苦瓜、《诗》所谓"有敦瓜苦"者是也。北人以为果，谓之锦荔芰、癞葡萄，南人惟以为蔬耳。白土瓜、红土瓜、葫芦、瓠子、茄子、豇豆、藕豆、一名茶豆。刀豆、地豆、一名四季豆，有紫白二种。甘露子、藠、荠、苦菜、蕨、薇、藜藿、芋、亦名薯蓣，俗呼为玉头。藕、慈菰。此外，有棠梨花、苦茨花、老鸦花、羊肚菜、羊奶菜、树头菜、苦树尖、草薢、棉花、菌、鸡瑽。虽非蔬属，其实皆嘉蔬也。

——乾隆《黎县旧志》第 13 页

蔬之属 青菜、白菜、萝卜、有、红、白黄三种。蔓菁、菠菜、芥菜、苋菜、有红、白二种。葱、蒜、韭、薤、姜、笋、茄、蕨菜、茼蒿菜、麦蓝菜、羊奶菜、莴苣、小茴香、莺粟菜、豌豆菜、荬菜。

——乾隆《弥勒州志》卷二十三《物产》第 50 页

菜部 青菜、白菜、独头菜、四叶菜、芹菜、慈菇、韭菜、葱、蒜、苋、芹、有红、白二种。茼蒿、笋、蕨、芋、龙爪菜、姜、蚕豆、架豆、刀豆、菀豆、菌、茴香、茄、芥菜、萝菔、有红、白、黄三种。木姜子、莴苣、王瓜、麦兰、豆芽、瓠、鸡瑽、香蕈、木耳、白参、冬瓜、西瓜、菜瓜、丝瓜、甜瓜、苦瓜、香瓜、金瓜、银瓜、青瓜、十稜瓜、藕、菠菜、苜蓿、山药、有象腿、云版二种。海菜、麻竹、树头菜。

——乾隆《石屏州志》卷三《赋役志·物产》第 35 页

蔬品 蚁瑽、栗窝、杂菌、香蕈、木耳、白森、蕨菜、红薯、山药、扁豆、花椒、辣子、豇豆、青菜、窝苣、白菜、菠菜、苋菜、芹菜、芫荽、白萝卜、茄、韭、蒜、姜、葱、东瓜、莴瓜、王瓜、瓠子、苦瓜、丝瓜、毛竹笋、小笋、芋、壶芦、黄花菜、梨苔菜。

——乾隆《碍嘉志稿》卷一《物产》第 7 页

蔬之属 姜、芥、葱、韭、蒜、薤、青菜、蕌、茄、有紫有白。萝卜、有红有白。芹菜、菠菜、莴苣、苋、有红、白、马齿等。蔓菁、茼蒿、芫荽、一名胡荽。薯蓣、瓠、葫芦、芋头、蕨菜、竹笋、有甜有苦。茭笋、茴香、花椒、秦椒、荠菜、冬瓜、南瓜、丝瓜、苦瓜、王瓜、金瓜、海窝瓜、眉豆、豇豆角、香莙、白森、鸡㙡、地菌、山药、藕、少。红薯、甘鲁、油條、香椿、白菜、木耳。

——乾隆《碍嘉志》卷二《赋役志·物产》第 231 页

蔬类 青菜、白菜、菠菜、苋、芹、韭、茄、葱、蕨、萝白、茴香、芋头、生菜、葫芦、香蕈、木耳、竹笋、柑豆、山药、黄花、茶豆、蒜苗、白森、鱼腥菜、黄萝卜、树头菜、麦兰菜、香皮菜、牛皮菜、莴苣、茼蒿、莳萝、杂菌。

——乾隆《白盐井志》卷三《物产》第 34 页

蔬蓏之属 有蕈菌、鸡㙡、木耳、白森、笋、蕨、芹、茴、葱、韭、蒜、薤、芋、芥、石花树、末香、茼蒿、白花、黄花、红茱、山药，及丝瓜、东瓜、南瓜、苦瓜、香瓜、黄瓜、金瓜、王瓜、扁瓜、瓠瓜、葫芦、萝卜、莴苣、茭瓜，皆常品也，而惟拔贡菜名最佳。西瓜，春初即熟，上元灯节竟馈西瓜，且镂其皮为灯，货其籽于四方。

——乾隆《华竹新编》卷二《疆里志·物产》第 228 页

蔬属 葱、韭、蒜、萝菔、红黄白三种。白菜、桐蒿菜、青菜、芥菜、蕨菜、苋菜、芹菜、菠菜、芫荽、茴香、豆芽、莴苣、麦兰、树头、碗豆、豇豆、山药、红薯、菌芋、鸡㙡、白扁豆、西瓜、南瓜、冬瓜、王瓜、丝瓜、甜瓜、茄子、瓠子、瓢瓜、葫芦、苦瓜、姜。

——乾隆《大理府志》卷二十二《物产》第 1 页

蔬属 山药、芋、有紫、红、白三种。薯、红、白二种。瓜、王瓜、南瓜、西瓜、白瓜、冬瓜、丝瓜、苦瓜、金瓜。青菜、白菜、芹、蕨、葱、韭、蒜、茄、萝卜、红、黄、白三种。茴香、莴苣、麦兰、茼蒿、芥、姜、茨菰、生菜、芝麻菜、芫荽、蕌、笋、菌、鸡㙡、香蕈、木耳、白森。

——乾隆《赵州志》卷三《物产》第 56 页

蔬 姜、芥、韭、葱、蒜、大如拳者。芦菔、莴苣、菠、苋、芹、茴香、茄、豌、薯、芋、薤、笋、荠、蕨、山药、豇、扁椒、蕈、木耳、鸡㙡菌。

——乾隆《腾越州志》卷三《山水·物产》第 27 页

蔬属 蔓菁、俗名圆根，状似萝卜，味微苦，大者如盘，宜播生土。夏种冬收，户户晒干囤积，务足一岁之用。菝餬稗粥外，饔飧必需，惟广积之家，用以代料饲马。葱、韭、蒜、和尚蒜、萝菔、红、黄、白三种。白菜、青菜、芥菜、蕨菜、苋菜、野芹菜、菠菜、茴香、豆芽、莴苣、麦兰、豌豆豇豆、山药、红薯、菌、芋、西瓜、南瓜、王瓜、茄子、瓠子、瓢瓜、葫芦、复生菜。即蔓菁再发芽，腌酸，可久藏。

——乾隆《丽江府志略》卷下《物产》第 39 页

菜类 萝卜、有黄、白二种。蔓菁、青菜、白菜、芹菜、薯、石花菜、鱼香菜、生菜、菠菜、芥菜、胡荽菜、韭、蒜、茼蒿菜、麦兰菜、苋菜、龙须菜、竹笋、蕨菜、葫芦、茄子、百合、莴笋、甕菜、地蚕、甜菜、撒蓝、芋、紫、白二种。葱、薤。

——乾隆《永北府志》卷十《物产》第 2 页

蔬异 云南之果无杨梅，菜无香芋，瓜无香瓜，余皆同他省，而蔬之属，间有他省所罕觏者。

如树须，附产于深山松枥，形类苔，飘漾若美髯，樵人采以货，味淡而质脆滑，生拌可食。又，高轩盐井有池，产龙须，细如发，作棕色，味乃类海错。笋称澂江、永北两府为最多，产于四月，究未若江浙之饶。惟鸡足山所产，可卑天下，生于初秋，大可拱把，长逾尺，甜脆而有清香，多食不损脾，恨难远致耳。蕈中有鸡葼，大者如捧盘，厚逾口蘑，初色黑，鲜妙无媲，蒙自县多产之。土人渍以盐，蒸存可耐久，余卤浮腻，别贮为葼油，或连卤蒸杵为葼酱，当事群珍之。余常干之以佐馔，虽稍逊台榆，而亦可奴婢诸天花矣。至水中似荇带者，呼为海叶。种小蘹为蘹香菜，他省虽不经见，然无大佳处，未若树须、龙须、香笋、鸡葼之绝伦超群也。

——《滇南新语》第 28 页

自谷而下，蔬则有姜、芥、葱、韭、薤、蒜、椒、菘、芦菔、芸苔、莴苣、茴香、菠、苋、芹、荠、瓜、瓠、茄、芋、蒿、笋、蕨、薇、山药、木耳，而香蕈、鸡葼、杨慎说云鸡以形言葼者，飞而敛足之貌，以六七月大雨后生沙上，中或松间林下，鲜者香味甚美，土人咸而脯之，经年可食，或蒸汁为油，以代酱豉，味尤美，出蒙自者佳。甜菜、树生幽岩中，惟春初可食，出石屏、嶍峨。韭花，则滇中之所独也。

——嘉庆《临安府志》卷六《丁赋附物产》第 23 页

蔬　他邑有者，此亦有之。惟竹笋、水芹、白生、木耳、香蕈差胜焉。

——嘉庆《楚雄县志》卷一《物产志》第 48 页

蔬类　葱、蒜、韭、薤、芹、蕨、苋、茄、姜、芋、菌、瓠、芥菜、俗名青菜。芥、白菜、菠菜、茭笋、茨菇、味甜。葫芦、红萝菔、白萝菔、云板薯、茴香、茼蒿、红薯、黄秧白、莲花白、秦椒、俗名辣子，又名醢椒。碧兰。

——嘉庆《永善县志略》上卷《物产》第 562 页

蔬属　青菜、白菜、白萝卜、红萝卜、菠菜、树头菜、莴苣、苋菜、红、白、马齿三种。白茄、紫茄、葫芦、三种。芋头、山蕨、芹菜、冬瓜、南瓜、王瓜、苦瓜、丝瓜、金瓜、色红不食。西瓜、白薯、红薯、桃花薯、鸡冠薯、黄薯、棕蓣、茴香、葱、韭、薤、蒜、香芹、川芎、茼蒿、甘露子、大头菜、地萝卜、豆芽、芥菜、豆角、芫荽、香蕈、白森、木耳、鸡葼、菌、有青头、羊肝、胭脂、松毛、一窝蜂、黄罗缴、红罗伞等十数种。山药、树花、麦蓝、龙须菜、马尾菜、石花菜、芭蕉菜、藤子菜、慈菇、茭瓜、马铃薯、甜笋、刺竹笋、江笋、大竹笋、京竹笋。

——嘉庆《景东直隶厅志》卷二十四《物产》第 2 页

滇南瓜蔬最早，冬腊开筵，陈新豆米，正初即进。元谋之西瓜酿，元江之大茄，不能以常候拘也。然先时为味颇薄，亦及候乃腴耳。

——《滇海虞衡志》卷十一《志草木》第 12 页

蔬之属　薤、《后汉书·南蛮传》：自夜郎、滇池以西有薤。蒜、《滇南本草》：味辛微寒，治肺中生痰咳嗽，此蒜有去痰之功，解百毒，敷疮如神，多食昏神损目。韭、檀萃《滇海虞衡志》：滇南韭菜，涉冬如黄芽，其值甚贱，入春则老矣。《滇南本草》：山韭菜，一名长生草。味甘。生山中，形似家韭，其叶稍大。作菜食能养血健脾，壮筋骨，添气力。连根捣汁，治跌打损伤，敷患处。根同赤石脂捣烂擦刀斧伤，生肌长肉，金疮圣药。芦菔、旧《云南通志》：俗呼萝白，有红、黄、白三种。檀萃《滇海虞衡志》：莱菔俗名萝卜，厂名萝白。滇产白者，其细腻固可佳，而红者奇益甚。凡红皮必内白，天下皆然，而滇之红萝卜通体玲珑，中间点微红，如美人劈破燕支脸，最可爱玩。至其内外通红，片开如红玉板，以水浸之，水即深红。粤东亦卖此片，然犹以苏木水发之，兹则本汁自然之红水也。罗次人刨而干之以为丝，拌糟不用红麹，而其红过之。胡萝卜、檀萃《滇海虞衡志》：胡萝卜，分红、黄二种，红犹内地，黄则长至二三尺。白菜、《滇南本草》：味甘，性平。消痰止咳嗽，利小便，清肺热，利肠胃，除胸中烦热，解酒去鱼腥，消食下气。如多食伤者，姜能解之。苦菜、陶宏景《名医别录》：苦菜，生益州川谷山陵道旁，凌冬不死。又益州有苦菜，乃是苦蕺。《滇南本草》：味苦寒，清火，不可多用。唐慎微《本草注》：龙葵即苦菜，叶圆花白，但堪煮食，不堪生啖。蔓菁、刘禹锡《嘉话录》：诸葛武侯行军所止，必令兵士皆种蔓菁，云有六利：才出甲可生啖，一也；叶舒可煮，二也；久居则随以滋长，三也；弃不吝惜，四也；回即易寻而采之，五也；冬有根可劚食，六也。故蜀人呼蔓菁为诸葛菜。袁滋《云南记》：巂州界缘山野间有菜，大叶而粗茎，其根若大萝卜。土人蒸煮其根叶而食之，可以疗饥，名之为诸葛菜。云武侯南征，用此菜莳于山中，以济军食，亦犹广都县山栎木谓之诸葛木也。苋、旧《云南通志》：有红、白二种，又一种马齿苋。《滇南本草》：味辛，平，有小毒。分二种，上有水银叶微厚者乃马齿苋也。治大小便不通，化虫，去积热，通血脉，逐瘀血，不可多食，耗散胃气，忌鱼鳖同食。马齿苋，催生下胎。服之神效，采叶捣之，解铅毒最妙。又，水苋菜，味辛微寒，治妇人白带，多食损目。莴笋、《滇南本草》：味苦寒。治冷积虫积，痰火凝结。气滞不通，服之即效。莼、旧《云南通志》：大理浪穹者甚香美。莙荙菜、《本草》：蓌，一名莙荙菜。徐炬《事物原始》：莙菜似升麻，煮食之。《滇南本草》：甜菜，味甘平。治中隔冷痰存于胸中，服之效。不可多食。树头菜、旧《云南通志》：石屏者佳。石花菜、檀萃《滇海虞衡志》：石花菜，即海之紫菜，生于石上。作汤碧绿可爱，味亦佳。蒙自、禄劝俱出之。瓠、旧《云南通志》：云南县者佳。陈鼎《滇黔纪游》：太和县瓠可盛粟二十斛，片之可为舟航。《滇南本草》：瓠匏，味甘，微苦。形似西瓜，匏腰细头尖者葫芦，今人呼为瓢，作装水之器具。分甜、苦两种，甜者不入药，苦者能利水，除面目邪气，四肢浮肿，利水道，透痲症，清心肺，除烦热。采叶捣烂，晒干为末，盛瓶内随带身边，或出行逢渴时，用一分入水饮之，不中水毒，或蛇虫虾蟆扒过之物，人误食中毒，用此能解。再加雄黄，能解哑瘴山岚之毒。又加松笔头，解一切火毒。凡中夷人之毒，但服此方，俱可二三分，不可多用，开水下。又，瓠子，一名葫芦，又名龙蛋瓜，又名天瓜。味甘寒，治小儿初生周身无皮，用瓠子烧灰调菜油擦之甚效。又治左瘫右痪，烧灰用酒服之。亦治痰火，腿足疼痛，烤热包之即愈。又治诸疮脓血流溃，杨梅结毒，横担鱼口，用荞面包好，入火烧焦，去面为末，服之最效，作药服，不宜多，恐腹痛心寒呕吐。叶治疯癫发狂，根治痘疮倒黡，子煨汤服治哑瘴。夷人治棒疮，跌打损伤，擦之甚效。用生姜同服，治咽喉肿痛甚效。芋、檀萃《滇海虞衡志》：芋之巨，惟滇南甲天下。桂馥《札樸》：滇芋而味美，蕨可作羹，居人赖以充粮。蕨、滇蕨满山，高至三四尺，肥极。土人但知摘蕨拳，不知洗粉，闻宣威颇知洗之。茭笋、檀萃《滇海虞衡志》：茭瓜，滇城九龙池有之。《滇南本草》：茭瓜，味甘，治腹内冷疼，小便出血效。江少虞《事实汇苑》：蒋，又名茭白，叶如蒲苇，中心生白台如小儿臂为菰米，台中有黑者为乌郁，秋实即雕胡米也。土瓜、桂馥《札樸》：土瓜，形似芦菔之扁者，色正白，食之脆美。案即《尔雅》黄菟瓜，音讹为土瓜。土瓜乃王瓜，色赤，不中啖。旧《云南通志》：山产，土人掘以济食。《滇南本草》：土瓜，味甘平。一本数枝，叶似葫芦，无花，根下结瓜。分红、白二种，红者治妇人红白带下，通经解热；白者治妇人阴阳不分、子宫虚冷、男子精寒。服之能生子，健脾胃而益精，生吃有止呕疗饥之妙。扁豆、檀萃《滇海虞衡志》：《范志》谓茄冬不凋，明年结实，而滇不独茄为然，扁豆亦能宿根，春即发花，二三月间，已有新扁豆。金豆、旧《云南通志》：俗名红豆，又百日豆。宋祁《益州方物图》：海红豆，春开花白色，结荚枝间，子如缀珠，似大红豆而扁，皮红肉白。甘露子、《绀珠》：甘露子，一名地蚕。生土中，如小蚕，如耳环，酱食脆美。秦椒、旧《云南通志》：俗名辣子。谨案：秦椒即花椒，辣子乃食茱萸，李时珍分析极明，旧《志》盖误。蒟、刘逵《蜀都赋》注：蒟，蒟酱。缘树而生，其子如桑椹，熟时正青，长二三寸，以蜜藏而食之，辛香温，调五藏。乐史《太平寰宇记》：益州蒟酱，如今之大荜茇。李时珍《本草纲目》：蒟酱，今两广、滇南及川南、渝、泸、威、茂、施诸州皆有之。其苗谓之蒌叶，蔓生依树，根大如箸，彼人食槟榔者，以此叶及蚌灰少许，同嚼食之，云辟瘴疠，去胸中恶气。故谚云：槟榔浮留，可以忘忧。其花结实即蒟子也。郭义恭《广志》：蒟子，蔓生依树，子似桑椹，长数寸，色黑，辛如姜，以盐腌之，下气消谷。段玉裁《说文解字注》：《史记》《汉书》有枸酱，左思《蜀都赋》、常璩《华阳国志》作蒟，《史记》亦或作蒟。据刘逵、顾微、宋祁诸家说，即扶留藤也。叶可用食槟榔，实如桑椹而长，名蒟，可为酱。《巴志》曰："树有荔支，蔓有辛蒟"，然则此物藤生缘木，故作蒟。从草，亦作枸，从木，要必一物也。许君《木部》有枸字，云可为酱，于《草部》又有蒟字，盖不能定而两存之。谨案：蒟，即芦子，亦作蒌子。其叶为蒌叶，各处俱有，惟元江独多。《永昌府志》以为鸡葼，说殊未确。《蜀都赋》蒟、蒻并称，观刘逵《注》则蒟与蒻为二物，旧《志》以蒟蒻为一物，又云俗名鬼庙，皆非。又于元江等处芦子、蒌叶俱平列，不知其即为蒟酱也。菌、旧《云南通志》：有青头、羊肝、胭脂、羊奶、鸡冠、松毛、一窝蜂、黄罗繖、红罗伞、术莪等十数种。又，香蕈出广西者佳。桂馥《札樸》：滇南多菌，今据俗名记之：青者曰青头；黄者蜡栗，又曰荞面，又曰鸡油；大径尺者曰老虎；赤者曰胭脂；白者曰白参，又曰茅草；黑者曰牛肝；大而香者曰鸡葼；小而丛生者曰一窝鸡；生于冬者曰冬菌；生于松根者曰松菌；生于柳根者曰柳菌；生于木上者曰树窝；丛生无盖者曰扫帚；绉盖者曰羊肚；生于粪者曰猪矢；有毒者曰撑脚伞。鸡葼、潘之恒《广菌谱》：鸡葼蕈出云南，生沙地间丁蕈也，高脚缴头，土人采烘寄远，以充方物，气味似香蕈而不及其风韵。陈仁锡《潜确类书》：《庄子》"鸡菌不知晦朔"，今本作朝菌，云南名菌曰鸡葼。杨慎《升庵外集》：鸡菌，菌如鸡冠也，故云南名佳菌曰鸡葼，鸟飞而敛足，菌形似之，故以鸡名，有以也。郎瑛《七修类稿》：云南土产地蕈，《诗》《书》本菌子也，而方言谓之鸡宗，以其同鸡烹食至美之故。予问之土人云：生处蚁聚丛，盖以味香甜也。桂馥《札樸》：《庄子》"朝菌不知晦朔"，蔡氏《毛诗名物解》引作鸡菌，北方谓之鸡腿蘑菰，即鸡葼也。明杨慎《沐五华送鸡葼》："海上天风吹玉芝，樵童睡熟不曾知。仙人住近华阳洞，分得琼英一两枝。"湘潭张九钺《鸡葼菜》二首："绀袖霓裳白羽衣，炎洲仙子戏空飞。天风吹下珍珠缴，鸡足山头带雨归。""翠笼飞擎驿骑遥，中貂分赐笑前朝。金盘玉箸成何事，只与山厨伴寂寥。"自注：明熹宗嗜此菜，滇中岁驰驿以献，惟客魏得分赐，张后不与焉。赵州师范《野鸡葼》："十洲产琼芝，五台生天花。滇南山水深，土物亦堪夸。秋夏雷雨霁，厚地呈英华。或讶鹤遗卵，或疑云吐芽。相遭承以巾，藏蕾淰挚爬。拾归投翠釜，饥肠如鸣蛙。辨味极柔美，到口消淬渣。持较鹅掌蕈，真可称大家。几年客边塞，白蘑名遮奢。新脆苦难致，负腹空咨嗟。转思在乡乐，何必餐青霞。"黄花子、《滇南本草》：生于荒野，大叶黄子，子上有黄色点，花开黄花，可作菜食。治一切阴虚火胜，脱阴脱阳，服之神效。又能益胃健脾，肥胖悦颜，久食益寿延年，返老还童。白云瓜、《滇南本草》：生于金沙江傍有水处。大枝硬梗，花紫色，叶油绿，根下结瓜青绿色，生用甘美之至，除烦解渴，久食不饥不老，却病延年。取叶治伤寒头痛，不拘各症，无汗能发，多汗能止，鼻血崩漏，产妇伤寒。梗，烧灰治牙疳。熬膏，治酒膀瘫痪、中风气结，皆效。土余瓜、《滇南本草》：生于石上，倒挂而成，黄花绿叶。其花一年一朵，只结一台，梗藤绵软，至十二年，根成人形，夜吐白光。同云苓熬膏服之，乌须黑发，返老还童，百病不生，盖二物有夜光，久服成仙。苦瓜、《滇南本草》：味苦寒。治一切丹火毒气，金疮结毒，遍身芝麻疔、大疔，疼痛不可忍者，服之神效。取叶晒干为末，每服三钱，用无灰酒下，又治杨梅疮。取瓜火煅为末，治胃气疼，滚水下；治眼目疼痛，灯草汤下。苤蓝、《滇南本草》：味辛涩。治脾虚火盛，中膈存痰，腹内冷痛，夜多小便，又治大麻疯癞等症，服之立效。生食止渴化痰，煨食治大肠下血。烧灰为末，治脑漏鼻痈，吹鼻治中风不语。取叶贴疮，皮治麻症最效。茄、《滇南本草》：味甘寒。治寒热五脏痨症及瘟疫症，用醋磨敷肿毒，散血，止乳痛，消肿宽肠。烧灰米汤下，治肠风下血及血痔。梗叶治冻疮，蒸熟治瘫痪。多食损目，令人肚腹下痢。女人多食，伤子宫偏坠。京墨文蛤，入茄子内，三旬取墨，乌须发甚效。黄瓜、《滇南本草》：味甘平。治咽喉十八症，煎叶服之即愈，多食令人呕吐。根捣烂敷火疮。甜瓜、《滇南本草》：一名香瓜。味甘平，治风湿麻木，四肢疼痛。花，可敷疮散脓。瓜皮，泡水止牙痛。梗叶，煎汤洗风癞。灰挑银粉菜、《滇南本草》：味辛。生有水处，绿叶细子，叶上有银霜，作菜食，令人无噎隔反胃，煎服治火眼疼痛，洗眼治风热即愈。西瓜、《滇南本草》：味甘寒。治一切热症，痰涌气滞，根叶煎汤服之，治水泄痢疾。芝麻菜、《滇南本草》：味微寒。治中风、中寒，暑热之症。南芹菜、《滇南本草》：味甘。治妇人赤白带下，同南苏煎汤服之。冬瓜、《滇南本草》：味辛甘，微寒。治痰吼气喘，姜汤下，又解远方瘴气、小儿惊风。皮，治中风，煨汤服效。丝瓜。《滇南本草》：一名天吊瓜，又名纯阳瓜。味甘平。治五脏虚冷，益胃添精，或阴虚火动，滋阴降火，久服延年乌须。叶治绞肠痧，晒干为末，服之。皮为末，治金疮神效。

谨案：旧《志》尚有芥、葱、茴香、青菜、菠菜、莴苣、胡荽、茼蒿、蕨菜、南瓜、金瓜、稍瓜、银瓜、豇豆、薯蓣、红薯、云板薯、木耳、白森、麦兰，皆滇产。又有苦荬，考云南苦菜，系云葵，非苦荬，误记。董即芹菜，菜瓜即苦瓜，倭瓜即南瓜，系复出。蒲笋无考，竹笋移入永北，仅以可考者登于册。

——道光《云南通志稿》卷六十七《食货志六之一·物产一·云南通省》第 9 页

白石菜、麦蓝菜、一窝鸡、香荠、甄兰谨案《鹤庆府志》作瓯兰　《古今图书集成》：俱出鹤庆。

——道光《云南通志稿》卷六十九《食货志六之三·物产三·丽江府》第 45 页

蔬之属　四十六：姜、芥、葱、韭、涉冬如黄芽，入春即老。蒜、薤、藿香、青菜、白菜、莱菔、俗称萝白，有红、白二种。又一种胡萝白，种分红、黄二，黄有长至二三尺者。波稜、莴苣、苋、有红、白二种。又一种马齿苋。芹、云葵、即苦菜。麦兰、蔓菁、茼蒿、胡荽、一名香菜。茄、瓠、芋、早熟而味美，蕨可作羹，居人赖以充粮。桂馥《札樸》。蕨、高至三四尺，极肥美。竹笋、冬瓜、黄瓜、丝瓜、南瓜、即倭瓜。金瓜、苦瓜、即菜瓜。土瓜、萻荙、即蓁菜。青蒿、一曰黎蒿。扁豆、豇豆、刀豆、薯蓣、红薯、甘露子、食茱萸、即辣子。荙蓝、鸡枞、香蕈、木耳、白森、菌、灰挑、银粉菜。

——道光《昆明县志》卷二《物产志》第 1 页

滇蔬种最繁，而熟甚早，其值亦皆贱，山肴野蔌苤之都可登盘，不必餍鸡豚也。芹、韭、芋、蕨、葱、蒜之属，皆以会城为最。其尤美者，则冬末之苦菜。案陶宏景《名医别录》：苦菜，生益州川谷山陵道旁，凌冬不死。唐慎微《本草注》曰：龙葵，即苦菜。叶圆，花白，但堪煮食，不能生啖。龙葵一曰云葵是已。县所产苦菜，其大有至二斤余者，岁每十一二月间，人家各买菜若干把，涤而晾之，渍以盐，闭置大盎中，曰醃菜，至次年春，乃启盎食之，味酸以洌。昔苏易简之称"金虀玉脍"，岂是过哉？慎微《本草注》以为"不能生啖"，误矣。凡苦菜之煮食者，以臭豆脯煠而入之，其味为菜羹第一云。檀萃《滇海虞衡志》：莱菔，俗曰萝卜，厂名萝白。滇产白者，其细腻固可佳，而红者奇益甚。凡红皮必内白，天下皆然，而滇之红萝卜通体玲珑，中间点微红，如美人劈破燕支脸，最可爱玩。至其内外通红，片开如红玉板，以水浸之，水即深红。粤东亦卖此片，然犹以苏木水发之，兹则本汁自然之红水也。

——道光《昆明县志》卷二《物产志·余论·论蔬之属》第 10 页

蔬属　葱、韭、芹、苋、蒜、茄、芋、蕨、笋、豇豆、扁豆、菠菜、白菜、苦菜、芦菔、王瓜、葫芦、茴香、苦瓜、丝瓜、南瓜、冬瓜、土瓜、麦兰、芥兰、莴笋、茼蒿。

——道光《晋宁州志》卷三《地理志·物产》第 25 页

菜类 青菜、白菜、葱、韭、蒜、茄、笋、蕨、波菜、架豆、回香、冬瓜、甜瓜、金瓜、丝瓜、苦瓜、芋。

——道光《昆阳州志》卷五《地理志下·物产》第 12 页

蔬属 芦菔、白菜、青菜、茴香、生菜、花菜、鸡㙡、香蕈、木耳、竹笋、白森、青头菌、芋、山药、香椿、蕨笋、麦兰、蒿蒿、豇豆、茄子、南瓜、赛胡椒、蔓菁、木须、王瓜、金瓜、方瓜、瓠子、土瓜、葱、韭、芹、蒜、苋。

——道光《宣威州志》卷二《物产》第 22 页

蔬属 萝卜、青菜、白菜、葫芦、东瓜、王瓜、西瓜、丝瓜、南瓜、茴香、芫荽、茭瓜、菠菜、生菜、苋菜、蒿蒿菜、菌子、韭菜、蒜子、蕌子、芹菜、竹笋、甘露子、芥菜、土瓜、山药、红薯、空心菜、芋头、莴苣、芥兰、香椿、木耳、茨菇、茄子、姜、葱。

——道光《广南府志》卷三《物产》第 1 页

蔬之属 萝卜、青菜、白菜、葫芦、东瓜、王瓜、丝瓜、麦兰菜、茴香、芫荽、茭瓜、木耳、菠菜、生菜、苋菜、蒿蒿菜、菌子、鸡㙡、甘露子、南瓜、茄子、竹笋、韭菜、芹菜、蒜、藕、葱、芥菜、土瓜、树头菜、山药、红茱、苦瓜、芋头、荸荠、甘蔗。

——道光《澂江府志》卷十《风俗物产附》第 5 页

菜之属 青菜、白菜、生菜、芹菜、茴香、菠菜、葱、韭、蒜、木耳、白森、竹笋、蒿蒿菜、石须菜、栗树花、鹦哥菜、蕨菜、鸡㙡、菌、芋头、红薯、甘露子、山药、王瓜、丝瓜、南瓜、地瓜、苦瓜、甜瓜、扁豆、豇豆、刀豆、龙爪豆、茄子、芦卜、芫荽、木菍、慈姑。旧《县志》

——道光《续修易门县志》卷七《风俗志·物产》第 168 页

菜之属 香蕈、出哀牢山。木耳、出哀牢山。白森、似木耳而白，出栗树上。黄笋、出江外，一名臭笋。生菜、味香美，可生食。甜菜、可作羹，味甘美。白蕨钩、三月间采食最佳。羊乃菜。可作斋、缅茄。不可食，俗人用以佩带。

——道光《新平县志》卷六《物产》第 21 页

蔬之属 芹菜、青菜、韭菜、苋菜、芥菜、茄子、蒜、葫芦、葱、蕨、百合、薯、芋、山药、笋、芥、白菜、菠菜、架豆、萝卜、王瓜、茴香、土瓜、江茅、石花。

——道光《姚州志》卷一《物产》第 242 页

蔬之属 姜、芥、韭、葱、芬葱、火葱。芦菔、白、黄、红、透心红。白菜、青菜、乌菘、莴苣、菠菜、苋、茴香、蒜、独头蒜、老鸦蒜。苦荬、薤、牛皮菜、蔓菁、红、白二种。瓠、壶卢、瓟。豇豆、豌豆、扁豆、四季豆、苤蓝、灰藋、芹、香芹、水芹。蕨、笋、川芎、茄、白茄、紫茄。树头菜、蒿蒿、麦兰、茭笋、蒲笋、西瓜、冬瓜、丝瓜、黄瓜、苦瓜、南瓜、金瓜、银瓜、玉瓜、削皮瓜、套瓜、地金莲、香椿芽。

——道光《大姚县志》卷六《物产志》第 3 页

蔬属 姜、芥、葱、韭、蒜、薤、茴香、青菜、白菜、芦菔、俗呼罗卜，有红、白、黄三种。菠菜、莴苣、苋菜、有红、白二种。百合、蒜、芹菜、麦兰、堇、胡荽、蒿蒿、山药、树头菜、芋、擘蓝、蕨、竹笋、王瓜、南瓜、金瓜、苦瓜、丝瓜、红瓜、茄、葫芦、瓟、秦椒、俗名辣子，初种可长至七八年者。蒟蒻、俗名鬼庙。地金莲、椿、香蕈、木耳、白参、栗树花、棠梨花、金雀花、皂角牙、茨白花、攀枝花、大白花、甘露子、菱笋、扁豆、豇豆、金豆、俗名红豆。鸡葼、鸡以形言，葼者飞而敛足之貌。说本杨慎。或作蚁堫，以其产处下皆蚁穴。《通雅》又作鸡堫。以六七月大雨后，生沙土中，或松间林下，鲜者香味甚美。菌、种不一，有良有毒。羊肚菌、二三月生。栗窝菌、柳树菌、竹根菌。

——道光《定远县志》卷六《物产》第 203 页

蔬属 笋、有甜笋、苦笋、刺笋、京竹笋、江竹笋、绵竹笋、山竹笋数种。姜、芥、葱、茴香、韭、蒜、青菜、白菜、芦菔、一名萝卜。薤、菠菜、莴苣、苋菜、有红白二种。芹菜、树头菜、茄、胡荽、芋、茼蒿、蕨、王瓜、南瓜、金瓜、冬瓜、丝瓜、葫芦、瓠、秦椒、俗名辣子，初种可长至六七年者。椿、西瓜、刺瓜、甘露子、薯、有红薯、白薯、鸡冠薯、银板薯数种。香蕈、白森、大头菜、豌豆菜、茨菇、青菰、木耳、石花菜、棠梨花、攀枝花、野毛花、扁豆、豇豆、薯菜、芭蕉笋、鸡爪菜、鸡葼、菌、种不一，有良有毒。羊肝菌、栗窝菌、蒟蒻、俗名鬼庙。山药、金豆。俗名红豆。

——道光《威远厅志》卷七《物产》第 2 页

蔬属 瓜、有冬瓜、麦瓜（即南瓜）、王瓜、丝瓜、苦瓜（吴人谓锦荔枝）、西瓜、香瓜、金瓜数种。又缅瓜，形似金瓜，两瓜套生，不可食。笋、有甜笋、苦笋、酸笋、刺竹笋、江竹笋、筇竹笋数种。茄、有紫、白二种，紫者又名昆仑瓜。白菜、有紧心白菜、蒜头白菜、大小白菜数种。蒜、有大、小二种。薯、有红、白、云版、鸡冠、象腿数种。蘼芜、乃芎䓖苗，一名江篱，俗名旱芹，又名川芎。葱、有大葱、观音葱二种。菌、有红、白、黄、黑数种，宜辨良毒。石华、生水中石上，其味香脆，用醋浸食。椒、有圆椒、野椒二种。水苔、绿色如发，产九龙江。龙须菜、俗名甜菜，生把边磨黑江河傍。薤、又名藠头。苎兰、俗名疙瘩菜。木浆子、味辛，其茎干而烧之，可避烟瘴、蚊蟆。树花、生枯树上。白森、生树上，味香。韭、树头菜、又名鸡爪菜。香蕈、菌属。莴苣、俗名莴笋。木耳、又有水木耳。芹、野蔓青、俗名野青菜。鸡葼、菌属。蘹香、又名茴香。苦菜、有大、小二种。匏、味苦。食茱萸、俗名辣子。慈菇、茭笋、又名茭瓜。莱菔、有红、白二种。壶、味甜。棠梨花、蕻菜、蒌蒿、山药、地萝卜、又名土瓜。菘、老白花、芥菜、苋菜、蕨芽、甘露子、又名地蚕。蒿、小雀花、芋。有绵芋、山芋、洋芋、滴水芋数种。

——道光《普洱府志》卷八《物产·普洱府属》第 1 页

菜之属 香蕈、木耳、白森、竹笋、生菜、芹菜、青菜、白菜、芥菜、葱、韭、蒜、石花菜、树头菜、羊乃菜、茼蒿、白花菜、茴香、鸡葼、冻菌、芋头、菌子、山药、丝瓜、冬瓜、南瓜、苦瓜、香瓜、王瓜、金瓜、扁豆、豇豆、茄子、瓠子、蕨菜、葫芦、芦菔。

——咸丰《嵋峨县志》卷十二《物产》第 2 页

蔬属 姜、芥、葱、韭、蒜、薤、茴香、白菜、青菜、芦菔、俗名萝白，有红、黄、白三种。菠菜、莴苣、苋、有红、白二种。芹菜、苦荬、麦兰、蔓菁、莼、胡荽、一名香菜。茼蒿、茄、匏、葫芦、芋、蕨、茭笋、冬瓜、丝瓜、王瓜、南瓜、金瓜、苦瓜、土瓜、山产，土人掘以济食。菜瓜、倭瓜、稨豆、豇豆、金豆、俗名红豆，又名百日豆。薯蓣、俗名山药。红薯、云板薯、洋芋、秦椒、俗名辣子。甘露子、蒟蒻、俗名鬼庙。白森、菌。有青头、羊肝、胭脂、羊奶、鸡冠、一窝蜂、黄罗缴、红罗伞、鸡油、芝麻等数十种，就中青头最佳。

——咸丰《南宁县志》卷四《赋役·物产》第 10 页

蔬 菘属有白菜、芥菜、萝菔、红萝菔。瓜属有南瓜，俗呼为金瓜。有王瓜、苦瓜、黄瓜、丝瓜、冬瓜。凡瓜大者谓之瓜，小者谓之瓞。其肉谓之瓢，子谓之犀。有葱、韭、薤、蒜。惟产波弄河独头者佳。有青菜、苦菜、春不老、波菜。波菜出颇棱国，误为波复加草。……有豇豆、豌豆、羊角豆、扁豆。有蔓菁，即葑。有莴苣，俗呼为莴笋。有茴香、苦蓝。在野有山药，味同怀庆。有藜蒿，有菌，菌属为鸡堫，为柳菌，味埒蘑菇。在泽有藕，有芹，有茭笋、蒲心、海菜。海菜甘滑如莼。在山有蕨。《搜神记》蕨不可生食，恐化为蛇。

——咸丰《邓川州志》卷四《风土志·物产》第 7 页

菜之属 白菜、青菜、菠菜、生菜、萝卜、葱、韭、蒜、甜菜、芋头。

——光绪《呈贡县志》卷五《物产》第 1 页

蔬属 姜、芥、葱、韭、蒜、茴香、白菜、青菜、蕨、菠菜、芹、白荷、藕、芦菔、红苕、莴笋、芋、苦荬、蒿蒿、茭笋、瓜、薯、蛮荆、秦椒、菌、甘露子、鸡堫、木耳、香菌、薤白、茄子、土瓜、醋椒、树花、牡芭、塞耳根、竹笋。

——光绪《平彝县志》卷四《食货志·物产》第 1 页

蔬之属 葱、芹、芥、韭、青菜、蒜、茄、蕨、苋、白菜、葫芦、菠菜、萝卜、蒿蒿、江豆、白扁豆、蕨菜、茴香菜、芋、形似鸡卵，有白、青、红三种，惟水芋不可食。茭、即菰也，一名蘧蔬。《尔雅》一名茭笋，根生水中，叶如蔗荻。藕。荷芙蕖，其根藕。《尔雅》：应月生，闰月益一节。《续博物志》

——光绪《霑益州志》卷四《物产》第 65 页

蔬品 薯蓣、俗呼山药。百合、葱、韭、有二种，叶细者为松毛韭，味甘；叶大者为观音韭，叶不中食，根甘香，益气。芹、俗呼川芎。水芹、野生。茄、有三种，长而曲者，俗呼羊角茄；短而圆者，俗呼荷包茄；色紫而圆者，俗呼洋茄。葫芦、丝瓜、王瓜、南瓜、苦瓜、冬瓜、菘、青菜、波菜、同蒿、蒿苣、苋菜、茴香、胡荽、萝卜、芋、有四种，魁大如斗者为茉芋，色白者为白芋，叶青苗红者为红芋，蔓生而子小者为洋芋。石花菜、花椒、蕨、薇、俗呼草子。甘露子、地金莲、即甘蕉，根苗俱可食。慈姑。

——光绪《镇南州志略》卷四《食货略·物产》第 30 页

蔬之属 旧《志》十六种：芹、菁、韭、苋、芥、茄、蒜、葫芦、葱、蕨、笋、白菜、菠菜、架豆、萝卜、王瓜。增补三十种：薤、俗呼藠头。芜菁、即诸葛菜，俗呼芥萝卜。胡萝卜、俗呼黄萝卜。蘹香、俗呼茴香。苦荬、俗呼鹅奶菜，土人以饲鹅。葴、俗呼鱼腥菜。草石蚕、俗呼甘露子。薯蓣、种植甚多，又有野生者，不中食，然可以备荒。芋、按郭义恭《广志》：芋有十四种。君子芋，魁大如斗，即州人所谓茉芋是也。赤鹯芋，魁大子少，即州人所呼红芋是也。青边芋、长味芋，即州人所呼绿芋是也。鸡子芋，色黄，即山中所种羊芋是也。百合、零余子、同蒿、薇、按李时珍云，即今野豌豆，处处有之。今州人但知食蕨而不知食薇，岂因荆公《字说》谓"微贱所食"而鄙之欤。翻白菜、《救荒本草》云"叶硬而厚，有锯齿，背白似地榆，根如指大，生食、煮熟皆宜"，即土人所谓翻白叶也，亦未有作蔬食者。灰藋、即灰条，时珍谓作蔬最佳，州人亦无食之者。壶芦、有苦、甜二种。笋、有竹、窝二种。瓜。有南瓜、黄瓜、丝瓜、苦瓜、红瓜五种。红瓜未熟时，土人每雕花草、人物之形于其上，迨七夕、中秋取以献月，亦古风也。又有豇豆、筷子豆、菜豌豆三种。

——光绪《姚州志》卷三《食货志·物产》第 43 页

蔬之属 旧《志》三十四种：青菜、白菜、菠菜、苋、芹、韭、茄、葱、蕨、萝卜、茴香、芋头、生菜、葫芦、黄花、竹笋、山药、蒜、树头菜、麦兰菜、香皮菜、牛皮菜、莴苣、同蒿、时萝、胡萝卜、俗呼黄萝卜。葴、俗呼鱼腥菜。王瓜、冬瓜、金瓜、丝瓜、红瓜、苦瓜、黄瓜。新增二十一种：

草石蚕、俗呼甘露。君子芋、俗呼茉芋。鸡子芋、即羊芋也。百合、莲藕、莲花白菜、春不老、薯芋、芥、石花菜、白刺花、香椿、豌豆菜、慈姑、蕹、俗呼蕾头。砍皮瓜、胡荽、俗呼芫荽。芜菁、即诸葛菜、俗呼芥萝卜。灰藋、俗呼灰菜。零余子、薇。李时珍云即今野豌豆，处处有之。

——光绪《续修白盐井志》卷三《食货志·物产》第 53 页

瓜瓤之属 木耳、鸡枞、白森、香蕈、蕨薇、茴香、石花、树花、末香、茼蒿、香芹、白花、葱、韭、蒜、蕹、芋、芥、红花、黄花、红茉、茉莉、山药、丝瓜、东瓜、南瓜、苦瓜、黄瓜、金瓜、西瓜、瓠瓜、葫芦、萝卜、莴苣、茭瓜、白菜、笋、拔贡菜、庆云菜、龙爪菜、大头菜、灰菜、橙、栗、枣、石榴、橄榄、香橼、黄果、乌木果、梅、葡萄、松子、茨果、葵子、梨、杏、李、桔子。

——光绪《元谋县乡土志·植物》（初稿）第 335 页

蔬属 白菜、青菜、南瓜、苦瓜、丝瓜、扁豆、红豆、芹、蕨、芋、苋、茄。

——光绪《罗次县志》卷二《物产》第 22 页

蔬属 葱、火葱、香葱二种。茴香、韭、蕹、俗名小蒜。蒜、青菜、莱菔、俗名萝葡，有红、黄、白三种。菠菜、莴苣、香芹、罗鬼、俗名姨妈菜，即前胡。水芹、苦荬、俗名苦马。苋、红、白、马齿三种。胡荽、俗名延荽。茼蒿、麦槛、老蒿、产山中，味同茼蒿。白脚菜、年饥采食。茄子、辣子、葫芦、瓠、芋、慈菰、筇竹笋、茨竹笋、方竹笋、王瓜、南瓜、北瓜、一名生瓜。金瓜、苦瓜、菜瓜、薯蓣、俗名蓇，有脚板、牛尾、黏薯、炕蓇诸种。姜、茴香、菌、有黄丝、青头数种。玉笋、木耳。

——光绪《镇雄州志》卷五《物产》第 56 页

蔬之属 山药、薯、苦、甜二种。红蓇、树头菜、麦蓝菜、甘露、一名地环。辣椒、茭瓜、蒟蒻、俗名鬼庙。苋、紫、白二种。葫芦、菠菜、芥、一名辣菜。生菜、芝麻菜、茄子、藕、韭、有黄芽韭更佳。同蒿、慈姑、茴香、萝卜、红、白二种。葱、蒜、大、小二种。蕹、花椒、芫荽、笋、大、小二种。姜、青菜、海清白菜、白菜、莲花白、龙须菜、洋芋、蕨、莴笋、大头菜、香蕈、白森、鸡蓇、木耳、芋花、百合、菌、窝鸡、青头、羊肚、胭脂、羊奶、鸡冠、鸡脚黄、柳菌各种。又一种马矢菌，有毒。数珠菜、出小腰江，形类念珠，因赞陀投念珠泄水后，江中即生此菜。石耳菜、形如木耳，生感极清之气，久食延年。蔓菁、俗传诸葛行军所遗。芋。一名蹲鸱，有棕芋。

——光绪《鹤庆州志》卷十四《食货志·物产》第 2 页

菜茹部 白菜、青菜、茼蒿菜、生菜、麦兰菜、阳和菜、莲花菜、绿、紫。石花菜、虎舌菜、荞叶菜、黄精菜、黄芦菔、白芦菔、树头菜、天门冬、枸杞尖、槐尖、皂角尖、香藤菜、百合、金雀花、木槿花、绿豆菜、豆芽菜、香椿、红、白。海菜、万年菜、竹叶菜、甜菜、蕨菜、茴香、菠菜、鱼腥菜、大头菜、藜蒿菜、葫芦、粉、火。葱、莴笋、香笋、韭、蒜、蕹、芹、蒟蒻、胡荽、茭笋、苤蓝。

——光绪《云南县志》卷四《食货志·物产》第 14 页

蔬属 蔓菁、状似萝卜，茎叶根皆可食。诸葛武侯行军所止，必令军士种之，故蜀人呼为诸葛菜。蔓其小颗者晒而干之，可治痘症黑陷不起，逆而内攻等症，屡试屡验。萝卜、有夏萝卜、冬萝卜、红萝卜三种。葱、有粗、细二种。火晒葱、蒜、韭、白菜、青菜、蕨菜、有二种，其一种拳卷如古□，生于崖石间，名曰崖蕨，一名月亮菜。山药、芥菜、水芹菜、又有一种旱芹菜。芋、分红、白二种。茄子、莴苣、压芋、有红、白二种，城市只作菜蔬，山民则恃以为食，故山居者多种之。同蒿菜、苤兰、俗名大头菜。茴香、豆芽、豌豆、大豆、架豆、有羊、角豆二种。菠菜、豆黑、亦可作豆腐，旧《志》端阳即食薤及黑豆腐，今无此俗。茨菰、一名慈姑。甘露子、有二种，野生者形如玉竹，只宜煎食。南瓜、瓠子、缅甸瓜、种出缅甸，故名。瓢瓜、葫芦、五子瓜、一名套瓜。黄瓜、苦瓜、莲花白、一名包包菜。虎皮白合、有二种，山百合微苦，治肺痿神效。黑木耳、菌、有鸡㙡、一窝鸡及青菌、黄菌、鬼打青诸种，一名麻菰。蘑菰、复生菜、旧《志》即蔓菁再发芽者。白生、黄白薯。

——光绪《丽江府志》卷三《食货志·物产》第 30 页

蔬之属 石花菜、麦浪菜、绵竹笋、龙须菜、大头菜、莲花白、芫荽菜、鱼香菜、藜蒿菜、桐蒿菜、脚板薯、□白薯、绵花芋、蒿鸡菜、甘露子、包心白、黄牙韭、金孔雀、枸杞尖、黄角芽、香椿、百合、青菜、白菜、地蚕、苋菜、蒲笋、棕芋、白芋、紫芋、红苕、茴香、蕨菜、芥台、撇蓝、菠菜、洋芋、莴苣、蒜台、茭笋、莴笋、芹菜、莲根、芋花、韭台、藕芽、茄子、慈菰、蔓菁、葫芦、萝卜、有黄、白、红数种。海椒、有数种。葱、一名空心菜。韭菜、薤、蒜、姜、鸡㙡、香圆、木耳、白森、鸡冠、白罗、黄罗、松树菌、柳树菌、刷帚菌、胭脂菌、莴鸡菌、青头菌、牛乳菌、羊肚菌、老人头、发烂□。

——光绪《续修永北直隶厅志》卷二《食货志·物产》第 24 页

蔬属 姜、花椒、秦椒、茴香、韭、葱、蒜、薤、蘘荷。以上辛荤。蔓青、同蒿、白菜、青菜、滑菜、芥、菠菜、豌豆菜、苋、油菜、生菜、蘘菜。以上园蔬。蕨、荠、春头菜、麦兰菜、勺菜。以上野蔬。芹、海菜、茭瓜、香菜。以上水蔬。山药、芋头、萝卜、莴苣、胡萝卜。有红、黄二种。以上食根。菜瓜、黄瓜、南瓜、丝瓜、冬瓜、苦瓜、金瓜、壶卢、瓠子、茄子。以上食实。鸡㙡、木耳、香蕈、白森、树莪、松菌、柳菌、芝麻菌、茅草菌、胭脂菌、青头菌、羊奶菌、核桃菌。以上菌属。

——光绪《永昌府志》卷二十二《食货志·物产》第 1 页

菜 蔬菜之生，不一其地。场圃有瓜、豆、笋、薯，池沼有茭、藕、茨菰，山岭有鸡㙡、苋、菌，均以时熟，不常产。姜、芥、韭、蒜、芦菔、荠荾之属，四时可种，菜市无缺。

——光绪《腾越乡土志》卷七《物产》第 9 页

蔬之属 笋、《采访》：有甜笋、黄笋、京竹笋、椅竹笋、香笋、南糯笋各种，笋类以顺宁为最多云。椿芽、《采访》：顺宁椿树极多，春月芽生，盈街满市，香嫩无匹。滴水芋、旧《志》：叶上水滴下地即生。又有鬼芋、紫芋、绿芋、红芋。黄罗纖菌、旧《志》：色黄，此种多有毒，不可食，有绝大者。菌、旧《志》缺。《采访》：顺宁多菌，青者曰青头，黄者曰鸡油，赤者曰胭脂，白者曰白参，又曰茅草，黑者曰牛肝，大而香者曰鸡㙡，小而丛生曰一窝鸡，生于松根者曰松菌，生于柳根者曰柳菌，生于木上者曰树窝，丛生无盖者曰扫帚。又有香蕈、木耳、羊肝菌、老虎菌。缅宁有九月菰。冬菌中尰菌、栗窝菌等类。鸡㙡、旧《志》缺。《采访》：顺宁多鸡㙡，以形似名。六七月大雷雨后，生沙土中，或在松间林下。新鲜者多蚁虫，间有毒，出土一日即宜采，过二三日即腐败，香味俱减矣。盐而脯之，晒干寄远，以充方物，或熬液为油，味尤香美，亦作堫。《集韵》：堫，土菌也。㙡者，鸟飞而缩足之象，取其形。生处蚁聚丛根，盖以其味香甜也。桂馥《札樸·庄子》"菌不知晦朔"，蔡氏《毛诗名物解》引作鸡菌。北方谓之鸡腿蘑菰，即鸡㙡也。树头菜、旧《志》缺。今《采访》顺宁有树头菜，其味苦有刺，治一切热毒。石花菜、旧《志》缺。今《采访》顺宁有石花菜，生于石上，作汤碧绿可爱，味亦佳。蒜、《滇南本草》：味辛辣，性微热，治肺中生痰咳嗽。此蒜有去痰之功，解百毒，敷疮如神，多食昏神损目。又有小蒜。韭、檀萃《滇海虞衡志》：滇南韭菜，涉冬如黄芽，其殖甚贱，入春则老矣。《滇南本草》：山韭菜，一名长生草。味甘。生山中，形似家韭。其叶稍大，作菜食能养血健脾，壮筋骨，添气力。连根捣汁，治跌打损伤。根同赤石脂捣烂擦刀斧伤，生肌长肉，金疮圣药。莴笋、《滇南本草》：味苦寒。治冷积虫积，痰火凝结，气滞不通，服之即效。白菜、《滇南本草》：味甘，性平。消痰止咳嗽，利小便，清肺热，利肠胃，除胸中烦热，解酒，去鱼腥，消食下气。如多食伤者，姜能解之。苦菜、《滇南本草》：味苦寒。清火，不可多用。芋、桂馥《札樸》：滇芋早熟而味美，茎可作羹，居人赖以充粮。《采访》：顺宁之棕芋、马街芋甚佳。又有象脚芋、云板芋。蕨、檀萃《滇海虞衡志》：蕨满山，高至三四尺，肥极，土人但知摘蕨拳，永北、宣威颇知洗粉。《采访》：顺宁有水蕨较肥。土瓜、《滇南本草》：土瓜，味甘平。一本数枝，叶似葫芦，无花，根下结瓜。分红、白二色，红者治妇人红白带下，通经解热；白者治妇人阴阳不分，子宫虚冷。男子精寒，服之能生子，健胃而益精。生吃有止呕疗饥之妙。土瓜，乃王瓜也，色赤，不中啖。《采访》：白色土瓜出云州。苦瓜、《滇南本草》：味苦寒。治一切丹火毒气，金疮结毒，遍身芝麻疔、大疔，疼痛不可忍，服之神效。取叶晒干为末，每服三钱，用无灰酒下，又治杨梅疮。取瓜火煅为末，治胃气疼，滚水下；治眼目疼痛，灯草汤下。芦菔、旧《通志》：俗呼萝白，有红、黄、白三种。顺宁无黄、红者。扁豆、檀萃《滇海虞衡志》：扁豆亦能宿根，春即发花，二三月间已有新扁豆。顺宁间有荷包豆，亦有南京豆、红豆。黄瓜、《滇南本草》：味甘平。治咽喉十八症，煎叶服之即愈，多食令人呕吐。根捣烂敷火疮。西瓜、《滇南本草》：味甘寒。治一切热症，通气滞。根叶煎汤服之，治水泄痢疾。《采访》：出云州锡腊。冬瓜、《滇南本草》：味辛甘，微寒。治痰哮气喘，姜汤下。又解远方瘴气，小儿惊风。皮治中风，煨汤服之。绿瓜。《滇南本草》：一名天吊瓜，又名纯阳瓜。味甘平。治五脏虚冷，益味添精，或阴虚火动，滋阴降火。久服延年乌须。叶治绞肠痧，晒干为末，服之。皮为末，治金疮神效。又有芰瓜，治腹内冷疼，小便出血。

谨案：顺郡尚有葱、姜、茴香、青菜、菠菜、茼蒿、南瓜、金瓜、姜芥、红白薯、山药、茄子、薤藠、打苦菜、芹菜、麦兰菜、香瓜、生菜、甜菜、白花菜、辣菜、苋菜、甘露子、羊芋、瓠、灰挑菜、莴苣菜、油菜、荠菜、春不老、芫荽、茨菇、云板薯。

——光绪《续修顺宁府志稿》卷十三《食货志三·物产》第2页

疏属 《尔雅注》：凡草菜可食者，通谓之疏。青菜、即蔓菁。刘禹锡《嘉话录》：诸葛武侯，行军所止，必令军士种蔓菁，云有六利。袁滋《云南记》：大叶粗茎，状似萝卜，味微苦，根叶可食。腌酸，可久藏，又名复生菜。白菜、《滇南本草》：味甘，性平。消痰，止咳，利小便，伤以姜解。莲花白、又名京白菜。《古今图书集成》：蒙诏时，观音大士化箭簇所成。韭、《本草》：作菜食，能养血健脾，壮筋骨，添气力。捣汁，治跌打。蒜、有大、小二种，叶细长而扁。茎叶皆可食，臭气甚烈。苋、有红、白二种，忌同鳖食。其子甚小，可作糖食。芹、《诗·鲁颂》笺：水菜也。茎有棱，中空，有山芹、水芹。茴香、叶细，裂如丝，夏开黄花。芫荽、《韵会》：荽，香菜。莴笋、亦曰莴苣。去皮生食，味如胡瓜，并可炒煮腌藏。菠菜、原出西域，唐始入中国。根色赤，味甜。蕻菜、其茎心空，四时常有（见《他郎厅志》）。茎兰、《本草》：生食，止渴，化痰。煨食，治大肠下血、大麻风癞等症。麦蓝、略似茎兰，生炒煮食，俱不中啖，惟宜咸酸。芋、有大芋、小芋、白芋、水芋、棕芋。《滇海虞衡志》：滇芋巨甲天下。羊芋、芋之别种。地下蕨，皮有紫、白二色，出麒麟山新安所。山药、本命薯蓣，今以地下茎色白而有滑者曰山药。慈姑、一根岁生十二子，遇闰多一子，如慈母之乳诸子，故名。秦椒、俗名辣子。灯笼辣、辣子味淡别种，以形而名。姜、地下茎，色黄味辛，秋初茁新芽，尤嫩美可食。多用以和味，药中要品。葱、《本草》：外直中空，叶之下部，色白，有大、细二种。茄、花与实皆紫色。其实，北方多扁形，南方多卵形。甘露子、绀珠，一名地蚕，俗名锭轳辘。生土中，食脆美。藠头、形如葱蒜，宜酸咸。薤、似韭而粗，中空。地椒、味辛。芥、《尔雅翼》：

似菘而有毛，极辛苦，食馔中用以调和。薯蓣、旧《志》：亦名山药，有红、白二种。倘甸人王琼至坝洒携种归，教乡人栽种，不论地之肥硗，合邑遍种。价甚廉，作丝条晒干，可久贮，当餐。利甚溥，乡人德琼，岁时祀之。海菜、茎头开白花，无叶，长丈余，细如钗股。卷而束之成把，以鬻于市，曰海菜，可瀹可食（旧《志》）。《滇海虞衡志》：其根即菍。莲茎、亦曰藕，可洗粉。又有荷芰、芙蕖、菡萏诸名。叶、花、茎俱可食，鸡街出者较大，多一孔，味尤美。萝卜、即芦菔，又名萝白，有红、黄、白三种。生菜、生水中，易繁茂，治血。洋花、开关后，洋人传入，质味略似茎兰。羊奶菜、蔓生岩石间，及嫩时采其叶，春细，醃酸，味浓厚。茨桐菜、树之嫩尖，略似红枇，宜炒食。杶、树之嫩尖，有红、白二种。初出时，香特甚，芷村出者多。香刺蒙、刺树嫩尖。苦刺花、县属无处不有，南方出境则无。蕨、《玉篇》：菜也。《尔雅・释草》郭注：初生无叶可食。根可洗粉，与薇同。注：为菜，皆有滑。笋、与筍同。凡竹初生曰笋，皆可食。石花菜、《滇海虞衡志》：石花菜，生石上。作汤，碧绿可爱，味佳。禄劝、蒙自俱有（《通志》）。柴花、生树上，可醃凉食。豌豆菜、宋祁《益部方物略》：豌豆，可洗粉。滇人兼食其蔓之嫩尖叶，谓之豌豆菜。翠浮汤中，秀色洵可餐也。酸果、俗名五子登科。其树亦蔓亦枝，其果初青后红，瓤内多子，味酸，自生于园边屋角。初不之食，洋人来蒙购食之，且携种种植，果较大，菜市又多列一品。菱果类植物。生陂塘中，实有两角、三角，色或青或红，生熟可食。

——宣统《续修蒙自县志》卷二《物产志・植物》第 22 页

蔬类 薯、有红、白皮二种。茄、有三种，长而曲者俗呼羊角茄，短而圆者俗呼荷包茄，色紫而圆者俗呼洋茄。韭、有二种，细叶者为松毛韭，味清香；叶大者为观音韭，不中食，惟根甘香益气。葱、蒜、姜、芋、有四种，魁大如斗者为莱芋，叶绿而色白者为白芋，杆青而苗红者红芋，蔓生而子小者为洋芋。芹、俗呼川芎。山药、百合、地瓜、丝瓜、王瓜、苦瓜、黄瓜、冬瓜、萝卜、筚兰、甘露、慈菇、莴苣、芜菁、蔓菁、有紫、红、黄、白四色。青菜、白菜、苦菜、菠菜、苋菜、茼蒿、茴香、胡荽、蕨菜、花椒、辣子、石花菜。

——宣统《楚雄县志述辑》卷四《食货述辑・物产》第 16 页

蔬类 韭、薤、蒜、茴香、芹、苋、有红、白、马齿三种。劈兰、芋、茄、莱菔、即萝卜，有红、白、黄三种。波菜、生菜、茨菇、薯芋、辣子、龙爪菜、白脚菜、毛菇、山芹、木橿子、罗兔菜、刺头菜、叶苦菜、竹笋、铃铛菜、菌、苦罗苤、香蕈、鸡葼、木耳、麦兰菜、梨蒿菜、茼蒿、荇菜、水芹。

——宣统《恩安县志》卷三《物产》第 178 页

蔬类 花椒、姜、芥、葱、韭、蒜、茴香、白菜、茄、红莱菔、即萝卜。白莱菔、菠菜、莴苣、芹菜、芋、蕨薇、竹笋、黄瓜、南瓜、苦瓜、丝瓜、土瓜、红薯、白薯、茭瓜、甘露子、辣子、苤蓝、菌、鸡㙡、地竹笋、香蕈、木茸、白森、灰挑菜、茨菇、藕、莲花白、金线木耳、产城南二十余里大小矣马伴村附近羊肝石上。夏秋淫雨则发生，色味与木耳无异，形扁长如索面，故名金线，邑之特产也。青菜、邑园蔬之著者也，他邑产者皆不如。秋初播种，秋末移莳，至十冬月间，茎叶青嫩，重至十余斤，取煮食之，味甜可口，经霜尤佳。春初，以制咸菜，瓮盛之，封其口，愈久愈美。长形苤蓝。一名船舵苤蓝，盖取如船舵之形云。春间播种，而夏移栽，至秋深时，有长至尺许，而重量至十余斤者，味美而价廉，产城内外者为佳。

——民国《路南县志》卷一《地理志・物产》第 49 页

种籽类 莱菔子、本境特产，西关外者为最佳。每年约产出四五石，出沽省垣一带及开化附近等处，每升约值银四五元。菜子、苤蓝子、波菜子、青菜子、白菜子、麻子、黄烟子、旱烟子、香芹子、茴香子、莴苣子、葱子、圆茄子、长茄子、辣子、芫荽、苦瓜子、黄瓜子、丝瓜子、芥菜子、南瓜子。县属籽种，名目繁多，不能备载，此特志其大概耳。

——民国《路南县志》卷一《地理志·物产》第 53 页

蔬属 姜、芥、葱、薤、《后汉书·南蛮传》：自夜郎、滇池以西有薤。韭、檀萃《滇海虞衡志》：涉冬如黄芽，入春即老。蒜、《滇南本草》：味辛，微寒。治肺中生咳嗽，此蒜有去痰之功。解百毒，敷疮如神，多食昏神损目。芦菔、呼为萝白，有红、黄、白三种。檀萃《滇海虞衡志》：莱菔俗名萝卜，厂名萝白。滇产白者，其细腻固可佳，而红者奇益甚。胡芦卜、檀萃《滇海虞衡志》：胡芦卜分红、黄二种，红犹内地，黄则长至二三尺。青菜、白菜、《滇南本草》：味甘，性平。消痰止咳嗽，利小便，清肺热，利肠胃，除胸中烦热。解酒，去鱼腥，消食下气。如多食伤者，姜能解之。莲花白菜、味似苤蓝，宜良近种此菜约三十年。苦菜、《滇南本草》：味苦寒。清火，不可多用。唐慎微《本草注》：龙葵即苦菜，叶圆花白，但堪煮食，不堪生啖。按：龙葵一曰云葵，其大有至二三斤者，岁每十一二月间，人家各买菜若干把，涤而晾之，渍以盐，闭置大盘中，曰醃菜。至次年春乃启盘食之，味酸以烈，昔苏易简之"金齑玉脍"，岂过是哉？慎微《本草注》以为不能生啖，误矣。凡苦菜之煮食者，以豆脯煠而入之，其味为菜羹第一云。灰挑银粉菜、蔓菁、袁滋《云南记》：嶲州界缘山野间有菜，大叶而粗茎，其根若大萝卜，土人蒸熟其根叶而食之，可以疗饥，名之为诸葛菜。云武侯南征用此菜莳于山中，以济军食，亦犹广都山栎木谓之诸葛木也。苋、旧《云南通志》：有红、白二种，又一种马齿苋。莴苣、即莴笋。《滇南本草》：味苦寒。治冷积虫积，痰火凝结，气滞不通，服之即效。香莴笋、各处皆宜，而南屯种者尤多。七八月布种，秋季移栽，十冬腊月长成。叶如莴笋而稍窄密，皮叶断处皆出白汁，笋甚肥，无论生熟，具有香饭扑鼻之味。瓠、《滇南本草》：瓠匏，味甘微苦。形似西瓜，匏腰细头尖者为葫芦。今人呼为瓢，作装水之器具，分甜、苦二种。又瓠子，一名葫芦，又名龙蛋瓜，又名天瓜。菾莲菜、《本草》：菾，一名菾莲菜。徐炬《事物原始》：恭菜，似升麻，煮食之。《滇南本草》：甜菜，味甘平。治中隔冷，痰存于胸中，服之效，不可多食。苦荬、蕨薇、檀萃《滇海虞衡志》：滇蕨满山，高至三四尺，肥极。芋、一名蹲鸱。檀萃《滇海虞衡志》：芋之巨，惟滇南甲天下。桂馥《札樸》：滇芋而味美，蕨可作羹，居人赖以充粮。茭笋、《滇南本草》：茭瓜，味甘。治腹内冷疼，小便出血效。江少虞《事实汇苑》：蒋，又名茭白，叶如蒲苇，中心生白台如小儿臂，为菰米，台中有黑者为乌郁，秋实即凋胡米也。蒲笋、土瓜、桂馥《札樸》：土瓜形似芦菔之扁者，色正白，食之脆美。按：即《尔雅》黄菟瓜，音讹为土瓜。土瓜乃王瓜，色赤不中啖。旧《云南通志》：山产，土人掘以济食。《滇南本草》：土瓜，味甘平。一本数枝，叶似葫芦，无花，根下结瓜，分红、白二色。红者治妇人红白带下，通经解热；白者治妇人阴阳不分，子宫虚冷。男子精寒，服之能生子，健脾胃而益精。生吃，有止呕疗饥之妙。山土瓜、大肠下血，服之神效。黄瓜、《滇南本草》：味甘平。治咽喉十八症，服之即愈。多食令人呕吐。根捣烂敷火疮。王瓜、苦瓜、即菜瓜。《滇南本草》：味苦寒。治一切丹火毒气，金疮结毒。遍身芝麻疔、大疔，疼痛不可忍者，服之神效。取叶晒干为末，每服三钱，用无灰酒下，又治杨梅疮。取瓜火煅为末，治胃气痛，滚水下。治眼目疼痛，灯草汤下。丝瓜、《滇南本草》：一名天吊瓜，又名纯阳瓜。味甘平。治五脏虚冷，益胃添精，或阴虚火动，滋阴降火，久服延年乌须。治绞肠痧，晒干为末，服之。皮为末，治金疮神效。甜瓜、《滇南本草》：一名香瓜，味甘平。治风湿麻木，四肢疼痛。花可敷疮散肿，瓜皮泡水止牙痛，梗草煎汤洗疯癫。金瓜、银瓜、冬瓜、《滇南本草》：味辛甘，微寒。治痰吼气喘，姜汤下。又解远方瘴气，小儿惊风。

皮治中风，煨汤服效。西瓜、《滇南本草》：味甘寒。治一切热症，痰涌气滞。根叶煎汤服之，治水泄痢疾。南瓜、即倭瓜，俗名八棱瓜。癞瓜、味甘香。秦椒、即花椒，俗作辣子，误。食茱萸、俗名辣子，邑中所植灯龙笼辣、牛角辣、甘露子辣，三月间可食。硕大且蕃，较邻方为甚早。而最著名可以销售远方者，莫如细角辣。辣分红、黄二种，春初布种，俟长至四五寸，移植于地。五六月间开小白花，七八月熟，红黄满枝，采取曝干，蒂固末尖，子实满中，形如羚角，又如解结锥。味辛而香，年约出产数十万斤。洋辣子、甘露子、《绀珠》：一名地蚕。生土中，如小蚕，如耳环，酱食脆美。荖蓝、味辛涩。治脾虚火盛，中膈存痰，腹内冷痛，夜多小便。又治大麻疯癫等症，服之立效。生食止渴化痰，煨食治大肠下血。烧灰为末，治脑漏鼻疳，吹鼻治中风不语。取叶贴疮，皮治麻症最效。又一种长荖蓝，每枚重二十余斤。茄、有长茄、圆茄二种。《滇南本草》：味甘寒。治寒热五脏痨症及瘟疫症，用腊磨敷肿毒散血，止乳痛，消肿，宽肠。烧灰米汤下，治肠风下血及血痔。梗叶治冻疮，蒸熟治痈疽。多食损目，令人肚腹下痢。女人多食，伤子宫偏坠。京墨、文蛤入茄子内，三旬取墨，乌须发甚效。芝麻菜、《滇南本草》：味微寒。治中风，中寒暑热之症。豆芽菜、南芹菜、《滇南本草》：味甘。治妇人赤白带下，同南苏煎汤服之。水芹菜、竹笋、石花菜、茴香、芸台、菠菜、麦兰、椿芽、有红椿、紫椿、白椿数种。薯蓣、俗名山药，山地带沙土处皆宜，有红、白二种。冬季植老藤于避霜雪处，俾蔓延作秧，三四月间劚地作小长塍，每株剪二节插土中即活。一节作根，一节作山药。八九十月长成大者，每只重斤余，小者亦重数两，每年出产约二三万担。薯、各处皆宜，而肥地尤宜。春季掘地数尺，切薯饼成片，二三指大埋土中，即由窝窟有根处发芽出长藤，似山药而青肥光滑，藤蔓生枝，以架接之则延上。至秋长成，有犁板、深薯二种，犁板薯形扁，深薯形圆，长大者每饼四五斤，色白嫩，煮作羹，味最美。莴蒿、青蒿、一名蒌蒿。芫荽、胡荽、一名香菜。扁豆、檀萃《滇海虞衡志》：《范志》谓茄冬不凋，明年结实。而滇不独茄为然，扁豆亦能宿根，春即发花，二三月间，已有新扁豆。金豆、俗名红豆，又名百日豆。豇豆、刀豆、豌豆菜、洋花菜、味似莲花白，种自外洋来，近年始种之。藕。

——民国《宜良县志》卷四《食货志•物产》第 22 页

藕、萝卜、红、白二种。蔓菁、芫荽、豌豆菜、芹、青菜、白菜、豆芽、甘露子、韭、菠菜、山药、茨菰、枸杞菜、葱、花椒、油菜、椿芽、胡萝卜、蒜、辣子、南瓜、苦瓜、马铃薯、芋、荠菜、洋芋、王瓜、莲花白、茄、茴香、茭瓜、丝瓜、藠头、藜蒿、竹笋、蒿苣、地笋、苋菜、芥菜、甘薯、筒蒿、荖蓝、架豆、刀豆、百合、筷豆。谨案：上列各种，均出之田园，故曰园蔬，此外可供蔬菜之用而出于山中者，尚有蕨、菌、鸡葼、棠梨花、树花、木耳等。又刀豆、筷豆、架豆、豌豆等，本为菽类，然人常以供蔬菜之用，而且种于园中，故亦列于园蔬类。

——民国《嵩明县志》卷十三《农政•园蔬》第 219 页

蔬属 姜、芥、葱、韭、蒜、莱菔、有红、黄、白三种。苋菜、百合、茄、马铃薯、有紫、水红、白三种。莴苣、菠菜、蕨、莼、茴香、青菜、白菜、芹菜、苜蓿、山药、瓜、有菜瓜、冬瓜、黄瓜、刺瓜、丝瓜、南瓜、西瓜等类。荠、菘、俗名莲花白。莲藕、香蕈、木耳、鸡堫、菌、有数种。茨菰、茭瓜、青芋、麻芋、白森、树花、茼蒿、藜蒿、元合、蕲菜、苴兰、胡荽。

——民国《陆良县志稿》卷一《地舆志十•土产》第 1 页

蔬之属 韭、葱、菔芦、即萝卜，有红、白二种。苋菜、青菜、菠菜、蒜、茴香、白菜、莴苣、生菜、芋、薤、甜菜、甘露、茄、春不老、芹、茼蒿。

——民国《续修马龙县志》卷三《地理•物产》第 22 页

蔬类 姜、韭、葱、蒜、花椒、辣子、芹、茨菇、萝卜、黄萝卜、藜蒿、茼蒿、莴笋、□兰、蕨、薇、茄、莲花白、椿、香芹、大叶芹、野蒜、梨树花、青菜、白菜、波菜、莴苣菜、蕹菜、牛皮菜、南瓜、王瓜、白土瓜、京瓜、苦瓜、香瓜、丝瓜、蕉瓜、东瓜、西瓜、红瓜、套瓜、瓠、芋、青芋、洋芋、红芋、磨芋、黄山芋、白山药、银板薯、象腿薯、深薯、红薯、笋、元合、百合、甘露子。

——民国《罗平县志》卷一《地舆志·土产》第 87 页

蔬之属 九十七：白菜、豆芽菜、蒜、苦刺尖、藠头、芫荽、青菜、木槿花、笋、香铲菜、灰挑菜、茨菇、茼蒿菜、金雀花、葱、棠梨花、油菜头、野蒜、生菜、百合、菠菜、莲花白、辣椒、甘露子、莲花菜、香藤菜、藜蒿芽、茄子、花椒、苦马菜、石花菜、皂角米、茴香、寸金藕、老鸦花、麦兰、莜菜、枸杞尖、蕨菜、茎兰、石榴花、荠荠菜、大头菜、白芦菔、竹叶菜、茭笋、树花、鹅长菜、海菜、黄芦菔、香椿、香芹、苋菜、姜、南瓜、乌芋、芝麻菌、铜绿菌、鸡㙡、套瓜、红芋、见水青、骨黄菌、土瓜、㙡芋、羊肝菌、白生、黄瓜、火炕薯、青头菌、木耳、生瓜、鸡窝薯、雨点菌、马皮泡、丝瓜、黄薯、洞菌、香蕈、苦瓜、深薯、山药、鸡㙡花、西瓜、红薯、白芋、白窝菌、冬瓜、象腿薯、磨芋、刷帚菌、金瓜、云板薯、麻芋、牛乳菌。

——民国《邱北县志》第三册《食货部·物产》第 12 页

蔬菜之属 二十种：青菜、白菜、萝卜、蓬蒿、芥兰、生菜、菠菜、卷心白、冬瓜、南瓜、西瓜、黄瓜、丝瓜、香瓜、茄瓜、苦瓜、茭瓜、蕹菜、茨茹、莲藕。

——民国《富州县志》第十二《农政·园蔬》第 33 页

蔬属 四十七类：姜、芥、韭、葱、椿、有红、白二种。萝卜、有红、黄、白三种。芸苔、苋菜、有红、白二种。青菜、红、白、扁三种。芹菜、菠菜、羊奶菜、茴香菜、蒜、白菜、豌豆菜、薤、茄、有红、白二种。陖茄、芋、红薯、薯芋、莴苣、蕨、笋、四季生。茼蒿、生菜、荇菜、荠菜、麦蓝菜、花歪蓋、歪蓋菜、春不老、马蹄菜、鸭舌菜、芫荽、甘露子、甜菜、白花菜、九头芋、蕺菜、牛皮菜、杨花菜、杨呵菜、地孤辘、地笋、莲花菜、菜山药。

——民国《马关县志》卷十《物产志》第 3 页

蔬属 姜、芥、葱、韭、薤、茴香、白菜、菠菜、莱菔、《旧州志》俗呼萝卜，有红、白二种。莴苣、苋、《旧州志》：有红、白二种。芹菜、苦荬、蔓菁、胡荽、《旧州志》：一名香菜。茼蒿、葫芦、丝瓜、芋、芋菜、《采访》：似芋而茎较肥，味美。蕨、笋、冬瓜、黄瓜、南瓜、苦瓜、土瓜、倭瓜、《旧州志》：俗呼八稜瓜。扁豆、蚕豆、金豆、《旧州志》：俗名红豆，又名百日豆。豌豆、薯蓣、《旧州志》：俗呼山药。红薯、香蕈、《旧州志》：俗名辣子。木耳、白森、菌、鸡㙡、藜蒿、大黑菌。《采访》：俗呼牛矢菌，晒干味佳，产青龙厂。

——民国《元江志稿》卷七《食货志》第 1 页

芜菁、蔓菁、茄 芜菁，一名大头菜。种土中，花淡子小，叶蓬细长，可作菜，根结实，可作酱菜。蔓菁，一名诸葛菜，一名黄萝蒲。种土中，花淡子细，叶蓬短，花绿白色，丛生如绣球状，实细叶小，根茎长条形，有红、黄二色。根结长条之实，有红、黄二色，生熟均可食。茄，柯长二尺许，开紫花，枝叶有刺，结实长团形，种子一年，宿根可发数年。花淡黄色，子小叶绿，成火焰形，可作扑菜根，茎尖圆形，可作酱菜。

——民国《楚雄县乡土志》卷下《格致·第十八课》第 1356 页

蕨、皂角芽、棠梨花、刺白花 蕨菜生山，土紫色，软枝如拳，可煮食，亦可腌食。蕨菜地上茎初生时色紫，其叶如拳。皂角树春来发芽，摘芽以热水煮过，又以冷水漂数日，可煮食或晒干煮食。棠梨花树高叶细，刺白花枝叶蓬蓬多刺，其花俱可食。制法与蕨、芽同，皆山肴品也。

——民国《楚雄县乡土志》卷下《格致·第十九课》第 1356 页

蔬品 薯蓣、俗呼山药。百合、葱、韭、蒜、芹、俗呼川芎。水芹、野生。茄、有二种，长而曲者俗呼羊角，短而圆者名荷包茄。葫芦、丝瓜、王瓜、南瓜、苦瓜、冬瓜、菘、青菜、波菜、茼蒿、蕨、莴苣、苋菜、回香、萝卜、芋、有四种，魁大如斗者为蘑芋，色白者为白芋，叶青苗红者为红芋，蔓生而子攒生者为洋芋。百花菜、甘露子、慈姑、花椒、业可食。莲花白。俗呼包包菜。

——民国《镇南县志》卷七《实业志七·物产》第 634 页

蔬品 城西富有坊居民，以种蔬为生计，畦圃连接，一望青葱。城南三边冲，喜种胡萝卜。南屯一带，喜种青边芋，借此以为衣食赀。城南六十里回龙厂产薤头，味最鲜美，非他处可比。野储蓣，四山皆产，有一茎重至数斤者，可以备荒。每遇凶年，土人掘而烹食。

——民国《姚安县地志·天产》第 903 页

蔬属 李《通志》二十四：芥、菁、韭、苋、芹、茄、蒜、葱、蕨、笋、白菜、菠菜、莴苣、葫芦、架豆、萝卜、冬瓜、西瓜、王瓜、金瓜、丝瓜、山药、红薯、白蓣。

管《志》十六：无莴苣、冬瓜、西瓜、金瓜、丝瓜、山药、红薯、白蓣八种，余与李《通志》同。

王《志》二十四：无瓜属五种，增百合、茴香、土瓜、江茅、石花五种，余与李《通志》同。

甘《志》三十：薤、俗称藠头。芜菁、即诸葛菜，俗呼芥萝卜。按："即诸葛菜"名为芜菁，有误解，见后"芜菁"句下。胡萝卜、俗呼黄萝卜。蘹香、俗呼茴香。苦荬、俗呼鹅奶菜，土人以饲鹅。蕺、俗呼鱼腥菜。草石蚕、俗呼甘露子。薯蓣、种植甚多，又有野生者不中食，然可以备荒。芋、按郭义恭《广志》：芋有十四种。君子芋，魁大如斗，即州人所谓磨芋是也。赤鹳芋，魁大子少，即州人所呼红芋是也。青边芋、长味芋，即州人所呼绿芋是也。鸡子芋，色黄，即山中所种洋芋是也。百合、零余子、茼蒿、薇、按李时珍云，即今野豌豆。处处有之。今州人但知食蕨而不知食薇，岂因荆公《字说》谓"微贱所食"而鄙之欤。翻白菜、《救荒本草》云"叶硬而厚，有锯齿，背白似地榆，根如指大，生食煮熟皆宜"，即土人所谓翻白叶也，亦未有作蔬食者。灰蘽、即灰条，时珍谓作蔬最佳，州人亦无食之者。葫芦、有苦、甜二种。笋、有竹、莴二种。瓜。有南瓜、黄瓜、丝瓜、苦瓜、红瓜五种。红瓜未熟时，土人每雕花草、人物之形于其上，迨七夕、中秋，取以献月，亦古风也。又有豉〔豇〕豆、筷子豆、菜豌豆三种。谨按：百合种法，须于惊蛰掘土为畦，秧入土寸许，上密覆麻栗树枝，再加细土及扫地灰。俟树枝腐烂，种即长成，大可如碗，约重五六两一枚。又普溂芥萝卜腌一年者，其味鲜香浓厚，非他处可比。

增补四十四：芜菁、俗呼蛮心。萝卜、而萝卜分水萝卜、秋萝卜、冬萝卜三种。山药。有条山药、洋山药、马山药、铜皮山药、象腿山药五种。条山药，产回龙厂者最佳，味香而质细，人以淮山药拟之。更有甘薯、慈姑等属于根菜。藜蒿、俗呼鱼蒿。蒜苔、苤蓝、姜芽、莲藕属于茎菜。青菜、甘蓝、俗呼莲花白。菘、一名白菜，则有卷心白、蒜头白等。香椿、芜荽、牛皮菜、麦蓝菜、树头菜等属于叶菜。大白花、洋花菜属于花菜。架豆有黑架豆、白架豆、泥鳅豆、荷包豆四种。荷包豆，形扁大，味美，为蔬中佳品。红豆则有红豇豆、黑豇豆、白豇豆、花豇豆、大豇豆、腰子豇豆六种。南瓜则有细瓜、青瓜、长瓜、柿饼瓜、削皮瓜五种。此外，尚有剽瓜、疑为倭瓜或茭瓜。洋瓜，均可伴食。

属于果菜而产量最多，且民间尽力种植，而能输出者要以萝卜、洋芋、慈菇、青菜、菘数种为大宗。茎蓝，普溯龙马山产者可重十斤，味极香甜。李《通志》二：菱角、荸荠。

——民国《姚安县志》卷四十四《物产志之二·植物》第 3 页

蔬菜　叶菜以青菜、白菜、甜菜、菠菜、茴香、甘蓝、芥菜等为多，葱、韭、芫荽、蒜苗等次之。茎菜以莴苣、茎蓝、茭瓜、茨菇、白薯、马铃薯及姜、芋等为多，藕亦间有之。根菜以萝卜、芜箐、土瓜、山药、有黄金山药、脚掌山药、条山药、佛座山药之别。胡萝卜等为多。果菜以南瓜、北瓜、黄瓜、红瓜、冬瓜、丝瓜、苦瓜、茄子、有羊角茄、合包茄二种。蕃椒又名辣子，有长辣、灯笼辣、纽子辣数种。等，俱作食品用之。

——民国《广通县地志·天产·植物》第 1420 页

蔬之属　有芥、俗谓冲菜，又名辣菜。气味辛烈，子研末可入药。芹、俗谓香芹，有白茎、绿茎者。韭、一名起草。植而久生芽，叶、苞与花均可食。葱、一名和事草，又名香葱。姜、母为老姜，芽为子姜。蒜、又称胡蒜。苗、叶、台及蒜瓣均可食，有独蒜、大蒜二种，味辛辣。芫荽、又称香菜。叶细而绿，花小而白，性热，气辛。芸薹、即油菜，子可榨油。白菜、即菘，有裹心白、大头白、黑二英三种。味甘，经霜尤美。青菜、即苦菜。一种高二尺许，叶圆柄长而色绿；一种较小，叶有毛刺，味微苦。花英菜、与青菜同类，叶缘有锯齿形，色淡绿。牛皮菜、与青菜同类，色深绿，间红色，叶肥厚，有绉纹，产山地内。菠菜、又名赤根菜。东苋菜、有红、绿二种。同蒿菜、形、气同于蓬蒿。藜蒿、产四乡田中，人鲜食之。茴香菜、细叶如荽，子为小茴，可入药。莴苣菜、即莴笋，又名僧菜。莱菔、即萝卜，有红、白二种，红者又有胭脂色。胡萝卜、俗称黄萝卜。叶类青蒿，色黄红，长约五六寸，大者盈尺。元时始自胡地来，故名。花白成簇。墨兰菜、多生麦地，采作腌菜，味清香，晒干尤佳。荠菜、处处有之，味甘气美。马齿苋、一名野苋菜，味与家苋同。野芹菜、生田边，采而酸之，气味均美。甘蓝、形圆，味甘。莲花白、形类莲花，包裹极紧。茄子、有紫、白二种，又名酪酥。辣子、又名海椒，味辛辣。有牛角辣、灯笼辣二种。甘露子、形圆而长，一粒数台，又称台磴。慈菇、一作茨菰。根白色，其苗似剪刀，有箭搭草、燕尾草之名。茭瓜、又名莼菰，甘嫩佳美。地笋、如竹有节，性肥而美。茅菇、气香，用和酱醋。以上皆属天产。

——民国《昭通志稿》卷九《物产志》第 9 页

巧家因水源不缺，土性适宜，园蔬培植较易生长。在县城附近及市镇较大地方，尚有以园蔬为生业者，其产物大概可分为瓜、蔬两类，兹列于后。

瓜类　黄瓜、王瓜、丝瓜、瓢瓜、西瓜、冬瓜、南瓜、香瓜、苦瓜、茭瓜、土瓜、金瓜。

蔬类　韭、葱、蒜、白菘、土名白菜。油菜、青菜、姜、芹菜、茼蒿、茄子、白萝卜、红萝卜、茨菇、甘薯、魔芋、洋芋、芋子、荽、土名芫荽。香芹、牛皮菜、菠菜、苋菜、茴香、莴苣、白菜、土名莲花白或包包白。百合、茭笋、掰兰、蕃椒、土名辣子。花椒、芥菜。上列各种，以洋芋为出产大宗，年以数万石计。薯次之，为贫苦农人主要食品。白菘、青菜居其次，蕃椒、莴笋、莴苣又其次。

——民国《巧家县志稿》卷六《农政·园蔬》第 43 页

蔬类　白菜、包白菜、即裹心白。莲花白、青菜、即苦菜。菠菜、苋菜、芹、冬苋菜、芥蓝菜、牛皮菜、菱角菜、莴苣、茄、茭笋、番茄、萝卜、黄萝卜、即胡萝卜。慈菇、地纽子、即甘露。油菜、有红、白二种，即芸苔。嫩叶可食，实可榨油。茼蒿、大头菜、又名芥菜。南瓜、丝瓜、苦瓜、冬瓜、黄瓜、即胡瓜。地瓜、即土瓜。瓢瓜、即葫芦瓜，甜者可食。黄豆、即大豆。绿豆、饭豆、蚕豆、菀豆、豇豆、扁豆、即白茶豆。刀豆、即荷包豆。四季豆、泥鳅豆、芋、分山芋、水芋、莲花芋、品芋。洋芋、薯蓣、俗名白苕。红苕、即甘储。马铃薯、山药、瓣蓝、百合、藕、落花生、供食又可榨油。胡麻、即脂麻，可榨油。芫荽、茴香、辣椒、花椒、姜、葱、蒜、韭、薤、笋、详后。魔芋、详后。粟米、果实甚细，形圆，有三种，多以之作糖。豆芽。

——民国《盐津县志》卷四《物产》第 1694 页

园蔬　品芋、亦称人头芋。蕨苔、产高山。磨芋、一片木屑可成数十斤。三耳菌、味极香。三踏菌、木耳、竹参。味极肥美。以上属特别蔬。莲花白、黄秧白、牛皮菜、血皮菜、无心菜、红萝卜、茼蒿菜、红油菜、白油菜、介蓝菜、白萝卜、茵机菜、芜菁、即大头菜。波菜、白苕、青菜、莲花芋、牛尾苕、葫芦、东瓜、南瓜、西瓜、苤蓝、瓠瓜、黄瓜、苦瓜、丝瓜、茭瓜、茄子、瘅椒、豇豆、刀豆、四季豆、八月豆、泥巴豆、茴香、茨菇、芫荽、椿尖、藿香、生姜、韭菜、香芹、蒜、蒜叶、蒜苔、香葱、苦笋、慈竹笋、石竹笋、罗汉笋、产五区。羊角菜、藕、沙耳、莴苣、苦薤、豌豆尖。以上属普通蔬。

——民国《绥江县县志》卷三《农业志》第 42 页

蔬之属　七十二：芹、萝卜、红、白二种。蔓菁、芫荽、芥菜、豌豆菜、蕨、青菜、白菜、苦菜、苋菜、甘露子、韭、山韭、山药、榆荸、百合、芝麻菜、姜、菠菜、茴香、豆芽、麦兰、海白菜、葱、桐蒿、藜蒿、茨菰、苤蓝、大头菜、薤、韭花、油菜、椿芽、桑花、枸杞芽、蒜、冬瓜、南瓜、苦瓜、丝瓜、绞丝瓜、菌、柳菌、鸡葼、王瓜、金瓜、芥兰菜、芋、芋花、洋芋、茭瓜、葫芦、荷包豆、薯、有黄、白二种。花椒、辣子、竹笋、莴苣、胡萝卜、茄、豇豆、刀豆、架豆、蘸头、金雀花、藕、荠菜、黄精、毛豆、缅瓜、莲花白。

——民国《大理县志稿》卷五《食货部二 · 物产》第 1 页

蔬之属　有芥、芥者，界也。发汗散气，界我者也。《农书》云：气味辛烈，菜中之刚介者，食之有刚介之气，故字从介。子研末可为芥酱，亦可入药。芹、有毛芹、水芹、马芹三种。韭、一名草钟，一名起阳草，一植而久生，故谓之韭。葱、一名茏，一名菜伯，一名和事草，一名鹿胎。葱初生曰葱针，叶曰葱青，衣曰葱袍，茎曰葱白，叶中涕曰葱苒。一种初生分蒔名曰分葱，味较美，生春间。芸苔、即油菜，以其易起台，故名。子可榨油，故又谓之油菜。蒜、有大、小二种，大蒜亦名胡蒜。菘、即白菜，有三种，一种叶柄扁形，小而叶稀，高四五寸，俗名小白菜；一种叶复层层紧抱如束，蕉外白而心黄，芽尤细嫩，味甘美，多生冬日，俗名黄芽白菜；一种叶柄圆长，形类青菜而茎白，叶少团。青菜、即苦菜，有三种，一种高二尺许，叶柄圆厚而色绿；一种较小，叶有毛刺，多生山间；一种色深绿，叶肥厚，而柄扁有皱纹，俗名牛皮菜。竹笋、有香笋、甜笋、苦笋、火把笋、龙竹笋等，甜笋以产公即者为最佳。胡荽、即蘼荽，又名香荽。胡萝卜、微似萝卜而细长，叶类蒿，色黄红。元时始自胡地来，故名。瘅菜、味辛辣，如火焊人，故名，多生幽涧间。菠薐、本颇陵国之种，语讹为菠薐。根红，实如蒺藜。莱菔、即萝卜，有红、白二种，红者名胭脂萝卜，出五六月及冬十月，质细而味美；白者随时皆有之，以产者摩者为最大。苋、一名商陆，有二种，一叶似米粟，一即马齿苋菜。姜、能疆御百邪，故谓之姜。初生嫩者，色微紫，名曰紫姜，味尤嫩美。同蒿菜、形气同于蓬蒿，故名。蕨、初生紫色，似鳖脚，长如小儿拳，连茎可食。其根如芋，可磨为粉。芋、有旱芋、水芋、鬼芋数种。鬼芋与芋之茎叶似附子，而小者不同，茎皆花麻点，去其皮，磨为粉，澄之如米冻，俗名山豆腐。藜蒿、白蒿根未出土者。马铃薯、俗名洋芋。薯蓣、即山药，一色白者曰白薯，一形凸凹如云者曰云版薯，一种野出者，质细腻而白，尤佳。甘藷、俗名苕，有红、黄二种。食茱萸、一名薮，一名艾子，即辣子。形长者曰长辣，形圆小如纽者曰纽子辣，形圆而大者曰灯笼辣，菜辣味稍淡。瓠、即湖匏之甘者。匏、短颈大腹曰匏。壶卢、即匏瓜，细腰者尤美观，俗作葫芦，非。南瓜、种出南番，又名缅瓜，圆大而身有棱。金瓜、色黄红，一种名套瓜，蒂下如大、小二瓜相套。黄瓜、即王瓜，一名胡瓜，长尺许，皮有瘩瘤，老则色黄红。莴苣、即莴笋，有大叶、细叶二种，大叶者名僧茶。丝瓜、一名天罗，一名布瓜，一名蛮瓜，一名鱼鳉。苦瓜、一名锦荔枝，一名癞葡萄。香蕈、木生者为蕈，土生者为菌，总乎曰菰。生松下者曰松菰，生茅下者曰茅菰，生柳下者曰柳菰。又有青头、鸡油、胭脂、虎掌、鸡棕、粢窝、百蜂等菌及大脚菰、白森、木耳等类。茄、一名落苏，有紫、白、青数种。金刚豆、形作四棱，棱边缺角如刺，微苦而脆。茭白、一名雕胡，一名菰菇，俗曰茭瓜。慈菇、一名藉姑，其苗有剪刀草、箭搭草、槎了草、燕尾草等名。甘露子、形圆而长，一粒数台，俗谓之台磴。大头菜、形类茎蓝，质较坚绵，入酱日久，食之可口。麦兰菜、多生麦地，采作酸菜，味清香，晒干尤佳。金雀花、花小而色黄，形类雀，故名。竹叶菜、形类竹叶，味凉苦。茴香、一名蘹香，蒙仅有小者。羊肝菜、色青苍，味腥臊，俗以为能平肝明目，春间多采食之。芥蓝、叶如蓝而厚，青碧色。花椒、一名唐蒄，一名南椒，一种野生者味最烈，入药治疮痏。茎蓝。形类大头，少圆而大。

——民国《蒙化县志稿·地利部》卷十一《物产志》第 1 页

蔬类 青菜、分圆茎、扁茎二种。白菜、茧心白、莲花白、瓮菜、鸡窝菜、洋菜花、龙爪菜、龙须菜、茴香、韭菜、川穹、波菜、苜蓿、芹菜、芥蓝、茼蒿、黎蒿、蕨菜、树头菜、葱、蒜、姜、薤菜、芫荽、苋菜、萝卜、分白、红、黄三种。地萝卜、王瓜、苦瓜、丝瓜、冬瓜、面瓜、西瓜、金瓜、银瓜、葫芦、芋头、白薯、茎蓝菜、大头菜、羊芋、山药、茄子、慈菇、大竹笋、甜笋、刺竹笋、芭蕉笋、甘巴笋、与玉兰片相等。莴笋、香菌、鸡葼、虎掌菌、象蹄菌、牛肚菌、羊肚菌、鸡油菌、粢窝、白参、一撅绿、马屁勃、木耳、白花、乳酱菌、青头菌、老裂头、喇叭菌、刷帚菌、黄菌、柳姑菌。

——民国《景东县志》卷六《赋役志附物产》第 **168** 页

蔬属 姜、花椒、秦椒、茴香、韭、葱、蒜、蕌荾。以上辛荤。蔓菁、同蒿、白菜、青菜、滑菜、芥、菠菜、油菜、豌豆菜、苋、生菜、薤菜。以上园蔬。蕨、荠、春头菜、麦兰菜、勺菜。以上野蔬。海菜、茭瓜、香菜、芹菜。以上水蔬。山药、芋头、萝卜、莴苣、胡萝卜、有红、黄二种。以上食根。菜瓜、黄瓜、南瓜、丝瓜、冬瓜、苦瓜、金瓜、壶芦、瓠子、茄子。以上食实。鸡葼、木耳、香蕈、白森、树莪、松菌、柳菌、芝麻菌、茅草菌、胭脂菌、青头菌、羊奶菌、核桃菌。以上菌属。

——民国《龙陵县志》卷三《地舆志·物产》第 **18** 页

蔬属增 姜、花椒、茴香、韭、葱、蒜、蔓菁、白菜、青菜、油菜、山蕨菜、春头菜、野拿菜、茭瓜、山药、芋头、萝卜、茄子、鸡葼、木耳、香蕈、俗言香信。树莪、菌子、竹笋、瓜、有冬瓜、麦瓜、丝瓜、苦瓜。洋芋、莴苣、即倭笋。辣子。

——民国《镇康县志》（初稿）第十四《物产》第 **5** 页

云南蔬菜较粤、桂、川、黔等省为多，然地土不同，因而所产之物，有较他省为肥大脆嫩者，有较他省为粗恶老瘦者，此则是地土之上，有宜于此而不宜于彼，或宜于彼而不宜于此者也。惟是，昆明之蔬菜，在往昔有若干十种，则较今为美者，是今不如昔也。又有若干十种，较往昔为肥硕壮大者，是今胜于昔也。今不如昔，必是失于培养，今胜于昔，必是适合土宜。就理而论，当是如此也。不然，何以有今昔之不相若耶？然亦不必细论也。兹惟详述昆明所有之菜蔬于下，而先述本省之所原有者，次乃详述由他省传播而来者，以是而知昆明菜蔬之所以多也。

菘，即白菜，昆明有黄芽白，一名裹心白；有箭杆白，一名大头白菜；有京白菜，一名黑叶白；有小白菜；有毛叶白。有大青菜、小青菜，但是昆明人多不名之为青菜，而呼之为苦菜。所谓之小青菜，亦不是大青菜中之细小者，却另是一种子种，复另用一种方法而种之，故其产生是在正二月间，不与大青菜同时而出也。又有一种水苦菜，是棵头小于大青菜而大于小青菜，是产生在二三月间，味则甜而不苦。有芹菜、菠菜、蕻菜（蕻音洪，蕻菜又称雪里红，似芥菜）、芥菜、甜菜、蕨菜、小米菜、红油菜、莴苣菜、芝麻菜、牛皮菜、萝卜菜、红苋菜、玻璃生菜、芸苔菜。按：芸苔，即是俗呼之曰油菜，曰辣菜。有荠菜、鹅肠菜、马齿苋，此则是野生者。有韭菜、有黄芽韭菜、泥韭菜。按：韭菜与黄芽韭是种于沙地，泥韭菜是种于泥地上。有韭菜苔、韭菜花，有茴香、梨蒿、茼蒿、莘蓝、茄子、莴笋。按：《蔬谱》莴笋即是莴苣，实则是两种，莴苣根小不能成笋，其味则与莴笋叶之味同。有百合、莲藕、香椿、竹笋、甘露子、慈姑、茭瓜、茭芽、枸杞尖、皂角尖、茴香尖、豌豆尖、金雀花、苦刺花、花椒叶、鲜核桃等。有灯笼辣、菜辣子、牛角辣与洋辣子。按：洋辣子即番茄，却是本省原有者，昔名酸汤果，多贱生于粪草堆上，有食之者，亦不过与灰挑菜、藻（折）耳根（即鱼腥草，即蕺菜）等同视。今则一般人耳西医之言，谓此物大补血液，遂骤为贵重食品。实则此物性寒，在胃气寒者多食，舌即变白，复肚腹作痛。可云：此物宜于胃热之人，不宜于胃寒之人。

瓜类中有冬瓜、香瓜、黄瓜、苦瓜、丝瓜、南瓜。而南瓜亦有多种，一种是使之专结小瓜而卖者，此则一根藤蔓上，能结饭碗大之小瓜十多个，是名节瓜；一种是使之专结大瓜，必至色黄皮癞而后拉藤，此则一根藤上只许结一二个瓜，是名癞瓜，而每个可能重至二三十斤；一种皮青肉红，形长而圆，是名为枕头瓜，亦名大洋瓜，此亦能每个重至二三十斤；一种皮色红，形圆而略带长形，则名为红瓜；有名为金瓜者，则结不甚大，形圆而扁，皮色红，且于分枒上界有绿线，人则取作玩品，却不甚喜食，复有一种套心者尤为美观。又有一种皮色黄绿，其形长圆，中无瓜子，藤与叶仍与南瓜之藤叶不大悬殊，时人则名为洋茄子，盖以其形有似于茄也，实则不是外洋种子，是云南原有者，考之《蔬谱》，即甜瓜是也。此外，农人又喜摘癞瓜之藤尖而售卖，曰麦瓜尖，揉而煮食，味颇清甜；又摘癞瓜之花而售卖，其味尤甜。但除癞瓜一种外，其它之藤尖与花，味则苦矣，不足食也。有一种类于冬瓜之瓜，而较冬瓜为小，且不似冬瓜之作枕头形，子亦细小，其皮色则与冬瓜无异，是名瓠子。

豆属中种类甚多，但能作新鲜蔬菜者又不足十种。是则有蚕豆、豇豆、刀豆、扁豆、泥鳅豆、麻豌豆、菜豌豆，又黄豆之嫩者曰青豆。又以绿豆、黑豆发出芽来作菜者曰绿豆芽、曰黄豆芽。有以花刀豆米及红饭豆、白饭豆煮熟而作菜者，是又非新鲜蔬菜也。

属于莱菔类之品物，有白萝卜，是形团而扁者；有蔓菁，是莱菔之形长而圆者，时人则通称为萝卜。有汉中府萝卜，亦形团而扁，皮作桃红色，肉则雪白，其味极甜。传云是陕西汉中传来之种子，然在百年前，昆明即有此一种物品也。有胡萝卜，是作长条形，肉红而心黄，昆明人命名为红黄萝卜。有一种黄萝卜，亦作长条形，往昔农人之种植此物，不知如何培养，每条能长至一尺五六，粗可及寸，而又富于水汁，嫩极、甜极，既可以作蔬菜，又可以当瓜果食，是名黄萝卜，而出产极盛，价亦极贱。

属于芋芳类，有芋头、芋头花、芋头苗。有马铃薯，即洋芋，此则有红、白、紫三种，而以红者为最可口。有山药，即脚板薯。有番薯，亦是白、红两种，白曰白薯，红曰红薯，俱可以作菜蔬，可以当粮食，并可以当瓜果食。

属于葱蒜类，有大葱、香葱，有蒜头、蒜苔、青蒜，有薤白（即藠头），有小胡蒜，有芫荽，有薄荷，有紫姜，有老姜等。此皆属于新鲜蔬菜，而又为昆明所原有者也。

有由他省迁播而来及由外洋迁播而来者如下：莲花白，是在百几十年前，有川人由川中带其籽种来滇种植，其产出者较川中白大肥嫩；东汉菜或是以"冬苋菜"三字而名之也，此亦是川人由川中带其籽种来种之者。据前辈人言，在八九十年前，昆明尚无此一种菜；扁叶青菜，是昆明人称另一种青菜之名词，农人则呼此为花叶青菜，此则是川人将川中包包菜之籽种带来种植，变种后则成此一种既不似包包菜，而（又）不似昆明之大青菜，变成一特殊之形。芥兰菜与荷郎豆，是余家与粤人韦辅侯家，各由粤中带得有籽种来种。芥兰却不大变种，荷郎豆则变易得多，几与昆明之菜豌（豆）相若。此可云迁地弗良。今日菜市上，最繁盛之洋葱、洋姜、洋花菜、东洋菜等之种籽，则是由外洋迁播而来者也。

右述各种新鲜蔬菜已近百种，而犹有一切菌属未计，水豆腐、包豆腐、盐豆腐、臭豆腐、豌豆腐、菜豆花等亦未计，已有如此之多。所以往昔的人于早夜两餐，不乏蔬菜咀嚼。有取于豆豉、豆颗、豆瓣者，殆悭吝之人也。

——《纪我所知集》卷九《昆明之蔬菜》第 238 页

白菜

黄芽白菜　性微寒，味微酸。走经络，动痰火，利小便。

——《滇南草本》卷三第 57 页

白菜　性平和，味甘。主消痰，止咳嗽，利小便，消肺热。

——《滇南草本》卷三第 57 页

菘　性凌寒，晚凋。四时青绿，有松之操，即白菜也。滇以会城所产者为最，其蒙化菘食之亦无渣。今鸡山地寒，菘至大者不过盈尺。醋烹食则脆冽美口，煮食嚼久有丝，但甘芳甚他处。

——《鸡足山志》卷九《物产》第 362 页

白菜　滇中白菜，各郡皆有，而阿迷州者尤胜，味不减于直隶、安肃菜也，甘美愈于肥鲜。昔人题画菜云：不可使百姓有此色，不可使士大夫不知此味。滇中百姓固未尝有此色，而士大夫固谁不愿知此味也。

——《滇南闻见录》卷下《物部·蔬属》第 31 页

菘　《别录》上品。相承以为即白菜。北地产者肥大，昔人谓北地种菘，变为蔓菁。殊不然。……滇南四时不绝，亦少渣滓。……

——《植物名实图考》卷三《蔬类》第 48 页

白菜　属十字花科。《滇南本草》载入药用，谓其味甘性平。今已为滇中常蔬，品种极多，通海产者尤著。京白菜，来自旧京，虽属晚生种，但嫩叶重重包裹，外黄内白，质最柔美。其次成都白，亦佳，盖由四川输入者。通海所产肥大紧密，亦为他县所不及云。

——《新纂云南通志》卷六十二《物产考五·植物二·蔬菜类》第 10 页

百合

百合 以丽江者为最佳，实大而味甘不苦，但产甚少，土人折瓣出售，留其心复种也。

——《滇南闻见录》卷下《物部·果属》第 35 页

山百合 生云南山中。根叶俱如百合花，黄绿有黑缕，又有深绿者，尤可爱。

红百合 生云南山中。大致如卷丹，叶短花肥，瓣色淡红，内有紫点，绿心黄蕊中出一长须，圆突如乳，比卷丹为雅。

绿百合 云南有之。花色碧绿，紫斑绣错，香极浓，根微苦。

——《植物名实图考》卷六《蔬类》第 26 页

百合 属百合科。地下鳞茎，饱含淀粉，可供蔬食，亦可制百合粉，滇到处栽培之，性适砂质壤土，大理、晋宁产者尤佳。

——《新纂云南通志》卷六十二《物产考五·植物二·蔬菜类》第 9 页

百合 属百合科，滇各处均栽培之。花开六瓣，色若凝硃，中杂斑点，可供观赏。地下鳞茎含淀粉最多，除食用外，并可制百合粉。

又凤凰百合，亦属百合科，新自外国输入，以美花著称。恃地下茎蕃殖，夏际开花，瓣片赤褐，开向上方。今滇市莳之花坛，或作盆玩，几夺滇产百合之席矣。

又铁炮百合，亦属百合科，滇山野间有野生者。今花市所莳，则系自外国输入。早秋开花，瓣片六色，鲜白，开向横列，有芳香味。

——《新纂云南通志》卷六十三《物产考六·植物三·花卉类》第 1 页

白脚菜

白脚菜 《镇雄州志》：年饥可食。

——道光《云南通志稿》卷七十《食货志六之四·物产四·昭通府》第 38 页

包包白

甘蓝 属十字花科，俗名包包白。滇志未收入。今滇园圃中，品种颇多，中有单球、群球两类。球状部即其嫩茎，外裹密叶，味美质软。又有绿叶卷缩，每叶腋结一小球或数球者，质亦佳美，如自日本输入之子持甘蓝、绿叶甘蓝是也。西餐中之生菜，亦即绿叶甘蓝之一种。滇中产者，以东川之莲花白为佳。

——《新纂云南通志》卷六十二《物产考五·植物二·蔬菜类》第 11 页

白土瓜

白玉瓜① 白者入肺经，利小便。治肺热、肺痈、肺经热嗽，通乳汁。

——《滇南本草》卷中《草部》第 20 页

---

① 白玉瓜 务本堂本《滇南草本》卷二作"白土瓜"，见下条。

白土瓜　性平，味甘。白者入肺经，治肺热，消渴，利小便。治肺痈、肺热咳嗽，通乳汁。

——《滇南草本》卷二第 34 页

菠菜

菠菜　味甘微辛，性温。入脾、肺二经。祛风明目，开通关窍，伤利肠胃。按：菠菜伤肠胃，伤风者忌食，引风邪入脏腑，令人咳嗽多不止。

——《滇南本草》卷下《草部》第 25 页

葱

葱白　性温，味辛。入手太阴经，入足阳明经，引诸药游于四经。专主发散，以通上下阴阳之气，伤寒头疼用之良效。忌同蜜吃，吃之令腹疼呕吐，多吃昏神，致伤性命，切忌相犯。

——《滇南草本》卷三第 54 页

葱　属百合科。为滇中佐食常品，安宁产者，鳞茎及叶较大，品质绝佳，为各处冠，且有香味，一名香葱。近时新自法国输入玉葱一种，鳞茎脆美，西餐上多用之。

——《新纂云南通志》卷六十二《物产考五·植物二·蔬菜类》第 9 页

大头菜

大头菜　属十字花科，滇志未收入。根茎与叶可供醃藏，有大叶、细叶两种，均产昆明，芥菜即此细叶种之别种也。种子有刺激性，可制芥末，亦可醃食。滇原野多栽培之。

——《新纂云南通志》卷六十二《物产考五·植物二·蔬菜类》第 12 页

淡豆豉

淡豆豉　出阿迷，治伤风。

——康熙《云南通志》卷十二《物产·临安府》第 6 页

豆腐

豆腐　省城豆腐嫩而且佳，极有味。闻只用石膏点就，不用盐卤，故其色净白。且不卖浆，不揭衣，故浓厚有味。此乃日用常食之物，而佳美如此，至今每饭不忘也。

——《滇南闻见录》卷下《物部·食物》第 32 页

豆芽菜

豆芽菜　四季皆有，真绿豆芽也。茎甚粗而短，盛于盘晶莹可爱。质肥味甘，愈于他省。

——《滇南闻见录》卷下《物部·蔬属》第 32 页

甘露子

甘露子　属唇形科，旧名草石蚕，滇园圃中栽培之。叶似薄荷，地下根茎白色，旋卷如地蚕，故有草石蚕之名。秋时成熟，脆美可食，亦供盐渍。

——《新纂云南通志》卷六十二《物产考五·植物二·蔬菜类》第 15 页

高河菜

海菜　产于苍山顶高河内，一名高河菜。茎红叶青，状如芥菜，五六月间军民采之，浇以沸汤，其味甚辛辣。盖高河乃龙湫之所，土人相传云：凡采此菜者，宜密尔取之，若高声云，则雾骤起，风雨卒至。未审的否。

——景泰《云南图经志书》卷五《大理府·土产》第 2 页

高河菜　点苍山高河出。茎红叶青，味甚辛辣，五六月采之。土人相传凡采此菜，登山约十里许，必按稻皮以识路。又须默行，若作声则云雾便起，风雹卒至，盖高河乃龙湫也。

——正德《云南志》卷三《大理府·土产》第 7 页

高河菜　似芹，菹之良，出点苍之高河，故名。相传云，采者不可有声，声则致雷雨。

——《滇略》卷三《产略》第 21 页

苍山绝顶有高河菜，七八月生，红茎碧叶，味辛如芥。

——《滇黔纪游·云南》第 20 页

高河菜　出苍山高河泉，茎红叶绿，味辛香。五六月采之，不可多得。

——康熙《云南通志》卷十二《物产·大理府》第 8 页

（点苍山）有高河菜，红茎碧叶，味辛如芥，七八月生。

——《滇南闻见录》卷上《地部·山属》第 9 页

保山县有巡检驻防之地，曰杉木和，此六诏旧名也。……点苍山有草，类芹，紫茎，辛香可食，呼为高和菜，亦南诏旧名。

——《札樸》卷十《滇游续笔·杉木和》第 3 页

高河菜　陈鼎《滇黔纪游》：苍山绝顶有高河菜，七八月生，红茎碧叶，味辛如芥。旧《云南通志》：出苍山高河泉，茎红叶绿，味辛香，五六月采之，不可多得。《古今图书集成》：若高声则云雾骤起，风雨卒至，盖高河乃龙湫也。桂馥《札樸》：点苍山有草，类芹，紫茎，辛香可食，呼为高和菜，盖沿南诏旧名也。

——道光《云南通志稿》卷六十九《食货志六之三·物产三·大理府》第 12 页

高河菜　生大理点苍山。《滇黔纪游》云：七八月生，红茎碧叶，味辛如芥。桂馥《札璞》：苍山有草类芹，紫茎，辛香可食，呼为高和菜，沿南诏旧名。《古今图书集成》引旧《志》云：若高声则云雾骤起，风雨卒至，盖高河乃龙湫也。余遣人致其腊者，审其叶多花叉，参差互生，微似菊叶而无柄，味亦不辛，却有清香。渍之水，水为之绿；以为菹，在菘、芥之上；以烹肉，绝似北地干菠菜而加清隽，诚野蔬中佳品也。但苍山高峻，传闻皆以为不易得，而此菜制如家蔬，或以鹜更鸡耶？抑有老圃移而滋之于圃耶？顾其色味皆佳，每咀嚼之，辄曰：纵未得真高河菜，得此嘉蔬亦足。豪于啮断数十瓮黄酸菹者。《琅盐井志》有嫩菜，七八月治地布种，不须灌溉，至冬可茹，状微相类，而老茎柴瘠，几同龁藁矣。吾乡凡菜不经移种者，皆曰懒婆菜，以不经培莳，则生机速而易老，科本密而多腊，故老圃贱之。而琅井之菜，独以懒得名，然则人之以懒成其高者，得无如高河菜之孤据清绝，令人仰其卧雪吸云而不易致，而琅井之蔬，不假剔抉，乃全其天真也耶？翟汤对庾亮曰：使君自敬其枯木朽株。然则对斯菜也，亦当推食起敬。

——《植物名实图考》卷六《蔬类》第 29 页

高河菜 陈鼎《滇黔纪游》：苍山绝顶有高河菜，七八月生，红茎碧叶，味辛如芥。桂馥《札樸》：点苍山有草类芹，紫茎，辛香可食，呼为高河菜，盖沿南诏各旧名也。《大理府志》：出龙池，味辛辣。邑人周榛《咏高河菜》："清溪曲曲苗芳丛，六月剿来雪未融。领略家山风味好，秋莼底事羡吴中。菜根真味倩谁知，此味由来高士宜。肉食何能谋远大，风茎露叶始称奇。空谷鹿衔更鸟耘，者般佳味自离群。溪毛占断苍岩秀，齿颊犹然袭露芬。雅人深致赋新诗，欲寄幽情草木知。溪涧老龙应解识，年年芳信不相欺。"

——民国《大理县志稿》卷五《食货部二·物产》第 2 页

高良姜

良姜 味苦辛，性热。治胃气疼，面寒疼，肚腹疼痛。

——《滇南本草》卷中《草部》第 5 页

高良姜 滇生者叶润根肥，破茎生葶，先作红苞，光焰炫目。苞分两层，中吐黄花，亦两长瓣相抱。复突出尖，黄心长半寸许，有黑纹一缕，上缀金黄蕊如半米。另有长须一缕，尖擎小绿珠。俗以上元摘为盂兰供养，故圃中多植之。按：良姜、山姜、杜若、草果，叶皆相类，方书所载，多相合并。岭南诸纪，述形则是，称名亦无确诂，盖方言侏僀，难为译也。唯《南越笔记》，目睹手订，又复《博雅》有稽。余使粤，仅宝山一过，未能贮笼。顷以滇南之卉与《南越笔记》相比附，大率可识。其云高良姜出于高凉，故名根为姜，子为红豆蔻。子未坼曰含胎，盐糟经冬，味辛香，入馔。又云，凡物盛多谓之蔻，是子如红豆而丛生，故名红豆蔻。今验此花，深红灼灼，与《图经》花红紫色相吻合。花罢结实，大如白果有棱，嫩时色红绿，子细似橘瓤，无虑数百，香清微辛，殆所谓含胎也；老则色红。滇之妇稚，皆识为良姜花。李雨村所述，虽刺取《岭表录异》中语，然彼以为山姜，且云花吐穗如麦粒，嫩红色，则是广饶所产，与《桂海虞衡志》红豆蔻同。志云此花无实，则所云为脸者，乃是花，非子也。余则以滇人所呼为定，而折中以李说。范云红豆蔻，盖即《草木状》之山姜，而《楚词》之杜若也。

——《植物名实图考》卷二十五《芳草类》第 39 页

海菜

莼菜 产于州北之滇池。上青下白，长丈余。季秋之月浮于水面，土人采而烹食之。

——景泰《云南图经志书》卷一《云南府·昆阳州·土产》第 53 页

（临安府蒙自县）长桥海，县东二十里。……又二十里为突波海，中多鱼虾、海菜。

　　　　　　　　　　　　　　——《读史方舆纪要》卷一百十五《云南三》第 5105 页

又滇池海菜，其根即莼。

　　　　　　　　　　　　　　　　——《滇海虞衡志》卷八《志虫鱼》第 8 页

海菜　《蒙自县志》：滇以池沼为海，凡水藻即谓之海菜。茎头开花，无叶，长丈余，细如钗股，卷而束之成抱，以鬻于市，曰海菜，可瀹而食之也。檀萃《滇海虞衡志》：海菜，其根即莼。

　　　　　　　——道光《云南通志稿》卷六十九《食货志六之三 • 物产三 • 临安府》第 20 页

海菜　生云南水中。长茎长叶，叶似车前叶而大，皆藏水内。抽葶作长苞，十数花同一苞。花开则出于水面，三瓣，色白。瓣中凹，视之如六，大如杯，多皱而薄。黄蕊素萼，照耀涟漪，花罢结尖角，数角弯翘如龙爪，故又名龙爪菜。水濒人摘其茎，煠食之。《蒙自县志》：茎头开花，无叶，长丈余，细如钗股。卷而束之，以鬻于市，曰海菜，可瀹而食。盖未见植根水底，漾叶波际也。《滇海虞衡志》以为其根即莼，则并不识莼。考《唐本草》有蕮菜，叶似泽泻而小，形差相类。语即未详，图亦失真，不并入。

　　　　　　　　　　　　　　——《植物名实图考》卷十七《水草类》第 37 页

莼菜　土人曰海菜，产于洱河南北湖中。花白色，由荚中出，飘水面，茎长二三尺，无枝节，细如麻丝，通茎，色极嫩，七八月间可采芼之以供餐馔，味甚清美，不亚吴产。

　　　　　　　　　　　　——民国《大理县志稿》卷五《食货部二 • 物产》第 2 页

蕮菜

蕮菜　出建水山谷，叶嫩味佳。

　　　　　　　　　　　　　　——康熙《云南通志》卷十二《物产 • 临安府》第 6 页

蕮菜　《他郎厅志》：菜梗中空。

　　　　　　　　——道光《云南通志稿》卷七十《食货志六之四 • 物产四 • 普洱府》第 3 页

胡萝卜

胡萝卜　分红、黄二种。红犹内地，黄则长至二三尺。[①]

　　　　　　　　　　　　　　　——《滇海虞衡志》卷十一《志草木》第 14 页

胡萝卜　属繖形科。《滇海虞衡志》谓"分红、黄两种，红犹内地，黄则长至二三尺"者，供食之部，即其根茎，水分不多，含糖颇富。滇产外，有由外国输入者，餐食用之为多。

　　　　　　　——《新纂云南通志》卷六十二《物产考五 • 植物二 • 蔬菜类》第 15 页

胡荽

胡荽　属繖形科。嫩叶有香味，亦可佐食，《本草》又列入药用。滇到处栽培之，个旧产尤著。

　　　　　　　——《新纂云南通志》卷六十二《物产考五 • 植物二 • 蔬菜类》第 15 页

---

① 此条，道光《云南通志稿》卷六十七《食货志六之一 • 物产一 • 云南通省》第 10 页引同。

花椰菜

花椰菜　属十字花科，俗名洋花菜。花蕾丛生，品质柔嫩，滇市出品，殆十数年前自法国、日本输入者云。

——《新纂云南通志》卷六十二《物产考五·植物二·蔬菜类》第 11 页

黄花子

黄花子　味甘酸，无毒。生荒野中，大叶黄子，子上黑点，开黄花，可作菜食。治一切阴虚火盛，脱阴脱阳之症，神效。同五味盐炒焦下饭，久吃令人白胖。此乃上品仙菜也，服之延年益寿。

——《滇南草本》卷一第 38 页

灰挑菜

灰挑银粉菜　味辛。生有水处，绿叶细子，叶上有银霜。作菜食令人无噎食反胃，煎汤食治赤眼肿疼，洗眼去风热。

——《滇南草本》卷一下《园蔬类》第 14 页

灰藋　《嘉祐本草》始著录，即灰条菜。其红心者为藜，一种圆叶者名和尚头，味逊。《尔雅》：釐，蔓华。说者云：釐即莱。陆玑《诗疏》：莱即藜也，其子可为饭。……《滇本草》：灰条银粉菜，作菜食，令人不噎隔反胃；煎服，治火眼疼痛；洗眼，去风热。可补诸本草。……

——《植物名实图考》卷四《蔬类》第 39 页

茴香

蘹香　古称八月珠者，谓蚌见月则生光，肉见蘹则回香也。

——《鸡足山志》卷九《物产》第 363 页

茴香　属繖形科。叶为数次羽状复叶，幼嫩时颇香美，可供蔬食。种子亦富挥发油，有刺激性，干时摘取为茴香子，可作佐食之香料。

——《新纂云南通志》卷六十二《物产考五·植物二·蔬菜类》第 15 页

八角　广南马街、底黑等寨产之。果八稜，故名。木兰科，木本。叶与实皆可制油，年约出数万斤，食料用之，亦可入药。性猛烈，可用以制爆烈品。鲁甸产者名大茴香。

——《新纂云南通志》卷六十三《物产考六·植物三·药材类》第 29 页

姜

紫姜　紫姜花生云南，夏时开淡紫花。

——《植物名实图考》卷六《蔬类》第 35 页

野姜　根似姜，叶似蕉叶，花出叶旁，紫红色，三四月开，即药中之狗脊。[①]

——《札樸》卷十《滇游续笔·野姜》第 14 页

《香祖笔记》：台湾"凤山县有姜，名三宝姜。相传明初三宝太监所植，可疗百病"。按：爪哇商埠曰三宝垄，亦以三宝太监而得名。三宝，即三保，三保即郑和，郑和即马和。《明史·暹罗传》云其国有郑和庙。

——《滇绎》卷三《三宝姜》第 19 页

姜黄

姜黄　境内所产，亦入药品。

——景泰《云南图经志书》卷三《广西府·师宗州·土产》第 21 页

姜黄。

——康熙《云南通志》卷十二《物产·开化府》第 8 页

姜黄　旧《云南通志》：开化出。

——道光《云南通志稿》卷七十《食货志六之四·物产四·开化府》第 33 页

芥菜

芥菜　食其根之大头。芬辣，可作菹。盐干之，宜醋。叶不如青菜美。其子即白芥子。紫色者虽辣，不化痰导气。

——《鸡足山志》卷九《物产》第 362 页

金刚尖

金刚尖　生云南山中。独茎多细枝，一枝五叶，似独帚而更尖长，山人摘以为蔬。昆明采其嫩叶芼以为羹，清爽微苦，饶有风味，呼为良旺头。

——《植物名实图考》卷六《蔬类》第 31 页

韭菜

韭菜　性温，味辛咸。温中下气，补虚益阳，入肾兴阳，泄精，出噎散结。主治吐血、衄血、尿血。生捣汁服，除胃脘瘀血；熟吃滑润肠胃中积，或食金、银、铜、器于腹内，吃之立下。昔一妇人，误吞金手圈一个于肚内，得此方服之，金手圈从大便中韭菜裹之，同粪而出。

——《滇南草本》卷三第 54 页

韭菜子　焙黄去白皮。性温，味辛咸。补肾肝，暖腰膝，兴阳道，治阳痿。种玉方中不可无。

---

① 此条，道光《云南通志稿》卷六十八《食货志六之二·物产二·通省》第 11 页引同。

妇人多食，生白淫白带。按：韭菜多食动痰、动邪火，兴阳泄精；妇人多吃生白带。同牛肉食，令人生嘈杂病，昏神，昏眼目。

——《滇南草本》卷三第 54 页

山韭 韭为起阳草，而山韭则藿音育之属，谓为灯心苗者，非。尝读金幼孜《北征录》，北边多芸苔，戎地多野韭、沙葱。许慎《说文》谓韱音纤即山韭也。《韩诗》六月食郁及薁，谓山韭矣。鸡山近泽，产此，极肥嫩，惜僧持戒不食，当春雨剪之，以饷游客可也。

——《鸡足山志》卷九《物产》第 362 页

韭菜 四季皆有，常嫩不老，茎叶纤细，不如吾乡之肥美。鹤庆州有一种黄韭，乃韭芽也。色黄不白，想系郁蒸所致，柔韧而不脆，视吾乡韭芽，远弗如也。

——《滇南闻见录》卷下《物部·蔬属》第 32 页

滇南韭菜，涉冬既脮如黄芽，其值甚贱，入春则老矣。阿迷出黄芽菜与石榴，颇为官民累，不如落地松、萆麻子大济于地方。近省城亦种黄芽，以所从来者近，不之异也。

——《滇海虞衡志》卷十一《志草木》第 12 页

山韭 《尔雅》："藿，山韭。"《千金方》始著录。今山中多有之。……滇南山韭，亦似灯心草，《滇本草》一名长生草，味甘，能养血健脾，壮筋骨，添气力。根汁治跌损，同赤石脂捣擦刀斧伤，为金疮圣药，与《奉亲养老书》藿菜羹治老人脾弱同功而加详。……

——《植物名实图考》卷三《蔬类》第 66 页

韭花 《临安府志》：土产，为滇中之所独。

——道光《云南通志稿》卷六十九《食货志六之三·物产三·临安府》第 20 页

韭 属百合科。嫩叶及花蕾均为蔬食常品，黄芽韭亦佳，滇鹤庆等处产。又洱源特产芸香韭，能治瘴疾。

——《新纂云南通志》卷六十二《物产考五·植物二·蔬菜类》第 10 页

蕨

蕨 《尔雅》合蕨虌为称。盖周秦呼蕨。初生无叶，状如雀足之拳，又如人足之蹶。然而多食令人气蹶，厥是以名蕨也。若秦〔齐〕鲁称虌，谓以其初生似鳖足者，未若以其食之久，类鳖甲可以破瘕痞为宜耳。《诗》云"陟彼南山，言采其蕨"，《尔雅》称月尔三苍。郭璞曰：尔者，繁花也。[①] 盖谓月，《三苍》其花焉。今蕨老而后始苍，其花尚未识曾三否。

蕨萁 其苗拳，渐开如萁之曲敛，紫肥圆握，渐长则拳渐开，及老，拳开作叶。茎长一二尺，其叶类凤尾蕉矣。当紫肥时，采之作蔬，甘滑可食。

蕨粉 冬十月采根，于水缸中安一平石，于石上捣烂，初稍投以灰碱，再三澄之，去净咸味，再间时换水，去其酸苦，晒干则粉成矣。入馅作粗粄可食，或以平底器荡薄皮，切作线下汤食。其色淡紫，美滑宜口。

迷蕨 味苦，须灰汤煮去涎滑，乃可食，否则迷闷，食人嗜卧。

---

① "《尔雅》……繁花也"句 《本草纲目》卷二十七《菜部》"蕨"条作"《尔雅》谓之月尔，《三苍》谓之紫蕨。郭璞云：花繁曰尔。紫蕨拳曲繁盛，故有月尔之名"。

水蕨　生水中，比山蕨稍肥大。《吕氏春秋》谓菜之美者，有云梦之萱者是也。

——《鸡足山志》卷九《物产》第 361 页

滇蕨满山，高至三四尺，肥极。土人但知摘蕨拳，不知洗粉，闻宣威颇知洗之。①若人皆知洗，又为地方增一货物也。

——《滇海虞衡志》卷十一《志草木》第 14 页

蕨粉　《镇雄州志》：产荒山中，春时采其根，锤和水淘浆，滤入木槽，澄粉为食，年饥则竞取之。

——道光《云南通志稿》卷七十《食货志六之四·物产四·昭通府》第 38 页

蕨菜　属隐花植物之羊齿类。春二三月，嫩芽新出，卷曲类小儿拳，摘供蔬食，拌以豆泥，味尤佳美。根部有粉质，可制蕨粉，备救荒之用。滇盐津等山地阴湿幽隐处，即其自然分布区域，恃胞子繁殖。镇南产薇，亦名草子，苗可作蔬品。

——《新纂云南通志》卷六十二《物产考五·植物二·蔬菜类》第 18 页

蕨粉　蕨系多年生草本，叶为复叶，茎弱，长二三尺。本县各高山荒野皆产，俗名米蕨箕。春时蕨拳出土肥嫩，人多摘作蔬食。其地下茎富淀粉，山民每于六七月耕耨之余，掘土至尺许，取其茎，就溪水涤净，捣于石臼，令碎烂，和水淘诸盆桶中，以棕或布滤其浆汁入木槽，待沉淀去水取粉置碗中。盐津特压裹作扁球形，晾干曰蕨粉，同于藕粉，可供常食。调煮便易，运销远近城镇，有作赠品者。其滤过蕨渣可和包谷磨细作粑充饥，荒年则竞取之，是为救荒之植物。

——民国《盐津县志》卷四《物产》第 1697 页

苦菜

苦菜　属十字花科，为晚菘之一种，一名云葵。旧与苦荬混称，但非同科。此菜叶色淡绿，以其原产山东，故有青菜、山东菜之称。品种分冬苦、水苦两种。冬苦宜醃藏，水苦宜煮食。近昆明市所售大苦菜，每株重达五六斤，谓系清季输入之西洋种云。

——《新纂云南通志》卷六十二《物产考五·植物二·蔬菜类》第 10 页

苦马菜

苦马菜　味苦，性大寒。纯阳之物，得向阳之处则生，凉血。治血热妄行，止一切血症：吐血、咯血、咳血、衄血、大肠下血、女子逆经倒血。消痰，消瘰疬，消咽喉结气，化痰毒，洗疮毒。

——《滇南本草》卷中《草部》第 20 页

苦马菜　一名羊奶菜。性大寒，味苦。纯阴之性，故向阴处生。治血热妄行。止一切血症：咳嗽吐血、大肠下血、女子逆经倒血。消痰，消瘰疬，消咽喉结气，化痰毒，洗疮毒。

——《滇南草本》卷二第 35 页

---

① 此条，道光《云南通志稿》卷六十七《食货志六之一·物产一·云南通省》第 13 页引同。

滇苦菜　即李时珍所谓胼叶似花萝卜菜叶，上叶抱茎，似老鹤嘴，每叶分叉撑挺，如穿叶状，而《别录》以为生益州，凌冬不死者也。滇人亦呼苦马菜，贫人摘食之，四季皆有，江湖间亦多，故李时珍以为即苦菜，与北地苦荬迥异。中州或谓蒲公英，用治毒亦效，盖性皆苦寒，所主固同耳。《畿辅通志》：苦益菜生沟堑中，可生食，亦可霉干。即此。

——《植物名实图考》卷三《蔬类》第 19 页

辣椒

辣椒　属茄科，一名番椒，俗呼辣子。宿根草本，叶广披针形。花小白色，果实细长下垂，亦有椭圆形者，富辛辣刺激性。品种极多，可供食用，滇到处栽培之。

——《新纂云南通志》卷六十二《物产考五·植物二·蔬菜类》第 16 页

莲花菜

莲花菜　《古今图书集成》：莲花菜，出大理府洱河东上沧湖。相传蒙诏时，观音大士化箭镞所成。

——道光《云南通志稿》卷六十九《食货志六之三·物产三·大理府》第 13 页

莲花菜　《古今图书集成》：莲花菜，出大理府洱河东上仓湖。

——民国《大理县志稿》卷五《食货部二·物产》第 2 页

龙须菜

龙须菜　出浪穹县上江嘴急流中。色青紫，细长如龙须，性极冷。土人食之，甚脆美。

——正德《云南志》卷三《大理府·土产》第 7 页

石花菜、龙须菜　俱顺州出。

——正德《云南志》卷十《鹤庆军民府·土产》第 5 页

萝卜

萝卜　即莱菔。性平，生味辛甘，熟味甜平。入脾、肺二经。宽中消膨胀，下气消宿食。消麦面积。熟食宽中，醒脾气，化痰涎；生食动痰，逆气上升，咳嗽忌食。

——《滇南草本》卷三第 52 页

莱菔子　即萝卜子。性温，味辛。入脾、肺二经。下气宽中，消膨胀，消痰涎，消宿食，消面积滞，降痰，定吼喘，攻肠胃积滞，治痞块，治单腹疼。

——《滇南草本》卷三第 52 页

白萝卜　秆叶红、白二种，经霜阴干。性温，味甘。入脾、胃二经。治脾胃不和，宿食不消，胸膈膨胀，醒脾气，开胃宽中，噎膈打呃，硬食膨胀，呕吐酸水，赤白痢疾，妇人乳结乳肿、经闭。

——《滇南草本》卷三第 53 页

红萝卜　秆叶性温，味甘平。入阳明胃经。行血破血。乳汁不通，奶硬红肿疼痛，妇人经闭、血痢，里急后重。

——《滇南草本》卷三第 53 页

莱菔　即萝卜，有红、紫、白三种，以白者多供蔬食。近山之邓川州，以红萝卜切丝，可以染红纸。此即《尔雅》"葖芦"是也。凡萝卜之性，宽中开胃，制面毒。陶氏谓不中食理，谓生食丧人真气。其子名莱菔子，消食化痰，散郁气。

——《鸡足山志》卷九《物产》第 363 页

萝卜　白萝卜长年皆有，味美。春日不老，冬日不空，比吾乡所产为胜。

——《滇南闻见录》卷下《物部·蔬属》第 31 页

莱菔　俗名萝卜，厂名萝白。滇产白者，其细腻固可佳，而江者奇益甚。凡红皮必内白，天下皆然。而滇之红萝白，通透玲珑，中间点微红，如美人劈破胭脂脸，最可爱玩。至其内外通红，片开如红玉板，以水浸之，水即深红。粤东市中亦卖此片，然犹以苏木水发之，兹则本汁自然之红水也。罗次人刨而干之以为丝，拌糟不用红曲，而其红过之。[①]

——《滇海虞衡志》卷十一《志草木》第 16 页

菜各种皆出，惟黄龙山所产红萝卜表里皆赤，长二尺许，他处所无，即以其种移他处亦变，不可煮食，通人以盐渍透入瓶中，一月后作小菜。

——道光《续修通海县志》卷三《物产》第 34 页

红萝卜　《通海县续志》：菜各种俱出，惟黄龙山所产红萝卜，表里皆赤，长二尺许，他处所无。即以其种移他处亦变，然不可煮食，通人以盐渍透入瓶中，一月后作小菜。

——道光《云南通志稿》卷六十九《食货志六之三·物产三·临安府》第 20 页

莱菔　《尔雅》："葖，芦菔。"注：菔，宜为菔。《唐本草》始著录。种类甚夥，汁子皆入药。《滇海虞衡志》：滇产红萝卜颇奇，通体玲珑如胭脂，最可爱玩。至其内外通红，片开如红玉板，以水浸之，水即深红。粤东市中亦卖此片，然犹以苏木水发之，兹则本汁自然之红水也。罗次人刨而干之以为丝，拌糟不用红麹，而其红过之。《宁州志》：萝卜红者名透心红，移去他郡则变，亦即此。食法生熟皆宜。……

——《植物名实图考》卷四《蔬类》第 15 页

萝卜　属十字花科。异名甚多，或云芦菔，或云莱菔，俗呼萝白。旧《志》有红、黄、白三种，根茎部肥嫩多汁，甘美可口。滇中到处产之，推为根叶菜之上品。《滇海虞衡志》谓径体通红者尤佳，今名透心红。通海之紫萝卜，能傅红色于他物，尤称特产。其萝卜可推丝制饼，能销各处。河西产者，亦可推丝。

——《新纂云南通志》卷六十二《物产考五·植物二·蔬菜类》第 11 页

---

① 此条，道光《云南通志稿》卷六十七《食货志六之一·物产一·云南通省》第 10 页引同。

蔓菁

《云南记》曰：巂州界缘山野间有菜，大叶而粗茎，其根若大萝卜。土人蒸煮其根叶而食之，可以疗饥，名之为诸葛菜。云武侯南征，用此菜子莳于山中，以济军食。亦犹广都县山栀林，谓之诸葛木也。

——《太平御览》卷九百八十《菜茹部五·芦菔》第 1 页

蔓菁　俗呼曰圆根，状如萝卜，土人食之。

——景泰《云南图经志书》卷五《丽江军民府·通安州·土产》第 35 页

圆根　即蔓菁，俱府境出。

——正德《云南志》卷十一《丽江军民府·土产》第 9 页

蔓菁　武侯南征，采之以饱士卒，故滇人呼为诸葛菜。《诗·谷风》"采葑采菲"，毛苌注云"葑，须也"，即南人所谓须焓，盖萝卜之嫩者。《礼·坊记》"葑，蔓菁也"，陆机谓葑为芜菁，则芜菁即蔓菁矣。状同萝卜，惟扁圆。味生食甜带辣，煮之则甜甚。番语呼为沙吉木儿。

——《鸡足山志》卷九《物产》第 363 页

蔓菁　《鹤庆府志》：大如杯盂，俗传诸葛行军所遗。《丽江府志》：俗名圆根，状似萝卜，味微苦，大者如盘，宜播生土。夏种冬收，户户晒干囤积，务足一岁之用。菽糕稗粥外，饔飧必需，惟广积之家，用以代料饲马。

复生菜　《丽江府志》：即蔓菁再发芽。腌酸，可久藏。

——道光《云南通志稿》卷六十九《食货志六之三·物产三·丽江府》第 45 页

芜菁　《别录》上品，即蔓菁。昔人谓葑、须芥、蕦、芜、荛、芜菁、蔓菁，七名一物。蜀人谓之诸葛菜，今辰、沅有马王菜，亦即此。袁滋《云南记》：巂州界缘山野间有菜，大叶而粗茎，其根若大萝卜。土人蒸煮其根叶而食之，可以疗饥，名之为诸葛菜。云武侯南征，用此菜莳于山中，以济军食。亦犹广都县山栎木谓之诸葛木也。袁氏殆未知其为蔓菁耶？《周礼》菁菹，郑司农以为韭菹，康成破谓蔓菁，二说皆通。……雩娄农曰：吾观《丽江府志》，而知食蔓菁之法，武侯之遗，不仅为行军利也，世以此为蔬耳。而《志》云夏种冬收，户户晒干囤积，务足一岁之粮。菽糕稗粥外，饔飧必需，惟广积之家，用以代料饲马。丽江西陲苦寒，春尽无青草，土人至以燕麦为干糇，大麦作馒首，煮蔓菁汤咽之。小麦非享客不敢用，稻惟沿江产，其与貊俗异者几希。蔓菁耐寒，割而复生，又为复生菜，然则蔓菁之用于维西也大矣。余留滞江湖，久不睹芜菁风味，自黔入滇，见之圃中。因为《诸葛菜赋》，以蔓菁六利，诸葛种之为韵，其词曰：……

——《植物名实图考》卷三《蔬类》第 60 页

蔓菁　属十字花科，一名芜菁，或云诸葛菜。《丽江府志》谓为复生菜，有红、白两种。今昆明市呼白者为小白萝卜，红者为汉中萝卜，盖其形体与萝卜略同，惟供食之部乃其地下茎耳。袁滋《云南记》"蔓菁，大叶粗茎，其根若大萝卜"云云，殆亦沿旧认根作茎之误。滇中旧传武侯南征，此菜莳于山中，以济军食。刘禹锡《嘉话录》亦谓诸葛武侯行军所止，必令兵士皆种蔓菁，云有六利，然则诸葛菜之得名，当以此云。

——《新纂云南通志》卷六十二《物产考五·植物二·蔬菜类》第 12 页

嫩菜

嫩菜　　《琅盐井志》：七八月，治地布种，不须灌溉，至冬自能肥脆可茹。

——道光《云南通志稿》卷六十九《食货志六之三·物产三·楚雄府》第 25 页

苤蓝

苤兰　　味辛涩。治脾虚火盛，中隔〔膈〕存痰，腹内冷疼。又治小便淋浊。又治大麻风、疥癞之疾。生食止渴化痰，煎服治大肠下血。烧灰为末，治脑漏、鼻疳。吹鼻，治中风不语。叶可敷恶疮，皮能止渴淋。

——《滇南草本》卷一下《园蔬类》第 13 页

甘蓝　　《本草拾遗》始著录，云是西土蓝。《农政全书》：北人谓之擘蓝。按：此即今北地撒蓝，根大有十数斤者，生食、酱食，不宜烹饪也。……《滇本草》沿作苤蓝，治脾虚火盛，中膈存痰，腹内冷痛，夜多小便。又治大麻疯癫等症，服之立效。生食止渴，煨食治大肠下血。烧灰为末治脑漏、鼻疳。吹鼻治中风不语。叶贴疮，皮治淋症 [1]，最效。

——《植物名实图考》卷四《蔬类》第 24 页

苤兰　　属十字花科，亦芜甘蓝之一种。《滇南本草》谓其味辛涩，可入药用。今则取其嫩茎为蔬食品，东川、镇南产者佳。

——《新纂云南通志》卷六十二《物产考五·植物二·蔬菜类》第 11 页

荠菜

荠菜　　味辛苦，性平。清肺热，消痰，止咳嗽，除小肠经邪热，利小便。

——《滇南本草》卷下第 25 页

茄

茄子　　根名东风草。性寒，味甘平。阴也。主发风积，动寒痰。吃之，令人作呕吐，面皮作痒，动肝积，食之，令人左胁气胀，损阴，不宜多吃。根、梗，性寒，味甘微苦。主治行肝气，洗皮肤瘙痒之风，游走之风。祛妇人下阴湿痒、阴浊疮。

——《滇南草本》卷三第 56 页

东风草　　味甘，性寒。主行肝气，洗皮肤瘙痒之风，洗游面走诸风。祛妇人下阴湿痒，阴蠋疮。

——《滇南草本》卷下第 11 页

茄子　　杜宝《拾遗录》曰落苏也，即《太平御览》所谓昆仑紫瓜。

——《鸡足山志》卷九《物产》第 364 页

---

[1] 皮治淋症　　《滇南草本》卷一下《园蔬类》第 13 页作"皮能止渴淋"。

白茄　《云南府志》：出安宁。

——道光《云南通志稿》卷六十九《食货志六之三·物产三·云南府》第 4 页

茄　属茄科。茎叶有刺毛，带紫色，花筒上部有五裂片，亦紫色。品种最多，有长椭圆与扁圆形之果实二种。果长至尺许，宽七八分，供食用外，又供盐渍、酱渍等。另有缅茄一种，亦同科，果皮硬厚，能任雕刻，产永昌。

——《新纂云南通志》卷六十二《物产考五·植物二·蔬菜类》第 16 页

茄　《滇海虞衡志》：滇南瓜蔬最早，冬腊开筵，陈新豆米，正初即进。元谋之西瓜酿、元江之大茄，不能以常候拘也。然先时为味颇薄，亦及候乃腴耳。

——民国《元江志稿》卷七《食货志·蔬属特别产》第 2 页

芹菜

香芹　州之罗波村，其民每岁之春，莳芹苗于田，至夏乃盛。取为蔬茹，其味甚美，以为上品。

——景泰《云南图经志书》卷一《云南府·安宁州·土产》第 50 页

云芎　俗名芹菜。川为川芎，理为理芎。性温，味辛。入肝、肺二经。发散疮痈，攻疮毒，治湿热，止头疼，祛风。滇中作菜食，肚腹有积滞，食之令人发病。

——《滇南草本》卷二第 26 页

南芹菜　味甘。治妇人赤白带下，同南苏叶煎服。

——《滇南草本》卷一下《园蔬类》第 16 页

莳萝　叶类川芎，子细如罂粟子。香类蘹香子，又浅带川芎气。可以作食品中香料。即波斯国马芹子也。

——《鸡足山志》卷九《物产》第 363 页

莳萝　《云南府志》：出昆明，俗名芹菜，又名鱼芎。

——道光《云南通志稿》卷六十九《食货志六之三·物产三·云南府》第 3 页

马芹　《唐本草》始著录。多生发圃中，高大易长，南人不敢食之。滇南水滨，高与人齐，通呼水芹。《滇本草》谓主治发汗，与麻黄同功。

——《植物名实图考》卷三《蔬类》第 44 页

芹菜　属缴形科，旧名莳萝。个旧名貌铃草，亦名旱芹。旧《云南府志》谓出昆明，又名鱼芎菜，或鱼子芹。叶可佐食，滇园蔬常品。白茎绿叶者曰宜良香芹，亦有自西洋日本输入者。至牟定之白川芎、镇南之川芜芎，则系根用生药，不入蔬品。

——《新纂云南通志》卷六十二《物产考五·植物二·蔬菜类》第 15 页

青菜

青菜　一名苦菜。性大寒，味苦。凉血热，寒胃，发肚腹中诸积，利小便。

——《滇南草本》卷三第 56 页

青菜即青菘也　茎不如白菜宽，叶并茎皆绿。山中四时所食，惟此多。其为咬断菜根，百事可做，但一大事因缘为难耳。

——《鸡足山志》卷九《物产》第 362 页

青菜　青菜梗叶皆青色，味微苦，煮之易烂，调和食之，风味甚佳，不让于白菜也。

——《滇南闻见录》卷下《物部·蔬属》第 31 页

山韭菜

山韭菜　名不死草，一名野韭，一名野麦冬，一名书带草。味甘。生山中，形似家韭，其叶稍大。作菜食，能养血健脾，强筋骨，增气力。连根捣汁，治跌打损伤，敷患处。根，同赤石脂捣烂，晒干为末，捻刀斧伤，神效。此刀伤之圣药也。四时常青，不畏霜雪，不开花，不落叶，作盆景佳。

——《滇南草本》卷一下第 11 页

石花菜

石花菜　出北胜州。

——康熙《云南通志》卷十二《物产·大理府》第 8 页

石花菜　寻甸水中产石花菜，叶细而薄，与南海所产紫菜相似。色深绿，质柔纫，晾干成片，食时以温水泡之使润，浸以醋，用虾米拌食，颇有风味。

——《滇南闻见录》卷下《物部·蔬属》第 31 页

《范志》又载石发菜，则蔬属也。滇之石花菜，即海之紫菜，生于石上。作汤碧绿可爱，味亦佳。蒙自、禄劝俱出之。

——《滇海虞衡志》卷十一《志草木》第 13 页

石花菜　旧《云南通志》：永北出。

——道光《云南通志稿》卷七十《食货志六之四·物产四·永北直隶厅》第 43 页

石花菜　檀萃《农部琐录》：出甲甸溪河中石上，即石苔也，似海中紫菜，而其色碧。

——道光《云南通志稿》卷七十《食货志六之四·物产四·武定直隶州》第 50 页

紫菜　《本草拾遗》始著录，诸家皆以附石。正青色，干之即紫，然自有一种青者。滇南谓之石花菜，深山石上多有之，或生海中者色紫，生山中色青耳。

——《植物名实图考》卷十八《水草类》第 18 页

石花菜　产溪涧中或阱沟水浸处。摇动无枝干，故其叶无损伤，其根用以附岩石，不用以吸养料。养料则自全体吸收之，形类苔，食之可解暑毒，属藻类，为隐花植物。

——光绪《元谋县乡土志》（修订）卷下《格致·第三十三课》第 402 页

石花菜　属绿藻类。《滇海虞衡志》谓"即海之紫菜"。按：紫菜属红藻，为深海产。云南有湖无海，石花菜属绿藻，为淡水产，截然两物也。江河溪涧之石上，此菜均可生活作阳，青绿可爱，素席上用作盐渍物，味亦隽美。鹤庆、永胜、蒙自、个旧、禄劝均产之。

——《新纂云南通志》卷六十二《物产考五·植物二·蔬菜类》第 22 页

石花菜 出甲甸溪河中石上，即青苔也，似海中紫菜，而其色碧。

——民国《禄劝县志》卷五《食货志·物产》第 9 页

树头菜

树头菜 出石屏。

——康熙《云南通志》卷十二《物产·临安府》第 6 页

树头菜 《滇志》石屏者佳。树色灰赭，一枝三叶，微似楷木叶。初生如红椿芽而瘦，味苦。临安人盐渍之以为蘸，与黄连茶即楷树芽皆取木叶作蔬，咀其回味，如食谏果也。

——《植物名实图考》卷三十六《木类》第 30 页

树头菜 《采访》：树本甚大，抽蘖如椿，作淡绿色，取而曝醃之，味甚佳。

——民国《元江志稿》卷七《食货志·蔬属特别产》第 2 页

数珠菜

数珠菜 《鹤庆府志》：生江中，形类念珠，因赞陀投念珠泄水后，江中即生此菜。

——道光《云南通志稿》卷六十九《食货志六之三·物产三·丽江府》第 45 页

念珠菜 一名数珠菜。《鹤庆志》谓"生江中，形类念珠，因赞陀投念珠泄水后，江中即生此菜"等语，附会佛典，未免不伦。惟此菜既生长江中，形态又类念珠，颇与发菜相似。大致发菜形如乱发，摇曳溪沟石上，颜色黑褐，每发一根，即自一列之小圆球而成，因其形似念珠，故又名为念珠菜，属蓝藻类念珠藻科，食用藻中之一名品也。四川出产者多，亦有陕、甘所产，取道四川，展转输至汉口、上海者。其在香港海味行，则利用其名称似发财二字，以诱购客用作馈赠。此菜在滇产地无多，但在沿海各省亦视为货品之一宗。食用时注之沸汤，则溶为胶冻质，其中含有多量之蛋白质，以故食用藻内，亦认为名贵之食品云。

——《新纂云南通志》卷六十二《物产考五·植物二·蔬菜类》第 22 页

水芹菜

水芹菜 味辛，微寒。治妇人白带，又能损目。

——《滇南草本》卷一下《园蔬类》第 16 页

水芹菜 味辛苦，性温。主治发汗，与麻黄同功。一小儿发热，月余不凉，得此方，良效。

——《滇南本草》卷下《草部》第 2 页

蒜

青蒜 味平，微寒。治肺中生痰带咳嗽。此能脱旧痰，生新痰，解百毒。敷疮神效。多食，动火损目。

———《滇南草本》卷一下《园蔬类》第 16 页

大蒜　性温，味辛，有小毒。祛寒痰，久吃生痰动火，兴阳道，泄精。少用健胃，消谷食，化肉食，解水毒。按：大蒜，胃中有痰积，食之令人肚腹疼，呕吐气胀。有胃气疼者，忌食，食之发胃气疼。咳嗽忌食。有背寒、面寒者，忌食。久食，令人昏神昏眼目，动肝气，多食伤脾。

———《滇南草本》卷三第 55 页

青蒜　性温，味辛。醒脾气，消谷食，动痰动气胀。按：青蒜多吃，令人胃中痰动，心胃嘈杂，伤肝昏眼目。咳嗽忌食。

———《滇南草本》卷三第 55 页

石蒜　俗谓之婆婆酸，谓闻其气则皱眉，类之。其叶可贴疮，根捣之杀蛆虫。敷围毒疮甚良，必露疮口，虑其毒转入疮也。

老鸦蒜　即石蒜也。以生于石间者良。《图经》为一枝箭，盖滇呼一枝箭则为马鞭稍。味苦，解喉舌热毒并大肠热。可以作蜜饯。今老鸦蒜茎类鹿葱花，叶如蒜叶，白花，红蕊，吐长须，与一枝箭全不相似。又谓类金灯花，亦不似，用者宜别之也。

———《鸡足山志》卷九《物产》第 353 页

己卯三月初十日……湖中渚田甚沃，种蒜大如拳而味异。

———《徐霞客游记·滇游日记八》第 1004 页

和尚蒜　旧《云南通志》：出府境。

———道光《云南通志稿》卷六十九《食货志六之三·物产三·丽江府》第 45 页

天蒜　云南圃中植之。根叶与佛手兰无异，唯花色纯白，紫须缭绕，横缀黄蕊。按：闽中金灯花，亦名天蒜，未知与此同异。

———《植物名实图考》卷二十八《群芳类》第 22 页

黄花独蒜一名老雅蒜　生云南山中。根如小蒜，叶似初生棕叶而窄，又似虎头兰叶而短，有皱。傍发箭，开五瓣黄花，紫红心似兰花、白及辈，而瓣圆短。

———《植物名实图考》卷二十八《群芳类》第 25 页

羊耳蒜　生滇南山中。独根大如蒜，赭色。初生一叶如玉簪叶，即从叶中发葶，开褐色花，中一瓣大如小指甲，夹以二尖瓣，又有三尖须翘起，盖黄花小独蒜之种族。

———《植物名实图考》卷二十八《群芳类》第 26 页

蒜　属百合科。嫩叶及根茎均供食，以昆明大蒜、邓川独蒜为佳。别有稀叶、密叶两种，均自外国输入，依种实繁殖。

———《新纂云南通志》卷六十二《物产考五·植物二·蔬菜类》第 10 页

甜菜

甜菜　味甘平。治中隔冷痰，胸中食积，不宜多食。

———《滇南草本》卷一下《园蔬类》第 15 页

甜菜　一名牛皮菜。性平，味甘。入阳明经，动痰，走经络。按：甜菜吃之，有损无益。动肝气，发胃气疼，发背寒、面寒，发痰火。如筋骨疼，腹中有积，不宜食。无积不宜多食。

——《滇南草本》卷三第 55 页

甜菜　《临安府志》：树生幽岩中，惟春初可食，出石屏、嶍峨。

——道光《云南通志稿》卷六十九《食货志六之三·物产三·临安府》第 20 页

莙荙　《蒙化府志》：俗名万年菜，烧炭可浣白衣。

——道光《云南通志稿》卷七十《食货志六之四·物产四·蒙化直隶厅》第 41 页

甜菜　《新平县志》：可作羹，味甘美。

——道光《云南通志稿》卷七十《食货志六之四·物产四·元江直隶州》第 55 页

恭菜　属藜科，旧名莙荙菜。赤根绿叶，鲜嫩异常，蔬菜上品也。今食用化学之研究，谓此菜叶中富有数种维他命，功能清血，故餐食中颇乐用之。《蒙化志》谓叶可烧灰，浣白衣。滇到处栽培之。

——《新纂云南通志》卷六十二《物产考五·植物二·蔬菜类》第 10 页

甜菜　《台阳随笔》：树生岩谷间，本不甚大。春夏之交，花似珠兰，而叶若石榴，极软细，采以作羹，味极鲜甜。《临安府志》称石屏有此菜，惟春初可食，而元江至首夏时，味犹甘美，是殆气候有不同耳。

——民国《元江志稿》卷七《食货志·蔬属特别产》第 2 页

调羹白

调羹白　属十字花科，一名箭秆白，或云体菜。性质在白菜与苦菜之间，为晚生种，亦滇中常蔬。

——《新纂云南通志》卷六十二《物产考五·植物二·蔬菜类》第 11 页

茼蒿

桐蒿菜　味辛苦，性微寒。行肝气，止疝气，利小便。

——《滇南本草》卷下《草部》第 26 页

同蒿菜　性微寒，味辛微苦。行肝气，止疝气疼，治偏坠气疼，利小便。

——《滇南草本》卷三第 57 页

同蒿　其茎叶类蒿，故谓同蒿。又谓蓬蒿或亦类之，实非张仲蔚满径之不除者。宜生食，煮之则味浅苦。

——《鸡足山志》卷九《物产》第 363 页

薇

薇　《诗》"采薇采薇，薇亦柔止"，《礼》"芼豕以薇"，则薇柔肥。生之深山中，谓为野豌豆、巢菜并迷蕨者，大非。东坡云元修菜，时珍谓薇生麦田中，亦非。《诗》又云"山有蕨薇"，则非生水中明矣。其瘦紫者为蕨，肥绿者为薇，犹松之有柏，梅之有兰乎？今鸡山深箐中有似蕨者，稍肥大，味似豌豆，叶缘茎生，即东坡所谓元修者，宜其为薇矣。藏器曰四皓食芝而寿，夷齐食蕨而夭。夷齐修大节，寿天下万世耳，岂因食而夭乎？况夷齐所食则薇耳。《三秦记》"夷齐食薇三年，颜色不异"，则薇正能悦颜色，岂足夭人？登鸡足者，采薇而思夷齐，则顽廉懦立，其有兴乎？

——《鸡足山志》卷九《物产》第 362 页

莴笋

窝笋　味苦寒。冷积虫积，痰火凝结，气滞不通。常食目痛，素右目疾者，切忌。

——《滇南草本》卷一下《园蔬类》第 15 页

莴苣　属十字花科，俗名莴荀。嫩茎供蔬食。今昆明市各种苦苣，系自法国输入之新种，叶脆美。

——《新纂云南通志》卷六十二《物产考五·植物二·蔬菜类》第 11 页

西红柿

番茄　有垂实三颗而同一蒂者，产于布政司之后圃，与嘉莲同时，识者以为丰年之兆，已而果然。

——景泰《云南图经志书》卷一《云南府·土产》第 3 页

西红柿　属茄科，一名番茄，又名状元红。果实多浆，酸而不辣。外形扁圆，色泽鲜红如柿，故名。今食物化学上谓其果实富有维他命，颇宜摄生。

——《新纂云南通志》卷六十二《物产考五·植物二·蔬菜类》第 16 页

苋菜

苋菜　味辛平，有小毒。分二种，上有银粉叶微厚者，马齿苋也。治大小便不通，化虫，去寒热。能通血脉，逐瘀血，但不可多食，恐耗散胃气。忌鳖同食。

马齿苋　能催生下胎。叶捣汁服，能解铅毒。

——《滇南草本》卷一下《园蔬类》第 12 页

野苋菜　家园内赤、白二种。味酸咸，性微温。白者祛肺中痰积，赤者破伤胃积血。赤白同吃，打腹中毛发之积，杀寸白虫，下气消胀。胃中有痰、有虫，吃之令人泄成白痢；有血、有毛，吃之令人泄成红痢；有积滞者勿吃为妙，无积者食，平可洗皮肤之风。

——《滇南本草》卷下《草部》第 22 页

马齿苋菜　性微温，味酸咸。入胃益气，清暑热，宽中下气。润肠，消积滞，杀虫。疗疮红肿疼痛。

——《滇南草本》卷三第 51 页

苋菜　属苋科。旧《志》有红、白两种，可供蔬食及盐渍物。叶面有银白色，故又与藜属之灰桃菜相近，滇到处产。

——《新纂云南通志》卷六十二《物产考五·植物二·蔬菜类》第 10 页

宿根茄

宿根茄　《范志》谓茄冬不凋，明年结实，而滇不独茄为然也。扁豆亦能宿根，春即发花，二三月间，已有新扁豆，而草麻且长成大树，可以登援。

——《滇海虞衡志》卷十一《志草木》第 13 页

羊奶菜

羊奶菜　《采访》：蔓延山箐中，茎如细葛，叶似梅而长。拆之有浆，实似栀子，内有瓤。采而腌之，味酸而佳。

——民国《元江志稿》卷七《食货志·蔬属特别产》第 2 页

油菜　麦兰菜

油菜、麦兰菜　属十字花科，旧名芸苔，或云苔心菜。春末开黄色花，遍于田野。种子富有油质，可以榨取，名菜子油。滇常产。寻甸菜子，年产不下五六万担，运销省垣，为制香油原料云。麦兰菜，亦十字花科，滇田野常产，醃食最佳。

——《新纂云南通志》卷六十二《物产考五·植物二·蔬菜类》第 12 页

月亮菜

月亮菜　初生如蕨，圆卷似月，故名。[①]

——康熙《琅盐井志》卷一第 1047 页

芝麻菜

芝麻菜　味〔性〕微寒。治中风、中寒，并暑热之症。

——《滇南草本》卷一下《园蔬类》第 16 页

芝麻菜　生云南。如初生菘菜，抽茎开四瓣黄花，有黑缕，高尺许。生食味如白苣，而微埴气。《滇本草》：性微寒。治中风、暑热之症。

——《植物名实图考》卷六《蔬类》第 32 页

---

① 此条，道光《云南通志稿》卷六十九《食货志六之三·物产三·楚雄府》第 25 页同。

竹笋

竹笋 筇竹即罗汉竹也，始见于《蜀都赋》。节粗茎细，质极坚实，其笋多而且佳。产在县境之西，以永安镇属大宝顶至龙潭乡属黄坪溪、传师坝后一带山岭，绵亘约六十里之地俱产之，尤以黄坪溪产量为最富。每年春笋生时，近山居民负蓑戴笠，深入林箐，掘笋剥箨，篓负归家，贮之釜中，加水煮沸，令少熟取起，炕干复薰以牛黄，方久藏不腐。以至集少成夥，有自运或收贩至宜宾出售者，销路颇广。此项竹笋虽为本县出产之一大宗，惜无统计、保护加推广焉。

——民国《盐津县志》卷四《物产》第 1695 页

八、瓜之属

（宾川）瓜陵，在青龙岗之南，其地产瓜，味美于他处。

——嘉靖《大理府志》卷二《地理志·山川》第 66 页

瓜之属 七：冬瓜、西瓜、王瓜、菜瓜、丝瓜、甜瓜、苦瓜。

——嘉靖《大理府志》卷二《地理志·物产》第 71 页

瓜之属 八：冬瓜、西瓜、金瓜、银瓜、青瓜、丝瓜、王瓜、黑瓜。

万历《赵州志》卷一《地理志·物产》第 25 页

瓜之属 六：冬瓜、西瓜、王瓜、丝瓜、菜瓜、甜瓜。

——万历《云南通志》卷二《地理志一之二·云南府·物产》第 13 页

瓜之属 七：冬瓜、西瓜、王瓜、菜瓜、丝瓜、甜瓜、苦瓜。

——万历《云南通志》卷二《地理志一之二·大理府·物产》第 33 页

瓜之属 六：王瓜、菜瓜、西瓜、冬瓜、丝瓜、苦瓜。

——万历《云南通志》卷二《地理志一之二·临安府·物产》第 54 页

瓜之属 九：王瓜、菜瓜、香瓜、冬瓜、丝瓜、葫芦、甜瓜、苦瓜、西瓜。

——万历《云南通志》卷二《地理志一之二·永昌军民府·物产》第 67 页

瓜之属 三：王瓜、冬瓜、越瓜。

——万历《云南通志》卷三《地理志一之三·楚雄府·物产》第 8 页

瓜之属 三：王瓜、冬瓜、金瓜。

——万历《云南通志》卷三《地理志一之三·曲靖军民府·物产》第 15 页

瓜之属 五：冬瓜、西瓜、王瓜、番瓜、丝瓜。

——万历《云南通志》卷三《地理志一之三·澂江府·物产》第 22 页

瓜之属 六：西瓜、冬瓜、王瓜、甜瓜、菜瓜、苦瓜。

——万历《云南通志》卷三《地理志一之三·蒙化府·物产》第 28 页

瓜之属 六：冬、西、王、金、银、丝。

——万历《云南通志》卷三《地理志一之三·鹤庆军民府·物产》第 36 页

瓜之属 五：冬瓜、西瓜、王瓜、金瓜、丝瓜。

——万历《云南通志》卷三《地理志一之三·姚安军民府·物产》第 46 页

瓜之属 二：王瓜、丝瓜。

——万历《云南通志》卷四《地理志一之四·寻甸府·物产》第 4 页

瓜之属 　五：冬瓜、金瓜、王瓜、匏芦、枕头瓜。

> ——万历《云南通志》卷四《地理志一之四·武定军民府·物产》第 9 页

瓜之属 　三：冬瓜、王瓜、丝瓜。

> ——万历《云南通志》卷四《地理志一之四·景东府·物产》第 12 页

瓜之属 　四：冬瓜、黄瓜、丝瓜、甜瓜。

> ——万历《云南通志》卷四《地理志一之四·顺宁州·物产》第 24 页

瓜之属 　四：冬瓜、丝瓜、王瓜、匏瓜。

> ——万历《云南通志》卷四《地理志一之四·北胜州·物产》第 33 页

瓜之属 　二：王瓜、冬瓜。

> ——万历《云南通志》卷四《地理志一之四·新化州·物产》第 35 页

瓜 　冬瓜即所谓水芝、地芝者是也。经霜，皮上生白粉，故又谓之白瓜。番瓜，多种之沙沃地，种自番中来，滇食此先于中土。肉理金黄，甜胜东瓜。越瓜，即菜瓜也，又名稍瓜。黄瓜，即王瓜也，滇久种此，匪关张骞之所携入者。丝瓜，即天罗布瓜、蛮瓜也。诸种瓜鸡山颇颇按时种之，但以地近宾川州，而宾川为瓜果之薮，檀供足饷宾荐佛，故存其意而已。惟西瓜则地冷难种。

> ——《鸡足山志》卷九《物产》第 363 页

瓜属 　王瓜、菜瓜、香瓜、冬瓜、丝瓜、甜瓜、苦瓜、西瓜、南瓜、俗呼麦瓜。瓠瓜。即葫芦。

> ——康熙《永昌府志》卷十《物产》第 2 页

瓜之属 　南瓜、西瓜、冬瓜、王瓜、丝瓜。

> ——雍正《呈贡县志》卷一《物产》第 31 页

瓜之属 　冬瓜、王瓜、金瓜、十方瓜、南瓜、土瓜、甜瓜、木瓜。

> ——雍正《马龙州志》卷三《地理·物产》第 19 页

瓜 　王瓜、菜瓜、西瓜、冬瓜、丝瓜、苦瓜、南瓜、金瓜、香瓜、八稜瓜。

> ——雍正《建水州志》卷二《物产》第 7 页

瓜属 　冬瓜、西瓜、南瓜、菜瓜、丝瓜、黄瓜、青瓜、葫芦、茄。

> ——雍正《宾川州志》卷十一《物产》第 2 页

瓜之属 　九：冬瓜、南瓜、黄瓜、青瓜、蓝瓜、菜瓜、金瓜、瓠瓜、丝瓜。

> ——雍正《云龙州志》卷七《物产》第 3 页

瓜类 　南瓜、冬瓜、苦瓜、金瓜、香瓜、丝瓜、菜瓜、西瓜、以扯汛产者为佳。象腿瓜、八月瓜。

> ——乾隆《东川府志》卷十八《物产》第 2 页

瓜之属 　西瓜、冬瓜、王瓜、菜瓜、丝瓜、南瓜、苦瓜、十方瓜、金瓜、土瓜、葫芦。

> ——乾隆《新兴州志》卷五《赋役·物产》第 31 页

瓜属 　冬瓜、西瓜、王瓜、丝瓜。

> ——乾隆《续修河西县志》卷一《食货附土产》第 47 页

瓜之属　东瓜、西瓜、菜瓜、丝瓜、南瓜、苦瓜、金瓜、土瓜。

——乾隆《弥勒州志》卷二十三《物产》第 51 页

瓜之属　东瓜、南瓜、西瓜、金瓜、王瓜、丝瓜、苦瓜、甜瓢、牛腿瓢、药壶瓢。

——乾隆《广西府志》卷二十《物产》第 2 页

瓜之属　西瓜、冬瓜、王瓜、菜瓜、苦瓜、丝瓜、木瓜、土瓜。

——乾隆《霑益州志》卷三《物产》第 21 页

瓜　王瓜、西瓜、冬瓜、京瓜、青瓜、南瓜、香瓜。

——乾隆《陆凉州志》卷二《风俗物产附》第 26 页

瓜属　西瓜、冬瓜、南瓜、王瓜、菜瓜、丝瓜、苦瓜、金瓜、土瓜、葫芦、十方瓜。

——乾隆《开化府志》卷四《田赋·物产》第 28 页

瓜类　王瓜、冬瓜、金瓜、丝瓜、红瓜、苦瓜。

——乾隆《白盐井志》卷三《物产》第 35 页

瓜类　王瓜、丝瓜、金瓜、苦瓜、西瓜、牛角瓜、南瓜、冬瓜、青瓜、白瓜。

——乾隆《永北府志》卷十《物产》第 2 页

瓜类　冬瓜、西瓜、多子。南瓜、王瓜、苦瓜、绿瓜、八棱瓜、即倭瓜。丝瓜、土瓜。

——嘉庆《永善县志略》上卷《物产》第 562 页

瓜之属　南瓜、西瓜、冬瓜、王瓜、苦瓜、丝瓜。

——光绪《呈贡县志》卷五《物产》第 2 页

瓜之属　西瓜、冬瓜、王瓜、菜瓜、苦瓜、丝瓜、木瓜、土瓜、南瓜。种出南番，一名金瓜，有青黄红各色。又有一种大者，名甜瓜，一名大金瓜。

——光绪《霑益州志》卷四《物产》第 65 页

瓜部　东瓜、西瓜、紫瓜、苦瓜、金瓜、白瓜、银瓜、菜瓜、青瓜、丝瓜、王瓜。

——光绪《云南县志》卷四《食货志·物产》第 14 页

瓜之属　冬瓜、南瓜、西瓜、苦瓜、土瓜、王瓜、金瓜、瓠瓜、丝瓜、匏瓜。

——光绪《鹤庆州志》卷十四《食货志·物产》第 3 页

瓜之属　王瓜、冬瓜、南瓜、西瓜、青瓜、苦瓜、白瓜、土瓜、金瓜、丝瓜、匏瓜、牛角瓜、牛腿葫芦。

——光绪《续修永北直隶厅志》卷二《食货志·物产》第 25 页

瓜类　王瓜、东瓜、南瓜、西瓜、北瓜、金瓜、象腿瓜、丝瓜、黄瓜、苦瓜、香瓜。

——宣统《恩安县志》卷三《物产》第 179 页

瓜属　南瓜、果类植物。有卷须，引蔓甚繁，一蔓辄延长数丈，节节有根，近地即入土。茎中空，叶为心脏形，五裂，甚浅。夏日开黄花，单性，雌雄同株。实扁圆，或长，有纵沟数条，煮熟可食。四季俱有，可作糖蜜饯。子亦为食品，其种本出南番，故名。冬瓜、蔬类植物。春暮生苗引蔓，叶如掌状分裂，茎叶皆有毛刺。夏月开黄花，结实大者径尺余，瓜皮坚厚，嫩时色绿有毛，老则苍色，上浮白霜，子可入药。

《本草》：味辛甘，微寒，治痰吼气喘，远方瘴气，小儿惊风。黄瓜、《本草》：味甘平，治咽喉十八症，煎叶服之即愈。又名胡瓜。西瓜、果类植物。有卷须，叶三裂至七裂，稍类羽状复叶，雌雄同株。实大浑圆，皮色有深绿、淡绿，瓤有红、黄、白等色，味甜多汁。《本草》：治一切热症，痰壅气滞。根叶煎汤，治水泻痢疾。种子之仁，为酒席间食品。地瓜、又名土瓜。色正白，食之脆美。味甘平，止呕疗饥。茭瓜、蔬类植物。牛马喜食其叶，其心炒煮可食。《本草》：茭瓜，治腹内冷疼，小便出血。丝瓜、《滇南本草》：亦名天吊瓜，又名纯阳瓜，蔬类植物。茎细长，有卷须，叶掌状分裂，裂片尖锐。夏日开黄花，雌雄同株。实长尺余，嫩时供食。味甘平，皮为末，治金疮神效。果肉内有强韧之纤维如网，可用以去垢腻。瓠瓜、又称壶芦，蔬类植物，亦名匏瓜。有二种，一种首尾粗细略同，一种上细长，下端圆大。且有腰细两端一大一小者，有甜可食者，有苦不可食者。老熟，剖而为瓢，以舀茶酒，可作器用。又有通其结蒂处，去其瓢子，用盛药物、籽种尤宜。茎蔓生，开白花。《滇南本草》：采叶捣烂，晒干为末，盛瓶中，随带身边，或出行，逢渴时，用一分入水饮之，不中水毒，或蛇虫虾蟆经过之物，其毒亦解。金疮跌打损伤，擦之甚效。按：苦者，匏；甘者，瓠。苦瓜、一年生蔓草。茎细长，以卷须上升，叶掌状分裂。夏秋之间开黄花，单性，雌雄同株，为合瓣花冠。实长者四五寸，皮多痱癗，熟则色黄自裂，俗称锦荔枝。八棱瓜、十棱瓜。俱蔓生，开黄花，实小于拳，燖汤味甜。

——宣统《续修蒙自县志》卷二《物产志·植物》第 25 页

瓜　属葫芦科。草本植物，枝茎中空，叶为掌状，叶柄变卷须，借以缠绕他物。花五瓣合薯，黄、白不等。果实成熟为瓠果，甘美多浆，推为蔬食上品。亦有形色金黄，供观赏用者，如金瓜、癞瓜一类。瓜类繁殖极易，性适湿热，滇处温带，种类尤多。据各县调查所及，有南瓜、冬瓜、黄瓜、菜瓜、苦瓜、甜瓜、丝瓜等，为最普通。其次则青瓜、紫瓜、银瓜、白瓜、洗子瓜、牛腿瓜、十方瓜等，多以形色不同，比附种种名称。然一瓜而数名者多，如南瓜，或云麦瓜，或名缅瓜；黄瓜，或云胡瓜，或名王瓜；菜瓜，或名越瓜、甜瓜，或名香瓜；十方瓜，或名十棱瓜等，即其适例。今园圃常见者，如下数种。

南瓜　一年生草本。茎叶长大，有刚毛，叶有卷须。六月顷开橙黄色大形之花，雌雄同株。果实通常扁圆，有纵沟深入，果面有突起者多。除食用外，亦可供家畜之饲料。子瓤生食、炒食均宜，俗名南瓜子或麦瓜子。

冬瓜　叶为掌状裂，先端尖，有卷须，花黄色。果形有扁圆、椭圆、细长等种种，成熟期亦有早、中、晚三种。果皮淡绿色，常被白粉。果瓤多浆，别有风味，嗜食者多，亦可作蜜渍物。

黄瓜　一年生草本。叶大，心脏形，亦具五裂，多有毛茸。茎有攀缘性，借卷须缠络他物。有黄色之雌、雄花，结有刺之浆果。果皮黄色，果肉淡白，系早生种。种子七八年间尚有发芽力。除供蔬菜之用外，盐渍、醃藏均宜。

菜瓜　自外国输入，质嫩可食，亦早生种。

苦瓜　一年生草本。茎叶细小，蔓性。六七月顷开黄色小花，结长椭圆形之果。果皮上有纵沟，且具多数之瘤状突起，熟时变红赤色，向下裂开，内覆鲜红之果肉。皮部虽苦，肉质别有风味。

甜瓜　即香瓜，亦外国产，输入云南不过十数年。质嫩，宜炒食，亦早生种。滇中通名菜瓜。

丝瓜　叶掌状裂，呈浓绿色，茎有蔓性，一年生。六七月顷开黄色，多数之雄花，雌花比较后开。果形长圆，有达一二尺者。汤食清品，滇中栽培者亦多。

滇产瓜类，尚有西瓜，为气候土质所限，似远不及平津出品，惟元江所产为佳。又罗平套瓜，石屏、曲溪十棱瓜，形态诡奇，可供爱玩。

——《新纂云南通志》卷六十二《物产考五·植物二·蔬菜类》第 17 页

瓜之属 冬瓜、王瓜、金瓜、十方瓜、南瓜、土瓜、甜瓜、木瓜。

——民国《续修马龙县志》卷三《地理·物产》第 22 页

瓜属 十一类：西瓜、冬瓜、南瓜、王瓜、菜瓜、丝瓜、苦瓜、金瓜、土瓜、葫芦、十方瓜。

——民国《马关县志》卷十《物产志》第 4 页

白云瓜

白云瓜 味甘甜，无毒。生金沙江边有水处。梗甚硬，绿青淡黑叶，开紫花，根下结瓜，生食令人不饥，久服不能老。叶，治伤寒头疼，不问阴阳两感，或阴毒，或阳毒，或有汗，或无汗，或乱语失汗，肺金火盛，鼻血不止，或产后伤寒，服之神效。梗，烧灰治走马牙疳。瓜，熬膏，治中风不语，或痰涌气结，左瘫右痪，半身不遂。酒毒流于四肢，不能行动，每服一钱，开水下，神效。花为末，治脑漏。皮为末，调蜜搽鼻糟。

——《滇南草本》卷一第 40 页

冬瓜

大雪山，在永昌西北。……其山土肥沃，种瓜，瓠长丈余。冬瓜亦然，皆三尺围。又多薏苡，无农桑，收此充粮。

——《蛮书》卷二《山川江源》第 7 页

冬瓜 味平辛甘，寒。治痰吼气喘，姜汤下。又解远方瘴气，又治小儿惊风。皮治中风，皆效。

——《滇南草本》卷一下《园蔬类》第 17 页

冬瓜皮 性寒，味甘淡平。入脾、肺二经。止渴，消痰，利小便。

——《滇南草本》卷二第 43 页

冬瓜皮 味淡，性寒。入胃、脾、肺三经。止咳嗽，消痰，利小便。

——《滇南本草》卷中《草部》第 25 页

冬瓜 《本经》上品。一名白瓜。消敷痈疽，分散热毒最良，子可服食，皮治跌扑伤损，叶治消渴，傅疮。《滇南本草》：治痰吼气喘，又解远方瘴气，小儿惊风。皮治中风，煨汤服，效。

——《植物名实图考》卷三《蔬类》第 24 页

葫芦

瓠子 即葫芦，一名龙蛋瓜，一名天瓜。味甘寒。处处皆有，治小儿初生周身无皮，用瓠烧灰，调油搽之神效。又治左瘫右痪，烧灰，酒下。又治痰火腿脚疼痛，烤热包之即愈。又治诸疮、脓血流溃、杨梅结毒、横胆、鱼口，用荞面包患处，以火烧焦，去面为末，服之。作菜不可多食，多则腹痛心寒呕吐。叶，治风癫作狂。根，治疮、倒靥。子，煎汤治哑瘴。夷人治棒疮跌打，搽之神效。与生姜同服，治咽喉肿疼。

——《滇南草本》卷一下《园蔬类》第 14 页

瓠匏　味甘苦。形似西瓜，名匏。腰细头尖者为葫芦，夷人呼为瓠，用以盛水。性甘者作菜食，又分甜、苦二种。苦能下水，令人吐，除面目风邪，四肢浮肿；甜能利水，通淋，除心肺烦热。叶晒干，捣碎为末，盛于磁器内，随身边，或走路口渴，用末一钱，入水饮，不中水毒；或蛇虫蛤蟆扒过，此末亦可解。加雄黄，能解哑瘴山岚之毒；加松笔，解一切大毒、夷人毒药，但可一、二钱开水送下。

——《滇南草本》卷一下《园蔬类》第 13 页

葫芦　性寒，味甘淡。阴也。动寒疾，有寒疾食之，肚腹疼，发腹中风湿痰积；有风湿积，食之，肚腹疼痛，出风疹，不宜多食。

——《滇南草本》卷三第 56 页

瓠子　《唐本草》注：瓠味皆甘，时有苦者，面似越瓜，长者尺余，头尾相似，与甜瓠瓜体性相类，但味甘冷。通利水道，止渴、消热，无毒，多食令人吐。按：瓠子，方书多不载，而《唐本草》所谓似越瓜，头尾相似，则即今瓠子，非匏瓠也。《滇本草》：瓠子又名龙蛋瓜，又名天瓜。味甘寒，治小儿初生周身无皮，用瓠烧灰，调菜油搽之甚效。又治左瘫右痪，烧灰用酒服之。亦治痰火腿足疼痛，烤热包之即愈。又治诸疮、脓血流溃、杨梅结毒、横担、鱼口，用荞面包好，入火烧焦，去面为末，服之最效。作菜服之不宜多，恐腹痛心寒呕吐。叶，治风癫发狂。根，治痘疮、倒靥。子，煨汤服，治哑瘴。夷人治棒疮、跌打损伤，擦之甚效。用生姜同服，治咽喉肿疼甚效。按：所治症甚夥，而自来《本草》遗之，足以补缺。

——《植物名实图考》卷四《蔬类》第 13 页

金线吊壶芦　生滇南山中。蔓生细茎，叶似何首乌而瘦。根相连缀，大者如拳，小者如雀卵，皮黄肉白。以煮鸡肉，味甘而清，美于山药。滇中秋时，粥于市，不知者或以为芋。俗云性能滋补，故嗜之。

——《植物名实图考》卷二十三《蔓草类》第 15 页

（苍山）瓠匏可盛粟二十斛，片之可为舟航。

——《滇黔纪游·云南》第 20 页

黄瓜

黄瓜　味辛苦，性大寒。动寒痰，胃冷者吃之腹痛吐泻。攻疮痈热毒，解烦渴。

——《滇南本草》卷下《草部》第 27 页

苦瓜

苦瓜　味苦，寒平。治一切丹火毒气，疗恶疮结毒，或遍身已成芝麻疔疮疼难忍者，服之神效。

——《滇南草本》卷一下《园蔬类》第 12 页

苦瓜 性寒，味苦。入心、脾、肺三经。泻六经实火，清暑益气，止渴。按：苦瓜性寒，脾胃强盛食之无事，脾胃虚寒者食之，令人吐泻、腹疼。

——《滇南草本》卷三第 58 页

苦瓜 《救荒本草》谓之锦荔枝，一曰癞葡萄。南方有长数尺者，瓤红如血，味甜，食之多衄血。徐元扈云：闽粤嗜之。余所至江右、两湖、云南，皆为圃架时蔬，京师亦卖于肆，岂南烹北徙耶？肥甘之中，搵以苦薏，俗呼解署之羞，苦口药石，固当友谏果，而兄破睡矣。贫者藜藿不糁，五味失和，非有茹蘗之操，何以堪比？《滇本草》：治一切丹火毒气，金疮结毒。遍身芝麻疔、大疔疼不可忍者，取叶晒干为末，每服三钱，无灰酒下，神效。又治杨梅疮。取瓜花煅为末，治胃气疼，滚烫下；治目痛，灯草烫下。皆昔人所未及。

——《植物名实图考》卷五《蔬类》第 6 页

山苦瓜 生云南。蔓长拖地，茎叶俱涩，或二叶、三叶、四叶为一枝，长叶多须。

——《植物名实图考》卷二十三《蔓草类》第 35 页

南瓜

麦瓜 一名南瓜。性微寒，味甘平。入脾、胃二经。横行经络，利小便。胃有积者，食之令人气胀作呃，逆发肝气疼。胃气疼者，动气，不宜多食。

——《滇南草本》卷三第 58 页

（苍山）番瓜如斛大，重至数百斤者。

——《滇黔纪游·云南》第 20 页

麦瓜 即南瓜，江南呼为饭瓜，滇中所产甚大，与冬瓜相似。市上切片出售，农庄家无不广植者。每至冬间，家有数十百颗，堆积如山，以供一岁之需。

——《滇南闻见录》卷下《物部·蔬属》第 31 页

丝瓜

丝瓜 一名天吊瓜，一名纯阳瓜。味甘平。治五脏虚冷，补肾补精，或阴虚火动，又能滋阴降火。久服，能乌须黑发，延年益寿。叶，晒干为末，治绞肠痧。皮，晒干为末，治金疮疼。但阴素太虚者，多食又能滑精，故有名倒阳菜者。

——《滇南草本》卷一下《园蔬类》第 17 页

丝瓜花 味甘苦，性寒。清肺热，消痰，下气，止咳嗽，止咽喉疼。解烦渴，泻命门相火。按：丝瓜花不宜多吃，损命门相火，倒阳不举，冷精。

——《滇南本草》卷下第 27 页

甜瓜

甜瓜 一名香瓜。味甘平。治风湿麻木，四肢疼痛。花，敷疮散毒。皮，泡水止牙疼。根、叶，煎汤洗风癞。

——《滇南草本》卷一下《园蔬类》第 14 页

土瓜

土瓜 味甜，性平。补脾解胃热，利小便，止大肠下血。

——《滇南本草》卷中《草部》第 20 页

土瓜 味甘平。一本数枝，似葫芦，无花，根下结瓜。有赤、白二种，赤者治妇人赤白带下，通经解热；白者治阴阳不分，妇人子宫久冷，男子精寒。服之，年老亦能生子。又健脾胃而生津液。生食止呕疗饥。产临安者佳，蓄至二、三年，重至二、三斤一枚者更佳。

《滇南草本》卷一下《果品类》第 10 页

土瓜 性平，味甘甜平。补脾解胃热，宽中，利小便，止大肠下血。补注：红土瓜，入脾、胃二经，得土之气，故有补脾之说。入胃脘大肠下血，治之效。

《滇南草本》卷二第 34 页

土瓜 形如萝卜，味甘可食。[①]

——景泰《云南图经志书》卷四《景东府·土产》第 23 页

滇省近来争种土瓜。考土瓜即土蓲，《管子》以为某土宜蓲，则种蓲亦属古法，后世遗之，而今乃复兴，则暗合古人矣。

——《滇海虞衡志》卷十一《志草木》第 14 页

土瓜 形似芦菔之扁者，色正白，食之脆美。案即《尔雅》黄菟瓜，音讹为土瓜。土瓜乃王瓜，色赤，不中啖。

——《札樸》卷十《滇游续笔·土瓜》第 13 页

土瓜 亦豆科。根茎甘嫩，可生食，滇常产。

——《新纂云南通志》卷六十二《物产考五·植物二·蔬菜类》第 14 页

王瓜

王瓜 味甘平。治咽喉十八症，叶煎服即愈。多食者呕吐。根捣烂，敷大恶疮，效。

——《滇南草本》卷一下《园蔬类》第 14 页

西瓜

西瓜 味甘寒。治一切热症，痰涌气滞。根、叶煎汤服，治水泻痢疾。

《滇南草本》卷一下《园蔬类》第 14 页

西瓜 圆长若枕样，俗呼为枕头瓜。其味甜美，非他郡所产可比也。

——景泰《云南图经志书》卷二《武定军民府·土产》第 29 页

---

① 此条，正德《云南志》卷七《景东府·土产》第 2 页同。

枕头瓜 即西瓜，出本府。圆长若枕，故名。其味甘美，非他郡所产者可比。

——正德《云南志》卷十《武定军民府·土产》第 14 页

西瓜 产金沙江，色如朱砂，花香异常。

——《云南风土记》第 50 页

西瓜 宾川、鲁甸所产皆著名。宾川者圆小，而鲁甸者长大，味皆美。丽江日见厂产者更佳，而余以长川在省办公，瓜期不代，未及尝也。

——《滇南闻见录》卷下《物部·果属》第 35 页

西瓜 檀萃《华竹新编》：春初即熟，上元灯节，竞馈西瓜，且镂其皮为灯，货其子于四方。

——道光《云南通志稿》卷七十《食货志六之四·物产四·武定直隶州》第 50 页

西瓜 《日用本草》始著录。谓契丹破回纥，始得此种，疑即今之哈蜜瓜之类，入中国而形味变，成此瓜。……滇南武定州瓜，以正月熟，上元馈瓜，镂皮为灯。物既非时，味亦迥别，亦可觇物候之不齐矣。

——《植物名实图考》卷三十一《果类》第 28 页

西瓜 产于沙地，叶如青蒿，有绒毛。花与实同时生，花开处即伸藤结实，实熟而花尚未落。性寒味甘，赤绿瓤者为上，白者次之。能解暑醒酒，多食则伤脾。子可供客，属显花部单性花类之草本科。

——光绪《元谋县乡土志》（修订）卷下《格致·第二十八课》第 400 页

江边一带，农民多种西瓜、花生等物。西瓜于旧历正二月点种，五月瓜熟，生食可解褥熟，亦可饲畜。其子晒干，运销元谋及省城，颇获厚利。

——民国《武定县地志》第十四《农业》第 450 页

九、薯蓣之属

薯芋之属　五：山药、山薯、紫芋、白芋、红芋。

　　　　　　　　　　　——嘉靖《大理府志》卷二《地理志·物产》第 71 页

薯芋之属　五：山药、山薯、紫芋、红芋、白芋。

　　　　　　　　　　　万历《赵州志》卷一《地理志·物产》第 25 页

薯蓣之属　三：薯、山药、蓣葛。

　　　　　　　　——万历《云南通志》卷二《地理志一之二·云南府·物产》第 14 页

薯蓣之属　五：薯、山药、紫、白、红蓣。

　　　　　　　　——万历《云南通志》卷二《地理志一之二·大理府·物产》第 33 页

薯蓣之属　三：山药、红薯、紫蓣。

　　　　　　　　——万历《云南通志》卷二《地理志一之二·临安府·物产》第 54 页

薯蓣之属　三：薯、蓣、山药。

　　　　　　——万历《云南通志》卷二《地理志一之二·永昌军民府·物产》第 67 页

薯蓣之属　三：山药、山薯、蓣子。

　　　　　　　——万历《云南通志》卷三《地理志一之三·楚雄府·物产》第 8 页

薯蓣之属　三：山药、紫蓣、白蓣。

　　　　　　　——万历《云南通志》卷三《地理志一之三·曲靖军民府·物产》第 15 页

薯蓣之属　四：山药、山薯、红蓣、白蓣。

　　　　　　　——万历《云南通志》卷三《地理志一之三·澂江府·物产》第 22 页

薯蓣之属　五：山药、山薯、红、白、紫蓣。

　　　　　　　——万历《云南通志》卷三《地理志一之三·蒙化府·物产》第 28 页

薯蓣之属　三：薯、蓣、山药。

　　　　　　——万历《云南通志》卷三《地理志一之三·鹤庆军民府·物产》第 36 页

薯蓣之属　三：山药、红薯、白蓣。

　　　　　　——万历《云南通志》卷三《地理志一之三·姚安军民府·物产》第 46 页

薯蓣之属　三：山药、红薯、紫蓣。

　　　　　　　——万历《云南通志》卷四《地理志一之四·景东府·物产》第 12 页

薯蓣之属　六：山药、山薯、甜薯、红薯、紫蓣、白蓣。

　　　　　　　——万历《云南通志》卷四《地理志一之四·顺宁州·物产》第 24 页

薯蓣之属 四：薯、山药、红蓣、紫蓣。

——万历《云南通志》卷四《地理志一之四·北胜州·物产》第 33 页

薯蓣之属 四：薯、山药、紫、白蓣。

——万历《云南通志》卷四《地理志一之四·新化州·物产》第 35 页

芋 大者长一尺二三寸。

——万历《云南通志》卷四《地理志一之四·陇川宣抚司·物产》

菜芋之属 山药、有数种。紫芋、麻芋、白芋、蔤芋。

——乾隆《弥勒州志》卷二十三《物产》第 51 页

薯芋之属 云板薯、象腿薯、红薯、黄薯、白芋、蔤芋、紫芋。

——乾隆《广西府志》卷二十《物产》第 2 页

芋 山芋、紫芋、白芋、麻芋。

——乾隆《陆凉州志》卷二《风俗物产附》第 26 页

大药、鲜子、诃子 俱出土司地方。《明统志》云：镇康州大药有大如斗者，味极甘善。鲜子，大如枣，味酸。大药，盖谓大山药也。

——《滇海虞衡志》卷十《志果》第 7 页

薯蓣部 黄薯、黑薯、茨芭薯、膀薯、山薯、山药、红蓣、紫蓣、绿蓣、白蓣。

——光绪《云南县志》卷四《食货志·物产》第 14 页

甘薯

薯蓣 《蒙自县志》：亦名山药，红、白二种。倘甸人王琼至坝洒携种归，教乡人栽种，不论地之肥硗，无往不宜。合邑遍植，价甚廉，岁歉即以当餐，利甚溥。乡人德琼，岁祀之。

——道光《云南通志稿》卷六十九《食货志六之三·物产三·临安府》第 20 页

甘薯 嵇含《南方草木状》：甘薯二月种，至十月乃成卵，大如鹅卵。小者如鸭卵。掘食，蒸食，其味甘甜。经久，得风，乃淡泊。出交趾、九真、武平、兴古也。

——道光《云南通志稿》卷六十九《食货志六之三·物产三·曲靖府》第 38 页

甘薯 属茜草科。其名始见于嵇含《南方草木状》谓"二月种，十月成。卵大者如鹅卵，小者如鸭卵。掘起蒸食，其味甘甜。经久，得风，乃淡。出交趾、兴古"云云。按：兴古，今曲靖。卵即甘薯之根部，中富淀粉，能变糖质，故甘美可食，且以代饭。除曲靖外，今巧家、大理、玉溪、宁洱、华宁等县所产之红薯尤佳。

——《新纂云南通志》卷六十二《物产考五·植物二·蔬菜类》第 17 页

薯、土瓜、菜山药 薯有红、白二种，种芽土中，抽藤丈许，花稀少，结实于根，去皮煎煮食之。土瓜，种子，发芽抽藤，叶多，花淡紫色，结子，根结土瓜。山药，抽藤丈许，发叶无花，能结子，根长山药。土瓜圆形，山药条形或云板形，去皮可煮食。

——民国《楚雄县乡土志》卷下《格致·第十五课》第 1355 页

山药

山药 味甘温，无毒。治伤中补虚羸，除寒热邪气，补中益气，长肌肉，强阴。久服之，耳目聪明，轻身长肌，延年益寿。

——《滇南草本》卷一第 39 页

薯蓣 《本经》上品，即今山药。生怀庆山中者，白细坚实，入药用之。种生者根粗。江西、湖南有一种扁阔者，俗呼脚板薯，味淡，其子谓之零余子，野生者结荚作三棱，形如风车。云南有一种，根长尺余，色白而扁，叶圆。《滇本草》谓之牛尾参，盖肖其形。按：《物类相感志》谓薯手植如手，锄锹等物植随本物形状。似未可信，然种类实繁。《南宁府志》有人薯、牛脚、篱峒、鹅卵各薯；《琼山县志》有鹿肝薯、铃蔓薯；《石城县志》有公薯、木头薯；《高要县志》有鸡步薯、胭脂薯；《番禺县志》有扫帚薯；《漳浦县志》有熊掌薯、姜薯、竹根薯，大要皆因形色赋名也。文与可有《谢寄希夷陈先生服唐福山药方》诗，唐福在蜀江之东，其诗曰"壮士臂曰仙人掌"，则亦牛尾、脚板之类，盖野生者耳。《文昌杂录》载干山药法，风挂、笼烘皆佳。《山家清供》谓以玉延磨筛为汤饼、索饼，取色香味为三绝。《宋史》：王文正公旦病甚，帝手和药并薯蓣粥赐之，今仕宦家不复入食单矣。唯《云仙杂记》载李辅国大畏薯药，或示之，必眼中火出，毛发沥血，其禽兽之肠与人异耶？

——《植物名实图考》卷三《蔬类》第 25 页

大药 《一统志》：镇康州出。章潢《图书编》：陇川宣抚司出。镇康州大药有大如斗者，味极甘美。

——道光《云南通志稿》卷七十《食货志六之四·物产四·永昌府》第 27 页

药物郡属皆同，而通邑野出之山药，几与怀庆等。但近山不产，劚此物者皆裹粮往百里外寻之。

——道光《续修通海县志》卷三《物产》第 35 页

山药 属薯蓣科，宿根草本之一种。块根大者在十斤以上，亦富淀粉，可供菜食，滇园野间栽培之。石屏产者有象腿、云版二种，大理、剑川产者尤佳。其野生者名野山药，含蓚酸，多毒，只可入药。

——《新纂云南通志》卷六十二《物产考五·植物二·蔬菜类》第 9 页

山药 山地带砂土处皆宜，有红、白二种。冬季植老藤于避霜雪处，俾蔓延作秧，三四月间，劚地作小长墒，每株剪二节插土中即活，一节作根，一节结山药，八九月间长成，大者每只重斤余，小者亦重数两，每年产额约二三万担，销售省城及附近各县。

——《宜良县地志稿》十二《天产·植物》第 24 页

洋芋

阳芋 黔、滇有之。绿茎青叶，叶大小、疏密、长圆形状不一。根多白须，下结圆实，压其茎则根实，繁如番薯，茎长则柔弱如蔓，盖即黄独也。疗饥救荒，贫民之储。秋时根肥连缀，味似芋而甘，似薯而淡，羹臞煨灼，无不宜之。叶味如豌豆苗，按酒侑食，清滑隽永。开花紫筒五角，间以青纹，中擎红的，绿蕊一缕，亦复楚楚。山西种之为田，俗呼山药蛋，尤硕大，花色白。闻终南山氓种植尤繁，富者岁收数百石云。

——《植物名实图考》卷六《蔬类》第 33 页

洋芋 属茄科，亦名马铃薯。初产南美智利，展转移至欧亚，由西班牙人传入菲律滨，再由菲律滨输入中国内地。云南栽培，不知始自何时，旧时以为有毒，名不甚彰，旧《志》均无纪载。虽性适暖地，但寒冷之区亦能繁殖，以故滇东北一带，如东川、巧家、昭通、宣威等处。如鼠子洋芋、白花洋芋等，尤称名品，附近住民，恃为常食。此芋供食部分，即其地下块茎，中含淀粉质，为制粉及造酒精滇中尚未有此工业。之用，诚经济植物之一也。有早生、晚生两种，玉溪产者属早生，可期速成。蛮汉芋属晚生，为边地之主食品。至昆明所产，则有红洋芋、白洋芋两种，均富淀粉云。

——《新纂云南通志》卷六十二《物产考五·植物二·蔬菜类》第 16 页

芋之属 昔产高山，近则坝子、园圃内亦种之。磨粉及为菜品之用，凉山之上则恃以为常食。乌洋芋、皮色乌而红，剖之有红圈。昔年以此为上品。白洋芋、开白花，芋皮白，大如拳者佳。细而有麻龟者，味微麻。红洋芋、色鲜红，圆而大。脚根芋、形如脚板，又呼洋洋芋。圆而长，味极甘美。近时城乡种此者多。茉芋、叶如伞，高二三尺，茎有黑花纹，结芋大约重四五斤，切片销售四川。芋头、形如茨菰，味甘，微麻。薯蓣。亦名山药。有红、白二色，味甘，供菜品用。昭地产者较少。

——民国《昭通志稿》卷九《物产志》第 8 页

芋

《华阳国志》曰：何随，字季业，蜀郫人。母亡归送，吏饥，辄取道侧民芋，随以帛系其处，使足所取直。民相语曰："闻何安汉清，民取粮，令为之偿。"

《广志》曰：……又有百子芋，出叶榆县。有魁芋，无旁子，生永昌。

——《太平御览》卷九百七十五《果部十二·芋》第 3 页

芋头 味甘麻。治中气不足。久服，补肝肾，添精益髓，又能横气。

——《滇南草本》卷一下《园蔬类》第 16 页

其土产大芋，长一尺二三寸。

——景泰《云南图经志书》卷六《陇川宣抚司》第 19 页

红芋花 芋有青、红、白三种，惟红者有花，高一二尺，甚甘美可食。

——正德《云南志》卷三《大理府·土产》第 7 页

芋之巨，惟滇南甲天下。岷山蹲鸱，状鸱之蹲，其高可想。陇川之芋大，有高一尺二三寸，茎嫩花香，可瀹食。炰其魁，终年厌餐，史公所以谓"至死不饥"，左《赋》所以谓"徇蹲鸱之沃"者也。芋多，多抛弃，干而收之以筑墙。荒乱时，尽室俱逃，此家不去，闭门食墙，卒以俱全。此见于古志所记，旨蓄之家，不可不知也，故附著之。

——《滇海虞衡志》卷十一《志草木》第 14 页

芋 滇芋熟早而味美，苵可作羹，居人赖以充粮。案《广志》：百子芋，出叶榆县。魁芋，无旁子，生永昌。是滇芋，自昔称佳品也。

——《札楃》卷十《滇游续笔·芋》第 13 页

芋　《别录》中品。芋种甚夥，大小殊形。湖南有开花者，一瓣一蕊，长三四寸，色黄。野芋毒人，山间亦多。岭南、滇、蜀，芋名尤众。……《蒙自县志》有棕芋、白芋、麻芋。……《滇海虞衡志》以为滇芋巨甲天下，殆未确。《札楃》谓滇芋熟早味美，茎可作羹。……零娄农曰：滇之芋有根红而花者，其状与海芋、南星同类也。断其花之茎，剥而煤之，烹以五味，比芥蓝焉。根螫不可食。夫蹲鸱济世，厥功实伟，章贡之间，潇湘之曲，其为芋田多矣。不睹其葶间朋之，诧为异，怯者或惧其为鸩。滇人饱其魁而羹之、而煨之、而屑之，又独得有花者而餐之，俪于萱与藿。草木之在滇者，抑何阜耶？万物生于东，成于西，滇居西南，岁多间阖风物。在秋而道，精华聚而升，故木者易华，草者易荣。昼煦以和，夜掔以肃，发之收之，勿俾其泄。早花而迟实，物劳而不惫。然滇之地有伏而薆，有腊而苞，景朝多阴，景夕多风，直其偏也。惟大理以东北，致役乎坤。

——《植物名实图考》卷四《蔬类》第 3 页

百子芋　贾思勰《齐民要术》：百子芋出叶榆县。黄省曾《种芋法》：叶榆县有百子芋。

——道光《云南通志稿》卷六十九《食货志六之三·物产三·大理府》第 13 页

滴水芋　《顺宁府志》：叶上水滴下地，即生。

——道光《云南通志稿》卷六十九《食货志六之三·物产三·顺宁府》第 31 页

芋　章潢《图书编》：陇川出，大者一尺三寸。

——道光《云南通志稿》卷七十《食货志六之四·物产四·永昌府》第 22 页

蒟蒻　檀萃《农部琐录》：俗名鬼庙，一名鬼头。叶如天南星，根圆扁如瓜，肉白如芋，有汁浆。土人掘而弃之，不之贵也。穷子间取以食，味涩口。按：刘渊林"蒟"与"蒻"为二物，蒟缘木而生，子如桑椹，熟时正青，长二三寸，密藏，辛香，温调五藏。蒻，草也，根名蒻，头大者如斗，其肌正白，以灰汁煮则凝成，以苦酒醃食之，蜀人珍焉。据此，则鬼头为蒻，非蒟也。

——道光《云南通志稿》卷七十《食货志六之四·物产四·武定直隶州》第 50 页

芋　属天南星科。叶大，心脏形，有长柄。根部富淀粉，可供常食，滇园野多栽培之，有白芋、红芋、褐芋诸种。大理、永昌、宾川、鲁甸、绥江、宣威、陆良产者尤佳。《史记·货殖传》称为蹲鸱，食之不饥。《翟方进传》云"饭我豆食羹芋魁"，即此芋也。《滇海虞衡志》及《札楃》均云"滇芋，早熟味美，巨甲天下"，《齐民要术》云"根旁子芋最多者曰百子芋，出叶榆县"。按：叶榆，即今大理。郭义恭《广志》云"有魁芋，无旁子者，生永昌"，可见滇产魁芋，得名之早。

——《新纂云南通志》卷六十二《物产考五·植物二·蔬菜类》第 8 页

蒟蒻　属天南星科，一名鬼庙，又名鬼头，滇西一带呼为蘑芋。叶类天南星，柄有斑纹，根茎扁圆如瓜，肉白如芋，内含浆汁，以灰水煮之，则凝固成胶冻，质如豆腐状，谓之蘑芋豆腐。滇中喜醃食之，但含蓚酸毒质，多食或反有害。今盐津、镇南、广通有洗制蒻粉销售省外，作素席中蜇皮、海参代用品者。按：蒟蒻与蒟酱，两见《滇志》，虽同为滇名产，但名称易混。蒟酱即蒌子，一云蒌子，缘木而生，子如桑椹，捣之为酱，可合槟榔。至于蒟蒻，则草本直立，根名蒻，头大者如斗，其肌正白，与蒟酱截然两物，刘渊林辩之详矣。

——《新纂云南通志》卷六十二《物产考五·植物二·蔬菜类》第 9 页

紫芋 出南屯、西山地、张堡村、黄家庄一带。春间劚地深二三尺，植芋其中，俟长以肥料壅之，九十月长，母甚大，附子五六枚，形层级如棕之包。树上下锐而中肥大，叶如茨菇而阔圆，柄皆紫色，开黄花，中杂赤点，大者每枚重二十余斤。

——《宜良县地志稿》十二《天产·植物》第 23 页

鬼庙 一名鬼头。叶如天南星，根圆扁如瓜，肉白如芋，有蒟蒻汁浆。土人掘而弃之，不之贵也。穷子间取以食，味涩口。按：刘渊林"蒟"与"蒻"为二物，蒟缘木而生，子如桑椹，熟时正青，长二三寸，密藏，辛香，温调五藏。蒻，草也，根名蒻，头大者如斗，其肌正白，以灰汁煮则凝成，以苦酒醃食之，蜀人珍焉。据此，则鬼头为蒻，非蒟也。

——民国《禄劝县志》卷五《食货志·物产》第 9 页

芋、洋芋即马铃薯 芋种芽土中，有红、绿二种。红者杆红而开黄白花，不结实；绿者杆绿而不开花，能结实，其形攒抱，母大子小。红芋食其花杆，绿芋食其子食。又有洋芋，其种来自荷兰，名马铃薯。种芽土中，枝叶成丛，花紫蓝色，根结实紫红色；花淡白色，根结实黄白色，实大小如铃，故名马铃薯。

——民国《楚雄县乡土志》卷下《格致·第十四课》第 1355 页

魔芋 魔芋植于旱地地下，茎多，肉可食，叶略似荷，一端稍缺，叶柄肥大单生，色乌有白斑，花为肉穗，花序有巨苞包之，花开则地下茎老而空。津属各乡半山以上之地皆产，江西尤多。不须施工加肥，只多备地下茎小籽，春耕时偏掷于土中，天然生长。二三年后秋季掘土取之，取大弃小复埋土中，种即绵延不绝。将取起之魔芋淘洗洁净，烘于炕上令少〔稍〕干，然后切为立方块，复加火炕使干透，称为芋片，趸运销售于宜宾，每年约计不下四万五千余斤。食法：捣碎芋片，再磨为粉，沸水下芋粉，搅转成糊，加石灰水，即淀成豆腐样，但色灰白少滑，为佐食之蔬品。

——民国《盐津县志》卷四《物产》第 1696 页

十、药之属

至大二年六月庚午，中书省臣言："……太医院遣使取药材于陕西、四川、云南，费公帑，劳驿传。臣等议，事干钱粮，隔越中书省径行，乞禁止。"并从之。

——《元史》卷二十三《本纪第二十三·武宗二》第 512 页

大黄、出苍山顶。香附子、石斛、甘遂、羌活、南星、车前子、赤芍药、防风、黄芩、地榆。已上各州县俱出。

——正德《云南志》卷三《大理府·土产》第 7 页

三奈子、茯苓、常山、当归、黄芩、厚朴、枳实、茶、波罗蜜、草果、芭蕉实、方竹、莎罗花。俱本府出。

——正德《云南志》卷四《临安府·土产》第 8 页

黄蘗、防风、羚羊。俱阿迷州出。

——正德《云南志》卷四《临安府·土产》第 9 页

万两金、即地榆。凤眼草、管仲、半夏、苃荽、菖蒲、常山、麦门冬、香附子、天南星、白芨、天门冬、何首乌、牛旁子、五倍子、牵牛、车前子、蛇床子、刘寄奴、桑寄生、干葛、续随子、荆芥、薄荷、牛膝、苍耳、茴香、紫苏、柴葫、茯苓、茵陈、杜仲、防风。各州县俱产。

——正德《云南志》卷五《楚雄府·土产》第 6 页

麝、新兴州出。仙茅、河阳县出。防风、牛膝、升麻、车前子、葛根、前胡、甘遂、南星、防己、葳灵仙、黄耆、五加皮、大戟、骨碎补、芍药、白微、苦参、地骨皮、麻黄、羌活、白芷、黑牵牛、白牵牛、柴胡、桔梗、芎藭、紫菀、远志、木通、百部、石膏、地榆、猪苓、续断、狼毒、桑寄生、宫桂、草薢、兔丝子、黄芩、齐苨、天门冬、白芨、桂枝、麦门冬、桂皮。俱产本府各州县。

——正德《云南志》卷六《澂江府·土产》第 6 页

桔梗、黄芩、防风、仙茅、姜黄。各州产。

——正德《云南志》卷七《广西府·土产》第 12 页

大青、椒、人参、肉桂、芎藭、升麻、旋覆花、葛根、黄芩。各州县俱产。

——正德《云南志》卷九《姚安军民府·土产》第 18 页

麝、府州俱出。黄耆、白石菜、麻黄、茯苓、黄精、大黄、降香。

——正德《云南志》卷十《鹤庆军民府·土产》第 4 页

麝、当归、梭罗木、香附子、土当归、降香、檀香、酸枣仁。各州县俱出。

——正德《云南志》卷十《武定军民府·土产》第 14 页

麝香、林檎。

——正德《云南志》卷十一《丽江军民府·土产》第 9 页

茯苓、破故纸、知母。

——正德《云南志》卷十二《北胜州·土产》第 3 页

青木香、天麻、桔梗、苦参、泽泻、橘红、木贼、陈皮、狼毒、贯仲、威灵仙、枳壳、黄耆、香白芷、牵牛、五味子、何首乌、金银花、半夏、南星、黄柏、地榆、商陆、黄岑、柴胡、防风、香附子、麻黄、紫苏、茴香、干葛、杏仁、麦门冬、粟壳、已上俱出本司境。当归、出施甸当归山。诃子、出潞江。茯苓。出永平县境。

——正德《云南志》卷十三《金齿军民指挥使司·土产》第 6 页

漆、棕、仙茅、黄连、黄精、半夏、南星、柴胡。

——正德《云南志》卷十三《腾冲军民指挥使司·土产》第 15 页

大药、有大如斗者，味极甘美。鲜子、大如枣，味酸。鳞胆、可解诸毒药。水乳香。

——正德《云南志》卷十三《镇康州·土产》第 14 页

药属　菖蒲、香附、荆芥、紫苏、茴香、土半夏、茱萸、山药、茯苓、苦参、薄荷。

——嘉靖《寻甸府志》卷上《食货》第 31 页

药之属　百七十七：黄精、菖蒲、菊花、天门冬、麦门冬、车前子、薯芋、龙胆、石斛、独活、羌活、升麻、大黄、远志、五味子、薏苡仁、当归、庵闾子、骨碎补、前胡、白芨、黄岑、白薇、活鹿草、防己、谷精草、木通、茵陈、地骨皮、百部、百合、马兜苓、防风、麻黄、白芷、藁本、苍耳子、秦艽、木贼、羊踯躅、葳灵仙、仙茅、萆薢、葫芦巴、青木香、茴香、毕澄茄、蓬木、旋覆花、瞿麦、石常、大戟、商陆、牵牛、卑麻子、海金莎、钩吻、常山叶、狼毒、续随子、鹤风草、王不留行、白药子、黎芦、白敛、羊蹄根、夏枯草、五加皮、淡竹叶、石南藤、桑白皮、桑寄生、猪苓、黄药子、棕榈子、白芥子、覆盆子、山楂子、麻仁、赤小豆、白扁豆、罂粟子、滑石、石膏、鬼箭草、贯众、泽兰、蜀漆、忍冬草、槐实花、鬼头、白术、人参、甘草、川芎、续断、青箱子、紫参、知母、紫菀、疑〔款冬〕花、连翘、山茨菰、香附子、茯苓、破故纸、半夏、枳实、地榆、地黄、芍药、荆芥、蒺藜、陈皮、地不容、柴胡、何首乌、枳壳、橘红、小黄连、青皮、川楝子、香白芷、豨莶草、茯神、天南星、黄芪、管仲、蜂蜜、黄腊、花椒、薄荷、狗杞子、草血竭、山栀子、黄连、桔梗、金银花、葶苈、皂荚、牛膝、益母草、马鞭草、鱼眼草、紫花地丁、一枝箭、草乌、丝瓜子、牛旁子、小木鳖子、棕子、天香子、楮实子、瓜蒌根、草决明、金线重蒌、刘寄奴、八角、茴香、苦参、紫苏、桔皮、红花、青黛线、枇杷叶、玄参、罂粟壳、葛根、扁蓄、密陀僧、自然铜、侧柏、卷柏、乌梅、大苏、小苏、露蜂房、麝香。

——嘉靖《大理府志》卷二《地理志·物产》第 72 页

药之品　半夏、茺蔚、菖蒲、常山、白芨、牵牛、干葛、荆芥、牛膝、苦参、茵陈、山药、杜仲、当归、黄岑、薄荷、茴香、紫苏、防风、柴胡、麦门冬、香附子、天南星、天门冬、茯苓、何首乌、牛旁子、苍耳子、车前子、地黄、万两金、凤眼草、龙胆草、桑寄子、一枝箭、白芥子、蛇床子、续随子、益母草、紫花地丁。

——隆庆《楚雄府志》卷二《食货志·物产》第 36 页

药之属 四十五：茯苓、陈皮、枳壳、桃仁、杏仁、防风、乌梅、桑白皮、茱萸、茴香、荆芥、槐花、瓜蒌、松脂、土决明、薄荷、葛根、菖蒲、紫苏、香薷、麦蘖、土大黄、鼠粘子、土当归、黄精、何首乌、黄连、黄柏、艾、香附子、罂粟壳、益母草、萹蓄草、白芨、车前子、山药、半夏、山香子、白扁豆、莲房、干荷叶、楮实子、萆麻子、菊花、旋覆花。

——万历《云南通志》卷二《地理志一之二·云南府·物产》第 13 页

药之属 百十六：大黄、黄精、菖蒲、菊花、石斛、独活、羌活、升麻、大黄远志、当归、前胡、白芨、黄芩、防己、木通、茵陈、荆芥、薄荷、百部、百合、防风、麻黄、白芷、藁本、木贼、仙茅、萆薢、茴香、蓬术、婴麦、商陆、牵牛、常山、狼毒、黎芦、白敛、猪苓、麻仁、滑石、石膏、泽兰、川芎、地黄、知母、紫菀、款花、茯苓、半夏、枳实、地榆、芍药、蒺藜、陈皮、柴胡、枳壳、青皮、茯神、黄蓍、管仲、黄连、桔梗、葶苈、牛藤、草乌、重蒌、连翘、苦参、紫苏、橘皮、红花、玄参、葛根、乌梅、天门冬、麦门冬、车前子、龙胆草、五味子、马兜铃、薏苡仁、活鹿草、地骨皮、苍耳草、威灵仙、葫芦巴、荜澄茄、旋覆花、萆麻子、海金沙、续随子、鹤虱草、桑白皮、白芥子、覆盆子、山查子、赤小豆、白扁豆、婴粟子、一枝箭、山茨菰、香附子、破故纸、地不容、何首乌、藕蓝草、苦练子、枸杞子、金银花、桑寄生、牛蒡子、天香子、楮实子、瓜蒌根、草决明、紫花地丁。

——万历《云南通志》卷二《地理志一之二·大理府·物产》第 33 页

药之属 五十二：天门冬、何首乌、三奈子、白芨、穿山甲、桔梗、麦门冬、当归、防风、黑牵牛、旱莲草、荆芥、枳实、忍冬藤、金银花、黄芩、黄蘗、陈皮、青皮、枳壳、茯神、远志、常山、草果、薏苡仁、香附子、黄精、火掀草、马槟榔、白豆蔻、土芍药、葛根、半夏、柴胡、覆盆子、苦参、石兰根、黄蓍、枸杞、丁香、知母、南星、天花粉、萆薢、山药、独活、菖蒲、芙蓉、白芷、牛膝、五加皮、益母草。

——万历《云南通志》卷二《地理志一之二·临安府·物产》第 54 页

药之属 五十九：桔梗、泽泻、柴胡、前胡、瓜蒌、黄芩、黄柏、黄连、羌活、独活、地榆、萆薢、沙参、枳实、枳壳、黄芪、陈皮、半夏、南星、远志、茯苓、管仲、川芎、黄精、牛膝、当归、牵牛、商陆、麻黄、紫苏、茴香、干葛、菖蒲、薄荷、蛤蚧、栀子、荆芥、地黄、莪术、草乌、山渣子、香附子、龙胆草、金银花、覆盆子、香白芷、天门冬、麦门冬、五味子、桑白皮、五加皮、海金沙、白蒺梨、地骨皮、白芥子、威灵仙、何首乌、款冬花、楮实。

——万历《云南通志》卷二《地理志一之二·永昌军民府·物产》第 67 页

药之属 二十四：管仲、半夏、蒺藜、白芨、牛膝、苍耳、紫苏、柴葫、茯苓、茵陈、杜仲、防风、苦参、当归、黄芩、地黄、龙胆草、益母草、天南星、天门冬、麦门冬、何首乌、牛蒡子、五倍子。

——万历《云南通志》卷三《地理志一之三·楚雄府·物产》第 8 页

药之属 三十八：茯苓、芍药、麻黄、枸杞、木通、石燕、桔梗、半夏、薏苡、防风、川芎、瓜蒌、苦参、葶苈、南星、常山、牵牛、萆薢、香薷、黄柏、黄芩、厚朴、牛膝、牛旁、当归、白芷、升麻、柴葫、茴香、大戟、薄荷、何首乌、天门冬、麦门冬、五味子、香附子、益母草、草乌。

——万历《云南通志》卷三《地理志一之三·曲靖军民府·物产》第 15 页

药之属 四十九：苍耳、泽泻、甘遂、荆芥、防风、牛膝、升麻、管仲、前胡、黄连、防己、南星、黄芪、大戟、骨碎、白薇、苦参、麻黄、羌活、白芷、柴胡、桔梗、远志、木通、石膏、地榆、猪苓、续断、官桂、萆薢、黄芩、白芨、桂皮、半夏、常山、草乌、当归、茯苓、风藤、胆矾、天门冬、龙胆草、何首乌、钟乳石、炉甘石、山楂子、香附子、兔丝子、麦门冬。

——万历《云南通志》卷三《地理志一之三·澂江府·物产》第 23 页

药之属 十二：茯苓、仙茅、天门冬、芍药、防风、当归、防己、大戟、穿山甲、麝、自然铜、天麻。

——万历《云南通志》卷三《地理志一之三·蒙化府·物产》第 28 页

药之属 四十七：黄耆、麻黄、柴胡、黄芩、大黄、茯苓、白芨、芍药、当归、地榆、半夏、川芎、南星、大戟、商陆、黄精、羌活、防风、玄参、木通、石斛、牛膝、凉姜、葛根、甘松、茯神、麝香、草乌、益母草、天门冬、麦门冬、覆盆子、地骨皮、五味子、五灵脂、金银花、万两金、一枝箭、虎掌草、玉红膏、豨莶草、龙胆草、白龙须、马蹄香、马兜苓、金线重楼、王不留行。

——万历《云南通志》卷三《地理志一之三·鹤庆军民府·物产》第 36 页

药之属 四十四：茯苓、茯神、荆芥、薄荷、扁竹、南星、半夏、瓜蒌、蛤蚧、离娄、苦参、防风、白芷、川芎、木通、当归、柴胡、黄芩、蒲黄、牵牛、山药、芍药、滑石、石膏、藁本、大戟、牛膝、独活、升麻、重蒌、远志、泽泄、地黄、车前子、香白芷、桑寄生、天门冬、何首乌、天仙子、麦门冬、薏苡仁、穿山甲、香附子、金银花。

——万历《云南通志》卷三《地理志一之三·姚安军民府·物产》第 46 页

药之属 五：桔梗、黄芩、防风、仙茅、姜黄。

——万历《云南通志》卷三《地理志一之三·广西府·物产》第 52 页

药之属 十三：菖蒲、荆芥、紫苏、茴香、半夏、茱萸、地黄、山药、茯苓、苦参、薄荷、香附子、何首乌。

——万历《云南通志》卷四《地理志一之四·寻甸府·物产》第 4 页

药之属 六：黄精、当归、葛根、破故纸、酸枣仁、香附子。

——万历《云南通志》卷四《地理志一之四·武定军民府·物产》第 9 页

药之属 十一：茯苓、仙茅、芍药、防风、石风丹、金银花、山楂子、杏仁、木瓜、山药、楮实子。

——万历《云南通志》卷四《地理志一之四·景东府·物产》第 12 页

药之属 三：马槟榔、蛤蚧、鳞胆。

——万历《云南通志》卷四《地理志一之四·元江军民府·物产》第 15 页

药之属 六：茯苓、荆芥、紫苏、半夏、茴香、滑石。

——万历《云南通志》卷四《地理志一之四·丽江军民府·物产》第 19 页

药之属 七：姜黄、防风、桔梗、苦子、仙茅、黄芩、紫姜。

——万历《云南通志》卷四《地理志一之四·广南府·物产》第 21 页

药之属 三十三[①]：天门冬、麦门冬、车前子、柯子、栀子、薏苡仁、活鹿草、白芷、茴香、

---

① 三十三　按下文所列，仅有二十一种。

牵牛、王不留行、覆盆子、罂粟、荆芥、薄荷、枸杞子、紫花地丁、一枝箭、红花、葛根、香附子。

——万历《云南通志》卷四《地理志一之四·顺宁州·物产》第 24 页

药之属 二：鹿茸、石菖蒲。

——万历《云南通志》卷四《地理志一之四·永宁府·物产》第 28 页

药之属二 十七：川芎、茴香、茵陈、茯苓、黄精、黄芩、芍药、苦参、南星、半夏、白芨、柴胡、防风、紫苏、薄荷、荆芥、牵牛、干葛、牛膝、苍耳、三棱、破故纸、麦门冬、天门冬、何首乌、牛旁子、车前子。

——万历《云南通志》卷四《地理志一之四·北胜州·物产》第 33 页

药之属 六：鳞蛇胆、天门冬、金银花、麦门冬、地榆、何首乌。

——万历《云南通志》卷四《地理志一之四·新化州·物产》第 35 页

药之属 二：鳞蛇胆、阿魏。

——万历《云南通志》卷四《地理志一之四·者乐甸长官司·物产》第 37 页

药之属 五十一：黄精、菖蒲、菊花、天冬、朱萸、黄芩、车前车、地骨皮、马兜苓、香白芷、防己、木通、茵陈、百部、防风、威灵仙、单麻子、羊蹄根、夏枯草、苍耳、藁本、茴香、商陆、覆盆花、赤小豆、罂粟子、一枝箭、乌梅、山楂、槐实、槐花、白花地丁、黄葵子、金银花、金线绥、半夏、地榆、芍药、荆介、益母草、牛旁子、紫花地丁、蜂蜜、柴胡、黄腊、花椒、薄荷、当归、黄连、青黛、红花、紫苏。

——万历《赵州志》卷一《地理志·物产》第 25 页

镇康州，蛮名石赕，在湾甸。……有无量、乌木龙二山，其产大药、鲜子、蟒胆。

——《滇略》卷九《夷略》第 33 页

药 有茯苓、陈皮、麋草、远志、防风、乌梅、桑白皮、茱萸、荆芥、栀子、槐花、瓜蒌、松脂、草决明、薄荷、葛根、菖蒲、紫苏、香薷、白芷、鼠黏子、当归、黄精、何首乌、黄芩、柴胡、艾香、附子、罂粟壳、益母、稀莶、白芨、车前子、金樱子、半夏、山查、楮实子、草麻子、旋覆花、五叶草、形如菊叶，已毒疮。走夷方人恒携以随，咀此草觉无味者，知中蛊矣，急服其汁而吐之。箭头草、和盐杵之，消恶疮。镜面草。和故蓑衣煎酒服之，治女月闭。

——天启《滇志》卷三《地理志第一之三·物产·云南府》第 113 页

药 曰大黄、贝母、防己、木通、茵陈、百部、百合、藁本、仙茅、草薢、蓬木、商陆、牵牛、常山、狼毒、藜芦、白敛、泽兰、紫菀、款冬、地榆、蒺藜、葶苈、牛膝、橘皮、红花、玄参、五味、薏苡、地黄、威灵仙、枳壳、龙胆草、续随子、鹤虱草、桑白皮、白芥子、覆盆子、一枝箭、山茨菰、香附子、地不容、桑寄生、牛旁、瓜蒌。

——天启《滇志》卷三《地理志第一之三·物产·大理府》第 114 页

药 有三奈、黑白牵牛、忍冬藤、常山、薏苡仁、马金囊、白豆蔻、土芍药、覆盆子、石兰根。

——天启《滇志》卷三《地理志第一之三·物产·临安府》第 115 页

诸药中，为商陆，为海金沙，为千里光、钜齿草、金不换草，又如缅石茄之于目青，花豆之于疮神，黄豆之于痘疹，白龙须之于风疾，用之皆立效，而他书有谓不然者。近郡人马少参烨如作《黔小志》

载之，然皆滇产也。

——天启《滇志》卷三《地理志第一之三·物产·永昌府》第 115 页

药之属 牛膝、苍耳、紫苏、防风、当归、地黄、天南星、天麦门冬为良。

——天启《滇志》卷三《地理志第一之三·物产·楚雄府》第 116 页

石燕、马蹄香、骨碎补、威灵仙、紫花地丁、续断、青箱子、仙茅、补骨脂、苦楝，药也。

——天启《滇志》卷三《地理志第一之三·物产·曲靖府》第 117 页

药品 如菟丝、萆薢、钟乳石、炉甘石，皆他郡希有。何首乌，有最巨者。

——天启《滇志》卷三《地理志第一之三·物产·澂江府》第 117 页

药 曰商陆、黄精、甘松、麝香、万两金、一枝箭、虎掌草、玉红膏、白龙须、马蹄香、金线重楼。

——天启《滇志》卷三《地理志第一之三·物产·鹤庆府》第 117 页

药 有天仙子、桑寄生、扁竹。

——天启《滇志》卷三《地理志第一之三·物产·姚安府》第 118 页

药 有菖蒲，上品者九节何首乌。有最巨者茯神，茯苓有长丝覆地上，援丝得其处而劚之，大者一人肩负，可胜三四枚而止。曲靖亦有之，然不数见。

——天启《滇志》卷三《地理志第一之三·物产·寻甸府》第 118 页

若药之麒麟竭，木高数丈，婆娑靖菁，叶似樱桃，有三角，脂从木中流出，如胶结，赤如血色，又曰血竭。又有鳞胆苏木，子可治心气疼痛。

——天启《滇志》卷三《地理志第一之三·物产·元江府》第 119 页

药 有牛黄丸、紫金锭。

——天启《滇志》卷三《地理志第一之三·物产·丽江府》第 119 页

若夫苦子、紫姜，医师用之良。马金囊，咀之饮水消暑。草果，亦可入药。

——天启《滇志》卷三《地理志第一之三·物产·广南府》第 119 页

药类中，有号活鹿草者，其名甚美，不知所以用。红花者，可用以染，又痘疹之要剂。

——天启《滇志》卷三《地理志第一之三·物产·顺宁府》第 120 页

旧《志》物产一类，所纪甚繁，惟药有鹿茸、石菖蒲两种佳，食货曰盐梅膏，差可录。

——天启《滇志》卷三《地理志第一之三·物产·永宁府》第 120 页

缅茄枝叶皆类家茄，结实似荔枝核而有蒂。土人雕刻其上而系之，拭眼去翳，亦解疮毒。缅豆者如豆蔓生，子大如栗，斑文点点，咀之傅疮良。然性迅恶，误服之，吐泻致死。又有神黄豆，调水饮，能解小儿豆毒，然亦不甚验也。

——《滇略》卷三《产略》第 19 页

（太和）药有一百七十七种，性良于他产，惟附子自蜀中来。

——《滇黔纪游·云南》第 20 页

药属 天门冬、富民者佳。何首乌、防风、滑石、武定者佳。桔梗、临安者佳。沙参、香附、宾川者佳。荆芥、兔丝子、草决明、当归、临安者佳。柴胡、富民者佳。车前、半夏、呈贡者佳。金樱子、黄岑、干葛、薄荷、紫苏、益母草、稀莶、黄精、南星、白芷、贝母、秦芄、前胡、安宁者佳。生地黄、川芎、五味子、猪苓、枳壳、枳实、青皮、麻黄、威灵仙、葶苈、俱大理者佳。石膏、天花粉、富民者佳。香薷、升麻、桑寄生、临安者佳。旋覆、赤芍药、茯苓、姚安者为上，寻甸、武定、楚雄者次之。地骨皮、瓜蒌仁、橘皮、元江者佳。金银花、临安者佳。麦冬、重楼。

——康熙《云南通志》卷十二《物产·通省》第 4 页

黑药、儿茶、哈芙蓉、冰片、神黄豆、稀痘。青花豆。治疮。

——康熙《云南通志》卷十二《物产·永昌府》第 8 页

苦子、石风丹、仙茅。

——康熙《云南通志》卷十二《物产·景东府》第 10 页

牛黄、阿魏。

——康熙《云南通志》卷十二《物产·丽江府》第 10 页

药属 天门冬、何首乌、防风、滑石、桔梗、沙参、香附子、兔丝子、草决明、当归、柴胡、车前子、金樱子、黄岑、干葛、薄荷、紫苏、益母草、稀莶、黄精、南星、白芷、贝母、秦芄、前胡、生地黄、川芎、五味、猪苓、枳壳、枳实、青皮、麻黄、威灵仙、葶苈、石膏、天花粉、香薷、升麻、桑寄、旋覆、赤芍药、茯苓、地骨皮、瓜蒌仁、橘皮、金银花、麦冬、重楼、荆芥、半夏。

——康熙《云南府志》卷二《地理志八·物产》第 3 页

药之属 香附、白芨、沙参、赤芍、希仙。

——康熙《晋宁州志》卷一《物产》第 14 页

药 天冬、沙参、黄岑、忍冬、甘菊、升麻、前胡、香薷、麻黄。

——康熙《富民县志·物产》第 27 页

药之属 沙参、赤芍、茯苓、小。旋覆花、茵陈、石斛、五加、半夏、百部、益母、艾、连翘、车前、白芍、荆芥穗、金银花、杏仁、薄荷、夏枯草、升麻、桑白皮、山查、松香、紫苏、天花粉、天南星、桔梗、木瓜、少。萹蓄、木贼、苍耳子、干葛、槐花、生地、小。柴胡、葳灵仙、射干、乌梅、瞿麦、独活、菖蒲、大、小二种。蓖麻子、木通、薢苈草、天冬、白芨、前胡、秦芄、蜜、蜡。

——康熙《寻甸州志》卷三《土产》第 21 页

药部 天门冬、桔梗、黄岑、黄精、防风、金银花、一枝箭、车前子、当归、荆芥、木通、常山、萆薢、重蒌、紫苏、薄荷。

——康熙《通海县志》卷四《赋役志·物产》第 19 页

药之属 天门冬、五加皮、穿山甲、金银花、黄岑、半夏、茯苓、天花粉、一枝箭、车前草、益母草、红花、土当归、牵牛子、重蒌。

——康熙《新平县志》卷二《物产》第 58 页

药品 半夏、茺蒌、常山、白芨、菖蒲、牵牛、干葛、荆芥、牛膝、苦参、茵陈、柴胡、当归、黄岑、薄荷、茴香、紫苏、防风、茯苓、天冬、香附、天南星、何首乌、牛蒡子、苍耳子、一枝箭、车前子、桑寄子、龙胆草、续随子、石斛、益母草。

——康熙《楚雄府志》卷一《地理志·物产》第 33 页

药品类 半夏、瓜蒌、常山、干葛、牛膝、天南星、柴胡、当归、黄芩、薄荷、茴香、紫苏、何首乌、苍耳子、一枝箭、车前子、桑寄生、龙胆草、续随子、白芥子、益母草。

——康熙《南安州志》卷一《地理志·物产》第 12 页

药品 半夏、瓜蒌、常山、黄芩、天冬、香附、南星、苦参、白芷、金银花、菖蒲、干姜、荆芥、柴胡、益母草、紫苏、葶苈、地骨皮、牛旁子、五加皮。

——康熙《镇南州志》卷一《地理志·物产》第 15 页

药之属 茯苓、茯神、荆芥、薄荷、扁木、南星、半夏、瓜蒌、蛤蚧、离娄、苦参、防风、白芷、桑寄生、天门冬、何首乌、天仙子、穿山甲、香附子、金银花、土人参、川芎、木通、当归、柴胡、黄芩、蒲黄、牵牛、重娄、山药、藁本、车前子、香白芷。

——康熙《姚州志》卷二《物产》第 14 页

药之属 天门冬、穿山甲、黑首乌、金银花、稀莶草、茯苓、重楼、砂参、黄芩、防风、黄连、荆芥、薄荷、半夏、皮硝、明矾、皂矾、一枝箭、升麻、木通、天花粉、车前子、陈皮、草乌、红花、续断。

——康熙《元谋县志》卷二《物产》第 37 页

药之属 天门冬、穿山甲、何首乌、冬青子、金银花、稀莶草、茯苓、重蝼、沙参、枳谷、黄芩、地骨皮、黄精、防风、荆芥、柴胡、香附、薄荷、干葛、前胡、南星、半夏、皮硝、白芷、明矾、皂矾、一枝箭、香茹、车前子、元明粉、麝香、远志、草乌、熊胆、旱莲草、升麻、木通、天花粉。

——康熙《武定府志》卷二《物产》第 62 页

药材类 沙参、益母草、旱莲草、透骨草、柴胡、石骨丹、淫羊霍、枸杞、山楂、紫苏叶。

——康熙《禄丰县志》卷二《物产》第 25 页

药属 天冬、赤芍、柴胡、黄芩、沙参、半夏、益母、白芷、南星、重楼。

——康熙《罗次县志》卷二《物产》第 17 页

药属 为菖蒲，为葛根，为荆芥，为苦参，为常山、白芨，为薄荷、茵陈，为茴香、紫苏，为柴胡、瓜蒌，为何首乌，为益母草，为车前子、一枝箭，为苍耳子，为龙胆草，为天南星，为麦冬，为茯苓，为防风，为黄芩，为木贼。

——康熙《广通县志》卷一《地理志·物产》第 19 页

药 防风、有杏叶、竹叶二种。茯苓、天冬、黄芩、仙茅、黄精、当归、防己、大戟、益母草、瓜蒌、猪莶、车前、地肤子、续随子、白芨、金樱子、密蒙花、石斛、南星、半夏、金银花、山查、楮实子、龙胆草、刘季奴、草麻子、有光、刺二种。旱莲草、谷精草、川芎、王不留行、马鞭稍、羊蹄根、夏枯草、水藤、泽兰、金线重楼、苦参、元参、沙参、骨碎补、一枝箭、桑白皮、自然铜、方平如削，产于西山。紫石英、出浪沧江岸。槐花、薄荷、葛根、菖蒲、茵陈、艾、紫苏、茜草、白芥、红花、青黛、何首乌。

——康熙《蒙化府志》卷一《地理志·物产》第 42 页

茯苓、紫茎、黄精。

——康熙《鹤庆府志》卷十二《物产》第 24 页

药类 半夏、地榆、茵陈、薄荷、茴香、紫苏、白芨、三棱、木通、苦参、防风、金银花、芒硝、龙胆草、蛇衔草、益母草。

——康熙《续修浪穹县志》卷一《舆地志·物产》第 24 页

药类 龙胆草、石斛、独活、骨碎补、白芨、羌活、升麻、五味子、仙茅、远志、谷精草、骨碎补、葫芦巴、蓬术、常山、青木香、海金沙、龙骨、五加皮、泽兰、甘草、白芥子、土人参、川芎、连翘、何首乌、薄荷、山茨菰、金银花、密托僧。

——康熙《云南县志·地理志·物产》第 14 页

药属 沙参、黄芩、柴胡、薄荷、车前、紫苏、益母、黄精、茴香、骨碎补、丹参、白芨、花椒、夏枯草、谷精草、远志、菖蒲。

——康熙《剑川州志》卷十六《物产》第 59 页

药材 黄精、牛膝、沙参、当归、黄芩、防风、天冬、麦冬、柴胡、半夏、破故纸、石膏、瓜蒌、常山、菖蒲、牵牛、干葛、木通、威灵仙、地丁、牙芍、苦参、薄荷、茴香、紫苏、茯苓、何首乌、苍耳子、车前草、龙胆草、寄生草、一枝箭、益母草、金银花、九里光。

——康熙《定边县志·物产》第 23 页

药属 青木香、桔梗、天麻、泽泻、橘红、木贼、防风、柴胡、山查子、明子、前胡、香附子、瓜蒌仁、黄芩、黄柏、白芷、羌活、独活、天花粉、仙茅、葛粉、紫槟榔、九里光、鹤鹿草、葛花、龙胆草、金拂草、忍冬草、白花地丁、一枝箭、金银花、地榆、覆盆子、沙参、玄参、苦参、紫参、枳实、枳壳、陈皮、香白芷、天门冬、半夏、南星、土黄芪、远志、五味子、马兜铃、百叶煎、茯苓、桑白皮、管仲、桑寄生、五加皮、郁李仁、杏仁、白扁豆、川芎、车前草、黄精、牛膝、石斛、当归、海金沙、白蒺藜、青箱子、漏芦、莎根草、槐角、楮实、白薇、茵陈、地骨皮、百部、白芥子、威灵仙、狼毒、牵牛、何首乌、商陆、麻黄、紫苏、茴香、干葛、粟壳、诃子、蒌叶、薄荷、蛤蚧、酸枣仁、款冬花、兔丝子、牡丹皮、黄连、栀子、木通、荆芥、菊花、生地、黄莪术、瞿麦、葛根、乌梅、黄葵子、菖蒲、赤小豆、草乌、蔓荆子、白头翁、王不留行、定风草、见肿消、蓬术、乌药。

——康熙《永昌府志》卷十《物产》第 6 页

药材 防风、黄精、白芨、豨莶、当归、天冬、南星、半夏、石斛、车前、续随、山查、川芎、苦参、槐角、元参、茯苓、萆薢、熊胆、麝香、益母草、地肤子、金樱子、密蒙花、金银花、楮实子、刘季奴、萆麻子、旱莲草、马鞭稍、羊蹄根、夏枯草、急性子、王不留行。

——康熙《顺宁府志》卷一《地理志·物产》第 32 页

药属 天冬、香附、沙参、南星、茯苓、黄精、薄荷、紫苏、半夏、何首乌。

——雍正《安宁州志》卷十一《盐法附物产》第 48 页

药之属 石燕、黄精、门冬、半夏、沙参、柴胡、防风、黄芩、前胡、川穹、山药、紫苏、青蒿、木通、茯苓、车前、百合、薄荷、金樱子、白芨、益母草、蒲公缨、稀莶、一支箭、威灵仙、南星、五加皮、山查、干葛、茵陈、侧柏叶、淡竹叶、桑白皮、香附、覆盆子、木瓜、金银花、赤小豆、三扁豆、苍耳子、黄药、白药、重蒌、商陆、槐花、槐实、甘菊、枸杞、艾、茴香、乌梅、何首乌、细辛、密蒙花、木贼草。

——雍正《马龙州志》卷三《地理·物产》第 22 页

药 茯苓、沙参、当归、桔梗、何首乌、百部、黄芩、枳实、荆芥、天门冬、半夏、白芨、枳壳、葛根、麦门冬、前胡、陈皮、木贼、木通、黑牵牛、茯神、紫参、勾藤、常山、茨蒺藜、南星、萆薢、黄精、香附、史君子、木瓜、覆盆、防风、地榆、天花粉、黄芪、枸杞、红花、白芷、五加皮、山药、苦参、羌活、独活、金银花、杜仲、桑椹、泽兰、排草、夏枯草、稀莶、香薷、升麻、石膏、重楼、薏苡仁、益母草、龙胆草、谷精草、车前子、牛旁子、桑白皮、瓜蒌仁、卢甘石、密蒙花。

——雍正《建水州志》卷二《物产》第 8 页

威灵仙、龙胆草、益母草、旱莲草、天门冬、覆盆子、金樱子、桑椹子、紫荆皮、金银花、仙人饭、白扁豆、土人参、何首乌、补骨脂、香附子、青箱子、麦门冬、牛蒡子、黄精、鬼臼、柴胡、前胡、细辛、半夏、常山、白芍药、防风、地榆、紫苏、桃仁、牛膝、黄芩、香薷、薄荷、杏仁、乌梅、苦参、木通、南星、当归、车前子、虫蒌、紫参、青皮、枳实、紫草、枳壳。

——雍正《白盐井志》卷二《地理志·物产》第 4 页

药属 天冬、黄芩、香附、地黄、枸杞、山药、菖蒲、薄荷、木瓜、半夏、车前、木通、柴胡、茯苓、益母、干葛、黄精、荆芥、紫苏、薏苡、土参、花椒、何首乌、草决明。

——雍正《宾川州志》卷十一《物产》第 3 页

药之属 十二：大黄、黄芩、黄柏、小黄连、茯苓、黄精、柴胡、何首乌、五倍子、蓬术、金银花、葛根、香附、枸杞。

——雍正《云龙州志》卷七《物产》第 3 页

药属 当归、半夏、乌梅、荆芥、薄荷、茴香、甘菊、葛根、黄精、牵牛、何首乌、防风、红花、陈皮、石斛、南星、益母草、茵陈、艾、桔梗、苦参、沙参、车前子、龙胆草、香薷、仙茅、白芷、山查、黄芩、五加皮、地骨皮、桑寄生、夏枯草、楮实子。

——乾隆《宜良县志》卷一《土产》第 29 页

药类 茯苓、茯神、黄精、玉竹、何首乌、五加皮、黄蘗、赤芍药、丹皮、谷精草、元参、苦参、沙参、菊花参，出巧家者佳。白芨、黄芩、紫草、菖蒲、半夏、夏枯草、黑丑、白丑、柴胡、前胡、大黄、土茯苓、萆薢、木贼、野菊、九里光、括蒌、金银花、水濒花、香附子、青箱子、葶苈子、茺蔚子、黄荆子、车前子、巨胜子、天花粉、白头翁、扁蓄、瞿麦、桑寄生、贯仲、泽兰、续断、巴豆、虎掌草、马蹄香、南星、川芎、萆麻子、牛旁子、茵陈、甘葛、百部、兜铃、天丁、地丁、松脂、艾、青蒿、草皮连、草龙胆、木通、商陆、香薷、槐花、兔丝子、墓头回、石筋、王不留行、白微、旋覆花、刘寄奴、金樱子、白芷、卷柏、南竹、法落海。叶类黄菜薂，茎红花碎，白如葱、韭，味辛烈，治心腹冷痛。以则补、向化里、法落海村产者为佳。

——乾隆《东川府志》卷十八《物产》第 3 页

药之属 黄精、沙参、石菖、柴胡、前胡、升麻、黄芩、桔梗、半夏、南星、白芷、稿本、紫苏、荆芥、薄荷、茵陈、车前、旋覆、益母、远志、牵牛、兔丝、香附、牛膀、地肤、地榆、赤箭、茯苓。

——乾隆《广西府志》卷二十《物产》第 3 页

药之属 防风、桔梗、沙参、芍药、黄芩、何首乌、苦参、车前、茯苓、香附、黄连、石菖蒲、天花粉、白芷、葛根、升麻、荆芥、薄荷、半夏、门冬、小茴、薏苡、瓜蒌仁、苍耳子、益母、柴胡、麻黄、杏仁、陈皮、泽兰、牛膝、甘草、木通、紫苏、木贼、金银花、桑寄生、豨莶草、谷精草、花椒、车前子、金樱子。

——乾隆《霑益州志》卷三《物产》第 23 页

药　香附、茯苓、当归、沙参、木通、三奈、山药、何首乌、枳实、天门冬、半夏、白芨、陈皮、黑牵牛、茯神、石燕、木瓜、黄耆、枸杞、金银花、霍香、槟榔、桑椹、夏枯草、益母草、薏苡仁、车前子、瓜蒌仁、香白芷、桑白皮、杏仁、花椒、皂荚、槐实、柏子仁、苍耳子、蒲公英、白芥子、薄荷、侧柏、菖蒲、菊花。

——乾隆《陆凉州志》卷二《风俗物产附》第 28 页

药属　马兜苓、三七、黄连、牛耳大黄、天冬、沙参、荆芥、柴胡、当归、车前、黄芩、木通、百合、红、白二种。薄荷、益母草、紫苏、豨莶、黄精、仙茅、威灵仙、桑寄生、金银花、香薷、木瓜、霍香、南星、冬青子、葛根、前胡、天花粉、旋覆花、黄白药、重楼、白芨、菊花、木贼、常山、谷精、五加皮、淡竹叶、赤小豆、山查、白扁豆、槐花子、桑白皮、牛旁子、大戟、紫参、苦参、龙胆草、续断、牵牛子、黑、白二种。地肤子、何首乌、茯苓、赤、白二种。土牛膝、茜草、枳壳、枳实、紫荆皮、萆薢、半夏、冰片叶、姜黄、灯笼花、地榆、白头翁、山药、石菖蒲、艾、蒲公英、瓦松、一枝箭、黄龙尾、野连翘、桔梗、栀子、使君子、白芥子、桂皮、出交阯。砂仁、出交阯。马金囊、即紫槟榔，嚼之饮水，味甘除热，可治疮毒。薏苡仁、覆盆子、石斛、鹿衔草、穿山甲。

——乾隆《开化府志》卷四《田赋·物产》第 32 页

药之属　天冬、沙参、荆芥、柴胡、当归、车前、黄芩、木通、百合、薄荷、紫苏、益母草、豨莶、黄精、仙茅、威灵仙、桑寄生、金银花、香薷、霍香、木瓜、南星、冬青子、干葛、前胡、川芎、天花粉、旋覆花、射干、黄药、白药、重蒌、白芨、菊花、苍耳子、木贼、常山、五加皮、淡竹叶、山查、赤小豆、白扁豆、槐实、槐花、桑白皮。

——乾隆《新兴州志》卷五《赋役·物产》第 34 页

药之属　有沙参、元参、紫参、丹参。菊花参、黄精、狗脊、石斛、菖蒲、甘菊、天门冬、麦门冬、旋覆花、百部、林梗、齐苊。

——乾隆《黎县旧志》第 14 页

药之属　天冬、麦冬、荆芥、柴胡、车前、益母草、黄芩、茵陈、百部、薄荷、紫苏、威灵仙、防风、黄精、百合、木瓜、牛膝、旋覆花、当归、干葛、桔梗、半夏、南星、金银花、草乌、牵牛、白芷、楮实、黄药、苍耳子、白药、白伇、菊花、茱萸、山查、草麻子、郁金、香附、槐实、石膏、桑白皮、皂角。

——乾隆《弥勒州志》卷二十三《物产》第 53 页

药部　天冬、何首乌、桔梗、当归、枳壳、黄芩、穿山甲、茯苓、一枝箭、羊蹄根、金银花、马金囊、豨莶草、黄精、防风、荆芥、薄荷、陈皮、青皮、远志、木通、旱黄连、象耳草、金樱子、牵牛、皂角、枳实、车前、南星、半夏、薏苡、牛旁、常山、寄生、白合、香附、萆薢、干葛、山查、杏仁、紫苏、楮实子、菖蒲。

——乾隆《石屏州志》卷三《赋役志·物产》第 36 页

药品　何首乌、茯苓、紫苏、薄荷、茴香、一枝箭、瓜蒌、益母草、象鼻草、土人参、金钗石斛、灯心草。

——乾隆《碌嘉志稿》卷一《物产》第 8 页

药之属　茯苓、何首乌、香附、土人参、苦参、丹参、菖蒲、紫苏、荆芥、黄芩、黄芪、黄精、蒲公英、红花、兔丝子、女贞子、薏以仁、枸杞子、苍耳子、鼠粘子、青皮、牛蒡子、楮实子、陈皮、地骨皮、五加皮、桑白皮、降香、麝香、茴香、艾、蕲艾、槐花、槐角、桃仁、杏仁、钩藤、柴胡、金银花、薄荷、草黄连、车前子。

——乾隆《碌嘉志》卷二《赋役志·物产》第 232 页

药类　葳灵仙、龙胆草、益母草、桑寄生、旱莲草、天门冬、覆盆子、金樱子、桑椹子、紫荆皮、金银花、仙人饭、白扁豆、土人参、何首乌、补骨脂、香附子、青箱子、穿山甲、麦门冬、牛蒡子、虎掌草、黄精、鬼臼、柴胡、前胡、细辛、半夏、常山、赤芍、防风、地榆、紫苏、桃仁、牛膝、黄芩、香薷、薄荷、杏仁、乌梅、灯草、苦参、木通、南星、当归、车前、虫蒌、紫参、青皮、枳实、枳壳、紫草、茴香子。

——乾隆《白盐井志》卷三《物产》第 36 页

药之属　天门冬、穿山甲、何首乌、金银花、稀莶、茯苓、重楼、砂参、黄芩、防风、荆芥、薄荷、半夏、皮硝、明矾、皂矾、一枝箭、升麻、木通、天花粉、车前子、陈皮、草乌、红花、续断，而黄连尤为贱植，道周成丛，不中使用，所谓鸡脚连也，不及所产黄精为珍。

——乾隆《华竹新编》卷二《疆里志·物产》第 229 页

药属　天冬、何首乌、黄芩、香附、谷精、百合、荆芥、薄荷、石斛、柴胡、半夏、车前、金樱、干葛、紫苏、益母、川芎、黄精、菖蒲、茴香、花椒、骨碎补、连翘、丹参、白芨。

——乾隆《大理府志》卷二十二《物产·大理府》第 2 页

药属　天冬、何首乌、黄芩、苦参、葛根、当归、茯苓、五味、麦冬、防风、山药、木贼、楮实、金银花、龙胆草、牵牛、牛膝、薄荷、紫苏、艾、益母草、蒲公英、半夏、车前、白芨、桑寄生、赤芍、柴胡、地黄、瓜蒌、土人参、金樱子、谷精草、川山甲、麝、南星。

——乾隆《赵州志》卷三《物产》第 58 页

药属　紫金锭，以雪山水合诸药为之，通治各症，奇效。天冬、何首乌、茯苓、黄芩、香附、谷精、百合、荆芥、薄荷、石斛、柴胡、半夏、车前、干葛、山菰、紫苏、益母、黄精、菖蒲、茴香、花椒、连翘、丹参、白芨。

——乾隆《丽江府志略》卷下《物产》第 40 页

药类　川芎、茵陈、茯苓、黄芩、防风、芍药、薄荷、荆芥、紫苏、苦参、南星、白芨、牵牛、干葛、苍耳、赤地千里喇、大戟、牛膝、半夏、柴胡、木通、防己、羌活、黄菊、漏芦、细辛、射干、楮实、地黄、茴香、地榆、当归、车前、三棱、决明、续断、山查、乌药、草乌、荛莶、葳参、蒺藜、寄生、红花、贝母、沙参、枸杞、麦冬、补骨脂、桑椹子、天门冬、益母草、何首乌、活鹿草、金银花、地骨皮、枇杷叶、菟丝子、覆盆子、五灵脂、青箱子、鼠粘子、黄药子、白药子。

——乾隆《永北府志》卷十《物产》第 3 页

大理十九峰，峰峦深秀，溪涧漾回，风水佳胜，土脉肥饶。谷穗长至二百八十粒，药材有一百七十七种，惟良于他产。

——《滇南闻见录》卷下《物部·大理土产》第 27 页

药　有沙参、当归、桔梗、黄芩、百部、桔实、荆芥、半夏、柴胡、常山、南星、萆薢、黄精、黄薯、羌活、独活、香附、白芷、泽泻、升麻、地骨皮、天花粉、谷精草、史君子、益母草、蒲公英、车前子、金银花、五加皮、桑白皮，而惟茯苓、天冬、何首乌为最。

——嘉庆《临安府志》卷六《丁赋附物产》第 24 页

药物　自生于山，原有柴胡、半夏之类。人工所艺，有薄荷、紫苏之类。不载《本草》者，则有小红参、鸡脚参。

——嘉庆《楚雄县志》卷一《物产志》第 49 页

药类　黄连、黄草、菖蒲、野菊、车前、巴豆、姜黄、松脂、紫苏、木贼、苍耳、草麻子。

——嘉庆《永善县志略》上卷《物产》第 563 页

药属　沙参、丹参、橘皮、枳壳、枳实、青皮、石枫丹、石斛、紫苏、薄荷、杏仁、桃仁、菖蒲、火草、千金子、急性子、桑寄生、桑白皮、桑椹子、藿香、山查、梧桐子、刘寄奴、金银花、冬青草、射香、莪术、左缠藤、益母草、楮实子、川山甲、熊胆、熊肾、何首乌、台乌、草乌、夏枯草、车前子、地肤子、松节、罂粟子、白芥子、莱菔子、牛蒡子、藕节、重楼、南星、半夏、紫金皮、地榆、青黛、土茯苓、泽兰、水蛭、干葛、马蹄香、紫贝天葵、仙茅、管仲、勾藤、木通、黄花地丁、牛膝、葳灵仙、蒲公英、密蒙花、黄蜡、蜂蜜、青箱子、冬葵子、茴香子、海金沙、阿芙蓉、射干、防风、天冬、龙胆草、款冬花、覆盆子、金樱子、雄黄、牛黄、木贼子、五加皮、鹿衔草、乌药、山茨菇、夜明沙、木鳖子、天麻、史君子、香附、柴胡、石膏、荆芥、苍耳子、豨仙草。

——嘉庆《景东直隶厅志》卷二十四《物产》第 3 页

药之属　沙参、茯苓、重楼、麝香、防风、牛膝、升麻、葛根、前胡、南星、大戟、芍药、苦参、苍耳、当归、白芷、柴胡、桔梗、川芎、远志、木通、猪苓、黄芩、半夏、薄荷、荆芥、菖蒲、紫苏、萆薢、地榆、续断、常山、山药、草乌、香薷、木贼、石斛、风藤、扁竹、葳灵仙、一枝箭、五加皮、地骨皮、麦门冬、天花粉、天门冬、桑寄生、益母草、车前子、何首乌、香附子、金银花、兔丝子、穿山甲、山查子、百部。

——道光《澂江府志》卷十《风俗物产附》第 6 页

药之属　茯苓、旧《云南通志》：姚安者为上，寻甸、武定、楚雄者次之。檀萃《滇海虞衡志》：茯苓，天下无不推云南，曰云苓。先入林，不知何处有茯苓也。用铁条斸之，斸之而得，乃掘而出，往往有一枚重二三十斤者，亦不之异，惟以轻重为准，已变尽者为茯苓，变而有木心存者为茯神。松林之大，或连数山，或包大堑，长数十里，周百余里。斸之必于其林，不能于林外斸也。往时林密，茯苓多，常得大茯苓，近来林稀，茯苓少，间或得大者，不过重三四斤至七八斤，未有重至二三十斤者。自安庆茯苓行，而云苓愈少，贵不可言。李时珍、汪切庵之书，尚不言云苓。云苓之重，当在康熙时。香附、旧《云南通志》：宾川者佳。土人参、旧《云南通志》：蒙化者佳。《滇南本草》：生山谷之有穴情者，惟滇所产易肥大明润，但初春生苗多在阴处，一丛五叶。出自南方，其性多燥，叶最细小，夜有白光笼罩者是也。当归、旧《云南通志》：临安者佳。天门冬、旧《云南通志》：富民者佳。前胡、旧《云南通志》：安宁者佳。半夏、旧《云南通志》：呈贡者佳。黄连、旧《云南通志》：丽江、开化者佳。天花粉、旧《云南通志》：富民者佳。大黄、旧《云南通志》：大理者佳。升麻、陶宏景《名医别录》：旧出宁州者第一。形细而黑，极坚实。今惟出益州，好者细削皮青绿色，谓之鸡骨升麻。草果、李时珍《本草纲目》：滇、广所产草果，长大如诃子。其皮黑厚而稜密，其子粗而辛臭，正如班螫之气，彼人皆用苴茶及作食料恒用之物。钩吻、《吴普本草》：钩吻，一名除辛，生南越山及寒石山，或益州。李时珍《本草纲目》：钩吻，即胡蔓草，今人谓之断肠草。生滇南者花红，呼为火把花。大腹子、李时珍《本草纲目》：出岭表、滇南，即槟榔中一种。腹大形扁，而味涩者不似槟榔，尖长味良耳。野姜、桂馥《札樸》：根似姜，叶似蕉叶，花出叶旁，紫红色，三四月开，即药中之狗脊。车前、《滇南本草》：名大枫草，一名虾蟆叶。此草遍地皆出，大叶细子。治一切虚烧，通淋利水，疮毒，妇人难产。久服轻身延年，又止白带。子以半升炒热，盛囊护脐暖肾。生子，又治痢疾。根治大疮，叶治肺劳，汁治喉风虚痰。白云参、《滇南本草》：味甘苦，性温，无毒，力微。独枝无叉，叶黑绿色，根微而嫩，内有乳汁。土名还阳参。独取根用，其根亦似人参，同鸡与猪肉食之，气血双补，益肾添精，惟妇人虚劳，食之更效。还元参、《滇南本草》：生于山中有水处。味甘淡，无毒。形似竹笋，初出叶苞中抽出嫩苗一枝，上开黄花。其根横直有纹，宛如人参，服之益寿延年，功胜人参。白龙参、《滇南本草》：生于山中，仙品。味甘，无毒。有藤微枝，枝上生叶，叶下开花，色黄而小，根大而肥。其形如参，采食，益寿延年。同猪肉食，固精助肾，同牛肉补气益血，同羊肉养气生津，同鸡治虚痨，退久热。生食令人白胖，妇人经带、男子肾虚皆效。飞仙藤、《滇南本草》：生于石岩上。味甘，无毒。叶如柳叶，绿叶白花。采服益寿延年，返老还童，若花更妙。此草，鹿多食之，鹿性最淫，日交数十次多即死，牝鹿衔此食之，牡鹿食下即活，精神如旧。又名还阳草，真仙草也。双尾草、《滇南本草》：此草生于水傍。味甘辛，无毒。形似芦钗，尖如兰，色带土黄，尾分双尾，以此得名。主治麻疯大癞，发背痈疽，服之即愈。又熬膏，能乌须黑发，兼治阴虚火盛，妇人、小儿虚劳，又治痰火、痿软、中风，其效如神。叶掺铜如雪，解诸毒。兰花双叶草、《滇南本草》：此草生于山中向阳处。味甘，有小毒。形如兰草，但大叶对生，根下微带黄色，花开冬季，夜放白光。治一切云翳遮睛，内障外障眼科皆效。久服能视千里之外，又治诸般肿胀。独叶一枝花、《滇南本草》：此草生深山中有水处。味甘，无毒。独叶似荷，小而绿，独梗无叉，顶上有花，根上有二子。食之返老还童，夜则有红光罩护，采服却病延年，救治一切大症。二子面糊炒灰，治救瘟疫危症。枝叶煮硫黄成丹，治救百病如神。捣汁点眼，瞖目能视。花为末，搓各种毒疮即愈。又同地草果、扁柏叶为末，乌须黑发，返老还童。石胆草、《滇南本草》：生于深山石壁，贴石而生，形如车前，花似兰花而瓣圆。采取同文蛤为末，乌须黑发，其效如神，生捣敷疮亦验。迎风不动草、《滇南本草》：此草生于山中，独茎，黄花绿叶，迎大风而不动。专治目疾，虽瞖目服之能明，极其神效。紫叶草、《滇南本草》：此草形似薄荷，叶带黄色而紫，无花无果，枝如灯草绵软。主治一切目疾。暴发火眼，内外诸障，云翳遮睛，采枝叶熬水，洗之皆效。黄毛金丝草、《滇南本草》：此草生于山中，绿叶贴地，上发一枝，或分叉，黄花如丝。根下结一大果，其甜如蜜，得而食之，轻身延寿，大病即愈，老者还童。此乃仙物，不可多得。无风自动草、《滇南本草》：此草五色，形似一枝蒿。治男妇阳痿、阴冷、脱阴、脱阳，一服即愈，精神百倍。附子一分，研泥为丸，入子宫内，即受孕成胎。助阳益肾，其功倍常。剑草、《滇南本草》：生于深山阴处。叶似兰而直，根旁生大黄叶，如车前草形，无花，根似火焰。为末，治一切恶毒大疮而致命者，敷上即愈。鹿衔草、《滇南本草》：生于山中，仙品。味甘，无毒。叶似鹿葱，花开黄色，枝干极软。狐狸食之，易形而仙；麋鹿食之，交死复生；人得食之，平地登仙。青霞草、《滇南本草》：生于有水处向阳地方，仙品。味酸辛，无毒。大叶青绿色，花似梅花，枝梗有刺，远视之有青霞笼罩，故名。采取熬膏服之，却病延年。石龙草、《滇南本草》：多生石谷内。花似丁香，叶似桃叶，枝梗无刺。眼科神药，能开瞖目，退除障瞖，其效如神。龙蛋草、《滇南本草》：有大毒，入口伤人。生山中有水处，叶尖有刺，一本数枝，子黑色，有毒伤人。治一切痈疽发背，毒疮致命。熬膏擦敷，立时见效。又俗名鬼核桃。石梅、《滇南本草》：此草非山梅，亦非家梅。高仅数寸，带黄色，硬梗，色黑，子甚细小。同连翘煎用，治一切大疮毒、大麻疯。子治九种胃气，花能止血。地竹、《滇南本草》：此竹于郊野就地而生，高仅二寸，又名地余竹。治一切目疾，老眼昏花，云翳遮睛，疳疾伤眼，怒气攻冲，服之皆效。同苦蒿尖、马鞭梢尖、枸杞尖共捣为泥，遇暴赤火眼，左眼塞左鼻，右眼塞右鼻，无不神效。贴地金、《滇南本草》：此草生于阴处。形似车前，软苗，枝上有黄绒细毛如果数个。采之，可治梅疮伤鼻，或鼻间见黑点，速服此草，可以救鼻。又能解一切大毒疮。百叶尖、《滇南本草》：生于山中石上。绿色，夷人呼为蜈蚣草，叶细小。治一切跌打损伤，筋骨疼痛。四肢麻木，风湿痿软，泡酒服之，神效无比。扫天晴明草、一名凤凰草。《滇南本草》：此草似茴香，其叶细碎。治一切筋骨打断，刑杖不疼，外科圣药，打瘀血，攻死血，五麻白浊，疮毒劳伤，大肠下血，妇人崩症皆效。小儿佩之，能杀蛊毒。已受蛊，研末吹鼻，蛊自现出。三仙菜、《滇南本草》：此菜生于近水处。形如灰挑，结子如天天茄，青色可爱。采根、叶并子熬膏，每晨三钱，服之延年益寿，百病不生。瞽目久服能明，瘫痪久食自愈。作菜食肥白而胖，忌大蒜、儿茶。地精草、《滇南本草》：此草生于山中。紫梗绿叶，枝上飞藤缠绕，五月开花，细白而小。采取晒干，火煅为末，治头风攻眼，中风不语，口眼歪斜，伤寒热症，服之即愈。生石上开黄花者，名地元藤，有毒伤人，不可误用。土练子、《滇南本草》：味甘，性寒，无毒。和朱砂治惊风、脐风。生于山中，叶似地草果，中结一子，内包黑水，乌须发，再不返白。治一切湿气流痰，疯癫疮毒，十二种风痰，颠狂跌打者，服之即效。根，能消积食及痞块、中隔不通，痈疽发背如神。取子，煎熬朱砂成膏，治横生倒产，服下半刻，即顺生矣。假苏、《滇南本草》：花似扫帚，夏末采取，治口眼歪斜，通利血脉，化瘀逐血，驱风利窍。又治跌打损伤，洗疮解毒，清目化痰，养肌解酒。夷人作菜日食，不染瘟疫。又能固齿。铁刺枝、《滇南本草》：硬枝铁干，花开细白。冬季开花，刺似铁针。生在石边，收取阴干为末，治酒毒冲心，胃中结痛，或酒虫、或酒龟在腹活动不可忍者，服之神效。根同杨梅根为末，治痿软瘫痪，忌萝卜，每服三钱。青花黄叶草、《滇南本草》：生于山野间，花似大枫子花，叶黄绿色，花青。采枝叶煨服，治一切眼目花涩，汁点眼去翳。根为末，治痘疮封眼，神效。龙吟草、《滇南本草》：生于山中，面面朝阳，断梗有丝，根大肥白。采服益寿延年，返老还童，百病不生。多食，目能视千里之外。又治大头伤寒，舌上生疮，名曰重舌。汞草、《滇南本草》：有大毒，不可食。生于深山中，叶有觚角，中抱一子，若鸟雀误食即死。滇南初开，夷性未化，土人多以此草杀人，却能煮铜铁成银，故志之。紫背天葵、《滇南本草》：味辛，有小毒。形似蒲公英，绿叶紫背。敷大恶疮，神效。虚人服之，汗出不止，不省人事，即用甘草、绿豆汤解之。俗呼为紫背鹿衔草。铁莲子、《滇南本草》：黑子，淡黑根，形似乌饭果，软枝无叶。治酒食积痰吐酸，浑身疼痛，酒色过度，肾气奔疼即效。万年松、《滇南本草》：生于青草丛中，形似松，又似佛指甲，又似瓦松，又名千里菌。治一切疔疮大毒、痈疽发背，服之即愈。七星草、《滇南本草》：此草形似鸡脚，上有黄点。按星度而生，或贴土处生、贴石处生，总治五麻如神。地缨子、《滇南本草》：草形似缨子，贴地而生。分红、绿二色，红治脱阳，绿治脱阴，皆极神效。绣球藤、《滇南本草》：生于近水处，或贴地生，或依埂生，有细叶生于藤上。治肾囊风、天泡疮，三剂见功。又治鼻疳，或肺家有毒，不能闻香臭者，吹之即通。金刚杵、《滇南本草》：治一切单腹胀，水肿血肿。烧灰为末，冷水送下，一服即愈。若生用，猛过大黄、芒硝。倘用之而泄不止，以手反冷水浸之而解。白地膏、《滇南本草》：治一切单腹胀，水肿血肿。烧灰为末，冷水送下，一服即愈。若生用，猛过大黄、芒硝。倘用之而泄不止，以手反冷水浸之而解。凤尾草、《滇南本草》：此草与晴明草相似，但此草枝软。多生山中有水处，采取枝叶并用，忌铁器。治一切骨碎筋断，跌打损伤。捣烂就热血敷之，效验如神。又治脱肛，又溃大毒。小儿佩之，不染蛊毒。胡麻饭、《滇南本草》：软枝细叶，枝尖上结子，碎细如米。其根大而肥，熬膏服食能辟谷，故仙人多食之。子治肺劳吐血；叶治风邪入窍，口不能言；枝治头风；根能大补元气，轻身延年，乌须黑发。铁梗金缠草、《滇南本草》：生于有水处。叶小梗硬，有软枝，枝上结子，色黄，有嫩藤缠绕。四月采子，八月采根，九蒸九晒，熬膏服食，辟谷延年。作菜常服，面目肥白，百病不生，补肾益精，坚牙固齿，乌须黑发，筋骨疼痛，其效如神。水芭蕉、《滇南本草》：有毒。生于水旁，矮小无花，似山芭蕉，而高仅尺余。采之晒干为末，遇刀伤毒破、蛇咬蝎毒，敷上即愈。虽见血封喉，箭毒刀毒，擦之皆愈。水毛花、《滇南本草》：有大毒。此草生于水中，似毛有花。采取晒干为末，用为麻药。凡割尿结大毒，先以此药擦上，再不知疼，神效已极。水朝阳草、《滇南本草》：生于水内。形似鼓锤草，抱叶而生，花子朝阳，叶尖长大，色紫独苗。采取同硫磺煮成汞如粉，水红色，蜜合为丸，百病皆医，又名纯阳丹。救一切大小疾病，药到便安，其效甚速。筋骨草、《滇南本草》：味甘辛，无毒。《普济方》：治反胃呕吐，暖胃消肿，舒筋接骨，癣疮疥癞，五劳七伤。若跌打损伤，筋断骨折，用酒调敷患处，枝叶煨汤，点酒服三剂即愈。生于田野间，高仅尺余，茎圆，叶尖有齿，花开黄花，子结三棱，如蓖麻子。五月五日，采取晒干为末，治风湿寒热，手足拘挛，脚气麻木，调治每服三钱，其效如神。地卷草、《滇南本草》：或贴石而生，或贴土而生。绿叶细碎，自卷成虫，又名虫草，又云抓地松。采取晒干为末，生用破血，熟用止血。煨服，治一切跌打损伤，骨碎筋断。又止鼻血。矮陀陀、《滇南本草》：绿叶绿梗黑根，生在朝阳之处，溪水之边。冬不凋，春不再茂。新鲜时，梗内有白浆，心细，菊花形，结黑子，年久根上结瓜，黄花有毒，不可入药。白花第一，紫花次之，治病甚多。薄荷、旧《云南通志》：大理者佳。《滇南本草》：滇南火地所产不同，老人常服，发白转黑。金银花、《云南通志》：云南临安者佳。薏苡、旧《云南通志》：临安者佳。青皮、旧《云南通志》：宾川者佳。藁茇、旧《云南通志》：大理者佳。牛扁、李时珍《本草纲目》：韩保昇曰今出宁州，叶似石龙芮，附子等。二月八月，采根晒干。

谨案：旧《志》尚有何首乌、沙参、川芎、苦参、地黄、麦门冬、防风、桔梗、白芷、柴胡、南星、黄芩、干葛、贝母、白芍、赤芍、白豆蔻、远志、石菖蒲、威灵仙、牛膝、秦艽、黄精、猪苓、泽泄、重楼、常山、姜黄、细辛、麻黄、香薷、木通、紫苏、荆芥、蒲公英、骨碎补、草决明、益母草、豨莶草、谷精草、龙胆草、木贼草、菊花、红花、旋覆花、兔丝子、史君子、金樱子、五味子、青箱子、枸杞子、补骨脂、草麻子、覆盆子、苍耳子、石楠藤、瓜蒌仁、牵牛、楮实、枳实、枳壳、陈皮、地骨皮、桑椹、桑白皮、桑寄生、厚朴、石膏、滑石，皆滇产。

——道光《云南通志稿》卷六十八《食货志六之二·物产二·云南通省》第9页

药　陈鼎《滇黔纪游》：太和药有一百七十七种，性良于他产。

——道光《云南通志稿》卷六十九《食货志六之三·物产三·大理府》第15页

白茄、飞松子、排风藤、硫、黑药、阿魏、没药、乳香、儿茶、冰片　旧《云南通志》：俱永昌出。

——道光《云南通志稿》卷七十《食货志六之四·物产四·永昌府》第27页

杂药　常璩《华阳国志》：堂琅县出杂药。

——道光《云南通志稿》卷七十《食货志六之四·物产四·东川府》第37页

药之属　百二十三：茯苓、何首乌、香附、沙参、土人参、白云参、苦参、还元参、白龙参、飞仙藤、野姜、桂馥《札樸》曰：即药中之拘脊。车前、一名大枫草，又名虾蟆叶。大腹子、草果、双尾草、兰花双叶草、独叶一枝花、石胆草、迎风不动草、紫叶草、黄毛金丝草、无风自动草、剑草、鹿衔草、青霞草、石龙草、龙蛋草、石梅、地竹、贴地金、百叶尖、扫天晴明草、一名凤凰草。三仙菜、地精草、假苏、土练子、铁刺枝、青花黄叶草、龙吟草、汞草、紫背天葵、铁莲子、万年松、七星草、地缨子、绣球藤、金刚杵、白地膏、凤尾草、铁梗金缠草、胡麻饭、水芭蕉、水毛花、水朝阳草、筋骨草、地卷草、矮陁陁、天门冬、防风、桔梗、柴胡、前胡、半夏、南星、黄连、黄芩、葛根、升麻、白芍药、赤芍药、白豆蔻、远志、石菖蒲、威灵仙、天花粉、黄精、猪苓、泽兰、重楼、常山、姜黄、大黄、麻黄、香薷、木通、紫苏、荆芥、薄荷、蒲公英、骨碎补、草决明、菊花、益母草、豨莶草、谷精草、龙胆草、千针万线草、木贼、金银花、旋蓇花、金缨子、兔丝子、即黄锁梅。使君子、青箱子、即鸡冠花子。苍耳子、枸杞子、覆盆子、即红锁梅。补骨脂、薏苡仁、萆麻仁、括蒌仁、石楠藤、牵牛、葶苈、楮实、枳壳、地骨皮、桑椹、桑白皮、桑寄生、厚朴、石膏、滑石。

——道光《昆明县志》卷二《物产志》第 3 页

　　滇药之载于旧《志》者八十八，其引《滇南本草》者五十一，皆统全滇所有，而胪之其实，县之产固不下百余也，惟所出有优劣之分，故标其优者为道地，犹苄之名怀、参之称潞耳，岂不怀而即非苄，不潞而即非参乎？《滇南本草》旧传兰茂作，考茂为明初人，其卒在正统以前，而此书自序题崇正甲戌，其为依托可知矣。

　　《一统志》：芸香草，出昆明，有二种。一名五叶芸香，能治疮毒。入彝方者携之，如嚼此草无味，便知中毒，服其汁，吐之即解。一名韭叶芸香，能治瘴疟。

　　旧《通志》：镜面草，和敝蓑煎酒服，能治月闭。

　　《滇南本草》：如意草，味甘苦，微寒。形似蕉而小，四叶无花，根如火焰。治一切大虚弱，采叶服之，虽八旬可生子，久服轻身延年。金钱草，味甘酸，无毒。顶叶如虎掌，花如罂粟，三年生叶一台，复一年方为叉。采花而食，寿可百岁。楼台草，味甘，性热，无毒。形如艾叶，独苗嫩枝，蝙蝠多觅而食，日久变为松鼠。人食之能返老成童，治一切筋骨痛，虚脱痿痹，盗汗，妇人血崩，又治损伤，接骨如神。以叶烧灰，治小儿黑痘及痘顶不起者。梗治腹痛绞肠痧，或急阴症，研末酒服，三钱效。

——道光《昆明县志》卷二《物产志·余论·论药之属》第 13 页

　　药属　半夏、菖蒲、香附、紫苏、苍耳、白芨、贯仲、葛根、车前、白芷、赤芍、当归、川芎、南星、细辛、豨莶。

——道光《晋宁州志》卷三《地理志·物产》第 26 页

　　药类　黄芩、穿山甲、黄精、皂角、车前草、木通、稀莶草、南星、半夏、甘葛、薄荷、天花粉、萆薢。

——道光《昆阳州志》卷五《地理志下·物产》第 13 页

　　药属　茯苓、黄芩、黄柏、柴胡、升麻、苦葶苈、桔梗、麻黄、藁本、厚朴、南星、益母草、半夏、丹参、沙参、茵陈、紫草、苍耳子、山查、乌梅、荆芥、牵牛、薄荷、土牛膝、香附、山药、黄精、苦参、干葛、淫羊藿、萆薢、茜草、续断、白术、管仲、穿山甲、车前、骨碎补、五倍子、木贼、金银花、桃仁、重楼、金樱子、地骨皮、桑白皮、爪蒌仁、桑寄生、天门冬、白藓皮、一枝箭、金钗石斛。

——道光《宣威州志》卷二《物产》第 23 页

　　药属　三七、沙参、梧梗、独活、前胡、茯苓、薄荷、巴豆、黄柏、黄精、芝麻、半夏、天冬、砂仁、白芍、续断、菖蒲、花椒、薏苡、白芨、荆芥、紫苏、何首乌、羌活、防风、石斛、马槟榔、千张纸。形似扁豆，其中片片如蝉翼，焚为灰，可治心气痛。

——道光《广南府志》卷三《物产》第 2 页

药之属 天门冬、麦门冬、沙参、何首乌、黄芩、五加皮、金银花、茯苓、黄精、一枝箭、白芨、夏枯草、红花、旱莲草、益母草、地肤子、木通、土当归、牛蒡子、葛根、车前子、金缨子、木瓜、山楂、艾。旧《县志》

——道光《续修易门县志》卷七《风俗志·物产》第 169 页

药之属 兰花参、天门冬、金银花、茯苓、鹿茸、出江外哀牢山。穿山甲、溪蝎。出江外夷地。

——道光《新平县志》卷六《物产》第 22 页

药之属 茯苓、茯神、荆芥、薄荷、扁木、南星、半夏、瓜蒌、蛤蚧、苦参、防风、白芷、桑寄生、天门冬、何首乌、天仙子、穿山甲、香附子、金银花、土人参、川芎、木通、当归、柴胡、黄芩、蒲黄、牵牛、重楼、款冬花、天丁、刘寄奴、茜草、山药、藁本、大黄、车前子、细辛、牛夕、杜仲、五加皮、牛蒡子、石斛、苍耳子、玉竹参。

——道光《姚州志》卷一《物产》第 242 页

药之属 茯苓、防风、桔梗、沙参、杞枸、天门冬、香附、荆芥、元参、红花、木通、何首乌、当归、黄芪、柴胡、白芍、车前、兔丝子、半夏、黄芩、干葛、薄荷、紫苏、草决明、木贼、豨莶、黄精、白芨、南星、金樱子、白芷、贝母、扁蓄、秦艽、茵陈、地肤子、前胡、麦冬、川芎、猪苓、枳壳、益母草、枳实、青皮、故纸、麻黄、葶苈、苍耳子、地榆、香薷、升麻、旋复、麝香、生地黄、瓦松、橘皮、蒺藜、重楼、石斛、枳椇子、黄蜡、薏苡、川椒、山豆根、王不留行、天花粉、桑寄生、九里光、赤芍药、地骨皮、瓜蒌仁、黄药子、楮实子、急性子、羊蹄根、鹅不食草、泽兰、淡竹叶、马齿苋。

旧《志》载：大姚产茯苓。按：《史记·龟策传》作"伏灵"，谓：在兔丝之下，状如飞鸟之形。新雨已霁，天静无风，以火夜烧兔丝，去之，诗其凡，俟明掘取，即得。《淮南子》言：千年之松，下有伏苓，松有兔丝。《典术》言：松门入地千岁，为伏苓。望松树赤者，有之。李时珍云：下有伏苓，则上有灵气，如丝之状。山人亦时见之，非兔丝子之兔丝也。宋王微《伏苓赞》云：皓苓下居，彤丝上荟。中状鸡凫，其容龟蔡。神侔少司，保延幼艾。终志不移，柔红可佩。《仙经》言：伏灵大如拳者，佩之令百鬼消灭。寇宗奭曰：多年樵斫之松，根之气味抑郁未绝，精英未沦，其精气盛者，发泄于外，结为伏苓。此说最确。县境山皆宜松，故产伏苓，惟深林大壑中自然生者佳。亦颇有重至五七十斤者，然皆百余年前事。近则发掘殆遍，偶有所得，不过数斤重而已。近有种者，将合抱之松，于去地尺余处，削去其皮尽余，周围如带，使精气下坠，结为伏苓，为五年亦可掘，往往有六七斤。重者怕质不理者，恶味薄耳。又有伪者，以他物杂伏苓之碎者所和为团，包以松皮，穴松根纳之，经年亦融结。类少碧习，然尤不离乎松也。更有以他物掺和伏苓粉，筑为块，切片，以红线缠之，标其名曰"云苓"。他省药习为然。此则伪之伪矣。若县境所产，虽不及古赏之若，尚不至于伪。

——道光《大姚县志》卷六《物产志》第 7 页

药属 茯苓、何首乌、沙参、即土人参。葳参、一名玉竹参。苦参、当归、天门冬、防风、白芷、柴胡、半夏、南星、黄芩、干葛、升麻、菖蒲、天花粉、牛膝、黑、白二种。黄精、重楼、泽兰、细辛、威灵仙、蒲公英、香薷、木通、紫苏、荆芥、益母草、木贼草、菊花、红花、陈皮、青皮、金银花、金沸草、枳实、枳壳、厚朴、桑椹、旋复花、车前子、石膏、麝香、大蓟、苍耳子、牛蒡子、白牵牛、小蓟、宫桂、三七、地骨皮、冬青子、一名女贞子。杜仲、草乌、桑白皮、桑寄生、地榆、有赤、白二种。雄黄、仙茅、马蹄香、抓地龙、九里光、艾、萆薢、芒硝、地肤子、龙须草、穿石藤、茅根、马兜铃、金铃子、冬葵子。

——道光《定远县志》卷六《物产》第 205 页

药属　茯苓、天门冬、半夏、干葛、木通、枳实、枳壳、青皮、石膏、麝香、金银花、威灵仙、车前子、菊花、益母草、紫苏、薄荷、鹿茸、石莲、食风丹、九里光、艾、石菖蒲、勾藤、牛膝、何首乌、黄精、桑寄生、马蹄香、木贼草、牛黄。

——道光《威远厅志》卷七《物产》第 4 页

药则有天冬、荆芥、薄荷、薏苡、桑寄生、半夏、车前、干葛、紫苏、益母、黄精、花椒、白芨、防风、三棱、黄芩、南星、九里光。

——咸丰《邓川州志》卷四《风土志·物产》第 9 页

药之属　天门冬、何首乌、五加皮、地骨皮、穿山甲、金银花、茯苓、黄芩、一枝箭、木通、天花粉、香白芷、白芨、红花、车前子、益母草、夏枯草、土当归、地肤子、牛蒡子、牵牛子。

——咸丰《嶍峨县志》卷十二《物产》第 3 页

药属　沙参、苦参、茯苓、当归、厚朴、南星、麻黄、白芷、枸杞、牵牛、益母、天花粉、木通、半夏、地榆、薄荷、紫苏、车前、荆芥、白芨、大戟、何首乌、桔梗、葛根、石燕、寄生、马蹄香、防风、藁本、蒲黄、防己、石菖蒲、白部、香附子、红花、地丁、藜芦、黄芩、瓜蒌、常山、萆薢、仙茅、黄精、骨碎补、〔牛〕膝、柴胡、草乌、一枝箭、木贼、牛蒡子、威灵仙、天门冬、龙胆草、前胡、旋覆花、赤小豆、五加皮、金线重楼、豨莶草、川芎、山楂、紫草。

——咸丰《南宁县志》卷四《赋役·物产》第 12 页

药之属　半夏、银柴胡。

——光绪《呈贡县志》卷五《物产》第 2 页

药属　沙参、茯神、茯苓、厚朴、南星、半夏、枸杞、薄荷、紫苏、车前、首乌、葛根、寄生、防风、藁本、香附、红花、黄芩、麻黄、黄柏、黄精、柴胡、荆芥、草乌、木贼、升麻、续继、山楂、紫草、地榆、木通、桑皮、独活、地骨、丹参、白菊、桔梗、芍药、栀子、前胡、益母、牛蒡、威灵仙、施覆花、瓜蒌仁、天花粉、金银花、一支箭、虎掌草、搜山虎、四块瓦、对节莲、马尾莲、朱莲、白火把花，其余尚多，不能悉登。

——光绪《平彝县志》卷四《食货志·物产》第 2 页

药之属　防风、桔梗、沙参、芍药、黄芩、何首乌、苦参、车前、茯苓、香附、黄连、石菖蒲、天花粉、白芷、葛根、升麻、荆芥、薄荷、半夏、门冬、小茴、薏苡、瓜蒌仁、苍耳子、益母、柴胡、麻黄、杏仁、陈皮、泽兰、牛膝、甘草、木通、紫苏、木贼、金银花、桑寄生、豨莶草、谷精草、花椒、车前子、金樱子。

——光绪《霑益州志》卷四《物产》第 66 页

药品　牛黄、麝香、半夏、瓜蒌、常山、黄芩、天门冬、麦门冬、香附子、南星、重楼、大苦参、小苦参、白芷、菖蒲、有水、石二种。野姜、荆芥、柴胡、丹参、沙参、防风、紫苏、葶苈、土细辛、黄蘗、木通、俗呼排风藤。牛膝、勾藤、枸杞、续断、藿香、茯苓、五加皮、地骨皮、车前、苍耳、牛蒡子、金银花、马蹄香、桑寄生、益母草、何首乌、威灵仙。

——光绪《镇南州志略》卷四《食货略·物产》第 32 页

药之属 故实二种：土人参、《咸宾录》：云南姚安府产人参。原注：即土人参。麝香。《唐书·地理志》：姚州土贡麝香。旧《志》三十二种：茯苓、茯神、荆芥、薄荷、扁术、南星、半夏、瓜蒌、蛤蚧、离蒌、苦参、防风、白芷、桑寄生、天门冬、何首乌、天仙子、穿山甲、香附子、金银花、川芎、木通、当归、柴胡、黄芩、蒲黄、牵牛、重娄、山药、藁本、车前子、香白芷。增补二十五种：黄精、马尾莲、谷精草、夏枯草、益母草、王不留行、刘寄奴、萹蓄、瞿麦、露蜂房、五倍子、斑蝥、柳蠹虫、蓖麻子、莱菔子、麦门冬、花粉、赤白芍、赤白、地榆、荠苨、苏叶、白芥子。又有蓝花参，能益乳，产妇多食之。又有小红参，皆《本草》所未载者。又有草。土人呼为葱龙把。无论腹痛、感寒诸疾，皆生取食之。间有疗病者，亦有增病者，大抵攻伐之剂也。雨按：州属百草岭群药皆产，土人有以劖药为业者。

——光绪《姚州志》卷三《食货志·物产》第 48 页

药之属 旧《志》五十三种：葳灵仙、龙胆草、益母草、桑寄生、旱莲草、天门冬、覆盆子、金樱子、桑椹子、紫荆皮、金银花、仙人饭、白扁豆、土人参、何首乌、补骨脂、香附子、青箱子、穿山甲、麦门冬、牛蒡子、虎掌草、黄精、鬼臼、柴胡、前胡、细辛、半夏、常山、赤白芍、防风、赤白地榆、紫苏、桃仁、牛膝、黄芩、香薷、薄荷、杏仁、乌梅、灯草、苦参、木通、南星、当归、车前子、虫蒌、紫参、青皮、枳实、紫草、枳壳、茴香子。新增三十五种：马尾莲、黑牵牛、夏枯草、白牵牛、王不留行、刘寄奴、露蜂房、斑蝥、柳蠹虫、莱菔子、女贞子、赤白茯苓、茯神、麝香、蝉蜕、白芷、荆芥、扁蓄、瓜蒌、离蒌、天仙子、川芎、蒲黄、山药、谷精草、扁术、瞿麦、五倍子、蓖麻子、花粉、荠苨、白芥子、蓝花参、小红参、元参、花椒、秦椒。

——光绪《续修白盐井志》卷三《食货志·物产》第 55 页

药之属 木通、防风、枣仁、茯苓、沙参、当归、天门冬、香附子、苍葡〔菖蒲〕、荷叶、故脂、白芍、升麻、茨藜〔刺蒺藜〕、荆芥、薄荷、苏子、石膏、粉葛、山查〔楂〕、草乌、车前草、益母草、一枝箭、穿山甲。

——光绪《元谋县乡土志·植物》（初稿）第 336 页

药属 天门冬、穿山甲、何首乌、冬青子、金银花、稀敛草、茯苓、重娄、沙参、枳壳、黄芩、地骨皮、黄连、防风、荆芥、柴胡、香附、薄荷、干葛、前胡、南星、半夏、皮硝、白芷、明矾、皂矾、一枝箭、香薷、车前子、元明粉、麝香、远志、草乌、熊胆、旱莲花、升麻、木通、天花粉、黄精、石斛、太极参。出狮山巅，心有太极纹，故名。

——光绪《武定直隶州志》卷三《物产》第 12 页

药属 天冬、赤芍、柴胡、黄芩、沙参、半夏、益母、白芷、南星、重楼。

——光绪《罗次县志》卷二《物产》第 22 页

药属 麝香、熊胆、香附、黄精、草乌、前胡、沙参、紫苏、荆芥、薄荷、大蓟、葛根、小蓟、苍耳、地榆、花粉、半夏、木通、牛膝、黄柏、南星、五加皮、出芒部观音寺者更佳，今采取已尽。金银花、车前子、旋覆花、石菖蒲、桑白皮、九里光、俗名十里光。蒲公英、益母草、龙胆草、稀莶草、桑椹子、女贞子、五棓子。

——光绪《镇雄州志》卷五《物产》第 58 页

药部 龙胆草、石斛、独活、升麻、远志、薏苡仁、五味、菴蔄子、骨碎补、白芨、仙茅、谷精草、葫芦巴、葶苈、青木香、海金沙、常山、龙骨、五家皮、桑寄生、白芥子、土人参、泽兰、甘草、川芎、连翘、山茨菰、香附子、何首乌、金银花、薄荷、葛根、弥陀僧、自然铜、地骨皮、枸杞子、威灵仙、蓬术、防己、紫苏、柴胡、大黄、生地黄、元参、黄芩、百部、防风、木通、苍耳子、白芍、香白芷、前胡、半夏、茯苓、秦归、南星、覆盆子、地榆、黄连、马兜铃、夏枯草、藁本、旋覆花、牵牛、商陆、山查、羊蹄根、槐实、罂粟子、槐花、益母草、青黛、一枝箭、荆芥、花椒、当归、黄葵子、红花、牛蒡子、天门冬、车前子、乌梅、木通、黄精、白花地丁、菖蒲、麦门冬、菊花、蜂蜜、紫花地丁、黄蜡、土地黄。

——光绪《云南县志》卷四《食货志·物产》第 16 页

药之属 黄精、薏苡仁、覆盆子、葛根、茯苓、天冬、白芨、白步、南星、半下、续断、柴胡、葳灵仙、黄芩、赤白芍、木通、地榆、重楼、何首乌、甘松、秦艽、菖蒲、地骨皮、防风、蒲公英、艾、山楂、郁金、车前、石斛、益母草、泽兰、地肤子、川芎、槐花、荆芥、姜黄、沙参、薄荷、王不留行、紫苏、夏枯草、龙胆草、青皮、一枝兰、桑皮、珍珠贝、香薷、兔丝子。

——光绪《鹤庆州志》卷十四《食货志·物产》第 6 页

药属 紫金锭，以雪水合诸药，为通各种奇效，外敷疮疔尤佳。秦归、薏苡、茯苓、丽郡所产药材，以此为冠。有大至百余斤者，然不恒有也。产维西及金沙江上下一带地方。秦艽、俱以丽所产者发他省。何首乌、有赤、白二种。黄精、天冬、蓣薯、即山药也。沙参、百合、有一种野百合，性味稍逊。菖蒲、益母、丹参、白芨、石斛、有二种，黄而肥者名金钗石斛，细而长者为水斛。续断、节二断，比他处产者为尤良。鹿衔草、去风湿，兹肾阴，补虚痨，除男妇五痨七伤等症，紫背者尤为佳。半夏、香附、山楂、谷精、青蒿、柴胡、黄芩、荆芥、紫苏、薄荷、车前、干葛、川芎、花椒、连翘、厚朴、莲花贝母、黄花地丁、金银花、槐米、箭芪、黄柏、五味子、五倍子、南星、地骨皮、枸杞、防风、有杏叶、竹叶二种。金毛狗脊、白胶香、虎潜丸。以古方虎潜丸加减，另用秘传草药二三味，惟束河寿元丰老堂所造者为真。治男子风痹及妇人胎产百病、崩带漏下等症。

——光绪《丽江府志》卷三《食货志·物产》第 31 页

药之属 茯苓、秦艽、半夏、堵喇、沙参、川芎、防风、黄芩、茵陈、芍药、薄荷、荆芥、紫苏、南星、苦参、白芨、牵牛、干葛、苍耳、大戟、牛膝、柴胡、木通、防己、羌活、独活、寄生、数味。楮实、白菊、漏芦、细辛、射干、茴香、地榆、当归、三棱、莪术、山楂、续断、故纸、乌药、草乌、葳参、蒺藜、红花、贝母、枸杞子、麦冬、桔实、橘皮、天冬、黄精、天丁、地丁、贯仲、菖蒲、青皮、桑皮、干艾、莲米、矮陀、数种。血藤、檺皮、玄参、通草、香附、升麻、苦楝子、山药、厚朴、益母草、何首乌、鹿衔草、地骨皮、枇杷叶、覆盆子、五灵脂、青箱子、白苏子、蒲公英、龙胆草、一枝蒿、牛旁子、车前子、五加皮、旋覆花、侧柏叶、白草霜、白头翁、打不死、伸筋草、滛羊藿、金不换、五爪龙、兔丝子、王不留行、郁李。

——光绪《续修永北直隶厅志》卷二《食货志·物产》第 28 页

药属 沙参、桔梗、黄精、土黄芪、天麻、远志、淫羊藿、仙茅、玄参、地榆、紫参、紫草、白头翁、三七、黄连、黄芩、柴胡、前胡、防风、独活、升麻、土当归、苦参、龙胆草。以上山草。川芎、香附子、藿香、薄荷、紫苏、艾、益母草、牛蒡、麻黄、木贼、地黄、牛膝、车前、麦门冬、酸浆、款冬、决明、王不留行、连荞、紫花地丁、水甘草。以上芳草。见肿消、大黄、附子、乌头、天南星、半夏。以上毒草。泽泻、兔丝子、牵牛、五味子、覆盆子、天门冬、百部、何首乌、山豆根、茯苓、威灵仙、木通、金银花、石斛、马兜铃、山查子、黄柏、羌活、天花粉、桑白皮、葛粉、枳实、枳壳、青皮、管仲、槐角、五加皮、茵陈、地骨皮、荆芥。以上杂草。

——光绪《永昌府志》卷二十二《食货志·物产》第 4 页

药之属 茯苓、檀萃《滇海虞衡志》：茯苓，天下无不推云南。云苓之重，当在康熙时。《采访》：顺宁之茯苓，出瓦屋，其质小。香附、《采访》：顺宁香附虽多，不及宾川之佳。土人参、《滇南本草》：生山谷之有穴情者，惟滇所产易肥大明润，但初春生苗多在阴处，一丛五叶。出自南方，其性多燥，叶甚细小，夜有白光笼罩者是也。《采访》：顺宁所产极多，不及蒙化之佳。牛黄、李时珍《本草》：牛黄，多梁州、益州。麝、檀萃《滇海虞衡志》：《范志》云"自邕州谿峒来者名土麝，气臊烈，不及西番"，谓云南也，是知滇麝甲于天下。鹿茸、《采访》：顺郡鹿茸，产所属土司地者佳。天门冬、《采访》：顺宁虽产，不及富民之佳。前胡、《采访》：顺宁虽产，不及安宁之佳。半夏、《采访》：出顺宁观音里。天花粉、《采访》：顺宁虽产，不及富民之佳。芸香草、《一统志》：出昆明，有二种：一名五叶芸香，能治疮毒。入夷方者携之，如嚼此草无味，便知中毒，服其吐之自解；一名韭叶芸香，能治瘴疟。车前、《滇南本草》：一名虾蟆叶。此草遍地皆出，大叶细子。治一切虚烧，通淋利水，疮毒，妇人难产。久服轻身延年。又止白带。子以半升炒热，盛囊护脐，暖肾生子。又治痢疾。根治大疮，叶治肺劳，汗治喉风虚痰。地竹、《滇南本草》：于郊野就地而生，高仅二寸，又名地余竹。治一切目疾，老眼昏花，云翳遮睛，疳疾伤眼，怒气攻冲，服之皆效。同苦蒿尖、马鞭梢尖、枸杞尖共捣为泥，遇暴赤火眼，左眼塞左鼻，右眼塞右鼻，无不神效。七星草、《滇南本草》：形似鸡脚，上有黄点，按星度而生，或贴土处生，贴石处生，总治五痳如神。水芭蕉、《滇南本草》：有毒。生于水旁，短小无花，似山芭蕉而高仅尺余。采之晒干为末，遇刀伤毒破、蛇蝎毒，敷上即愈。虽见血封喉，箭毒、刀毒，擦之皆愈。矮陀陀、《滇南本草》：绿叶梗，黑根，生在朝阳之处，溪水之边。冬不凋，春不再茂。鲜时，梗内有白浆，心细，菊花形，结黑子，年久根上结瓜，黄花有毒，不可入药。白花第一，紫花次之，治病甚多。薄荷、《滇南本草》：滇南火地所产不同，老年常服，发白转黑。《采访》：顺宁虽产，不及楚雄之佳。薏苡、《采访》：顺宁虽产，不及临安之佳。藿香、嵇含《南方草木状》：藿香，榛生，民自种之。五六月采，曝之乃芬。种出自交趾、武平、兴古、九真。葶苈、《采访》：顺宁虽产，不及大理之佳。苦参、《采访》：产石岩际，味苦性热，俗云有人参之功。何首乌、《采访》：顺宁所产甚多，老人常服，乌须黑发。红花、《采访》：多产于江边，为血分之圣药，亦可用以染布。凤尾草。《滇南本草》：与晴明草相似，但此草枝软，多生山中有水处。采取枝叶并用，忌铁器。治一切骨碎筋断，跌打损伤，捣烂就热血敷之，其效如神。又治脱肛，又溃大毒。小儿佩之，不染蛊毒。

谨案：顺宁尚有川芎、麦冬、防风、白芷、柴胡、南星、黄芩、干葛、赤白芍、远志、石菖蒲、牛夕、黄精、重楼、常山、姜黄、细辛、木通、紫苏、荆芥、蒲公英、骨碎补草、益母、谷精、龙胆、木贼等草。菊花、旋覆花、枸杞尖、金樱、青箱、草麻、苍耳、茴香等子。瓜蒌仁、牵牛、枳实、一支箭、五味、地骨皮、桑其、桑白皮、厚朴、石膏、野姜、乌药蓬、莪术、金银花、当归、马兜铃、土大黄、九里光、山草菜、连翘、楮实子、续断、地榆、山羊血、熊胆、穿山甲、柏子仁、石姜、金石斛。

——光绪《续修顺宁府志稿》卷十三《食货志三·物产》第 14 页

药类 小红参、鸡脚参、二味不列本草。薄荷、以城内虎山所产为佳。牛黄、麝香、茯苓、有松根、蕨根二种。柴胡、半夏、白芷、防风、紫苏、细辛、黄蘖、木通、牛膝、勾藤、枸杞、续断、藿香、车前、苍耳、香附、荆芥、丹参、沙参、苦参、山楂、麦芽、重娄、南星、天冬、麦冬、桑寄生、桑白皮、葶苈、菖蒲、有水、石二种。艾草、地骨皮、五加皮、葛根、益母草、葳灵仙、何首乌、芒硝、松香、马蹄香、野姜、风藤草、万两金、金银花、火麻子、桃仁、杏仁、红花、野椒、粉葛根、大苦菜、草乌、有大、小二种。打不死草。

——宣统《楚雄县志述辑》卷四《食货述辑·物产》第 18 页

药类 茯苓、黄芩、独活、茵陈、龙胆、牡丹皮、五加皮、桑白皮、木瓜、防风、桔梗、葳参、商陆、白芨、土三七、何首乌、地榆、丹参、续断、萆薢、紫草、升麻、葛根、土牛膝、茴香、茜草、石斛、青香藤、赤芍药、柴胡、柴桂、半夏、木通、黄术、九里光、白芍药、黄柏皮、威灵仙。

——宣统《恩安县志》卷三《物产》第 182 页

药属 茯苓、何首乌、当归、五加皮、土参、破故纸、砂仁、白头翁、香附、五倍子、天冬、车前草、益母、淡竹叶、半夏、三奈子、南星、牛膀子、柴胡、布仙、防风、萆麻、荆芥、薄荷、桔梗、黄芩、沙参、石楠、豨莶、牛膝。

——宣统《续修蒙自县志》卷二《物产志·植物》第 47 页

特产药材 虫草、雪茶、半夏、甘草、秦艽、贝母、大黄、阿魏、延胡索、岩参、珠参、佛掌参等类，多产西北高寒山地。芦子、槟榔、胡椒、豆蔻、草果、檀香、肉桂、樟脑、八角、荔支、龙眼、凤梨等类，则以西南温暖地为多。骐驎竭、紫铆、即紫梗。诃黎勒、神黄豆、蚱蚂连、黄草、厚朴、三七、黄连、茯苓，比较全省，产地较多，且占药材中之重要地位。至于地方土产，已有特效用途尚未普遍者，如嵩明之特产月牙一枝蒿，生水边，叶小似月，对生，茎似蕨。独叶一枝花，生溪水边，叶似荷盘，均可入药。后者明目去瘴。又叶下花，花在叶下，似蕨，入药去瘴。景谷特产之狗椒花，本毒药，但干者研末，善治虫蚀烂疮，鲜者捣烂酒炒包，又为跌打圣药，去酒包刀伤亦可。又特产木浆子一种，果、叶、枝、茎皆辛味，其果榨油，功与万金油同，或且过之。

腾冲特产香果树，常绿乔木，生山地及园圃，叶小如卵形，互生，革质，有光泽。夏秋间开小黄花，至秋结实，小如薏苡，圆形，有香味，汁煎作膏，可供燃料或制肥皂。其油煎鸡，治女子五痨，亦颇有效。

景东特产湿风丹，草本植物，为治风湿之圣药。又特产叶上花，草本植物，治跌打亦有奇效。

思茅特产芭蕉胆，形圆如珠，白色。产大芭蕉，本由胆之成，因疑受病害或菌害，未详用途，但可入药。

墨江名产羊奶果，生山间，叶有白浆，醃食最佳，亦可入药。

麻栗坡特产之根根药，据《物产报告》谓有补泻性质，其功用不亚于韦廉氏之补泻丸，法人常来大批购办。

此外，地方特产，因用土名之故，尚为书、志、报告未尽著录者。明兰茂《滇南本草》，著录甚详，近人经利彬据之以采集标本，辑为《云南药物图谱》，尤为详赡。然云南各地不知名之草药而具特效者，其种类尤多，兹就《滇南本草》等书，再将云南所产药材二百余种列表如下。（表略）

——《新纂云南通志》卷六十三《物产考六·植物三·药材类》第 31 页

药类 何首乌、香附、茯苓、沙参、青洋参、苦参、红花、枳椇参、鸡爪参、野姜、车前子、柴胡、苏叶、黄芩、葛根、升麻、芍药、豆蔻、远志、石菖蒲、天门冬、防风、桔梗、前胡、半夏、南星、黄连、威灵仙、白头翁、天花粉、猪苓、泽兰、重楼、大黄、麻黄、香薷、木通、荆芥、薄荷、蒲公英、骨碎补、草决明、菊花、益母草、谷精草、龙胆草、三仙草、双尾草、紫叶草、锁眼草、即木贼。凤尾草、透骨草、地卷草、矮陁陁、金银花、旋覆花、金缨子、兔丝子、青箱子、苍耳子、枸杞子、覆盆花、补骨脂、薏苡仁、蓖麻仁、括蒌仁、桃仁、杏仁、石楠藤、牵牛、葶苈、猪实、枳实、枳壳、陈皮、地骨皮、桑椹、桑白皮、桑寄生、厚朴、石膏、滑石、竹山臭参、系土参之一种，出西区竹山一带，产岩谷间。性温，补血，舒气。新采者煮食之，味甘美，忌近铁器，野生者尤佳。草乌、山茨菇、接骨散。

——民国《路南县志》卷一《地理志·物产》第 50 页

药属　茯苓、何首乌、香附、沙参、苦参、臭参、青洋参、土人参、拐棍参、鸡爪参、竹节参、兰花参、菊花参、野姜、桂馥《札樸》：根似姜，叶似蕉叶，花出叶旁，紫色，三四月间开，即药中之狗脊。车前、《滇南本草》：名大枫草，一名虾蟆草。此草遍地皆出，大叶细子。治一切虚烧，通淋利水，疮毒，妇人难产。久服轻身延年。又止白带。子以半升炒热，盛囊护脐，暖肾生子。又治痢疾。根治大疮，叶治肺痨，汁治喉风虚疾。无风自动草、《滇南本草》：此草五色，形似一枝蒿。治男妇阳痿、阴冷、脱阴、脱阳，一服即愈，精神百倍。附子一分，研泥为丸，入子宫内，即受孕成胎。助阳益肾，其功倍常。剑草、《滇南本草》：生于深山阴处，叶似兰而直，根旁生大黄叶如车前草形，无花，根似火焰。为末，治一切恶毒大疮而致命者，敷上即愈。石梅、《滇南本草》：此草非山梅，亦非家梅。高仅数寸，带黄色，硬梗，色黑，子甚细小。同连翘煎用，治一切大疮毒，大麻疯。子治九种胃，花能止血。地竹、《滇南本草》：此竹于郊野就地而生，高仅二寸，又名地余竹。治一切目疾，老眼昏花，云翳遮睛，疳疾伤眼，怒气攻冲，服之皆效。同苦蒿尖、马鞭梢尖、枸杞尖共捣为泥，遇暴赤火眼，左眼塞左鼻，右眼塞右鼻，无不神效。红花、贴地金、《滇南本草》：此草生于阴处，形似车前，软苗，枝上有黄绒细毛如果数个。采之，可治梅疮伤鼻，或鼻间见黑点，速服此草，可以救鼻。又能解一切大毒疮。土练子、《滇南本草》：味甘，性寒，无毒。和朱砂治惊风、脐风。生于山中①，叶似地草果，中结一子，内包黑水，乌须发，再不返白。治一切湿气流痰，疯癫疮毒，十二种风痰，颠狂跌打者，服之即效。根，能消积食及痞块、中隔不通，痈疽发背如神。取子，煎熬朱砂成膏，治横生倒产，服下半刻，即顺生矣。假苏、《滇南本草》：花似扫帚，夏末采取，治口眼歪斜，通利血脉，化瘀逐血，驱风利窍。又治跌打损伤，洗疮解毒，清目化痰，养肌解酒。夷人作菜日食，不染瘟疫。又能固齿。铁刺枝、《滇南本草》：硬枝铁干，花开细白。冬季开花，刺似铁针。生在石边，收取阴干为末，治酒毒冲心，胃中结痛，或酒虫、或酒龟在腹活动不可忍者，服之神效。根同杨梅根为末，治痿软瘫痪，忌萝卜，每服三钱。白头翁、万年松、《滇南本草》：生于青草丛中，形似松，又似佛指甲，又似瓦松，又名千里菌。治一切疔毒、火毒，痈疽发背，服之即愈。紫背天葵、《滇南本草》：味辛，有小毒。形似蒲公英，绿叶紫背。敷大恶疮神效。虚人服之，汗出不止，不省人事，即用甘草、绿豆汤解之。俗名紫背鹿衔草。绣球藤、《滇南本草》：生于近水处，或贴地生，或依埂生，有细叶生于藤上。治肾囊风、天泡疮，三剂见功。又治鼻疳，或肺家有毒不能闻香臭者，吹之即通。金刚杵、《滇南本草》：治一切单腹胀，水肿血肿，烧灰为末，冷水送下，一服即愈。若生用，猛过大黄、芒硝，俏用之而泄不止，以手反冷水浸之而止。白地膏、《滇南本草》：生于地上，形似虫窝，亦如白参，贴地而生。采取调醋，擦一切无名肿毒。汤火伤人，为末麻油调擦。大人痔漏，小儿生火疮，极其神效。地缨子、《滇南本草》：形如缨子，贴地而生，分红、绿二色。红治脱阳，绿治脱阴，皆极神效。凤尾草、《滇南本草》：此草与晴明草相似，但此草枝软，多生山中有水处，

---

①生于山中　"山中"2字，原本缺。道光《云南通志稿》卷六十八《食货志六之二·物产二·云南通省》"土练子"条引《滇南本草》作"生于山中"，据补。

采取枝叶并用，忌铁器。治一切骨碎筋断，跌打损伤，捣烂就热血敷之，效验如神。又治脱肛，又溃大毒。小儿佩之，不染蛊毒。胡麻饭、《滇南本草》：软枝细叶，枝尖上结子，碎细如米。其根大而肥，熬膏服食，能辟谷，仙人多食之。子治肺痨吐血；叶治风邪入窍，口不能言；枝治头风；根能大补元气，轻身延年，乌须黑发。水芭蕉、《滇南本草》：有毒，生于水旁，短小无花，似山芭蕉而高仅尺余。采之晒干为末，遇刀伤毒破，蛇咬蝎毒，敷上即愈。虽见血封侯，箭毒刀搽之皆愈。筋骨草、《滇南本草》：味辛，无毒。《普济方》：治反胃呕吐，暖肾消肿，舒筋接骨，癣疮疥癫，五劳七伤。若跌打损伤，筋断骨折，用酒调敷患处。枝叶煨汤，点酒服三剂即愈。生于田野间，高仅尺余，茎圆，叶尖有齿，花开黄花，子结三稜如蓖麻子。五月五日采取，晒干为末，治风湿寒热，手足拘挛，脚气麻木，调治每服三钱，其效如神。矮佗佗、《滇南本草》：绿叶绿梗黑根，生在朝阳之处，溪水之边。冬不凋，春不再茂。新鲜时梗内有白浆，心细，菊花形，结黑子，根上结瓜，黄花有毒，不可入药。白花第一，紫花次之，治病甚多。天门冬、防风、分杏叶、绣球二种。柴胡、前胡、苏叶、南星、黄连、又一种鸡脚黄连。黄芩、葛根、升麻、半夏、白芍药、赤芍药、透骨草、远志、石菖蒲、威灵仙、天花粉、黄精、猪苓、泽泻、泽兰、重楼、常山、大黄、麻黄、香薷、木通、紫苏、薄荷、《滇南本草》：滇南火地所产不同，老人常服，发白转黑。蒲公英、骨碎补、草决明、甘菊、白菊、益母草、豨莶草、谷精草、龙胆草、千针万线草、木贼、俗名锁眼草。金银花、旋葍花、金缨花、兔丝子、即黄锁梅。覆盆子、即红锁梅。苍耳子、青箱子、即鸡冠花子。枸杞子、补骨脂、薏苡仁、萆麻仁、括蒌仁、桃仁、杏仁、枣仁、石楠藤、牵牛、分黑、白二种。葶苈、楮实子、枳壳、陈皮、厚朴、地骨皮、桑椹、桑白皮、桑寄生、石膏、滑石、当归、乌梅、川芎、茴香、石斛、王不留行、俗名拔毒散。茵陈、仙茅、艾叶、五加皮、山楂、白芷、夏枯草、山茨菇、荆芥。性喜湿，田地皆宜。三四月劚地布种，其上覆以粪土，初出甚细，须勤除蔓草。既而逐节生枝，长二三尺，叶有尖叉，六七月枝头叶上皆生穗，开小绀色花，结实其中，形如车前子而细。子可作种，然须新者，若隔年陈子，种之无效。枝、叶、穗，可为药材要品。

——民国《宜良县志》卷四《食货志·物产》第 29 页

药材之属 七十四：茯苓、鸽蚼、五加皮、龙胆草、柴丹参、黄芩、常山、密蒙花、何首乌、菊花参、厚朴、升麻、鸡肾参、天门冬、叶上花、沙参、柴胡、车前草、黄地榆、苎麻根、臭参、防风、黄洋参、血结、蛇床子、地丁、血藤、黑洋参、玉带草、桑白皮、木通、汉防己、鸡脚参、紫人参、大草乌、天丁、土大黄、蒲公英、马尾参、土牛夕、花椒、土荆芥、白头翁、天南星、赤地金、木瓜、申筋草、椒寄生、香附子、小郎毒、杜仲、五倍子、石菖蒲、土藿香、地石榴根、粉葛、香白芷、黄蒿本、血芥草、九子不离母、黄金、桑寄生、麦门冬、白菊花、黄不留行、断续、黑蒿本、土羌活、大青藤、绣球防风、黄连、肚拉、俗呼抱母鸡。紫苏、槐果。谨案：上列药材系本属医士秦宣三君文彰所查报者。

——民国《嵩明县志》卷十六《物产》第 240 页

药属 沙参、茯苓、土当归、香附、木通、黄精、山药、首乌、枳实、天冬、半夏、陈皮、牵牛、木瓜、石燕、土黄茂、枸杞、忍冬、藿香、桑白皮、益母草、薏苡、车前、瓜蒌、土白芷、桑椹、杏仁、花椒、桃仁、皂荚、牙皂、槐实、苍耳子、白芥子、薄荷、侧柏、菖蒲、苏叶、金钱菊、夏枯草、柏子仁、蒲公英、金樱子、旋覆、天花粉、地榆、丹参、姜味草、马鞭稍、合色、土牛夕、续断、兔丝子、天台参、牛旁子、天南星、血藤、威灵仙、金银花、龙胆草、山豆根、地骨皮、五加皮、草决明、矮它它、万丈深、铁刷帚、王不留行、鸡肾参、枬棍参、白芨、芍药、粉丹、麦冬、地丁、有紫、白二种。黄芩、搜山虎、补骨脂、大戟、茵陈、虫楼、漏卢、草乌、水三七、白头翁、冬蚕草、仙毛、柴胡、前胡、麻黄、荷顶、观音柳、土细辛、黄锁梅、青锁梅、猪宗草、茜草、菊花参、鸡脚参。

——民国《陆良县志稿》卷一《地舆志十·土产》第 3 页

药之属 石燕、黄精、门冬、半夏、沙参、柴胡、防风、黄芩、前胡、川芎、山药、紫苏、青蒿、木通、茯苓、车前、百合、薄荷、金樱子、白芨、益母草、蒲公英、稀莶、一枝箭、威灵仙、南星、五加皮、山查、干葛、茵陈、侧柏叶、淡竹叶、桑白皮、香附、覆盆子、木瓜、金银花、赤小豆、白扁豆、苍耳子、黄药、白药、重楼、商陆、槐花、槐实、甘菊、枸杞、艾、茴香、乌梅、何首乌、细辛、密蒙花、木贼草。

——民国《续修马龙县志》卷三《地理·物产》第 25 页

药类 茯神、茯苓、蕨苓、桔梗、苟桔、柴胡、升麻、粉葛、藕节、白芷、黄芩、红花、百部、薏苡仁、鹿衔草、鸡腰参、菊花参、沙参、苦参、青阳参、条参、丹参、桑白皮、土当归、香附、木通、黄精、首乌、枳实、枳壳、天冬、半夏、陈皮、青皮、虫退、牵牛、土黄芪、藿香、款冬、益母草、车前、瓜蒌、杏仁、桃仁、花椒、降香、防风、皂荚、牙皂、槐实、苍耳子、白芥子、紫苏、薄荷、侧柏、石葛蒲、夏枯、香草、柏子仁、蒲公英、木芙蓉、山甲、天丁、红丁香、白丁香、旋覆、黄地丁、紫地丁、天花粉、地榆、马蹄香、重楼、续断、马鞭稍、土牛夕、牛旁子、兔丝子、血腾、草乌、天南星、威灵仙、金银花、蕲艾、龙胆草、山豆根、地骨皮、五加皮、五倍子、草决明、万丈深、矮它它、内消、吴芋、白芨、芍药、麦冬、搜山虎、补骨脂、水三七、川芎、白头翁、仙毛、细辛、厚朴、鸡脚、常山、青香子、前胡、荆芥、罂粟、土燕窝、打虫子、王不留行。

——民国《罗平县志》卷一《地舆志·土产》第 88 页

药属 八十七类：马兜苓、三七、黄连、牛耳大黄、天冬、沙参、荆芥、柴胡、当归、车前、黄芩、木通、百合、红、白二种。薄荷、益母草、紫苏、豨莶、黄精、仙茅、威灵仙、桑寄生、金银花、香薷、木瓜、藿香、南星、冬青子、葛根、前胡、天花粉、旋覆花、黄白药、重楼、白芨、菊花、木贼、常山、谷精、五加皮、淡竹叶、赤小豆、山查、白扁豆、槐花子、桑白皮、牛旁子、大戟、紫参、苦参、龙胆草、续断、牵牛子、黑、白二种。地肤子、何首乌、茯苓、赤、白二种。土牛膝、茜草、枳壳、枳实、紫荆皮、萆薢、半夏、冰片叶、姜黄、灯笼花、地榆、白头翁、山药、石菖蒲、艾、蒲公英、瓦松、一枝箭、黄龙尾、野连翘、桔梗、栀子、使君子、白芥子、桂皮、砂仁、薏苡仁、覆盆子、石斛、鹿衔草、穿山甲、马金囊。即紫槟榔，嚼之饮水，味甘除热，可治疮毒。

——民国《马关县志》卷十《物产志》第 8 页

药材 十九种：车前草、益母草、龙胆草、金樱子、金银花、土人参、何首乌、穿山甲、虎掌草、黄精、柴胡、防风、紫苏、桃仁、薄荷、茴香、三七、乌豆、苏木。

——民国《富州县志》第十四《物产》第 36 页

药之属 九十：香附子、弥陀僧、香丹皮、木贼草、桑寄生、山茨菰、续断、防风、独活、常山、芰子、三七、百部、谷精草、五加皮、蝉退、沙仁、黄芩、龙胆草、青木香、川芎、葛根、柴胡、薏苡仁、木通、泽兰、薄荷、紫苏、石斛、葶苈、土人参、半夏、防己、金石斛、葫芦巴、桔梗、土厚朴、蓬术、茯苓、白芨、龙骨、金银花、威灵仙、燕窝、升麻、白芥子、何首乌、地骨皮、地榆、槐实、牛旁子、菊花、黄蜡、覆盆子、羊蹄根、红花、菖蒲、蜂蜜、南心、山查、黄葵子、紫花地丁、麝香、苍耳子、牵牛、荆芥、白花地丁、沙参、土秦归、旋覆花、一枝箭、黄精、花粉、陈皮、藁本、青黛、车前子、五倍子、青皮、夏枯草、益母草、乌梅、枳壳、马兜铃、槐花、麦门冬、枳实、土黄连、粟子、天门冬。

——民国《邱北县志》第三册《食货部·物产》第 13 页

药属 何首乌、茯苓、香附、蘽芎、当归、黄精、天门冬、麦门冬、防风、桔梗、柴胡、半夏、前胡、黄芩、黄连、干葛、升麻、贝母、白芍、白豆蔻、威灵仙、花粉、牛膝、蓁芄、泽兰、常山、细辛、木桶、紫苏、荆芥、薄荷、龙胆草、菊花、木贼、金银花、兔丝子、车前草、史君子、枸杞、瓜蒌、青皮、桑白皮、桑寄生、石膏、滑石、麝香、枳实、大腹皮。

——民国《元江志稿》卷七《食货志·药属》第 8 页

薄荷、排草、薏苡仁、白扁豆 薄荷，味麻，生虎山，有双耳者佳。名楚薄。排草，味香。名香草。薏苡仁，滤水，去泾，消肿，除瘅。不但配药，即酒席用苡仁，亦多与白扁豆补中气。煮鸡鸭汤荐客。

——民国《楚雄县乡土志》卷下《格致·第十课》第 1354 页

茯苓、何首乌 茯苓，生蕨松下土中，大者三十余斤，小者四两半斤。名云苓。何首乌，消食去闷，生土中，楚邑最多。

——民国《楚雄县乡土志》卷下《格致·第十一课》第 1354 页

药品 牛黄、麝香、半夏、瓜蒌、常山、黄芩、天冬、麦门冬、南星、香附子、大苦参、小苦参、白芷、菖蒲，有水、石二种。野姜、荆芥、柴胡、五加皮、丹参、沙参、防风、紫苏、葶苈、木通，俗呼排风藤。黄连、土细辛、牛膝、勾藤、枸杞、续断、地骨皮、车前子、苍耳、牛蒡子、马蹄香、金银花、桑寄生、益母草、何首乌、威灵仙、茯苓、升麻、贝母。

——民国《镇南县志》卷七《实业志七·物产》第 635 页

药品 茯苓一种，中国以云苓为重，而云苓尤以姚苓为最佳。近年远商常在四山采买，价值骤增，城市间须不易购。余如白芍、赤芍、升麻、防风、白芷、黄连、半夏、南星、黄芩、沙参之类，土人常掘取出境贩卖。

——民国《姚安县地志·天产》第 903 页

药属 《唐书·地理志》：姚安土贡麝香。《咸宾录》：云南姚安府产人参。原注：即土人参。

注：《滇系》人参，出姚州及大理山中，性视辽产燥烈，不可服，土人亦不知制也。其小而修者，曰竹节参，性弥缓。又有孩儿、佛掌、珠子等名，佛掌差良。

李《通志》四十四：茯苓、茯神、荆芥、薄荷、扁竹、南星、半夏、瓜娄、蛤蚧、离娄、苦参、防风、白芷、川芎、木通、当归、柴胡、黄芩、蒲黄、牵牛、山药、芍药、滑石、石膏、藁本、大戟、牛膝、独活、升麻、重娄、远志、泽泻、地黄、车前子、香白芷、桑寄生、天门冬、何首乌、天仙子、麦门冬、薏苡仁、穿山甲、香附子、金银花。

管《志》三十二：无芍药、滑石、石膏、大戟、牛膝、独活、升麻、远志、泽泻、地黄、麦门冬、薏苡仁等十二种，余与李《通志》同。

王《志》四十五：无离娄、芍药、滑石、石膏、大戟、独活、升麻、远志、泽泻、地黄、香白芷、麦门冬、薏苡仁等十三种。增土人参、款冬花、天丁、刘寄奴、茜草、大黄、细辛、杜仲、五茄皮、牛膀子、石斛、参耳子、玉竹参等十三种，余均与《李志》同。

　　注：茯苓，《通志》：姚安者为上。《滇海虞衡志》：茯苓，天下无不推云南，曰云苓。先入林，不知何处有茯苓也。用铁条劀之而得，乃掘而出，往往有一枚重二三十斤者亦不之异，惟以轻重为准。已变尽者为茯苓，变而有木心存者为茯神。松林之大或连数山，或包大壑，长数十里，周百余里。劀之，必于其林，不能于林外劀也。往时林密，茯苓多，常得大茯苓。近来林稀，茯苓少，间或得大者，不过重三四斤至七八斤，未有重至二三十斤者。自安庆茯苓行，而云苓愈少，贵不可言。李时珍、汪讱庵之书尚不言云苓，云苓之重，当在康熙时。邑中茯苓产于三区，向为出品大宗。咸丰间，三区老农毕某犁山地，土中浸出白汁，甚惊异，锄视之，得茯苓，大如斛，重近百斤，后解剖分售，土人称为茯苓之王云。在沿江沿海各省，极珍视之，在姚安则触处皆是，可知其为特产也。泽泻，为人工种植品。祥云于插秧后，就秧田播种移植，为出品大宗。民国二十八年，建设局曾购种，提倡广种[①]，收获丰，品质亦佳，后因价廉，种者渐少。近日价复奇贵，自应继续提倡，增加生产。李《通志》载有此品，明代当亦曾经播种无疑。升麻，陶宏景《名医别录》旧出宁州者第一，形细而黑，极坚实。今惟出益州，好者细，削皮青绿色，谓之鸡骨升麻。半夏、天门冬并可出口。穿山甲更为出口大宗。

　　甘《志》二十五：黄精、马尾连、谷精草、夏枯草、益母草、王不留行、刘寄奴、扁蓄、瞿麦、露蜂房、五倍子、斑蝥、柳蠹、虫草、麻子、莱菔子、麦门冬、花粉、赤白芍、赤白地榆、荠苨、苏叶、白芥子。又有兰花参，能益乳，产妇多食之。又有小红参，皆《本草》所未载者。又有草，土人呼为葱茏把，无论腹痛、感寒诸疾，皆生取食之，间有疗病者，亦有增病者，大抵攻伐之剂也。州属百草岭，群药皆产，土人有以劀药为业者。谨按：葱茏把，一名白香薷，省中名达磨枝柯。叶白，丛生，七八月间开白花，味香苦。治冷气，消膨胀，克食理气，除疹走表。炒加糖，消食，平血，又治红白痢，土人多采用之。远游英缅者，其效尤大。

　　增补二十二：葳灵仙、紫菀、甘葛、香薷、沙参、桃仁、杏仁、龙胆草、草乌、台乌、石苍蒲、丹参、木防己、旋覆花、茵陈蒿、槐实、吴茱萸、厚朴、桑皮、金铃子、山楂、贯仲，与李《通志》所载荆芥、南星、苦参、防风、何首乌、木通、柴胡、黄芩、山药、藁本等质品均佳，均为药物要品，与川、理产者无异。其余品类尚多，但性质较劣，兹不备载。

　　　　　　　　　　　　　　　——民国《姚安县志》卷四十四《物产志二·植物》第 6 页

　　药用植物　有茯苓、黄芩、吴萸、香薷、黄精、防风、枸杞、柴胡、天冬、南星、沙参、扁蓄、苍耳、牛蒡、芫蔚、红花、车前草、紫苏、薄荷、荆芥、草乌、瓜蒌、升麻、葛根、艾蒿、木瓜、银花、木通、藿香、常山、厚朴、首乌、木贼、鹿衔草、马鞭草、茜草、天丁、地丁等。

　　　　　　　　　　　　　　　　　——民国《广通县地志·天产·植物》第 1420 页

　　药之属　有陈艾、茎叶均与蒿类，色白。可灸百病，端午鸡鸣采之最佳。味苦温，无毒。牛蒡子、色褐似巨胜子，味苦辛平。主明目，补中。石苇、生山谷石上，叶背有毛。味平，无毒。主治通淋，利小便，除烦，下气。藁本、生山谷中，根黄白色，多节。萆薢、味苦平，无毒。主治腰背痛、阴萎失溺、风寒湿痹等症。杜蘅、苗似细莘，根粗，色黄白。味温，无毒，气最香。大青、叶似石竹而色青，故名。味苦，大寒，无毒。香薷、俗名小酒药花。味平，辛香，无毒。主治调中，温胃，止霍乱。地榆、叶作锯齿，色青，与榆叶类，故名地榆。根有红、白二种，味酸，微寒。主治红、白痢症。泽兰、茎方，节紫，气香，味平，

────────────

　　① 广种　原本作"广重"，据文义改。

无毒。主治女人胎产前后百病。天麻、形如黄瓜，味辛麻，治风痹。百部、产山坡，叶尖，长似竹，根多须，味甘温，无毒。主治咳嗽，上气。红蓝花、花红色，叶似蓝，俗呼红花。治蛊毒、下血及产后诸症。茯苓、生山野，有松苓、桑苓，色白若粉，主补土益中。土茯苓、一名仙遗粮，生山野。叶似冬青，花黄，根有红、白二种，性最坚硬，俗呼金刚根。味平温，主消毒。半夏、一名麻芋子。性麻，嗄喉。生熟地内，夏至第三候生叶一半，故名。制之为法夏，主治消痰、下气、止咳。土大黄、即羊蹄根也。内块较小，味苦寒，可治牛热。射干、味苦平，有毒。主治喉痹。马兰花、生山坡，叶似薤而长。主治喉痹、肿痛等症。藜芦、生山坡，茎似葱，高四五寸。味性辛苦寒，有毒。主治蛊毒，食之立吐。锁喉草、生山坡，叶似黄精而茎紫，味辛，大毒。治金疮最良。蛇含草、生山谷，一茎五叶或七叶，花有红、黄二种。主治金疮、疳痔诸症。常山、叶狭长，茎有节，苗为蜀漆，有汁，根苦。主治疟疾及肚中痞块。青箱子、一名草决明。生道旁，茎直似蒿，花上红下白，形似鸡冠，子黑扁，粒同苋。味苦，主治肝脏之热症。白芨、生山谷，根似菱米，有三角。性〔味〕苦辛，微寒，主治恶疮。贯仲、生山谷，一名凤尾草。根大如瓜，紫黑色，有毛。味苦微寒，有毒。何首乌、生山坡，味苦微温，无毒。久服轻身，延年益寿。威灵仙、花淡紫色，茎方，叶相对。味苦温，无毒。治折伤，有铜脚、铁脚二种。牵牛子、叶青，有三尖角，花红碧色，外有白皮裹之如球，内有子四五枚，三棱，有黑、白二种，味苦寒。马兜苓、藤蔓，附木而生，形如马铃。味苦寒，无毒。主治肿热、咳嗽。竹叶、可治齿间血出。草麻子、味辛甘平，有小毒，治水症。木槿子、黑小如椒。骨碎补、叶着树、石上，有黄赤毛。味苦温，无毒。主破血止血。天南星、大山有之，叶如伞，根圆如芋，味麻。土连翘、茎短叶狭，花细瓣如深葱。味苦微寒，无毒。蒲公英、处处有之，俗名黄花地丁。有浆，味苦平，治乳疽最良。谷精草、生秋田中，叶细，花白而小圆，味辛温。燕莀草、燕窝中草也，无毒。烧灰酒服，治眠中遗溺不觉、尿血等。夏枯草、味苦辛寒，无毒，主治瘰疬。山慈菇、味辛苦，有小毒，用醋磨敷疮肿。马勃、生湿地及腐木上，味辛平，无毒。草乌、生山谷中，根形似乌头。味甘微温，有毒，治风痹。霍香、味辛甘，微温，无毒。荆芥、味辛苦温，无毒。清头目，除湿痹。紫苏、味辛温，无毒。子、梗、叶均入药用，发表解肌，开胃进食，并除口臭。薄荷、有苏薄荷、鱼薄荷二种，一名鸡苏，又名龙脑。紫花地丁、味甘温。主男子五劳七伤，补腰肾。茅草细莘、味辛。茎高四寸，花小色黄。白龙须、生水旁，细如棕丝，色白，味平，无毒。主风湿腰疼。土三七、其叶左三右四，味甘微苦，止血。钩藤、茎间有刺若钩，味甘微寒，无毒。瓜子细莘、叶如瓜子，根味苦。乌荸、生水中，即野荸荠也。味甘平寒，主难产。通草、棣棠花茎之瓤也。通出之，可制花，并入药。莱服子、味辛，无毒，可消膨胀。蔓荆子、子黑如梧子，味苦寒，无毒。罂粟子、味甘，无毒。行气逐热，治反胃等。阿芙蓉、即红罂粟花之淡液，味涩。固气，治脱肛。柏子仁、味甘平，无毒。主惊悸，益气。紫桂、味甘，色赤。主治水泄。黄柏皮、色深黄，苦寒，无毒，治五脏肠胃结热。桑柏皮、白桑叶大如掌，取其皮入药用。味甘，无毒。地骨皮、枸杞根皮，味甘寒，无毒，治五内邪气。密蒙、味甘平，微寒，无毒，主治青盲多泪。五棓子、又名文蛤，壳内多虫，生树叶上，味酸。主治诸疮，并染灰色。水前胡、色褐，味苦，无毒，可去身热。花椒、色红，味辛温。主邪气咳逆，又可制酱料。吴萸、色黑，形圆，味辛温，有小毒，主温中下气。寄生、生于桑树上者为佳，其余椒树、梨树亦有之。味苦平，主治腰痛。橘红、一名陈皮，子亦入药用，名为橘核，治气逆。郁李仁、味酸苦平，无毒。杏仁、味甘苦温，治咳逆。桃仁、味甘平，主瘀血。乌梅、味酸温平，主治泄痢。木瓜、味酸温，主治霍乱，大吐下痢。山楂、味酸，止水痢，消食积等。白果、味甘苦平，可生食，引疮、解酒、止溺。枇杷叶、味苦平，无毒，治呕吐不止。胡核、味甘平温，生食之，香美异常，止咳。黄芩、生山上，根黄色。味苦平，清热。独活、生山上，味苦平，主治少阴心经。防风、生山上，味甘平。根细，有菊花纹。续断、即和尚头之根也，断之有轮。味苦，女科用。叔麻、生大麻根圆，味苦。切之先红后绿，主治升散。粉葛根、味甘平。根多粉，饲牛，并以发散。土牛膝、即野苋根也，有红、白二种，味苦平。石斛、一名黄草，细者为金钗石斛。青香藤、即防己也。断之有轮，治小儿寒疼。赤芍药、生山上，根赤色，中有红圈。味苦，主瘀血。柴胡、叶茎细，花色白。叶类竹者为竹柴胡，根为柴首。味微苦，清热解表。木通、生山上，藤长。味平，主通气。苍耳子、形圆长，有刺。性苦寒，主治疮痒。九里光、花黄，附物而生，熬膏可治疾。天花粉、即瓜蒌根，子为瓜蒌仁，主消毒。野小苏、味辛而烈，可以发汗。车前仁、子细而黑，味苦，微寒。尖贝母、生韭菜坪者最佳，色白如鸡心。味甘平，除痰湿。淫羊藿、叶成三角，而尖绿，有刺。味甘寒，大助元阳。苣蕨细莘、生山坡上，形如豆叶者又称豆叶细辛，气均香美。霸王鞭、根黑，花色形类沉香木，味平无毒。马尾莲、须根色黄，味苦，大寒。老君须、须根色白，其味甘平，微苦。摘耳根、味烈如壁虱气，开胃、进食、消积。千针万线、须根味甘平，无毒。搜山虎、生大山上，味甘，气烈，除风湿瘫痪。过山虎、叶茎细，有毛，可泡酒治筋骨痛。铁脚莲、叶厚，色微白，可贴脚疼，活血舒筋。水前胡、味苦平，无毒，主清热除湿。疯狗药、生凤凰山，须根味苦，患者以沙糖为引，服之立化。石菖蒲、生岩石上，又谓九节菖蒲，节有凤眼。兔丝子、即无娘藤之子，色黄而圆。一枝箭、生岩石上，一茎挺生，其形若箭，可敷疮。鱼腥菜、性寒，味苦辛。治肺痈，咳嗽带脓血者痰有腥臭，大肠热毒，疗痔疮等症。天门冬、性寒，味甘，微苦。入肺润燥，止咳。生吃治偏坠、疝气及肾子肿大。金樱子、味酸微温。入脾胃，主治日久下痢，止泄。水红花子、味苦平寒，治小儿痞块积聚，疗妇人石瘕，并能明目。刘寄奴、味苦，微温。治血行瘀，化瘕，破结，金疮妙药。枸杞子、味甘，微温，补土益气。牡丹皮、根黄白色，其生山野者呼为臭牡丹，又名木芍药。姜黄、色黄，味苦。入药用，并为染料。桔梗、生山坡，花叶与沙参相类，根白，坚如石。味甘寒，无毒。香附子、即莎草根，生荒田中，又名雀脑香。周匝多毛，气香，为女科圣药。紫菀、味辛温，无毒。治肺伤咳逆。五皮蒥、生山野，味苦，微寒，无毒，主治咳逆。忍冬、一名左缠藤，即金银花。黄精、味甘平，无毒，久服轻身。茵陈、即青蒿也，味苦，主治消渴、大热。地肤子、味苦，微寒，利水泄湿。鸡血藤、生大山上，有大、小二种。形圆如骨，断之有汁如鸡血，味苦，主治劳伤诸症。山豆根、味苦平，解热毒，能止咽喉之痛。薤白、一名薤头。味辛温，无毒。可腌食，通利肺气。白芥子、味辛温，利肺气。法落海、叶类黄萝卜，茎红，花碎白如葱韭。味辛烈，治心肠冷痛。以韭菜坪、马鞍山产者为佳，并以制香。朝天贯、根类独活，气味辛烈，治冷气。山乌龟、形类乌龟，生于山坡。味苦烈，有毒。独脚莲、形如莲瓣，一茎直生。味苦，辛烈，可敷疮毒。打鼓子、叶粉白，枝蔓生，结子外壳有棱，形似橄榄核。味苦，性烈，与巴豆略同。丝为攻下之品，立效。稻竹散、生高山，须根长数寸，色黄，味微苦。平安散。色白，味平，须根丛生。以上皆常用者，或生于山泽，或生于原隰及园圃内，乡人掘之，并能蓄以为久远之计者。

——民国《昭通志稿》卷九《物产志》第16页

药之属 益母草、女贞子、千里光、何首乌、茯苓、泽兰、香附、车前、白芨、桑寄生、前胡、黄精、天南星、半夏、地骨皮、防风、地榆、柴胡、麻黄、荆芥、薄荷、紫苏、续断、骨碎补、天门冬、破故纸、马鞭梢、木通、瓜蒌、天花粉、苦参、沙参、元参、升麻、金钗石斛、石菖蒲、五倍子、仙茅、紫草、黄芩、花椒、香茹、茱萸、木贼、桑白皮、夏枯草、山七、艾、蓖麻子、淫羊藿、大力子、青皮、厚朴、蛇床子、藁本、谷精草、扁蓄、山慈菇、白茅根、地胡椒、贝母、威灵仙、青葙、马蹄、决明、钩藤、土茯苓、紫花地丁、牛膝、川乌、干葛、黄柏、石决明、射干、丹参、姜黄、天麻、枸杞、白头翁、红曲、伸筋草、倒触伞、缩莎密、一名砂仁。接骨丹、茵陈蒿、百部、隔山销、矮陀子、蒲公英、独脚莲、桃仁、杏仁、李仁、乌梅、枇杷叶、酸枣仁、木瓜、金银花、罂粟花、牡丹皮、苦楝子、槐子、侧柏叶、松节、猪牙皂、白扁豆、白芥子、莱菔、山药、胡麻、薏苡仁、赤小豆、红花。

——民国《巧家县志稿》卷七《物产》第 22 页

药类 即药用植物 薄荷、紫苏、荆芥、藿香、升麻、天麻、蓖麻、盐津多，可制油。鹿衔草、土茯苓、山药、薏苡仁、枸杞、根为地骨皮。香附、钩藤、粉葛根、吴朱萸、花粉、即瓜蒌根。款冬花、即枇杷花。桑白皮、车前草、天门冬、蒙花、鸡骨紫花。木通、木贼、即笔管草。半夏、土名麻芋子。何首乌、草乌、牛膝、地榆、黄柏、黄精、黄姜、白头翁、即白狗头。骨碎补、即石生姜。夏枯草、益母草、充蔚子。蕲艾、菖蒲、商陆、南星、红花、常山、仙茅、石苇、马勃、白芨、五倍子、分肚倍、角倍两种，详后。地丁草、即蒲公英。苦楝子、泽兰、莱菔子、青箱子、鸡冠花子。淫羊藿、王不留行、即对节草。一枝箭、草药，敷治肿毒。九里光、牙皂、烟草。

——民国《盐津县志》卷四《物产》第 1695 页

药材类 竹柴胡、秦艽、薄荷、紫苏、陈皮、半夏、香付子、丑牛、天门冬、麦冬、桑寄生、银花、绿升、粉葛、威灵仙、何首乌、常山、黄连、昔年关口各地多专种致富者。槐花、莲米、山药、虫退、南星、吴茱萸、羌活、独活、黄柏、酒苓、槟榔、泡参、土参、木香、榛皮、杜仲、枳壳实、兔丝、覆盆、龟板、木通、小茴、通草、香薷、百合、车前仁、黄姜、石溪河坝通产此物。瓜蒌、花粉、地榆、庄黄、白芨、白芷、粉丹、山楂、竹根漆、明天麻、以上两品皆产高山深林中，年产约数千斤，价颇贵。栀子、使君子、荆芥、僵虫、谷精、木贼、桑皮、红枣、桔核、石斛、茵陈、丹皮、牛膝、黄柏、薏苡、油朴。

——民国《绥江县县志》卷二《物产志》第 27 页

药之属 百二十有三：艾、沙参、茯苓、山药、金茵子、覆盆子、芩、钩藤、秦艽、车前、龙胆草、凤尾草、苏、葛根、防风、薄荷、夏枯草、刺蒺藜、萍、葶苈、连翘、香附、益母草、蒲公英、芎、石斛、荆芥、香茹、苍耳子、白头翁、姜、柴胡、半夏、橘红、赤芍药、白芍药、南星、重楼、末菊、青蒿、水菖蒲、地骨皮、桃仁、杏仁、李仁、首乌、金银花、旋覆花、菊花、木贼、枸杞、小枣、桑寄生、松寄生、荷叶、莲蓬、莲须、藕节、火麻仁、萆麻仁、天冬、白芨、槐花、槐实、骨精草、猪鬃草、山楂、竹茹、麦芽、谷芽、充蔚子、香樟子、苡仁、扁豆、石花、黄精、莱菔子、五加皮、白果、神糮、马蹄香、九里光、臭牡丹、木瓜寄生、一枝蒿、棕树根、浮小麦、白苏子、黄蘗皮、绣球防风、酸浆花、皂角刺、桑白皮、淡竹叶、石莲子、王不留行、金铃子、梅寄生、紫荆皮、鹅不食草。以上植物一百一十。麝香、牛黄、蟾酥、蝉蜕、蚕沙、鸡内金、即鸡肫皮。蛤粉、土鳖、蛇蜕、蜂房、草鞋虫、黄蜡、白蜡。以上动物十三。

——民国《大理县志稿》卷五《食货部二·物产》第 9 页

药之属 有细花参、性温，味甘，能补肺气。其产巍宝山者，名曰巍参，性尤温补，颇难得。沙参、性平，味甘，微寒，入肺能补肺气及六腑之阴。性微寒，故补阴肺热者，代人参用，去皮蜜炒。葳参、一名玉术，性平，味甘，微苦，又微温。补中气，健脾胃。蒸露三次，晒干用。牛尾参、性温，味辛。治气血虚弱伤损，调精养神。丹参、性温，味苦，色赤，补心定志安神。治健忘怔忡，惊悸不寐。生新血，除淤血。安生胎，落死胎。单剂有四物补血之功。苦参、性大寒，味苦，凉血解热。皮肤瘙痒、疮疡要药。并治肠风下血、消风、消痰、消肿毒等症。防风、有杏叶、竹叶、绣球三种，杏叶防风性大温，味辛，温中散寒，治九肿、胃疼、寒疝、偏坠、寒热来往、痰疟；竹叶防风性温，味辛，泻肺气，治风，通行十二经络，一切风寒湿痹、筋骨疼痛，痈肿等症，杀附子毒；绣球防风性微寒，味苦辛，入肝经，破滞结，舒郁气，通经闭，祛风热，明目退翳，小二鹊盲、青盲，杀肝虫，肝虚者禁用。牛膝、性温，味苦酸，补肝破瘀块，凉血热。治月经闭湿、腹痛，产后发热、虚烧、蓐痨，室女逆经衄、呕吐、血红崩、白带、尿急、淋漓，寒湿气筋骨疼痛，攻疮痈、热毒、红肿、乍腮、乳哦，男子血淋、赤白、便浊，妇人赤白带下，但坠胎孕妇忌服，水酒为使。木贼、一名节节草，一名笔管草，俗名锁眼草。性微寒，味辛酸，微苦。行十二经络，散肝家郁结、云翳、暴赤胀痛，退翳膜，消弩〔胬〕肉攀睛。以木贼本性治法与土性不同。兼治五淋、玉茎疼痛、赤白便浊，妇人赤白带下，破血积，通月经。夏枯草、性寒，味辛，微苦。入肝经，治肝热，祛肝风，暴赤火眼、目珠胀痛。内障可用，外障不可用。开肝郁，行肝风，止齿疼痛，烧洗冻疮。盖因冬至发生，得纯阳之气，至夏而枯，故名。土大黄、俗名羊蹄根，性大寒，味苦。治诸热毒，泻六腑实火，六经客热、虚热、虚痨、热淋，利小便，杀虫搭癣疥。其叶贴热毒红肿、血风癣疮。鱼腥菜、性寒，味苦辛。治肺痈咳嗽，带脓血者痰有腥臭，大肠热毒，疗痔疮。当归、性温，味辛，微苦。其性走而不守，引血归经，入心、肝、脾三经，止腹疼痛，止面寒、背寒痛，消痈疽，排脓定痛。川芎、俗名川芹，性温，味辛。入肝、肺二经，发散疮痛，攻疮毒，治湿热，止头痛，祛风。并治妇人白带、头晕耳鸣、腰痛恶寒。黄芩、性寒，味苦。上行泻肺火，下行泻膀胱火。男子五淋，女子暴崩，调泻热，清胎热，除六经实火实热。贯仲、性寒，味咸涩。[①]祛毒止血，解水毒。其芽初生卷而有毛，如象鼻状，蒙人采之作菜，名象鼻子蕨菜。草薢、性微温，味微酸。入肝、脾、膀胱经，治风，温经络，腰膝疼，遍身顽麻。利膀胱水道，赤白便浊。天门冬、性寒，味甘，微苦。入肺润肺，止咳嗽咳血，肺气逆胀。生吃治偏坠疝气，或左或右肾子肿大。杏仁、性微寒，味苦，微辛。入脾、肺二经，止咳嗽，消痰，润肺润肠胃，消面粉积下气。龙胆草、性大寒，味苦。泻肝经实火，止咽喉疼痛，煎点水酒服。寄生草、性微温，味苦甘。生槐树者，治大肠下血、肠风带血、痔漏；生桑树者，治筋骨疼痛，走经络，风寒湿痹；生花椒树者，治脾胃寒冷、呕吐恶心翻胃。马尾黄连、性大寒，味苦。泻小肠经实火、胃中实火，利小便，止热淋疼痛、牙根肿疼、咽喉痛、小儿乳哦、乍腮。金樱子、性微温，味酸涩。入脾、肾二经，主治日久下痢、血崩带下、涩精止泄。子毛去净，用壳。水红花子、性寒，味苦平，破血。治小儿痞块积聚，消一切年深坚积，疗妇人石瘕，并能明目。升麻、性寒，味苦平。引诸药上行，伤寒无汗，发表小儿痘疹要药。解诸毒疮疽，止阳明齿痛，祛诸风热。柴胡、性寒，味苦。入肝、胆二经，伤寒发汗解表，退六经邪热，往来痹瘘，除肝家邪热、痨热，行肝经逆结之气，止左肋肝气疼痛，治妇人血热烧经，能调月经。石斛、性平，味甘。平胃气，能壮元阳。升托，发散伤寒。甘葛根、性微寒，味甘。入阳明经，治胃虚、消渴、伤风、伤暑、伤寒，解表邪，并治寒热往来、湿疟。解酒毒，小儿痘疹初出要药。荆芥、性微温，味辛苦。上清头目诸风，止头痛，明目，解肺肝、咽喉热痛，消肿，除诸毒，发散疮痛，治便血，止女子暴崩，消风热，通肺气，鼻窍塞闭。薄荷、性微温，味辛，微苦麻。上清头目诸风、止头痛、眩晕、发热，去风痰，治伤风咳嗽、脑漏鼻流臭涕，退男女虚痨发热。紫苏、性温，味辛香。入脾、肺二经，发汗，解伤风头疼，定鼽喘，下气宽胸，消胀消痰。苏子止咳嗽，降痰定喘，下气消痰涎。白芷、性温，味辛，微甘。入阳明经，止头痛，祛皮肤游风，止胃冷腹痛、寒痛，除风湿燥痒顽痹，攻疮痛，排脓定痛，治妇人漏下、白带、散经、周身寒湿疼痛。何首乌、性微温，味微甘，兼涩苦。入肾，涩精，坚肾气，止赤白便浊，缩小便，入血分，消痰毒。治赤白瘕风、疮疥顽癣、皮肤瘙痒。截疟，治痰。香付、性微温，味辛。能调血中之气，开郁，宽中，消食，止呕。和养胃气，妇科要药。蒲公英、性微温，

---

① 涩　原本作"蕋"（蕊的异体字），据上下文义改。下同。

味苦平。治妇人乳结、乳痈，红肿疼痛，乳筋梗硬作胀。敷诸疮肿毒，疗癞癣疮，利小便，祛风，消诸疮毒，散瘰疬结核，止小便血，治五淋癃闭，利膀胱。金银花、性寒，味苦。清热，解诸疮，痈疽发背、无名肿毒、丹瘤、瘰疬。杆能宽中下气，消痰，祛风热，清咽喉热痛。木通、性平，味淡平。泻小肠经实热，清利水道，治五淋白浊、癃闭，并治暴发火眼疼痛等症。王不留行、性寒，味苦。治妇人乳汁不通，乳痈、乳结红肿，消诸疮痈肿毒。治小儿尿血、血淋，祛皮肤瘙痒，消风解热。梗、叶捣敷痈疽溃散，俗名拔毒散。天花粉、性寒，味苦。治肺痈，排脓，消烦渴，清肺热，消跌打损伤淤血，清化日久老痰，下气，解毒，并治痈疮肿毒，止咳嗽带血。威灵仙、性温，味辛苦。行十二经络，治胸膈中冷寒气痛，开胃气，能治噎嗝，寒湿伤筋骨，止湿脚气。烧酒煎服，祛脾风，多服损气。泽泻、味咸，微寒。燥土泄湿，利水通淋，并治气鼓水胀、膈噎反胃。芸香草、性寒，味苦，微辛。可升可降。泻诸经实热、客热，解肌表风寒，清咽喉热毒肿痛、风火牙痛、乳哦、乍腮，排脓溃散，伤风头痛、虚痨骨蒸、小儿惊风发搐、角弓反张。密蒙花、性微温，味酸苦。入肝经，祛风明目，退翳。取叶去尖蜜炙，治久咳，并治臁疮溃烂，顽疮久不收口，生肌长肉。白头翁、性温，味苦。攻散瘰疬诸疮毒，止大小肠血，治膀胱偏坠气痛、乳哦、乍腮，并治久疟虚烧，酒洗同大枣煎服。地丁、有白花、黄花、紫花三种，性寒，味苦。白花者治痔疮；黄花者入肺经，治痈疽疮肿，消痰定喘止咳嗽；紫花者破血，解痈疽疥癣九种痔疮诸毒。仙茅、性温，味辛，微咸。入肾、肝二经，治老人失溺，补肾兴阳，又治妇人红崩下血，攻痈疽排脓。地榆、有赤、白二种，赤者性微温，味苦，微涩酸，止面寒、背寒、腹痛、日久大肠下血、赤白痢症；白者性温，味苦涩，治酒寒、面寒、腹痛。桑白皮、性寒，味辛，微苦。金受火制，惟桑白皮可以泻之。止肺热咳嗽、喘促鼽咳，消肺痰咳血，利小便，消气肿面浮、肺气上逆作喘，开胃进食。山查、性寒，味甜酸。消肉积滞，下气，并治吞酸、积块。重蒌、性微寒，味辛苦。消诸疮无名肿毒，利小便。大麦毛、即大麦芽，性温，味平甜。宽中下气，止呕吐，消宿食，止吞酸吐酸，泻利，并治妇人乳汁不止。青竹叶、性微寒，味苦。入肺，泻肺火，治肺气上逆喘促，止咳，宽中消热。青刺尖、性微寒，味苦。攻一切疮毒痈疽，散结核，嚼细用酒服，并治肠红。九里光、性寒，味苦。洗疥癞癣疮，去皮肤风热。大戟、性微温，味辛苦，有小毒。治胃中年深日久饮食结聚、积久稠痰，状粘如胶。攻虫积，利水道，下气消肿。松橄榄、性微寒，味苦甘。消大肠积热，治九种痔疮。槐实槐花、性寒，角味苦酸，花味苦涩。入大肠经，治五痔肠风[①]下血、赤白热，泻痢疾。枝，洗皮肤疥癞，祛风止痒。豨莶草、性微温，味苦，有小毒。治诸风湿，内无六经形症，外见半身不遂、口眼歪斜、痰气壅盛、手足麻木、痿痹不仁、筋骨疼痛、湿气流痰、瘫痪痿软、风湿痰火、赤白瘢风、须眉脱落等症。根，治妇人白带。茜草、俗名紫草，性寒，味苦。止吐血，行血破淤，走经络，止筋骨痛。车前子、性寒，味咸。消上焦火热、胃热、明目，利小便，分利五淋，止水泻。薏苡仁、性微寒，味甘。主筋急拘挛、不可屈伸、风湿痹、下气等症。菟丝子、味辛平。主续绝伤，补不足，益气力，肥健人。汁，去面皯。杜仲、味辛平。主腰膝痛，补中，益精气，坚筋骨，强志，除阴下痒湿、小便余沥。厚朴、气味苦，温。主中风、伤寒头痛、寒热惊悸，除血痹，去三虫。黄蘗、性寒，味苦。主五脏肠胃中结热，黄疸，肠痔，止泄利，女子漏下赤白，阴伤蚀疮。其芽为树头菜。石膏、气味辛，微寒。主中风、寒热、心下逆气惊喘、口干舌焦、腹中坚痛。半夏、气味辛平。主伤寒、寒热、心下坚、胸胀、咳逆、头眩、咽喉肿痛、肠鸣。下气，止汗。红花、气味辛，温。主产后血晕口噤，腹内恶血不尽绞痛，胎死腹中。并酒煮，亦主蛊毒，多产南涧备溪江一带。牵牛子、气味苦，寒。主下气，疗脚满水胀，除风毒，利小便。钩藤、气味微寒。主小儿寒热、惊痫。益母草、味苦辛，气平。活血行经，破淤通脉，胎产崩漏，治痈疽症瘕，疗跌打损伤。刘寄奴、味苦，

---

① 五痔肠风　原本作"五痔伤风"，据《滇南本草》改。

微温。活血行淤，化症破结。黄精、味甘。能补脾胃之精，润心肺之燥。牛蒡子、味辛，气平。清热泄湿，消风败毒。白芨、味苦，气平。敛肺止血，消肿散瘀。南星、味辛，性温。降气行淤，化积消肿。自然铜、味辛，气平。补伤续绝，行淤消肿。地肤子、味苦，微寒。利水泄湿，清热止淋。茯苓、松脂入地所结而成，气味甘平，无毒。化气利水，养心安神。土茯苓。气平，味甘而淡。健脾胃，利风湿，治杨梅及小儿诸疮溃烂并瘰疬等尤效。

——民国《蒙化县志稿·地利部》卷十一《物产志》第 6 页

药类 茯苓、防风、土人参、金钗石斛、湿风丹、蔓荆子、夏苦草、良姜、莪术、天竹黄、荆芥、紫苏、薄荷、藿香、沙参、甘菊花、括蒌、天花粉、木贼、何首乌、一枝箭、马蹄香、金银花、益母草、白茅根、蔷薇根、芭焦根、稀莶草、黄精、陈皮、青皮、地丁、使君子、茴香、蒲公英、木通、马尾黄连、牵牛、桔实、浮萍、钩藤、泽兰、艾叶、车前、南星、半夏、薏苡、地榆、姜黄、青蒿、山豆根、牛蒡、常山、寄生、白合、贯众、苦楝子、吴茱萸、桑白皮、香附、草薢、干葛、山查、蓝根、淡竹叶、竹沥、白芥子、杏仁、楮实、菖蒲、苍耳子、枇杷叶、椿皮、槐花、大小蓟、蒲地参、一名打破碗，又名盘肠参。故纸。

——民国《景东县志》卷六《赋役志附物产》第 171 页

药属 沙参、桔梗、黄精、土黄芪、天麻、远志、淫羊藿、山茅、玄参、地榆、紫参、紫草、三七、白头翁、黄连、黄芩、柴胡、前胡、防风、独活、升麻、土当归、苦参、龙胆草。以上山草。川芎、香附子、藿香、薄荷、紫苏、艾、益母草、牛蒡、麻黄、木贼、地黄、牛膝、车前、麦门冬、酸浆、款冬、决明、王不留行、连荞、紫花丁、水甘草。以上芳草。见肿消、大黄、附子、乌头、天南星、半夏。以上毒草。泽泻、兔丝子、牵牛、五味子、覆盆子、天门冬、百部、何首乌、山豆根、茯苓、威灵仙、木通、金银花、石斛、马兜铃、山查子、黄柏、羌活、天花粉、桑白皮、葛粉、桔壳、青皮、管仲、槐角、五加皮、茵陈、地骨皮、荆芥。以上杂草。

——民国《龙陵县志》卷三《地舆志·物产》第 20 页

药材 黑细辛、牛膝、杜仲、茯苓、厚朴、良姜、茱萸、升麻、半夏、藿香、紫苏、柴胡、陈皮、芦子、当归、葛根、松香、枳梗、白蜡、黄蜡、仙蜂蜡、防风、防己、荆芥、薄荷、贝母、常山、木通、莪术、龙骨、地榆、艾、车前草、黄精、益母草、苍耳子、南星、白头翁、前胡、马鞭草。

——民国《镇康县志》（初稿）第十四《物产》第 5 页

药材 滇药之载于旧《志》者八十八，其引《滇南本草》五十一，而我邑所产不下百十种。其最特色大庄者，如黄连、贝母、知母、茯苓、蓁芁、猪苓、珠子参、麝香、熊胆、鹿茸、冬虫夏草、雪茶、秦归、厚朴、天南星、黄白皮、黄芩、粉丹皮、夏林单、木通、金银花、桔梗、柴胡、紫苏、半夏、荆芥、防风、枳实、桔壳等类，或产万斤，或产数千斤，运输外地，亦不无小补。

——民国《维西县志》卷二第十四《物产》第 38 页

昆明山谷间实多小草，能入于药者尤不少焉。若半夏、天冬、柴胡、茵陈、荆芥、防风、白芨、良姜、淫羊藿、青蒿等，尽人皆知其为方剂中药物也。有知其名而不深悉其性者，有知其用处而不能呼出其名者，此在山间，真不知有若干百十种也。然又有若干种类，人们已能知其性，能呼其名，而又不入于官药，不见于本草者。可是，一投治得当，亦可望厥疾得瘳。如千针万线草之治虚痨，双果草之治疝气，五叶草之治虚烧，八仙草之治骨蒸症，舒筋草、透骨草之治筋骨疼痛，血莽草根之消肿，还魂草之治跌打，是皆一些特效药也。山中小草之能治重病者，据余所知，已在五六十种，兹不过略举此数种而言之耳，余俱详于余之医书四种中，故不多及。至云《滇南本草》中之所列者，然有多种，非得人指认，不易辨别也。

——《纪我所知集》卷十六《昆华事物拾遗之二·昆明的草药》第 424 页

艾叶

艾叶　性温，味苦。治安胎，止吐血，红崩下血，赤白带，下元虚冷。

——《滇南草本》卷二第 30 页

八仙草

八仙草　味辛苦，性微寒。入少阳、太阴二经。治脾经湿热，诸经客热，诸痨症，虚热、烦热，筋骨疼痛。湿气伤筋，故筋骨疼。走小肠经，治五种热淋，利小便，赤白浊，玉茎疼痛，退血分烦热，止小便血。

——《滇南本草》卷上《草部》第 18 页

拉拉藤　到处有之，蔓生，有毛刺人衣。其长至数尺，纠结如乱丝，五六叶攒生一处，叶间梢头，春结青实如粟。按《救荒本草》：蓬子菜形状颇类，云南呼八仙草，俚方用之。《滇南本草》：八仙草，味辛苦，性微寒。入少阳、太阴二经。治脾经湿热，诸经客热，痨症，筋骨疼痛。走小肠经，治五种热淋，利小便，赤白浊，玉茎疼痛，退血分烦热，止小便血。

——《植物名实图考》卷二十一《蔓草类》第 37 页

巴豆藤

巴豆藤　生云南。巨藤类木，新蔓缭绕，一枝三叶。名以巴豆，盖性相近。

——《植物名实图考》卷二十三《蔓草类》第 41 页

扒毒散

扒毒散　生云南圃中，插枝即活。以能治毒疮，故名。大致类斑庄根而无斑点，叶亦尖长，秋深开小白花如蓼，而不作穗簇簇枝头。尤耐霜寒。

——《植物名实图考》卷二十三《蔓草类》第 13 页

白地膏

白地膏　生山地上，形似虫窝，亦同白森，或敷贴于石上，色白，性冷。采取敷大恶疮、无名种毒、汤大伤，调醋搽之如神效。或为末，调麻油搽痔疮。夷人治小儿生火，调麻油搽，火即散。又治膁疮如神效。

——《滇南草本》卷一第 30 页

白地榆

白地榆、鼠地榆　味苦涩，性温。单方治酒寒疼，焙为末，每服二钱，引点热酒服。

——《滇南本草》卷中《草部》第 20 页

白地榆　一名鼠尾地榆。性温，味苦涩。治酒寒、面寒疼，肚腹疼。

——《滇南草本》卷二第 33 页

白花地丁

白花地丁　治痔生管。

《滇南本草》卷上《草部》第 23 页

白花地丁　性、味前人无注。治痔疮生管。单剂煎点水酒服。

——《滇南草本》卷二第 25 页

白芨

白芨　性微温，味辛平。治痨伤肺气，补肺虚，止咳嗽，消肺痨咳血，收敛肺气。

——《滇南草本》卷三第 40 页

白及　《本经》下品，山石上多有之。开紫花，长瓣微似瓯兰，其根即用以研朱者。凡瓷器缺损，研汗黏之不脱，鸡毛拂之，即时离解。零娄农曰：黄元治《黔中杂记》谓白及根，苗妇取以浣衣，甚洁白。其花似兰，色红不香，比之箐鸡羽毛，徒有文采，不适于用。噫！黄氏之言，其以有用为无用，以无用为有用耶？白及为补肺要药，磨以胶瓷，坚不可坼，研朱点易，功并雌黄。既以供濯取洁，又以奇艳为容，阴崖小草，用亦宏矣。彼俗称兰草，仅存臭味，根甜蕴毒，叶劲无馨，徒为妇稚之玩，何裨民生之计？轩彼轻此，岂得为平？然其叙述山川事势，皆有深识，览者不潜察其先见，而绸缪预防，至数十年后复有征苗之师，其亦玩雄文之悚魄，而忽筹笔之远猷，以有用之言，为无用之谋也乎？

——《植物名实图考》卷八《山草类》第 12 页

白蔹

白蔹　性微寒，味苦辛。入脾、肺二经。收肺气，止血，涩大肠下血，痔漏痈疮。

——《滇南草本》卷三第 39 页

白龙须

白龙须　一名白微。味苦涩，性微温。专治面寒疼，肚腹酸痛，跌打损伤，筋骨疼痛。

——《滇南本草》卷中《草部》第 5 页

白龙须　草名，出蒙化、永昌间。有大毒，祛风发汗，软人肌骨，治痿痹最效。然每服止可二三分，至五分极矣。须以无灰酒咽之，或与乌骨鸡同煮，服后仍坐密室，三日不可风。滇人不甚用，惟女子洗足用之，云骨软易缠也。

——《滇略》卷三《产略》第 19 页

白龙须　生树节间，盘旋如其根。得树之精，盖亦寄生之属也。惟长于石上者，如棕丝直起，无枝叶，最为难得。刘松石呼为万缠草。治风湿、瘫痪兼腿并胫骨疼痛。擂此末一钱，酒煨，潜入密室中饮，立效。惜鸡山严酒戒，采而干之，寻酒国耳。

——《鸡足山志》卷九《物产》第 356 页

白牛膝

白牛夕　一名太极草，一名狗辱子。味酸微苦，性微温。补肝，行血，破瘀血，通经闭，消血块症瘕。行周身经络，强筋舒骨，止筋骨疼痛，瘫痪痿软，四肢麻木不仁。退妇人肝虚劳热发烧、筋热发烧。补任督二脉，多功于任督。妇人久不受胎育、此任督亏损，不能受孕。白带等症，以经后服一二次即有胎。补注：白牛夕强筋之功甚于川牛夕，妇人有孕忌用。此药性破血，坠胎不宜。

——《滇南本草》卷上《草部》第 11 页

白药子　黄药子

白药子　一名黄药子。味苦，大寒。不可入吃药，只可医马，是良效。入脾、肺、肾三经。主治补中益气，敛肺气，兴阳道，治阳痿，止虚劳咳嗽，伤风日久咳嗽，良效。治妇人白带。

——《滇南本草》卷下《草部》第 7 页

黄药子　性大寒，味苦。不可入药，医马之良药也。

——《滇南草本》卷三第 37 页

黄药子　《开宝本草》始著录。沈括以为即《尔雅》"藆，大苦"，前此未有言及者。其根色黄，入染家用，味亦不甚苦，叶味酸，《救荒本草》酸桶笋即此。零娄农曰：……李时珍所谓黄药，即今之酸杆，滇谓之斑庄根。俚医习用，或以其根浸酒。《滇本草》云：味苦涩，性寒，攻诸疮毒，止咽喉痛，利小便，走经络，治筋骨疼、痰火、痿软、手足麻木、五淋白浊、妇人赤白带下，治痔漏亦效。与古方仅治项瘿、咯血者不同。然则以李时珍所据之黄药，而强以治古人所治之证，其能效乎？滇南又有一种与斑庄绝肖者，秋深开小白花，叶亦微似杏，土人谓之扒毒散，治恶疮有殊效。插枝即生，人家多植之。或即苏恭所谓黄药者欤？……

——《植物名实图考》卷二十《蔓草类》第 27 页

白药　《唐本草》始著录。《图经》有数种。《本草拾遗》又有陈家白药、甘家白药、会州白药，有方无图。今滇南亦有白药，主治马病，未知是《图经》何种，不敢并入。兹从《图书集成》绘存原图一种，其治证各方，录于编中以备考。

——《植物名实图考》卷二十二《蔓草类》第 66 页

滇白药子 蔓生，根如卵，多须。一枝五叶，似木通而微小，梢端三叶。夏开花作穗，如白花何首乌，结实如珠。考白药有数种，而说皆不晰。《滇本草》谓只可医马，不可吃，而又载兴阳道诸方。其说两歧，殆不可信。

——《植物名实图考》卷二十三《蔓草类》第 5 页

白芷

白芷 性温，味辛微甘。升也，阳也，入阳明经。以辛入肺，止阳明头痛之寒邪，四时发热，祛皮肤游走之风。止胃冷腹痛、寒痛，除风湿燥痒顽痹，攻疮痈，排脓定痛，治妇人漏下、白带、散经、周身寒湿疼痛。附白芷散，治四时感冒，风寒暑湿，头疼发热，乍寒乍热，止阳明经头风疼。又名香苏白芷散。

——《滇南草本》卷三第 34 页

白芷 《本经》上品。滇南生者肥茎绿缕，颇似茴香。抱茎生枝，长尺有咫，对叶密挤，锯齿槎枒，龃龉翘起，涩纹深刻，梢开五瓣白花，黄蕊外涌，千百为族，间以绿苞，根肥白如大拇指，香味尤窜。

——《植物名实图考》卷二十五《芳草类》第 8 页

百部

百部 性寒，味苦微甘。入肺，润肺，治肺热咳嗽，消痰定喘，止虚痨咳嗽，杀虫。

——《滇南草本》卷二第 41 页

月牙一枝蒿 生水边，叶小，对生，茎似蕨，可入药品。

——民国《嵩明县志》卷十六《物产·各种特产》第 243 页

百叶尖

百叶尖 味酸涩甘，无毒。生山中石上，绿色，一条小叶，俗呼蜈蚣草。治一切跌打损伤，筋骨疼痛，四肢麻木，风湿脚软。泡酒服之，其效如神。敷伤亦可。

——《滇南草本》卷一第 16 页

蜈蚣草 生云南山石间。赭根纠互，硬枝横铺，密叶如锯，背有金星。其性应与石韦相类。

——《植物名实图考》卷十七《石草类》第 10 页

斑庄根

斑庄根 性微寒，〔味〕苦微涩。攻诸肿毒，止咽喉疼痛，利小便，走经络。治筋骨，痰火痿软，手足麻木战摇，五淋白浊，痔漏疮痈，妇人赤白带下。

——《滇南草本》卷三第 43 页

半夏

半夏　《云南府志》：出宜良，圆白如蜀产者。

——道光《云南通志稿》卷六十九《食货志六之三·物产三·云南府》第 6 页

薄荷

南薄荷　又名升阳菜。味辛，性温，无毒。治一切伤寒头疼，霍乱吐泻，痈疽疥癞诸疮等症，其效如神。滇南处处产薄荷，老人作菜食，返白发为黑，与别省不同。

——《滇南草本》卷一第 18 页

野薄荷　性微温，味辛，微苦麻。上清头目诸风，止头疼眩晕，发热去风痰。治伤风咳嗽、脑漏鼻流臭涕，退男女虚痨发热。野薄荷汤，治男妇伤风咳嗽、鼻塞声重。

——《滇南草本》卷三第 32 页

滇南薄荷　与中州无异，而茎方亦硬，叶厚短，气味微淡。《滇本草》谓作菜食，返白发为黑，与他省不同。又治痈疽、疥癣及漆疮，有神效云。

——《植物名实图考》卷二十三《芳草类》第 58 页

薄荷　产地在城内东南，城外西北菜圃。状态为大叶下旁有小叶，产量二千斤，用途多为药材。

——民国《楚雄县地志》第十二目《天产·植物》第 1373 页

贝母

贝母　上帕、贡山产。贝母多在碧罗、高黎两大雪山寒冷之区。一茎直出，无分枝，茎尺余，花白色，开于枝顶，叶如胡荽，其根小者如豆，中开一口，名曰雀嘴贝，最佳。大如算珠者次之，亦系草本。每年三四月间，怒倮结伴往两雪山采取，各得数两至十数两，多含水分，须二三斤始晒干得一斤，以故价值甚昂，仍运销内地。腾冲姊妹、高黎贡诸山产者色白味苦，较川贝尤佳，大理苍贝亦著。

——《新纂云南通志》卷六十三《物产考六·植物三·药材类》第 28 页

苍贝母　生兰峰以北诸峰之间。花蓝色，叶类兰，生一叶，贝母即其根也。其粒雪白圆小，性苦寒，润肺消痰，散瘿，治恶疮。

——民国《大理县志稿》卷五《食货部二·物产》第 10 页

必提珠

必提珠根　味苦甘，性寒。入脾、膀胱二经。利小便，治热淋疼痛，治尿血、溺血、淋血、玉茎疼。

胎坠，消水肿。

——《滇南本草》卷下《草部》第 10 页

萆薢

萆薢 味苦微酸，性微温。入肝、脾、膀胱经。治风寒湿气，筋络腰膝疼痛，遍身顽麻。利膀胱水道，赤白便浊。

——《滇南本草》卷中《草部》第 2 页

滇红萆薢 长蔓，叶光润，绿厚有直勒道，花紫红，如粟米作球。

——《植物名实图考》卷二十三《蔓草类》第 33 页

萹蓄

扁畜 性寒，味苦。利小便，治五淋白浊，热淋，瘀精涩闭关窍，并治妇人气郁，胃中湿热，或白带之症。

——《滇南草本》卷二第 48 页

萹蓄 《本经》下品。《尔雅》："竹，萹蓄。"《救荒本草》亦名扁竹，苗、叶可煤食。今直隶谓之竹叶菜。雩娄农曰：淇澳之竹，古训以为萹蓄。此草喜铺生阴湿地，美白如篑，诚善体物矣。《救荒本草》曰：扁竹，犹中州古语也。江以南皆饶，而识者盖寡。《滇本草》独著其功用，按名而求，果得之。滇之草木名，多始于杨慎，此语或有所承。昔苏轼谪儋耳，琼之人至今奉之惟谨。杨慎谪居滇最久，三迤之人，奉之无异琼之奉髯苏。顾其流离颠沛，箧中无书可质，所笺释大半得之强记，不能无讹误，而滇之人，无敢轻訾之者。彼生长先儒先贤之乡，务求摘前人一语半字之瑕庇，诟厉抨击，断断然不稍贷，不亦异于琼、滇之奉二子耶？

——《植物名实图考》卷十一《隰草》第 73 页

遍地金

遍地金 味苦涩，性寒。治日久水泻，久痢赤白，引乌梅、沙糖，汤煎服。

——《滇南本草》卷中《草部》第 23 页

草果

草果 入药品，出教化三部。

——景泰《云南图经志书》卷三《临安府·土产》第 2 页

草果药 性大温，味辛苦。宽中理气，消胸膈膨胀，化宿食胃气。治九种胃疼，面寒背寒，消痞块积滞。

——《滇南草本》卷二第 19 页

草果药　形如草果而小，故名。产于宁州薄溪石山。性大温，味辛微苦。宽中理气，消胸膈膨胀，开胃消宿食。附方：治九种胃气疼痛，面寒疼，痞块疼痛。

——《滇南草本》卷三第 3 页

草果　《一统志》、旧《云南通志》：广南府出。

——道光《云南通志稿》卷六十九《食货志六之三·物产三·广南府》第 30 页

豆蔻　《别录》上品，即草果。《桂海虞衡志》诸书详晰如绘，岭南尚以为食料，唯《南越笔记》以为根叶辛温，能除瘴气。云南山中多有之。根苗与高良姜相类而根肥，苗高三四尺。高良姜根瘦苗短，数十茎丛生，叶短，面背光润，纹细，叶淡绿。草果茎或青、或紫，叶长纹粗，色深绿，夏从叶中抽葶卷箨，绿苞渐舒，长萼分绽，尖杪淡黄，近跗红赭，坼作三瓣白花，两瓣细长，翻飞欲舞，一瓣圆肥，中裂为两，黄须三茎，萦绕相纠，红蕊一缕，未开如钳，一花之中，备红、黄、白、赭四色。……余就滇人所指名而名之，不识岭外所产，与此同异。《滇南本草》：性温，味辛，无毒。生山野中或蔬圃地。叶似芦，开白花，结果内含瓤，藏子如豆蔻而粒大，能消食积，解冷宿结滞之郁，开通胃脾，快利中窍，令人多进饮食。今人多用为香料，调剂饮食甚良。又能祛除蛊毒，辟夷人药毒，佩之能远患也。

——《植物名实图考》卷二十五《芳草类》第 30 页

草乌

蒙山产草乌，最毒。弘治间，有周、朱二医采此酿酒。比熟，周将以进要人，夕先尝之，迨晓，毙矣。朱则邀道侣四人共饮，二人先至饮之，主客俱毙座上；二人以后至，得免。樊爨诸夷炼以傅矢，中人畜无不立死者。仇家取置衣领及冠巾中遗人，著之即脑裂头断，然其方秘不传也。

——《滇略》卷三《产略》第 20 页

小草乌　生云南山中，与月下参同。无大根，有毒，外科用之。

——《植物名实图考》卷二十三《毒草类》第 70 页

草血竭

土血竭　味辛。治一切瘀血作疼，跌打损伤，神效。

——《滇南草本》卷一下《果品类》第 12 页

草血竭　一名回头草。味辛苦，微涩，性温。宽中下气，消宿食，消痞块，年久坚积梗硬，胃气疼，面寒疼，妇人症瘕，消浮肿，硬瘀血，止咳嗽。

——《滇南本草》卷中《草部》第 6 页

草血竭　一名回头草，生云南山石间。乱根细如团发，色黑，横生。长柄长叶，微似石韦而柔，面绿背淡，柄微紫。春发葶，开花成穗，如小白蓼花。《滇本草》：味辛苦，微涩，性温。宽中消食，化痞，治胃疼寒湿、浮肿癥瘕、淤血。

——《植物名实图考》卷十七《石草类》第 19 页

茶匙草

茶匙草　味苦，微辛，性温。专治面背寒疼，腰膝痛，肚腹疼，寒气痛。或为末，煎汤，点水酒服。

——《滇南本草》卷中《草部》第 5 页

柴胡

柴胡　性寒，味苦。阴中阳也。入肝、胆二经。伤寒发汗，解表要药。退六经邪热往来，痹痿，除肝家邪热痨热，行肝经逆结之气，止左胁肝气疼痛。治妇人血热烧经，能调月经。

——《滇南草本》卷三第 28 页

柴胡本作茈胡，通作柴　《本经》上品。陶隐居已以芸蒿为柴胡。《图经》有竹叶、斜蒿叶、麦冬叶数种。……滇南有竹叶、麦门冬叶二种，土人以大小别之，与丹州、寿州者相类。

——《植物名实图考》卷七《山草类》第 27 页

滇银柴胡　绿茎疏叶，叶如初生小竹叶，开碎黄花，根大如指，赭黑色，有微馨。盖即《本草》所谓竹叶者。前人谓银柴胡以银州得名，滇以韭叶者为猴柴胡，竹叶者为银柴胡。相承如此，亦未可遽斥其妄。

——《植物名实图考》卷十《山草类》第 42 页

茈胡茈即古柴字　《本经》名地薰。昔谓出银州者良。凡生于西畔者，其上有白鹤、绿鹤飞翔形，其香气能上蒸云间，嗅之令人气爽，但岁仅腾气一二日，甚难相值也。地薰之名有来矣。

柴胡　嫩时采之，类前胡而稍紫，老则为柴矣。但以如柴而嫩者良。细如鼠尾者，谓之鼠尾胡。平肝气而气多不足。其叶为芸蒿，《夏小正》仲春芸始生是也，然则《仓颉解诂》谓邪蒿类柴胡而可食，则非柴胡叶矣。今延安府谓为山菜，以饷佳宾。兹南土所产不似前胡，状如蒿根，允不堪用。惟七月开黄花，根淡赤色，人呼为茹草者良。

——《鸡足山志》卷九《物产》第 353 页

柴胡　腾冲高黎贡山及石头山产者为良。茎高二尺余，叶细如竹，叶、花黄色，有芳辛气味。维西、中甸出产亦佳。

——《新纂云南通志》卷六十三《物产考六·植物三·药材类》第 29 页

车前

车前子　性寒，味咸。消上焦火热、胃热，明目，利小便，分利五淋，止水泻。

——《滇南草本》卷三第 36 页

车前　谓多生当道牛马迹中，是以车前得名。夫涔蹄之水，鲋鱼涸焉，涸然后车前生。其性滑肠，故《救荒本草》名之为车轮菜，则车前者，子生大叶之前，是以得名乎？《诗》采采苤苢，幽思如见矣。以叶大似牛舌，故俗称牛舌菜，《别录》谓之马舄。舄者，履也，犹马践履。又名牛遗，则谓缘牛溺生之，则其叶肥大。亦名地衣，言其叶大覆地也。更名虾蟆衣，谓其叶下能藏虾蟆，故江东呼焉。

——《鸡足山志》卷九《物产》第 356 页

茅苽　春初生苗布地，其叶大越于人履。盖初年子落则叶不盈，匕年深根大则以渐加长。叶大至尺余，则其茎箭亦如指粗。其穗如鼠尾花，甚细而密，青淡绿色，微带赤，细若鳞鳞。其实如葶苈，赤黑色，性通利阳道，谓宜子孙者，非。

——《鸡足山志》卷九《物产》第 356 页

赤地榆

赤地榆　名万两金。味苦，微酸，性微温。止面寒、背寒疼，肚腹痛，止日久大肠下血，七日后赤白痢症。

——《滇南本草》卷中《草部》第 19 页

赤木通

赤木通　野蒲菊根。味酸苦，性寒。利膀胱积热，消偏坠下气，走经，定痛。散乳结肿痛，痈疮，排脓，通五淋、赤白便浊，止玉茎痛。

——《滇南本草》卷下《草部》第 10 页

虫草

冬虫夏草　极温补之物，藏中所产。上苗下实，形如萝卜而细小，苗实共长二寸，其实细长约寸许，有细稜，形似虫。想夏则抽条发叶为草，冬则结实如虫，故名。外皮枯黄色，其里则淡绿色，和鸡鸭猪肉煮食之，脆嫩可口。竟能已怯症，培植精神，和公鸡食最有效。

——《滇南闻见录》卷下《物部·药属》第 38 页

冬虫夏草　《本草从新》：冬虫夏草，甘平。保肺益肾，止血化痰，止劳嗽。产云贵。冬在土中，身如老蚕，有毛，能动；至夏则毛出土上，连身俱化为草。若不取，至冬复化为虫。……

——《植物名实图考》卷十《山草类》第 31

虫草　产阿敦子北印山一带高寒之地。

——光绪《丽江府志》卷三《食货志·物产》第 32 页

冬虫夏草　亦出迤西，云可治痨。有人送余一裹，以之分给谭甥子同，其未闻服之有效。

——《幻影谈》卷下《杂记》第 137 页

虫草　产上帕、贡山、维西、中甸、阿墩、鹤庆、丽江、腾冲、永北等处，为本省极著名之出品。生雪线内，气味甘温，无毒，主健脾胃，又称滋补之圣剂，畅销港、沪各埠。此植物之生态颇奇，即八胞子菌类，已成熟之胞子，遇机播散入鳞翅类已死幼虫气孔内，冬时潜伏，故仍见为虫体。翌春，胞子在虫体已生有若干菌丝，更由气孔外出，菌丝相集，更生子实体，当夏季见之如草状，是以有冬虫夏草之名，非冬化为虫，夏又化为草也。多生寒冷高山，非凌寒冒雪取之，不易搜集，故难能可贵如此。

——《新纂云南通志》卷六十三《物产考六·植物三·药材类》第 27 页

虫草 亦可称为虫菌，其虫完全如蚕，惟眼大而色黑，宛如蜻蜓之复眼。自胸至尾，有足六对，环节蠕动，生于县属一、二、四、五区高山浅土中。每当春雪初融，则幼虫即在土中蠕动，至立夏后气候稍温，虫已长成，渐欲出土。即被菌类细胞侵袭，而寄生于其头顶，虫乃不食不动，听此菌之荣长。迨夏至前后，则虫之精华已尽，其形虽存，而其原质已经变化，顶上之菌亦经成熟，菌长一寸五分左右，体为褐色丝状，菌丝之尖端如囊状，内有绵质纤微，藏无数菌类细胞于其中，以备繁殖。惟此种菌类似为无性繁殖，故凡此类之虫，未有不生菌者。因菌形似草茎，而又生于虫之顶端，故普通称为虫草，其实应称为虫菌，盖虫顶所生之物，实为菌类，而非草类也。当虫未生菌时，其色雪白如蚕，及菌既成熟后，则虫又外黄而中白，质极脆，性补益。又凡入山采虫草者，因嫌其草纤细而短，不易识别，恒将虫草数茎用油炮熟，嚼于口中，俯而嘘之，则见草端摇颤不已，因而掘之，即得虫草。此又不可思议之神秘物理也。

——民国《中甸县志稿》卷上《自然·特产》第 11 页

重楼

虫蒌① 一名紫河车，一名独脚连。味辛苦，性微寒。攻各种疮毒痈疽，利小便。

——《滇南本草》卷上《草部》第 23 页

蚤休 《本经》下品。江西、湖南山中多有，人家亦种之。通呼为草河车，亦曰七叶一枝花，为外科要药。滇南谓之重楼一枝箭，以其根老横纹粗皱如虫形，乃作虫蒌字。亦有一层六叶者，花仅数缕，不甚可观，名逾其实，子色殷红。滇南土医云味性大苦大寒，入足太阴，治湿热、瘴疟、下痢，与《本草》书微异。滇多瘴，当是习用药也。

——《植物名实图考》卷二十四《毒草》第 34 页

臭椿皮

臭椿皮 味苦辛，性温。止妇人白带，大肠下血，红白便浊。单方治心气疼，面背寒，胃气疼。

——《滇南本草》卷中《草部》第 22 页

臭椿皮 性微温，味苦微辛。止妇人白带，止血，止大肠下血。治赤白便浊，各种气痛、寒痛。

——《滇南草本》卷二第 37 页

臭灵丹

臭灵丹 一名狮子草。性温，味苦辛，有毒。阴中阳也。治风热积毒，脏腑不合。通十二经络，发散疮痈。五脏不合，积热成毒，生痛疮；六腑不合，积热成毒，生痘疖疮；积热注于血分，肌肉成疥癞疮。多吃牛、马肉，积热成毒，重生痛疽疖，轻生血风癣疮。吃则令人胸膈嘈杂，心犯作呃，皮肤发躁，烦热不宁。一切风热毒疮，服之良效。

——《滇南草本》卷三第 22 页

---

① 虫蒌 《滇南草本》卷二作"重蒌"，药效同。

飞廉　《本经》上品。《梦溪笔谈》以为方家所用漏芦即飞廉，《本草纲目》以《图经》漏芦花萼下及根旁有白茸为飞廉，二物盖一种云。雯娄农曰：今医家罕用飞廉者，不能的识，《宋图经》已云然，然则后之医者，并其名而不知宜矣。余至滇，见土人习用治寒热毒疮，以臭灵丹为要药，园圃中多有之。就而审视，乃飞廉也。……今滇中所产，独茎高三四尺，叶似商陆辈，粗糙多齿，齿长如针，茎旁生羽，宛如古方鼎棱角所铸翅羽形。飞廉兽有羽善走，铸鼎多肖其形。此草有软羽，刻缺龃龉，似飞廉，故名。梢端叶际开花，正如小蓟，色深紫而柔，刺不甚放展。……《滇本草》虽别名臭灵丹，而主治与《本草》《别录》同而加详。又别出漏芦一物，大理、昆明皆产，主治与《本草》亦相表里，而形状与《图经》各种微异，亦别图之。余既喜见诸医所未见，又以此草本生河内，乃中原弃而不用，边陲种人藉手祛患物，固有屈于彼而伸于此者，与士之知己不知己何异？特著其本名，而附《滇本草》于注，以资采订。他时持以还吾里，按图索之，必有得焉。呜呼！尝草之功，圣愚同性；夫妇所知，圣人有所不知。道大无遗，无谓言小。

—— 《植物名实图考》卷十一《隰草》第 37 页

刺天茄

刺天茄　即天茄子。味苦，性寒。治牙齿疼，为末搽之即愈。疗脑漏、鼻渊，祛风，止头痛，除风邪。

—— 《滇南本草》卷下《草部》第 1 页

刺天茄　滇、黔山坡皆有之。长条丛蔓，细刺甚利。叶长有缺，微似茄叶，然无定形。花亦似茄，尖瓣黄蕊，粉紫淡白，新旧相间。花罢结圆实，大者如弹，熟红，久则褪黄。自春及冬，花实不断。《滇本草》：刺天茄，味苦甘，性寒。治牙疼，为末搽之即愈。疗脑漏、鼻渊，祛风，止头痛，除风邪。

—— 《植物名实图考》卷二十三《蔓草类》第 2 页

打不死草

打不死　滇中有草，似马齿苋，而叶尖茎青，盛于冬，拔之不死，折而弃之，得土复生，俗名打不死。案即《尔雅》"卷施草，拔心不死"也，郭《注》以为宿莽，故盛于冬。

—— 《札樸》卷十《滇游续笔·打不死》第 13 页

大枫草

大枫草　味甘苦，无毒。此草生川野间，形似车前草，大叶细子，高尺余。主治一切虚烧发热，利水。治赤眼如神。〔又治〕金疮浓血，妇人难产。久服轻身延年。俗呼为大哈蟆叶，夷人治眼目云遮即退。又治女子白带。又采一二升敷脐，可暖精生子。又治痢疾。根，治大疮；叶，治肺痨；汁，治喉风、疟疾。

—— 《滇南草本》卷一第 8 页

大黄

大黄 出苍山顶。

——正德《云南志》卷三《大理府·土产》第 7 页

大黄 为蓼科植物。根茎能轻泻解热，中甸等处为山货药材之大宗。大理、保山、永善均出产，维西亦有之，大致西北山地比较为多。

——《新纂云南通志》卷六十三《物产考六·植物三·药材类》第 28 页

大狼毒

大狼毒 白绿秆效，紫秆无效。性温，味苦麻，有大毒，不可入药。搽疥癞疮，为细末，花椒为末少许，或香油或猪油调搽，避风。如不避风，令人肿挞皮。

——《滇南草本》卷三第 11 页

大皮莲

大皮莲 味苦，微辛，性微温。治瘀血结滞腹痛，破血行〔血〕，跌打损伤瘀血，坠胎血块。

——《滇南本草》卷中《草部》第 19 页

丹皮

丹皮 味酸辛，性寒。破血行血，消瘕症，破血块，除血分之热，坠胎。即芍药尖是也。

——《滇南本草》卷上《草部》第 24 页

淡竹叶

淡竹叶 味苦，性寒。治肺热咳嗽，肺气上逆。治虚寒发热，退虚烧，口烦热。煎点童便服。

——《滇南本草》卷下《草部》第 3 页

当归

当归 味辛，微苦，性温。其性走而不守，引血归经。入心、肝、脾三经。止腹痛、面寒、背寒〔痛，消〕痈疽，排脓定痛。

——《滇南本草》卷中《草部》第 18 页

当归 鹤庆西山产，不亚于川、陕，年产达数十万斤，远销各处。近剑川亦种当归，已为大宗出产。又丽江、凤仪，近亦为著名产地。

——《新纂云南通志》卷六十三《物产考六·植物三·药材类》第 30 页

刀疮药

刀疮药　生云南。藤本蔓生，赭绿茎叶似何首乌，色绿，微宽，无白脉。叶间开花五瓣，外白内紫，纹如荆葵，数十朵簇聚为球。又名贯筋藤，殆能入筋络之品。

——《植物名实图考》卷二十三《蔓草类》第 3 页

地不容

地不容　味苦，性温，有毒。治一切疟疾吐倒食。气虚者禁忌。吐痰甚于常山，恐伤人命。常山吐痰，有转达之能，地不容无转达之能，故尔忌用。

——《滇南本草》卷中《草部》第 13 页

地不容　一名解毒子，《唐本草》始著录。……零娄农曰：余在湘中，按志求所谓地不容者，不可得。及来滇，有以何首乌售者，或云滇人多以地不容伪为何首乌，宜辨之。余喜得地不容甚于何首乌也，遂博访而获焉。其根苗大致似交藤，而根扁而瘠，叶厚而圆，开小紫花。询诸土人，则曰其叶易衍，其根易硕，殆无隙地能容也，故名。或以其叶团似荷钱，而易为地芙蓉，失其意矣。考《图经》生戎州，今为安顺府，与滇接。宋版舆不及滇，故不以为滇产。《滇本草》曰：味苦，性温，有毒。治一切疟，吐倒食气，吐痰。甚于常山，虚者忌之。常山有转达之功，地不容无转达之功，故禁用。其说与《图经》异而详。……

——《植物名实图考》卷二十二《蔓草类》第 64 页

解毒子　《唐本草》以为生川西，即地不容。《图经》所云生戎州者，与滇南地不容虽相类，而云无花实。李时珍以《四川志》苦药子即解毒子，又或谓即黄药子，皆出悬揣。今以滇南地不容别为一图，而存解毒子原图以备考。世之用地不容者，当依《滇本草》为确。其旧说解蛊毒、消痰降火，虽具药性而不可轻试。若川中苦药子，亦恐非《唐本草》之解毒子也。

——《植物名实图考》卷二十二《蔓草类》第 68 页

地草果

地草果　味辛酸，性微温。入肝经，走阳明。破血破气，舒肝家郁结之气，风火眼暴赤疼痛，祛风，退翳膜遮睛，盖肝气结而翳成，散肝气而云翳自退。但肝实者可用，肝虚者忌之。治妇人奶乳闭结不通，肿胀硬疼。地草果，开白花、绿花治眼科良；开紫花者，治奶结疼效；开黄花者，治寒气肚疼效。

——《滇南本草》卷上《草部》第 16 页

犁头草　即堇堇菜。南北所产，叶长圆、尖缺各异。花亦有白、紫之别。又有宝剑草、半边莲诸名，而结实则同。滇南谓之地草果，以治目疾、乳肿。《滇南本草》：地草果，味辛酸，性微温。入肝经，走阳明。破血气，舒郁结，风火眼暴赤疼痛，祛风，退翳，盖肝气结而翳成，散结则云翳自退。但肝实可用，肝虚忌之。紫花者，治奶头疼痛，或小儿吹著，或身体压注，乳汁不通，头痛，怕冷发热，口干，身体困倦，乳头乳傍红肿胀硬。……

——《植物名实图考》卷十二《隰草类》第 11 页

地地藕

地地藕　味甘甜，性微寒。主补养气血，疗妇人白带红崩。生新血，止尿血，止鼻衄血，止血淋。

——《滇南本草》卷中《草部》第 1 页

地骨皮

地骨皮　枸杞根皮。味苦，性寒。治肺热劳烧，骨蒸客热。

——《滇南本草》卷中《草部》第 9 页

地黄

地黄　出木密所。

——正德《云南志》卷十一《寻甸军民府·土产》第 2 页

地锦

地锦此与前之地锦[①]别　生净露下，有光。赤茎布地如锦，里谓之血风草，又曰血见愁。夫血而有知哉！血从何处愁？斯冢负涂之义，无是事而有是理耳。【释名】为地朕坤，其为血之阴乎？故为草血竭。能夜光，故名承夜。象花叶形则名酱瓣、猢狲头矣。惟雀儿喜聚，则名雀儿卧单，蚁聚则为蚂蚁战场，殊足笑也。

——《鸡足山志》卷九《物产》第 355 页

地精草

地精　本仅一二尺许，叶细。花有蓝、白二种。冬月采之，可作蜜饯。

——《鸡足山志》卷九《物产》第 351 页

地精草　味辣，有毒，用火炙过方可用。此草形似板枝，叶上有飞藤，绿色，紫梗。五月开小白花在枝上，采取阴干为末，治头风伤目，中风不语，口眼歪斜，伤寒发热，服之神效。又有一种石出之地元藤，形相似，而地元藤有大毒毒人，但见开黄花者，切不可采。道家多用用开白花者石成粉，粉亦能炙硫磺成宝丹。

——《滇南草本》卷一第 19 页

地卷草

地卷草　味甘，无毒。生石上或贴地，绿细叶自卷成虫形。一名虫草，一名抓地松。夷人呼为石上青苔，治鼻血效。俗呼地卷丝，作菜食。治一切跌打损伤，骨碎筋断，服之神效。不可生用，

[①] 此前之地锦　见本书第 183 页"骨碎补"条下。

生则破血。

——《滇南草本》卷一第 37 页

地卷草　即石上青苔。湿气凝结成片，与仰天皮相似。面青黑，背白，盖即石耳之类。《滇本草》：味甘，性温，无毒。生石上或贴地上，绿色细叶自卷成虫形。一名虫草，一名抓地松。采取治一切跌打损伤筋骨如神。不可生用，生则破血。夷人呼为石青苔，治鼻血效。

——《植物名实图考》卷十七《石草类》第 24 页

地石榴

地石榴　性温凉，味苦涩。治遗精、滑精，用根，水煨，点水酒服。

——《滇南草本》卷三第 1 页

地缨子

地缨子　味苦，性寒。此草形似缨子一撮，贴地，分赤、绿二色。赤丝者治脱阳，服之如神；绿丝者治脱阴，服之如神。

——《滇南草本》卷一第 28 页

地竹

地竹　味苦，无毒。生野地，无花，就地生小软枝，高一二寸，叶似家竹，亦非淡竹，乃地竹也，又名土余竹。采取为末，治一切眼科。不拘远年近日，男妇老幼，眼目昏花，或云翳遮睛，或疳疾伤眼，服之，其效如神。[①]

——《滇南草本》卷一第 15 页

滇常山

滇常山　生云南府山中。丛生，高三四尺，叶茎俱如木本。叶厚韧，面深绿，背淡青，茸茸如毛。夏秋间茎端开花，三葶并擢，一球数十朵花如杯，而有五尖瓣，翻卷内向，中擎圆珠，生青熟碧，盖花实并缀也。花厚劲，色紫红，微似单瓣红山茶花，但小如大拇指，不易落。《宋图经》：海州常山，八月花红白色，子碧色，似山楝子而小，微相仿佛。

——《植物名实图考》卷二十三《毒草类》第 71 页

滇防己

滇防己　绿蔓细须，一叶五歧，黑根菎硬，切之作车辐纹。

——《植物名实图考》卷二十三《蔓草类》第 42 页

---

① 此条，道光《云南通志稿》、光绪《续修顺宁府志稿》、民国《宜良县志》皆引，内容有异同，可参本书第143、150、152 页。

滇藁本

藁本 性寒,味苦辛。升也,寒气容于巨阳之经,风寒邪流于颠顶之上。治头风疼痛,止诸头疼,明目。

——《滇南草本》卷三第 26 页

滇藁本 叶极细碎,比野胡萝卜叶更细而密。余同《救荒本草》《滇本草》治症无异。

——《植物名实图考》卷二十三《芳草类》第 59 页

滇厚朴

滇厚朴 生云南山中。大树粗叶,结实如豆,盖即川厚朴树,而特以地道异。滇医皆用之。

——《植物名实图考》卷三十六《木类》第 38 页

厚朴 腾冲明光、龙江山谷间皆有之,明光产尤佳。皮厚色紫,有油而气芳香,为药材出品大宗,远销港、沪、四川等处。

——《新纂云南通志》卷六十三《物产考六·植物三·药材类》第 30 页

滇芎

滇芎 野生,全如芹,土人亦呼为山芹。根长大粗糙,颇香。《滇本草》:味辛,性温。发散痈疽,治湿热,止头痛。食之发病。

——《植物名实图考》卷二十三《芳草类》第 63 页

独活

独活 性温,味辛苦。阴中之阳也。行十二经络,疗诸风,角弓反张,表汗,除风寒湿痹,止周身筋骨疼痛,治两胁面寒疼痛。

——《滇南草本》卷三第 30 页

独活 《本经》上品。《图经》:独活、羌活,一类二种,近时多以土当归充之。湖南产一种独活,颇似莱菔,叶布地生,有公母,母不抽茎,入药用;公者抽茎,紫白色,支本不圆如笕状,末乃圆。枝或三叶或五叶,有小锯齿,土人用之。恐别一种。云南独活大叶,亦似土当归,而花权无定,粗糙,深绿,与《图经》文州产略相仿佛,今图之。

——《植物名实图考》卷七《山草类》第 24 页

独摇草

独摇草 无风乃能独摇。《拾遗》曰生大秦,今鸡山有之。颠若弹子,尾似鸟尾,两片开合,见人自动。愈头骨痛、头疯、遍身痒,为第一仙药。段成式《酉阳杂俎》中有舞草,闻人歌讴及抵掌,则枝叶翻舞欲狂。物之性能通于人，斯气感神遇之有道欤？

——《鸡足山志》卷九《物产》第 356 页

鹅肠菜

鹅肠菜 味性淡平。补中益气，消痰，止头疼，头目眩晕，利小便。治肺积肥气，止玉茎疼。治劳淋，便浊，妇人赤白带下。

——《滇南本草》卷下《草部》第 26 页

法落梅

发落海 一名土川芎。味辛，微苦，性大温。专治面寒，胃气、心气、肝气疼，两肋胀疼。用新瓦焙为末，每服一钱，热烧酒服。

——《滇南本草》卷中《草部》第 5 页

法落梅一名法落海 《一统志》：出法戛，治心痛。《东川府志》：叶类黄莱菔，茎红花碎，白如葱，韭味。治心腹冷痛。以则补、向化里、法落海村产者为佳。

——道光《云南通志稿》卷七十《食货志六之四·物产四·东川府》第 37 页

防风

防风 入药品。

——景泰《云南图经志书》卷三《临安府·阿迷州·土产》第 17 页

防风 以其性服之令人坚表气，故又名屏风。盖即铜芸、茴根之属也。各产开花之色不一，如云南则有竹叶防风，又有杏叶防风，叶与茎均淡绿色，叶有细纹，肉理润泽，与汴东、淮、浙、兖、齐及河中诸产不相似，但疗风有奇效。

百蜚 即防风也。以能御风，呼屏风。以多头节如蚯蚓头者，故又谓之百蜚。二月初采，嫩叶可食。五月开花，黄、白、青、蓝四色。根则二月采其嫩，十月采其老。又名回芸、回风草，均之一也。

——《鸡足山志》卷九《物产》第 353 页

飞仙藤

飞仙藤 生石岩上，叶如柳叶，开白花。采服之，延年益寿，其功不小。采花，治百病，即刻神效。此草，鹿常食之，盖鹿多淫，一时还阳，故名还阳草。

——《滇南草本》卷一第 4 页

飞仙藤 生云南石岩上。柔蔓细枝，长叶如柳而瘦劲下垂，丛杂蒙茸，远视不见，柯条移植，辄不得生。《滇本草》：味甘，无毒。绿叶白花，采服益寿延年，若花更妙。此草鹿多食之，鹿交多辄毙，牝鹿衔以食之即活，又名还阳草。按：此草亦活鹿草之类。刘懂殪鹿得草，而起用以为药，仅同豨莶。牛之性犹人之性，与鼠食巴豆、羊食断肠草移之于人，乌乎！

——《植物名实图考》卷二十三《蔓草类》第 25 页

茯苓

茯苓 州南炎方山多古松，上有延丝异枝，其下必产茯苓。土人掘地二三尺许得之，以备药料。

——景泰《云南图经志书》卷二《曲靖军民府·霑益州·土产》第 16 页

茯苓 出霑益州炎方山。

——正德《云南志》卷九《曲靖军民府·土产》第 6 页

茯苓 出府西一百余里。

——正德《云南志》卷十一《寻甸军民府·土产》第 2 页

蔓胡桃 ……始安王赐沈约茯苓一枚，重十二斤八两，约有谢表。[1]

——天启《滇志》卷三十二《搜遗志第十四之一·补物产》第 1045 页

己卯三月二十四日……有哨房在坡间，曰松坡民哨，而无居人。此处松株独茂，弥山蔽谷，更无他木。闻其地茯苓甚多，鲜食如山药。坡名以"松"，宜也。

——《徐霞客游记·滇游日记八》第 1031 页

伏苓 为滇中土产，医家开方，必写云苓者是也。《淮南子》云：千年之松，下有伏苓。及至云南，知系埋种土中长成，有一定时候，过时则烂，不及时则精神未足。出土之后，又须藏于密室郁蒸，出汗亦有一定分量，太少则未透，过多则已伤。此种培植之法，惟江西樟树镇人为善，业此者无他处人也。伏苓大者有五六十斤，愈大则愈佳。

——《滇南闻见录》卷下《物部·药属》第 36 页

滇南之松，大利所自出。其实为松子，其腴为茯苓。……至于茯苓，天下无不推云南，曰云苓。农部旧多老松，出茯苓。清江客入山作之，先散钱帛于山氓，山氓得茯苓，必归于客，曰茯苓庄。先入林，不知何处有茯苓也。用铁条斸之，斸之而得，乃掘而出，往往一枚重二三十斤者，亦不之异，惟以轻重为准。已变尽者为茯苓，变而有木心之存者为茯神，非二物也。客言茯苓全在出汗，如肉桂，其赢绌存乎时命焉。茯苓无取其大，惟以皮带核桃纹者为佳，于是乃知古人之称斸茯苓，必斸之而始得也。松林之大，或连数山，或包万壑，长数十里，周百余里。斸之必于其林，不能于林外斸也。往时林密，茯苓多，常得大茯苓。近来林稀，茯苓少，间或得大者，不过重三四斤至七八斤，未有重至二三十斤者，客言如此。然客运累累，大半从农部至，则地之出办亦大矣，故曰滇之茯苓甲于天下也。江浙高山亦种苓，其法：断巨松，以药涂其节而埋之，引其汁流而结茯苓。是知茯苓由松始出，故古名松腴也。衢州、龙游诸山，亦知种苓，而惟安庆为盛。大舫大客载之，曰安庆茯苓。自安庆茯苓行，而云苓愈少，贵不可言矣。李时珍、汪𬘘庵之书，尚不言云苓，云苓之重，当在康熙时。近来又有安庆茯苓出，想其功用不下于云苓，故行也。

——《滇海虞衡志》卷十一《志草木》第 3 页

---

[1] 此条，康熙《云南通志》卷三十《补遗》第 15 页同。

茯苓　檀萃《农部琐录》：出江边各马马地。多古松不知年，所产茯苓，夷人以铁杖劚之，往往得巨，重数十斤，频年以来，巨产俱尽，惟小者累累耳。

——道光《云南通志稿》卷七十《食货志六之四·物产四·武定直隶州》第 52 页

滇产茯苓　迤西之腾、永、鹤、丽、永北为多，其大者重至数十斤。其形圆，皮色如胡椒者为贵。

——《幻影谈》卷下《杂记》第 137 页

茯苓　菌类。寄生松根下积久而成，块状，其小形抱根而生，仍有心木存在者谓之茯神，以为本省名产，故自古即有云苓之称，为消积固中要剂。出产地如上帕、贡山之茯苓，系产于松根之下，怒俅取得后售与汉人，汉人则用米汁喷湿，以草盖复，四五日取出，则皮色变黑，佳者皮面有花纹，名为胡椒，皮圆形者最佳，亦销内地。寻甸茯苓，产量亦富，每年约在万斤以上，且有一枚大至五六斤及十斤者。腾冲瑯琊山产者，重至四十余斤，外皮细黑，内部坚白如雪，故又名雪苓。元江产者质佳色白，亦为他县所不及。

——《新纂云南通志》卷六十三《物产考六·植物三·药材类》第 28 页

茯苓　出江边各马马地。各①古松不知年，所产茯苓，夷人以铁杖劚②之，往往得巨者，重数十斤，频年殆尽，惟小者累累耳。

——民国《禄劝县志》卷五《食货志·物产》第 10 页

茯苓　《采访》：姚苓楚薄，自古有声。盐丰昔隶姚州之又北乡，故茯苓一物，时为特产。产地在县东北，大都山岭绵亘，松林茂密。土人当秋冬之际，日出之初，于树之最大处寻觅之。凡结苓地，必有雾气积久不散，土色又异常滑润，挖之即得，大小不等，有一个大至八九斤、十余斤者。又或偶尔有粗肖人形者，谓之茯神，然不可多得。每年产额可达数千斤。其用途则为药材之上品，勿庸赘述。

——民国《盐丰县志》卷四《物产志·天产》第 39 页

浮萍草

伏平草　或即浮萍。味苦，性寒。利膀胱积热，洗皮肤之风，疗妇人诸经客热，清胎热，妇人湿热带下用之。

——《滇南本草》卷中《草部》第 10 页

浮萍草　性寒，味苦。发汗解毒，治疥癞疮癣，祛皮肤瘙痒之风。

——《滇南草本》卷三第 3 页

覆盆子

覆盆子　俗呼琐梅，又名钻地风，又名疏风草。味甘酸，分黄、黑二种。能锁玉关，故呼琐梅。得水气而生，入肾经，益肾补肝，明目兴阳。妇人多食能生子。其功不可尽述。根，洗疥癞疮。

——《滇南草本》卷一下《果品类》第 10 页

---

① 各　道光《云南通志稿》卷七十《食货志六之四·物产四·武定直隶州》第 52 页作"多"。
② 劚　原本作"剧"，据道光《云南通志稿》卷七十《食货志六之四·物产四·武定直隶州》第 52 页改。

覆盆子 即硬枝黑锁梅。性微寒，味甘酸。入肝、肾二经。入肝，强筋；入肾，兴阳，治痿软。

——《滇南草本》卷三第 24 页

葛根

葛根 味甜者甘葛，味苦者苦葛。性微寒，味甘。入阳明经，治胃虚消渴，伤风、伤暑、伤寒，解表邪，发寒热往来，湿疟，解中酒热毒。小儿痘疹初出要药。

葛根汤 治伤风、伤暑，解表邪热，发汗，小儿伤风、伤寒、痘疹初出难明，发热头疼，憎寒。

葛花 性微寒，味甘平，微苦。治头晕，憎寒，壮热，解酒醒脾。伤脾胃酒毒酒痢，饮食不思，胸膈饱胀，发呃，呕吐酸痰，酒毒伤胃，吐血，呕血，消热，解酒毒。

——《滇南草本》卷三第 29 页

葛花 味甘，性寒。治头目眩晕，憎寒，壮热，解酒醒脾胃，酒毒，酒痢，饮食不思，胸膈饱胀，呕吐痰涎，酒毒伤胃，吐血，呕血，醒脾，清热。

——《滇南本草》卷下《草部》第 14 页

葛根 其藤蔓延，根如藕状。可充饥，生者亦入药品。

——景泰《云南图经志书》卷一《云南府·嵩明州·土产》第 57 页

葛根 出嵩明州。

——正德《云南志》卷二《云南府·土产》第 10 页

葛根。

——正德《云南志》卷四《临安府·土产》第 9 页

汞草

汞草 有毒。考《滇志》言：大汞草，夷人以此草毒杀人无数，后孟优识此草，煮铜铁铅锡成银。其形，叶有角，中抱一子，鹊鸟误食死于草下。

——《滇南草本》卷一第 25 页

骨碎补

筋骨草 味甘辛，无毒。生田野间。苗生于春，高尺余，茎圆，叶长，有齿。至夏抽三四穗，开黄花，结实三棱，类蓖麻子。五月采取，治风湿，有暖骨掺风之功，故名筋骨，又名暖骨，亦名接骨。猛即夷人用接骨敷伤，止血。治一切风湿筋骨疼痛，拘挛寒湿，脚气，遍身癣疮疥癞。泡酒，治一切痿软痰气，五痨七伤，服之如神。入药，苗花并用。形与马鞭草大不相同。马鞭草，花叶如菊，紫花；暖骨草，尖叶，黄花。治疗亦异，用者宜审。

——《滇南草本》卷一第 36 页

过山龙 味苦辣，性微寒，有小毒。降也。下气，消胸中痞满之气，推胃中隔宿之食，去年久腹中之坚积，消水肿。其性走而不守，其用沉而不浮，得槟榔良。此草药中之虎将也，用宜慎之。

——《滇南本草》卷中《草部》第 3 页

骨碎补 亦寄生草也。在石名石鲮，间石杂草中名庵蔺，就地名地锦。异其生，而名称与性咸别，故术不可不慎，而孟氏之母三迁矣。江右呼猢狲姜，以攀缘于树，形似姜也。开元皇帝主伤折誉，其骨即碎，此能补之。

石鲮 以穿石而生得名，居第一。用青盐炒以擦牙，甚妙。石庵蔺次之。在树者端破血，补折伤，无益于肾。惟生于石者，用猪肾夹煨，空心食，耳鸣立愈，可知补肾也。均状若藤，而不能长，大如指，浑身生黄绒毛，刮毛用。

——《鸡足山志》卷九《物产》第 355 页

筋骨草 生山溪间。绿蔓茸毛，就茎生权，长至数尺。著地生根，头绪繁挐，如人筋络。俚医以为调和筋骨之药，名为小伸筋。秋时茎梢发白芽，宛如小牙。滇南谓之过山龙，端午日，倮倮采以入市粥之，云小儿是日煎水作浴汤，不生疮毒受湿痒。

——《植物名实图考》卷十六《石草类》第 46 页

碎补 生云南山石间。横根丛茎，茎极劲，细叶如前胡、藁本辈。石草似此种者甚多，而叶细碎无逾于此。

——《植物名实图考》卷十七《石草类》第 8 页

过山龙 一名骨碎补。似猴姜而色紫，有毛，云南极多。味苦，性温。补肾，治耳鸣及肾虚久泻。

——《植物名实图考》卷十七《石草类》第 26 页

骨碎补 与猴姜一类。惟猴姜扁阔，骨碎补圆长，滇之采药者别之。

——《植物名实图考》卷十七《石草类》第 31 页

瓜蒌

瓜蒌 迤西各处俱有。性微寒。入肺经，化痰。〔治〕寒嗽、伤寒、结胸，解渴，止烦。

——《滇南本草》卷中《草部》第 14 页

管仲

管仲 一名番白叶。性寒，味苦涩。治血崩白带，大肠下血。用新瓦焙，治面寒疼，烧酒为引。

——《滇南草本》卷二第 30 页

贯众

贯众 即蕨薇菜根。性寒，味咸涩。祛毒，止血，解水毒。二三月间，泡水盆中。凡用，去毛，切片于火上，白酒汁蘸上焙干。

——《滇南草本》卷二第 30 页

贯众 为杀虫剂，属羊齿类，一名凤尾草。生阴湿山地，大理月街此类药材多，远销各县。如后表所列，其著名产地甚多。

——《新纂云南通志》卷六十三《物产考六·植物三·药材类》第 27 页

光明草

光明草　以治赤眼及拳毛倒睫立效，故谓之光明。象形，俗名狗尾草。凡墙垣间有之。《纲目》称为阿罗汉草。时珍谓莠也，即莠之乱苗者是也。夫罗汉则具无漏之因，乌何莠之不实哉？抑行具阿兰那而转有乱苗之累哉？于以知佛以利生证觉，奈何罗汉惟图自了耶！若以佛谛灵苗儗之，则罗汉得非莠耶？修禅行者审斯，宜深长思之矣。其穗紫毛茸茸，视之有粟黄、白色，其奈不实何？虽然能还人光明，俾观者善视哉！

——《鸡足山志》卷九《物产》第 356 页

旱莲草

旱莲草　一名莲草。性寒，味咸。固齿，乌须。肾虚齿疼，焙为末，搽牙龈上，痛立止。洗九种痔疮。

——《滇南草本》卷三第 24 页

蒿

青蒿　味苦，性寒。入脾胃，去湿，消痰，治痰火憎杂。上清头目眩晕，利小便，凉血。止大便下血，退五积劳热，发烧怕冷。少年气盛者食之，有进饮食之功，令人善饿；痰气盛，宽中下气，倒饱。心憎虚者，忌之。

——《滇南本草》卷中《草部》第 8 页

诃子

诃子　秋熟，味苦又甘。[①]

——正德《云南志》卷十四《大候州·土产》第 15 页

诃子　《一统志》：味苦后甘，秋熟。

——道光《云南通志稿》卷六十九《食货志六之三·物产三·顺宁府》第 34 页

何首乌

何首乌　性微温，味微甘。古本草注云：久服，延年耐寒，且味涩苦。入肾为君，涩精，坚肾气。止赤白便浊，缩小便。入血分，消痰毒。治赤白瘢风，疮疥顽癣，皮肤瘙痒。截疟，治痰疟。

——《滇南草本》卷三第 38 页

何首乌　为培补精神胜药，滇中多产，有重至数十斤成兽形者。

——《滇南闻见录》卷下《物部·药属》第 36 页

---

① 此条，万历《云南通志》卷四《地理志·物产·大候州》第 47 页同。

荷叶

荷叶 白者入气，红者入血。味苦，性平。其茎中空，于卦为震，升也。上清头目之风热，止眩晕，清滞气，兼止呕逆、头闷疼。

——《滇南本草》卷上《草部》第 24 页

黑牛筋

黑牛筋 生云南山石间。粗茎铺地，逐节生枝。小叶木强，大体类络石。开五瓣白花，红苞如珠。

——《植物名实图考》卷十七《石草类》第 9 页

虎须草

虎须草 性温，味辛，微苦。入肺、脾二经。主治虚痨发热。服之，悦人颜色，身体健胖。服用羊蹄同煨食，但肺有痰火者食之，令人作喘。肺虚寒者良，肺热者忌。

——《滇南草本》卷三第 8 页

秧草根 味甘涩，性寒。入肝、脾二经。凉血，治大肠下血，妇人红崩白带，散经连绵。利小便，治五淋白浊，消血肿。

——《滇南本草》卷下《草部》第 4 页

灯心草 蒸熟待干，剥取中心白瓤为灯心，甚明亮。以其灰入药，已恼懊、惊悸，吹喉痹有捷效。以其色名碧玉草，以其形名虎须草。

虎须 类今俗呼为秧草。绿茎，圆亭如线，可以织席。其根则赤须，能伏硫砂。《序》云硇遇赤须，汞留金鼎。

——《鸡足山志》卷九《物产》第 358 页

槐

槐角、槐花 性寒，角味苦酸，花味苦涩。功多大肠经，治五痔肠风下血，赤白热，泻痢疾。枝，洗皮肤之疥癞，祛皮肤瘙痒之风。

——《滇南草本》卷三第 25 页

黄精

鹿竹 一名兔竹。味甘，性平，无毒。根如嫩生姜色，俗呼生姜，药名黄精。洗净，九蒸九晒，服之甘美。俗亦能救荒，故名救穷草，仙家多用。主补中益气，除风湿，安五脏。久服，轻身延年，不饥。治五痨七伤，助筋骨，耐寒暑，益脾胃，开心肺。能辟谷，补虚添精，服之效矣。

——《滇南草本》卷一第 35 页

黄精 即戊巳芝也。《瑞草经》曰黄芝，《别录》曰菟竹、鹿竹，《五符经》谓仙人余粮，又救穷草。蒙筌曰米餔，野生姜也。谓为重楼鸡格者，非龙衔唾珠者是矣。隋时羊公服之仙去，谓天地之纯精，而倍得坤土之厚气。

黄芝 二月始生一枝，叶状似竹，稍细短，少类葳蕤。其下根如姜，盖一年一珠，如数十年则累累成串，大小相连。其花朱色可爱，然花叶均与钩吻相似，如误采之，则能杀人。真黄精初以生食则麻口，连食数日即甜而不麻矣。盖钩吻头极尖而根细，则与黄精迥别，不可不察也。用蔗糖煮或蜂蜜拌晒，然不及用黑豆和清水煮之竟月，至黑，则其甜自生为良。

——《鸡足山志》卷九《物产》第 352 页

滇黄精 根与湖南所产同而大，重数斤，俗以煨肉，味如山蓣。茎肥色紫，六七叶攒生作层，初生皆上抱。花生叶际，四面下垂如璎珞，色青白，老则赭黄。此种与钩吻极相类，滇人以其叶不反卷，芽不斜出为辨。按：《救荒本草》钩吻、黄精，茎不紫、花不黄为异。今北产茎绿，滇产茎紫，又恶可以此为别。大抵北地少见钩吻，故皆言之不详，具见毒草类。

——《植物名实图考》卷十《山草类》第 43 页

黄连

黄连 自昔药品珍雅连，密刺外匝，折之，出轻烟，中心作菊花状，而重逾数十星者，历未前闻。滇之维西、丽江、中甸接壤打箭炉，与川为近，傈僳夷地亦产连，枝壮刺疏，色深黄，章江贾携细布绒线易之，杂雅产以货。闻庆公复节制云贵时，得数枝，皆重斤许，车为念珠，将妆饰以充贡，余颇疑之。及丙寅摄鹤庆守篆，有持一枝来售者，重十二两，索值颇昂。嗟乎！此连之形则伟矣，未知其功用之可与雅连并驾否？

——《滇南新语》第 29 页

怒子居怒江内……雍正八年，闻我圣朝已建设维西，相率到康普界，贡黄蜡八十斤、麻布十五丈、山驴皮十、麂皮二十，求纳为民，永为岁例。头人闻于别驾，别驾上闻，奏许之。犒以砂盐，官严谕头目，俱约其栗粟。迩年其人所产黄连入售内地，夷人亦多负盐至其地交易。人敬礼而膳之，不取值。卫之出自入贡以来，受约束，知法度，省志乃谓其刚狠好杀，过矣。

——《维西见闻纪》第 10 页

黄连 《丽江府志》：出怒人界。

——道光《云南通志稿》卷六十九《食货志六之三·物产三·丽江府》第 47 页

大黄连 生云南。大树，枝多长刺，刺必三以为族。小叶如指甲，亦攒生。结青白实，木心黄如黄柏。味苦。土人云可以代黄连，故名。

——《植物名实图考》卷三十六《木类》第 54 页

黄连 出澜沧江外怒人界。

——光绪《丽江府志》卷三《食货志·物产》第 32 页

广南接桂、越边境，产黄连。其地极热，附近蛇蟒须食其叶，以生有虫为守，取者必探虫所在，设法以箝制之，否则，蛇闻虫声，成群而至，人无幸免者。

——《幻影谈》卷下《杂记》第 136 页

黄连 上帕、贡山黄连，产于碧罗、高黎两大雪山之上，为本属重要药材，行销内地。旧系野产，以其值昂利厚，故怒俅均提倡栽植之。此物向无籽种，系以栽根分苗而繁殖，花蓝色，叶似芹菜，草本，茎高由数寸至尺余，栽植三年始能采根，年久根老，则价愈昂。性喜寒冷，不宜向阳，现贡山每年约产一千斤。腾冲之明光、滇滩、古永诸处产者，色黄味苦，坚重肥大，亦为名品。元江特产渣妈连，形如蚱蜢，人不易得，药中贵品也。墨江永安乡亦产之。

——《新纂云南通志》卷六十三《物产考六·植物三·药材类》第 29 页

蚱蜢连 《台阳随笔》：蚱蜢连，以形似蚱蜢，故名。产元江西南七百里外骑马坝之蚱蜢山，俗以山产此连，遂以连名山，又呼黄连山。皖南钱文选《游滇记事》谓"出普思极边"而不知实产元江，足见耳学者之误。土人采连，常以三月中旬，否则大蝗塞路，毒能蜇人。连治大热有神效，价倍黄金，得之不易，其货于市着，率赝种也。《游滇纪事》：蚱蜢连，乃一种特别黄连，出于普思极边之土司地方，生于深山穷谷之中，人迹罕到之处。如系真品，必是龙头凤尾，周身多细须，剖视其内部，则现金黄色，并有朱砂点，以之治火症，实有起死回生之灵效，其价倍于黄金，然黄金易购，此物不易得。余好奇，出数十元之代价购来数分，人云尚非真品，其难得可知矣。

——民国《元江志稿》卷七《食货志·药属特别产》第 8 页

黄龙尾

黄龙尾 味苦，性温。调月经或前或后，红崩白带，面寒腹痛，赤白痢疾。

——《滇南本草》卷中《草部》第 17 页

黄毛金丝草

黄毛金丝草 味辛，无毒。生山中，绿叶贴地，上有一枝，枝上开黄花数朵。根上有大果，其甜如蜜。此上品仙草，采之，服久，轻身益寿，百病不生。病者得之，奇宝也。

——《滇南草本》卷一第 10 页

黄蘗

黄蘗 入药品。

——景泰《云南图经志书》卷三《临安府·阿迷州·土产》第 17 页

黄蘗 属伏牛花科，落叶乔木。滇山地自生，干高二三丈，内皮色黄，可制黄色染料，亦可入药。

——《新纂云南通志》卷六十一《物产考四·植物一·木材类》第 19 页

黄耆

黄耆 入药品。

——景泰《云南图经志书》卷五《鹤庆军民府·土产》第 26 页

黄耆 《本经》上品。有数种，山西、蒙古产者佳，滇产性泻，不入用。

——《植物名实图考》卷七《山草类》第 3 页

黄芩

黄芩 味苦，性寒。上行泻肺火，下降泻膀胱火，男子五淋，女子暴崩，调经，清热。胎中有火热不安，清胎热，除六经实火、实热。所谓实火可泻，黄芩是也。

——《滇南本草》卷中《草部》第 15 页

黄芩 以腹中皆烂，谓之腐肠者佳。条者谓之子芩，则鼠尾芩也。鸡山之芩，胜于姊归。

腐肠 苗长尺余，茎干粗如箸如指，叶从地四面作丛生，类紫草。又一种，独茎，叶细长，青色，两两相对，六月开紫花，则根似知母，人亦采用，恐似芩而非芩矣。天下真赝之混，恒以伪胜，性相远矣，伤如之何！

——《鸡足山志》卷九《物产》第 352 页

黄芩 《本经》中品。《图经》及《吴普本草》具载形状，而大小微异。今入药以细者良。零娄农曰：黄芩以秭归产著，后世多用条芩。滇南多有，土医不他取也。张元素谓黄芩之用有九，然皆湿热者，一服清凉散耳。《千金方》有三黄丸，疗五劳七伤、消渴诸疾。又谓久服走及奔马。夫黄芩苦寒矣，又加以黄连、大黄，人非铁石心肠，乃堪日朘而月削之也？……

——《植物名实图考》卷七《山草类》第 36 页

藿香

土藿香 味苦，性温凉。治胃热，治小儿牙根溃烂出脓流血、嘴肿口臭，为末枯矾少许。或刀伤木刺血流不止，土藿香末搽上即愈。

——《滇南本草》卷下《草部》第 11 页

藿香。

——康熙《云南通志》卷十二《物产·楚雄府》第 9 页

藿香 嵇含《南方草木状》：藿香，榛生，民自种之，五六月采，曝之乃芬。出交趾、武平、兴古、九真。

——道光《云南通志稿》卷六十九《食货志六之三·物产三·曲靖府》第 40 页

鸡肠狼毒

鸡肠狼毒 一名各山消。味苦辣麻，性微寒，有毒降也。主利水道，消水肿，杀虫，攻肠胃积滞。此药消水肿，见效。又名顺水龙。此性之勇，真如虎狼，故有狼毒之名。

——《滇南本草》卷中《草部》第 4 页

鸡肠狼毒 一名顺水龙，虎狼之性。性微寒，味苦辣麻，有毒。降也。主治利水道，消水肿，杀虫，攻肠胃中积滞。此药消水肿，见效速。又名顺水龙。虎狼之性，故有狼毒之名。

—— 《滇南草本》卷三第 12 页

鸡骨常山

鸡骨常山 生昆明山阜。弱茎如蔓，高二三尺。长叶似桃叶，光韧蹙纹。开五尖瓣粉红花，灼灼簇聚，自春徂秋，相代不绝。结实作角，翘聚梢头。圃中亦植以为玩。

—— 《植物名实图考》卷二十三《毒草类》第 74 页

鸡血藤

鸡血藤 枝干年久老者，周围阔四五寸，嫩小亦二三寸，光身与有刺者二种。叶类桂叶，而大逾其半，或盘屈地上，或缠附树间。伐其枝，津液滴出，入水煮一二次，色微红，老枝红尤甚。配以红花、当归、糯米熬成膏，以白蜜少许，和烧酒十余斤，泡其膏三四两，浸月余饮之，可去风邪潮湿、下部虚冷诸症，兼治妇女血虚等病。滇南惟顺宁一郡山中有之，而阿度里各山中所产者尤佳。缅宁、云州亦有，但工于焚膏者甚乏其人，缘火候不到或稍过，则味与力俱减矣。

—— 《顺宁杂著》第 56 页

鸡血藤膏 产顺宁府，其藤剖之有赤汁如血，故名。刈此藤多许，勿杂他草，用文火熬之，炼成膏，深红色，以煮酒冲服，治筋骨疼痛、血脉不和之症。

—— 《滇南闻见录》卷下《物部·药属》第 37 页

鸡血藤 《顺宁府志》：枝干年久者周围阔四五寸，小者亦二三寸。叶类桂叶而大，缠附树间。伐其枝，津液滴出，入水煮之，色微红。佐以红花、当归，糯米熬膏，为血分之圣药。滇南惟顺宁有之，产阿度吾里者尤佳。

—— 道光《云南通志稿》卷六十九《食货志六之三·物产三·顺宁府》第 34 页

昆明鸡血藤 大致即朱藤，而花如刀豆花，娇紫密簇，艳于朱藤，即紫藤耶？褐蔓瘦劲，与顺宁鸡血藤异，浸酒亦主和血络。

—— 《植物名实图考》卷二十三《蔓草类》第 11 页

鸡血藤 《顺宁府志》：枝干年久者周围阔四五寸，小者亦二三寸。叶类桂叶而大，缠附树间，伐其枝，津液滴出，入水煮之，色微红。佐以红花、当归、糯米熬膏，为血分之圣药。滇南惟顺宁有之，产阿度吾里者尤佳。今省会亦有贩者，服之亦有效。人或取其藤以为杖，屈拏古劲，色淡红，其旧时赤藤杖之类乎？

—— 《植物名实图考》卷二十三《蔓草类》第 29 页

鸡血藤胶 出顺宁。

—— 《幻影谈》卷下《杂记》第 137 页

鸡血藤 产腾冲盏西山谷间。断茎出汁，赤如鸡血，故名。性味甘温，无毒。主治伤中，逐血痹，长肌肉。顺宁、缅宁产者尤著名，远销各处。东北山地如永善、大关、鲁甸亦产之。

—— 《新纂云南通志》卷六十三《物产考六·植物三·药材类》第 29 页

寄生草

寄生草 味苦甘，性微温。生槐树者，主治大肠下血，肠风近血痔漏；生桑树者，治筋骨疼痛，筋络风寒湿痹；生花椒树者，治脾胃寒冷，呕吐恶心翻胃，解梅疮毒，妇人下元虚寒或崩漏。

——《滇南本草》卷中《草部》第 2 页

桑寄生草 桂馥《札樸》：顺宁各村俱有，每于枝干上无因而生，如草如藤，开黄白花，结子如莲实。《古今图书集成》：生桑上者为佳，入药为良。

——道光《云南通志稿》卷六十九《食货志六之三·物产三·顺宁府》第 33 页

蓟

大蓟一名鸡脚刺、**小蓟**庚叶黄花 入肝、脾、肾三经。味苦，微甜，性温。消瘀生新，止吐血、鼻血，小便尿血，妇人新崩之血。补诸经之血，消疮毒，散瘰疬结核，久不能收口。

——《滇南本草》卷中《草部》第 14 页

大蓟俗名鸡脚刺**小蓟**叶嫩色黄 性温，味辛。入肝、脾、肾三经。消瘀血，生新血，止吐血、鼻血，治小儿尿血，妇人红崩下血。生补诸经之血，消疮毒，散瘰疬结核，疮痛久不能收口者，生肌排脓。

——《滇南草本》卷二第 26 页

大蓟 《别录》中品。性与小蓟同，叶大多皱。《救荒本草》：叶可煤食，根有毒。医书相承，多以续断为即大蓟根。今江西、南赣产者根较肥。土医呼为土人参，或以欺人，其即郑樵所云南续断耶？雩娄农曰：……滇南生者，高出人上。瘰疬者，饵根比参耆焉。……

——《植物名实图考》卷十一《隰草》第 87 页

假苏

假苏 一名荆芥，南方呼为姜芥。花似扫帚，夏末采之。然滇南之荆芥与别省不同，惟南荆芥效不同。味辛，性温，无毒。主治口眼歪斜，通利血脉，化瘀血死血，治头风如神。夷人用此治跌打损伤，并敷毒疮，亦效。治吐血，清目，疏风化痰，养肌，筋骨疼痛，解酒即醒，目昏，效如神。勐笼夷人作菜，令不染瘟疫。兼之，男妇老幼从不落齿，皆呼为稳齿菜。

——《滇南草本》卷一第 22 页

荆芥穗 性微温，味辛苦。上清头目诸风，止头痛，目明。解肺肝咽喉热痛，消肿，除诸毒，发散疮痛。治便血，止女子暴崩，消风热，通肺气鼻窍塞闭。又荆芥汤，治咽喉红肿，乳蛾疼痛，饮食不下，发热，口吐痰涎，头痛。

——《滇南草本》卷三第 31 页

土荆芥 生昆明山中。绿茎有棱，叶似香薷，叶间开粉红花。花罢结蒴子，三尖微红，似紫苏蒴子而稀疏。土人以代假苏。

——《植物名实图考》卷二十三《芳草类》第 57 页

剑草

剑草 有大毒。生山野间，叶似草兰花，旁生大黄叶，酷似车前草而无花。煅为末，敷恶疮，致命欲死者，甚救。采煮铜成银，非有仙缘不可。

——《滇南草本》卷一第 11 页

姜味草

姜味草 味辛，性大温燥。暖脾胃，进饮食，宽中泄气。治胃气疼，面寒疼，胸膈气胀，肚腹冷疼，呕吐恶心，噎隔反胃，五积六聚，痞块疼痛，男子寒疝疼，妇人症瘕作痛。

——《滇南本草》卷中《草部》第 6 页

接骨草

接骨草 莲台夏枯草。味苦，性温。行十二经络。筋骨痰火疼痛，手足麻木不仁，祛周身游走之风，散瘰疬手足痰火核。治跌打损伤，接骨。止脑漏、鼻渊效。包痰火红肿疼痛。一人遇狂风吹着，口歪眼斜，半身麻木疼，用之神效。

——《滇南本草》卷上《草部》第 19 页

接骨草 《云南府志》：出禄丰，根可熬膏为药。

——道光《云南通志稿》卷六十九《食货志六之三·物产三·云南府》第 6 页

金缠草

金缠菜 味酸，无毒。生有水处，叶上小有梗，故曰铁梗。根生一软枝，枝上有黄子，四月采子，八月采本，九蒸九晒熬成膏，能辟谷，延年救荒，名救荒菜。作菜，盐炒，久服令人面容不解，百病不生，能补肾添精，大补元气，稳齿乌须，延年益寿。子放于酒内，一时其酒即化为水，即将此水治筋骨疼痛，神效。

——《滇南草本》卷一第 32 页

金刚纂

金刚杵 味苦，有小毒。主治一切单腹胀、水气、血肿之症。烧灰为末，用冷水送下，一切可消。若生用，性同大黄、芒硝之烈，欲止者，双手放在冷水内即解也。夷人呼为冷水金丹，用者须审虚实，慎之！

——《滇南草本》卷一第 29 页

又有金刚纂，其色青，状如刺桐，性最毒。[①]

——景泰《云南图经志书》卷六《大候州》第 20 页

---

① 此条，正德《云南志》卷十四《大候州》第 15 页、万历《云南通志》卷四《地理志·物产·大候州》第 47 页皆同。

金刚纂　木也，出僰夷中，北胜州亦有之。青色，状如刺桐，最毒。土人种以编篱，人莫敢触。《滇程记》云"碧干而猬芒，孔雀食之，其浆杀人"，是已，然以为草，误也。

——《滇略》卷三《产略》第 11 页

（云南府禄丰县）老鸦关，在县东四十里，有巡司。……其间有草名金刚锁，碧干而猬芒，形肖刺桐，其浆能杀人。

——《读史方舆纪要》卷一百十四《云南二》第 5071 页

金刚纂　绿色，无枝叶，似仙人掌而方，刺密有毒，用代篱落。

——《滇南杂记》第 238 页

金刚纂　状如刺桐，最毒，土人种作篱，人不敢触。《滇记》云："碧干而猬芒，孔雀食之。其浆杀人。"今建水、石屏处处有之。

——《滇南杂志》卷十三《轶事七》第 10 页

金刚纂　《滇记》：碧干而猬芒，孔雀食之，其浆杀人。《临安府志》：状如刺桐，最毒，土人种作篱，人不敢触。建水、石屏俱有之。

——道光《云南通志稿》卷六十九《食货志六之三·物产三·临安府》第 21 页

金刚纂　《一统志》：色青，状如刺桐，有毒。

——道光《云南通志稿》卷六十九《食货志六之三·物产三·顺宁府》第 33 页

金刚纂　《旅途志》：武定马头山有金刚纂，树碧干猬刺，浆杀人。土人密种，以当篱落。

——道光《云南通志稿》卷七十《食货志六之四·物产四·武定直隶州》第 52 页

金刚纂　《云南通志》：花黄而细，土人植以为篱。又一种形类鸡冠。《谈丛》：滇中有草名金刚纂，其干如珊瑚多刺，色深碧，小民多树之门屏间。此草性甚毒，犯之或至杀人。余问滇人，植此何为？曰以辟邪耳。唐锦《梦余录》：金刚纂，状如棕榈，枝干屈曲无叶，刲以渍水暴，牛羊渴甚而饮之，食其肉必死。《滇本草》：金刚杵，味苦，性寒，有毒，色青。质脆如仙人掌，而似杵形，故名。治一切丹毒、腹瘴、水气、血肿之症。烧灰为末，用冷水下，一服即消，不可多服。若生用，性烈于大黄、芒硝，欲止其毒，以手浸冷水中即解。夷人呼为冷水金丹。《滇记》：金刚纂，碧干而猥刺，孔雀食之，其浆杀人。《临安府志》：状如刺桐，最毒。土人种作篱，人不敢触。按：此草强直如木，有花有叶而无枝条，叶厚绿无纹，形如勺。花生干上，五瓣色紫，扁阔内翕。中露圆心，黄绿点点，遥望如苔藓。岭南附海舶致京师，植以为玩，不知其毒，呼曰霸王鞭。

——《植物名实图考》卷二十三《毒草类》第 76 页

金钱草

金钱草　上品仙草。味酸，无毒。生陡山，滇中甚多。叶似虎掌草，花似栗花，软枝，三年生叶一台，分一桠，桠上生花。采服，寿活百十岁，其效如神。

——《滇南草本》卷一第 11 页

金钱草　《滇南本草》：生于滇省陡山。味甘酸，无毒。顶叶如虎掌，花如罂粟，三年生叶一台，复一年方为叉。采花而食，寿可百岁，却病延年，真仙品也。

——道光《云南通志稿》卷六十九《食货志六之三·物产三·云南府》第 5 页

金丝接骨草

金丝接骨草 性温。治筋骨疼痛，痰火。水煎，点酒。

——《滇南本草》卷下《草部》第 1 页

金丝桃

金丝桃 味苦，性寒。行肝气，利小便，治诸淋，利膀胱，止肾中痛。走经络，止筋骨疼，止偏坠气疼、膀胱疝气，良效。

——《滇南本草》卷下《草部》第 3 页

金铁锁

金铁锁 味辛辣，性大温，有小毒，吃之令人多吐。专治面寒疼，胃气、心气疼。攻疮痈，排脓。为末，每服五分，烧酒服。

——《滇南本草》卷中《草部》第 5 页

昆明沙参即金铁锁 金铁锁，生昆明山中。柔蔓拖地，对叶如指厚脆，仅露直纹一缕。夏开小淡红花五瓣，极细。独根横纹，颇似沙参，壮大或如萝卜，亦有数根攒生者。《滇本草》：味辛辣，性大温，有小毒，吃之令人多吐。专治面寒痛，胃气、心气疼。攻疮痈，排脓。为末五分，酒服。夷寨谷汲水寒多毒，辛温之药，或有所宜，与南安以仙茅为茶，皆因地而用，不可以例他方。扁鹊之为医也，以秦、赵为别。尹赵王韩之治，京兆也，宽严异辙，地与时殊，治无胶理。《丽江府志》：土人参性燥。在滇而燥，移之北，不几乌头、天雄之烈焰耶？

——《植物名实图考》卷二十三《蔓草类》第 24 页

金樱子

金樱子 性微温，味酸涩。入脾、肾二经。主治日久下利，血崩带下，涩遗精泄。用去子毛，净用壳。

——《滇南草本》卷三第 21 页

金针菜

金针菜 味甘，平。治妇人虚烧血干。久服，大生气血。

——《滇南草本》卷一下《园蔬类》第 16 页

镜面草

镜面草 和敝蓑煎酒服，能治月闭。[①]

——康熙《云南通志》卷十二《物产·云南府》第 6 页

镜面草 生云南圃中。根茎黑糙，附茎、附根发叶。叶极似莼，光滑厚脆，故有镜面之名。《云南志》录之，云可治丹毒。此草性、形，大致同虎耳草。

——《植物名实图考》卷十七《石草类》第 21 页

九里光

九里光 味苦，性寒。洗疥癞癣疮，去皮肤风热。

——《滇南本草》卷下《草部》第 4 页

苦蒿尖

苦蒿尖 用细叶者。性温，味苦辛。凡尿遗不止，良效。细叶苦蒿尖，捣烂挤汁点酒服，但愈后不可多服，恐收敛太甚转生他病，宜另服补气血之药。

——《滇南草本》卷三第 2 页

苦连翘

苦连翘 性寒，味苦。除六经实热，泻火。发散诸风热，咽喉痛，内外乳蛾肿红，小儿疳腮，风火虫牙肿痛，清热明目。苦连翘根于肿处，嚼之效。

——《滇南草本》卷三第 17 页

苦楝子

苦楝子 一名金铃子。性寒，味苦。治膀胱疝气。根、皮，杀小儿寸白虫。云生者味苦辣，有小毒。忌锅烟子，犯之则杀人。

——《滇南草本》卷三第 20 页

苦子

苦子 味苦甘，性大寒。降也。消酒积，下气，发汗，解大肠积热。吃之，令人泻下痰沫口涎，肠痛，推肠胃宿食积滞，宽中，消膨胀。

——《滇南本草》卷中《草部》第 27 页

[①] 此条，道光《云南通志稿》卷六十九《食货志六之三·物产三·云南府》第 6 页同。

兰花草

兰花草 味辛苦，性寒。治五淋便浊，利小便，除湿热。

——《滇南本草》卷中《草部》第 17 页

兰花双叶草

兰花双叶草 味甘，有微毒。此草生山中朝阳处，形似兰花，双叶，黄色，冬天开草花。主治一切眼目云翳遮睛，服之即愈。昔有夷人以此草掺铜如雪，先生闻之，往看，审其性，有白光，服之，目视千里。又能救一切水肿、气肿、血肿，如神。

——《滇南草本》卷一第 6 页

兰花双叶草 生滇南山中。双叶似初生玉簪叶，微有紫点，抽短茎，开花如兰，上一大瓣，下瓣微小，两瓣傍抱，中舌厚三四分，如人舌，正圆，色黄白，中凹，嵌一小舌，如人咽，色深紫，花瓣皆紫点极浓。土医云此真兰花双叶草也。《滇本草》所载即此。

——《植物名实图考》卷二十八《群芳类》第 23 页

老虎刺

老虎刺尖 性寒，味苦。治咽喉肿痛、乳蛾，捣汁点水酒或同白酒汁服。

——《滇南草本》卷三第 1 页

老虎刺寄生 老虎刺，生云南山中。树高丈许，细叶如夜合而光润密劲，开花作白绿绒球，通体针刺。土医以治疮毒。寄生叶长圆，背红，与他寄生微异，亦治肿毒。

——《植物名实图考》卷三十六《木类》第 40 页

藜芦

藜芦 《本经》下品。《宋图经》云：叶如初生棕，茎似葱白，有黑皮裹之如棕皮，其花肉红色，有山生、溪生二种，溪生者不入药。均州谓之鹿葱。此药吐人，方家禁用，而滇医蓄之。其根白膜层层，俗亦呼为千张纸，有疯痰症则煮食之，使尽吐其痰，若虚症者，殆哉岌岌矣！……

——《植物名实图考》卷二十四《毒草类》第 8 页

连翘

（洱海）连翘花遍于篱落，黄色可观。[1]

——《滇黔纪游•云南》第 20 页

---

[1] 此条，道光《云南通志稿》卷六十九《食货志六之三•物产三•大理府》第 15 页同。

云南连翘 俗呼芒种花。赭茎如树，叶短如柳叶而柔厚，花与湘中无异。按《宋图经》：大翘青叶，狭长如榆叶、水苏辈，湖南生者同水苏，云南生者如榆。《滇黔纪游》所谓洱海连翘遍于篱落，黄色可观是也。滇、湖皆取茎、根用之，盖此药以蜀中如椿实者为胜，他处力薄，故不能仅用其实耳。

——《植物名实图考》卷十一《隰草》第 62 页

六阳草

六阳草 土名老鹳草，生太华山，叶似宛豆叶。味辛，性温。入肝，行经络。治半身不遂，筋骨疼痛，手战摇足，痿软等症。此草主一切腰疼、肚腹冷疼。

——《滇南本草》卷下《草部》第 10 页

龙胆草

龙胆草 味苦，性寒。泻肝经实火，止喉痛，煎点水酒服。

——《滇南本草》卷下《草部》第 3 页

苦龙胆草 一名地胆草。性大寒，味苦。治咽喉疼痛，洗疥疮肿毒。

——《滇南草本》卷二第 49 页

龙胆草 叶细而尖，花黄白色。其味甚苦，土人五月采之以为酒药。

——景泰《云南图经志书》卷四《楚雄府·土产》第 2 页

龙胆草 五月采之为酒药。

——正德《云南志》卷五《楚雄府·土产》第 6 页

龙胆草 矜贵呼为龙胆，而胆者，状其苦也。陶弘景谓根似牛膝，味甚苦。《药颂》曰：宿根，黄白色，抽根十余条，直上生苗，高尺余。主治四肢疼痛。又有山龙胆，叶如嫩蒜，细茎如小竹枝。七月开花，如牵牛花作铃铎状，青碧色，冬后结子，苗便枯矣。

——《鸡足山志》卷九《物产》第 354 页

陵游 龙胆草，似龙葵，多生于陵，或生于隰，故又名陵游。今鸡山此草与前所谓者大异。其草龙胆生水次，苗细，抽茎不余尺，至肥亦不能二尺也。茎上有白毛，茎颠开黄花，久则变白，似俗所谓鹅奶菜花。经霜不凋，伺茎枯则花绽，其中有白绵，取其茎叶入药。山龙胆状似同蒿，叶似茴香，不似草龙胆肥。过寒凉，损胃气，滇人忌之，均于八月采，用甘草汤浴过乃用。

——《鸡足山志》卷九《物产》第 354 页

龙胆草 章潢《图书编》：五月采为酒药。

——道光《云南通志稿》卷六十九《食货志六之三·物产三·楚雄府》第 26 页

滇龙胆草 滇龙胆，生云南山中。丛根族茎，叶似柳微宽，又似橘叶而小。叶中发苞开花，花如钟形，一一上耸，茄紫色，颇似沙参花，五尖瓣而不反卷，白心数点。叶既蒙密，花亦繁聚，逐层开舒，经月未歇。按：形与《图经》信阳、襄州二种相类。《滇本草》：味苦，性寒。泻肝经实火，止喉痛，治证俱同。

——《植物名实图考》卷十《山草类》第 40 页

龙胆草　属龙胆草科，山野宿根草本。茎长尺许，叶披针形，色嫩绿。旧历十月开花，色紫红，作深筒或钟状。除花供观赏外，根部有苦味质，入药健胃。大理一带俗名山豆根，亦云鸡脚黄连。

——《新纂云南通志》卷六十三《物产考六·植物三·花卉类》第 22 页

龙蛋草

龙蛋草　入口伤人。味苦，有毒。生山中有水处，尖叶，叶上有刺，一本数枝，子黑色。采取煮南铅成银。此草有毒，不可入口，只可熬膏，贴痈疽发背，其效如神。有识者，切勿轻传匪人。

——《滇南草本》卷一第 14 页

龙髯

明冯时可《游鸡足山记》：庚寅，由大觉寺右过万松深处，经寂光、首传二寺，可五里至圣峰寺。……良久，至放光寺。近寺多古木，其枝垂条，如丝如线，土人谓之树衣，或名龙髯，从树秒发，不根土，亦开细花，登山者取佩之，辟不祥。……

——天启《滇志》卷十九《艺文志第十一之二·记类》第 626 页

龙髯　古木森阴，经数百岁遂悬垂，若线若丝，开细花，五色茸茸，取佩之以辟不详。

树衣　亦龙髯之类，有圆丝者上有珍珠子，其扁者有肉理，均采作菜食。又有生栗树者味淡燥，用灶灰煮后方作蔬食。文其名为龙须，非若南海石边生者。

——《鸡足山志》卷九《物产》第 358 页

楼台草

楼台草　味酸甘，性热，无毒。此草生陡山中，形似艾叶，软枝独苗。上有蝙蝠，食而化松鼠。此草有变化之能，老年服之而如少壮。主治一切筋骨痿软，脱阳脱阴，夜多盗汗，妇人血崩，即效。接骨即好，及跌打损伤，如神。取叶烧灰，治一切小儿黑豆及顶陷，服之神效。梗，治绞肠痧、肚疼或阴症，研末，酒服三钱，如神效。

——《滇南草本》卷一第 20 页

楼台草　《滇南本草》：生于滇省陡山。味甘，性热，无毒。形如艾叶，独苗嫩枝，惟蝙蝠多觅而食之，日久变为松鼠，人食之，能返老成童。治一切筋骨疼痛，虚弱痿软，脱阳脱阴，自汗盗汗，妇人血崩。又治跌打损伤，接骨如神。以叶烧灰，治小儿黑痘及痘顶不起者，服之神效。又取梗，治绞肠痧、肚痛，或阴证紧急，研末，酒服三钱，神效。

——道光《云南通志稿》卷六十九《食货志六之三·物产三·云南府》第 5 页

芦荟

百鹊胆 一名芦荟，亦夷地草，滴脂泪而成。凝黑若饧，味苦甚，故名也。又谓之鸦览，亦名黑药。治小儿五疳最良，解巴豆毒及头癣、齿𧒑。服过七分者死。

——《滇略》卷三《产略》第 18 页

芦荟 旧《云南通志》：出普洱。

——道光《云南通志稿》卷七十《食货志六之四·物产四·普洱府》第 6 页

卢会 《本草拾遗》始著录。木脂似黑饧，主治杀虫、拭癣。旧《云南通志》：卢会出普洱。

——《植物名实图考》卷三十五《木类》第 31 页

鹿茸

鹿茸。

——康熙《云南通志》卷十二《物产·永宁府》第 10 页

鹿茸 《一统志》：永宁土府出。

——道光《云南通志稿》卷七十《食货志六之四·物产四·永北直隶厅》第 44 页

鹿茸 山多产鹿，而边地尤多。鹿茸有长尺余者，通身皆血透，以酥油治之，真良药也。

——《滇南闻见录》卷下《物部·药属》第 37 页

鹿茸 出自西藏及阿敦子、中甸等处。

——光绪《丽江府志》卷三《食货志·物产》第 32 页

鹿衔草

鹿衔草 紫背者好，出乐雪厂者效。性温平，味辛凉。治筋骨疼痛，痰火之症，煎点水酒服。

——《滇南草本》卷三第 2 页

鹿含草 味甘美，无毒。生山中，叶似芦葱，上开小黄花一枝，枝梗极软。狐狸食之而成仙，鹿食之而媾还阳，人食之亦成仙也。

——《滇南草本》卷一第 12 页

鹿衔草 九江建昌山中有之。铺地生，绿叶紫背，面有白缕，略似蕺菜而微长，根亦紫。土人用以浸酒，色如丹。治吐血，通经有效。按：《本草》有鹿衔，形状不类。《安徽志》：鹿衔草性益阳，出婺源，即此。湖南山中亦有之，俗呼破血丹。滇南尤多，土医云性温，无毒，入肝、肾二经，强筋健骨，补腰肾，生精液。

——《植物名实图考》卷九《山草卷》第 55 页

鹿衔草 生点苍中。叶似鹿葱，花开黄色，枝梗极软，鹿交媾气绝，食之还阳，性极壮筋骨。

——民国《大理县志稿》卷五《食货部二·物产》第 10 页

麻黄

麻黄 性温，味苦辛。入肺经，治鼻窍闭塞不通，香臭不闻，寒邪入于少阴肺经，肺寒咳嗽。药苗，中空，散寒邪而发表汗。根节，止汗，实表气，固虚，消肺气，消咽呃，呃即喉中梅核之气，咽不下，呕不出是也。麻黄，气虚弱者禁用，恐汗多亡阳。麻黄汤，治伤风后寒邪敛于肺经，鼻塞不通，不闻香臭，鼻流浊涕或成脑漏。

——《滇南草本》卷三第 32 页

麻黄 入药品。

——景泰《云南图经志书》卷五《鹤庆军民府·顺州·土产》第 32 页

马蹄香

马蹄香。

——康熙《云南通志》卷十二《物产·曲靖府》第 6 页

毛竹叶

毛竹叶 味甘苦，无毒。生荒野间，形似竹叶，生一小枝，叶上有毛，俗呼淡竹叶。治妇人血虚发热，大烧成痨，服之神效。亦能利大小便，热疾成血淋。

——《滇南草本》卷一第 37 页

茅根

茅根 性寒，味甘。入胃、小肠二经。祛瘀血，通血闭，止吐血、衄血，治血淋，利小便，止妇人崩漏下血。

——《滇南草本》卷二第 37 页

蜜杂杂

密离离 又作蜜杂杂。味甘甜，性温。入胃厚肠，止日久水泻，治日久赤白痢，煨糖吃。

——《滇南本草》卷中《草部》第 23 页

绵大戟

绵大戟 味辛苦辣，性微温，有小毒。治胃中年久食积、痰积，状结如胶。攻虫积，利水道，下气，消水肿，吐痰涎。

——《滇南本草》卷中《草部》第 4 页

缅茄

缅茄　《永昌府志》：可雕为玩物。

——道光《云南通志稿》卷七十《食货志六之四·物产四·永昌府》第 22 页

牡丹皮

牡丹皮　性寒，味酸辛。破血行血，消症瘕之疾。破血块，除血分之热。坠胎，孕妇忌服。

——《滇南草本》卷三第 5 页

木通

木通　一名风藤草根。性平，味淡平。泻小肠经实热，即效。清利水道，功效最良。能消水肿，通利五淋白浊，小便脓闭玉关。并治暴发火眼疼痛等症。

——《滇南草本》卷三第 44 页

通草今木通　《本经》中品。旧说皆云燕覆子。藤中空，一枝五叶，子如小木瓜，食之甘美。《滇本草》以为野葡萄藤。此药习用，而异物非一种，盖以藤蔓中空，皆主通利关窍，故有效也。

——《植物名实图考》卷二十二《蔓草类》第 37 页

滇淮木通　毛藤如葛，一枝三叶或五叶，粗涩绉纹，亦有毛，茎中空，通气。

——《植物名实图考》卷二十三《蔓草类》第 43 页

木贼

木贼　一名节节草，一名笔管草，一名豆根草。味辛，微苦，性微温。行十二经络，散肝家流结成翳，治暴赤火眼珠胀痛，退翳膜，胬肉遮睛。治五淋、玉茎疼痛，小便赤白浊症。根，治妇人白带淋沥，破血块，通妇人经闭，止大肠下血。

——《滇南本草》卷上《草部》第 17 页

南苏

南苏　味辛，性温，无毒。治伤寒发热，无汗头痛，其效如神。此草治一切风寒，痰涌结而霍乱转筋，咳嗽吐痰，小儿风症，定痛止喘。梗能补中益气，根能洗疮去风，子能开胃健脾。同陈皮，化痰疏风，作菜久食，令人白胖。

——《滇南草本》卷一第 17 页

苏叶　性温，味辛香。入脾、肺二经。发汗，解伤风头疼，定吼喘，下气，宽膨，消胀，消痰涎。苏子散，治小儿久咳嗽，喉内痰声如扯锯，服药不效，用之良效。老人咳嗽吼喘者并效。

——《滇南草本》卷三第 34 页

牛黄

牛黄　《唐书·地理志》：昆州土贡牛黄。

——道光《云南通志稿》卷六十九《食货志六之三·物产三·云南府》第 6 页

牛黄　《唐书·南蛮传》：异牟寻献牛黄。谨案：异牟寻国大理，故录于此。

——道光《云南通志稿》卷六十九《食货志六之三·物产三·大理府》第 15 页

牛黄　《古今图书集成》：出丽江。

——道光《云南通志稿》卷六十九《食货志六之三·物产三·丽江府》第 47 页

牛黄　出自西藏及中甸多牛之地。

——光绪《丽江府志》卷三《食货志·物产》第 32 页

牛黄　《台阳随笔》：《宋史·外国大理传》：政和七年，大理贡牛黄。《唐书·南蛮传》：异牟寻献牛黄。《古今图书集成》：牛黄出丽江。殊不知元江、新平一代多有之，凡牛瘠瘦、晨夜吼声不止者，必孕有黄，黄生胆内，故《神农本草》一名胆黄，取胆，于日中视之，其汁透明，黄悬其中，跳荡不止，有一胆而藏二三黄者，其质最轻，印黄为最，蛋黄次之，有化痰止咳之功。

——民国《元江志稿》卷七《食货志·药属特别产》第 9 页

牛膝

牛膝　一名铁牛膝，绿片有白丝者是。味酸，微辛，性微温。入肝经，走经络，止筋骨疼痛，强筋舒筋，止腰疼膝疼、酸麻，治瘀血，坠胎，散结核，攻瘰疬，散痛疽疥癞、血风疮、牛皮癣、脓窠疮、鼻渊、脑漏。

——《滇南本草》卷上《草部》第 16 页

土牛膝　味酸。治疗疮痈疽，敷患处。亦能打胎。同猪肉煨食之，能明目。

——《滇南草本》卷一下《果品类》第 11 页

红牛夕 ①　一名杜牛膝，一名鸡豚草。味酸辛，性微寒。入脾、肝二经，行十二经络，行血，破瘀血、血块，凉血热。疗妇人月经闭滞瘀血疼痛，产后妇人发热，寒热蓐劳。治室女逆经妄行、衄血、呕血、红崩、带下赤白、尿急淋沥。寒温气筋骨疼，强筋舒筋。攻疮毒、热毒、红肿乳蛾、痄腮。治男子五淋赤白便浊。孕妇忌用，破血坠胎。补注：红牛夕，水酒为使，畏盐，发热忌盐，不忌者热不能退净。治产妇七天内或伤风着气、寒邪入于血，分头疼怕冷、夜间发热、口干烦渴、胸隔饱胀、不思饮食、肺气疼痛、瘀血不行、肚肠作痛、恶露不净、蓐劳等症。

——《滇南本草》卷上《草部》第 13 页

皮哨子

皮哨子　味苦，性微寒。皮，治膀胱疝气。子、壳，杀虫。

——《滇南本草》卷中《草部》第 10 页

---

① 红牛夕　《滇南草本》卷二作"红牛膝"。

平儿草

平儿草　味淡平，性微温。行经络，消结气。散瘰疬、马刀结核，鼠疮溃烂、脓血不止。

——《滇南本草》卷上《草部》第 20 页

破故纸

破故纸　亦入药品。

——景泰《云南图经志书》卷二《武定军民府·和曲州·土产》第 32 页

破钱草

破钱草　一名千里光。性温，味苦。主发散诸风头疼，明目，退翳膜，利小便，疗黄疸。

——《滇南草本》卷三第 22 页

蒲地参

蒲地参　一名打破碗，一名盘肠参。味苦平，性寒。治妇人白带，上盛下虚，水火不清，不胎育。

——《滇南本草》卷中《草部》第 2 页

蒲公英

黄花地丁　味苦微辛，性寒。发散疮痈，解疮毒肿痛。入肺消痰，定喘止咳。

——《滇南本草》卷上《草部》第 23 页

蒲公英　又名婆婆丁。性微温，味苦平。治妇人乳结、乳痈，红肿疼痛，乳筋梗硬作胀，服之立效。敷诸疮肿毒、疥癞癣疮，利小便，祛风，消诸疮毒，散瘰疬结核，止小便血，治五淋脓闭，利膀胱。

——《滇南草本》卷三第 42 页

蒲公英　即苏颂所谓金簪草也。乃孙思邈写为凫公英，《图经》僕公罂，《庚辛玉册》作鹁鸪英。举之，统以音似之耳。淮人称白鼓丁，蜀人谓耳瘢草，关中称狗乳，而云南均称黄花地丁。

——《鸡足山志》卷九《物产》第 357 页

蒲公草　《唐本草》始著录，即蒲公英也。《野菜谱》谓之白鼓钉，又有孛孛丁、黄花郎、黄狗头诸名。俚医以为治肿毒要药。淮江以南，四时皆有，取采良便。

——《植物名实图考》卷十四《隰草类》第 16 页

麒麟竭

麒麟竭　木高数丈，叶类樱桃，脂流树中，凝红如血，为木血竭。又有白竭。

——康熙《云南通志》卷十二《物产·元江府》第 7 页

骐驎竭　《唐本草》始著录。生南越、广州。主治血痛，为和血圣药。《南越志》以为紫铆树脂。唐本以为与紫铆大同小异。旧《云南志》：树高数丈，叶类樱桃，脂流树中，凝红如血，为木血竭。又有白竭，今俱无。余访求之，得如磨菇者数枚，色白质轻，盖未必真。

——《植物名实图考》卷三十五《木类》第 19 页

千张纸

千张纸　木实也，形似扁豆，其中片片如蝉翼。焚为灰，可治心气痛。

——康熙《云南通志》卷十二《物产·广南府》第 7 页

千张纸　旧《云南通志》：木实也，形似稨豆，其中片片如蝉翼，焚为灰，可治心气痛。

——道光《云南通志稿》卷六十九《食货志六之三·物产三·广南府》第 31 页

千张纸　《广西府志》：出邱北，为草木之嘉种。《师宗州志》：木实也，形如扁豆荚，其肉片片如蝉翼，焚为灰，可治心气痛。

——道光《云南通志稿》卷七十《食货志六之四·物产四·广西直隶州》第 46 页

千张纸　生广西，云南景东、广南皆有之。大树，对叶如枇杷叶，亦有毛，而绿背微紫。结角长二尺许，挺直有脊如剑，色紫黑，老则迸裂。子薄如榆荚而大，色白，形如猪腰，层叠甚厚，与风飘荡，无虑万千。《云南志》云：形如扁豆，其中片片如蝉翼，焚为灰，可治心气痛。《滇本草》：此木实似扁豆而大，中实如积纸，薄似蝉翼，片片满中，故有兜铃、千张纸之名。入肺经，定喘、消痰。入脾胃经，破蛊积。通行十二经气血，除血蛊、气蛊之毒。又能补虚、宽中、进食，夷人呼为三百两银药者，盖其治蛊得效也。按：此木实与蔓生之土青木香，同有马兜铃之名。医家以三百两银药属之土青木香下，皆缘未见此品而误并也。

——《植物名实图考》卷三十六《木类》第 35 页

千针万线草

千针万线草　味甘，性微温。补脾、肾阴血虚弱，神气短少，头晕、耳鸣、心慌，目中起翳生花，五心烦热，午后怕冷，夜间发热，小肚胀坠，腰疼脚酸，步行艰难，妇人白带漏下淋沥等症。调养精神，补养肾、肝，任督二脉亏损，妇人虚弱要药。

——《滇南本草》卷中《草部》第 1 页

前胡

前胡　性寒，味苦辛。阴中阳也。解散伤风、伤寒发汗要药。止咳嗽，升降肝气，明目退翳，出内外之痰，有推陈治新之功。

——《滇南草本》卷三第 27 页

罗鬼　《镇雄州志》：俗名姨妈菜，即前胡。

——道光《云南通志稿》卷七十《食货志六之四·物产四·昭通府》第 38 页

前胡　《别录》中品。江西多有之，形状如《图经》。《救荒本草》：叶可煠食。雩娄农曰：前胡有大叶、小叶二种，黔、滇山人采以为茹，曰水前胡，俗呼姨妈菜。方言不可译也，或曰本呼夷鬼菜，夷人所食，斯为陋矣。古人重芳草，芍药和羹，郁金合鬯，有飶其馨，人神共享。后世茴香、缩砂、荜拨、甘松香之属，或来自海舶重洋之外，饮食异华，然其喜洁而恶浊，尚气而贱腐，口之味、鼻之臭，与人同耳。前胡与芎䓖、当归，气味大体相类。《尔雅》以薜、山蕲与山韭、山葱比类释之，则亦以为菜属。江南采防风为蔬，江西种芎䓖为饵，滇人直谓芎为芹，然则草之形与味似芹者多矣，其皆芹之侪辈耶？……

——《植物名实图考》卷八《山草类》第 24 页

钱麻

大钱麻　一名梗麻。性微寒，味苦，微辛。祛皮肤风痒，吐痰、消痰、下气，止风伤肺气咳嗽，散胃痰，发散疮毒。俱用水煨或取汁服。

——《滇南草本》卷二第 43 页

梗麻　即大钱麻。味苦辛。祛皮肤疼痒之风，吐痰消下气，止伤肺气咳嗽，散胃痰，发散疮毒。

——《滇南本草》卷中《草部》第 25 页

青刺尖

青刺尖　味苦，性寒。主攻一切痈疽毒疮，有脓者出头，无脓者立消，散结核。

——《滇南本草》卷下《草部》第 4 页

青刺尖　《滇本草》：青刺尖，味苦，性寒。主攻一切痈疽毒疮，有脓者出头，无脓者立消，散结核。按：此草长茎如蔓，茎刺俱绿，春结实如莲子，生青熟紫。

——《植物名实图考》卷二十三《蔓草类》第 36 页

青花黄叶草

青花黄叶草　味甘，无毒。花似大风子花，绿黄叶，开青花，今陕山甚多。采叶治眼疾，采花点瞖眼兼散肿，采根为末治痘封眼，神效。

——《滇南草本》卷一第 24 页

青牛夕

青牛夕[①]　一名紫花草，一名半边莲，一名半朵莲，一名半枝花。味辛酸，性微寒。通经络，祛风热凉血。疗热疥癞脓瘰疮，血风癣疮。治脑漏鼻烂，鼻流浊涕。利小便，兼治五淋便浊。

——《滇南本草》卷上《草部》第 11 页

青霞草

青霞草　味酸辛。生有水处向阳地方，有大叶，花似梅花，枝梗有刺，远视有青霞罩定。采取熬膏服之，延寿百年。

——《滇南草本》卷一第 13 页

青箱子

青箱子　即鸡冠花子。性寒，味甘，微苦。入肝经，明目。〔治〕泪涩难开，白翳遮睛。花，治青翳，用之良效。

——《滇南草本》卷三第 25 页

青竹叶

青竹叶　味苦，性寒。入心肺，泻火。治肺气上逆喘呃，降肺气，止咳，宽中消热。

——《滇南本草》卷下《草部》第 4 页

如意草

如意草　味甘苦，性寒。此草生于滇南陲山，形似小芭蕉，四叶无花，根似人形。治一切虚症，阳痿无子。采服之者，虽八旬耄老亦能生子。先生以以此草酒浸，名坎离酒，服之，轻身耐老，百病不生，神效。根能救吊死有微气者，研末调水灌之即活，或打死、淹死，研末吹鼻即醒，服之如神。

——《滇南草本》卷一第 6 页

如意草　《滇南本草》：生于陲山。味甘苦，微寒。形似芭蕉而小，四叶无花，根如火焰，治一切大虚大弱。采叶服之，寿可百岁，虽八旬服之生子，久服又可轻身，百病不生。根，可治横死吊杀，研末，调水灌之。打死淹死，研末吹鼻，俱活，此仙草也。

——道光《云南通志稿》卷六十九《食货志六之三·物产三·云南府》第 5 页

---

① 青牛夕　《滇南草本》卷二作"青牛膝"。

三七

土三七　味苦。治跌打损伤。生用破血，炙用补血。

——《滇南草本》卷一下《果品类》第 11 页

三七　《广西通志》：三七，恭城出。其叶七，茎三，故名。根形似白及，有节，味微甘。以末掺猪血中化为水者，真。《本草纲目》：李时珍曰彼人言其叶左三右四，故名三七，盖恐不然。或云本名山漆，谓其能合金疮如漆粘物也，此说近之。金不换，贵重之称也。生广西南丹诸州番峒深山中，采根暴干，黄黑色团结者，状略似白及，长者如老干地黄，有节，味微甘而苦，颇似人参之味。或云试法：以末掺猪血中，血化为水者乃真。……按：广西三七、金不换，形状各别，《通志》俱载之，辨其非一物，《本草纲目》殆沿讹也。其所述叶似菊艾者，乃土三七，江西、湖广、滇南皆用之。《滇志》：土富州产三七，其地近粤西，应是一类。尚有土三七数种，俱详草药。余在滇时，以书询广南守，答云：三茎七叶，畏日恶雨，土司利之，亦勤培植，且以数缶莳寄。时过中秋，叶脱不全，不能辨其七数，而一茎独矗，顶如葱花，冬深苗芽，至春有苗及寸，一丛数顶，旋即枯萎。昆明距广南千里，而近地候异宜，而余竟不能睹其左右三七之实，惜矣。因就其半萎之茎而图之。余闻田州至多，采以煨肉，盖皆种生，非野卉也。……予久客其中，习知其方，用三七末、荸荠为丸，又用白矾及细茶，等分为末，每服五钱，泉水调下，得吐则止。……

——《植物名实图考》卷八《山草类》第 69 页

左进思《三七效用说》：三七，药物也。夫药物夥矣，金石草木之属，莫不依其类而称名。三七不出金石草木之外，独以数为名称，诚何取义乎？或曰是取孟子七年之病、三年之艾之义，以示其灵效耳。抑三七者，必种后三年始成药，七年乃完气，因之而得名，是亦一义也。但种植之难，非其他植物可比，病害繁多，尚无防避方法，种三年而不受病者甚少，四五年者已不易觏，七年者未之见也。三七之难种若此，顾其灵效则何如？凤昔使用内服则能去瘀止痛，外敷则能接骨生肌，乃伤科圣药，已为世所公认。而其效不止此也，于妇科之效乃更大。辛酉岁，予携眷居省垣，内人患痛经症，中西医均无效，予偶问西医，曰：予乡所产之三七，究其功效云，何医？曰：三七但能行血止痛耳，譬有人负枪刀伤，得三七服之，痛可减轻半，而痊愈之期，亦可减半也。问：可治经痛否？曰：经痛非伤科，不能也。予念经痛必血瘀所致，既有行血止痛之功，又何为不可？经痛四日矣，呻吟甚苦，诸药均无效，姑以三七二枚煎汤，加白糖一匙使服之，其痛若失，次月即受孕。于今十年有余，旧病永未发，每产后即服三七二三剂，他病亦多免，故予家重视三七甚黄金也。乡老有药物经验者，谓三七有大补气血之功。其味苦而微甘，性平而不燥，有参茸之力，无参茸之害，惜世人知者甚少，未能尽其功用，可太息也。予考三七，茎叶形态与北地人参无异，独茎无枝。播种初年，独叶无叉，二年叶二叉，三年叶三叉，始开花结子。花序如缴子团结于茎顶，成熟时外皮朱红色，甚为美观。四年以后，叶四五叉，似与人参同种，不过产地有南北之分。制法有生熟之异，性味同而习用不同耳。以世界五洲之广，产地仅文、马、西、广、富五县之微，倘信用推广，其销场将不可限量。吾邑民其研究种法以免病害，研究制法以广招徕以收，此天赋特产之利。恐人之忽于用而疏于植也，故为说而告之。

——民国《马关县志》卷十《杂类志》第 9 页

（开、文边地）人民多种田三七，苗高尺余，喜阴，忌烈日，须用篾簧覆蔽。二三年，其根始成，愈久愈大,有每斤三四十枚者,价最贵,味似丽参;次五六十、七八十。能医跌打损伤及妇科诸症,去瘀生新,碾末蒸食,能清补云。

——《幻影谈》卷下《杂记》第 136 页

三七　广南各乡山地、文山、马关、富州、麻栗坡均产。花略似韭,为复缀形,花序属五加科,种子红色,草本,叶轮生。年约出数万斤,其根入药用,为补剂,可常食。又鹤庆特产牛头七,菊科,功与三七等。

——《新纂云南通志》卷六十三《物产考六·植物三·药材类》第 29 页

三仙菜

三仙菜　味甘美,无毒。此草生有水处,形似灰挑菜,有子,子大,如天天茄大,青色。连根、叶同熬成膏,每日服一、二钱,延年益寿,百病不生。治一切瞖目能明,不拘远年近年瘫痪痿软,其效如神。作菜食之,令人肥胖。忌大蒜、儿茶。

——《滇南草本》卷一第 18 页

三叶草

三叶草　味辛苦,性温。治疮疡肿毒,发散疮痈。

——《滇南本草》卷下《草部》第 1 页

桑白皮

桑白皮　性寒,味辛,微苦。金受火制,惟桑白皮可以泻之,止肺热咳嗽。注云:肺热咳嗽,要在寅、午、戌时。止喘促吼咳,消肺痰咳血,利小便,消气肿面浮,肺气上逆作喘,开胃进食,气降痰消则食进,非脾气虚弱。

——《滇南草本》卷二第 40 页

扫天晴明草

扫天晴明草　又名凤尾草。滇人每畜虫毒,伤害幼孩,此草与小儿佩之,能除一切蛊毒。或研末吹鼻中,其蛊自出现形。味甘酸苦,无毒,性热。形似茴香,其叶细小。主治一切跌打损伤。筋骨打断,敷之即愈,其效如神。搽受刑不疼,做刀伤药,敷大毒疮,痢疾、血淋,服之神效。治妇人血鼠,治五淋白浊,治大肠下血,治血淋疼痛,治妇人血崩。

——《滇南草本》卷一第 16 页

山稗子

山稗子　性微寒,味甘如米,壳涩,根、叶苦涩。专治妇人散经败血之症。

——《滇南草本》卷二第 36 页

山慈姑

山慈姑　性微温，味苦辛。入脾、肺二经。消阴分之痰，止咳嗽，治喉痹，止咽喉痛。治毒疮，攻痈疽，敷诸疮肿毒，有脓者溃，无脓者消。

——《滇南草本》卷三第 39 页

山胡椒

山胡椒　味苦辛，性温。入脾、肾二经。治面寒，暖腰膝，兴阳道，治阳痿，泡酒服。

——《滇南本草》卷中《草部》第 5 页

山皮条

山皮条　一名矮它它。味辛辣，微苦，性大温，有小毒。下气，治妇人气逆，肚腹膨胀，止面寒梗硬胀痛，退男妇劳烧。又且宽中理气。三丰真人留传，治一百零八症。

——《滇南本草》卷上《草部》第 24 页

山皮条　又名矮陀陀。性微温，味辛辣，微苦，有小毒。下气，妇人气逆，肚腹疼痛，宽中理气，胸膈肚腹膨胀，面寒梗硬胀疼，能退男女劳烧发热，良效。

——《滇南草本》卷三第 4 页

金丝矮它它　生云南山石间。茎叶皆如蕨，而高不逾尺，横根，一茎一臼，臼背突起如节。土医以治筋骨、痰火。

——《植物名实图考》卷十七《石草类》第 6 页

商陆

商陆　性微寒，味辛，微苦，有小毒。主治利小便，消水肿，攻疮痈。有赤、白二种，赤者不入药。然可研末，调热酒揸跌打青黑之处，神效，再贴膏药更好。

——《滇南草本》卷三第 36 页

射干

射干　性微寒，味苦辛，有小毒。治咽喉肿痛，咽闭喉风，乳蛾、疟腮红肿，牙根肿烂，疗咽喉热毒，攻散疮痈，一切热毒等症。

——《滇南草本》卷三第 46 页

芍药

芍药　入药品。

——景泰《云南图经志书》卷三《临安府·宁州·土产》第 14 页

白芍药　性微寒，味酸，微甘。主治泻脾热，止腹痛，止水泄，收肝气逆痛，调养心肝脾经血，舒经降气，止肝气痛。白芍汤，治肝气疼痛，偶因动怒生气，怕寒怕冷，左肋气胀上攻胸膈，或连胃口疼痛，饮食不思，背寒腰脊疼痛，身体曲直俱难。

——《滇南草本》卷三第 5 页

白芍　味酸，微甘，性微寒。主泻脾热，止腹痛，止水泄，收肝气逆痛，调养心肝脾经血，舒肝降气，止肝气痛。白芍汤，治肝气疼痛，偶因动怒着气，怯寒怕冷，左肋气胀上攻胸膈，或连肯口疼痛，背寒腰脊把着疼痛，身体屈伸俱难。

——《滇南本草》卷上《草部》第 24 页

赤芍[①]　味酸，微辛，性寒。泄脾火，降气行血。破瘀血，散血块。止腹痛，散血热。攻痈疽，治疥癞疮。

——《滇南本草》卷上《草部》第 24 页

麝

麝香　府境出。

——正德《云南志》卷九《姚安军民府·土产》第 18 页

麽些，乌蛮别种。……畜牛羊，产射香。

——《增订南诏野史》卷下第 32 页

麝　亦鹿类，而有香。《范志》云"自邕州溪洞来者，名土麝，气臊烈，不及西蕃"，谓云南也，是知滇麝甲于天下。李石云：天宝中，渔人献水麝，诏养之。滴水染衣，衣敝而香不散。夫有山獭，即有水獭，有山麝独无水麝乎？但不易得，得之且不识耳。

——《滇海虞衡志》卷七《志兽》第 8 页

麝　《唐书·地理志》：姚州土贡麝香。

——道光《云南通志稿》卷六十九《食货志六之三·物产三·楚雄府》第 26 页

麝　章潢《图书编》：新兴州出。

——道光《云南通志稿》卷六十九《食货志六之三·物产三·澂江府》第 27 页

麝香　谢肇淛《滇略》：麽些蛮出。

——道光《云南通志稿》卷六十九《食货志六之三·物产三·丽江府》第 47 页

麝　与麈相类，亦无角。牡之下腹，具有一囊，分泌腺质，能放芳香，取制入药，即有名之麝香也。今分墨江麝香，贡山、上帕、阿墩麝香及腾冲之明光麝香等。取得不易，伪造者多，或以香猫肛门腺替代，或以一脐化为十数枚，气味臊烈，不复有香。滇中真品，称为西香，入药有力，故至今仍珍视之。除上举诸地外，会泽、峨山、姚安、蒙化、剑川、兰坪、维西、中甸、顺宁等处，亦以产麝闻。

——《新纂云南通志》卷五十八《物产考一·动物一·哺乳类》第 28 页

---

① 赤芍　《滇南草本》卷三作"赤芍药"。

参

沙参 去芦去皮蜜炒 味甘，微寒，性平。入肺经，补肺气，即六腑之阴气。肺气盛，则五脏之气俱盛。性微寒，故补阴气。肺热者，可以代人参用。单方治诸虚症。沙参一两，笋鸡去肠，将沙参共合一处煮熟食。如肺家有痰火肺热者，食之令人咽喉疼、齿疼。

——《滇南本草》卷上《草部》第1页

沙参 性平，味甘，微寒。入肺，能补肺气以及六腑之阴气。肺气盛，则五脏六腑之气皆盛。性微寒，故补阴气。肺热者，以代人参用，刮去皮，铜锅蜜炒。

——《滇南草本》卷二第1页

兰花参 味甘，微苦，性温。入心、脾二经。补虚损，止自汗、盗汗，除烦热。烦劳则心家虚热生，以参之甘益元气，而虚热自除也。夜多不寐，睡卧不宁。心生血，脾统血，心脾血虚，神不敛志，所以自汗、盗汗也。止妇人白带。兰花参五钱、笋鸡一只去肠将药入鸡腹内煮共合一处煮烂食之。即猪净脊肉亦可。丹方治勤苦劳心，产后失血过多，虚损劳伤，烦热自汗、盗汗，妇人白带。

——《滇南本草》卷上《草部》第1页

葳参 一名玉术。味甘，微苦，性平微温。入脾，补气血，补中健脾。脾经多气多血，故气血双补。脾胃为人之总统，后天根本，贯溉经络，长养百体。脾胃盛而资以为生者是也。蒸露三次晒干。单方治男妇虚症，肢体酸软。葳参五钱、丹参二钱五分，不用引，水煎服。补注：此方之义，效古书八珍汤，是葳参补气，丹参补血。

——《滇南本草》卷上《草部》第1页

葳参 又名玉术。性平，味甘，微苦，又微温。补中气，健脾胃，气血双补。脾经多血多气，故也。盖脾胃为人身之总统，后天根本，灌溉经络，长养百骸。脾胃充盛，人赖以生。蒸露三次晒干用。

——《滇南草本》卷二第1页

金钱参 一名菊花参，一名一棵松。味苦微甘，性微寒。治劳伤气血虚久弱热不退，形体消瘦者效。

——《滇南本草》卷上《草部》第2页

金钱参 一名菊花参，又名一棵松。性微寒，味苦，微甘。治劳伤虚热不退，血气虚弱，形体消瘦，虚痨发热，午后怯冷，夜间发热，五心烦热，天明出汗，盗汗等症。男妇并皆治之。

——《滇南草本》卷二第1页

鸡肾参 味甘，微辛，性微温。治虚损劳伤气血。形如鸡肾，故名。鸡肾参，肝肾虚弱，用之良。

——《滇南本草》卷上《草部》第2页

鸡肾参 形如鸡肾，故名。性温，味甘，微辛。治虚损劳伤气血。凡肝肾虚弱者，用之最良。或煮鸡或猪肉或黄牛肉，亦可。

——《滇南草本》卷二第1页

还阳参 一名天竹参，一名万丈深，一名竹叶青、独花蒲公英。味甘平，性大温。治诸虚百损，五劳七伤，气血衰败，头晕耳鸣，心慌怔忡，妇人白带漏下，肝肾虚弱，任督二脉损伤。如肺热者忌用，吃之令人咳血、痰上带血丝，或出鼻血，烦热。

——《滇南本草》卷上《草部》第 2 页

还阳参 一名天竹参，一名万丈深，一名竹叶青、又名独花蒲公英。性温平，味甘。治诸虚百损，五痨七伤，血气衰败，头晕耳鸣，心慌怔忡，妇人白带漏下，损伤任督二脉。但肺热者忌用，若误用，令人咳血或咳嗽带血，或鼻血，或烦燥不安。

——《滇南草本》卷二第 3 页

黑阳参 味苦，微甘，性微寒。滋养真阴，调血除热，退诸虚劳热，利小便，治血淋、膏淋。

——《滇南本草》卷上《草部》第 3 页

平尔参 味甘平，性温，无毒。治脾气弱，中气不足，饮食无味，五劳七伤，肢体酸软，虚热畏寒，面黄消瘦。此药调治精神，养荣气血，补中气。但脾胃中如有积痰，或有寒湿者服之，令人发水肿。若服后周身肿满，即煎苦菜汤食之，令小便利数次，其肿自消。

——《滇南本草》卷上《草部》第 3 页

牛尾参 味辛，性温。治虚弱劳伤气血，调养精神。

——《滇南本草》卷上《草部》第 3 页

牛尾参 性温，味辛。治气血虚弱伤损，调精养神。

——《滇南草本》卷二第 3 页

紫参 味苦甘平，性微温。通行十二经络。风寒湿痹，手足麻木，腿软战摇，筋骨疼痛，半身不遂，久年痿软，流痰。活络强筋，温暖筋骨，药酒方中要剂。

——《滇南本草》卷上《草部》第 4 页

珠子参 味甘，微苦，性温平。用之无力，充鸡肾参。但古人用方为刀疮药，搽之止血、生肌收口，为末用。今人亦充鸡肾卖，但鸡肾参叶似合麻叶，绿色，初生无杆叶，铺地生，中发一杆，开白花，根下生一对雌雄果，皮薄。珠子参叶如舌形，绿面紫红背，梗长，开紫花，绿根下生果，皮粗，去皮用。

——《滇南本草》卷上《草部》第 4 页

羊肚参 味苦，微辛，性微温。补肝，强筋，舒经活络，手足痿软，半身不遂，流痰血痹。风、湿、寒合为痹，血虚不仁为痹。筋骨疼痛，湿气走注，疠疠，风痛。木瓜为使，烧酒为引。

——《滇南本草》卷上《草部》第 4 页

丹参 味微苦，性微温。色赤相火，在卦为离。入心经，补心生血，养心定志，安神宁心，健忘怔忡，惊悸不寐，生新血，去瘀血，安生胎，落死胎。一味可抵四物汤补血之功。

——《滇南本草》卷上《草部》第 5 页

月下参 味苦平，性温热。治九种胃气疼痛，开胃健脾，消宿食，治背寒面寒，胃膈噎食，宽中调气，痞满肝积，左右肋痛，酒寒疼，呕吐作酸。

——《滇南本草》卷上《草部》第 5 页

苦参 味苦，性大寒。凉血，解热毒，疥癞脓瘰疮毒最良。疗皮肤瘙痒，血风癣疮，顽皮白屑，肠风下血，便血。消风，消肿毒，消痰毒。补注：苦参丸，治疥癞疮毒，血风癣疮，风湿相搏，遍身瘙痒，肠风下血、便血、近血。

——《滇南本草》卷上《草部》第 6 页

土参　味甘平，性微温。治损伤气血，调养元气，五劳七伤，诸虚百损，益气滋阴。补注：沙参、土参，枝叶相同，但根不同。沙参根有粗皮，体轻。土参根无粗皮，体重。土参根小，沙参根大。

——《滇南本草》卷上《草部》第 6 页

人参　味微温，无毒，君药也。生山谷中，滇南所产者肥大润实。春生苗，多在深山阴处。初生时，小者三四寸许，一桠五叶，叶细小。至十年生十数枝，枝上细叶夜有白光。长至三十年，其根有变人形者，故曰人参。主补五脏，安神定魄，止惊除邪，明目，开心益智，久服轻身延年。疗腹鼓痛，胸胁逆满，霍乱，调中止渴，治五痨七伤，虚损痰弱。止吐秽，保中守神，消胸中痰，治肺痿及痫症。冷气上逆伤食，不下食者阴阳不足，肺气虚弱。

——《滇南草本》卷一第 3 页

白云参　味甘苦，无毒。独枝，绿黑叶，根肥嫩，内有汁，俗呼还阳参，只可用根。同猪肉煮食，主人大生气血，补肾添精。又，妇人干血痨，食之神效。

——《滇南草本》卷一第 4 页

还元参　味甘而美，无毒。生有水处，形似竹笋，初出包叶而生，出一软苗，苗上开黄花，其根似人参，有横直纹。采根久服，令人白胖，延年益寿。胜人参百倍之功，治百病皆效。夷人不识此参，常作菜用，呼为牛菜。因牛食此草而生牛黄，故曰牛生菜。

——《滇南草本》卷一第 12 页

白龙参　味甘，无毒。生山中，有藤，藤上有叶，叶下有小黄花，根大而白。采取服之，延年益寿。同猪肉煮食，暖肾添精。同牛肉煮食，消气。同羊肉煮食，补气止汗。同鸡肉煮食，治痨病。生服，令人白胖。妇人食之，止盗汗，治白带。男子亦可，其效如神。

——《滇南草本》卷一第 33 页

菊花参　味甘，无毒。形似菊花，贴地而生，根似鱼眼。采取用之，煮鸡食补血，煮猪肉食补肾，煮羊肉食补气。单食此参，退虚烧热症，神效。

——《滇南草本》卷一第 34 页

土人参　味甘，寒。补虚损痨疾。妇人服之补血。

——《滇南草本》卷一下《果品类》第 12 页

珠子参　性温平，味甘，微苦。止血生肌，服之无甚功效。今人假充鸡肾参，误矣。古土方用珠子参为末，捻刀伤疮，收口甚速。

——《滇南草本》卷二第 4 页

人参　出姚州及大理山中，性视辽产燥烈，不可服，土人亦不知制也。其小而修者曰竹节参，性弥缓。

——《滇略》卷三《产略》第 21 页

己卯正月十一日……上午，赴复吾招，出茶果，皆异品。有本山参，以蜜炙为脯。又有孩儿参，颇具人形，皆山中产。

——《徐霞客游记·滇游日记六》第 934 页

己卯九月初五日，雨浃日。买土参洗而烘之。

——《徐霞客游记·滇游日记十三》第 1207 页

土人参 一名西参。

——康熙《云南通志》卷十二《物产·蒙化府》第 10 页

土人参 出方山，体轻而性燥，不入药料。

——康熙《大姚县志》第 18 页

人参 谓根类人形，乃有神效，故谓之皱面还丹，盖神草也。《广雅》称海腴，盖以辽海外者为最。今鸡山所产气味颇似，但浮而不坚，医称为沙参，多走肝分。然《本草》谓沙参即知母，则是此参，盖所谓鬼盖、地精之属，力虽薄，然补真气有效。

——《鸡足山志》卷九《物产》第 351 页

佛手参 中甸产参，花叶如辽阳，而根类人手，必五指。味微苦而甘胜，颇益脾，气弱者食之，转致中满。

——《滇南新语》第 17 页

珠参 茎叶皆类人参，根皮质亦多相似，而圆如珠，故云。奔子栏、栗地坪产之，皆在冬日盛雪之区，味苦而性燥，远不及人参也。

——《维西见闻纪》第 13 页

佛掌参 奔子栏产之，茎叶稍类参，而根形如佛掌，质性又在珠参之下。

——《维西见闻纪》第 13 页

珠参 永北、宾川之间产珠参，大者如莲子，小如梧子，红黄色，似人参。以糯米拌蒸之，晶莹可爱，味苦中带甘，亦似参性宜补。疑偏于热，土人以为性凉，《本草》所未载，未知何如也。

——《滇南闻见录》卷下《物部·药属》第 37 页

土人参 《咸宾录》：云南姚安府产人参。《大姚县志》：土人参，出方山，体轻而性燥，不入药料。

——道光《云南通志稿》卷六十九《食货志六之三·物产三·楚雄府》第 26 页

小红参、鸡脚参 《楚雄县志》：药物，不载《本草》者，有小红参、鸡脚参。

——道光《云南通志稿》卷六十九《食货志六之三·物产三·楚雄府》第 26 页

珠参 余庆远《维西闻见录》：茎叶皆类人参，根皮质亦多相似，而圆如珠，故云。奔子阑、栗地坪产之，皆在冬日盛雪之区，味苦而性燥，远不及人参。

——道光《云南通志稿》卷六十九《食货志六之三·物产三·丽江府》第 47 页

佛掌参 余庆远《维西闻见录》：奔子栏产之，茎叶稍类参，而根形如佛掌，质性又在珠参之下。

——道光《云南通志稿》卷六十九《食货志六之三·物产三·丽江府》第 47 页

菊花参 旧《云南通志》：出巧家，叶似菊花，性同人参。

——道光《云南通志稿》卷七十《食货志六之四·物产四·东川府》第 37 页

石龙参 生昆明山石间。一茎一叶，如荇叶。根白有黑横纹，宛似小蚕，复有长须十数条。

——《植物名实图考》卷十七《石草类》第 33 页

金雀马尾参 生云南山中。绿蔓柔长，根赭白色，一丛数百条。叶际开花作壶芦形，长四五分，细腰、色紫，上坼五瓣而尖复合，茸毛外森弯翘，别致。

——《植物名实图考》卷二十三《蔓草类》第 28 页

紫参 滇紫参即茜草之小者，四叶攒生而无柄，与此稍异。

——《植物名实图考》卷二十三《蔓草类》第 31 页

青羊参 生云南山中。似何首乌，长根，开五瓣小白花成攒，摘之有白汁。

——《植物名实图考》卷二十三《蔓草类》第 32 页

架豆参 生云南。短蔓，顺如藋，二四对生，如架十字，根大如薯。

——《植物名实图考》卷二十三《蔓草类》第 34 页

土党参 生云南。根如参，色紫，花蔓生，叶茎有白汁，花似奶树花而白，盖一类。

——《植物名实图考》卷二十三《蔓草类》第 54 页

月下参 生云南山中。细茎柔绿，叶花又似蓬蒿、蒌蒿辈，又似益母草而小。发细葶，擎菁葵宛，如飞鸟昂首翘尾，登枝欲鸣。开五瓣蓝花，上三匀排，下二尖并，内又有五茄紫瓣，藏于花腹，上一下四，微吐黄蕊，一柄翻翘，色亦蓝紫，盖即《菊谱》双鸾菊、乌头一类。滇人以根圆白、多细须，为月下参。《滇本草》：味苦平，性温热。治九种胃寒气痛，健脾消食，治噎宽中，痞满肝积，左右肋痛，吐酸。其性亦与乌头相近。

——《植物名实图考》卷二十三《毒草类》第 69 页

象牙参 生滇南山中。初苗芽即作苞，开花如白及花而多窄瓣。一苞四五朵，陆续开放，花罢生叶，似吉祥草而阔，根如麦门冬。土医云治半身不遂，痿痹弱症。

——《植物名实图考》卷二十八《群芳类》第 29 页

参 滇产有土人参、党参、珠参、臭参、岩参、菊花参、佛掌参、竹节参，各有殊效。

——《新纂云南通志》卷六十三《物产考六·植物三·药材类》第 30 页

鸡肾参 《滇南本草》：味甘，微辛，性微温。治虚损劳伤气血。形似鸡肾，故名鸡肾参。肝肾虚弱，用之良。单方治虚损劳伤，煮鸡肉食，或煮猪肉、牛肉亦可。

——民国《嵩明县志》卷十六《物产·各种特产》第 243 页

土参 《采访》：生山谷间，土人以植园中。初春生苗，多在阴处，长藤蔓生，实大如薯。味微苦，与洋参同而性微燥。

——民国《元江志稿》卷七《食货志·药属特别产》第 9 页

土人参 《滇南本草》：生山谷之有穴情者，惟滇所产易肥大明润，但初春生苗，多在阴处，一丛五叶。出自南方，其性多燥，叶最细小，夜有白光笼罩者是也。《滇系》：人参，出姚州及大理山中，性视辽产燥烈不可服，土人亦不知制也。其小而修者曰竹节参，性弥缓。又有孩儿、佛掌、珠子等名，佛掌差良。

——民国《大理县志稿》卷五《食货部二·物产》第 10 页

苍参　生于点苍山诸峰。叶绿，三角形，挺节于茎上，两两相对，夏时花开于顶端，色纯白。根即参也，味不亚于洋参。

——民国《大理县志稿》卷五《食货部二·物产》第 11 页

参之属　有昭参、生山坡，茎高尺许，筒状，花冠色蓝，叶细根肥。味甘平。大补气血，壮阳滋肾水，人咸宝之。鸡爪参、生山坡，一茎挺生，药细长，花红色，成纽丝状，其根如鸡爪。味甘平，气温，主治补虚弱，壮筋骨。沙参、生山坡，叶花茎与桔梗相类，叶背有毛，根肥质松。味甘平，气温，主治肺气和中。刷把参、一茎直生，一根三叶，根无分枝。味甘而香，产韭菜坪大山。瓶耳参、生山坡，根赤色，切之有纹。味甘，气平。主治补土益中，并疗疮肿。小丹参、色赤，俗称山槟榔。味苦平。主生血，为女科要药。大丹参、色赤，中通，形如骨节。味苦平。能活血通经，去陈瘀生新血，亦女科不可少之药也。紫参、生于阴地，叶有长柄，春暮根间出茎，花六瓣，粉红，其根有节，色紫黑。味苦辛。主消积聚，通九窍，利大小便，疗唾血衄血，止渴、益精等诸症。仙茅参、味甘平，无毒。根有线毛。葳参、一名玉术，性平，味甘，微温。补中气，健脾胃，蒸露三次晒干用。敬母参、味甘平，无毒，久食轻身延年。苦参、性大寒，味苦。凉血解热，皮肤瘙痒，疮痨要药，并治肠风下血，消风痰肿毒等症。竹节参、根长色赤，形如竹节，肥实质厚。味甘，健胃平气，益气血。青洋参、味甘，微苦，可治疯狗咬伤症。豆叶参、形如豆叶，又称对叶参。味甘温，治血气虚弱，调精养神。双肾参、叶形椭圆，物极象形。味甘，微苦，治肾气虚弱。土党参、根条肥大，味甘，微苦，主治补土益中。马尾参、生韭菜坪，须根色白。黄龙参、长须根，色赤面白，一茎挺生。竹叶参、高四寸，叶如竹叶，须根色白，味甘。附竹根薯、形同竹节，味甘苦，功用与广三七等。明薯、色赤，味微苦。有凤眼，形状与丽参同。以上皆补剂品。

——民国《昭通志稿》卷九《物产志》第 20 页

神黄豆

神黄豆　产于普洱府，形如槐子。小儿服之，能使痘花稀朗。王尚书《池北偶谈》云：用箭瓦火焙去其黑壳，碾末，小儿以白水下之，可永除豆毒。服法：以每月初二、十六为期，半岁半粒，一岁一粒，递加，至三岁服三粒，则永不出豆矣。能解先天之毒，故名为神。且生于瘴盛之乡，尤属奇效。

——《滇南闻见录》卷下《物部·药属》第 37 页

神皇豆树　普洱、永昌俱出，而以普洱为佳。浙友每言痘疹流行，但得神皇豆一粒，供养迎之，所过之街，痘疹不作，已作者无不安稳，无夭隙者。邹经元客普洱久，习于刁氏。言此豆树为神农手种，只一株，近南海边，有天生石城，城无居人，惟神皇豆树，树极高大，一年开花，一年结实。实时，役三百人往，行三月始抵树，树豆角已满，抛石击之，纷纷落地，收载以归，非大力者不能主此役也。角圆而轻，长三四尺，每节一豆。因遗予一角，予藏之以济人急至尽，而经元南返，不复来。此事为从来所未言，因志之，以广异闻。经元善谈荒远事，予每乐听之，今不能悉记。若使当时闻一书一，可作一册《南荒志》，闻其已没，质亡矣，无与言之矣。

——《滇海虞衡志》卷十一《志草木》第 7 页

神黄豆　《一统志》：稀痘药中用之。檀萃《滇海虞衡志》：普洱、永昌俱出，而以普洱为佳。浙友每言痘疹流行，但得神黄豆一粒，迎之供养，所过之街，痘疹不作，已作者无不安稳，无夭隙者。

邹经元客普洱，言此豆树为神农手种，只一株，近南海边，有天生石城，城无居人，惟神黄豆树，树极高大，一年开花，一年结实。实后，役三百人往，行三月始抵树，树豆角已满，抛石击之，纷纷落地，收载而归，非大力者不能主此役也。角圆而轻，长三四尺，每节一豆。《思茅厅采访》：豆有二种，春华秋实，大树者叶大花红，豆长尺余，大而圆，名虎尾；小树者叶细花黄，豆长三寸余，细而圆，名鼠尾。

——道光《云南通志稿》卷七十《食货志六之四·物产四·普洱府》第 6 页

神黄豆　《永昌府志》：食之则痘稀。

——道光《云南通志稿》卷七十《食货志六之四·物产四·永昌府》第 27 页

神曲

神曲　性平，味甘。宽中，扶脾胃以进饮食，消隔宿停留胃内之食，止泻。气虚者，能令出汗。

——《滇南草本》卷二第 43 页

石胆草

石胆草　味甘，无毒。生石山上，贴石而生，兰花，形似车前草。采取纹蛤为末，乌须，永不返白，其效如神。采取捣烂敷疮，神效。

——《滇南草本》卷一第 8 页

牛耳草　生山石间。铺生，叶如葵而不圆，多深齿而有直纹隆起，细根成簇，夏抽葶开花。治跌打损伤。湖南谓之翻魂草，《滇本草》谓之石胆草。云生石上，贴石而生，开花形似车前草。味甘，无毒。同文蛤为末，乌须良。叶捣烂敷疮，神效。……

——《植物名实图考》卷十六《石草类》第 34 页

石耳

石耳　《鹤庆府志》：形如木耳，生感极清之气，久食延年。

——道光《云南通志稿》卷六十九《食货志六之三·物产三·丽江府》第 47 页

石风丹

石风丹　旧《云南通志》：出景东，生石上，能疗疮毒。

——道光《云南通志稿》卷七十《食货志六之四·物产四·景东直隶厅》第 40 页

石风丹　生大理府。似石韦有茎，梢开青花，作穗如狗尾草。俚医用之，云性温，味苦，无毒。通行十二经络，养血舒肝，益气滋肾。入筋祛风，入骨除湿。盖亦草血竭一类。

——《植物名实图考》卷十七《石草类》第 16 页

石瓜

石瓜　李时珍《本草纲目》：出芒部地方，其树修干，树端挺，叶肥滑如冬青，状似桑，其花浅黄色，结实如缀，长而不圆，壳裂则子见，其形似瓜，其坚如石，煮液黄色。章潢《图书编》：出芒部府，树生，坚如石，治心痛。

——道光《云南通志稿》卷七十《食货志六之四·物产四·昭通府》第 38 页

石胡荽

石胡荽　鸡山幽僻地，故易繁衍。孙思邈谓僻地乃易生，以辛薰不堪食，故俗呼为鹅不食草。又其茎中有细线，谓之为鸡肠焉，即天胡荽，即野芫荽也。

——《鸡足山志》卷九《物产》第 355 页

石斛

石斛　性平，味甘淡。升也，阴中之阳也。平胃气，能壮元阳，升托，发散伤寒。又石斛汤，怕〔治〕虚痨发热，午前乍寒怕冷，午后发热烦渴，头疼，肢体酸疼，饮食无味，自汗盗汗，耳内蝉鸣，头晕心慌，手足酸麻〔之症〕。

——《滇南草本》卷三第 28 页

石斛　其草丛生，如筹之插斛，生石者为佳，是以得名。诗人志怨，慨于杜兰，谓即金钗者是也。其性耐久，故齐谚有之曰"千年不死润石斛"，而昔人胡名之为禁生者，何耶？以其能自生，则人不能禁其生之谓矣。在石又名石蓫，累累者名侣麦，茎大名雀髀，统之又名林兰，其盖木斛耳。

金钗　花开金黄色，小朵，颇类虎头兰。生石上者良，生木者性浮，鸡山尽生岩石间，故甚佳。清玉茎，中热，采之入酒，又可煎汤，饮则解渴沁心。

林兰　生木端。亦有金钗者，则名金钗木斛。此开紫花，小朵，微带蜜香气，性耐久。

侣麦　累累相连，似大枣核形。其大愈茨菇，其蒜颠惟抽一叶。其性冷，不宜入药。

雀髀　如竹。其节生叶，稍似扁竹。其叶亦在茎头，递节间生，服之令人气闷。

——《鸡足山志》卷九《物产》第 354 页

金钗石斛　性喜燥，植屋上更茂盛。

——《滇南杂记》第 238 页

金钗石斛　石斛，草本，茎长数寸，深黄色，花亦黄，五月开，滇中人家墙头屋角多栽之。杨升庵先生诗云：满城几日黄梅雨，开遍金钗石斛花。

——《滇南闻见录》卷下《物部·药属》第 37 页

顺宁山石间有草，一本数十茎，茎多节，叶似竹叶，四五月开花，纯黄，亦有紫、白二色者，土人谓之石竹。案即石斛也，移植树上亦生。[①]

——《札樸》卷十《滇游续笔·石竹》第 12 页

---

① 此条，道光《云南通志稿》卷六十九《食货志六之三·物产三·顺宁府》第 34 页引同。

五色石斛 旧《云南通志》：出禄劝普渡河石壁，绀红者佳。檀萃《农部琐录》：金钗石斛，本为珍药，而出禄劝之普渡河石壁者，独备五色，尤为诸品之珍，大抵五色齐全，究以绀红深者为佳耳。

——道光《云南通志稿》卷七十《食货志六之四·物产四·武定直隶州》第 52 页

金兰 即石斛之一种。花如兰而瓣肥短，色金黄，有光灼灼。开足则扁阔，口哆中露红纹尤艳。凡斛花皆就茎生柄，此花从梢端发杈生枝，一枝多至六七朵，与他斛异。滇南植之屋瓦上，极繁，且卖其花以插鬓。滇有五色石斛，此其一也。

——《植物名实图考》卷十七《石草类》第 16 页

开、文边地产金石斛，俗称黄草，皆野生也。

——《幻影谈》卷下《杂记》第 136 页

石斛 属兰科，宿根草本。茎干多节，叶似竹叶，惟较为宽，不择风土，自然生活，故墙头屋顶均有人莳之。田五月间开花，瓣片纯黄，滇中谓为黄石斛，但亦有各色者，《通志》引檀氏《农部琐录》谓禄劝普渡河石壁者独备五色，呼为五色石斛，而以深红者为尤佳。桂氏《札樸》云顺宁山石间亦有紫、白二色者，土人谓之石竹，案即石斛也。花供观赏，茎节入药。别有黄色黑点之一种，即金钗石斛，鹤庆亦产之。地方土名甚多，或云金真草，或云黄草，或云金石虎，或云金石斛，为药用之珍品，每年由滇越铁道输出沪汉，其数量甚多。

——《新纂云南通志》卷六十三《物产考六·植物三·花卉类》第 3 页

石竹 属石竹科，宿根草本。滇产颇多，有竹节花、绣竹、剪红绒、剪春罗、剪秋罗等类，石竹特总名耳。此类叶作披针，多节似竹。今舶来品中，如麝香抚子、美女抚子日本名，种类颇多，花皆重瓣，色有绯、红、橙、紫、白等等，点缀花坛，备极绚烂，惟茎难直立，枝多匍匐，是其缺点。插枝、播种均易生活。此等外来石竹，已为滇中归化植物矣。

——《新纂云南通志》卷六十三《物产考六·植物三·花卉类》第 6 页

黄草 上帕、贡山产之。黄草产岩石上，细小者色甚黄如金钗，故药名为黄草，或金真草，或金钗石斛。以细小者为佳，粗大者名土石斛，不堪入药。怒倮于深山取得后，零售与汉人，复去其根及粗皮，始运销内地。墨江亦产，车里产者可制金真膏，供药用。

——《新纂云南通志》卷六十三《物产考六·植物三·药材类》第 28 页

五色石斛 金钗石斛，本为珍药，而出禄劝之普渡河石壁者独备五色，尤为诸品之珍。大抵齐全，究以绀红深者为佳耳。

——民国《禄劝县志》卷五《食货志·物产》第 10 页

石莲花

石莲花 一名卷柏，一名回阳草。烧酒为使。味苦，性寒。通月经，破症瘕，消血块，难产催生效。

——《滇南本草》卷中《草部》第 27 页

石莲参 又名侧柏叶，又名鸣鹿衔。性微温，味辛苦。主治筋骨痰火疼痛，面寒疼痛，腹痛，妇人血虚痨热，消浮肿。治筋骨痰火，泡酒服；治寒疼，煎汤点酒服；治痨热，煎汤点小便服；

治浮肿，糠瓢槟榔煎服。

——《滇南草本》卷三第 10 页

扁柏叶　味辛，微酸苦。捣汁治吐血、鼻衄血、呕血，小便尿血、妇人暴崩下血，并皆治之。

——《滇南本草》卷中《草部》第 20 页

侧柏叶　俗名扁柏。性寒，味辛酸，微苦。治止吐血、鼻衄血、呕血、淋血、妇人暴崩下血。侧柏叶捣汁，点水酒服。

——《滇南草本》卷二第 34 页

石梅

石梅　味酸，无毒。此草非山梅、家梅也。山梅树大，石梅树小，仅高尺余。叶黄色，梗硬黑色，子甚小。采叶为末，每服三钱，用苦连翘汤下，治一切大麻疯、瘕、癫疾，神效。采子食之，治九种气疼。采花止血，敷伤处，皆效。

——《滇南草本》卷一第 14 页

石苇

石苇　性寒，味苦。入小肠经，治利小便，通五淋，止玉茎痛。根，消胸膈横气作胀，退蒸热。凡用，刮去毛，若毛去不净，反令人咳嗽。

——《滇南草本》卷二第 45 页

石韦　即石兰。蔓延于石，故又名石皮、石䩾也。鸡山阴崖有之，叶大近尺，小类杏叶，阔寸许，柔韧如皮，背有黄毛，凌冬不凋。为劳热、五癃、益精之要药。生瓦上者谓瓦韦，背有金点者名金星草，各有主治。

——《鸡足山志》卷九《物产》第 355 页

石癣

石癣　味苦涩，性寒。生石上，形如白森样，形薄。治赤白便浊，五淋疼痛。

——《滇南本草》卷中《草部》第 27 页

石油

石油　自石缝流出，臭恶而色黑，可搽毒疮。

——景泰《云南图经志书》卷六《缅甸军民宣慰使司》第 15 页

石油　章潢《图书编》：缅甸宣慰司出，自石缝流出，臭恶色黑，可搽毒疮。

——道光《云南通志稿》卷七十《食货志六之四·物产四·永昌府》第 27 页

使君子

使君子　多产西南温暖山地，为杀虫要药。峨山、曲溪、思茅、马关尤著。

——《新纂云南通志》卷六十三《物产考六·植物三·药材类》第 31 页

双果草

双果草　味甘，性寒。治膏淋、白浊，利小便，止腰疼、疝气。

——《滇南本草》卷下《草部》第 1 页

双尾草

双尾草　味甘辛。此草生水边，形似芦柴，叶似兰叶，生双尾，毛上黄色。治一切大麻疯癫疾诸疮，无名种毒，痈疽发背，服之如神。取双尾草一斤，熬成膏服之，乌须黑发。兼治一切阴虚火盛，妇人干血痨症，小儿先天不足。取根煮酒，治一切痰火脚气、手痿软，或中风不语、半身不遂。早、午、晚饮三杯，神效。取叶，掺铜器，如银，其叶解夷人毒药。

——《滇南草本》卷一第 5 页

水芭蕉

水芭蕉　有大毒。生水内，短小无花，形似山芭蕉。此蕉只高尺余，所以不同。采为末，若逢刀剐疮，或遇蛇毒，或着夷人之毒，或中见血封喉之毒箭，剐患处，先用此药搽上，用刀剐之不疼，此乃麻药之神也。

——《滇南草本》卷一第 33 页

水朝阳草

水朝阳草　味甘辛，无毒。生水内，似鼓槌草，包叶，初生子，花朝阳，叶尖长大，梗紫绿绵软，独苗。采取煮硫磺成汞，研粉，红色为丸，不论百病，服此硫磺丸神效。一名万宝丹，一名纯阳丹。此丹救一切百病，药到病安，其效如神。

——《滇南草本》卷一第 35 页

旋覆花　性微温，味苦咸，有小毒。祛头目诸风寒邪，止太阳、阳明头疼，行阳明之经络。乳汁不通、乳岩、乳痈红肿疼痛。暴赤火眼、目疾疼痛、祛风明目、隐涩羞明怕日。伤风、寒热咳嗽，老痰如胶。走经络，止面寒腹疼，利小便单腹胀。治风火牙根肿痛。

——《滇南草本》卷三第 50 页

水朝阳草　生云南海边。独茎柔绿，叶如金凤花叶而肥短，细纹密齿。梢端开花，黄瓣如千层菊，大如小杯。繁心孕实，密叶承跗，掩映蓼浦，欹侧金盆泽畔，缛绚不亚江南菰芦中矣。《滇本草》：味甘辛，无毒，性热。似鼓槌草包叶而生花，子朝阳生，故名。采煮灵砂成丹，名纯阳丹。救一切病，其效如神云。

—— 《植物名实图考》卷十七《水草类》第 41 页

酸浆草

酸浆草 味辛咸，性温。利小便，治五淋玉茎疼痛。攻疮，治腹痛，破气血。

—— 《滇南本草》卷下《草部》第 6 页

红心草 元谋北门外官山上万冢累累，上生红心草，遥望如茜血殷然，土人呼为酸浆草，惟瘴地有之。昔杨文宪慎窜谪时过此，伤之，所为作元谋县歌也。其词曰："遥见元谋县，冢墓何累累。借问何人墓，官尸与吏骸。山川多瘴疠，仕宦少生回。三月春草青，元谋不可行。九月草交头，元谋不可游。嗟尔营营子，何为歘来此。九州幸自宽，何为此游盘。"按：景东、蒙化山多有瘴，西至永昌殆甚。澜沧、潞江水皆深绿，不时红烟浮其面，日中，人不敢渡。瘴起于春末，止于秋。杪夹堤草头相交，结不可解，名交头。瘴时则行旅皆绝，江岸居民多黄瘠早死，惟妇女不染也。

—— 《滇南杂志》卷十三《轶事七》第 12 页

天狨毒

天狨毒 味辛麻，有毒。沉也。推胃中年久积滞，下气。治胃疼，食积结滞，消水肿，破血积，打虫，打痰。猛勇之性，真虎狨也。

—— 《滇南本草》卷中《草部》第 4 页

天花粉

天花粉 即瓜蒌根。性寒，味苦。治肺痈，排脓，消烦渴，止肺热，消跌打损伤瘀血，清化日久老痰黄痰，下气，解疮毒，治痈疮肿毒，并止咳嗽带血。

—— 《滇南草本》卷三第 45 页

天葵

天葵 味苦辛，性寒。排脓，散诸疮肿毒，攻痈疽，定痛。治瘰疬，消散结核。治妇人结乳，汁不通，红肿疼痛，乳痈、乳岩坚硬如石。服之，或溃或散。

—— 《滇南本草》卷下《草部》第 7 页

紫背天葵草 味辛，有小毒。形似蒲公英，绿叶紫背。采取晒干，捣烂为末，敷大恶疮，神效。若虚，服之，汗出不止，不知人事，速用绿豆、甘草解之。此草煮水银变成铁，然再煮以汞草，即成银矣。俗呼紫背鹿衔草。

—— 《滇南草本》卷一第 26 页

紫背鹿衔草 生昆明山石间。如初生水竹子叶细长，茎紫，微有毛。初生叶背亦紫，得湿即活。人家屋瓦上多种之。夏秋间，梢端叶际作扁包，如水竹子，中开三圆瓣碧蓝花。绒心一簇，长三四分，正如剪缯绡为之。上缀黄点，耐久不敛。藓花苔绣，长伴阶除，秋雨萧条，稍堪拈笑。

——《植物名实图考》卷十七《石草类》第 12 页

紫背天葵 《滇本草》：味辛，有毒。形似蒲公英，绿叶紫背，为末敷大恶疮，神效。人误服，汗出不止，速饮绿豆、甘草即解。按：此草，昆明寺院亦间植之。横根丛茎，长叶深齿，正似凤仙花叶，面绿背紫，与初生蒲公英微肖耳。夏开黄花，细如金线，与土三七花同，盖一类也。

——《植物名实图考》卷二十三《毒草类》第 78 页

天门冬

天门冬 生吃，治偏坠疝气，或左右肾子肿大。利小便，下气，清肺气胀。

——《滇南本草》卷下《草部》第 1 页

天门冬 性寒，味甘，微苦。入肺，润肺止咳嗽、咳血，肺气逆胀。生吃，治偏坠疝气，或左右肾子肿大。

——《滇南草本》卷二第 41 页

天门冬 万岁藤，其叶绿毛油油，可以作架，其花黄细，甚香。《抱朴子》谓之为颠棘，即地门冬、筵门冬耳。在东岳名淫羊藿，盖淫羊藿乃仙灵脾也。在中岳名天门冬，在西岳名菅松，在北岳名无不愈，在南岳名百部，盖百部乃与百合同功，非门冬也。以其叶似髦，有细棘，故名天棘、颠棘者是也。越人名浣草，秦蜀间皆名薅音门冬。今鸡山多作蜜饯。其麦门冬细如麦带，苦殊浙产。

——《鸡足山志》卷九《物产》第 352 页

天天茄

天天茄 味甘苦，性大寒。治小儿风热，攻疮毒，洗疥癞痒痛，祛皮肤风。

——《滇南本草》卷下《草部》第 1 页

贴地金

贴地金 味甘，无毒。形似车前草，生软苗一枝，枝上有黄绒细毛数揉。主治杨梅疮伤鼻，或鼻上先有细点现出，连服此药，可救鼻不伤也。又解一切疮毒，神效。

——《滇南草本》卷一第 15 页

铁刺枝

铁刺枝 一名刺枝。味苦，无毒。铁梗，开小白花。冬秋无花，似铁钉刺，多出石傍。采取晒干为末，治酒毒冲心，胃中结疼，或酒虫、酒龟在腹内作痛不能忍者，服之效。取杨梅根同此刺枝根共为末，治瘫痪痰软。每服三钱，用无灰酒下，神效，忌萝卜。

——《滇南草本》卷一第 22 页

铁莲子

铁莲子 味甘酸，无毒。此草形似乌饭果，软枝无叶。主治一切酒毒成疾，治中膈存痰，胸中痞块食积，周身疼痛，吐酸冷水，或因酒色成痨，发者肾气崩疼，服数剂即愈。

——《滇南草本》卷一第 27 页

铁色草

铁色草 冬至后生，叶几似旋覆花。至三四月乃开花，作紫白色，状似丹参花，作穗，亦结子。至五月遇夏便枯，当于四月采。拌之以芝油、蜣油，可生食。今滇人多以自秋便生，经冬便悴，春开白花，或以对节叶生，开淡紫小花，其穗中无子者妄为夏枯草，大非。

——《鸡足山志》卷九《物产》第 357 页

铁线草

铁线草 性温，味微甘微酸。入肝，走经络，强筋骨，舒经活络。半身不遂。手足痉挛，痰火痿软，筋骨酸疼，泡酒用之良效。铁线草用口嚼烂，敷久远臁疮，生肌。敷刀伤、跌打损伤，止血收口。能接筋骨，良效。

——《滇南草本》卷三第 49 页

葶苈

甜葶苈子 即麦蓝子。味苦辛，性寒。主治下气，定喘痰，利小便，消水肿，疗面皮浮肿。

——《滇南本草》卷中《草部》第 12 页

葶苈 《本经》下品。郑注《月令》：蘼草，荠，葶苈之属。《尔雅》：蕇，葶苈。注：一名狗荠。今江西犹谓之狗荠。李时珍谓有甜、苦二种，此似因《炮炙论》赤须子味甘而云然也。雩娄农曰：《滇本草》葶苈一名麦蓝菜，生麦地。余采得视之，正如荠，高几二尺，叶大无花杈。醃为蔬，脆而不甘，与荠味殊别。其花实亦似荠，盖即甜葶苈也。

——《植物名实图考》卷十一《隰草》第 63 页

透骨草

透骨草 味辛辣，性温，有小毒。子，治痰火筋骨疼痛，泡酒用之良。其根、梗，洗风寒湿痹，筋骨疼，暖筋透骨。

——《滇南本草》卷下《草部》第 5 页

土茯苓

土茯苓　一名冷饭团，子名仙遗粮。味苦，微涩，性平。治五淋、赤白浊，妇人红崩、白带，祛杨梅疮毒。

——《滇南本草》卷中《草部》第 19 页

土瓜狼毒

土瓜狼毒　性温，味苦麻，有毒。沉也。推胃中年久积滞，下气。治胃气疼痛，食积结滞，消水肿，破血积，打虫积，打痰毒。此药之性猛勇，真如虎狼也。

——《滇南草本》卷三第 12 页

蔄茹　《本经》下品。根长如萝卜、蔓菁，叶如大戟。滇南呼土瓜狼毒，即李时珍谓今人往往误以其根为狼毒者也。

——《植物名实图考》卷二十四《毒草类》第 12 页

土黄连

土黄连　石妹刺。味苦，性大寒。泻小肠实火，胃中实热，利小便。止热淋痛，牙根肿痛，咽喉疼痛，小儿乳蛾、疟腮。

——《滇南本草》卷中《草部》第 10 页

土黄芪

土黄芪　芪菜叶。味辛，微甘，性温。生福建、四川者，主补气。本地者，主破结气，下中气，止气疼，散痰，消瘿瘤。生食令人泻，用蜜炒用。

——《滇南本草》卷中《草部》第 18 页

土练子

土炼子　味甘，性寒，无毒。其叶似地草果，叶藏一大子，子内黑水，染须发即黑。主治一切湿气流痰、疯癫、四肢〔疮毒〕，小儿大疮、胎毒。取子，烧灰，酒服，治七十二症疯痰。若遇狂疯乱打人者，服之即愈。根，能消食、消痞块中膈不通。叶，敷疮、疽痈发背，如神。先生取煮砑砂成宝丹，救一切横生死胎，即下。此砂一分，能治小儿脐风嘬嘴，惊风吐泻，如神效。

——《滇南草本》卷一第 21 页

土千年剑

乌饭子　味甘酸。采子晒干，听用。久服，能乌须黑发，返老还少，令人齿落重生。昔刘真人食此果能纯阳，故名纯阳子。

——《滇南草本》卷一下《果品类》第 8 页

土千年剑　一名乌饭子，又名千年矮，又名米饭果。味酸，性温。治寒湿伤筋，舒筋活络，痰火痿软，半身不遂。

——《滇南本草》卷中《草部》第 3 页

土余瓜

土余瓜　味甘，无毒。生山崖倒挂，绿叶黄花，其花按一年开一朵，结一合，梗藤棉软，至十二年根成人形。夜有白光，采取同云苓熬膏服之，黑发延年。茯苓，夜有白光，阴气也。土余瓜，夜有白光，阳气也。阴阳二瓜，方见大功，单用无益。

——《滇南草本》卷一第 42 页

瓦草

瓦草　一名白前。味苦辛，性寒。开通关窍，清肺热，利小便，治热淋。

——《滇南本草》卷中《草部》第 13 页

白前　《别录》中品。陶隐居云：根似细辛而大，色白，不柔，易折。《唐本草》注：叶似柳，或似芫花，生沙碛之上，俗名嗽。今用蔓生者味苦非真。核其形状，蔓生者即湖南所谓白龙须，已入蔓草草药。其似柳者即此，滇南名瓦草。又蔓生一种。

——《植物名实图考》卷八《山草类》第 26 页

滇白前　白前，《别录》已载。诸家皆以根似细辛而粗直，叶如柳，如芫花，陶隐居以用蔓生者为非是，然按图仍不得其形。滇产根如沙参辈，初生直立，渐长茎柔如蔓。对叶，亦微似柳，茎、叶俱绿，叶亦软。秋开花作长蒂，似万寿菊蒂。端开五瓣银褐花，细碎如剪。又有一层小瓣，内吐长须数缕，枝繁花浓，铺地如绮。《滇本草》：瓦草，一名白前。味苦辛，性寒。开关窍，清肺热，利小便，治热淋。主治亦相类。

——《植物名实图考》卷十《山草类》第 39 页

瓦松

瓦松　味苦，性寒。行经络，治风寒湿痹，筋骨酸软，洗疮湿热毒。

——《滇南本草》卷中《草部》第 13 页

瓦松又名佛指甲　性微寒，味甘微辛。咽喉肿痛，消乳蛾。行经络，风寒湿痹，筋骨酸痛，洗湿。

——《滇南草本》卷三第 2 页

王不留行

王不留行　一名拔毒散。性寒，味苦。治妇人乳汁不通，乳痈、乳结红肿，消诸疮肿毒，治小儿尿血、血淋，祛皮肤瘙痒，消风解热。梗、叶，细末醋调，敷痈疽疮溃散。

——《滇南草本》卷三第 44 页

王不留行　《别录》上品。《宋图经》谓之剪金花。《救荒本草》：叶可煤食，子可为面食，今从之。《蜀本草》所述，乃俗呼天泡果，又名灯笼科。囊似酸浆而短，实青白不红，南方极多。

——《植物名实图考》卷十一《隰草》第 76 页

威灵仙

威灵仙 性温，味辛苦。行十二经络。治胸膈中冷寒气痛，开胃气。能治噎膈，寒湿伤筋骨，止湿脚气。烧酒煎服，祛脾风，多服损气。

——《滇南草本》卷三第 47 页

萎蕤

萎蕤 即《本经》女萎，上品。《尔雅》：荧，委萎。盖《本经》亦是委萎，脱去委字上半，遂讹为女萎。《救荒本草》云其根似黄精而小异。今细核有二种，一叶薄，如竹叶而宽，根如黄精多，须长白，即萎蕤也；一叶厚，如黄精叶圆短，无大根，亦多须，俚医以为别种，李衎《竹谱》亦俱载之。雩娄农曰：古有委萎，或以为即葳蕤，目为瑞草。而黄精乃后出，诸书以委萎类黄精，然则古方盖通用矣。……按：近时所用萎蕤，通呼玉竹，以其根长白有节如竹也，与黄精绝不类。其茎细瘦，有斑圆绿，丛生，叶光滑深绿，有三勒道，背淡绿凸文。滇南经冬不陨，逐叶开花，结青紫实，与《尔雅》异。

——《植物名实图考》卷七《山草类》第 14 页

乌药

乌药 臭牡丹。味辛苦，性温。消胸膈肚腹胀，下气，利小便，消水肿，止气逆腹痛。其花，治妇人红崩，点水酒煨服。

——《滇南本草》卷下《草部》第 8 页

无风自动草

无风自动草 味咸酸，无毒。形似一枝蒿，主治男子精寒，妇人血虚而子宫久冷，不能受胎。以附子一分，此草一分共为细末，入于子宫，可受孕也。男子一服而精暖也。亦能治交媾劳之虚症脱阳，肾气崩散，服之即效。

——《滇南草本》卷一第 10 页

五加皮

五加皮 味苦辛，性温。入肺、肾，治腰膝酸疼，疝气，筋拘挛，小儿脚软。

——《滇南本草》卷吕第 10 页

五加皮 《镇雄州志》：出芒部观音寺者更佳，今采取已尽。

——道光《云南通志稿》卷七十《食货志六之四·物产四·昭通府》第 39 页

五味草

五味草 一名金钩如意草。味有五，故名五味。性微寒。祛风，明目退翳。消散一切风热、肺劳咳嗽发热、肝劳发热怕冷。走筋络，治筋骨疼、痰火等症。

——《滇南本草》卷中《草部》第 8 页

五味子

五味子 南宁县碌碑村出。

——正德《云南志》卷九《曲靖军民府·土产》第 6 页

五叶草

五叶草 出京都者良，名老官草。治筋骨痰火症，河南卫辉亦出。性微温，味苦辛。祛诸风皮肤发痒，通行十二经络。治筋骨疼痛，痰火痿软，手足筋挛麻木。利小便，泻膀胱积热。攻散诸疮肿毒，退痨热发烧。治风火牙疼、疥癞痘疹等症。附方：治妇人经行，染受风寒，寒邪闭塞子户，令人月经不调，日期不对，参差前后。经行发热，肚腹膨胀，腰肋作疼，不能受胎。此方以经行后月事断止，方效。

——《滇南草本》卷三第 43 页

五叶草 味辛苦，性温。去诸风皮肤发痒，通行十二经络。治筋骨疼痛，痰火痿软，手足麻木。利小便，泻膀胱积热，散诸疮毒。根，退痨热，治风火牙疼、疥癞疮疹。

——《滇南本草》卷下《草部》第 9 页

五叶草 能治毒疮。入彝方者携以自随，如嚼此草无味，知中蛊毒，急服其汁而吐之，即解。

——康熙《云南通志》卷十二《物产·云南府》第 6 页

希仙

希仙 惟宾川州之大龙王庙者真，而鸡山当水潮湿处亦产。茎方有毛，对节对叶，紫梗，叶似苍耳，开花亦类之。花上亦微粘粘渍蜜。其茎圆，即野猪豨矣。而《本草》转谓圆茎为真，何耶？昔张咏《进希仙表》云此草金稜银线，素茎紫荄，对节而生，颇同苍耳，是矣。但圆梗、方梗未别，不免致人以疑。又以地菘为豨仙，愈大谬。

——《鸡足山志》卷九《物产》第 357 页

豨莶

豨莶草 性微温，味苦，有小毒。治诸风风湿症，内无六经形症，外见半身不遂，口眼歪斜，痰气壅盛，手足麻木，痿痹不仁，筋骨疼痛，湿气流痰，瘫痪痿软，风湿痰火，赤白瘢风，须眉脱落等症。根，治妇人白带。

——《滇南草本》卷三第 35 页

豨莶　服之可希仙也。鼻痈，捣白果作丸，即以银杏汤服，立效。盖散风清肺，除热之药。又名虎膏，以能透骨去风痰，故久服，轻身耐老也。然类之者数种，采宜慎之。《韵书》楚人呼猪为豨，然有猪豨、狗膏、粘糊，皆非豨莶，其详审焉。

——《鸡足山志》卷九《物产》第 357 页

细辛

细辛　白花者可用，紫花者不入药。味辛苦，性温，阴中之阳也。祛风明目，止头风疼，疗齿疼。攻痈疽毒疮，点酒服，有脓者溃，无脓者散。

——《滇南本草》卷上《草部》第 22 页

夏枯草

夏枯草　味辛，微苦，性寒。入肝经，除肝热。治肝风，暴赤火眼，眼珠夜胀痛。外胀可用，内胀勿用。开肝郁，行肝气。

——《滇南本草》卷上《草部》第 18 页

麦穗夏枯草　开紫花者形如麦穗，铁线夏枯草。味苦，微辛，性微温。入肝经，去肝风。行经络，治口眼歪斜，止筋骨疼。舒肝气，开肝郁。治目珠夜痛，消散瘰疬，手足、周身节骨酸疼。

——《滇南本草》卷上《草部》第 18 页

夏枯草　夏枯秉纯阳之气，补厥阴血脉之虚。《本经》名乃东，谓驾青帝则草生也。其色如铁，故名铁色，即燕面之谓也。又谓之夕句，则未详其所谓。

——《鸡足山志》卷九《物产》第 357 页

仙人骨

仙人骨　在州东南二十里，山产煤炭，中有碎石如朴硝，人掘而粉之，以敷疮疾，立效。俗传仙人曾化于此。

——万历《云南通志》卷三《地理志一之三·楚雄府·古迹》第 6 页

仙人骨　出楚雄之吕合驿。相传南诏时，张、王二生遇吕仙于此，王得度上升，张不能从，愤而死，埋骨山中，化为石。莹彻如水晶，傅（敷）一切疮疡立愈。详见《杂略》

——《滇略》卷三《产略》第 20 页

仙人骨　镇南州之西，有平冈，产仙人骨，云为仙蜕所遗，色白，类鸡骨，食之愈诸疾。余每过此，命童子拾各盈掬，几尽矣，不转瞬，琅琅复生，有心取之，又无所见。周栎园《书影》

所载，汀州蓝田之蜡烛峰，下产糯米，色白，杂沙砾中，若经火微煅，能治心痛，亦取之无尽。正与此同其异。

——《滇南新语》第 5 页

鲜子

鲜子　《一统志》：镇康州出，大如枣。章潢《图书编》：陇川出，镇康州鲜子大如枣，味酸。

——道光《云南通志稿》卷七十《食货志六之四·物产四·永昌府》第 23 页

香附

香附　性微温，味辛。调血中之气也，则有推行之意。开郁气而调诸气，宽中消食，止呕吐，和中养胃，进食。气血调而阴阳固守，忧郁开而疾病不生，开郁调气要药，女人之至宝也。

——《滇南草本》卷三第 41 页

香附子。

——正德《云南志》卷二《云南府·土产》第 9 页

九鼎香附　宾川州九鼎山庙中，产香附子，大如榄核。中心横切，作红白太极图如绘，故用者奇而重之。

——《滇南新语》第 3 页

附子　陶宏景《名医别录》：生犍为山谷，冬月采为附子，春月采为乌头。常璩《华阳国志》：堂琅县，有附子。

——道光《云南通志稿》卷七十《食货志六之四·物产四·东川府》第 37 页

香薷

香薷　性温，味苦辛。解表除邪，治中暑头疼，暑泻，肚肠疼痛，暑热咳嗽，发汗，温胃中和。

——《滇南草本》卷三第 31 页

象鼻草

象鼻草　《云南府志》：可治丹毒。

——道光《云南通志稿》卷六十九《食货志六之三·物产三·云南府》第 6 页

象鼻草　生云南，一名象鼻莲。初生如舌，厚润有刺，两叶对生，高可尺余，边微内翕。外叶冬瘁，内叶即生，栽之盆玩，喜阴畏暵。盖即与仙人掌相类。《云南府志》：可治丹毒。产大理者，夏发茎，开小尖瓣黄花如穗，性凉，敷汤火伤，良。

——《植物名实图考》卷十七《石草类》第 13 页

小黑牛

小黑牛　生大理府。茎、叶俱同草乌头，根黑糙微异。俚医云味苦寒，有大毒，治跌打损伤，擦敷用。殆即乌头一类。

——《植物名实图考》卷二十三《毒草类》第 67 页

小九牯牛

小九牯牛　味辛苦，性寒。走肝经，筋骨疼，通经络，破血，散瘰疬。攻痈疽红肿，有脓者出头，无脓者消散。

——《滇南本草》卷下《草部》第 9 页

小皮莲

小皮莲　治产后经期腹痛，血块，破症瘕，发热头痛，寒热往来有如疟状。

——《滇南本草》卷中《草部》第 19 页

小皮莲　性微寒，味苦、微辛。治瘀血结滞，或产后腹痛，或经期腹痛，破血块，破症瘕，发热头痛，寒热往来有如瘟状，退虚热。

——《滇南草本》卷二第 33 页

小仙草

小仙草　味辛苦，性温。发散疮痈，走经络，痰火筋骨疼痛，手足痿软，除风湿寒热。煎点水酒服。

——《滇南本草》卷下《草部》第 3 页

杏仁

杏仁　性微寒，味苦、微辛。入脾、肺二经，止咳嗽，消痰，润肺，润肠胃，消面粉积，下气。

——《滇南草本》卷二第 44 页

杏仁　好事者煮以蜜，去其苦臭，再煮又去其蜜，可点作茶鍉也，但堪者乃巴旦杏仁，名忽鹿麻，惟秦、卫、鲁、赵产之。此非其种，不宜强食也。

——《鸡足山志》卷九《物产》第 324 页

杏叶防风

土当归　入药品，然比川陕所产者力少缓耳。

——景泰《云南图经志书》卷二《武定军民府·和曲州·土产》第 32 页

土当归 性温，味辛，微苦。其性走而不守，引血归经，入心、肝、脾三经。止腹疼痛，止面寒、背寒痛，消痈疽，排脓，定痛。

——《滇南草本》卷二第 26 页

杏叶防风 味辛，性大温。温中散寒气，治九种胃气疼，胸腹中寒胀气疼，截寒热往来痰疟。

——《滇南本草》卷上《草部》第 10 页

雄黄

雄黄 入药品。

——景泰《云南图经志书》卷五《蒙化府·土产》23 页

绣球防风

绣球防风 味苦辛，性微温。入肝经，破肝家滞结郁气，舒肝气流结，翳膜遮睛。治小儿雀眼，白翳，青盲杀肝虫。但肝气实有郁结者可用，若肝虚者忌之。

——《滇南本草》卷上《草部》第 10 页

绣球藤

绣球藤 味苦，性微寒，无毒。生山中有水处，其藤贯串，有小细叶一撮，生于藤上。主治一切下部生疮，肾囊风痒，洗之神效。治天报疮，三剂神效，俗呼杨梅结毒。又烧灰治痔疮，吹入鼻中。或中毒于肺，鼻不能闻，服之，鼻窍即通。

——《滇南草本》卷一第 28 页

绣球藤 生云南。巨蔓逾丈，一枝三叶。叶似榆而深齿。叶际抽葶，开花如丝，长寸许，纠结成球，色黄绿。《滇本草》亦有此藤，而图说皆异，盖又一种。此藤开四瓣紫花，心皆粉蕊，老则迸为白丝，微黄。土医或谓为木通，以为薰洗之药，主治全别。

——《植物名实图考》卷二十三《蔓草类》第 12 页

续断

续断 一名鼓槌草，又名和尚头。性温，味苦，微酸。入肝，补肝，强筋骨，走经络，止经中酸痛。安胎，治妇人白带，生新血，破瘀血，落死胎。止咳嗽，咳血。治赤白便浊。

——《滇南草本》卷三第 48 页

续断 《本经》上品，详《唐本草》注及《宋图经》。今所用皆川中产。……川中所产，往往与《本草》剌戾。今滇中生一种续断，极似芥菜，亦多刺，与大蓟微类。梢端夏出一苞，黑刺如球，大如千日红花苞，开花白，宛如葱花。茎劲，经冬不折，土医习用。滇、蜀密迩，疑川中贩者即此种，绘之备考，原图俱别存。大蓟既习见有图，原图亦不甚肖大蓟也。

——《植物名实图考》卷十一《隰草》第 33 页

萱草

漏芦 一名芦葱，又名萱草，又名宜男花，又名金针菜。性寒，味甘平。治乳结红肿硬痛，乳汁不通，乳痈、乳岩，攻痈疮。滇中产者，其性补阴血，止腰疼，治崩漏，止大肠下血。

——《滇南草本》卷三第 47 页

萱草 《诗》焉得谖草，言树之背，谓怀母忧思，不能自遣也。以萱草能忘人忧耳，故一名合欢，一名疗愁，一名宜男。鹿得食之，则窍通利肥泽，故又名鹿葱。

鹿葱花 采其花晒干，即金针菜。然李九华《延寿丹书》云嫩苗为蔬，食则动风。其花食之，令人昏愚遗忆。其忘忧者，此谓耶！以处处有之，不具论其花叶形状。

——《鸡足山志》卷九《物产》第 336 页

金萱 属百合科。初夏开黄色美花，瓣片六数，朝开夕凋，是其特点。又有称为萱草者，与此相类，但叶部较宽，滇园庭中栽培之。

——《新纂云南通志》卷六十三《物产考六·植物三·花卉类》第 1 页

牙齿草

牙齿草 味苦涩。止赤白痢疾，止大肠下血，止妇人红崩带下、恶血。

——《滇南本草》卷中《草部》第 23 页

牙齿草 一名牙拾草。性寒，味苦涩。止赤白痢疾，大肠下血，妇人红崩漏下、恶血。

——《滇南草本》卷二第 38 页

牙齿草 生云南水中。长根横生，紫茎，一枝一叶，叶如竹，光滑如荇，开花作小黄穗。《滇本草》：味苦涩。止赤白痢，大肠下血，妇人赤崩带下、恶血。

——《植物名实图考》卷十七《水草类》第 44 页

烟

野烟 一名小草[①]。味辛麻，性温，有大毒。治热毒疔疮，痈疽发背，无名肿毒，一切恶疮。注考：野烟，食之令人烦，不知人事，发晕。走动一二时辰后出汗，人当照旧，勿惊。此药之恶之烈也。

——《滇南本草》卷上《草部》第 22 页

野烟 即烟，处处皆种为业。滇南多野生者，园圃中亦自生，叶黏人衣，辛气射鼻。《滇本草》：味辛麻，性温，有大毒。治疔疮，痈疽发背已见死症，煎服或酒合为丸，名青龙丸。又名气死名医草。服之令人烦，不知人事，发晕。走动一二时辰后出汗，发背未出头者即出头。此药之恶烈也。昔时谓吸多烟者，或吐黄水而死。殆皆野生，录此以志其原。

——《植物名实图考》卷二十三《毒草类》第 73 页

① 小草 《滇南草本》卷二作"烟草"。

兰花香 吴大勋《滇南闻见录》云滇省各郡无处不植焉，而宁州八寨多而且佳。又曲靖五墲文昌宫前所产有兰花香，最为著名。

——《烟草谱》卷一第 9 页

烟叶 旧《志》有蔫草一名，由南方温暖区移植而来。其原产地尚远在美洲，当哥伦布初次发现新大陆时，西印度诸岛土人或以烟草薰拂蚊虫，其古巴、墨西哥住民，则有吸食烟草或咀嚼之者。一千五百五十八年，始由西班牙远征队移至欧洲，英、法两国以其新奇可玩，各植本国，渐知食吸，寖假由欧而亚，产区遂广。明万历时，西班牙人移之吕宋，时今菲律宾。再由吕宋华侨移至中国，吕宋烟之名，所以脍炙人口者，以此至中国后，由闽广滨海区渐渐移入云南，栽培愈广，品种愈多。今滇中所盛植者，为通常种，花冠作漏斗形，瓣色淡红，叶身为广卵圆形，基脚先端稍稍细狭，固与黄花、白花两种截然不同也。此植物属茄科，一年生草本，长凡五六尺，茎直立作软木状，叶肉肥厚，中含尼古丁、挥发油等成分。

——《新纂云南通志》卷六十三《物产考六·植物三·药材类》第 30 页

烟草 秋收后，或种鸦片，多输出，嗜鸦片者甚少。然烟草叶产额较多，碎之，纳于烟斗吸焉。烟杆制与内地同，惟其斗特大而异状不一，男妇老幼，几于人执一杆，随身佩之。见三龄童且在乃祖怀中争吸，可见其普遍也。

——《滇西边区考察记》之一《班洪风土记》第 22 页

羊耳朵

羊耳朵 味酸苦，性微温。花即广中密蒙花。入肝经去肝风，明目退翳膜，目涩羞明。尖叶以蜜炒，治肝经咳嗽，久咳用之良。叶可贴臁疮溃烂，顽疮久不收口，贴之生肌长肉。

——《滇南本草》卷上《草部》第 17 页

羊肝狼头草

羊肝狼头草 生云南太华山。细根独茎，如拇指粗，淡黄色，有直筋。每节四枝，节如牛膝而大，有深窝。枝生膝上，四权平分，茎如穿心而出，就枝生叶，如蒿而细，平匀如齿。花生窝中，左右各一，如豆花，黄色上蠹，草中具奇诡者。《本草》：狼毒，以性如狼，故名。滇中毒草，亦多与以狼名，观其名与形，知非佳草矣。

——《植物名实图考》卷二十三《毒草类》第 72 页

羊奶地丁

羊奶地丁 味苦，性寒。入肝经，退热。治寒热往来，子午潮热，发散风寒，解汗。

——《滇南本草》卷下《草部》第 3 页

羊蹄根

羊蹄根　味苦，性大寒。治诸热毒，泻六腑实火，泻六经客热，退虚劳发烧，利小便，治热淋，杀虫，搽癣疮、癞疮。叶，贴热毒红肿、血风癣疮。

——《滇南本草》卷上《草部》第 21 页

土大黄　一名羊蹄根。味苦，〔性〕寒。同猪骨髓油拌蒸，搽杨梅结毒，亦能拔皮肤之火，解热生肌。

——《滇南草本》卷一下《果品类》第 12 页

叶上花

叶上花　生云南。蔓生绿茎，一叶一须。叶或五尖或三尖，大如眉豆叶。花生叶筋脉上，作小尖菁葵，上红下淡。花密则叶枯，其筋脉即成小茎。结实如珠，色紫黑。《广西通志》：红果草小者圆叶边花，茎有软刺。毒可治牙痛，疑即此类。

——《植物名实图考》卷二十三《蔓草类》第 6 页

野棉花　《滇本草》：味苦，性寒，有毒。下气，杀虫。小儿寸白虫、蛔虫犯胃用，良。此草初生一茎一叶，叶大如掌，多尖叉，面深绿，背白如积粉，有毛，茎亦白毛茸茸。夏抽葶，颇似罂粟，开五团瓣白花，绿心黄蕊，楚楚独立。花罢蕊擎如球，老则飞絮，随风弥漫，故有棉之名。

——《植物名实图考》卷二十三《毒草类》第 68 页

一枝箭

大一枝箭　味甘，微苦，性微寒。阴也。滋阳润肺，止肺热咳嗽，除虚痨发烧，攻疮毒，利小便，止咳血，治劳热咳嗽，痰带血丝，或咳血发热，小儿咳血效。

——《滇南本草》卷上《草部》第 21 页

小一枝箭　一名白头翁。味苦，性温。攻散疮毒，治小儿头秃疮，消散瘰疬结核，利小便，止尿血，解大肠血，利热毒，止膀胱偏坠气肿，疗乳蛾、痄腮红肿。

——《滇南本草》卷上《草部》第 22 页

薏苡

薏苡　亦属禾本科，花开红白，粒实圆满，丰腴含蛋白质最多，可炊食，亦可入药。滇原野有栽培之者，华宁、路居、个旧产较多。

——《新纂云南通志》卷六十二《物产考五·植物二·作物类》第 3 页

茵陈

金钟茵陈　味苦，性寒。疗胃中湿痰热，发黄或眼仁发黄，或周身发黄，消水肿。服后忌豆。

——《滇南本草》卷下《草部》第 2 页

茵蔯　其色青绿，枝叶香辣。土人用以和蒜而啖之，医家采以为药。

——景泰《云南图经志书》卷一《云南府·嵩明州·土产》第 57 页

茵蔯　其色青，叶香辣。土人用以和蒜而啖之，医家采以为药。

——正德《云南志》卷二《云南府·土产》第 10 页

阴行草　产南安。丛生，茎硬有节，褐黑色，有微刺，细叶，花苞似小罂，上有歧瓣如金樱子形而深绿。开小黄花，略似豆花，气味苦寒。土人取治饱胀，顺气化痰，发诸毒。湖南岳麓亦有之。土呼黄花茵陈，其茎叶颇似蒿，故名。花浸水，黄如槐花，治证同南安。阴行、茵陈，南言无别。《宋图经》谓茵陈有数种，此又其一也。滇南谓之金钟茵陈，既肖其实形，亦闻名易晓。主利小便，疗胃中湿痰热，发黄，或眼仁发黄，或周身黄肿，与茵陈主疗同。其嫩叶绿脆，似亦可茹。

——《植物名实图考》卷十《山草类》第 21 页

罂粟

罂粟壳　味甘涩，性寒。主治收敛肺气，止咳嗽，止大肠下血，止日久泻痢赤白等症。初起痢疾或咳嗽，忌用。

——《滇南本草》卷中《草部》第 23 页

罂子粟　今人则写为鶯粟，非矣。盖谓其花落则有罂子，而罂子中则有粟耳。花色多于金凤花之色，其千叶者江南讹为丽春。唐开宝名御米，谓沦极细米，作粥良者是也。又，时珍名象谷，大内研滤其浆，匀绿豆粉作腐食，多采取油调和百味，良。

鶯粟　从俗呼也。叶可作蔬。谓鸦片即鶯粟之津液，用刺其囊，迫液出，听干，乃以竹刀刮之，然自殊域来，未之足信。

——《鸡足山志》卷九《物产》第 339 页

罂粟　罂粟入药始自明时，明以前只知蒔花作蔬，尚未知果实之应用也。其中所含有毒成分如吗啡、尼古丁等等，用之入药，虽可收镇静麻醉及刺激神经之微效，顾利不抵害耳。

——《新纂云南通志》卷六十三《物产考六·植物三·药材类》第 30 页

淫羊藿

淫羊藿　性微温，味微辛。入肝、肾二经，兴阳治痿，强筋骨。用剪剪去边上刺，羊油拌炒。

——《滇南草本》卷三第 38 页

淫羊藿　《本经》中品。《救荒本草》详列各名，叶可煠食。……盖此草为治腰膝之要药。《救荒本草》云密县山中有之。滇大理府亦产，不止汉中诸郡，郂车而载。

——《植物名实图考》卷八《山草类》第 1 页

迎风不动草

迎风不动草 生山中，独茎数枝，开黄花，大风吹不动。采取治一切翳目，复明，其效如神。

——《滇南草本》卷一第 9 页

鱼腥草

鱼腥草 味辛苦，性寒。治肺痈咳嗽，吐脓血，痰腥臭。改〔解〕大便热毒，疗痔疮。

——《滇南本草》卷上《草部》第 21 页

汉荭鱼腥草 生云南太华山麓。红茎袅娜，似立似欹。对生横枝，细长下俯。枝头三杈，生叶宛如青蒿。叶附小茎，细如朱丝。花苞作小蕾子，开五瓣粉红花，似梅花而小，瓣上有红缕，殊媚。按：《宋图经》有水英，又名牛荭鱼津，而不著其形状、气味，难以臆定。

——《植物名实图考》卷二十三《蔓草类》第 22 页

鱼眼草

鱼眼草 味苦，性寒。治小儿脏腑积热、风热。小儿泻绿水者，捣汁炖乳服。捣汁点酒，截疟疾尤效。

——《滇南本草》卷下《草部》第 1 页

玉麦须

玉麦须 味甜，性微温。入阳明胃经，宽肠下气。治妇人乳结红肿，或小儿吹着，或睡卧压着，乳汁不通疼痛，怕冷发热，头痛体困。

——《滇南本草》卷中《草部》第 12 页

远志

甜远志 味甜，性微温。主补心、肝、脾、肾，滋补阴血，补养精神，润泽形体。止面寒腹痛，止劳热咳嗽。治妇人白带腰痛，头眩耳鸣。男子虚损，洵为要药。

——《滇南本草》卷上《草部》第 25 页

苦远志 味甘，微苦，性微寒。入肝、脾二经，养心血。镇惊宁心，定惊悸。散痰涎，疗五痫症，角弓反张，惊搐，口吐痰涎，手足战摇，不省人事。缩小便，治赤白便浊，膏淋，滑精不止，点滴不收，奇效。

——《滇南本草》卷上《草部》第 25 页

甜远志 生云南大〔太〕华山。独根独茎，长叶疏齿。马志所谓似大青而小者，盖即此。根如蒿根，色黄，长及一尺，皆与《图经》说符。李时珍分大叶、小叶，《滇本草》分苦、甜。苦即小叶，甜即大叶耳。补心血，定惊悸，主治略同。但《本经》只言味苦，《滇本草》苦远志治证悉如古方，甜者仅云同鸡煮食。盖苦能降，甜惟滋补耳。《救荒本草》图亦是小叶者，夷门所产，自是小草。

——《植物名实图考》卷十《山草类》第 41 页

芸香草

韭叶云香草 味辛，微苦，性微寒。治山岚瘴气，水土不服，伤风伤暑，温疫湿疫，或冒四时不正之气，头疼发热，寒热往来有似疟疾或瘴疟，胸腹作胀，饮食无味，伤暑，霍乱呕吐，水泻，肚腹疼痛。奇方治伤暑，霍乱呕吐，水泻，肚腹疼痛，头疼发热，怕冷或中烟瘴，不服水土。单方治四时感冒，风寒暑湿，头疼体困，乍寒乍热，烦渴，饮水发热不凉者，以汗解愈。补注：昔武侯入滇，得此草，以治烟瘴，出永昌边境。普洱、顺宁山多产，形如兰花，叶无毛。云香草有细白毛，又如韭菜叶。韭菜叶软，云香草叶硬。

——《滇南本草》卷上《草部》第 6 页

合妈云香草① 味苦，性大寒。泻六经客热，退男妇诸般虚热劳热。治有汗骨蒸烦热，退子午潮热。单方治童男幼女虚热，诸药不退者服之良效，产后数月发热不退凉者，效。

——《滇南本草》卷上《草部》第 7 页

傈傈云香草 味苦，性寒。在表症，治六经实火，解表邪，发汗甚速。消乳蛾、疟腮劲肿，攻疮毒红肿。有脓者出头溃烂，无脓者红肿消散。退男妇劳烧，治男妇体气夹汗狐臭。将傈傈云香草新鲜取来，令人挟于腋下，臭汗自出矣。补注：傈傈云香草与毛叶云香草根叶一同，叶微黄色，鼻间有香草香味，毛叶云香草无香草香味。

——《滇南本草》卷上《草部》第 7 页

云香草 一名挖耳草，一名毛叶草。味苦微辛，性寒。阴中之阳也，可升可降。泻诸经实火客热，解肌表风寒，发汗，消咽清咽肿痛，消风火牙根肿痛，散乳蛾、疟腮红肿，攻疮痈排脓。有脓者出头，无脓者消散。治伤风头痛发热，退虚劳无汗骨蒸，治小儿惊风发搐，即热惊角弓反张。补注：云香草大寒，脾胃虚弱者禁忌，胃寒者忌用，误用令人不思饮食，呕吐。

——《滇南本草》卷上《草部》第 8 页

芸香草 《一统志》：出昆明。有二种，一名五叶芸香，能治疮毒，入夷方者携之，如嚼此草无味，便知中毒，服其汁吐之自解；一名韭叶芸香，能治瘴疟。

——道光《云南通志稿》卷六十九《食货志六之三·物产三·云南府》第 5 页

泽兰

泽兰 一名红梗草。性寒，味苦，微咸。行肝、脾二经。行血，破瘀血，治腹痛，攻疮毒，排脓。行一切跌打损伤瘀血。妇人经闭，用之通行。

——《滇南草本》卷二第 30 页

珍珠草

珍珠草 味辛，性温。治面寒疼，新瓦焙为末，热烧酒服。

——《滇南本草》卷中《草部》第 6 页

---

① 合妈云香草 《滇南草本》卷二作"蛤蟆芸香草"，药效同。

瓜槌草　一名牛毛黏，生阴湿地及花盆中。高三四寸，细如乱丝，微似天门冬而小矮，纠结成簇。梢端叶际结小实如珠，上擎累累。瓜槌、牛毛，皆以形名。或云能利小便。云南谓之珍珠草。俗方以治小儿乳积。《滇南本草》：珍珠草，味辛，性温。治面寒疼，新瓦焙为末，热烧酒服。

——《植物名实图考》卷十五《隰草类》第 12 页

珍珠一枝蒿

珍珠一枝蒿　味苦，性寒。利小便，泻膀胱积热，除五淋，治便浊，发散疮毒。

——《滇南本草》卷下《草部》第 1 页

治疫草

治疫草　释曰：草碧绿蓁蓢然，形似珊瑚枝，其颠皆秃，枝上类松针，若毛若刺，多产于石上。采之，虽经百日，其绿色不异生时。百日外，渐黄渐作金色矣。朝山者采归，悬诸门，治瘟疫如神。病甚者，洗浴立效。其汤淡然无味，咸谓为仙草。嵩映曩者登鸡足，胡僧于迦叶殿崖次，传以异草，叶甚厚，经冬不凋。投酒服之，能健阳气。其味似人参，然以强阳，遂不果用。爰此知鸡足多灵药矣，并记之。又延蔓于高树颠，可以已牛马疾，则似茑萝而长矣。

——《鸡足山志》卷四《名胜下·异迹二十则》第 180 页

瘈毒回生草

瘈毒回生草　点苍诸峰麓皆有之。性平和。叶黄绿色，其表里与茎皆有毛，花细小色白。其根若芋，色紫黑，有朱点，取根煎服，和以白酒，专治疯狗咬伤，屡经试验，神效。服后须忌食豆类数日。惜此草识之者尚少，但愿流传日广，遇有患者得药应手，则瘈狗将不足为害矣。

——民国《大理县志稿》卷五《食货部二·物产》第 11 页

竹叶防风

竹叶防风　味辛，性温。以本体能泻脾，以性味能治风。通十二经络，引领即到。卑贱之品，疗一切风寒湿痹，经络疼痛，疮痈，能解附子毒。

——《滇南本草》卷上《草部》第 9 页

竹帚子

竹帚子即地肤子　性寒，味苦。利膀胱小便积热，洗皮肤之风，疗妇人诸经客热，清利胎热。妇人湿热带下用之，良。

——《滇南草本》卷三第 20 页

紫背草

紫贝草一名山苦菜　性寒，味苦。解发表汗，诸经客热，痨烧发热，攻疮疥、脓窠疮，凉血，解热毒。又，子午发热，面黄，形体消瘦，午刻后怕冷作寒，手足冷麻，头疼，饮食无味，不思饮食；申刻五心烦热，烦渴，饮茶水，遍身热如火灼，咳嗽吐痰，三更以后，微汗方凉。头晕耳鸣，心慌怔忡，先吃此药，身有大汗，热止后，吃健脾滋阴之药，全愈。紫贝草三钱，点水酒、童便服。又方：紫贝草，攻毒疮、农窠、疥癞，点酒服。

——《滇南本草》卷三第 19 页

紫草

紫草　《本经》中品。《尔雅》：藐，茈草。《图经》苗似兰，茎赤节青，二月花，紫白色，秋实白，今医者治痘疹、破血，多用紫草茸。《齐民要术》有种紫草法，近世红蓝，利赢十倍，而种紫草者鲜矣。《图经》诸书，皆未详的，湘中徭峒及滇山中，野生甚繁，根长粗紫黑，初生铺地，叶尖长浓密，白毛长分许，渐抽圆茎，独立亭亭，高及人肩，四面生叶，叶亦有毛，夏开红筩子花，无瓣，亦不舒放，茸跗半含，柔枝盈干，层花四垂，宛如璎珞。《遵义府志》：叶似胡麻，干圆，结子如苏麻子，秋后叶落干枯，其根始红，较诸书叙述简而能类。李时珍谓根上有毛，而未言其花叶，殆亦未见全形。按《说文》：萸，草也。可以染流黄。臣锴按《尔雅》：藐，紫草。注：一名茈萸，臣以为史仪制多言绿縹缓，即此草所染也。又按：五方之间色，有留黄，其色紫赤黄之间，盖玄冠紫緌萌于鲁桓，汉魏绾纶，遂同亵服，贵红蓝而贱紫茢。郑注：掌染草谓之紫茢。尚循夺朱之恶欤？

——《植物名实图考》卷七《山草类》第 46 页

紫地榆

紫地榆　生云南山中，非地榆类也。圆根横纹，赭褐色。细蔓缭绕，一茎一叶。叶如五叶草而权歧不匀，多锯齿。蔓梢开五瓣粉白花，微红，本尖末齐。绿萼五出，长于花瓣，托衬瓣隙。结角长寸许，甚细而弯如牛角。考《滇本草》有赤地榆，与《本草》治症同。又有白地榆，味苦涩，性温，与地榆颇异。此又一种。按名而求，则悬牛首市马肉，不相应者多矣。

——《植物名实图考》卷二十三《蔓草类》第 4 页

紫花地丁

紫花地丁　味苦，性寒。破血，解诸疮毒，攻痈疽肿毒，治疗癞癣疮，消肿。

——《滇南本草》卷上《草部》第 23 页

紫花地丁　性寒，味苦。破血，解痈疽疥癞，九种痔疮诸疮毒症。

——《滇南草本》卷二第 25 页

紫金锭

紫金锭 旧《云南通志》：出丽江，以雪山水和药为之，敷肿毒奇效。

——道光《云南通志稿》卷六十九《食货志六之三·物产三·丽江府》第 47 页

紫金皮

紫金皮[①] 味辛苦，性温，有毒。入肝、脾二经，行十二经络。治筋骨疼痛，风湿寒痹，麻木不仁，瘫痪痿软，湿气流软，吃之良效。

——《滇南本草》卷下《草部》第 18 页

紫叶草

紫叶草 味辛，无毒。形似薄荷，黄紫叶，无花，破心看之，如灯草绵软。采枝叶熬水洗眼，退内瘴、外瘴。一切云翳，洗之如神。

——《滇南草本》卷一第 9 页

紫菀

紫菀 性温，味苦辛。苦走心，心主血，止血养血；辛走肺，多功于肺。治咳嗽，痰气喘促，补肺，阴虚痨嗽，衄血，咳血，阴虚，痰上带血丝。

——《滇南草本》卷二第 37 页

---

① 紫金皮　《滇南草本》卷三作"紫荆皮"。

十一、果之属

荔枝、槟榔、诃黎勒、椰子、桄榔等诸树，永昌、丽水、长傍、金山并有之。

——《蛮书》卷七《云南管内物产》第 32 页

《云南记》曰：云南出甘、橘、甘蔗、橙、柚、梨、蒲桃、桃、李、梅、杏，糖酪之类悉有。

——《太平御览》卷九百六十六《果部三·橘》第 6 页

果属　梅、橙、栗、梨、柿、杏、藕、桃、李、楂、野荔枝。

——嘉靖《寻甸府志》卷上《食货》第 31 页

果之属　三十七：桃、梨、梅、杏、李、林檎、樱桃、石榴、枇杷、无花果、柿、羊枣、红枣、杨梅、唐求子、猩猩果、多罗蜜、扶留、一名蒌子，生点苍山背者极佳，以和槟榔食之。嵇含《南方草木状》云："槟榔树高十余丈，皮似青铜，节如桂竹。下本不大，上枝不小，调直亭亭，千万若一。森秀无柯，端顶有叶，叶似甘蕉，条派开破，仰望眇眇如插丛蕉于竹杪，风至独动似举羽扇之扫天叶，下系数房，房缀数十实，实大如桃李，天生棘重累其下，所以御卫其实也。味苦涩，剖其皮，鬻其肤，熟如贯之，坚如干枣，以扶留藤、古贲灰并食则滑美，下气消谷。"滇产者皮嫩而香美，胜广产，故连皮嚼。京师中贵人最重之，相馈以为上品。茂林中书歌曰："槟榔扶留，可以忘忧。"今郡不廑此物，间有移植者亦不实，以地无炎瘴故也。又，俞益期《与韩康伯书》："槟榔，信南游之可观，子既非常，木亦特奇。大者三围，高者九丈。叶聚树端，房栖叶下，华秀房中，子结房外。其擢穗似黍，其缀实似谷。其皮似桐而厚，其节似竹而概。其内空而外劲，其屈如覆虹，其申如绳绳。本不大，末不小，上不倾，下不斜。调直亭亭，千百若一。步其林则寥朗，庇其荫则萧条，信可以长吟，可以远想矣。性不耐霜，不得北植，必当遐树海南。辽然万里，弗遇长者之目，自令人恨深。"核桃、银杏、栗子、松子、茶子、椎栗、香橼、柑、橙、桐子、木瓜、海棠果、蒲桃、土荔枝、余甘子、山罂子、蒟酱。嵇含《南方草木状》云："蒟酱，荜茇也。"有司马君实《送张寺丞》诗："汉家尺五道，置吏抚南夷。欲使文翁教，兼令孟获知。盘馐蒟酱实，歌杂竹枝辞。取酒须勤醉，乡关不可思。"

——嘉靖《大理府志》卷二《地理志·物产》第 72 页

果之品　余甘子、山莲子、琵琶果、猩猩果、香橼、狮头柑、红梅、胡桃、林擒、葡萄、莲实、茨菰、荸荠、木瓜、橄榄、樱桃、西瓜、花椒、羊奶、榛、枣、杏、梨、橙、桔、栗、梅、蔗、藕、茭、柿、桃、李、松。

——隆庆《楚雄府志》卷二《食货志·物产》第 35 页

果之属　十六：桃、梨、梅、杏、李、林檎、羊枣、无花果、唐水子、柿、杨梅、栗子、松子、菱角、石榴、茨菰。

——万历《赵州志》卷一《地理志·物产》第 25 页

果之属 二十七：杏、梅、桃、李、梨、栗、柿、榴、花红、香橼、橘、核桃、松子、林檎、木瓜、枇杷、樱桃、葡萄、莲子、羊枣、橙、唐求子、杨梅、土荔枝、无花果、椎栗、金罂子。

——万历《云南通志》卷二《地理志一之二·云南府·物产》第 13 页

果之属 三十三：桃、梨、梅、杏、李、栗子、柿子、林檎、樱桃、石榴、枇杷、羊枣、红枣、杨梅、扶留、核桃、银杏、松子、茶子、椎栗、香橼、柑橙、桐子、木瓜、蒲桃、海棠果、土荔枝、余甘子、山罂子、金罂子、唐求子、猩猩果、多罗蜜。

——万历《云南通志》卷二《地理志一之二·大理府·物产》第 33 页

果之属 二十六：桃、李、杏、柿、栗、橘、橙、柑、榴、梨、龙眼、林檎、葡萄、枇杷、胡桃、樱桃、杨梅、莲子、松子、荸荠、梧桐、木瓜、鸡嗉、枣、柀榔、花红。

——万历《云南通志》卷二《地理志一之二·临安府·物产》第 54 页

果之属 四十六①：葡萄、枣、栗、槌栗、核桃、松子、梅、杏、李、梨、樱桃、柿、羊奶柿、丁香柿、花红、林檎、郁李、石榴、橄榄、芡实、香橼、木瓜、枇杷、葛根、杨梅、橙、橘、柑、银杏、黑果、诃子、芭蕉仁、羊桃、波罗蜜、酸枣、榧、米酥、线枣、鸡头、山楂、芰连。

——万历《云南通志》卷二《地理志一之二·永昌军民府·物产》第 68 页

果之属 二十一：梅、桃、杏、李、枣、梨、栗、松、柿、橙、橘柑、榴、枇杷、猩猩、胡桃、葡萄、橄榄、樱桃、木瓜、香橼、狮头柑。

——万历《云南通志》卷三《地理志一之三·楚雄府·物产》第 8 页

果之属 二十七：梅、桃、李、杏、梨、柿、栗、橙、石榴、樱桃、葡萄、核桃、白果、花红、木瓜、松子、杨梅、棠梨、郁李、羊枣、林檎、山渣、橘子、苦楮、羊桃、猩猩、海棠。

——万历《云南通志》卷三《地理志一之三·曲靖军民府·物产》第 15 页

果之属 十八：李、杏、梅、梨、枣、胡桃、杨梅、石榴、桃、栗子、葡萄、松子、羊枣、甘蔗、橄榄、香橼、林檎、柿子。

——万历《云南通志》卷三《地理志一之三·澂江府·物产》第 23 页

果之属 二十二：桃、梨、李、栗、柿、柯子、松子、榛子、枇杷、葡萄、胡桃、杏、梅、榴、奈、楂、山荔、株栗、茶子、木瓜、柊桅、橄榄。

——万历《云南通志》卷三《地理志一之三·蒙化府·物产》第 28 页

果之属 二十八：桃、李、杏、梅、柑、橘、橙、梨、柿、石榴、香橼、胡桃、海棠、橄榄、羊枣、木瓜、杨梅、林檎、鸡粟、枇杷、松子、栗子、榧子、甘蔗、棠梨、芭蕉果、无花果、樱桃。

——万历《云南通志》卷三《地理志一之三·鹤庆军民府·物产》第 36 页

果之属 二十：梅、桃、李、杏、梨、枣、栗、蓁、橙、橘、柿、樱桃、橄榄、核桃、杨梅、花红、木瓜、葡萄、石榴、松子。

——万历《云南通志》卷三《地理志一之三·姚安军民府·物产》第 46 页

果之属 六：杏、梅、桃、李、梨、栗。

——万历《云南通志》卷三《地理志一之三·广西府·物产》第 52 页

---

① 四十六 按下文所列，仅有四十一种。

果之属 十一：梅、橙、栗、梨、柿、杏、藕、桃、李、楂、野荔枝。

——万历《云南通志》卷四《地理志一之四·寻甸府·物产》第 4 页

果之属 十三：杏、梅、桃、李、柿、梨、橙、橘、核桃、栗子、杨梅、松子、橄榄。

——万历《云南通志》卷四《地理志一之四·武定军民府·物产》第 9 页

果之属 十：桃、李、杏、梅、栗、柿、茶果、木瓜、橄榄、芭蕉。

——万历《云南通志》卷四《地理志一之四·景东府·物产》第 12 页

果之属 七①：桃、杏、李、梅、枣树、抹猛。又名羊桃。

——万历《云南通志》卷四《地理志一之四·元江军民府·物产》第 15 页

果之属 五：林檎、松子、榧子、多杉、山楂子。

——万历《云南通志》卷四《地理志一之四·丽江军民府·物产》第 19 页

果之属 十九：桃、梨、梅、杏、李、柿、石榴、枇杷、猩猩、多罗蜜、铁核桃、粟、木瓜、茶子、橙、香橼、橄榄、余甘子、桐子。

——万历《云南通志》卷四《地理志一之四·顺宁州·物产》第 24 页

果之属 二：南枣、土瓜。

——万历《云南通志》卷四《地理志一之四·镇沅府·物产》第 30 页

果之属 十五：桃、梨、李、杏、樱桃、石榴、枇杷、松子、木瓜、花红、栗子、柿子、羊枣、杨梅、唐球子。

——万历《云南通志》卷四《地理志一之四·北胜州·物产》第 33 页

藤果、羊桃。

——万历《云南通志》卷四《地理志一之四·者乐甸长官司·物产》第 37 页

香橙、橄榄、芋、蔗、藤。

——万历《云南通志》卷四《地理志一之四·芒市长官司·物产》第 48 页

果 有桃、以富民为佳，大如茗碗，味比萍实。晋宁之梨，秋霜后，色若益而鲜，味若增而甘，至深冬而不绝。杏、梅、李、栗、郁李、柿、榴、银杏、花红、多橺、又名山花红，其味酸涩。《蜀都赋》所称"橺桃函列"即此。香橼、橘、核桃、松子、来禽、木瓜、枇杷、樱桃、葡萄、羊枣、橙、杨梅、酸角、形如皂荚，味酸，食之多病瘴，亏容貌。土荔枝、无花果、椎栗。

——天启《滇志》卷三《地理志第一之三·物产·云南府》第 113 页

果 曰香柑、银杏、山樱、多罗蜜、苴甘。亦名土橄榄，四季皆实，即余甘子，可柔金。宋虞雍公有《鹅梨帖》云"河朔鹅梨五十枚，南诏余甘子一桶。上方尊俎，报答春光之胜，亦或一助"，即此。以上多宾居所产，如香附子、香柑等类，色色俱佳。

——天启《滇志》卷三《地理志第一之三·物产·大理府》第 114 页

果 有荔枝、列郡不再睹。甘蔗、最佳，取其精化以为糖，供全省需用。石榴、冠他产。通海山楂。又双绝也。又有槟榔、羊桃、红果。

——天启《滇志》卷三《地理志第一之三·物产·临安府》第 115 页

---

① 七 按下文所列，仅有六种。

果 为茨实、诃子、黑果、榧米、苏绵枣、酸枣、波罗蜜、羊乳柿、丁香柿。

——天启《滇志》卷三《地理志第一之三·物产·永昌府》第 115 页

果之属 香橼，子甚巨。

——天启《滇志》卷三《地理志第一之三·物产·楚雄府》第 116 页

梨、榛、苦槠、草果、野葡萄，果也。梨，为胜擅迤东之品。

——天启《滇志》卷三《地理志第一之三·物产·曲靖府》117 页

果之属 如枣，如羊枣，如香橼，而松、柿、胡桃，诸郡所不及。梨，不让曲靖。又有面梨，取入瓮中，积草覆而压之，润熟如面。橘，与宾居伯仲之间。

——天启《滇志》卷三《地理志第一之三·物产·澂江府》第 117 页

果之诃子、枇杷。

——天启《滇志》卷三《地理志第一之三·物产·蒙化府》第 117 页

果 曰海棠、鸡栗、榧子、芭蕉、无花果。

——天启《滇志》卷三《地理志第一之三·物产·鹤庆府》第 118 页

果 有青檎、朱李、丁香柿。即羊枣。

——天启《滇志》卷三《地理志第一之三·物产·武定府》第 118 页

果之抹猛，其树高大，叶长如掌，实类芭蕉，熟于炎月，味杂甘酸，核可为小小木鱼，微击之，有声。又有波罗蜜果，有红绵、铁叶（木）两种。

——天启《滇志》卷三《地理志第一之三·物产·元江府》第 119 页

果类 猩猩，即酸枣，其仁入药，补心血。桐子，或是岩松，或是梧实，不敢知。

——天启《滇志》卷三《地理志第一之三·物产·顺宁府》第 120 页

己卯正月十一日……上午，赴复吾招，出茶果，皆异品。……又有桂子，又有海棠子，皆所未见者。大抵迤西果品，吾地所有者皆有，惟栗差小，而枣无肉。松子、胡桃、花椒，皆其所出，惟龙眼、荔枝市中亦无。

——《徐霞客游记·滇游日记六》第 934 页

果属 梅、杏、李、桃、旧《志》以富民为最，今滇池海口者佳。樱桃、枣、宾川者佳。栗、柿、梧实、梨、省城晋宁者佳。石榴、黑盐井者佳。柰、橘、柑、俱大理宾川者佳。松子、瓜子、大理迷渡者佳。余甘、葡萄、丽江者佳。银杏、锁梅、杨梅、花红、羊枣、木瓜、橄、香橼、核桃、大理漾濞者佳。林檎、榛子、枇杷、橙、无花果、山查、锥栗。

——康熙《云南通志》卷十二《物产·通省》第 2 页

飞松子、蒌叶、可和槟榔食之。波罗蜜。实大如瓜，味甘、酸。

——康熙《云南通志》卷十二《物产·永昌府》第 8 页

果之属 樱桃、葡萄、苹果、李、梅、杏、桃、梨、花红、香元〔橼〕。

——康熙《晋宁州志》卷一《物产》第 14 页

果之属 桃子、梅、杏、李、栗、梨、柑、橙、榛、樱桃、少。石榴、杨梅、少。无花果、花红、松子、核桃、锁梅、木瓜、菱、葡萄、锥栗、傈傈桃、一名鸡嗉子，象形也。

——康熙《寻甸州志》卷三《土产》第 19 页

果 松实、栗子、柿、杨梅、桃、梨、梅、杏。

——康熙《富民县志·物产》第 27 页

桃、杏、李、石榴、梅、梨、竹、薯、芋、靛。出民和乡。

——康熙《路南州志》卷二《物产》第 36 页

果部 梅、桃、樱桃、羊枣、梨、李、杏、柿、石榴、葡萄、花红、胡桃。

——康熙《通海县志》卷四《赋役志·物产》第 18 页

果之属 梅子、杏子、核桃、樱桃、杨桃、火杨梅、桃子、地杨梅、李子、葡萄、玉李、石榴。

——康熙《新平县志》卷二《物产》第 58 页

果部 梨、山查、梅、棠梨、橙、栗、胡桃、石榴、花红、李、桃、杏、木瓜。

——康熙《罗平州志》卷二《赋役志·物产》第 7 页

果品 葡萄、木瓜、枇杷、柿、荸荠、西瓜、茨菰、樱桃、石榴、菱角、松实、香橼、梨、杏、桃、李。

——康熙《楚雄府志》卷一《地理志·物产》第 33 页

果品 木瓜、西瓜、荸荠、茨菰、石榴、松实、香橼、梨、杏、桃、李。

——康熙《南安州志》卷一《地理志·物产》第 12 页

果品 松子、香橼、梨、杏、梅、桃、栗、榛、李、柿、木瓜、花红、樱桃、橄榄、石榴、荸荠、茨菰、杨梅。

——康熙《镇南州志》卷一《地理志·物产》第 14 页

果之属 梅、桃、李、杏、梨、枣、栗、榛、橙、橘、柿、樱桃、花红、木瓜、葡萄、石榴。

——康熙《姚州志》卷二《物产》第 14 页

果之属 瓜子、栗子、石榴、橄榄、酸枣、酸角、乌木果、葡桃、核桃、黄果、羊枣、香橼、橙子、桃、梨、梅、杏、李、甘蔗、沙糖。

——康熙《元谋县志》卷二《物产》第 36 页

果之属 松子、瓜子、栗子、柿子、石榴、橄榄、杨梅、樱桃、胡桃、黄果、木瓜、羊枣、香橼、桃、梨、梅、杏、李。

——康熙《武定府志》卷二《物产》第 61 页

果品类 石榴、小梨、桃、杏、梅、柿、李子。

——康熙《禄丰县志》卷二《物产》第 24 页

果属 栗子、杨梅、桃、杏、李、梨、茨菇、荸荠、花红、万寿枣、柿子、梅子。

——康熙《罗次县志》卷二《物产》第 16 页

果属 为木瓜，为香橙，为梨，为梅，为杏，为桃，为李，为柿，为核桃，为石榴，为松子，为荸荠。

——康熙《广通县志》卷一《地理志·物产》第 17 页

果品 石榴、有甘、酸二种。接因水灾，遂罕有。桃、杏、梨、柿。

——康熙《黑盐井志》卷一《物产》第 17 页

果类 石榴、胡桃、海棠、羊枣、松子、栗子、枇杷、木瓜、梨、杏、桃、李、梅、柿、橙、橘。

——康熙《续修浪穹县志》卷一《舆地志·物产》第 23 页

果属 核桃、栗子、松子、梅子、杏子、李子、桃子、柿子、石榴、棠梨、茨菰、雪梨、榧子、小栗、木瓜。

——康熙《剑川州志》卷十六《物产》第 58 页

柑橘、松子、橄榄、千叶桃、碧桃、绛桃、二红桃、芙蓉桃、日月桃。

——康熙《鹤庆府志》卷十二《物产》第 24 页

果 木瓜、又名护圣瓜。樱桃、梅、有数种。杨梅、杏、桃、大小数种，而黄者为最佳。李、大小数种。梨、有数种。苹果、花红、林檎、栗子、出漾濞。柿子、有四种。丁香柿、即软枣。无花果、不花而实，结于枝叶之交，干者可治喉痹。《滇略》名曰古度。白果、石榴、核桃、山查、锁梅、黄、黑二种，黑者即覆盆子。枇杷、松子、葡萄、香橼、有二年者更香美。锥栗、小而可食。多榄。

——康熙《蒙化府志》卷一《地理志·物产》第 39 页

果 柑子、林禽、葡萄、莲实、茨菰、橄榄、花椒、梅、杏、梨、橙、橘、蔗、柿、桃、松子、栗子、石榴、多衣、山查、羊枣。

——康熙《定边县志·物产》第 22 页

果属 松子、栗子、葡萄、飞松、出腾越外野人界。梅、李、梨、核桃、锥栗、樱桃、枣、柿、渴梨、出腾越。棕仁、出腾越。花红、林檎、郁李、石榴、杏、橄榄、甘蔗、香橼、木瓜、枇杷、葛根、杨梅、橙、柑、银杏、黑果、诃子、芭蕉仁、羊桃、波罗蜜、实大如梨，味酸，出潞江、永平。酸枣、羊枣、俗呼软枣。榧子、米酥、绵枣、鸡头、山查、菱、藕、荸荠、莲实、无花果、榛子、梧实、茨菰。

——康熙《永昌府志》卷十《物产》第 3 页

果 杨梅、林檎、花红、木瓜、樱桃、梅、杏、李、桃、柿、丁香柿、栗、白果、山查、松、核桃、石榴、香橼、葡萄、枇杷、锁梅、锥栗、多榄、余甘、梨。

——康熙《顺宁府志》卷一《地理志·物产》第 29 页

果之属 梅、杏、桃、李、栗、梨、柿、樱桃、石榴、杨梅、橙、山查、锥栗、锁梅、林檎、花红、葡萄、核桃、松子、榛子、丁香柿、山荔枝。

——雍正《马龙州志》卷三《地理·物产》第 20 页

果属 绿石榴、橘红、种自广来。蜜波罗、酸角、芭蕉果、甘蔗、香橼、三奈子。

——雍正《阿迷州志》卷二十一《物产》第 255 页

果 梅子、杏子、李子、桃实、橘子、柑子、橙子、柿子、梨子、石榴、葡萄、樱桃、胡桃、莲子、松子、杨梅、橄榄、木瓜、花红、枣子、山查、锥栗、栗子、荔枝、藕、菱、荸荠、茨菇、茭瓜。

——雍正《建水州志》卷二《物产》第 7 页

梅、桃、李、杏、梨、榛、橘、柿、柑榄、佛手、羊枣、木瓜、奈、葡萄、樱桃、胡桃、栗、梧桐子、林檎。

——雍正《白盐井志》卷二《地理志·物产》第 4 页

果属　桃、李、梅、杏、杨梅、柑子、花红、香圆、海棠、梨、枣、柿、橙、松子、瓜子、核桃、石榴、甘蔗、地松、茨菇、荸荠、菱角、橄榄、山查、梧桐子。

——雍正《宾川州志》卷十一《物产》第 2 页

果之属　十四：梧桐子、木瓜、樱桃、栗子、花红、酸梨、桃子、杏子、李子、梅子、海棠果、蜜罗柑、石榴。

——雍正《云龙州志》卷七《物产》第 3 页

果属　梅、杏、桃、梨、柿、枣、栗、柑、橘、松、佛手、西瓜、木瓜、黄果、香橼、花红、橄榄、羊枣、菱角、茨菰、樱桃、葡萄、甘蔗、石榴、杨梅、核桃、山查、荸荠。

——乾隆《宜良县志》卷一《土产》第 27 页

果类　桃子、杏子、李子、梅子、梨、沙果、杨梅、木瓜、黄覆盆、紫覆盆、松子、落花生、西瓜子、石榴、洋桃、映山红、橄榄、栗子、核桃、榛子、山楂、野菱角、无花果。

——乾隆《东川府志》卷十八《物产》第 2 页

果之属　梅、杏、李、桃、栗、梨、枣、柿、樱桃、石榴、梧桐子、杨梅、火梅、橘、柑、香橼、山查、锥栗、锁梅、林檎、橙、丁香柿、葡萄、橄榄、花红、松子、瓜子、核桃。

——乾隆《新兴州志》卷五《赋役·物产》第 32 页

果属　桃、李、杏、梅、杏桃、梨、栗子。

——乾隆《续修河西县志》卷一《食货附土产》第 47 页

果之属　有梅、刺、盐二种。杏、桃、有十数种，以路居乡里红桃为最。李、有数种，以金河为最。梨、有十数种，以父母土木瓜梨为最，养牛寨马尾红次之。林檎、有酸、甜二种，甜者俗名花红。樱桃、有甜、苦二种。石榴、有甘、酸二种，甘者花有红白、子有大小、红绿银之不同。柿、软柿、一名软枣。橘、有圆、扁二种。柚、佛手柑、橙、香橼、栗、俗呼板栗。榛、俗称锥栗。松子、核桃、银杏、木瓜、荸荠、杨梅、橄榄、本名余甘子，土人谓之橄榄，味亦如之。枣、只糠粃一种。葡萄、西瓜、少有种者，种亦不佳。甘蔗。产婆分乡者为天下冠。附糖、糖稀、落地松、一名落花生。莲、芡。

——乾隆《黎县旧志》第 13 页

果之属　桃、李、梅、杏、榴、梨、柿、栗、榛、松、核桃、羊枣、花红、木瓜、杨梅、橙、山查、橘、橄榄。

——乾隆《广西府志》卷二十《物产》第 3 页

果之属　桃、李、梨、茨菰、杏、梅、柿、石榴、菱角、葡萄、核桃、松子、山楂、林禽、枣、花红、杨梅、橙、橘、羊枣。

——乾隆《霑益州志》卷三《物产》第 22 页

果　梅子、李子、桃实、杏子、橘子、柑子、橙子、柿子、梨子、葡萄、石榴、林檎、花红、胡桃、栗子、松子、小枣、木瓜、白果、土荔枝、金婴子。

——乾隆《陆凉州志》卷二《风俗物产附》第 27 页

果属 梅、杏、桃、李、栗、梨、枣、柿、橘、柑、樱桃、石榴、有红、白、酸、甜四种。梧桐子、杨梅、香橼、橘红、山查、锥栗、榛子、锁梅、有黄、黑二种。林檎、橙子、小柿、葡萄、橄榄、大者即盐榄，出八寨，俗名青果。花红、松子、瓜子、核桃、佛手柑、绛桃、碧桃、陔桃、波斯桃、金橘、黄柑、出漫江。多衣果、波罗蜜、出新现、永平。十年果、出新现，十年一结，味酸甜。红果、槟榔、芦子。

——乾隆《开化府志》卷四《田赋·物产》第 29 页

果之属 桃、李、梅、杏、梨、柿、橙、桐子、石榴、樱桃、林檎、杨梅、核桃、栗子、落地松、葡萄、红枣、木瓜、香橼、瓜子、土荔子、松子、橄榄。

——乾隆《弥勒州志》卷二十三《物产》第 51 页

果部 梅、桃、樱桃、羊枣、胡桃、梨、李、杏、柿子、栗、橘、石榴、松子、瓜子、葡萄、梧桐子、杨梅、橄榄、枇杷果、藤子果、酸荚。

——乾隆《石屏州志》卷三《赋役志·物产》第 35 页

果品 桃、梨、石榴、葡萄、拐枣、西瓜、樱桃、香橼、金橘、黄果、佛手柑、玉李、梅、甘蔗、黄刺梅。

——乾隆《碍嘉志稿》卷一《物产》第 7 页

果之属 桃、李、杏、梅、桔、柑、橙、柚、香橼、木瓜、佛手柑、柿、梨、枣子、枣、石榴、胡桃、樱桃、有山樱、家樱。葡萄、松子、瓜子、落花生、栗、榛、橄榄、山楂、柿子、花红、苹果、菱角、西瓜少、荸荠、慈菇、莲蓬、郁李、棠梨。

——乾隆《碍嘉志》卷二《赋役志·物产》第 231 页

果类 梅、桃、李、杏、梨、榛、桔、橄榄、佛手、柑、柿、羊枣、木瓜、花红、葡萄、樱桃、海棠果、香橼、林檎、核桃、栗子、松子、梧桐。

——乾隆《白盐井志》卷三《物产》第 35 页

果之属 橙、栗、枣、榴、橄榄、酸角、乌木果、葡萄、胡桃、黄果、香橼、桃、梨、梅、杏、李，皆常产也，而惟落地松、甘蔗为最。落地松者，长生果也，实巨于粤产。郊郭之外，半皆蔗田，以榨糖，霜月夜风，辘轳转声如高滩骤雨，令人凄绝。又有黑果罗[1]者，黑而甘，其生满山，可以御荒，比救军粮云。

——乾隆《华竹新编》卷二《疆里志·物产》第 228 页

果属 核桃、栗子、松子、梅子、杏子、李子、桃子、柿子、石榴、杨梅、樱桃、橄榄、棠球、荸荠、茨菰、菱角、雪梨。

——乾隆《大理府志》卷二十二《物产》第 2 页

果属 核桃、栗子、松子、梅子、莲子、杏子、桃子、李子、柿子、梨、甜、酸各种。花红、樱桃、葡萄、香橼、榛子、杨梅、荸荠、菱角、石榴、木瓜、枣、柑、蔗、山楂。

——乾隆《赵州志》卷三《物产》第 57 页

果实 梅、杏、李、桃、栗、樱、柿、松子、飞松、莲子、梨、核桃、棕仁、石榴、花红、杨梅、木瓜、香橼、蕉子、橄榄、救军粮、甘蔗、菠萝蜜、佛手、落花生、罂粟子、竹鼠、菱、藕、芡、荠。

——乾隆《腾越州志》卷三《山水·物产》第 27 页

---

[1] 黑果罗　原本作"果果罗"，据道光《云南通志稿》卷七十《食货志六之四·物产·武定直隶州》"黑果罗"条引《华竹新编》改。

果属 樱桃、瓜子、栗子、松子、梅子、杏子、李子、桃子、石榴、杨梅、樱桃、橄榄、荸荠、茨菰、雪梨。

——乾隆《丽江府志略》卷下《物产》第39页

果类 桃、李、杏、梅、梨、柿、枣石榴、花红、木瓜、栗、羊枣、核桃、瓜子、松子、樱桃、橄榄、榛子、香橼、梧桐果、杨梅果、海棠果、无花果、佛手柑、橘子。

——乾隆《永北府志》卷十《物产》第4页

瓜果异 滇之香橼佛手，大倍闽粤而不香。瓜、梨、杏、枣、樱桃、苹果之类，味俱淡。有黄果类柑，亦然。惟元江之荔枝、阿弥之绿石榴、晋宁之天生梨，差堪沁齿牙。回忆中原佳品，盖渺渺瑶池也。

——《滇南新语》第10页

果实有梅、李、杏、桃、樝、梨、橘、橙、樱、柿、枣、栗、紫菱、碧莲、胡桃、甘蔗、石榴、木瓜、荔枝、橄榄、葡萄、林檎、枇杷、松子、落花生、无花果、佛手柑、蜜波罗。

——嘉庆《临安府志》卷六《丁赋附物产》第24页

果属 梅、四种。杏、二种。李、五种。枣、栗、梨、四种。黄果、即柑。金橘、三种。佛手、香橼、核桃、柿、柿饼、白樱桃、山桃、杨桃、金莺、橄榄、芭蕉、山查、鸡屎果、石榴、酸、甜二种。木瓜、花红、林禽、碧桃、菱角、波斯桃、杨梅、苦楝子、酸枣果、鸡嗉果、石头果、地松、又名落花生。救军粮、羊屎果、牛筋子、西瓜子、松子、甘蔗、南瓜子、锥栗、大、小二种。无花果。

——嘉庆《景东直隶厅志》卷二十四《物产》第2页

果类 梅、桃、李、梨、栗、杏、柑、橙、橘、柚、柿、松子、核桃、橄榄、枇杷、荔枝。产副官村西二十里许，只二株。

——嘉庆《永善县志略》上卷《物产》第562页

果之属 梅、有山梅、盐梅二种。李、郭义恭《广志》：李，戎州所出，肉熟而皮犹绿。《杂考》：江南建宁有均亭李，紫色，极肥大，味甘如蜜，南方之李，此实为最。旧《云南通志》：有荆山、麦熟、苦李数种。桃、《唐书·南蛮传》：自夜郎、滇池以西有桃、李。梨、旧《云南通志》：晋宁者佳。檀萃《滇海虞衡志》：梨，两广无，而滇最多。楚雄之梨，黑似坏者，乃系本色，味佳也。陈鼎《滇黔纪游》：太和梨，有七斤重者。松子、李时珍《本草纲目》：松子大如柏子，惟辽海及云南者子大如巴豆，可食，谓之海松子。又，海松子出辽东及云南，其树与中国松树同，唯五叶一丛者，球内结子大如巴豆而有三棱，惟一头尖耳，久收亦油。《格物总论》：松子二种，海松子生新罗，如小栗，三角，其中仁香美，东夷食之当果。云南松子，巴豆相似，味不及也。檀萃《滇海虞衡志》：松子为滇第一。中国所产，细不中啖，必资于关东，三棱而黄。滇所产，色黑面圆而底平，其松身似青桐，叶五鬣七鬣而深浓，高不过一二丈，此结松子之松也。球长一尺，火煨而剥之，儿童争啖。如包谷，至成熟，价不甚高，市升仅数十钱。香橼、佛手柑、檀萃《滇海虞衡志》：香橼、佛手柑之大者，直如斗，重三四斤，皆可生片以摆盘。二物经霜不落，在枝头历四五年，秋冬色黄，开春回青。吴学使应枚诗"硕果何曾怕雪霜，树头几载历青黄"是也。黄果、檀萃《滇海虞衡志》：黄果出迤西，橘、柚之类也。滇又名之为黄。柰、郭义恭《广志》：西方多柰，收切曝干作脯，蓄积为粮，谓之苹婆粮。檀萃《滇海虞衡志》：苹婆果，南中最少，而滇出盈街。林檎、刘桢《京口记》：南国多林檎。檀萃《滇海虞衡志》：花红、林檎，滇中亦夥。蒲萄、李时珍《本草纲目》：蒲萄有紫、白二色，西人及太原、平阳皆作蒲萄干，货之四方。蜀中有绿蒲萄，熟时色绿。云南所出者大如枣，味尤长。檀萃《滇海虞衡志》：蒲萄，滇南最佳，然不能干而货于远。樱桃、杨梅、枇杷、木瓜、榛、榧、银杏亦然，过时则不可得，惟杨梅尚有酒浸者耳。石蒲萄、《滇南本草》：生于石壁，倒挂而成，高仅一二尺，亦如家蒲萄，而小如乌饭果样。采取服食，返老还童，乌须黑发。又治小儿痘疮，发痘助浆，陷者能起，溢者能平，奇效异常。甘蔗、檀萃《滇海虞衡志》：蔗糖，名目至多，而合子糖尤盛。元谋、临安之人多种蔗，熬之为糖。糖凝坚厚成饼，二饼相合，名合子糖。临安人又善于糖霜，如雪之白，曰白饼，对合子之红糖也。《本草》：段志约曰石蜜出益州及西戎。煎炼沙糖为之，可作饼块，黄白色。梧实、王象晋《群芳谱》：梧桐四月开花，嫩黄，小如枣花，坠下如醭。五六月结子，荚长三寸许，五片合成，老则开裂如箕，名曰囊鄂。子缀其上，多者五六，少者二三，大如黄豆。云南者更大，皮绉淡黄色，仁肥嫩。可生喫，亦可炒食。甘露子、嵇含《南方草木状》：甘蕉，望之如树林，大者一围余，叶长一丈，或七八尺，广二尺许。花大如酒杯，色如芙蓉，茎末百余子，各为房相连，甜美，亦可蜜藏。实随花长，每一花各有六子，先后相次，子不俱生，花不俱落。一名芭蕉，或曰芭苴。此有三种：子大如拇指长而锐，类羊角者味最甘好；一种子大如鸡卵，类牛乳者味次之；一种大如藕子，长六七寸，形正方味最下也。檀萃《滇海虞衡志》：古于园蔬，辄举蘘荷依阴，不知为何物。考《本草纲目》，蘘荷即芭蕉也。根似姜牙而肥，堪为菹。性好阴，木下生尤美。仲冬以盐藏之，用备冬储，又以防蛊。有赤、白二种，白入药，赤堪喫及作梅果多用之。李时珍言，初按苏颂《图经》，谓荆、襄江湖移种，今访之无或识者。后读《丹铅录》，始知蘘荷即今甘露，甘露即芭蕉也。家乡寺院，多种甘露，其高大年久亦抽茎作花，每瓣有露，甚甘，不结蕉子。红白于根辨之，白治白带，红治红崩。乡人总呼甘露，不叫芭蕉。其叫芭蕉叶者，蒲葵扇也。北方谓之甘露，南人谓之芭蕉。根盘巨魁，魁旁出细者，有如姜芽，则是茎叶为芭蕉，根魁为蘘荷。滇南深箐，芭蕉至多，亦可以菹之之法而蔬之。落花生、檀萃《滇海虞衡志》：落花生，为南果中第一，以其资于民用者最广。宋元间，与棉花、番瓜、红薯之类，粤估从海上诸国得其种，归种之。呼棉花曰吉贝，红薯曰地瓜，落花生曰地豆，滇曰落地松。旧《云南通志》：临安者佳。羊枣、郭璞《尔雅注》：羊枣，实小而圆，紫黑色，俗呼为羊矢枣。旧《云南通志》：云南产。山楂、檀萃《滇海虞衡志》：查，巨亦甲天下，树高大如柞栎，查饯、查膏尤佳。救军粮、旧《云南通志》：山野弥望，绿叶白花红子，极繁，五六月熟，酸甘可食。荔枝、龙眼、《千顷斋集》：元李京《云南志》土僚以采荔枝贩卖为业。则滇南亦有荔枝也。然蚤摘味酸，不堪嚼。余友邓汝高视滇学时，黔国以饷所尝喫者。檀萃《滇海虞衡志》：荔枝、龙眼，古书出于川、滇，《左赋》称蜀之产，"旁挺龙目，侧生荔枝"谓滇南也。唐宋时，嘉、戎多有荔枝，白乐天守忠州，写图以寄京师交好。今不闻川有荔枝，惟滇之元江，尚不得辞其名。每年以进各衙门，而累不免，后来元江亦告无矣。龙眼绝不见。优昙钵、檀萃《滇海虞衡志》：优昙钵，一名无花果。李时珍曰：出扬州及云南。折枝插成，树如枇杷，实出枝间，如木馒头。其内虚软，盐渍压扁充果食。又文光果、天仙果、古度子之属，皆不花而实者也。《古今图书集成》：无花果，赵州出。不花而实，生枝叶间如李。蒙化亦有之，干者可治喉痹。《滇略》名曰古度。《滇南本草》：无花果，硬枝铁干，处处皆有。子绿，无花。治一切无名肿毒，痈疽发背，便毒，鱼口乳结，痘毒。遇各种破烂者，麻油调擦，神效无比，外科之神药也。都念子、檀萃《滇海虞衡志》：都念子者，倒捻子也。树高丈，或二三丈，叶如白杨，枝柯长细，子如小枣，揶似软柿。头上有四叶如柿蒂，捻其蒂而食，谓倒捻子，讹为都念。外紫内赤，无核，土人呼为软枣，弃之不食。省城果铺收而以蜜渍之，遂列宴盘，是知美在所渍也。菱、檀萃《滇海虞衡志》：菱，颇有，然无巨者。慈姑、檀萃《滇海虞衡志》：慈姑、乌芋，滇皆有之。慈姑一根，岁生十二子，如慈母之乳诸子，故以名之。一名白地栗，谓地栗之白者，别于凫茈之黑也。霜后叶枯，根乃练结，旋掘为果，煮以灰汤。他处慈姑麻涩，而省上不然，则治之有法也。荸荠。檀萃《滇海虞衡志》：乌芋、凫茈，俗呼荸荠。滇产有大如杯者，比栗为大，盖滇无巨栗，故地栗为洪耳。谨案：茨菰，名凫茈。

乌芋，名荸荠，不得以凫茈、荸荠合为一，檀氏盖误。

又案：旧《志》尚有杏、栗、榛子、木瓜、西瓜、郁李、橙、柿、银杏、樱桃、杨梅、多橀、芡实、锥栗、锁梅，皆滇产。花红，即林檎。旧《志》复出余枣等，入各处专产。

——道光《云南通志稿》卷六十七《食货志六之一·物产一·云南通省》第 18 页

荔枝、槟榔、诃黎勒、椰子、桄榔 樊绰《蛮书》：诸树，永昌、丽水、长傍、金山并有之。
橙、橄榄、蔗 《一统志》：皆芒市出。

——道光《云南通志稿》卷七十《食货志六之四·物产四·永昌府》第 22 页

果之属 四十一：梅、有山梅、盐梅二种。杏、李、有荆、山、麦、熟、苦李数种，郭义恭《广志》：戎州之李，肉熟而皮犹绿。《杂考》：李，紫色极肥大，味甘如蜜，南方之李，以此为最。桃、梨、枣、栗、石榴、胡桃、松子、瓜子、葵子、一名朝阳子。木瓜、西瓜、黄果、香橼、佛手柑、橙、柰、即频婆果。檀萃《滇海虞衡志》：频婆果，南中最少，而滇出盈街。柿、蒲萄、林檎、即花红。枇杷、甘蔗、落花生、梧实、银杏、橄榄、山楂、樱桃、余甘、锥栗、杨梅、锁梅、多橀、俗讹橀为衣。救军粮、俗曰火把果。山野弥望，绿叶白花，红子极繁。五六月熟，酸、甘，可食。荸荠、茨菰、菱角、莲子、藕、芡实、都念子。即软枣。

——道光《昆明县志》卷二《物产志》第 2 页

会城五果，梅为上，次李与桃，又次梨，枣为最下，土不宜也。县人皆不谙藏果法，故过时则不可得。

檀萃《滇海虞衡志》曰：蒲萄，滇南最佳，然不能干而货于远。樱桃、杨梅、枇杷、木瓜、榛榧、银杏亦然，惟杨梅尚有酒浸之者耳。

檀萃《滇海虞衡志》：松子，为滇果第一。中州所产，细不中啖，必资于关东，三稜而黄。滇所产，色黑面圆而底平，其松身似青铜，叶五鬣、七鬣而深浓，高不过一二丈，此结松子之松也。球长一尺，火煨而剥之，儿童争啖。如包谷，然成熟时，价不甚高，市升仅数十钱。市中松子有生、熟二种。山楂，巨亦甲天下。树高大如柞栎，查饯、查膏尤佳。县人呼山查曰山林果，查饯曰山林红，亦曰元红。都念子，倒捻子也。树高丈或二三丈，叶如白杨，枝柯长细，子如小枣，揊如软柿。头上有四叶如柿蒂，捻其蒂而食，谓倒捻子，讹为都念。外紫内赤无核，土人呼为软枣。枳椇子，滇人呼为枵枣。李时珍《本草纲目》：枅拱，俗称鸡距，蜀人之称桔枸、棘枸，滇人之称鸡橘子，巴人之称金钩，广人之称结留子，散见书记者皆枳椇。

——道光《昆明县志》卷二《物产志·余论·论果之属》第 12 页

果属 桃、李、杏、梅、梨、栗、苹果、今改为田，渐少。花红、杨梅、橄榄、樱桃、葡萄、核桃、石榴、茨茹、山查、柿子、香橼、羊枣。

——道光《晋宁州志》卷三《地理志·物产》第 25 页

果类 梅、桃、柿、羊枣、梨、李、石榴、羊梅、杏、樱桃、松子、核桃、山查。

——道光《昆阳州志》卷五《地理志下·物产》第 13 页

果属 栗子、松子、榛子、橙子、羊桃、杨梅、石榴、山楂、花红、葡萄、李、杏、樱桃、胡桃、锥栗、荸荠、茨菰、香面梨、木瓜梨、林青、桃子、梅子。

——道光《宣威州志》卷二《物产》第 22 页

果属 核桃、龙眼、杨梅、荸荠、石榴、柿子、梅子、佛手柑、芭蕉实、葡萄、木瓜、橄榄、橘子、杏子、香橼、山查、枣子、甘蔗、参角、毛栗、沙果、落花生、林檎、桃、梨、柚、栗、李、橙、藕、柑。

——道光《广南府志》卷三《物产》第 2 页

果之属 胡桃、柿子、梅子、杨梅、桃子、杏子、李子、石榴、柑子、枣子、梨、橙子、葡萄、樱桃、松子、木瓜、橄榄、香橼、茨菰、橘子、山查。

——道光《澂江府志》卷十《风俗物产附》第 5 页

果 各种俱出，而黄梅、山楂为最。邑人用蜜渍之，行于通省。

——道光《续修通海县志》卷三《物产》第 34 页

果之属 梅子、松子、橄榄、石榴、香橼、佛手柑、桃、栗子、李子、杏子、荸荠、葡萄、核桃、杨梅、梨、黄锁梅、救军粮、土瓜、黄果。旧《县志》

——道光《续修易门县志》卷七《风俗志·物产》第 168 页

果之属 芦实、出江外。蜜多罗。一名打锣锤，以其形言。出江外瘴乡，味甘美，多食即能染病。

——道光《新平县志》卷六第 22 页

果之属 梅、桃、李、杏、梨、枣、栗、榛、橙、桔、柿、樱桃、花红、木瓜、葡萄、石榴、苹果。

——道光《姚州志》卷一《物产》第 242 页

果之属 梅、杏、李、金沙李、黄皮李、麦熟李、牛心李。桃、黄杨桃、白心桃、扁桃、矮桃、寿桃、碧桃。樱桃、枣、苹果、柿、牛奶柿。梧实、梨、雪梨、火把梨、水扁梨、茶皮梨、面梨、芝麻梨、小雀梨、黄酸梨。栗、石榴、橄榄、橘子、柑、松子、瓜子、葡萄、锁梅、即复盆子，又名乌薦。杨梅、花红、羊枣、木瓜、多衣、类木瓜而小。香橼、核桃、佛手柑、林檎、一名来檎。榛子、枇杷、无花果、山柤、橙、锥栗、拐枣、鸡嗉子、一名山荔枝。救军粮。

——道光《大姚县志》卷六《物产志》第 4 页

果属 梅、杏、桃、李、梨、有雪梨、木瓜梨、黄酸梨、冰梨。枣、栗、柿、石榴、松子、榛子、菱角、佛手柑、香橼、葡萄、花红、樱桃、杨梅、枇杷、橄榄、山楂、锥栗、救军粮、木梳果、郁李、苹果、柑子、橘、荸荠、茨菰、木瓜。

——道光《定远县志》卷六《物产》第 203 页

果属 梅、杏、桃、李、梨、有茶皮梨、火把梨、秤头梨、雀嘴梨、香酥梨、水扁梨、冬梨。栗、柿、石榴、松子、菱角、佛手柑、十年果、香橼、葡萄、胡桃、樱桃、山桃、打锣锤、蜜多罗、骂木果、杨梅、羊奶果、锥栗、救军粮、芭蕉果、甘蔗、橄榄、鸡粟果、木瓜、长生果、俗名落花生。荸荠、严霜木果、沓枝、多杉、鼻涕果、柑子、橘、辣皮果。

——道光《威远厅志》卷七《物产》第 2 页

果属 梅、有照水梅、鸳鸯梅、苦梅数种。李、有金沙李、朱李、背阴山李数种，产通关哨者味佳。桃、有黄心桃、碧桃、离核桃数种。梨、有茶庵梨、清水梨、沈香梨、火把梨、花烘梨、肉把梨、雀梨数种。橘、有金钱橘、大橘、蜜箐酸橘数种。栗、有黄栗、板栗、大追栗、细追栗、毛栗、白麻栗、青刚栗数种。杨梅、大如卵,产威远及车里。交阯果、又名缅石榴,秋熟,味甜,内有细子,极多,易生。苹果、俗名太平果,产通关。覆盆子、又名插田藨,紫者为紫芭。落花生、荔枝、龙眼、产倚邦、易武茶山。杏、有桃杏、梅杏二种。樱桃、碎米果、木瓜、西番柿、俗名五子登科。楠、俗名盐霜木,有果。橄榄、乌饭子、莲实、满山香、又名叶子果。杻、俗名牛筋木,有果。甘蔗、枳椇子、香橼、优昙钵、又名无花果。十年果、救军粮、佛手柑、棕果、软枣、俗名牛奶柿。枏、虎眼果、水菱果、哈哈果、松子、橙、俗名酸橘子。山楂、骂木果、橄力葤、鸡嗉子、多栘、柑、俗名大黄果。林檎、刺鼓墩、藤子果、苞木果、甘蕉、胡桃、俗名核桃。石榴、辣皮果、树饭豆、鼻涕果、荔荠、薁、野葡萄,李属。葡萄、梧桐子、芰、又名菱角。枇杷、花红、青田核、乃椰树所生之实也,俗名树头酒。大如瓠,皮似草果,内有瓤,瓤内包核极坚,剖其核,内有白肤味似香橼,白肤内贮汁数合,碧色,味甘香如醇酒。核可为瓢。产九龙江边外。南掌暹罗、缅甸皆有之。波罗蜜、结波树权间,若瓜而长,上有软刺磔砢。夏熟,一枚重五六斤,味甘气蜜香。内似瓜瓤,中有子如栈豆,可煮食。产威远及九龙江各猛地。芭蕉、有公芭蕉、净瓶蕉、凤尾蕉,惟甘蕉结实最甜。另有一种缅芭蕉,乃灌木,枝叶扶疏,俱碧色儵洁,结实似芭蕉,味酸不堪食。橹罟子、俗名绣球果,蔓生悬树间,圆如球,大如斗,如巨碗,分十余格,格皆六方,红、紫、白、绿相间,内有汁,味甜,产四属山箐。打锣槌。

——道光《普洱府志》卷八《物产·普洱府属》第 2 页

其果,春有枇杷、樱桃;夏有梅、杏、桃、李、无花果、锁梅,锁梅即覆盆子。有酸多衣、救军粮;秋有榛、栗、黎、石榴、花红、葡萄、海棠、拐枣;冬有松子、羊枣、柿子、木瓜、橄榄、黄果、橙、柚、橘、佛手柑、香橼。《南中草木状》云:枸橼肉厚而白,女工竞雕花草浸蜜以饷客。

——咸丰《邓川州志》卷四《风土志·物产》第 7 页

果之属 梅子、松子、橄榄、石榴、桃、李、杏、葡萄、核桃、樱桃、杨梅、郁李。

——咸丰《嶍峨县志》卷十二《物产》第 2 页

果属 梅、杏、李、有荆山、麦熟数种。桃、梨、木瓜梨、特产。枣、栗、石榴、胡桃、松子、瓜子、木瓜、西瓜、香橼、橘、柑、又一种佛手柑。橙、柰、柿、葡萄、林檎、花红、银杏、枇杷、甘蔗、梧实、落花生、羊枣、樱桃、山楂、杨梅、多榹、俗讹榹为衣。救军粮、山野弥望,绿叶白花,红子极繁,五六月熟,酸甘可食。荸荠、茨菰、菱角、莲子、藕、枳棘子、俗名拐枣。苹婆。

——咸丰《南宁县志》卷四《赋役·物产》第 11 页

果属 梅、桃、李、杏、梨、柿、石榴、胡桃、松子、麻子、木瓜、香橼、橙、葡萄、林青、山楂子、枇杷、甘蔗、羊枣、樱桃、枳棘子、救军粮、花生、白果、杨梅。

——光绪《平彝县志》卷四《食货志·物产》第 2 页

果之属 桃、李、梨、茨菰、杏、梅、柿、石榴、菱角、葡萄、核桃、松子、山楂、林禽、枣、花红、杨梅、橙、橘、羊枣。

——光绪《霑益州志》卷四《物产》第 66 页

果品 梨、桃、柿、李、杏、梅、榛、安石榴、葡萄、木瓜、木桃、木李、山楂、塔柿、胡桃、香橼、海松子、樱桃、林檎、余甘子、俗误呼橄榄。杨梅、荸荠、皮黄而嫩,味极甘,与他处产者不同。蔗糖、出阿雄乡,色赤黄,十枚一束,味极甘,与他处产者不同。枣子、橘、柑、橙、菱、佛手、海棠。

——光绪《镇南州志略》卷四《食货略·物产》第 30 页

果之属 故实三种：龙目、乐史《太平寰宇记》：姚州产龙目，似荔枝。雨按：山中有木，结实形似荔枝，土人食之。谓之鸡嗉子，疑即所谓龙目也。余甘子、袁滋《云南记》：泸水南岸有余甘子树，子大如弹丸许，色微黄，味酸苦，核有五棱，其树枝如柘枝，叶如小夜合叶。《通志》原注：泸水南岸当属姚州、大姚、白井诸处。余甘子，橄榄之类。木樏子。《广舆记》：姚州产木樏子，圆净，可为念珠。《一统志》：菩提子，俗名木樏子，可为念珠。圆净胜他产。世传高泰祥死节，一女流亡民间，未知兄弟所在，手植此树以卜存亡，九植咸茁，久之，尽得。今存者九族。雨按：俗名草素珠。

旧《志》十六种：梅、桃、李、杏、梨、枣、栗、橙、榛、桔、柿、樱桃、花红、木瓜、葡萄、石榴。增补十五种：牛奶柿、《本草》以为即君迁子，是也，土人呼为塔柿。按：寇宗奭云"塔柿大于诸柿"，则传呼之误耳。毛柿、即野柿也，有毛，亦可食。梨、有冰梨，俗呼雪梨；火把梨，以星回节熟，故名；冬梨，至冬乃熟；茶皮梨、脂麻梨，皆以色名；雀梨，可生啖，亦可蒸食；黄酸梨、水扁梨，皆梨之下品者。雨按：乡人多莳梨，有恃以为生者。无花果、不花自实。慈姑、俗呼尾果，可以作蔬。棠梨子、生青味酸，熟黑可食。救饥粮、黄托盘。实皆小而圆，可以备荒。

——光绪《姚州志》卷三《食货志·物产》第 45 页

果之属 旧《志》二十二种：梅、桃、李、杏、梨、榛、橘、柿、橄榄、佛手柑、羊枣、木瓜、奈、俗名花红。葡萄、樱桃、海棠果、香橼、栗子、松子、胡桃、俗呼核桃。梧桐子、林檎。新增十七种：石榴、较他处大而甜。无花果、苹果、奈之属。冰梨、雀梨、茶皮梨、棠梨子、银杏、俗呼白果。水扁梨、火把梨、以星回节熟，故名。脂麻梨、冬梨、至冬乃熟黄。酸梨、品之下者。小枣、橙、牛乳柿、即《本草》之君迁子，俗呼塔柿。毛柿。即野柿，有毛，亦可食。

——光绪《续修白盐井志》卷三《食货志·物产》第 54 页

果属 松子、瓜子、栗子、柿子、石榴、橄榄、杨梅、樱桃、胡桃、黄果、木瓜、羊枣、香橼、桃、梨、梅、杏、李、桑椹、落花生、系出元谋县。橙。

——光绪《武定直隶州志》卷三《物产》第 11 页

果部 红枣、林禽、樱桃、柑、橙、栗子、海棠果、石榴、柿子、葡萄、杨梅、核桃、松子、罂粟、无花果、甘蔗、桐子、菱、藕、木瓜、桃、李、梅、杏、梨、荠、蒟酱。

——光绪《云南县志》卷四《食货志·物产》第 16 页

果之属 石榴、杏、桃、李、梅、杨梅、樱桃、花红、佛手柑、柿、柑、柚、橙、菱角、酸角、枇杷、白菓、香橼、橄榄、核桃、葡萄、松子、落花生、海棠果、小枣、羊枣、木瓜、无花果、多橀、黄泡、栗、甘蔗、追栗、荸荠、小柿子、取以油伞。棠梨、梨。有雪梨、芝麻、火把、水、扁、黄皮、蜜梨各种。

——光绪《鹤庆州志》卷十四《食货志·物产》第 3 页

果属 梅子、有蓝梅、红梅、刺梅数种。杏子、有甜杏、大颗杏、小颗杏三种。杨梅、桃子、李子、有朱李、甜李、扁核、圆核数种。石榴、有酸、甜二种。松子、瓜子、栗子、梨、有芝麻梨、黄皮梨二种。核桃、樱桃、香圆、橘子、花红、琵琶果、苴栗、橄榄、一名余甘子。林禽、俗名花红。枰果、即奈果。葡萄、柿子、白果、橙子、木瓜、菱角、鬼目。

——光绪《丽江府志》卷三《食货志·物产》第 30 页

果之属 梅、有数种。桃、有数种。李、柿、枣、柑、柚、橙、榛子、橘子、石榴、花红、樱桃、枇杷、香橼、黄果、羊枣、核桃、瓜子、松子、橄榄、杨梅、小柿、桑椹、菱角、葡萄、木瓜、甘蔗、荸荠、海棠、莲子、土瓜、龙眼、苹果、圆球、无花果、海棠果、梧桐果、佛手柑、救兵粮、地石榴、冬葵、俗名朝阳子。落花生、杏、梨、有雪梨、火把梨、砂糖梨、芝麻梨、红皮梨、杨□梨、面梨、蜜梨数种。

——光绪《续修永北直隶厅志》卷二《食货志·物产》第 26 页

果属 梅、杏、桃、李、梨、棠梨。以上花见花属。樱桃、柿、杨梅、枇杷、花红、橄榄、山楂、葡萄、枣、米酥、木瓜。以上肤果。安石榴、花见花属。栗、榛子、松子、核桃、诃子、银杏、橘、柑、香橼。以上壳属。莲子、花见花属。藕、甘蔗、菱、芡、荸荠、慈姑。以上水果。西瓜、香瓜。以上瓜果。无花果、波罗蜜。以上无花实。

——光绪《永昌府志》卷二十二《食货志·物产》第 3 页

果 果实以核桃、松栗为多数,产龙江、大西、猛蚌各地。销本境,更有运至缅甸售者。其余杏、李、花红、杨梅、芭蕉、葡萄、枇杷,多产西北练及厅属土司地,及时市销,莫能久置。木瓜、梅、李、桃、梨、柑、橙、橘之类,杂产四境,园林以熟时取之,或制以盐,或制以蜜,或钻其核,或存其皮,足供饮食、药饵。波罗蜜尤味美而甘,产干崖、南甸土司地,每颗制钱二十至三十以上。若以蜜水浸渍,封置瓶中,当与外埠购来者无别。

——光绪《腾越乡土志》卷七《物产》第 9 页

果之属 甘蔗、旧《志》出云州。《云州志》:旧原无此,有宾川人游州境,携种数本植之,乡人因学,以蔗水熬糖易米。橄榄、旧《志》一名余甘,形圆。桂馥《札樸》:蒙化、顺宁山中有,小木,高数尺,叶如青棠叶,结实似山楂,淡绿色,有回味,微酢,土人谓之橄榄。案:《玉篇》"橄榄果,出交阯",《三辅黄图》"汉武帝破南越,得橄榄百余本",即此是也。又有椭圆如鸡子者,色青,谓之青果,味酸苦,土人谓苦李,其木颇大。猩猩果、《一统志》:色红味酸,子即酸枣仁。柑、旧《志》出云州。俗名黄果,糖制之成橘饼。香橼、《府志》:多奇形,大者径五六寸、七八寸不等,其香颇浓,可供清玩。诃子、《一统志》:味苦后甘,秋熟。梅、《采访》:有山梅、盐梅二种。李、有荆山、苦李。桃、《采访》:有金桃、碧桃、红桃。梨、《采访》:有冬梨、蜜梨、黄皮梨,以云州产者为佳。杏、《采访》:产沧江外者为佳。枇杷果、《采访》:白花,黄实,年结二度。波罗、《采访》:出云州锡腊,俗名打锣椎。根叶似地涌金莲而厚劲寸许,长尺余,边有刺如锯,实自苗中生,皮纹麟起,熟时色丹黄,大于碗而少长若槌,故名。味甚香美,可月余,顶有丛芽,分种之无不生者。香芭蕉、《采访》:芭蕉,一株结实百余粒,故屋边多种之。有香芭蕉者,实微小而多至数百,味甘如饴。酸角、旧《通志》:形似牙皂,稍肥,味甘酸。《采访》:出云州。羊桃、章潢《图书集成》:夷称抹猛果,其味酸甜。旧《通志》:形如木瓜,熟于夏月,味酸。锥栗、檀萃《农部琐录》:树不高,叶如栗而小,实如豆大,味甘。林檎、檀萃《滇海虞衡志》:花红,滇中亦多。谨案:林檎似花红而椭圆,质较嫩,味较香。白木瓜、《采访》:出顺宁江外,可治筋骨疼痛。辣子、《采访》:顺宁产者味较厚,惟无灯笼形者。山胡椒、《采访》:出山中,子青,味亦辣。地石榴、《采访》:色红味甜。无花果、《采访》:不花而实,干者可治喉痹。核桃、《采访》:有厚壳、薄壳二种。松子、檀萃《滇海虞衡志》:松子为滇果第一。中国所产,细不中啖,必资于关东,三稜而黄。滇所产,色黑面圆而底平。其松身似青桐,叶五鬣七鬣而深浓,高不过一二丈,此结松子之松也。球长一尺,火煨而剥之,儿童争啖。如包谷,至成熟,价不甚高。落花生、檀萃《滇海虞衡志》:落花生,为南果中第一,以其资于民用者最广。宋元间,与棉花、番瓜、红薯之类,粤估从海上之国得其种,归种之。呼棉花曰吉贝,红薯曰地瓜,落花生曰地豆,滇曰落地松。《采访》:出云州。石榴、《采访》:有子大色白、子细色红二种，其味皆甜。又有子细色红味酸一种。山楂、檀萃《滇海虞衡志》：查巨亦甲天下，树高大如柞栎，查饯、查膏尤佳。《采访》：顺宁产者不佳。荸荠。檀萃《滇海虞衡志》：乌芋、凫茈，俗呼勃荠。滇产有大如杯者，比栗为大，盖滇无巨栗，故地栗为洪耳。《采访》：顺宁所产者，虽大而味不佳。

谨案：顺宁尚有葡萄、梧实、桑子、花红、菱角、琐梅、柿子、羊枣、杨梅、佛手柑、桑子、橙子、樱桃（红、白二种）。

——光绪《续修顺宁府志稿》卷十三《食货志三·物产》第 6 页

果属　梅、山杨梅、杏、石榴、李、有牛心、江自、鸡血数种。桃、有碧桃、乌桃、米桃、金桃数种。梨、有黄皮、青皮数种。栗、胡桃、木瓜、柑、橙、山楂、俗名山里红。茨果、贫婆果、俗名救军粮。葡萄。

——光绪《镇雄州志》卷五《物产》第 56 页

果属　栗子、杨梅、桃、杏、李、梨、茨菇、荸荠、花红、万寿枣、柿子、梅子。

——光绪《罗次县志》卷二《物产》第 22 页

果蓏属　应劭云：木实曰果，草实曰蓏。张晏曰：有核曰果，无核曰蓏。薛瓒曰：木上曰果，地上曰蓏。杏、落叶亚乔木。高丈余，花叶均与梅相似，实黄，熟最早，甘而不酸，大坝响水河出。梅、落叶乔木。早春开花，色有红、白二种。白者初开时，微带绿色，谓之绿萼梅。叶后花而生，卵形而尖，边有锯齿，果实味酸，立夏后熟。生者青色，谓之青梅；熟者黄色，谓之黄梅。《名物疏》：梅似杏实酢。桃、落叶亚乔木。高丈余，叶椭圆而长。春时开花，色有红有白。果夏熟，味甘酸。有五月桃、花桃、水白桃、黄金桃、波斯桃多种，出新安所、响水河、大横塘、何家寨等处。李、落叶亚乔木。高丈余，叶卵圆而长。春日开花，色白，五瓣，实圆色黄赤，略酸，有荆山、麦熟等名。桃李、本二木，浆水地一带，有合二木果曰桃李。树叶在二者之间，花如桃，实似李，特不甚圆熟，味亦不佳。樱桃、落叶乔木。叶椭圆而阔，有锯齿。春初开花，五瓣，淡红，最艳丽。实为核果，紫红色。又有开小白花者，花有红、白二色，实有苦、甜二味，红苦白甜。葡萄、蔓生之木本植物。有卷须，本出西域，叶掌状分裂，颇平滑。夏初，叶腋抽花穗，簇生小花，色黄绿，为长圆锥花序。至秋，实熟，皮紫绿色，甘美可食，又可制酒。有一种实熟仍绿者。石榴、落叶灌木。高八九尺，叶为长椭圆形，平滑。夏初开花萼赤，花瓣深红，实为球状，有酸、甜二种。《酉阳杂俎》：子大皮薄，能已乳石毒。新安所教场一带出者，核小浆多，有如猫眼，其味极甜（俗称绿子）。酸者一种，皮色红如丹朱。一种皮色带绿，熟透亦甜，子紫黑。种植以沙地耐潮处为宜。枣、落叶亚乔木。叶似卵形，互生，花小而黄，实椭圆，色红，味甘美。有数种，实小黑圆者曰羊矢枣。拐枣、正名枳椇子，落叶乔木。叶卵形，互生。夏开小白花，实有肉质之柄，色黄肥大，弯曲丁拐，略如鸡爪，味甘如蜜，能补。核桃、又名胡桃，落叶乔木。叶为奇数，羽状复叶。夏初开花，雌雄花皆成长穗下垂，淡黄绿色。秋间结实，熟后沤烂皮肉，取核而食其仁。《博物志》谓张骞使西域还而得，故名胡桃。橄榄、常绿乔木。叶为奇数，羽状复叶，花攒簇成总状。《札樸》：山中有小木，高数尺，开白花，果青色，六棱，初食涩，回味甘，故名甘余子，又曰谏果。波罗、常绿草名。叶阔大而尖，质硬，锯齿粗锐，花淡紫，密集成丛。实如松球，椭圆大者长五六寸，顶有小叶数片。瓤色黄，味甘酸，芳美中含一种成分，似百布圣（西药名）。能消化蛋白质，一名凤梨，亦曰露兜子，蛮耗一带出。芭蕉果、多年生植物。高八九尺，茎软重皮相裹，外青里白，叶最长大，中肋之两侧有平行之侧脉。三年以上著花（年余即著），由叶心出花梗，花瓣大小不整，色淡黄，簇生于巨苞之腋间。实肉质而长，非生于热带者不熟。种类亦多，以香蕉为上，味甘如饴。无花果、落叶亚乔木。叶大而粗糙，三裂或五裂，花单性，淡红。实为肉果，外部为花托，多花隐于其中，熟则紫色，软烂。味甘如柿，无核，中有消化蛋白质之成分，可助消化作用。《滇略》名古度。冬桃、落叶亚乔木。高六七尺，叶椭圆，端尖略似无花果，实亦略同，但小如鸡卵，味则迥异。交桃、落叶亚乔木。高六七尺，叶椭圆，端尖，树皮滑如紫薇。实皮色黄，瓤多子，味香而甜。救军粮、山野弥望，绿叶白花，红子极繁。五六月间熟，可食，俗名冷饭果。黑果萝、俗名小黑果。《华竹新编》：黑而味甘，其生满山，可以御荒，比救军粮。柿、落叶乔木。原物俗名梬（读平声），子叶细尖长，实小，熟时色黄，晒半干则黑，可食。取柿花（接过者俗称柿花）芽接之，则叶大如卵形，端尖。夏至时开花，色白微黄。实圆而大，八九月熟。未熟时味涩，熟则味甘，色红黄。速熟柿法：用多梬果，较柿果十分之一，同柿晒热封贮瓶瓮中，七八日即熟。又有水泡柿者，置之双口瓶内，以水满沟盖之，其涩味为水吸收，十余日便可取食。柿饼，则去皮压扁，日晒夜露至干纳瓮中，待生白霜可食。同一柿也，未经接过与已经接过者，叶实大小迥异，树皮亦粗细不同，而柿花种子生出仍是柿子，必以柿花芽接过乃成柿花。柿花之初，又从何来，大约经接则变耳，如桃亦必经接过而后大。多梬、树叶似白杨，果味酸涩，如木瓜而形圆，不中啖，惟以之熟柿。当果如指头大时，山人摘取鬻于市。山楂、落叶乔木。多刺，叶形似尖劈有锯齿，春暮开小白花，实有赤、黄二色，秋熟。《滇海虞衡志》：楂，巨甲天下，楂膏尤佳。欧阳修《归田录》：柿初生，实坚如石，凡百十柿，以一楂置其中，则红熟如泥。楂，一作樝，又作查。黄果柑子、俗名亦曰蜜橘，常绿灌木。干高丈余，叶为长卵形，花白。初冬结实，形正圆，色黄赤，皮紧纹细，不易剥。瓤分丫数，多液，甘香沁齿。又一种皮色较赤，松敏，丫亦易分，微扁，味甜而不酸。香橼、正名枸橼，常绿灌木。枝间有刺，叶似橘而大，实椭圆，径四五寸。色黄皮厚，芳香味微苦，经霜不落，开春回青，在枝头可历数年。佛手柑、常绿灌木，与香橼同种。叶椭圆，锯齿甚细，叶腋有刺。春开白花，五瓣，夏末实熟，皮黄如柚，形长，上端分歧十余如手指，清香袭人，蜜渍可食。甘蔗、多年生草。大者高丈许，叶狭而尖，长二三尺，花单性。雄花生于茎稍，雌花生于叶腋，有巨苞包之，为制糖之原料。茎如竹有节，中实，可生食。有红、白二种，宜热地，鸡街、沙甸一带多种。荸荠、多年生草，水田栽植之。茎高二三尺，管状，色绿，花穗聚于茎端，颇似笔头。地下之块茎形圆，可供食，故名凫茈，又称乌芋。《滇海虞衡志》：滇产有大如杯者。落花生。为南果中第一，以其资于民用者最广，亦曰地豆，又曰落地松，为谷类植物。茎高尺余，蔓延地上，叶为羽状，复叶。夏秋之交开花，色黄如蝶形，花后子房入地一二寸，结实成荚，故名。嫩可煮食，老可炒佐盘餐，又可榨油，其枯楂可作肥料。性宜沙地，耐水淹，县坝广种。《福清县志》云：本出外国，康熙初年，僧应元往扶桑觅种寄回。

——宣统《续修蒙自县志》卷二《物产志·植物》第 28 页

果类 梨、有六种。李、有三种。柿、有二种。桃、杏、梅、榛、枣、有二种。杨梅、荸荠、菱角、石榴、樱桃、林檎、花红、葡萄、胡桃、板栗、松子、瓜子、海棠果、枇杷果、芭蕉果、黄果、橘子、佛手柑、仙人果、塔柿、山楂、橄榄、木瓜、香橼、无花果。

——宣统《楚雄县志述辑》卷四《食货述辑·物产》第 17 页

果类 桃子、杏子、李子、梨、栗、核桃、松子、花红、林青、石榴、梅子、樱桃、阳桃、棠梨、黄覆盆、紫覆盆、栽秧果、艳山红、山杏子、山楂、海棠梨、羊奶子、苹果、野菱角、无花果。

——宣统《恩安县志》卷三《物产》第 179 页

果类 梅、杏、李、有荆山、麦熟、苦李数种。桃、梨、枣、栗、石榴、胡桃、松子、瓜子、葵子、木瓜、黄果、香橼、柿、蒲萄、有绿、紫二种。林檎、即花红。无花果、甘蔗、落花生、橄榄、山楂、杨梅、救军粮、俗名火把果。莲子、都念子、即软枣。荸荠、多橀。俗讹橀为衣。

——民国《路南县志》卷一《地理志·物产》第 49 页

果属 梅、有山梅、盐梅二种。杏、银杏、桃、有早桃、香桃、白花桃、黄心桃、青蛙桃、绵核桃、离核桃数种。《唐书·南蛮志》：自夜郎、滇池以西有桃李。李、有荆山、麦熟、苦李数种。郭义恭《广志》：戎州之李，肉熟而皮犹绿。《杂考》：李紫色，极肥大，味甘如蜜，南方之李以此为最。柰、郭义恭《广志》：南方多柰，收切曝干作脯，蓄积为粮，谓之苹婆粮。檀萃《滇海虞衡志》：苹婆果，南中最少，而滇出盈街。郁李、樱桃、有红、白二种，红为苦樱，白子甘可食。梨、有宝珠梨、清水梨、马尾梨、金宝梨、酸梨、面梨、麻梨数种。枣、石榴、各处皆宜，而骆家营梅子村、任家营、陈官营等处者甚多。斫条插土中即活，三年可以成树，二三月间开红花如裙，七月间成熟。有银皮、黑蟆皮二种。银皮色红而皮厚，黑蟆皮色褐而皮薄。中有子数百粒，分八瓣，上五下三。子附瓤如蜂房，方圆斜正，密接无间，相衔处有薄膜界之。色红味香，亦有绿色者，每年发往邻近各县售卖。又有种子皮色同而味甚酢者，名曰酸石榴。松子、李时珍《本草纲目》：松子大如柏子，惟辽海及云南者子大如巴豆，可食，谓之海松子。又，海松子出辽东及云南，其树与中国松树同，惟五叶一丛者，球内结子大如巴豆而有三棱，惟一头尖耳，久收亦油。《格物总论》：松子二种，海松生新罗，如小栗，三角，其中仁香美，东夷食之当果。云南松子，巴豆相似，味不及也。檀萃《滇海虞衡志》：松子为滇果第一，中国所产，细不中啖，必资关东，三棱而黄。滇所产，色黑面圆而底平，其松身似青铜，叶五鬣、七鬣而深浓，高不过一二丈，此结松子之松也。球长一尺，火煨而剥之，儿童争啖。如包谷，至成熟，价不甚高，市升仅数十钱。瓜子、葵子、优昙钵、檀萃《滇海虞衡志》：优昙钵，一名无花果。李时珍：出扬州及云南。折枝插成，树如枇杷，实出枝间，如木馒头。其内虚软，盐渍压扁充果实。又，文光果、天仙果、古度子之属，皆不花而实者也。《滇南本草》：无花果，硬枝铁干，处处皆有。子绿，无花。治一切无名肿毒，痈疽发背，便毒，鱼口乳结，痘毒。遇各种破烂者，麻油调擦，神效无比，外科之神药也。落花生、檀萃《滇海虞衡志》：落花生为南果中第一，以其资于民用者最广。宋元间，与绵花、番瓜、红薯之类，粤估从海上诸国得其种，归种之。呼绵花曰吉贝，红薯曰地瓜，落花生曰地豆，滇曰落地松。木瓜、黄果、橘、柚之类也。香橼、佛手柑、檀萃《滇海虞衡志》：香橼、佛手柑之大者，直如斗，重三四斤，皆可生片以摆盘。二物经霜不落，在枝头历四五年，秋冬色黄，开春回青。吴学使应梅诗"硕果何曾怕雪霜，树头几载历青黄"是也。橘、柚、柑、橙、林檎、刘桢《京口记》：南国多林檎。花红、葡萄、李时珍《本草纲目》：葡萄有紫、白二色，西人及太原、平阳皆作葡萄干，货之四方。蜀中有绿葡萄，熟时色绿。云南所出者大如枣，味尤长。石葡萄、《滇南本草》：生于石壁，倒挂而成，高仅一二尺，亦如家葡萄，而小如乌饭果样，采取服食，返老还童，乌须黑发。又治小儿痘疮，发痘助浆，陷者能取，溢者能平，奇效异常。甘榃、梧实、王象晋《群芳谱》：梧桐，四月开花，嫩黄，小如枣花，坠下如醙。五六月结子，荚长三寸许，五片合成，老则开裂如箕，名曰囊鄂。子缀其上，多者五六，少者二三，实如黄豆。云南者更大，皮绉，淡黄色，仁肥嫩，可生啖，亦可炒食。柿、羊枣、郭璞《尔雅注》：羊枣，实小而圆，紫黑色，俗呼为羊枣。都念子、檀萃《滇海虞衡志》：都念子者，倒捻子也。树高丈余，或二三丈，叶如白杨，枝柯长细，子如小枣，柚似软柿。头上有四叶如柿蒂，捻其蒂而食，谓倒捻子，讹为都念。外紫内赤，无核，土人呼为软枣。枳椇子、俗名拐枣，形曲如弓。《滇南本草》：拐枣又名天藤，味甘，微寒，无毒。治一切左瘫右痪，风湿麻木，舒筋骨，解酒毒。泡酒多效，化小儿疳虫，健脾养胃，物易得而化。枇杷、荸荠、檀萃《滇海虞衡志》：乌芋、凫茈，俗呼荸荠。滇产有大如杯者，比栗为大，盖滇无巨栗，故地栗为洪耳。橄榄、山楂、县人呼山楂曰山林果，楂饯曰山林红，亦曰元红。檀萃《滇海虞衡志》：查，巨亦甲天下，树高大如柞栎，查饯、查膏尤佳。救军粮、俗名火把果。山野弥望，绿叶白花，红子极繁。五六月熟，酸甘可食。余甘、锥栗、榛子、杨梅、锁梅、草实也，分黄、紫二种。似桑椹而短，味亦似之，其采以三月。又有草丛生山径，白花若薇，子赤。四五月间，行者茹之，谓之救军粮。

桑椹、多榍、俗讹榍为衣。芡实、菱角、白果、莲子、慈姑。俗作茨菇。慈姑、乌芋，滇皆有之，同江乡，《纲目》以入果部。慈姑一根，岁生十二子，如慈母之乳诸子，故以名之。一名白地栗，谓地栗之白者，别于凫茈之黑也。霜后叶枯，根乃练结，旋掘为果。又有一种山慈姑。

——民国《宜良县志》卷四《食货志·物产》第 25 页

果之属 三十六：梨、柿、有大、小之分。樱桃、香橼、无花果、苹果、桃、有绵核、离核二种。橙、黄果、花红、酸木瓜、林檎、李、楂、皂果、枇杷、海棠果、橄榄、杏、石榴、松子、桑葚、小玉梨、花椒、梅、杨梅、土瓜、拐枣、救军粮、木瓜果、即凉粉果，又名冰果。栗、葵子、荸荠、棠梨、锁梅、白泡。

——民国《嵩明县志》卷十六《物产》第 240 页

果属 梅、杏、李、桃、栗、樱桃、飞松、莲子、柿、松、梨、有十余种。胡桃、葡萄、棕仁、石榴、佛手柑、花红、杨梅、木瓜、香圆、榛子、落花生、菱角、白莱、土荔芷、瓜子、橘、橙、桑椹、枇杷菜、荸荠、金婴子。

——民国《陆良县志稿》卷一《地舆志十·土产》第 1 页

果之属 梅、杏、桃、李、栗、梨、柿、樱桃、石榴、杨梅、橙、山楂、锥栗、锁梅、林檎、花红、葡萄、核桃、松子、榛子、丁香柿、山荔枝。

——民国《续修马龙县志》卷三《地理·物产》第 23 页

果类 杏、桃、李、橘子、柿、栗、梨、葡萄、香圆、樱桃、核桃、羊桃、山楂、山荔枝、木瓜、花红、赤松子、石榴、枇杷、橄榄、芭蕉果、杨梅、橙子、落花生、荸荠、白果、黄果、甘蔗、拐枣。

——民国《罗平县志》卷一《地舆志·土产》第 87 页

果之属 三十五：红枣、林檎、樱桃、柑橙、栗子、海棠果、石榴、柿子、葡萄、梅子、杨梅、核桃、松子、罂粟、无花果、甘蔗、桐子、菱藕、木瓜、桃李、荔枝、柚子、龙眼、芭蕉果、拐枣、落花生、枇杷、山楂果、梨、橄榄、杏、荠、蒟酱、多榍、香橼、救军粮。

——民国《邱北县志》第三册《食货部·物产》第 14 页

果属 四十四类：梅、杏、桃、李、栗、梨、枣、柿、橘、柑、樱桃、石榴、有红、白、酸、甜四种。梧桐子、杨梅、香橼、橘红、山查、锥菜、榛子、锁梅、有红、黑二种。林檎、橙子、小柿、葡萄、橄榄、大者即盐榄，出八赛，名青果。花红、松子、瓜子、核桃、佛手柑、绛桃、碧桃、陜桃、波丝桃、金橘、黄柑、出漫江。黄果、芭蕉果、多衣果、波罗蜜、荔枝果、十年果、十年一结，果味酸甜。油红果、可以柞油。油黑果、亦柞油。槟榔、芦子。

——民国《马关县志》卷十《物产志》第 4 页

果树之属 二十二种：桃、李、青梨、黄梨、琵琶、龙眼、荔枝、黄皮果、扁桃、柚、橘、柑、橙、花烘、葡萄、核桃、板栗、芭蕉、石榴、梅、波萝、山楂。

——民国《富州县志》第十二《农政·园蔬》第 33 页

果 一十八种：桃、李、梨、橘、柿、橄榄、佛手柑、菠萝、木瓜、香橼、胡桃、枇杷、橙、石榴、冬梨、小枣、梧桐、柑子。

——民国《富州县志》第十四《物产》第 35 页

果属　梅、杏、李、桃、梨、枣、栗、石榴、柿、胡桃、瓜子、木瓜、西瓜、橘、柑、香橼、葡萄、花红、枇杷、甘蔗、梧实、落花葆、橄榄、樱桃、山楂、锥栗、杨梅、多襦、茨瓜、菱角、莲子、藕。

——民国《元江志稿》卷七《食货志》第 2 页

梨、李、桃、杏、葡萄、梅、柿　梨、李，名不一。花白色，桃、杏，花红色，皆有香，结实酸甜不一。葡萄，花绿色，实熟味甜带酸。梅，花有红、白、绿各色，花谢始放叶，结实虽熟，味亦酸。世以葡、梅煮酒为美，今则梨、桃、杏、李亦可酿酒，且以蜜浸桃、梅为佳品。柿，花淡黄色，实熟味甜，露干有霜如粉，名柿霜。

林檎、花红、石榴、芭蕉、橄榄　林檎、花红，枝叶相似，花淡白色，结实亦相似，熟时红色，味酸甜清香。石榴，花红，子分格，又分红白，有酸有甜。芭蕉，草本，枝叶肥大绿阴，花黄绿色，结实，去外黄皮，食之味甜。橄榄，柯小，花淡白色，叶细，结果味酸，能回味微甜。

板栗、香橼、黄果、桔、柑　板栗树，叶长，花黄白色，结实，外壳有刺，去壳又有紫硬皮，细皮包之，味甜。香橼，枝有刺，花紫白色，结实黄色，清香。黄果、桔、柑，花淡黄、白色，结实亦黄色，味亦清香，有酸有甜。桔、香橼，蜜浸谓之蜜饯。柑，如手指，谓之佛手柑。

——民国《楚雄县乡土志》卷下《格致·第二十五至二十七课》第 1358 页

果品　梨、桃、杏、李、梅、柿、榛、安石榴、葡萄、木瓜、木桃、木李、山楂、塔柿、胡桃、香橼、佛手柑、海松子、樱桃、花红、林檎、杨梅、余甘子、俗呼橄榄。桔、柑、橙、海棠、荸荠。皮黄红而嫩，味极甘，与他处产者不同。

——民国《镇南县志》卷七《实业志七·物产》第 634 页

果品　姚安果实之属，以梨桃为大宗。城南三边冲、大屯一带居民，各有梨园、桃园，种莳有法，接换有方，所产之梨枫，颗大味美。每岁七八九月，日入城市售卖者不下数百担。运往镇南、牟定者亦多，土脉所宜，亦生计所资也。

——民国《姚安县地志·天产》第 903 页

果属　《太平寰宇记》：姚安产龙目，似荔枝。甘《志》注：山中有木，结实形似荔枝，土人食之谓之鸡嗉子，疑即所谓龙目也。袁滋《云南记》：泸水南岸，有余甘子树，子大如弹丸许，色微黄，味酸苦，核有五棱，其树枝如柘，枝叶如小夜合叶。《通志》注：泸水南岸当属姚州、大姚、白井诸处，余甘子橄榄之类。《广舆记》：姚安产木槵子，圆净可为念珠。《一统志》：菩提子俗名木槵子，可为念珠，圆净胜他产。世传高泰祥死节，一女流亡民间，未知兄弟所在，手植此树以卜存亡。九植咸苗，久之尽得，今存者九族。甘《志》注：俗名草素珠。

李《通志》二十：梅、桃、李、杏、梨、枣、栗、蓁、橙、橘、柿、樱桃、橄榄、核桃、杨梅、花红、木瓜、葡萄、石榴、松子。谨按：《李通志》物货属载：姚安产花椒，应附载此。

管《志》十六：无橄榄、核桃、杨梅、松子四种，余与李《通志》同。

王《志》十七：增苹果，余与管《志》同。

甘《志》增十四：牛奶柿、《本草》以为即君迁子是也，土人呼为塔柿。按：寇宗奭云塔柿大于诸柿，则传呼之误耳。毛柿、即野柿也，有毛，亦可食。梨、有冰梨，俗呼雪梨。火把梨、以星回节熟，故名。冬梨、至冬乃熟。茶皮梨、芝麻梨、皆以色名。雀梨、可生啖亦可蒸食。黄酸梨、水扁梨、皆梨之下品者。无花果、不花自实。棠梨子、生青味酸，熟黑可食。救饥粮、黄托盘。实皆小而圆，可以备荒。

增补三十二：吾姚有双套梅子，果实二三并生，形虽存而不脱，想系接枝变化。桃、有连核桃、离核桃、黄杨桃等种。黄杨桃，味甘质脆，桃中佳品。李、有牛心李、金砂李、青脆李等种。梨、有早到梨、豆辛梨、江边梨、硬皮梨数种。九区近产刺梨一种，味甘质软，当名蜜疏梨，普淜亦产，此梨惟成熟期稍迟。石榴、有红皮、黑皮、绿皮三种。枣。有小枣、羊枣、拐枣三种。此外，如香橼、枇杷、山楂、木瓜、海棠、木梭果、面果子、黑果罗、栽秧果等，亦可食。弥兴，近亦产白果。王《志》载有苹果，甘《志》遗漏。现产量渐多，色、香、质、味并佳，近多运输出境。尚有林檎，形较小，皮色白绿，质较苹果坚密，味纯同。葵花子，俗名朝阳子，产量亦多。邑中果实要首推南区桃、李，年可出五千余担；花红千余担，苹果三十担。果认真培壅，产量尚可增一、二倍。锁北乡之大石洞、土窝铺等处，年产核桃二三百万枚出售，并大量种植板栗，产量亦丰。

谨按：邑中苹果出产尚多，顾纯系土种，质软汁少，难制罐头，故无由推广。近经济农场多植美种，质脆汁富，堪以改接，若能采此新种移接旧砧，则姚安品种之改良，自不难成功，以运销远地也。又四山栗树中，有相豆子可磨面饲豕，惟性稍热，须加荞稗。普淜人民有采数石至十余石者。枫树子、粉牌叶树子（黑果罗）、山石榴子均富油质，锁北乡人民多采取榨油，惟粉牌子油不可食，食则呕吐。

——民国《姚安县志》卷四十四《物产志二·植物》第 2 页

果木 县属所产之果品甚多，中以梨、有红梨、麻梨、冬梨、花红梨、黄酸梨、硬头梨、早稻梨、小雀梨、大西梨等十余种。桃、有离胡桃、绵胡桃、红心桃、黄桃、羊屎桃等。李、有金沙李、麦熟李、牛心李、鸡血李、黄李等。柿、有大柿、野茅柿、丁香柿三种。梅、有大、小、雨三种。栗、有独栗、双栗、三栗。杏有梅杏、桃杏。为多。石榴、有红、白子二种。橄榄、花红、林擒、枇杷、樱桃、无花果、酸木瓜次之。香橼、苹果、葡萄、有纽子葡萄、牛奶葡萄两种。橙子、黄果等亦间有之。

——民国《广通县地志·天产·植物》第 1419 页

果之属 五十一：梅、有杏梅、盐梅、苦梅、双套梅四种。桃、有连核、离核、糯米、羊矢、扁桃五种。李、有朱砂、黄蜡、青脆三种。奈、梨、木瓜、银杏、西瓜、梅棠果、枣、栗、锥栗、胡桃、林檎、落花生、杏、柿、涩柿、菱角、荸荠、无花果、橘、柚、黄果、香橼、石榴、佛手柑、柑、橙、松子、葵子、苹果、百子图、蔗、楂、橄榄、葡萄、枇杷、山石榴、酸枣、拐枣、花红、桑葚、杨梅、延寿果、樱桃、甜、苦二种。棠梨、土瓜、茨果、紫麦、救军粮。

——民国《大理县志稿》卷五《食货部二·物产》第 3 页

果之属 有梅、有杏梅、盐梅、苦梅、双套梅数种。桃、有连核、离核、羊矢、扁桃四种，以产一碗水者为佳。李、有桃李、朱砂、清脆、郁李、苦李等种，苦李俗名鬼李。栗、一名榛，即革。蒙仅有椎栗一种。枣、仅有小者。梨、一名快果，一名玉乳，一名蜜父。有雪梨、蛮梨、香酥、早白、火把、花红、水扁数种。其蛮梨一种，存至十冬月，则心乌而味甜，与哀梨等。或以水浸之稍入盐，至二三月食，亦可口。木瓜、有酸、甜二种，酸者多用以制醋。橄榄、亦名谏果，以其味苦后回甘也。叶如羽而复，实青黄色，可生食，蜜渍盐藏亦佳。拐枣、有枝枒，果如赘疣，味甘，能解宿酒。柿、有大、小二种，大者以公郎为最多，实熟色红，味甘。去其皮压扁，日晒夜露之，名曰柿饼，并多柿霜，味尤甘美。安石榴、味有甜者、酸者，色有红者白者，以南涧产者为佳。柑、皮厚而泡者，俗谓之泡柑；皮薄而贴者，谓之黄果。橙、皮色黑绿，切之作蜜食，俗名橙丁。佛手柑、实似手形，故名，多产备溪江边一带。香橼、以备溪江边产者为大而香。枇杷、叶大如驴耳，背有黄毛阴密，婆娑可爱。四时不凋，冬花夏实，子如弹丸，簇结为策，肉薄核大。无花果、不花而实，形类小橙而柄稍尖，中多瓤绵而软，蒙人多采作蜜食。杨梅、一名龙睛，一名火实。无花而实，或云花开必中夜，随开随落，人不得而见。樱桃、《礼》注作婴桃，《月令》作含桃。山间多植之，而实不蕃。葡萄、有紫、绿二种，但实小肉薄。甘蔗、一名瑶池绛节，一名都廉。蒙地惟南涧有之。凫茈、一名荸脐，一名乌芋，一名地栗。《本草》载其性善毁铜，合铜钱嚼之则钱化。落花生、俗名番豆，亦曰长生果。种宜沙土，花黄色，花后子房入地一二寸结实成荚，冬间掘土取实，炒食香松悦口，并可榨油。槐角、即槐实，挑去其子，作蜜食最佳，为蒙特产。苹果、味清香，出数甚少，惟长春洞有之。土瓜、俗名地瓜。土萝卜、形类乌药，心白而味甜。林禽、一名文林郎果，蒙人谓之花红，似苹果而小。救兵粮。实红小扁，子黑味涩，经霜则甜，可以充饥。

——民国《蒙化县志稿·地利部》卷十一《物产志》第 3 页

果之属　有梅、味酸，乌梅入药用。桃、有黄、白、红三色，产八仙营者大而微酸。李、有江安、麦熟、鸡血、红、黄、野李等。杏、色红，味甘，仁可入药。栗、有板栗、毛栗二种。毛栗较小，外有壳，多刺，内壳色赤。枣、仅有小者。梨、有黄、青、磨盘、香、面、螃蟹等名，中以大小黄梨为多，四乡均产，味美，而能久搁至冬春之间。乡人咸挑往远处贩卖，上至滇省，下及叙、渝。味尤香甜，惜无人装罐头。邑人常如松以黄梨制膏，服之能润肺止咳、清热化痰。贩运滇川，颇能销售。橄榄、亦名谏果，苦后回甘。拐枣、有枝桠，果如赘疣，味甘，能解宿酒。柿、色红，味甜，用制柿饼。软枣、如柿而小，味甘美异常。海棠、色红，生时涩，熟时味甜而香。棠梨、形如黄梨而小，生时涩，熟时甘。枇杷、内质薄而核大，色黄，味甘，性温。石榴、味有甘而微酸者。花红、形类苹果而小，色红，味极香美。林擒、与花红同类，味甘而稍大。苹果、味甘，气尤香美。杨梅、味酸，有刺。无花果、不花而实，形类小橙。入药用，可以下乳汁。樱桃、色红，味美，四乡盛产。葡萄、有紫、绿二种，味甘美。核桃、青壳内有硬壳，肉分四瓣，味香美。山林果、味酸，晒之为山楂，销售四川，入药用。桑葚、色紫红，味甘，可以泡酒。紫覆盆、俗呼泡耳，味甘色紫。黄覆盆、又称黄锁眉，味甘色黄。地白泡、味甘，色白。红泡儿、又谓蛇泡儿，不可食。救兵粮、俗称豆金粮，实红，小扁，子黑。味涩，经霜则甜，可以充饥。羊奶子、形如羊奶，味甘而酸。栽秧果、有红、黄二色，熟时味甘，栽秧时食之。沙棠果、色黑，味甘，其圆若珠，可以泡酒。荸荠、一名凫茈，味甜，性善，毁铜，消食。落花生、一名长生果，香松悦口，故又名花松。鸡嗉子、形如鸡嗉，味甘微酸。酸多液、形圆而红，味极酸。皂荚、嫩时取其肉，可用为食品。槐实、去其子作蜜食。老娃果、花白，结实圆而长，可以榨油。菱角、产菱角闸，可以生食。羊桃、形圆，味甘。根皮有粘性，为造纸必需之原料。枸杞、色红，俗谓爬墙茨。味甘，果入药用。寿星果。形圆，色红，俗谓洋辣子。

——民国《昭通志稿》卷九《物产志》第 11 页

果之属　梅、李、杏、桃、梨、榴、栗、葡萄、花红、橄榄、茅栗、橡子、木瓜、郁李、橘、柑、橙、香橼、酸角、枣、无花果、冰子、元元、胡桃、银杏、棘、梧桐子、佛手柑。

——民国《巧家县志稿》卷七《物产》第 22 页

果类　桃、李、杏、梨、橘、橙、俗呼黄果。柑、即大木柑。柚、柿、梅、枣、拐枣、栗、俗呼板栗。胡桃、一名核桃。桃李、人工配接之种。樱桃、葡萄、花红、苹果、石榴、枇杷、龙眼、又名桂圆。荔枝、香橼、皂仁、白果、一名银杏。佛手柑、木瓜、杨梅。

——民国《盐津县志》卷四《物产》第 1694 页

果类　梅、分甜、苦二种。杨梅、桃、分黄、白、离核、连核四种。樱桃、山桃、核桃、洋桃、李、种类甚多。杏、柿、分水、旱二种。柚、橘、种类甚多。蜜通柑、雪梨、佛手柑、香藥、火把梨、茶皮梨、香苏梨、糖梨、板梨、石榴、分酸、甜、红、白子四种。圆眼、羊枣、小枣、葡萄、橄榄、山查、芭蕉、分大、小二种。酸荚、木瓜、皂角、天干果、俗名泡木果。羊使果、枇杷果、藤子果、花生、俗名落地松。松子、瓜子、苦楝子、梧桐子、锁眉、分黄、黑二种，俗名黄茨果、黑茨果。桑葚。

——民国《景东县志》卷六《赋役志附物产》第 169 页

果属 梅、杏、桃、李、梨、棠梨。以上花见花属。樱桃、柿、杨梅、枇杷、花红、橄榄、山楂、葡萄、枣、米酥、木瓜。以上肤果。安石榴、花见花属。栗、榛子、松子、核桃、诃子、银杏、橘、香橼、柑。以上壳属。莲子、花见花属。藕、甘蔗、菱、茨、荸荠、慈姑。以上水果。西瓜、香瓜。以上瓜属。无花果、波罗蜜。以上无花实。

——民国《龙陵县志》卷三《地舆志·物产》第 19 页

果属附瓜类 梅子、桃子、李子、夷李子、芭蕉、枇杷、梨、石榴、栗子、缅桃、俗云骂栏杆。骂猛果、楂子、核桃、杨桃、木瓜、橄榄、甘蔗、波罗蜜、西瓜、土瓜、黄瓜、丝瓜、东瓜、苦瓜、麦瓜、黄果、即柑橘。丁香、酸橙、牛肚子果、产热处。香橼、荸荠、香瓜。

——民国《镇康县志》（初稿）第十四《物产》第 5 页

果子见称于为宦为商者，梨也，八大杏仁也。邑之梨以沿河沿江所产为味美，与大理雪梨相伯仲，若省垣宝珠、天津雪梨，则不及我邑所产也。若八大杏仁，种亦来印度，味美甜香，远销外地。

——民国《维西县志》卷二第十四《物产》第 38 页

云南气候从来温和，而在附近昆明百里内外之地处，尤无大暑大寒，以是此百里内之果物，不独较三迤为佳为多，即与湘、桂、川、黔等省相较，亦佳而多矣。然此百里内之果物，又以呈贡一邑之所产出者为最盛。呈贡之果子树，有人云，当在四五万株，余曰，亦或许有之。其种植最蕃之处，莫如附近滇越铁路一带之果子园。夏秋时，一望林树森森，果实累累，真不知树有若干万千株，果实有若干万担也！

呈贡之果实，种类极多，若桃、李也，若梨、杏也，若奈子（滇人呼为苹果）、林檎（滇人呼为花红）也。《本草纲目·果部》：奈，李时珍集解"奈与林檎，一类二种也，树实皆似林檎而大"。俗名花红，一名沙果。苹果与奈不同。若柿子、山楂也，若枇杷、樱桃也，以及其它酸甜果品，无不应有尽有，多而又多。顾在一切果品成熟时，种园人大都摘取而担往小板桥之市场售卖。出产桃时，日必有桃数百挑在市，出产梨时，日必有梨数百担在市。即花红、苹果、柿子、山楂等，亦必日有百数十挑在市售卖。如余所说，呈贡之桃与梨何其如此之多也！盖滇中之梨，种类极多，有宝珠梨、雀梨、麻梨、清水梨、棕包梨、小乌梨、木瓜梨、螃蟹梨、拐枣梨、面梨、蜜梨、火把梨等，自夏迄冬，俱有所产焉。桃亦有五六种之多，如棉核桃、离核桃、黄金桃、柏香桃、金弹子等。其产生之期，可从五月而至八月，此残而彼熟，竟绵绵而不绝。呈贡人之从事于果园者，直有五六千家，于上述之各种果木，又无不种植。所以年中能有此浩大之出产数。有人计云：呈贡一邑，其一年所出之果实，当不下五万担，此种产量亦大可观焉。

以论果品，在夏当夸桃、李、梅、杏，于冬则数橘、柚、柑、橙。省垣百里内外之梅、杏俱不大佳。李，惟鸡血李差可以食，金沙李转酸而不甜。樱桃亦不甚甘芳，枇杷则核大而肉薄。橘、柚、柑、橙在结果时最喜霜雪，气候常温之地，转不相宜。以是昭通、东川等处所产之橘、柚、柑、橙，果实硕大，气香而味甜也。故丹橘、黄橙，实为呈贡果园中所缺。

呈贡果园中之果实，当以宝珠梨及桃子、苹果为最佳。宝珠梨，虽不如天津牙〔鸭〕梨之细嫩，而果汁则较牙（鸭）梨充足，其甜味亦过之，复结实硕大。桃子中以蜜桃、柏香桃两种为最可口。云南苹果固不如北平西山所产之香甜，而皮色却能与之争胜。但是近年来，在夏秋两季，昆明市上所陈之桃、梨、苹果、花红等，亦远不如数十年前出产之盛矣。只以苹果一项而论，在六七十年前，不止出产数多，而果实亦大，更不仅售卖者多，而价值亦廉。记得余为儿童时，在每年之六七月间，为苹果出数最盛之时，行于街前，随在皆见村人担挑苹果售卖，其大及茶碗口者只值铜钱十文一枚，其次值五六文或二三文不等。时有特别硕大者，则大如一小饭碗口焉，此则近四五十年来市面上绝不之见也。今日市面上售卖之苹果，有大如小儿拳者，索价亦至千元，噫，殆人参果也！其出产数之少欤？抑纸币之购买力弱欤？亦两有之也！

云南自入于民国战争时代，军队大都横行，凡经过果木园林，无不扳枝折树，果木之被摧残者多矣！出产数量一低，市面货物自然稀少。彼一般好吃果品之人，见一苹果，如见宝物，且不论其生熟，不论其大小好坏，总以买到手而送入腹内为快愉。此如是而彼亦如是，争相购致，物价又焉有不昂者耶！论此辈人，从肤浅处言，自是重在口腹；从深刻处推求，似过此时日，即无机会得享受此物也。故不能谓之为馋，谓之为饿，是以前途日短，而又时不我留也。嗟嗟？虽然，呈贡果品近日出产之少，实由于往昔之摧残过甚也。今云培植，而十年树木，又岂易云哉！此笔于民国卅二年（1943）八月。

——《纪我所知集》卷十《滇南景物志略之一·呈贡之果品》第 264 页

省垣四周，水绕山环，而群山万壑，大都墓冢累累，若作谐语，是不种树而种人。至于平地高原，自是树艺五谷。城市之间，即有空地，一般人又喜种植花草，以增兴趣，故在近城之二三十里内，果实林树实稀少焉。市上所售果品，什九来自外县，本地出品，恐无十分之一。

在清代之末，有黔人陈鹏九氏，自东瀛肄业归来，大醉心于实业，就黑龙潭侧之山凹中，购得荒地若干，长达数里，宽逾里余，雇人开垦种植。积二十余年之经营，成就果园一大片，若桃、李、梅、杏，若梨、柿、橙、橘，若枇杷、苹婆，若林檎、樱桃，与夫棕榈、楸桐，诚满山盈谷。闻其种成之树，实万有余株，在十数年来，年中出产之果实，已在五六百挑矣。

陈又在山中养蜂蓄蜜，种薯制糖，以是操劳服务之人常有五六十名。知其作为者，无不称之为莳艺界中巨擘，而陈亦以大实业家自命。就事而论，陈实具资本，穷心思，尽劳力而扩充生产者，似无病于国、无害于民也。讵意年来出产日盛，获利较丰，于是象以有齿而焚身，祸可从天而降。斥为剥削者，似也，然藉人劳力，亦有相当报酬，终于剥削两字不适合。谓为大地主，亦似也，然种植果木，非地弗托，而况是购荒山荒地而开垦之。世界国家，亦只有教人增加生产，实无一是不许扩充实业者。而某年，陈则以生产太盛，获罪而死，亦云奇矣。陈死究不足惜，惟事以得人而见兴，以失人而致败。陈死去，后之者，又能否为陈之经营整理乎？否则一年凋伤，两年枯槁矣。度一二十年后，或者果园又将变为棘丛矣，是则真足以惜。

——《纪我所知集》卷十六《昆华事物拾遗之二·陈鹏九之果园》第 424 页

白果

白果 味甘平，性寒。乃阴气而生，故夜间开花。不可多食，若食千枚，其人必死。采叶阴干，治小儿生火，以菜油调搽皮面上。风血或大疮不出头者，白果肉同糯米蒸食，蜜丸。与核桃捣烂为膏服之，治噎食反胃，又治白浊冷淋。又白果肉捣烂敷太阳穴，止头风、眼疼。用汁点喉内，治咽喉十八症。采果捣烂，敷无名肿毒。

——《滇南草本》卷一下《果品类》第 5 页

白果树 旧名银杏，俗呼鸭脚子，属公孙树科。《滇志》果、木两类均未收入，但全世界仅一属一种。其发生之地质时代，独盛于中生代侏罗纪，阅尽沧桑，今孤种孑遗，亦现世界之活化石植物耳。滇原野间产之，落叶乔木，茎高有至十数丈者，大理县城西有之，叶互生，形类褶扇，边缘缺刻，波状出入，树冠浓密，荫被数亩，入秋叶黄落，颇富诗意。花单性，雌雄异株。雌花成熟后，胚珠裸出，即吾人所云之白果也。可佐食入肴，开远之糯白果甚有名，亦或入药，为止尿剂。以果中含有普罗宾酸，生食每易中毒。此树现只一种，时有绝灭之虞，滇虽为其有名产地，天然原林，殊不易睹。惟大理间有一二高树，其余则昆明花市有播种之小灌木，曲靖、平彝亦偶见之。

——《新纂云南通志》卷六十一《物产考四·植物一·木材类》第 1 页

槟榔

《南中八郡志》曰：槟榔大如枣，色青似莲子，彼人以为异。婚烟好客，辄先进此物。若邂逅不设，用相嫌恨。[1]

《南方草物状》曰：槟榔树，三月开花，仍连著实，大如鸡卵，十一月熟。

《云南记》曰：云南有大腹槟榔，在枝朵上色犹青，每一朵有三二百颗。又有剖之为四片者，以竹串穿之，阴干则可久停。其青者亦剖之，以一片青叶及蛤粉卷和，嚼咽其汁，即似咸涩味。云南每食讫，则下之。[2]又曰：云南多生大腹槟榔，色青犹在枝朵上，每朵数百颗。云是弥臣国来。又曰：云南有槟榔，花糁极美。

——《太平御览》卷九百七十一《果部八·槟榔》第 4 页

大腹子 【释名】大腹槟榔、猪槟榔。时珍曰：大腹以形名，所以别鸡心槟榔也。……大腹子出岭表滇南，即槟榔中之一种。腹大形扁而味涩者，不似槟榔尖长味良耳，所谓猪槟榔者是矣。盖亦土产之异，今人不甚分别。陶氏分阴阳之说，亦是臆见。

——《本草纲目》卷三十一《果部三》第 15 页

槟榔 槟榔树高十余丈，皮似青桐，节如桂竹。下本不大，上枝不小，调直亭亭，千万若一。森秀无柯，端顶有叶，叶似甘蕉，条派开破，仰望眇眇如插丛蕉于竹杪，风至独动似举羽扇之扫天叶，下系数房，房缀数十实，实大如桃李，天生棘重累其下，所以御卫其实也。味苦涩，剖其皮，鬻其肤，熟如贯之，坚如干枣，以扶留藤、古贲灰并食则滑美，下气消谷。出林邑，彼人以为贵，婚族客必先进。若邂逅不设，用相嫌恨。一名宾门药饯。[3]

——《南方草木状》卷下《果类》第 1 页

---

①《艺文类聚》卷八十七《果部下》第 17 页"槟榔"条作"《南中八郡志》曰：槟榔，土人以为贵，款客必先进。若邂逅不设，用相嫌恨"。《太平寰宇记》卷一百七十《岭南道十四·交州》作"《南中八郡志》曰：土人待婚族好客必先进槟榔，若邂逅不设，用相嫌恨"。

②《本草纲目》卷三十一《果部》"大腹子"条作"《云南记》云：大腹槟榔，每枝有三二百颗。青时剖之，以一片蒌叶及蛤粉卷和食之，即减涩味"。

③此条，天启《滇志》卷三十二《拾遗志第十四之一·补物产》第 1045 页引同。

槟榔树高十余丈，临安、广南诸郡有之。叶如芭蕉，花如金粟，实如桃李，土人四剖其房，并实干而贯之。食者佐以石灰及扶留。扶留，蒌子也，似桑椹而绿，味辛烈。其功消宿食，祛瘴疠，故闽、广人亦啖之。但闽、广人于槟榔去皮而啖实，于蒌啖叶而弃子，此为异耳。

——《滇略》卷三《产略》第 3 页

嵇含《南方草木状》云：槟榔树，皮似青桐，节如桂竹。下本不大，上枝不小，调直亭亭，千万若一。森秀无柯，端顶有叶，仰望眇眇如插丛蕉于竹杪，风至独动似举羽扇之扫天叶，下系数房，房缀数十实，实大如桃李，天生棘重累其下，所以御卫其实也。味苦涩，剖其皮，鬻其肤，熟如贯之，坚如干枣，以扶留藤、古贲灰并食则滑美，下气消谷。出林邑，彼人以为贵，婚族客必先进，若邂逅不设，用相嫌恨。一名宾门药饯。

《云南记》云：槟榔，树如棕榈，高七八丈，无枝柯，上有十许叶。正月结房，一房二百余子。花甚香，每生即落一箨，箨堪为扇。至五月熟，大如鸡子，以海蠡壳烧作灰，名曰蛤贲灰，共扶留藤嚼之，香美，除口气，久食，令人齿黑。

俞益期《与韩康伯笺》云：槟榔木，大者三围，高者九丈。叶聚树端，房栖叶下，华秀房中，子结房外。其擢穗似黍，其缀实似椰。其皮似桐而厚，其节似竹而概。其中空，其外劲，其屈如覆虹，其伸如缒绳。步其旁则寥朗，庇其荫则萧条。此分明画槟榔图也。

土槟榔，状如槟榔，孔穴间得之。新者犹软，相传蟾蜍矢也。不常有之，主治疮。《云南志》云：紫槟榔，状类白豆蔻。嚼涂恶疮，甚效。或食一枚，饮冷水，即无所伤，俗云马金囊。[①]

——天启《滇志》卷三十二《搜遗志第十四之一·补物产》第 1045 页

槟榔 一名仁频，树高数丈，旁无附枝。正月作房，从叶中出，一房百余实，大如核桃，剖干，和芦子、石灰嚼之，色红味香。

——康熙《云南通志》卷十二《物产·元江府》第 7 页

清李廷柏邑人《梽榔无柯》："岭南传异种，滇徼产梽榔。独干亭亭秀，孤枝特特芳。盘根无别杪，错节自成行。点碧非凝露，渥丹讵惹霜。香生花满蒂，珠缀子盈房。不为勤芟刈，宁关剪斧笺。嵯桐高百尺，汉柏蠹千章。应附包茅贡，馨闻远帝乡。"

——雍正《建水州志》卷十四《·五律》第 12 页

槟榔 树高二三丈，旧说临安、广南诸郡有之。叶如芭蕉，花如金粟，实如桃李。土人四剖其房，并实干而贯之，食者佐以石灰及扶留，扶留，蒌子也，又名芦子。消宿食，祛瘴疠。产临安、建水、元江诸处。至槟榔名壳槟榔，与广槟榔互异，惟产元江、临安未见。

——乾隆《石屏州志》卷八《杂纪》第 17 页

槟榔三条 滇省瘴疠最盛，名目甚多。春夏之间，槟榔花开，香气甚浓，其瘴最毒。元江、普洱一带，甚至不可行走。而槟榔又系解瘴之物，滇人无不常食者。子母之相悬如此，得毋犁牛驿角之谓欤！

滇之槟榔与粤中所产异，粤中槟榔坚实而无味，以形如鸡心者为佳。滇之槟榔色赤而质嫩，售者带壳劈为二，用索子串就，约二十枚一提，俗名壳儿槟榔。初入口味涩，咀嚼久之，则甘滑可口。土人以石灰和食，云去其涩也，常服者唇齿皆赤色，吐沫亦赤，殊不雅观，且石灰性燥烈，不宜食。其壳之里层，揭之与槟榔共嚼，亦可治涩也。

———

[①] "槟榔树"等4条，康熙《云南通志》卷三十《补遗》第16页同。

滇省土风，每遇客至，必供槟榔，或主人手奉，或以纸折为小匣盛之，小厮捧盘奉客，客取槟榔，还置纸匣子盘。若主人缺于供，则传为笑谈，客却之亦见怪。婚礼纳聘以槟榔代他省之茶，或千计或百计，俱用红绿纸包之装条盒中，以示丰盛。凡有吉凶事故，宾朋宴会，及年节酬应，以办置槟榔为要务云。

——《滇南闻见录》卷下《物部·药属》第 36 页

槟榔面　《后汉书》：昫町县有槟榔木，可为面，百姓资之。注云：槟榔树大四五围，长五六丈，皮有毛，似枡桐而散生。其木刚，作锼锄利如铁，皮中似捣稻，又类麦面，可作饼饵。范成大《桂海虞衡志》云：槟榔直如杉，有节似大竹，一干挺，上开花数十穗，绿色。

槟榔　槟榔树高十余丈，皮似青铜，节如斑竹，叶如芭蕉，花如金粟，实累累缀于房中。土人剖其实，贯以藤，风戾而食之。佐以扶留及石灰，消宿食，祛瘴疠。

——《滇南杂志》卷十四《轶事八》第 2 页

槟榔　有数种，滇南所产惟壳槟榔，穿之成串以相遗。但半壳，细剥壳，裹以灰食之。然非树生，乃出藤本，藤缘崖行，实累累相悬为槟榔。第槟榔本出高树，蒌子乃出藤蔓，原各殊。今壳槟榔出于藤，其藤大抵扶留之别种。其实气味颇似槟榔，故以壳槟榔名之，实非槟榔也。按：藤生为马槟榔，一名马金囊、马金南、紫槟榔，李时珍谓生金苗、元江[1]诸夷地，蔓生，结实大如葡萄，紫色，味甘，内有核，颇似大风子而壳稍薄，圆、长、斜、扁不等。核内有仁，亦甜。凡嚼，以冷水送下，其甜如蜜，亦不伤人，又治产难如神。而今滇人食马槟榔，不用冷水而用蒌灰，殆以马槟榔为广槟榔矣。况广槟榔亦非真槟榔，乃大腹槟榔、猪槟榔也。出岭表、滇南，即槟榔中一种，腹大形扁而味涩者，不似槟榔尖长而味良。彼中皆呼为槟榔，并藤灰同食，则又以大腹子为真槟榔矣。《云南记》云"大腹槟榔每枝有三二百颗，青时剖之，以蒌灰同食，即减涩味"，而非马金囊之壳槟榔也。槟榔以出交、爱为真，从洋船至，所谓海南鸡心槟榔也。以供客敬，而入药则用圆扁之大腹槟榔也。滇之迤南，与交、爱邻，诸土司之中，应出真槟榔，而皆由海舶入广。其遗滇食者，则马金囊也，而蒌灰和食以矝重，不亦误乎？又按：《明统志》载"永昌土产紫槟榔、马金囊，状类白豆蔻，嚼涂恶疮，甚效。或食一枚，饮水即无所伤"，则是犹未敢通行食之比槟榔也。《滇志》谓元江出槟榔，审其形，似即《云南记》所谓大腹槟榔也。夫古记且于大腹辨之严，不使统同混称，况以蔓生之马金囊争目为壳槟榔，以混于木生者乎？故详考之，以蹤其实焉。

——《滇海虞衡志》卷十《志果》第 3 页

槟榔树　《临安府志》：树高十余丈，皮似青铜，节如斑竹，叶如芭蕉，花如金粟，实累累缀于房中。土人剖其实，贯以藤，风戾而食之。佐以扶留及石灰，消宿食，祛瘴疠。

——道光《云南通志稿》卷六十九《食货志六之三·物产三·临安府》第 21 页

槟榔　贾思勰《齐民要术》：《南方草木状》曰槟榔，三月华包[2]，仍连著实，实大如卵，十二月熟。其色黄，剥其子，肥强不可食，去其子并壳，取实曝干之，以扶留藤、古贲灰合食之，味甚滑美。亦可生食，最快好。交趾、武平、兴古、九真有之。

——道光《云南通志稿》卷六十九《食货志六之三·物产三·曲靖府》第 37 页

---

① 金苗、元江　《本草纲目》卷三十一《果部三》、道元《云南通志稿》卷七十《食货志六之四·永昌府》引《本草纲目》皆作"金齿、沅江"。

② 包　《齐民要术》（商务印书馆 1930 年版）引作"色"。

槟榔　旧《云南通志》：一名仁频树，高数丈，旁无附枝。正月作房，四月开花，一房百余实，大如核桃，剖干，合芦子、石灰嚼之，味香美，且宽中消胀。

——道光《云南通志稿》卷七十《食货志六之四·物产·元江直隶州》第54页

槟榔　属椰子科，常绿乔木。温、热带产，滇思普沿边一带江边暖地特多，江城、个旧亦产。旧《志》载元江产，一名仁频，树高数丈，旁无附枝，叶羽状，色浓绿。四月花开，一房百余室，大如胡桃，五月成熟。剥皮剖肉，皮即大腹子，另备药用。肉即曝干之胚乳，切削成片，紫白两色，相间成纹，合以芦子、石灰、丁香、何首乌等入口咀嚼，能消瘴疠，即通常所云之槟榔也。别有马槟榔一种，亦属同科，或名马金囊，产永昌、元江、文山、马关诸地，但蔓生，结紫实，因名紫槟榔，与槟榔旁无附枝、茎干通直者不同。又按《汉书·西南夷传》：南越食，唐蒙以蜀枸酱归，问贾人，曰"独蜀出枸酱，多持窃出夜郎"云云。枸酱，即今芦子捣成，可合槟榔者也。

——《新纂云南通志》卷六十一《物产考四·植物一·木材类》第6页

王家士《沅江槟榔树》七绝二首："一枝一叶实垂垂，耸立擎天独木支。品占南滇夸异味，槟榔江畔旧名驰。""嘉木苍苍无附枝，秋风果熟子离离。南边备得笼中物，良药何妨苦口施。"

——《永昌府文征·诗录》卷四十《清三十》第12页

槟榔　《采访》：产附郭，常数百株为一园，树高数丈，亭亭无枝叶，如葵扇，春间开花，香闻数里，七八月成实，一房百余枚，大如鸽卵，作深绿色。土人剖其皮，曝干之，名曰槟仁，以刀中剖而贯以藤，名曰壳槟。《滇海虞衡志》：槟榔有数种，滇南所产惟壳槟榔，穿之成串以相遗。但半壳，细剥壳，裹以灰食之。然非树生，乃出藤本，藤缘崖行，实累累相悬为槟榔。第槟榔本出高树，蒌子乃出藤蔓，原各殊。今壳槟榔出于藤，其藤大抵扶留之别种。其实、气味颇似槟榔，故以壳槟榔名之，实非槟榔也。按：藤生为马槟榔，一名马金囊、马金南、紫槟榔。李时珍谓生金苗、元江[1]诸夷地，蔓生，结实大如葡萄，紫色，味甘，内有核，颇似大风子而壳稍薄，圆、长、斜、扁不等，核内有仁，亦甜。凡嚼，以冷水送下，其甜如蜜，亦不伤人，又治产难如神。而今滇人食马槟榔，不用冷水而用蒌灰，殆以马槟榔为广槟榔矣。况广槟榔亦非真槟榔，乃大腹槟榔、猪槟榔也。出岭表、滇南，即槟榔中一种，腹大形扁而味涩者，不似槟榔尖长而味良。彼中皆呼为槟榔，并藤灰同食，则又以大腹子为真槟榔矣。《云南记》云"大腹槟榔，每枚有三二百颗，青时剖之，以蒌灰同食，即减涩味"，而非马金囊之壳槟榔也。槟榔以出交、爱为真，从洋船至，所谓海南鸡心槟榔也。以供客敬，而入药则用圆扁之大腹槟榔也。滇之迤南，与交、爱〔缅〕邻，诸土司之中应出真槟榔，而皆由海舶入广。其遗滇食者，则马金囊也，而蒌灰和食以矜重，不亦误乎？又按：《明统志》载"永昌土产紫槟榔、马金囊，状类白豆蔻，嚼涂恶疮，甚效。或食一枚，饮水，即无所伤"，则是犹未敢通行食之比槟榔也。滇之[2]谓元江出槟榔，审其形，似即《云南记》所谓大腹槟榔也。夫古记且于大腹辨之严，不使统同混称，况以蔓生之马金囊争目为壳槟榔，以混于木生者乎？故详考之，以蹠其实焉。《台阳随笔》：槟榔，元江最多且佳，余尝避暑昙庐，每过槟榔园，见其树高数丈，旁无附枝。正月作房，四月开花，一房百余实，大如核桃，花色纯白。故商宝意太守《元江纪事》诗云："墙阴多种槟榔树，满院花开白似银"，而吴梅村《滇池铙吹》有"槟榔花放去年红"之句，诬白为红，殊失仁频真面目矣。

——民国《元江志稿》卷七《食货志·果属特别产》第4页

---

① 金苗、元江　《本草纲目》卷三十一《果部三》作"金齿、沅江"。
② 滇之　《滇海虞衡志》卷十《志果》作"滇志"。

波罗蜜

丽水城又出波罗蜜果，大者如汉城甜瓜，引蔓如萝卜，十一月、十二月熟。皮如莲房，子处割之，色微红，如甜瓜，香可食。或云此即思难也。南蛮以此果为珍好。禄昪江左右亦有波罗蜜果，树高数十丈，大数围，生子，味极酸。蒙舍、永昌亦有此果，大如甜瓜，小者如橙柚，割食不酸，即无香味。土俗或呼为长傍果，或呼为思漏果，亦呼思难果。

——《蛮书》卷七《云南管内物产》第 32 页

波罗蜜　【释名】曩伽结。时珍曰：波罗蜜，梵语也。因此果味甘，故借名之。安南人名曩伽结，波斯人名婆那娑，拂林人名阿萨弹，皆一物也。【集解】时珍曰：波罗蜜生交趾南番诸国，今岭南滇南亦有之。树高五六丈，树类冬青而黑润倍之。叶极光净，冬夏不凋，树至斗大方结实。不花而实，实出于枝间，多者十数枚，少者五六枚，大如冬瓜。外有厚皮裹之，若栗球，上有软刺磊砢。五六月熟时，颗重五六斤，剥去外皮壳，内肉层叠如橘囊，食之味至甜美如蜜，香气满室。一实凡数百核，核大如枣，其中仁如栗黄，煮炒食之甚佳。果中之大者，惟此与椰子而已。

——《本草纲目》卷三十一《果部三》第 20 页

波罗蜜　形如瓜，其味甘，出亏容甸。

——景泰《云南图经志书》卷三《临安府•土产》第 2 页

婆罗蜜树　实大如瓜，八月熟，味甘酸。

——正德《云南志》卷三《大理府•土产》第 7 页

波罗蜜　实大如瓜，味甘酸。

——正德《云南志》卷十三《金齿军民指挥使司•土产》第 6 页

波罗蜜　形如瓜，短瓣，攒生如碗。其味黄者甘，赤者酢。潞江及亏容夷地所产。

——《滇略》卷三《产略》第 5 页

波罗蜜树　如荔枝树，稍大，皮厚叶圆，有横纹小枝附树身上。生一枝，含数实，花出，大如斗。皮亦似荔枝有刺，类佛首螺髻之状。肉如蜂房，近子处可食。与熟瓜无异，而风韵过之。子如肥皂核大，亦可炒食，味似豆。春生秋熟，交人珍之。今临安属县亦有。[①]

——天启《滇志》卷三十二《搜遗志第十四之一•补物产》第 1045 页

波罗蜜　安南名曩伽结，波斯名婆那娑，拂林名阿萨鞞，南方番国产也，而云南早有之。考《前明统志》，永昌土产波罗蜜，实大如瓜，味甘酸。想《统志》亦因郡邑志而载之者，必实有此果也。《范志》桂海既有此果，滇海岂其独无？而《滇志》及《新永昌志》俱遗之，何其缺也？果之巨者无如椰子。波罗蜜，梵语味甘也。李时珍云：今岭表滇南亦有之。树类冬青，高五六丈。叶极光净，实出枝间，大如冬瓜，重五六斤。剥去层皮，味极甜美。予客岭表见之多，居滇竟未见也。又不花而果者，不独波罗蜜也。

——《滇海虞衡志》卷十《志果》第 5 页

波罗蜜果　樊绰《蛮书》：丽水城出，大者如汉城甜瓜，引蔓如萝卜，十一月、十二月熟。皮如莲房，子处割之，色微红，似甜瓜，香可食。或云此即思难也。南蛮以此果为珍好。禄昪江

---

① 此条，康熙《云南通志》卷三十《补遗》第 18 页同。

左右亦有波罗蜜果，树高数十丈，大数围，生子，味极酸。

——道光《云南通志稿》卷六十九《食货志六之三·物产三·丽江府》第45页

波罗蜜 李时珍《本草纲目》：生交趾、南蕃诸国，今岭南、滇南亦有之。树高五六丈，类冬青而黑润倍之，叶极光净，冬夏不凋，树至斗大方结实，不花而实，出于枝间，多者十数枚，少者五六枚，大如冬瓜，外有厚皮裹之，若栗球上有软刺磥砢。五六月熟时，颗重五六斤，剥去外皮壳，内肉层叠如橘囊，食之味极甘美如蜜，香气满室。一实凡数百核，核大如枣，其中仁如栗黄，煮炒食之甚佳。《思茅厅采访》：树大数围，枝叶蔓延，不花而实。实不结于枝而缀于干，大如瓜而长形，质类杨梅。熟则内如瓜瓤，以匕箸食之，味香甘。中有子数十粒，如栈豆，可煮食。

——道光《云南通志稿》卷七十《食货志六之四·物产·普洱府》第4页

波罗蜜 樊绰《蛮书》：永昌有波罗蜜，果大者如甜瓜，小者似橙柚，割食不酸，即无香味。土俗或呼为长傍果，或呼为思漏果，亦呼为思难果。旧《云南通志》：实大如梨，味甘微酸。

——道光《云南通志稿》卷七十《食货志六之四·物产·永昌府》第22页

波罗蜜 樊绰《蛮书》：蒙舍亦有此果，大者如甜瓜，小者似橙柚，割食不酸，即无香味。

——道光《云南通志稿》卷七十《食货志六之四·物产·蒙化直隶厅》第42页

蜜多罗 旧《云南通志》：树高数丈，实从干生，大如冬瓜，色似杨梅，香甘迥异。

——道光《云南通志稿》卷七十《食货志六之四·物产·元江直隶州》第55页

波罗蜜 详《桂海虞衡志》，《本草纲目》始收入果部。不花而实，两广皆有之。核中仁如栗，亦可炒食。滇南元江州产之，三五日即腐，昆明仅得食其仁，其余多同名异物。《粤志》谓无花结果，或生一花，花甚难得，即优钵昙花。可备一说。

——《植物名实图考》卷三十一《果类》第42页

波罗蜜树 如荔枝树，稍大，皮厚叶圆，有横纹小枝附树身上。花出大如斗，一枝含数实。皮亦似荔枝有刺，类佛首螺髻之状。其肉如蜂房，近子处可食。味与熟瓜无异，而香过之。子如肥皂核大，亦可炒食，味绝似豆。其实春生秋熟，交阯人甚珍贵之。今临安所属各州县亦有之。

——《滇南杂志》卷十三《轶事七》第10页

波罗蜜 属桑科，常绿乔木。与无花果同类，亦以热带佳果称，一名蜜多罗。《思茅厅采访》云"波罗蜜，树大数围，枝叶蔓延，不花而实。实不结于枝而缀于干，大如瓜而长，质类杨梅。熟则内如瓜瓤，以匕箸食之，味香甘。其中有子数十粒，如栈豆，可煮食"，又《南越笔记》《虞衡志》亦载"波罗蜜，大如冬瓜，外肤磥砢如佛髻，削其皮食之，味极甘。子瓤悉如冬瓜，生于木上，秋熟"，《本草纲目》则载"波罗蜜树高五、六丈，形类冬青而黑润倍之。叶极光滑，冬夏不凋。果之大者，惟此与椰子而已"云云。

案：此树在南洋通名榴梿，今滇南温暖地如思茅、宁洱、元江、佛海、临江、个旧一带均产之。供食之部即聚合果，亦花托之变形。初食谓有山羊臭，久食成癖，诩为热带第一佳果云。按波罗蜜之名，系根据《思茅厅采访》《南越笔记》《滇海虞衡志》等，但各县物产报告又有以凤梨为波罗蜜者，分观其形性，当不至误混。

——《新纂云南通志》卷六十二《物产考五·植物二·果实类》第 30 页

蜜哆啰 《采访》：产附郭，树大合抱，叶形如掌，光滑而厚。夏月成熟，实从干生，大如冬瓜，形似杨梅。内有瓤，瓤有房，房各有米，其近米处之肉味香而甜，远方人不可多食。

——民国《元江志稿》卷七《食货志·果属特别产》第 3 页

茶子

茶子 丛生，单叶，子可作油。

——康熙《云南通志》卷十二《物产·云南府》第 6 页

梂子

梂子 赋于《吴都》，与留子并著。李时珍曰：梂、留，二果名，留一作刘。三月著花结实，七八月熟，色黄甘酢。生交、广、武平、兴古诸郡。夫兴古，则今曲靖府也。刘子出于曲靖，则梂子亦同与御霜矣。

——《滇海虞衡志》卷十《志果》第 6 页

橙

理皮 即黄果皮。味辛苦，性温。入脾、肺、肝三经。主降气宽中，破老痰结，痰如胶者效。化痰定喘，止咳下气，功甚于广皮。补胃和中，力不及广皮。

——《滇南本草》卷下《草部》第 5 页

橙子 味辛苦，性温。入厥阴肝经，阴也。行厥阴滞塞之气，止肝气左肋疼痛，下气，消膨胀，行阳明乳汁不通。

——《滇南本草》卷下《草部》第 8 页

橙 宋开宝间，士大夫尚橙有胜于橘，谓其可熏衣香而去汗湿，可入酱，可作鲊，可为料和羹，可作汤解醉，可蜜可饧为饤，可和莛醯入沸则香气馥郁也，故美其名曰金球子，又曰鹄壳。《埤雅》曰：橙，即柚属，可登而成之也。

圆橙 仅如胡桃大，然愈小者愈佳，作橙丁极妙，取皮入料尤佳。

狗头橙 青后能黄，圆身，至颠稍长，类狗头。微有臭气，心酸甚，惟削皮入料，亦香越。

——《鸡足山志》卷九《物产》第 327 页

橙 属芸香科，灌木。茎枝有刺，果小皮绿，微带黄色，味酸苦，可入药，嵩明产之。滇中亦有金钱橘、百子图，罗次、易门名品，茎不甚高，黄实累累，可为盆玩。皆属橙一类。

——《新纂云南通志》卷六十二《物产考五·植物二·果实类》第 31 页

颠茄

戊寅十二月初六日……复循底西行，见壁崖上悬金丸累累，如弹贯丛枝，一坠数百，攀视之，即广右所见颠茄也。志云：“枝中有白浆，毒甚，土人炼为弩药，著物立毙。”

——《徐霞客游记·滇游日记五》第 888 页

都桷子

都桷子 生广南山谷，高丈余。子如鸡卵，亦似木瓜，以盐酸沤食。[①]

——《滇海虞衡志》卷十《志果》第 6 页

都念子

都念子者，倒捻子也。树高丈，或二三丈，叶如白杨，枝柯长细，子如小枣，抑似软柿。头上有四叶如柿蒂，捻其蒂而食，谓倒捻子，讹为都念。外紫内赤，无核，土人呼为软枣，弃之而不食。省城果铺收而以蜜渍之，遂列宴盘，是知美在所渍也。[②] 农部署前有一株，予每坐其下，以为软枣而已耳，今乃知为都念，能无念之乎？

——《滇海虞衡志》卷十《志果》第 6 页

软枣 属柿科，一名羊枣，旧名君迁子，滇西土名搭枝。《滇海虞衡志》：一云都念子，或讹作倒捻子。落叶乔木，高达二丈，山野间自生，亦有栽植园野者。果圆而大，霜后黄黑，味劣于柿。熟时甘软，可生食，但稍涩耳。果蒂含单宁酸，旧用以为鞣革材料，木材亦可供用云。

——《新纂云南通志》卷六十二《物产考五·植物二·果实类》第 33 页

都咸子

都咸子 生广南山谷间，树大如李，子如指。取子及皮叶干之，以作饮，极香美。[③]

——《滇海虞衡志》卷十《志果》第 6 页

榧子

榧子 出本州求仁甸乡，入果品。

——景泰《云南图经志书》卷五《鹤庆军民府·剑川州·土产》第 30 页

榧子、松子。

——正德《云南志》卷十《鹤庆军民府·土产》第 4 页

榧子 出剑川，能乌须。

——康熙《云南通志》卷十二《物产·鹤庆府》第 9 页

---

① 此条，道光《云南通志稿》卷六十九《食货志六之三·物产三·广南府》第 30 页引同。
② 此条，道光《云南通志稿》卷六十七《食货志六之一·物产一·云南通省》第 23 页引同。
③ 此条，道光《云南通志稿》卷六十九《食货志六之三·物产三·广南府》第 30 页引同。

榧 一名柀子，一名玉榧，俗呼赤果。产自永昌、杭州者，不及信州玉山之佳。叶似杉而异形，其材文彩而坚，本大连抱，高有数仞。古称文木，堪为器用。树有牝牡，牡者开花，而牝者结实，理有相咸，不可致诘也。冬日开黄圆花，其实有皮壳，如枣而尖短。去皮壳，可以生食。若火焙过，便能久藏，食更香美。大概以细长而心实者为佳。一树可得数十斛。二月下子种。

——《秘传花镜》卷三《花木类考》第 49 页

榧实 一名玉山果，由坡公发明之也。《尔雅》：柀，杉。柀转为斐，斐转为棐，棐别为榧。杉省为杉，其有实也，曰榧子。《陶公别录》曰：榧实生永昌，柀子生永昌山谷。予于滇筵每食榧子，询之，则自永昌贩来者也。其木，柏本，杉叶而松理，肌细软，堪为器用。乃思古人之棐几，用此木为之也。实壳薄，不似松子坚硬，可生啖，亦可焙收，一树可收数十斛。江西玉山有之。能治小儿虫疾。坡公诗"彼美玉山果，餐为金盘实。驱出三彭虫，已我心腹疾"，玉山果由此名也。柀，叶似杉，绝难长，结榧实，而木理有文采，为特异杉耳。金沙江峒板，皆杉板也，想即柀木也欤。柀生于荒谷，人迹罕到。锯其板，内有龙脑香，则其外之发为榧子，岁收数十斛，又何足奇！以江乡习见之木料，绝不经意，今乃于边远记载而得之。甚哉！为学之道，不可不随处留心也。

——《滇海虞衡志》卷十《志果》第 9 页

榧子 旧《云南通志》：出剑川，能乌须。

——道光《云南通志稿》卷六十九《食货志六之三•物产三•丽江府》第 46 页

榧子 陶宏景《名医别录》：榧实生永昌，彼子生永昌山谷。陶宏景曰：彼子，一名罴子，从来无用者，古今诸医不复识之。罗愿《尔雅翼》：《本草》木部有榧实，又有彼子，皆出永昌，而误在虫部，盖彼字当从木作柀，即是榧也。

——道光《云南通志稿》卷七十《食货志六之四•物产四•永昌府》第 23 页

凤梨

抹猛果 《他郎厅志》：俗名打锣槌。树高丈余，叶大如掌，熟于冬月，味甘香。《思茅厅采访》：打锣槌，叶似珠兰而厚劲，宽寸许，长尺余，边有刺如锯，实自苗中出，皮纹鳞起。熟时色黄，大于碗，而少长若槌然，故名。味甚美，刈而插于瓶，香可月余。顶有丛芽，分种之，无不生者。

——道光《云南通志稿》卷七十《食货志六之四•物产•普洱府》第 3 页

凤梨 属凤梨科。墨江、思茅、宁洱、新平、元江、蒙自、佛海、芒遮板、缅宁、临江、金河、江城、镇康、保山诸地名抹猛果，或简称檬果，俗又名打锣锤或凤尾果。具地下茎，由此出有叶群，约高丈许。叶厚韧，宽寸许，长至尺余。叶缘有刺，采果实时，刺易伤人，但栽培结果亦有无刺者。在其中心著生花丛，因之结成果实，每一果实，殆自数多小果相集而成，谓之聚合果，形椭圆，高三四寸，周径及尺，皮纹鳞起。熟时色黄赤，味极甜美。据化学之分析，谓此果之成分含有特殊之蛋白质，能溶解饹素，利于消化食物，且宜糖分几达百分之十五，与香蕉一类有同等之价值，为温暖带果实之名品。我滇出产之区，多在边地热域，交通不便，除当地食用外，不能输出各处，又不能制成罐头，反令安南凤梨远销滇越铁路一带，无法抵制，盍胜惋惜！此类植物，生长极易，丛芽分种，无不活者。果实之外，叶有长纤维，又适于编物之用，推为经济植物之一。

——《新纂云南通志》卷六十二《物产考五·植物二·果实类》第 23 页

打锣楻 《采访》：夷人多植之。其树丛生，叶长二三尺，宽寸许，叶边如锯齿，然一丛可数十叶，从心抽干，顶结实。实大可二三斤，成椭圆形，皮面作龟背纹，初时色绿，继成金黄色，味极香美。

——民国《元江志稿》卷七《食货志·果属特别产》第 5 页

凤尾蛋

凤尾蛋 产山外绝壁间，似凤尾。丛结合抱而中含，圆实数枚，红润可食，今亦不可多得。

——康熙《琅盐井志》卷一《地理至·物产》第 1048 页

佛手柑

佛手柑 味甘，微辛，性温。入肝、胃二经。补肝暖胃，止呕吐，消胃家寒痰。治胃气疼，止面寒疼，和中行气。

——《滇南本草》卷中《草部》第 6 页

吴应枚《滇南杂咏三十首·佛手柑》："硕果何曾堕雪霜，树头数载历青黄。饷君佛手柑如斗，漉取珠槽半瓮香。"佛手柑有历四五年者，取以酿酒，味香辣。

——雍正《云南通志》卷二十九《艺文十·诗·七言截句》第 45 页

佛柑 四五年者取以酿酒，味香辣。

——《滇南杂记》第 238 页

佛手柑 极大而不腐败，久则干枯。

——《云南风土记》第 50 页

佛手柑 《思茅厅采访》：他处佛手柑多拳曲而小，惟出思茅者最大。扁阔如人手掌，指皆岐出，长数寸，有掌内复生一掌者，有叠出至三四层者。

——道光《云南通志稿》卷七十《食货志六之四·物产四·普洱府》第 4 页

柑

黄柑 圆大而黄，表里俱甘，异于他郡之产者。

——景泰《云南图经志书》卷二《曲靖军民府·土产》第 12 页

黄柑 圆大而黄，表里俱甘，俱南宁县出。

——正德《云南志》卷九《曲靖军民府·土产》第 6 页

狮头柑 即蜜桶之类。状如狮头而色黄，有大如碗者，味最甘。金橘，色黄而味甘。

——正德《云南志》卷十二《北胜州·土产》第 3 页

大理宾川之黄柑，色味甚佳，大者如碗，谓之狮头柑。旧《志》谓北胜州产，非也。自秋及春皆啖之。香橼尤大，如瓜，味胜闽中远甚。

——《滇略》卷三《产略》第 4 页

狮子柑　旧《志》云：北胜州有狮头柑，状如狮头而色黄，大如碗，其味最甘。邓川州有猩猩果，高数丈，春花秋实，果如弹丸，色如血，味酸可食。

——天启《滇志》卷三十二《搜遗志第十四之一·补物产》第 1046 页

蛳头柑　旧《志》云：北胜州有柑，状如蛳头而色黄，大如碗，其味最甘。

——康熙《云南通志》卷三十《补遗》第 17 页

黄柑　产宾川者大如碗。[①]

——《滇黔纪游·云南》第 20 页

黄果　宾川州产黄果，与广橙相似。早食则微酸，摘而藏之至春时，则甘美异常，一种清和之味，真沁人心脾也。食之之法，剖去外层，皮中有数大瓣，每瓣又揭去其里皮，其肉分颗如数百小瓣，食之无渣，味不减于洞庭红也。向见渔洋先生《居易录》亦志其美，并云蜀中多黄果树，而不结实，能愈癣。当非一种。

——《滇南闻见录》卷下《物部·果属》第 35 页

黄果　出迤西，橘、柚之类也。滇人名之黄果。[②]

——《滇海虞衡志》卷十《志果》第 2 页

黄果　大如柑，味美，产浪穹县者尤佳。

——《云南风土记》第 50 页

柑　《顺宁府志》：出云州，俗名黄果，糖制之成橘饼。

——道光《云南通志稿》卷六十九《食货志六之三·物产三·顺宁府》第 32 页

柑　刘氏《类山》：北胜州有柑，大如碗。李京《云南志》：北胜州有狮头柑，状如狮头而色黄，其味最甘。

——道光《云南通志稿》卷七十《食货志六之四·物产·永北直隶厅》第 43 页

柑　属芸香科，落叶大灌木，品种最多。《顺宁府志》云：柑出云州，俗名黄果。永北、景东、大理、鹤庆、宾川、禄劝黄果，亦硕大多甘汁，能分肉瓣，果皮易剥。惟牛栏江边一带产者质甘酸，皮稍厚。论其品质，似在橘上。惟柑名易混，市间所云柑类，并非黄果，殆指香橼而言。梁河、禄劝、嵩明、凤仪、保山等处产者，果大盈尺，皮黄肉白，味甘少汁。永昌、禄劝、梁河等处，又别有佛手柑一种，果长数寸，拳曲如人手指掌歧出，晚冬黄熟，取为清供，香味复绝。思茅产者较大。

——《新纂云南通志》卷六十二《物产考五·植物二·果实类》第 31 页

---

① 此条，道光《云南通志稿》卷六十九《食货志六之三·物产三·大理府》第 13 页同。
② 此条，道光《云南通志稿》卷六十七《食货志六之一·物产一·云南通省》第 20 页引同。

橄榄

《云南记》曰：泸水南岸有余甘子树，子如弹丸许，色微黄，味酸苦，核有五棱。其树枝如柘枝，叶如小夜合叶。

《临海异物志》曰：余甘子如梭形，出晋安侯官界中。余甘、橄榄，同一果耳。

——《太平御览》卷九百七十三《果部十·余甘》第 2 页

橄榄　味甘酸，性平。治一切喉火上炎、大头瘟症，能解湿热春温，生津止渴，利痰，解鱼毒、酒积滞，神效。

——《滇南草本》卷一下《果品类》第 7 页

橄榄　蛮云苴甘，色黄可食，四季皆有之。

——景泰《云南图经志书》卷三《武定军民府·禄劝州·土产》第 35 页

余柑子　形如槵子，其色赤绿，而味似橄榄。

——景泰《云南图经志书》卷四《楚雄府·镇南州》第 9 页

闽、广有橄榄，又有余甘，二物味相似，而形迥异。橄榄长大，两头纤，余甘圆小而短，树亦不同。滇有余甘，蜜而荐之，土人亦谓之橄榄。

——《滇略》卷三《产略》第 4 页

（永昌府腾越州）马峰山，州东十五里。又州东六十里有橄榄坡，产橄榄。

——《读史方舆纪要》卷一一八《云南六》第 5194 页

（太和）土橄榄，生篱落间，如龙眼，色红黄，味同闽中青橄榄。①

——《滇黔纪游·云南》第 20 页

蒙化、顺宁山中有小木，高数尺，叶如青棠叶，结实似山楂，淡绿色，有回味，微酢，土人谓之橄榄。案：《玉篇》"橄榄果，本出交趾"，《三辅黄图》"汉武帝破南越，得橄榄百余本"，即此是也。又有椭圆如鸡子者，色青，谓之青果，其木颇大。

——《札樸》卷十《滇游续笔·橄榄》第 14 页

橄榄　《梅圣俞集》中谓青果，以色论也。王元之比之忠言逆耳，世乱乃得思之。以其初入口酸涩，久久乃回甜味，故南人名之为忠果，亦曰谏果也。

——《鸡足山志》卷九《物产》第 327 页

榆甘　产闽、广间者，长而两头尖，肉多，和盐蜜堪食，即青果也，亦不甚酸。今山产小而圆，大酸，苦涩。盖榆甘之属，以其如橄榄，能回甜味，误名之耳。

——《鸡足山志》卷九《物产》第 327 页

土橄榄　小如山查，青色，六棱，初食涩，回味颇甘。土人呼为橄榄，盖谬假其名耳。树高丈许，叶密细，仅分许。

——雍正《师宗州志》卷上《物产纪略》第 39 页

顺宁各山乡最热处，产有橄榄，形质与闽、广间迥别。圆如小柿，大者如龙眼，小者如羊枣。

---

① 此条，道光《云南通志稿》卷六十九《食货志六之三·物产三·大理府》第 13 页同。

细纹六瓣，核亦六棱，三棱坚硬微高，三棱平浅稍伏。树身无甚高大者，一株每两三枚。亦有矮株丛生，离披纷杂，一枝上旁出数十细梗，梗皆比密碎点，类细圆丝瓣，两面排列对偶，果贴梗而结，在叶之上层。食之酸涩，回转有清润之味，饭后食二三枚，啜茗随之，更觉甘美，且能通胃气。其以橄榄名者，或即因其有回转之味也。

——《顺宁杂著》第 55 页

青果　橄榄一名青果，滇中间有携至者。而本地另有一种野果，其形圆，色黄绿，如龙眼大，土人名之曰青果。以之点茶，颇有橄榄香味。

——《滇南闻见录》卷下《物部·果属》第 36 页

橄榄　江边瘴地俱有之。叶如狗骨，子如苦楝，小儿喜食之。恐非真橄榄，大抵桫子、榴子之类耳，故其味酸。

——《滇海虞衡志》卷十《志果》第 2 页

余甘子　袁滋《云南记》：泸水南岸，有余甘子树，子大如弹丸许，色微黄，味酸苦，核有五棱，其树枝如柘枝，叶如小夜合叶。谨案：泸水南岸，当属姚州、大姚、白井诸处。余甘子，橄榄之类。又《本草》苏颂言：余甘子，戎、泸州蛮界山谷有之，则今东、昭、曲靖亦当有也。

——道光《云南通志稿》卷六十九《食货志六之三·物产三·楚雄府》第 25 页

橄榄　《顺宁府志》：一名余甘，形圆。桂馥《札樸》：蒙化、顺宁山中有小木，高数尺，叶如青棠叶，结实似山楂，淡绿色，有回味，微酢，土人谓之橄榄。案：《玉篇》"橄榄果，本出交阯"，《三辅黄图》"汉武帝破南越，得橄榄百余本"，即此是也。又有椭圆如鸡子者，色青，谓之青果，其木颇大。

——道光《云南通志稿》卷六十九《食货志六之三·物产三·顺宁府》第 32 页

土橄榄　《师宗州志》：小如山查，青色，六棱，初食涩，回味颇甘。土人呼为橄榄，盖谬假其名耳。树高丈许，叶密细，仅寸许。

——道光《云南通志稿》卷七十《食货志六之四·物产·广西直隶州》第 46 页

余甘　檀萃《农部琐录》：出金沙江边。叶碎如狗骨，实圆如楝子，味不甚佳，此地人呼为橄榄也。

——道光《云南通志稿》卷七十《食货志六之四·物产·武定直隶州》第 51 页

橄榄　属橄榄科，一名余甘子，落叶乔木也。叶互生，小叶对生，组成奇数羽状复叶。果实秋深始熟，数筒一丛，总状着生，长一寸左右，形圆色绿，熟后微黄，生食，亦可渍盐，苦味回甘，古有谏果美称。又可制橄榄油，芒遮板出产最多。产滇山野，漾濞、缅宁、曲溪、师宗等处尤多。另有藏青果一种，亦橄榄科，产滇藏边境，可入药。

——《新纂云南通志》卷六十二《物产考五·植物二·果实类》第 29 页

余甘　出金沙江边。叶碎如狗骨，实圆如楝子，味不甚佳，此地人呼为橄榄也。

——民国《禄劝县志》卷五《食货志·物产》第 10 页

拐枣

拐枣　味甘，微温，无毒。一名天藤，一名还阳藤。治一切左瘫右痪，风湿麻木，能解酒毒，或泡酒服之，亦能舒筋络。久服，轻身延年。小儿服之，化虫养脾，其效如神。俗人不以此枣为然，而又不知用处。

——《滇南草本》卷一第 41 页

拐枣。

——康熙《云南通志》卷十二《物产·云南府》第 6 页

枳椇子 滇人呼为拐枣，此皆山果之琐碎。杂橡、栗而罗生者，亦附著之。以见山氓之所资为利养，不可略也。

——《滇海虞衡志》卷十《志果》第 7 页

拐枣 旧《云南通志》：形曲如拐。《滇南本草》：拐枣，又名天藤，味甘微寒，无毒。治左瘫右痪，风湿麻木，舒筋骨，解酒毒，泡酒多效，化小儿疳虫，健脾养胃，物易得而效。檀萃《滇海虞衡志》：枳椇子，滇人呼为拐枣。李时珍《本草纲目》：枳椇，俗称鸡距，蜀人之称桔枸、棘枸，滇人之称鸡橘子，巴人之称金钩，广人之称结留子，散见书记者皆枳椇。

——道光《云南通志稿》卷六十九《食货志六之三·物产三·云南府》第 4 页

拐枣 《寻甸州志》：结实如青珊瑚，可啖。

——道光《云南通志稿》卷六十九《食货志六之三·物产三·曲靖府》第 39 页

拐枣 檀萃《农部琐录》：形曲如拐，味甘，能补。

——道光《云南通志稿》卷七十《食货志六之四·物产四·武定直隶州》第 51 页

拐枣 属鼠李科，或云枳椇，落叶乔木。花梗甜美，形态曲突，可解酒醒。滇山野产之，木材亦有用。

——《新纂云南通志》卷六十二《物产考五·植物二·果实类》第 33 页

海棠果

海棠果 出剑川，类花红而小，味酸。

——康熙《云南通志》卷十二《物产·鹤庆府》第 9 页

海棠果 《一统志》：剑川州出，类花红而小，味酸。

——道光《云南通志稿》卷六十九《食货志六之三·物产三·丽江府》第 46 页

核桃

胡桃。

——正德《云南志》卷二《云南府·土产》第 9 页

己卯八月十四日……郡境所食所燃皆核桃油。其核桃壳厚而肉嵌，一钱可数枚，捶碎蒸之，箍搞为油，胜芝麻、菜子者多矣。

——《徐霞客游记·滇游日记十二》第 1186 页

核桃 【释名】以汉张骞使西域得此桃，爱之以上一字得名，然产之陕、洛者则然矣。昔滇即在西域之身毒国内，以观音、文殊开教，始改今大理为妙香城，后即谓之妙香国耳。刘恂《岭表录》：云南方有山胡桃，皮厚坚大，少瓤多肉，即今深山中悉产之。以榉柳接之，即大而壳薄，肉美可食矣。

绵核桃 树大若椿，年深则大不可伦。春初生叶，三月开花，似栗，花穗淡黄，浅绿色。其实至秋始熟，外之绿壳沤烂之而后核出，敲去核之硬皮，则其中四瓣合生皆肉，食之香胜松子仁，且能益肾补腰腧也。

蜜核桃 皮甚薄，肉最白，食之甜也。

铁核桃 乃山中自产。惟榨之作油，食甚美。

——《鸡足山志》卷九《物产》第 325 页

（太和）胡桃，皮薄如纸。山桃，皮厚，可榨油。[①]

——《滇黔纪游·云南》第 20 页

核桃 出路南州堡。

——康熙《路南州志》卷二《物产》第 36 页

合桃按核桃 树甚多，壳甚薄，内肉亦薄，不如毫桃。当其鲜时，摘净里皮，其色洁白，其质脆嫩，其味甘美愈于干者。

——《滇南闻见录》卷下《物部·果属》第 35 页

核桃 以漾濞江为上，壳薄，可捏而破之。[②]

——《滇海虞衡志》卷十《志果》第 2 页

核桃 《古今图书集成》：出新兴州堡。

——道光《云南通志稿》卷六十九《食货志六之三·物产三·澂江府》第 27 页

核桃 属胡桃科，一名胡桃，落叶乔木类也。果壳薄，果仁丰腴。漾濞、合江产者最佳，为滇中有名之坚果，每岁合计产量约三百四十万斤。巧家年产核桃油亦在数万斤。

——《新纂云南通志》卷六十二《物产考五·植物二·果实类》第 25 页

核桃树、水冬瓜树、漆蜡树 核桃产哨地，花淡绿色，叶似栗，团形，实有绿皮，去皮，又有硬壳，去壳可榨油供食料。水冬瓜，大数围，木与核桃木皆起菊花细纹，制桌面或圆方盘极佳。漆与蜡树颇有利息，尚未遍种。

——民国《楚雄县乡土志》卷下《格致·第二十二课》第 1357 页

黑果罗

黑果罗 檀萃《华竹新编》：黑而甘，其生满山，可以御荒，比救军粮。

——道光《云南通志稿》卷七十《食货志六之四·物产·武定直隶州》第 51 页

---

① 此条，道光《云南通志稿》卷六十九《食货志六之三·物产三·大理府》第 13 页同。
② 此条，道光《云南通志稿》卷七十《食货志六之四·物产·蒙化直隶厅》第 41 页引同。

黑食子

黑食子　味甘酸。滇南甚多，秋季风吹子落，夷人呼为嘘嘘果。食之，元气不散，多睡，能调心肾交接。久服，令人目清延年，其功不可详述。

——《滇南草本》卷一下《果品类》第 8 页

胡桃树

胡桃树　属胡桃科，温带自生之落叶乔木也。茎高达五丈余，幼树树皮白色，有三个之小叶，经五六年，则自七个之小叶组成羽状复叶，叶缘有锯齿。花为荑荑，雌雄同株。果为核果最大，壳薄，手握、齿啮，均能破之。木材质最坚致，能制细工、屏架、桌机等。果实香美，除供食外，种子富油质，榨胡桃油，其用最多，寻甸、武定、漾濞、宾川、永平产者最佳。另有山胡桃，滇山野自生，核果卵形，极硬厚。

——《新纂云南通志》卷六十一《物产考四·植物一·木材类》第 17 页

鸡嗉子

倮倮桃　《寻甸州志》：一名鸡嗉子，象形也。

——道光《云南通志稿》卷六十九《食货志六之三·物产三·曲靖府》第 39 页

鸡嗉子　檀萃《农部琐录》：树高盈丈，绿叶重阴，其实红堆众皱，颇似荔枝，盖山鸡垂嗦丹臆兰翠者也。马分中弥望盈山，徒供鹦鹉之粮，未有采而食之者。[1]

——道光《云南通志稿》卷七十《食货志六之四·物产·武定直隶州》第 51 页

番荔支　产粤东。树高丈余，叶碧，果如梨式，色绿，外肤磈砢如佛髻。一果内有数十包，每包有一小子如黑豆大，味甘美。花微白。……零娄农曰：余使粤时，尚未闻有番荔支。顷有粤人官湘中者为余画荔支图，而并及之。夫似荔者有山韶子，一曰毛荔支。又有龙荔，介乎二果之间，其形与味皆有微类者。若此果则但以磈砢目之耳。麻姑山之树，未见其实，而绿心突起，已具全形。及至滇，乃知其为鸡嗉子。《滇志》以入果品，而人不甚食，其肤亦肖荔也。昔人作同名录，大抵皆慕古人之人，而以其名为名；有名其名而类其人者，有绝不类其人者。志同名志，盖深求其同、不同，而恐人之误于同也。若斯果及鸡嗉子之微相肖者，虽欲附端明诸公之谱，以幸存其名，乌可得耶？

——《植物名实图考》卷三十一《果类》第 52 页

麂目

麂目　鬼目也，兴古郡亦出之。树高大如棠梨，叶似楮子。大如木瓜，小如梅李，蜜浸食佳。

——《滇海虞衡志》卷十《志果》第 6 页

---

[1] 此条，民国《禄劝县志》卷五《食货志·物产》第 10 页同。

鬼目 嵇含《南方草木状》：鬼目，树大者如李，小者如鸭脚子。二月花包①，仍连著实，七八月熟，其色黄，味酸，以蜜煮之，滋味柔嘉。交趾、武平、兴古、九真有之。刘欣期《交州记》：鬼目出交趾、九真、武平、兴古诸处。树高大似棠梨，叶似楮而皮白，二月生花，仍连著子，大者如木瓜，小者如梅李，而小斜不周正。七八月熟，色黄，味酸，以蜜浸食之佳。

——道光《云南通志稿》卷六十九《食货志六之三·物产三·曲靖府》第 38 页

椒

《诗》：椒聊之实，繁衍②盈升。盖椒多子易植，即《尔雅》檓之属。椒子色以红而香者胜，今鸡山之椒甲天下矣。即蜀黎椒有子母，不足以上之。其颇带黄黑，惟有椒气，则樛树子耳。有毒，食之令人气闷。

花椒 以红色如花，其细点如聚粟，鲜芳绛错也。其目似漆光黑，谓为秦本者，非。此即蜀之黎椒种，以受霜雪凝寒之郁，故椒之味永馥，不易散也。

林椒 山中自产，味稍带苦，然香具别旨。入虾蟹及鲊中，惟此为胜。

狗椒 别况，少带臊膻之气，可以制臔。他不堪佐。

——《鸡足山志》卷九《物产》第 327 页

狗椒 生云南。茎俱有细刺，高二三尺，结实如椒，味亦辛烈，殆崖椒之类。

——《植物名实图考》卷三十六《木类》第 52 页

马椒 生云南。如狗椒而长条对叶，如初生槐叶，结实作朵。

——《植物名实图考》卷三十六《木类》第 53 页

救军粮

赤阳子 一名救军粮，一名赤果，一名纯阳子，一名火把果。味甘酸。治胸中痞块、食积，消虫，明目，泻肝经之火，止妇人崩漏，皆效。

——《滇南草本》卷一下《果品类》第 10 页

救军粮 檀萃《农部琐录》：树高及人，叶细如瓜子，白花红子，酸甘可食，山野弥望。武侯南征，军士采食之，故名。

——道光《云南通志稿》卷七十《食货志六之四·物产·武定直隶州》第 51 页

救军粮 属蔷薇科，俗讹称豆金娘，生滇山野间。入夏以后，结实累累，果橙黄色，微有甜味，可生食，亦可为救荒植物云。

——《新纂云南通志》卷六十二《物产考五·植物二·果实类》第 29 页

救军粮 树高及人，叶细如瓜，子白花红，子酸甘可食，山野弥望。武侯南征，军士采食之，故名。

——民国《禄劝县志》卷五《食货志·物产》第 10 页

---

① 包 《齐民要术》（商务印书馆 1930 年版）引作"色"。
② 繁衍 《诗经注析·唐风》（中华书局 1991 年版）第四篇《椒聊》作"蕃衍"，意同。

橘

甘桥 大厘城有之，其味酸。穹赕有桥，大如覆杯①。案："桥"疑"橘"字之讹。

——《蛮书》卷七《云南管内物产》第 32 页

《南夷志》曰：甘橘，大厘城有之，其味甚酸。穹赕有橘，大如覆杯。

《云南记》曰：云南出甘、橘、甘蔗、橙、柚、梨、蒲桃、桃、李、梅、杏，糖、酪之类悉有。

——《太平御览》卷九百六十六《果部三·橘》第 6 页

橘子皮 味苦辛，性温。行气，消痰，降肝气，治咳嗽，治疝气。

——《滇南本草》卷下《草部》第 11 页

橘子叶 性温，味苦辛。行气，消痰，降肝气，治咳嗽、疝气等症。

——《滇南草本》卷二第 41 页

橘 云之五色为庆云，一色而外黄内赤，非烟非雾为矞云。以橘实亦外黄内赤，香雾郁郁纷纷者似，故谓之橘。其性能与地移，故北则为枳，南则为橘矣。宋韩彦直著《橘谱》三卷，详橘之义焉。谓产苏州、台州者为上，西则荆、湘，南则闽、广，而皆不如温州者为最。不知滇之宾川州者，香甜浮大，尤美耳。考橘品十有四，今宾川州其实柑之属，柑品有八，则以宾川州为最矣。

金橘 如胡桃子大，黄赤色，瓢中多子。霜后微有甜意，究遇酸，不受食。

黄柑 山中虽植接，未若宾川州者佳。以蜂蜜蔗饴，煮作橘饼。

——《鸡足山志》卷九《物产》第 326 页

橘 景东产橘，形小而味美，与浙西衢州橘相似。

——《滇南闻见录》卷下《物部·果属》第 35 页

橘 属芸香科，大灌木类。果大数寸，黄皮易剥，肉瓣多浆，味甘。来自金河者尤名贵，云金河橘。禄劝普渡河边、华宁县路居、麻栗坡之八布，亦有佳品。

——《新纂云南通志》卷六十二《物产考五·植物二·果实类》第 31 页

橘柑 橘，常绿灌木，亦谓之柑。高丈余，枝有刺，叶作长卵形，端尖，柄有翼片。春时开花，色白五瓣，花落结实，初冬成熟。实扁圆，色红类珊瑚，皮薄易剖，味甜。本县民国十年前曾有保隆乡八里、仁里乡花呷沱、盐井镇王家坝及县附近各地试种，早已成林结实，色味与宜宾产者无异。唯培壅欠土，每年产量无几。盖橘树每年须雇久谙种橘者用剪凿剔除枯老枝丫与刺，又以铜丝透取蠹类，于冬季或春间松除根际，灌以粪类，复壅其土，树周杂草铲除务尽，橘始繁茂，结实累累。本县如能推广种植，不难生利倍蓰矣。

——民国《盐津县志》卷四《物产》第 1696 页

蒟酱

蒌叶藤 蛮云缅姜，叶如葛曼附于树，可为酱，即《汉书》所谓蒟酱是也。结实似桑椹，皮黑肉白，味辛，食之能御瘴疠。

——景泰《云南图经志书》卷六《金齿军民指挥使司·土产》第 3 页

---

① 杯 原本作"柸"，据《太平御览》卷九百六十六《果部三》第 6 页改。

蒌叶藤 叶似葛蔓附于树，可为酱，即《汉书》所谓蒟酱也。实似桑椹，皮黑肉白，味辛，合槟榔食之，御瘴疠。

——正德《云南志》卷十三《金齿军民指挥使司·土产》第 5 页

唐蒙使南越，食蒟酱，问所从来，曰道西北牂牁。今临安、大理俱有之，即荜茇也。其实似蒌子，土人以和五味。宋司马光《送张寺丞》诗："汉家尺五道，置吏抚南夷。欲使文翁化，兼令孟获知。盘堆蒟酱实，歌杂竹枝词。"《本草》《通鉴》诸注及张志淳《南园漫录》皆以蒌子为蒟酱，误矣。然蒌子一名扶留，而扶留有三种，荜茇与焉。见《广州记》。二者名亦相通，但今所合槟榔食者，的非蒟耳。

——《滇略》卷三《产略》第 2 页

己卯七月十三日……半里，涉其底，底亦甚平，森木皆浮空结翠，丝日不容下坠。山上多扶留藤，所谓蒌子也。此处尤巨而长，有长六丈者。又有一树径尺，细芽如毛，密缀皮外无毫隙。

——《徐霞客游记·滇游日记十一》第 1149 页

芦子 出腾境最多，盏达有芦子山，张南园谓即蒟酱。吴《志》云其说难信，然张不可易也。盖蒟蒻，二物：蒻苗似天南星，其形可恶，而根大倍于芋魁，有似盆、盎者，以石灰水浸之，治如豆腐，煮食，俗名鬼庙，一名庙头，盖鬼者魁之讹，蒻转读为鸟，又讹庙耳；蒟者乃藤，本缘树而生，子如桑葚，熟时正青，长二三寸，以蜜藏而食之，黔、滇人以合槟榔食，但不知为酱耳。

——乾隆《腾越州志》卷十一《杂志·杂记》第 12 页

芦子 叶青花绿，藤蔓相生，长数十丈，每节辄结芦子，每条长四五六寸，大如手指。味辛暖而香，和胃除寒，散热祛瘴，染皂家以为上色。产于深山老林中，缅宁、思茅各山皆有，以产于景东者为第一。

——嘉庆《景东直隶厅志》卷二十四《物产》第 6 页

蒟酱 蒟酱之名见于《史记》，注释亦明矣。因宋周益公偶失记，而妄对蒟酱之名，顾益显此物为永昌所产。《蜀都赋》所谓缘木而生，其子如桑椹，长二三寸是已。生时深绿色，日干即黑。云南槟榔以此及滤净石灰合而嚼之，有香味，呼为芦子。广西以三赖及蒌叶共食，干硬无味。按：芦子出腾越最多，盏达有芦子山。张南园谓即蒟酱，吴《志》云其说难信，然张说不可易也。盖蒟蒻，二物：蒻苗似天南星，其形可恶，而根大倍于芋魁，有似盆、盎者，以石灰水浸之，治如豆腐，煮食，俗名鬼庙，一名庙头，盖鬼者魁之讹，蒻转读为鸟，又讹庙耳；蒟者乃藤本，缘树而生，子如桑椹，熟时正青，长二三寸，以蜜藏而食之。黔、滇人以合槟榔食，但不知为酱耳。又按：芦子，其味辛，即《本草》之荜茇也。染坊染大红色，必以此与红花同浸，其色方显。

——《滇南杂志》卷十四《轶事八》第 1 页

蒌 本为蒟。蒟，酱也。缘树而生，子如桑椹，熟时正青，长二三寸，以蜜调而食之，辛香温，调五脏味。注：意似以蒌子捣烂，蜜调之为蒟酱，犹今之杏酱也。列于酱豆，以蘸各肴馔而食之，不言和嚼槟榔也，此蜀人之食法也。至注《吴都》之扶留，曰藤也，缘木而生，味辛，可食槟榔者，断破之，长寸许，以合石贲灰与槟榔并咀之，口赤如血，始兴以南皆有之，似当日断椹以和食，不用叶。留者，蒌也，故实曰蒌子，叶曰蒌叶。粤食今不用子而用叶，断槟榔破为两片，每片裹蒌叶，叶抹蚝灰，谓之一口。每宴会，则取数百口列于中座，佐以盒灰。今滇俗犹粤，大重槟榔茶，不设则生嫌怅，但无蒌叶，惟剪蒌子杂槟榔片和灰食，此吴人之食法也。元江又分芦子、蒌叶而二之，谓芦子产山谷中，蔓延丛生，夏花秋实，干之以为货，则是今芦子伴食干槟榔，且以助染缸者也；蒌叶家园遍植，叶大如掌，累藤于树，无花无实，冬夏常青。采叶和槟榔食之，味香美，则犹粤人卷叶以食鲜槟榔者也，然皆蒟也。蒟分两种，一结子以为酱，一发叶以食槟榔。海滨多叶，而滇、黔无叶，以其子代之。或作芦，或作蒌，其义一也，京师亦然。槟榔既入果部矣，蒌应相随，故次槟榔而志之。

——《滇海虞衡志》卷十《志果》第 4 页

蒟酱一名扶留　稽含《南方草木状》：蒟酱，荜芨也。《汉书·西南夷传》注：师古曰子形如桑椹，缘木而生，味尤辛。今石渠则有之，食读曰饮。《一统志》：扶留，一名蒌子，出点苍山。《文选》所谓东风扶留。谨案：蒟酱，已见统产，兹取其在大理者再录之，意有专重，非重出也。

——道光《云南通志稿》卷六十九《食货志六之三·物产三·大理府》第 10 页

芦子　旧《云南通志》：出云州。谨案：芦子，即蒟酱，见统产及大理，以后出处仍载，不复述。

——道光《云南通志稿》卷六十九《食货志六之三·物产三·顺宁府》第 31 页

芦子　旧《云南通志》：出普洱。《思茅厅采访》：出整罕山，芳香异于他产。

——道光《云南通志稿》卷七十《食货志六之四·物产四·普洱府》第 3 页

蒌叶藤　《一统志》：叶似葛蔓附于树，可为酱，即《汉书》所谓蒟酱也。实似桑椹，皮黑肉白，味辛，合槟榔食之，可御瘴疠。旧《云南通志》：产与元江同。《腾越州志》：盏达有芦子山，州境植者，近边夷寨为多。

——道光《云南通志稿》卷七十《食货志六之四·物产四·永昌府》第 26 页

芦子　《景东厅志》：叶青花绿，藤蔓相生，长数十丈，每节辄结芦子，每条长四五六寸，大如手指。味辛暖而香，和胃除寒，散热祛瘴，染皂家以为上色。产于深山老林中，缅宁、思茅各山皆有，以产于景东者为第一。

——道光《云南通志稿》卷七十《食货志六之四·物产·景东直隶厅》第 39 页

芦子　旧《云南通志》：产山谷中，蔓延丛生，夏花秋实，土人采之，日干收货。

蒌叶　旧《云南通志》：家园遍植，叶大如掌，累藤于树，无花无果，冬夏长青，采叶合槟榔食之，味香美。檀萃《滇海虞衡志》：蒌，本为蒟。蒟，酱也。缘木而生，子如桑椹，熟时正青，长二三寸，以蜜调而食之，辛香温，调五藏味。刘渊林《蜀都赋》注：意似以蒌子捣烂，蜜调之为蒟酱，犹今之杏酱也。列于酱豆，以蘸各穀馔而食之，不言和嚼槟榔，此蜀人之食法也。至注《吴都》之扶留，曰藤也，缘木而生，味辛涩，食槟榔者，断破之，长寸许，以合石贲灰与槟榔并咀之，口赤如血，始兴以南皆有之，似当日断椹以和食，不用叶。留者，蒌也，故实曰蒌子，叶曰蒌叶。粤食今不用子而用叶，断槟榔破为两片，每片裹蒌叶，叶抹蚝灰，谓之一口。每宴会，则取数百口列于中座，佐以盒灰。今滇俗犹粤，大重槟榔茶，不设则生嫌怅，但无蒌叶，惟剪蒌子杂槟榔片合灰食之，此吴人之食法也。元江又分芦子、蒌叶而二之，谓芦子产山谷中云云，则是今芦子拌食干槟榔，且以助染缸者也。云蒌叶家园遍植云云，则犹粤人卷叶以食鲜槟榔者也，然皆蒟也。蒟分两种，一结子以为酱，一发叶以食槟榔。海槟多叶，而滇黔无叶，以其子代之。或作芦，或作蒌，其义一也。

——道光《云南通志稿》卷七十《食货志六之四·物产·元江直隶州》第 54 页

蒟酱　《唐本草》始著录。按《汉书·西南夷传》：南粤食唐蒙蜀枸酱，蒙归问蜀贾人，独蜀出枸酱。颜师古注：子形如桑椹，缘木而生，味尤辛。今石渠则有之。此蜀枸酱见传纪之始。

《南方草木状》则以生番国为荜茇，生番禺者谓之蒟。交趾、九真人家多种，蔓生，此交、滇之蒟见于纪载者也。《齐民要术》引《广志》、刘渊林《蜀都赋》注，皆与师古说同。而郑樵《通志》乃云状似荜拨，故有土荜拨之号。今岭南人但取其叶食之，谓之蒌，而不用其实，此则以蒟子及蒌叶为一物矣。考《齐民要术》扶留所引《吴录》《蜀记》《交州记》，皆无"即蒟"之语，唯《广州记》云扶留藤缘树生，其花实即蒟也，可以为酱，始以扶留为蒟。但《交州记》扶留有三种，一名南扶留，叶青，味辛，应即今之蒌叶；其二种曰获扶留，根香美，曰扶留藤，味亦辛。《广州记》所谓"花实即蒟"者，不知其叶青味辛者耶？抑藤根香辛者耶？是蒟子即可名扶留，而与蒌叶一物与否，未可知也。诸家所述蒟子形味极详，而究未言蒟叶之状。宋景文《益部方物略记·蒟赞》云：叶如王瓜，厚而泽。又云，或言即南方扶留藤，取叶合槟榔食之。玩赞词并未及叶，而或谓云云，盖阙疑也。唐苏恭说与郑渔仲同，苏颂则以渊林之说为蜀产，苏恭之说为海南产，李时珍则直断蒟、蒌一物无疑也。夫枸独出蜀一语，已断定所产。流味番禺，乃自蜀而粤，故云流味，非粤中所有明矣。余使岭南及江右，其贲灰、蒌叶、槟榔三物，既合食之矣。抚湖南，则长沙不能得生蒌，以干者裹食之；求所谓芦子者，乌有也。及来滇，则省垣茶肆之累累如桑椹者，殆欲郡车而载，而蒌叶又乌有也。考云南旧《志》，元江产芦子，山谷中蔓延丛生，夏花秋实，土人采之，日干收货。蒌叶，元江家园遍植，叶大如掌，累藤于树，无花无实，冬夏长青，采叶合槟榔食之，味香美。一则云夏花秋实，一则云无花无实，二物判然。以土人而纪所产，固应无妄。余遣人至彼，生致蒌叶数丛，叶比岭南稍瘦，辛味无别，时方五月，无花跗也。得芦子数握。土人云四五月放花，即似芦子形，七月渐成实。盖蒌叶园种，可栽以饷；而芦子产深山老林中，蔓长故但摘其实。《景东厅志》：芦子叶青花绿，长数十丈，每节辄结子，条长四五寸，与蒌叶长仅数尺者异矣。遍考他府州志，产芦子者，如缅宁、思茅等处颇多，而蒌叶则唯元江及永昌有之，故滇南芦多而蒌少。独怪滇之纪载，皆狃于郑渔仲诸说，信耳而不信目为可异也。《滇海虞衡志》谓滇俗重槟榔茶，无蒌叶则剪蒌子合灰食之，此吴人之食法。夫吴人所食乃桂子，非芦子也。又以元江分而二之，为蒟有两种，一结子以为酱，一发叶以食槟榔。夫物一类而分雌雄多矣，其调停今古之说，亦是考据家调人媒氏。然又谓海滨有叶，滇、黔无叶，以子代之，不知冬夏长青者，又何物耶？盖元江地热，物不蛀则枯叶，行数百里，肉瘠而香味淡矣。芦子苞苴能致远，干则逾辣。滇多瘴，取其便而味重者饵之，其植蒌则食蒌耳。岭南之蒌走千里，而近至赣州，色味如新，利在而争逐，亦无足异。芦子为酱，亦芥酱类耳。近俗多以番椒、木橿子为和，此制便少，亦今古之变食也。《本草纲目》引嵇氏之言，《本草》以蒟为蒌子，非矣。其说确甚，后人辄易之，故详著其别。盖蒟与荜茇为类，不与蒌为类。朱子《咏扶留诗》"根节含露辛，苕颖扶援绿。蛮中灵草多，夏永清阴足"，形容如绘。曰根节、曰苕颖、曰清阴，独不及其花实，亦可为《云南志》之一证。《赤雅》：蒟酱以荜茇为之，杂以香草。荜拨，蛤蒌也。蛤蒌何物也？岂以蒌同贲灰合食，故名耶？抑别一种耶？《滇黔纪游》：蒟酱乃蒌蒻所造，蒌蒻则非子矣，蒌故不妨为酱。又李时珍引《南方草木状》云：《本草》以蒟为蒌子，非矣。蒌子，一名扶留草，形全不同。今本并无此数语。《唐本草》始著蒟酱，嵇氏所谓《本草》，当在晋以前，抑时珍误引他人语耶？染皂者以芦子为上色，《本草》亦所未及。

——《植物名实图考》卷二十五《芳草类》第 45 页

蒌叶 生蜀、粤及滇之元江诸热地。蔓生有节，叶圆长光厚，味辛香，剪以包槟榔食之。《南越笔记》谓遇霜则萎，故昆明以东不植。古有扶留藤，扶留急呼则为蒌，殆一物也。医书及传纪，皆以为即蒟，说见彼。滇之蒌，种于园，与粤同，重芦而不重蒌，故志蒌不及粤之详。茎味同叶，故《交州记》云藤味皆美。

——《植物名实图考》卷二十五《芳草类》第 49 页

芦子　《云南通志》：出云州，即蒟酱也。李时珍《本草纲目》：蒟酱，今两广、滇南及川南、渝、泸、威、茂、施诸州皆有之。其苗谓之蒌叶，蔓草依树，根大如箭。彼中人食槟榔者，以其叶及石灰少许，同嚼食之，云辟瘴疠，去胸中恶气，下气消谷。故谚云槟榔浮留，可以忘忧。其花结实，即蒟子也。

——光绪《续修顺宁府志稿》卷十三《食货志三·物产》第 20 页

芦子　《采访》：产深箐中，藤长十丈，春华秋实，形如指拇，长五六寸，浑身细子。土人采售于市，合槟榔以食，或曝干，货之远方。

——民国《元江志稿》卷七《食货志·草属特别产》第 7 页

蒟酱　一名扶留　稽含《南方草木状》：蒟酱，荜茇也。《汉书·西南夷传》师古注曰：子形如桑椹，缘木而生，味尤辛。今石渠则有之。《一统志》：扶留，一名蒌子，出点苍山。《文选》所谓东风扶留。

——民国《大理县志稿》卷五《食货部二·物产》第 2 页

蒟　蒟，酱也。缘树而生，其子如桑椹，熟时正青，长二三寸，以密藏而食之，辛香温，调五脏。案裴骃引《汉书音义》：枸木似榖树，叶似桑叶。司马贞引刘德云：长二三寸，殆即今之芦子。蒻，草也。其根名蒻，头大者如斗，其肌正白，可以灰汁煮则凝成，可以苦酒淹食之。蜀人珍焉。

——《滇绎》卷一《〈蜀都赋〉刘渊林注六条》第 21 页

梨

梨　滇南处处皆有，种类殊别，皮有厚薄。乳梨、味香，治中风。消梨、花梨、桑梨、治吐血。棠梨、润肺止咳。御儿梨、治肝火目痛。茅梨、治胃寒。蜜梨、治小儿吼。赤梨、治大疮，敷患处。雪梨。治熟嗽，止渴。实，味甘，微酸。梨者，利也，其性下行流利也。切片治汤火伤处，贴之如神。亦能治中风不语，寒症热疾，大小便不通，或胃中痞块食积，霍乱吐泻，小儿偏坠，疼痛即止。但味甘，不可多食。取汗服之，定喘止咳。夷人以青梨治痨伤疼。叶，敷疮。皮，敷发背疔疮。

——《滇南草本》卷一下《果品类》第 3 页

戊寅九月初七日……流上横小桥西度，有一老人持筐卖梨其侧，一钱得三枚，其大如瓯，味松脆而核甚小，乃种之绝胜者，闻此中有木瓜梨，岂即此耶？

——《徐霞客游记·滇游日记三》第 787 页

己卯七月初五日……其北者为薛庄，其南者为马庄，其树皆梨柿诸果。

——《徐霞客游记·滇游日记十一》第 1132 页

木瓜梨。

——康熙《云南通志》卷十二《物产·曲靖府》第 6 页

梨 昔人称梨为快乐，以其脆腻香甜，入口则意快，解暑、解酒则情快耳。又名宗果，为众果之所宗。又名玉乳蜜父，则誉其味之甘美矣。鸡山之梨，不胜宣城，然寒霜古雪中，自生香冽，殊与他产者异也。

甜梨 言其味也，但肉坚渣浊，不耐啖。

海东梨 肉理最粗，大有及升者。惟收至冬，差可食。

水扁梨 多液，亦稍脆，但酸不堪食。

雪梨 肉细多水，如雪融融然寒彻于口，又芬香可人意。今种绝矣。

蜜梨 味似蜜，肉理亦细。今亦无其种。

木瓜梨 皮色红，状似木瓜。味少酸，藏之久，亦颇堪食。

秤锤梨 俗谓火把梨。当六月末即熟，色亦红润。滇俗以六月廿四燃火炬，缘其熟于兹时，是以得名。

以上花均淡白色，初开时，其端带微红。凡梨花不以少为玩，惟数十百株合栽作园，则香雪飘空，大畅清赏。

——《鸡足山志》卷九《物产》第 325 页

（苍山）梨至有七斤重者。

——《滇黔纪游·云南》第 20 页

梨 楚雄雪梨，松脆异常，弹指欲碎，入口甘美，咀嚼无渣滓，雅与雪相似，较北地秋白梨更佳。闻云龙州民间有一种梨，尤胜于楚雄，但所产甚少，惧酬应之弗给，不敢售于外，上游鲜有知者。曲靖木瓜梨，以形似故名，质粗，佳者味亦美，其余梨之种类不一，酸涩者多。

——《滇南闻见录》卷下《物部·果属》第 35 页

梨 两广无，而滇最多。楚雄之梨，黑似坏者，乃系本色，味佳也。

——《滇海虞衡志》卷十《志果》第 1 页

梨 《南宁县志》：有木瓜梨。《宣威州志》：有香面梨。

——道光《云南通志稿》卷六十九《食货志六之三·物产三·曲靖府》第 39 页

梨 属蔷薇科，落叶乔木。春初花开，色粉红，五瓣。秋日果熟，皮色黄绿，多浆汁，品种极多，甘酸各别。旧《志》谓"晋宁者仁"，《滇海虞衡志》谓"梨，两广无，而滇最多"。今呈贡之宝珠梨、乌梨，大理之雪梨，甘嫩多浆，与天津哀家梨等。其次则昭通梨，虽属晚成，而甘酸可口。楚雄黑梨、大理乌梨，一云水扁梨，本色味佳，当是一类。陈鼎《滇黔纪游》载太和梨有七斤重者，尚不知永昌抓梨，其重且在太和上也。省中尚有香酥梨，味甘汁少，火把梨皮红多浆，亦似来自大理。又华宁之木瓜梨，为邑名产。麻栗坡董幹冬梨亦有名，云县之早谷梨亦有名。总之，梨类虽多，以产于昆明湖、洱湖畔之砂质壤土者，品质最佳，证于宝珠梨、乌梨、雪梨而益信云。

——《新纂云南通志》卷六十二《物产考五·植物二·果实类》第 27 页

李

李子 味甘酸。治风湿、气滞血凝。叶，治金疮、水肿。不可多食，伤损脾胃。

——《滇南草本》卷一下《果品类》第 7 页

李子树根 性寒，味苦涩。治膏淋脓闭，马口疼痛。秋草为使，用根点水酒服，但服后脓止，管中痒，方好。

———《滇南草本》卷二第 47 页

李 梵书称李为拘陵迦。天下李以嘉庆子为最，而鸡足山中自产李，白花，其果如鹅子黄悬日，累累然若金弹。一啖之，其水入口仅一滴许则香甜，再入口者酸皱眉矣。余皆栽接而成。

金沙李 脆而多水，食惟此最佳。色黄而多细赤点。

麦熟李 当麦秀之祁祁而此熟矣。果色红黄，上有赤细点，袖之则香盈襟抱。

牛心李 大径茶瓯，深紫红黑色。味酸多甜少。

粉李 其果上有粉色，绿黄交错。味不甚甜。以上皆白花，不足玩。

郁李 赤若朱樱，大亦称之。花千叶，有糁微红及纯白二种。

山李 味转美，岂弃掷于道路之谓耶？详见《李论》

———《鸡足山志》卷九《物产》第 322 页

蒙化诸山中有木，大者合抱，屈曲不材，结实似李，小如樗枣，六月熟。土人呼醉李，余谓即楂李。

———《札樸》卷十《滇游续笔·醉李》第 12 页

醉李 桂馥《札樸》：蒙化诸山中有大木，合抱，屈曲不材，结实似李，小如樗枣，六月熟。土人呼醉李，余谓即楂李。

———道光《云南通志稿》卷七十《食货志六之四·物产·蒙化直隶厅》第 42 页

李 属蔷薇科，落叶乔木。二月开白色细碎之花，夏季果熟，有肉熟而皮犹绿者，谓之脆李，即青霄、御黄一类。黄者更有金沙李之称，其紫色肥大，味甘如蜜者即均亭李，亦即麦李。脆李最名贵，属晚生种。紫李次之，滇到处产。又蒙化山中，有大小合抱，屈曲不材，结实如李，小如樗枣，六月熟。土人呼为醉李者，《札樸》以为即楂李。

———《新纂云南通志》卷六十二《物产考五·植物二·果实类》第 26 页

荔枝　龙眼

《南中八郡志》曰：犍为僰道县出荔支。

———《艺文类聚》卷八十七《果部下》第 19 页

荔枝 临安有二树，其一近北山寺，大可合抱；一在王参戎墅，仅六寸径耳。熟以三月，形味皆劣于闽、广。又有龙眼一株，味皆差似岭南。然此三树之外，土人百计种之，不育也。

———《滇略》卷三《产略》第 4 页

荔枝 仅数本，味酸，肉薄。

———康熙《云南通志》卷十二《物产·元江府》第 7 页

荔支、龙眼 古书出于川、滇，《左赋》称蜀之前[①]，"旁挺龙目，侧生荔枝"谓滇南也。唐宋时，嘉、戎多有荔枝，白乐天守忠州，写图以寄京师交好。今不闻川有荔支，惟滇之元江，尚不得辞其名。每年以进各衙门，而累不免，恐后来元江亦告无矣。龙眼绝不见。

———《滇海虞衡志》卷十《志果》第 2 页

---

① 蜀之前　道光《云南通志稿》卷六十七《食货志六之一·物产一·云南通省》第 23 页作"蜀之产"。

龙目　乐史《太平寰宇记》：姚州产龙目，似荔枝。

——道光《云南通志稿》卷六十九《食货志六之三•物产三•楚雄府》第 25 页

龙眼、荔枝　刘逵《蜀都赋》注：《南裔志》曰"龙眼、荔枝，生朱提南广县"。

——道光《云南通志稿》卷七十《食货志六之四•物产四•昭通府》第 39 页

荔枝　旧《云南通志》：仅数本，味酸肉薄。

——道光《云南通志稿》卷七十《食货志六之四•物产•元江直隶州》第 55 页

荔支　《开宝本草》始著录。以闽产者佳，江西赣州所属定南等处，与粤接界，亦有之。其核入药。零娄农曰：吾至滇，阅《元江志》，有荔支。适粤中门生权牧其地，访之，则曰邑旧产此果，以诛求为吏民累，并其树刈之，今无矣。余谓之曰：粤人闻人言荔支，辄津津作大嚼状。今元江物土既宜，足下何不致南海嘉种，令民以法种之，俟其实而尝焉。其日曝火烘者，走黔、湘以博利，浸假而为安邑枣、武陵橘，非劝民树艺之一端乎？则应曰：元江地热瘴甚，牧以三年代，率不及期而请病。其仆僮以热往，以榇归者相继也，亦何暇作十年计乎？且滇亦大矣，他郡皆无，此郡独有，园成而赋什一，民即不病，而筐篚之费，驮负之费，供亿馈问无虚日，不厉民将焉取之。余恍然曰：一骑红尘，诗人刺焉，为民上者，乃以一味之甘，致令草木不得遂其生乎！噫！

——《植物名实图考》卷三十一《果类》第 10 页

荔枝　属无患树科，一名丹荔。蔡君谟《荔枝谱》载其释名，有七十五种之多。虽不免以形色、姓氏、土地巧为附会，然亦以见荔枝一类，出产之多。《滇海虞衡志》谓"荔枝、龙眼，古书出于川、滇，今滇之元江尚不得辞其名"云云。今据调查所及，迤南温暖地如新平、思茅、墨江、缅宁、开远、金河等处均产有之，不限于元江也。此植物常绿乔木，所结果实，味甘多汁，为南方珍果之一。供食之部，其果肉也。另有韶子一种，亦滇产，镇康、广南有之，为荔枝之变种，土名毛荔枝，味酸，不中食。

龙眼　亦属无患树科，与荔枝并名。南方温暖地如元江、婆兮、景东、永胜、宁洱等处均栽培之，俗名圆圆，或云桂圆。树似荔枝，而枝叶差小，凌冬不凋，春末开细白花，结实圆若弹丸，皮壳青黄，肉白有浆，其甘如蜜，惟不及荔枝之肉厚浆多。旧《志》谓若论益人，则性最和平，功用不亚于荔枝，盖纪实云。

——《新纂云南通志》卷六十二《物产考五•植物二•果实类》第 25 页

荔枝　《台阳随笔》：元江附郭多荔枝，树大叶坚韧，春初开花，五月成熟，皮作深红色，味酸肉薄，惟产于南漫者，其味不逊粤产。《千顷斋集》及李京《云南志》均称滇产荔枝，而不详产地。樊绰《蛮书》言永昌、丽水、长傍、金山有之，而不及元江。是皆土训者之漏闻也。

——民国《元江志稿》卷七《食货志•果属特别产》第 3 页

栗

栗子　州西之山非一俱产栗子，其实小而味甘，胜于他郡之产也。

——景泰《云南图经志书》卷二《曲靖军民府•罗雄州•土产》第 24 页

栗　出罗雄州。实小而味甘，胜于他州所产。

——正德《云南志》卷九《曲靖军民府·土产》第 6 页

戊寅九月二十一日……太平老僧煮芋煨栗以饷。

——《徐霞客游记·滇游日记三》第 800 页

戊寅九月二十四日……（寻甸府）城中市肆，与广西府相似。卖栗者，以火炙而卖之。

——《徐霞客游记·滇游日记三》第 809 页

莲子

莲子　出于澂江，比湖莲为巨，然莲肉不能白脆如建莲。今馈送以桶盛，题面辄曰建莲。

——《滇海虞衡志》卷十《志果》第 8 页

林檎

花红果　味甘酸。治一切冷积痞块，中气不足，似疟非疟，化一切风痰气滞。熬食，令人延年。叶，治小儿疮疥。梗，烧灰，小儿服之，止夜啼。

——《滇南草本》卷一下《果品类》第 5 页

花红　形与吾地同，但家食时，疑色不称名。至此则花红之实，红艳果不减花也。

——《徐霞客游记·滇中花木记》第 738 页

己卯六月二十五日……北邻花红正熟，枝压墙南，红艳可爱。摘而食之，以当井李。此间花红结子甚繁，生青熟红，不似余乡之熟辄黄也。余乡无红色者，"花红"之名，俱从此地也。

——《徐霞客游记·滇游日记十》第 1130 页

林檎　王右军称樱桃、苦李、日给藤，而以林檎冠其端。林檎，良佳果矣，以味美，致禽来食，故以得名。藏器曰：文林郎果，多生渤海间，而南人呼楒梓。

花红　始总是用楒梓栽接成。林檎则水多而酸甜相半，清香似酒入口边气。今花红皮色极红，鲜时亦有水，久则沙矣。其苹果、青果则南中少，皆其类耳。

——《鸡足山志》卷九《物产》第 326 页

花红　日本谓林檎为苹果，滇中则以花红为林檎。李时珍《本草纲目》云：林檎，即柰之小而圆者。其类有红林檎、水林檎、蜜林檎，皆以色味立名。是即滇中之花红，非苹果也。其味酢者曰揪子，当是小林檎一类，俗称小花红，酸不可食。大理、宾川产之海棠果，亦小花红之别种，但甘酸宜人。花红属蔷薇科，落叶乔木，以佳果著称，昆明、呈贡、大理、宾川、丽江等处，为其著名之产地。

——《新纂云南通志》卷六十二《物产考五·植物二·果实类》第 26 页

留子

《南方草木状》：兴古有果名刘，三月花，七月熟，其色黄，其味酢。又有荳蔻树，大如李，二月花，七八月熟，曝干剥食其核，味辛香。

——《滇略》卷三《产略》第 11 页

留子 薛莹《荆扬异物志》：留子树生交、广、武平、兴古诸郡山中，三月著花，结实如梨，七八月熟，色黄味甘酢，而核甚坚。

——道光《云南通志稿》卷六十九《食货志六之三·物产三·曲靖府》第 38 页

马金囊

马槟榔 一名马金囊，又名马金南。状类白荳蔻，嚼之饮冷水则无所伤，或云细嚼以涂毒疮亦效。

——景泰《云南图经志书》卷三《元江军民府·土产》第 30 页

紫槟榔 即马金囊，安南长官司出。

——正德《云南志》卷四《临安府·土产》第 8 页

马槟榔 一名马金南，又名马金囊。状类白荳蔻，嚼之饮冷水即无所伤，若嚼以涂恶疮亦效。

——正德《云南志》卷十一《元江军民府·土产》第 14 页

紫槟榔 即马金囊，状类白荳蔻，嚼涂恶疮甚效，或食一枚，饮冷水即无所伤。

——正德《云南志》卷十三《金齿军民指挥使司·土产》第 5 页

马槟榔 【释名】马金囊、《云南志》。马金南、《记事珠》。紫槟榔。《纲目》。【集解】时珍曰：马槟榔，生滇南金齿、沅江诸夷地。蔓生，结实大如葡萄，紫色，味甘。内有核，颇似大枫子而壳稍薄，团、长、斜、扁不等，核内有仁，亦甜。

——《本草纲目》卷三十一《果部三》第 25 页

马金囊 其味似文官果而非，文官果树生，而此蔓生也。咀之饮水，留甘不散。一云傅恶疮良。

——《滇略》卷三《产略》第 5 页

马金囊 即紫槟榔。嚼之饮水，味甘除热，又可敷毒疮。

——康熙《云南通志》卷十二《物产·开化府》第 8 页

马金囊 一名马槟榔，蟾蜍矢也。状类白豆蔻，涂恶疮，治痘有效。州人张汉云：文官果与马金囊颇肖，文官木本，囊藤本也。囊甘于文官耳。因谓有马有金囊富也，文官贵也。戏为句曰：文官果无遗味，马金囊有回甘。乃知贵不如富，荣名厚实须参。

——乾隆《石屏州志》卷八《杂纪》第 12 页

马槟榔 一名马金囊 李时珍《本草纲目》：生滇南金齿、元江诸夷地。蔓生，结实大如葡萄，紫色，味甘，肉[1]有核，颇似大枫子而壳稍薄，团、长、斜、扁不等，核内有仁，亦甜。

——道光《云南通志稿》卷七十《食货志六之四·物产四·永昌府》第 23 页

马金囊 旧《云南通志》：即紫槟榔，嚼之，饮水味甘，可治疮毒。章潢《图书编》：出安南。
谨案：互详永昌府。

——道光《云南通志稿》卷七十《食货志六之四·物产四·开化府》第 33 页

---

[1] 肉 《本草纲目》卷三十一《果部三》作“内”。

马槟榔　　《明一统志》：土人呼为马金囊。李时珍《本草纲目》：生滇南金齿、元江诸夷地。

——道光《云南通志稿》卷七十《食货志六之四·物产·元江直隶州》第 55 页

蔓胡桃

蔓胡桃　　出南诏，大如扁螺，两隔，味如胡桃，或言蛮中藤子也。[1]

——《酉阳杂俎》卷十九《广动植之四·草篇》第 160 页

蔓胡桃　　段成式《酉阳杂俎》：蔓胡桃出南诏，大如扁螺，两隔，味如胡桃，或言蛮中藤子也。旧《云南通志》：出江川。

——道光《云南通志稿》卷六十九《食货志六之三·物产三·澂江府》第 27 页

梅

红梅　　味酸，寒。治一切瘟疫，暑热，头痛发热，服之神效。

《滇南草本》卷一下《果品类》第 6 页

梅　　性能合群味，故和羹焉，真为调燮之助矣。深山中老凌霜雪，枯干抽新，乃真高士也。然接之者，名偕花异。陆机多智，不识楠梅。如其见之，端倍桥舌。

奇峰梅　　瓣厚如碾玉楮，蒂红似胭脂。惟单瓣者尤佳，双套者不及。

玉剪梅　　瓣毿毿如剪玉，却能结实。其实种之即成单瓣，惟接之始全也。

三义梅　　一花三实，爱以得名。非若《诗·摽有梅》其实七兮，而后及三之谓也。

绿萼梅　　以萼绿故名。然翔云寺一株，其萼油油然倍绿。

孤山雪　　在九莲寺之寄寄斋后，年代越叶榆之唐梅。其古拙龙大迈伦，不以年深减花姿，开时则雪香飘逾山谷。

照水梅　　以花面俯下欲照水，似媚其姿耳。

朱砂梅　　赤夺丹砂，香含霜雪。

宝珠梅　　其心有一珠，花瓣含而实之，如嵌也。

磬口梅　　团团类磬口，循俗称也。惟山多野梅，韵以天胜，难以名状。

梅实　　少投以灰，入坛中，日凭风雨摇之，听其味至则洗其灰，方入蜜，食之良佳，谓风雨梅。带核敲碎，欲取核之香透其肉，然后以蔗糖并投醋中套之，待其晒少干，即收入瓶中，谓之醋梅。少加雕饰，去核，作扁饼子，或不去核作球子，或切片为饤饾，以甜多酸少者美，谓蜜梅干也。

——《鸡足山志》卷九《物产》第 323 页

梅　　属蔷薇科，落叶乔木。夏时果熟，嫩黄轻绿，间带橙色，有山梅、盐梅两种，山梅味苦，滇中用以渍物入药。盐梅一名杏梅，味带酸咸，清脆可口，供生食，亦可渍糖蜜及醃藏，通海、河西产者更佳。

——《新纂云南通志》卷六十二《物产考五·植物二·果实类》第 27 页

---

[1]此条，天启《滇志》卷三十二《搜遗志第十四之一·补物产》第 1045 页、康熙《云南通志》卷三十《补遗》第 15 页、《滇南杂志》卷十三《轶事七》第 10 页引同。

抹猛

抹母　其树高大而叶长如掌，其实与芭蕉实相似而差短。熟于夏月，其味甜酸，而性则温。

　　　　　　　　　　　　——景泰《云南图经志书》卷三《元江军民府·土产》第 30 页

抹猛　一名羊桃，树高大，叶长如掌，实与芭蕉相似而差短。熟于夏月，味甜酸，而性则温。者乐甸亦出。

　　　　　　　　　　　　——正德《云南志》卷十一《元江军民府·土产》第 15 页

抹猛　果也，形如小猪。夷语果曰"抹"，猪曰"猛"，又谓之抹母。树高大，叶长如掌，实与芭蕉相类而差短。夏月熟，味甘酸。《滇程记》曰：色类樱桃，形如橄榄。

　　　　　　　　　　　　　　　　　　——《滇略》卷三《产略》第 5 页

抹猛果　树高丈余，叶大如掌，熟于夏月，味甘。

　　　　　　　　　　　　——康熙《云南通志》卷十二《物产·元江府》第 7 页

抹猛果　旧《云南通志》：形如木瓜，熟于夏月，味酸。

　　　　　　　　　　——道光《云南通志稿》卷七十《食货志六之四·物产·元江直隶州》第 55 页

抹猛果　《台阳随笔》：树大合围，其叶尖长而硬，花作细点形。春花夏实，略如鸡卵而长，皮色深绿，熟则微黄，瓤作杏黄色，味亦香美，惟核大而瓤少耳。抹读如"骂"，夷语谓果为"抹"，故曰"抹猛"。汉人于"抹猛"下又系"果"字，殊有圯桥之嫌，而《他郎厅志》谓抹猛果俗名打锣槌，是又误二果为一名矣。

　　　　　　　　　　　　——民国《元江志稿》卷七《食货志·果属特别产》第 3 页

木瓜

秋木瓜　性微温，味苦辛甘。主治筋骨疼痛，痰火脚软。

　　　　　　　　　　　　　　　　　　　——《滇南草本》卷三第 21 页

木瓜　山阴兰亭间尤多。即《尔雅》谓楙得木之正者也。其树作大刺，花如奈，作房生子，形似栝蒌，火干极香。其花有淡红、深红两色。凡庵取作篱，以兽不得入也。山中自生者，则皆白花。其木甚坚细，为板则受镂。

　　　　　　　　　　　　　　　　——《鸡足山志》卷九《物产》第 330 页

木瓜　属蔷薇科，落叶灌木。高不盈丈，茎叶有刺，叶长椭圆，形似海棠，花亦如之，惟其梗不长。春末开花，瓣片五，数五，绯红，与盆栽小桃红相类，惟花色较淡。花后结实，长达二三寸，熟时色黄味酸，可渍盐、糖供食用，或以酿醋，或以入药。滇中产之，盆植、障篱均宜。又木瓜中类似之一种，其子可以洗冰粉，巧家、元谋、鲁甸、腾冲等处产之，亦云酸巴树。

　　　　　　　　　　——《新纂云南通志》卷六十二《物产考五·植物二·果实类》第 28 页

枇杷

《南中八郡志》曰：南安县出好枇杷。

——《太平御览》卷九百七十一《果部八·枇杷》第 3 页

枇杷 味甘平。治肺痨痨伤吐血、咳嗽吐痰、哮吼。又治小儿惊风发热，神效。

——《滇南草本》卷一下《果品类》第 7 页

枇杷叶 味苦辛，性寒。入肺，止咳嗽，止喘促，消痰。久咳，喉中如拽据之声，肺有顽痰结在肺中，痰丝随风气升降，故有吼喘之声。枇杷叶入肺，能斩断顽痰丝，消散吼喘，气啶定止。

——《滇南本草》卷中《草部》第 25 页

枇杷 属蔷薇科，常绿乔木也。叶厚多毛，夏日果熟，皮黄多汁，富于甘味。滇园地温暖处常栽培之，但未改良新种如日本田中枇杷，故微嫌其肉薄核大耳。

——《新纂云南通志》卷六十二《物产考五·植物二·果实类》第 28 页

苹果

苹果 一名超凡子，又名天然子。味甘香。正品仙果，上古神仙采以熬膏。甘美，食之生津，久服轻身延年，黑发。一名玉容丹，通五脏六腑，走十二经络。调营卫而通神明，解瘟疫而止寒热。采叶敷脐上治阴症。又治产后血迷，经水不调，蒸热发烧，服之神效。

——《滇南草本》卷一下《果品类》第 4 页

滇中花果，与中原无异，独绝无苹果尔。然果之属小而不甘，花之属开而不香，总以山石崇隆，地气浅薄，不能酝为奇芳，结为厚味耳。

——《南中杂说·花木》第 571 页

苹婆 苹婆果产于晋宁、呈贡间，香美与北地所产无异。桃李之属，滇中俱有，惟无枇杷为恨事。元江有荔枝，味酸不佳。梅花甚多，而少有白花，结实者间有之，形小而味苦，不中食。

——《滇南闻见录》卷下《物部·果属》第 35 页

苹婆果 南中最少，而滇出盈街。

——《滇海虞衡志》卷十《志果》第 1 页

柰 《汉武内传》：仙药之次者，有圆邱紫柰，出永昌。

——道光《云南通志稿》卷七十《食货志六之四·物产四·永昌府》第 27 页

苹果 属蔷薇科，落叶乔木。以呈贡为特产地，霑益产者亦佳。春季开花，瓣片粉红，六月果熟，凝脂欲滴，甘香沁人，畅销远近，惜水分不足，是其缺点。

——《新纂云南通志》卷六十二《物产考五·植物二·果实类》第 26 页

葡萄

《云南记》曰：云南多干蒲萄。

——《太平御览》卷九百七十二《果部九·葡萄》第 2 页

葡萄　色有绛、绿二种，绿者佳。味甘平。服之，轻身延年。老人大补气血，舒经活络。泡酒服之，治阴阳脱症，又治盗汗虚症。叶，治火眼。根，治蛇头疮。汁，治咳嗽。熬膏合蜜，治脑漏百病，每服一钱，开水下。又治小儿急慢惊风，苏叶汤下。

——《滇南草本》卷一下《果品类》第 5 页

葡萄　【释名】蒲桃古字、草龙珠。时珍曰：葡萄，《汉书》作蒲桃，可以造酒入脯，饮之则醄然而醉，故有是名。其圆者名草龙珠，长者名马乳葡萄，白者名水晶葡萄，黑者名紫葡萄。《汉书》言张骞使西域还，始得此种，而《神农本草》已有葡萄，则汉前陇西旧有，但未入关耳。【集解】……时珍曰：云南所出者大如枣，味尤长。

——《本草纲目》卷三十三《果部五》第 54 页

藏葡萄　藏中所产葡萄，与西北葡萄干同。滇中出痘者，取其核煮汤饮之，能使痘颗起发。又有藏枣、藏杏，亦以为有益于痘花。想藏中无出花之症，所产物能解先天之毒，理或然也。

——《滇南闻见录》卷下《物部·药属》第 38 页

葡萄　滇南最佳，然不能干而货于远。樱桃、杨梅、枇杷、木瓜、榛、榧、银杏亦然，过时则不可得，惟杨梅尚有浸之者耳。

——《滇海虞衡志》卷十《志果》第 2 页

葡萄　《一统志》：出府境者佳。旧《云南通志》：出江外。《丽江府志》：出中甸。

——道光《云南通志稿》卷六十九《食货志六之三·物产三·丽江府》第 46 页

葡萄　出中甸及阿敦子等处。

——光绪《丽江府志》卷三《食货志·物产》第 32 页

葡萄　属鼠李科。茎有蔓性，叶大，具心脏形。花后结实，有紫、青、水晶三种，但浆果太小，汁酸者多，比较以盐兴产者形大味纯，丽江产者亦佳。《本草纲目》谓云南所出葡萄，大如枣，味尤长。《滇海虞衡志》谓葡萄，滇南最佳。均非事实。温热沙地，纵或有一二名品，不足以代表全滇也。

——《新纂云南通志》卷六十二《物产考五·植物二·果实类》第 33 页

桑椹

桑椹子　味甘酸。益肾脏而固精，久服黑发明目。

《滇南草本》卷一下《果品类》第 10 页

山楂

山楂　性寒，味甜酸。消肉积滞，下气，吞酸，积块。

——《滇南草本》卷二第 44 页

楂　巨亦甲天下，树高大如柞栎，查钱、查膏尤佳。[①]

——《滇海虞衡志》卷十《志果》第 1 页

---

① 此条，道光《云南通志稿》卷六十七《食货志六之一·物产一·云南通省》第 22 页引同。

山楂 属蔷薇科，或云沙棣果、山里红，又或名楂子。茎高数丈，生滇山野间。性适寒地，曲溪产者佳，叶广卵形，五月开花，色白，或淡红。入秋，结圆果，顶脚俱凹，入十月果熟，色黄而红，果肉酸涩，不适生食，蜜渍糖渍较佳。木材亦可供用。

——《新纂云南通志》卷六十二《物产考五·植物二·果实类》第 28 页

韶子

韶子 生广南，叶、子皆如栗，有柿刺，肉如猪肪，核如荔枝。《范志》以为山韶子，其藤韶子大如凫卵，则柿也，软枣之类也。[①]

——《滇海虞衡志》卷十《志果》第 6 页

石榴

石榴 一名丹若。梁大同中东州后堂石榴皆生双子。南诏石榴，子大，皮薄如藤纸，味胜于洛中。石榴甜者谓之天浆，能己乳石毒。

——《酉阳杂俎》卷十八《广动植之三·木篇》第 147 页

甜石榴 味酸涩。治筋骨疼痛，四肢无力，化虫止痢，或咽喉疼痛肿胀，齿床出血，退胆热，明目。同蚊蛤为末，亦能乌须。叶，治跌打损伤，敷患处。皮，同马兜铃煎，治小儿疳虫蛊毒，神效。亦洗膀胱。

——《滇南草本》卷一下《果品类》第 4 页

柘榴花 味酸，性寒。治日久水泻，煨沙糖吃。治久痢脓血，大肠下血。

——《滇南本草》卷中《草部》第 23 页

石榴皮 根，走经络。性寒，味酸涩。治日久水泻，同沙糖煨服。又治痢脓血，大肠下血。

——《滇南本草》卷中《草部》第 23 页

石榴 境内山地多石榴树，其所产石榴，亦胜于他境。

——景泰《云南图经志书》卷三《武定府·禄劝州·土产》第 35 页

明杨应需《三瑞赠言序》：岁重光大渊献之元日上，余从云南邑署嵩祝峻，祗谒先师庙。……及莅句町之二年，庭榴有五实、四实一蒂者，二、三粒蒂不可胜数。出示吴别驾，云晋代此地曾驿献一蒂六榴。正叹以今方昔尚输其一，俄窥树，为六者且三。繄何祥也？毋乃圣人久于位，而德动天，化被草木，臻兹诸瑞西南之绝微与？……

——天启《滇志》卷二十四《艺文志第十一之七·碑类》第 811 页

《酉阳杂俎》曰：石榴，一名丹若。南诏石榴子大，皮薄如藤纸，味绝于洛中。

——天启《滇志》卷三十二《搜遗志第十四之一·补物产》第 1045 页

柘榴 因张骞入中国。滇有柘榴，亦不自张骞始。[②]

---

① 此条，道光《云南通志稿》卷六十九《食货志六之三·物产三·广南府》第 30 页引同。
② 此条，康熙《云南通志》卷三十《补遗》第 15 页"柘榴"条同。

石榴　一名丹若。南诏石榴，子大，皮薄如藤纸，味绝于洛中。《博物志》云张骞为汉使外国十八年，得涂林安石榴种。石屏山耻水湄所在多有之，红锦丹砂，令人可爱。

——康熙《石屏州志》卷十四《志补》第 330 页

石榴　遍地皆有，花甚繁茂，结子亦佳，然只桃花红而已。惟阿迷州之石榴有绿色者，子大而味甘，非寻常石榴可比数也。余于信丰见广东石榴，色大红，至云南见阿迷石榴，色淡绿，真双绝也。五华书院有石榴一株，花甚繁茂，结子酸而不中食，良楛之不同科，有如斯也夫！

——《滇南闻见录》卷下《物部·果属》第 34 页

榴　檀萃《滇海虞衡志》：榴则重乎阿迷。

——道光《云南通志稿》卷六十九《食货志六之三·物产三·临安府》第 20 页

缅石榴　《思茅厅采访》：树如紫薇，叶稍大，面青背赤，白花。其实似林檎，生则绿，熟则白，肌肉酥软，味甘，子细如沙在泥，依稀难辨。

——道光《云南通志稿》卷七十《食货志六之四·物产四·普洱府》第 5 页

崖石榴　盘生石上，即木莲一类，而实大仅如龙眼。滇俗亦以为粉，叶涩亦微异。

——《植物名实图考》卷二十三《蔓草类》第 14 页

石榴　属石榴科，旧名安石榴。原产高加索，三世纪时输入中国，展转亦盛植滇中，乔木状之果树也。花色朱红，五月盛开，重瓣者以美花称，全不结实。果实形圆，种子多肉，有白、红、暗紫各色，甘酸适口，为果品上选。白色种，以盐井产者佳，果实亦硕大逾常。红、紫色种，到处有之，而以宜良、蒙自、保山、云县、新平、个旧、宾川、邓川为最。又建水产之酸石榴，熟则回甘，尤耐咀嚼，滇越道通，已渐运售至省云。又云县之马牙石榴，亦以甜味及酸味著名。保山金鸡村之水石榴，尤甘酸可口。石龙坪产者，则子大味甘，不亚于黑井云。又景谷、佛海、思茅产缅石榴，一名交阯果，未悉何类，姑附于此。

——《新纂云南通志》卷六十二《物产考五·植物二·果实类》第 30 页

石榴　各处皆宜，而骆家营、梅子村、任家营、陈官营等处者甚多。斫条插土中即活，三年可成树，二三月开红花如裙，七月间成熟。有银皮、黑蟆皮二种，银皮色红而皮厚，黑蟆皮色褐而皮薄。中有子数百粒，分八瓣，上五下三，子附瓤如蜂房，方圆斜正，密接无隙，相冲处有薄膜界之。色红味甘，亦有绿色者，亦食品中之佳者。每年产额约三千余百担，发往邻近各县销售。又有一种，皮色子实均同，但味酸，名曰酸石榴，居少数。

——《宜良县地志稿》十二《天产·植物》第 23 页

石葡萄

石葡萄　味甘，无毒。形似家葡萄，亦非野间所有，乃生于石上。高尺余，软枝倒挂，子如小乌饭果。采食，返老还少，乌须黑发之圣药也。治小儿疳疮，乌头顶陷，或烂痘蛊痘，服之立效。

——《滇南草本》卷一第 42 页

柿

柿花 味甘平。种类甚多。其性走脾、肺二经，滋润五脏。治一切呕吐、吞酸流液。金柿治反胃，米柿治大肠下血，水柿治咳嗽吐痰。或干柿烧灰存性，蜜丸，滚水下。柿霜治气隔不通，柿蒂治气隔反胃，柿皮贴疔疮无名肿毒。经霜叶，敷臁疮。花晒干为末，治痘疮破烂，搽之。树皮入麝香一钱，包腹治阴症。

——《滇南草本》卷一下《果品类》第 8 页

金柿 味甘。俗呼牛心柿，上品仙果也。采此果千百枚晒干，火煅炼蜜丸如弹子大，每服一丸，开水送下。久服，轻身健脾，百病不生。

——《滇南草本》卷一下《果品类》第 8 页

戊寅十月二十六日……余浴既，散步西街，见卖浆及柿者，以浴热，买柿啖之。

——《徐霞客游记·滇游日记四》第 854 页

柿 属柿科，落叶乔木。茎高数丈，叶椭圆全边，色淡绿光滑，有短叶柄。五六月间，自叶腋开淡黄色花，子房八室，各室具一胚珠。果实多浆，秋后红熟，味甘可口，即滇中常见之柿子也。曝干制饼，名柿饼，远销各处。木材亦有用，昆阳、海口、武定、富民、漾濞产者尤佳。思茅特产西番柿，一名五子登科，以袭柿名，姑附于此。

——《新纂云南通志》卷六十二《物产考五·植物二·果实类》第 33 页

松子

《云南记》曰：云南有大松，子如新罗松子。

——《太平御览》卷九百五十三《木部二·松》第 6 页

海松子 味甘，小温，无毒。主骨节风，头眩，去死肌，变白，散水气，润五脏，不饥。生新罗。如小栗，三角，其仁香美，东夷食之当果，与中土松子不同。臣禹锡等谨按日华子云：松子，逐风痹寒气，虚羸少气，补不足，润皮肤，肥五脏，东人以代麻腐食用。《海药》云：去皮食之，甚香美。与云南松子不同。云南松子似巴豆，其味不浓，多食发热毒。松子，味甘美，大温，无毒。主诸风，温肠胃。久服轻身，延年不老。味与卑占国偏桃仁相似，仁无异是也。

——《大观本草》卷 23《果下品》第 40 页

松子 树皮无龙鳞而稍光滑，枝上结松球，大如茶瓯，其中含实有二三百粒者。

——景泰《云南图经志书》卷一《云南府·土产》第 3 页

松子 巨津州出。

——正德《云南志》卷十一《丽江军民府·土产》第 9 页

松子。

——正德《云南志》卷二《云南府·土产》第 9 页

三窠山，在府治南四十里三窠关上。旧有古松三窠，夜雾殊异，土爨误以为金银气，掘枯其一。

——万历《云南通志》卷三《地理志一之三·姚安军民府·山川》第 44 页

（太和）榛、松皆不下辽东，但味淡少逊耳。

——《滇黔纪游·云南》第 20 页

（纳楼茶甸长官司）通曲山，司西南八里。……又松子山，在司南一里，山多产松子而名。

——《读史方舆纪要》卷一百十五《云南三》第 5108 页

松子　为滇果第一。中国所产，细不中啖，必资于关东，三稜而黄。滇所产，色黑面圆而底平。其松身似青桐，叶五鬣七鬣而深浓，高不过一二丈，此结松子之松也。球长一尺，火煨而剥之，儿童争啖。如包谷，迄至成熟，大担而塞于街，值不甚高，市升仅数十钱。

——《滇海虞衡志》卷十《志果》第 1 页

松子　章潢《图书编》：生北胜州。

——道光《云南通志稿》卷七十《食货志六之四·物产·永北直隶厅》第 43 页

云台松子　产城南五十里云台山。树高数丈，叶终岁不凋，其叶如针，有稍，较青松稍短。春间结实成球，如鳞片状，至次年秋成熟，曝而干之，鳞裂子出，状如小蛤而稍圆长，仁肥心绿，异于常产，味之甘香，为他处所不及。近来多伐树以为材料，产者甚少，居家食品多用之，然不易购，亦特产也。

——《宜良县地志稿》十二《天产·植物》第 22 页

酸角

酸饺　味甘酸，性平。治酒化为痰，隔于胃中，同白糖煎膏，早、晚服一钱。象最喜食，出夷人地者佳。

——《滇南草本》卷一下《果品类》第 7 页

酸饺草　味酸涩，性寒。止久泻滑痢，赤白痢疾或休息痢。

——《滇南本草》卷中《草部》第 23 页

酸角　形如小皂角，其味酸，出亏容甸。

——景泰《云南图经志书》卷三《临安府·土产》第 2 页

酸角　形似皂角，而小，味酸。

——康熙《云南通志》卷十二《物产·武定府》第 6 页

酸角　李时珍《本草纲目》：云南临安诸处有之。状如猪牙、皂荚，浸水和羹，酸味如酢。

——道光《云南通志稿》卷六十九《食货志六之三·物产三·临安府》第 21 页

酸角　旧《云南通志》：形似牙皂，味甘酸。

——道光《云南通志稿》卷七十《食货志六之四·物产·武定直隶州》第 51 页

酸角　旧《云南通志》：元江府出。

——道光《云南通志稿》卷七十《食货志六之四·物产·元江直隶州》第 55 页

酸角　属豆科，温暖地带之乔木。荚果，长数寸，形如牙皂，渍水和羹，酸味如酢，亦可渍糖。元江、建水、禄劝、元谋等处原野间产之，元谋出产尤为大宗。

——《新纂云南通志》卷六十二《物产考五·植物二·果实类》第 33 页

酸角　《旧云南通志》：形似牙皂，味甘酸，元江出。《采访》：城内甚多，树大合围，叶细而蜜，春华秋实，形如半月，皮内有瓤，瓤中有子，浸水如羹，酸味如酢。

——民国《元江志稿》卷七《食货志·果属特别产》第 3 页

锁梅

钻地风　即黄琐梅根。味酸，性温。走筋骨疼痛，痿软麻木，止日久赤白痢。

——《滇南本草》卷中《草部》第 23 页

琐梅　草实也，似桑椹而短，味亦似之，其采以三月。又有草丛生山径，白花若薇，子赤，可啖。四五月间，行者茹之，谓之救军粮。

——《滇略》卷三《产略》第 11 页

己卯四月初十……桥西逾坡西北下，路旁多黄果，即覆盆子也。色黄，酸甘可以解渴。

——《徐霞客游记·滇游日记九》第 1050 页

己卯五月二十四日……至芭蕉洞，乃候火于洞门。担夫摘洞口黑果来啖，此真覆盆子也。其色红，熟则黑而可食，比前去时街子所鬻黄果，形同而色异。其熟亦异，其功用当亦不同也。黄者非覆盆。覆盆补肾，变白为黑，则为此果无疑。

——《徐霞客游记·滇游日记十》第 1111 页

锁梅　《蒙化府志》：黄、黑二种，黑者即覆盆子。

——道光《云南通志稿》卷七十《食货志六之四·物产·蒙化直隶厅》第 41 页

锁梅　檀萃《农部琐录》：蔓生，如何首乌。叶如钱大，有刺，实如黄豆大，味酸甜。

——道光《云南通志稿》卷七十《食货志六之四·物产·武定直隶州》第 51 页

锁梅　属蔷薇科，即蛇茵之音讹。果实有黄、黑二种。黄者俗名黄泡，盐津特佳。黑者俗呼紫茵，亦即药用之覆盆子，味甘，多浆，可食。此类果实供食部，殆花托之变形，滇到处产。

——《新纂云南通志》卷六十二《物产考五·植物二·果实类》第 29 页

锁梅　有黄、黑二种，黄者即兔丝子，黑者即覆盆子。蔓生，如何首乌。叶如钱大，有刺，实如黄豆大，味酸甜。

——民国《禄劝县志》卷五《食货志·物产》第 10 页

桃

桃　各处俱有，独滇中生大黄桃，及西竺种也。食之轻身。又有小金利核桃、尖嘴桃、治血。金弹子、主治血痢。毛桃。敷汤火伤。实，味辛酸。治蛊积，通月经，润大肠，消心下积。仁，治血痰。皮，烧灰为末，搽黄水疮。叶，洗疮出风。大黄桃，形似香橼，食之过目成诵，神清气爽，延年乌须。此桃，人多不得食，若能得者，亦仙缘也。

——《滇南草本》卷一下《果品类》第 3 页

桃　桃之为言，木之兆也。时珍谓早花易植，尽桃之性矣，然亦有霜桃、冬桃晚花者。

月令桃 始华天植地生，产于山中，非人力所栽接。肉酸苦，薄涩不堪啖，然其仁充满多脂，入药甚良。大凡外不足者即内有余，君子之衣尚絅耳。

节候桃 生之深山邃谷中，应候始华。所谓外不足内有余，为君子桃，堪入药者也。鸡足之后山尤多，农而樵者睹花用占雨水。

黄金桃 肉厚实，色胜黄金，味香甜，啮之芬液迸流腮颊。有黏核、脱核二种。

银桃 树多冲霄。肉色白如银，花淡水红色。

羊桃 最小，其上有毛，食之酸苦。惟晒作干，炎歊时渍水饮之，解暑气。

扁桃 以桃之形得名。其核皆扁，磨之可以作念佛珠，极古雅。

波斯桃 树仅尺许，其桃如碗，食亦香美。栽之盆中作玩好，花则苏木红者为多。

梅桃 酸脆，可醒脾。醉后一枚入口，五斗醒解焉。惜僧持五戒，即远于酒矣。斯桃尠知己，奈若之何。

杏桃 小如弹许，色黄似杏，稍稍香郁，入口亦不甚佳。

牛心桃 形长顶尖，一味酸苦，不堪饫口。

碧桃 花千叶，色白如粉团。

绛桃 红盈满树，堆若砌锦。

绯桃 与绛桃之瓣差少，色小深红。

霜桃 霜下始华，隆暑方熟。

缃桃 红花千叶，中间有白瓣。

——《鸡足山志》卷九《物产》第 322 页

藏桃 奔子栏有五株，叶如杨柳，花绛色，瓣似桃，而长大过之。十二月放花，三月始尽，六月实熟，红如桃，味涩而不可食。如食胡桃法，食其核肉，味香而甘。相传康熙间地属青海，时头人至其地，怀核归而种之者，取其核再种之，皆不生。

——《维西见闻纪》第 14 页

桃 旧《云南通志》：旧《志》以富民为最，今滇池海口者甚佳。《云南府志》：昆明海口者佳，富民较他属大而甘。

——道光《云南通志稿》卷六十九《食货志六之三·物产三·云南府》第 4 页

藏桃 余庆远《维西闻见录》：奔子阑有五株，叶如杨柳，花绛色，瓣似桃，而长大过之。十二月放花，三月始尽，六月实熟，红如桃，味涩而不可食。如食胡桃法，食其核肉，味香而甘。相传康熙间地属青海时，头人至其地，怀核归而种之者，取其核再种之，皆不生。

——道光《云南通志稿》卷六十九《食货志六之三·物产三·丽江府》第 46 页

桃 属蔷薇科。花供观赏，果供食用，诚滇产之名品也。品种特多，六月果熟。有名黄心离核者，果大多浆，皮色橙黄，味极甜蜜，路南特产。银桃与糯米桃相同，惟浆汁稍逊，滇中产地较多，以宜良、昆阳、大理产者为佳。另有扁桃、寿星桃、山桃，即毛桃。以其形奇，滇庭园中植之，或山野自生。果内子仁，可供药用。

——《新纂云南通志》卷六十二《物产考五·植物二·果实类》第 26 页

桃 种类至多，以耳目村产最盛。一种为黄心离核桃，硕大如盂，肉厚且黄，味甘美，多汁，为县产最上品。一种为红心离核桃，味醴多浓，大亦如拳。又一种为棉核桃，核与肉密结，肉脆且带蜜香味，大者如碗，亦隽品。据老农言，果树雌雄异株，宜嫁接，接后劣种即变为佳种，且实亦加大云。近由省外输入水蜜桃种，实扁，多蜜浆。曾试种于侯家箐，嫁接后，已见成效。其鲜美固不亚于郡产。

——民国《安宁县志稿》卷四《物产·果类》第 21 页

棠梨

棠梨 属蔷薇科，一名挂梨，或曰甘棠。滇山野多产之，落叶乔木也。茎高一二丈，亦有灌木而开花结实者。春日簇生白花，略带粉红，似苹果花瓣，果实至秋红熟，甘酸适口。木材亦供用。树冠蔚然深秀，今公园中植之，以为风景林。

——《新纂云南通志》卷六十二《物产考五·植物二·果实类》第 28 页

藤果

藤果 形如山荔枝，其味酸。

——景泰《云南图经志书》卷四《者乐甸长官司·土产》第 35 页

藤果 状如荔枝，味酸。

——正德《云南志》卷十二《者乐甸长官司·土产》第 10 页

藤果 章潢《图书编》：状如荔枝，出者乐甸长官司。

——道光《云南通志稿》卷七十《食货志六之·物产四·镇沅直隶州》第 56 页

无花果

无花果 树不甚大，果生枝末，状如青李，生食无味，蜜煎甚佳。

——《永乐大典方志辑佚》第五册《云南志略·土产》第 3222 页

无花果 味苦，有小毒。此果处处皆有，铁梗，绿子，无花，一名天生子。敷一切无名肿毒，痈疽，疥癞，癣疮，黄水疮，鱼口便毒，乳结，痘疮破烂。调芝麻油搽之，神效。切不可食，此外科之圣药也。

——《滇南草本》卷一第 30 页

无花果 产于三耳山。树不甚大，不开花而果，生枝叶间，状如青李，可蜜煎食之。

——景泰《云南图经志书》卷五《大理府·赵州》第 12 页

无花果 赵州出。不花而实，生枝叶间，如李。

——正德《云南志》卷三《大理府·土产》第 6 页

古度 临安、宾川山中俱有之。《记》云：不花而实，实从皮中出，大如安石榴，色赤可食。实中有如蒲梨者，取之为粽，数日不煮，皆化成虫，如蚁有翼，穿皮飞出，俗谓之无花果。然闽亦有无花果，与《记》所载殊异。杨慎《古度赋》曰："有木诡容，在句之东。修梯盘壤，巨干撑空。阊华青帝，垂实玄工。蒂收传绀，屏翳敷红。子穿皮出，房殊卉丛。肤无纤蠹，腹育飞虫。"又曰：

"炟比景，灌茵露。果星烛，叶云布。楠榴相思为党邻，平仲君迁为朋故。君子识之，是曰古度。"

——《滇略》卷三《产略》第 6 页

优昙钵　一名无花果。李时珍曰出扬州及云南，折枝插成，树如枇杷，实出枝间如木馒头，其内虚软，盐渍压扁充果实。又文光果、天仙果、古度子之属，皆不花而实者也。

——《滇海虞衡志》卷十《志果》第 5 页

古度木　不华而实，子穿皮出如石榴，正赤，可煮食。升庵赋之曰"有木诡容，在勾之东"云云，则滇亦有古度耶。

——《滇海虞衡志》卷十一《志草木》第 8 页

无花果　《蒙化府志》：不花而实，结于枝叶之交，干者可治喉痹。《滇略》名曰古度。

——道光《云南通志稿》卷七十《食货志六之四·物产·蒙化直隶厅》第 41 页

无花果　形如囊，内生多数单性花，各有花被一层，花皆隐而不见。昔人因以无花果名之，然取其果实对破之，则雌蕊雄蕊显而易见，故与桑属显花植物之裸子类。

——光绪《元谋县乡土志》（修订）卷下《格致·第二十三课》第 399 页

无花果　属桑科，乔木或灌木。生温暖地带，今各处栽植之。一名优昙钵，《滇南本草》又名明月果，《滇略》则名古度。叶掌状，夏季开单性花，雌雄蕊隐花托中。花托球状，多肉，中心空虚，顶有小孔，虫能出入孔中，传播花粉，亦变形之虫媒花也。此植物并非无花而果，花全在未熟之果实，即所云花中假果。初为绿色，熟则带紫，味至甘美。内者白色细子，如罂粟米状，供食之部，即此花托之幻形，非真实也。清宣统末，已自西洋日本输入新种，定植三年，即多结实，树形亦极强健，其果又富于滋养分，能消恶血，助消化，为滇佳果之一云。

——《新纂云南通志》卷六十二《物产考五·植物二·果实类》第 29 页

梧实

梧实　大如豆，壳脆易剥，不与他处类。俗谓之山松子，亦曰飞松。

——《滇略》卷三《产略》第 11 页

己卯四月二十三日……北一里，过旧街。买飞松一梆于刘姓者家。"飞松"者，一名狐实，亦作梧实。正如梧桐子而大倍之，色味亦如梧桐，而壳薄易剥，生密树中，一见辄伐树乃可得，迟则树即存而子俱飞去成空株矣，故曰"飞松"，惟巅塘关外野人境有之。野人时以茶、蜡、黑鱼、飞松四种入关易盐、布。

——《徐霞客游记·滇游日记九》第 1074 页

梧实　鸡山东麓颇有之。实大味甘，生食清香扑鼻，炒食芳腻，愈为可口。

——《鸡足山志》卷九《物产》第 322 页

飞松　产于腾越州。壳薄而嫩，微有绉纹，仁亦大，味逊于寻常松子。

——《滇南闻见录》卷下《物部·果属》第 35 页

香橼

香橼叶 性微寒，味苦辛。治咳嗽，消痰。伤寒咳嗽，良效。

——《滇南草本》卷二第 42 页

香橼 即橙之类，其味香甜而脆。

——景泰《云南图经志书》卷四《楚雄府·南安州·土产》第 12 页

所产有香圆，比之南安州者为尤大。[①]

——景泰《云南图经志书》卷六《孟定府》第 18 页

香橼 其大如盎，肉厚白细，食之甜美。皮黄，亦芳香清越。山产甚少，惟宾川州者极佳。

——《鸡足山志》卷九《物产》第 327 页

香橼 比之他府者尤大。

——康熙《云南通志》卷十二《物产·孟定府》第 10 页

香橼之产于顺宁、云州者，多奇形。大者长五六寸，四面宽各四五寸，高低斜整不一，巉岩如怪石，间有光面者，亦不能如他处之圆净。色有浅黄、深黄、红黄及黄中带青、带黑点者，香颇浓，至将朽腐时，则香更浓矣。云州所产，多而佳，至岁底新正，署内庭斋，处处可供清玩也。

——《顺宁杂著》第 55 页

香橼 佛手柑之大者，直如斗，重三四斤，皆可生片以摆盘。二物经霜不落，在枝头历四五年，秋冬色黄，开春回青。吴学使应枚诗"硕果何曾怕雪霜，树头数载历青黄"是也。[②]

——《滇海虞衡志》卷十《志果》第 1 页

香橼 《顺宁府志》：多奇形，大者长五六寸，宽四五寸，香颇浓，可供清玩。

——道光《云南通志稿》卷六十九《食货志六之三·物产三·顺宁府》第 32 页

香橼 章潢《图书编》：孟定御夷府出，比之南安府者尤大。

——道光《云南通志稿》卷七十《食货志六之四·物产四·永昌府》第 22 页

香橼、佛手柑 檀萃《农部琐录》：普渡河边产者胜。

——道光《云南通志稿》卷七十《食货志六之四·物产·武定直隶州》第 51 页

野香橼花 一名小毛毛花，生云南五华山麓。树高近寻，长叶如夹竹桃叶，绿润柔腻，峡日有光。春开四尖瓣白花，间以绿带，径不逾半寸。长蕊茸茸，密似马缨，上缀褐点，花瘦蕊繁，随风纷靡，颇有姿度，亦具清香。惟玉缕冰丝，离枝易瘁，不堪攗折，难供嗅玩耳。

——《植物名实图考》卷三十六《木类》第 19 页

香橼 《采访》：产附郭。《滇海虞衡志》：香橼，佛手柑之大者，直如斗，重三四斤，可生片以摆盘。此果经霜不落，在枝头可历四五年，秋冬色黄，开春回青。

——民国《元江志稿》卷七《食货志·果属特别产》第 3 页

香橼、佛手柑 普渡河边产者胜。

——民国《禄劝县志》卷五《食货志·物产》第 10 页

---

① 此条，正德《云南志》卷十四《孟定府》第 7 页、万历《云南通志》卷四《孟定府·物产》第 41 页引皆同。
② 此条，道光《云南通志稿》卷六十七《食货志六之一·物产一·云南通省》第 19 页引同。

象牙树

象牙树 生元江州。树高丈余，竟体黯白，微似紫薇，细枝辣。叶似乌臼树叶而薄，木色似象牙而质重。《新平志》出鲁魁山，可代象牙作箸云。

——《植物名实图考》卷三十六《木类》第 20 页

猩猩果

猩猩果 出邓川州。高数丈，春花秋实，果如弹丸，色如血，故名。味酸可食。

——正德《云南志》卷三《大理府·土产》第 7 页

猩猩果 曲靖、大理俱有之。高数丈，春花秋实，状如弹丸，色如血，故名。味酸可食。

——《滇略》卷三《产略》第 4 页

猩猩果 色红味酸，子即酸枣仁。

——康熙《云南通志》卷十二《物产·顺宁府》第 9 页

猩猩果 《一统志》：色红味酸，子即酸枣仁。

——道光《云南通志稿》卷六十九《食货志六之三·物产三·顺宁府》第 32 页

酸枣仁 其树似棘，结枣味酸，其仁入药品。

——景泰《云南图经志书》卷三《武定军民府·禄劝州·土产》第 35 页

杏

杏 味酸，性热。治心中冷热，止渴定喘，解瘟疫。但人多食，损目劳筋。仁，治痔虫。叶，能敷大恶疮。

——《滇南草本》卷一下《果品类》第 4 页

杏 孔子居为杏坛，西京上林有文杏，其遗种也。而鸡山之杏，赤腮金质，味香以发甜，大率似汉武帝玉苑名种，即所谓肉胜梨、黄胜橘者也。昔人榨其肉汁涂盘中，晒之听干，刮收之，和水调饮，甚美。馈人则称鸡山清饷，今并杏酪、杏干亦无有为之者。花远望红紫，靡靡盈枝，插瓶耐久，芬满一室。

——《鸡足山志》卷九《物产》第 324 页

杏 属蔷薇科。初夏果熟，色橙黄，味甘美。滇产即金杏一类。

——《新纂云南通志》卷六十二《物产考五·植物二·果实类》第 27 页

绣球果

绣球果 《思茅厅采访》：藤长数十丈，蟠于大树，实离离下垂，圆若球，大如五斗盎，分十余格，格皆六方，红紫白绿相间，格内有汁合许，甜如蜜。谨案：此果与椰实大同小异，特椰实不分格耳。

——道光《云南通志稿》卷七十《食货志六之四·物产四·普洱府》第 4 页

绣球果 《采访》：产深箐中，藤长数十丈，蟠于大树上，实离离下垂，其圆若球，皮色阴绿，面有裂纹，每颗大如五斗盎，内分十余格，格皆六方，略似水晶石，红紫白绿相间，格内有汁合许，味酸而甘。

——民国《元江志稿》卷七《食货志·果属特别产》第 5 页

延寿果

延寿果 亦产于藏中，与葡萄干相似而更细，亦可和腥物煮食。绎其名，当亦温补之物也。

——《滇南闻见录》卷下《物部·药属》第 38 页

羊奶果

南枣 俗呼羊奶果，色红味酸。[①]

——景泰《云南图经志书》卷四《景东府·土产》第 23 页

南枣。

——康熙《云南通志》卷十二《物产·镇沅府》第 10 页

南枣 《一统志》：镇沅府出。

——道光《云南通志稿》卷七十《食货志六之四·物产·镇沅直隶州》第 56 页

羊奶果 属胡颓子科，或名木半夏，或名秋胡颓子。山野半灌木，叶背有银鳞，花丛生，果实聚为球状，赤色，味甘酸，可生食。滇山野间产之。

——《新纂云南通志》卷六十二《物产考五·植物二·果实类》第 29 页

羊桃

羊桃 夷称抹猛，而长，其味酸甜。

——景泰《云南图经志书》卷四《者乐甸长官司·土产》第 35 页

羊桃 夷称抹猛。见《元江志》

——正德《云南志》卷十二《者乐甸长官司·土产》第 10 页

羊桃 章潢《图书编》：夷称抹猛，其味酸甜，出者乐甸长官司。

——道光《云南通志稿》卷七十《食货志六之四·物产·镇沅直隶州》第 56 页

羊桃 《本经》下品。《诗》苌楚，《尔雅》铫弋，皆此草也。今江西建昌造纸处种之，取其涎滑以揭纸。叶似桃叶，而光泽如冬青。……黔中以其汁黏石不断，《黔书》《滇黔纪游》皆载之。

——《植物名实图考》卷二十二《蔓草类》第 42 页

---

① 此条，正德《云南志》卷七《景东府·土产》第 2 页同。

杨梅

杨梅山，在废越州卫东十五里，山产杨梅。

——咸丰《南宁县志》卷一《地理·山川》第 11 页

杨梅 属杨梅科，暖带之常绿乔木。树高数丈，周围二尺，叶长三四寸。四月顷开黄色小花，雌雄异株，果为球形，核果外部有多数突起，初时绿色，六月红熟，更变紫黑，带甘酸味，可生食，亦可渍糖或盐。滇山野产之。

——《新纂云南通志》卷六十二《物产考五·植物二·果实类》第 29 页

椰

《南夷志》曰：荔枝、槟榔、诃梨勒、椰子、桄榔等诸树，永昌、丽水诸山皆有之。

《云南记》曰：南诏遣使致南国诸果，有椰子，状如大牛心。破一重粗皮，刮尽，又有一重硬壳。有小孔，以筋穿之，内有浆二合余，味甘，色白。又曰：云南多椰子，亦以蜜渍之为糁。

——《太平御览》卷九百七十二《果部九·椰》第 4 页

又有树，其形亦类棕，结实名椰子。其汁如酒，甚甘，而壳可为瓢。

——景泰《云南图经志书》卷六《缅甸军民宣慰使司》第 15 页

樱桃

樱桃 味甘酸，微寒。治一切虚症，能大补元气，滋润皮肤。久服，延年益寿。浸酒服之，治左瘫右痪，四肢不仁，风湿腰腿疼痛。采叶煎服，治吐血。梗，烧灰为末，治寒疼、胃气疼九种气疼，用烧酒下。

——《滇南草本》卷一下《果品类》第 6 页

樱桃 《礼经》：天子仲春，以含桃荐宗庙。故王维诗"才是寝园春荐后，非关御苑鸟衔残"，孟诜言此朱樱非桃，而形似之，是以得名。春初即蘩，花开似雪，然后渐渐吐叶成阴，先百果而熟。其子莺能含之，故谓含桃，则樱字当从鸟，今以木得称耳。甜者古人名之为崖蜜。

樱珠 鸡山野产。味甜酸，中薄薄具苦涩。子甚细，缀错似珠，食之，亦颇清越。

含桃 插之即活，喜水。果结时，须人以吸筒以水激之，兼勤逐雀，否则啄剥无余矣。

——《鸡足山志》卷九《物产》第 326 页

（苍山）樱桃树极多，大数围，高数十丈，白多于红，味酸涩。[①]

——《滇黔纪游·云南》第 20 页

樱桃 属蔷薇科，温带木本。叶卵状，有细锯齿，早春开花，春暮果熟，有紫、红、白三种。紫者亦云苦樱，红、白者均甘美可食，晋宁产者佳。

——《新纂云南通志》卷六十二《物产考五·植物二·果实类》第 28 页

---

① 此条，道光《云南通志稿》卷六十九《食货志六之三·物产三·大理府》第 13 页同。

柚

柚子 大七八斤，甘香如佛手，而皮不苦辣。

——《云南风土记》第 50 页

柚 属芸香科，乔木类。柚子硕大盈尺，果肉色白如脂肪，液汁不多。滇市所鬻，闻来自广州，但景谷亦产。

——《新纂云南通志》卷六十二《物产考五·植物二·果实类》第 32 页

郁李仁

郁李仁 棣梨。味酸甜。润大肠，治四肢浮肿，开通关格，破血，利水道。俗名唐梨。皮，治齿痛。

——《滇南本草》卷中《草部》第 11 页

枣

赤小枣 味甘平。小而赤色，有刺。四月生叶，五月开小白花，七八月摘取，肥大甘美。治心肠邪气，安中养脾，平胃通窍，生津液。久服轻身延年，解一切百毒。枝叶敷打伤，神效。

——《滇南草本》卷一下《果品类》第 4 页

羊枣 俗呼为丁香柿，又名软枣，少核。

——景泰《云南图经志书》卷二《武定军民府·土产》第 29 页

枣 属鼠李科，落叶乔木。茎高二丈许，花小，色黄绿，入秋果熟，外皮红褐，肉质甘美，少汁，可生食。滇原野间产之，果形小，不如陕枣之大，另有糠秕枣之俗称。元谋产者名西西果，即入药之枣仁也。永胜、宾川红枣亦著名。

——《新纂云南通志》卷六十二《物产考五·植物二·果实类》第 32 页

油枣及红枣，出南屯、左所、右所、苗家营等处沙石冲击之地。树高丈余，枝有刺如针，叶互生，绿色光滑，三月间开小碧花如桂，结实累累，六七月间果熟，色红如朱，味甘如饴，剥而曝之，乘热覆之使汗，捡其色褐而泽者，别曝令干，名曰油枣，味最甘润。余者曰红枣，味逊之。中有核，无附根，发小树移而栽之即结实。若北屯沙泥地产者皆红枣矣。盖油枣产额每年约省二三石，红枣产额约省斗二百余石。其用途：入药品者百分之一，制糖食者百分之七，制蜜食者百分之九，销售之地省城及邻近各县居多。

——《宜良县地志稿》十二《天产·植物》第 22 页

锥栗

锥栗 檀萃《农部琐录》：树不高，叶如栗而小，实如豆大，味甘。

——道光《云南通志稿》卷七十《食货志六之四·物产·武定直隶州》第 51 页

锥栗 属壳斗科，一名椎或柯。果实顶圆末尖，余与常栗同，滇山野常产。

——《新纂云南通志》卷六十一《物产考四·植物一·木材类》第 14 页

锥栗 树不高，叶如栗而小，实如豆大，味甘。

——民国《禄劝县志》卷五《食货志·物产》第 10 页

十二、蔬之属

蔬之属　七：菱、藕、荸荠、茨菰、甘蔗、草果、芭蕉。

——嘉靖《大理府志》卷二《地理志·物产》第 73 页

蔬之属　七：菱、藕、荸荠、茨菰、甘蔗、草果、芭蕉。

——万历《云南通志》卷二《地理志一之二·云南府·物产》第 13 页

蔬之属　六：菱、藕、荸荠、茨菰、甘蔗、茅芭蕉。

——万历《云南通志》卷二《地理志一之二·大理府·物产》第 33 页

蔬之属　三：菱、藕、茨菰。

——万历《云南通志》卷二《地理志一之二·临安府·物产》第 54 页

蔬之属　五：菱、藕、荸荠、茨菰、甘蔗。

——万历《云南通志》卷二《地理志一之二·永昌军民府·物产》第 67 页

蔬之属　五：莲实、藕、菱、茨菰、荸荠。

——万历《云南通志》卷三《地理志一之三·楚雄府·物产》第 8 页

蔬之属　三：菱、藕、茨菰。

——万历《云南通志》卷三《地理志一之三·曲靖军民府·物产》第 15 页

蔬之属　四：藕、菱角、茨菰、甘露。

——万历《云南通志》卷三《地理志一之三·澂江府·物产》第 23 页

蔬之属　八：藕、莲、芳菱、菱白、菰、芭蕉、土瓜、葛。

——万历《云南通志》卷三《地理志一之三·蒙化府·物产》第 28 页

蔬之属　二：菱角、甘露。

——万历《云南通志》卷三《地理志一之三·鹤庆军民府·物产》第 36 页

蔬之属　二：菱角、荸荠。

——万历《云南通志》卷三《地理志一之三·姚安军民府·物产》第 46 页

蔬之属　六：菱、藕、芭蕉、茨菰、甘蔗、荸荠果。

——万历《云南通志》卷四《地理志一之四·顺宁州·物产》第 24 页

蔬　有菱、藕、茭白、荸荠、茨菰、甘蔗、土瓜、葛根。

——天启《滇志》卷三《地理志第一之三·物产·云南府》第 113 页

蔬　曰菱、藕、茨、荠。

——天启《滇志》卷三《地理志第一之三·物产·大理府》第 114 页

莲实　藕、临安、澂江者佳。菱、荸荠、茨菰。

　　　　　　　　　　——康熙《云南通志》卷十二《物产·通省》第 3 页

藕粉　出建水。

　　　　　　　　　　——康熙《云南通志》卷十二《物产·临安府》第 6 页

蓏　茨菰、二种。葛根、二种。土瓜、菱角、荸荠。

　　　　　　　　　　——康熙《蒙化府志》卷一《地理志·物产》第 39 页

蓏　茨菰、葛根、菱角、土瓜。

　　　　　　　　　　——康熙《顺宁府志》卷一《地理志·物产》第 29 页

蓏之属　荸荠、茨菇。

　　　　　　　　　　——雍正《马龙州志》卷三《地理·物产》第 20 页

瓠之属　圆瓠、条瓠、苦瓠、甜瓠。
蓏之属　菱、藕、荸荠、茨菰、葛根、甘蔗。

　　　　　　　　　　——乾隆《弥勒州志》卷二十三《物产》第 51 页

芝蓏之属　香蕈、云耳、白森、菌、冻菌、马渤、葛、荸荠、茨菰、甘露子。

　　　　　　　　　　——乾隆《广西府志》卷二十《物产》第 2 页

蓏　菱、藕、荸荠、茨菰。

　　　　　　　　　　——乾隆《陆凉州志》卷二《风俗物产附》第 27 页

蓏之属　菱、藕、茭白、荸荠、茨菰、甘蔗。

　　　　　　　　　　——乾隆《新兴州志》卷五《赋役·物产》第 32 页

蓏　菱角、藕、茭瓜、荸荠、茨菰、甘蔗。

　　　　　　　　　　——乾隆《开化府志》卷四《田赋·物产》第 29 页

芰类　藕、稜角、茨菰。

　　　　　　　　　　——乾隆《永北府志》卷十《物产》第 4 页

蓏之属　莲实、甘露、芋、阳芋、白合、藕、菱、山药、荸荠、薯、白薯、红薯。茨菰、土瓜、甘蔗、落花生、磨芋。

　　　　　　　　　　——道光《大姚县志》卷六《物产志》第 4 页

　　其蓏有荸荠、土瓜、甘蔗、落花生、莲实、甘露、白合、菱角。《武陵记》：四角三角曰芰，两角曰菱。今所产皆四角，宜呼芰。有白芋、红芋、阳芋。阳芋细白松腻，羹之可比东坡之玉糁。

　　　　　　　　　　——咸丰《邓川州志》卷四《风土志·物产》第 8 页

蓏之属　荸荠、茨菰。

　　　　　　　　　　——民国《续修马龙县志》卷三《地理·物产》第 23 页

蓏属　六类：菱角、藕、茭瓜、荸荠、茨菰、甘蔗。

　　　　　　　　　　——民国《马关县志》卷十《物产志》第 5 页

蓏之属　有丝瓜、一名天罗，形细而长。冬瓜、有绒毛，形圆长。苦瓜、形长如参，有刺钉。黄瓜、即王瓜也，皮有疙瘩。老生瓜、开黄花，形长而圆。老麦瓜、大约三四十斤。小麦瓜、绿色。金瓜、色鲜红，有圆、长二种。西瓜、形圆，皮绿，味甜若蜜，有黄瓤、胭脂瓤二种。洗子瓜、产陆地内，形圆而小。地瓜、蔓生山原，色赤，除毒最良。小金瓜、形圆，色黄而小，有钉，如黄果。瓠、即湖匏之甘者。匏、一名葫芦，细腰者尤为美观。野黄瓜、即瓜蒌，子可入药。宣木瓜。树上生者，即酸木瓜，可入药用。

——民国《昭通志稿》卷九《物产志》第 10 页

芭蕉　香蕉

芭蕉花　味微咸，性温。主治寒痰停胃，呕吐恶心，吞酸吐酸，饮食饱胀，呕吐酸痰，胸膈胀满胃口，饱闷腹疼。暖胃，散痰，咸能软坚。

——《滇南本草》卷上《草部》第 23 页

芭蕉实　其壮如藕，其色黄绿而味甘，无核。

——景泰《云南图经志书》卷三《临安府·建水州·土产》第 9 页

芭蕉　开花结实，味甘，可食。①

——正德《云南志》卷十四《湾甸州·土产》第 13 页

芭蕉　鸡山阴有芭蕉箐，多产之。今滇处处有之。《广志》曰出交趾、建安者，少所见之说耳。南州《异物志》谓甘蕉，望之如树，其大一围。今滇之接缅、挝诸边地有蕉，高数丈，大三四围者，不以为异也。宋延熙间，有献蕉布者，则碾其丝，自可以作布。而鸡山蕉大者不过逾丈，未必能丝矣。

——《鸡足山志》卷九《物产》第 340 页

净瓶蕉　布子而生，本大末锐，俨若净瓶。

——康熙《云南通志》卷十二《物产·景东府》第 10 页

蕉子　佳果也。叶可书，皮可绩，根即蘘荷，可蔬。一蕉而千实，可卖千钱。曾于农部种蕉，冀与吾民开其利，至侨滇院亦然。四可无一可，仅与诸生常得绿阴映窗之趣焉。特著四可，以见蕉之有资于民生固甚大，地气旺时，制而用之，岂招蕉萃之弃哉！

——《滇海虞衡志》卷十《志果》第 7 页

古于园蔬，辄举蘘荷依阴，时藿向阳，绿葵含露，白薤负霜。今竟不知蘘荷、绿葵为何物。考《本草纲目》，蘘荷即芭蕉也。根似姜芽而肥，堪为菹。性好阴，木下生尤美。仲冬以盐藏之，用备冬储，又以防蛊。有赤、白二种，白入药，赤堪啖，及作梅果多用之。李时珍言，初按苏颂《图经》，谓荆、襄江湖移种，今访之无或识者。后读《丹铅录》，始知蘘荷即今甘露，甘露即芭蕉也。家乡寺院多种甘露，其高大年久，亦抽茎作花，每瓣有露，甚甘，不结蕉子。红、白于根辨之，白治白带，红治血崩。乡人总呼甘露，不叫芭蕉。其叫芭蕉叶者，蒲葵扇也。一物也，北方谓之甘露，南人谓之芭蕉。根盘巨魁，魁旁出细者，有如姜芽，则是茎叶为芭蕉，根魁为蘘荷，一物而上下异名也。滇南深箐，芭蕉之多，至于不可纪极，若使得菹之之法而蔬之，而货之，亦利源所自出。今菹法无闻，弃掷于空虚无用，甚可惜也。凤尾蕉，一名美人蕉，灵异甚，嘉草防虫，此其验也。故常用之品，蔬失其法而弃之，且三四百年，故特表而著之。绿葵殆水葵、凫葵之类，非向阳之葵也。藿，即

---

① 此条，万历《云南通志》卷四《地理志·湾甸州·物产》第 46 页同。

豆藿，今讹豆角。

——《滇海虞衡志》卷十一《志草木》第 14 页

香芭蕉　《思茅厅采访》：芭蕉，一株结实百余粒，故屋边多种之。有香芭蕉者，实微小而多至数百，味甘如饴。

——道光《云南通志稿》卷七十《食货志六之四·物产四·普洱府》第 5 页

芭蕉　《一统志》：出湾甸州，可食。顾炎武《天下郡国利病书》：湾甸有芭蕉，实以当果。

——道光《云南通志稿》卷七十《食货志六之四·物产四·永昌府》第 22 页

净瓶蕉　旧《云南通志》：布子而生，本大末锐，形如净瓶。

——道光《云南通志稿》卷七十《食货志六之四·物产四·景东直隶厅》第 40 页

甘蕉　《别录》下品。生岭北者开花，花苞有露，极甘，通呼甘露；生岭南者有实，通呼蕉子。种类不一，具详《桂海虞衡志》诸书。李时珍以甘露为蘘荷，说本杨慎，殊不确。

——《植物名实图考》卷十四《隰草类》第 7 页

甘蕉香蕉、芭蕉　甘蕉，属芭蕉科，旧名甘露。结实最多，如羊角状，味最甘美，为热带佳果之一。滇思茅、宁洱、元江、新平、文山、马关、开远、蒙自、临江、金河诸热地均盛产之，但不及安南香蕉远销各处。此植物在《元江志》称为缅芭蕉，又《一统志》载"芭蕉，出永昌湾甸州，可食"，顾炎武《天下郡国利病书》载"湾甸有芭蕉，实以当果"。湾甸，永昌地，至云当果可食，是即今之香蕉也。按：香蕉，今保山之米芭蕉、牛角芭蕉犹著名，形态酷肖芭蕉，甚难区别，惟香蕉之叶柄及中肋稍带赤色，又生有特殊之果实，细经比较，仍与芭蕉不同。我滇南部热地，林深箐密，芭蕉与麻子、椰子同为三大密林，而芭蕉最多。今且移植至内地园圃，亦伟大之。宿根草本，叶长大，为鸟羽状，有全缘，叶脉亦平行，花独生，或被以绿色，或红色之苞，不结实，是即与香蕉不同处。芭蕉异名亦多，或曰苞苴，或曰蘘荷。《滇海虞衡志》引《本草纲目》谓"蘘荷，即芭蕉也"，又引《丹铅录》谓"蘘荷，即今甘露，甘露即芭蕉"云云。蘘荷之叶，虽与芭蕉相似，实属另一植物，与山姜、高良姜同，非即芭蕉，更非香蕉也。又滇旧志载，芭蕉有凤尾、象牙、美人数种，凤尾当是形容其叶至花大，类象牙者名牙蕉，红如莲花者名红蕉。据《花镜》则美人蕉即红蕉，审是则另属昙华科植物，亦非真正之芭蕉也。

——《新纂云南通志》卷六十二《物产考五·植物二·果实类》第 24 页

芭蕉果　《台阳随笔》：芭蕉，草本也。滇南地处温、热二带之间，至冬不凋，而元江蕉实有名。香蕉者，几与粤产同味。次曰怒猴，又次曰牛角，曰象牙，均以形得名也。其种含水质，生植最易，本高二三丈，叶长而大，花如含苞之莲，倒垂于地，瓣形如掌，每瓣内结果一肘。

——民国《元江志稿》卷七《食货志·果属特别产》第 6 页

荸荠

荸荠　味甘。治腹中热痰，大肠下血。又能化铜。

——《滇南草本》卷一下《园蔬类》第 17 页

乌芋、凫茈 俗呼荸荠。滇产有大如杯者，比栗为大，盖滇无巨栗，故地栗为洪耳。[①]

——《滇海虞衡志》卷十《志果》第 9 页

荸荠 属莎草科，一名乌芋，多年生草本也。滇水田、沼泽产，镇南产者尤佳。供食之部，即其块茎。质汁甘美，可生食。自块茎中制出之粉，称为荸荠粉，或称马蹄粉云。

——《新纂云南通志》卷六十二《植物考五·植物二》

荸荠 种芽土中，叶类蓬草，无花。根结荸荠，色红，去毛有皮，味甜。浆能克铜。又有一种乌荸荠，与红色同味。

——民国《楚雄县乡土志》卷下《格致·第十六课》第 1355 页

慈姑

慈姑 味苦甘，性微寒。主治受肠[②]，止咳嗽，痰中带血，咳血，呕血。

——《滇南本草》卷中《草部》第 24 页

慈姑、乌芋 滇皆有之，同江乡，《纲目》以入果部。慈姑一根，岁生十二子，如慈母之乳诸子，故以名之。一名白地栗，谓地栗之白者，别于凫茈之黑也。霜后叶枯，根乃练结，旋掘为果，煮以灰汤。他处慈姑麻涩，而省上不然，则治之有法也。[③]

——《滇海虞衡志》卷十《志果》第 8 页

慈姑 属泽泻科，一名地栗，多年生草本。叶广卵形，基脚分岐，有长叶柄。秋时开白花，食之部即其块茎，质肥味美，富于淀粉。滇水田多栽培之，河西、大湾、大哨、清水河产颗巨味香，较他县为著。

——《新纂云南通志》卷六十二《物产考五·植物二·蔬菜类》第 8 页

慈菇 种芽土中，叶类蓬草，有花，绿白色。根结慈菇，色白，去毛无皮，味微苦。

——民国《楚雄县乡土志》卷下《格致·第十六课》第 1355 页

甘蔗

《南中八郡志》曰：交趾有甘蔗，围数寸，长丈余，颇似竹。断而食之，甚甘。笮取汁，曝数时成饴，入口消释，彼人谓之石蜜。[④]

——《艺文类聚》卷八十七《果部下·甘蔗》第 23 页

《云南记》曰：唐韦齐休聘云南，会川都督刘宽使使致甘蔗。蔗节希，似竹许，削去后亦有甜味。《异物志》曰：甘蔗，远近皆有，交阯所产特醇好，本末无薄厚。其味甘，围数寸，长丈余，颇似竹。断而食之，既甘，生取汁为饴饧，益珍，煎而暴之，凝如冰。

——《太平御览》卷九百七十四《果部十一·甘蔗》第 5 页

---

① 此条，道光《云南通志稿》卷六十七《食货志六之一·物产一·通省》第 24 页引同。
② 受肠 《滇南草本》卷二作"厚肠"。
③ 此条，道光《云南通志稿》卷六十七《食货志六之一·物产一·通省》第 24 页引同。
④ 此句，宋洪迈《容斋五笔》卷六"糖霜谱"条引《南中八郡志》作"笮甘蔗汁，曝成饴，谓之石蜜"。

甘蔗 味甘酸。治一切百毒诸疮，痈疽发背，捣烂敷之。汁，治心中恍惚，神魂不定，中风失音，头发黑晕，目见鬼神，冲开水下。又熬饧食，和胃更佳。

——《滇南草本》卷一下《果品类》第 9 页

所产甘蔗，极大。

——景泰《云南图经志书》卷六《芒市长官司》第 21 页

蔗糖 名目至多，而合子糖尤盛。元谋、临安之人多种蔗，熬之为糖，糖凝坚厚成饼，二饼相合，名合子糖。临安人又善为糖霜，如雪之白，曰白糖，对合子之红糖也，其买卖大矣。

——《滇海虞衡志》卷十《志果》第 9 页

甘蔗 《顺宁府志》：出云州。《云州志》：旧原无此，有宾川人游州境，携种数本植之。乡人因学，以蔗水熬糖易米。

——道光《云南通志稿》卷六十九《食货志六之三·物产三·广南府》第 32 页

甘蔗 有数种，白者汁多皮软，红者汁少皮坚。罗汉甘蔗汁多节大，班毛蔗汁少皮厚，均产水田中。叶附节生，形如芦荻，其汁可造糖，渣可造纸。

——光绪《元谋县乡土志》（修订）卷下《格致·第五课》第 396 页

甘蔗之主成份为：水分四分之三，糖质四分之一。制糖之法：先将甘蔗置于榨内，令榨石旋转，甘蔗为二榨石所逼，汁流于下，渣从侧面吐出。次取汁，置锅内，以大火热之，令其沸腾，点之以石灰、灶灰，待其浓如饴，然后将浓汁置于范内冷之，而成半球形之糖矣。

——光绪《元谋县乡土志》（修订）卷下《格致·第三十七课》第 403 页

甘蔗 属禾本科。秆、叶均似包谷，多年生之草本也，高达二丈许，在其尖端攒缀穗状花序，花有绢丝光泽之长毛，具二雄蕊、一雌蕊，柱头二分，作蛾毛状，秆中富有粮分，为热带榨取蔗糖之原料。有青皮、红紫、淡竹色各种。红紫皮者，微杂酸汁，但易榨取。青皮、淡竹色者，皮质较硬，但所含糖汁则比红紫色多而纯。滇跨亚热带，江边热地如婆兮、弥勒、竹园、景东、宁洱、永北、宾川、巧家、五福、缅宁、云州、临江、保山、施甸、元谋、开远等处，均盛栽培。故自昔有竹园糖、云州糖、宾居牛井糖之称。红糖而外，如竹园出品，亦有白糖、冰糖，微惜土法榨取，狃不知变，产量既少，质亦不纯，于洋糖高价时，仅塞漏卮于万一，不足以云输出也。

——《新纂云南通志》卷六十二《植物考五·植物二·作物类》第 4 页

产地：巧属出口货首推蔗糖，其出产地在附城之内外八村，蒙姑区之普哔、三区之牛厂坪居多。树节、九区之棉纱湾、六城坝、十区之攀枝花、拖姑、大寨、四区之荒田等地，均为产量丰富区域。产量：全县每年产量约计三百余十万至四百万斤，值银十三元上下，共值银四五十万元。销售地：曲靖八属及东、昭各属与四川之筠连、贵州之毕节一带。种类：有红甘蔗、白甘蔗、罗汉甘蔗、建南甘蔗等类。红甘蔗皮色微红，罗汉甘蔗皮色青黄，皆节短茎粗，糖质重，糖色黄，组织松脆。白甘蔗皮色白黄，皮硬茎细，味微含酸性，制出之糖略呈黑色。建南甘蔗皮带青灰色，质、茎、味俱与白甘蔗相似。种法：打厢，在旧历腊月。将已犁之地面相距尺余远近等分提沟成 M 形，沟心须相连成弓形，以便水由入口顺沟而及于地之全面积，此种工作谓之打厢。栽种子，在旧历正月间。将种子即上下之老蔗尖。挨次平埋于厢子中，是为栽种子。亦有护老兜者，即上年甘蔗之根兜留不挖去，由宿根再发新芽，遂为二季之种子。新种下地后十余日，即怒发出土矣。上厢，待至伏天即实行施肥，施肥后将沟旁之土提而拥之，是为上厢。放水，种子下地后，每相间约十日必放水一次，在伏天每星期必放水一次，至秋后则十余日或二十日放水一次。然无论何时，须斟酌土宜及雨量行之，燥、湿皆不可太过也。成熟期，甘蔗自上厢后日渐兹长，至冬季即汁甜可食，其成熟时期为次年一、二月间，故自种蔗至成熟时间约需一年。制造情形：甘蔗既熟，即可制糖。兹将制糖情形分述如下。糖榨及榨时情状：榨以木滚或石滚二个，约直径一尺七八寸，上安齿轮，彼此相扣如钟表轮然。上置牛抬杆二架，架二牛其端，牛周围行走，滚子以齿轮相扣关系，亦依牛行之方向转动无已，喂榨之人将甘蔗置于两滚之间，其渣自对面排出，糖质随滚子流下，注于下设缸中。糖灶及煎熬情状：煎糖之灶一连五锅自外而内，燃柴薪于外锅下，烟焰经过五锅直达烟囱，将榨出蔗汁先注入外锅而煎熬之，逐锅递转移注，由外达内，渐进渐浓，煎至水分将干，加入清油渣子及适量之石灰，由锅内挖出，倾于模型中而凝结之，遂成沙糖。制糖时所需工人数目：榨匠一人、渣渣匠二人、大火头一人、糖匠一人、叶子客一人、包包匠六人、小火头一人、牛毛尖一人、草格嗒一人、刀刀匠八人，以上共需二十三人。出糖数：以上二十三人工作于一糖房内，各司其事，以一对时为一班，一班可出大糖五千合，约五百斤。甘蔗病害：蔗在种下二月内，若遇多旱或多雨，则苗心生虫，不能抽条生长，必须根旁另发新芽方得好蔗。若另生之新苗又遇旱或雨，则农人必大折其本，俗称此种病态为瘟兜。

——民国《巧家县志稿》卷六《农政·甘蔗》第44页

甘蔗 甘蔗于津属滨江各地，气候炎热，无不生植。在昔清道咸年间，庙口以上村市所建糖房滚石遗迹，至今犹存，可见当时糖业之兴。嗣后，想系壤接四川盛产糖蔗之区，因之销路疲滞，无形中辍，驯至一蹶不振。民初，文星之石堰溪清平站已有新种甘蔗，利用木滚榨汁熬糖，规模虽小，却有糖业复兴之象。迄民五六年，护国军与盗匪蜂起，稻黍犹难保守，况蔗为生食之品，最易遭惹骚扰，谁敢种此以生祸害，是以又复歇种也。近年沿河有种者，不过供人嚼食，无复多种制糖者。倘能提倡，亦大生产也。

——民国《盐津县志》卷四《物产》第1696页

花生

落花参 味甘热，无毒。盐水煮食，治肺痨。生用水泻，炒用燥火行血。治一切腹内冷积肚疼，服之即效。枝叶治跌打损伤，敷伤处。小儿不宜多食，生虫变为疳疾，忌之！

——《滇南草本》卷一第38页

落花生 为南果中第一，以其资于民用者最广。宋元间，与棉花、蕃瓜、红薯之类，粤估从海上诸国得其种归种之，呼棉花曰吉贝，呼红薯曰地瓜，落花生曰地豆，滇曰落地松。高、雷、廉、琼多种之。大牛车运之以上海船，而货于中国。以充苞苴，则纸裹而加红签，以陪燕席，则豆堆而砌白贝，寻常杯杓，必资花生，故自朝市至夜市，烂然星陈。若乃海滨滋生，以榨油为上，故自闽及粤，无不食落花生油，且膏之为灯，供夜作。今已遍于海滨诸省，利至大。性宜沙地，且耐水淹，数日不死。长江、黄河沙地甚多，若遍种之，其生必大旺。今棉花种于南北，几压桑麻，若南北遍种落花生，其利益中原尤厚，故因此志而推言之。

——《滇海虞衡志》卷十《志果》第7页

落花生 豆科植物也。花如蝶形，复叶，伸藤地间，上开花下结荚，每荚三四房，每房生一子，子可榨油。渣可作肥料，可饲豕。枝叶可畜牛马。

　　　　　　　　——光绪《元谋县乡土志》（修订）卷下《格致·第十九课》第 399 页

　　落花生榨油法：取落花生置辇槽内，令牛旋转，则落花生为辇锤所压，如碎米。然次将此碎花生纳入甑内蒸之，约一时许，待锅内之水气上升，潮泾均匀，取出做成圆形之饼，安置榨内，加之以椿杆，则饼四周受压，油即从孔流出矣。

　　　　　　　　——光绪《元谋县乡土志》（修订）卷下《格致·第三十九课》第 403 页

　　落花生　属豆科。花黄，结实地下。种子含油极富，有至百分之五十者。除食用外，榨出油质，工业上为用最广云。

　　　　　　　　——《新纂云南通志》卷六十二《植物考五·植物二》

　　花生　系四五月播种，九十月收成，可作食料及榨油之用。

　　　　　　　　——民国《武定县地志》第十四《农业》第 450 页

茭瓜

　　茭瓜菜　味甘平。治腹内冷痛，小便出血。

　　　　　　　　——《滇南草本》卷一下《园蔬类》第 16 页

　　茭瓜　滇城九龙池有之。

　　　　　　　　——《滇海虞衡志》卷十一《志草木》第 14 页

　　茭瓜　属禾本科，一名茭白，或云彫胡。生于陂泽，结实即菰米，嫩茎供食，滇到处产。又建水、开远、蒙自之草芽，亦嫩美可食，姑附于此。

　　　　　　　　——《新纂云南通志》卷六十二《物产考五·植物二·蔬菜类》第 8 页

　　茭瓜　亦生水中，叶如蓬草，根结茭瓜，味亦甜嫩。种时以芽置水中，与种芋、薯、慈姑、荸荠芽于土中同。

　　　　　　　　——民国《楚雄县乡土志》卷下《格致·第十七课》第 1356 页

莲藕

　　藕　味甘平。多服润肠肺，生津液。痰中带血，立效。节，治妇人血崩冷浊。叶，止血虚火晕。花，治妇人血逆昏迷。子，清心解热之圣药也。久服，轻身延年。

　　　　　　　　——《滇南草本》卷一下《果品类》第 10 页

　　藕粉　出建水。

　　　　　　　　——康熙《云南通志》卷十二《物产·临安府》第 6 页

　　藕　各处出，惟澂江洗之为藕粉，以充苞苴。干之为藕片，以充斋供。片甚干而巨，予糜而瀹食之，即成藕粉。亦郡产之佳，而可志者也。[①]

　　　　　　　　——《滇海虞衡志》卷十《志果》第 8 页

---

① 此条，道光《云南通志稿》卷六十九《食货志六之三·物产三·澂江府》第 27 页引同。

藕　一名莲根，乃莲之地下茎部，实非直根，属睡莲科。除莲花即荷花供观赏外，莲叶可入药。根茎部即藕，可作蔬食，内含淀粉，可制藕粉，以永昌、澂江产者最佳。

——《新纂云南通志》卷六十二《物产考五·植物二·蔬菜类》第 15 页

藕　荷莲之根，藕为莲之根茎。生水中，有节，遇闰益一节，中多孔，有丝，味甜嫩。

——《楚雄县乡土志》卷下《格致·第十七课》第 1356 页

菱角

菱角　味甘。治一切腰腿筋骨疼痛、周身四肢不仁、风湿入窍之症，煮食即愈。皮烧灰为末，调菜油搽痔疮，神效。叶晒干为末，搽小儿走马牙疳，神效。

——《滇南草本》卷一下《果品类》第 9 页

菱　颇有，然无巨者。以滇云绝远，而鳞被水荭，几同江乡，亦极乐国也哉！

——《滇海虞衡志》卷十《志果》第 8 页

菱角　旧名为芰，属芰科。古时芰、荷并称，采菱亦见诸歌咏，盖池沼中常见植物也。春时出，叶广，卵形，多锯齿。叶柄中部膨大，便于浮生。夏日开白色小花，四萼四瓣。子房秋熟，成为坚果，角有锐刺，果肉白嫩，可生食。省市近郊菱角潭即产有之，大理湖沼所出果较坚锐，当是别种，石屏异龙湖产者亦有名。

——《新纂云南通志》卷六十二《物产考五·植物二·果实类》第 24 页

菱角　生水中，发藤，开小紫花，叶底结实，去粗皮而食嫩心，味甜。又有角生刺，谓之刺菱角。

——民国《楚雄县乡土志》卷下《格致·第十七课》第 1356 页

十三、竹之属

哀牢……其竹节相去一丈，名曰濮竹。

——《后汉书》卷八十六《南蛮西南夷列传》第 2849 页

竹之属 十三：笼竹、慈竹、筋竹、紫竹、斑竹、凤尾竹、观音竹、濮竹、猫头竹、箭杆竹、水竹、实芯竹、墨竹。

——嘉靖《大理府志》卷二《地理志 · 物产》第 73 页

竹木属 青竹、紫竹、松、二种。柏、二种。栗、桑、桤、青皮木。宜刻花草。

——嘉靖《寻甸府志》卷上《食货》第 32 页

竹之品 紫竹、斑竹、箭竹、苦竹、刺竹、凤尾竹、箸竹、金竹、水竹、淡竹、蛮竹。

——隆庆《楚雄府志》卷二《食货志 · 物产》第 35 页

竹之属 十三：筇竹、慈竹、筋竹、紫竹、苦竹、凤尾竹、观音竹、濮竹、猫头竹、箭杆竹、水竹、实心竹、斑竹。

——万历《云南通志》卷二《地理志一之二 · 云南府 · 物产》第 13 页

竹之属 十二：笼、慈、水、筋、濮、紫、斑、凤尾、观音、猫头、箭杆、实心竹。

——万历《云南通志》卷二《地理志一之二 · 大理府 · 物产》第 33 页

竹之属 八：紫竹、刺竹、荆竹、滑竹、凤尾竹、笔管竹、箭杆竹。

——万历《云南通志》卷二《地理志一之二 · 临安府 · 物产》第 54 页

竹之属 十四：慈、筋、箭、白、黑、紫、苦、苗头、花班、观音、空、实、濮、藤条。

——万历《云南通志》卷二《地理志一之二 · 永昌军民府 · 物产》第 68 页

竹之属 六：紫竹、班竹、筋竹、蛮竹、水竹、凤尾竹。

——万历《云南通志》卷三《地理志一之三 · 楚雄府 · 物产》第 8 页

竹之属 三：紫竹、青竹、实竹。

——万历《云南通志》卷三《地理志一之三 · 曲靖军民府 · 物产》第 15 页

竹之属 十：水竹、筋竹、慈竹、苦竹、攒竹、刺竹、紫竹、猫头、凤尾、观音。

——万历《云南通志》卷三《地理志一之三 · 澂江府 · 物产》第 23 页

竹之属 七：斑竹、绵竹、水竹、苦竹、刺竹、筋竹、观音竹。

——万历《云南通志》卷三《地理志一之三 · 蒙化府 · 物产》第 28 页

竹之属 八：紫、青、苦、细、凤尾、猫头、山竹、淡竹。

——万历《云南通志》卷三《地理志一之三 · 鹤庆军民府 · 物产》第 36 页

竹之属　六：箭竹、紫竹、水竹、大竹、观音竹、凤尾竹。

——万历《云南通志》卷三《地理志一之三·姚安军民府·物产》第46页

竹之属　一：鸡腿竹。

——万历《云南通志》卷三《地理志一之三·广西府·物产》第52页

竹之属　二：青竹、紫竹。

——万历《云南通志》卷四《地理志一之四·寻甸府·物产》第4页

竹之属　五：紫竹、斤竹、水竹、实竹、苦竹。

——万历《云南通志》卷四《地理志一之四·武定军民府·物产》第9页

竹之属　七：斑竹、绵竹、紫竹、苦竹、刺竹、筋竹、大竹。

——万历《云南通志》卷四《地理志一之四·景东府·物产》第12页

竹之属　二：猫头、鸡腿。

——万历《云南通志》卷四《地理志一之四·广南府·物产》第21页

竹之属　六：濮竹、水竹、紫竹、筋竹、实心竹、藤竹。

——万历《云南通志》卷四《地理志一之四·顺宁州·物产》第24页

竹木之属　三：苦竹、藤、杉。

——万历《云南通志》卷四《地理志一之四·镇沅府·物产》卷四第30页

竹之属　五：紫、苦、绵、凤尾、观音。

——万历《云南通志》卷四《地理志一之四·北胜州·物产》第33页

竹扫寺在蒙化南百里许，无院无僧，止有石佛。旱则蒙人舁之城隅，祷应，即还山。所居左右，产竹甚茂，竹梢下垂拂石，其洁如扫，亦一奇迹也。

——《滇略》卷二《胜略》第25页

杜诗"笼竹和烟滴露稍"，笼，吐蕃地名也。《旧唐书·吐蕃传》有笼官、大笼官。又《韦皋传》"擒笼官四十五人"。擒主笼官节度，则其地产竹，因以名之耳。张志淳《南园漫录》载之。

——《滇略》卷三《产略》第2页

竹　有筇、慈、筋、紫、苦、凤尾、观音、濮、猫头、钓丝、球、箭、水、实心、斑竹、巨竹。出易门莽甸穷山深菁中，其竹比常加倍，数尺一节。土人云更入菁深，其种尤大，然不敢入也。夷语名竹为"荡"，合于《禹贡》"篠荡"之音。《山海经》称"舜丘之竹，节可为船"，近是欤！然不可强附也。

——天启《滇志》卷三《地理志第一之三·物产·云南府》第113页

竹　有观音、凤尾、紫、斑、箭杆。

——天启《滇志》卷三《地理志第一之三·物产·大理府》第114页

竹　有筇〔筋〕竹、滑竹、判竹、方竹。

——天启《滇志》卷三《地理志第一之三·物产·临安府》第115页

竹木　为花斑、藤条、棕、朴、董棕、鼠尾松、白蜡、楠、梓、杏叶、桤。

——天启《滇志》卷三《地理志第一之三·物产·永昌府》第115页

竹 有蛮竹,亦有凤尾。

——天启《滇志》卷三《地理志第一之三·物产·楚雄府》第 116 页

竹木之属 如攒竹、刺竹、猫头、凤尾,如椵木、棠梨、紫榆、黄杨。

——天启《滇志》卷三《地理志第一之三·物产·澂江府》第 117 页

竹 曰青,曰山,曰溪。

——天启《滇志》卷三《地理志第一之三·物产·鹤庆府》第 118 页

竹之类 号濮竹,百濮之人曾备周武之旅,今以名竹,其产必殊。藤竹者,漆而为杖,甚苍古。又有垂丝竹,产云州。

——天启《滇志》卷三《地理志第一之三·物产·顺宁府》第 120 页

是郡介在僰夷,所产本无可述。然旧《志》载,如竹之藤杉、苦笋,禽之白鹇,果之南枣,货之莎罗布,于镇沅为独多乎,并识之。

——天启《滇志》卷三《地理志第一之三·物产·镇沅府》第 120 页

竹笋 极佳,曰沧笋。

——天启《滇志》卷三《地理志第一之三·物产·北胜州》第 120 页

竹 《华阳国志》云:牢夷有竹,其节相去一丈,名濮竹。[①]南方有布苻竹,长百丈,围三丈余,可以为大舟。笋味甚美。今未闻。又云:答对青,半青半紫,二色可爱。彼中人亦未见拈出。

《竹谱》曰:棘竹,骈深[②],一丛为林。根如椎轮[③],节若束针,亦曰笆竹。城固是任,篾笋既食,鬓发则侵。释曰:大者二尺围,肉至厚实,南中夷人破以为弓。枝节皆有刺,种以为城,卒不可攻。万震《异物志》又云:种为藩落,阻过层墉。或卒崩根出,如大[④]十石物,纵横相承如缫车[⑤]。一名笆竹。见《三仓》。笋味落人须发。今广南、腾越夷中皆有刺竹,如《谱》所云。夫竹比君子,而夷落乃为荆棘,华戎不同贯,即物有然者矣。

又曰:筋竹为矛,称利海表。樻仍其干,刃即其杪。生于日南,别名为篾。释曰:筋竹长二丈许,围数寸,至坚[⑥],南土以为矛。其笋未成竹时,堪为弩弦。见徐忠《南中奏》。刘渊林云:夷人以史叶竹为矛。余之所闻,即是筋竹,岂非一物而二名者。滇中有筋竹,叶差小于它竹,坚而且直,戍卒取以承枪,甚美利也。

又曰:筤与由衙,厥体俱洪,围或累尺,筤实衙空。南越之居,梁柱是供。释曰:交州《广志》云由衙竹亦有生于永昌郡,为物丛生。

又曰:竹之堪杖,莫尚于笻。磈硊不凡,状若人工[⑦]。岂必蜀壤,亦产余邦[⑧]。一曰扶老,名实县同。释曰:笻竹,高节实中,状若人刻。《广志》云出南广笻都县,然则邛是地名,犹高梁薑。《张骞传》

① “牢夷有竹……名濮竹”句 常璩《华阳国志》卷四《南中志》作“有大竹,名濮竹,节相去一丈”。丈,《华阳国志校补图注》作“尺”,注云:旧各本与《后汉书》俱作“丈”。杨终《哀牢传》本作“尺”,见《康熙字典》引。常氏用杨终文,不当作丈。应是《范史》夸言之,旧刻又依《范史》改耳。

② 骈深 《左氏百川学海》本《竹谱》同,《龙威秘书》本作“骈生”。骈生:并列而生。作“骈生”,意长。

③ 椎轮 原本作“推轮”,《龙威秘书》本《竹谱》漫漶,《左氏百川学海》本作“椎轮”,意长,据改。

④ 如大 《竹谱》作“大如”。

⑤ 缫车 《龙威秘书》本《竹谱》作“谬重”,《左氏百川学海》本作“缫车”,有异。

⑥ 坚 《竹谱》作“坚利”。

⑦ 人工 《竹谱》作“人功”。

⑧ 余邦 乾隆《腾越州志》、《滇南杂记》皆作“于邛”。

云于大夏见之，出身毒国，始感邛杖，终开越嶲。越嶲，古身毒也。张孟阳云邛竹出兴古盘江县，《山海经》谓之扶竹，生寻伏山，去洞庭西北一千一百二十里。黄图云：华林园有扶老三株，如此则非一处。赋者不得专为蜀地之生也。《礼记》曰：五十杖于家，六十杖于乡者，扶老之器也。

——天启《滇志》卷三十二《搜遗志第第十四之一·补物产》第 1044 页

己卯四月十八日……竹之大者，如吾地之猫竹，中者如吾地之筋竹，小者如吾地之淡竹，无所不有，又非迤东西所有也。

——《徐霞客游记·滇游日记九》第 1068 页

竹 晋戴凯《竹谱》谓竹非草非木，真别具清节矣。《诗》曰"其簌伊何，惟笋及蒲"，《礼》曰"加豆之实，笋菹鱼醢"，其来尚已。陆佃云"旬内为笋，旬外为竹"，故字从旬，则俗作"筍"，非矣。僧赞宁《笋谱》名笋为萌，为箐，为彊，为茁。其初则均名为篁，会其意而称焉。竹有雌雄，根上第一枝双生者即雌也。今食笋者不一法，得其法即益人，否则有损。大约采时宜避风日，见风日则质理坚。不宜入水洗，入水则肉理硬。脱壳煮则失真味，生即刀切则失柔，易作铁臭气。煮必宜久，生必损人。茹蒸最美，煨之良佳。干者取汁作羹，取其鲜清之味极佳。凡签棘喉者，少入薄荷，以解其性。

玉版竹 其种自余杭来者，肉白理细，可生食。惜其本少，难供大嚼。

金竹 截之作箫笛则声清越。以竹皮黄，故得名。

龙竹 年久则根盘土外，如太湖假山，又似虬璇于地上。其本参天，叶长五六寸，宽七分，颇类棕竹叶。

水竹 心甚空，雨多则其节中含水，取以为饮，化痰。

苦竹 味苦，叶细，生深箐中。

崖竹 叶最细，枝拂拂若帚，多倒垂而生，可作盆景。

——《鸡足山志》卷九《物产》第 339 页

竹王 汉初，一女浣衣遯水，有三节大竹流入女足间。推之不去，闻有啼声。持归，破之，得一儿，育于家，长以才武，雄诸彝。捐所破竹于野，生竹成林，遂以竹为姓，自号竹王。

——康熙《云南通志》卷三十《杂异》第 2 页

竹之属 篁竹、野竹、攒竹、紫竹、少。凤尾竹、斑竹、水竹、萧竹。

——康熙《寻甸州志》卷三《土产》第 21 页

竹部 荆竹、刺竹、凤尾竹、笔管竹。

——康熙《通海县志》卷四《赋役志·物产》第 18 页

竹之属 斑竹、荆竹、刺竹、滑竹、凤尾竹、棕竹。

——康熙《新平县志》卷二《物产》第 59 页

竹品 凤尾竹、紫竹、苦竹、荆竹、水竹、淡竹。

——康熙《楚雄府志》卷一《地理志·物产》第 34 页

竹品 凤尾竹、紫竹、苦竹、荆竹、水竹、淡竹。

——康熙《南安州志》卷一《地理志·物产》第 12 页

竹之属 箭竹、紫竹、水竹、大竹、观音竹、凤尾竹。

——康熙《姚州志》卷二《物产》第 14 页

竹之属　凤尾竹、紫竹、荆竹、刺竹、青竹、苦竹。

——康熙《元谋县志》卷二《物产》第 38 页

竹之属　凤尾竹、荆竹、紫竹、刺竹、青竹、苦竹。

——康熙《武定府志》卷二《物产》第 63 页

竹属　为荆竹，为水竹，为淡竹，为凤尾竹。

——康熙《广通县志》卷一《地理志·物产》第 18 页

竹品　紫竹、荆竹、水竹、刺竹、凤尾竹。

——康熙《镇南州志》卷一《地理志·物产》第 14 页

竹之属　箭竹、紫竹、水竹、大竹、观音竹、凤尾竹。

——康熙《姚州志》卷二《物产》第 14 页

竹类　龙竹、水竹、苦竹、凤尾。

——康熙《续修浪穹县志》卷一《舆地志·物产》第 22 页

竹属　京竹、苦竹、淡竹、紫竹、凤尾竹。

——康熙《剑川州志》卷十六《物产》第 59 页

凤尾竹、紫竹。

——康熙《鹤庆府志》卷十二《物产》第 24 页

竹　慈竹、金竹、紫竹、东坡竹、苦竹、实心、箭竹、巨竹、刺竹、藤竹。

——康熙《蒙化府志》卷一《地理志·物产》第 41 页

竹　龙竹、紫竹、凤尾竹、金竹、箭竹、刺竹、苦竹、水竹、蛮竹。

——康熙《定边县志·物产》第 22 页

竹属　紫竹、苦竹、猫头竹、麻竹、出腾越，其质绵软，可为绳为屦。花班竹、出腾越。观音竹、藤条竹、外班中实，可为杖，出高黎共山。凤尾竹、水竹、濮竹、围三尺余，大者可受一斛。刺竹。即棘竹。

——康熙《永昌府志》卷十《物产》第 5 页

竹　慈竹、刺竹、紫竹、巨竹、龙竹、苦竹、金竹、箭竹、藤竹、香竹、东坡竹、凤尾竹、观音竹。

——康熙《顺宁府志》卷一《地理志·物产》第 30 页

竹之属　篁竹、紫竹、莉竹、苦竹、扁竹、粉竹、凤尾竹。

——雍正《马龙州志》卷三《地理·物产》第 22 页

竹　紫竹、刺竹、荆竹、滑竹、凤尾竹、淡竹、大圆竹。

——雍正《建水州志》卷二《物产》第 8 页

紫竹、筋竹[①]、毛竹、凤尾竹。

——雍正《白盐井志》卷二《地理志·物产》第 4 页

竹之属　六：龙竹、凤尾竹、观音竹、实心竹、芦竹、筋竹。

——雍正《云龙州志》卷七《物产》第 5 页

---

① 筋竹　原本作"筋竹筋竹"，衍，据文义删。

竹类 棘竹、紫竹。

——乾隆《东川府志》卷十八《物产》第 3 页

竹之属 紫竹、簧竹、苦竹、莿竹、箭竹、猫头竹、粉竹、凤尾竹、人面竹。

——乾隆《弥勒州志》卷二十三《物产》第 53 页

竹之属 紫竹、金竹、刺竹、凤尾竹、箭竹、苦竹、冲天竹、人面竹。

——乾隆《广西府志》卷二十《物产》第 3 页

竹 盆竹、淡竹、凤尾竹。

——乾隆《陆凉州志》卷二《风俗物产附》第 28 页

竹属 香竹、棕竹、紫竹、人面竹、斑竹、薄竹、吊竹、滑竹、实心竹、刺竹、大竹、苦竹、甜竹、绵竹、观音、凤尾竹、筋竹。

——乾隆《开化府志》卷四《田赋·物产》第 32 页

竹之属 紫竹、篁竹、苦竹、凤尾竹、猫头竹、莿竹、粉竹、棕竹。

——乾隆《新兴州志》卷五《赋役·物产》第 34 页

竹部 大竹、榴竹、荆竹、凤尾竹、滑竹、斑竹、紫竹、董棕竹。

——乾隆《石屏州志》卷三《赋役志·物产》第 35 页

竹之属 凤尾竹、紫竹、荆竹、刺竹、青竹、苦竹。因瘴地，故无佳者，然部名华竹，山名竹沙，固可胜于今淇之仅存空名也。

——乾隆《华竹新编》卷二《疆里志·物产》第 229 页

竹品 丛竹、斑竹、刺竹、凤尾竹、实心竹。

——乾隆《碍嘉志稿》卷一《物产》第 8 页

竹之属 绿竹、斑竹、毛头竹、观音竹、凤尾竹、东坡竹、慈竹、孝竹、实竹、龙头竹。

——乾隆《碍嘉志》卷二《赋役志·物产》第 231 页

竹类 紫竹、筋竹、箐竹、大竹、凤尾竹。

——乾隆《白盐井志》卷三《物产》第 36 页

竹 龙竹、凤尾竹、东坡竹、紫竹、荆竹、墨竹、钓鱼刺、香竹、实心竹、笛竹、苦竹。

——乾隆《赵州志》卷三《物产》第 57 页

竹 紫竹、攒竹、水竹、苦竹、观音竹、凤尾竹、茨竹、猫头竹、实心竹、分水岭产，一名藤条竹。无节竹、沙木笼[①]产，又名通天竹。东坡竹、龙竹、筋竹、一名荆竹。濮竹、围三尺余，大可受一斛。麻竹、其质绵软，可为绳为履。花斑、出滇滩关外。刺竹。而藤则细者可为绳，大者为杖，凡百器皿皆可以为。而腾越所独名州，则以此焉。

——乾隆《腾越州志》卷三《山水·土产》第 27 页

腾越多竹，甲于中土。《竹谱》曰：棘竹亦曰骈竹，深丛为林。根如椎轮，节若束针，亦曰笆竹。

———

① 沙木笼　光绪《腾越厅志》卷三《地舆志十·土产》第 3 页"竹属"作"杉木笼"。

城固是任，篾笋既坚①，鬓须②则侵。释曰：大者二尺围，肉甚厚实，南中夷人破之以为版③。枝节皆有刺，种以为城，卒不可攻。今腾越地有刺竹，如《谱》所云。又曰：筋竹为矛，称利海表。槿仍其干，刃即其杪。生于日南，则名为篱。释曰：筋竹长三丈许，围及寸，至坚④，南土以为矛。其笋未成竹时，可为弩铳⑤。又曰：篁与由衙，厥体俱洪，围成累尺，篁实衙空。南越之居，梁柱是供。释曰：交州《广志》云，由衙竹亦有生于永昌郡，为物丛生。又曰：竹之堪杖，莫尚于筇。磊砢不凡，状若人工。岂必蜀壤，亦产于邛⑥。一曰扶老，名实相同⑦。释曰：筇竹，高节实中，状若人刻。《张骞传》云于大夏见之，出身毒国，始感邛杖，终开越嶲。越嶲，古身毒也。然今越嶲乃宁远府，岂身毒哉！

——乾隆《腾越州志》卷十一《杂志·杂记》第12页

竹类 紫竹、苦竹、绵竹、凤尾、龙竹、芦竹、金竹。

——乾隆《永北府志》卷十《物产》第4页

竹 竹颇少，东惟罗平，西则宾川产竹，省城亦间有之。春夏间亦有携鲜笋出售者，然甚少。永平产一种方竹，好奇者取以为烟管，颇觉别致。

——《滇南闻见录》卷下《物部·木属》第41页

竹类 苦竹、慈竹、化竹、筇竹、又名罗汉竹，节大而密，筠厚而坚。老人取以为杖，笋亦佳。凡山之高峻处皆有之，唯罗汉岭为盛。水竹、筋竹、刺竹、扁竹、楠竹、小楠竹。俗名硬头黄。

——嘉庆《永善县志略》上卷《物产》第563页

《尔雅》分释草木，《虞衡志》则合而纪之，先木后草。草则以竹为先，荡竹、涩竹、人面竹、钩丝竹、斑竹、猫头竹、笏竹、箭竹，凡九品，当亦云南所悉有，不论也。论其异者，濮竹，出顺宁。古时濮竹节长一丈，今渐减之，犹可作斗斛。

——《滇海虞衡志》卷十一《志草木》第11页

竹之属 垂丝竹、《五侯鲭》：垂丝竹出云南，枝柔软下垂。实心竹、袁滋《云南记》：云南有实心竹，文采斑驳，殊好，可为器物。其土以为枪竿、交床。筋竹、段成式《酉阳杂俎》：筋竹，南方以为矛，笋未成竹时，堪为弩弦。旧《云南通志》：云南产。水竹、《事物绀珠》：水竹，出岩下泽水中。其笋随水深浅以成节，若深一丈，则笋出水面为一节。释赞凝《物类相感志疏》：节竹出南方水中，笋萌时随水高低成节也。旧《云南通志》：云南产。观音竹、冯时可《雨航杂录》：观音竹形小叶长，翠润夺目，植岩石上，经冬不凋。《瀛涯胜览》：观音竹如藤，长丈八尺许，色如黑铁，每寸约二三节。旧《云南通志》：云南产。慈竹、任昉《述异记》诗义云南中生子母竹，今慈竹是也。《花木考》：慈竹秋笋高数丈，尾甚柔细如钓丝，又名钓丝竹。旧《云南通志》：云南产。苦竹、贾思勰《齐民要术》：苦竹，竹之丑类也。有四：青苦者，白苦者，紫苦者，黄苦者。旧《云南通志》：云南产。龙竹、《滇南本草》：形似家竹，生于水石之傍，枝软叶黄。治肾虚腰痛，助肾兴阳。炙用，益寿延年。取汁用，亦能返老还童。猫头竹、《事

---

① 坚 《竹谱》作"食"。
② 须 《竹谱》作"发"。
③ 版 《竹谱》作"弓"。
④ 坚 《竹谱》作"坚利"。
⑤ 铳 《竹谱》作"弦"。
⑥ 于邛 《竹谱》作"余邦"。
⑦ 相同 《竹谱》作"县同"。

物绀珠》：猫竹，又名猫头竹，其根类猫头。又名潭竹，大茎细叶。旧《云南通志》：云南产。紫竹、《花木考》：紫竹，小而色紫，宜伞柄、箫、笛用。旧《云南通志》：云南产。毛竹。《滇南本草》：生于郊野，形似家竹而小，叶上有毛，土人呼为淡竹叶。治妇人虚成痨，久热不退，利大小便，热积血淋，服之皆效。

谨案：旧《志》尚有攒竹、凤尾竹、箽竹、东坡竹，皆滇产。

——道光《云南通志稿》卷六十八《食货志六之二·物产二·云南通省》第 9 页

竹木之属 四十四：紫竹、慈竹、龙竹、水竹、苦竹、攒竹、毛竹、垂丝竹、实心竹、观音竹、猫头竹。以上竹十一。松、有油松、杉松、细松数种。柏、有侧柏、团柏、合掌、茨柏数种。梧桐、杨、柳、白杨、槐、有黄、白二种。栗、有板栗、毛栗、黄栗、白麻、青刚数种。棠梨、楸、楠、黄杨、俗名万年青。椿、榖、即楮树也，音同构。水冬瓜、柞、樟、梓、冬青、檺、柘、榆、桑、棕榈、杉、降真香、檀香、婆树、木绵、罗汉松、观音柳、皂荚树、无花果树。以上木三十三。

——道光《昆明县志》卷二《物产志》第 6 页

竹木之利至大，江陵千树荻，渭川千亩竹，皆与万户侯等，为其水道通而布其利于四方也。滇池北入金沙江，而其道久塞，木之产于滇者，虽宗生族茂，讵少长材，然无有匠石过而问之，老朽空山，终以不用，岂不惜哉！

檀萃《虞衡志》：锯柏香，取老柏肤内绛色者，已成香矣，锯而饼之，厚寸许，再折而焚之，颇似檀香。会城多老柏，以其叶末之为条香、盘香。锯柏香之末以煨炉，亦氤氲耐焚。杉，亦松之类，而统于松，故滇人曰杉松，其材中榫榜。南方之地皆有杉，惟滇产为上品，滇人锯为板而货之名洞板，以四大方二小方为一具，板至江浙，值每具数百金。滇人祀神用降香，故降香充市。一名紫藤香、鸡骨香，焚之，其烟直上。

桂馥《札樸》：《诗》"隰有六駮"，毛《传》以"駮"为兽名。陆玑疏：駮马，木名，梓榆也。其树皮青白駮荦，遥望似駮马，故谓之駮。下章：山有苞棣，隰有树檖。皆山隰之木相配，不宜云兽。又《元和郡县志》：贺兰山有树，木青白，望如駮马，北人呼駮为贺兰。馥案：北方无此树，未得目验，及官云南，处处有之，音讹呼为婆树。

杨慎《丹铅总录》：南中木棉树，大如抱，花红似山茶，而蕊黄，花片极厚，非江南所艺者。

——道光《昆明县志》卷二《物产志·余论·论竹木之属》第 16 页

木属 松、柏、槐、柳、棕、桑、楸、椿、棠梨、金竹、紫竹、慈竹、凤尾竹、万年青。

——道光《晋宁州志》卷三《地理志·物产》第 26 页

竹类 荆竹、凤尾竹、滑竹、水竹、毛竹。

——道光《昆阳州志》卷五《地理志下·物产》第 13 页

竹属 紫竹、攒竹、箽竹、刺竹、实心竹。

——道光《宣威州志》卷二《物产》第 22 页

竹属 人面竹、即云竹。棕竹、紫竹、筋竹、南竹、苦竹、茨竹。

——道光《广南府志》卷三《物产》第 3 页

竹之属 水竹、筋竹、慈竹、攒竹、苦竹、刺竹、紫竹、猫头竹、凤尾竹、观音竹。

——道光《澂江府志》卷十《风俗物产附》第 7 页

竹之属 凤尾竹、荆竹、柴竹、大竹、苦竹、旧《县志》。巨竹。出荞甸山箐中，数尺一节。《一统志》

——道光《续修易门县志》卷七《风俗志·物产》第 169 页

竹　各种俱出。

——道光《续修通海县志》卷三《物产》第 35 页

竹之属　斑竹、大竹。

——道光《新平县志》卷六《物产》第 22 页

竹之属　慈竹、箪竹、水竹、紫竹、攒竹、苦竹、蛮竹、笼竹、香竹、斑竹、方竹、观音竹、凤尾竹、猫头竹、实心竹、人面竹。

——道光《大姚县志》卷六《物产志》第 6 页

竹之属　箭竹、紫竹、水竹、大竹、观音竹、凤尾竹。

——道光《姚州志》卷一《物产》第 242 页

木属　椿、松、柏、柳、栗、有黄栗、麻栗、毛栗、青刚栗、芝栗。万年青、水冬瓜、棠梨、观音柳、冬青、玉蒿、火绳、皂角、无花果树、桑、罗汉松、紫竹、甜竹、苦竹、柘、降香、杨、槐、菩提树、绣球香。

——道光《威远厅志》卷七《物产》第 3 页

异竹　《竹谱》曰：棘竹，骈深，一丛为林。根如椎轮，节若束针，亦曰芭竹。城固是任，篾笋既食，鬈发则侵。释曰：大者二尺围，肉至厚实，南中夷人破以为弓。枝节皆有刺，种以为城，卒不可根[1]。万震《异物志》又云：种为藩落，阻过层墉。或卒崩根出，如大十石物，纵横相承如缲车。一名笆竹。见《三仓》。笋味落人须发。今广南、腾越夷中皆有刺竹，如《谱》所云。夫竹比君子，而夷落乃为荆棘，华戎不同贯，即物有然者矣。

又曰：筋竹为矛，称利海表。槿仍其干，刃即其杪。生于日南，别名为簩。释曰：筋竹，长二丈许，围数寸，至坚，南土以[2]为矛。其笋未成竹时，堪以为弩弦。见徐忠《南中奏》。刘渊林云：夷人以史竹为矛，即是筋竹，岂非一物而二名者。滇中有筋竹，叶差小于它竹，坚而且直，戍卒取以承枪，甚美利也。

又曰：篃与由衙，厥体俱洪，围或累尺，篃实衙空。南越之居，梁柱是供。释曰：交州《广志》云，由衙竹亦有生于永昌郡，为物丛生。又曰：竹之堪杖，莫尚于筇。磊砢不凡，状若人工。岂必蜀壤，亦产于邛。一曰扶老，名实县同。释曰：筇竹，高节实中，状若人刻。《广志》云出南广筇都县，《张骞传》云于大夏见之，出身毒国，始感邛杖，终开越巂。越巂，即古身毒也。张孟阳云邛竹出兴古盘江县，《山海经》谓之扶竹，生寻伏山，去洞庭西北一千一百二十里。黄图云：华园[3]有扶老三株，如此则非一处，赋之者不得专为蜀地之生也。

——《滇南杂志》卷十三《轶事七》第 14 页

竹则有紫竹、金竹、龙竹、凤尾竹、慈竹、苦竹。

——咸丰《邓川州志》卷四《风土志•物产》第 9 页

竹之属　凤尾竹、荆竹、刺竹、棕竹、青竹、苦竹、滑竹、水竹。

——咸丰《嶍峨县志》卷十二《物产》第 4 页

竹之属　旧《志》六种：箭竹、紫竹、水竹、大竹、观音竹、凤尾竹。

——光绪《姚州志》卷三《食货志•物产》第 48 页

---

① 卒不可根　《竹谱》作"卒不可攻"。
② 史竹　《竹谱》作"史叶竹"。
③ 华园　《竹谱》作"华林园"。

竹属 凤尾竹、荆竹、紫竹、刺竹、青竹、苦竹。

——光绪《武定直隶州志》卷四《物产》第 12 页

竹品 紫竹、水竹、苦竹、刺竹、斑竹、人面竹、凤尾竹、筋竹、龙竹。即蛮竹。

——光绪《镇南州志略》卷四《食货略·物产》第 31 页

竹之属 旧《志》五种：紫竹、筋竹、箐竹、大竹、凤尾竹。新增四种：例提竹、钓鱼刺竹、苦竹、人面竹。

——光绪《续修白盐井志》卷三《食货志·物产》第 55 页

竹部 紫竹、猫头竹、斑竹、凤尾竹。

——光绪《云南县志》卷四《食货志·物产》第 17 页

竹之属 金竹、紫竹、凤尾竹、人面竹、龙竹、杆粗叶大。慈竹、藤竹、斑竹。

——光绪《鹤庆州志》卷十四《食货志·物产》第 4 页

竹之属 金竹、绵竹、茨竹、藤竹、龙竹、刺竹、紫竹、苦竹、扁竹、凤尾竹、班毛竹。

——光绪《续修永北直隶厅志》卷二《食货志·物产》第 27 页

竹之属 濮竹、旧《通志》：即《南中志》所谓节相去一丈，可受一斛者。今产不过去二三丈，受升合而已。桂馥《札樸》：永昌、顺宁山谷有竹，中实[1]，叶大，节最疏。土人破为丝绳作屐[2]，谓之麻竹。余案即濮竹。《汉书·哀牢夷传》：其竹节相去一尺，名濮竹。又云南旧《通志》：顺宁府产绵竹[3]，猛赖箐有之。彝人用刀刮之，缕缕如麻，可以绞索，可以织屐。《府志》：性韧，部[4] 而柔之，可以作缆。谨案：《志》分濮竹、麻竹为二，桂氏合而为一。今以永昌物产例之，似桂氏为是，故备载之以俟考。藤竹、旧《志》：藤竹可为鞭。旧《通志》：藤竹杖，出顺宁。斑竹、旧《通志》：出云州。筋竹、旧《志》：可为矛，未老者可为弩弦。垂丝竹、《一统志》：枝叶软弱皆下垂。竹斗斛、檀萃《滇海虞衡志》：出永昌、顺宁，古濮竹也。但不能如古之竹节相距一丈，可为船也。古人长大，后人降而短小，惟竹亦然。石竹、桂馥《札樸》：顺宁山石间有草，一本数十茎，茎多节，叶似竹叶。四五月开花，纯红，亦有紫、白二色者。土人谓之石竹。案即石斛也，移植树上亦生。刺竹、《竹谱》曰：棘竹，亦曰骈竹，深丛为林，根如椎轮，节若束针。《采访》：顺宁之刺竹，产深箐中，长二丈许，围及寸，节皆有刺。实心竹、袁滋《云南记》：滇南有实心竹，文采斑驳，殊好，可为器物。观音竹、冯时可《雨航杂录》：观音竹形小叶长，翠润夺目，植岩石上，经冬不凋。《瀛涯胜览》：观音竹如藤，长丈八尺许，色如黑铁，每寸二三节。苦竹、贾思勰《齐民要术》：苦竹，竹之丑类也。有青苦、白苦、紫苦、黄苦四种。龙竹、《滇南本草》：形似[5] 家竹，生于水石之傍，枝软叶黄。治肾虚腰痛，助肾兴阳。炙用，益寿延年，去汗用。《采访》：顺宁之龙竹甚多，仅可取笋，未闻入药，恐非其类也。又考顺宁龙竹，形非家竹，枝劲叶大，直上干霄，随地皆生，与《本草》注有异。紫竹、《花木考》：紫竹，色紫而质小，宜伞柄、箫、笛用。其根可治滇犬咬。毛竹、《滇南本草》：生于郊野，形似家竹而小，叶上有毛，土人呼为淡竹叶。治妇人虚成痨，久热不退，利大小便，热积血淋，服之皆效。人面竹、《一统志》：节如人面。

——光绪《续修顺宁府志稿》卷十三《食货三·物产》第 17 页

---

[1] 中实　原本"实"前衍"中"字，据《札樸》卷十《滇游续笔》"麻竹"条补。

[2] 屐　《札樸》卷十《滇游续笔》作"履"，意同。

[3] 绵竹　原本作"線竹"，道光《云南通志稿》卷六十九《食货志六之三·物产三·顺宁府》第 33 页作"绵竹"，意长，据改。

[4] 部　疑为"剖"字之误。

[5] 似　原本作"四"，据上下文义改。

竹属　方竹、近年为采笋踩蹦将尽。筇竹、即罗汉竹。茨竹、斑竹、慈竹、有直巅、钓鱼二种。苦竹、有甜、苦二种。水竹、紫竹、箭竹、金竹、海竹、空中为哑酒竿。滑竹。

——光绪《镇雄州志》卷五《物产》第 58 页

竹属　金竹、龙竹、毛竹、刺竹、黄竹。以上笋可食。紫竹、凤尾竹、斑竹、出腾越。观音竹、水竹、实心竹、可为杖。麻竹。可以织屦，出腾越。

——光绪《永昌府志》卷二十二《食货志·物产》第 3 页

竹　腾境多竹，有龙母、凤尾、猫头诸色名，然皆不适于用。一切日用器具者，莫如筋竹，亦作荆。为篮为筐为笑，其用尚微。女红破细如丝，编斗笠，实占土产第一。筋竹而外，更有刺竹，伐笋敲细，取汁作草纸，收利亦巨，制法如谷皮纸。

——光绪《腾越乡土志》卷七《物产》第 12 页

竹属　大竹、邑人多用作大伞。绵竹、编簸箕等，经用。紫竹、《花木考》：小而色紫，宜伞柄、萧、笛之用。白竹、滑竹、人面竹、《一统志》：节如人面。刺竹、大如指，多用作大香柄。荆竹、其质坚劲，宜作竹器。凤尾竹、陈鼎《竹谱》：稍如凤尾，叶类凤毛，暑中生笋。苦竹、冬季生笋，味美。薄竹、椅子竹、肉厚质坚，可作竹椅、轿杆之用。筋竹、《竹谱》：其小如筋，坚洁如象牙，作箸甚佳。邑人制蜡烛者，裹灯草湖棉，用作烛心。

——宣统《续修蒙自县志》卷二《物产志·植物》第 32 页

笋类　茭笋、即茭瓜。香笋、冬笋、凤竹笋、蛮竹笋、藕笋。即莲藕。

竹类　紫竹、水竹、苦竹、刺竹、金竹、岩竹、人面竹、凤尾竹、大龙竹。

——宣统《楚雄县志述辑》卷四《食货述辑·物产》第 17、18 页

竹类　筇竹、茨竹、紫竹、慈竹、芳竹、箭竹、海竹、金竹。

——宣统《恩安县志》卷三《物产》第 182 页

竹　属禾本科。虽非木类，但通常以竹木称之。旧《志》载竹只有十数种，现就各县调查所及，综记在四十种以上，如慈竹、紫竹、刺竹、茨竹、金竹、京竹、荆竹、筋竹、篁竹、箐竹、箭竹、苦竹、淡竹、滑竹、水竹、海竹、山竹、野竹、藤竹、绵竹、麻竹、毛竹、茅竹、猫竹、猫头竹、江竹、黑竹、香竹、笋竹、香笋竹、江南竹、孟宗竹、甜竹、萧竹、笛竹、斑竹、花斑竹、湘妃竹、粉竹、方竹、筇竹、濮竹、龙竹、垂丝竹、东坡竹、观音竹、罗汉竹、凤尾竹、实心竹、冲天竹、通天竹、人面竹等等。或以形色称，或以地名、人名别，往往一竹而数名者多，亦有数竹而一名者，若非科学上严格分类，则竹谱之定名綦难也。滇地温暖，最适竹类之生活，今江边热地，林深箐密，麻竹、濮竹所在皆是。渐入温带，则普通所见如龙竹、慈竹、毛竹、藤竹、笋竹、苦竹、金竹等，或属自然林，或属人为栽植，一箨半节，皆尽其利。枝干笋叶、临江笋叶年销佛海三万斤，其用更多。威信产竹，为造纸佳料。竹亦有经多年后忽而开花结实者，《救荒本草》呼为竹米，不久竹即枯死，屡验皆然。至于竹之有斑纹者，或则由菌类之寄生；竹之有紫、黑各色者，或则由组织之变态，殆不出此两项原因。其最常见有用之竹类，特择要述之如下：

慈竹　深丛为林，根如椎轮，大者二尺围。肉甚厚，实、叶亦广大，枝节皆有锐刺，故一名刺竹、茨竹、蓟竹，或骈竹、笆竹，种以为城，卒不可破。见《腾越竹谱》。又枝尖柔软下垂如钓丝，故又名垂丝竹、钓丝竹，或钓鱼刺竹。秋时生笋竹，亦嫩脆可食。罗次、广通、弥渡、凤仪、

丽江、保山、腾冲、罗平、宣威、大关、盐津、缅宁、泸西、华宁、蒙自、文山、马关等处产。缅宁刺竹笋，亦可称酸菜。

筋竹 干高七八尺，乃至二丈围寸许。枝挺直，节间最远，几类无节，竹叶亦阔大，材质强韧，适于制箭，未成竹时，堪为弩弦，故一名箭竹，又名荆竹、金竹、京竹、篁竹，疑即同音之假借。富民、罗次、武定、鲁甸、大关、盐津、永善、宣威、罗平、华宁、石屏、蒙自、泸西、墨江、缅宁、顺宁、保山、腾冲、漾濞、云龙、鹤庆、邓川、祥云、凤仪、弥渡、镇南、广通、晋宁等处均产之。此外编物制器具，用途最广。

笋竹 即香笋竹，或云甜竹笋，一云江南竹，或孟宗竹。干高四五丈，周围达二尺，与龙竹相类似。笋生最早，香甜可食。叶、箨等均有用，缅宁、墨江、宁洱、文山、广通、罗次、蒙化、弥渡、凤仪、邓川、漾濞等处产之。亦有名为香竹或黄香竹者，盐津则名郎竹，永善又名兰竹，皆笋竹类也。

麻竹 产温暖地山谷，多聚作丛林。干高有达十丈者，枝软叶大而黄，干中实，一名实心竹，或绵竹。节甚长，节间相去一丈，围三尺，大者一节受一斛，小者数升可为椑樏。此虽近于夸张，然节长围大可想，旧《志》亦名濮竹，或竹斗斛，普通亦名龙竹。材质坚韧，可作轿杆，腾永、顺宁诸边地夷人用刀剖之，缕缕如麻，麻竹得名。可以绞索织履，见《札樸》。大箨宽数尺，俗呼笋叶，用途亦多，永昌、腾冲、芒遮板、顺宁、缅宁、蒙自、文山、马关、永善、新平等处产之。镇南、蒙化、弥渡、漾濞、鹤庆、丽江、凤仪、邓川、云龙、罗平、宣威等地又称之为蛮竹，罗次、嵩明、武定、华宁、石屏等地则称之为大竹、海竹、通天竹、冲天竹。缅宁龙竹笋，可制酸笋及黄笋，形如玉兰片，年产千余斤，畅销各县。

毛竹 别名茅竹、细毛竹、淡竹。叶形似家竹而小，盖生于郊野叶上有毛者也，武定、邱北、缅宁、蒙化、邓川、保山、墨江、华宁等处产之。

猫竹 或名猫头竹，其根类猫。头大茎细，叶大者可编屋，小者可造纸，质性均与筋竹相类，一名潭竹，墨江、祥云、邓川产。

苦竹 茎细，叶淡黄，与家竹相似。有黄苦竹、白苦竹两种，叶可入药，滇常产也。

紫竹 一名黑竹。干高五六尺，肥大者可达丈许，梢头带紫色或黑色，材质供编篱及制器具。秋冬际生笋，笋味亦佳。又可作箫、笛，故一名箫竹，或笛竹，滇到处产，洱源、盐津者尤佳。

筇竹 一名邛竹，或罗汉竹、观音竹。枝长丈许，每寸二三节，中实，可作杖。叶长，翠润夺目，植山寺岩石上，经冬不凋，盘江两岸，皆其自生区域。盐津罗汉笋最多，每年产十万斤，远销四川，镇雄、永善亦产。

藤竹 一名藤条竹，俗呼实心竹、无节竹，腾冲、顺宁、缅宁、保山、芒遮板、墨江、文山、马关、富民、嵩明、宣威、祥云、弥渡、邓川、云龙、漾濞等处产，质劲节短，可作藤杖，古时"赤藤杖疏圆六节"，殆即取材于此。

斑竹 一名花斑竹，或湘妃竹。高达丈余，上有黑紫色之美斑纹，可制文具、扇柄等等。竹生二三年，向阳之面，即生此斑纹，但年浅者不佳，佳者亦不易得也，腾冲、缅宁、云县、鹤庆、祥云、永善、大关、盐津、石屏、文山、马关、新平、芒遮板均产之。

人面竹 孟宗竹之一变种。高达丈余，根际二三尺之间，节间短缩，如人面或龟甲之奇观，罗次、嵩明、玉溪、华宁、蒙自、马关、新平、泸西、宣威、曲靖、罗平、盐津、大关、广通、蒙化、邓川、云龙、鹤庆、漾濞、保山等处产。

凤尾竹 与观音竹类。枝叶如凤尾，叶大披针形，色浓绿，滇到处产。

方竹 生山谷中，高丈余，茎具四棱，叶攒聚而狭，亦可采笋，盐津、镇雄名产也。

箬竹 生山地，干细长，叶阔大，长七八寸，老者叶缘有白色条文，蒙化产。

按：滇产竹类最多，除上举十数种外，尚有他品，以繁复不具录。

——《新纂云南通志》卷六十一《物产考四·植物一·木材类》第 8 页

竹木类 紫竹、慈竹、刺竹、龙竹、水竹、方竹、实心竹、攒竹、筋竹、杉松、青松、食松、侧柏、圆柏、刺柏、梧桐、杨柳、白杨、槐、板栗、榛栗、黄栗、白栗、青刚栗、麻栗、棠梨、楸木、楠、黄杨、俗名万年青。椿、有紫、白、毛三种。榖、即楮树也，音同构。水冬瓜、柞、樟、梓、冬青、樗、柘、榆、桑、棕榈、降真香、木棉、罗汉松、观音柳、皂荚树、拐枣树、白果树、苦楝树。

——民国《路南县志》卷一《地理志·物产》第 52 页

竹属 筋竹、段成式《酉阳杂俎》：筋竹，南方以为矛，笋未成熟时，堪为弩弦。攒竹、紫竹、《花木考》：紫竹小而色紫，宜伞柄、箫、笛用。慈竹、《花木考》：慈竹秋笋高数丈，尾甚柔细如钓丝，又名钓丝竹。水竹、《事物绀珠》：水竹出岩下泽水中。其笋随水深浅以成节，若深一丈则笋出水面为一节。释赞凝《物类相感志疏》：节竹出南方水中，笋萌时随水高低成节也。苦竹、贾思勰《齐民要术》：苦竹，竹之丑类也。有四：青苦者、白苦者、紫苦者、黄苦者。毛竹、《滇南本草》：生于郊野，形似家竹而小，叶上有毛，土人呼为淡竹叶。治妇人虚成痨，久热不退，利大小便，热积血淋，服之皆效。实心竹、袁滋《云南记》：云南有实心竹，文采斑驳，殊好，可为器物。其土人以为枪干、交床。垂丝竹、《五侯鲭》：出云南，枝柔软下垂。凤尾竹、猫头竹、《事物绀珠》：其根类猫头，又名潭竹，大茎细叶。人面竹。

——民国《宜良县志》卷四《食货志·物产》第 29 页

竹木之属 大竹、紫竹、毛竹、实心竹、人面竹、松、有飞松、课松、衫松三种。柏、有扁柏、圆柏、茨柏三种。椿、楸、桐、桑、柳、棕、槐、栗、有白、青、朱、黄、刚、麻六种。茶、皂荚、樟木、花木、观音柳、黄杨木、万年青、洋草果、牛筋木、水冬瓜、白杨木、红香木、青皮树、烟渣树、倒挂刺、鸡脚刺、刷绿刺、青刺、白腊条、紫金杉、九里光、苦楝子。

——民国《嵩明县志》卷十六《物产》第 239 页

竹属 紫竹、攒竹、水竹、金竹、苦竹、凤凰竹、人面竹、茨竹、野竹、冬棕竹、淡竹。

——民国《陆良县志稿》卷一《地舆志十·土产》第 2 页

竹之属 篁竹、紫竹、刺竹、苦竹、扁竹、粉竹、凤尾竹。

——民国《续修马龙县志》卷三《地理·物产》第 25 页

竹属 紫竹、攒竹、水竹、金竹、苦竹、凤凰竹、人面竹、茨竹、野竹、冬棕竹、淡竹。

——民国《陆良县志稿》卷一《地舆志十·土产》第 2 页

竹类 蛮竹、凤尾竹、慈竹、观音竹、茨竹、紫竹、苦竹、金竹、人面竹、冬棕竹、淡竹。

——民国《罗平县志》卷一《地舆志·土产》第 86 页

竹属 紫竹、苦竹、凤尾竹、猫头竹、刺竹、实心竹、筋竹、麻木竹、蜜多罗竹、攀枝竹、缅竹。《旧州志》：一名角牙。

——民国《元江志稿》卷七《食货志·竹属》第 7 页

竹之属　七：紫竹、金竹、人面竹、凤尾竹、棉竹、茨竹、黑竹。

——民国《邱北县志》第三册《食货部·物产》第 15 页

竹属　十七类：香竹、棕竹、紫竹、人面竹、斑竹、薄竹、吊竹、滑竹、实心竹、刺竹、大竹、苦竹、甜竹、绵竹、观音竹、凤尾竹、筋。

——民国《马关县志》卷十《物产志》第 7 页

竹笋、椿树　竹有大蛮、香笋，竹产嫩苞时，乡人割刈，或切片晒干卖，供食料，其枝竿，叶大者制篾器。又有京竹、紫竹、岩竹、苦竹、钓竿竹，亦可制笔管、烟管，又可造纸。椿树可制木器，当春发芽，五寸长，连叶采卖食之。味香子亦香，名香椿。

——民国《楚雄县乡土志》卷下《格致·第二十课》第 1357 页

竹属　李《通志》六：箭竹、紫竹、水竹、大竹、观音竹、凤尾竹。管《志》六：同上。王《志》六：同上。谨按：《竹谱》箭竹，高者不过一丈，节间三尺，坚劲中矢。《花木考》紫竹，小而色紫，宜伞柄、箫、笛用。《事物绀珠》水竹，出岩下深水中，其笋随水深浅以成节。甘《志》增一：笋竹。谨按：笋竹，蛉源乡种者渐多。秋初，新笋味极佳美，若能于蛉河两岸与箭竹、凤尾竹大量间植，则蔬品与竹器品，均可增加生产数量，其为益亦甚大矣。

——民国《姚安县志》卷四十四《物产志二·植物》第 7 页

山竹　《采访》：县之山箐中多产细竹，一种名曰山竹，其状态粗及于指，长约五六尺。冬春二季，伐而剖之，用以捆煎盐之毛柴及编造盐箩、挑篮各器具，已为制盐用品所必需。而且白井盐形每一团可重十斤许，大凡商人运盐，非有竹篮盛之不能捆载以行，故伐竹制篮，时为大宗之用途。篮体稍扁，空处如象眼，凡附近井地之农家妇女皆能编造。每运盐百斤，需篮二支。商人于缴纳税薪外，自行向商会购备，计每年共需盐篮七万余对。是山竹一种，物虽微而用途最广。他如制造草纸，亦采此种山竹，取之不尽，用之不竭，此天产物之特色也。

——民国《盐丰县志》卷四《物产志·天产》第 39 页

笋品　香笋、凤竹笋、似香笋而差小，味较美。蛮竹笋、出阿雄乡，味苦，水浸可食。芰笋。俗呼芰瓜。

竹品　紫竹、水竹、斑竹、人面竹、凤尾竹、龙竹、筋竹、苦竹、刺竹。

——民国《镇南县志》卷七《实业志七·物产》第 634、635 页

竹木之属　四十六不知名者不载：墨竹、紫竹、人面竹、凤尾竹、猫头竹、慈竹、苦竹、龙竹、黄香竹、实心竹、水竹、毛竹。以上竹十二。榆、樟、柘、黄杨、白杨、松、柏、楝、香杪、皂荚、椿、楸、柞、棕榈、冬青、桐、梓、栗、木棉、胡桃、桑、茶、椒、黑柿、水杨、槐、柳、樗、大叶栎、观音柳、桧、杉、桤、俗名水冬瓜。万年清。以上木三十四。

——民国《大理县志稿》卷五《食货部二·物产》第 8 页

竹之属　有龙竹、茎粗稍长，叶大，其箨可为箬笠，且用以遮物、包茶。香竹、一名猫竹，质极坚劲，亦可称矛竹。钓鱼刺、较龙竹细，稍长而垂，若钓鱼然，剖之以编束各物，为用最广。荆竹、叶细而节复，其叶与络均可入药。毛竹、茎上有毛，叶稍大，丛生山谷间，可用以造纸。紫竹、色纯黑，取其中绳者作箫，亦雅致也。凤尾竹、叶细而节长，其叶团聚稍间，若凤尾然，又名绣球竹。东坡竹、节叶均大，形与东坡所画者相类，故名。人面竹、一名佛眼竹，离地数节，密而凹，宛如人面，三尺间亦有凸者，作仗甚佳。箬竹、

干小叶大，斗篷用之。细实竹、茎细而心实，高仅五六尺，多用作烛心。苦竹、与荆竹相等，而叶稍大。箖竹。叶似芦苇，其芽可用以消糯食。

——民国《蒙化县志稿•地利部》卷十一《物产志》第 9 页

竹之属 有金竹、花黄，节有黑圈，南乡多产之。苦竹、产北二区，扎扫帚，兼制土纸。节竹、一名罗汉竹，节实高起。茨竹、枝叶蕃茂，茎细而长。紫竹、色纯黑，可制箫。钓鱼刺、较茨竹细，稍长而垂，若钓鱼然。人面竹、近地之茎节密而凹，宛如人面，作杖甚佳。慈竹、茎粗，色黄，用编器具。箭竹、质极坚劲，又称矛竹。细实竹、茎细，心实，用作烛心。斑竹。茎细有斑点，望之如画者然，人咸爱之。附葛藤、产北二区大山，蔓生，色黄，又称黄藤。细者作圈，粗者引重。紫金藤等。

——民国《昭通志稿》卷九《物产志》第 14 页

竹之属 笼竹、黄竹、筋竹、紫竹、南竹、斑竹、凤尾竹。

——民国《巧家县志稿》卷七《物产》第 22 页

竹类 慈竹、分伸尖、钓鱼二种。甜竹、苦竹、以上二竹，笋俱可食。水竹、筋竹、南竹、有筋竹、慈竹之分，俱竿长质厚。黑竹、即紫竹。实竹、斑竹、磺〔硬〕头黄竹、罗汉竹、详后。月季竹、每月皆生笋，在杉木滩店前石堆上。人面竹、方竹。

——民国《盐津县志》卷四《物产》第 1695 页

竹类 斑竹、兰竹、最高大，可作梁柱。慈竹、有三种，亦高大。通用制器、修造，最有利益，高低皆产。金竹、水竹、罗汉竹、石竹、白甲竹、以上三种高山老林遍山皆产，春秋打笋外，并可造纸，故为出产大宗。硬头黄、棕竹、苦竹。

——民国《绥江县县志》卷二《物产志》第 27 页

竹类 大竹、箭竹、甜竹、绵竹、荆竹、龙竹、斑竹、紫竹、刺竹、滑竹、香竹、甘巴竹、实心竹。

——民国《景东县志》卷六《赋役志附物产》第 171 页

竹属 金竹、龙竹、毛竹、刺竹、黄竹。以上笋可食。紫竹、凤尾竹、斑竹、观音竹、水竹、实心竹、可为杖。麻竹。可以织屦。

——民国《龙陵县志》卷三《地舆志•物产》第 19 页

竹属 紫竹、金竹、龙竹、刺竹、斑竹、出大雪山。石竹、岔竹、水竹、藤蔑竹。

——民国《镇康县志》（初稿）第十四《物产》第 4 页

斑竹

枪、箭多用斑竹，出蒙舍白崖诏南山谷。心实，圆紧，柔细，极力屈之不折，诸所出皆不及之。

——《蛮书》卷七《云南管内物产》第 36 页

楚雄山中产斑竹，不规而圆，节去逾尺，作箸殊佳，谓之天生箸。《记》云"云南有实心竹，文采斑驳，殊可为器物"，即此是耶。

——《滇略》卷三《产略》第 9 页

己卯四月十八日……八关之外，其北又有此古勇、巅塘二关，乃古关也。巅塘之外为茶山长官司，旧属中国，今属阿瓦。巅塘东北、阿幸厂北为姊妹山，出斑竹，其外即野人。

——《徐霞客游记·滇游日记九》第 1067 页

姊妹山，在滇滩关西北三十里。其地崇山密岭，有双峰插天，亭亭卓立，宛如巫峡神女峰。山后即茶山野人矣。其山出斑竹。

——乾隆《腾越州志》卷三《山水·土产》第 6 页

斑竹 旧《云南通志》：出云州。

——道光《云南通志稿》卷六十九《食货志六之三·物产三·顺宁府》第 34 页

花斑竹 《永昌府志》：出腾越。《腾越州志》：出滇滩关外。

——道光《云南通志稿》卷七十《食货志六之四·物产四·永昌府》第 25 页

垂丝竹

所产有垂丝竹，其枝叶软弱下垂。①

——景泰《云南图经志书》卷六《大候州》第 20 页

垂丝竹 《一统志》：枝叶软弱皆下垂。《五侯鲭》：垂丝竹出云南，枝柔软下垂。

——道光《云南通志稿》卷六十九《食货志六之三·物产三·顺宁府》第 34 页

慈孝竹

慈孝竹 《续东川府志》：出碧谷坝。

——道光《云南通志稿》卷七十《食货志六之四·物产四·东川府》第 37 页

慈竹

白崖城在勃弄川。……城北门外有慈竹丛，大如人胫，高百尺余。

——《蛮书》卷五《六睑》第 25 页

大竹

《南中八郡志》曰：麓泠县有大竹，数围，实中，任屋梁柱，覆用之则当瓦。②

——《初学记》卷八《州郡部·岭南道十一》"竹梁"条注引第 34 页

大竹 自出镇康，时遇山中竹林，蓊荫邱壑，而其大者，则班洪地逐处见之，有粗至直径尺余，切其一段，用为甑子者。而境内建筑，其材料以用竹为多，故有私人蓄之者。

——《滇西边区考察记》之一《班洪风土记》第 31 页

---

① 此条，正德《云南志》卷十四《大候州·土产》第 15 页、万历《云南通志》卷四《大候州·物产》第 47 页同。
② 此条，《太平寰宇记》卷一百七十《岭南道十四·峰州》作"麓泠县有竹，大数围，实中，作屋梁柱，覆之即当瓦，可庇风雨"。

方竹

方竹　出判山村。

——景泰《云南图经志书》卷三《临安府·建水州·土产》第 9 页

方竹　《一统志》：出镇雄山中。《镇雄州志》：近年为采笋，蹂躏将尽。

——道光《云南通志稿》卷七十《食货志六之四·物产四·昭通府》第 39 页

观音竹

观音竹　冯时可《雨航杂录》：形小叶长，翠润夺目，植岩石上，经冬不凋。《瀛涯胜览》：观音竹如藤，长丈八尺许，色如黑铁，每寸约二三节。

——民国《元江志稿》卷七《食货志·竹属特别产》第 7 页

海竹

海竹　《镇雄州志》：空中，为咂酒竿。

——道光《云南通志稿》卷七十《食货志六之四·物产四·昭通府》第 39 页

汉竹

《广志》曰：永昌有汉竹，围三尺余。

——《太平御览》卷九百六十三《竹部二·竹下》第 5 页

竹　《广志》云：永昌有汉竹，围三尺余，大者一节受一斛，小者数升为椑榼。

——天启《滇志》卷三十二《搜遗志第十四之一·补物产》第 1045 页

晋郭义恭《广志》：永昌[1]有汉竹，大者一节受一斛，小者数升为椑榼。《初学记》二十八

——《滇绎》卷二《〈广志〉五种》第 1 页

黑竹

黑竹　出浪穹，色黑，可为箫管。[2]

——康熙《云南通志》卷十二《物产·大理府》第 8 页

滑竹

滑竹　《云南府志》：出昆阳州。

——道光《云南通志稿》卷六十九《食货志六之三·物产三·云南府》第 6 页

---

① 永昌　原本作"汝昌"，据天启《滇志》卷三十二《搜遗志十四之一·补物产》第 1045 页改。
② 此条，道光《云南通志稿》卷六十九《食货志六之三·物产三·大理府》第 15 页同。

鸡腿竹

鸡腿竹　出广西道宣抚司，止一处有之。每节上大下小，如鸡腿状，故名之。

——《永乐大典方志辑佚》第五册《云南志略·土产》第 3222 页

鸡腿竹　境内有竹，每节上大下小，如鸡腿之状。

——景泰《云南图经志书》卷三《广西府·形胜》第 19 页

鸡腿竹　每节上大下小，如鸡腿状。

——正德《云南志》卷七《广西府·土产》第 12 页

鸡腿竹　出山谷间，每节上大下小，可以为杖。

——康熙《云南通志》卷十二《物产·广西府》第 7 页

鸡腿竹　《一统志》：出广西府。旧《云南通志》：产山谷间，每节上大下小，可为杖。

——道光《云南通志稿》卷七十《食货志六之四·物产·广西直隶州》第 46 页

棘竹

《竹谱》曰：棘竹，生交州诸郡。丛生，初有数十茎，大者二尺围，肉至厚，几于实中。夷人破以为弓。枝节皆有刺，彼人种以为城，卒不可攻。万震《异物志》所谓种为藩落，阻过层墉者也。或卒倒根出，大如十石物，纵横相承，状如缫车。一名笆竹，见《三仓》。笋味落人鬓发。

——《太平御览》卷九百六十三《竹部二》第 6 页

刺竹　《腾越州志》：腾越多竹，甲于中土。《竹谱》曰：棘竹，亦曰骈竹，深丛为林。根如椎轮，节若束针，亦曰笆竹。城固是任，箴笋既坚[1]，鬓须则侵。释曰：大者二尺围，肉甚厚实，南中夷人破之以为版[2]。枝节皆有刺，种以为城，卒不可攻。今腾越地有刺竹，如《谱》所云。

——道光《云南通志稿》卷七十《食货志六之四·物产四·永昌府》第 26 页

箭竹

箭竹。

——正德《云南志》卷五《楚雄府·土产》第 6 页

斑竹、箭竹。

——正德《云南志》卷六《蒙化府·土产》第 16 页

筋竹

筋竹　《顺宁府志》：可为矛，未老者可为弩弦。

——道光《云南通志稿》卷六十九《食货志六之三·物产三·顺宁府》第 34 页

---

① 坚　《竹谱》作"食"。
② 版　《竹谱》作"弓"。

筋竹　《腾越州志》：《竹谱》筋竹为矛，称利海表。槿仍其干，刃即其杪。释曰：筋竹长二丈许，围及寸尚坚，南土以为矛，其笋未成竹时，可为弩铳。

——道光《云南通志稿》卷七十《食货志六之四·物产四·永昌府》第 26 页

巨竹

巨竹　出易门深谷，节高数尺。

——康熙《云南通志》卷十二《物产·云南府》第 6 页

巨竹　《一统志》：出易门县荞甸山箐中，数尺一节。夷语名竹为蕩，盖合于《禹贡》篠蕩之音云。

——道光《云南通志稿》卷六十九《食货志六之三·物产三·云南府》第 6 页

苦竹

笋　地多苦竹，土人取其笋，制去其苦味而食之。

——正德《云南志》卷八《镇沅府·土产》第 2 页

龙头竹

龙头竹　顺元山泽有龙头竹，根曲倚峭壁，状如龙首。

——《永乐大典方志辑佚》第五册《云南志·土产》第 3227 页

麻竹

孟滩竹　长傍出。其竹节度三尺，柔细可为索，亦以皮为麻。

——《蛮书》卷七《云南管内物产》第 33 页

麻竹　其质绵软，可为绳为屦。

——康熙《云南通志》卷十二《物产·永昌府》第 8 页

永昌、顺宁山谷有竹，中实叶大，节最疏。土人破为丝绳作履，谓之麻竹。余案即濮竹。《后汉书·哀牢夷传》：其竹节相去一尺，名濮竹。

——《札樸》卷十《滇游续笔·麻竹》第 14 页

麻竹　樊绰《蛮书》：名孟滩竹，长傍出。其竹节度三尺，柔细可为索，亦以皮为麻。《古今图书集成》：其质绵软，可为绳为履。《永昌府志》：可以织履，出腾越。

——道光《云南通志稿》卷七十《食货志六之四·物产四·永昌府》第 25 页

麻竹　质绵软，产缅箐、盏西西北各练。细者为线绳，粗者编草履利行人。

——光绪《腾越乡土志》卷七《物产》第 12 页

毛竹

毛竹　大者如碗。

——雍正《师宗州志》卷上《物产纪略》第 39 页

毛竹　《广西府志》：产邱北。《师宗州志》：大者如碗。

——道光《云南通志稿》卷七十《食货志六之四·物产·广西直隶州》第 46 页

南竹

南竹　治为箸，遇毒则绽裂。

——正德《云南志》卷七《景东府·土产》第 2 页

濮竹

永昌郡，古哀牢国。哀牢，山名也。……有大竹，名濮竹，节相去一丈[1]，受一斛许。

——《华阳国志》卷四《南中志》第 18 页

濮竹　其节甚长，出高黎共山。

——景泰《云南图经志书》卷六《腾冲军民指挥使司·土产》第 12 页

濮竹　节相去数尺。

——正德《云南志》卷十三《金齿军民指挥使司·土产》第 6 页

濮竹　高黎共山出，节甚长。

——正德《云南志》卷十三《腾冲军民指挥使司·土产》第 15 页

濮竹　即《南中志》所谓节相去一丈，可受一斛者。今产不过去二三尺，受升合而已。

——康熙《云南通志》卷十二《物产·顺宁府》第 9 页

竹斗斛　出永昌、顺宁，古濮竹也。但不能如古之竹节相距一丈，可为船也。古人长大，后世降而短小，惟竹亦然。竹釜，见于《范志》，截大竹为锅鼎，炊熟而不焦，物理宜然。海边煎盐，织篾为锅，能久用。往时征缅，军行于路，掘窟折蕉叶，泥之为锅，以作饭，炊熟叶不败也。

——《滇海虞衡志》卷五《志器》第 11 页

濮竹　旧《云南通志》：即《南中志》所谓节相去一丈，可受一斛者。今产不过去二三尺，受升合而已。桂馥《札樸》：永昌、顺宁山谷有竹，中实叶大，节最疏。土人破为丝绳作履，谓之麻竹。余案：即濮竹。《汉书·哀牢夷传》其竹节相去一尺，名濮竹。又云南旧《通志》：顺宁府产绵竹，猛赖箐有之，彝人用刀刮之，缕缕如麻，可以绞索，可以织履。《顺宁府志》：性韧，可以作缆。谨案：《志》分濮竹、麻竹为二，桂氏合而为一。今以永昌物产例之，似桂氏为是，故备载之

---

①丈　《华阳国志校补图注》作"尺"。注云：旧各本与《后汉书》俱作"丈"，杨终《哀牢传》本作"尺"，见《康熙字典》引。常氏用杨终文，不当作丈。应是《范史》夸言之，旧刻又依《范史》改耳。

以俟考，余互见永昌府。

——道光《云南通志稿》卷六十九《食货志六之三·物产三·顺宁府》第 33 页

竹斗斛　檀萃《滇海虞衡志》：出永昌、顺宁。古濮竹也，但不能如古之竹节相距一丈，可为船也。古人长大，后人[1] 降而短小，惟竹亦然。

——道光《云南通志稿》卷六十九《食货志六之三·物产三·顺宁府》第 34 页

濮竹　《后汉书·西南夷传》：哀牢其竹节相去一丈，名濮竹。常璩《华阳国志》：永昌郡有大竹，名濮竹，节相去一丈，大受一斛许。郭义恭《广志》：永昌有濮竹，围三尺余，大者一节受一斛，小者数升为椑榼。《一统志》：出腾越高黎贡山，节甚长。

——道光《云南通志稿》卷七十《食货志六之四·物产四·永昌府》第 25 页

筇竹

筇竹、垂丝竹　州县俱出。

——正德《云南志》卷二《云南府·土产》第 9 页

汉元狩间，张骞使大夏，见邛竹杖，问所从来，曰邛西二千里身毒国所产。遂遣使至滇，指求身毒。身毒，今天竺也，距丽江可二千里。又《广志》云永昌有濮竹，围三尺余，大者一节受一斛，可为舡，小者数升可为椑榼。

——《滇略》卷三《产略》第 2 页

筇竹杖　按：筇竹与肉桂并称。今走奔云南之肉桂遍天下，而筇竹无闻，况能传节于大夏之邑耶？喧寂悬殊，则所遭有幸有不幸也。

——《滇海虞衡志》卷五《志器》第 9 页

邛竹　刘逵《蜀都赋》注：邛竹，出兴古盘江以南，竹中实而高，节可以作杖。戴凯之《竹谱》：邛竹，高节实中，状若人刻，俗谓之扶老杖。张孟阳云：出兴古盘江县。

——道光《云南通志稿》卷六十九《食货志六之三·物产三·曲靖府》第 39 页

筇竹　旧《云南通志》：一名罗汉竹，出镇雄山中。谨案：筇竹，始见于《蜀都赋》刘逵注，以为出兴古盘江以南，已载入曲靖府，其实曲靖无之，惟昭通乃有也。

——道光《云南通志稿》卷七十《食货志六之四·物产四·昭通府》第 39 页

邛竹　出兴古盘江以南，竹中实而高节，可以作杖。

——《滇绎》卷一《〈蜀都赋〉刘渊林注六条》第 21 页

人面竹

人面竹杖　尝植竹于昆院，得人面竹一丛，以稚小不能为杖。

——《滇海虞衡志》卷五《志器》第 9 页

---

[1] 后人　《滇海虞衡志》卷五《志器》作"后世"。

人面竹　　《一统志》：节如人面。

——道光《云南通志稿》卷七十《食货志六之四·物产·蒙化直隶厅》第 42 页

实心竹

《云南记》曰：云南有实心竹，文采斑驳，殊好，可为器物。其土以为枪竿、交床。[①]

——《太平御览》卷九百六十二《竹部一·竹上》第 6 页

花班藤　　出高黎贡山，可为杖。

——康熙《云南通志》卷十二《物产·永昌府》第 8 页

实心竹　　《永昌府志》：可为杖。《腾越州志》：分水岭产，一名藤条竹。

——道光《云南通志稿》卷七十《食货志六之四·物产四·永昌府》第 25 页

桃竹

桃笙　　可席，可杖。注于《尚书》，赋于《蜀都》，为箪可以筒韬。少陵得杖二茎，且恐其为蛟龙神争夺，其珍重至此。东坡跋杜诗，谓"桃笙竹身棕叶，密节实中，尸理瘦骨，天成柱杖"。岭外人多种，不知为桃竹。流传四方，视其为有眼者，盖自东坡出。又书柳诗云"盛时一失贵反贱，桃笙葵扇安可常？"则是宋时已不知桃笙矣。物之显晦因时，能无慨然！

——《滇海虞衡志》卷五《志器》第 9 页

藤竹

己卯五月二十一日……七里抵新安哨，两三家夹岭头，皆以劈藤竹为业。

——《徐霞客游记·滇游日记十》第 1108 页

藤竹　　《顺宁府志》：藤竹可为鞭。旧《云南通志》：藤竹杖，出顺宁府。

——道光《云南通志稿》卷六十九《食货志六之三·物产三·顺宁府》第 33 页

藤竹　　质绵似麻，用束货物，亦可代绳。旧《志》腾越作藤，或以此。

——光绪《腾越乡土志》卷七《物产》第 12 页

无节竹

无节竹　　《腾越州志》：沙木笼产，又名通天竹。

——道光《云南通志稿》卷七十《食货志六之四·物产四·永昌府》第 25 页

---

①此条，天启《滇志》卷三十二《搜遗志十四之一·补物产》第1045页、道光《云南通志稿》卷六十八《食货志六之二·物产二·通省》第 8 页引同。

由衔竹

由衔竹　交州《广志》：由衔竹，亦有生于永昌郡，为物丛生。

——道光《云南通志稿》卷七十《食货志六之四·物产四·永昌府》第 26 页

云竹

云竹　《一统志》、旧《云南通志》：广南府出。

——道光《云南通志稿》卷六十九《食货志六之三·物产三·广南府》第 30 页

竹实

竹实　永平民有受值为人佣作者，以他役逾期不赴，主人怒而逐之，哀求不纳，哭而去曰：去则母无以食，奈何行。未几，倦卧道傍，梦一人抚其背曰：无伤也，某山之原有竹，试往攀而摇之，可得米以养。觉而忆其山旧游也，往之竹下果得米，于时万历庚寅、辛卯间也，滇中一时所在皆有之。晋宁杨全太守时为司徒郎，出差归里，及入京携以馈，其米非稻非麦，长三倍稻米，作粥不稠浊，为饮润而甘，微带香味。

——康熙《云南通志》卷三十《杂异》第 13 页

竹舟

竹舟　《华阳国志》云：南方有布苐竹，长百丈，围三丈余，可为大舟，笋味甚美。[①]

——康熙《云南通志》卷三十《杂异》第 4 页

棕竹

棕竹　产箐中，惜无大者。

——雍正《师宗州志》卷上《物产纪略》第 38 页

棕竹　《广西府志》：产邱北。《师宗州志》：产箐中，惜无大者。

——道光《云南通志稿》卷七十《食货志六之四·物产·广西直隶州》第 46 页

---

① 此条，《滇南杂志》卷十三《轶事七》第 14 页同。

十四、木之属

木之属 三十二[①]：松、飞松、柏、杉、楸、枫、杨柳、梧桐、樟、和、驳树、冬青树、水冬瓜、夜合、椿、紫柽、扬栗木、青树、白杨、桧、槐、马缨树、桑柘、榖、棕榈、皂角、罗汉松、观音、白臧、青皮树、山樱树、棠梨树、若木、楠木、多罗蜜树、旃檀树。

——嘉靖《大理府志》卷二《地理志·物产》第 73 页

木之品 松、柏、桧、楠、杨、柳、桤、楸、椿、槐、榆、楝、梓、桐、茶、楮、桑、橡、栗、桂、樟、棕、柘、黄杨、紫榆、鬼见愁、罗汉松、夜合、皂角、棠梨。

隆庆《楚雄府志》卷二《食货志·物产》第 35 页

木之属 十六：桑、松、杉、柳、槐、松、柏、楸、椿、桂、皂荚、梓、柘、楮、黄杨、棠梨、木堇。

——万历《云南通志》卷二《地理志一之二·云南府·物产》第 13 页

木之属 三十：松、柏、杉、楸、枫、椿、桧、槐、樟、和木、驳树、夜合、紫桎、黄杨、栗木、青树、白杨、桑柘、皂角、白臧、楠木、冬青树、水冬瓜、马樱树、棕榈树、观音柳、青皮树、山樱树、棠梨树、旃檀树。

——万历《云南通志》卷二《地理志一之二·大理府·物产》第 34 页

木之属 十八：椿、松、柏、杉、桧、紫榆、楮、槐、杨、乌臼、夜合、柳、万年青、栗、栎、槠、棕、血树。

——万历《云南通志》卷二《地理志一之二·临安府·物产》第 55 页

木之属 二十二：松、柏、楠、梓、梧桐、椿、槐、柳、梨、棕、朴、榆、樟、楸、桑、皂荚、蕙皮、杏叶、河木、黄莲藤、杉松、鼠尾松。

——万历《云南通志》卷二《地理志一之二·永昌军民府·物产》第 68 页

木之属 二十：松、柏、桧、柟、柳、楸、椿、槐、榆、楮、桑、栗、桂、樟、棕、棠梨、梓、桐、夜合、紫榆。

——万历《云南通志》卷三《地理志一之三·楚雄府·物产》第 8 页

木之属 二十二：松、柏、槐、柳、榆、桑、椿、楸、桎、楧、株、栗、檖、楮、棕、樟、棠梨、山桃、黄杨、罗汉松、夜合、茨桐。

——万历《云南通志》卷三《地理志一之三·曲靖军民府·物产》第 15 页

木之属 十五：松、柏、椿、楸、槐、柳、桑、楮、栗、楧、黄杨、棠梨、紫榆、棕、青皮。

——万历《云南通志》卷三《地理志一之三·澂江府·物产》第 23 页

木之属 十四：松、柏、杉、桧、樟、桤、槐、柳、榆、禾木、楮、株、檽、黄心。

——万历《云南通志》卷三《地理志一之三·蒙化府·物产》第 28 页

① 三十二　按下文所列，有三十六种。

木之属 二十一：松、杉、椿、柏、楸、槐、棕、柳、桑、栗、楮、黄连、黄杨、白紫树、香樟、紫荆、刺桐、冬青、和木、水冬瓜、紫榆。

——万历《云南通志》卷三《地理志一之三·鹤庆军民府·物产》第 36 页

木之属 十五：槐、榆、柳、栗、松、柏、椿、楸、桤、桑、楠、梓、梧桐、黄杨木、罗汉松。

——万历《云南通志》卷三《地理志一之三·姚安军民府·物产》第 46 页

木之属 六：松、柏、栗、桑、桤、青皮。

——万历《云南通志》卷四《地理志一之四·寻甸府·物产》第 4 页

木之属 十一：梓、松、柏、樟、桐、槐、杨、榆、椿、柳、黄杨。

——万历《云南通志》卷四《地理志一之四·武定军民府·物产》第 9 页

木之属 九：松、柏、桤、槐、栗、柳、榆、黄杨、楮。

——万历《云南通志》卷四《地理志一之四·景东府·物产》第 12 页

木之属 二：乌木、苏木。

——万历《云南通志》卷四《地理志一之四·元江军民府·物产》第 15 页

木之属 四：山栗、白杨、和木、山松。

——万历《云南通志》卷四《地理志一之四·广南府·物产》第 21 页

木之属 十九：松、柏、杉、杨、柳、紫榆、梧桐、冬青、槐、马缨、桑柘、榖、棕闾、皂角、山樱、棠梨、多罗蜜、怕线、木棉。

——万历《云南通志》卷四《地理志一之四·顺宁州·物产》第 24 页

木之属 三：松、柏、栗。

——万历《云南通志》卷四《地理志一之四·永宁府·物产》第 28 页

木之属 十六：松、柏、槐、梨、栗、柳、榆、榛、乌木、桑柘、和木、黄、白杨、青皮、水冬瓜、罗汉松。

——万历《云南通志》卷四《地理志一之四·北胜州·物产》第 33 页

木之属 七：杉、桤、松、柳、水冬瓜、和木、栗。

——万历《云南通志》卷四《地理志一之四·新化州·物产》第 35 页

木之属 二：杉、桤。

——万历《云南通志》卷四《地理志一之四·者乐甸长官司·物产》第 37 页

木之属 二十二：赤松、飞松、杉松、圆柏、扁柏、香樟、椿木、和木、夜合、水冬瓜、黄杨、栗木、桃木、青刚、杨柳、槐、桑、皂角、棠梨、秋木、菩提树、垂杨。

——万历《赵州志》卷一《地理志·物产》第 25 页

江川县北二十里双龙乡有古树，不知其名。初春苗叶，自南则旱，自北则雨，自东、自西则风雨时，禾稼登，四围并发则饥馑旱涝，验之无爽，亦不知昉于何代也。

——《滇略》卷三《产略》第 11 页

木 有松、杉、椿、桂、楸、柏、槐、柳、樟〔梓〕、细松、黄杨、棠梨、桑柘。

——天启《滇志》卷三《地理志第一之三·物产·云南府》第 113 页

木 有桧、樟、和、夜合、紫荆、桑柘、马缨、棕榈、旃檀、观音柳、紫荸木。

——天启《滇志》卷三《地理志第一之三·物产·大理府》第 114 页

木 有椿、桧、楮、万年青、观音藤。节密而坚，叶赤而鲜，土人谓血树。

——天启《滇志》卷三《地理志第一之三·物产·临安府》第 115 页

木属同，而异者桧、楠、紫榆。

——天启《滇志》卷三《地理志第一之三·物产·楚雄府》第 116 页

圆松、胭脂木，木也。

——天启《滇志》卷三《地理志第一之三·物产·曲靖府》第 117 页

木 曰楮，曰黄杨，曰香樟，曰紫荆，曰和。

——天启《滇志》卷三《地理志第一之三·物产·鹤庆府》第 118 页

木 有千张，其实如扁豆，中片片如贝叶，轻如蝉翼，随风飏去，焚之为灰，可以已心痛。

——天启《滇志》卷三《地理志第一之三·物产·广南府》第 120 页

木之紫榆，佳者不减铁。栗、梧桐、山樱、棕榈，亦与他郡同，然不数见。

——天启《滇志》卷三《地理志第一之三·物产·顺宁府》第 120 页

己卯正月初三日……崖之西畔，有绿苔上翳，若绚彩铺绒，翠色欲滴，此又化工之点染，非石非岚，另成幻相者也。崖旁山木合沓，琼枝瑶干，连幄成阴，杂花成彩。兰宗指一木曰："此扁树，曾他见乎？"盖古木一株，自根横卧丈余，始直耸而起，横卧处不圆而扁，若侧石偃路旁，高三尺，而厚不及尺，余初疑以为石也，至是循视其端，乃信以为树。盖石借草为色，木借石为形，皆非故质矣。

——《徐霞客游记·滇游日记六》第 922 页

己卯四月二十四日……其门南临绝壑，上夹重崖，有二木球倒悬其前。仰睇之，其上垂藤，自崖端悬空下丈余，即结为瘿，如瓠匏之缀于蔓者。瘿之端，缀旁芽细枝，上迎雨露，茸苗夭矫，花叶不一状，亦有结细子圆缀枝间者，即山僧亦不能名之，但曰寄生，或曰木胆而已。一丝下垂，结体空中，驭风吸露，形似胆悬，命随空寄，其取意亦不诬也。余心识其异，欲取之，而高悬数丈，前即崩崖直坠，计无可得。但其前有高树自崖隙上耸，若得梯横度树间，缘柯而上，以长竹为叉，可钩藤而截取之。……是午返寺，同顾仆取斧缚竿负梯而往，得以前法升木取瘿。而崖高峡坠，木杪难于著力，久而后得之。一瘿圆若葫芦倒垂，上大下小，中环如颈；一瘿环若巨玦，两端圆凑而中空。皆藤悬于上而枝发于下。如玦者轻而松，如葫芦者坚而重，余不能兼收，后行时置轻负坚者而走。

——《徐霞客游记·滇游日记九》第 1077 页

己卯七月初九日……余于左腋洞外得一垂柯，其大拱把，其长丈余，其中树干已腐，而石肤之结于外者，厚可五分，中空如巨竹之筒而无节，击之声甚清越。余不能全曳，断其三尺，携之下，并取枝叶之绸缪凝结者藏其中，盖叶薄枝细，易于损伤，而筒厚可借以相护，携之甚便也。

——《徐霞客游记·滇游日记十一》第 1139 页

己卯八月初一日……又向上盘坡而东，有大树踞路旁，下临西出之涧。其树南北大丈余，东西大七尺，中为火焚，尽成空窟，仅肤皮四立，厚二尺余，东西全在，而南北俱缺，如二门，中高丈余，如一亭子，可坐可憩，而其上枝叶旁覆，犹青青也。是所谓枯柯者，里之所从得名，岂以此耶？……其南即西出深涧，北乃崇山，竹树蒙蔽，而村庐踞其端，东向连络不绝。南望峡南之岭，与北峰相持西下，而荞地旱谷，垦遍山头，与云影岚光，浮沉出没，亦甚异也。

——《徐霞客游记·滇游日记十二》第 1167 页

己卯八月二十二日……村北有巨树一株，根曲而出土上，高五六尺，中空，巩而复倒入地中，其下可通人行。

——《徐霞客游记·滇游日记十二》第 1203 页

己卯九月初九日……水帘之下，树皆偃侧，有斜骞如翅，有横卧如虬，更有侧体而横生者。众支皆圆，而此独扁，众材皆奋，而此独横，亦一奇也。

——《徐霞客游记·滇游日记十三》第 1211 页

木属竹附　椿、松、柏、梓、杉、梧桐、栗、槐、杨、柳、棠梨、黄杨、桑、柘、樟、紫榆、白杨、棕榈、细松、楮、冬青、罗汉松。慈竹、篁竹、水竹、紫竹、攒竹、苦竹、观音竹、凤尾竹、猫头竹、实心竹。

——康熙《云南通志》卷十二《物产·通省》第 4 页

木属竹附　椿、松、柏、梓、楸、梧桐、栗、槐、杨柳、棠梨、黄杨、桑、柘、樟、紫榆、樗、棕榈、细松、楮、冬青、罗汉松、慈竹、篁竹、水竹、紫竹、攒竹、苦竹、观音竹、凤尾竹、猫头竹、实心竹。

——康熙《云南府志》卷二《地理志八·物产》第 3 页

木之属　竹、松、柏、梧桐、观音柳、椿、槐、罗汉松。

——康熙《晋宁州志》卷一《物产》第 14 页

木之属　松、柏、椿、桐、□、楸、棕榈、槐、杉、罗汉松、马尾松、三春柳、棠梨、栗、黄、麻、刚三种。枣、软、酸二种。拐枣、结实如青珊瑚，可啖。朴、合欢、桑、白蜡条、多衣、黄杨、桦桃、柞、水冬瓜、榆、少。构。

——康熙《寻甸州志》卷三《土产》第 20 页

阴阳树　在州城隍祠内。其树四季长青，每遇阳干之年向东结实，遇阴干之年向西结实。相传久远，枝叶未见稍有所损。

——康熙《路南州志》卷三《古迹》第 59 页

木部　松、三种。柏、杉、槐、桑、冬青、青皮。

——康熙《通海县志》卷四《赋役志·物产》第 18 页

木之属　松、柏、椿、桑、槐、杞、梓、楮、万年青、水东瓜、细松、青皮、锥栗木。

——康熙《新平县志》卷二《物产》第 58 页

木品　松、柏、柳、禾、楸、椿、槐、桐、桑、栗、樟、棕、夜合、皂角、棠梨。

——康熙《楚雄府志》卷一《地理志·物产》第 34 页

木品　松、柏、柳、禾、椿、槐、樟、棕、夜合、皂角、棠梨。

——康熙《南安州志》卷一《地理志·物产》第 12 页

木品　松、柏、柳、楸、椿、槐、桑、樟、棕、皂角。

——康熙《镇南州志》卷一《地理志·物产》第 14 页

木之属　槐、榆、柳、栗、松、柏、椿、楸、桤、桑、黄杨木、罗汉松。

——康熙《姚州志》卷二《物产》第 14 页

木之属　松、柏、桑、椿、楮桃树、杨柳、槐、万年青、梧桐、青皮、攀枝花。此花元邑最多，其一株在立多村者，特出一枝西向，花开七层，瓣有三十六，一树而与别枝各异。能海闹大树一株，围抱十人，垂枝可荫二十亩，葱翠奇观。

——康熙《元谋县志》卷二《物产》第 37 页

树木类　松、柏、槐、栗、杉松、桑、东瓜木。

——康熙《禄丰县志》卷二《物产》第 25 页

木属　为松，为柏，为柳，为槐，为栗，为樟，为禾，为楸，为棠梨，为椿，为桐，为漆，为棕，为桑，此三木，邑中所无者，宜教树之。为紫檀，为荆棘。

——康熙《广通县志》卷一《地理志·物产》第 18 页

木之属　松、柏、椿、杉、杨、柳、榆、槐、樟、桑、栎、青皮、杉松、板枝。元谋。

——康熙《武定府志》卷二《物产》第 62 页

木类　杉木、松木、真松、油松、白杨、柏、椿、楸、槐、柳、樸、栗、禾、棕、樟。

——康熙《续修浪穹县志》卷一《舆地志·物产》第 22 页

木属　柏、椿、楸、槐、棕、杉、杨、柳、榆、松、青皮、和木。

——康熙《剑川州志》卷十六《物产》第 59 页

油松、罗汉松、鬼柳。

——康熙《鹤庆府志》卷十二《物产》第 24 页

木　椿、松、柏、杉、桧、梧桐、槐、杨、柳、楸、棠梨、楷、俗名黄练。黄杨、白杨、榆、紫榆、柘、柞、桤、栗、有黄、白、刺三种。樟、梓、棕榈、禾木、川练、夜合、构、皂角。

——康熙《蒙化府志》卷一《地理志·物产》第 41 页

木　松、柏、椿、槐、桑、樟、栗、楮、杨、柳、棠、梨、构。

——康熙《定边县志·物产》第 22 页

木属　松、柏、楠、梓、梧桐、椿、槐、柳、栎、棕、朴、榆、樟、楸、桑、皂荚、黄杨、杏叶、河木、黄连、漆、杉松、鼠尾松。

——康熙《永昌府志》卷十《物产》第 5 页

木　梧桐、杨、柳、黄杨、白杨、槐、柘、柞、榆、禾木、棠梨、杉、皂角、松、柏、棕榈、栗、夜合、榖、楠。

——康熙《顺宁府志》卷一《地理志·物产》第 30 页

材木　松、柏、椿、楸、桐、梓、槐、竹、柳、桑。

——雍正《安宁州志》卷十一《盐法附物产》第 48 页

木之属　松、柏、椿、梧桐、杨、柳、槐、桑、皂角、冬青、黄杨、栗、楸、樟、棠梨、和木、棕榈、青皮木、水冬瓜、或曰桤木。观音柳、罗汉松、杉、夜合、万年青、柘、白杨、婆树。

——雍正《马龙州志》卷三《地理·物产》第 22 页

木属　石榴树、异他产。无花果、木棉、酸角树。

——雍正《阿迷州志》卷二十一《物产》第 255 页

木　椿、松、柏、槐、杨、柳、桑、杉、紫榆、夜合、万年青、楮、栗。

——雍正《建水州志》卷二《物产》第 8 页

槐、柳、松、柏、椿、楸、黄杨木、罗汉松、桑、桐、栗、紫油、观音柳、棠梨、夜合、棕、梧桐。

——雍正《白盐井志》卷二《地理志·物产》第 5 页

木属　椿、松、柏、杨、桑、槐、楸、棕榈。

——雍正《宾川州志》卷十一《物产》第 2 页

木之属　十一：椿、松、柏、枏、杉、樟、董棕木、土杉、朸木、长青、和木。

——雍正《云龙州志》卷七《物产》第 4 页

木属附木　松、柏、椿、梧桐、杨、柳、楸、樟、槐、桑、栗、棕榈、棠梨、皂角树、观音柳、罗汉松、黄杨、栎、冬青、柘、紫榆、樗、荆竹、攒竹、紫竹、观音竹、凤尾竹、慈竹。

——乾隆《宜良县志》卷一《土产》第 28 页

木之属　椿、松、柏、梓、青枫、梧桐、皂角、柳、杨、樟、棠梨、黄杨、桑、柘、紫榆、白杨、棕榈、楮、冬青、罗汉松、和木、驳树、水冬瓜、或曰即桤。夜合、栗、观音柳、万年青、槐。

——乾隆《新兴州志》卷五《赋役·物产》第 34 页

木属　松、柏、桂、槐、梧、桐、枫、楸、杨、柳。

——乾隆《续修河西县志》卷一《食货附土产》第 47 页

木之属　有桑、梓、楷、俗名黄练头。松、柏、杉、椿、樗、梧桐、棠梨、冬青、一名女贞。楮、槐、柳、杨、黄杨、黄栗、水冬瓜、鸭掌木、红豆树、棕榈、藤。竹、有紫竹、凤尾竹、筋竹、绵竹、几竹、棕竹、苦竹、刺竹、芦竹、水竹、绿竹。茶。味似武彝山产，然不可多得。

——乾隆《黎县旧志》第 14 页

木之属　松、杉、柏、数种。榆、槐、桐、楸、榄、柞、樟、梓、水东瓜、青皮、栗、夜合、棕榈、万年青、枇杷。

——乾隆《广西府志》卷二十《物产》第 4 页

木类　松、杉、桧、柏、榆、柳、槐、椿、樟、梓、椵、桂、梅、杏、桃、李、楠、木棉、乌木、水冬瓜、栎。

——乾隆《东川府志》卷十八《物产》第 3 页

木之属　松、柏、榆、柳、桑、柘、槐、桐、白杨柳、棣棠、婆罗树、棕榈、三春柳、花木树、秋木树、椿、山果树、杉树、罗汉松、冬瓜树、红果树、冬青、苦竹、紫竹、凤尾竹。

——乾隆《霑益州志》卷三《物产》第 21 页

木　椿、松、柏、槐、杨、柳、桑、杉、棕、楮、栗、蜡树、黄杨、罗汉松。

——乾隆《陆凉州志》卷二《风俗物产附》第 28 页

木属　椿、杉、松、柏，有香、水、刺、扁数种。梓、青皮、梧桐、皂角、柳、杨、樟、棠梨、黄杨、桑柘、紫榆、白杨、棕榈、罗汉松、杉松、油松、黄练、白栗、株木、刺栗、苏木、和木、水东瓜、夜合、栗、观音柳、万年青、槐、枫、桄榔，即董棕，可为面济食。厚皮树。出新现。

——乾隆《开化府志》卷四《田赋·物产》第 31 页

木之属　椿、柏、松、杨柳、梧桐、冬青、樟、棠、桑、柘、榆、驳树、青皮、槐、榔、夜蒿、楸、涂杉、栗、攀枝花、水冬、观音柳、罗汉松。

——乾隆《弥勒州志》卷二十三《物产》第 52 页

木部　松、柏、桧、椿、杉、榆、槐、杨、柳、桑、梓、桐、栗、栎、楮、樟、冬青、青皮、榔、枫、楸。

——乾隆《石屏州志》卷三《赋役志·物产》第 36 页

木品　松、柏、柳、和木、棕、夜合、皂角、棠梨、椿、万年青、黄杨。

——乾隆《㟃嘉志稿》卷一《物产》第 8 页

木之属　松，有油松、赤松、细叶松。柏，少。杨，少。柳、杉、梓、楸、椿、樗、楮、桑、柘、柞、橿、青枫、梧桐、槐、楝、楠、黄杨、冬青、水冬瓜，木名。桧、檀、楢、棕榈、观音柳、罗汉松、皂角树、枫树、绵木、黄葛树、荣花树。

——乾隆《㟃嘉志》卷二《赋役志·物产》第 231 页

木类　槐、柳、松、柏、栗、桑、椿、楸、桐、棕、黄杨、紫油、观音柳、罗汉松、棠梨、夜合。

——乾隆《白盐井志》卷三《物产》第 35 页

木之属　松、柏、桑、椿、楮、桃、柳、槐、万年青、梧桐、青皮、攀枝，而桑椹、椿头最佳，他处无能及之者。

——乾隆《华竹新编》卷二《疆里志·物产》第 229 页

木属　椿、松、柏、梓、栗、杨、槐、桑、和木、棕榈、青刚、楸。

乾隆《大理府志》卷二十二《物产》第 2 页

木属　椿、松，三种。柏，扁柏、圆柏、三会柏、刺柏、醉柏。罗汉松、梧桐、观音柳、刺桐、垂柳、杨、黄、白。槐、桑、构，皮可造纸。棕榈、夜合、和木、皂荚、樟、棠梨、冬青、榆、楸木。

——乾隆《赵州志》卷三《物产》第 57 页

木　椿、松、柏、杉、梓、桐、栗、槐、杨、柳、棠、黄杨、楮、柞、樟、榆、棕榈、樗、柘、桑、桧、檀、皂角、漆、楸、楠、栎、黄果树、观音柳、无花果。

——乾隆《腾越州志》卷三《山水·土产》第 27 页

木属　椿、松、柏、梓、栗、杨、槐、柳、桑、和木、棕榈、楸、竹。

——乾隆《丽江府志略》卷下《物产》第 40 页

木类　柏、椿、槐、柳、栗、榆、桐、桑、柘、黄杨、松，凡数种。楸、青皮、乌木、夜檬、东瓜木。

——乾隆《永北府志》卷十《物产》第 5 页

木植 边徼之地，人烟稀少，荒山木植甚多，以道远难运，致摈弃于荒凉寂寞之滨者，何可胜计。余所历东川、永昌、丽江、永北皆然。大约柏树居多，大者可数抱，车夫马脚，往往择其尤大者凿一孔，燃火其中，可以照亮，可以御寒。树有脂，火自旺，有因而萎败倾倒者，有仍然敷荣者。余思木植之用甚广，凡房屋、几案、舟车、棺椁之属皆需之，而废弃者如此之多，岂不深可惜哉。庄子谓以不材全其天年，只是寓言之偏辞耳。余思：运木则难，运器则易，如有匠作结伴到山，就其地斫之成器，如桌椅什物，斗笋活络，可以折卸折叠者，人挑车载，运至五都之市，人必争购之。既使货不弃地，当必利益无穷焉！何以见不及此也。

——《滇南闻见录》卷下《物部•木属》第 41 页

木有松柏、梧桐、椿、杉、桧、楷、槐、楮、榆、栗、檀、榕、棕榈、黄杨、紫竹、杨柳、冬青，斯皆切于日用，而四山童然，则种植之法，犹未讲也。

——嘉庆《临安府志》卷六《丁赋附物产》第 24 页

木竹 大概皆有，而松较多。紫溪山有公山植松，公家所需，取办于此。于一百七十三家枋板户轮替，头役五人领之，今多侵占隐匿。

——嘉庆《楚雄县志》卷一《物产志》第 49 页

木属 椿、有二种。松、有油松、杉松、细松数种。柏、有四种。梧桐、柳、有三种。楮、槐、有黄、白二种。栗、有黄、麻二种。棠梨、水冬瓜、梓、桑、罗汉松、皂角树、棕榈、榆、桧、樗、棘、绵竹、大龙竹、银香木、山和木、和木、冬青树、花栗、核桃木、樱桃木、江竹、京竹、凤尾竹、斑竹、甜竹、观音竹、刺竹、茅竹、苦竹。

——嘉庆《景东直隶厅志》卷二十四《物产》第 2 页

木类 松、柏、杉、楠、桑、桧、柳、杨、白杨、棠梨、冬青、紫榆、樟、青心、青皮、水冬瓜、麻柳、桐子、梽子。

——嘉庆《永善县志略》上卷《物产》第 562 页

滇为蜀都南境，又南则界连交、广，属吴都，故《三都》于蜀则称其木"木兰枵桂，杞櫹椅桐"，棕榔楔枞，梗柟谷底，松柏山峰。虽写北境，而南境亦然。于吴则称枫柙橡章，栟榈构榔，绵杬杶栌，文櫋桢橿，平仲君迁，松梓古度，楠榴之木，相思之树，皆互文迭见者。则诸木于滇，无不有者也。

——《滇海虞衡志》卷十一《志草木》第 2 页

棕、椰、栟、榈、桄榔 与槟榔皆同类。高五六丈，而椰实滴酒，桄榔屑面，尤有资于人。江淮之间亦有棕，但剥皮为绳索及笠单之用，亦利益矣。而缅甸树头酒，则滴自棕，已详《志酒》下。桄榔屑面，出自兴古，今曲靖诸处也。详于《汉》注，赋于《蜀都》，岂其虚言！而近代以来，未有此面，岂今昔之或殊哉！桄榔与橦布、邛杖、蒟酱四者，为蜀都异物。予居滇数十年，绝不之闻，故妄拟以木棉为橦，其布即橦布。桄榔材中轿扛，一具几数十金，其为利用亦有由也。《范志》云"桄榔木身直如杉，又如棕、榈有节，似大竹，一干挺上，高数丈，开花数十穗，绿色"，不言屑面。予在博罗所见桄榔，亦如《范志》，而《吴都》櫋木注云"櫋木树皮中有如白屑者，干捣之，以水淋之，可作饼如面，交趾卢亭有之"，则屑面者乃櫋而非桄榔，或古人混二名而一之耳。又按李时珍《纲目》引诸说，谓桄榔有姑榔、面木、董棕、铁木之异名。苏恭谓人家亦植庭院间，斫其面，大者至数石，食之不饥。刘恂谓树皮中有屑如面，可作饼食。陈藏器云"彼方少谷，常以桄榔面和牛酪食之"，其为出面，凿凿可据。予游滇、粤，询之土人及诸生，皆不闻出面。至言其材坚硬，皮至柔，可为索，抽须如马尾以织巾子，盐水浸即粗张，以缚海舶，不用钉线。有文而坚，可制博局。刚利如铁，可作钗锄。又可作枪，锋锐甚利。即不出面，而利用已多矣。至如莎木面者，莎木即上云欀木也。木似桄榔，叶有蓑衣之状。字应作欀，欀、莎同音，故谓之莎木面耳。《蜀记》云"生南中八郡，树高十丈许，阔四五围"，宜其出面岁得数石之多也。滇为蜀之南中，不其然乎！

——《滇海虞衡志》卷十一《志草木》第 5 页

竹、木之利至大，江陵千树荻，渭滨千亩竹，皆与万户侯等。为其水道通而布其利于四方也。滇非尽不毛也，以予所治农部，名章巨材，周数百里，皆积于无用之地，且占谷地，使不得艺，故刀耕火种之徒，视倒一树为幸。盖金江道塞，既不得下水以西东浮，而夷俗用木无多，不过破杉以为房，聊庇风雨。宗生族茂，讵少长材，虽擢本垂荫，万亩千寻，无有匠石过而问之。千万年来，朽老于空山，木之不幸，实地方之不幸也。哀牢之山，长千里，中通一径，走深林中垂一天，若使此山之木得通长江，其为大捆大放，不百倍于湖南哉？前人有见于此，故议开金江。然金江断难开者，天道使然，不容以人力争也。运值其通，安知不大风大雷，率群龙而导之，推其叠水，散之使平，破其洞穿，彻之无壅，不过一午夜之力，原自易易。若争以人力，则万万不能为也。

——《滇海虞衡志》卷十一《志草木》第 11 页

树叶 孟吉云猛密止百里通宝井金厂之后，其地产大树，叶如车轮，夷人取以覆屋。

——《滇南杂志》卷十三《轶事七》第 12 页

木之属 松、旧《云南通志》：有油松、杉松、细松数种。檀萃《滇海虞衡志》：滇南之松，大利所出，其实为松子，其腴为茯苓。段成式《酉阳杂俎》：予种五鬣松二株，根大如碗，结实与新罗、南诏者无别。柏、旧《云南通志》：有侧柏、圆柏、合掌、茨柏四种。檀萃《滇海虞衡志》：老柏香，取老柏肤内绛色者已成香矣，锯而饼之，厚寸许，再折而焚之，颇似檀香，省城多老柏，以其叶末之为条香、盘香，锯柏香之末以煨炉，亦氤氲耐焚。槐、旧《云南通志》：有黄、白二种。栗、旧《云南通志》：有板栗、毛栗、黄栗、白麻、青刚数种。麻栗、桂馥《札樸》：木生路侧，结实似栗，土人呼麻栗。余谓麻盖茅声之转，《广韵》栵，细栗，楚呼茅栗。陆玑《草木疏》叙栗云：又有茅栗。楠、檀萃《滇海虞衡志》：楠木从南，南方多有之。枏与梗为类，各省俱有之，而滇出尤奇，盖滇多地震地裂，两旁之木，震而倒下，旋即复合如平地，林木人居皆不见，阅千百年化为煤。掘煤者得木板煤，往往有刀剪器物，或得此木，谓之阴沈木，以制什物，尤珍贵之。《蜀赋》梗枏，《吴赋》楠榴。榴者，楠木之瘤也。其瘤之盘结节尤好，以作器具最精，巨者以为桌面尤佳，至阴沉木则不可多得矣。黄杨、旧《云南通志》：俗名万年青。穀、颜师古《汉书注》：穀树，楮树也，其子类穀。桂馥《札樸》：滇人呼穀树为构浆，以其折枝则浆出也。陶注《本草》云：穀，音构。《酉阳杂俎》：谷田久废必生构，叶有瓣曰楮，无曰构。椰、刘欣期《交州记》：椰树，状若海棕，实大如碗，外有粗皮，如大腹子、豆蔻之类，内有浆似酒，饮之不醉，云南者亦好。观音柳、旧《云南通志》：树高数丈，叶如茴香，花开茄色。王象晋《群芳谱》：一种干小枝弱，皮赤叶细如丝缕，婀娜可爱，一年三次作花，花穗长二三寸，色粉红如蓼花，名柽柳，一名赤柽，一名西河柳，一名三眠柳，一名观音柳，一名长寿仙人柳，即今俗所称三春柳也。乌木、谷泰《博物要览》：乌木，出海南、南番、云南，叶似棕榈，性坚，老者纯黑色且脆，间道者嫩，今伪者多是槎音记。木染成，作著。檀萃《滇海虞衡志》：乌木，与栌木为一类。《吴都》分栌木与文木而二之，谓文木材密致无理，色黑如水牛角，日南有之，即《王会》所谓夷用阔木也。《一统志》所载滇之北胜、元江俱出乌木，恐或是栌，真乌木当出于海南。今俗镶烟管用乌木，或訾之曰此栌木管。栌与乌皆黑色，木名以坚脆分耳。杉、嵇含《南方草木状》：杉，一名柀粘。檀萃《滇海虞衡志》：杉，盖松之类，故二《赋》言松不言杉，良以杉统于松也。故滇人曰杉松，其材中樿榜。南方诸省皆有杉，惟滇产为上品，滇人锯为板而货之，名洞板，以四大方二小方为一具，板至江浙，值每具数百金，金沙司收其税。古时由金沙江水行直下泸州、叙府，前明遗牍所谓安监生放板是也。数百年来，金江阻塞，舟楫不通，人负一板至省，又自省抵各路水次，脚价之费何如宜其贵也。胡椒、段成式《西阳杂俎》：胡椒出摩伽陀国，呼为昧履。支其苗蔓生，茎极柔弱，叶长寸半，有细条与叶齐条，上结子，两两相对，其叶晨开暮合，合则裹其子于叶中，子形似汉椒至辛辣，六月采，今作胡盘，肉食皆用之。周达观《真腊风土记》：胡椒缠藤而生，累累若绿草，子其生而青者尤辣。李时珍《本草纲目》：胡椒，今南番诸国及交趾、滇南、海南诸地皆有之。蔓生附树，及作棚引之，叶如扁豆、山药辈，正月开黄白花，结椒累累，缠藤而生，状如梧桐，子亦无核，生青熟红，青者更辣，四月熟，五月采收，曝干乃皱，今遍中国食品为日用之物也。楷、《山海经·中山经》：橐山多楷木。郭璞注：今蜀中有楷木，七八月中吐穗，穗成，如有盐粉著状，可以作羹。陈藏器《本草拾遗》：盐麸子，生吴蜀山谷，树状如椿，七月子成，穗如小豆，上有盐似雪，可为羹用。郝懿行《山海经笺疏》：《本草》盐麸木，即五楷子，俗讹为五倍子。李时珍《本草纲目》：肤木，即楷木，木状如椿，其叶两两相对生长而有齿，面青背白，有细毛，味酸正，叶之下节节两边有直叶贴茎如箭羽状，五六月开花青黄色，成穗一枝累累，七月结子，大如细豆而扁，生青，熟微紫色，其核淡绿，状如肾形，核外薄皮上有薄盐，小儿食之。滇蜀人采为木盐，上有虫，结成五倍子，八月取之。阿魏、唐李珣《海药本草》：按《广志》云生昆仑国，是木津液如桃胶状，其色黑者不堪其状，黄散者为上。云南长河中，亦有如舶上来者，滋味相似一般，只无黄色。钮琇《觚賸》：诺皋载波斯国阿虞，长八九丈，皮色青黄，三月生，叶似鼠耳，断其枝，汁出如饴，久而坚凝，名阿魏。《本草》亦从之。近有客自滇中来者，乃言彼处蜂形甚巨，结窝多在绝壁，垂如雨盖，滇人于其下掘一深坎，置肥羊于内，令善射者飞骑发矢落其窝，急以物覆坎，则蜂与羊共相刺扑，二者合并而化，久之取出杵用，是名阿魏。所闻特异，因并志于此。檀萃《滇海虞衡志》：据此则滇中亦有阿魏，曰长河，想从暹罗至缅甸而上金沙与。降真香、李时珍《本草纲目》：降真香，今广东、广西、云南、安南、汉中、施州、永顺、保靖及占城、暹罗、渤泥、琉球诸番皆有之。朱辅山《溪蛮丛话》云：鸡骨香即降香，本出海南，今溪峒僻处所出者似是而非，劲瘦不甚香。周达观《真腊记》云：降香出丛林中，番人颇费坎斫之功，乃树心也，其外白，皮厚八九寸，或五六寸，焚之气劲而远。檀萃《滇海虞衡志》：滇人祀神用降香，故降香充市。一名紫藤香、鸡骨香。焚之，其烟直上，感引鹤降。醮星辰，烧此香为第一度籙。李时珍谓云南及两广、安南峒溪诸处有此香，则降真香固滇产也。檀香、李时珍《本草纲目》：按《大明一统志》云，檀香出广东、云南及占城、真腊、爪哇、渤泥、暹罗、三佛齐、回回等国，今岭南诸地亦皆有之。树叶皆似荔枝，皮青色而滑泽。鹊不停、陈尚古《簪云楼杂记》：滇南有树，名曰鹊不停，枳棘满林，群鸟皆避去不复下，惟鸦之交也，则栖止而萃其上，精溢于树则瘤生焉，土人斫瘤成丸，大如鸟卵，一近人肌骨辄自相跳跃，相传闺阃密用，然滇中殊贵重，不能多得也。婆树、桂馥《札樸》：《诗》"隰有六驳"，毛《传》以"驳"为兽名，陆玑《疏》"驳马，木名，梓榆也"。其树皮青白驳荦，遥视似驳马，故谓之驳马。下章"山有苞棣，隰有树檖"，皆山隰之木相配，不宜云兽。又云：檀木与檗迷相似，又似驳马。驳马，梓榆。故里语曰：斫檀不谛得檗迷，檗迷尚可得驳马。《元和郡县志》：贺兰山有树木，青白，望如驳马，北人呼驳为贺兰。馥案：

北方无此树，未得目验，及官云南，到处有之。音讹呼为婆树。伽陀罗、《国宪家猷》：南滇夷岛产木，有坚如石，文横银屑者，夷名曰伽陀罗。余爱其坚，又贵其异，遂用作琴。木棉。杨慎《丹铅总录》：南中木棉，树大如抱，花红似山茶而蕊黄，花片极厚，非江南所艺者。王世懋《闽部疏》：木棉花者，高树丹花，若茶吐实蓬蓬，吴中所谓攀桂花也。杨用修具《丹铅》以为异，曰云南雟益州有之。闻岭、广尤多，不知《惠安志》已载此树，名为攀桂花，杨乃曰班枝花，与吴中攀枝花，盖三名实一物也。花品不当棉花，仅堪絮褥耳。谨案：木棉与檀华、婆罗絮相似，互详"永昌府"。

又案：旧《志》尚有椿、杨柳、白杨、花栗、棠梨、楸、楠、水冬瓜、柞、樟、梓、冬青、樗、柘、紫榆、桑、檀、桧、棕桐、槲、罗汉松、皂角树，皆滇产，梧桐移入永昌。

——道光《云南通志稿》卷六十八《食货志六之二·物产二·云南通省》第 2 页

火蝇树、蚊子树　《威远厅采访》：并威远厅出。

——道光《云南通志稿》卷七十《食货志六之四·物产四·普洱府》第 5 页

攀枝花、苏木、棕竹　旧《云南通志》：俱开化出。

——道光《云南通志稿》卷七十《食货志六之四·物产四·开化府》第 33 页

木类　松、柏、椿、柳、槐、桑、榆、杨柳、棠梨。

——道光《昆阳州志》卷五《地理志下·物产》第 13 页

木属　梧桐、棠棣、黄杨、紫榆、白杨、松、柏、槐、冬青、青冈、山桃、棕树、婆树、椿、梓、杨、柳、柘、桑、樟、黄松、杉松、罗汉松、单皮栗、双皮栗。

——道光《宣威州志》卷二《物产》第 22 页

木属　梧桐、楮，俗名构皮。黄杨、柑、桂、枫、槐、漆、樟、松、桑、椿、榕、棠梨、碧蛊木、香椿、杉、棕桐、柳、柽柳、木棉、椰、水杨柳、苦楝、皂荚。

——道光《广南府志》卷三《物产》第 3 页

木之属　椿、松、柏、楸、槐、柳、桑、柘、栗、黄杨、棠梨、梧桐、冬青、青皮、紫榆。

——道光《澂江府志》卷十《风俗物产附》第 7 页

木　各种俱出，而宜于松柏。

——道光《续修通海县志》卷三《物产》第 35 页

木之属　松、柏、桑、椿、杉、槐、杨柳、细松、和木、梧桐、铁梆、栗树、水冬瓜、万年青、黄练茶、青皮树、青香树。旧《县志》

——道光《续修易门县志》卷七《风俗志·物产》第 169 页

木之属　桑树、橡树、可饲蚕，土人不能养蚕，用以供薪爨。象牙木、出鲁奎山，可代象牙作箸。樟木。出哀牢山，大者可镶为桌面。

——道光《新平县志》卷六《物产》第 22 页

木之属　槐、榆、柳、栗、松、柏、椿、楸、栎、乌木、樟、桤、桑、黄杨木、罗汉松、桐、橡。

——道光《姚州志》卷一《物产》第 243 页

木之属　椿、松、柏、梧桐、栗、槐、杨、楸、桤、柳、棠梨、黄杨、桑、柘、杉、樟、桧、紫榆、柽、即观音柳、西河柳。栎、白杨、棕桐、细松、石楠、冬青、楮、楝、罗汉松、即杉松。罗汉柏、结实可食。刺桐。

——道光《大姚县志》卷六《物产志》第 6 页

木属 椿、松、柏、梧桐、杨、柳、榆、槐、栗、有板栗、毛栗、黄栗、麻栗、青刚栗。棠梨、楸、黄杨、俗名万年青。水冬瓜、樟、冬青、桑、观音柳、罗汉松、皂角、无花果树、紫竹、水竹、凤尾竹、实心竹、苦竹、金竹。

——道光《定远县志》卷六《物产》第 205 页

木则松、柏、椿、杉、栗、桤、楸、榆、棕榈、夜合、槐、杨咸有之，然拳曲不中栋梁用。盖美者咸鬻之复不为之植，山窘于生，即薪蒸亦贵，鬻爨者咸自东山深处采，往返百里焉。高下俱宜桑，亦有采以饲蚕者，率得钱数缗，然不讲树艺，故其利不普。夫滇不产棉，皆自缅地来邓，又不兴织纺，尺布片缣皆购之罄，上地一亩所出，只敷棉布三匹价，故衣服半蓝缕，若广兴蚕桑如吴越，岂不可进结鹑而衣帛耶。习玩坐废甚可惜也，幸有乳扇利。

——咸丰《邓川州志》卷四《风土志·物产》第 9 页

木之属 松、柏、桑、椿、杨柳、槐、万年青、梧桐、青皮木、杉、梓、杞、楮、细松、水冬瓜。

——咸丰《嶍峨县志》卷十二《物产》第 4 页

木属附竹 椿、松、有油松、杉松、细松数种。柏、有侧柏、圆柏、合掌柏、茨柏数种。杨、梧桐、柳、槐、栗、有板栗、毛栗、黄栗、白麻、青刚数种。花栗、棠梨、楸、黄杨、水冬瓜、柞、樟、冬青、檰、柘、桑、桧、棕榈、观音柳、罗汉松、皂角树、无花果、杉、榆、株树、紫竹、观音竹、凤尾竹、东坡竹、人面竹。

——咸丰《南宁县志》卷四《赋役·物产》第 12 页

木属 椿、松、柏树、楸、梧桐、杨、柳、槐、樟、梓、杉、桑、黄杨、棠梨、栗、棕、皂角、水冬瓜、白果、枳棘。

——光绪《平彝县志》卷四《食货志·物产》第 2 页

木之属 松、柏、榆、柳、桑、柘、槐、桐、白杨柳、棠棣、婆罗树、棕榈、三春柳、花木树、秋木树、椿、山果树、杉树、罗汉松、冬瓜树、红果树、冬青、苦竹、紫竹、凤尾竹。

——光绪《霑益州志》卷四《物产》第 64 页

木之属 旧《志》十二种：槐、榆、柳、栗、松、柏、椿、楸、桤、桑、黄杨木、罗汉松。增补一种：棕。村乡多植之。树杪生包，包中皆皮也。土人取其皮，织为蓑。雨按：山中杂木甚多，但可为薪，兹不备载。

——光绪《姚州志》卷三《食货志·物产》第 51 页

木品 松、柏、柳、楸、槐、桑、柘、梓、棕、椿、榆、杨、棠梨、杉松、梧桐、冬青、观音柳、栎、栗、黄杨、桧、白杨、茶、橡。

——光绪《镇南州志略》卷四《食货略·物产》第 31 页

木属 松、柏、椿、杉、杨、柳、榆、槐、樟、桑、栎、青皮、杉松、板枝。出元谋县立多村，即木棉也。花开七层，瓣有三十六。有大至数抱，垂荫数亩者。

——光绪《武定直隶州志》卷三《物产》第 12 页

木之属 旧《志》十六种：槐、柳、松、柏、椿、楸、黄杨木、罗汉松、桑、桐、栗、紫油、观音柳、棠梨、夜合、棕。新增四种：棕、乡村多植之，树杪生包，包外皆皮。土人取其皮为蓑绳。冬青、榆、桤。

——光绪《续修白盐井志》卷三《食货志·物产》第 57 页

木部 赤松、飞松、杉松、圆柏、扁柏、和木、楸木、夜合、棠梨、杨柳、椿、槐、桑、枫、马缨树、青枫榆、山缨树、郁李、青皮树、皂角、黄杨、栗木、香樟。

——光绪《云南县志》卷四《食货志·物产》第 16 页

木之属 松、松子松、飞松二种。柏、圆、翠、扁、刺四种。酸角树、木绵树、即攀枝花。麻栗、黄栗、白栗、万年青、夜合树、水杨柳、黄杨、火柳、皮可为火绳。观音柳、罗汉松、油松、杉松、梧桐、梓、楸木、柘、桑、皂角、棕、樟、构、椿、苦楝、冬青、降香、菩提树。赞陀泄水后，以念珠子种此树，后人因建菩提寺，傍有菩提井。

——光绪《鹤庆州志》卷十四《食货志·物产》第 4 页

木属 椿、榆、松、有明松、长松、矮松数种。杉、柏、有扁柏、圆柏、垂丝柏数种。梓、栗、有黄栗、白栗二种。杨、柳、槐、桑、柘、楸、和木、旧《通志》以为即濩歌诺木。双飞燕、又有一种孤飞燕，皆木之大而有花纹者。棕桐、濩歌诺木。樊绰《蛮书》：丽水山谷出，大者如臂，小者如三指，割之色如黄蘗。土人皆寸切之，男妇久患腰脚者，浸酒服之立效。

——光绪《丽江府志》卷三《食货志·物产》第 31 页

木之属 椿、桐、桑、柘、楸、槐、柳、桧、构、棕、檀、椒、榆、樟、柏、有刺柏、扁柏、鼠尾柏、□柏、合掌柏数种。松、有油松、杉松、罗汉松、鼠尾松、矮松数类。黄栗、青栗、麻栗、白栗、黄杨、皂角、冬青、火柳、青皮、乌木、丝柳、夜檬树、夜合花、观音柳、水杨柳、水东瓜、攀枝树、梓。

——光绪《续修永北直隶厅志》卷二《食货志·物产》第 26 页

木属 椿、有香、臭二种。松、有茨松、子松、杉松、飞松、马尾松数种。杉、柏、有侧柏、翠柏、血柏数种。梧桐、杨、柳、有黄、白二种。槐、栗、棠梨、花楸、冬青、楠、有黄心、白叶数种。水冬瓜、丁木、漆、枇杷。有黄耳、竹叶二种。

——光绪《镇雄州志》卷五《物产》第 57 页

木属 松、实见果属。柏、杉、漆、楠、桐、栗、刺桐、榆、槐、楸、椿、楮、樗、栎、柳、白杨、黄杨、冬青、棕、桦桃。以上灌木。降香、赶檀香、青皮香 以上香木。藤、女萝、薜荔。以上藤属。

——光绪《永昌府志》卷二十二《食货志·物产》第 3 页

木类不一，近城乡练，多植梓、楸，远城森林，多植黄心松柏、华桃、茨栗、樟、杉诸木。作室制器，取材于松、柏，黄心者十居其七，而境地多湿，欲坚固耐久，则梓、楸、华茨最良，杉木纹直性温，工人取作棺板，近岁价昂，有一具而增至八十金者。若樗、栎庸材，则薪之爨之，无大用焉。

——光绪《腾越乡土志》卷七《物产》第 11 页

木之属 桤木、旧《志》：一名水东瓜，可以刻字。构、旧《志》：一名榖，其皮可造纸。松、《采访》：有油松、杉松、罗汉松。柏、《采访》：有圆柏、侧柏、三会柏、茨柏四种。栗、旧《通志》：有板栗、毛栗、黄栗、白麻、青刚数种。黄杨、旧《通志》：俗名万年青。柳、《采访》：有杨柳、观音柳。又接官厅有垂柳百株，掩映客去。杉、《采访》：杉，盖松之类大者，锯为板而货之。红木。《采访》：

有水红木、刺红木。土人取作栋梁，以构堂屋。

谨案：顺宁尚有槐、椿、棠栗、梧桐、和木、冲天桃、紫榆、桑、棕、皂角、青树、溪木、楠木、楝。

——光绪《续修顺宁府志稿》卷十三《食货志三·物产》第 19 页

木属 松、常绿乔木。干耸直，多节，皮粗厚，裂为龟甲状，叶如针。花单性，雌雄同株，雌花丛生于枝顶，下有多数黄色粉之雄花，丛结成球果，经一二年始熟。种类甚多，有赤松、黑松、白松、海松、五须松等。《滇海虞衡志》：滇南之松，大利所出。实为松子（一种大如羊矢，其仁可食，一种不可食），腴为茯苓（云苓名闻天下）。《史记·龟英传》：脂入地千年成琥珀，其初即松香（可制为油）。木材可构屋制器、析薪，落叶，纽为结，为炊爨之用，种植无处不宜。柏、有扁柏（即侧柏）、圆柏、茨柏、桧柏、合掌柏、罗汉柏多种，常绿乔木。高者十余丈，叶小如鳞，与茎密接，全不舒放。花单性，雌雄同株，实如球，仁即柏子，可作药。邑人多栽庙寺中，木质坚致，可作家具。近有用为棺材者，且别有一种，在深山大林中。桑、落叶乔木。每岁刈取，故枝干低亚，叶为卵形，肥大以饲蚕，雌雄花皆为穗状，淡黄绿色，实略似枣形，谓之葚，一作椹。熟则紫黑，味甘可食，其材可制器具，皮可制纸。《树桑百益书》备言其利。野生不刈取者，即为柘，干疏直，木里有纹，叶厚而尖，较硬，皮煎汁，可染黄赤色。槐、有黄、白二种，落叶乔木。高二三丈，叶为羽状复叶，初夏开花，如蝶形，色黄白。实为长荚状，如连珠，中有黑子，入药。木质坚重，可为屋材器具。栗、落叶乔木。干高四五丈，叶如箭镞。初夏开花，实有壳斗甚大，刺如猬毛，霜降后熟，外有硬壳，紫黑色。一苞内或单，或双，或三四仁，淡黄色。可食者曰板栗，小者曰毛栗，不可食者曰黄栗、白麻栗、青刚栗。同类有栎，叶可饲蚕；曰橡，其浆可制橡皮；又曰橡皮树，以刀裂其干，采取白色如乳之汁，干后，制弹性橡皮，以作车轮、皮球等物，和以硫磺华等，可制硬性橡皮，为梳枇、假齿、电气、绝缘板等。黄杨、常绿小灌木。茎高四五尺，叶为卵形，质厚而柔软。春初开淡黄色小花，其材甚坚致，可制木梳及印板之属。《本草纲目》：黄杨，性难长。俗说岁长一寸，遇闰则退。楮、落叶亚乔木。高丈余，叶类桑而粗糙，花单性，雌雄异株。雌雄花皆类谷而较小，皮有斑纹，为制纸之原料。实如杨梅，蜜渍可食，亦可入药。《说文》：榖也。叶有瓣曰楮，无曰构。江南人缉其皮以为布，捣以为纸。邑人亦称其汁为构浆，以贴纸帛赤金字。桤、《顺宁府志》云：即水冬瓜，易长。杜甫诗"饱闻桤树三年大"，其材可以刻字，惟易蠹。邑人多析为薪。杉、常绿乔木。干端直，高数丈，叶作针形，较松为短。花单性，雄花亦出黄粉，至秋日结球果，大如指头。《滇海虞衡志》：南方诸省皆有杉，惟滇产为上品。滇人锯为板而货之，每具值数百金。自中法滇越勘界，划归法越，为法人专利。樟、常绿乔木。高五六丈，大者十围，叶卵形，有叶脉三条，质硬有光。夏初开花，小而淡黄，实大如豌豆，黄色。其材耸直，肌理甚细，截其根干、枝叶等为薄片，置器中蒸之，蒸气著于盖上，冷之，即凝而结晶，更和石灰，加热精制之，则成白色粉末，香气甚烈，易化气而散失。着火即然，医药上用为防腐兴奋之剂。又可制造无烟火药，及写留路以特等（伪象牙、玳瑁、珊瑚诸物品）。榕、常绿乔木。高四五丈，干既生枝，枝又生根，下垂至地，又复为干，故其荫极广。叶椭圆平滑，花淡红，实圆而小，类无花果。鸟食其实，遗于各处，随即发生。梧桐、落叶乔木。干端直，色青，高三丈许，叶阔大，有深缺刻，背有毛，夏日开黄色，小花雌雄同株，果为菁葵，熟则裂开为叶状，种子生于边缘，可食，又可榨油。按：梧桐，合称为一木，析言之则桐别为一种，桐叶圆大，掌状分裂，有长柄，春暮开唇形花，色或紫或白，成大圆锥花序，萼黄褐色，实为两房之蒴果，长寸余，如枣，及熟，去皮取核榨油，以涂饰房屋器具，为用最大。杨柳、落叶乔木。一而二，杨枝上挺，柳枝下垂。杨叶狭长，端尖，背有短毛，灰白色，春开穗状花。雌雄异株，雄黄雌绿，实裹白絮，中飞散，多与柳同。其一种，叶稍阔厚，下有托叶，果实中著白毛者，谓之水杨，即蒲柳也。按：《说文》《尔雅》均以杨为蒲柳，故古人称之杨，皆指水杨而言。惟陆玑诗疏，则谓蒲柳有二种，皮正青者曰小杨，皮红者曰大杨，皆可为箭笴。《古今注》谓蒲柳叶似青杨。叶长，柳叶亦长，虽不能与今确合，但杨与柳别，杨又自有数种，可无疑矣。南湖堤畔，二者俱有。观音柳、落叶亚乔木。《群芳谱》：树高数丈，叶如茴香，花开茄色，又名柽柳。楷、俗名黄练，《蒙化府志》云：即苦练子，以果泡水，裱字画不蠹。棕、常绿乔木。干似圆柱，高二丈许，叶作掌状分裂，有长柄，丛生干端，花小，状类鱼子，色淡黄，有苞包之。其材可为床柱，及小器具。叶之根部，包干之毛，褐色，俗谓之棕，可制绳帚、雨蓑、箱箪之属。桂、常绿亚乔木。有肉桂、筒桂、岩桂之别，药品种附桂之桂，指肉桂。《滇海虞衡志》：今世重交桂。蒙自与交趾接壤，古且属交州，外省艳称蒙桂，高二三丈，叶为长椭圆形，质厚，光滑，有大脉三条。夏月开淡黄色小花，皮多脂，气味辛烈，产深林大箐中，不易得也。筒桂，即菌桂，乃桂皮之成筒者；岩桂，又名木犀，通称桂花，叶为椭圆形，对生，秋日，叶腋生小花，花冠下部连合，色有黄有白，深黄者曰丹桂，香气浓厚。皂角树、落叶乔木，高三四丈，多刺，叶为羽状复叶。夏开黄花，小蝶形，结实成英，长扁如刀，有浆，用以洗濯衣服汗腻。个旧厂丁多用之。英内核外，有一层透明白膜可食。有加里、外洋传来种子。开关后，种植税务领事地，近则无处不有。枝叶略似杨柳，干似紫薇，易生长，常绿乔木。金刚纂、非草非木。有二种，一种茎五稜，枝上生枝有叶，开黄花，俗名绿鹦哥，以其碧绿也；一种无叶，状类鞋底，俗名仙人掌，又曰扁金刚。开黄花，结果可食，味甜，皆有刺。《谈丛》：小民多树之门屏间，问植之何为，以辟邪也。明永乐间，张洪使缅甸，缅有木，曰金刚纂，状如棕榈，枝干屈曲，无叶，刳以渍水，牛羊渴而饮之，食其肉，必死，毒物也。孔雀喜食之。嫩干之液，可去衣垢。邑内到处多有。木类甚繁，不能备举。数百年来天然森林，斧斤牛羊，樵牧殆尽，构屋之材，来自数百里外。天功人代，种植宜亟讲求矣。

——宣统《续修蒙自县志》卷二《物产志·植物》第 42 页

木类 松、有三种。柏、有三种。栗、有三种。桑、有二种。柘、楮、柳、榆、杨、槐、楸、桐、梓、椿、樟、茶、漆、蜡、棕、橡、棠梨、皂树、冬青、即万年青。水冬瓜、黄练、茶、观音柳、罗汉松、金刚纂。木之通体有刺，与仙人掌等。其浆最毒，惟孔雀食之。土人种以编篱，人莫敢触。

——宣统《楚雄县志述辑》卷四《食货述辑·物产》第 17 页

木类 椿、松、柏、杉、杨柳、槐、栗、桂、杞、棠、楠、樟、杏、桑、花楸、冬青、水冬瓜、山桃、紫檀、枇杷、有羊、耳、竹叶三种。木棉、罗汉松。

——宣统《恩安县志》卷三《物产》第 181 页

木属 松、有油松、杉松、细松、青松数种。檀萃《滇海虞衡志》：滇南之松，大利所出，其实为松子，其下为茯苓。罗汉松、柏、有扁柏、圆柏、合掌、茨柏数种。檀萃《滇海虞衡志》：老柏香，取老柏肤内绛色者，已成香矣。锯而饼之，厚寸许，再而焚之，颇似檀香。以其叶末之，为条香、盘香。椿、有红、紫、白三种。杨、柳、白杨、黄杨、俗名万年青。观音柳、树高数丈，叶如茴香，花开茄色。梧桐、槐、有黄、白二种。栗、有板栗、毛栗、黄栗、白、麻、青刚栗数种。皂荚树、花栗、棠梨、楸、桤、俗名水冬瓜。柞、樟、梓、冬青、樗、栎、桑、柘、紫榆、桧、棕榈、木绵、董棕、无花果树、白果树、苦楝树、有黑、白二种。降真香、周达观《真腊记》云：降香出丛林中，番人颇费坎斫之功。乃树心也，其外白皮厚八九寸，或五六寸，焚之气劲而远。檀萃《滇海虞衡志》：滇人祀神用降香，故降香充市。一名紫藤香，一名鸡骨香。荆树、漆树、清香树、榖、颜师古《汉书注》：榖树，楮树也，其子类谷。桂馥《札楼》：滇人呼榖树为构浆，以其折枝则浆出也。陶注《本草》云：榖，音构。《酉阳杂俎》：谷田久荒必生构，叶有瓣曰楮，无曰构。金鸡纳树、一名有加利，种自外洋来，近年多种之。其霜能治疟疾，除烟瘴。白蜡树。用以饲蜡虫者。

——民国《宜良县志》卷四《食货志·物产》第29页

林区：全县分为四区，以崇月、日效为第一区，资依、中弥为第二区，杨林、白龙为第三区，邵甸为第四区，每区以建设分局长及林场管理员若干人管理之。

木种：查本属林业，据民十年之调查，松树约三百六十四万余株，杉树约二万余株，柏树约三十五万余株，橡树约一十五万余株，多系天然生殖。又地藏寺有橡树四百余株，上登村有橡树三百余株，系人造林，多散状。全属林地面积约三万九千五百余亩，无特种林木，而获利最厚者，以竹为大宗。强半依山而植，村落人家，自辟竹园，每株嘉者值银四五仙，次者二三仙。薪多就近采取，每百斤约值银三四角，炭则每百斤约值银一元。无林业团体。日效乡今第二区有民荒四万余亩，半多石山。邵甸乡今第七区有荒地五千余亩，梁王山有官荒一万余亩，除日效乡外，虽乏水，灌溉颇宜造林。……

——民国《嵩明县志》卷十三《农政·林业木区木种》第220页

木属 松、柏、有圆、扁二种。椿、槐、杉、杨、桑、柳、棠、棕、楮、栗、梧桐、黄杨、蜡树、罗汉松、柞、樟、榆、皂角、樗、柘、桧、柟、观音柳、和木、紫油。

——民国《陆良县志稿》卷一《地舆志十·土产》第2页

木之属 松、柏、椿、梧桐、柳杨、槐、桑、皂角、冬青、黄杨、栗、楸樟、棠梨、和木、棕榈、青皮木、水冬瓜、或曰桤木。观音柳、罗汉松、杉、夜合、万年青、柘、白杨、婆树。

——民国《续修马龙县志》卷三《地理·物产》第25页

木类 赤松、青松、杉松、扁柏、圆柏、茨柏、杉、茨杉、油杉、椿、楸、梓、桑、柘、桐、梧桐、茶、果茶、桦、酸枣、黄练头、麻栗、黄栗、青刚栗、水东瓜、破角、观音柳、和木、罗汉松、锥栗、杨柳、楮、冬青。

——民国《罗平县志》卷一《地舆志·土产》第85页

木之属 二十七：胭脂木、赤松、飞松、杉松、圆柏、扁柏、和木、榔木、黄练头、夜合、棠梨木、杨柳、椿、槐、桑、枫、马缨树、花桃、山缨树、青皮、梧桐、茶果、皂角、栗木、有黄、麻、青钢各种。黄杨木、香樟木、万年青。

——民国《邱北县志》第三册《食货部·物产》第14页

木 一十一种[①]：麻栗、梧桐、沙、活、桑、松、柏、苦楝、春芽、风棉。

——民国《富州县志》第十四《物产》第35页

木属 三十五类：椿、杉、松、柏、有香、水、刺、扁数种。梓、青皮、梧桐、皂角、柳、杨、樟、棠梨、黄杨、桑柘、紫榆、白杨、棕榈、罗汉松、杉松、油松、黄练、白栗、株木、刺梨、苏木、和木、水东瓜、夜合、栗、观音柳、万年青、槐、枫、桄榔。即莫棕，可为面济食。

——民国《马关县志》卷十《物产志》第7页

木属 椿、松、柏、梧桐、杨、柳、栗、棠梨、黄杨、《旧州志》：俗名万年青。水冬瓜、梓楮、棕榈、樗、柘、桑、樟、绵木、皂角树、无花果树。

——民国《元江志稿》卷七《食货志·木属》第7页

---

① 一十一种　按下文所列，仅有十种。

松、柏、沙老树、罗汉松、包松 松产深山，柏不拘地，叶细枝冗，松花黄，子细。大作材料，小作柴薪。柏分扁、圆，气香，花淡绿，子榨油，可作棺木。沙老树大者作樟木，花淡白，结实，青色可染纸。罗汉松质纽叶细，花淡黄，结实红色。包松作柴，结实即松子，以供常用。

——民国《楚雄县乡土志》卷下《格致·第二十四课》第 1358 页

木品 松、柏、柳、楸、椿、槐、桑、柘、梓、棕、榆杨、棠梨、杉松、梧桐、冬青、栎、栗、观音柳、黄杨、白杨、橡茶。

——民国《镇南县志》卷七《实业志七·物产》第 634 页

木品 城南深山产罗汉松，制为棺椁，去湿耐久，较他木为贵。城西胜峰山及姚南三窝山左右，产青松，州境寺宇民居咸取材焉，近稀少矣。东北县华山产狗尾松，理直质细，常运入城以资器用。

——民国《姚安县地志·天产》第 903 页

木属 《太平寰宇记》：姚州有橦木，皮可为布。《府志》：即梭罗布。《通志》：即橦布也。李《通志》：木罗布。

李《通志》十五：槐、榆、柳、杉、松、柏、椿、棕、桤、桑、楠、梓、梧桐、黄杨木、罗汉松。谨按：《李通志》物货属载姚安有降香。《滇海虞衡志》滇人祀神用降香，故降香充市，一名紫藤香、鸡骨香。焚之其烟直上，感引鹤降。是否即人民所用香结，应附载于此，待考。

管《志》十二：无杉、棕、楠、梓、梧桐，增栗、楸二种，余与李《通志》同。

王《志》十七：无杉、棕、楠、梓，增栗、楸、栎、乌木、樟、橡六种，余与李《通志》同。

甘《志》增一：棕。村乡多植之，树梢生包，包中皆皮也，土人取其皮，织为蓑。甘《志》注：山中杂木甚多，但可为薪，兹不备载。按山中不中木材之松、栗及杂木，年供薪炭之用，当在七千万斤以上。谨按：《甘志》杂物属载雀舌茶，出州西四十里凤山，土人亦间有采之者。味虽回甘，性却大寒。近弥兴有携普洱茶种植数十株，现亦长成，将来或有发展希望。又普溯有近山茶一种，味淡而甜，性寒。昔祥云人采购，混入普洱茶中售之。近土人采取，煮膏晒干，成灰白面，冲水服之，味可口，五斤可制膏一斤，价值普茶二倍。

增补二十九：槐、有土槐、洋槐之别。柳、有山柳、金线柳、观音柳之分。栗、有红栗、麻栗、青刚栗之异。松、有青松、赤松之名。柏、有扁柏、圆柏、刺柏之号。桑。有土桑、浙桑、湖桑、柞桑之殊，未可执一以概其余也。此外，尚有桧、枫、槲、白杨、大白杨、冬青、洋槐、紫楸、柏、酉嘉里、紫金杪、即夜合树。刺桐木。谨按：邑中建筑，木材多取青松，窗棂器物多取赤松、楸木、紫金杪各木。楸木，近年一平浪大量来姚购运。柏木生长较迟，价值最贵，桑为蚕业所需，栗可以生长香菌，并可育养山蚕。酉嘉里，植物学家名桉树，生长最速，浓阴蓊蔚，可驱疟避疫，并制药品，均宜大量培植，增进民生利益。

——民国《姚安县志》卷四十四《物产志二·植物》第 6 页

植物森林 森林之中，以松、青松、火松。杉、栎、有红栎、麻栎、青枫栎。竹有金竹、笋竹、苦竹、钩鱼刺等。为最多，棕、楸、桑、有浙、鲁桑、野桑等。柏、有扁柏、圆柏二种。夜合、杨柳、皂角、有粳、糯两种。黄楝茶次之，槐、漆、梧桐、乌臼、罂子桐、铁胡桃等树亦间生产，内以松、杉为建筑要材，栎为薪炭要材，皂角芽及其仁可作食品，其皮可代肥皂之用。漆可割取其液，以供髹物。杉、梧桐、乌臼、罂子桐、铁胡桃、黄楝茶等之种子皆可榨油，惟罂子桐油只可供涂抹器物之用。此外，县属地方又特产红椿，其嫩芽与实均可食，味香于他处所产白椿。

——民国《广通县地志·天产·植物》第 1419 页

植物 黑井之石榴、葡萄，琅井之黄桃，元、永、阿等井之青皮李，状态亦佳，产额最夥，可供食品之用，皆特产也。

——民国《盐兴县地志》十二《天产物》第 1446 页

木之属 有松、干耸直，多节，叶如针，皮粗厚，裂为龟甲状。一种皮光滑，子可食者，俗名吃松，其材为用最广。又一种，叶宽短而厚者，为罗汉松。杉、干端直，叶作针形，较松为短，建屋制器，其材为用尤繁。柏、有侧柏、圆柏、刺柏、醉柏、云头柏数种。云头柏枝叶古雅，以巍宝山所植者为最。侧柏则文庙内数章，大可两人合抱，五百余年古物也。桧、一名圆柏，叶尖硬，类柏而干似松。椿、叶为复叶，嫩时香甘可食，俗名香椿。一种臭椿不可食，其材坚实，可制器具。楸、干直上耸至高处，分枝叶似桐叶，或三尖或五尖，材亦可用。栗、有黄栗、白栗、麻栗三种，其材坚实，劣者作薪，良者制器。黄栗其皮可用以制革，麻栗则其子可用以染色。杨、枝硬而扬起曰杨，有白杨、黄杨、皮杨数种。柳、枝弱而垂流曰柳，其垂至地者则名线柳。陈佐才有《垂柳歌》，云："杨柳从来没有骨，东西南北随风逐。一年改换几容颜，春抹黄来夏抹绿。依人门户傍人桥，送旧迎新非一朝。只知媚态长如此，哪想春归又寂寥。"枫、叶如掌状，三裂有细齿，至秋而红。梧桐、叶圆大，掌状，分裂有长柄。女贞、一名冬青，一名蜡树，四时常绿，至冬不凋。子名女贞子，可入药。棕榈、叶作掌状，分裂有柄，丛生干端，采之作帚，叶之根部，包干之箨，可作绳及雨具之属。桑、有湖桑、荆桑、麋桑、棂桑、鲁桑、草桑、子桑、火桑、柘桑等种，其特异者，天泽堡祝国寺旁一株，高五六丈，葚长三寸余，色深绿，甘味如蜜。构、即榖皮，色灰白，用以制纸。樟、分香、臭二种，大者数围，香者煎其叶，可作樟脑。子可入药，材可制器。山白木、色白质坚，细而性绵，取以为棹凳脚料，能耐久。胡桃、大株，厚叶，多阴，其材质坚，色黑有纹。樱桃、木质坚绵而细，以制器用最良。梨、木质坚绵，与枣木类，宜于雕印书籍，故人称书版曰梨枣。紫金沙、一名夜蒿，俗谓牟尼生此树下，故今佛生日，人恒采之以供佛。攀枝花、木质空软，花红有须，如马缨状。其实熟时自裂，有白瓢，形类木棉，惟性冷且不能绩线。楝。木高丈余，叶密如槐而尖，实如小铃而味苦，故名苦楝子。

——民国《蒙化县志稿·地利部》卷十一《物产志》第 10 页

木之属 有松、青松、棵松二种。柏、有侧柏、圆柏、刺柏、三合柏、笔柏等。杉、有红杉、香杉。桧、叶类柏而尖硬，干似松，亦可作材木。椿、叶为复叶，嫩时香甘可食，俗名香椿，其材坚实作梁。楸、叶似桐叶，或三尖，或五尖，树亦可用。麻栗、本质坚实，壳可染色。丝栗、色白，质硬，丝细有纹。杨、有黄杨、白杨二种，叶大枝硬而扬起者。柳、枝弱而垂，色间碧绿。梧桐、叶圆大，掌状分裂，有长柄。冬青、一名万年青，四时常绿，凌冬不凋。桑、有甜桑、苦桑二种，均可饲蚕。槐、色茶绿，本质细嫩，有斑纹。漆、有汁，割之为漆。棕榈、叶作掌状分裂，有柄，根部包干之箨为棕，可作绳及制物用。马桑、树矮，叶圆尖，可作染料。水冬瓜、即白杨，易长，木质嫩细。朴、细叶，子黑可食，树大于抱。梓、俗谓水梓，木质坚，可作材木用。械、俗名青枫，有黑、白皮二种。虫树、放虫于树，生蜡复生虫，摘之成挑，售四川。刺脑包、与漆树类，味微苦，芽可作食。桦、色赤，质坚，细而性绵，取为器具料，能耐久，俗称桦桃。三春柳、亦名柽，细叶红花，发表之剂。楝、高丈余，叶密如槐，而坚实如小铃，味苦，又名苦楝。有加利。叶长，味苦，可以熬霜。

——民国《昭通志稿》卷九《物产志》第 12 页

木之属 松、柏、杉、樟、椿、樗、栲、漆、槐、柳、桑、梓、栗、楝、栎、榕、桐、梧桐、苍梧、女贞、虫树、皂荚、水杨、黄杨、棕树、荏桐、泡桐、苏方木、水蜡树、白石木、万年松、仙人掌、霸王鞭、水冬瓜、银杏树、老鸹船、白杨、枫树。

——民国《巧家县志稿》卷七《物产》第 21 页

木类 杉、榕、即黄桷树。松、柏、樟、栎、即青枫。桧、又名雪柏。桤、一名溪木，水冬瓜树。椿、榛、俗名转栗子。柳、漆、枧、实可榨油。栗、棕、桑、有甜、苦两种，苦桑枝有刺。榆、枫、珍南、梧桐、水杨、白杨、黄杨、闰楠、泡桐、油桐、实可榨油。胡桃、实可榨油。油茶、洋槐、花楸、棕闾、紫荆、酸枣、合欢、即夜合。木香、皂荚、丝栗子、红豆木、万年松、有加利、攀枝花、俗呼木棉。插蜡树、即虫树，有山蜡、水蜡两种，状似冬青。爆蚤树。为虫蜡树之一种，子黑叶长似女贞。

——民国《盐津县志》卷四《物产》第 1694 页

木类 杉、柏、松、以上三木全县皆产，唯杉最多，出高原地，修造制具通用。橡、香柟、香樟、黄杨、白杨、麻柳、梧桐、红椿、槐、斯栗、棕、杨柳、柘、桐、柏、桧、和木、野包谷、树极高大，生于高山。年中春季开大红花，夏结实如玉黍，色红可食。枟、栎、枫、桑、虫树、蜡树、楸木、青杆、水橙、灯台。

——民国《绥江县县志》卷二《物产志》第 26 页

木类 松、柏、桧、椿、杉、榆、槐、杨、柳、桑、梓、桐、栗、分麻、黄二种。栎、楮、樟、榔、枫、楸、银香、山和、分大、细叶二种。红毛。

——民国《景东县志》卷六《赋役志附物产》第 171 页

木属 松、实见果属。柏、杉、漆、楠、桐、栗、刺桐、榆、槐、楸、椿、楮、樗、栎、柳、白杨、黄杨、冬青、桦、桃、棕。以上灌木。降香、赶檀香、青皮香。以上香木。藤、女萝、薜荔。以上藤属。

——民国《龙陵县志》卷三《地舆志·物产》第 19 页

木属 松、柏、楠、栗、椿、楸、柳、桑、棕、岩桑、漆、龙眼树、刺桐、桐油树、有大、小二种。董棕树、锥栗树、皂角树、木邦树、黄心楠、青树、紫藁木、梧桐、红木。

——民国《镇康县志》（初稿）第十四《物产》第 3 页

阿魏

阿魏 亦出者乐甸。相传大树凝脂，下洒著物即化，市之嚣者，皆其化也。故谚曰：阿魏无真。此物极臭而能止臭、杀虫、消痞、辟瘟、治疟，诸鬼物畏之，一曰合昔泥。夷人以腌羊肉，甚美。

——《滇略》卷三《产略》第 18 页

阿魏 亦出于滇。唐李珣《海药本草》云：阿魏是木津液，如桃胶状，色黑者不堪。云南长河中，亦有如舶上来者，滋味相似一般，只无黄色。据此，则滇中亦有阿魏矣。曰长河中，想亦从暹罗至缅甸而上金沙欤？

——《滇海虞衡志》卷三《志香》第 5 页

阿魏 《古今图书集成》：出丽江。

——道光《云南通志稿》卷六十九《食货志六之三·物产三·丽江府》第 47 页

阿魏 《唐本草》始著录。《酉阳杂俎》作阿虞，波斯树汁凝成。《觚賸》云滇中蜂形甚巨，结窝多在绝壁，垂如雨盖。人于其下，掘一深坎，置肥羊于内。令善射者飞骑发矢，落其窝，急覆其坎，二物合化，是名阿魏。按：岩蜂在九龙外，螫人至毙，则此物亦非内地所产。

——《植物名实图考》卷三十五《木类》第 20 页

芭蕉子树

芭蕉子树　初生子不可食，移树于有水处栽，所结子方可食之。正二月开花，红色如牛心，结子三五寸，如皂荚样。七月取其子，以瓶盛，覆架于火棚上使熟，剥肤而食，其甘如饴。采时去其树，明年复其故，四五月又花，冬月依前采之。秋食惹瘴。

——《永乐大典方志辑佚》第五册《云南志略·土产》第 3222 页

白蜡树

白蜡　川滇之重货也。虽与黄蜡同出虫，而白蜡之成，究因乎树。既以崖蜜与蔗霜归入《志果》，而黄蜡附之以白蜡，归入《志木》，俾种木者知其可蜡，其利普矣。盖白蜡，虫蜡也，宋元以来始有之。其先惟用黄蜡，本出于越嶲。夷人传此法，其后川、滇及东南诸郡俱种之，白蜡遍行于天下，而黄蜡之用遂微，犹棉花大盛于中原，而桑麻之用反绌也。明汪机、李时珍说之颇详，而未搜其源头及于越嶲，越嶲界连川、滇，其言白蜡各处俱出，以川、滇独胜，则其开利所自始耳。

——《滇海虞衡志》卷十一《志草木》第 9 页

白桐

白桐　属玄参科，一名泡桐，落叶乔木。温暖地带较多，三月花开，紫色唇状，花有二强雄蕊，结蒴果二枚，材质供用，滇原野产之。

——《新纂云南通志》卷六十一《物产考四·植物一·木材类》第 25 页

柏

枯柏复荣　南安州西五里有神祠，祷之辄应。庭中有柏五株，自安竜贼叛，树皆枯槁。嘉靖丁未，知州苟诜将剿贼，指枯柏誓神，曰：若阴助灭贼，树当复生。旬日后，柏果畅茂，次年贼平。

——万历《云南通志》卷十七《杂志十二·楚雄府·怪异》第 13 页

戊寅九月十二日……余先入旧寺，见正殿亦整，其后遂危崖迥峭，藤木倒垂于其上，而殿前两柏甚巨，夹立参天。

——《徐霞客游记·滇游日记三》第 794 页

柏　山之柏有七种，然皆人植作玩，未遍山谷也。《六书精蕴》曰：他木皆向阳，独柏悉西指。犹针指南，柏必指西。阴木而有贞德，故谓柏者，以白为西方色也。其木坚细芬越，不畏霜。

年久者文理如菩萨、云气、人物、鸟兽形，而山中无大本者。王安石《字说》云松柏为众木之长，故松犹公也，柏犹伯也，岁久后凋，有然矣。

茨柏 以其色翠，故亦名翠柏。叶细甚，氄氄如刺猬，惟翠柏居前二株相盘旋，树高丈许，奇古虬蟠，相传实千年物也。

醉柏 枝甚盘曲，叶甚婀娜，下垂若柳。然柳虽宛茂，未若兹柏之披芬贞素也，以其质浓似穗，深绿森阴，类痴禅之倦立，非若舞袖之翩跹。

侧柏 堪入药，即陶弘景谓独太山者为佳是也。秋夏采叶最良。花丛叶而生，极其细琐。其实成球子形，仅若小铃许。霜后四裂，中有数子，大如麦粒。以其叶侧，故又名之为扁柏。

括柏 矗然参天，《地理志》谓华山生文柏者是也。一名黄肠，以其中黄也。《春秋·运斗枢》曰玉衡之精星而为柏，故其中黄以通文理。

苴机柏 茎茎若貂鼠尾茸茸然，绿腻可爱。盖产之西域，其茸茸然者类苴机，而苴机云者，厚几几及寸，状如倭国剪绒，但其绒直起密致，以手掌之不少绽，手去即合而直竖起矣。

三合柏 其叶为三种，或以人力接植而成耶。山中仅见古雪斋及片云居有之。

三折柏 在迦叶殿前。上者如拱，中者似揖，下者若跪。日礼迦叶而风雨晦明，雪霜烟雾，均若为之助其妙旨也。

——《鸡足山志》卷九《物产》第 319 页

长洲韩荬《秀山四咏·古柏》：余闻同年阚鹤滩隐居秀山，筑还鹤楼，学辟谷之术。山有涌金寺，极轩豁，古柏拂云，茶花笑日，余不胜向往，四咏奉寄。"百尺不离地，千尺不到天。爱尔岁寒心，森难识年。不知阴阳功，于尔胡独偏。无乃川岳灵，留影花宫前。"

——康熙《通海县志》卷八《艺文志·诗·五言古》第 2 页

清黄申秖《盘龙古柏》："山危潭静梵王家，柏树森森老岁华。黛色饱经元日月，霜皮深锁古烟霞。如如手泽留乔木，寸寸旃檀散雨花。回忆莲峰飞锡处，虬枝犹自挂袈裟。"

——道光《晋宁州志》卷十二《艺文志·诗·七言律》第 51 页

柏寄生 生滇南柏树上。叶小而厚，主舒筋骨。盖寄生虽别一种，必因其所寄之木而夺其性。滇多寄生，皆连其本。木折取本，木瘁则寄生亦瘁，足知其性体联属。如人有瘿瘤颏毫，非由外致。倘不知木之性而用之，其误多矣。

——《植物名实图考》卷三十六《木类》第 41 页

省城之东，出鳌岫门二十里许，有黑龙潭。……〔山〕上有合抱古柏多株，高入霄汉，云为宋柏。

——《幻影谈》卷下《杂记》第 138 页

唐柏 在治北二十五里网常河龙围寺。柏高七八丈，大可数围，为鹤属山原所仅见。明初，寺被毁，仅存枯干，中空横可列席。树纹班驳，蚀痕奇古，远望如出海游龙，近瞻如擎云神臂，相传为赞陀崛多所手植云。

——民国《鹤庆县志》卷一中《地理志·古迹》第 46 页

……寺有古柏两株，高约五六丈，翠色参天，干霄摩日，且并立于殿前之石阶上，一左一右，相距二丈有余。左株树身较圆，看去似小，右株树身扁凹，看之较大，实则俱三人不能围抱之树也。

若寻他处之古树而与之相较，即黑龙潭上之宋柏亦只及其三分之二，是知其寿数实尊过于宋柏矣。邑人称此为晋代物，虽无证据，而滇省人士亦无不公认。又论滇中扁柏，略有四种：一鸡心柏，一凤尾柏，一硬枝扁柏，一软枝扁柏。鸡心柏则少能长至合抱者，盖其纤维系较一切扁柏为密耳。凤尾柏与硬枝扁柏虽能长至数围，但近在省垣之三百里内俱难于见过。往见有数围大之柏树，亦惟软枝一项，如黑龙潭之宋柏是。黄龙山之古柏虽系软枝者，然与他处之软枝柏较，又大不相同。叶固扁，却细软如观音柳，色则翠如新秧，婆婆娑娑，枝枝下垂，其卑枝亦将能于扫地，是与他处之软枝大有差别也。左株根际有一蜂窠，群蜂出入，不可以计。邑人云："此蜂窠已有百数十年矣，其下当有作珠玉观之蜜蜡在焉。"民国十年（1921 年）前后，土匪张星洪盘据嵩明，欲伐此二树，已搭架而将施以斧锯矣。邑人知之，往求张，望保存邑之古物，随赂以金银，张允诺，以是得保存。余闻而叹曰："张星洪，一凶恶盗匪也，竟有此通融，是诚难得。奈何后之身非强盗者，而且是国家之赳赳干城，却见树则伐，并不问其为公有物，为私有物，惟斧斤是用，惟利是图耳，其行径似有愧于张星洪矣！"余游后，寄宿县署，县长陈叔翼君，世好也，与我谈一切，云："在未捣毁庙宇时，每年正月初间，黄龙山必开大会，会则开办三日，城乡士庶，在办会期间，无不上山礼佛。故事：办会之第一日，须迎请玉皇出游于城内外，而男女老幼俱各持香三柱，相与随行。游毕，便迎玉皇至县署大堂。即就大堂上而讽《大洞仙经》一日，至夜则迎往他处，三日后，始送神归庙。昔日之风气若是，似嵩明城中人无不尊奉神佛也。曾几何时，一般崇奉神佛者则大反其辙，见寺庙即捣毁，见偶像即推翻，虽曰出于青年人之动作，然此一般青年，亦即往昔迎神出游，手中持香之人也，胡头脑之一新若是？可怪！"余闻斯言，亦为之一笑。

　　——《纪我所知集》卷十《滇南景物志略之一·嵩明黄龙山之古柏》第 253 页

蓖麻

（苍山）蓖麻数十年不凋，其本可作梁栋，土人以之构堂屋。[①]

　　——《滇黔纪游·云南》第 20 页

檗木

檗木　陶宏景《名医别录》：檗木，生汉中山谷及永昌。[②]

　　——道光《云南通志稿》卷七十《食货志六之四·物产四·永昌府》第 25 页

椿

古岸椿盘　题辞曰：游华藏洞之上潭，去华藏洞一里许，潭水清鉴毫发。祷虔而蛇现，而蛇长不逾二尺。请变色焉，则如人之意，入而变，出而色成矣。则五色陆离，随祷口应。环潭大椿二株，逾二三十围，斜倚其东，覆荫潭上。最一小株，亦不下十一二围。人箕踞横坐枝上，可盈二十余人。

---

① 此条，道光《云南通志稿》卷六十九《食货志六之三·物产三·大理府》第 15 页同。
② 此条，《证类本草》卷十二引《永徽本草图经》作"黄檗，生汉中山谷及永昌，而以蜀产者为佳"。

觞酒斗茶，以相枕藉，不觉踞树枝也。其最大者横空参天，未易测量其际。初至者见巨石阔数丈，高丈许，洼然作潭岸，曰：何石之天生地设以护是潭也。再视之，非石也，均大椿之根为之。昔唐御史杜光庭作汉椿诗，勒石于其次。今寻石碣，无有。翕映环行悴愕，且视其株之最小者，亦皆大十许围。其上茑萝飘扬，若造物之始判清浊于其际，效奇秘灵，非人力也。庄子以大椿为灵寿，又臃肿无用而弃之者则为樗。今北人呼樗为山椿，江东人呼樗为鬼目，以其叶脱处有痕如樗蒲子，更怪异似鬼目耳。椿则芬香可啖，紫者味厚，白者次之。今椿虽老，嚼其叶，犹芳馨适口也。然其中气臭者亦有之，则椿樗并集于此潭，可以流芳，可以遗臭，千秋万世，具鼻舌者能评焉。谓之曰汉椿，天下诚鲜有也。其详见大错和尚《石洞上潭记》。

——《鸡足山志》卷三《名胜上·幽胜八景》第 144 页

白椿　芽带毛，质亦白色，味淡而苦。汉椿。详见古岸椿盘。

——《鸡足山志》卷九《物产》第 318 页

大错《石洞上潭记》：……潭上大椿二株，一直立潭北，一斜倚其东。潭北椿大二十围，东岸者倍之。其枝多横斜荫覆潭上，最下一小枝，上可踞二十人，其大者则横空参天，未易揣量。树根回裹岸石，阔丈许，高六尺，乍见者以为崖岸，不辨其为树本也。旁有小树数株，亦大十围。多悬茑萝，风过飘扬，如缨带拖被。……

——《鸡足山志》卷十《艺文上·游记》第 415 页

臭椿　属黄楝科，一名为樗。似椿而叶臭，有花而结荚，所含单宁最多，推为鞣革上选，滇山地野生。

——《新纂云南通志》卷六十一《物产考四·植物一·木材类》第 20 页

雌雄树

雌雄树　在元谋县之月白村前，即檍树也，俗名万年青。双株婆娑，高皆十余丈。阳年则雄抱雌枝，其叶红；阴年则雌抱雄枝，其叶青。每遇大风，则枝叶互结，力排不折。狂飚作俗呼崇风，迁道过之，不敢冲击。

——《滇南杂志》卷十三《轶事七》第 11 页

刺槐

刺槐　属豆科，滇名洋槐。原产北美，渐移欧亚，云南输入不过近二十年。石灰质土，极易生活，落叶乔木，高达丈余，枝上有刺，故名。叶对生，奇数，羽状小叶七至十九，形椭圆。花白色芳香，荚长，种子多至十粒，系浅根性。树冠蔚密，为行道树之上选。今昆市尤喜植之。

——《新纂云南通志》卷六十一《物产考四·植物一·木材类》第 23 页

刺绿皮

刺绿皮　生云南。树高丈余，长条短枝，枝梢作刺，细叶蒙密，结小青黑实，簇簇满枝。树皮绿厚，土人以染绿。

——《植物名实图考》卷三十六《木类》第 56 页

刺楸

刺楸 属五加科,大乔木也。叶为掌状,有波状之边缘,干上有刺,温、寒地带均产。花开黄绿色,木材质坚,适制器具,滇多处见之。

——《新纂云南通志》卷六十一《物产考四·植物一·木材类》第 25 页

刺桐

刺桐 一名苍梧,花正赤色,发密叶中,傍照他物,皆朱殷然,如是者竟岁。土人以其形似,名曰鹦哥花。又有蔬,亦名刺桐,肥润若芝,《志》谓鲜可腻肉,菹可经年。

——《滇略》卷三《产略》第 8 页

永昌、顺宁有木,高数丈,叶如桐,多刺,花色似红焦。土人谓之鹦哥花,以其似鹦鹉嘴。案即刺桐也,亦谓之赪桐。《南方草木状》:赪桐,花连枝萼,皆深红之极者,俗呼贞桐花。赪,音之讹是也。折其枝,插地即生。

——《札樸》卷十《滇游续笔·鹦哥花》第 14 页

刺桐 属豆科,温暖带乔木。茎高二三丈,颇似桐叶,枝干突起若刺,故名刺桐,叶掌状大形,五月顷开黄赤色之蝶形花,总状花序,旗瓣色赤,而大翼瓣淡白,分列左右,龙骨瓣亦淡白,集合成一片,内包雄蕊十数,花丝下部相连为单体状雌蕊花柱,一子珠,有胚珠数个,开时灿若红霞,略似鹦哥嘴,故俗有红鹦哥花之称,果熟硬黑,作长圆形,滇西土名老鸦枕头。此树别名甚多,或云苍梧,《南方草木状》又称为赪桐,俗又讹作贞桐。滇田野间利其枝干多刺,用以障篱,大理、永昌、顺宁等处均栽培之。

——《新纂云南通志》卷六十一《物产考四·植物一·木材类》第 24 页

大青树

缅树 生昆明人家。树高逾人,春时发叶,先苫红苞长数寸,苞坼叶见,俱似优昙。苞不遽脱,袅袅纷披,如曳丹羽,遥望者皆误认朱英倒垂也。此树未访得真名,滇人以物之罕觏者,皆呼曰缅,言其来从异哉耳。有采药者曰:此红优昙也。花红瓣多,居人畏攀折,故匿其名。省城亦止此一树。按《滇志》:督署有红优昙一株,形诸纪咏,然第苞红耳,花固白色。市中折以售,不为异也。此花既未早知名,瓜期已届,忽忽不复索观,略纪数语,以示东土好事者,不免为优昙添一重疑案。

——《植物名实图考》卷三十六《木类》第 5 页

缅树 黑井诸天寺前有巨木,秋冬不凋,常以立夏前三四日叶零,才两三日尽陨箨矣。立夏后三日绽苞如茧,皆新叶也。又三日绿云压树,顿还旧观矣。七日来复其斯之谓软。土人不识其名,呼之曰缅树。

——《滇南杂志》卷十三《轶事七》第 11 页

万年青 属桑科。滇名黄葛树,滇西土名酸拔拔,或云缅树,腾冲则名像皮树,常绿大乔木。叶片浓绿阔大,逾于榕树,嫩芽赤色,味酸涩。树冠浓密,亭亭如盖,荫被十数亩。茎、干、枝、叶中分泌白色乳汁,为树胶原料,禄丰、大理、保山、腾冲均产之。据《车里县物产报告》,谓有榕树一种,可供制胶,阔叶可取紫梗云云。殆即万年青,非榕树也。保山、峨山、双柏亦称万年青,可放饲紫梗虫。

——《新纂云南通志》卷六十一《物产考四·植物一·木材类》第 17 页

大青树 大青树在内地不经见,班洪多有之,土人名之曰 me-hu。me 之言树,hu 其专名,班洪之称即以此树得名。又称缅树,盖缅甸多见之;亦名黄果树,以结果为色黄也;而土人视为神物,凡祀鬼咸在树下,故又名之曰神树;称为大青树者,常年绿,且在境内以此树为最大也。余在南板附近所见一株,粗至七八围,其小者亦一二围,热带树物之一种,闻葫芦王地都有之。

——《滇西边区考察记》之一《班洪风土记》第 31 页

冬青树

冬青 《古今图书集成》:出新兴州西关者佳。

——道光《云南通志稿》卷六十九《食货志六之三·物产三·澂江府》第 27 页

冬青 属木樨科,即女贞,一云虫树,绿叶乔木。多产水边湿地,白蜡树即其一类。叶似桂,革质光泽,花色白而带淡绿。树冠平整,嫩枝上可放饲蜡虫,亦可制蠘。滇中除原日栽培者外,大关、鲁甸、巧家亦产之。近有新种由外国输入,亦适造作矮林。

——《新纂云南通志》卷六十一《物产考四·植物一·木材类》第 25 页

翻根树

翻根树 开化城西交边分界去新现三百余里有一柏树,修广四十余丈,大可百余围。不伐自倒,其根上翻,侧面可容四五十人,行者多憩息其下。

——《滇南杂志》卷十三《轶事七》第 12 页

凤尾蕉

凤尾蕉 即福州之铁蕉,鸡山惟间有一二本,乃檀那远移供佛者。本高不逾三尺,转若老棕,其颠抽劲,茎上披细□……□。

——《鸡足山志》卷九《物产》第 340 页

凤凰蛋 余司黑井时,土人献凤凰蛋,大如僧家钵,形正圆,色深碧。揭其外肤,似凤尾蕉叶,交护层罗,肤尽中空,缀黄实十余枚,类枇杷,壳如栗,肉白。土人云:味与生银杏埒,微涩,食之固精气，产深箐悬崖，采之不易。樵者偶获，即送官邀赏，余薄赏之，而还其所献。

——《滇南新语》第 25 页

铁树果　铁树，滇南十二岁一实。树端丛叶长七八寸，形如长柄勺，四旁细缕，正如俗画凤尾。色黄，果生柄傍，扁圆，中凹有核，滇人呼为凤凰蛋。盖《本草纲目》所谓波斯枣，然嚼之无味。滇圃但以罕实为异，不入果品也。

——《植物名实图考》卷三十六《木类》第 43 页

苏铁　一名凤尾蕉，或凤尾松，属裸子植物门苏铁科。《滇志》旧未收入，惟在滇言滇，尚称名产。此科发生之地质时代，早在古生代石炭纪，至中生代而极盛，更阅近生代而至今日。今种族式微，只余苏铁一属四种，为现世界之活化石。滇山野间，尚保有其一种，如寻甸、彝良诸温暖山地，每岁年节，常有当地土人掘运来省，移植庭园，殊饶清致。树为常绿乔木，但茎干生长殊迟，往往经过多年，尚不能伸至丈外，复叶，外被蹁跹，作鸟羽状，故有凤尾之称。叶脚鳞片犸集，茎心着花、雌雄异株，开期最迟，滇中亦有铁树开花之谚。果实黄熟，裸立左右，形如列卵，昆明市又有凤凰蛋之名。种子可自幼茎制取。淀粉名苏铁粉，但不多。

——《新纂云南通志》卷六十一《物产考四·植物一·木材类》第 1 页

钩栗

钩栗　属壳斗科，一名橹楮，落叶乔木。暖地亦能生长，省城黑龙潭有长成大木者，叶为次倒卵形，上半部有锯齿，背部具淡黄褐色细毛。木材坚硬，且富于粘质，难断折，为薪炭材及家具用材之良选，亦可制船身、枪柄等。滇山地产之。

——《新纂云南通志》卷六十一《物产考四·植物一·木材类》第 14 页

构树

楮皮　州内之地多楮树，其皮可造纸。

——景泰《云南图经志书》卷三《广西府·维摩州·土产》第 25 页

滇人呼穀树为构浆，以其折枝则浆出也。陶注《本草》云：穀，音构。《酉阳杂俎》：谷田久废必生构，叶有瓣曰楮，无曰构。

——《札朴》卷十《滇游续笔·构浆》第 12 页

构　《顺宁府志》：一名穀，其皮可造纸。

——道光《云南通志稿》卷六十九《食货志六之三·物产三·顺宁府》第 33 页

穀树或作构　杂产乡练园林，物土相宜，而古永盛达，天塘种植尤多。其皮含浆粉，绵而有筋，沤流水中，取出刮出粗皮锤析之，再沤，乃以甑蒸，更锤极细，下灰缸泡滥如棉，以竹笿捞起，清水涤荡，尽去灰质，碾研米浆，合谷棉置缸中同搅入化，用竹丝帘漾其面，轻提帘起印板上，层累成纸，以观音塘人所制者为上品，界头次之。

——光绪《腾越乡土志》卷七《物产》第 12 页

构 属桑科。滇旧名楮，亦名为榖。颜师古《汉书注》："榖树，楮树也，其子类谷。"构与榖，殆一音之转。桂馥《札樸》："滇人呼榖树为构浆，以其折枝则浆出也。"此树遍生原野，中等乔木，树皮富乳汁，叶阔大，有三深裂或五深裂，面部钝绿粗糙，不似桑叶之平滑，背部密生白毛。春夏间开单性花，雌雄异株，雌花集如球形，果熟赤色，极似杨梅，树皮为制纸原料。极易生活，不择土宜，以威信、鹤庆、临江、漾濞产者为佳。

——《新纂云南通志》卷六十一《物产考四·植物一·木材类》第 16 页

楮皮 《采访》：县之西北多楮树，故北丰乡铁索营地方凡制造白纸者，已有数十家。树分大、小二种，皆剥取其皮，漂洗研细以供制造。现杨姓所造之纸，已颇适用，而营是业者日渐发达。此亦可谓之特产也。

——民国《盐丰县志》卷四《物产志·天产》第 39 页

桄榔

句町县有桄桹木，可以为面，百姓资之。

——《后汉书》卷八十六《西南夷列传·夜郎》第 2845 页

兴古郡，建兴三年置，属县十一。当有误。……自梁水、兴古、西平三郡少谷，有桄榔木，可以作面，以牛酥酪食之，人民资以为粮。欲取其木，先当祠祀。

——《华阳国志》卷四《南中志》第 20 页

《临海异物志》曰：桄榔木，生牂牁，外皮有毛，似栟榈而散生。其木刚，作锄锄利如铁，中石更利，唯中焦根乃致败耳。皮中有似捣稻米片，又似麦面，作饼饵。

《广志》曰：桄榔树，大四五围，长五六丈，洪直，旁无枝条。其颠生叶，不过数十，似棕叶。破其木，肌坚难伤。入数寸得面，赤黄，密致可食。

——《太平御览》卷七百九十一《四夷部十二·南蛮七》第 10 页

《博物志》曰：蜀中有树名桄榔，皮里出屑如面，用作饼食之，谓之桄榔面。

——《太平御览》卷九百六十《木部九·桄榔》第 5 页

董棕 《他郎厅志》：中有白粉可食，削其材可为箸。谨案：董棕即桄榔，见杨慎《厄言》。

——道光《云南通志稿》卷七十《食货志六之四·物产四·普洱府》第 5 页

桄榔木 常璩《华阳国志》：自梁水、兴古、西平三郡，少谷，有桄榔木，可以作面，以牛酥酪食之，人民资以为粮。欲取其木，先当祠祀。刘逵《蜀都赋》注：桄榔树，名木要，中有屑如面，可食，出兴古。魏王《花木志》：桄榔，出兴古国者，树高七八丈，其大者一树出面百斛。旧《云南通志》：可为面济食，一名董棕粉。

——道光《云南通志稿》卷七十《食货志六之四·物产四·开化府》第 33 页

桄榔木 属椰子科，常绿乔木。茎高约三丈左右。羽叶丛生，掩映成林。自其木髓制取淀粉，名桄榔粉，或云西谷粉。《华阳国志》载："桄榔木，可以作面，以牛酥酪食之，人民资以为粮。"旧《志》亦载"桄榔木中有屑，可为面济食"云云，是云南自古即知此树之用途矣。至《思茅厅志》载董棕中白粉可食。董棕，本另一椰子植物，临江、云县、缅宁等地产之，可制箸。然各志所引之董棕粉，即指桄榔木粉。杨慎《厄言》亦以董棕为桄榔，是皆误于耳食，不经比较目验所致。贾思勰《齐民要术》谓"莎树出面，一树出一石，正白而味似桄榔，出兴古"云云。兴古，今曲靖。莎树，即桄榔。滇产桄榔，不只兴古一处，今永昌、顺宁、新平、元江、思茅、宁洱、文山、马关以及江边热地均产之。当时所以有是纪录者，正因兴古于东晋属建宁郡地，夙与中土交通，每有名产征引，胥以为出自兴古，固不独桄榔木一种为然也。

——《新纂云南通志》卷六十一《物产考四·植物一·木材类》第 7 页

《蜀都赋》刘渊林注：桄榔，树名也，木中有屑如面，可食，出兴古。

——《滇绎》卷一《〈蜀都赋〉刘渊林注六条》第 21 页

桂

桂　《海志》：凡木心一纵一理，惟桂心中重之若圭。故《埤雅》曰：宣导百药，先为之通聘。此谓牡桂、箘桂耳。若木樨花，与天竺桂颇相类。此桂多产南土者是已。故郭璞赞桂云：桂生南裔，拔萃岑岭。广莫熙葩，凌霜津颖。气导百药，森然云挺。但气导百药，则又牡桂、箘桂矣。夫箕山之桂英，太山之桂树，其叶岂真冬夏常绿，犹南土之木樨花叶乎？即谓种分三色，花开四出，魏鹤山之金粟，顾虎头之犀首，宜宫宜馆，宜园宜室，作栋则香并兰橑，为舟则馨流柏柟，要恐非木樨之属矣！乃若江东诸处，月中子落衢路，若似狸豆。余杭灵隐，飞鸡衔子，状如芡实，其皆木樨之类欤？吴刚伐桂之说，方闻于隋唐；月桂子落之说，实起于武后。又相传梵僧自鹫岭飞来，谓至八月月中，桂子常落于天竺，则丹桂香浮，气蒸山河社稷之影；水晶寒彻，芬凝霓裳羽刻之音。斯即为木樨花之谓矣！以传来既久，人浑故实于通称，遂令诸桂袭而相沿，恣文人之借便。往者畬映为二人购杉木于蜀之建昌深山中，始知桂与杉木均属野产，其深山中数百万本，逾岭延壑，则子落胡独于是山之多哉？六合以外，存而不论矣。

丹桂　仅如灯上之焦红色，又若郁金煮象牙而成色者。无子，多香。

金桂　黄亦类梅子金。香清，多子。其子初时在蒂上，色青，久则似乌豆色，则蒂之细茎渐枯而子落矣。

银桂　牙白色，无子。其香不及金桂，开颇能久。

——《鸡足山志》卷九《物产》第 329 页

戊寅九月十二日……庭前有桂花一树，幽香飘泛，远袭山谷。余前隔峡盘岭，即闻而异之，以为天香遥坠，而不意乃敷萼所成也。桂芬菊艳，念此幽境，恨无一僧可托。

——《徐霞客游记·滇游日记三》第 794 页

桂　《范志》取冠卷者，谓南方奇木上药，第桂林不产，产于宾州、宜州。是其所见者，宾、宜之桂也。今世重交桂，云南与交阯接壤，蒙自、开化本属古交州，其地旧以产桂流传，其人又往往争入交州作桂，所言必得其实。其言云行入桂山，桂自为林，高四五丈，更无杂树。《吕览》所谓桂下无杂木。《尔雅》云"梫，木桂"，言能侵害他木，不容植，信有然矣。其盛如此。若每树可以为桂，则邨车而载，何足难？价值当贱如粪土。顾入林千万树，不知何树已降成桂，犹采檀香者，千万檀树，不知何檀已降成香。尝有往来歇宿于树下数十年，不知其树已成桂。一旦得之，集工力而作之，又恐土司之驱逐赶散。幸得不散，采取盈堆，赢绌又由于出汗。出之佳者固大赢，出之劣者转大绌，此乃存乎各人之命运。求之者如牛毛，得之者如麟角。所以入山老死不能得一当，桂可易言乎哉？俗言交阯山已采尽，所以桂价高，于今乃知不然。桂为奇木上药，神灵守护。今以林木之盛，周数百里如此，入林之求，垂千百又如此，经年累岁不能获，诚奇木哉！

——《滇海虞衡志》卷十一《志草木》第 1 页

桂 檀萃《滇海虞衡志》：今世重交桂，云南与交阯接壤，蒙自、开化本属古交州，其地旧以产桂流传，其人又往往争入交州斫桂。云行入桂山，桂自为林，高四五丈，更无杂树。《吕览》所谓桂下无杂木。《尔雅》云"梫，木桂"，言能侵害他木，不容植。若每树可以为桂，则卻车而载，价值当贱如粪土。顾入林千万树，不知何树已降成桂，犹采檀香者，千万檀树，不知何檀已降成香。尝有往来歇宿于树下数十年，不知其树已成桂。一旦得之，集工力而作之，又恐土司之驱逐。幸得不散，采取盈堆，赢绌又由于出汗。出之佳者固大赢，出之劣者转大绌。求之者如牛毛，得之者如麟角。所以入山老死不得一当。俗言交阯山已采尽，所以桂价高，今乃知不然。林木之盛，周数百里，入林之求，垂千百人，经年累岁不能获，诚奇木哉！

——道光《云南通志稿》卷七十《食货志六之四·物产四·开化府》第 33 页

滇桂 生云南人家。树高近丈，赭干绿枝，春生叶如初发小橘叶。叶间对苫长柄萼葵，圆如绿豆，开四团瓣白绿花，瓣厚多绉，中央绿蒂，大如小钱。有蕊五点，外瓣附之如排棋子，状颇俶诡。

——《植物名实图考》卷三十六《木类》第 13 页

猛地产桂，今已划归越南，一名清化。桂极薄，而有白线界之，皮肉分明，一名猛罗桂，厚薄不一，皮色如梧桐。其最贵者为奶汤，以水泡之，急白如乳汁，称为神桂。真能引火归元，有起死回生之效，不易遇。次为绿豆汤、蜂蜜汤、淡茶汤，均属高品，惟色深红如浓茶者，则为下矣。猛喇土司以旧存清化老桂数斤赠余，余回蒙，尽以分赠关署亲友。黄河源赠蜂蜜汤四把，余又转送谭啬农带回安化，分赠各亲友，余初未加珍重，其后所得，皆无此品矣。早年输入内地者，为苏条桂，每斤一把，其中优劣不一，其值不过二三十元，今则此货也少矣。法有专员守之，运出海外各国。余复任临安时，德宗病笃，命锡清帅由滇办桂。余奉电，求得罗猛老桂两对，呈解在途，将派赵仲戣观察晋京，哀诏已到，此桂闻归沈幼岚方伯矣。其后，锡帅在津，寄言觅桂，余托龙裕光物色以二枝，托杨霞生转寄，余至津面晤锡老，始知中途被失，余箧中尚存一枝，以之贻赠。

——《幻影谈》卷下《杂记》第 135 页

红豆

晋宁方树梅《红豆考》： 红豆，一名相思子，属豆料植物，木本。果色纯红，形扁圆，较黄豆大，李善谓实如珊瑚是也。粤、闽、滇、蜀等省皆天然乔木，若吴若越多人工培植。李时珍《本草纲目》曰："相思子生岭南，树高丈余，白色。其叶似槐，其花似皂荚，其荚似扁豆，其子大如小豆。半截红色，半截黑色，被人以嵌首饰，此红豆之别种，今岭南产甚多，医家名为赤小豆。"段公路《北户录》云："有蔓生者，用子取龙脑香相宜，能令香不散。"李匡乂《资暇录》云："豆有圆而红，其首乌者，举世呼为相思子，此红豆之异名也。"夫木本纯红而大者为真红豆，半红半黑而小者乃红豆之别种，或以南天烛铁树果为红豆，则大谬矣！相思之称，干宝《搜神记》云："大夫韩冯妻美，宋康王夺之。自杀，妻投台下死。王怒，令冢相望。宿昔有文梓木生一冢之端[1]，根交于下，枝错其上。宋王哀之，因号其木曰'相思树'。此明明文梓，非红豆树也。"

钮琇《觚賸》云："昔有怨妇，日望其夫归，洒泪树下，血染其枝，旋结成子。"此物相思之由来，即实有其事，亦未可一概论。红豆名相思子，余以为自王摩诘咏"红豆生南国，春来发几枝。愿君多采撷，此物最相思"诗后，名因之而大著。自后文人词客，托物起兴，辄引以寄所思。生南国人多云岭南，恐不止此。文王化行南国，指江汉以南诸国言，是滇亦在其内矣。

东莞蔡寒琼以三绝著，多情好事，向余征滇南红豆，于时不知何许有？静生生物研究员喻君德浚，游滇殆遍，语以顺宁产，大且夥，适友人腾冲张訒庵出宰顺宁，托代访，下车不数月，邮来数十粒，色如珊瑚，扁圆，大逾黄豆，爱不忍释手。附来书曰："产距县城百二十里之锡腊，树高四五丈，叶如槐，常绿，对生。秋开蝶形花，有红、淡两种，冬结子如皂荚，不计其数。"由是观之，较牧斋钱氏、定宇惠氏之两树，若干年始化一次，结子不过数粒者，真正天渊之别矣。

钱、惠两树皆前人所植，非天然产。特钱以文学著，惠以经学称，故大显于国中。顺宁处滇边，未邀名人之题咏，致埋没于空山，不识几何年，兹始出而夸耀之。一树之显晦，殆亦有其时欤！訒庵曩曾长昌宁，又代访得其湾甸所产半红半黑者，草本，羽状复叶，秋后即落，高约二三尺，其子与岭南之赤小豆无异。二者于滇中，或不仅顺宁、昌宁也。余喜，而以大者二粒种于学圃中，以余粒分赠遐迩名流，征诗表扬，哀刻《滇南红豆集》，考其厓略如此云。

——民国《顺宁县志初稿》卷十四《辩证》第 4 页

红木

红木　云南有之。质坚色红，开白花五瓣，微赭。

——《植物名实图考》卷三十六《木类》第 48 页

厚皮香

厚皮香　生云南山中。小树滑叶，如山栀子。开五瓣白花，团团微缺，攒聚枝间，略有香气。红萼似梅，厚瓣如蜡，开于三伏。滇南夏月，肆中有卖蜡梅花者即此。然滇之狗牙蜡梅，已于此时含苞如蜡珠矣。

——《植物名实图考》卷三十六《木类》第 42 页

濩歌诺木

濩歌诺木　丽水山谷出。大者如臂，小者如三指，割之色如黄蘗。土人及睒蛮皆寸截之。丈夫妇女久患腰脚者，浸酒服之，立见效验。

——《蛮书》卷七《云南管内物产》第 33 页

濩歌诺木　樊绰《蛮书》：丽水山谷出。大者如臂，小者如三指，割之色如黄蘗。土人及睒蛮

---

[1] 宿昔有文梓木生一冢之端　《搜神记》卷十一"相思树"条作"宿昔之间便有大梓木生于二冢之端"。

皆寸截之。丈夫妇女久患腰脚者，浸酒服之，立见效验。谨案：今《丽江府志》有和木，未知即此否，俟考。

——道光《云南通志稿》卷六十九《食货志六之三·物产三·丽江府》第 46 页

化香树

化香树 属胡桃科，一名为檴。干高三四丈，果实有汁，可染黑色。其叶含挥发油，碎为末，可为线香材料。木材心部色黄，亦称黄木，质坚有用，滇山地产之。

——《新纂云南通志》卷六十一《物产考四·植物一·木材类》第 18 页

画桃木

画桃木 文理细致而香润，制器极可玩。其贵重与紫檀、花梨相埒。

——《滇南闻见录》卷下《物部·木属》第 41 页

桦木

龙尾关以西山中产和木，肌理腻白而甚松，如南方杉木，然取以为器，绝佳。

——《滇略》卷三《产略》第 6 页

戊寅十一月初八日……禾木者，山中特产之木，形不甚大，而独此山有之，故取以为名，相仍已久，而体空新整之，然目前亦未睹其本也。

——《徐霞客游记·滇游日记四》第 869 页

桦木 属桦木科，落叶乔木。外皮雪白，色如纸，易剥离，适作薪材。滇山地常产，地方土名呼为和木或合木，大略即桦木，音近之讹也。

——《新纂云南通志》卷六十一《物产考四·植物一·木材类》第 15 页

和木 《滇系》：龙尾关以西山中产和木，肌理腻白而甚松，如南方杉木然，取以制器绝佳。

——民国《大理县志稿》卷五《食货部二·物产》第 9 页

槐

槐 七月采叶，阴干为末。治一切大小便下血，或痔疮疼痛，脓血不止，灯草煎汤服。采子服之，止血散疽，但性寒不可多食。

——《滇南草本》卷一下《果品类》第 6 页

槐 黄中怀其美。《周礼》外朝之法，面三槐三公位焉。元命苞释：槐者，言归也。古者听讼于其树下。鸡山之槐无大本，但花经寒气，与他处之色迥异。

槐叶花 宪副冯时可《游鸡山记》曰：槐叶花如芍药，微风乍摇，掩苒蓊勃，香气彻坐。

槐叶三春 叶似槐而圆小，其本类茨牡丹，花色黄，磬口如豆，不似芍药也。冯宪副所谓非此明矣。

——《鸡足山志》卷九《物产》第 320 页

槐　属豆科，亚温带产之落叶乔木。有奇数羽状复叶，小叶卵形。八月顷开白色蝶形小花，结细长荚果，可渍蜜，以蒙化出品为佳。木材雅致，可供木细工用，树皮为黄色染料。滇园野有植之者。

——《新纂云南通志》卷六十一《物产考四·植物一·木材类》第 23 页

黄楝

黄楝　属黄楝科，滇中落叶乔木。叶互生，往往为大形羽状，花开总状，绿色，果为蒴果，树皮中有黄色极苦部分，可取单宁。普通呼为黄楝，亦云黄连木、黄连树或黄赖头，又称虎目。滇荒寒山地多野生者，薪炭材及木器均适用之。

——《新纂云南通志》卷六十一《物产考四·植物一·木材类》第 20 页

黄杨

黄杨木　属瑞香科。树身不高，枝叶蔚密，发育稍迟，东坡有"黄杨厄闰"之称。其叶四季长青，故亦呼为长青树，滇庭园喜植之。木材质坚，心材尤黄白细腻，为木细工上选云。

——《新纂云南通志》卷六十一《物产考四·植物一·木材类》第 19 页

喻德美《杉木和记》：杉木和位于保山、永平两县之间，东傍博南山，西临澜沧江，迤西干道必经之路也。……又黄杨二株，各高丈余，枝密叶稠，状如华盖，均为数百年前之古物也。

——《永昌府文征·文录》卷三十《民十二》第 8 页

金鸡纳树

金鸡纳树　《墨江物产报告》载入，确否待查。疑为有加利树，因滇中自遍植此树后，以其能祛疟，故多附会为金鸡纳树。若果墨江真有此植物，则南美巴西、印度等处，不能独擅其名云。据报，本省红河沿岸一带，试植印度产金鸡纳树，已能存活。

——《新纂云南通志》卷六十一《物产考四·植物一·木材类》第 26 页

金丝杜仲

金丝杜仲　一名石小豆，生云南山中。小木，叶长末团。夏抽细柄开花，旋结实，壳色粉红，老则四裂，宛似海棠花。内含红子，大如小豆，朱皮黑质，的皪不陨。

——《植物名实图考》卷三十六《木类》第 23 页

金丝杜仲　一名石小豆，生云南。矮木厚叶，叶长寸许，本瘦末团，面青背黄，结实如棠梨而小，实裂各衔红豆，不脱。

——《植物名实图考》卷三十六《木类》第 47 页

旧蓬树

旧蓬树　在建昌府。树有花皮，永宁州中县土产。

——《永乐大典方志辑佚》第五册《云南志·土产》第 3227 页

栎

栎　属壳斗科，落叶乔木。喜生向阳干燥地，叶作长卵形，有波状或齿状之叶缘，叶尖圆钝，或尖锐不等，但后者亦名大叶青枫，云南最普通。前者即北方所云之柴树，滇山野亦有之，比较多，野生矮林，壳斗成球状，无柄，有暗灰色毛茸围护之。树皮厚，适制单宁。木材色淡褐，纹理致密，适作木细工，又薪炭材之上选，叶亦可养山蚕。

——《新纂云南通志》卷六十一《物产考四·植物一·木材类》第 14 页

栗

栗子　味甘平。治山岚瘴气疟疾或水泻不止，或红白痢疾。用火煅为末，每服三钱，姜汤下。生食，胸中气横。叶，治喉疗火毒，煎服，神效。皮，敷打伤，烧灰治癞疮。子上壳刺，烧灰吹鼻中，治中风不语，吹之即醒。或中痰邪，亦吹即应。

——《滇南草本》卷一下《果品类》第 7 页

栗子花、栗果　性微温，味微苦涩。治日久赤白痢疾，大肠下血。又栗果，性温，味甜，生吃止吐血、衄血、便血，一切血症俱可用。

——《滇南草本》卷二第 34 页

己卯四月二十三日……路右有大栗树一株，颇巨而火空其中。

——《徐霞客游记·滇游日记九》第 1075 页

栗　属壳斗科，与山毛榉同类，品种甚多。宾川之鸡足山，鸡山栗著名。漾濞之合江，以及寻甸、元谋、武定、宣威等处，皆著名产区。落叶乔木，亦有作灌木者，叶互生，长椭圆形，先端尖锐，叶脚作斜心脏形，边缘锯齿尖锐，表面深绿滑泽，背带粉白，叶脉有微毛，叶长虽不一定，然通常长四寸，宽一二寸，叶柄长四五分。六月顷，自叶腋着生黄白色之雄花，为荑荑状，穗长三寸许，雌花作绿色小球，在雄穗下。每花无柄，外包栗球，是即有名之壳斗也。内含子房三数，至秋熟时，壳裂而坚果出，数单一或二三枚不等，即吾人食用之栗子。此树除果实外，叶可饲山蚕，树皮及壳斗可作褐色染料，又可取单宁酸，皮质朽腐可培菌类，如香菌、栗窝，木材可作铁道枕木、电杆及薪炭材等，真滇产森林中极有用之植物。也有板栗、毛栗各种。

——《新纂云南通志》卷六十一《物产考四·植物一·木材类》第 13 页

栗子　树高三四丈，根盘数围，枝干枒杈，寿可二三百岁。春初发叶，三月间开花，下垂如穗串，七八月成熟，皮凡三层，外皮有刺如蝟毛，熟则自裂，中含子一二三枚不等，肉色黄白，味甘香。种者乘初裂时，取含三枚中之一枚埋土中，自出，移栽成列，十余年始结。邑中种者十余村，惟骆家营产者无虫蛀，而味亦胜。每年产额约省斗四五十石，销售省城及邻近各县，亦果实中佳品也。

——《宜良县地志稿》十二《天产·植物》第 23 页

楝

楝树　属楝科,原野间乔木。滇常产,亦有植于园圃者,通名苦楝,或云皮哨子。叶为奇数,羽状复叶,小叶形椭圆,有锐尖头。六月顷,开淡紫色小花,果为核果,熟时取出,即苦楝子也。木材可制用具。

——《新纂云南通志》卷六十一《物产考四·植物一·木材类》第 20 页

柳

柳　味苦寒。治一切五淋白浊,血淋,沙淋,老幼服之,神效。

——《滇南草本》卷一下《果品类》第 6 页

己卯正月二十五日……有柳径抱,耸立田间,为土人折柳送行之所。

——《徐霞客游记·滇游日记六》第 954 页

滇大叶柳　枝叶即柳,惟从干傍发条,开白花,穗长寸许,亦作絮。

——《植物名实图考》卷三十六《木类》第 45 页

杨柳　落叶乔木。一而二,杨枝上挺,柳枝下垂,杨叶狭长,端尖,背有短毛,灰白色,春开穗状花,雌雄异株,雄黄雌绿,实裹白絮,中飞散,多与柳同。其一种,叶稍阔厚,下有托叶,果实中著白毛者,谓之水杨,即蒲柳也。按:《说文》《尔雅》均以杨为蒲柳,故古人称之杨,皆指水杨而言。惟陆玑《诗疏》则谓蒲柳有二种,皮正青者曰小杨,皮红者曰大杨,皆可为箭笴。《古今注》谓:蒲柳,叶似青杨,叶长。柳叶亦长,虽不能与今确合,但杨与柳别,杨又自有数种,可无疑矣。南湖堤畔,二者俱有。杨柳,属杨柳科,滇中常见之乔木也。杨与柳实为两类,兹分述如下:

白杨　属杨柳科,一名河杨,落叶乔木。茎高数丈,径达尺许,叶面深绿,背部绿白,且密布白色毛茸。五月顷先叶开花,雌雄同株,葇荑花序,产滇荒野。木材轻软色白,可作箱板及火柴柄用。

水杨　滇中各地多植之,插枝即活,亦落叶乔木。高及一丈左右,早春开银灰色椭圆形花,枝条适作火柴柄及烧椰炭之用。

垂柳　属杨柳科,落叶乔木。树高丈许,具下垂之枝叶。叶长,披针形,面部深绿,背部灰绿,光滑无毛,叶柄长几一寸。晚春花开,作葇荑花序,小蕊黄绿易脱落。滇郊野堤岸栽培者多,最宜湿地,一名清明柳。木材可作箱板用,枝条细韧,亦可编物。

杞柳　落叶乔木。比较生暖地,叶多对生,边缘具细锯齿,材质稍扭曲,枝条去皮曝白,可编提囊,滇溪泽隰地有栽植之者,亦各地常产云。

赤柳　落叶乔木,生温带。茎高七丈,周及数尺,木材带赤色,叶阔大,用途与杞柳同,亦滇中常产也。

——《新纂云南通志》卷六十一《物产考四·植物一·木材类》第 12 页

柽柳　属柽柳科，一名观音柳，落叶小乔木也。茎高丈余，质软易下垂，叶极小，为柏叶状。夏季开淡红色总状之美花，碎小可爱，树姿轻盈，寺院庭园，均喜植之。叶可入药。

——《新纂云南通志》卷六十三《物产考六·植物三·花卉类》第 18 页

龙爪树

龙爪树　《赵州志》：花鱼洞口有数株，干霄直上，皮赤如龙鳞，每叶去青皮，梗如龙爪。

——道光《云南通志稿》卷六十九《食货志六之三·物产三·大理府》第 15 页

龙爪树　树在弥渡花鱼洞口。有数株，干霄直上，皮赤如龙鳞，每叶去青皮，梗如龙爪。

——《滇南杂志》卷十三《轶事七》第 9 页

麻栗

木生路侧，结实似栗，土人呼麻栗。余谓麻盖"茅"声之转。《广韵》：栵，细栗，楚呼茅栗。陆玑《草木疏》叙栗云：又有茅栗。[1]

——《札樸》卷十《滇游续笔·麻栗》第 11 页

麻栗　属壳斗科，又名栎木，落叶乔木也。生暖带北部及温带南部，故文山、马关、麻栗坡等处生长尤适。叶披针形，稍歪曲，亦有为倒卵形者。树皮灰褐有深纵裂目，壳斗上具鳞毛。材质坚硬，适制器具或培养香菌。皮质有单宁，可鞣革及染色，但在云南多以供薪炭用材。

——《新纂云南通志》卷六十一《物产考四·植物一·木材类》第 13 页

木槵子

桴子树　出大理、中庆、曲靖。僧俗以作数珠念经。安宁州及禄丰县、曲靖府陆凉州、新兴州并有桴子树。

——《永乐大典方志辑佚》第五册《云南志·土产》第 3227 页

槵子树　俗云菩提子。其实圆净，好佛者取为数珠，胜于他处所产者。

——景泰《云南图经志书》卷四《楚雄府·姚州·土产》第 18 页

槵子树　即菩提树也，出赤洞鼻。每枝一百八颗，诵佛经者缅丝贯之以记数。

——正德《云南志》卷三《大理府·土产》第 7 页

木槵子　一名菩提子，此州产者圆净胜他处。诵佛经者缅丝贯之以纪数，故美其名曰菩提子。然卢慧能犹能言：菩提本无树。世之佞佛者，诚为可笑。

——正德《云南志》卷九《姚安军民府·土产》第 18 页

（临安府）郡出槵子，有铜、铁二种，每囊百八颗，铜色者佳。黑盐井亦出，不及郡中。[2]

——《滇黔纪游·云南》第 23 页

---

[1] 此条，道光《云南通志稿》卷六十八《食货志六之二·物产二·云南通省》第 2 页"麻栗"条引同。
[2] 此条，道光《云南通志稿》卷六十九《食货志六之三·物产三·临安府》第 21 页同。

木槵子　一名菩提子，圆净可为念珠。[①]

——康熙《云南通志》卷十二《物产·姚安府》第 9 页

木槵子　《姚州志》：一名菩提子，圆净可为念珠。《一统志》：菩提子，俗名木槵子，可为念珠，圆净胜他产。世传高泰祥死节，一女流亡民间，未知兄弟所在，手植此树，以卜存亡，九植咸苗，久之尽得，今存者九族。

——道光《云南通志稿》卷六十九《食货志六之三·物产三·楚雄府》第 26 页

木棉

郭义恭《广志》曰：木棉濮，土有木棉树，多叶。又房甚繁，房中绵，如蚕所作，其大如拳。

——《太平御览》卷七百九十一《四夷部十二·南蛮七·木棉濮》第 10 页

《广志》曰：木棉树，赤华，为房甚繁，逼则相比，为绵甚软。出交州永昌。

——《太平御览》卷九百六十《木部九·木棉》第 6 页

白桐木　《广志》云：骠国有白桐木，其花有白氄，淹渍织以为布。《诗义疏》云：白桐，宜琴瑟，云南牂牁人缉以为布。王睿诗“纸钱飞出木绵花”，李商隐诗“木棉花暖鹧鸪飞”。南中木绵，树大如抱，花红似山茶而蕊黄，花片极厚，非江南所艺者。张勃《吴录》云：交趾安定县有木绵树，实如酒杯口，有绵可作布。按：此即今攀枝花，阿迷、元谋、十八寨皆有之。[②]

——天启《滇志》卷三十二《搜遗志第十四之一·补物产》第 1047 页

戊寅十二月初五日……又十里为海闹村。滨溪东岸，即活佛所生处，离寺二十五里。其村有木棉树，大合五六抱。县境木棉树最多，此更为大。……初六日……由其南渡河而西。其处木棉其有高一丈余者，云两三年不凋。

——《徐霞客游记·滇游日记五》第 886、888 页

木棉树　高士奇《天禄识余》：南中木棉，树大盈抱，花红似山茶而蕊黄，花片极厚，非江南所艺者。云南阿迷州有之。

——道光《云南通志稿》卷六十九《食货志六之三·物产三·临安府》第 21 页

木绵花　《顺宁府志》：俗名扳枝花，山箐内常有之。枝干粗大，枝叶稀疏，叶如核桃树叶，花似山茶花可食，花谢结成蓓蕾，至四月间如大拳，烈日曝开，其子带栽飞出，宛如柳絮，漫天飞舞。其栽长一二寸，洁白有光，胜于竹棉，好事者收取十数斤装入筐，其子不用车压，止用手在筐内徐徐搅之，子在下，栽在上，栽装裀褥暖而温。《一统志》：云州出。

——道光《云南通志稿》卷六十九《食货志六之三·物产三·顺宁府》第 32 页

木棉　《唐书·地理志》：太和、祁鲜而西，人不蚕，剖波罗树实，状若絮，纽缕而幅之。樊绰《蛮书》：自银生城、拓南城、寻传、祁鲜已西蕃蛮种，并不养蚕，唯收婆罗树子，破其壳，中白如柳絮，组织为方幅，裁之笼头，男子妇女通服之。骠国弥臣、诸悉皆披罗段。《南越志》：南诏诸蛮不养蚕，惟取娑罗木子中白絮纫为丝织为幅，名娑罗笼段。祝穆《方舆胜览》：平缅出娑罗树，大者高三五丈，结子有绵，纫绵织为白毡、兜罗绵。李时珍《本草纲目》：木棉，有草、木二种。交广木棉，树

---

① 此条，康熙《姚州志》卷二《物产》第 13 页同。

② 此条，康熙《云南通志》卷三十《补遗》第 18 页同。

大如抱，其枝似桐，其叶大如胡桃叶，入秋开花，红如山茶花，黄蕊，花片极厚，为房甚繁，短侧相比，结实大如拳，实中有白绵，绵中有子，今人谓之斑枝华，讹为攀枝花。李延寿《南史》所谓林邑诸国出吉贝，花中如鹅毳，抽其绪纺为布。张勃《吴录》所谓交州、永昌木棉，树高过屋，有十余年不换者，实大如杯，花中绵软，白可为缊絮及毛布者。皆指似木之木棉也。徐光启《农政全书》元扈先生曰：吉贝之名，独昉于《南史》，相传至今，不知其义，意是海外方言也。小说家言木棉其为布，曰城，曰文褥，曰乌鳞，曰斑布，曰白氎、白緤，曰屈朐者，皆此，故是草本，而《吴录》称木棉者。南中地暖，一种后开花结实，以数岁计，颇似木芙蓉，不若中土之岁一下种也，故曰十余年不换，明非木本矣。吉贝之称木，即《禹贡》之言卉，取别于蚕绵耳。闽广不称木绵者，彼中称扳枝花为木棉也。扳枝花中作裀褥，虽柔滑而不韧，绝不能牵引，岂堪作布，或疑木棉是此，谓可为布而其法不传，非也。《吴录》所言木棉，亦即是吉贝，或疑其云树高丈许，当是扳枝，不知扳枝高十数丈。南方吉贝，数年不凋，其高丈许，亦不足怪，盖《南史》所谓林邑吉贝，《吴录》所谓永昌木棉，皆指草本之木棉，可为布，意即娑罗木，然与扳枝花绝不类。

——道光《云南通志稿》卷七十《食货志六之四·物产四·永昌府》第 20 页

《伯麟图说》：……于隙地植木绵花，累累如桃，广西州属有之。

——道光《云南通志稿》卷一八三《种人》第 42 页

木棉 本名橦，一名吉贝，一名娑罗树。大株高数丈，其花可以织纴，故夷布多称娑罗布。产车里边外，而暹罗国尤多。商贾贩至思茅，名曰暹花。

——道光《普洱府志》卷八《物产》第 7 页

木棉树 属锦葵科，一名白木棉树，或云大树棉花。见《思茅厅采访》云："树高大，其花洁白，与产于中土者无二，夷人谓之暹花。"按：此树原产暹罗，纤维白长细润，即真正之木棉花也。旷地最适栽植，思普沿边今后可以推广，较攀枝花为适用云。

——《新纂云南通志》卷六十一《物产考四·植物一·木材类》第 18 页

中国之棉有二种：一为草棉，一为木棉。《南史·高昌国传》："有草，实如茧，中丝如细纑，名曰白叠，取以为布，甚软白。"此即草棉。《通鉴》：梁武帝送木棉皂帐。〔《通鉴·梁纪十五》原文为梁武帝"身衣布衣，木棉皂帐"。〕史炤《释文》〔是胡三省音注〕："木棉，江南多有之，以春二三月下种，既生，一月三薅〔原注：'一月'上有'须'字，'三薅'下有省文〕。至秋生黄花，结实，及熟时，实皮四裂，其中绽出如棉。"此则纪木棉也。云南亦有木棉，多产于滇省西北隅之金沙江边沿江一带山坡上。杨希闵绍基君曾详语于我云：

己于解甲归农后，回至宾川原籍，拟从事于实业。宾川北头，界于金沙江边，距城约百余里，有某某地处，大江则自西而来，向东而流，南北两岸大都是赤土偏坡，气候极热，常年无霜雪到地，此一带地方极多木棉。木棉树身颇高，枝干杈丫直上，有类于苹婆树之生发。木棉结实，大如林檎果，实熟绽棉，洁白如雪，丝细而且长，其长度约及四五寸，诚较草棉为强也。以土法搓线不易，土人故不爱重之，以不甚爱重，故无人培养，缘此而不蕃殖。

论种木棉，不费功力，但锄坎落子，数日即能萌芽，惟须择取无寒霜、无大雪之地处而种，盖其性畏霜雪也。若于适当之处，当春而种，无有不成。第一年重锄薅，在去其根旁之蒿秽，然亦不劳灌溉，更勿庸揠〔似当作压〕肥料，惟任其自行生发耳。期年后可高尺几二尺，次年更长高而着花，花须扑去之，使其不汲汲于结实，第三年则听其开花结实。自是之后，地下亦不必时时薅锄，无非斩去荆棘蓬棵，免其夺取地力耳。

木棉栽成后，一株可望有二十五年或三十年之收成，以较草棉，则省工多矣。按：每亩地皮可种木棉数百株，延至五六年后，每亩地上之棉树可望收五六十斤棉花，十年倍之。在整理得法者，每亩可望有二百斤之收成。盖木棉年可收获两次，一在夏季，一在冬季。其摘取棉实，亦不费力，一人耗尽日工夫，可收尽一二亩地之棉实。实又较草棉为大，函白叠自较草棉为多也。又棉花子可以制油，点灯亦甚光明，惟不能食耳。若以二百斤花之子制油，可得油斤多两斤，诚厚利也。论此种木棉之丝头，极适于上机器作细纱，此亦为纺纱厂中人士所公认。惜哉！人不之务，徒日事嚣嚣于种棉以抵制外来者之说，殆不知有此也。

至云滇省之边鄙，由永北、宾川而华坪、大姚，而永仁、元谋、武定、禄劝、寻甸、巧家，俱是沿金江而设治，边线之长，直有二千余里。而随在一段上，其气候又无不炎热，所谓霜雪，多是一二十年不见一次。且此二千余里之边线上，多半是偏坡或高原，即选择适当于条件而能种棉之处，亦不下一千个方里。按每一方里有地五百余亩，每亩产量以一百五十斤计，千个方里之地面，自不难产七八千万斤棉花也。

余初至宾川，即闻有是利，乃往产生木棉地处，考问详查，复就江边各处讲求，似大利可兴，成功必可。乃与地方土人商洽，己方愿筹资本，就一荒山僻壤处试办，划定百亩地面，而开成熟地，依据土法种植。是力由农家出，资由己方备，将来收棉则各占一半，是时多有土人乐从。正待兴工间，内战之祸作矣，边地上亦动荡不宁，余知世事难为，乃辍其事，挟袱被而旋昆明。杨君之语我者如此，特为之记出。

——《纪我所知集》卷十二《滇南景物志略之三·宾川之木棉》第 325 页

楠

楠木从南，南方多有之。柟与楩为类，幽蔼于谷底，则生于谷壑也，各省皆有之，而滇出尤奇，盖滇多地震，地裂尽开，两旁之木，震而倒下，旋即复合如平地，林木人居皆不见，阅千年化为煤。掘煤者得木板煤，往往有刀剪器物，或得此木，谓之阴沉木，以制什物，尤珍贵之。《蜀赋》楩柟，《吴赋》楠榴。楠榴者，柟木之瘤也。其瘤之盘结节尤好，以作器具最精，巨者以为卓面尤佳，至阴沉木则不可多得矣。柟为良材，栋梁舟船用甚大，而亦神木，故江湖多立庙祀之。

——《滇海虞衡志》卷十一《志草木》第 8 页

楠 属樟科，常绿乔木，多生温暖地带。叶革质厚韧，表面深绿，叶柄带赤色，长四寸许，结紫黑色果实，茎材年久气味芬香，适制各种器具材，大合抱者，可为桌面。保山、龙陵、梁河、芒遮板、宁洱等处产之。江边夷地，或以刳独木舟。

——《新纂云南通志》卷六十一《物产考四·植物一·木材类》第 21 页

念珠树

念珠树 生大理之下关，每结穗百有八颗。相传元时有日本僧四人同日坐化，弃念珠于地而生。

——《滇略》卷三《产略》第 8 页

念珠树 《古今图书集成》：念珠树，出大理府，每穗结实一百八枚。《大理府志》：念珠树，在城北五十里，每穗结实百八枚。昔李贤者寓周城主人，其家妇产难，贤者摘念珠一枚使吞之，珠在儿手中擎出，弃珠之地，丛生珠树。

——道光《云南通志稿》卷六十九《食货志六之三·物产三·大理府》第 15 页

攀枝花

攀枝花 状类绵花，可铺褥，亦可为布，但不经久。

——景泰《云南图经志书》卷四《北胜州·土产》第 32 页

攀枝花 出元谋县，状类绵花，可铺褥。

——正德《云南志》卷十《武定军民府·土产》第 14 页

攀枝花 状类绵花，可铺褥。

——正德《云南志》卷十一《元江军民府·土产》第 15 页

攀枝花 状如绵花，可铺褥，亦可为布。

——正德《云南志》卷十二《北胜州·土产》第 3 页

天花寺在南涧北，有攀枝花。花浓则年丰，花淡则岁歉。

——乾隆《续修蒙化直隶厅志》卷二《建设志·寺观》第 106 页

板枝花者，木棉花也，金沙江热地方多有之。元谋绕署皆扳枝花，树高大亦如粤，但花色微淡且稀疏，不及粤之深红绵密，远望如红锦攒于云端为差减耳。其花可以炙食，花卸结角如大肥皂，裂开则柳絮轻盈，飞空卷地，盖瓦萦墙。其茸甚滑，而病于太短，不能如吉贝之易缕牵连。苟设法而匠运经营，未尝不可同归于杼轴。古者，布有橦华，何知不织此花乎？盖橦者高也，木棉高大似建橦，故以橦华名。西方女工，巧过中土，岂肯专用吉贝而舍木棉？吉贝、草棉，对木棉以为配。木棉植中国最早，不知用之。草棉进自宋元间，至今衣被天下。自有棉花，桑麻渐就荒废，此亦物用运会之大变局也。棉花足用，世争莳之，何从复返中国鸡犬桑麻之盛哉？按：橦华不知为何树，考《蜀都赋》注引张楫云：“橦华者，树名橦，其花柔脆，可绩为布也，出永昌。”今永昌无橦木，只有板枝木，而故志附板枝花于桑、柘、麻、棉之后，为其可绩为布也。是知攀枝木本名橦木，木高大，必攀枝取花实，故曰扳枝木，实有棉，故曰木棉。《后汉·哀牢传》以橦作桐，曰“梧桐木华，绩以为布，幅广五尺，洁白不受污垢，先以覆亡人，然后服之”，注谓“梧桐有白者，剽国有桐木，花有白氄，取其淹渍，缉织以为布”。今广东人见木棉之絮轻滑茸短，不可提缉，间扫地收茸以装袜及坐褥、马屉，市者谓用之则蚀血伤肤，故不售。若按注，必淹渍而后可缉织，犹麻之必沤，丝之必煮，而后可治也。必经覆亡人而乃服之，或亦厌胜之法，不生他病也。第棉花之利，虽倍于桑麻，而种植耘锄，男女奔忙，视夏畦尤病苦。今内地诸省多种棉花，而两广、滇黔究不宜于吉贝，炎陬瘴潆，板枝相望如云。若使远求夷人修治之法，制而用之，出布以济蛮疆，尤为大利。其树既易生长，添种益多，不劳于耕获锄芸，坐收其利，胜于棉花矣。且物产废兴无常，或废弃历数千百年，不知收用。一旦发出，尽识其利，相与从事不倦，殆五六百年，几以棉花为中国从来自有之物，岂知宋元间中国始大兴哉？木棉树布于各省，想其有亦自开辟而来，惟夷人或得其用，而汉人不知也。棉花之有，想亦当然，不过自开自落于荒洲孤岛中，岛人入贡，不过曰卉服云耳。宋、元大兴，中国知棉花，几不知桑麻，而棉花果利于桑麻。若使解制木棉花，得成为布，其便利尤出棉花之上。可惜数千百万木棉，弃之于炎区瘴溢之中，而无以效用于人世也，悲夫！

《明统志》载永昌细布，桐花织为之，洁白不受垢，则前明固知木棉可织矣。织法须从蛮姝处问之。《滇志》姚安木罗布，即橦布也，橦木皮可为布。按：缅甸亦出草棉，由永昌贩至弥渡，分卖各府，其利甚重。

——《滇海虞衡志》卷九《志花》第 2 页

攀枝花　《思茅厅采访》：木本，类刺桐。大者合抱，花若菡萏鲜红色，结实类胡桃。土人取实暴日中，其壳自开，吐绪如绵，莹白可爱，以之夹枕褥，性极温暖，但不受纺织，惟炎乡瘴域有之，若稍寒之地，种植不生。

——道光《云南通志稿》卷七十《食货志六之四·物产四·普洱府》第 5 页

攀枝花　章潢《图书编》：如棉，可褥可布，出北胜州。

——道光《云南通志稿》卷七十《食货志六之四·物产·永北直隶厅》第 43 页

攀枝花　大树，三月开花，红色，不堪织纫，惟夹枕褥较为轻软。

——道光《普洱府志》卷八《物产》第 7 页

攀枝花　树大可合抱，花红似山茶而蕊黄，片极厚，结实累，然剖其中有棉，可作布。阿迷、蒙自及土司皆有之。按：攀枝即木棉花也，其棉轻而不暖。

——《滇南杂志》卷十三《轶事七》第 10 页

攀枝花　属锦葵科，一名斑枝花，或云橦华。樊绰《蛮书》则云婆罗树，即一般所云之红木棉也。茎高数丈，大者合抱，古又有树棉之称。枝如梧桐，皮色带绿，叶大如胡桃，边缘有锯齿。春时花开，瓣片殷红，火树亭亭，蒸霞铄日。花后结果，取曝日中，其蒴自开，吐絮如绵，莹白可爱。若以之挟枕褥，性极温暖。或组织为方幅，夷方称为莎罗布，《后汉书》及《华阳国志》则称为桐花布，亦云橦华布。纤维最柔，微惜短折，不受纺织，是其缺点。此花为滇中名产，今婆兮、曲溪、开远、保山、顺宁、泸水、缅宁、云县、宁洱、思茅、墨江、元江、新平、澜沧、开化、马关以及江边郁热地带均产之，土地稍寒，便不生发。

——《新纂云南通志》卷六十三《物产考六·植物三·花卉类》第 15 页

攀枝花　《采访》：树大合抱，高数丈，春初开花，花大如拳，仅四瓣，作红色。夏间成实，果如眼镜盒，其内有瓤，如锦，光滑洁白，惟丝短不能成线，仅可作枕褥之用。

——民国《元江志稿》卷七《食货志·果属特别产》第 6 页

婆树

《诗》"隰有六駮"，毛《传》以"駮"为兽名，陆玑《疏》"駮马，木名，梓榆也"。其树皮青白駮荦，遥视似駮马，故谓之駮马。下章"山有苞棣，隰有树檖"，皆山隰之木相配，不宜云兽。又云：檀木与檕迷相似，又似駮马。駮马，梓榆。故里语曰：斫檀不谛得檕迷，檕迷尚可得駃马。《元和郡县志》：贺兰山有树木，青白，望如駃马，北人呼駃为贺兰。馥案：北方无此木，未得目验，及官云南，到处有之。土人音讹呼为婆树。①

——《札楼》卷十《滇游续笔·婆树》第 12 页

菩提树

菩提树　在姚安府姚州，土产。

——《永乐大典方志辑佚》第五册《云南志·土产》第 3226 页

（大理府宾川州）又有奇树名菩提树，亦名思惟树。《酉阳杂俎》云：毕钵罗树，出摩伽陀国。

——《肇域志》第四册第 2338 页

菩提树　属无患树科，乔木。叶广卵形，先端尖锐，受风时叶身容易动摇，果实圆形，《姚州志》引《一统志》称为木槵子，俗称无患子。谓其子圆洁可为念珠。《大理府志》称为念珠树，以其子可为念珠，遂多所附会，且传大理段氏时，高泰祥将死，手植此树，以卜九族存亡者。当时朝野多信佛教，影响所及，即一菩提树亦有如是之传说，实则滇温暖地带如五福常见植物也。

——《新纂云南通志》卷六十一《物产考四·植物一·木材类》第 19 页

桤

己卯七月十三日……当其中有木龙焉，乃一巨树也。其下体形扁，纵三尺，横尺五。自地而上，高二尺五寸，即半摧半茂。摧者在西北，止存下节；茂者在东南，耸干而起。其干正圆，围如下体之半，而高不啻十余丈。其所存下节并附之，其圆亦如耸干，得下体之半，而其中皆空。外肤之围抱而附于耸干者，其厚止寸余，中环空腹如桶，而水盈焉。桶中之水，深二尺余，盖下将及于地，而上低于外肤之边者，一寸有五，其水不甚清，想即树之沥也。中有蝌蚪跃跳，杓水而干之则不见。然底无旁穴，不旋踵而水仍满，亦不见所自来，及满至肤边下寸五，辄止不溢。若有所限之者，此又何耶？其树一名溪母树，又名水冬瓜，言其多水也。土人言，有心气痛者，至此饮之辄愈。老僧前以砍木相基至，亦即此水为餐而食。

——《徐霞客游记·滇游日记十一》第 1149 页

桤木　《顺宁府志》：一名水东瓜，可以刻字。

——道光《云南通志稿》卷六十九《食货志六之三·物产三·顺宁府》第 33 页

水东瓜木　湘中、滇、黔皆有之。绿树如桐，叶似芙蓉，数茎同生一处，易长而质软。《顺宁府志》以为即桤木，可以刻字。

——《植物名实图考》卷三十六《木类》第 26 页

水冬瓜树　属黄楝科，落叶乔木。一名楷，或作桤，普通混称为黄楝，而水冬瓜之土名，则滇中人人知之。材质淡白细软，可任雕刻作器具，惜经久燥裂扭曲。亦可作薪炭材，滇山地间自生，最常见。

——《新纂云南通志》卷六十一《物产考四·植物一·木材类》第 20 页

---

① 此条，道光《云南通志稿》卷六十八《食货志六之二·物产二·通省》第 7 页引同。

漆树

漆树 属漆树科，落叶乔木。茎高达数丈，叶为羽状复叶，五月开总状小花，色黄绿，果实扁平，适于采蜡，谓之漆蜡。上帕、贡山则取子榨漆油，除食用外，各销万斤至内地。此树有野生者，亦有栽培之者，如曲溪、邱北、泸西、华宁、威信、永善、鲁甸、巧家、镇雄、昭通、云龙、丽江等处均常见。雄木六年乃至十年，可自树皮划取漆汁，大略周围一尺之树，每株得汁七两内外。入秋后，成红树林，亦耐观赏云。

——《新纂云南通志》卷六十一《物产考四·植物一·木材类》第 17 页

槭树

槭树 属槭树科，落叶乔木。有名之枫树，即属同类，滇西北高寒山地自然产生，禄丰、牟定亦常见之。叶掌状，裂或三数、七数不等，三裂者名三角枫。四五月顷缀暗赤色小花，果为翅果，易于播布，不待种植，自成丛林。秋时红叶缤纷，逾于二月之花，为红树林增色不少。种类极多，木材亦可供用。

——《新纂云南通志》卷六十一《物产考四·植物一·木材类》第 22 页

青枫

青枫树 别名甚多，如橡、槲等称，但以青枫之名为最普通。与柞、栎均相似，属壳斗科，落叶乔木。高可达六丈，叶倒卵形，叶片较大，有波状锯齿，叶面色暗绿。初时被有薄毛，久则脱滑，背部淡绿，有柔软毛茸，花序荑荑状，壳斗大，具披针状之鳞片无数，大形种子即包其中。生长极易，不择高湿肥瘠，山野空地，均易栽植。树皮色褐，可制单宁。叶嫩可养山蚕。其壳斗自古即知用为褐色染料。木材浅黄褐色，质坚纹糙，适制粗具及枕木，虽亦可作薪材，但其燃烧力似较栎为逊。滇山地常产，寻甸、元谋、武定、禄丰、漾濞、永平、保山、维西等处尤多。

——《新纂云南通志》卷六十一《物产考四·植物一·木材类》第 14 页

箐树

乾隆三十四年元月十五日，行数里上金浪山。山本名博南，《水经注·兰沧江歌》"汉德广，开不宾。度博南，越兰津"，即此山。为蒲蛮出入之所，箐树最蒙密。

——《滇行日录》第 210 页

楸树

楸木 属紫威科，一名梓木，落叶乔木也。叶大早脱，树干无刺，故与刺楸有别。花序复总状，花冠淡黄，果实细长若荚，下垂达尺许。滇山野湿地产之，材质供用与刺楸同，今公园中亦植之。

——《新纂云南通志》卷六十一《物产考四·植物一·木材类》第 25 页

鹊不停

鹊不停 滇南有树，名鹊不停者。枳棘槎枒，群鸟皆避去不敢下，惟鸮之交也，则栖止而萃其上，精溢于树乃生瘤。土人斸瘤成丸，如鸟卵，近人肌肤辄自跳跃，就私处益习习然，人或骨节间作酸楚失舒展。按：其丸于骱穴弹动少时即苏快而愈，然极难得，故缅人以铜为之。……

——《滇南杂志》卷十三《轶事七》第 12 页

荏苒

荏苒、松子。

——正德《云南志》卷十二《北胜州·土产》第 3 页

荏苒 章潢《图书编》：出北胜州。吕种玉《言鲭》：《诗》"荏苒柔木"。《古韵》并作草盛貌，一曰柔弱貌。世人特借其事，用为侵寻辗转之义，不知原有此草，出滇中北胜州。

——道光《云南通志稿》卷七十《食货志六之四·物产·永北直隶厅》第 43 页

榕树

潞江之滨一石塔，累巨石而成之。四面各阔二丈，高亦二丈有奇。一大树冠其上，亭亭如盖，严冬不凋，根分十余股笼罩石塔，下垂入地。南人不识此木，曰是诸葛之遗迹云。又或曰其下多疟母，渡江者必驰马而去，防为祟也。余戍腾冲，日就而察之，盖闽、广之榕树云。小憩其旁，上无烈日，下有清流，亦足乐也。故每过此地，必携酒肴，设茶具，饮啖而后去，卒不逢疟母也。《郡志》云滇人多讹，信然。今永、腾之人，亦以予久留无验，不畏疟母矣。

——《南中杂说·花木》第 571 页

榕树 属桑科，常绿乔木。高达数十丈，能借气根自成树林，气根多者，大则达三百枝，小形者不下二三千本，一树之下可容千百人，往往广袤至数里。今俗尚有榕木倒生根之称。叶平滑，有长柄形、椭圆，叶缘微有波状。夏初开花，花后结淡红小形之果。树皮有脂乳，可以贴金接物，与铁相似。细枝如须，亦可制药固齿。见《岭南杂志》。滇江边热地如潞江、澜沧江等两岸及元谋、宣威均盛产之。

——《新纂云南通志》卷六十一《物产考四·植物一·木材类》第 16 页

桑木

桑木 生于石上者为上，可为弓材。

——正德《云南志》卷十二《北胜州·土产》第 3 页

野桑 《南诏传》云：永昌之西，野桑生石上，其材上向两屈而下直。取以为弓，不筋漆而利，名曰蜈弓。[①]

——天启《滇志》卷三十二《搜遗志第十四之一·补物产》第 1046 页

---

① 此条，康熙《云南通志》卷三十《补遗》第 18 页同。

唐咸亨中，永昌之西野桑生石上，其材上屈西向而下直。南诏取以为弓，不筋漆而利，名曰蜾弓。今鹤庆产岩桑，倮倮取以为弓，发矢千步，其遗种也。

——《滇略》卷三《产略》第 15 页

野桑 唐咸亨三年，永昌蛮叛，姚州总管梁积寿讨平之。是时永昌之西有野桑生石上，其材上屈西向而下直。南诏取以为弓，不筋漆而利，名曰蜾弓。

——《滇南杂志》卷十三《轶事七》第 11 页

桑木 章潢《图书编》：出北胜州，生石上者上等，可为弓材。

——道光《云南通志稿》卷七十《食货志六之四·物产·永北直隶厅》第 44 页

桑 在新种叶桑未输入云南时，滇中旧有女桑，或云家桑。条长叶小，叶形椭圆，边多锯齿，结椹紫黑，俗称马桑果，嫩叶即以饲蚕。今澂江、玉溪、楚雄、永平等县犹沿用之。《后汉书·西南夷传》、常璩《华阳国志》均谓“永昌郡宜蚕桑”，又王鸿绪《明史稿》谓“干崖四时皆蚕，以锦贡，称干崖五色锦”。度当时所饲蚕，皆女桑类耳，但未以叶著称。清末本省开办蚕桑学堂，先后由浙省购入桑树多种，辟场试植，始有湖桑、鲁桑、川桑、荆桑诸异名。湖桑品种特多，枝条有黄皮、青皮、红皮之分，叶有阔叶、狭叶、绉叶、滑叶之别，发生则有早生、中生之不同，但其姿势繁茂，叶片肥大，收获丰饶，为诸桑冠。其次，鲁桑在云南气候干燥区亦称优种。又其次则川桑、荆桑，体质强健，年寿久远，培养容易。种类既多，又加以历年改良，养蚕者选择更便，今各县已遍植之矣。

——《新纂云南通志》卷六十一《物产考四·植物一·木材类》第 15 页

莎罗树

莎罗树 出金齿及元江地面。树大者高三五丈，叶似木槿，花初开黄色，结子变白。一年正月、四月二次开花，结子以三月，八月采之。破其壳，如柳绵，纺为线，白氎、兜罗锦皆此为之。即汉地之木绵也。

——《永乐大典方志辑佚》第五册《云南志略·土产》第 3222 页

莎木

《南中八郡志》曰：莎树，大四五围，长十余丈。树皮能出面，大者百斛，色黄。鸠民部落而就食之。

——《太平御览》卷九百六十《木部九·莎木》第 5 页

莎木面 【集解】珣曰：按《蜀记》云莎木生南中八郡，树高十许丈，阔四五围，峰头生叶，两边行列如飞鸟翼，皮中有白面石许，捣筛作饼，或磨屑作饭食之。彼人呼为莎面，轻滑美好，胜于桄榔面也。

——《本草纲目》卷三十一《果部》第 20 页

莎木 贾思勰《齐民要术》：莎树出面，一树出一石，正白而味似桄榔，出兴古。

——道光《云南通志稿》卷六十九《食货志六之三·物产三·曲靖府》第 38 页

山栀子

山栀子 滇山栀子生云南山中。小木硬叶，结绿实成串，形似小桃，大如豆，三棱。

——《植物名实图考》卷三十六《木类》第 39 页

杉

杉木 宜为棺。旧《志》

——正德《云南志》卷八《镇沅府·土产》第 2 页

杉木江源出者乐甸，流经府治南，下流入威远州界。江岸多产杉木。

——万历《云南通志》卷四《地理志一之四·镇沅府·山川》第 29 页

圆照寺在玉案山腹，有大杉三株，絜之数围。沐昂诗："东风吹柳拂乌纱，一入祇园景最佳。惟爱日长山寺静，小窗开遍杜鹃花。"

——万历《云南通志》卷十三《寺观志九·云南府·寺观》第 5 页

地产美杉，生悬岩千丈间，伐之多无全材，其坚逾蜀产。

——天启《滇志》卷三十《羁縻志第十二·沙人》第 1001 页

（镇沅府）杉木江在府治南，源出者乐甸，流经府境，下流入威远州界合于谷宝江。江岸多杉木，因名。

——《读史方舆纪要》卷一一六《云南四》第 5150 页

杉 类松。经冬不凋，惟端直冲霄，其叶附枝生，大似苴机柏。《尔雅注》谓黏似松者是也，【集解】谓南中深山多有之。性埋能不腐，盖耐水也。结实如枫实，【释名】所谓檆木也。滇僧收其子，秧盈田，至尺许移之盆中，常以赠远，以栽植则易大成阴作材耳。

紫金杉 鸡山杉多赤白者，惟此株在曹溪水侧，大合数人抱，枝干扶疏，擎擎若张盖，其纹左纽，烂若紫金色。

——《鸡足山志》卷九《物产》第 320 页

杉 盖松之类，故二《赋》言松不言杉，良以杉统于松也。故滇人曰杉松，故其材中樿榜。南方诸省皆有杉，惟滇产为上品。滇人锯为板而货之，名洞板，以四大方二小方为一具，板至江浙，值每具数百金。金沙司收其税，为滇中大钱粮。古时由金沙江水行直下泸州、叙府，前明遗牒所谓安监生放板是也。数百年来，金江阻塞，舟楫不通，人负一板抵省，又自省抵各路水次，脚价之费何如，宜其贵也。

——《滇海虞衡志》卷十一《志草木》第 4 页

石瓜树

石瓜树 生瓜，坚实如石，故名。善治心痛，出茫部路。

——《永乐大典方志辑佚》第五册《云南志略·土产》第 3222 页

树头酒

树头酒　缅出。其树类棕榈，高五六尺，结实大如掌。缅人纳曲罂中悬之，实下划实使汁入罂，久则成酒。其叶即贝叶也，古以写经，今缅以书字。

——《滇略》卷三《产略》第 3 页

《南史》云：南海顿逊国有酒树，似安石榴，采其花汁贮瓮中，数日成酒，甘美。旧《志》云：树头酒树类棕，高五六尺，结实大如李。土人以面纳罐中，以索悬罐于实下，倒其实取汁流于罐，以为酒，名曰树头酒。或不用面，惟取汁熬为白糖。其叶即贝，写缅书用之。谭用之诗云："昔年南去得吴嫔，顿逊杯前共好春。"《南州异物志》亦载其事，今缅甸军民宣慰司有此。

——《滇南杂志》卷十四《轶事八》第 1 页

树头酒　据热带椰子类之考查，有自花梗取饮液汁，因内含糖质，可即用以酿酒者，砂糖椰子是也。有由果实内部坚硬胚乳之乳化变为甜美之液汁，使人如饮醍醐者，古古椰子是也。树头酒当属后之一种，今思普沿边一带特多。乐史《太平寰宇记》云："滇南有树类棕，高五六丈，结实如椰子。土人以罐盛曲悬于实下，汁流罐中，以成酒者，名树头酒。或不用曲，惟取实熬为白糖。其树即贝树也，缅人取其叶写经。"又《思茅厅志》："树头酒，形类草果，有圆有方，剖之酒出，俗名天酒。"是皆可证此树异名之多，及土人酿酒之古法。惟《寰宇记》有取叶写经之语。考贝叶经虽用椰叶誊写，但不限于贝树，如行李叶、椰子及其他扇椰子之叶，自古均取为写经资料，不过贝叶较为著名而已。

——《新纂云南通志》卷六十一《物产考四·植物一·木材类》第 7 页

水蜡树

水蜡树　属木樨科，落叶小乔木。茎高丈许，滇山野湿地产之。翠湖边有栽植成林者，落叶期迟，颇似常绿，叶长寸许，全边对生，花小形，色白簇生若圆锥，花后结圆黑小浆果。枝干上若白绵状附著，即白蜡虫放饲其上所分泌之蜡质也。水边栽培，树冠浓密，亦有风景林之致。旧时自川购蜡虫种放饲其上，亦能取蜡。

——《新纂云南通志》卷六十一《物产考四·植物一·木材类》第 25 页

松

晋宁郡，本益州也。……郡土大平敞，原田，多长松皋，有鹦鹉、孔雀。

——《华阳国志》卷四《南中志》第 13 页

松节　味酸，性平。行经络，痰火，筋骨疼痛，湿痹痿软，强筋舒骨。

松香头　松树蕊，行经络。味苦，微涩，性微寒。止茎中痛，止便浊。治膏淋疼痛，不可忍者，磨水酒服之效。五淋俱可。

松香　一名松脂。味苦甘，性温。搽疥癫疮，吃安五脏，除胃中湿热，疗赤白癜风、疠风。

——《滇南本草》卷中《草部》第 13 页

松笔 即松尖是也。味辛平。解夷人毒药。昔一老人，六旬无子，孤身偶入山中，遇雨宿于夷家，夷见老人衣服美丽，至夜半起心不良，寻癫药次日暗下于菜内，老人食辞去，行不数里，人事不知，昏迷倒地。夷人赶至，盗其衣服而还，即有樵者见老人口吐白沫，知为中毒，乃采松尖捣烂，以水和而灌之，一时即醒。问其原由，方知中夷毒，老人传以救世云。

———《滇南草本》卷一下《果品类》第 9 页

地盘松球 性温，味苦，治疝气偏坠，即觅小青松盘地生者，上结小球有钮子大，取绿嫩者不拘多少，愈多则愈美。水煨点水酒服，连球更好。

———《滇南草本》卷三第 1 页

松笔头 性微寒，味苦，微涩。行经络，止茎中痛，止便浊。治膏淋疼痛不可忍者，磨水酒服之效。五淋俱可服。

———《滇南草本》卷三第 25 页

己卯正月初九日……八角开创于嘉靖间，为吉空上人所建。其南即为传衣寺，寺基开爽，规模宏拓，前有大坊，题曰"竹林清隐"，乃直指毛堪苏州毛具茨也。所命，颇不称。上又一直指大标所题古松诗，止署曰"白岳"。古松当坊前，本大三围，乃龙鳞，非五鬣也。山间巨松皆五鬣，耸干参天，而老龙鳞颇无大者，遂以纠拿见奇。干丈五以上，辄四面横枝而出，枝大侔于干，其端又倒垂斜攫，尾大不掉，干几分裂。今筑台拥干，高六七尺，又植木支其横枝，仅免于裂，亦幸矣。由梯登台，四面横枝倒悬于外，或自中跃起，或自巅垂飏，其纷纠翔舞之态，不一而足，与天台矗凤，其一类耶！坊联曰："花为传心开锦绣，松知护法作虬龙。"为王元翰聚洲笔。门联曰："峰影遥看云盖结，松涛静听海潮生。"为罗汝芳近溪笔，差可人意。然罗联涛潮二字连用，不免叠床之病，何不以"声"字易"涛"字乎？

———《徐霞客游记·滇游日记六》第 929 页

传衣松 释曰：松既已无有，夫何为而纪之？盖松异夫他松者有十：根细树大，逾数围，望之若太湖之石然，一也；上枝横生，宽荫十余丈，二也；横生之枝，其大与本等，三也；其子应月而落，芳香四射，四也；松叶均之五茎，五也；干枝皆直而不曲，不害其为古雅，六也；惟鹤则栖，他鸟望之却顾，七也；居其下，无风而融和，八也；筛日月流阴，玩之若画图，九也；龙鳞紫绣，终无苔藓暨茑萝之所攀附，十也。奚映少时游鸡足，绘此松图以藏诸文笥，惜缘兵燹失去，然终不能忘情于此松。故松虽无存，愿构数言以存之，庶言在则松如在矣。虽然，言之不文，惧行之不远，奈何！

———《鸡足山志》卷四《名胜下·异迹二十则》第 176 页

松 松肪、松黄、茯苓、松实 旧《志》：松有八种，然皆托异以为名称，非纪实也。惟满山黟绿，叶有两鬣、五鬣、七鬣之不同，三针、四针、五针之迥别。则其礌砢盘耸，嫩者绿质光肥，老者紫鳞涩铁。当二三月，抽狨披花，长可数寸。采其蕊，阴之纸簟中，荡之水以去其油，澄而干之，松黄悉浮香于几席矣。和之以蜜饴，恒饵益寿。结实状似猪心，绿其色，叠叠累如鳞砌。秋老而子大，则其鳞迸裂，采人持长钩以升树颠，争跃骋能，若猿猱之健捷，兴至则棷歌，嚎应山谷，男女协和，訇笑忘劳。时珍谓松子惟辽海、云南者大等巴豆，食之良也。孙思邈称松脂以衡山者佳，而不知鸡足山松脂通明，如薰陆香，松花之色，尤胜蒲黄。松子之大而壳薄易唶，则视鬣针之多少为别，故岁久实繁。昔人夸塞外者佳，以其寒经霜雪，故其香洌。兹山寒郁，宜松仁之香洌亦同于塞外矣。

但根深未审潜千岁之琥珀否。至茯苓则间有之。滇中之俗，采松叶布地以宴客，清香可玩，不曰松叶，乃谓松毛，以茸茸似毛耳。

秖陀松 迦叶殿门外。以岁月久故，古干参天，转难描画。好事者见其灵奇，曰：非有神凭之，胡能若是？乃嗤嗤氓循而祀礼之。《金刚经》称秖树，果指松耶！名其始者，必有谓矣。

如意松 大悲阁前。高逾八九丈，大六七围。峰颠多异花，风吹花落，而松枝摇曳，若指挥然，以"指挥如意天花落"之句得名。

传衣松 即传衣寺古松也，昔人名千尺虬。

平顶松 庵以松月得名者，古松盖在阿中。其高直达岩顶故云，非缘摩顶西指以得名。

摩顶松 昔有老僧，移山中小松，植之四观峰上，下搯珠念佛以摩顶，谓之曰：峰头霜雪寒甚，故尟大树，汝能为名山增色乎？松遂株株尽活。

——《鸡足山志》卷九《物产》第318页

松 为木本植物，叶如针。雌花生松雅上，雄花生松狵下，皆无冠，由多数之蕊集成。雄花花粉极多，因风以达于雌花，雌花得粉即次第发育果实，此果实为球形，故俗名松球。

——光绪《元谋县乡土志》（修订）卷下《格致·第二十九课》第401页

新正元旦，民间采松针铺地，以代氍毹，名曰松衣。姚安、楚雄出花毡，红章白质，灿然可观。

——《滇南杂记》第238页

松柏 一切树木无不有，而松柏为最多，荒山古庙中，大可数抱者，往往而有。松柏本耐久，又以位置得所，人不能扰，得以全其天年，亦物之幸也。自永平至永昌中间，有万松岭，漫山遍野皆松树，约行十余里，在松径中盘旋曲折，真创观也。

——《滇南闻见录》卷下《物部·木属》第40页

松毛 官府莅任及新年佳节，约保必办松毛送署中铺地，香润洁净，可代毡席。迎春祭祀，则办松棚。即民间吉凶事迎神赛会，亦必铺松毛于地，可想见松树之多也。

——《滇南闻见录》卷下《物部·杂物》第47页

明子 将斧凿伤松树，任其脂流注，越数日，斫取尺许，劈为细枝，以之代灯，火甚旺，名曰名子。居家者类如此，铺家买卖亦然，甚且考场中作文，左手执明子，右手写字，以至文卷油污灰黑，不堪入目。每有大松树乏人照管，竟被凿取，树以枯焦。伤生进，戕物性，失民用，此种人身后当永随阿鼻地狱。

——《滇南闻见录》卷下《物部·杂物》第48页

滇南之松，大利所自出。其实为松子，其腴为茯苓。凡松皆有子，而细不中啖，惟滇南松子，巨同辽海，味更过之，故以为甲天下。然所行不出滇境，未有贩而至于外省者，至今内地人尚不知云南之松子也。

——《滇海虞衡志》卷十一《志草木》第3页

长松 常璩《华阳国志》：汉益州郡多长松。

——道光《云南通志稿》卷六十九《食货志六之三·物产三·云南府》第6页

松 《腾越州志》：在南门外金氏庭中，其松盘折空际，正覆庭心，古干虬枝，数百年物也。

——道光《云南通志稿》卷七十《食货志六之四·物产四·永昌府》第25页

郁松　生蒙自山中。绿茎细叶，蒙茸荏柔，一丛数本，经冬不萎，故名为松，而枝叶俱扁。土医采治牙痛，无论风火、虫蚀，揉熟塞入患处即止。

——《植物名实图考》卷十七《石草类》第 20 页

罗汉松　繁叶长润，如竹而团，多植盆玩，实如罗汉形，故名。或云食可食。又有以为即竹柏者。考《益都方物记》：竹柏叶繁长而箨似竹。如以箨为落叶则甚肖，若以为笋箨则绝不类。存以俟考。滇南罗汉松，实大如拇指，绿首绛跗，形状端好。跗嫩味甜，钉盘尤雅。俗云食之能益心气，盖与松柏子同功。

——《植物名实图考》卷三十七《木类》第 8 页

松、柏　滇旧《志》有油松、杉松、细松、侧柏、圆柏、刺柏等数种，不过略举其名，而今昔异称者多。今考松、杉等之针叶树林，多生于滇高原地四千呎与一万呎之间，种类之多，为他省冠。特就现所习见，择要汇述如下：

赤松　属松科，滇省常产，生温暖地带，常绿乔木也。干高十余丈，针叶丛生，新芽、树皮均呈赤色，故名。雌雄同株，球果二寸余，不及青松之巨，种子附翼，材质坚硬，有弹力，边材色白，心材带黄褐，年轮圆整，树脂甚多，能久耐水湿，滇中建筑推为极选，有名栋宇，皆此木材。又薪炭、木细工均常用之。松脂可制松香油，松林内可培养松菌，诚滇产重要之树木也。此树性喜向阳，旧有阳树之称，适于干燥热地，虽非暖带固有之林木，但遇滥伐迹地即占有之，以故荒山赤土，如禄丰至云南驿、漾濞至杉阳一带，地质上所云之红床层，他木稀少，而惟赤松盛行繁殖。

青松　一名朝鲜松，或云海松，或云五鬣松，但青松之名较为普通。属松科，温带山地之乔木也。滇多处见之，干高十丈，直径有至三尺者，叶长三寸，五叶一丛，球果长，由五六寸达一尺，宽三寸许。种子圆形，有三棱，长四分，宽三分，末附有翼，故与赤松有别，《本草纲目》《格物总论》均谓"云南海松子，大如巴豆，可食"，《滇海虞衡志》谓"松子为滇果第一，色黑，面圆而底平，与关东三棱而黄者异"。今滇市松子，皆此青松之种子，亦即所谓海松子也，除食用外，并可取油，材质轻软，易施工作，建筑上亦适用之，但不如赤松之坚。此树除朝鲜外，只有云南产之，故亦可谓为滇之特产云。按：永北松子，产顺州，亦著名。保山产者，大过巴豆，皆青松子也。

圆柏　别名栝，或柏杉，属松科，常绿乔木也。滇常产，温、暖两带常栽培之，惟不适于热带、寒带。树冠圆整，枝叶丛生。在滇产者，叶有两种，一种似桧，即《花境》之桧柏，一种似针状杉，即柏杉，花系单生，雌雄同株，木材带红色，质极坚韧密致，且含香味。除建筑材供用外，滇中之条香、盘香，即锯此柏之年久成香者，混以叶末寸断，折撼而成，亦即《滇海虞衡志》之老柏香也。又此树抵抗风水，其力极强，滇中多植堤岸，作镇砂固防之用。

扁柏　即旧《志》侧柏，属松科，常绿乔木也。滇各处植之，树系中国原产，云南所栽培者，皆由外省输入。干不甚高，至五六丈而止，枝条多自下端歧出，叶类细鳞，直立如掌，疑合掌柏之得名以此。果实似铃，霜后裂开，中有柏仁，大如麦粒，芬香可口，旧时道家喜服食之。叶入药，功能止血。柏子仁，亦治肝病。此树发育最迟，材质细密坚实，滇人用以制棺，称上选云。

刺柏　一名杜松，属松科，常绿灌木。滇各处均植之，枝上节多，各生细长之针叶三四枚，锐利若刺，故名。花单性，雌雄异株，材质淡黄，极耐水湿，无需播种，插枝即可生活，惟成长稍迟，不成大木。滇庭园中，或作盆景，或以障篱，亦造矮林之适品。另有璎珞柏者，滇中呼为醉柏，疑即刺柏之别种，枝叶下垂，生态偃蹇，园庭植之，亦饶奇趣。

杉树 属松科，温带产之常绿乔木也。滇多处均植之，茎干直立，小叶丛生枝上作短针形，有树脂，可作线香材料。花单性，雌雄同株，球果直径，约五分许，此树发育最良，历五十年，茎高八丈，周围可达四尺，树龄老大，则干高三十五丈，周围几及二三丈，可谓林木中之最伟大者矣。材质良好，易于施工，性耐水湿，且喜石灰质土，故云南为其最适之区，即旧时官廨、寺观，亦多植此名木，不及百年，蔚然合抱，解柱锯板，两适用之，盖次于松之重要植物也。此树本非滇省原产，或自四川输入，王氏《三才图绘》曾记载之，日本川原技师亦谓滇产之杉，系屋久日本地名杉之一种，吉野地方以此树造林一万株，伐期八十年，平均每一町步，年获一万二千余元之收入，利亦巨矣。若广为栽植，前途大可乐观。不过太干太热之区，此树均不适宜。

杉松 属松科，本唐桧属之一种，常绿乔木也。《滇海虞衡志》谓"杉，盖松之类，杉统于松，故曰杉松"。其实五杉木也，叶为针状，大五六分，质刚锐，惟近湾曲，球果长二三寸，材质外带黄白，内部褐色，富有弹力，适制器具。锯板称为洞板，旧时由金沙江水行直下叙、泸，放至江浙，后以江水阻塞，舟楫不通，负板至省，又抵各路水次，脚价太贵，遂不通行。见《滇海虞衡志》。然滇产杉松，其名贵可于此推知之矣。产地之最著者，如麻栗坡、景谷、景东、华坪、中甸等处。此类树皮，又含单宁，可作鞣皮之用。

油杉 一名紫金杉。木材有油质，色赤褐，尤为锯板上选，以兰坪、永北、宁洱、景谷、腾冲、景东、华坪、丽江、中甸产者著名。此类有倒埋地中，经久发现，木材坚韧，色褐有香味者，名阴沉木。东昭、鲁甸、马关、麻栗坡有之，锯为棺板，价值极昂。又，晋宁左卫山之紫油木，体质坚密，纹理鲜明，色泽光华，用制装饰品，称为宝贵，或属油杉一类。

枞 属松科，与桧同类，常绿乔木。滇山野间产之，干高十余丈，径可合围，武定正续寺产者，大可十围，叶色浓绿，细长针状，叶身平扁，先端作义状凹入，球果长大，为椭圆形。材质粗软，每遇干湿，伸缩极大。惟其产量多，价格廉，故有用作建筑、器具用材者云。

榧 亦属松科，常绿乔木也。干高七丈，围可丈余，叶浓绿，先端尖削，如矢镞状，秋日结实，长七八分，壳有尖核，色呈淡褐，其味香美可口，材质亦适制木细工，滇山野产之，以永昌出者为佳。陶弘景《名医别录》谓"榧实出永昌，彼子生永昌山谷"，罗愿《尔雅翼》则谓"彼子，当从木作柀，即是榧也"。榧、彼、柀，一音之转，当以罗说为是。嵇含《南方草木状》谓"杉，一名柀樧"。柀樧、彼子，音易混淆，或者即榧一类。录此以见永昌产榧得名之早。又榧子，剑川亦产之。

罗汉松 亦属松科，常绿乔木也。高六丈，围七八尺，叶作长披针状，颇似竹柏，果实浑圆，在其下方之花，被膨大而为肉质，熟时色红，如俗所云罗汉著袈裟趺坐者然，故名。实可生食，颇香美。滇寺院喜植之，亦常产。

案：滇产松柏，种类最多。以上所举，不过松科常见之一部分，未足以尽其数。因其关系云南者至大，故特撮其重要者觑缕述之，以见滇产松科如此丰富，至于严格分类，则当俟诸异日。

———《新纂云南通志》卷六十一《物产考四·植物一·木材类》第2页

松 内地旅行，遍山松树，自入摆夷境即未见，班洪亦无之。行至猛董，见三四株，不觉有特别意味。或谓凡有松树，即无瘴气，然班洪无瘴，何以无松树，余疑此寒带植物，四季炎热之区则无之，不必有瘴气也。

———《滇西边区考察记》之一《班洪风土记》第32页

苏木

苏木 一曰苏枋木，出元江。《续博物志》云：自然虫粪为紫粉。

——《滇海虞衡志》卷十一《志草木》第 8 页

苏木 《一统志》：元江府出。檀萃《滇海虞衡志》：一曰苏枋木，出元江。

——道光《云南通志稿》卷七十《食货志六之四·物产四·元江直隶州》第 55 页

苏木 属豆科，一名苏枋木。滇元江、开化、永北、鹤庆均产之。叶圆细，类槐，枝柔嫩，花赤色。结果如皂荚，心材色红，可以染绛。

——《新纂云南通志》卷六十一《物产考四·植物一·木材类》第 24 页

苏木 《滇海虞衡志》：苏木，一曰苏枋木，出元江。《续博物志》云：自然虫粪为紫粉。

——民国《元江志稿》卷七《食货志·木属特别产》第 7 页

桫木

己卯八月十六日……是为顺宁东北尽处，与蒙化分界者也，以岭有桫松树最大，故名。

——《徐霞客游记·滇游日记十二》第 1191 页

（大理）无为寺在兰峰半……有香桫五株，大百围，高八九十丈，太古时物也。昔有二十余树，丧乱时，为樵爨伐尽，此仅存者。

——《滇黔纪游·云南》第 18 页

桫木亦多有大者，予所见省城外南郊归化寺门前数株，西关外文昌宫门首四株，皆有数抱。又闻大理府无为寺有香桫五株，大约十围，高可十丈，系千百年以前所植。夷地信鬼而敬神，木得假灵以厚其生也。

——《滇南闻见录》卷下《物部·木属》第 41 页

梭罗木

梭罗木 《一统志》：府境出。檀萃《农部琐录》：半果大木，可隐数牛，仰首望之，高入云表，不见枝头之所际，或曰即建木也。土人名杉罗汉，或松罗汉云。

——道光《云南通志稿》卷七十《食货志六之四·物产四·武定直隶州》第 52 页

檀

桂为奇木，以上药显。檀为神木，以妙香闻。论檀，则滇南各州郡俱有之，而至于为香，惟《永昌志》载有赶檀香。《明一统志》载八百大甸出白檀香。檀为善木，故从亶。亶者，善也。有黄、白、紫之异，江淮、河朔俱产檀，然不香。檀香出广东、云南及番国，三檀并坚重清香，而白檀尤良，释氏呼为旃檀，言离垢也。第南徼所产，亦不能尽香，而其降而成香，千百林中，或有其一二，物以少为贵也。道书谓为浴香，不可烧供上真，此故为歧言，不足辨也。其材之中于物用者甚多，即无香，亦应志而不遗也。

——《滇海虞衡志》卷十一《志草木》第 2 页

天章树

天章树 释曰：相传谓之曰汉树，今考之，汉惟有天汉、天凤、章和、章武等年号，即后汉则惟有天福之年号，六诏亦未有天章之年号，则为前人表彰以名树，非汉时年号可知已。树挟眠狮石以生，石高二丈，广阔四五十围。树缘石以生，婆娑笼罩，蔽荫此石。石之大而树能荫被之，则树可不必言而知其大矣。树身蟠结藤萝，如龙乘空，人自藤间，若登悬梯然，即达于石，然甚坦夷，虽衰筋老骨，可以负剑辟珥而行。谓非汉树也，征其形，非数千年不至此，则谓非汉树也，决决不可。

——《鸡足山志》卷四《名胜下·异迹二十则》第 176 页

万箭树

万箭树 在永昌府东五十里。山道傍有古木一株，二丈围。昔清平官高公出征，经过道上，树俯首，有恭揖之状。后人过者并不礼焉，遂射之，树梢之箭数以万计，故名万箭树。在澜沧江东五十里，自段氏时，扑蛮作盗，出没于此，故过者射其树以压之。迄今过者必射。树高五丈余，箭镞如猬毛然。

——《永乐大典方志辑佚》第五册《云南志·土产》第 3227 页

万箭树 永昌府哀牢山北，段氏因濮蛮出没于此，射其树以厌之。箭镞如猬。

——《增订南诏野史》卷下第 49 页

蚊子树

蚊子树 属金缕梅科，一名蚊母树，温暖地常绿乔木。叶椭圆，全边，长二寸许。五倍子虫亦构巢其间。四月顷簇生红白细花，结实圆形，庭园栽培殊雅致。威远、个旧名产，他处似不常见。

——《新纂云南通志》卷六十一《物产考四·植物一·木材类》第 23 页

乌木

乌木 其性坚，其色黑，可用器用。[1]

——景泰《云南图经志书》卷四《北胜州·土产》第 32 页

乌木 与栌木为一类。《吴都》分栌木与文木而二之，谓文木材密致无理，色黑如水牛角，日南有之，即《王会篇》所谓夷用阐木也。《统志》所载滇之北胜、沅江俱出乌木，恐或是栌，而真乌木当出于海南。今俗镶烟管用乌木，或訾之曰，此栌木管。栌与乌皆黑色，名以坚脆分耳。

——《滇海虞衡志》卷十一《志草木》第 8 页

---

[1] 此条，正德《云南志》卷十二《北胜州·土产》第 3 页同。

乌木　章潢《图书编》：出北胜州，坚黑可器。

——道光《云南通志稿》卷七十《食货志六之四·物产·永北直隶厅》第 43 页

乌木　《本草纲目》始著录。主解毒、霍乱、吐利，屑研酒服。《博物要览》：叶似棕榈，伪者多是檕木染成。《滇海虞衡志》谓元江州产者是栌木。真乌木当出海南。

——《植物名实图考》卷三十五《木类》第 64 页

昆明乌木　乌木旧传出海南。云南叶似棕榈，伪者多是檕木染成，《滇海虞衡志》谓恐是栌木。今昆明土人所谓乌木，叶似槐而厚劲，大如指顶，极光润，嫩条色紫，与旧说异。其即檕木或栌木欤？

——《植物名实图考》卷三十六《木类》第 31 页

栌树　属漆科，落叶乔木。叶为羽状复叶，四五月间，簇生黄绿小花，果实内有一种脂肪，称为栌脂，亦称为木蜡，取以制白蜡，与自水蜡树所取者有同等效力。又树皮中含单宁酸，亦可鞣革。滇山野间自生，秋季红叶成林，足供观赏，心材乌黑色，除董棕竹外，滇之乌木筷，多取材于栌树云。

——《新纂云南通志》卷六十一《物产考四·植物一·木材类》第 17 页

乌木　华坪、永北、元江产者佳，车里又特产黑心树，可供建筑及柴薪用，种后两年，即可取材。

——《新纂云南通志》卷六十一《物产考四·植物一·木材类》第 19 页

乌木　《滇海虞衡志》：乌木与栌木为一类，《吴都》分栌木与文水而二之，谓文木材蜜致无理，色黑如水牛角，日南有之，即《王会篇》所谓"夷用阇木"也。《统志》所载滇之北胜、沅江俱出乌木，恐或是栌，而真乌木当出于海南。今俗镶烟管用乌木，或訾之曰此栌木管。栌与乌，皆黑色，名以坚脆分耳。

——民国《元江志稿》卷七《食货志·木属特别产》第 7 页

乌木　产三坝乡，叶平滑而椭长，实圆如豆。木材色黑质坚，无年轮，土人多削为箸。据生物学家研究，乌木系热带地产物，今又产于海拔万尺以上之三坝乡，亦特产也。

——民国《中甸县志稿》卷上《自然·特产》第 12 页

无根树

无根树　在元谋县之苴宁村。二树并立，牧童焚断其根，即附旁树而生，其茂益盛。乃知寄胎长生，物理且然。张三丰根树之歌非无据也。

——《滇南杂志》卷十三《轶事七》第 11 页

无名树

安宁温泉……其温泉之侧有无名树，仅四五尺，蟠根石崖，四时不凋，亦不复长。杨用修游其地，有"瑶草蟠千岁"之语。今距用修又且百年矣，而形质如故，不知其为何木也。

——《滇略》卷三《产略》第 10 页

无名树　生安宁州温泉古石崖上。叶如黄李，花如秋桂，枝如凤竹软而缀，根如龙松蟠而曲。绿干青茎，春华秋馥，四时苍翠，霜雪不凋。杨升庵先生称为瑶草，文襄公意为万年青，然皆以疑相传，究不能知其何名也。

——《滇南杂志》卷十三《轶事七》第 9 页

梧桐

永昌郡，古哀牢国。哀牢，山名也。……有梧当衍桐。桐当作橦，下同。《蜀都赋》曰：布有橦花也。李歪依《后汉书》误改耳。木，其华柔如丝，民绩以为布，幅广五尺以还，洁白不受污，俗名曰桐华布，以覆亡人，然后服之，及卖与人。

——《华阳国志》卷四《南中志》第 18 页

《诗》梧桐生矣，于彼朝阳，故《尔雅翼》云梧桐多阴也。凤凰非梧不栖，非其实不食，则其性思于凤，亦足会心矣。《遁甲精语》谓梧桐能知闰。从下敷一叶为一月，闰则十三叶矣。故梧桐不生则九州异，谓其前知也。其花结如绒线头，五色均备，微微作丝，间错含蜜。蜀中有虫名桐花凤，备五采，多金色，状等孔雀毛。制佳笼畜之，啖以蜜则以须探食，将冬必死矣。今鸡山寒甚，故无此虫，即树亦不多植，以性不耐故耳。

——《鸡足山志》卷九《物产》第 322 页

梧桐　曹树翘《滇南杂记》：永昌有梧桐子，比中州者形颇长，大者几可当莲实，过永昌亦不可得。

——道光《云南通志稿》卷七十《食货志六之四•物产四•永昌府》第 23 页

梧桐　属梧桐科，温带之落叶乔木也。干部直立，高逾数丈，树皮平滑，呈暗绿色，叶掌状三裂。四月顷开嫩黄色小花，秋后结实为皮果，长三寸许，房壁裂开，种子附著其上，多者五六，少者二三，色黑球状，即梧桐子也。肥嫩可食，威信产。梧桐子，亦可取油，材质亦有用。滇庭园喜植之，用臻风景之美。华宁产者尤著。

——《新纂云南通志》卷六十一《物产考四•植物一•木材类》第 22 页

象牙木

象牙木　《新平县志》：出鲁魁山，可代象牙作箸。

——道光《云南通志稿》卷七十《食货志六之四•物产•元江直隶州》第 55 页

血树

血树　似芭蕉，枝叶如血，根干紫黑色，高者七八尺，惟临安有之。高第诗："血树真如血染成，细看疑是赤龙精。与君不惜连床话，试听中宵风雨声。"

——《滇略》卷三《产略》第 8 页

鸦蛋子

鸦蛋子　生云南。小树圆叶，结实三粒相并，中有一棱。土医云能治痔。

——《植物名实图考》卷三十六《木类》第 46 页

盐肤木

盐肤木　本属漆科，但生五倍子，情形亦似蚊子树，为山野自生落叶乔木。叶上生虫瘿，即五倍子，供染料及药用。果实熟时，外生白粉，味咸，故有盐肤之名。滇常见之，思茅又名为樵。

——《新纂云南通志》卷六十一《物产考四·植物一·木材类》第 23 页

椰子

椰木　出缅甸海滨，诸土司皆有之。似槟榔，无枝条，高十余寻。叶在其末，如束蒲，实大如瓠，系树顶如挂物。实外有皮如胡桃，核内有肤如雪，厚半寸，似猪膏，味美如胡桃。肤里有清汁升余，如蜜，可愈渴。核作饮器，粤人以为酒器及瓢杯，能辟毒，所谓"酒满椰杯消雾毒"也。

——《滇海虞衡志》卷十一《志草木》第 7 页

椰子　即古古椰子一类。刘欣期《交州记》云"椰树状如海棕，实大如椀。外有粗皮，如大腹子、豆蔻之类，内有浆如酒，饮之不醉，云南者亦好"等语，与《寰宇记》所记树头酒略同，是为滇产椰树之证。又查，椰树多产海滨，故名海棕，但内地亦多有播种栽植之者，滇产椰树，即内地种，亦即古古椰子类也，所结果实，俗呼椰果，墨江则呼为棕果，当未熟时，种子内部充满液汁，可取以为饮料，其白而厚之胚乳，含有良质之油，是为椰子油，晒干胚乳，切成小片，亦可榨取工业油，且为贸易品之大宗。今车里所产椰子，即可取以榨油者也。惜交通未便，尚未闻输出之法。安南椰果，则近已有售至昆市者。此果渍糖蜜，香甘可口。内皮坚硬，可任雕刻，茎叶亦几无废物。滇思普沿边，所产多为自然林，相栽培利用，是所望于将来之拓植者耳。

——《新纂云南通志》卷六十一《物产考四·植物一·木材类》第 8 页

夜合

（苍山）夜合树，高广数十亩，枝干扶疏曲折，开花如小山覆锦被，绝非江浙马缨之比。[1]

——《滇黔纪游·云南》第 20 页

合欢木　属豆科，一名夜合，俗讹作夜蒿，暖、温两带均常见之落叶乔木也。叶为二次羽状复叶，夜间两列小叶互相闭合，遂起睡眠运动，故有夜合之名。旧历四月，花集球状，外红内白，颇美观。又有绒树、马缨花之别名。滇中旧传释迦佛坐夜合树下誓成正觉，故每岁四月初八浴佛节时，有喜摘其叶入汤沐者。但考菩提伽野佛坐圣迹，系菩提树，并非夜合。此树材质最适细工，捣叶煎汁，亦可涤垢，在滇多野生。

——《新纂云南通志》卷六十一《物产考四·植物一·木材类》第 24 页

---

[1] 此条，道光《云南通志稿》卷六十九《食货志六之三·物产三·大理府》第 14 页同。

油加利树

洋草果 属桃金孃科，译名有加利，亦译作桉，常绿大乔木。原产澳洲，清季由英传教士输入云南。此树种类甚多，滇中概呼为洋草果，单根深入，性喜潮湿，茎高十余丈，分生多枝，叶长披针形，稍弯曲似腰镰，花开白色，蒴果熟时裂开，放散扁黑种粒。叶及果实均有挥发油，可制有加利油，祛疟疾。树身发育至速，材质屈拗，但铁道枕木及器具用材均为上选。

——《新纂云南通志》卷六十一《物产考四·植物一·木材类》第 21 页

油桐

油桐、乌臼 属大戟科，落叶乔木，一名罂子桐。滇鹤庆、巧家、永仁、宣威、车里山野间自生。亦有同类之乌臼，为滇中近时选种栽植之，叶心脏形，有全边，四月顷开紫色或红白色花，结实为蒴果，色黑形圆，种子胚乳中颇富油质，达百分之四十二，可制桐油。其性浓厚，干燥迅速，虽不适食用，然涂物及制假漆均适用之，以华坪、永仁、永善、绥江产出之桐油比较尤多。

——《新纂云南通志》卷六十一《物产考四·植物一·木材类》第 22 页

榆树

紫榆木 其色紫而有花纹，可为器用。

——景泰《云南图经志书》卷三《临安府·建水州·土产》第 9 页

紫榆木 建水州出。

——正德《云南志》卷四《临安府·土产》第 9 页

榆树 榆树在滇中为常见之乔木，大理一带最多，夙有叶榆之称。此树枝叶绵密，荫被数亩，果种具翅者少，故滇中榆荚不常见。材质极有用，惟茎干易惹虫害，不加除治，转为害虫之薮。兹细别滇产榆类，有榉、朴、榎等诸种，云南则统名之为榆，无区别也。

榉 滇到处产之。高达十丈，叶有锯齿多毛，材质黄褐且带微红，树皮平滑，易于剥脱，惟木材刚劲耐久，适于建筑及器具用材之选。

朴 亦属榆科，或呼为椋木，落叶乔木，滇南部温暖地产之。高五六丈，树皮黄褐，有灰色斑点，秋后结核果，色紫黑，比楝子略小。材质坚硬，适于柯柄之用。

榎 亦属榆科，旧称樸树，落叶乔木，亦产南部温暖地。果实赤褐，熟时可食，材质亦可作薪炭用。别名甚多，或疑朴树，亦混称樸树，玉溪、滇西一带，又称为婆树。《顺宁府志》引桂馥《札樸》云"婆树即驳树"，引《诗》"隰有六駮"为证，意谓树皮青白，遥视如駮马，故得駮树之名。《补笔谈》亦谓"梓榆，南人谓之樸，齐鲁间人谓之駮马，駮马即梓榆也"，婆、駮、樸，一音之转，殆同一植物，而同音可以通假。今滇有白榆一种，树皮青白，与上说形性盖合，是则白榆即梓榆，梓榆亦即駮马、樸树也。

——《新纂云南通志》卷六十一《物产考四·植物一·木材类》第 11 页

皂荚

皂荚　属豆科，落叶乔木，温暖带均产之。枝多锐刺，可入药，叶为一次或二次羽状复叶，六月顷开淡黄色小蝶形花，荚果长尺许，中含碱质，可涤污垢，材质可作木细工，滇原野产之。此树在本省生长最良，其根瘤中有硝酸菌一种，能从空气中摄取游离淡气，故荒瘠地造林极为适选。另有一种名牙皂，荚较短，白润如牙，元谋名产。又产皮哨子、苦楝科。猫猫刺，果实亦可作枧料，能退汗及污秽。猫猫刺，不知谁属？姑附于此。

——《新纂云南通志》卷六十一《物产考四·植物一·木材类》第 23 页

柞

柞　属壳斗科，一名椇。与锥栗极相似，亦有人认作锥栗。落叶乔木，比较生于稍寒之地。树皮淡灰褐色，有浅纵裂目，叶为倒卵形，具波状锯齿。木材用途与麻栗同，叶嫩能饲柞蚕。滇山地有之。

——《新纂云南通志》卷六十一《物产考四·植物一·木材类》第 14 页

樟

戊寅十二月十七日……旧寺有井，有大香樟。

——《徐霞客游记·滇游日记五》第 900 页

樟木　《新平县志》：出哀牢山，大者可为桌面。

——道光《云南通志稿》卷七十《食货志六之四·物产·元江直隶州》第 55 页

樟木树　邑南四十五里会基山凹冷泉之旁，有樟树一株，高六丈，大一丈余。叶四时苍翠，不萎不凋，根如虬蟠蜿曲。询之，莫计其年，或云龙神呵护，地脉钟灵，间有土著人于朔望祀之。

——道光《定远县志》卷八《艺文志下·杂记》第 324 页

樟　属樟科，常绿乔木。屡与山毛榉类混生林中，树干虽高，直径不大，茎及枝叶皆可制炼樟脑。滇南部温暖如思普沿边，及新平、车里、南峤、佛海、景谷、五福、建水之雨林区，均有其天然林。惜尚未知制脑之法，惟五福之顶真、猛翁两区，年可集千余斤。此树材质细腻，纵错有纹，宜雕刻，气甚芬烈，亦入药用。

香樟　即樟树类，常绿乔木。比较生低地，或以为即《诗》所云"隰有六駮"者是也。树皮淡紫黑白，作圆鳞状，易剥离。叶长披针状，全边，有香味，雌雄异株，秋时开黄色小花，结赤色果，材质适作木细工，大理、祥云、兰坪、梁河及思普沿边一带均产之。

——《新纂云南通志》卷六十一《物产考四·植物一·木材类》第 21 页

柘

《云南记》曰：会川室屋相次，皆是板及茅舍。满川坡尽是花木，亦有赤柘。

——《太平御览》卷九百五十八《木部七·柘》第 2 页

棉柘　见《救荒本草》，为柘之一种，滇南有之。叶如桑而厚，实如椹而圆。织机无事，嘉树空生，自缺妇功，何关地利哉！

——《植物名实图考》卷三十六《木类》第 29 页

柘　属桑科。亦滇中常见植物，或名榨桑，古时桑、柘并称。茎为大灌木，枝上有刺，与桑不同。叶阔大，为长卵形，全缘，或近顶处有三浅裂。果实圆形而赤，味甘可食。叶之嫩者，可饲幼蚕。木质坚硬，亦适制小器物云。

——《新纂云南通志》卷六十一《物产考四·植物一·木材类》第 16

榛

榛　壳斗科，落叶乔木。古时榛、栗并名，但叶柄较广而圆，果仁可以榨油，惟中实者少，古有十榛九空之称。滇山野产，用途稍次于栗。

——《新纂云南通志》卷六十一《物产考四·植物一·木材类》第 15 页

楮木

楮木　属壳斗科，一名槲，有血、楮两种，落叶乔木。叶为半倒卵形，有粗锯齿，以之作家具及器物之柄最宜，滇山地产。

——《新纂云南通志》卷六十一《物产考四·植物一·木材类》第 14 页

紫花木

紫花木。

——正德《云南志》卷二《云南府·土产》第 9 页

棕

棕树根　味涩，性寒。治妇人血崩不止，男子五淋便浊。治大肠下血。

——《滇南本草》卷中《草部》第 16 页

椶　皮中毛缕，如马之鬃鬣，是以得名。鬣即鬈也，鬃也，故又名之为栟榈树。本圆，停长一二丈，皆无枝叶。自椶成二尺余时，缘割椶定，则其树之割痕层层圆叠而上，遂若环围之树身矣。盖枝叶惟生于颠，每枝若蒲葵之一扇，群枝散阴，大等车盖，枝下有皮围之，丝毛错综，宛如织缕。二旬一采，用刀从下割沏之，以手揭下，取其丝可织，可以为绳。合片缝之，可作蓑笠。其为器用者甚广，其木可镟作器，作钟杵耐捶。三月，其颠抽茎，茎颠作苞，苞中含萼，作鱼子形，谓之曰椶鱼也。花鱼即实为子，子累累然，初黄熟黑，大似羊枣，心坚若铁。取以种之，则小椶出矣。郑樵《通志》讹椶为王彗，王彗乃地肤子耳。许慎《说文》又讹为蒲葵，俗又讹椶为棕，皆非也。《山海经》石翠之山，其木多椶是也。

栟榈 山中种子，植之篱畔。二旬一采榱疋，以供杂用。

野梭 高仅至二三尺，叶与树均相似，惟少榱疋，可以缚而作帚。

——《鸡足山志》卷九《物产》第 321 页

棕榈 属椰子科，本温、热带产，今云南各处有之。茎高数丈，直立无旁枝，叶类蒲扇，丛生树杪，叶柄最长，外被褐赤色苞叶，俗称棕皮，富纤维质，可制绳索、包布。春末发生花穗，成圆之状，缀成黄色细蕊。结实如豆，生黄熟黑，堕地即生新苗，滇园野间植之，无不活者。木材亦硬直可用。

——《新纂云南通志》卷六十一《物产考四·植物一·木材类》第 6 页

动物王国篇

位于东喜马拉雅地区东南缘的云南，以山高谷深、江河纵横、湖泊众多、气候多样而闻名于世，多样立体的气候类型、复杂特殊的地形地貌孕育了丰富的生物种类。云南的动物种类占全国种类一半以上，种类为全国之冠。滇金丝猴、亚洲象、犀鸟、绿孔雀、黑颈鹤等为代表的濒危物种、特色物种和国家级保护动物在这片土地上繁衍生息，与人类和谐共生，因此云南以"动物王国"之美誉，享誉中外。

本篇辑录历代文献中所记载的有关云南各种动物 230 余种，包括哺乳动物、鱼类、鸟类、两栖爬行类、昆虫类等，分列兽、禽、鳞介、虫 4 属。

一是哺乳动物物种多样性。云南的哺乳动物物种具有种类多、特有类群多、区系复杂、物种分布边缘效应明显等特点，其中以滇金丝猴、亚洲象、绿孔雀等为代表。无论是生活在云南南部热带雨林中的特有物种，即道光《云南通志稿》中所记载的"白面猿"、《新纂云南通志》中记载的"玉面猿"（国家重点保护野生动物白颊长臂猿），还是生活在云南北部冰川雪线附近高山针叶林带的"金丝猴"（中国特有物种滇金丝猴），都已列入《世界自然保护联盟》濒危物种红色名录。幸运的是，中国已经建立了如勐腊、白马雪山等自然保护区，以杜绝这些珍贵物种的野外灭绝。

二是鱼类物种多样性。云南水系复杂，拥有众多河流、高原湖泊和洞穴，6 大水系沿断裂带发展，彼此被山地隔绝，季节水位落差大，水环境的多样性导致了鱼类的物种在整个脊椎动物中表现出来的多样性特别明显，河流型鱼类呈现出种类多、种群数量少的特点。云南有大小湖泊 33 个，湖泊鱼类体型小、生长慢，物种分化强烈，生态系统相对封闭。另外，还有在洞穴中少见的独特鱼类——盲鱼，以及康熙《云南通志》、道光《晋宁州志》《昆阳州志》《续修易门县志》《呈贡县志》等史料记载的产于滇池周边洞穴中的金线鲃。

三是鸟类物种多样性。云南鸟类动物不仅"罕见种""稀有种"占有比例极高，而且特有种类极其丰富，如遍及全省的鸬鹚，见于嘉靖《大理府志》、万历《云南通志》、天启《滇志》等历代文献中。另外，云南还是我国南北鸟类交会的中心地带，是迁徙鸟类的重要通道、越冬地和栖息地。每年 3 万多只从西伯利亚飞临"春城"昆明越冬的红嘴鸥，也成为人与自然和谐共生的最佳见证。

四是两栖爬行类物种多样性。云南两栖爬行类种类繁多，热带、温带、寒带等各类型物种俱备，特有种或仅见于云南的种类也很多。云南地跨东洋界的华南区和西南区，处于亚洲东南部两栖动物区系形成和演化的关键过渡地带，这也是云南两栖动物特别丰富的原因之一。两栖动物和爬行动物都是变温动物，对于所处环境的生态条件要求极高，环境变化非常敏感，可以作为环境恶化的"指示种"，即两栖爬行类动物丰富的地区，代表了该地自然生态环境很好。不论是中国乃至世界发现恐龙化石数量最多、个体最为完整、种届最丰富的禄丰恐龙，还是近年来发现的如腾冲拟髭蟾、翡翠攀蜥、版纳褶虎等两栖爬行类动物新物种，都印证了云南自恐龙时代至今，都是两栖爬行类动物的美好家园。

　　五是昆虫物种多样性。昆虫是动物中分布最广，种类最多，个体数量最大的种类，是维持生态平衡的重要因素，也是物种多样性最丰富的类群。云南的昆虫种类估计在 10 万种左右，有明显的垂直分布特点，保留了很多原始类群。仅是蝴蝶一类，云南就占中国蝴蝶种类近半，达 700 余种，是中国蝴蝶的主要产地之一。

　　近年来，云南在野生动物的保护上走在全国前列，不断加强对野生动物资源的管理，执行加强资源保护、积极驯养繁殖、合理开发利用的方针，制定保护、发展和合理开发利用野生动物资源的规划和措施。云南野生动物资源蕴藏丰富，但同时也具有珍稀濒危种类多、保护种类多、种群小、个体数量少的特点。保护野生动物和生物多样性的任务仍然十分艰巨。

　　目前，随着云南野生动物保护力度的不断加大，人与自然和谐相处的氛围也日益浓厚。云南成为我国生物多样性保护实践最有成效的地区，颁布实施了全国首部生物多样性保护法规——《云南省生物多样性保护条例》，建成了"中国西南野生生物种质资源库"，率先实施极小种群物种保护行动。深入开展国家重点保护野生动植物资源、畜禽品种遗传资源、极小种群物种及一些重要物种的保护和研究，物种保护体系不断完善。亚洲象、羚牛、滇金丝猴、西黑冠长臂猿、滇池金线鲃、大理弓鱼等珍稀濒危或特有物种的拯救、保护和恢复工作深入开展，使"彩云之南"成为和谐共生、和谐发展之地。

Kingdom of Fauna

Located on the southeastern edge of the Eastern Himalayas, Yunnan is famous for its high mountains and deep valleys, vertical and horizontal rivers, numerous lakes, and diverse climates, with diverse multi-dimensional climate types, complex and special topography and landforms nurturing a wealth of biological species. Yunnan is home to more than one half of China's animal species with the number of species ranking top in the country, and endangered species, characteristic species, and national-level protected animals represented by snub-nosed monkey, Asian elephant, hornbill, green peacock, and black-necked crane can thrive on this land and live in harmony with humans. Therefore, Yunnan enjoys the reputation of "Kingdom of Fauna", which is well-known at home and abroad.

More than 230 species of animals in Yunnan, including mammals, fish, birds, amphibians and reptiles and insects, are recorded in the literature of the past dynasties in Yunnan Province and they are divided into 4 genera such as beasts, avians, scales, and insects.

1. The diversity of mammalian species. Mammal species in Yunnan are characterized by various species and endemic groups, complex flora, and marginal effect of species distribution, of which are represented by snub-nosed monkeys, Asian elephants, and green peacocks. The endemic species living in the tropical rain forests of southern Yunnan, the "white-faced gibbon" in *General Records of Yunnan* during the reign of Emperor Daoguang in the Qing Dynasty(1820-1850), the "jade-faced gibbon" in *New Compilation on the General Records of Yunnan* in the Republic of China (the white-cheeked gibbon, national key protected wild animal), as well as the endemic species living in the alpine coniferous forest near the glacier snow line in northern Yunnan, snub-nosed monkeys (Yunnan snub-nosed monkeys, endemic to China) in *Annals of dianhai Yuheng* and *New Compilation on the General Records of Yunnan* in the Republic of China(1912-1949), have been included in the Endangered Species Red List of *International Union for Conservation of Nature* (IUCN). Fortunately, China has established nature reserves such as Mengla Natural Reserve and Baima Snow Mountain Natural Reserve to prevent the extinction of these precious species in the wild.

2. The diversity of fish species. The water system is complex in Yunnan where it boasts a large number of rivers, plateau lakes and caves, of which six major water systems develop along fault zones, and they are isolated from each other by mountain ranges. With the great difference in seasonal water level and the diversity of water environment, the diversity of fish species in the whole vertebrates is particularly obvious and the number of river-typed fish is relatively small. There are 33 lakes in Yunnan in total. The fish in the lakes are small in size, slow in growth, strong differentiation in species and its

ecosystem is relatively closed. In addition, there are also unique fishes rarely seen in caves-blind fish, for example, the golden line barbels (*Sinocyclocheilus grahami grahami*) that are produced in the caves around Dianchi Lake and recorded in the historical materials such as *General Records of Yunnan* during the reign of Emperor Kangxi in the Qing Dynasty, *Annals of Jinning Prefecture*, *Annals of Kunyang Prefecture*, *Renewal Annals of Yimen County*, and *Annals of Chenggong County* during the reign of Emperor Daoguang in the Qing Dynasty.

3. The diversity of bird species. Yunnan's bird animals not only account for a high proportion of "rare species" and "endemic species", but also have extremely rich endemic species. For example, cormorant, which has spread throughout the whole province, can be found in historical documents such as *Annals of Dali Prefecture* during the reign of Emperor Jiajing in the Ming Dynasty, *General Records of Yunnan* during the reign of Emperor Wanli in the Ming Dynasty, and *Annals of Yunnan* during the reign of Emperor Wanli in the Ming Dynasty. In addition, Yunnan is also the center of the intersection of north and south birds in my country, where it is an important passage, wintering ground and habitat for migratory birds. Every year, more than 30,000 red-headed gulls flying from Siberia to Kunming, the "Spring City", have become the best testimony of the harmonious coexistence between man and nature.

4. The diversity of amphibians and reptiles. There are many species of amphibians and reptiles in Yunnan, with almost all types of species including tropical, temperate, and frigid zones, as well as many endemic or only found in Yunnan. Located in the key transition zone for the formation and evolution of amphibian fauna in Southeast Asia, Yunnan straddles the South China and Southwest regions of the Oriental Realm, which is one of the reasons why Yunnan is particularly rich in amphibians. Amphibians and reptiles are both temperature-changing animals, which have extremely high requirements on the ecological conditions of the environment. They are very sensitive to environmental change, and can be used as "indicator species" of environmental deterioration. For example, areas abundant in amphibians and reptiles symbolize a good natural environment. The Lufeng dinosaur with the largest number of dinosaur fossils, the most complete shape, and the richest species has been discovered in China and thence to the world as well as the new species of amphibians and reptiles such as Tengchong toad, emerald climbing lizard, and Banna fold tiger have been discovered in recent years, confirms that Yunnan has been a beautiful home for amphibians and reptiles since the dinosaur era.

5. The diversity of insect species. Insects are the species with the most widespread distribution, the most various species, and the largest number. They are an important factor in maintaining ecological balance and are also the group with the richest species diversity. It is estimated that there are about 100,000 insect species in Yunnan with obvious vertical distribution characteristics, retaining many primitive groups. For butterflies alone, Yunnan's butterflies account for nearly half of national total species, amounting to more than 700 species, so Yunnan is one of the main producing areas of Chinese butterflies.

In recent years, Yunnan has been at the forefront of the country at protecting wild animals. It has continuously strengthened its management of wild animal resources, implemented the policy of strengthening resource protection, active domestication and breeding, and rational development and utilization, and formulated the plans and measures to protect, develop and rationally utilize wild animal resources. Yunnan is rich in wild animal resources, but it also has the characteristics of many rare and endangered protected species, and small populations and groups. So there is still a long way to go to protect wildlife biodiversity.

At present, with the increasing protection of wild animals and the strong atmosphere of harmonious coexistence between man and nature in Yunnan, Yunnan has become one of the most effective areas for biodiversity conservation practices in China. It has promulgated and implemented the country's first biodiversity protection regulations—*Regulations on Biodiversity of Yunnan Province*, established the Germplasm Bank for Wildlife in the Southeast of China, and taken the lead in implementing the protection of very small population species. At the same time, Yunnan has carried out in-depth protection and research on national key protected wild animal and plant resources, genetic resources of livestock and poultry breeds, very small population species and some important species, with the species protection system being continuously improved. The rescue, protection and restoration of rare and endangered or endemic species such as Asian elephants, takins, Yunnan golden sub-nosed monkeys, western black-crowned gibbons, the golden line barbell in Dianchi Lake, and Dali bow fish have been carried out in depth, making Yunnan a paradise of harmonious coexistence and development between man and nature.

一、兽之属

及汉兴……巴蜀民或窃出商货，取其笮马、僰僮、髦牛，以此巴蜀殷富。

——《史记》卷一一六《西南夷列传》第 2993 页

哀牢出轲虫、蚌珠、孔雀、翡翠、犀、象、猩猩①、貊兽②。

——《后汉书》卷八十六《南蛮西南夷列传》第 2849 页

永初元年，徼外僬侥种夷陆类等三千余口举种内附，献象牙、水牛、封牛。

——《后汉书》卷八十六《南蛮西南夷列传》第 2851 页

崇魔蛮，去安南管内林西原十二日程。溪洞而居，俗养牛马。比年与汉博易，自大中八年经略使苛暴，令人将盐往林西原博牛马，每一头匹只许盐一斗，因此隔绝，不将牛马来。

——《蛮书》卷四《名类》第 22 页

猪、羊、猫、犬、骡、驴、豹、兔、鹅、鸭，诸山及人家悉有之，但食之与中土稍异。蛮不待烹熟，皆半生而吃之。

——《蛮书》卷七《云南管内物产》第 35 页

云南王蒙异牟寻以清平官尹辅酋十七人，奉表谢恩，进纳吐蕃赞普钟印一面。案《通鉴》：吐蕃谓北为钟，南诏服吐蕃时，封为赞普钟日东王。并献铎鞘、浪川剑、生金、瑟瑟、牛黄、琥珀、白氎、纺丝、象牙、犀角、越赕马、统备甲马并甲文金，皆方土所贵之物也。

——《蛮书》卷十《南蛮疆界连接诸番夷国名》第 48 页

兽属 豹、虎、兔、麂、獐、猴、熊、狼、狐狸、野豕、俱野。牛、二种。马、驴、豕、羊、二种。猫、犬。家畜。

——嘉靖《寻甸府志》卷上《食货》第 32 页

兽之属 二十一：马、《玉海》言：宋建炎买马，以绵采博于大理。绍兴四年，李域遣人入大理国买马。乃今不如昔之蕃，其故不可知已。鹿、兔、獐、麂、麋、猿、穿山甲、香猫、竹鼬、松鼠、獭、豪猪、熊、豹、羚羊、山驴、山羊、野猪、飞鼠、青猿。

——嘉靖《大理府志》卷二《地理志·物产》第 75 页

畜之品 牛、马、驴、骡、羊、犬、鹅、鸭、猪、猫、鸡。

兽之品 虎、豹、鹿、熊、獭、獐、麂、兔、竹鼠、野猪、穿山甲。

——隆庆《楚雄府志》卷二《食货志·物产》第 36 页

---

① 猩猩 《后汉书·南蛮西南夷传》注引《南中志》曰："猩猩在山谷中，行无常路，百数为群。土人以酒若糟设于路；又喜屩子，土人织草为屩，数十量相连结。猩猩在山谷见酒及屩，知其设张者，即知张者先祖名字，乃呼其名而骂云：'奴欲张我。'舍之而去。去而又还，相呼试共尝酒。初尝少许，又取屩子著之。若进两三升，使大醉。人出收之，屩子相连不得去，执还内牢中。人欲取者，到牢边语云：'猩猩，汝可自相推肥者出之。'既择肥竟，相对而泣，即左思《赋》云'猩猩啼而就禽'者也。昔有人以猩猩饷封溪令，令问饷何物，猩猩自于笼中曰：'但有酒及仆耳，无它饮食。'"

② 貊兽 《后汉书·南蛮西南夷传》注引《南中八郡志》曰："貊大如驴，状颇似熊。多力，食铁，所触无不拉。"

兽之属　十二：马、猫、獐、麂、鹿、兔、松鼠、猴、水獭、香狸、野猫、短狗。

——万历《云南通志》卷二《地理志一之二·云南府·物产》第 13 页

兽之属　十七：马、兔、獐、麂、猿、熊、豹、竹䶆、松鼠、獭、豪猪、羚羊、山驴、山羊、野猪、飞鼠、穿山甲。

——万历《云南通志》卷二《地理志一之二·大理府·物产》第 34 页

兽之属　二十一：牛、羊、马、驴、骡、犬、豕、猫、虎、猿、猴、豺、鹿、獐、麂、狐、兔、獭、豪猪、熊、羚羊。

——万历《云南通志》卷二《地理志一之二·临安府·物产》第 54 页

兽之属　一十六：鹿、麂、獐、兔、虎、豹、狐、猿、熊、獭、山驴、野猪、竹䶆、羚羊、香猫、山羊。

——万历《云南通志》卷二《地理志一之二·永昌军民府·物产》第 67 页

兽之属　十二：虎、豹、鹿、熊、獭、獐、麂、狐、兔、竹鼠、野猪、穿山甲。

——万历《云南通志》卷三《地理志一之三·楚雄府·物产》第 8 页

兽之属　十二：虎、豹、鹿、麂、獐、熊、猴、兔、狐狸、獭、猫、豪猪、山驴。

——万历《云南通志》卷三《地理志一之三·曲靖军民府·物产》第 15 页

兽之属　十：虎、豹、鹿、獐、麂、熊、猿、狐、兔、山驴。

——万历《云南通志》卷三《地理志一之三·澂江府·物产》第 22 页

兽之属　二十六：马、骡、驴、牛、羊、犬、豕、狸奴、熊、豹、虎、马鹿、麂、獐、野猪、豪猪、野羊、山驴、狐狸、香猫、竹鼠、竹䶆、山鼠、猴、兔、狼。

——万历《云南通志》卷三《地理志一之三·蒙化府·物产》第 28 页

兽之属　二十一：虎、豹、豺、狼、獐、麂、狐、兔、獭、猴、野猪、豪猪、山鼠、竹鼠、山鸹、香猫、野猫、野羊、飞鼠、穿山甲、熊。

——万历《云南通志》卷三《地理志一之三·鹤庆军民府·物产》第 36 页

兽之属　十一：獐、麂、鹿、兔、猿、熊、豹、豺狼、竹鼠、狐狸、獭。

——万历《云南通志》卷三《地理志一之三·姚安军民府·物产》第 46 页

兽之属　二：白面猿、熊。

——万历《云南通志》卷三《地理志一之三·广西府·物产》第 51 页

兽之属　十：獐、麂、虎、豹、猴、兔、熊、狼、狐狸、野豕。

——万历《云南通志》卷四《地理志一之四·寻甸府·物产》第 3 页

兽之属　十二：獐、麂、鹿、熊、猿、狼、兔、獭、虎、豹、狐狸、野猪。

——万历《云南通志》卷四《地理志一之四·武定军民府·物产》第 9 页

兽之属　十一：熊、豹、獐、麂、鹿、兔、猿猴、貂鼠、猎犬、野猪、狐狸。

——万历《云南通志》卷四《地理志一之四·景东府·物产》第 11 页

兽之属　十三①：虎、豹、豺、狼、熊、獐、麂、兔、猿、猴、狐狸、牦牛、豪猪、竹鼠、山驴。

——万历《云南通志》卷四《地理志一之四·丽江府·物产》第 18 页

兽之属　二：白面猿、熊鼠。

——万历《云南通志》卷四《地理志一之四·广南府·物产》第 20 页

兽之属　十八：鹿、虎、豹、麂、猿、熊、豺、狼、竹䶉、松鼠、棕鼠、毫猪、野猪、山驴、山羊、玉面狸、穿山甲、矮脚狗。

——万历《云南通志》卷四《地理志一之四·顺宁州·物产》第 24 页

兽之属　七：獐、麂、野牛、豹、马、黄牛、牦牛。

——万历《云南通志》卷四《地理志一之四·永宁府·物产》第 27 页

兽之属　十三：虎、豹、熊、獐、麂、鹿、兔、猿、毛牛、石羊、羚羊、山驴、豪猪。

——万历《云南通志》卷四《地理志一之四·北胜州·物产》第 33 页

兽之属　七：熊、豹、獐、麂、兔、猿、鹿。

——万历《云南通志》卷四《地理志一之四·新化州·物产》第 35 页

兽之属　二：熊、豹。

——万历《云南通志》卷四《地理志一之四·者乐甸长官司·物产》第 37 页

贡象道路：上路，由永昌过蒲缥，经屋床山，箐险路狭，马不得并行，过山即怒江，过江即樊夷界也。江外高黎共山，路亦颇险，山巅夷人立栅为砦。此栅，三代谓之徼外也。过腾冲卫，西南行至南甸、干崖、陇川三宣抚司。陇川有诸葛孔明寄箭山。陇川之外皆是平地，一望数千里，绝无山溪。陇川十日至猛密，二日至宝井，又十日至缅甸，又十日至洞吾，又十日至摆古，见今莽酋居住之地。

下路，由景东历赭乐甸，行一日至镇沅府，又行二日始达车里宣慰司之界，行二日至车里之普耳。此处产茶，一山耸秀，名光山，有车里一头目居之，蜀汉孔明营垒在焉。又行二日至一大川原，轮广可千里，其中养象。其山为孔明寄箭处，又有孔明碑，苔泐不辨字矣！又行四日，始至车里宣慰司。在九龙山之下，临大江，亦名九龙江，即黑水之末流也。由车里西南行八日至八百媳妇宣慰司，此地寺塔极多，一村一寺，每寺一塔，村以万计，塔亦以万计，号慈国，其酋恶杀，不喜争，敌人侵之，不得已，一举兵得所仇而罢。由此，又西南行一月至老挝宣慰司，其酋一代止生一子承袭，绝不生女。西行十五六日至西洋海岸，乃摆古莽酋之地。

——万历《云南通志》卷十六《羁縻志十一》第 2 页

周《王会》：白民即滇白人。贡乘黄。似麟有角。卜人即濮人。贡砂。丹砂也。黑齿即永昌夷。贡白鹿。

——《滇略》卷三《产略》第 1 页

腾冲有地名缅箐，常有二兽出见，大如橐驼，毛色碧绿，狮首、象蹄、牛尾，有齿无牙，顶戴肉角，见人则伏地而鸣。土人误杀其一，暴露数日，都不臭腐。父老云，此兽见，则有兵。

——《滇略》卷三《产略》第 17 页

薄辰　大如狐而人立，手足类熊，亦曰熊弟，炙之甚美。

福罗　似猴而毛赤，可为裘，性嗜蜜，土人置蜜罝之。出鹤庆山谷中。

——《滇略》卷三《产略》第 17 页

---

① 十三　按下文所列，有十五种。

和帝永元六年，永昌徼外夷遣使译献犀牛、大象。安帝永初元年，永昌徼外僬侥种夷三千余口内附，献象牙、水牛、封牛。

——《滇略》卷七《事略》第 5 页

政和七年，南诏遣进奉使天驷爽彦贲李紫琮、副使坦绰李伯祥来朝，贡马三百八十匹，及麝香、牛黄、细毡、碧玕山诸物，诏册其主和誉为大理国王。按《宋史》作段和誉，《南诏通纪》作段正严。

——《滇略》卷七《事略》第 16 页

高宗绍兴六年，广西经略安抚司奏大理贡象、马，诏护送行，在所优礼答之。

——《滇略》卷七《事略》第 16 页

兽 有马、牛、羊、豕、驴、骡、豹、獐、鹿、麂、麋、猫、獭、豺、狗、猿、兔、松鼠、田鼠、香狸、狐狸、细犬。

——天启《滇志》卷三《地理志第一之三·物产·云南府》第 113 页

兽 曰豪猪、羚羊、两头鹿、熊、獭、山羊、野猪。

——天启《滇志》卷三《地理志第一之三·物产·大理府》第 114 页

兽 有豪猪、熊、羚羊。

——天启《滇志》卷三《地理志第一之三·物产·临安府》第 115 页

兽之属 如野猪。

——天启《滇志》卷三《地理志第一之三·物产·楚雄府》第 116 页

兕、飞虎、羚羊、猾、野猪、野牛，兽也。兽中，丘雄、部封之马，巨者状拟稚象，野处千群，有司取以贡上方，必以长绳绊其足，徐加挚维，年余乃可驯。剔去马尾骨二节，名为雕尾，以此为最贵也。

——天启《滇志》卷三《地理志第一之三·物产·曲靖府》第 117 页

兽 曰獭，曰豪猪，曰山鼠，曰山驴，曰野羊，曰飞鼠。

——天启《滇志》卷三《地理志第一之三·物产·鹤庆府》第 118 页

兽 有岩羊。

——天启《滇志》卷三《地理志第一之三·物产·武定府》第 118 页

至于象，可以贡，可以战。青猿，可当品藻。山呼鸟，调之能为百鸟音。又有枕中鸡，形如鸠，置之床头，每更辄如鸡鸣，用以警夜。

——天启《滇志》卷三《地理志第一之三·物产·元江府》第 119 页

兽 有猎犬，即旅獒之贡。……兰州，则有牦牛尾，可结巾帽，人常用之。

——天启《滇志》卷三《地理志第一之三·物产·丽江府》第 119 页

物无他奇，货与近地殊绝者，惟白面猿之于走兽，所谓不同如面也耶！

——天启《滇志》卷三《地理志第一之三·物产·广南府》第 119 页

毛属 马、牛、羊、驴、骡、犬、豕、猫、鹿、獐、麋、猿、猴、麂、兔、狐狸、豹、豺。

——康熙《云南通志》卷十二《物产·通省》第 5 页

熊、虎。

——康熙《云南通志》卷十二《物产·开化府》第 8 页

毛属　马、牛、羊、驴、骡、犬、豕、猫、鹿、獐子、猿、猴、麂、兔、狐狸、豹、豺。

——康熙《云南府志》卷二《地理志八·物产》第 4 页

兽之属　豹、兔、鹿、獐、狐、牛、骡、羊、猪、马。

——康熙《晋宁州志》卷一《物产》第 14 页

毛之属　虎、豹、马、牛、野牛、豺、狼、犬、鹿、三种。麂、獐、猴、狐、兔、黄鼠、豕、猫、羊。

——康熙《寻甸州志》卷三《土产》第 22 页

毛部　马、牛、羊、犬、豕、驴、骡、猫、豹、兔。

——康熙《通海县志》卷四《赋役志·物产》第 19 页

毛之属　马、牛、羊、豕、犬、驴、骡、虎、豹、豺、狼、麈、麂、兔、鹿、猴、猫、猿、狐、野猪、熊、豪猪、岭羊、山驴、松鼠、飞鼠、竹鼠。

——康熙《新平县志》卷二《物产》第 59 页

毛部　牛、羊、驴、虎、豹、獐、麂、兔、毫猪、猴然。

——康熙《罗平州志》卷二《赋役志·物产》第 8 页

兽　马、骡、驴、牛、羊、熊、豹、马鹿、麂、獐、野猪、豪猪、猥也。野牛、香猫、竹𪕠、狐狸、猴、兔。

——康熙《蒙化府志》卷一《地理志·物产》第 42 页

畜类　牛、驴、羊、犬、猪、鸡、鹅、鸭、猫。
兽类　豹、熊、獭、獐、兔、野猪、竹鼠。

——康熙《楚雄府志》卷一《地理志·物产》第 35 页

畜类　牛、骡、羊、犬、猪、猫、鸡、鹅、鸭。
兽类　豹、熊、獐、麂、兔、野猪、竹鼠。

——康熙《南安州志》卷一《地理志·物产》第 13 页

兽类　虎、豹、熊、獐、麂、兔、竹鼠、野猪、毫猪、豺狗、香猫、鹿、穿山甲。

——康熙《镇南州志》卷一《地理志·物产》第 15 页

毛之属　獐、麂、鹿、兔、猿、熊、豹、豺、狼、竹鼠、狐狸、麝。

——康熙《姚州志》卷二《物产》第 14 页

毛之属　马、牛、羊、豕、犬、驴、骡、猫、兔、猴、松鼠、竹鼠、狐、岩羊。

——康熙《元谋县志》卷二《物产》第 39 页

毛之属　马、牛、羊、犬、豕、驴、骡、猫、虎、豹、熊、獐、麂、兔、鹿、猴、松鼠、野猪、毫猪、狐。

——康熙《武定府志》卷二《物产》第 63 页

鸟兽类　牛、马、骡、驴、猪、羊、鹅、鸡、鸭、犬、猫、鹊、雉、燕、鸠、鸽、鹧鸪、小鸟。

——康熙《禄丰县志》卷二《物产》第 25 页

毛属 獐、麂、猴、兔。

——康熙《罗次县志》卷二《物产》第 17 页

畜属 为牛，为羊，为驴、犬，为豕，为猫，为鸡，为鹅、鸭。

兽属 为虎，为豹，为熊，为獐，为鹿，为兔，为野猪，其间有也。为麂。

——康熙《广通县志》卷一《地理志·物产》第 19 页

禽兽 牛、马、骡、驴、猪、鸡、鹅、鸭。以上都系别州县货卖。猫、犬、雉、鹊、燕、鸠、鹧鸪、杜鹃。

——康熙《黑盐井志》卷一《物产》第 17 页

兽类 水牛、黄牛、绵羊、山羊、獐、兔。

——康熙《续修浪穹县志》卷一《舆地志·物产》第 23 页

毛属 马、牛、羊、驴、骡、虎、豹、獐、麂、鹿、熊、狐狸、香猫、野猪、獭、竹鼠。

——康熙《剑川州志》卷十六《物产》第 60 页

毛属 牛、犬、猪、猫、马、羊、驴、骡、鹿、麂、麋、獐、兔、山骡、野猪、虎、豹、豺、狼、狐狸、熊、竹䶉。出腾越，杜诗所谓笋根稚子也。

——康熙《永昌府志》卷十《物产》第 4 页

兽 猪、羊、牛、马、驴、骡、虎、豹、獐、麂、兔、鹿、豺、狼、猿、猴、熊、豪猪、野猪、香猫、水牛。

——康熙《顺宁府志》卷一《地理志·物产》第 31 页

兽属鱼附 鹿、獐、麋、兔、豹、鲤、鲫、鲇、花鱼、细鳞。

——雍正《安宁州志》卷十一《盐法附物产》第 48 页

毛之属 牛、马、羊、驴、□、犬、豕、猫、獐、兔、麋、麂、豹、獾、狐、狸、豪猪、獭。

——雍正《马龙州志》卷三《地理·物产》第 23 页

兽 牛、羊、马、驴、骡、犬、猪、鼠、狐、猿、猴、豺、麂、猫、獐、兔、獭、豹、鹿、熊、豪猪。

——雍正《建水州志》卷二《物产》第 9 页

鹰、燕、鸦、鸽、鸠、雉、鸡、鹅、鸭、鹜、鹭、白鹇、画眉、杜鹃、鹧鸪、鹦鹉、麂、獭、牛、马、驴、猪、羊、犬、猫、兔、鲫、鲤、鲹、细鳞、白鲦、龟、蟹。

——雍正《白盐井志》卷二《地理志·物产》第 5 页

毛属 马、牛、羊、驴、骡、獐、兔、鹿。

——雍正《宾川州志》卷十一《物产》第 3 页

毛之属 二十三：马、牛、羊、驴、骡、豹、獐、兔、狐狸、香猫、竹䶉、鹿、野猪、麋、猿猴、穿山甲、熊、松鼠、飞鼠、野獭、玉面狸。

——雍正《云龙州志》卷七《物产》第 5 页

兽类 马、牛、羊、豕、骡、驴、鹿、熊、罴、猿、猴、虎、豹、野马、野牛、獐、山驴、麋、麝、岩羊、豪猪、兔、狐、飞鼪、竹鼠、田鼠、狼、豺。

——乾隆《东川府志》卷十八《物产》第 4 页

兽之属　獐、麂、兔、猿、猴、熊、银鼠、毫猪、虎、豹、兕、狼。

——乾隆《广西府志》卷二十《物产》第 5 页

毛之属　虎、豹、豺、狼、牛、马、鹿、羊、野猪、豕、猿、猴、驴、獭、犬、熊、兔、麂、獐、狐狸、猫、竹鼠。

——乾隆《霑益州志》卷三《物产》第 24 页

兽　牛、马、驴、骡、豕、羊、犬、豹、虎、鹿、狼、麂、兔、狐、猴、獭、猫、鼠、香猫、松鼠。

——乾隆《陆凉州志》卷二《风俗物产附》第 29 页

毛属　马、牛、羊、驴、骡、犬、豕、猫、旱犀、即野牛。獐、出麝。鹿、兔、麋、猿、猴、虎、彪、豹、麂、豺、毫猪、苦猪、阿泥花猪、熊、有马、狗、猪三种。狐狸、飞虎、竹鼠、岩羊、獭、水、旱二种。野象、似牛，角直生，只蹄，指三岔，其大如象。松鼠。

——乾隆《开化府志》卷四《田赋·物产》第 34 页

毛之属　马、牛、羊、驴、骡、犬、豕、猫、鹿、獐、麋、猿、猴、兔、狐狸、豹、豺、麂。

——乾隆《新兴州志》卷五《赋役·物产》第 35 页

兽之属　有马、驴、骡、牛、水、黄二种，附乳饼、酥油。羊、有家、山二种。豹、熊、岩羊、毫猪、狐狸、麂、獐、兔、松鼠、猴。

——乾隆《黎县旧志》第 13 页

毛之属　马、牛、驴、羊、犬、豕、豹、獐、麂、兔、熊、猴、猫。

——乾隆《弥勒州志》卷二十三《物产》第 54 页

毛部　马、牛、羊、驴、骡、鹿、兔、熊、豹、獐、麂、猴、野猪、狐狸、松鼠、豕。

——乾隆《石屏州志》卷三《赋役志·物产》第 36 页

畜类　牛、骡、羊、犬、猪、猫、鸡、鹅、鸭。
兽类　虎、豹、熊、鹿、獐、麂、兔、狐狸、山羊、竹鼠、飞虎、猴。

——乾隆《碌嘉志稿》卷一《物产》第 8 页

毛之属　牛、马、驴、骡、羊、豕、犬、猫、虎、少。豹、鹿、麂、獐、兔、獭、狐狸、貉、猴、猿、鼠、飞鼠、玃。

——乾隆《碌嘉志》卷二《赋役志·物产》第 232 页

兽类　牛、马、驴、骡、猪、羊、犬、猫。以下井外有之。豹、熊、獐、鹿、兔、猿、豺、狼、麂、獭、竹鼠。

——乾隆《白盐井志》卷三《物产》第 36 页

毛之属　羊、豕、犬、驴、骡、猫、兔、虎、豹、狐、猴、岩羊、飞虎、松鼠、竹鼠，而惟马、牛街市为盛。独怪元谋以元马得名，不闻产骏驹如汉时。又《汉志》哉："河中见子，土地特产好群牛。"今牛，常牛，无异出者，岂古亦有不足尽信欤？

——乾隆《华竹新编》卷二《疆里志·物产》第 229 页

毛属 马、牛、羊、驴、骡、豹、狐狸、獐、兔、香猫、竹鼠。

——乾隆《大理府志》卷二十二《物产》第 3 页

毛属 马、牛、羊、驴、骡、豹、鹿、獐、兔、狐、猿、竹鼦、香猫、松鼠、獭。

——乾隆《赵州志》卷三《物产》第 59 页

毛属 马、牛、羊、猪、犬、驴、骡、鹿、麂、獐、猫、野猪、虎、豹、豺、狼、猴、熊、狐狸、飞鼠、松鼠、野猫、水獭。

——乾隆《腾越州志》卷三《山水·土产》第 28 页

毛属 马、牛、羊、驴、骡、鹿、兔、狐狸、獐、飞鼠、麂、岩羊、虎、豹、熊、野猪。

——乾隆《丽江府志略》卷下《物产》第 41 页

畜类 牛、马、骡、驴、猪、羊、犬、鸡、鸭、猫、鹅、鸽。

兽类 虎、豹、熊、鹿、麂、獐、兔、狐狸、豺、猿、麝、水獭、毛牛、石羊、毫猪、竹鼠、野猪、山驴、飞鼠。

——乾隆《永北府志》卷十《物产》第 6 页

禽兽 六畜皆有。兔鹿之属，足供祭品。珍禽奇兽，固未有之。若猛鸷之物，又不愿其或有之。

——嘉庆《楚雄县志》卷一《物产志》第 49 页

毛属 虎、野牛、山驴、罕有。豹、鹿、熊。三种。以上常有。獐、麂、兔、猿、猴、獭、九节狸、又名玉面狸、果子狸。麢羊、毫猪、野猪、飞鼠、竹鼦、狐狸、田鼠、狼、豺、玉面狸、松鼠。以上多有。

——嘉庆《景东直隶厅志》卷二十四《物产》第 4 页

兽类 牛、马、羊、豕、猫、獐、兔、猿、虎、豹、熊、罴、犬、鹿、麂、猴、獭、野猪、山驴、岩羊、飞鼪、田鼠。

——嘉庆《永善县志略》上卷《物产》第 563 页

滇为《禹贡》梁州，梁州之贡，熊、罴、狐、狸、织皮。此亦任土作贡之宜志者。

——《滇海虞衡志》卷七《志兽》第 9 页

毛之属 马、《唐书·南蛮传》：两爨蛮，土多骏马。范成大《桂海虞衡志》：蛮马出西南诸番，多自毗那、自杞等国来。自杞取马于大理，古南诏也，地连西戎，马生尤番。又，大理马为西南番之最。《宋史·外国·大理传》：政和七年，大理贡马三百八十四。檀萃《滇海虞衡志》：南中马独多，春夏则牧之于悬崖，秋冬则放之于水田有草处，故水田多废不耕，为秋冬养牲畜之地，重牧而不重耕。牛、檀萃《滇海虞衡志》：牛分两种，水牛、黄牛。黄牛特多，高大几比水牛，以耕田，以服车。而教门食必以牛，其宰割以膳者，大都日数十，皆肥牛之腱也。故皮角之外，乳扇、乳饼、醍醐、酪酥之具，虽僧道亦资养于牛。牛黄、《宋史·外国·大理传》：政和七年，大理贡牛黄。李时珍《本草纲目》：陶宏景曰牛黄多出梁州、益州，苏恭曰牛黄今出莱州、密州、淄州、青州、巂州、戎州。麝、樊绰《蛮书》：麝香，出永昌及南诏诸山，土人皆以交易货币。马端临《文献通考》：政和七年，大理贡麝香。檀萃《滇海虞衡志》：《范志》云"自邕州溪洞来者名土麝，气臊烈，不及西番"，谓云南也，是知滇麝甲于天下。虎、樊绰《蛮书》：大虫，南诏所披皮，赤黑文深，炳然可爱。云大虫在高山穷谷者则佳，如在平川，文浅不任用。飞虎、《群玉》：

滇中宁山，有虎能飞，状如蝙蝠，左右皆有肉翼，翼上有毛，如紫貂色。陈继儒《眉山笔记》：甲午十月，王太原公出一兽皮，大不能二尺，如紫貂色，左右皆有肉翼，翼上有毛，疑即飞虎耳。果下马、檀萃《滇海虞衡志》：果下马，即古褭骖也。滇亦有，但不多，止供小儿骑戏，故不畜之也。驴、黔无驴，而滇独多。驮运入市，驴居十之七八，骡马供长运而已。羊、檀萃《滇海虞衡志》：羊于滇中为盛，俗以养羊为耕作。其羊脂满腹，肥者不能行，牧者破其皮，卷脂而出之成筒，以货于人。羊得快利，健行如故。省城每日必刲数百，四季无间。时亦有大尾羊，皆来自迤西者。古云：使马如羊，不以入厩；使金如粟，不以入怀。甚言羊之多且贱也。四季之皮，皆可以为裘，裘之值且倍于肉。其长养之羊，岁薙其毛，以为毡罽毯毹。羝之深须者，割而染以充帽缨。樊绰《蛮书》：猪、羊、猫、犬、骡、驴、豹、兔、鹅、鸭，诸山及人家悉有之，但食之与中土稍异，蛮不待烹熟，皆半生而吃之。岩羊、檀萃《滇海虞衡志》：岩羊，即山羊也。得之颇难，血可入药，皮亦可揉，然板厚，以作坐褥可也。麤羊、檀萃《滇海虞衡志》：麤羊，滇多岩，亦俱有，而非常畜。蛮犬、檀萃《滇海虞衡志》：《范志》云如猎犬，警而猘。拳尾犬、檀萃《滇海虞衡志》：极高大，垂耳拳尾，《范志》以为郁林犬，滇中多有之。猎犬、檀萃《滇海虞衡志》：长喙猃，短喙猲獢，猎犬也。滇猎户畜之。猇狮犬、檀萃《滇海虞衡志》：出迤西，高四尺，甚猛猘，即西域旅底贡之獒也。滇人多畜之，锁于柱。野猪、檀萃《滇海虞衡志》：田豕也，一名懒妇猪。如山猪而小，喜食禾。田夫以机轴织纴之器挂田旁，则不近。蜡祭迎虎，为食田豕也。山猪、檀萃《滇海虞衡志》：豪猪也。其豪如箭，能振拨以射人。二三百为群，以害禾稼，山民苦之。兔、檀萃《滇海虞衡志》：滇南兔亦多，白兔且为人家所养，但穿房地为厌耳。竹鰡、檀萃《滇海虞衡志》：穴竹林者为竹鰡，亦兔类也。肉肥美，皮可为袖，以御冬也。猿、猴、檀萃《滇海虞衡志》：猿与猴为一类，《范志》言猿不言猴。滇南有玉面猿，出广西府。《范志》：独金丝、玉面难得。猿长臂善啸，而猴不能。各省俱多，不必滇也。狨、宋祁《益部方物记》：狨，威茂等州、南诏夷多有之。大小正类猿，惟毛为异。朝制：内外省以上官乘马者得以狨为藉，武官则内客省使、宣徽使乃得用。貘、苏颂《本草图经》：《王会解》云屠州有黑豹，白貘别名。貘，今出建宁郡，毛黑白臆，似熊而小。能食蛇，以舌舐铁，可顿进数十斤，溺能消铁为水。魏宏《南中志》：貊兽，毛黑白臆，似熊而小。以舌舐铁，须臾便数十斤，出建宁郡。熊、檀萃《滇海虞衡志》：熊类至多，有马熊、人熊、猪熊、狗熊，滇南多有之。予常至农部汤郎马躐厂，其地多熊。仰视大栗树，其大枝坠地盈堆，熊啮而堕之，以食其实者。但人所献熊胆、熊掌，余则无所用，不闻取其皮。猫、檀萃《滇海虞衡志》：狸之畜于家者名猫，善捕鼠，且依人，故蛮重猫鬼，杀猫如杀人罪，业报深。狸、檀萃《滇海虞衡志》：猫生于野为野猫。盗窃人家，鸡鹜鸭鹅，多被吞食，以肥其身。比猫为大，而眼甚恶。《范志》：有火狸，即红色野猫也。有豹色狸，即花色野猫也。缉其皮为裘，名九节狸，价亦重。风狸、段成式《酉阳杂俎》：风狸生南中，眉长好羞，见人则低头，溺可治风。狐、檀萃《滇海虞衡志》：今之天马、干箭、麻叶豹，一切奇样怪名，皆出于滇。由滇匠缀缉狐皮而并成之，一领之料，辄数十金，且百金。尝游滇郊，见狐皮百千张，略无可盼，而缉成之，即为席珍。滇产固多，亦由人工之至也。昆明人有赶禄劝鼠街，见伛偻囊一物，就视乃元狐也，以千钱购得，裁为帽边，价百倍，滇南何所不有哉！獭、檀萃《滇海虞衡志》：山獭、水獭俱可裘。《范志》谓：山獭抱树枯，解药箭，一枚一金。至于水獭，善捕鱼，畜之者且费百金。其有皮者，由生獭未驯习故，杀而取皮，鬻以为利耳。象、刘恂《岭表录异》：余有亲，旧曾奉使云南。见彼中豪族，各家养象，负重致远，若中夏之畜牛马也。李时珍《本草纲目》：象出交广、云南及西域诸国。野象多至成群，番人皆畜以服重，酋长则饰而乘之。犀、《唐书·南蛮传》：异牟寻献象、犀。飞鼠、吴任臣《山海经广注》按杨慎补注云：飞鼠即《文选》所谓飞鸓。云南、姚安、蒙化有之，其肉可食，其皮治难产。桂馥《札樸》：飞鼠，出丽江、大理诸府。长三尺许，尾如狐尾。《唐书·南蛮传》：朴子蛮善用竹弓，射飞鼠无不中，或曰天鼠。《吐蕃传》：天鼠之皮可为裘是也。本名鸓，《说文》"鸓，鼠形，飞走且乳之鸟也"。今人取其皮，治妇人难产。谨案：此即浙之飞生鸟。鼠。旧《云南通志》：有黄鼠、竹鼠、鼯鼠、鼷鼠诸种。

谨案：旧《志》尚有犬、豕、獐、麇、麂、豺、狼、猾，并为滇产。

——道光《云南通志稿》卷六十八《食货志六之二·物产二·云南通省》第 25 页

的的肉、岩羊、银鼠、有尾蟹、十花鱼　《宁洱县采访》：并宁洱县出。

——道光《云南通志稿》卷七十《食货志六之四·物产四·普洱府》第 7 页

毛属　马、牛、羊、驴、骡、兔、豹、狐、猫、猪、犬。

——道光《晋宁州志》卷三《地理志·物产》第 26 页

毛类　牛、羊、豕、豹、麂、獐、兔、猴、松鼠。

——道光《昆阳州志》卷五《地理志下·物产》第 14 页

兽属　马、牛、羊、驴、豕、犬、猫、熊、獐、鹿、兔、野猪、狐、豹、猴、狼、骡。

——道光《广南府志》卷三《物产》第 4 页

毛之属　鹿、出江外。麂、出江外。狐、出江外。野猪、竹鼠。夷人捕之为食。

——道光《新平县志》卷六《物产》第 23 页

毛之类　马、牛、羊、犬、豕、驴、骡、猪、兔、豹、熊、猴、狐、獐、麂、岩羊、野猪、豺狗、松鼠、竹鼠、黄鼠狼，旧《县志》。异马。出黎岩山。章潢《图书编》

——道光《续修易门县志》卷七《风俗志·物产》第 169 页

畜之属　马、牛、驴、羊、豕、犬、猫、豹、獐、豺、狐狸、兔。

——道光《澂江府志》卷十《风俗物产附》

毛属　马、牛、羊、驴、犬、豕、猫、狐狸、獐、麋、猿、猴、麂、兔、虎、狼、竹鼲、豹、熊、兕、野猪、岩羊、羚羊。

——道光《宣威州志》卷二《物产》第 23 页

兽之属　獐、麂、鹿、兔、猿、熊、豹、野猪、豺、狼、竹鼠、狐狸、麝、獾。

——道光《姚州志》卷一《物产》第 243 页

毛之属　马、牛、水牛、黄牛。羊、山羊、眠羊。驴、骡、犬、豕、猫、鹿、獐、麋、猿、猴、麂、兔、熊、豹、香猫、野猪、狐狸、豪猪、鼠、松鼠、白鼠。豺、狼、黄鼠狼。竹鼲、獾、土狗、獭、九节狸。

——道光《大姚县志》卷六《物产志》第 9 页

毛属　马、牛、羊、犬、豕、猫、驴、骡、兔、獐、野猪、毫猪、狐狸、獭、猴、熊、豹、麂、鼠、松鼠。

——道光《定远县志》卷六《物产》第 206 页

毛属　马、牛、羊、犬、豕、猫、驴、骡、兔、獐、野猪、毫猪、狐、狸、獭、猴、豺、熊、豹、麂、鼠、竹鼠、鹿、黄鼠狼、九节狸。

——道光《威远厅志》卷七《物产》第 4 页

异兽 腾越州地名缅箐者，昔有二兽出，大如橐驼，毛色碧绿，狮首、象蹄、牛尾，有齿无牙，顶戴肉角，见人则伏地而鸣。土人误杀其一，暴露数日，亦不臭腐。父老云，此兽见，则有兵。

——《滇南杂志》卷十四《轶事八》第 9 页

乳扇者，以牛乳杯许煎锅内，点以酸汁，削二圆箸轻荡之，渐成饼，拾而指摊之，仍以二箸轮卷之，布于竹架成张页而干之，色细白如轻縠。售之，张值一钱，商贩载诸远为美味，香脆愈酥酪。凡家喂四牛，日作乳扇二百张，八口之家足资俯仰矣。故比户尚之，与骡、马、羊、豕同孳息。若獐、兔、豹、狐、香猫、土狗、水獭之属，虽有之，不常见也。

——咸丰《邓川州志》卷四《风土志·物产》第 9 页

毛属 马、牛、羊、犬、猫、骡、驴、豹、獐、鹿、麂、兔、猿、猴、豺、狐、狸、貛、鼠。

——咸丰《南宁县志》卷四《赋役·物产》第 13 页

毛属 马、牛、羊、犬、豕、猫、骡、豹、狼、麝、獭、鹿、兔、猴、豺、狐、貛、鼠、毫猪、狗、野猪。

——光绪《平彝县志》卷四《食货志·物产》第 3 页

毛之属 虎、豹、豺、狼、牛、马、鹿、羊、野猪、豕、猿、猴、驴、獭、犬、熊、兔、麂、獐、狐狸、猫、竹鼠。

——光绪《霑益州志》卷四《物产》第 67 页

毛之属 马、牛、羊、豕、犬、驴、猫、豹、兔、猴、松鼠、竹鼠、狐、岩羊、獐、麂、鹿、熊、猿、豪猪、野猪。

——咸丰《嶍峨县志》卷十二《物产》第 5 页

毛属 牛、马、骡、驴、豕、羊、犬、猫、虎、州南永宁乡之深山中间有之。豹、熊、獐、兔、野猪、毫猪、香猫、猿。

——光绪《镇南州志略》卷四《食货略·物产》第 33 页

毛之属 旧《志》十一种：獐、麂、鹿、雨按：鹿不产。兔、猿、熊、豹、狼、竹鼠、狐狸、麝。增补六种：野彘、出深山中，形似家豕而大，喙较长，牙出吻外。数十为群，哄然一至，禾黍为墟，土人苦之，侦其出入之径，累大茅罗之，有重至五六百斤者。豪猪、出深山中，能发豪射人。土人每持泥块及萝卜搋之，中即附身不脱，迨其狼狈，取之较易。桂馥《札檏》云：人或取其毫代箸，遇毒即作声。滇俗惯下毒，惟此物能拒之。香猫、善捕鸡，山中甚多。杨慎《丹铅总录》云：予见香猫如狸，其文如金钱豹。此即《楚辞》所谓"乘赤豹兮载文狸"，王逸注为神狸者也。《南山经》所谓"亶爰之山有兽，状如狸而有髦，其名曰类，自为牝牡，食者不妒"，《列子》亦云"亶爰之兽，自孕而生，曰类"，疑即此也。按：《正字通》谓"文如豹而作麝香气者为香狸，即灵猫也"，与升庵所引诸说亦略同。九节狸、白质黑章，尾有黑文九道。鼬鼠、赤黄色，大尾，喜啖蜂蜜。蜂窝在高墙之上，亦能取之，盖以肩为梯，大小相续。在上者闭目而取，取则递下。在下者接之即食。取尽食亦尽，而在上者犹然枵腹也。按：《本草》云"一名黄鼠狼"，今州人所呼亦同。破脸。形似狗，面半白半黑，肉肥多脂，烹食甚佳。好穴居，土人以牛粪然火熏之，闻有嚏声，掘之即获。按：《正字通》云"南方有白面尾，似狐者为牛尾狸"，疑即此物也。

——光绪《姚州志》卷三《食货志·物产》第 50 页

毛之属 旧《志》十九种：豹、熊、獐、鹿、猿、豺、狼、间或有之。麂、獭、竹鼠、牛、马、驴、骡、猪、羊、犬、猫、兔。新增十二种：狐、狸、麝、野彘、豪猪、香猫、九节狸、破脸、鼬鼠、《本草》一名黄鼠狼，今井人所呼亦同。松鼠、银鼠、田鼠。

——光绪《续修白盐井志》卷三《食货志•物产》第 56 页

毛之属　家畜：牛、马、骡、驴、猪、羊、犬。野兽：豹、兔、狐、岩羊、猴、飞虎、松鼠、竹鼠皆有焉。

——光绪《元谋县乡土志•动物》（初稿）第 336 页

毛属　马、牛、羊、犬、豕、驴、骡、猫、虎、豹、熊、獐、麂、兔、鹿、猴、松鼠、野猪、毫猪。

——光绪《武定直隶州志》卷三《物产》第 13 页

毛属　獐、麂、猴、兔。

——光绪《罗次县志》卷二《物产》第 23 页

毛属　马、牛、羊、犬、豕、猫、獐、麂、鹿、麋、猿、猴、虎、豹、豺、狐、獭、野猪、岩羊、狗獾。

——光绪《镇雄州志》卷五《物产》第 59 页

毛之属　马、骡、牛、黄牛恳山，水牛犁田。猪、岩羊、血可治胃。猫、犬、羊、兔、麋、松鼠、竹鼠、麂、鼠、虎、豹、獐、鹿、獭、狐、熊、豺、山驴、驴、飞鼠、九节狸、狗唤子、毫猪、毛如猬，触物则伤。黄鼠狼、土名，形似猫，马尾，善食蜂蛇。野猪、大如牛犊。香猫。土名形似猫，有麝。

——光绪《鹤庆州志》卷十四《食货志•物产》第 8 页

兽部　马、牛、羊、驴、骡、鹿、獐、麂、豹、兔、猿、羚、青猿、香猫、飞鼠、穿山甲。

——光绪《云南县志》卷四《食货志•物产》第 18 页

毛属　马、牛、羊、驴、骡、兔、鹿、虎、豹、熊、獐、即麝也。麂、岩羊、野猪、豪猪、豺、山驴、狼、竹鼠、狐、狸、猿。

——光绪《丽江府志》卷三《食货志•物产》第 32 页

毛之属　鹿、麋、□、虎、豹、熊、豺、麂、兔、狼、獐、狐狸、水獭、牦牛、岩羊、野猪、山驴、猿猴、豪猪、飞鼠、竹鼠、黄鼠狼、狗獾子。

——光绪《续修永北直隶厅志》卷二《食货志•物产》第 31 页

毛属　虎、豹、狼、鹿、麂、獐、兔、狐、熊、猿、野猪、獭、竹䶄。出腾越。

畜属　牛、马、骡、驴、猪、羊、犬、猫。

——光绪《永昌府志》卷二十二《食货志•物产》第 5 页

兽属　亦有家兽、野兽之别。家兽则为马、为牛、为骡、为驴、为羊、为犬、为豕、为猫、为鼠。野兽则为虎、为豹、为鹿、为麂、为獐、为熊、为猴、为野猪、为豺狼、为狐狸、为飞鼠、为野猫、为竹䶄、为松鼠、为水獭、为豪猪、为兔。马骡皆可骑可驮，驴多用以运物，或以之推磨。牛有二种，水牛专以耕田，黄牛兼资驮运，取其皮则用最广，每年出口数千张。羊、豕仅供人食，犬可以守，猫可以捕，虎骨可以熬胶，豹皮可以作毯，鹿茸可入药，麂皮可以缝衣，獐取其香，熊则贵其胆，猴脑可医风疾，狐皮可作轻裘，鼠以下无讥焉。其自外夷来者，则有象，取其牙可以做箸。又可

（有）猩猩，其血可以染袍。

——光绪《腾越乡土志》卷七《物产》第 14 页

兽之属　矮犬、旧《云南通志》：毛深足短，即《竹书》所载短狗。檀萃《滇海虞衡志》：海叽狗，长毛庳脚，出顺宁。滇人亦多畜之，即《王会》短狗也。豪猪、桂馥《札樸》：永昌、顺宁多豪猪，能发豪射人，或取其豪代箸，遇毒辄作声。滇俗惯下毒，惟此物能拒之。马、《唐书·南蛮传》：两爨蛮，土多骏马。《采访》：顺属山寨，间多畜牝马，故马之蕃生日甚。牛、檀萃《滇海虞衡志》：牛分两种，水牛、黄牛。黄牛特多，高大几比水牛，以耕田，以服车。而教门食必以牛，其宰割以膳者，大都日数十，皆肥牛之健也。故皮角之外，乳扇、乳饼、醍醐、酪酥之具，虽僧道亦资养于牛。虎、樊绰《蛮书》：大虫，南诏所披皮，赤黑文深，炳然可爱。云大虫在高山穷谷者则佳，如在平川，文浅不任用。驴、檀萃《滇海虞衡志》：黔无驴，而滇独多。驮运入市，驴居十之七八，骡马供长运而已。羊、樊绰《蛮书》：猪、羊、猫、犬、骡、驴、豹、兔、鹅、鸭，诸山及人家悉有之，但食之与中土稍异。蛮不待烹熟，皆半生而吃之。《采访》：顺属村寨多畜牛、马、猪、羊，牧于山箐，有处放之者成群，似重牧而不重耕。岩羊、檀萃《滇海虞衡志》：岩羊，即山羊也。得之颇难，血可入药，皮亦可作坐褥。野猪、檀萃《滇海虞衡志》：田豕也，一名懒妇猪。如山猪而小，喜食禾。田夫以机轴织纴之器挂田旁，则不近。蜡祭迎虎，为其食田豕也。《采访》：顺属山地多种荞与玉麦，成熟之时，人必逻守之，防野猪之伤害也。兔、滇南兔亦多，白兔且为人家所养，但穿房地为厌耳。穴竹林者为竹𤞤，亦兔类也。肉肥美，皮可为袖，以御冬也。竹𤞤、檀萃《滇海虞衡志》：穴竹林者为竹𤞤，亦兔类。猿猴、檀萃《滇海虞衡志》：猿与猴为一类，《范志》言猿不言猴。滇南有玉面猿，出广西府。《范志》：独金丝、玉面难得。猿长臂善啸，而猴不能。各省俱多，不必滇也。熊、檀萃《滇海虞衡志》：熊类至多，有马熊、人熊、猪熊、狗熊，滇南多有之。予常至农部汤郎马躧厂，其地多熊。仰视大栗树，其大枝坠地盈堆，熊啮而堕之，以食其实者。但人所献熊胆、熊掌，余则无所用，不闻取其皮。猫、檀萃《滇海虞衡志》：狸之畜于家者名猫，善捕鼠且依人，故蛮重猫鬼，杀猫如杀人罪，业报深。狸、檀萃《滇海虞衡志》：猫生于野为野猫。盗窃人家，鸡鹜鸭鹅，多被吞食，以肥其身。比猫为大，而眼甚恶。《范志》：有火狸，即红色野猫也。有豹色狸，即花色野猫也。缉其皮为裘，名九节狸，价亦重。獭、檀萃《滇海虞衡志》：山獭、水獭俱可裘。《范志》谓：山獭抱树枯，解药箭，一枚一金。至于水獭，善捕鱼，畜之者且费百金。其有皮者，由生獭未驯习故，杀而取皮，鬻以为利耳。鼠。《采访》：有家鼠、黄鼠、竹鼠、松鼠。

　　谨案：顺宁尚有犬、豕、骡、野牛、狐、狸、獐、麂、麋、麂、豺、狼、豹。

——光绪《续修顺宁府志稿》卷十三《食货志三·物产》第 23 页

兽属　《尔雅》：四足而毛谓之兽。马、刍食畜兽，能负重行远，头颈长而有鬣，圆蹄坚壮，种类甚多。古人以毛色分别兽名。《滇海虞衡志》：南中马独多，骟马尤良，邑人好畜善走者。驴、体小于马，耳颊皆长，其毛夏为黄色，冬为褐色、鼠色。背之中央有黑线一，自鬐至尾。夜以更鸣，性温顺，能负物。骡、驴父马母，较驴则大，较马尤强，而饮食殊少。能任力役。此兽之精子不熟，故不能传种，亦天地间一种奇物也。马父驴母则反是。牛、反刍类家畜。其体肥大，性驯力强，以耕田，以服车，农家至要。其肉与乳，为滋养品。皮脂骨角，为工业原料。《滇海虞衡志》：有黄牛、水牛两种，毛黄褐色者曰黄牛，亦有黑白杂花者，前部高大，角短。毛灰鼠色者曰水牛，亦有纯白者，后部高大，角长。体力较黄牛为大。新安所水牛特大，高四尺余五尺，多购自江外。而江外无有如新安所之大者，水草之故也。又水牛，虽宦犹能传种。羊、《滇海虞衡志》：羊于滇为盛，有山羊、绵羊二种。山羊毛多黑，间有白花者。绵羊毛纯白，牝无角，其毛可织呢绒毯毡之属，肉与乳可供食。猪、豕通称。仓颉造字，无豕不可以成家，是豕为家畜之必要。豕孕四月而产，产辄十余子。故易繁殖，体肥满，多脂膏，为肉食之常品。唯消化较牛肉为迟。其脂肪可入药，并为制石碱及蜡之原料，四乡畜养亦多。狗、犬通称。轻猛好斗，视觉、听觉、嗅觉皆敏锐。虽卧易醒，故善守夜，又能驱迹禽兽，以助田猎。猫、家畜兽。面圆齿锐，舌有细刺甚多，蹠附肉块，藏锐爪于内，随时伸缩。行则以肉块著地，故足音甚轻。眼之调节肌甚发达，瞳孔大小，随光线强弱而变。昼间日光强烈，其细如丝，旦暮正圆，夜能视物，善捕鼠，好依人。鼠、背褐色，脚短尾长，毛质柔滑，虽小穴亦易出入。穴处人家，夜出窃食。其生殖力甚大。生百日即能产子。每年四产，每产多至十头。各国因其为黑死病传染之媒介，且毁损器具仓谷之数，统计甚巨，故常注意捕灭之（黑死病即鼠疫）。狐、似犬而小，体瘦，头尾皆长，以蹠行。性狡猾，穴居山野，盗食食物。生十四五年，皮可为裘。狸、俗名野猫。盗食人家鸡鸭，比猫为大，而眼甚恶。《范志》：有红色狸、豹色狸，缉其皮为裘，价亦重。见《滇海虞衡志》。猴、猿属。性灵敏，善模仿，能坐立。四肢皆如手，各有五指，俗称亦多不分，唯猿状类人，无尾，前肢长于后肢。猴状类犬，有颊嗛臀疣及尾。兔、尾短耳大，上唇厚，中有纵裂，上达于鼻，前足短，善走。毛洁白，可以制笔。麂、牡有短角，毛褐色，脚短力劲，善跳越。其革柔软，可制各种器用服物。豺狼、同类异种，状似犬而身瘦，毛黄褐色，口吻深裂，尾长下垂。其身有一种臭气，吠声能闻于远。性凶残，爪牙甚利，能食牛羊，饥且袭人。虎豹、猛兽，形似猫。虎大，毛色鲜黄，而有黑色条纹，善腾踔，能绝流而渡。豹小，毛黄褐色，背有黑色圆斑，走迅速，能升木，性俱凶悍，食他兽畜且嗜人，其皮可作褥，骨熬膏入药。

——宣统《续修蒙自县志》卷二《物产志·动物》第 2 页

毛类　牛、有二种。马、羊、有二种。驴、骡、犬、豕、猫、鼠、有田鼠。兔、白脸、麂、獐、野猫、獭、猴、竹鼠、松鼠、野猪、豪猪、狐狸、黄鼠狼、灰鼠、豺、狼、虎、豹。

——宣统《楚雄县志述辑》卷四《食货述辑·物产》第 20 页

兽类　马、牛、羊、犬、豕、獐、麂、兔、鹿、麋、猿、猴、虎、豹、熊、豺、獭、竹虎、竹鼠、田鼠、豪猪、岩羊、驴、骡、山驴、狐狸、野（猪）。

——宣统《恩安县志》卷三《物产》第 184 页

兽类　牛、马、驴、犬、羊、豕、猫、虎、间或有之。豹、多产于竹山一带。野豕、产于大兑冲一带。豺狼、狐、每岁猎获百余头。兔、獐、麂、小黄狼、岩羊、竹貓、獭、刺猬、松鼠、黄鼠狼、鼠、飞鼠。身体酷类鼠，因生双翅，可任意飞翔，故俗谓飞鼠。

——民国《路南县志》卷一《地理志·物产》第 48 页

毛属　牛、有水牛、黄牛二种。羊、有山羊、绵羊二种。马、有青马、紫马、白马、花马数种。狗、有黄狗、黑狗、白狗、花狗数种。豕、山猪、檀萃《滇海虞衡志》：豪猪也。其豪如箭，能振拨以射人。谨按：豪猪形略似猪，嘴尖，脚似犬，遍身皆生硬豪如犬尖锥，约七八百茎，每茎黑白相间，各数段，豪最坚，可解结剔发。背豪及鼻中豪最长，约八九寸，遇人能发豪射人。或取其豪代箸，遇毒则作声。滇俗惯下毒，惟此物能距之。野猪、檀萃《滇海虞衡志》：田豕也，一名嬾妇猪。如山猪而小，喜食禾。田夫以机轴织纴之器，挂则不近。蜡祭迎虎，为其食田豕也。猫、檀萃《滇海虞衡志》：狸之畜于家者名猫，善捕鼠，且依人。鹿、麋、麂、狗足，似鹿，首有二角，两边有长牙，喜斗。目若瞆，人至前乃惊奔。肉可作脯，皮可为服垫之用。獐、豺、狼、豹、山中常有之，状似虎而小，圆文白质黑章，爪最坚利，尾长有力，竖其尾可登岩屋。吼声震山，如过处，及皮肉，皆有臭味。狐、檀萃《滇海虞衡志》：今之天马、于箭、麻叶豹，一切奇样怪石，皆出于滇。由滇匠缀缉狐皮而并成之，一领之料，辄数十金，且百金。常游滇郊，见狐皮一日千张，略可盼而缉成之，即为席珍。滇产固多，亦由人工之至也。狸、檀萃《滇海虞衡志》：猫生于野为野猫，盗窃人家鸡鹜鸭鹅，多被吞食，以肥其身。比猫为大，而眼甚恶。《范志》：有火狸，即红色野猫也。有豹色狸，即花色野猫也。缉其皮为裘，名九节狸，价亦重。骡、驴、獭、檀萃《滇海虞衡志》：山獭、水獭俱可裘。《范志》谓：山獭抱树枯，解药剑，一枚一金。至于水獭，善捕鱼，畜之者且费百金。其有皮者，由生獭未驯习故，杀而取皮，鬻以为利耳。鼠、有飞鼠、黄鼠、竹鼠、松鼠、银鼠、鮔鼠、鼷鼠数种。兔、竹鼯、檀萃《滇海虞衡志》：穴竹林者为竹鼯，亦兔类也。肉肥美，亦可为袖，以御冬也。貂、猬。

——民国《宜良县志》卷四《食货志·物产》第 32 页

　　境内牧业多为农家之副业，无大规模之专业。其饲养法有共雇一工人，日则放诸山林，晚则归于栅内。无科学常识之兽医，其发生病症，多投以草药或针灸法疗治之。牧草为山草、谷草两种，故牧业不发达，而人民并无专门牧畜者，不过农家畜之以供耕作、运载、作粪之用。其买卖场所则杨林狗街、杨家桥龙潭街等处，然由本境出售者，鲜多系过境牲畜，遇街期入市售卖。皮革仅牛、羊两种，除本境匠人制造靴鞋之外，多为商人收卖运外销售。

——民国《嵩明县志》卷十三《农政·畜牧》第 222 页

毛之属　牛、骡、豹、鼠、野猫、野猪、马、犬、豺、松鼠、蝙蝠、猪、猫、獐、竹鼠、豪猪、羊、狼、獭、栗鼠、黄鼠狼、驴、麂、兔、飞骡、狐。

——民国《嵩明县志》卷十六《物产》第 241 页

兽属　马、牛、羊、猪、犬、驴、骡、猫、麂、獐、野猪、豹、豺、狼、虎、兔、狐、猴、獭、鼠、香猫、松鼠、狸、竹鼯、豪猪。

——民国《陆良县志稿》卷一《地舆志十·土产》第 3 页

毛之属　牛、马、羊、驴、犬、豕、猫、獐、兔、麕、麂、狗、獾、狐、狸、毫猪、獭。

——民国《续修马龙县志》卷三《地理·物产》第 26 页

兽类　牛、马、山羊、绵羊、猪、犬、驴、骡、猫、虎、豹、豺、狼、獐、麂、兔、狐狸、野羊、野猫、野牛、野猪、毫猪、猪熊、狗熊、旱獭、水獭、香猫、貂鼠、竹鼠、黄鼠、小黄狼、白脸獐。

——民国《罗平县志》卷一《地舆志·土产》第 84 页

毛属　三十一类：马、牛、羊、驴、骡、犬、豕、猫、旱犀、即野牛。獐、出麝。鹿、麂、兔、麕、猿、猴、虎、彪、豹、豺、毫猪、即刺猪。苦猪、阿泥花猪、熊、有马、狗、猪三种。狐狸、飞竹鼠、岩羊、獭、水、旱二种。松鼠、野象。似牛角直，生只蹄，指三岔，其大如象。

——民国《马关县志》卷十《物产志》第 9 页

　　家畜一项，如马、牛、羊、豚等类，均系自由放牧。其牛之一种，虽有结群而牧者，然不过百数十头，且只择其丰草之处，并无固定及大规模之牧场。

——民国《富州县志》第十二《农政·畜牧》第 34 页

兽　豹、獐、鹿、猿、豺狼、麂、獭、竹鼠、牛、马、骡、猪、羊、犬、猫、兔、狐狸、豪猪、松鼠。

——民国《富州县志》第十四《物产》第 37 页

兽之属　二十五：虎、豹、猿、獐、麂、兔、鹿、狼、羚、岩羊、香猫、飞鼠、牛、马、羊、驴、骡、穿山甲、豪猪、猢狸、黄鼠狼、獭、狗、猪、猫。

——民国《邱北县志》第三册《食货部·物产》第16页

毛属 马、牛、羊、犬、豕、猫、驴、獐、麂、兔、鹿、麋、猿、猴、虎、豹、豺、狼、獭、狐、熊、狸、羺羊、野猪、鼠。旧《州志》有飞鼠、黄鼠、竹鼠、鼦鼠、鼷鼠诸种。

——民国《元江志稿》卷七《食货志·毛属》第10页

毛属 牛、马、驴、骡、羊、豕、野猪、豪猪、猫、香猫、虎、一宁乡深山中间有之。豹、熊、鹿、麂、兔、猿、狐、果子狸。俗呼破脸，食金樱子，味最佳，且为补品。

——民国《镇南县志》卷七《实业志七·物产》第636页

毛属 往音山中产野猪、破脸，数十为群。山田禾麦常被蹂躏，土人以矛剑刺击或伏弩掩取，今稀少矣。州西土人，恒以猎麝为业，近来麝价腾贵，本境獐麝绝迹，有裹粮至临安、广南及普洱各处猎取者。

——民国《姚安县地志·天产》第904页

兽属 李《通志》十三：獐、按：即麞。麂、鹿、甘《志》注：鹿不产。兔、猿、熊、豹、豺、狼、竹鼠、狐、狸、獭。管《志》同上。王《志》同上。

注：獐，一名麝香鹿。《唐书·地理志》：姚州土贡麝香，牡者脐下有香腺，猎人获而生取之，即麝香，若死，香即消散。甘《志》：麞毛，人多用以实鞍鞯，取其轻松。甘仲贤《乡土科书》：州西土人恒以猎麝为业，近来麝价腾贵，麞麝绝迹，反舍而远求于临安、广南、普洱各属矣。麂，大如小犊，毛色黄，性怯懦，急则匿首洞穴草丛间，身首外露不顾也，土人猎取，腌为脯，味甚美。革，土人制袴衹之服，并可制军人外衣。鹿，《华阳国志》：云南郡（即弄栋改设）有熊苍山，上有神鹿，一身两头，食毒草。兔，《滇海虞衡志》：滇南兔亦多，白兔且为人家所养，但穿房地为厌耳。猿，猴之大者，产一泡江沿岸。熊，后肢能暂立步行，猎者乘冬眠杀之，胆可治胃炎。豹，性凶猛，四山均产，每为人畜害。豺（俗呼野狗），各志与狼误为一，实则豺较狼稍小，性贪残，居山中，饥则群出袭人。狼，尾下垂，口大喙长，脚有蹼，能涉水，性凶残，捕食牲畜，往往害及幼童，近年夜间群集叫嗥，入城伤人，尤以民国三十年为甚。竹鼠，《滇海虞衡志》：穴竹林者为竹鼠，亦兔类也，肉味美，皮可为袖，以御冬也。桂馥《说文》：鼦，即竹鼠也。狐，各志与狸误为一，实则狐头、尾皆长，以蹠行。《滇海虞衡志》：滇匠缀缉狐皮而成之，一领之料，辄数十金且百金。狸，口突出，尾粗长，四肢短。《滇海虞衡志》：猫生于野为野猫，盗人家鸡鹜吞食以肥，身比猫为大，眼甚恶。獭，毛柔而黑，食鱼但吸其血，皮值甚昂。

甘《志》六：野彘、出深山中，形似家豕而大，喙较长，牙出吻外，数十为群，哄然一至，禾黍为墟。土人苦之，侦其出入之径，罘大罥罗之，有重至五六百斤者。豪猪、出深山中，能发豪射人，土人每抟泥块及萝卜掷之，中即附身不脱，迨其狼狈，取之较易。桂馥《札樸》云：人或取其豪代箸，遇毒即作声，滇俗惯下毒，惟此物能拒之。香猫、善捕鸡，山中甚多。杨慎《丹铅总录》云：予见香猫如狸，其文如金钱豹，此即《楚辞》所谓乘赤豹兮载文狸，王逸注为神狸者也。《南山经》所谓"亶爰之山有兽，状如狸而有髦，其名曰类，自为牝牡，食者不妒"，《列子》亦云"亶爰之兽，自孕而生曰类"，疑即此也。按：《正字通》谓"文如豹，而作麝香气者为香狸，即灵猫也"，与升庵所引诸说亦略同。九节狸、白质黑章，尾有黑文九道。鼬鼠、赤黄色，大尾，喜啖蜂蜜，蜂窝在高墙之上亦能取之，盖以肩为梯，大小相续，在上者闭目而取，取即递下，在下者接之即食，取尽食亦尽，而在上者犹然枵腹也。按：《本草》云一名黄鼠狼，今州人所呼亦同。破脸、形似狗，面半白半黑，肉肥多脂，烹食甚佳。好穴居，土人以牛粪然火熏之，闻有嚏声，掘之即获。按：《正字通》云"南方有白面尾似狐者，为牛尾狸"，疑即此物也。

谨按：鼬鼠，俗呼地鼠，又名耗彪，形较黄鼠狼微小，善捕鼠，但多袭杀家禽。毛可制笔，谓之狼豪。黄鼠狼则名黄鼬，应分别之。

增补十九：马、骡、驴、牛、羊、豕。均为家畜，于人生日用关系甚大。邑中良骥较少，但牝马产骡，大于马，健于驴，适于运输，现值数十百万，畜者多因之致富。驴，近因骡马价昂，驮运入市，驴居十之六七，故畜养者渐多。牛，分两种，有水牛、黄牛。水牛体大力强，价昂，畜者较少；黄牛高大几比水牛，以耕田，以服车。教门素食其肉，乳汁富于滋养，近来挤售者多，而食者亦众。惟兽医缺乏，每岁疾疫死者一二千头，输出亦千数百头，故值亦渐昂。然乳牛品种极须改良，现省城经济农场及长坡改进所，所畜乳牛有荷兰种、美国种、本省邓川种，出乳量以荷兰种最多，日约四五十磅，力胜本国种四倍，肉亦然，其效力殊可惊人。且以荷兰牛为种牛，配以本国产，不过三世四世，可完全与荷兰同。美国种次之，约十余磅。邓川种又次之，约四五磅。邑中乳牛约与邓川种相同，此吾人所当知取择者也。羊，有山羊、绵羊二种，饲养之家多至百头。山羊，衣其皮，而食其肉。绵羊，岁薙其毛，以制毡。乳尚不知所用，但毛不细腻，制品粗糙。欲事改良，则经济农场畜有意大利美利奴羊种，毛极细软，可购一、二头以资杂配而改进之。豕，尤家畜中之最要。仓颉制字，必畜豕而成家，故人家无不饲养，岁供食用。昔日仅输出油、肉，近来肥猪并大量输出，惟时发疾疫，农民损失不赀，此固防疫、治疫之法未加研究，而种畜亦未始无关。现经济农场所畜有英国约克、盘克二种及四川荣昌一种。约克种毛纯白，易生长，可拳至七八百斤，抵抗病菌力亦强；盘克种则身黑而脑、鼻、四足均白，喙上翘；荣昌种毛亦纯白，略同约克，亦佳种也。邑中近年矿业银行曾畜约克种，重三百斤，肉极细腻，此极可资改良者也。总之，家畜改良品种固为第一要事，而食物选择，圈栅清洁、透气皆宜注意。猫、犬、亦家畜至要。猫，《滇海虞衡志》：狸之畜于家者，善扑鼠且依人，近值亦昂，食鼠亦多患病，扑鼠时即须制止少食。犬，各色均有，近复有矮犬，即《逸周书》中所载短狗，《滇海虞衡志》"海叭狗，长毛廪脚"是也。鼠。为人家最害之物，啮物窃食，且为传染黑死症媒介，亟宜特别注意设法扑灭，以免传染疾病。此外，野兽如猩猩、性凶恶，袭人，多自远方窜人，十数年方一见。猕猴、产一泡江沿岸。斑驴、俗呼山驴，性凶悍，体毛色纹与虎相类，皮较麂皮尤良，镇北、怀远、岭源三乡均产。鲮鲤。俗名穿山甲，专食蚁类，其甲可供药用，各乡皆产。较小者如蝙蝠、扑食蚊蚋，于人有益。又有山蝙蝠，体稍大，产山洞中。松鼠、嗜果实，为果树之害。鼯鼠。一名飞鼠，《山海经广注》按杨慎补注云：飞鼠即《文选》所谓飞鼺。云南姚安、蒙化有之，其肉可食，其皮治难产。鼹鼠喜食田间小虫，水鼠捕食鱼虾、昆虫，猬则夜出食虫，均于农家有益。

——民国《姚安县志》卷四十三《物产志之一·动物》第 1 页

禽兽 家畜者兽，以牛、羊、犬、豕、驴、骡、马、猫等为多，禽以鸡、鸭、鹅、鸽等为多，内除牛供耕田，马、骡、驴供运负，猫供捕鼠外，余皆畜作食品。野生者兽，以獐、麂、兔、狐、白脸、野猪、豪猪、穿山甲为多。东区一带，特产竹鼠，其肉皆可食。此外如豹、狼、野狗、黄鼠狼、野猫、水獭、旱獭等亦皆有之，惟俱系害物，肉亦不可食。内獐有麝香，狐獭之皮可制裘，人皆珍之。禽以雀、鸦、鹰、雉、燕、锦鸡、鹭鸶、喜鹊、画眉为多，鹌鹑、野鸭、杜鹃、布谷、鱼狗、凫鹬、禽吉了、啄木鸟、白头翁、沉香鸟亦有之。内有鸠、雉、锦鸡、画眉、鹌鹑、鸿雁、野鸭等，人多喜捕作食品。

——民国《广通县地志·天产·动物》第 1421 页

动物 以猪为大宗，居民皆兴饲养，牛羊次之。多养自农家。

——民国《盐兴县地志》十二《天产物》第 1446 页

兽之属 有马、刍食畜兽，能任重道远，名目甚多。昭通古称产良马，故农家恒畜骒马育驹，上者善走，远近争购之，下者供驮运。骡、有嘶骡、叫骡，皆属驴马交合而生者，嘶骡性尤驯。驴、俗称猫驴子，耳频皆发，可以供驮运。牛、有黄牛、水牛二种，用以拉车、犁地。皮、脂、骨、角皆属工业上之原料品。羊、种有山羊、毛羊，色有黑、白二种。毛羊每年三、六、九月剪毛作毡，皮可制裘；山羊皮制革，频年销出外洋，颇为大宗。狗、有花、黄、黑、白等色，城乡均畜之以守门户。嗅觉极灵，有盗则鸣。其皮用以制褥、制鞋最良。豕、一名猪，昭之居家者恒喂之，俟其肥胖，年终杀供常食。猪鬃毛销出外洋，亦为大宗。又有母猪，农家喂之，生殖甚繁，获利颇厚，故昭通有"富人读书，穷人喂猪"之谚。猫、居家畜以捕鼠。银鼠、色白若兔，间有畜者。虎、为镇山之王，北乡老林王家山间有之。豹、似虎而小，毛有黑圆点，俗称金钱豹。行最速，捕食牛羊等。狼、状类犬，俗呼野狗，性凶残，四山有之。豺、与狼同类异种，状如犬，黄褐色。性尤残，四山皆有，荒年尤多。獐子、似鹿而小，脐有麝，皮细软可用。麂、有青、黄二种，皮可制为袋及衣裤，高山产之。兔、灰色，善走，毫可制笔，产山中。拱猪、三四月间好拱掘地中苞谷籽种，农家患之。野猪、较大而性残烈。豪猪、一名刺猪，产大山，全身刺毛如锥，色黑白。竹䶉、灰色，三足，产北乡高山竹林中，肉脂极丰满。鼠、常为物害，有色白而小者，饲之以为鼠戏。松鼠、毛黄黑色，生高山松树上，寻食松子。黄鼠狼、掘穴窃粮，人咸恶之。岩羊、野山羊也，产高山，皮可制为靴鞋、兜肚之用。野牛、产高山，与水牛相类，毛灰白色。猴、能避马瘟，故赶马者多畜之，产峻岭岩穴中。狗熊、形类狗而烈，四山皆有之。狗獾、形状类犬，产深山大箐。狐狸、穴居山野，性最狡猾，皮为裘最暖。獭猫、有水、旱二种。水产者，夜出食鱼虾，获之可治气吼症。麋鹿。高山大箐间亦有之。此外，昔有而今无者，故不具之。

——民国《昭通志稿》卷九《物产志》第 2 页

兽之属 狗、猪、猫、羊、牛、马、驴、骡、虎、豹、狗、鹿、獐、麝、麂、豺、狼、狐、貉、狚、猿、猴、獾、野狗、山羊、野猪、豪猪、獭、兔、鼠、竹䶉、貂鼠、鼬。

——民国《巧家县志稿》卷七《物产》第 23 页

兽类 水牛、黄牛、马、骡、驴、犬、即狗。豕、即猪，以色别，有黑、白、棕、黄、杂花等。羊、岩羊、即山羊，血可入药，皮亦可揉，盐津各岩上俱产。猫、野猫、田豕、即野猪，一名懒妇猪。如山猪而小，喜食禾。兔、野兔、松鼠、竹䶉、鼬、俗名黄鼠狼。鼠、猬、即刺猬。豪猪、獭、獾、猿、猴、产河滨悬岩上。獐、麂、牝者肉味滋嫩可口，皮时新作衣。狐、九节狸、鲮鲤、俗名穿山甲。熊、狼、豺、豹、虎。

——民国《盐津县志》卷四《物产》第 1698 页

兽类 马、牛、水牛、黄牛两种。羊、山羊、绵羊两种。豕、为子、味极芳香。猫、犬、虎、豹、山羊、麂子、獐、鹿、熊、有人熊、马熊、狗熊三种。狼、豺、兔、狐、野猪、九节狸、獭、鱼鳅狗、鼠、飞鼠、一名貂鼠。鼬鼠、一名黄鼠郎。鼯鼠、竹鼠。生竹山内，专食竹根、笋芽，味极佳美。

——民国《绥江县县志》卷二《物产志》第 25 页

走之属 有马、刍食畜兽，能任重致远，头颈皆有鬈鬣，极坚壮，仅有一趾。其齿有乳齿，永久形齿态，随年龄而异，故相马者必先齿。种类甚多，以其毛色各别为专名。骡、即赢，驴马相合而生者。此兽之精子不能成熟，故不能传种。驴、体小于马，耳颊皆长，亦能负物。牛、有二种，一种色黄，一种较大，色灰黑，角大而弯向内，俗谓之水牛。农家畜之以助耕，肉与乳皆为滋养品，皮脂骨角皆为工业之原料。羊、种有山羊、绵羊，色有黑、白。豹、似虎而小，毛黄褐色，背有黑色圆斑，俗称金钱豹，行甚速，捕食牛羊等物。虎、形似猫而大，全身长五六尺，毛色鲜黄而有黑色条纹，性凶残猛悍，食他兽畜并伤人。狼、状类犬，毛色深黄，头锐喙尖，颊有白色小斑点，后足稍短，尾粗大下垂，性猛恶，饥则袭人，其皮可用作裯褥。豺、与狼同类异种，状如犬而身瘦，黄褐色，口吻深裂，尾长下垂。其身有一种臭气，吠声能闻于远，残猛与狼同。鹿、生山林中，四肢细长，性质温顺，雄者生有枝之角，每年脱换，年增一枝，既老则否，有白星斑点，谓之梅花鹿，角初生为茸；雌者无角。察关东所产之鹿，身首蹄皆类马，故谓之马鹿。蒙所产者则类牛，而茸亦长大，较关中者为力薄。麇、与獐同，一名麝，似鹿而小，其皮细软，用与麂皮同。麂、牡者有短角，脚短力劲，善跳跃。其皮细软，可为衣袋之用。兔、耳大尾短，色灰白，善走，生殖极蕃，年可产子数十。野猪、为家猪原种，全体黑褐色，毛粗。牡者犬齿强大向上弯曲，锋利无伦，能捕人畜，肉甚肥美。豪猪、一名箭猪，头齿皆如兔，全身生刺毛，尖锐如针。其端色白长者至尺许，怒则立如矢，能射人。香猫、一名香狸，一名灵猫，色黄黑似豹纹，脐有香囊，能发香气如麝，故又谓麝香猫。竹䶉、俗名竹鼠，似家鼠而大，毛灰白色，茸茸然，尾短目细而长，前足不分趾爪，行极迟钝。松鼠、一名栗鼠，毛黄黑色，尾长大，毛茸茸然，常以后足蹲踞树枝而食果实，行甚矫捷。狐、似犬而小，体瘦，头尾皆长，以蹲行，性狡猾，穴居山野，盗食食物。生十四五年，皮可为裘，俗传狐寿千年，能祟人，妄也。狸、猫属，有猫狸、香狸、玉面狸、九节狸数种。水獭、长二三尺，毛色青黑，尾尖长如锥，穴居河岸池沼之旁，夜出食鱼，惟饮血而不食肉。其皮可为裘，甚于狐貉。麝、似鹿无角，牡者犬齿突出口外，腹部有皮脂结成之块，大如鸡卵。其香甚烈，谓之麝香，可入药。山驴、驴首牛身，偶蹄灰色。豕、俗谓之猪，体肥满，生殖甚速。其肉多脂肪，惟消化较牛肉等迟。犬、轻猛好斗，视听嗅等觉皆敏锐，虽卧易醒，故善守夜，有黑白黄花等色。猫、舌有细刺，蹠附肉块，内藏锐爪，随时伸缩，行以肉块着地，故足音甚轻，眼甚敏捷，夜能视物，善捕鼠。蝙蝠附。自手足至体之后端有膜相连之故，能飞翔空中，昼隐夜出，捕食蚊蝇。全体密生暗灰色软毛，口中有齿，后趾短有钩爪，息止以之钩物而悬其身。

——民国《蒙化县志稿·地利部》卷十一《物产志》第 12 页

毛类 马、驴、骡、牛、分黄、水二种。羊、分绵、山二种。犬、豕、鹿、麂、兔、麇、虎、豹、熊、猴、野猪、毫猪、狐狸、玉面狸、俗名白脸。九节狸、松鼠、竹鼠、山骊、獭、彪、猫、野猫。

——民国《景东县志》卷六《赋役志附物产》第 174 页

毛属 虎、豹、豺、狼、鹿、麂、獐、兔、狐、熊、猿、野猪、豪猪、獭、竹䶉、松鼠、鼠、岩羊。

畜属 牛、马、骡、驴、猪、羊、犬、猫。

——民国《龙陵县志》卷三《地舆志·物产》第 22 页

禽兽 邑旧无雁与鸠也，亦如会垣未有雁，自杨升庵有《泛舟新雁》诗，为雁入滇之始也。今则结队连行，声鸣天际，实古今之地气有不同耶，亦边陲日渐进化耶？孔雀产浪沧江外，康普土司喃良硺家前畜一只，因血能杀人特放之。鹦鹉产数颇多，常千百挑以售外地。土人重牲畜，马、牛、羊皆以群计，虎、豹、熊、鹿每年猎人所得者则寥寥无几也。

——民国《维西县志》卷二第十四《物产》第 39 页

兽属　虎、豹、狼、鹿、麂、獐、兔、狐、熊、猿、獭、豺狗、野猪、豪猪、岩羊、野牛、山驴、九节连、飞鼠、黄鼠狼、穿山甲。

家畜^增　马、牛、羊、猪、犬、猫、驴、骡。

——民国《镇康县志》（初稿）第十四《物产》第 6 页

王士祯《陇蜀余闻》：有多虎，滇之大理多龙，粤西多凤。

——《滇绎》卷四《龙》第 10 页

白脸

白脸　形似小犬，毛灰黄色，面顶至鼻，有白毛一条，故名曰白脸。足健尾长，居土洞，食精英子，肉滋阴分。

——民国《楚雄县乡土志》卷下《格致·第三十七课》第 1362 页

豹

豹　小于虎，有金钱、艾叶二种。《列子》：青宁生程，程生马。沈氏《笔谈》谓：秦人称豹为程，至今延州称之。

——《鸡足山志》卷九《物产》第 346 页

松根豹　大如豹，穴地而食松根。毛深细过于豹，而颖更灿，文如环，黑质而白文，善走而啮人。

——《维西见闻纪》第 14 页

元豹　中甸偶有元豹，皮日光映照则成赤色，金钱历历，光彩夺目，价无算，亦难得。

——《滇南闻见录》卷下《物部·服属》第 43 页

猎户得虎、豹，必献皮以取赏，故署中虎、豹皮为多。祠祀演剧，以包柱满台，视之不重。迄离农部，觅炳蔚之文，欲窥一斑，亦不可得矣。

——《滇海虞衡志》卷七《志兽》第 9 页

松根豹　余庆远《维西闻见录》：大如豹，穴地而食松根，毛深细过于豹，而颖更灿，文如环，黑质而白文，善走而啮人。

——道光《云南通志稿》卷六十九《食货志六之三·物产三·丽江府》第 48 页

豹　亦属食肉类。产豹区域，我滇百数十县中，至少在百县以上。云县、猛丁、猛卯、五福等处，产者尤多，但各县报告，只著其性、名而已。此类野兽，充分成长时，肩高二尺五寸许，全长七尺，其毛皮有灿烂之斑点，普通带赤黄色，文采蔚然，状若金钱，故有金钱豹之称。另有云豹一种，亦滇产，体形与普通者同大，尾部较巨，毛色淡灰密被，近黑色之斑纹。豹虽栖息滇中山林，有低地、高地之不同，但行无常路。所嗜动物如猪、羊及其他小哺乳类，而以犬为其特嗜之物。皮殖与虎相垺，同为本省之贵重山货云。

松根豹　维西名产。《滇志》引余庆远《维西见闻录》云"松根豹，大如豹，穴地而食松根，毛深细过于豹，而颖更灿，文如环，黑质而白文，善走而嗜人"等语，疑即今西藏产之雪豹。盖是兽大亦如豹，毛色灰白，体有黑斑。皮厚，适于防寒，毛密生，亦类羊毛状，当严冬时，尚能栖六千呎以上高地。常食野兽，有时袭及人畜，是与余氏所纪，泰半吻合。维西接近藏边，拔海高度且在六千呎以上，松根豹分布之地，亦正与雪豹相同，存之以俟续考。

——《新纂云南通志》卷五十八《物产考一·动物一·哺乳类》第 8 页

豺

豺　属食肉类，为滇山野间常产。自来豺、狼并称，据近时之调查，则豺即变形之狼，与狼固无甚区别，不过较狼为小，比犬为大，脚短喙长，口大直至耳下，耳部较小，眼锐尾垂，体长四尺，全身茶褐色而微带红。颊有小白斑点，尾部最大，灰白驳杂。性贪馋，能追逐鹿、兔等类而食之，尤喜食小儿。以其形似狗，故诸县报告，竟有豺狗之称。

——《新纂云南通志》卷五十八《物产考一·动物一·哺乳类》第 9 页

飞鼠

飞鼠　即鼯鼠，《尔雅》谓之鸓鼠。郭璞注云：鸓状如小狐，似蝙蝠，毛紫赤色是也。康普、叶枝、浪沧江山谷之中产之，穴空木，食槎蘖，飞远不及寻，高不及仞，以弩取之，绀毛白颖，如膏如濡，为裘有耀。《唐书》云吐蕃有天鼠，大如猫，皮可为裘，正即此种。特天鼠者，蝙蝠之名，考未之详，误以鸓鼠为天鼠耳。[1]

——《维西见闻纪》第 14 页

飞鼠　出丽江、大理诸府，大者长三尺许，尾如狐尾。《唐书·南蛮传》"朴子蛮善用竹弓，射飞鼠无不中，或曰天鼠"，《吐蕃传》"天鼠之皮可为裘"，是也。本名鸓，《说文》"鸓，鼠形，飞走且乳之鸟也"。今人取其皮，已妇人难产。

——《札樸》卷十《滇游续笔·飞鼠》第 16 页

飞鼠　产于金沙江边，丽江、云龙皆有之。其形宛似蝙蝠，大如面盆，毛身而翼飞，其毛红色，脊上皆白鎗，皮可为衣。土人取之，食其肉，货其皮，然皮毛皆脆，不经久。近来价最昂，不足取也。其性好烟火，取之者于山林之间，薄暮积薪举火，遂成群而来，以弩箭射之，堕于地，箭只中其喉下，盖摩莎、古宗之弩箭颇为神技。

——《滇南闻见录》卷下《物部·服属》第 42 页

飞鼠　《古今图书集成》：即鼯鼠也。腹堂有皮，宽垂如人披袈裟然。树枝相离数丈，即飞而过，但不能远，猛缅交界处有之。[2]

——道光《云南通志稿》卷六十九《食货志六之三·物产三·顺宁府》第 35 页

飞鼠　旧名鼯鼠，属啮齿类。其名早见《山海经》。杨慎《补注》谓即《文选》之飞鸓。《滇志》引桂馥《札樸》谓"即《说文》之鸓鸟，今浙称为飞生鸟"云云，殆沿《说文》"鸓，鼠形，飞走且乳之鸟"之误，不知飞鼠非鸟，实松鼠栗鼠之一种，英名飞翔栗鼠者也。体长三尺，形似狐蝙蝠，

---

[1] 此条，道光《云南通志稿》卷六十九《食货志六之三·物产三·丽江府》第 47 页同。
[2] 此条，光绪《续修顺宁府志》卷十三《食货志三·物产》第 23 页同。

尾如狐尾，皮肤向左右扩张成膜，借其反动鼓荡空气。尾部一面密生长毛，成为船舵之用，助其支持空中。但飞鼠虽能飞行，不过自此树之巅斜行跃下，更移至他树中间，只有十码之飞行距离得云自由。喜食树芽，又袭小鸟。皮可为裘，旧称天鼠裘，即《唐书·吐蕃传》"天鼠之皮可为裘"者是也。今滇皮货市，亦谓之灰鼠皮，产峨山、新平、云县、缅宁、彝良、牟定、双柏、祥云、大理、华坪、鹤庆、丽江、保山、腾冲等县。嵩明产者呼为飞骡，殆飞鼺之音误。会泽、永善产者呼为飞麒，亦沿飞生之旧名。惟上帕、贡山两处，产品最为名贵，每年所出飞鼠皮不下千张，概销内地。据两处《物产报告》略谓，飞鼠原系兽类，怒、球两江均有，常居林中，食果实，两腋皮毛，如翅能飞，故名。性喜火烟，土人往往宿林中，以火诱之，然后用弩弓射杀。其皮甚薄，以之制裘，仅背脊一路，他处则皮板太薄，概不能用云云。

又按：飞鼠异名甚多，除上举各种外，梁河所产谓之飞貉，马关、麻栗坡所产谓之飞虎。《通志》引《群玉》云"滇中宁山有虎能飞，状如蝙蝠，左右皆有肉翼，翼上有毛，如紫貂色"。又引陈继儒《眉山笔记》云"甲午十月，王太原公出一兽皮，大不能二尺，如紫貂色，左右皆有肉翼，翼上有毛，疑即飞虎耳"。今马关、麻栗坡之《物产报告》亦载有飞虎其物，梁河则谓之飞貉，但留意考证之下，疑飞虎即飞狐之音讹。飞狐、飞貉，又飞鼠之同音通假。虎、貉、狐、鼠，一音之转，传闻日久，因以差讹耳。吾人由动物分类以观，虎类虽多，无以具肉翅称者。古云"如虎附翼"，乃形容残暴过分之词。旧制卤簿及仪卫，均画飞虎于旗，有禳解鬼物、祓除不祥之意。传世《金石图鉴》中如《西清古鉴》及《金石索》所载龙氏镜、张氏镜、四乳镜、青盖镜、尚方佳镜、太山仙人镜、长宜子孙镜、仙人不老佳镜等等，亦诚有刻画逼真作飞虎状者，无非取示压胜，象征吉祥之作。实则并无其物，且此等艺术，汉以前并不经见。吾人试观武梁祠石室画像，其有具翼之兽及具翼之人物者，始于东汉，亘于三国及六朝。当时中土与西域交通大启，域外作风，以次袭来，一时神怪之刻塑壁画，争相摹效，盛极中古。飞虎云云，乃意匠经营之笔，非动物中实有此种怪兽也。然得名之因，亦有其朔。今兽类中之能飞者，有飞狐、猿狐、蝙蝠及飞鼠鼯鼠三类，吾人试一一比较之。

飞狐猿 体具肉翅，与《志》引之飞虎，及梁河之飞貉音义俱同，然其形似猿，不如蝙蝠，毛色黄褐，亦非紫貂色。

狐蝙蝠 大蝙蝠中体具肉翅，形色相似者，莫如狐蝙蝠，但或产于澳洲，或产于印度、马来，而非滇产。梁河之飞貉，据《报告》谓类蝙蝠，体较十倍大于蝙蝠。又墨江产之寒号虫，肉翅，亦类飞虎之传说。然据《辍耕录》所载，则寒号虫当盛夏时，文采斑斓，比冬严寒，毛脱如㲉，今墨江所产，当地俗名光咕噜鸡。光咕噜，盖滇谚一无所有之义，状其羽毛尽脱也。如《辍耕录》所述审是，则与《志》引之飞虎亦不类。

飞鼠鼯鼠 肢间有膜，成为肉翅。背部暗褐，羽毛类紫貂色。形如蝙蝠，长三尺许，均与《志》引二则无异。桂馥《札樸》谓"鼯鼠，一名飞鼠，其皮或曰天鼠皮，可为裘"，与《眉山笔记》又可互证。今鼯鼠，太原亦产之，眉公所见，或即王太原公乡土之物。

综上三类以观，始知传说中之飞虎，惟飞鼠乃足以当之。因考命名之转变，拉杂书之如此，以俟后之正是焉。

——《新纂云南通志》卷五十八《物产考一·动物一·哺乳类》第17页

风兽

临安有风兽，似胡（猢）狲，色黄，肉翅，伏树上，不饮不食，但向风吸气耳。[①]

——《札樸》卷十《滇游续笔·风兽》第 16 页

狗

汤《四方献令》曰：西南产里、即今车里。百濮，以象齿、矩狗为献。孔氏曰：矩狗，狗之善者也。今志作短狗，误。

——《滇略》卷三《产略》第 1 页

狗肉 味酸咸，温。安五脏，补纯阳，轻身益气，补益肾胃，壮阳道，补腰膝，益气力，治五痨七伤，补血脉而厚肠胃，补下焦而填精髓。和五味煮，空心食之。蹄，气味酸平，治癫狂病。血，气味咸，补五脏。心，治忧恚气，除邪。肾，气味平，治妇人产后疟疾。反商陆、大蒜、杏仁，用者记之。

——《滇南草本》卷一下《禽畜类》第 21 页

得犬方祭 州之夷民有曰土僚者，以犬为珍味，不得犬，则不敢以祭。

——景泰《云南图经志书》卷三《广西府·师宗州·风俗》第 21 页

矮犬 毛深足短，即《竹书》所载短狗。

——康熙《云南通志》卷十二《物产·顺宁府》第 9 页

大犬 即獒也。

——康熙《云南通志》卷十二《物产·丽江府》第 10 页

驯犬 岁庚子，余在五华书院，忽有一犬自外人，伏于檐下竟日。饲以饭，观望久之而后敢食，自是不复去，且不出中门。每日哺时，伺候于槛外，绝不闯入座间，亦不作摇尾乞怜之状，猫食其食亦不与争。外人至，起立伺之，不作声。余父子自外回，必趋至门，若迎接状。门口有人站立，不遽出入，俟人退乃走，或别趋旁门。余甚爱其驯，及离滇，惜不能携之以归。

——《滇南闻见录》卷下《物部·兽属》第 43 页

狗、麂与鸡、豚并畜，为养老食肉计，则食犬在所先，而守犬、猎犬在所后。顾今周行天下，未见有卖狗肉之市，公然自命为屠狗之人。即有屠者，皆攫人家之守犬而屠之、鬻之。良以民间不复养食狗，则生资又缺其一端矣。曾见粤市肩狗肉而卖之，讳其名曰地羊。黔省狗场有卖狗肉者，但数家耳。滇俗多回教，以犬、豕肉为忌，而道家说又重戒犬、牛，故食犬由是遂废。然犬、豕所字，多争畜之，必犬蕃如豕，所谓三猱、二狮、一獬，举其少者言之，而每字不止此数也。

蛮犬 《范志》云如猎犬，警而猘。

拳尾犬 极高大，垂耳拳尾，《范志》以为郁林犬，滇中多有之。

长喙獢 短喙猲獢，猎犬也。滇猎户畜之。

獟狮狗 出迤西，高四尺，甚猛猘，即西域旅底贡之獒也。滇人多畜之，锁于柱。[②]

[①] 此条，道光《云南通志稿》卷六十九《食货志六之三·物产三·临安府》第 22 页引同。

[②] 以上"蛮犬"等四条，道光《云南通志稿》卷六十八《食货志六之二·物产二·通省》第 27 页引同。

海叭狗 长毛庳脚，出顺宁。滇人亦多畜之，即《王会》短狗也。

——《滇海虞衡志》卷七《志兽》第 6 页

矮犬 旧《云南通志》：毛深足短，即《竹书》所载短狗。檀萃《滇海虞衡志》：海叭狗，长毛庳脚，出顺宁，滇人亦多畜之，即《王会》短狗也。

——道光《云南通志稿》卷六十九《食货志六之三·物产三·顺宁府》第 35 页

大犬 《古今图书集成》：出丽江，即獒也。谨案：一名猇狮犬。

——道光《云南通志稿》卷六十九《食货志六之三·物产三·丽江府》第 48 页

短狗 《逸周书·王会解》：正南、产里、百濮请以象齿、短狗为献。孔晁注：短狗，狗之善者也。

——道光《云南通志稿》卷七十《食货志六之四·物产四·普洱府》第 7 页

犬 亦食肉类，为滇中常见之家畜，变种甚多。著于旧《志》者，有短狗、矮犬、大犬、猇狮犬[①]、猎犬、蛮犬、拳尾犬等，兹分述之：

短狗、矮犬 《志》引《逸周书·王会解》谓："正南产里、百濮，请以象齿、短狗为献。"产里，即今车里。又《旧云南通志》云："矮犬，毛深足短，即《竹书》所载短狗。"《滇海虞衡志》云："哈叭狗，长毛庳脚，出顺宁，滇人亦多畜之，即《王会》短狗也。"按：短狗、矮犬、哈叭狗，不过一物之古今名。今哈叭狗，已流传至北方，为爱玩犬之优种，滇西顺宁反不多见。

大犬、猇狮犬 《滇志》引《古今图书集成》谓："大犬，出丽江，即獒也。"《滇海虞衡志》谓："猇狮犬，出迤西，高四尺，甚猛猘，即西旅底贡之獒也。滇人多畜之，锁于柱。"合以上二节观之，是大犬、猇狮犬与獒仍是一物。獒即今之西藏犬，体高四尺，毛色黑褐，形态狞猘，垂唇极大，目眶深陷，尾拳耳垂，栖高寒地，毛皮深厚，为世界著名之猛犬。守住宅，护牧场，间能荷重。滇西北部毗连藏境，如丽江、鹤庆、维西、中甸、永北、兰坪等地。此犬之饲养者多。大理每岁三月月街，藏商常携此犬，随护货驮。

猎犬、蛮犬 形皆相类，且近狼形，亦名狼犬，双耳载立，吻部尖削，嗅觉锐敏。滇东北山地，猎户常畜养之，变种甚多。

拳尾犬 来自广西郁林，变种甚多。尾部上拳，体多黑白两色，亦为滇中常犬。

滇省家家饲犬，以为常畜。今海禁大开，洋犬以渐输入，混合种日多，纯粹之滇犬，遂不可复睹矣。

——《新纂云南通志》卷五十八《物产考一·动物一·哺乳类》第 12 页

犬 犬性灵，不变，恋食主恩，体尾长，足前五趾，后四趾。看家守夜，见异人即狂吠。鼻善闻，识熟人旧路，田猎不可少。

——民国《楚雄县乡土志》卷下《格致·第三十课》第 1359 页

昆明人最喜养狗，狗是家家俱有，且有蓄养至二三头者。此何以故？缘在承平时代，一班好吃懒做之人，便喜出而作小偷，偷得人家户的一套布衣裤，或一把铜、锡茶壶，都可以卖得六八钱银，便能混十日半月的生活。因此，是时的小偷，异常充斥，一般人家户防范盗贼，亦惟有豢养条狗当斥堠之一法。故尔，居家户无不养狗。此则城里如是，乡间亦未尝不如是。在光绪二十年（1894）前后，昆明境内，城乡合计，实有烟户五六万家，养狗当不下五万条。兼之，城里的大小衙门，

---

① 猇狮犬 《滇海虞衡志》卷七《志兽》作"猇师狗"，道光《云南通志稿》引《古今图书集成》作"猇师犬"。猇：狂悍，勇猛。作"猇师犬"，意长。

都是各养着很多的狗。如昆明县衙门内，直有狗五六十条，这许多的狗，有似前任移交后任者，且有狗饭田若干亩在归化寺处，归县署收租以饲狗，亦一趣事也。此即以城厢内外及一切乡间所有之狗，而以五万条计，每狗月耗米八合，年则为九升六合。五万条狗，须耗四千八百个市石，真是一笔巨数也。而往昔之人，亦不是省口挪食来喂狗，似各家之于狗饭，亦若毫不在意。此当是米粮之出产数量太多，人吃不完，故惠及于狗。

——《纪我所知集》卷十六《昆华事物拾遗之二·养狗》第 418 页

三猛边地产金狗毛，其茸甚丰，土人用为枕褥。

——《幻影谈》卷下《杂记》第 136 页

果然

《南中八郡志》曰：交趾有果然，白面黑身，毛采斑斓。

——《太平御览》卷九百一十《兽部二十二·果然》第 6 页

狐

乾尖子　各郡山中俱产狐，狐之后足胫背有黑毛一处，长不及二寸，宽不及寸，集之可以成裘，名乾尖子。毛甚短薄，不足御寒，饰观而已。此为滇中独步，西、北方之狐无有也。余于乾隆三十七年到滇，闻袍褂一副须四五百金，今值千余金矣！数年之间几两倍之。

——《滇南闻见录》卷下《物部·服属》第 42 页

狸、狐、猵、豾丑，其足蹯，其迹内，皆为一类，宜其为用相似。今之天马、干箭、麻叶豹，一切奇样怪名，皆出于滇，由滇匠缀缉狐皮而并成之者也。一领之料，辄数十金，且有百金，故狐之为用至大且至贵。尝闲游滇郊，见晒狐皮于地者，动百千张，略无可盼，而缉成之，即为席珍。滇产固多，亦由人工之至也。昆明人有赶禄劝鼠街，见保保囊一物，就视乃元狐[①]也，以千钱购得，而裁为帽边，价百倍。此见滇南何所不有哉！

——《滇海虞衡志》卷七《志兽》第 10 页

狐　亦属食肉类。滇山野间常见之，西北高寒地产者尤著名。如上帕、贡山、维西、中甸等处。变种甚多，普通体长二尺五寸，四肢较短，长仅一尺，口尖尾丛，足蹯步捷。普通毛皮赤褐，玄、白两色者较少。居林丛间，育儿岩穴，掠夺鸟、兔、鼠、蛙等以为常食，山树果实，亦其特嗜。昼伏夜出，狡狯善疑，受其害者不易迹得之，赖其体有骚臭，故猎犬常一嗅而获。中国旧籍谓“狐寿千岁”，或谓“狐有九尾”。《说文》又谓“狐，妖兽，为鬼所乘”，与《滇志》所载“蜮，短狐，能含沙射人”者，同一谬妄。此等臆说，支配人心，垂数千年，野史稗官盛言狐崇狐凭，更助其焰，但在科学立场，则殊不值，通人一笑云。

滇产狐类，名目颇多，皆自一种演变分化而出，兹举其最著如下：

赤狐　为银狐之变种，滇名草狐，最为普通。皮毛上部，色赤褐而微带黑，下部则呈白色，亦有竟体灰黄者，制裘及褥，价值较低。

---

① 元狐　民国《新纂云南通志》卷五十八《物产考一·动物一·哺乳类》第 9 页作“玄狐”，即黑狐。

火狐　赤狐之变种，产贡山、上帕等处，滇市所称为西狐者也。皮毛细茸深润，颜色黄赤，皮板又厚，制裘或褥，温暖异常。每年约产三四百张，运销内地。

金狐　火狐中之最名贵者，毛长厚，色深黄不杂，缀裘最轻暖。产滇、藏边境，不常见，专销西商。

黑狐　一名玄狐，虽产滇山地，但不易得。据《滇海虞衡志》则禄劝有之，皮板轻柔，毛色深黑有光，为最贵之山货。

银狐　亦黑狐之变种。毛深黑，背上自头至尾，有银白色一条，或疑干箭即此，价拟玄狐，但滇中不常有。

白狐　一名极狐，亦银狐之变种，滇西北高寒山地有之。毳毛柔白，皮板微薄，价次于玄狐。或云滇产之白狐，即雪狸，亦名山猫，非狐类。

斑狐、石狐、青狐等　即白狐与玄狐之中间产。滇之金钱腿，或即斑狐、火狐等，皮毛拼缀而成。

沙狐　名不常见。《滇海虞衡志》谓天马皮，乃沙狐，按：即白狐之小者。腹下白毛，缉制而成。

总之，全世界之毛皮，共有一百四十种，最贵重者即海獭、海豹、黑狐皮三类。但狐皮虽以黑贵，而皮之毛色，则因气候、产地而有变迁。大致夏毛多黑色，冬毛多白色、银斑、褐、青等色，以次递迁。赤色最普通，黑、白最难得，价值亦因以异。

——《新纂云南通志》卷五十八《物产考一·动物一·哺乳类》第 9 页

虎

大虫　南诏所披皮，赤黑文深，炳然可爱。云大虫在高山穷谷者则佳，如在平川，文浅不任用。[①]

——《蛮书》卷七《云南管内物产》第 34 页

纳罗山，在禄谷寨西二百里。山多虎豹，土人呼藏为纳，虎为罗。

——万历《云南通志》卷四《地理志一之四·镇沅府·山川》第 29 页

己卯四月十八日，录记于虚亭。先夜有虎从山下啮参戎马，参戎命军士搜山觅虎，四峰瞭视者，呐声相应，两箐搜觅者，上下不一，竟不得虎。

——《徐霞客游记·滇游日记九》第 1066 页

（澂江府）罗藏山，在府治西北。……昔有虎为民害，造栅取之，蛮语虎栅为罗藏，故名。

——《肇域志》第四册第 2353 页

（镇沅府禄谷寨长官司）纳罗山，在司西二百里。多虎豹，土人呼藏为纳，虎为罗。

——《肇域志》第四册第 2363 页

（澂江府）罗藏山，府北十里。……又蛮语虎栅为罗藏，昔有虎自碧鸡渡滇池为民害，土人造栅取之，因名也。

——《读史方舆纪要》卷一一五《云南三》第 5111 页

（镇沅府禄谷寨长官司）纳罗山，司西百里。山深险，中多虎豹。土人呼藏为纳，虎为罗。

——《读史方舆纪要》卷一一六《云南四》第 5151 页

虎　山兽之君也。楚呼为于菟，陈魏之间谓之李父，关东西谓之伯晰，北人讳而呼之，谓之

---

① 此条，道光《云南通志稿》卷六十八《食货志六之二·物产二·通省》第 26 页引同。

狸儿，即犹南人呼虎为猫及大虫也，虎因其声以得名，其字则象其蹲踞之形以会义。南郡李公化虎，故称虎为李，而虎食物则弃耳，故又以李耳称之。即郭璞所谓虎食至耳即止也。

山君 状如猫，大若牛。黄质黑章，巨牙钩爪，须健如锥，舌倒生刺，项短鼻魈，夜视一目腾光，一目瞩物。迎光射之，光即堕地，入土尺许，化为白石，得之可以止小儿夜啼。导虎食人名伥，盖食人多，则人魂结聚于虎脑者也。虎遂能卜观奇偶，而知得食之方。作势必吼如雷，风从而生，百兽震恐。立秋虎始啸，仲春虎始交，孕七月则子生。凡搏物必三扑，不得则弃之。不食不惧己者，故小儿、癫儿不知惧虎，则虎不敢食。见醉人，必守之以待其醒，盖欲伺其惧而后乃食耳。食男则先势，食女则先乳。惟畏阴户，不欲食，故食女则弃其半而去之。嘻！虎之畏而弃者，胡人伤其生伐其性于其中，而谓之为快哉！夫苛政猛于虎，今而知牝之为户也，岂不虐于虎之噬啮为尤甚耶！

——《鸡足山志》卷九《物产》第 345 页

虎^{三则} 昔有一白虎，浮滇池来噬人，无数居民苦之。摩迦罗大黑天神忽显形缚之，蹲于座侧。今虎骨一具，尚在昆阳州土主庙中。

开化城北九十余里有山，土石相半，下宽平多美刍，群争牧马，忽有人见山下一物，白质黑文，行动颇训，遇牛马不搏噬，众奔避，以为虎也。越三日复遇，拟共迹之，已不复见。有识者曰：白质黑文，似虎而训，不践生虫，不伤畜类，考之图记，是为驺虞。

元初，丽江之白沙里，有夷人木都牟地者，性刚勇，偶抱愤事，卧于磐石上，须臾变为虎，咆哮跃去。至今，迹存石上。

——《滇南杂志》卷十四《轶事八》第 6 页

虎 属食肉类。谈猛兽者，狮、虎并称。惟滇中不产狮，而产虎，体躯亦较狮稍长。牡者约六尺，尾长三尺以上，合尾计之，长达丈余。牝则较牡为小。赋性孤独，常徘徊林莽间，袭食水牛、野猪等。有名产地，如景东、景谷、缅宁、云县、思茅、墨江、车里、五福、镇越、镇边、金河、临江、梁河、猛卯、干崖、芒遮板、麻栗坡、泸西、元江、华宁、个旧、罗平、宣威、武定、鲁甸、威信、大关、彝良、永善、盐津、楚雄、双柏、礞嘉、广通、镇南、蒙化、弥渡、云龙、永北、丽江、鹤庆、中甸、维西、兰坪、漾濞、永平、腾冲等地。一般调查以为，虎类分布与其所嗜动物极有关系。虎初无常住，本自由栖息热带草原。但现已侵入古北区，跨越朝鲜，由阿穆尔流域分布直至桦太。滇产除地方种外，其南行入境者，亦无一定之住所。大致野猪等生息之处，即多为虎类出没之处。细加调查，颇有由东南渐移西北趋势。迩来交通日辟，林野日稀，食物范围，益加缩小。又因皮殖有价之故，虎狩不加限制，种更式微矣。至滇产虎皮，何以有高价？则因皮色金黄，映带褐彩，周身有暗黑之纵缟，古谓之斑文，今俗称镰刀花。牝与乳虎，其缟稍异，体之下部，间以白毛，斓斑陆离，异常夺眼。猎户蒐集成数，奇货居之，一袭之值，千金以上，遂蔚为山货大宗。虎胶、虎骨，犹其次焉，且古昔珍视虎皮，又别有其历史。《滇志》引樊绰《蛮书》云："大虫，南诏所披皮，赤黑文深，炳然可爱。"又云："大虫，在高山穷谷者则佳，如在平川文浅不任用。"可见，虎皮价值，早腾南中。考《南诏德化碑》阴所刻各官职衔告身，每标列"大虫皮衣"或"大大虫皮衣"一语，虽知大虫即指虎，但用为皮衣，则尚未得其悎。及阅内外图籍，始悉藏族武官，胥以虎、豹皮缘饰衣服，表示其阶级之尊崇者。唐初，南诏一度沦于域外，与吐蕃赞普相结，后虽凶终隙末，然习俗渍浸，历久同化。吐蕃即西藏古族，南诏时之大虫皮衣，即如今藏官之虎皮服饰也。滇产虎皮，近益稀少，价亦增昂。除运销出省不计外，本省用者，或制幛幕，或作披垫，以为服饰，则除滇边木里亦藏族外，殊不经见云。

——《新纂云南通志》卷五十八《物产考一·动物一·哺乳类》第 7 页

貛

貛 亦鼬鼠一类，但体大过之。平均体长二尺数寸，肩高一尺，毛色灰褐，肋及尾部变灰白色。皮粗韧，可制皮鞄为旅行用。毛长，可作画刷。其所食物，主为树根、果实、蜗牛、蠕虫等，有时又掠吸蜂蜜。大姚、祥云、云县、霑益、寻甸、平彝、镇雄、盐津、泸西等地产之，有猪貛、狗貛及破脸狗等。

猪貛 普通名貛，一名猪豜。喙尖，足尾皆短，色黄褐，毛较粗松，且有臕病，颇似猪类。穴土而居，穿毁隄岸，嗜食作物，有害农林业。晋宁、宣威、姚安、漾濞等处山野产之。

狗貛 一名狗豜，似狗而小。体肥喙尖，足尾短，普通貛类即指此。皮毛深褐色，柔软紧密，厚有一寸。除前举大姚、祥云等各产地外，宣威、鲁甸等亦产之。异名甚多，蒙自名狗孩，华坪名狗貛子，鹤庆名狗唤子，永善则名微子，盐津又名狃子，音近易讹，要之皆狗貛也。常掠食包谷，玉蜀黍。鹤庆谣云：狗唤子下坝矣，则相顾愕然。

——《新纂云南通志》卷五十八《物产考一·动物一·哺乳类》第 15 页

黄鼠狼

鼬 最小之食肉类。合尾计之不满一尺，毛皮色褐赤，入夜掠食鼠、兔、家禽等，吸脑啮颈，备极残忍。黄鼬即其同类，俗称黄鼠狼，旧《志》简称黄鼠。今嵩明、罗次、武定、盐津、永善、鲁甸、广通、大姚、凤仪、邓川、云龙、华坪、丽江、鹤庆、剑川、阿墩、保山、腾冲、芒遮板、梁河、临江、景东、景谷、宁洱、墨江、五福、麻栗坡、华宁、蒙自、曲靖、霑益、罗平等处均产之。昆明亦为其产地，每成群夜袭，饲家禽者恒苦之。

——《新纂云南通志》卷五十八《物产考一·动物一·哺乳类》第 15 页

麂

麂 其声几几，肉味甚旨，故亦名麠。其大者名麕，好食蛇，与獐同。

——《鸡足山志》卷九《物产》第 348 页

麂 亦属鹿类，滇俗呼为犼，或犼子。孤栖山林间，牡者有短角，不过头长之半，毛色灰竭，脚短身健，跳越自如。其皮柔软耐久，可作褂袋等物，即滇市有名之犼皮制品也，贡山、蒙自、宁洱出品尤著名。重要产地，约在百县左右，如富民、罗次、晋宁、呈贡、禄丰、易门、宣威、罗平、平彝、曲靖、嵩明、武定、会泽、鲁甸、大关、彝良、永善、盐津、玉溪、峨山、石屏、建水、华宁、蒙自、文山、马关、富州、云县、元江、泸西、墨江、镇沅、金河、江城、车里、五福、镇越、麻栗坡、广通、双柏、牟定、镇南、盐兴、楚雄、大姚、蒙化、祥云、弥渡、凤仪、宾川、邓川、云龙、永北、丽江、鹤庆、兰坪、阿墩、贡山、漾濞、永平、保山、镇康、腾冲、干崖、泸水等处。

——《新纂云南通志》卷五十八《物产考一·动物一·哺乳类》第 27 页

麂　麂形似獐，体肥泽，尾小，毛暗黄色，有二短角，牝则无之。肉瘦无肥，味香。

——民国《楚雄县乡土志》卷下《格致·第三十八课》第 1362 页

角端

角端　宋宁宗嘉定十七年，元太祖帖木真征东印度，至铁桥石门关前，军报有兽，一角，形如鹿而马尾，色绿，作人言曰：汝主宜早还。左右皆慑，独耶律楚材曰：此名角端，盖旄星之精，能四方言语，好生恶杀。圣人在位，则斯兽奉书而至，且能日驰万八千里，灵异如鬼神，不可犯也。帝即回驭。石门关在丽江府，东印度盖指南诏也。

——康熙《云南通志》卷三十《杂异》第 7 页

狼

戊寅九月初二日……是日当午，雨稍止。忽闻西岭喊声，寨中长幼俱遥应而驰。询之，则豺狼来负羊也，幸救者，伤而未死。夫日中而凶兽当道，余夜行丛薄中，而侥幸无恐，能忘高天厚地之灵祐哉！

——《徐霞客游记·滇游日记三》第 777 页

狼　《尔雅》：牡为獾，牝则狼，其子獥也。《禽书》：逐食倒立，所向良吉。豹尚义，故赏虔以祭兽；狼悖义，故贪残而戾籍。《易》：狼跋其胡。盖狼老，其项下如黄牛之有胡，垂之如袋。筮占跋胡疐尾，进退两患。狼短其后足，多负之而行，故谓之狼狈。喜秽，故谓之狼籍。其肠直，故一鸣则诸孔皆沸。

——《鸡足山志》卷九《物产》第 347 页

狼　亦食肉类。体瘦削，四肢长，尾亦如之，常夹垂于后肢之间。眼小斜列，口裂几至耳际，耳角稍小而尖，比犬则较开展。毛粗糙，色黄褐或灰褐，为滇制笔之原料，称狼毫。皮亦供用。体长自三四尺至五六尺，栖息滇山野间，较豺普通，夜出觅食鼠、兔等物及人。性贪恶，有臆病，且善怀疑，无宁处时。

——《新纂云南通志》卷五十八《物产考一·动物一·哺乳类》第 9 页

狼^附　狼比犬大，嘴岔深，齿利，善走，性险毒，常咬小娃与鸡、猪、羊等。

——民国《楚雄县乡土志》卷下《格致·第三十八课》第 1362 页

鹿麑

云南县有神鹿，两头，能食毒草。

——《后汉书》卷八十六《南蛮西南夷列传》第 2849 页

云南郡，蜀建兴三年置，属县七。……有熊仓山，上有神鹿，一身两头，食毒草。

——《华阳国志》卷四《南中志》第 19 页

鹿 傍西洱河①诸山皆有鹿。龙尾城东北息龙山，南诏养鹿处，要则取之。览睒有织和川及鹿川。龙足鹿白昼三十五十，群行啮草。

——《蛮书》卷七《云南管内物产》第 35 页

神鹿 《汉书·西南夷传》：云南县有神鹿，两头，能食毒草。今无。

——正德《云南志》卷三《大理府·土产》第 7 页

神鹿 大理府点苍山中常有之。一身两头，其形如飞，喜食百草，虽草性毒者能解之。无害。

——《增订南诏野史》卷下第 52 页

习仪僧纲司指林寺，在府治西。元勋卫郭登《重修记②略》：指林禅寺者，其肇创之始无考。地多林木，居人常见一鹿止于中，因率众捕之，无踪迹。少顷，一异人出，指其林曰："鹿处此非一朝夕，汝辈欲何如耶？"言既亦复不见。众皆惊走，以为神，相与立祠祀，甚著灵应。元真间，郡人何明始建一殿二塔，绘塑菩萨大士之像，以为休息之所，取前异事，书"指林"二字匾其楣。岁久倾圮。……

——万历《云南通志》卷十三《寺观志九·临安府·寺观》第 22 页

《博物志》云：云南郡出茶首，其音蔡茂，是两头鹿也。其腹中胎可治蛇虺毒，土人常以四月中取之。按：《后汉书》"两头鹿见云南"，其即是耶，然亦不恒有矣。

——《滇略》卷三《产略》16 页

章帝建初二年……有神鹿，两头，见于点苍山西，能食毒草。

——《滇略》卷七《事略》第 5 页

两头鹿 《博物志》云：云南郡出茶首，其音为蔡茂，是两头鹿名也。兽是鹿③，两头，其腹中胎常以四月中取，可以治虺蛇毒。永昌亦有之。魏宏《南中志》曰云南郡有点苍山，〔上〕有神鹿，一身两头，主食毒草，名之食毒鹿。

——天启《滇志》卷三十二《搜遗志第十四之一·补物产》第 1047 页

己卯四月十二日……至竹笆铺始晴。数家夹路成衢，有卖鹿肉者，余买而炙脯。

——《徐霞客游记·滇游日记九》第 1055 页

鹿 《瑞应图》以鹿为纯善之兽，梵书谓鹿为密利迦罗。《稗雅》云鹿乃仙兽，自能乐性。时珍曰性喜食龟，能别良草。食则相呼，行则同旅，居则环角外向以防害，卧则口衔尾闾通督脉。鹿至六十年必怀璚于角，故《笔谈》曰鹿戴玉而角斑，鱼怀珠而鳞紫。千岁则毛苍，又五百岁则化白。昔鸡山曾见白鹿，其千五百岁之瑞物耶！《后汉书》云南雄仓山有神鹿，即今苍山之谓耶？《博物记》云南郡出茶首，音蔡茂，盖两头鹿也。人见之得富饶，手抢其毛，聚财不散，谓永昌有之。宗语曰：去年贫，尚有立锥之地，今年贫，连锥也无。所贵乎一无所有，是以贫为足贵者矣，故称之曰贫僧。倘双头之蔡茂见之于鸡足山，转为不祥，独结璘山范铜为蔡茂者，何也？谓欲富耶？而富非所用。吾尝诵杜诗"安得广厦千万间，大被天下寒士皆欢颜"，岁不免于相干，而日益无以应，则人不

① 西洱河　原本作"西洱沙"，据向达《蛮书校注》（中华书局 1962 年版，第 203 页）改。
② 此记，天启《滇志》卷二十一《艺文志四》题作"重修指林寺记"，互有详略，可参。
③ 兽是鹿　《事类赋》卷二十三《兽部》作"兽似鹿"。

欢颜矣。人不欢颜，余何欢哉？故思蔡茂以济交游者之乏，务人人而得济，吾愿足矣。铸蔡茂十年，转诵僧家之去年贫尚有立锥之地，何耶？为之而无功，自感妄人之叹。牝，母鹿也。牡，雄鹿也。麋，小鹿也，与龙戏必生异角，故谓之斑龙。曾见蜀中之鹿，百十为群，夜则递班巡更，昼行能以角负草，以不时其需。今鸡山甚少，偶见一二，仅客来者。

——《鸡足山志》卷九《物产》第 347 页

两头鹿　《博物志》云：云南郡出茶首[①]，其音为蔡茂，两头鹿也。以四月中取其胎，可治蛇毒。永昌间有之[②]。魏宏《南中志》曰：云南郡有点苍山，上有神鹿，一身两头，专食毒草，名食毒鹿。

——康熙《云南通志》卷三十《杂异》第 4 页

马鹿　山中产鹿颇不少，一种马鹿，视马更大，肉质粗劣，土人猎之以供食。按《居易录》云：遵义府有大鹿名水鹿，能入水，状如水牛。想与马鹿之大相似。

——《滇南闻见录》卷下《物部·肉属》第 33 页

麋、麖　总统于鹿。滇南神鹿，能噬毒草。而鹿茸、鹿筋，尽出于大理迤西，为贵货上品。鹿皮之用尤多，古者俪皮为礼，即鹿皮也。

——《滇海虞衡志》卷七《志兽》第 8 页

神鹿　《后汉书·西南夷传》：云南雄仓山有神鹿，一身两头，而角众列，能食毒草，名食毒鹿。张华《博物志》：云南郡出茶首，其音蔡茂，两头鹿也。以四月中取其胎，可治蛇毒。永昌间有之。常璩《华阳国志》：云南郡有熊苍山，上有神鹿，一身两头，食毒草。魏宏《南中志》：有神鹿，两头，主食毒草，名之食毒鹿，出云南郡。

鹿　樊绰《蛮书》：傍西洱河诸山皆有鹿。龙尾城东北息龙山，南诏养鹿处，要则取之。

——道光《云南通志稿》卷六十九《食货志六之三·物产三·大理府》第 16 页

龙足鹿　樊绰《蛮书》：览睒有织和川及鹿川，龙足鹿白昼三十、五十群行啮草。

——道光《云南通志稿》卷六十九《食货志六之三·物产三·楚雄府》第 26 页

白鹿、白马　《逸周书·王会解》：黑齿白鹿、白马。孔晁注：黑齿，西远之夷也，贡白鹿、白马。王应麟补注：《南夷志》黑齿蛮在永昌关南，以漆漆其齿，见人以此为饰，寝食则去之。

——道光《云南通志稿》卷七十《食货志六之四·物产四·永昌府》第 30 页

仙鹿　檀萃《农部琐录》：在雪山，人不能见。

——道光《云南通志稿》卷七十《食货志六之四·物产·武定直隶州》第 53 页

《博物志》云：云南郡出茶首，其音为蔡茂，两头鹿也。以四月取其胎，可治蛇毒。永昌有之。又魏宏《南中志》曰：云南郡有点苍山，上有神鹿，一身两头，专食毒草，又名食毒鹿。又按邝露《赤雅》云：茶首出羁縻州，似鹿而两头，食香草，其行如飞，鸣曰"蔡茂蔡茂"。茶首二字，音蔡茂也。亦有五六头者，是名元仙，敬之终吉，射之悔亡。据此，似云南、广西俱有此物，今不惟广西不闻有此神物，即云南永昌亦绝无。人知之者，岂如威凤祥麟间世一出耶？不可知已。

——《滇南杂志》卷十四《轶事八》第 7 页

---

① 茶首　《事类赋》、天启《滇志》、康熙《云南通志》同，康熙《鸡足山志》、道光《云南通志稿》作"荼首"。荼，"茶"的古体字。

② 此句，《事类赋》（宋绍兴十六年刻本）卷二十三《兽部》引作"《博物志》曰：云南郡出茶首，茶首其音蔡茂，是两头鹿名也。兽似鹿，两头，其腹中胎常以四月中取，可以治蛇虺毒。永昌亦有之"。

羊乳鹿 临安山中产鹿，清明前后生子，其子必俟雨后方能走，若无雨，终不能行也。土人觅得，归家以羊乳之，长大便随羊行走，野性稍驯，可为园林点缀，名羊乳鹿。

——《滇南杂志》卷十四《轶事八·补遗》第 22 页

鹿 亦属有蹄类，滇山地陂泽间产之，种类甚多。体高大有过于驴者，由其皮毛颜色互异，分为红鹿、青鹿、即黑鹿。白鹿三种。

红鹿 滇西边境高山产之。体高大，色淡灰。夏季毛色赭褐。

青鹿 皮毛色青黑，元江、镇沅产之。

白鹿 毛色乳白、灰色而较深。滇西北接近西康境山地产之，元江亦有白鹿。

鹿之毛色，每因季节而变，大致夏季赤色，入冬转淡，以上三种，仍非严格之分类。其有斑点者，思普间特呼为大鹿，或云梅花鹿，角之长大，达头长二三倍，由骨质构成，无角鞘，常分数枝，年年脱落更生，仅雄者有之。本属古北区产物，滇西北、西南诸高原，如丽江、维西、中甸、永北、元江、墨江、镇沅、江城、盏达等山地。颇有古北区之景观，故鹿类之产出亦特著，较著名者，如宜良、江川、玉溪、峨山、寻甸、会泽、永善、彝良、盐津、景东、景谷、元江、云县、缅宁、墨江、江城、车里、五福、镇沅、镇越、靖边、猛丁、猛卯、临江、金河、芒遮板、麻栗坡、石屏、建水、曲溪、华宁、蒙自、个旧、文山、马关、富州、楚雄、大姚、蒙化、祥云、凤仪、宾川、永北、丽江、鹤庆、维西、中甸、兰坪、漾濞、镇康、腾冲、干崖、盏达等处。

鹿之种类虽多，但猛丁之野鹿、盐津之草鹿，应属何类？尚待目验。此外如《志》载大理神鹿、武定仙鹿，则系旧时传说，不足凭信。即令神鹿之一身两头，为发生时之一种畸形，又认此种畸形，为一种之突变，然突变亦可以遗传，何以自汉唐至今，除展转传说外，不闻他处实有此鹿？是《志》载各节不足凭信也，明甚。

鹿角之产物即鹿茸，为滇山货、药品之大宗。西北部鹿茸集中下关，西南各猛鹿茸集中思茅，然后入省，每年运销外出，其量颇巨。至茸之构成，初时仅皮肤小突起，有无数细血管绕护之，呼为血茸，渐大则皮质化骨，分歧成角，每岁脱落，每岁更换，积久枝多，枝末又更分歧，以是而构成巨角。今滇产有名之鹿茸，如盏达、镇沅、元江、江城、永胜。即采自鹿角初成分枝未多之时者也。血茸之可贵，亦贵在其初成时，幼角之充血量比较丰富期间也。旧时医家以茸为峻补品，今经科学之分析，知其中含有一种之鹿角素，此素中又含有多量之雄性内分泌，质能增强机体之活力，且能加速治愈受伤患处。用途已由中国扩至欧美，有专辟养鹿场，如俄之西伯利亚，美之加里佛民亚。从事取茸者云。

——《新纂云南通志》卷五十八《物产考一·动物一·哺乳类》第 25 页

麋 旧《志》著录，未详习性、产地。古时麋、鹿并称，但比鹿为大。牡色青黑，牝者褐色。牡角有枝，年年脱换，岁增一枝，枝末分歧，亦可取茸，称为麋茸。缅宁、墨江、文山、马关、华宁、蒙自、彝良、大姚、永北、鹤庆、腾冲产之，会泽、墨江、景东、景谷、双柏、蒙化、宾川、华坪、阿墩、梁河、保山、腾冲产者亦称山驴。

——《新纂云南通志》卷五十八《物产考一·动物一·哺乳类》第 27 页

仙鹿 在雪山。其身洁白，行于雪岩，如不见物，人罕见之。

——民国《禄劝县志》卷五《食货志·物产》第 11 页

打猎 行猎，卜而后往，不吉则不出。猎取之法不一。余在南板寨附近，见道旁掘土为窝，询土人：此何用？曰：撒盐水其中，诱鹿麂来舐，猎户埋伏林中，待箭而发。山多鹿族，每岁获数十头，虎豹亦时出山，设绊索引弩机而射之。闻总管曰：以恐行人误触受伤，故附近不许猎虎豹。野象亦时有之，闻在三十年前，数最多，且至孟定境内，今则过班洪者已少，而孟定无象踪迹也。

——《滇西边区考察记》之一《班洪风土记》第 30 页

驴 骡

山驴。

——康熙《云南通志》卷十二《物产·鹤庆府》第 9 页

白骡 唐明皇将封泰山，南诏进白骡，甚伟洁。上亲乘之，柔习安便，不知登降之倦。礼毕，复乘而下，至山坳休息。未久，有司言白骡无疾而殪。上叹异之，号曰白骡将军，有司具椟累石，为墓在封禅坛。

——康熙《云南通志》卷三十《杂异》第 6 页

黔无驴，而滇独多。驮运入市，驴居十之七八，骡马供长运而已耳。[1] 每家必畜数驴，亦有高大者，不解骑乘，但驾驮鞍以驮运。盖乘骑怕人笑，犹京师以乘驴车为耻。常欲买驴骑之，效孟襄阳寻梅，为此方开一风气，而病废不能，缺此一快事。滇虽南土，马之所生，《尔雅·释马》所谓駒騋、野马、駮马、騨蹄、騨騄、小领，谅多有之。其善升巅者，即騨蹄、騨騄之类，但蹄不岐耳。他如宜乘、减阳、莆光、阆广，夫岂少乎？惟垂耳伏车没齿耳。滇骡健于马，耐驮运，故骡亦贵于滇。

——《滇海虞衡志》卷七《志兽》第 3 页

山驴 《古今图书集成》：出剑川。

——道光《云南通志稿》卷六十九《食货志六之三·物产三·丽江府》第 48 页

驴、骡 脊柱动物哺乳类中，有名奇蹄兽者，驴、骡也。驴形似马，其身小于马，耳大尾长，耐劳少病，若与马配则产骡。骡形似驴，其身大于驴，力强耐劳，能负重致远，然性烈，可用以运货驾车，不可用以代步。

——光绪《元谋县乡土志》（修订）卷下《格致·第十五课》第 398 页

驴 滇到处产之。耳壳长，尾基部无长毛，体小于马，毛色灰褐，后肢无髀骶。驮运入市，可供短运，亦重要之家畜也。十年前之调查，本省产驴，亦有一十二万头，其数与湖北、吉林等省相埒。永北、大理、宾川、景东、峨山、嵩明、巧家、寻甸、镇雄、中甸、镇南、澜沧等处，比较他县，产数尤著。

骡 牡驴与牝马交配而生。体格强健，能任长途力役，山谷地尤宜。滇到处畜养之，兰坪尤著，但苦无蕃殖力。

——《新纂云南通志》卷五十八《物产考一·动物一·哺乳类》第 30 页

---

[1] 此句，道光《云南通志稿》卷六十八《食货志六之二·物产二·通省》第 26 页引同。

马

金马山，在柘东城螺山南二十余里，高百余丈，与碧鸡山东南西北相对。土俗传云，昔有金马，往往出见。山上亦有神祠。从汉入蛮路，出此山之下。螺山遍地悉是螺蛤，故以名焉。

——《蛮书》卷二《山川江源》第 6 页

马　出越赕川东面一带，冈西向，地势渐下，乍起伏如畦畛者，有泉地美草，宜马。初生如羊羔，一年后，纽莎为拢头縻系之。三年内饲以米清粥汁，四五年稍大，六七年方成就。尾高，尤善驰骤，日行数百里。本种多骢，故世称[①]越赕骢。近年以白为良。藤充及申赕亦出马，次赕、滇池尤佳。东爨乌蛮中亦有马，比于越赕皆少。一切野放，不置槽枥。唯阳苴咩及大厘、邆川各有槽枥，喂马数百匹。

——《蛮书》卷七《云南管内物产》第 34 页

滇池县，郡治，故滇国也。……长老传言：池中有神马，或交焉，即生骏驹，俗称之曰滇池驹，日行五百里。

——《华阳国志》卷四《南中志》第 13 页

越睒之西多荐草，产善马，世称越睒骏。始生若羔，岁中纽莎縻之，饮以米潘[②]，七年可御，日驰数百里。

——《新唐书》卷二二二上《南蛮上》第 6269 页

《九州记云》：蜻蛉县有禹穴，蜻蛉即云南郡废邑，有禹穴，穴内有金马、碧鸡，其光倏忽，人皆见之。汉王褒入蜀祀之。

——《太平寰宇记》卷七十九《剑南西道八·戎州》第 1600 页

迷水在郡南三百里。一曰滇池，其源深阔，下流沐猴犹倒，故曰滇池。有神马与今马交，马生异驹。《郡国志》云：滇池周回五百里，中出骏马。

——《太平寰宇记》卷七十九《剑南西道八·戎州》第 1600 页

梁元帝时，南宁州刺史徐文盛召诣荆州，有爨瓒者，据其地，延袤二千余里。土多骏马、犀、象、明珠。

——《新唐书》卷二二二下《南蛮下》第 6315 页

蛮马　出西南诸蕃，多自毗那、自杞等国来。自杞取马于大理，古南诏也，地连西戎，马生犹蕃。
大理马　为西南蕃之最。

——《桂海虞衡志·志兽》第 17 页

至元三十年六月丙戌，以云南岁贡马二千五百匹给梁王，数太多，命量减之。

——《元史》卷十八《本纪第十八·铁穆耳一》第 384 页

大德四年十二月癸巳，遣刘深、合刺带、郑祐将兵二万人征八百媳妇，仍敕云南省每军十人

---

①世称　原本作"代称"，据赵吕甫《云南志校释》（中国社会科学出版社 1985 年版，第 276 页）改。吕甫按：世，原本作"代"，以避李世民讳，今仍改回。

②潘　正德《云南志》、《滇略》、天启《滇志》、康熙《云南通志》皆作"潘"。潘：淘米汁；潘：《说文解字》"潘，汁也。"

给马五匹，不足则补之以牛。

——《元史》卷二十《本纪第二十·成宗三》第 433 页

马肉 味辛苦冷，有毒。治伤中，除湿热，下气，长筋骨，强腰脊，壮健，强智，轻身，耐饥，治寒热痿痹。鬃，烧灰敷疮毒痈疽疔疮，神效。蹄，烧灰为末，调油搽秃头疮、癣疥。皮，烧灰调油搽铜钱牛皮癣，立效。

——《滇南草本》卷一下《禽畜类》第 21 页

马 各州县俱出，世称西马，陆凉州产者尤奇。又易门县蒙低梨岩山，常产异马。

——正德《云南志》卷二《云南府·土产》第 9 页

马 矮小者如骡。

——正德《云南志》卷十四《孟养军民宣慰使司·土产》第 4 页

越赕之西多荐草，产善马，世称越赕骏。始生若羔，岁中纽莎縻，饮之以米潘，七年可御，日驰数百里。

——正德《云南志》卷三十七《外志诸夷传二》第 3 页

滇池神马 晋宁州东。晋孝武帝己丑太元十四年，宁州守费铳奏滇民董聪见池中有黑、白二马出入，故老言神马也。出与马交，生驹池中，日行千里。按：滇池周三百余里，史云源广末狭，有似倒流，故曰滇。滇，颠也。

——《增订南诏野史》卷下第 49 页

越赕之西产善马，世称越赕骏。始生若羔，岁中以纽莎縻，饮之以米潘，七年可御，日驰数百里。至宋建炎、绍兴，常以锦彩买马于大理。范成大《桂海虞衡志》云：大理马为西南蕃之最。今滇绝无马，惟缅产者稍为雄骏，次则昆明、宜良、陆凉，世称西马。黔国有牧场焉，其马自生自育，一牡九牝，随向饮龁，他牡至，辄蹄之，非牧人不敢近也。

——《滇略》卷三《产略》第 15 页

元和间，神马出昆明池，甘露降，白乌见。

——《滇略》卷七《事略》第 5 页

越赕马 越赕之西多荐草，产善马，世称越赕骏。始生若羔，岁中纽莎縻之，饮以米潘，七年可御，日驰数百里。中卢县城南有石穴出马，谓之马穴。汉时有数百匹马出其中，马形小，似巴、滇马。三国时，陆逊攻襄阳，于此穴又得马数十匹，送建业。蜀使至，有家在滇池者，识其马毛色，云其父所乘马，对之而流涕。

——天启《滇志》卷三十二《搜遗志第十四之一·补物产》第 1048 页

越赕马 越赕之西多荐草，产善马，世称越赕骏。如羔，岁中纽莎縻之，饮以米潘，七年可御，日驰数百里。中卢县城南有石穴出马，谓之马穴。汉时有数百匹马出其中，马形小。三国时，陆逊攻襄阳，得马数十匹，送建业。蜀使至，有家在滇池者识其马毛色，云其父所乘马，对之流涕。

——康熙《云南通志》卷三十《补遗》第 19 页

滇中之马，质小而蹄健，上高山履危径，虽数十里不知喘汗，以生长山谷也。上山则乘之，下山则步而牵之，防颠踣也。土酋良马，上下山谷皆任骑坐，则百不得一也。而其中又有高大神骏远过西马者，则千不得一也。此种异物，甚为土司所珍，亦甚为土司之累。若地方将吏求善马而不惜善价，则地方之福矣。

——《南中杂说·马》第 566 页

越赕马　越赕之西多荐草，善产马，世称越赕骏。如羔，岁中纽莎縻之，饮以米潘，七年可御，日驰数百里。今不闻有是马也。

——乾隆《腾越州志》卷十一《杂志·杂记》第 10 页

马　滇中之马善走山路，其力最健。乌蒙产者尤佳，体质高大，精神力量分外出色，列于凡马内，不啻鹤立鸡群。价甚昂，非数百金不能购得，未审伯乐顾之何如也。

——《滇南闻见录》卷下《物部·兽属》第 43 页

南中民俗以牲畜为富，故马独多。春夏则牧之于悬崖绝谷，秋冬则放之于水田有草处，故水田多废不耕，为秋冬养牲畜之地。重牧而不重耕，以牧之利息大也。马、牛、羊不计其数，以群为名，或百为群，或数百及千为群。论所有，辄曰某有马几何群，牛与羊与何群。其巨室几于以谷量马、牛，凡夷俗无处不然。马产几遍滇，而志载某郡与某某郡出马，何其褊也？夷多牲畜，而用之亦甚费。疾病不用医药，辄祷神，贵者毙牛至于数十百，贱者毙羊至于数十百，究无救于疾，而牛、羊之用已不可纪极。巨室丧事来吊，但驱牛、马、羊成群，设帐幕于各山，牵牛诣灵位三匝，而毙之以成礼，仍归所毙于各帐，计费牛、羊亦不可胜计。故禄劝州虽僻处，而鼠街所出之皮草几半滇，由用之多也。《范志》："蛮马出西南诸番，多自毗那、自杞等国来。自杞取马于大理，古南诏也，地连西戎，马生尤蕃，大理马为西南蕃之最。"彼时所谓大理国者，盖统全滇而言之，非大理一郡也。桂林，故静江也。宋时于静江府设马政，以茶易西蕃之马，故《范志》自谓"余治马政"。今滇马虽多，未有鞭鞲，估客驱而成群，贩之以出滇境者，但供脚人驮运，驿号收买而已。至缅甸军兴，反驱天下之马、牛以入滇，死者不可胜计，道路臭秽，几不可行。无济于军兴，徒为糜费，岂非不考之过哉？《传》云：古者大事，必乘其产，安其水土，而知其人心，随所向无不如志。夫以郑驷尚败晋戎，况驱天下之马，万里入滇，道死已过其半。迨抵军前，马已尽矣，不得已潜买滇马以充之，滇马值遂高。夫内地之马，撒蹄而驰，于平原广地便。滇马敛蹄，于历险登危便。古称越赕之西多荐草，产善马，世谓越赕骏，始生若羔，岁中纽莎縻之，饮以米潘，七年可御，日驰数百里。又夷人攻驹，縻驹崖下，置母岩颠，久之，驹恋其母，纵驹冲崖，奔上就母，其教之下崖亦然。胆力既坚，则涉峻奔泉，如履平地。此滇马之可用于滇，而入内地，技亦穷矣。南渡偏安，于静江易马，终不闻赖西蕃之马以济军政，想亦徒为烦费矣。

——《滇海虞衡志》卷七《志兽》第 1 页

果下马　滇亦有，然不多，但供小儿骑戏，故不畜之也。果下马，即古襄骖也。夫马高八尺，绝有力曰駃，俗取驮运，岂弃駃而畜襄骖哉。

——《滇海虞衡志》卷七《志兽》第 3 页

马　常璩《华阳国志》：滇池县有泽水，周回二百里，深广，长老传言池中有神马，与家马交，则生骏驹，世称滇池驹，日行五百里。章潢《图书编》：西马，昆明、富民、宜良出。异马，易门黎岩山出。

——道光《云南通志稿》卷六十九《食货志六之三·物产三·云南府》第 7 页

马　《唐书·南蛮传》：越睒产善马，世称越睒骏。始生若羔，岁中纽莎縻之，饮以米潘，七年可御，日驰数百里。又，异牟寻谢天子，越睒统伦马。樊绰《蛮书》：马出越睒川东面一带，冈西向地势渐下，乍起伏如畦畛者，有泉地美草，宜马。初生如羊羔，一年后纽莎为拢头縻系之，三年内饲以米清粥汁，四五年稍大，六七年方成就，尾高，尤善驰骤，日行数百里。本种多骢，故代称越睒骢，近年以白为良，藤充及中睒亦出焉。

——道光《云南通志稿》卷七十《食货志六之四·物产四·永昌府》第 30 页

马　属有蹄类。体高大，耳壳短，尾全部被有长毛。毛色各种，马之命名，亦因以异。乘骑致远，滇中最重要之家畜也。旧《志》称云南自古多产名马，引《唐书·南蛮传》云"两爨蛮土多骏马"。《桂海虞衡志》云"蛮马出西南诸番，多自毗那、自杞等国来。自杞取马于大理，古南诏也，地连西戎，马生尤蕃"。又云"大理马为西南番之最"。《永昌府志》引《南蛮传》云"越睒产善马，初生如羊羔，岁中纽莎縻之，饮以米潘，七年可御，日驰数百里"等语，是不只为滇产名马之证，且素擅养马之术矣。今大理三月月街、鹤庆七月松桂会、八月邓川鱼塘坡，均有骡马市场，远近争集，一切选种购买，均于此等市行之，犹保有宋明茶马互市之遗规，亦以见名马多聚于西南，至今犹蕃生不息也。近川边境产巴布梁山马，身小蹄健，最宜山谷，一日夜可行数百里，惜为环境所限，尚不能输致他方。《滇海虞衡志》又载"果下马，即古襄骏。滇亦有，但不多，只供小儿骑戏"云云，今未闻产有此马也。按：本省为产马名区，十年前之调查，现有马数已逾三十万匹，产量超过甘、新两省。寻甸、镇雄、禄劝、晋宁、大理、永北、保山等县，则又为省内产马之中心区域。诚使年年蕃息，努力不断，马政前途定可乐观。

——《新纂云南通志》卷五十八《物产考一·动物一·哺乳类》第 29 页

马驴骡附　马性有德为贵，多驯少劣，面长，颈多鬣，四足，各一蹄。力能致远，尾能白驱蝇虻，皮可制器，尾毛长可制蚊刷。驴性傲，劣多驯少，形似马而耳长，眼大蹄小，畜牡交牝。马能生骡，与马驴。均能驮乘。

——民国《楚雄县乡土志》卷下《格致·第二十八课》第 1359 页

巡抚田雯《乌蒙马说》："盖马之良者为冀北，而渥洼之种则交龙，大宛之马则汗血。渥洼、大宛者皆西域也。水西与乌蒙皆近于西，故多良马。上者可数百金，中亦半之。其鬻于外者，凡马也，而其上者，蛮人爱之，不肯鬻，亦不频骑，惟临阵急走乃用之。蛮死则以殉。水西之马，状甚美，前视鸡鸣，后瞩犬蹲。膈阔膊厚，腰平背圆。秣之以苦荍，啖之以姜盐，遇暑渴，又饮之以蘸浆。体卑而力劲，质小而德全。登山逾岭，逐电歘云。鄙螳螂而笑蝘蜓也，然胡凫臆，肉角兰筋，有马如此，不可谓非良矣，然而未若乌蒙之异也。乌蒙之马，体貌不逮水西，神骏过之。食苍筤之根，饮甘泉之水，首如碓，蹄如磨，齿背广。以平途试之，夷然弗屑，反不善走，而志在千里，隐然有不受羁勒之意，所以英雄之才不易测，而君子之道贵养晦也。诘其故，惟著意牧驹。驹始生，必保其母之饥渴而洁其寝处，晓夕与俱，所以助其种而使益，厚其子之气也。生三月，择质之佳者而教，系其母于层岩之巅，馁之移晷，驹故恋乳不可得，倏纵之，则旁皇踯躅、奋逃腾踔而直上，不知其为峻矣。已乃系其母于千仞之下，而上其驹，母呼子应，顾盼徘徊而不能自禁，故驰之，则狂奔冲逸而径下，亦不自知其为险也。如此数回，而后已焉，则其胆练矣，其才猛矣，其气肆矣，其神全矣。既成，犹复绊其踵而曳之，以齐其足，所投无不如意，而后驰骤之，盘旋之，上巉岩若培塿，履羊肠若庄达，而轶类超群也。呜呼！此乌蒙马之所以良也。天下事何以不由于学，而况马乎？"

云南越嶲故地之西多荐草，善产马，始生若羔，岁中纽莎靡，饮以米潘，七年可御，日驰数百里，世称越嶲骏。见《唐书》。按：滇产神驹最著者，汉章帝元和中王阜作郡时。《水经注》：长老言滇池中有神马，家马交之则生骏驹，日行五百里。《南中志》：骏马，俗称之曰滇池驹。晋太元十四年，宁州刺史费统言，晋宁郡滇池县两神马，一白一黑，盘戏河水之上。梁元帝《答齐国双马书》云"滇池水里，远访犹难"，即用此故实也。《隋书·梁睿传》：爨震献数十马。又云，南宁州出名马。《南诏碑》：越嶲天马生郊。《云南史记》：马出越嶲川，有泉地美草，宜马。藤充亦出马，次嶲，滇池尤佳。东爨中亦有马，比于越嶲。《开元占经》引《晋中兴征祥说》：太元十四年，贾统上言，晋宁滇池县此月辛亥有马二匹出于河上，一白一乌，盘戏相逐河水上，从卯至巳乃没。《太平寰宇记》：滇池有神马，与今马交，生异驹。《郡国志》云滇池出骏马。《宋史·大理传》市云南马。徐渭《武录序》以弓则取材西野，以马则收骏越嶲。考晋时晋宁属宁州，马即滇马，统谓之神马云。滇马之著名如此，不止阮亭所引《唐书》一语矣。

猫 狸

猫 《礼》：迎猫，谓其食田鼠也。其睛子午卯酉如一线，寅申巳亥如满月，辰戌丑未枣核形。鼻端四时常冷，惟夏至一日则暖。山中无历日，知此可为时漏之助。

狸 能食鼠，即野猫也。

义猫 又尝先后得二猫，一大一小，行走寝食不相离，偶违其伴，必绕室呼而寻之。共牢而食，必大者先，小者蹲于旁，俟大者食竟，然后前而食，不稍紊其序。所食有腥膻之物，大者亦不食尽，必留以待小者。至获一鼠，亦必共啮之。一日为匪人盗小者去，大者哀鸣跳踯者几日，亦远去不复至。余深为惋惜，几至坠泪。噫！此可谓义猫矣。与驯犬并志之不能忘。

猫 鼠多，故猫贵。寻常一猫须大钱千余文，因之难养易失。虽终日拴缚，稍或弛懈，便被窃去。普洱猫极大，状似虎，素有佳名。裴中丞按裴宗锡尝得一普洱猫，甚喜，适获一活鼠，牵示猫，猫注目视之，反却步，以为笑谈。先儒云：盛名之下，其实难副，是可以鉴矣！

狐、狸并称，而狸之畜于家者名猫，善捕鼠且依人，故蛮重猫鬼，杀猫如杀人罪，业报深。而猫生于野为野猫，盗窃人家鸡、鹜、鸭、鹅，多被吞食以肥其身，比猫为大而眼甚恶。《范志》：有火狸，即红色野猫也；有豹色狸，即花色野猫也。缉其皮为裘，名九节狸，价亦重。乡间人得黄鼠狼，恨其食鸡，剥其皮而干之，以为领，人必笑。武昌客染薰以为帽边，曰海龙，人争购，价大赢，至今人曰武昌海龙皮，又且缉兔皮以充狐裘。獾皮至粗，乡人服之，今且美之曰南狐。是知物在所有，贵贱亦无常也。蛮俗以射猎为生，自獐、麂、兔、鹿外，所得野兽，种类必多，亦统付之禹不能名，契不能记而已矣。

香猫 杨慎《丹铅总录》：予在大理府见香猫如狸，其文如金钱豹。此即《楚词》所谓"乘赤豹兮载文狸"，王逸注为"神狸"者也。《南山经》所谓"亶爰之山有兽焉，状如狸而有髦，其名曰类，自为牝牡，食者不妬"，《列子》亦云"亶爰之兽，自孕而生曰类"，疑即此物也。

——道光《云南通志稿》卷六十九《食货志六之三·物产三·大理府》第 17 页

猫 属食肉类。滇中常见之家畜也，毛色不一，变种亦多。《滇海虞衡志》载"狸之畜于家者，名猫，善捕鼠，且依人，故蛮重猫鬼，杀猫如杀人，罪业报深"云云。考杀猫之刑，埃及最古，已死猫尸有涂以木乃伊保存而祭之者，可见重猫之风由来已久。今滇夷族中，犹有此遗俗，但稍杀矣。

野猫 一名山猫。比之家猫，胴部稍稍细长，四肢亦巨，惟头部比较为小，状态猛暴，举动猱捷，毛色灰白，有暗褐色之虎斑，一见与家猫易于区别。晋宁、嵩明、罗平、永善、盐津、广通、丽江、剑川、保山、镇康、景东、景谷、宁洱、梁河、临江、芒遮板、建水、曲溪、麻栗坡等处产之。缅宁所产野猫，特名草豹，实非豹也。

——《新纂云南通志》卷五十八《物产考一·动物一·哺乳类》第 6 页

狸 亦属食肉类。滇中自来狐、狸并称，然狸实猫属，种类亦多。兹举滇产最著者如下：

香猫 别名猫狸，向为狸之专称。滇中产地最多，栖息附郭园林，体较猫大，毛皮色灰黄，有黑白错杂之斑点。《滇志》引杨慎《丹铅总录》云："予在大理，见香猫如狸，其文如金钱豹。此即《楚词》所谓'乘赤豹兮载文狸'，王逸注为'神狸'者是也。"证以实物，杨说极是。又因其肛门分泌香腺，可以代麝，亦称麝香猫，或简称香猫，或云灵猫。《桂海虞衡志》及《岭外代答》均谓"狸之一种，身有黑点，毛色如金钱豹，名曰火狸。其皮可寝，及覆胡床"云云，是又香猫之同物而异名者也。今元谋、罗次、陆良、罗平、建水、华宁、江川、曲溪、麻栗坡、镇南、蒙化、姚安、大姚、祥云、弥渡、邓川、云龙、鹤庆、漾濞、保山、腾冲、云县等处温暖地均产之，不仅大理。

猫熊 形似狸猫，滇产较多。体长约四尺，背毛铁青，前额栗色，条纹赤褐，毛长软密，色泽丰富，常栖五千呎以上高地丛林蔚密之区，其皮有出售者。

九节狸 会泽、昭通、盐津、罗次、牟定、姚安、大姚、鹤庆、漾濞、保山、景东、景谷、文山、麻栗坡等地产之。皮粗糙，毛灰褐，但深厚可藉，尾部有九环节，故名九节狸。黑白相间，嵌入垫褥，尤饶美观。《滇海虞衡志》引《范志》谓"豹色狸，即花色野猫。缉其皮为裘，名九节狸，价亦重"云云。今亦有竟体灰褐无豹文者，可见变种之多。

果子狸 一名香狸，或云雷狸。据《南越笔记》内载"雷州产香狸，所触花木生香。一名果狸，其食惟美果，故肉香肥而甘，秋冬百果皆熟，肉尤肥美"云云，是雷狸之得名以此。滇文山、广通、景东等处产之，但异名甚多。《景东物产报告》谓果子狸亦云白脸老鼠，形似鼠。体长大者二尺五六，肉肥嫩，性滋补。双柏则仅云白脸，谓其形似犬，足短，全县有取肉作食用者，富于滋养。其他云龙、永平、云县则云白面狸，罗平则云玉面麖或云白脸麖，要之皆果子狸类也。至《本草》谓"果狸，亦称灵猫，自为牝牡"云云。又盐津产狖子，永善误为微子，考《说文》为母猴也。今犍为人犹称为子，味肥美，为客俎上品，即古之玉面狸。狖子、微子，皆为子一音之讹耳。

——《新纂云南通志》卷五十八《物产考一·动物一·哺乳类》第 11 页

猫 猫性灵锐而懒，善热怯冷，与犬之畏暑耐寒相反对。四足皆四趾，体尾长，跳无声，眼睛与时变换，善捕雀鼠。

——民国《楚雄县乡土志》卷下《格致·第三十一课》第 1360 页

狮子猫 亦名狮猫，体高一尺有奇，毛长尾大。声宏状，甚雄伟，善捕鼠，性好眠。一、二、四、五区藏人喜饲之，亦异产也。

——民国《中甸县志稿》卷上《自然·特产》第 12 页

牦牛

弥诺江已西[①]出犛牛，开南已南养处，大于水牛。一家数头养之，代牛耕也。

——《蛮书》卷七《云南管内物产》第 35 页

牦牛 形如黄牛，其毛或黑或白，土人以之为帽，或以为缨，但粗而短。其野西番所产者，则细而长也。

——景泰《云南图经志书》卷四《永宁府·土产》第 27 页

牦牛 剌次和、香罗、瓦鲁之三长官司出。形如黄牛，其毛或黑或白，可为帽为缨，但粗而短。其野西番所出者，则细而长。

——正德《云南志》卷八《永宁府·土产》第 5 页

牦牛 产剌次、香罗、瓦鲁诸夷地。毛可为帽为缨，《庄子》所谓大若垂天之云而不能捕鼠，是已。

——《滇略》卷三《产略》第 17 页

《史记》称笮马、僰僮、髦牛。髦即牦也。僰僮信实而忠于其主，至死不变。人得此僮为仆，甚为利益。今之僰夷，狞犷乐战斗，讵堪畜养哉。

——《滇略》卷三《产略》第 17 页

己卯二月初十日……因为余言，其地多牦牛，尾大而有力，亦能负重。北地山中人，无田可耕，惟纳牦牛银为税。盖鹤庆以北多牦牛，顺宁以南多象，南北各有一异兽，惟中隔大理一郡，西抵永昌、腾越，其西渐狭，中皆人民，而异兽各不一产。腾越之西，则有红毛野人，是亦人中之牦、象也。

——《徐霞客游记·滇游日记七》第 966 页

氂牛 尾可作缨。

——康熙《云南通志》卷十二《物产·丽江府》第 10 页

氂牛 《一统志》：尾可作缨，出丽江。《丽江府志》：出中甸。

——道光《云南通志稿》卷六十九《食货志六之三·物产三·丽江府》第 48 页

犛牛 樊绰《蛮书》：弥诺江已西，出犛牛。王圻《三才图会》：西南夷长毛牛也，似牛而四节，腹大及胫，皆有赤毛，长尺余，而尾尤佳，其大如斗，天子之车左纛以此尾为之。

——道光《云南通志稿》卷七十《食货志六之四·物产四·永昌府》第 31 页

犛牛 樊绰《蛮书》：开南、巴南养处，大于水牛，一家数头，养之代牛耕也。

——道光《云南通志稿》卷七十《食货志六之四·物产·景东直隶厅》第 40 页

犛牛 章潢《图书编》：剌次和、香罗、瓦鲁之出，毛可为帽为缨。《一统志》：旧剌次和、

---

① 已西　原本作"巴西"，据赵吕甫《云南志校释》改，第 280 页。又，已南，原本作"巴南"，同改。

香罗、瓦鲁之三长官司出。

——道光《云南通志稿》卷七十《食货志六之四·物产·永北直隶厅》第 44 页

  旄牛 亦有蹄类，一名犛牛，或名氂牛，亦曰晞牛。阿墩则云毛牛，丽江则云麂牛，永北、华坪则云牦牛，字虽各异，实一物也。体高五尺余，普通毛色暗褐，亦有为纯白或褐色者，皆畜养而变种者也。肩高腿短，角类圆锥，颔下、肩、腿、尾部有长毛，余皆短毛，尾毛尤长，颇似马尾，故与他牛不类。古时用饰车纛，或作帽缨，及蚊帚用。嗜适粗草，成群生活。除引重致远外，其脂油可和酥酪、青稞、麦粉，制为糌粑，为维西、中甸、阿墩等处有名之常食。原产西藏，今滇西北高寒地拔海在四千英尺以上者，均产有之。《永昌府志》引樊绰《蛮书》谓"弥诺江巴西，出犛牛"，王圻《三才图会》谓"西南夷有长毛牛"云云。古时永昌西徼辖地辽阔，旄牛产出，当属可能。今永昌本地，已不闻产此，惟其近西诸山地，如丽江、维西、中甸、阿墩。则至今尚确有旄牛也。

——《新纂云南通志》卷五十八《物产考一·动物一·哺乳类》第 25 页

  迤西之中甸境内多是古宗民族，古宗之风俗习惯多与他种民族不同。古宗专重于畜养毛牛（牦牛），多者畜养至数百条，少者亦不下二三十条，以衣食两字俱靠望于牛也，人有病虚羸者，亦惟取牛血来作补剂，取牛血亦勿须杀牛，只以一形类于针之银管，插入牛之腿部上或近肋胁处，则以口含银管，尽力吸噏（似当作唝，下同），牛身上血便随管而入于人口，吸血者俟果腹而后止，然隔十日八日，又可插管于他处，而作第二次之吸噏。若吸噏至三次，人之身体则壮健矣，牛则顿形羸弱，是则须将养二三年，始能体力复原。吁！此所谓一针见血，吸尽膏脂也。又古宗人取牛奶时，多是以一竹管插入牛后阴内，以自己口中热气频频吹入，吹约一分钟之久，斯而勒取其奶，奶则暴注而下，时人之云"吹牛"，或亦取义于此也。

——《纪我所知集》卷十三《滇南景物志略之四·古宗人吸牛血以补身》第 345 页

<h1 style="text-align:center">貊</h1>

永昌郡，古哀牢国。哀牢，山名也。……又有貊兽，食铁。猩猩兽，能言，其血可以染朱罽。
——《华阳国志》卷四《南中志》第 18 页

常璩《南中志》云：永昌有貊兽，能食铁。有猩猩，能人言，其血可以染朱罽。
——《滇略》卷三《产略》第 16 页

  貊兽 常璩《华阳国志》：永昌郡有貊兽，食铁。《南中八郡志》：貊大如驴，状颇似熊，多力，食铁，所触无不拉。郭义恭《广志》：貊色苍白，其皮温暖。
——道光《云南通志稿》卷七十《食货志六之四·物产四·永昌府》第 31 页

  貘 亦属有蹄类。前肢四趾，后肢三趾，趾皆有蹄。体大如驴，皮厚似犀，毛短颈大，耳短尾小。鼻比下唇为长，突出如吻状，能屈伸自如。常食树芽、果实等。印度及马来产者，栖息深林，自背至腹，如判两部，臀部白色，其他黑色，有光，夜出觅食，感觉锐敏。云南西南部热地属东洋区，产貘本属可能，惟旧《志》所述，虽古今同名，而与现产者又似不类。苏颂《本草图经》引《王会解》云"屠州有黑豹、白貘，别名貘，今出建宁郡。毛黑白，臆似熊而小，能食蛇。以舌舐铁，可顿进数十斤，溺能消铁为水"，魏宏《南中志》所述亦略同，惟称为貊兽。常璩《华阳国志》亦云"永昌郡有貊兽，食铁"云云，展转征引。今永昌未闻产貘，亦未闻有貊兽，即令有之，但各书所述，仅毛色大致相类，食蛇舐铁，似又与今产貘食植物质者不同，至云食铁进数十斤，则直是不经之谈，或者传闻失实所致。兹因旧《志》迭见，故特提出，以俟世之博物君子。

——《新纂云南通志》卷五十八《物产考一·动物一·哺乳类》第 32 页

牛

越巂国有牛，稍割取肉，牛不死，经日，肉生如故。[①]

——《博物志》卷三《神牛》第 2 页

西爨，白蛮也。东爨，乌蛮也。当天宝中，东北自曲靖州，西南至宣城，邑落相望，牛马被野。

——《蛮书》卷四《名类》第 13 页

沙牛　云南及西爨故地并只生沙牛，俱缘地多瘴，草深肥，牛更蕃生犊子。天宝中，一家便有数十头。通海已南多野水牛，或一千二千为群。

——《蛮书》卷七《云南管内物产》第 35 页

三濮者，在云南徼外千五百里。……多白蹄牛、虎魄。龙朔中，遣使与千支弗、磨腊同朝贡。

——《新唐书》卷二二二下《南蛮下》第 6328 页

黄牛肉　味甘温。安中益气，养脾胃，补益腰脚。止渴定津。乳，利大肠尤佳。

——《滇南草本》卷一下《禽畜类》第 20 页

水牛肉　味甘。能安胎补血，强筋骨，除水肿、湿气。乳，补虚弱，止渴，养心血，治反胃，而利大肠之功大。

《滇南草本》卷一下《禽畜类》第 21 页

水牛连帖　味辛，微甘，性微温。开胃健脾，消积，磨宿食，宽中进食，消痞块满胸胀。

——《滇南本草》卷下《兽部》第 28 页

戞里境上诸夷……民勤于务本，牛不穿鼻，故不服耕，惟妇人用镬锄之，故不能尽地利。……牛有水牛头而黄牛身者，又有牛峰如驼者。

——万历《云南通志》卷十六《羁縻志十一·僰夷风俗》第 6 页

《博物志》云：越巂国有牛，稍割取肉，经日复生。释法盛《历国传》亦云：天竺有稍割牛，十日一割，不便困病。

——《滇略》卷三《产略》第 16 页

越巂牛　越巂国有牛，稍割取肉，牛不死，经月肉生如故。

——天启《滇志》卷三十二《搜遗志第十四之一·补物产》第 1047 页

越巂牛　越巂国有牛，割取其肉，牛不死，经月如故。[②]

——康熙《云南通志》卷三十《杂异》第 6 页

---

①此条，《太平寰宇记》卷八十《剑南西道九·巂州》引作"越巂郡有牛，稍割取肉，经日必复生如故"。
②此条，《滇南杂志》卷十四《轶事八》第 9 页同。

牛 农民之家养牛最多，其农功止于耕犁，不比吾乡有盛暑戽水之苦，而一切驼货驾车全用牛只。盖人则农而兼商，物则牛以代马。且牛之生息蕃盛，每过村庄，必有童牛几许寝卧墙下也。

——《滇南闻见录》卷下《物部·兽属》第 43 页

《范志》缺牛，然牛亦国计民生大用，不可不载也。自前明开屯设卫以来，江湖之民，云集而耕作于滇，即夷人亦渐习于牛耕，故牛为重。牛分两种，水牛、黄牛。黄牛特多，高大几比水牛，以耕田，以服车。车轮皆轻，即平地任载之车也。其犁田也，驾双牛，前一人引之，后一人驱之。驾车亦然。双牛较少，一人可护数车，故牛之用大。而通省名都大镇多教门，食必以牛。其宰割以膳者，大都日数十，皆肥牛之腱也。故皮角之外，而乳扇、乳饼、醍醐、酪酥之具，虽僧道亦资养于牛，可以忽乎哉！《尔雅》释牛，分摩、㸪、犦、㹒、犩、犝、犚，凡七种。郭注举南中牛为证，皆非耕牛。惟曰"犦牛健行，日三百余里"，则任载之牛也。滇夷有旄牛，夷因以名，则犩牛也。取其长毛，朱湛之以为帽缨，贵者一头须数金，皆滇产之所出。夷人畜牛以为食，市于汉人以耕田，以服车，故牛为汉民一家之命，如吴、楚农。至于觭、觢、㸹、𤚾、犨、牧、㹃、牰、欣犌之状，水牛、黄牛皆同，不必厘也。

——《滇海虞衡志》卷七《志兽》第 4 页

野牛、犀牛、兕牛 皆牛也，滇多有之。野牛能斗虎，割其肉，即复生，所谓视肉也。犀牛伏于潭，禄劝镌字崖有犀牛潭，犀夜出有光，见之者不利。兕嗜丛棘，一曰舐铁，然舐铁者貘，非兕。第猎云梦之兕，煇赫千里，射随兕者不利，则与貘皆同类。兕角为觥，祝、射皆用之。犀角骇鸡，夫岂易得？晋制犀比，或骚人寓言，而今药铺动以犀角为矜，恐非真犀也。邹经元言：九江龙江某土司家，有犀角一具，宝之累世，一方无灾眚。此其通天者欤！李石云：越嶲杀犀，震雷暴雨。真灵物也。

——《滇海虞衡志》卷七《志兽》第 5 页

沙牛 樊绰《蛮书》：沙牛，云南及西爨故地并只生沙牛，俱缘地多瘴，草深肥，牛更蕃生犊子。

——道光《云南通志稿》卷六十九《食货志六之三·物产三·大理府》第 16 页

白蹄牛马 杜预《春秋释例》：黑樊濮在永昌西南，其境出白蹄牛马。

——道光《云南通志稿》卷七十《食货志六之四·物产四·永昌府》第 30 页

大理耕者以水牛负犁，一人牵牛，一人骑犁辕，一人推犁。案《南诏传》：犁田以一牛三夫，前挽、中压、后驱，然则今之耕者，犹是蛮法也。

——《札樸》卷十《滇游续笔·农人耕田》第 5 页

丽江属州男女熔松脂束发，每一岁为一缕，行则锵然有声。地产犏牛，不能耕，惟断其尾，茜染之以饰盔介。

——《蛮司合志》卷八《云南一》第 7 页

牛 为家畜最有用之物，体大毛粗，性钝力强，额有双角，足具四趾，中趾踏地。齿共二十四枚，随时变换，故观其齿之脱落，即可定其龄。牛羊皆食草兽，胃为特别之器官，自相连之，四囊而成。食草时，先人第一胃，至第二胃反刍于口，次移于第三胃、第四胃，顺次消化，故属反刍偶蹄类。

——光绪《元谋县乡土志》（修订）卷下《格致·第十七至十八课》第 398 页

牛 属有蹄类，云南最重要之家畜也。分为两类：

黄牛 体躯肥壮高大，几比水牛。毛短，色有黄、黑、赤、白等。角粗，几在头顶，分向外上方弯曲，两角末端，复相接近，雌雄均具有之。放饲山野，食植物，质耕田服重而外，肉、乳均供食用，牛乳且为近时流行之滋养品。此外，邓川、洱源、路南、宜良产之乳扇、乳饼等，亦取资于乳质。而皮脂、角骨之用尤多，省、市各县且有角器之产品。生、熟黄牛皮，日称出口之大宗，每岁由滇越铁道运销省外。牛黄每于病牛胆中得之，入药可治惊痫，产大理、丽江。又《志》引樊绰《蛮书》谓"云南及西爨故地生沙牛，缘地多瘴，草深肥，牛更番生犊子"云云。按：沙牛之名，今不复闻，是否即永善产之山牛一类。抑旧称沙狐、沙鼠，皆状其如沙之色，是否指色白之黄牛一类欤？俟续考之。

水牛 体大七尺以上，高达四尺。额比黄牛短狭，且呈弓状之角，弯曲有粗环节，毛短而硬，其色灰褐。性适游水泽，好食杂草，力比黄牛为大，除耕作外，又适于搬运重物。原产印度，今云南多处畜养之。除水牛、黄牛外，会泽、大关、罗平、镇越、车里、五福、临江等地出产之野牛、泸西出产之兕，当是野生之野牛类。又旧《志》所云之山犀、兕犀，名虽为犀，但由其居山林，有二角，无珠皮诸点观之，疑亦野牛也。

——《新纂云南通志》卷五十八《物产考一·动物一·哺乳类》第 23 页

野牛 稍割取肉，牛不死，经日肉生如故，古所谓视肉殆此耶。

——民国《禄劝县志》卷五《食货志·物产》第 11 页

牛 牛性温和，有水、黄二种，顶二角，头部短，胸、腹、腿肥大。水牛毛粗，黄牛毛细，无上齿，四足八蹄，蹄后各有二小指，尾下垂，力能任重代耕，皮角可制器。

——民国《楚雄县乡土志》卷下《格致·第二十九课》第 1359 页

破脸

破脸狗 或名破脸麝。颜面中部，有灰白长带，自额通吻，平分两颊，黑白判然，疑即马来獾一类。罗次、姚安、漾濞、梁河、麻栗坡产之。异名亦多，鲁甸则云花脸麝，谓其脸黑、白相间，故名。梁河则云破脸狗，形色似小草豹，有线状白毛直生脸鼻间至脑，故名。

——《新纂云南通志》卷五十八《物产考一·动物一·哺乳类》第 15 页

破脸 产地为崇山峻岭，状态似犬形，产量为四十余头，用途为药品。

——民国《楚雄县地志》第十二目《天产·动物》第 1374 页

猞猁

土猞猁 毛差小，有杂色点子，须摘净，暖不如西猞猁也。

——《滇南闻见录》卷下《物部·服属》第 42 页

鼠

白花鼠 即《史记》所谓家鹿者是也。身皆苍松色，上有白花点，性甚驯，多家松树间。余鼠可恨，不足录矣。

——《鸡足山志》卷九《物产》第 348 页

余官邓川时，有疫疾名曰羊子，传染已二十余年。初起于鹤庆，自北而南，次及浪穹、邓川、宾川、太和、赵州、蒙化，死者数万人矣。凡有鼠出穴死者，室中人皆病，或即时死，或阅日死，延至七日即不死。其疾，皮肤起疱，割之有白浆，或成羊毛。余谓此水沴也，故起于北而渐于南。鼠，穴虫，属子水位，故先感地气而死。人七日不死者，阳胜，水不能克也。嘉庆元年，抱母地名鼠皆出穴，俗传戒火，或有废炊寒食者。既而大小漂没庐舍，此亦水沴，故有鼠祥也。

——《札樸》卷十《滇游续笔·》第 17 页

鼠 最多而大，竟不畏人，墙壁间穴地出入，公然行走，不复避人。糊裱室宇，当日穿穴。衣服帐幔等物，无端啮破如剪形。白日内顶篷上成群驰骋，声如擂鼓，势若走阵，此盖无忌惮之小人也欤！

——《滇南闻见录》卷下《物部·兽属》第 44 页

鼠二则 鳞鼠出顺宁州属之云州，身有鳞甲，千百为群，残食田苗，数年一出。

武定州有白花山，山以鼠得名。相传山有鼠，白而大，望之若牛，土人视之则鼠也。身有白花，故名白花鼠。夜出，行山间，昧爽时归穴，至山顶鸡鸣化为石。土人祈年禳病，四时祭之。

——《滇南杂志》卷十四《轶事八》第 9 页

貂鼠 亦属鼬鼠一类。体长尺许，毛色灰褐且有光泽，质亦柔细，缉之为裘，且适制领、袖，价值亦昂。今罗平、盐津、牟定、麻栗坡产之，亦名山貂，但与中国东北部之貂鼠不类，非真貂也。

——《新纂云南通志》卷五十八《物产考一·动物一·哺乳类》第 15 页

鼩鼱 属食虫类，俗名地老鼠。大可二寸，尾短鼻尖。作穴地中，食蚯蚓、小虫，但常为米麦及他农作物之害，滇园野间常产。

鼹鼠 属食虫类，亦名鼹鼠。体圆筒形，长四寸许，毛黑褐色，浅短柔密，头尖吻突出，眼小凹陷，常伏土穴，不见日光，前肢外掘，适于拨土，嗜食蚯蚓、小虫等，亦滇常产。

——《新纂云南通志》卷五十八《物产考一·动物一·哺乳类》第 16 页

家鼠 属啮齿类。毛色灰褐，亦云褐鼠，脚短尾长，毛质柔滑，门齿极发达，穴处人家，夜出窃食，生殖力大，产子极繁。不但毁伤器物、仓谷等，又为黑死病等之媒介，滇到处产。

——《新纂云南通志》卷五十八《物产考一·动物一·哺乳类》第 19 页

鼫鼠 旧《志》仅载其名，状类鼠而小。尾短，眼红，毛有黑、白、褐等色。好食粟、豆、柿、栗等物，为农家害。一名硕鼠，又名雀鼠。曲溪、墨江则呼为山鼠，盐津亦名岩鼠，鹤庆、丽江产者，栖息水边，别称水鼠。今昆明市玩饲之小银鼠，则白色之一种鼫鼠也。变种甚多，产地亦遍。

——《新纂云南通志》卷五十八《物产考一·动物一·哺乳类》第 19 页

鼶鼠 旧《志》仅载其名。田野常产，身长不满三寸，灰黑色，腹部稍淡。常寄居人家仓库中，又名社鼠。

——《新纂云南通志》卷五十八《物产考一·动物一·哺乳类》第 19 页

鼠 鼠性潜伏，体小足短，好斗。前足四趾，后足五趾。齿利如锥，常啮碎器物，人皆厌之。

——民国《楚雄县乡土志》卷下《格致·第三十一课》第 1360 页

獭

水獭 迤东一带有水獭，皮颇佳，价亦不贱。

——《滇南闻见录》卷下《物部·服属》第 43 页

山獭、水獭俱可裘。《范志》谓山獭抱树枯，解药箭，一枚一金。至于水獭，善捕鱼，畜之者且费百金。其有皮者，由生獭未驯习，故杀而取皮，粥以为利耳。《禹贡》梁州以皮为贡，滇于三代属梁州，其于春秋为楚之南陲，《传》曰如杞梓、皮革，自楚往。是知南中之皮革盛于北，北且资用于南。羽毛齿革，君地生焉。由来远矣。

——《滇海虞衡志》卷七《志兽》第 11 页

獭 《志》载，滇产有山獭、水獭两种，未详产地，兹分述之：

山獭 生溪硐中，一名插翘，俗传为补助要药。又云能解药箭毒，极贵重。旧产广西宜州、南丹，滇不常见，仅云县、缅宁、宁洱、华坪产之。或云罗平、鲁甸、保山、鹤庆、马关之旱獭，丽江之干獭，即山獭。毛皮最佳，可销外国，骨亦能治马病云。

水獭 河边洞穴产之。趾间有蹼，适于泅水，捕食鱼类。体长不满二尺，毛皮褐色，毛质柔密，适制领、袖，近来销路日广，价值亦昂。宜良、晋宁、罗次、禄丰、楚雄、广通、盐兴、蒙化、凤仪、邓川、宾川、华坪、永北、丽江、鹤庆、剑川、中甸、漾濞、保山、镇康、腾冲、缅宁、云县、景东、景谷、镇沅、宁洱、墨江、车里、五福、干崖、麻栗坡、江川、峨山、曲溪、建水、蒙自、文山、马关、曲靖、霑益、陆良、罗平、宣威、武定、巧家、镇雄、彝良、大关、永善、盐津、鲁甸等处均产之。贡山上帕、佛海产者尤著。

——《新纂云南通志》卷五十八《物产考一·动物一·哺乳类》第 14 页

兔

滇南兔亦多，白兔且为人家所养，但穿房地为厌耳。穴竹林者为竹㺍，亦兔类也。肉肥美，皮可为袖，以御冬也。[①]

——《滇海虞衡志》卷七《志兽》第 9 页

兔 亦齧齿类。耳壳长大，唇由正中分裂，后肢较前肢为长，滇产有家兔、野兔两类：

家兔 体长数寸，色白，睛红，滇各处喜豢养之，但食植物嫩芽，为园艺害，亦有灰、褐、黑诸色，肉嫩可食，皮毛亦有用。

野兔 耳壳特长，毛色灰、褐、栗色，蕃殖极昌，亦为山地农田之害，晋宁、墨江、保山产之。

——《新纂云南通志》卷五十八《物产考一·动物一·哺乳类》第 21 页

兔 形似小犬，头嘴尖，耳长，尾足短，毛灰色，可制笔。居土洞，视月精而孕五月，子从口吐出。

——民国《楚雄县乡土志》卷下《格致·第三十八课》第 1362 页

猬

猬 与鼹鼠同类，而体大过之，体毛如棘，故亦名刺猬。栖田原间，食害瓜类。江川、石屏、

---

① 此条，道光《云南通志稿》卷六十八《食货志六之二·物产二·通省》第 28 页引同。

宁洱、墨江、剑川、保山、镇康等县称为猬，宜良、陆良、蒙自、盐津、景东、丽江则称为刺猬。

——《新纂云南通志》卷五十八《物产考一·动物一·哺乳类》第 17 页

犀

犀 出越赕、高丽，其人以陷阱取之。每杀之时，天雨震雷暴作。寻传川界、壳弄川界[1]亦出犀皮。蛮排甲并马统备案《新唐书》作统伦马骑甲仗，多用犀革，亦杂用牛皮。负排罗苴已下，未得系金佉苴者，悉用犀革为佉苴，皆朱漆之。

——《蛮书》卷七《云南管内物产》第 34 页

梁祚《魏国统》曰：西夷土有异犀，三角[2]，夜行如大炬，火照数十步。或时解脱，则藏于深密之处，不欲令人见之。王者贵其异，以为簪札，消除凶逆。

——《太平御览》卷七九一《四夷部十二·南蛮七·西南夷》第 1 页

越赕犀 《续博物志》曰：犀生越赕，以陷牢取之。每杀，天震雷，暴雨。梁祚《魏国统》云：西南夷土有异犀，三角，夜行如大炬火，照数千步。或时脱角，则藏于深密之处，不容令人见之。王者贵其异，以为簪，能消除凶逆。

——天启《滇志》卷三十二《搜遗志第十四之一·补物产》第 1047 页

越赕犀 犀生越赕，以陷牢取之。每杀，震雷暴雨。梁祚《魏国统》云：西南有异犀，三角，夜行如炬，照数百步。或时脱角，则藏于深密处，不令人见。王者贵其异，以为簪，能消除凶逆。[3]

——康熙《云南通志》卷三十《杂异》第 6 页

犀 《后汉书·和帝本纪》：永元六年，永昌徼外夷遣使译献犀牛。陶宏景《名医别录》：犀出永昌山谷及益州。陶宏景曰：今出武陵、交州、宁州诸远山，犀有二角，以额上者为胜。又有通天犀，角上有一白缕直上至端，夜露不濡，入药至神验。或云此是水犀角出水中，《汉书》所谓"骇鸡犀"也。又有牸犀，角甚长，文理似犀，不堪入药。樊绰《蛮书》：出越赕、高丽共山，人以陷穿取之。每杀之时，天雨震雷暴作。李时珍《本草纲目》：犀出西蕃、南蕃、滇南、交州诸处，有山犀、水犀、兕犀三种，又有毛犀，似之山犀，居山林，人多得之。水犀出入水中，最为难得，并有二角，鼻角长而额角短。水犀皮有珠甲，而山犀无之。兕犀即犀之牸者，亦曰沙犀，止有一角在顶，纹理细腻，斑白分明，不可入药，盖牡角纹大而牸角纹细也。《夷门广牍》：犀角出南蕃、西蕃，云南亦有。《魏国统》云：西南有犀，三角，夜行如炬，照数百步，或时脱角，则藏于深密处，不令人见。王者贵其异，以为簪，能消除凶逆。

——道光《云南通志稿》卷七十《食货志六之四·物产四·永昌府》第 29 页

犀牛 常璩《华阳国志》：元马河中现存土地，时产犀牛。檀萃《农部琐录》：犀在掌鸠河中，人不能见，见辄不利。头戴三角，夜行如炬，照数百步。或时脱角，则藏于密处，不令人见。古传取犀以陷牢，杀之，则有震雷暴雨。

——道光《云南通志稿》卷七十《食货志六之四·物产·武定直隶州》第 53 页

---

① 壳弄川界　道光《云南通志稿》卷六十九《食货志六之三·物产三·大理府》第 16 页作"勃弄川界"。
② 三角　《滇南杂志》卷十四《轶事八》第 7 页引作"二角"。
③ 此条，乾隆《腾越州志》卷十一《杂记·杂志》第 10 页同。

犀 亦属有蹄类。比牛肥大，皮肤有厚绉襞，质坚不能贯入枪弹。古以其皮为甲，称犀甲。头部有角，乃皮肤分泌物之凝结而成者，位置一在鼻部，一在额部。体色稍黑，微带淡紫，栖息河沼泽畔低湿之地，徘徊森林薮丛，或泳水中，或转泥地，水犀之得名以此。世界产犀，分印度犀、非洲犀两类。云南西南部热地属东洋区，所产当属印度犀类，且其得名亦最早。《志》引《后汉书·和帝本纪》云"永元九年，永昌徼外夷遣使译献犀牛"，陶弘景《名医别录》云"犀出永昌山谷及益州"，樊绰《蛮书》云"犀出越睒高黎共山"，《本草纲目》谓"犀出西番、南番、滇南等处"云云，证以今日腾冲、思茅、芒遮板及马关产犀之地，无大出入，不过古多而今已式微。又《禄劝志》载犀出掌鸠河，《缅宁志》载犀出勃弄川界，亦皆摭录旧闻，今传已濒绝种，不能生致其物，供吾辈之考查云。

滇产犀类，据旧《志》分为水犀、兕犀及山犀三种，且引《本草纲目》云"滇产水犀，出入水中，最为难得，并有二角，鼻角长而额角短，皮有珠甲"等语，此为真正之犀，且可为水犀，属印度犀之明证。兕犀，泸西亦产，或即野牛。山犀，名虽为犀，但旧传居山林，亦有二角，并无珠皮，是仍属野牛一类，非真犀也。马关产野象，似牛，角直生，只蹄指三岔，其大如象，当系野牛之指为山犀或兕犀者。犀角自古即被珍视，有"通天照渚"诸神秘传说。即在滇，旧时亦以入药，称解热妙剂，至今犹重用之。惜不易取得，往往以羚羊角代称犀角云。

———《新纂云南通志》卷五十八《物产考一·动物一·哺乳类》第 31 页

犀牛 《采访》：产南乡山箐中，大如牛，鼻端有小角。《本草纲目》：滇南有山犀、水犀、兕犀三种，又有毛犀似之。山犀，居山林，人多得之。水犀，出入水中，最为难得，并有二角，鼻角长而额角短。水犀，皮有珠甲而山犀无之。兕犀，即犀之特者，亦曰沙犀，止有一角在顶，纹理细腻，斑白分明，不可入药。盖牯角纹大而特角纹细也。

———民国《元江志稿》卷七《食货志·毛属特别产》第 10 页

犀牛 在掌鸠河中不能见，见辄不利，头戴三角，夜行如炬照数百步，或时脱角则藏于密处不见人。古传取犀以陷牢杀之，则有震雷暴雨。

———民国《禄劝县志》卷五《食货志·物产》第 11 页

（广南）沿边重山叠嶂，多虎、豹诸兽，有独角旱犀，或即兕也，身大而力猛，土人用陷井时殪之。其皮甚厚，曾购数十斤分遗友好，土司亦以此馈送。宴上客始用入席，必先二日火其毛，刮洗净尽，温火煮一夕，去其汤，和鸡豚烂煮，截作长方块，味殊浓厚。并入西餐，西人尤喜食之。其角在额，大如碗，可制酒杯。余有犀角刀柄，亦龙氏所赠也。

———《幻影谈》卷下《杂记》第 136 页

象

茫蛮部落，并是开南杂种也。……象大如水牛。土俗养象以耕田，仍烧其粪。

———《蛮书》卷四《名类》第 21 页

象 开南已南[①]多有之，或捉得，人家多养之，以代耕田也。

———《蛮书》卷七《云南管内物产》第 35 页

———

① 已南 原本作"巴南"，据赵吕甫《云南志校释》第 283 页改。

至元三十一年六月乙酉，云南金齿路进驯象三。

——《元史》卷十八《本纪第十八·铁穆耳一》第 384 页

象 土酋畜之骑坐，凡战斗用为前阵。[1]

——景泰《云南图经志书》卷六《八百大甸军民宣慰使司》第 17 页

象 产缅甸之摆古。距永昌可四千余里，莽酋居焉，得象驯而习之，以供战阵。其枭者值千金，贡象可三百金，景东土官常畜以备宣索。

——《滇略》卷三《产略》第 16 页

舞象 刘恂有亲表，曾奉使云南。彼中豪族，各家养象，负重致远，如中土之畜牛马也。蛮王宴汉使于百花楼，楼前入舞象，曲动乐作，优倡引入象，以金羁络首，绵绣垂身，随拍腾蹋，动头摇尾，皆合节奏。

——天启《滇志》卷三十二《搜遗志第十四之一·补事》第 1040 页

象 旧说象久识，见其子皮必泣，一枚重千金。释氏书言："象七牙柱地六牙，牙生理必因雷声。"又言："龙象六十岁骨方足。今荆地象色黑，两牙，江猪也。"《异物志》曰：象之为兽，形体特诡。身倍数牛，目不逾猳。鼻为口役，望头若尾。驯良承教，听言则跪。素牙玉洁，载籍所美。服重致远，行如丘徙。咸亨二年，周澄国遣使上表言："诃伽国有白象，首垂四牙，身运五足。象之所在，其土必丰。以水洗牙，饮之愈疾。请发兵迎取。"象胆随四时在四腿，春在前左，夏在前右，如龟无定体也。鼻端有爪，可拾针。肉有十二般，惟鼻是其本肉。陶贞白言：夏月合药，宜置象牙于药旁。南人言：象妒恶犬声，猎者裹粮登高树，构熊巢伺之。有群象过则为犬声，悉举鼻吼叫，循守不复去，或经五六日困倒其下，因潜煞之耳。后有穴，薄如鼓皮，一次而毙。胸前小横骨，灰之酒服，令人能浮水出没。食其肉，令人体重。古训言，象孕五岁始生。

——天启《滇志》卷三十二《搜遗志第十四之一·补物产》第 1047 页

己卯八月初八日……又东南五里，冈头有村，倚西冈东向，是为象庄，此未改流时土酋猛廷瑞畜象之所也。

——《徐霞客游记·滇游日记十二》第 1178 页

己卯九月十一日，余心忡忡。体极恐余忧悴，命其侄并纯白陪余散行藏经楼诸处。有圆通庵僧妙行者，阅藏楼前，瀹茗设果。纯白以象黄数珠见示。象黄者，牛黄、狗宝之类，生象肚上，大如白果，最大者如桃，缀肚四旁，取得之，乘其软以水浸之，制为数珠，色黄白如舍利，坚刚亦如之，举物莫能碎之矣。出自小西天，彼处亦甚重之，惟以制佛珠，不他用也。又云，象之极大而肥者乃有之，百千中不能得一，其象亦象中之王也。

——《徐霞客游记·滇游日记十三》第 1212 页

象 象牙、象尾。

——康熙《云南通志》卷十二《物产·永昌府》第 8 页

象 《异物志》曰：象之为兽，形体特诡。身倍数牛，目不逾猳。鼻为口役，望头若尾。驯良承教，听言则跪。素牙玉洁，载籍所美。服重致远，行如丘徙。咸亨二年，周澄国遣使上表言：

---

[1] 此条，正德《云南志》卷十四《八百大甸军民宣慰使司》第 6 页同。

"诃伽国有白象，首垂四牙，身运五足。象之所在，其土必丰。以水洗牙，饮之愈疾。请发兵迎取。"象胆随四时在四腿，春在前左，夏在前右，如龟无定体也。鼻端有爪，可拾针。肉有十二般，惟鼻是本肉。陶贞言：夏月合药，宜置象牙于药旁。南人言：象妒恶犬声，猎者裹粮登高树，构熊巢伺之。有群象过，则为犬声，悉举鼻吼叫，循守不复去，或经五六日困倒其下，因捕获之。耳后有穴，蒲如鼓皮，一刺而毙。胸下小骨，灰之酒服，令人能浮水出没。食其肉，令人体重。古训言：象孕五岁始生。

——康熙《云南通志》卷三十《补遗》第 19 页

舞象 刘恂有亲表，曾奉使云南。彼中豪族，各家养象，负重致远，如中土之畜牛马也。蛮王宴汉使于百花楼前，入舞象，曲动乐作，优倡引入象，以金羁络首，锦绣随身，随拍腾蹋。

——康熙《云南通志》卷三十《补遗》第 19 页

《异物志》曰：象之为兽，形体特诡。身倍数牛，目不逾豨。鼻为口役，望头若尾。驯良承教，听言则跪。素牙玉洁，载籍所美。服重致远，行如邱徙。唐咸亨二年，周澄国上表言："诃伽国有白象，首垂四牙，身运五足。象之所在，其土必丰。以水洗牙，饮之愈疾。请发兵迎取。"象胆随四时在四腿，春在前左，夏在前右，如龟无定体也。鼻端有爪，可拾针。肉有十二般，惟鼻是本肉。耳后有薄穴如鼓皮，一刺即毙。胸前有小骨，灰之酒服，令人浮水出没。多食其肉，令人体重。古训言：象孕五年始生。相传邓子龙破缅象阵，以象闻酒香则止不行，埋酒于要隘，伏用壮士，持长刀刺其耳后薄穴，象即惊走。

——乾隆《腾越州志》卷十一《杂志·杂记》第 10 页

义象 马龙州有义象冢，明天启中安氏按水西安邦彦。叛，犯州城，有陶土司按景东陶明卿。者御之。陶素畜一象，潜伏山洞中，鼻吸泥砂突出，抵贼垒喷之，贼惊骇，随卷一贼掷空中，坠而死。陶乘机击之，遂大捷。象中毒矢而毙，土人德之，葬于南山，春秋致祭。按：杜其渐作《义象传》，言其事。

——《滇南闻见录》卷下《物部·兽属》第 43 页

象牙 象牙器皿为滇土产，以近南掌诸夷皆产象故也。而迩来夷方象牙到滇者少，全是粤中贩来，即土贡亦往粤备置，所以象牙所制之物，其价颇不减于他省。

——《滇南闻见录》卷下《物部·杂物》第 45 页

象四则 《异物志》云：象之为兽，形体特诡。身倍数牛，目不逾豨。鼻为口役，望头若尾。驯良承教，听言则跪。素牙玉洁，载籍所美。服重致远，行如丘徙。唐咸亨二年，田澄国遣使上表言："诃伽国有白象，首垂四牙，身运五足。象之所在，其土必丰。以水洗牙，饮之愈疾。请发兵迎取。"象胆随四时在四腿，春在前腿左，夏在前腿右，如龟无定体也。鼻下有爪，可拾针。肉有十二般，惟鼻是本肉。陶真人言：夏月合药，宜置象牙于药旁。南人言：象妒恶犬声，猎者裹粮登高树，构熊巢伺之。有群象过，则为犬声，悉举鼻吼叫，循守不复去，或经五六月困倒其下，因捕获之。耳后有穴，蒲如鼓皮，一刺而毙。胸下小骨，灰之酒服，令人能浮水出没。多食其肉，令人体重。古训言：象孕五岁始生。相传邓子龙破缅象阵，以象闻酒香则止不行，因埋酒于要隘伏用，壮士持长刀刺其耳后薄穴，象即惊走。

明刘恂有亲表，曾奉使云南。缅中豪族，各家养象，负重致远，如中土之畜牛马也。蛮王宴汉使于百花楼前，入舞象，曲动乐作，优倡引入象，以金羁络首，绵绣垂身，随拍腾踏。

明天启乙丑，水西安邦彦、蔺州奢崇明纠合乌蒙，举兵犯滇，直抵马龙州，锐莫可当，人鲜斗志。滇省戒严，调陶土司兵会剿。陶有一象，深伏小堑，鼻吸泥水数斛，乘贼不意，突出吼跃，鼻喷泥水，作云雾状，直挫贼锋，人马辟易，复卷一悍贼掷空坠地，蹴踏如泥。贼咸披靡，有裨将乘机逐北，遂获全胜，及暮收兵，象尚勃勃具余勇。鼻中毒矢一，次日创剧遍体，出镞三升余，遂毙。滇之人德之，卜葬于城北，题其碑曰"义勇全城忠烈神之塚"。后巡抚王伉复建坊于塚前，题曰"忠勇异象之坊"，郡人杜其渐有《义象传》，文不雅驯，不载。

普洱入思茅古道甚险，康熙二十年，车里有神象出，普夷人迹之，自普而返，象从一高岭奔行人步道，追之遂成通道，即今之班鸠坡也。今普藤河畔有象，足迹大如斗。

——《滇南杂志》卷十四《轶事八》第 5 页

象 出云南诸土司。《明统志》云缅甸、八百皆有象，然不独二土司也。夫教象以战为象阵，驱象以耕为象耕，南中用象殆兼牛、马之力。明万历中，邓子龙御缅，靴尖起处，踢死一象，蛮大惊，以为神将军。盖象胆随时运于四支，蹴其胆而杀之，知将略在有学问也。天启间，安效良叛，攻马龙，调景东土兵统象兵逆战，一象奋勇冲阵，土兵乘之，大破蛮兵。象归营，犹气勃勃始毙，箭簇满身。巡抚王佐立碑建坊，葬之马龙北关外，表曰"忠勇义象"。此事著于《黔书》及《滇志》。予居滇久，屡见缅甸、南掌贡象至，养于城东报国寺后园，无绝殊者，而供亿亦烦费矣。

——《滇海虞衡志》卷七《志兽》第 1 页

象牙 《逸周书·王会解》：产里象齿。崔豹《古今注》：越裳氏重译来贡，象牙一。

——道光《云南通志稿》卷七十《食货志六之四·物产四·普洱府》第 3 页

象 《后汉书·西南夷传》：哀牢出犀、象。杜预《春秋释例》：黑僰濮在永昌西南，其境出犀、象。《唐书·南蛮传》：异牟寻谢天子象、犀。章潢《图书编》：缅甸、八百出，土酋畜之骑坐，凡战斗，用为前阵。《腾越州志》：旧传邓子龙破缅象阵，以象闻酒香则止不行，埋酒于要隘，伏用壮士，持长刀刺其耳后薄穴，象即惊走。

——道光《云南通志稿》卷七十《食货志六之四·物产四·永昌府》第 30 页

象 属长鼻类，陆栖哺乳类之最大者。滇沿边热地如腾冲，产南界、猛碌各司地，今沦于英。思茅、车里、镇越等处产之，与印度象同类。鼻部最长，向内卷曲，全自筋肉构成，能自由运动，以故摄食、吸水及运搬大木，均利用之，且恃鼻与门牙为攻防器官。皮肤甚厚，体毛极稀，体色苍灰。额平凹，耳下垂，白齿甚巨，琺瑯质突起，作曲环纹。上颚门齿成牙，突出口外，滇中呼为象牙，坚韧细腻，适制各种器具，但品质以淡红、白色者佳，黄色次之。《志》引《逸周书》："产里以象齿为献。"产里，即今车里，是为滇产象牙得名之朔。今制成牙器，尚行销省内外各处。象之野生者，百十成群，徘徊林野，但其性易驯。思普属沿边土司豪族，尚有畜养之，以负重致远，若腹地之役使牛马者然。马关亦产野象，惟查该县《物产报告》谓"似牛，角直生，只蹄，指三岔，其大如象"云云，当是野犀一类，非真野象也。又昆明市民众教育馆陈列有古象臼齿化石二枚，疑我滇第三纪地层已有象类产生，惜未悉产地何属，殊为遗憾！

——《新纂云南通志》卷五十八《物产考一·动物一·哺乳类》第 21 页

象跪石，在治北八里，石如狼牙。昔元世祖自丽江石门关乘一白象至此，象跪不行，因名。让朝郡人杨戴清有诗曰："胡人乘象如乘马，战地使囊似使船。跨以革同木器渡，跪于石异土桥眠。壶浆箪食迎恐后，毡笠飘衣望弗前。却忆百年两真主，一成混一一逃禅。"原注：治南象眠山，俗呼为三十里土桥，为其中空受水，末语指建文也。

——民国《鹤庆县志》卷一中《地理志·古迹》第 42 页

缅甸与安南，在为中华藩属时，每三年，必入贡于中国一次，主要贡品是象，或二只，或三只，则不定其数。大致缅甸贡入之象，在字数上总超过于安南。此两国贡象来，都是先到云南，再出贵州而北上。然来到云南，在昆明地方，必有若干日之耽搁。在未能前行时，自应有一适当地处以居象。报国寺之大门前，靠近东门城埂脚处，有阔大房屋若干间，名曰象房。象来即居于此，象俉亦同住于此。象去后，此屋固是空着，而官方则派有一姓方之昆明人，常住于其间，专司象房内一切事务，时人则称之为方象俉。象俉亦写作象娜。方象俉之后世子孙，今尚有二三人在新社会上服务者，如现住于桑子巷内之方介福即是。

——《据我所知集》卷十五《昆华事物拾遗之一·象房》第 393 页

象眼街，又名鹦哥花。胡名曰鹦哥花？以街东畔守府衙门内，街西畔藩署围墙内，各有刺桐花数株，昆明人呼此为鹦哥花，时人遂以此而名街。曰象眼街，以街中间之地面上，嵌有石头数块，逗（斗）成个象的头面，有眼、有鼻、有耳，且刻出纹路，是十足的一个象的头面。考求嵌此形象于地面之根由，传云：清初某年，缅贡象莅滇，象行至此街中间，下跪良久，始起而行，故凿象形貌于此，以纪其事。

——《纪我所知集》卷十五《昆华事物拾遗之一·象眼街之由来》第 394

蛮朗象 班洪寨西南蛮朗山中，有大象七八只，曾过其地者曰：象洞外四五里，有石屹立，象过其旁，长鼻摩擦，石已平如砥。凡象所行经，丛棘开成隧道，或不知而走象路，遇之则无处可避，必遭其为祸也。曾有人骑而过，遇猛象至，下马登树上避之，马无逃跑，为象鼻引而掷之数丈外，亦见其力之大也。在猛董，闻班老土人猎获其一云。

——《滇西边区考察记》之一《班洪风土记》第 30 页

猩猩

猩猩 兽，如人能言。

——正德《云南志》卷十三《金齿军民指挥使司·土产》第 6 页

猩猩 永昌郡有猩猩，能言。其血可以染朱罽，色鲜不黯。或曰：若刺其血，问之："尔与我几许？"猩猩曰："二升。"果足其数，若加之鞭箠而问之，则随所加而得，至于一斗。弗如此，未肯顿输。其说出《华阳国志》，今永昌郡绝无此。彼中人言，盖出三宣徼外，古贡自永昌，遂以为永昌产耳。

——天启《滇志》卷三十二《搜遗志第十四之一·补物产》第 1047 页

猩猩 《明志》：出永昌郡。皆野人山境之兽，取其血染朱罽，色鲜不黯。《华阳国志》同。猩猩，欲刺其血，问之："尔与我几许？"猩猩曰："二升。"加之鞭箠，则随所加而得，可至一斗。勿如此，未肯顿输。其能言如此。

——乾隆《腾越州志》卷十一《杂志·杂记》第 19 页

猩猩　古传出永昌，今不闻有此物。

——《滇海虞衡志》卷七《志兽》第 11 页

猩猩　《后汉书·西南夷传》：哀牢有猩猩。常璩《华阳国志》：永昌郡有猩猩，能言，其血可染朱罽。章怀太子《后汉书注》引《南中志》曰：猩猩在山谷中，行无常路，百数为群。土人以酒若糟设于路，又喜屩子，土人织草为屩，数十量相连结，猩猩在山谷见酒及屩，知其设张者，即知张者先祖名字，乃呼其名而骂云"奴欲张我"，舍之而去。去而又还，相呼试共尝酒。初尝少许，又取屩子著之。若进两三升，便大醉。人出收之，屩子相连不得去，执还纳牢中。人欲取者，到牢边语云："猩猩，汝可自相推肥者出之。"既择肥竟相对而泣，即左思《赋》云"猩猩啼而就禽"是也。檀萃《滇海虞衡志》：猩猩，古传出永昌，今不闻有此物。《腾越州志》：欲取其血，问之："尔与我几何？"猩猩曰："二升。"加之鞭箠，则随所加而得，可至一斗。勿如此，未肯顿输。

——道光《云南通志稿》卷七十《食货志六之四·物产四·永昌府》第 31 页

猩猩　属灵长类中类人猿之一种。旧《志》引《后汉书·西南夷传》谓"哀牢有猩猩"，又常璩《华阳国志》谓"永昌郡有猩猩，能言，其血可染朱罽"。按：哀牢旧属永昌府，治保山、腾越、龙陵、永平数县，今废府存县，但均未闻产有猩猩。惟查《腾冲物产报告》载有狒狒一种，产瑯琊山、高黎贡山，类猿，有长发披面，高丈许，反踵无膝，俗呼老山人，或即旧时永昌郡之猩猩。又《麻栗坡物产报告》之野人，或者亦猩猩一类（因该地尚产有吊猴、封猴、黄猴等各种，均东洋区之产物也）。考汉永昌郡辖境，非常辽阔，就地理言，实包举西南沿边一带。其地近连缅甸，远导马来，自动物分布学以观，即属东洋区，猩猩产出，实属可能。遐想当时，地未尽辟，热带原林密接，猩猩能由缅、暹经西南沿边侵入永昌郡，于丛莽间度其生活，厥后山林大启，退藏难密，风土不适，终于淘汰。或则复返热带森林，遂致古有而今无。或仅仅于腾冲等山地微示孑遗，当亦有之。至于猩猩能言，古本有是传说，然稍具常识者，不难力证其非。取血染物，在茜草染料未经通行时，猩血应用者多，云南古昔传说，亦认猩血实最红之染品也。

　　猩猩体长四尺余，毛色赤褐，无尾，前肢最长，直立，能达于踵。性虽温和易驯，但通常为孤独之动物，未闻以成群著者。《通志》引章怀太子《后汉书注》转引《南中志》谓"猩猩在山谷中，行无常路，百数为群"云云，当是昔人观察未周，误以猿类认为猩猩所致。猿在南中，本有数种，体高数尺，长臂猱立，易与猩猩相混。但猿类百数成群者有之，猩猩则概属独栖，至大限不过结巢树巅，度其家族生活而止，实非群栖动物也。

——《新纂云南通志》卷五十八《物产考一·动物一·哺乳类》第 1 页

猩猩　《采访》：产黄连山，人常见之。

——民国《元江志稿》卷七《食货志·毛属特别产》第 10 页

猩猩　生交趾。

——《滇绎》卷一《〈蜀都赋〉刘渊林注六条》第 21 页

熊

熊　或似猪形，则曰猪熊，或如犬状，则曰狗熊，山皆有之。

——景泰《云南图经志书》卷三《广西府·弥勒州·土产》第 23 页

熊。

——正德《云南志》卷七《广西府·土产》第 12 页

熊 《周礼》：蛰兽能攀木以导引，冬蛰于穴，不食，惟自舐其掌。虽远经千里，其跧伏必寻崖穴，故谓之熊馆。尚洁，如秽其身，则爬搔至毙，盖阳之属，其性壮毅。《书》以喻不二心之臣，《诗》为男子之祥。其肖形而称，有人、牛、马、猪、狗五类。

——《鸡足山志》卷九《物产》第 346 页

熊类至多，有马熊、人熊、猪熊、狗熊，滇南多有之。予常至农部汤郎马躐厂，其地多熊。仰视大栗树，其大枝坠地盈堆，熊啮而堕之，以食其实者。此四种疑兼罴在内，但人所献熊胆、熊掌，余则无所用，不闻取其皮。

——《滇海虞衡志》卷七《志兽》第 9 页

熊 属食肉类。我滇山深林密，此兽产出较多。如罗次、武定、禄劝、会泽、巧家、镇雄、永善、盐津、峨山、石屏、华宁、个旧、景谷、云县、缅宁、宁洱、思茅、车里、五福、泸西、新平、镇越、靖边、猛丁、临江、金河、芒遮板、麻栗坡、镇南、楚雄、双柏、姚安、大姚、宾川、邓川、凤仪、云龙、永北、丽江、兰坪、维西、中甸、上帕、贡山、漾濞、保山、腾冲等，皆熊类产地。普通色黑，其次褐、灰、黄、白，体长五尺至七尺，能以蹠行，趾具钩爪，前肢甚短，后肢较长，偶然直立，能攀木掘地，昼匿夜出，有冬眠性，寒时蛰伏穴中，觅取果实、蔬菜、虫蚁等为其常食。有臆病，时露盘旋不安状态。滇产有狗熊、马熊、牛熊、猪熊等，兹分述之：

狗熊 即普通之黑熊。有五六尺长，皮毛黑亮，顶具白色月轮。直立蹠行，啮食栗实及玉蜀黍茎秆，能栖息至八九千呎之高地，但千呎内外人烟稀少之平地亦常生活。禄劝、罗平、大关、彝良、文山、马关、墨江、缅宁、弥渡、鹤庆、剑川、保山、陇川等均有之，而尤以上帕、贡山为其名产地。

马熊 即黑熊中之大而凶猛者。毛粗而长，作深褐色，栖息高寒有林木之山地，不常见，其皮可作床褥。墨江、文山、马关、陇川产之，亦产腾冲之明光、古永山谷。该县《物产报告》以为即罴。据考，熊之大者，能人立以撄攫，毛皮黄白，古谓之罴，亦即传说中之人熊。今不常有，是罴当另有其物，非马熊也。

牛熊 与马熊毛色相似而较大，鹤庆、保山产之。上帕、贡山尤著名。

猪熊 色较黑褐，罗平、马关产。

按：熊为我滇重要山产，熊胆、熊掌亦上帕、贡山等处著名之山货。胆分三品，上品金光闪目，名曰金胆；中品色通明，似琥珀；下品黄黑相杂，名菜花胆。概销内地，用以入药。熊掌肥腴，为古珍肴。皮则备铺垫之用云。

——《新纂云南通志》卷五十八《物产考一·动物一·哺乳类》第 13 页

熊 产汤郎马躐厂。檀萃《虞衡志》：熊类至多，有马熊、人熊、猪熊、狗熊，滇南多有之。予宰农部，汤郎马躐厂其地多熊，仰视大栗树，其大枝坠地盈堆，熊齿而堕之以食其实。但人所献熊胆、熊掌，余则无所用，不闻取其皮。

——民国《禄劝县志》卷五《食货志·物产》第 11 页

羊

施蛮，本乌蛮种族也。……男女终身并跣足，披羊皮。

磨蛮，亦乌蛮种类也。铁桥上下及大婆、小婆、三探览、昆池等川，皆其所居之地也。土多牛羊，一家即有羊群。终身不洗手面，男女皆披羊皮，俗好饮酒歌舞。

——《蛮书》卷四《名类》第 16 页

大羊多从西羌、铁桥接吐蕃界三千二千口将来博易。

——《蛮书》卷七《云南管内物产》第 35 页

《南夷志》曰：磨些蛮，乌种也。铁桥上下及大婆、小婆、三探览、昆池等川，皆其所居之地。土多牛羊，一家即有羊群。终身不洗手面，男女皆披羊皮，俗好饮酒歌舞。

——《太平御览》卷七八九《四夷部十·磨些蛮》第 6 页

羊肉 味甘苦，大热。补中益气，安神，止惊止痛。产妇食之易生。又治风眩痰症，男子五痨七伤，小儿惊癫。开胃健脾，食之神效。病人忌服，又能动风。

——《滇南草本》卷一下《禽畜类》第 20 页

花羊角 本州崀峨村出。文如玳瑁，可以为带。

——正德《云南志》卷十二《北胜州·土产》第 3 页

岩羊 出禄劝州。

——康熙《云南通志》卷十二《物产·武定府》第 7 页

岩羊 凡有悬崖即产之。以其能陟峻阪，行险若御风。大者若驴，俗谓之山驴，圆蹄节角，即陆氏所谓羱羊也。

——《鸡足山志》卷九《物产》第 347 页

黑羊皮 毛甚紧细，如甘肃古宗羊，系藏中来者，甚少而贵。

黑羊耳皮 丽江食羊者多，每日市中宰羊数十头，黑白不一。有一武弁收买黑羊耳皮，积日累月，集成马褂，薄如纸，其毛似有若无，光洁如镜面，甚可观。

黑山羊皮 曲靖、昭通一带出山羊皮，有黑色而佳者，匀净如镜面，服之颇美观。

——《滇南闻见录》卷下《物部·服属》第 43 页

羊于滇中为盛，故太和古城曰羊苴咩城。苴者，幼也。咩者，幼羊呼母之声也。俗杂氐羌，氐者，羊之多须也；羌者，羊之引足也，故滇俗以养羊为耕作。其羊脂满腹，肥者不能行，牧者破其皮，卷脂而出之成筒，以货于人。羊得快利，健行如故。省城每日必刲数百，四季无间。时亦有大尾羊，皆来自迤西者。古云：使马如羊，不以入厩；使金如粟，不以入怀。甚言羊之多且贱也。四季之皮，皆可以为表，表之值且倍于肉。其长养之羊，岁薙其毛，以为毡罽毯毹。羝之深须者，割而染以充帽缨，故养羊出办多，利息大也。《范志》谓南中无白羊，有花羊，多黄褐白斑如黄牛，又有深褐黑脊白斑似鹿。又乳羊食仙茅，举体化肪无血肉。又诸蛮有绵羊，与胡羊不异。其云蛮国，即指云南。所谓绵羊，即今大尾羊也。范公当南渡偏安后，仅使于金，南来帅广。广、滇同俗，声教不通，划滇南为西蕃，为蛮国，故为言依稀约略而不能详。然马、牛、羊三者，为畜牧之上计，而羊之孳生蕃息倍于马。此地方民俗之赖以生育长养者，不可不筹之备也，故重为志之。

岩羊 即山羊也。得之颇难，血可入药，皮亦可揉，然板厚，以作坐褥可也。此虽野羊，而功用与畜羊等，故附著之。至于吴羊之分牡羒、牝牂，夏羊之牡羭、牝羖，今滇羊黑、白俱有，种盖兼乎吴、夏，而羬、羭之异角，羳、羖、奮之异名，亦无不同矣。

麢羊、獂羊 滇多崖，亦俱有，而非常畜，故略之。

——《滇海虞衡志》卷七《志兽》第 5 页

岩羊 《一统志》：禄劝州出。檀萃《农部琐录》：即山羊也，走悬崖善坠，土人遂之，其血补益。昔某刺史郎君病尪羸，死在旦夕，捕得牵至庭，环走令血行，乃刺血以口承创处吸之，其血腥易呕，以姜纳口吞而饱之，血行周身，病遂起。

——道光《云南通志稿》卷七十《食货志六之四·物产·武定直隶州》第 53 页

岩羊 状类家羊，灰黄色，角尖圆。蹄为偶蹄，善走，往来崖壑如履平地。其心血可治哮喘病。

——光绪《元谋县乡土志》（修订）卷下《格致·第十六课》第 398 页

羊 属有蹄类。为滇中重要之家畜，各处均畜养之，最普通者为绵羊，身体细长，颔下无须，角猛曲至后下方，先端向外，亦有无角者，毛色白、黑不等，肉、乳、脂肪俱供食用，皮革可作器物，羊皮且为出口货之大宗。毛之短者纤维虽细，颇富卷曲，又含鳞片，织成之毛织品，细润温暖，厚薄适中。旧时如东川之立绒羊毛布毡衣，丽江、中甸之氆氇，均属于此类。其稍次而色杂者，每年三、六、九月剪取，则多擀治为毡。旧时如永昌之氌毯，腾越、姚州之越毡及东川等处之毡，亦均名产品，东川毡则至今犹擅盛名。至皮毛之长白细韧作波曲状者，则可缀缉为裘，如滇西北部鹤、丽、中、维、阿墩、贡山、上帕等出产，今皮货商所称之西皮者是，价亦颇昂。又羊经畜养，变种甚多，有名大尾羊者，即绵羊之一种，来自滇西，形近黄羊，雄者角向外，排列如倒八字形，雌者无之，角鞘略有轮节，全体呈黄白色，皮毛之用亦多。

——《新纂云南通志》卷五十八《物产考一·动物一·哺乳类》第 22 页

山羊、岩羊 据旧《志》及各县《物产报告》，多分为两类，而以山羊为家畜，以岩羊为野兽。即岩羊为野生之山羊，能走悬崖，善坠角，据《农部琐录》。不能驯养，山羊则可供驯养者也。山羊色有青、黄，青者称青羊，或青山羊，黄者名黄羊，或黄山羊。黄羊多产海拔四千呎以上山地，成群生活，感觉灵敏，角长弯曲至后下方，往往成螺旋状，角上有绝大横突起。雌者角小，腮下有须，雄者颇有臭气，谓之山羊臭，毛长，黄白色，质粗，制为衣裘颇沉重，不耐穿着，今滇东北一带，呼为滑子皮，亦可鞣板，厚可作垫褥，产东北、西北各山地。西北高寒，如上帕、贡山等处尤多产之，盖由西藏山羊变种而来者。按《本草纲目》：山羊，即《尔雅》獂羊，似吴羊而大角，角堕者能陟峻坂。角极长，一边有节，节亦疏大，不入药用。但《本草》所云之獂羊，即今之野山羊，殆山羊之原种，故动物学家命名曰"原羊"，当为真正之岩羊也。今宜良、晋宁、罗次、罗平、平彝、元谋、禄劝、巧家、彝良、盐津、景东、景谷、缅宁、云县、宁洱、思茅、墨江、镇沅、梁河、五福、牟定、大姚、宾川、腾冲等处均产之，谓之山羊。佛海、罗平亦称为野羊。《本草》言山羊大如牛，或名野羊，善斗至死，角堪为鞍桥。罗次、宣威、禄劝、元谋、会泽、巧家、鲁甸、镇雄、大关、永善、曲溪、峨山、蒙自、建水、金河、梁河、麻栗坡、景东、景谷、宁洱、墨江、新平、云县、泸水、猛丁、文山、马关、盐兴、双柏、弥渡、漾濞、永北、邓川、云龙、丽江、鹤庆、保山等处山地野生不易驯致者，则称为岩羊。思茅、禄劝则谓岩羊即山羊，宣威则谓岩羊即野山羊，鹤庆、贡山、上帕则谓岩状如山羊。所以如是混称者，缘真正野生之岩羊，与可以驯致之山羊，本无显然之大别。岩羊亦有青岩羊、黄岩羊二种，惟性喜居悬崖，升越自如，异常灵便，得之颇难，夷人独获之。皮可制领褂，血可入药，称山羊血。据《本草》言，谓能治扑跌损伤及诸血症，祛疯治癞。但真血颇不易得。至《鹤庆报告》谓岩羊角尖利，《宣威报告》谓岩羊能自爱其角，睡时则以角挂于岩间或树枝，此又近于羚羊且挂之云，疑亦古昔羚羊之传闻也。

——《新纂云南通志》卷五十八《物产考一·动物一·哺乳类》第 22 页

羚羊 旧《志》称麢羊。麢、羚本同音，但羚羊实非鹿类。此羊状如山羊，故亦多混称。色青腹白，或微带灰黄，高二尺数寸，体长三四尺，头有双角，长五寸，尖细有轮节，稍向后曲，质最坚硬，雌雄均有之，自其侧面以观，如一角状，故俗称为独角兽，又称挂角，能以角挂树上，远避敌害，惟挂角之说，恐属一种传闻。肉味淡泊，十月及十一月间嗜之特佳，一入暮春，臭气多不堪食。毛厚可御寒，但绵毛较多，易固结，即俗云撼毡，是其缺点。角可入药，为犀角之代用品，作解热剂，滇医磨水用之，亦云能祛风强筋也。产滇西北高原，如维西、中甸、阿墩、贡山、上帕及祥云等处，多在拔海六千英呎以上，三五成群，啮食浅草，与西藏小羚羊殆同一属，但不常见。滇东部则惟昆明、宣威产之云。

——《新纂云南通志》卷五十八《物产考一·动物一·哺乳类》第 23 页

岩羊 《一统志》：禄劝州出，即山羊也。走悬崖善坠，土人逐之，其血补益。昔某刺史郎君病尪羸，死在旦夕，捕得牵至庭，环走令血行，乃刺血以口承创处，吸之其血腥易呕，以姜纳口吞而饱之，血行周身，病遂起。

——民国《禄劝县志》卷五《食货志·物产》第 11 页

羊 羊有绵羊、山羊二种，性合群，幼跪乳，顶二角，颔有须，体肥，四足八蹄，蹄后各有二小指。毛弹毡，皮为裘，肉、乳与牛同为滋养料。附绵羊，有无角须者。

——民国《楚雄县乡土志》卷下《格致·第二十九课》第 1359 页

猿　猴

白面猿。

——正德《云南志》卷七《广西府·土产》第 12 页

猴 班固《白虎通》"猴者，候也"，见人设食伏机，凭高四望，善于候者也。猴好拭面，如沐，故曰沐猴。《庄子》曰"朝三而暮四，众狙怒；朝四而暮三，众狙悦"，以其事同而性殊，故喜怒无常。测夫正性真心，是名常住，以只眼恒观，则逐逐营营，均等之朝四暮三之狙矣，其喜怒亦又乌可测哉！

猢狲 盖大者为猕猴，小者为猢狲。其声有嘛嘛嗝嗝之别，惟猿夜啼当空，山中闻之，生人离别之思。

——《鸡足山志》卷九《物产》第 348 页

黑猴皮 昭通有黑猴皮，毛长而稀，颇似猪皮，云是通臂猿也。以之作卧褥，于老人最宜。

——《滇南闻见录》卷下《物部·服属》第 43 页

猿与猴为一类,《范志》言猿不言猴。滇南有玉面猿,出于广西府。《范志》:独金丝、玉面难得。猿长臂善啸,而猴不能。各省俱多,不必滇也。至《博物志》称"猿玃每掠人妻以生子,送还其家,故蜀西边多姓杨",恐谤南人之言也。唐人之谤欧阳询,亦出于此。

——《滇海虞衡志》卷七《志兽》第 9 页

青猿　《临安府志》:石屏柞嘉山有青猿,每出见,州人即登第。

——道光《云南通志稿》卷六十九《食货志六之三·物产三·临安府》第 22 页

白面猿　章潢《图书编》:广西府出。

——道光《云南通志稿》卷七十《食货志六之四·物产·广西直隶州》第 47 页

猿　亦类人猿之一类。智识稍逊于猩猩,最大者体长三尺,长臂善啸,结群生活,产亚洲东南部,即动物分布上所云之东洋区。滇西南部即属此区,故种类特多,最著者为玉面猿。志载出广西,即今泸西县。据该县《物产报告》谓玉面猿即白面猿,为邑特产,今已灭种。又《滇海虞衡志》谓"猿与猴为一类,《范志》言援不言猴,独金丝、玉面难得"云云。默斋此《志》,盖根据范氏《桂海虞衡志》所云"猿有三种,金丝者黄,玉面者黑,纯黑者面亦黑,金丝、玉面皆难得"之语也。实则古时谈猿,每与猴混为一类,故猿猴并称,漫无分别。今玉面猿已成稀产,金丝猴保山尚产之,是否为金丝猿,尚待调查。宣威东北区着期槽子产者,长臂无尾。澜沧、金沙两江岸产者,成群善啸。缅宁沿江一带所产,有巨如人者。鹤庆所产,则有花面猿。思茅、墨江、文山、马关、镇雄、永善、曲溪、华宁、富州、佛海、芒遮板、镇南、姚安、祥云、弥渡、凤仪、云龙、永北、华坪、剑川、云县、景东等处,据报亦产猿类,但均未详其性状,或者亦如默斋所《志》,认猴为猿,亦未可知。

——《新纂云南通志》卷五十八《物产考一·动物一·哺乳类》第 2 页

猴　亦名猕猴,形似猿,有长尾,与猿非一类,为滇常产。今罗次、楚雄、盐兴、永北、丽江、鹤庆、漾濞、永平、保山、镇康、腾冲、景东、梁河、临江、文山、马关、泸西、新平、车里、佛海、武定、寻甸、平彝、巧家、盐津、阿墩、麻栗坡等处山林峡岸间,尤盛产之。颊嗛脾胝,均极发达,此即与猿不同处。严格论之,滇所云猿,泰半皆猕猴也,种类至多,大者如青猴,疑即保山、祥云、石屏产之青猴。其次马猴,背毛作青石板色,体高有至三四尺者。其次则腾冲产之黄猴、黑猴、白眉猴,麻栗坡之吊猴、黄猴,均属特产。小者如滇川边境之禺与猱,禺性机警易驯,猱亦禺属,多栖江河高岸,身长三尺以下,尾长尺余,其毛柔长如丝,可为垫藉,故旧时或以为猱座。《滇志》引宋祁《益部方物记》谓"猱,威茂等州,南诏夷多有之,大小正类猿,惟毛为异。朝制,内外省以上官乘马者,得以猱为藉,武官则内容省宣徽使乃得用之"。考宋与南诏,自挥玉斧划可渡河后,即断交通,当时茶马互市,亦仅取粤西静江军或四川天全一路。猱座名贵,殆由滇边入川,今猱产渐稀,为藉者即在滇亦殊不多见云。

——《新纂云南通志》卷五十八《物产考一·动物一·哺乳类》第 3 页

猫猿　属拟猴类。体长二尺许,面部被毛,胴及肢间有飞膜,藉以飞跃。如猫猿之别种,名飞狐猿。拇指趾与他四指趾相对能曲,颇适握物。栖树上,属夜性,捕食昆虫、鸟卵、亦食木叶。产东半球热带内,我滇南部热地同属东洋区,文山、马关、蒙自、新平、建水、梁河均猫猿之名产地。此兽不时由迤南土人携至省垣,其后肢第二趾之钩爪特别使人注目,不过《滇志》未经著录,或著录者系别名，抑地方土名，遂使此著名之滇产，返为现世所忽略耳。考英人李慨德所著《动物自然史》内载"云南与安南、缅甸接壤处，有猿一种，名洛尔土，又名畏羞猫。昼匿深林，形体钝笨，前爪拇指距四指甚远，次指极短，后肢较前肢稍长，尾部缺如，眼似猫类，能不恃光，开敛自如，毛色不一，灰者居多，眼眶有黑毛一环，鼻白耳黄，嗜食树实、叶芽及虫鸟卵等。攫物时能立，怒鸣悲壮，中夜始出，睡时束抱树巅而藏其首于臂际"等语，证以文山诸处所产，知为一种之猫猿无疑。《滇志》中历引风狸、风母、风兽、风力兽，及蒙自、新平两县之《物产报告》所纪风猴、封猴等旧时土名，综合观之，加以互证，亦疑即猫猿之古今名，兹条举如下。

风狸 生南中。眉长好羞，见人则低头，溺可治风。《酉阳杂俎》。风狸状似黄猿，食蜘蛛，昼则拳曲如猬，遇风则飞行空中。其溺及乳汁，主治大风，极奇效。《桂海虞衡志》

风母 如猿猴而小。昼日蜷伏不能动，夜则腾跃甚疾。好食蜘蛛、蚊、虻，打杀以口，向风复活，惟破脑不复生矣。《岭海异物志》。风母一名风狸，生邕州以南。似兔而短，栖息高树上，候风吹至他树，食果子，其屎如乳甚难得，人取养之乃可得。《本草纲目》

风兽 临安有风兽，似猢狲，色黄肉翅，伏树上，不饮不食，但向风吸气耳。《札樸》

综上各条观之，古今名称，不无小异，标举特性，大致相同。所云遇风飞行，向风复活，候风吹至他树，及向风吸气等语，殆缘此兽，昼伏树间，夜深觅食，人不及觉，以为餐风，遂赋以风母、风兽等异名耳。好羞蜷曲，亦即"洛尔土"字义。源出印度，训怯笨也。似猢猴而肉翅，或即此类中之飞狐猿。至于治风，疑附会之词。封猴即风猴，同音之误。我滇南方与两粤均属东洋区，同为此兽之名产地，故旧《志》所引，与各县所报告，其大略类似若此。

——《新纂云南通志》卷五十八《物产考一·动物一·哺乳类》第 4 页

猴 性灵似人，能坐立，居山洞，遍体毛色青黄，唯脸股四掌无毛，喉右有食囊，手足矫捷，觅食成群。

——民国《楚雄县乡土志》卷下《格致·第三十七课》第 1362 页

（光绪）二十九年五月，余由蛮耗水路下河口，有大小炮船十数只。初，日开行不过百里，傍晚停泊，坐船上击鼓吹号，遥见对河树上猕猴，从树枝上纷纷下坠，啼声四起，千百成群，互相牵挽，抵江边倾听，大者高三四尺，小者或不满尺，亦奇观也。及闻炮声，始惊窜，土人云："群猿逐日下饮于江，亦牵挽，次第轮饮，饮毕上山亦然。"明日，余傍岸行数十里，忽见一物浮水上岸，黄秉钧亟上逐之，竟捕获，身长二尺余，腹背有鳞，尾长尺许，嘴如鸭，有四足，高三寸许，广人呼曰"灵虫"，烹而食之，味最鲜美。

——《幻影谈》卷下《杂记》第 135 页

獐

獐 麝出于脐，但雄者乃有之。《运斗枢》谓枢星散为獐鹿，【释名】谓獐喜文章。夫獐何以喜文章？殊为不解。段文昌《食经》四足之美有麕，即大獐也。梵书谓麝香为莫诃婆伽。

——《鸡足山志》卷九《物产》第 348 页

麝 章潢《图书编》：武定军民府出。

——道光《云南通志稿》卷七十《食货志六之四·物产·武定直隶州》第 52 页

麛　亦鹿类，旧称为麞，又称为麇，滇俗呼为獐或獐子。按：麛、麇双声，例可通假，故此类旧多混称。山泽间有之，比鹿为小，无角，毛褐色，有花面者，亦云花面麛，如嵩明产。孤栖，夜性。皮革柔软，与麖皮同，著名产地如富民、罗次、呈贡、江川、玉溪、峨山、曲溪、华宁、石屏、建水、蒙自、麻栗坡、文山、马关、云县、缅宁、景谷、临江、镇沅、元江、泸水、墨江、五福、富州、宜良、曲靖、罗平、宣威、嵩明、寻甸、会泽、鲁甸、巧家、大关、永善、禄丰、广通、镇南、楚雄、双柏、大姚、盐兴、蒙化、祥云、弥渡、宾川、邓川、云龙、永北、华坪、兰坪、丽江、鹤庆、漾濞、永平、保山、镇康、腾冲等。嵩明之花面麛，有香，且较香麛尤美，可为其地之特产云。

——《新纂云南通志》卷五十八《物产考一·动物一·哺乳类》第 28 页

花脸獐　以脸有花纹，故名。有香，较寻常香獐味尤美。

——民国《嵩明县志》卷十六《物产·各种特产》第 243 页

獐　獐形似犬而略大，毛粗硬，暗白色，牡肾口旁有小囊，即麝香也。牝则无之。毛可作马背褥。

——民国《楚雄县乡土志》卷下《格致·第三十八课》第 1362 页

猪

豭猪肉　味酸冷。疗狂病，补肾气虚弱。头，发风散气，同五味煮食补虚。蹄，能下乳、通血。脂，味甘，腊月炼净收用，治痈疽，破冷结，散宿血，利肠胃。血，治痘疮靥。心，补血不足，治中风不语。肝，治小儿惊风。反乌梅、大黄等。

——《滇南草本》卷一下《禽畜类》第 20 页

野猪　其形类家猪，不畏虎豹，境内山谷间多有之。[①]

——景泰《云南图经志书》卷六《腾冲军民指挥使司·土产》第 12 页

窝泥有和泥、干泥、哈泥、路弼等名，黑白两种，风俗略同。……善养猪，其猪小耳短身，长不过三十斤，肉肥腻，名窝泥猪。

——《增订南诏野史》卷下第 28 页

豪猪　《唐新书》称蒿猪者，谓之貆貐。郭璞谓吴楚呼为鸾猪，其鬐鬣林刺，细大不一。刺首尾白色，中端间黑，其光如漆，用能激射人。陕、洛、江东谓之豪箭。演禽之璧水貐，此类是也。

野猪　如家猪，其毛色亦类猪，又别有金黄毛色者。能掠松脂曳沙泥涂身以御矢，能结槎枒苇菁以象宫室，阴以防雨，景以蔽日。其知识略通于人。大至数百斤，则牙径尺，露于唇外。《易》豮豕之牙象，有然矣。

——《鸡足山志》卷九《物产》第 346 页

琵琶猪　取猪重百余斤者，去足，刳肠胃，剔诸骨，大石压之薄，腻若明珀，形类琵琶，因名琵琶猪。丽江女子挟以贸，远望若浔阳商妇也。

——《滇南新语》第 6 页

鹤庆腿　猪肉颇不恶，远胜于北方。鹤庆州腌腿佳者，味甜而鲜，与浙中金华腿相似。盐井上有盐腿，浸于卤水中，不甚咸，亦佳。

---

① 此条，正德《云南志》卷十三《腾冲军民指挥使司·土产》第 15 页同。

琵琶猪 丽江有琵琶猪，将整猪去其头足大骨，四足折叠于腹内腌之，压令扁如琵琶。其色甚异，其名甚奇。煮而食之，颇似杭州之加香肉，味淡，盐贵故也。

——《滇南闻见录》卷下第《物部·肉属》33 页

永昌、顺宁多豪猪，能发豪射人，或取其豪代箸，遇毒辄作声。滇俗惯下毒，惟此物能距之。

——《札樸》卷十《滇游续笔·豪猪》第 17 页

仓颉制字，必畜豕而成家；周公著经，次豕于麋、鹿、麕、狼、兔之后。不以畜名之者，盖兼野豕而为言也。夫执于牢牵之家矣，而五豵、五豝，私豵献豜，非狩之于野乎。蛮俗养豕至多，未有囚而豢于室者，故其产益蕃。豯、豟、幺幼、奏猭无论矣，巨者乃数百斤，割即腊之为琵琶形，曰琵琶猪。蛮女争负而贸于客，此丽江之俗也。而其他自夷地赶把猪以市于大城及各街子者，尤不可纪极，而皆出自野牧，故知家牵不及野牧之蕃。汉儒传经，多因牧豕以集生徒，此《尔雅》所以列豕于《释兽》之中，公盖有深意矣。

野猪 田豕也，一名懒妇猪。如山猪而小，喜食禾。田夫以机轴织纴之器挂田旁，则不近。蜡祭迎虎，为食田豕也。

山猪 豪猪也。其豪如箭，能振拨以射人。二三百为群，以害禾稼，山民苦之。[1]

——《滇海虞衡志》卷七《志兽》第 7 页

檀萃《滇海虞衡志》：……一曰西藏积雪之中尚产猪，谓之雪猪，性极热。

——道光《云南通志稿》卷六十九《食货志六之三·物产三·大理府》第 18 页

琵琶猪 旧《云南通志》：出丽江。

——道光《云南通志稿》卷六十九《食货志六之三·物产三·丽江府》第 48 页

窝泥猪 《他郎厅志》：肉嫩味香。

——道光《云南通志稿》卷七十《食货志六之四·物产四·普洱府》第 7 页

《宁洱县采访》：白窝泥……土产花猪，家家多畜养之。

——道光《云南通志稿》卷一八三《种人》第 38 页

豪猪 属龋齿类，一名山猪。毛长而粗，刚硬如棘，故宁洱、景谷等处，亦称刺猪。栖息山野间，往往百十成群，为害禾稼，山民苦之。罗次、嵩明、罗平、寻甸、平彝、宣威、武定、禄劝、会泽、巧家、鲁甸、大关、永善、盐津、彝良、华宁、曲溪、新平、马关、缅宁、思茅、富州、五福、梁河、临江、芒遮板、麻栗坡、干崖、镇南、广通、牟定、双柏、姚安、大姚、蒙化、凤仪、云龙、永北、鹤庆、漾濞、永平、腾冲等处均产。其刚硬棘毛，旧以为绾发髻之用。

——《新纂云南通志》卷五十八《物产考一·动物一·哺乳类》第 20 页

野猪 亦属有蹄类。栖山野丛林间，嗜食玉蜀黍等物，犬齿强大，突向上外方，此与家猪不同处，其皮可作马鞍。滇产处极多，如呈贡、晋宁、玉溪、峨山、曲溪、华宁、石屏、宜良、陆良、罗平、平彝、宣威、武定、寻甸、巧家、鲁甸、大关、镇雄、彝良、永善、盐津、富民、罗次、广通、镇南、牟定、姚安、大姚、双柏、蒙化、凤仪、宾川、华坪、兰坪、丽江、鹤庆、剑川、中甸、漾濞、永平、保山、腾冲、景谷、云县、缅宁、元江、景东、宁洱、墨江、猛丁、车里、梁河、临江、泸水、江城、

---

[1] "野猪、山猪"二条，道光《云南通志稿》卷六十八《食货志六之二·物产二·通省》第 27 页引同。

芒遮板、麻栗坡等处均产之，颇害农作。《滇海虞衡志》谓"野猪，田豕也，一名懒妇猪，如山猪而小，喜食田禾。田夫以机轴织纺之器挂田旁，则不近。蜡祭迎虎，为其食田豕也"等语。按：田夫挂机，本附会懒妇之义而起，传说荒谬，不足为信。惟蜡祭迎虎，则自古即有此祭典，但今亦不闻举行，礼失而求诸野矣。野猪本为虎特嗜物，野猪出现之地，多为虎出没之地，故往往以野猪之产地，为虎类分布之考索云。

———《新纂云南通志》卷五十八《物产考一·动物一·哺乳类》第 28 页

猪 野猪自昔经人驯养，犬齿退化，而成今日之家畜，滇中到处养之。异名甚多，如墨江产之窝泥猪、马关产之阿泥猪，大致即一类。此外如蒙自产之落松猪，马关产之苦猪、花猪，丽江产之琵琶猪，亦或以形色、习性、产地之不同，致名称因以各异。食用除宰屠者外，多醃藏为火腿，以宣威、鹤庆者最著名。宣腿且有罐头制品，畅销省内外云。宣威、马龙、寻甸之猪毛，则专有外商组织公司从事收买，装箱运出，为毛织品之原料云。又十年前之调查，本省产猪有一百四十八万三千余头，其数已与直隶、吉林、山东等省相埒。近年出产，必不止如上所举之数。肉与脂肪，价值年年腾高，养猪亦有希望之事业也。

———《新纂云南通志》卷五十八《物产考一·动物一·哺乳类》第 29 页

豕 豕性蠢，体肥皮厚，毛少，四足八蹄，另有小指二，鼻短能掘地，肉滋嫩，与犬肉皆食料不可少。

———民国《楚雄县乡土志》卷下《格致·第三十课》第 1360 页

竹鼠

竹鼦 大如兔，至肥可食。

———景泰《云南图经志书》卷六《干崖宣抚司》第 18 页

竹鼠 即竹鼦。

———正德《云南志》卷十二《北胜州·土产》第 3 页

竹鼦 《一统志》：大如兔而肥，出腾越州，又出干崖司。杜诗所谓"笋根稚子"也。

———道光《云南通志稿》卷七十《食货志六之四·物产四·永昌府》第 31 页

竹鼠 属啮齿类，一名竹鼦，或简称竹鼦。永善则名竹牛。鼠形利牙，善穴竹林，嗜食嫩枝叶及笋部。肉肥美可食，齿可刻竹，皮亦可为袖，以御冬寒。罗次、嵩明、罗平、峨山、石屏、华宁、蒙自、新平、缅宁、云县、宁洱、文山、马关、富州、双柏、镇南、广通、姚安、凤仪、云龙、鹤庆产者名竹鼠，会泽、大关、宣威、墨江、大姚、蒙化、永平、保山、腾冲、干崖、芒遮板等处产者名竹鼦。

———《新纂云南通志》卷五十八《物产考一·动物一·哺乳类》第 20 页

二、禽之属

　　滇王者，庄蹻之后也。元封二年，武帝平之，以其地为益州郡，割牂柯、越嶲各数县配之。后数年，复并昆明地，皆以属之此郡。有池，周回二百余里，水源深广，而末更浅狭，有似倒流，故谓之滇池。河土平敞，多出鹦鹉、孔雀，有盐池田渔之饶，金银畜产之富。人俗豪忲。居官者皆富及累世。

——《后汉书》卷八十六《南蛮西南夷列传》第 2846 页

　　雄惠湖，在东川府会理州赊罗弥聚山。深不可测，中有二禽，一红一绿。湖傍林木茂蔚，每木落泉中，禽辄衔去，土人谓其中有灵物。

——《永乐大典方志辑佚》第五册《云南志》第 3225 页

　　孔雀、鹦鹉。

——正德《云南志》卷十一《元江军民府·土产》第 15 页

鹦鹉、珊瑚鸟　各甸山中多产之。

——正德《云南志》卷十二《新化州·土产》第 8 页

　　孔雀、鹦鹉、鹧鸪、竹鼺。

——正德《云南志》卷十三《腾冲军民指挥使司·土产》第 15 页

禽属　雉、鹊、鹳、鸥，俱野。鸡、鹅、鸭，家畜。鸠、水鴬[1]。一年止出秋季。

——嘉靖《寻甸府志》卷上《食货》第 32 页

禽之属　五十九：鹤、天鹅、雉、鸡鹃、戴胜、黄鹂、画眉、练雀、雕、鸠、鹰、燕、翡翠、醉油郎、采花心、山和尚、鹧鸪、鹦鹉、百夷鸡、松鸡、竹鸡、锦鸡、孔雀、鸽、水鸡、旱鸡、白鹭、鸳、鹡鸰、青鸪、红筋紫背、鸬鹚、长尾、白麻鹊、鹳、冬至、鹧鸪、青胆、山呼、有宋苏轼《得南中山呼》诗："终日锁筠笼，回头惜翠茸。谁知声嘈嘈，亦是意重重。夜宿烟生浦，朝鸣日上峰。故巢何处是，鹰隼岂能容。"鹌鹑。串雀、红雀、黑鹊、章鸡、柳青、玉顶、水葫芦、鹊、鸦。常产者不书。

——嘉靖《大理府志》卷二《地理志·物产》第 75 页

禽之品　雉、鹊、莺、鹳、鹰、燕、鸥、鸠、竹鸡、鹭鸶、画眉、鹧鸪、布谷、鹁鸽、白鹇、鹥鹕、杜鹃、百舌、啄木、水鸭、鹌鹑、翡翠、水鹈、铁翅、鹡鸰、孔雀。为巢深草中，或依木，羽毛其文彩。天气晴暖，舒翼向阳，崖谷生辉，宛然一堆锦绣。但性最毒，常与恶蛇交。夷人取其卵于鸡窝中伏之，可家畜，食谷，但不甚文。

——隆庆《楚雄府志》卷二《食货志·物产》第 36 页

---

　　[1] 水鴬　康熙《通海县志》、康熙《续修浪穹县志》、乾隆《石屏州志》、乾隆《广西府志》、道光《大姚县志》、民国《景东县志》皆同，乾隆《永北府志》、《新纂云南通志》、民国《大理县志稿》作"水札鸟"，乾隆《霑益州志》作"水鴬"。《太平御览》引《南夷志》曰"水扎鸟出昆明池，冬月遍于水际"，道光《云南通志稿》卷六十九《食货志六之三·物产三·大理府》引《蛮书》曰"冬月，鱼、雁、鸭、蚌、雉、水扎鸟遍于野中水际"，疑水鴬即水扎鸟，存疑。

禽之属 三十一：慈乌、鸦、鸳鸯、鹡鸰、鹰、黄雀、燕、鹧鸪、鹭鸶、鸥、喜鹊、鹁鸽、野鸭、斑鸠、莺、鹌鹑、白头公、鹳、啄木、野鸡、百舌、青鹳、画眉、拖白练、水老鸦、翡翠、鹦鹉、秧鸡、叫天、秋鹗、鱼鹰。

——万历《云南通志》卷二《地理志·物产·云南府》第 13 页

禽之属 五十三：鸠、鹰、鸦、鹊、燕、翡翠、鹧鸪、鹦鹉、松鸡、竹鸡、锦鸡、孔雀、黄鹂、画眉、练雀、鹁鸽、水鸡、旱鸡、白鹭、鸳鸯、鹡鸰、青鹳、老鹳、冬至、鹧鸪、青胆、山呼、紫背、鸬鹚、长尾、鹌鹑、串雀、红雀、黑鹊、阳雀、蜡嘴、鹳鸡、柳青、玉顶、红顶、醉油郎、采花心、山和尚、百夷鸡、白头公、黑头公、胭脂红、毛虫鹰、水葫芦、白麻雀、胡文虫、五色叫天。

——万历《云南通志》卷二《地理志·物产·大理府》第 33 页

禽之属 三十七：鸡、鹅、鸭、鹳、鸽、鹤、鸠、鹄、鹳、鹧鸪、燕、画眉、莺、布谷、啄木冠、鹊、鹭、雉、白鹇、鹧鸪、水獭、鹌鹑、百舌、黄雀、子规、鸦、孔雀、黄鸭、黄鹂、鸥、竹鸡、鸽、枕中鸡、翡翠、白头公、青庄、凫。

——万历《云南通志》卷二《地理志·物产·临安府》第 55 页

禽之属 三十一：莺、鹰、鹊、雀、雁、燕、雉、鸠、雕、鸦、鹭鸶、鸳鸯、鹧鸪、子规、山呼、黄鹂、鹦鹉、翡翠、布谷、白鸽、鹡鸰、画眉、孔雀、锦鸡、黄鸭、斗鸡、伯夷鸡、拖白莲、白头翁、山和尚、乌骨鸡。

——万历《云南通志》卷二《地理志·物产·永昌军民府》第 68 页

禽之属 二十三：雉、鹊、莺、鹳、鹰、燕、鸥鸠、画眉、鹭鸶、鹧鸪、布谷、鹁、鸽、白鹇、杜鹃、百舌、啄木、水鸭、鹌鹑、翡翠、水鹈、鹡鸰、孔雀。

——万历《云南通志》卷三《地理志·物产·楚雄府》第 8 页

禽之属 十一：雉、鹤、鸦、莺、鹰、鹊、雁、鹭鸶、鹧鸪、白鹇、画眉。

——万历《云南通志》卷三《地理志·物产·曲靖军民府》第 15 页

禽之属 三十：鹄、鹳、鹡、鹰、鸥、雉、鹭、凫、燕、雀、鸠、鸦、鸽、布谷、鸳鸯、杜鹃、鹧鸪、鹌鹑、竹鸡、黄鸭、野鸭、黄鹂、翡翠、画眉、鹡鸰、灵歌、鹦鹉、百舌、青鹳、啄木冠。

——万历《云南通志》卷三《地理志·物产·澂江府》第 22 页

禽之属 二十一：鸡、鹅、鸭、鸽、雉、鸠、秧鸡、松鸡、水鸡、鹡鸰、鹰、鸦、鹊、鹧鸪、鹦鹉、鹳、鹭、鸳、鸬鹚、鸂鶒、青鹳。

——万历《云南通志》卷三《地理志·物产·蒙化府》第 28 页

禽之属 三十三：鹳、鹰、鸥、鸦鹊、布谷、黄雀、鸳鸯、野鸭、白头翁、白鹇、紫贝、冬至、翡翠、练雀、秋鹗、鹭鸶、黑鹊、斑鸠、青鸩、鸦、鸽、野鸡、画眉、鹧鸪、鹌鹑、鸂鶒、水鸡、叫天、鹦鹉、松鸡、子规、啄木冠、鹡鸰。

——万历《云南通志》卷三《地理志·物产·鹤庆军民府》第 36 页

禽之属 二十六：燕、莺、鹊、鸦、鸽、鸠、鹗、鹳、鹰、雉、鹤、鹌鹑、锦鸡、黄鸭、白鹭、白鹇、画眉、翡翠、子规、鹧鸪、黄鹂、鹦鹉、麻雀、拖白练、黑头翁、蜡嘴。

——万历《云南通志》卷三《地理志·物产·姚安军民府》第 46 页

禽之属 九：雉、鹊、鹳、鹬、野鸭、秧鸡、鸠、鸦、水鹅。

——万历《云南通志》卷四《地理志·物产·寻甸府》第 3 页

禽之属 十八：雉、鹤、鹊、鸦、雀、杜鹃、鹧鸪、布谷、野鸡、白鹇、黄鹂、白鹭、鹦鹉、鹞鹰、画眉、鹡鸰、啄木、班鸠。

——万历《云南通志》卷四《地理志·物产·武定军民府》第 8 页

禽之属 十二：孔雀、山呼、野鸡、鹧鸪、秧鸡、锦鸡、雉鸡、鸠、鸦、鹊、鹦鹉、白鹇。

——万历《云南通志》卷四《地理志·物产·景东府》第 11 页

鸟之属 二：孔雀、鹦鹉。

——万历《云南通志》卷四《地理志·物产·元江军民府》第 14 页

禽之属 五：鹤、鹰、雉、雁、鹗。

——万历《云南通志》卷四《地理志·物产·丽江军民府》第 18 页

禽之属 三十七：鹤、雉、戴胜、鸠、黄鹦、画眉、练雀、翡翠、鹰、燕、鹏、鹦鹉、百夷鸡、松鸡、孔雀、水鸡、鹭、鸳、鹡鸰、青鹦、紫背、鸬兹、麻雀、鹊、鹳、鹧鸪、山呼、鹌鹑、白头公、黑头公、鹗、鷃、鹃、阳雀、布谷、泽雉、鸭。

——万历《云南通志》卷四《地理志·物产·顺宁州》第 24 页

禽之属 五：孔雀、白鹇、山呼、矮脚鸡、鹧鸪。

——万历《云南通志》卷四《地理志·物产·镇沅府》第 29 页

禽之属 十九：鹤、雉、鹳、莺、鹦鹉、白鹭、鹌鹑、鹧鸪、画眉、鸳鸯、锦鸡、山呼、野鸭、松鸡、燕、鹊、蜡嘴、啄木冠、酸爪鸡。

——万历《云南通志》卷四《地理志·物产·北胜州》第 33 页

禽之属 八：孔雀、鹦鹉、山呼、山八哥、鹌鹑、野鸡、拖白练、白鹇。

——万历《云南通志》卷四《地理志·物产·新化州》第 35 页

禽之属 三：孔雀、鹦鹉、山呼。

——万历《云南通志》卷四《地理志·物产·者乐甸长官司》第 37 页

禽 有鹊、鹰、翡翠、鸳鸯、鹡鸰、黄雀、燕、鸦、鹧鸪、鹭、鸽、凫、鸠、莺、鹌鹑、仓庚、黑头公、鹳、戴胜、雉鸡、百舌、鸿雁、画眉、练鹊、鹦鹉、鹧鸪、鹙鹗、鸬鹚、隼、鹬、鸴鸠、鹒鸰、野鸭、鸯鸡、水鸥。

——天启《滇志》卷三《地理志第一之三·物产·云南府》第 113 页

禽 曰鹧鸪、松鸡、锦鸡、竹鸡、孔雀、红嘴、水鸡、杨雀、蜡嘴、玉顶、柳青、鹩鸡、胭脂红、鹧鸪、水胡卢。

——天启《滇志》卷三《地理志第一之三·物产·大理府》第 114 页

禽 有鹩鸡、鸽、鹤、白鹇、黄鸭、竹鸡。

——天启《滇志》卷三《地理志第一之三·物产·临安府》第 115 页

禽中，为冬至，为鹧鸪，以十二红知其雄，十二黄知其雌。为铁翅，为斗鸡，为山和尚。

——天启《滇志》卷三《地理志第一之三·物产·永昌府》第 115 页

禽之属 如莺，如翡翠，如孔雀。

——天启《滇志》卷三《地理志第一之三·物产·楚雄府》第 116 页

鹤、鵊、鹦鹉、翡翠、鸳鸯、山呼、时鸡、大军茶回，皆鸟也。

——天启《滇志》卷三《地理志第一之三·物产·曲靖府》第 117 页

羽属 有鹤，有鹘、翡翠、黄鹂。

——天启《滇志》卷三《地理志第一之三·物产·澄江府》第 117 页

禽之松鸡、鹦鹉，兽之狸奴、竹䶄，鱼之沙沟，虫之蛤蚧、蚱蜢，……皆小异于西而大胜于东。

——天启《滇志》卷三《地理志第一之三·物产·蒙化府》第 117 页

禽 曰黄雀，曰紫贝，曰秋鹗，曰黑雀。

——天启《滇志》卷三《地理志第一之三·物产·鹤庆府》第 118 页

禽 有鹤，有锦鸡、黄鹂、白鹇、鹦鹉。

——天启《滇志》卷三《地理志第一之三·物产·姚安府》第 118 页

禽中，鹦鹉，清晨集灌木者千余。又有竹鸡、青鸡，猎者取焉。又有共命鸟，生穷山中，人罕得见。

——天启《滇志》卷三《地理志第一之三·物产·武定府》第 118 页

鸟兽类 有孔雀、松鸡。又长鸣鸡，声小而形昂，鸣声与凡鸡异，自更深至晓，鸣无时。玉面狸，亦罕见。矮脚狗，盖《竹书》所称"短狗，产里厥贡"，其此类乎！

——天启《滇志》卷三《地理志第一之三·物产·顺宁府》第 120 页

鹤、锦鸡，虽常有，亦共珍者。

——天启《滇志》卷三《地理志第一之三·物产·北胜州》第 120 页

羽属 鸡、鹅、鸭、鸽、雀、鹰、鸦、鸠、鹊、鹧鸪、燕、脊令、鹭、仓庚、子规、雉、鹌鹑、鹦鹉、鹳、画眉、隼、鹞、乌、鸜鹆、鸬鹚、鸥、凫、鸳鸯、鸬鹢。

——康熙《云南通志》卷十二《物产·通省》第 5 页

石燕 出响水。类燕，有文。雄大雌小，遇风雨则飞。能疗目疾。

——康熙《云南通志》卷十二《物产·曲靖府》第 6 页

鸡 出通海杞麓湖，鸡身鸭掌。上巳前来，重阳前去。

——康熙《云南通志》卷十二《物产·临安府》第 6 页

锦鸡、白鹇。

——康熙《云南通志》卷十二《物产·姚安府》第 9 页

孔雀、竹䶄。

——康熙《云南通志》卷十二《物产·景东府》第 10 页

羽属 鸡、鹅、鸭、鸽、雀、鹰、鸦、鸠、鹊、鹧鸪、燕、鹡鸰、鹭、仓庚、子规、雉、鹌鹑、鹰、鹳、画眉、隼、鹞、乌、鸜鹆、鸬鹚、鸥、凫、鸳鸯、鸬鹢、鹦鹉。

——康熙《云南府志》卷二《地理志八·物产》第 4 页

禽之属　莺、鸦、鸠、燕、鹭鸶、鹌鹑、画眉、黑头翁、十样锦。

——康熙《晋宁州志》卷一《物产》第 14 页

羽毛　鹊、布谷、鸠、雉、鸽、鹧鸪、豹、猿、獐、兔。

——康熙《富民县志·物产》第 27 页

羽之属　雉、鹰、雁、燕、鸡、鹅、鸭、野鸡、少。鸽、鹬、鸦、鹭、布谷、俗呼催工。点水雀、鸠、鹊、麻雀、水鸭、鹌鹑、黑头公、鹧鸪、秧鸡、鸬鹚、夜鹮子、啄木鸟、竹鸡、少。青头、鹧鸪、鸮。

——康熙《寻甸州志》卷三《土产》第 21 页

羽部　鸡、鸠、鹊、燕、鸦、布谷、雉、鹧鸪、子规。

——康熙《罗平州志》卷二《赋役志·物产》第 8 页

羽部　鸡、鸭、鹅、鸽、鸠、燕、鹧鸪、鹌鹑、布谷、黄鹂、鹭、土鸳鸯、画眉、鹑鸡、水凫、黄鸭、青鸲、水鹭、雉鸡、白头公。

——康熙《通海县志》卷四《赋役志·物产》第 19 页

羽之属　鸡、鹅、鸭、雉、鸽、鸠、鹬、燕、孔雀、箐鸡、鹧鸪、画眉、黄鹂、啄木、喜鹊、乌鸦、白鹇、老鹳、青鸲、鹭鹚、鹦鹉、子规、鹌鹑、脊令。

——康熙《新平县志》卷二《物产》第 59 页

禽类　雉、鹊、燕、鸥、鸠、竹鸡、鹭鸶、画眉、鹧鸪、鹁鸽、白鹇、漓鹅、杜鹃、百舌、啄木、水鸭、鹌鹑、铁翅、鹘鸧。

——康熙《楚雄府志》卷一《地理志·物产》第 35 页

羽之属　鸡、鹅、鸭、鸽、鸠、莺、鹬、燕、雉鸡、鹧鸪、画眉、黄鹂、布谷、啄木、白鹇、鹦鹉、锦鸡、翠鹊、鹧鸪、子规、鹌鹑、竹鸡、黄鹄、黑头公、拖白莲。

——康熙《武定府志》卷二《物产》第 63 页

禽类　雉、鹊、燕、鸥、鸠、竹鸡、画眉、鹧鸪、白鹇、白舌、啄木、鹌鹑、铁翅。

——康熙《南安州志》卷一《地理志·物产》第 13 页

羽属　莺、燕、鸠、鹭、布谷、鹧鸪、雉鸡。

——康熙《罗次县志》卷二《物产》第 17 页

禽属　为雉，为鹊，为鸦，为燕，为鸥，为鸠，为鸽，为竹鸡，为鹭鸶，为画眉，为杜鹃，为鹧鸪，为百舌、啄木，为鹘鸧，为麻雀，为鹦哥，为白鹇，为箐鸡。

——康熙《广通县志》卷一《地理志·物产》第 19 页

羽之属　鸡、鹅、鸭、鸽、鸠、鹰、鹬、燕、箐鸡、雉鸡、鹧鸪、画眉、黄鹂、布谷、啄木、白鹊、麻雀、竹鸡、黄鹄、鹦鹉、翠鹊、子规、鹌鹑、黑头公、拖白连。

——康熙《元谋县志》卷二《物产》第 38 页

禽类　雉、鹊、燕、鸥、鸠、竹鸡、鹭鸶、画眉、鹧鸪、白鹇、子规、水鸭、铁翅、啄木。

——康熙《镇南州志》卷一《地理志·物产》第 15 页

羽之属　燕、鹊、鸦、鸽、鸠、鸮、鹳、鹰、雉、箐鸡、鹌鹑、黄鸭、白鹭、白鹇、画眉、翡翠、子规、鹧鸪、麻雀、拖白练、黑头公、蜡嘴。

——康熙《姚州志》卷二《物产》第 14 页

禽 鸡、鹅、鸭、鸽、鹧鸪、一名布谷。喜鹊、燕、胡燕、雀、乌鸦、莺、鹰、隼、鹞、慈鸦、鸜鹆、俗名八哥。鸠、铁翎哥、即伯劳。鹡鸰、鹌鹑、翡翠、黑头公、杜鹃、子规也。啄木、雉、鹦哥、鹦鹉、拖白练、白鹇、泥滑滑、凫、锦鸡。

——康熙《蒙化府志》卷一《地理志•物产》第 41 页

鸟类 野鸡、黄鹂、布谷、鹭鸶、慈乌、野鸭、水鸬、喜雀、梁燕、湖燕、水葫芦。

——康熙《续修浪穹县志》卷一《舆地志•物产》第 23 页

羽属 鹰、野鸡、白鹭、青鹇、凫鸭、家鸡、鹅、鸭、鸠、鸽、燕、画眉、乌鸦、喜鹊、鹌鹑、慈乌、水葫芦、麻鹊、啄木冠、鸜鹆、鹧鸪、水老鸦、鹗子、鸳鸯、鹤、毛□、鹰。

——康熙《剑川州志》卷十六《物产》第 59 页

羽属 鸡、有四种：曰糠鸡；曰斗鸡，足高而善斗；曰百彝鸡，足矮而善鸣；曰乌骨鸡。鸭、鹅、鹁鸽、鹰、鹳、鹊、雀、燕、雉、鸠、雕、鸦、鹭鸶、鸳鸯、鹧鸪、鹌鹑、子规、山呼、黄鹂、白鹇、拖白练、白头、鱼翠、伯鸽、布谷、啄木、鹡鸰、画眉、鹦鹉、孔雀、山和尚、锦鸡、秧鸡、黄鸭、野鸭、鸜鹆。

——康熙《永昌府志》卷十《物产》第 4 页

禽 鸡、鹅、鸭、莺、黄雀、乌、鹰、鹞、慈鸦、鸠、雉、隼、鸽、鹦鹆、鹦鹉、鹦哥、白鹇、杜鹃、喜鹊、啄木、鹧鸪、紫燕、沙燕、伯劳。

——康熙《顺宁府志》卷一《地理志•物产》第 31 页

禽属 鸽、鸦、鸠、鹊、燕、雉、鹭、鸥、子规、仓庚。

——雍正《安宁州志》卷十一《盐法附物产》第 48 页

羽之属 鹅、鸭、鸡、鹊、燕、布谷、鸽、子规、画眉、啄木、秧鸡、黑头公、绿翠、乌、雉、鹜、雁、鸠、鹰、雀、鹡鸰、鹦鹉、鹌鹑、鶺鸰、青鹇、八哥、阳雀。

——雍正《马龙州志》卷三《地理•物产》第 23 页

禽 鸡、鹅、鸭、鸽、鸠、鹳、鹧鸪、画眉、布谷、燕、莺、鹊、鹭、雉、白鹇、鹌鹑、鸦、鸥、孔雀、百舌、子规、黄雀、啄木冠、黄鸭、黄鹂、竹鸡、练雀、白头翁、青鹇、鸬鹚、鹦鹉、瓦雀、箐鸡、锦鸡、鸜鹆、鸰、凫。

——雍正《建水州志》卷二《物产》第 9 页

大鸟 崇正间，有大鸟降漾田，头似鸥鹆，足高四尺，翼长倍之。万氏子普福远捕养，日饲肉数斤，后莫知所适，人以为万氏沙普乱征。

——雍正《阿迷州志》卷二十三《杂异》第 269 页

羽属 鸡、鸭、鹅、野鸡、鹧鸪、喜鹊、乌鸦、鸠、子规、鸽、燕。

——雍正《宾川州志》卷十一《物产》第 3 页

羽之属 十三[①]：孔雀、天鹅、野鸡、黄鹂、鹰、燕、绿斑鸠、锦鸡、竹鸡、鹡鸰、麻雀、鸽子、

---

① 十三　按下文所列，有十四种。

白鹇、鹦哥。

——雍正《云龙州志》卷七《物产》第 5 页

羽属 鸡、鹅、鸭、喜鹊、鸦、鹭鸶、布谷、鹧鸪、画眉、鸠、鹌鹑、锦鸡、雁、瓦雀、燕、金翅、蜡嘴、鹦鹉、鹳鸲、秧鸡、鹞、黄鹂、啄木冠、黑头公、拖白练、巧妇、天白了。

——乾隆《宜良县志》卷一《土产》第 29 页

禽之属家畜不载 鹦鹉、拖白莲、慈乌、鸠、野鸡、啄木冠、鸦、布谷、竹鸡、画眉、杜鹃、鹧鸪、鸽、黑头公、秧鸡、水鴶、鹭鸶、青鹪、野鸭、喜鹊、鹌鹑、黄雀、瓦雀、燕、雁、鹳。

——乾隆《广西府志》卷二十《物产》第 5 页

羽之属 黑头公、拖白练、画眉、鸡、鸭、鹞、雀、鹳、鹭、鹅、鹊、鹳鸲、子规、一名杜鹃。鹌鹑、山鸡、鸠、水鴶、鸥、苍庚、鹞、鹦鹉、雉、凫、俗名野鸭。鸽、鸦、燕、鹌鹑、鸳鸯、秧鸡、八哥、啄木冠。

——乾隆《霑益州志》卷三《物产》第 23 页

禽 鸡、鹅、鸭、鸽、鸠、鹳、鹰、雉、莺、鹊、鸦、鸥、鹭、凫、燕、鹦鹉、布谷、鹧鸪、鹭鹚、鹌鹑、白鹇、百舌、鹊鸲、练雀、子规、黄雀、竹鸡、啄木冠、白头翁。

——乾隆《陆凉州志》卷二《风俗物产附》第 29 页

禽类 鹤、锦鸡、山鸡、雉、鹭、鹦鹉、鸳鸯、鹊、鹰、鹞、鸠、鸲鸲、鹧鸪、鸦、鹳、布谷、鸡、鹅、凫、野鸭、秧鸡、子规、鸰鴀、瓦雀。

——乾隆《东川府志》卷十八《物产》第 4 页

羽属 鸡、鹅、鸭、孔雀、白鹇、山呼、鸦、鹊、布谷、鹧鸪、燕、鹊鸲、雉鸡、鹭鸶、仓庚、子规、鹌鹑、隼、画眉、鹞、黄鹂、啄木、黑头公、青鹪、鸿雁、百舌、翡翠、秧鸡、八歌、晹鸟、水胡卢、鸽子、腊嘴、金翅、枭鸟、拖白练、红斑鸠、绿斑鸠、摆夷鸡、麻雀、竹鸡、鹳、鸰鹚。

——乾隆《开化府志》卷四《田赋·物产》第 33 页

羽之属 鸡、鹅、鸭、鸽、雀、鹰、鸦、布谷、鹧鸪、燕、鹊鸲、鹭、仓庚、即黄鹂。子规、雉、鹌鹑、画眉、隼、鹞、乌、鹳鸲、啄木、黑头公、青鹪、百舌、绿翠、秧鸡、雁、鸠、鹊。

——乾隆《新兴州志》卷五《赋役·物产》第 35 页

禽属 燕、莺、鹊、鸦、鸽、鸠、鹧鸪、拖白练、雉、黄鹂、鹪鸡。

——乾隆《续修河西县志》卷一《食货附土产》第 47 页

禽之属 有鸡、鸭、鹅、鸽、燕、雀、乌、慈、白颈、大嘴三种。鹊、鹰、鹞、锦、野、鸥鸮、一名鸺鹠，俗名恨鹊。雉、鸠、有草、珍珠二种。春庚鸟、俗名春喜喜。冬鸟、鹧鸪、鹌鹑、鹳鸲、画眉、白头翁、黑头翁、长尾郎、拖白练、杜鹃、鹊鸲、布谷、一名鸤鸠，一名戴胜。鹡鸰、一名巧妇。鴷、即啄木官。火雀、凫、一名水鸭，俗名野鸭。鸥、翡翠、鹭、鹳、一名青妆。水鴟、鸐鸐、信天翁。

——乾隆《黎县旧志》第 13 页

羽之属 鸡、鹅、鸭、鸽、鹰、鸦、鸠、燕、布谷、鹭、鹊鸲、杜鹃、鹧鸪、鹦鹉、鹌鹑、雁、画眉、青鹪、竹鸡、啄木、百舌、白头公、蜡嘴、秧鸡、雀、鹊、黑头公、拖白连。

——乾隆《弥勒州志》卷二十三《物产》第 53 页

羽部　鹰、燕、白鹇、画眉、鸡、鸭、鹅、鸽、鹞、鸠、鹳、鹊、鹘、鹧鸪、野鸡、黄鹂、布谷、雉、雁、拖白练、啄木、鹩哥、鹌鹑、白头公、子规、青鹠、鸦、鹠鸽、鸶鸟、秧鸡、山呼、竹鸡、松雀、催工、花花雀、鸧、汙沤、鹭丝、箐鸡、麻雀。

——乾隆《石屏州志》卷三《赋役志·物产》第 36 页

禽类　鹰、燕、鸦、鸽、鸠、雉、鸡、鹅、鸭、白鹭、绝少。白鹇、绝少。画眉、鹧鸪、鹦鹉、拖白练、绿斑鸠、杜鹃。

——乾隆《白盐井志》卷三《物产》第 36 页

禽类　瓦雀、喜鹊、乌鸦、画眉、八哥、鹦鹉、鹌鹑、鹧鸪、斑鸠、雉、鹁鸽、竹鸡、孔雀、白鹇、子规、啄木、鹞鹰、敲帮鸟、麻雀。

——乾隆《碍嘉志稿》卷一《物产》第 8 页

羽之属　鸡、鸭、鹅、斑鸠、乌鸦、鹊、燕、雀、枭、鹁鸽、鹌鹑、鹧鸪、仓庚、雉鸡、鹦鹉、八哥、白鹇、鹳、鹰、鹞、隼、鹁鸽、鸬鹚、鹭鸶、鸥、鹜、鸱、蝙蝠、秧鸡、竹鸡、啄木、枭、鸳鸯、鸡鹠、鸳斯、子规、鹟、雕、画眉、十样锦、巧妇、黑头公、天白了、拖白练、信天翁。

——乾隆《碍嘉志》卷二《赋役志·物产》第 232 页

羽之属　鸡、鸭、鸽、鸠、鹰、鹞、燕、雉、箐鸡、鹧鸪、画眉、布谷、啄木、白鹇、麻雀、竹鸡、黄鹊、鹦鹉、翠鹊、子规、鹌鹑、黑头公、拖白连。而畜则惟鹅最肥，居滇三载，不闻黄鹂，今春来元谋，始得闻之。至秋来，西溪有雁渚，惜不及待也。

——乾隆《华竹新编》卷二《疆里志·物产》第 229 页

羽属　鹰、野鸡、白鹭、青鹠、枭鸭、家鸡、鹅、鸭、鸠、鸽、燕、画眉、乌鸦、喜鹊、鹌鹑、慈乌、水葫芦、毛虫鹰、麻鹊、啄木鸟、渠鸽、鹧鸪、鱼鹰、鹗子、鸳鸯。

——乾隆《大理府志》卷二十二《物产》第 2 页

羽属　鸡、鹅、鸭、枭、雉、青鹠、鹭、燕、莺、鹰、鹊、雀、鸠、鸽、鸦、鹗、布谷、俗名催工。画眉、鹌鹑、鹧鸪、八哥。拖白练、鹧鸪、鸥鹗、啄木冠、翠、鹁鸽、鹡鸰、鹜、杜鹃。

——乾隆《赵州志》卷三《物产》第 59 页

羽属　鸡、鸭、鹅、鸽、鹰、雀、燕、鸠、鹊、鸦、鹭、鹧鸪、子规、山呼、大名鹧鸪，小谓山呼。黄鹂、白头鸟、翠鸟、有大如鹰者，取其皮可以点翠。布谷、鹁鸽、画眉、山和尚、锦鸡、野鸡、黄鸭、鹧鸪、鸿、鸥、枭、鸡鹠、鸬鹚、啄木冠、隼、鹞、巧妇。

——乾隆《腾越州志》卷三《山水·土产》第 28 页

羽属　鹰、野鹤、野鸡、白鹭、鹦鹉、枭鸭、家鸡、鹅、鸭、鸠、鸽、燕、画眉、乌鸦、喜鹊、鹌鹑、麻雀、啄木冠、鹧鸪、鹧鸪、水老鸭、鹗子、白鹇。

——乾隆《丽江府志略》卷下《物产》第 40 页

禽类　鹤、鹳、雉、鹰、鸠、黄鸭、鹌鹑、鹧鸪、画眉、鸳鸯、鸬鹚、麻雀、寒雀、绿翠、白鹭、锦鸡、布谷、鹧鸪、鹦鹉、蜡嘴、青庄、喜鹊、杜鹃、乌鸦、松鸡、白鹇、野鸭、水札、黄鹂、鹁鸽、秧鸡、野鸡、三瓜鸡、拖白连、燕、紫、黄二种。马卜六、水葫芦、水老鸦。

——乾隆《永北府志》卷十《物产》第 5 页

山鸟 仙鹤、锦鸡，翠羽之属，皆为所产，其余山鸟难名，不胜悉数。每当山行，钩辀格磔之声，未尝绝于耳也。

——《滇南闻见录》卷下《物部·禽属》第 45 页

禽类 鹊、燕、鸠、鸦、雉、凫、鹰、鹧、鹳、鸡、鸭、画眉、鹌鹑、鹦鹉、鸬鹚。俗名水老鸦。

——嘉庆《永善县志略》上卷《物产》第 563 页

羽毛之属 其有资于人者，如马、牛、驴、骡、犬、豕、羊、鸡、鹅、鸭，而豺、狼、虎、豹、猿、狐、鹿、麂、獐、兔、熊、獭、黄鹂、紫燕、白练、仓庚、鸥、凫、鹡鸰、鸿雁、鹰、鹧、乌鹊、鸽、鹑、文雉、布谷、画眉、巧妇、翡翠、鸳鸯、鹧鸪、鹦鹉、黄雀、锦鸡、鹲鸡、出通海杞麓湖，鸡身鸭掌，上巳前来，重阳前去，渔人网取之，肉肥美味极佳，杨慎赋所云"塞鹲鸡分为脯"也。山和尚、白头翁，亦并生并育而不相害。

——嘉庆《临安府志》卷六《丁赋附物产》第 24 页

羽属 孔雀、鹰、乌鸦、燕、鹌鹑、喜鹊、鸽、鹭、鹧鸪、雉、仓庚、一名黄鹂。鹦鹉、雏鸽、俗言八哥。凫、、俗言水鸭。画眉、白鹇、锦鸡、鸬鹚、俗名水老鸦。拖白练、黑头公、啄木鹧、子规、一名杜鹃。天白了、鹊、瓦雀、斑鸠、三种。鸳鸯、铁翅、秧鸡、老鹳、鸢。余不尽列。

——嘉庆《景东直隶厅志》卷二十四《物产》第 4 页

《范志》谓"南方多珍禽，非君子所问"，然则所问者，终以闾阎所畜，民生利赖者宜先。鸡、鸭、鹅、鹜，生民之常产，番、汉胥同。虽大小肥瘦，各处不同，而亦颇为丰裕。往者，所值甚贱，鸡蛋至八文可十枚，滇、黔一也。自缅甸军兴，凿破浑沌，无复淳古之风，民畜渐衰，物值大长，一蛋至四五文。军营，一枚且至银三四分，由凋耗之太甚也。民俗利在鸡、鸭，入街子则鸡满笼，鸭满围，以易米、盐、布匹。故《志禽》自孔翠之属外，终归于家畜。《职方》纪十二州，必辨畜所宜。滇南多水似江、湖，故所畜鸡及鹅、鸭之利，是在司牧所以教之者。山居之民，又畜鸬鹚捕鱼，以为生理。人家又多养鸽。天日晴朗，滇人多放鸽，散于满城，铃叫盘空，笙箫响逸，此皆生理所资者。其他娇民笼袖，髀袋鹌鹑，浪子提笼，面矜黄豆，虽亦俗之所尚，吾无取焉耳。

——《滇海虞衡志》卷六《志禽》第 8 页

羽之属 鹦鹉、李时珍《本草纲目》：鹦鹉出陇、蜀，而滇南、交、广近海诸地尤多。檀萃《滇海虞衡志》：鹦鹉，多于金沙江边。五色俱备，亦有白鹦鹉。如画大士相随者，养之，饲以番稻及松子，其与孔雀皆文禽也。孔雀、《后汉书·西南夷传》：滇多出鹦鹉、孔雀。司马彪《续汉书·西南夷》曰：滇池出孔雀。常璩《华阳国志》：汉益州郡有鹦鹉、孔雀。檀萃《滇海虞衡志》：孔雀出滇，雀尾一屏，值不高，人家多列之几。今以翎为冠饰，比于古之貂蝉，而以三眼为尊，故孔雀贵为南方诸禽首。然闻其血能杀人，故梁王使阿禣杀其夫，以孔雀胆一具。《范志》谓民人或以鹦鹉为鲊，以孔雀为腊，以其易得。岂腊孔雀不遇毒，而鲊鹦鹉陋体腥臊，亦劳鼎俎耶。苏恭谓孔雀广有，剑南、楚无。今云南孔雀颇多，则苏言不足信。白鹇、《秋坪新语》：先大夫观察滇南，予随侍时方垂髫，有人献孔雀、白鹇雏各一，畜之园中。孔雀雏长后，遍身深碧，映日作金色，而尾尖若剑首，殊无眼且性犷野，升屋穿树，见人辄匿，或曰此其雌者，无足观[1]。白鹇状类家鸡，尾秃首小而锐，毛色微黄如乳鹅，饮水啄粒无异常。畜及长，长颈修翎，乌喙丹趾，首翘朱

---

[1] 无足观　《秋坪新语》（清乾隆六十年刻本）卷二"白鹇雏"条作"无足观也"。

冠，目荧金弹。遍身白质鲜洁如雪，而黑章作水绉纹蹴缩然。尾长数尺，若曳匹练，墨纹层叠，宛若微波，因风而潆洄①，鸣则冞冞如索斗状。时飞鸣于巨树，暮则栖树杪不去。予时加饲饮，故辄随予后，或迎于前，盖驯如也。鹡鸼、李时珍《本草纲目》：鹡鸼，一曰鹈鴂，讹作批颊鸟。江东曰乌白，又曰鹈臼。三月即鸣，俗呼驾犁，农人以为候。五更辄鸣，曰架架格格，至曙乃止。滇人呼榨油郎，呼铁鹦鹉，能啄鹰鹘。雉、桂馥《札樸》：白质五采者，滇人谓之鷩鸡；青质五采者，谓之翟鸡。馥案：白质即翚也，祎衣画之；青质即摇也，揄狄画之。驯者畜于庭，喜食花。檀萃《滇海虞衡志》：鷩鸡，生长于箐，滇南多箐，故鷩鸡为多，即白雉、白鹇之类也。白雉、檀萃《滇海虞衡志》：白雉，产于滇南，故《左赋》以配孔翠，越裳氏贡之，以表中国之有圣人。则志滇禽而配乎孔雀、鹦鹉者，舍白雉而谁属？今滇多鷩鸡，尾长二三尺，毛白而尾间杂细黑点，或以为白雉，然白雉必全身俱白，无微玷，方得称之。越裳之贡白雉，犹《王会篇》蜀人之贡文翰，必有异于中土，未可执内地所有而议其贡之轻。鸬鹚、檀萃《滇海虞衡志》：滇南多山河，人畜鸬鹚以捕鱼，一名水老鸦。能合众以擒大鱼，或啄其眼，或啄其翅，或啄其尾与鬐。鱼为所困，而并异以出水，主人取之，可谓智矣。鹰、檀萃《滇海虞衡志》：滇人喜赶山，多畜鹰，臂之者盈市。鹫、大鹰也。西方人谓之鹫，滇山往往见之。雕、檀萃《滇海虞衡志》：雕居大泽，飞则盘空如大车盖，滇人取其翎以饰箭。李时珍谓雕即鹫也。羌雕出西南夷，黄头赤目，五色皆备。鱼鹰、鹗也，雎鸠也。五鸠鸠民，此其一也。鸷鸟累百，不如一鹗，而被以鱼膺之名，失其义矣。山喜鹊、桂馥《札樸》：小鸟，大于鹊，形似鹊，滇人谓之山喜鹊。案即鸓鹊也。《尔雅》"鸒，山鹊"，《说文》"鸒，鸓鹊、山鹊，知来事鸟也"，俗言"乾鹊噪，行人至"。乾、鸓，声近而讹。雁。檀萃《滇海虞衡志》：雁，滇南始未有。黄夫人诗"雁飞曾不到衡阳，锦字何由寄永昌"，即升庵始于《滇池泛舟见新雁》诗云"忽见行行雁，来应自故乡。天涯多少路，云际几番霜。滇水饶葭菼，禺山足稻粱。金河尔休恋，无限塞弦张"，则为雁初入滇也。今则结阵联行，排空而至，不知纪极矣，然犹有去来也。客某言于滇之西境，见雁抱子将雏，人过，则负四雏于背而飞，几以滇为家。古今地气之异，不能以常情论也。又《滇志》云"顺治庚子冬，鸿雁来"，分注谓"云南旧无鸿雁，至是百十为群，日数过，皆西去。自后皆有，不见回"。据此，则嘉靖中雁始至，犹在昆池。顺治庚子，雁大至，径往滇西而不复回，则客言为不爽矣。不知羽翼既成，更随阳向别方否？予在滇久，但见雁秋来，而不闻春归，心窃讶之。征于此，益信雁且安于滇不复回。农部五六月间，山箐溪河往往见雁，土人呼为雁鹅，以为另有一种。今合诸家参考，乃知本鸿雁也。藏诸深箐，人不能见，夏暑仍在，亦不他翔，各处如农部者谅更多，皆来而不回者也。升庵谓由蜀至，或然。

谨案：旧《志》尚有鸡、鹅、鸭、鸽、雀、鹰、鸠、乌鸦、燕、鹊、鹌鹑、鹧鸪、鹭、仓庚、鹦鹉、画眉、灰鹤、锦鸡、鹳、鸥、凫、拖白练、黑头公、秧鸡、啄木冠、鸳鸯、鸡鹍、子规、隼、鸐、鹈鸪、十样锦、巧妇、天白了、哈喇鸡，并滇产。

——道光《云南通志稿》卷六十八《食货志六之二·物产二·云南通省》第 21 页

羽毛之属 六十七：鹤、孔雀、鹦鹉、白鹇、雉、鹡鸼、鸬鹚、鹰、鹫、雕、鹗、即鱼鹰。燕、雁、雀、鹊、鹌鹑、鹧鸪、仓庚、乌、雅、鹭、鸥、凫、鸳鸯、鸡鹍、鹈鸪、鹦鹉、俗曰八哥。鸠、鸽、鹳、子规、鸡、鹅、鸭、锦鸡、画眉、秧鸡、啄木、巧妇、拖白练、黑头公、十样锦、天白了。以上羽四十三。马、牛、羊、犬、豕、骡、驴、獐、麂、鹿、麋、猿、猴、兔、猫、虎、豹、熊、獭、狐、狸、鼠、猥、竹鼯。以上毛二十四。

——道光《昆明县志》卷二《物产志》第 6 页

---

① 潆洄 《秋坪新语》卷二作"潆洄也"。

滇南初未有雁也，自杨慎有《泛舟见新雁》诗，为雁入滇之始。今则结阵联行，排空而至，岂古与今之地气有不同耶？滇俗旧重牲畜，马、牛、羊皆以群计。凡牧马，春夏于悬崖绝谷，秋冬则于水田有草处放之。其牧牛、羊与豕亦然，皆饲诸野，故其生弥蕃。肆中市猪肉斤钱六十，大尾羊则倍之，其常羊亦与猪肉值等耳。鸡、鹜值亦皆贱，故贫儿小有赢余，无不举肉食者。

檀萃《虞衡志》：孔雀出滇，雀尾一屏，值不高，人家多列之几。今以翎为冠饰，比古貂蝉，而以三眼为尊，故孔雀贵为南方诸禽首。然闻其血能杀人，故梁王使阿禣杀其夫，以孔雀胆一具。《范志》乃谓民人或以鹦鹉为鲊，以孔雀为腊，以其易得。岂腊孔雀不遇毒，而鲊鹦鹉陋体腥臊，亦劳鼎俎耶。鸬鹚，一名水老雅，能合众以擒大鱼，或啄其眼，或啄其翅，或啄其尾与鬐。鱼为所困，而并舁以出水，主人取之，可谓智矣。滇人多畜鹰，臂之者盈市。鹫，大鹰也，西方谓之鹫，滇山迳迳见之。李时珍谓鹫即雕也。居大泽，飞则盘空如大车，盖滇人取其瓴以饰箭。牛，分两种：水牛、黄牛。黄牛特多，高大几比水牛，以耕田，以服车。而天方教食必以牛，其宰割供膳者日数十，皆肥牛之腱也。故皮角以外，乳扇、乳饼、醍醐、酪酥之具，虽僧道亦资养于牛。羊于滇中为盛，俗以养羊为耕作。其羊脂满腹，肥者不能行。牧者破其皮，卷脂而出之成筒，以货于人。羊利行如故，会城日必刲数百。亦有大尾羊，皆来自迤西者。羊四季之皮，俱可以为裘，裘之值且倍于肉也。其长养之羊，岁薙其毛以为毡罽毯毲。羝之深须者，割而染以充帽缨。兔之穴竹林者为竹䶉，肉肥美，皮亦可为袖以御冬。今之天马、干箭、麻叶豹，一切皆出于滇，由滇匠缀缉狐皮而并成之。一领之价，辄数十金，且百金。余尝游滇郊，见狐皮百千张，略无可盼，而缉成之，即为席珍矣。昆明人有赴禄劝鼠街者，见㑽㑽囊一物，就际乃元狐，呕以千钱市之，归裁为帽边，价百倍，滇南何所不有哉？

桂馥《札樸》：雉，白质五采者，滇人谓之箐鸡；青质五采者，谓之翟鸡。馥案：白质即翚也，祎衣画之；青质即摇也，揄狄画之。驯者畜于庭，喜食花。

——道光《昆明县志》卷二《物产志·余论·论羽毛之属》第 17 页

羽属　莺、鸦、鸠、鸽、鹊、雀、燕、鹅、鸭、鸡、画眉、鹭鸶、鹌鹑、野鸭、鹧鸪、绿翠、黑头翁、十样锦。

——道光《晋宁州志》卷三《地理志·物产》第 26 页

羽类　鸡、鸭、鸽、凫、鹞、鹊、燕、鹭、布谷、雉、子规、鸦、黄鸭、秧鸡、野鸡、鱼鹰、鸠、莺。

——道光《昆阳州志》卷五《地理志下·物产》第 13 页

羽属　鸡、鹅、鸭、雀、雉、鹭、凫、鹧鸪、鸽、乌、鹊、鸦、鸠、燕、鸥、鹰、鹞、锦鸡、鹳、雁、仓庚、子规、鹌鹑、画眉、鹦鹉、拖白鸽、鸬鹚、啄木鹳。

——道光《宣威州志》卷二《物产》第 23 页

禽属　鹌鹑、鹪鹩、鸳鸯、画眉、竹鸡、子规、燕、鹰、鹊、鹞、布谷、鹭鸶、秧鸡、翡翠、练雀、野鸭、鸽、鸡、鸠、鸭、鹧鸪、云雁、白鹇、山鹧、火雀、野雉、莺、鹅、鸦、雀。

——道光《广南府志》卷三《物产》第 3 页

禽之属　鹳、鹰、雉、鹭、燕、雀、鸠、鸽、凫、杜鹃、鹧鸪、竹鸡、黄鸭、野鸭、布谷、画眉、黄鹏、鹪鹩、春雀、瓦雀、阳雀、叫天、青丝、鹩鸽、翡翠、啄木、百舌、蜡嘴、拖白练、黑头公、鹊、鸡、鸭、鹅。

——道光《澂江府志》卷十《风俗物产附》第 8 页

羽之属　鸡、鸭、鹅、雉、鸽、鸠、鹰、燕、莺、箐鸡、鹧鸪、画眉、布谷、乌鸦、白颈鸦、喜鹊、子规、鹦鹉、八哥、啄木、鹌鹑、脊令、白鹇、黄雀、麻雀、野凫、翠雀、鹭鸶、老鹳、撮头公、拖白练、花冠索。旧《县志》

——道光《续修易门县志》卷七《风俗志·物产》第 169 页

羽之属　绿鸠、箐鸡、鹦鹉、秦吉了。

——道光《新平县志》卷六《物产》第 23 页

禽之属　燕、雀、鸦、鸽、鸠、鹗、鹳、鹰、雉、箐鸡、鹌鹑、黄鸭、白鹭、白鹇、画眉、翡翠、子规、鹧鸪、麻雀、拖白练、黑头公、蜡嘴、鹦鸽、锦鸡、仓庚、戴胜。

——道光《姚州志》卷一《物产》第 242 页

羽之属　鸡、鹅、鸭、鸽、雀、鹰、鸮、鹊、燕、鹭、雉、鸦、白头鸦、乌鸦、鹳、隼、鹞、春雀、鸥、凫、涛鹅、乌春、鹧鸪、脊令、仓庚、布谷、锦鸡、巧妇、秧鸡、竹鸡、鹌鹑、鹦鹉、啄木、画眉、鹦鸽、鸬鹚、鸳鸯、山呼、绿翠、松哥、火鹊、水鹢、绿斑鸠、拖白练、山和尚、屎姑姑。

——道光《大姚县志》卷六《物产志》第 8 页

羽属　鸡、鹅、鸭、雀、燕、乌鸦、喜雀、戴胜、斑鸠、祝鸠、名反舌鸟。鹭鸶、鹌鹑、鸽、仓庚、一名黄鹂。雉、山鸡、鹳、鸥、鹦鸽、俗名八哥。凫、有二种：一名野鸭，一名八鸭。秧鸡、拖白练、黑头公、啄木冠、鹰、鹞、鹊、野翠、杜鹃。

——道光《定远县志》卷六《物产》第 206 页

羽属　鸡、鹅、鸭、雀、燕、乌鸦、喜鹊、戴胜、班鸠、祝鸠、名反舌鸟。鹭鸶、鹌鹑、鸽、仓庚、一名黄鹂。孔雀、白鹇、鹧鸪、锦鸡、雉、鹦鹉、绿翠、善呼、画眉、拖白练、鹦鸽、俗名八歌。野鸡、凫、有二种，一名野鸭，一名八鸭。黑头公、啄木冠、鹰、鹊、秧鸡。

——道光《威远厅志》卷七《物产》第 4 页

羽属　家鸡、野鹜、鹅、鸭咸足食。若翱翔睨睕于四时，有莺，有燕，有鸠，有雀，有鸽，有鹳，有鸦，有鹊，有布谷、子规、啄木、画眉、山呼、鹦鸽、鸫鹊、四喜、屎姑姑。羽毛文彩有雉，有锦鸡，有鸳鸯，有秧鸡、松哥、绿翠，搏击小鸟于谷熟。有角鹰。在水有凫，有鹭，有鸥，有水鹢。捕鱼有鸬鹚。鸬鹚，渔户畜之能致富，然鱼利惟鱼沟为大。

——咸丰《邓川州志》卷四《风土志·物产》第 10 页

羽之属　鸡、鹅、鸭、雉、鸽、鸠、鹰、孔雀、鹞、燕、箐鸡、鹧鸪、画眉、黄鹂、布谷、啄木、鹗、喜鹊、白颈鸦、白鹇、竹鸡、鹦鹉、翠鹊、子规、鹌鹑、春雀、鹦鸽。

——咸丰《嵋峨县志》卷十二《物产》第 4 页

羽属　鸡、鹅、鸭、鸽、雀、鹰、鸠、乌、雅、燕、鹊、鹌鹑、鹭、仓庚、一名黄鹂。雉、鹦鸽、俗名八哥。画眉、白鹇、锦鸡、鹳、鸬鹚、俗名水老鸦。凫、俗名野鸭。拖白练、黑头公、秧鸡、啄木冠、鹞、布谷、青鹩。

——咸丰《南宁县志》卷四《赋役·物产》第 13 页

羽属　鸡、鹅、鸭、鸽、鹰、鸠、乌、鸦、燕、鹊鸡、鹭、鹌鹑、雉、仓庚、鹦鸽、画眉、锦鸡、凫、鹳、鸬鹚、拖白练、布谷、青鹩、野鸡、秧鸡。

——光绪《平彝县志》卷四《食货志·物产》第 3 页

羽之属　黑头公、拖白练、画眉、鸡、鸭、鹛、雀、鹳、鹭、鹅、鹊、鹧鸪、子规、一名杜鹃。鹡鸰、山鸡、鸠、雉、凫、俗名野鸭。鸽、鸦、燕、鹌鹑、鸳鸯、秧鸡、八哥、啄木冠。

——光绪《霑益州志》卷四《物产》第 67 页

羽属　鸡、鹅、鸭、雉、乾鹊、雀、燕、鸠、鹰、鸥、鹦鹉、出鹦鹉山及州南乡。鹭、画眉、鸳鸯、鹧鸪、州人呼为豆枯鸟，谓此鸟鸣时蚕豆将枯也。又名雇工鸟，谓此鸟鸣时，农工将兴也。白鹇、子规、鹧鸪、铁连甲、即乌鸲，俗呼铁甲连。啄木鸟、鸦、翠、雁、山呼、白头鸟、青鸹。

——光绪《镇南州志略》卷四《食货略·物产》第 33 页

羽之属　旧《志》十七种：鹰、燕、鸦、鸽、鸠、雉、鸡、鹅、鸭、白鹭、白鹇、画眉、杜鹃、鹧鸪、鹦鹉、拖白练、绿鸠。新增十七种：鹊、鹌鹑、翡翠、麻雀、鹡鹎、俗呼点水鹊。鴷、俗呼斲木官。鹩鸪、俗呼狠虎。乌鸲、俗呼铁连甲。鹧鸪、俗呼八哥。秃尾鸡、俗呼鹍鸡，雌雄俱无尾。黑头公、鹗、鹳、青鸡、蜡嘴、青鸹、鹬。土人呼为发水鹊。

——光绪《续修白盐井志》卷三《食货志·物产》第 56 页

羽之属　鸡、鹅、鸭、鸽、鸠、鹰、鹛、燕、雉、箐鸡、鹧鸪、画眉、啄木、白鹇、麻雀、竹鸡、黄鸹、翠鹊、子规、鹌鹑。

——光绪《元谋县乡土志·动物》（初稿）第 336 页

羽属　鸡、鹅、鸭、鸽、鸠、莺、鹛、燕、雉、鹧鸪、画眉、黄鹂、布谷、啄木、白鹇、鹦鹉、锦鸡、翠鹊、鹧鸪、黑头公、子规、鹌鹑、竹鸡、黄鸹、拖白连、箐鸡。翎毛如绘，尾长三尺，黑质白纹，较雉犹美，相传越裳献者即是物也。

——光绪《武定直隶州志》卷三《物产》第 12 页

羽之属　故实二种：锦鸡、白鹇。《一统志》：俱姚安府出。旧《志》二十一种：燕、鹊、鸦、鸽、鸠、鹗、鹳、雁、青鸡、鹌鹑、黄鸭、白鹭、画眉、翡翠、子规、鹧鸪、麻雀、拖白练、黑头公、蜡嘴。增补九种：秃尾鸡、俗呼鹍鸡，雌雄俱无尾。青鸹、按《正字通》：鸹，大如鹤，青苍色，亦有灰色者，长颈高脚，无丹。土人呼为老青桩者，其青鸹之讹乎？鹡鹎、今人呼为点水鹊。李时珍云即百舌鸟也，状如鹧鸪而小，身略长，行则头俯。鹬、土人呼为发水鹊。陈藏器云鹬如鹑，色苍喙长，在泥涂。《说文》云鹬知天将雨鸟也。鴷、俗呼斲木官，山中最多，好斲木食虫，静夜闻之，其声阁阁囊囊。鹧鸪、俗呼八哥，城乡俱有，人多畜之。《幽明录》云五月五日剪其舌端使圆，教令学语，今州人亦然。鹩鸪、俗呼狠虎。桂馥《札樸》云有鸟夜鸣，其声骨鹿是也。乌鸲。善逐鸟，即《尔雅》所谓鸒鸠者，俗呼为铁连甲，又曰铁甲连。

——光绪《姚州志》卷三《食货志·物产》第 49 页

羽属　莺、燕、鸠、鹭、布谷、鹧鸪、雉鸡。

——光绪《罗次县志》卷二《物产》第 23 页

羽属　鸡、鸭、鹅、野鸡、鹧鸪、慈乌、鹧鸪、俗名八哥。箐鸡、鸠、画眉、秧鸡、杜鹃、白颈鸦、鸬鹚、俗名水老鸦。凫、俗名野鸭。鹛、啄木冠、阳鸟、织鸟。

——光绪《镇雄州志》卷五《物产》第 58 页

羽之属　燕、喜鹊、雉、鹧鸪、俗名八哥。黄豆、牛屎八哥、麻鹊、黑头翁、鸿雁、白头翁、鹰、雁鹅、洗碗鹊、拖白练、鹌鹑、班鸠、鹅、鸡、鸭、火鸠、露鹊、秧鸡、鹜、野鸭、铁铃哥、乌鸦、鹧鸪、雪姑、画眉、鸽、啄木鸟、即百舌。布谷、即阳鹊。鹊鹊、鹳、水匝、喙长。鸽、的的矫、一名叫天。翠鸟、善食鱼。屎姑姑、冠长，啄秒。鸬鹚、水胡芦、头藏水中。鹭鸶、鸳鸯、鹦鹉、鸥、知更鹊、菜子鹊、莺、沙和尚、俗名。冬至鹊、鹞、鸥鹅、凫、雕、黄翅膀、土名，似燕而羽黄。黄鹂、俗名黄豆，即仓庚。竹鸡、似鹧而声异，群飞。百舌、土名哑喇母，能效众鸟语。麻画眉。与画眉全异。

——光绪《鹤庆州志》卷十四《食货志·物产》第 7 页

鸟部　燕、鹦鹉、画眉、斑鸠、黄鹂、鹧鸪、竹鸡、鹭鸶、瓦雀、黑头公、喜雀、百夷鸡、鹮鹆、野鸡、采花心、胭脂红、鹅、鸭、鸳鸯、五色四声、十二阑干、翡翠、山呼、胡文虫。

——光绪《云南县志》卷四《食货志·物产》第 17 页

羽属　鹰、鸬鹚、福寿鸡、野鸡、白鹭、鹦鹉、家鸡、鸭、凫鸭、鹅、鸠、鸽、燕、画眉、喜鹊、乌鸦、麻雀、啄木鸟、鹧鸪、鹌鹑、鹗子、白鹇、信天翁、鹳、鸥、鱼鹰、鹮鹆、有黄、白二色。鹮鹆。一名唎唎鸟，俗名八哥，有二种。

——光绪《丽江府志》卷三《食货志·物产》第 32 页

羽之属　鹤、燕、有紫、黄二种。鹭、雁、凫、鹳、鹰、鸥、□、鹞、雉、鹊、莺、隼、鸦、鹧、雀、鸠、有火鸠、斑鸠二种。鹦哥、鹭鹚、黄鸭、寒鸡、秧鸡、锦鸡、松鸡、野鸡、画眉、鹌鹑、鹮鹆、鸳鸯、鹧鸪、绿翠、鹦鹉、寒雀、布谷、八鸽、水札、鹊鸟、杜鹃、野鸭、青庄、黄鹂、麻鹊、喜鹊、戴胜、窝蓝、提壶、鸥鹅、三爪鸡、拖白练、竹鸡、金翅子、白头乌、点水雀、蜡嘴、有红黄麻三种。水胡芦、水老鸦、觅鸡鸡、马卜六、黑头翁、白颈鸦、铁嘴子。

——光绪《续修永北直隶厅志》卷二《食货志·物产》第 30 页

羽属　鸡、鸭、鹅、鸽、鹰、鹳、鹊、雀、燕、鸠、鸠、雕、鸦、鹭鹚、鸳鸯、鹧鸪、鹌鹑、拖白练、子规、山呼、白鹇、白头翁、鱼翠、山和尚、布谷、啄木、鹮鹆、画眉、鹦鹉、锦鸡、快鸡、野鸭、黄鸭。

——光绪《永昌府志》卷二十二《食货志·物产》第 5 页

禽属　有家禽、野禽之分。家禽则鸡、鸭、鹅、鸽是也。野禽则有鹰、雀、燕、鸠、鹊、鸦、鹭、鹧鸪、子规、鹦鹉、黄鹂、白头鸟、翠鸟、有大如鹰者，取其毛可以点翠。布谷、鹮鹆、画眉、山和尚、点水雀、锦鸡、野鸡、隼、黄鸭、鹮鹆、凫、鸡鹧、鸬鹚、啄木冠、鹞、巧妇、寿德鸟、鹳、提壶之类，最大者唯鸿，然不常住，春去秋来而已。更有孔雀，产自外夷，间为弋人携来，亦可驯养为乐。

——光绪《腾越乡土志》卷七《物产》第 14 页

鸟之属　孔雀、旧《志》：产深山中，当群聚饮啄时，击毙其雄者，众皆环绕扶救，可连击之，若先中其雌则尽飞去。有金孔雀一种，光彩明艳，其毒更甚。摆夷鸡、桂馥《札樸》：摆夷地方有野鸡，小于家鸡，能飞，声短。捕其雄与家鸡交，抱出雏，体大而声清，呼为摆夷鸡，其距长寸许。顺宁准提寺僧养一摆夷鸡，鸣应更鼓，五更无差。盖童鸡也，与北交过即不准。长鸣鸡、《一统志》：身小形昂，其鸣无时，声异常鸡。旧《志》：有矮脚者，长鸣不食。谨案葛洪《西京杂记》：成帝时，交趾、越嶲献长鸣鸡，伺辰鸡即下漏验之，昼刻无差，长鸣鸡则一食顷不绝，长距善斗，疑此即《札樸》之野鸡也。绿鸠、《一统志》：顺宁府出。旧《志》：斑鸠，旧有绿色者，今少。狠虎、桂馥《札樸》：顺宁有鸟，夜鸣，其声骨鹿，苍黑色，大如拳，狸首有角，俗呼很虎，即兔鸥也。《释鸟》：萑，老鵵。郭注：木兔也。似鸱鸺而小，兔头，有角，毛脚，夜飞，好食鸡。鹦鹉、《古今图书集成》：云州无此。至冬月，漫乃江一带往往数百为群飞来，彝民用胶黏取，以供匕箸，非冬月则无有来者。白鹇、《秋坪新语》：先大夫观察滇南，予随侍时方垂髫，有人献孔雀、白鹇雏各一，畜之园中。孔雀雏长后，遍身深碧，映日作金色，而尾尖若剑首，殊无眼且性犷野，升屋穿树，见人辄匿，或曰此其雌者，无足观。白鹇状类家鸡，尾秃首小而锐，毛色微黄如乳鹅，饮水啄粒无异常。畜及长，长颈修翎，乌喙丹趾，首翘朱冠，目荧金弹。遍身白质鲜洁如雪，而黑章作水绉纹踧缩然。尾长数尺，若曳匹练，黑纹层叠，宛若微波，因风而潆洄，鸣则唰唰如索门状。时飞鸣于巨树，暮则栖树杪不去。予时加饲饮，故辄随予后，或迎于前，盖驯如也。雉、桂馥《札樸》：雉，白质五采者，滇人谓之鸑鸡；青质五采者，谓之翟鸡。馥案：白质即翚也，祎衣画之；青质即摇也，榆狄画之。驯者畜于庭，喜食花。檀萃《滇海虞衡志》：鸑鸡生长于箐，滇南多箐，故箐鸡为多，即白雉、白鹇之类也。山喜鹊、桂馥《札樸》：小鸟，大于鹊，形似鹊，滇人谓之山喜鹊。案即鸐鹆也。《尔雅》"鸐，山鹊"，《说文》"鸐，雗鸐、山鹊，知来事鸟也"，俗言"乾鹊噪，行人至"。乾、雗，声近而讹。雁。《滇志》"顺治庚子冬，鸿雁来"，分注谓"云南旧无鸿雁，至是百十为群，日数过。皆西去，自后皆有，不见回"。据此，则嘉靖中雁始至，犹在昆池。顺治庚子，雁大至，径往滇西而不复回。

谨案：顺宁尚有鸡、鹅、鸭、鸽、雀、鹰、鸠、乌鸦、水老鸦、燕、鹧鸪、白鹭、画眉、拖白练、黑头公、秧鸡、麻鸡、啄木、子规、布谷、白头翁、点小雀、鹁鸪、鹡鸰、鱼翠、黄鹂、伏翼、夜鹃、鹈鸪、鹌鹑、箐鸡。

——光绪《续修顺宁府志稿》卷十三《食货志三·物产》第 21 页

鸟属　《正字通》：禽之总称，二足而羽者也。鸡、家禽。雌雄皆有肉冠，食道之一部为嗉囊，其胃分前胃及砂囊二部，脚强翼短，不能高飞。雄者羽毛美丽，鸣管发达，以时而鸣。去其势者曰镦鸡，其冠萎缩，亦能鸣乘雌，特不能做种。雌者能生卵，每次十余。肉及卵有滋养之效，卵分卵壳、卵白、卵黄三部，卵壳白色，或黄白色，成分为碳酸石灰，有无数细孔，流通空气，内有半流动之液，无色透明，或分为蛋白质及水，是即卵白，中藏卵黄，为脂肪、水、蛋白质三者合成，两端各有白色之纽，以相维系，亦由蛋白质凝固而成，养分以蛋白为最富。普通者曰莱鸡、交鸡、斗鸡等名。野有雉，俗名野鸡，其羽为翟。有竹鸡，似鹑而大，常呼泥滑滑，能辟壁虱。秧鸡，生长水田秧科内。箐鸡，在深林中。《说文》云鸡有四十种。鸭、家畜水禽。嘴扁平，足短，两翼甚小，拙于飞翔，趾有连蹼，能浮于水。性质木钝，产卵不择地，不能覆翼、育雏、水坝，如布衣透、鸡街、倘甸多畜之。野曰凫、曰鹜，俗名野鸭。鹅、鸳、鸶、鷖，一字一物，水鸟。似鸭而大，身白（亦有灰黑色者），颈长，嘴扁色黄，身躯肥满，尾脚皆短，翼力弱，不能高飞，种类最多。雀、褐色，有黑斑，俗呼麻雀，亦曰瓦雀。巢于人家檐牙屋角间，两足跃行，不能步。燕、体小翼大，其飞极疾，尾长，分歧如翦，喙短口阔，颔肥大，色紫，背黑腹白。每年春来，巢于人家屋梁育雏，秋后相率以去。雏成能飞，即不顾母而去（见唐白居易诗）。雁、鴈同。状似鹅，嘴长微黄，背褐色，翼带青灰色，胸部有黑斑。鸣声嘹亮，如相唱和。其飞极高，自成行列，失偶不配，故婚礼取焉。秋来春去。《滇志》：云南始未有雁，明嘉靖中始至，顺治庚子大至，栖息大屯长桥各海边及田间。鸽、与鸠同类。雌乘雄，有野鸽、家鸽二种，野鸽全体暗黑，惟背之中央为灰白色，颈及胸，有紫绿色之光泽，夹斑点如珠。群栖林中，出食田禾，为农家之害鸟。家鸽乃野鸽之变种，形态羽色，种别甚多，飞翔颇捷，记忆力尤强，放至远处，能自归家，故军中用以传书。莺、亦作鸎。《说文》：黄鹂、仓庚、商仓、鵹黄、鹂鶹、楚雀、黄袍、博黍、黄鸟、金衣公子，皆其名。背灰黄色，腹灰白色，尾有黑羽，雌雄常双飞。初春始鸣，声宛转清脆。鸠、状如野鸽，头小，胸凸，尾短，两翼长大，善飞。其特性能自嗉囊分泌一种乳汁，自口吐出，以养其雏，如祝鸠、斑鸠之属是也。《礼·月令》"鹰化为鸠"，化而为善也。天将雨，则逐妇，晴又呼之。鸢、鸷鸟。状与鹰略同，惟嘴较短，尾较长，全体褐色，微紫，翼张度至四尺许，飞时不甚动，若静悬空中，喜回旋作大环，尾常开展，或平或倾侧以调节其势，有所搏击，则自空疾下。常攫取蛇鼠鸡雏等，嗜食腐败之肉，俗谓之鹞鹰。鹰、嘴长于鸢，嘴自根即钩曲，两翼张度至二尺五寸，背暗褐色，腹白色，有黄褐色横纹，脚四趾，其三向外，其一能前后回转，皆有钩爪。劲而有力，眼甚敏锐，盘旋空中，无微不瞩，猎者多畜之以逐禽兔，一名鹞鹰。《礼·王制》：鸠化为鹰，疏在八月。鹃、似鹰而小，体长尺余，羽灰色，腹白，有黄黑，或赤白色之斑点，尾有淡黑色横条，雄者脚极长。鹫、即雕。嘴强大，中央钩曲，大者之翼，平展至七八尺。其脚有羽毛覆之，性较鹰更狞猛，常攫食獐鹿等动物。其羽可制扇，可为箭翎，唐诗"鹫翎金仆姑"是已。其止多在枯枝上，或树巅。鸮、枭同，又角鸮，同类。耳边有长毛似角，如猫头，全身褐色有白斑，眼圆大，带赤黄色，周围有粗刚毛圈。昼不见物，夜间视力甚强，寻小鸟及鼠食之，鸣声使人畏恶。翡翠、《异物志》：形如燕，羽美丽，可为装饰品。羽赤而雄曰翡，青而雌曰翠。鹧鸪、似鹑而大，背灰苍色，有紫赤色之斑点，腹灰色，胸前有白圆点如真珠，其鸣声曰"行不得也哥哥"。鹡鸰、《诗》作脊令，《尔雅》作鹡鸰。形似燕，飞时作波状，行则摇动其尾。栖息水边，食害虫，为益鸟，种类甚多。背黑者为黑脊令，颊下白者为白颊脊令，自胸至尾鲜黄色者为黄脊令（俗名丁丁雀）。杜宇、亦曰杜鹃，又名子规。嘴扁平，上嘴末端少曲，口大尾长，背黑灰色，腹白，有横行黑线。不自营巢，生卵于莺巢，而莺为之孵育。鸣声凄厉，能动旅客归思，好食毛虫，有益于森林。按：杜宇本古蜀帝名，《华阳国志》：鱼凫王后，有王曰杜宇。七国称王，杜宇称帝，号曰望帝。会有水灾，让位于其相开明，升西山隐焉，死后魂化为鸟，曰杜鹃，亦曰子规（鸣曰可恶）。布谷、一名鸤鸠，又名郭公。绝类杜鹃，而体较大，全体灰黑色，腹白，亦有横行黑条，嘴尖，趾前后各二，鸣声即曰布谷。啄木、嘴锐直而坚，足四趾，二趾向前，二趾向后，便于攀木。舌细长，尖端有钩，以嘴叩树。察有木蠹者，穿孔钩出之。种类颇多，常见者为红啄木，背翼均黑，杂以白斑，头尾有赤羽；次为青啄木，背尾绿色，头灰白，额颊皆黑。鸲鹆、一作鸜鹆。全体俱黑，两翼有白点，巢于树穴。翦其舌端，令圆，能效人言，俗名八哥，好集野牧牛背上（八哥声如妇女，秦吉了声如丈夫）。水鸹、《类篇》：似百舌，喙长，善捕鱼食，即苍鹭。全形似鹭，惟顶羽黑色，背苍灰色，故名。鹭、羽纯白，亦称白鹭。颈脚皆长，脚青色，嘴长二三寸，顶有长毛，肩背胸部，亦生长毛，是谓蓑毛。毵毵如丝，故又名鹭鸶，木栖水食，捕食鱼类。西洋妇女，取其羽以为冠饰。鹑、形似鸡雏，头小尾秃，嘴脚均短，背浓褐色，翼黄褐色，皆有黑斑，腹赤白色。性好搏斗，邑人驯养之以赌胜负，一局辄数百圆。其味香美。画眉、全身黄黑色，其眉如画，巧于作声如百舌。乌、全体黑色，有绿色光泽，嘴大而坚，其端甚粗，有刚毛蔽鼻。喜晨鸣，食谷类腐肉等物，为农圃之害。知反哺，故称慈乌，巢于树上及岩穴间。鸦、全身黑，惟颈及腹白，巢于庙寺檐间，不反哺。有青马颈白者曰鸦青，以其像鸦也。鹊、大同乌鸦，尾长六七寸，与身相等。背黑，有紫绿色光泽，肩腹及翼之下羽皆白色，嘴脚皆黑。俗以其鸣声为吉祥，亦称喜鹊。性最恶淫，故又谓之乾鹊。田家杂占，鹊噪檐前，主有佳客至及有喜事。《淮南子》：鹊巢知风之所起。太岁所建，则向而为户，知来岁多风，则巢枝下。

——宣统《续修蒙自县志》卷二《物产志·动物》第5页

羽类 鸡、鹅、鸭、有三种。雉、有二种。鸠、有三种。鹑、燕、有二种。莺、有二种。鸥、乌鸦、鹭鸶、喜鹊、瓦雀、有二种。鸲鹆、俗呼八哥。沙和尚、鹦鹉、画眉、鸳鸯、鹧鸪、雁、鹰、鹃、鸳、鹳、枭、子规、白舌、即雇工。偷鸽、蝙蝠、白鹇、白头鸟、啄木鸟、点水雀、绿豆雀。

——宣统《楚雄县志述辑》卷四《食货述辑·物产》第20页

禽类　鹤、锦鸡、山鸡、雉、鹭、鹊、鹦鹉、鸜鹆、鹰、鹞、鸠、鹧鸪、布谷、鹳、秧鸡、子规、鹌鹑、画眉、扁侧。其粪名夜明沙，可治眼目。

——宣统《恩安县志》卷三《物产》第 183 页

羽属　鸡、鹅、鸭、雉、桂馥《札樸》：雉，白质五彩者，滇人谓之箐鸡；青质五采者，谓之翟鸡。馥案：白质即翚也，祎衣画之；青质即摇也，揄狄画之。驯者畜于庭，喜食花。檀萃《滇海虞衡志》：箐鸡生长于箐，滇南多箐，故箐鸡为多，即白雉、白鹇之类也。锦鸡、形类鸡而小，足短，尾长二三尺，遍身五色斑斓，极可观玩。布谷、乌鸦、鹧鸪、鹌鹑、画眉、鸠、鹁鸠、李时珍《本草纲目》：鹁鸠，一名鹁鸪，讹作批鹊鸟。江东曰乌白，又曰鹎白。三月即鸣，俗呼驾犁，农人以为候。五更辄鸣，曰"架二格格"，至曙乃止。滇人呼榨油郎，呼铁鹦鹉，能啄鹰鹞。绿斑鸠、状亦如鸠，遍身羽毛皆碧色。鸣声如吹唢呐之叶律，竹山一带有之。老鹳、金翅、燕、鹦鹉、鸜鹆、俗名八哥。瓦雀、天白了、蜡嘴、火雀、仓庚、一名黄鹂。黑头公、巧妇、鸽、秧鸡、映山红、状类燕，头黑，遍身羽毛如朱，尾形如扇，音最清烈。拖白练、状如喜鹊，头黑嘴朱，遍身羽毛黑白相间，尾有长毛约尺余，整齐拖曳，平铺如练。啄木冠、白鹇、状类家鸡，尾秃首小而锐，毛色微黄如乳鹅，饮水啄粒无异寻常。畜及长，长颈修翎，乌喙丹趾，首翘朱冠，目荧金弹。遍身白质鲜洁[1]，而黑章作水绉纹蹴缩然。尾长数尺，若曳匹练，墨纹层叠，宛若微波，因风而潆洄[2]，鸣则咿咿如索斗状。时飞鸣于巨树，暮则栖树杪不去。灰鹤、鸬鹚、檀萃《滇海虞衡志》：滇南多山河，人畜鸬鹚以捕鱼，一名水老鸦。能合众以擒大鱼，或啄其眼，或啄其翅，或啄其尾与鬐。鱼为所困，而并异以出水，主人取之，可谓智矣。鹭鸶、鸥、凫、俗名野鸭。鸳鸯、鸡鹑、子规、一名杜鹃。鹰、檀萃《滇海虞衡志》：滇人喜赶山，多畜鹰，臂之者盈市。隼、鹫、檀萃《滇海虞衡志》：鹫，大鹰也。西方谓之鹫，滇人往往见之。鹞、雕、檀萃《滇海虞衡志》：雕居大泽，飞则盘空如大车盖，滇取其翎以饰箭。李时珍谓雕即鹫也。羌雕出西南夷，黄头赤目，五色皆备。十样锦、鸜鹆、鹗、檀萃《滇海虞衡志》：鱼鹰，鹗也，睢鸠也。五鸠鸠民，此其一也。鸷鸟累百，不如一鹗，而被以鱼鹰之名，失其义矣。信天翁、即鹭泽虞也，俗名护山鸟。形如雁而足高，嘴长而圆，食鱼而不能捕。常守水圳，俟鱼过啄食，或俟鱼鹰所得偶坠者始食之。铁连甲、鸟名。黑色长尾，大如啄木，喜栖柳树，侵夜先众鸟鸣。既栖，犹鸣，鸣声云"加格加格"。见鸟必逐而击之，鸟衰遁去，土人呼为铁连甲。鸥鹭、鸿雁、清顺治庚子冬，鸿雁来滇。山喜鹊。桂馥《札樸》：小鸟，大于鹊，形似鹊，滇人谓之山喜鹊。案即鸛鸰也。《尔雅》"鸛，山鹊"，《说文》"鸛，雗鸛、山鹊，知来事鸟也"，俗言"乾鹊噪，行人至"。乾、雗，声近而讹。

——民国《宜良县志》卷四《食货志·物产》第 31 页

羽属　鸡、鹅、鸭、鸽、鹰、雀、燕、鸠、鹊、鸦、鹭、鸥、雉、凫、布谷、鹧鸪、鹌鹑、白头鸟、翠鸟、点水雀、鸜鹆、画眉、沙和尚、锦鸡、鸜鹆、鸥、鸬鹚、啄木冠、子规、竹鸡、鸳鸯、鹦鹉、提壶、黄鸭、雁。

——民国《陆良县志稿》卷一《地舆志十·土产》第 3 页

羽之属　鹅、鸭、鸡、鹊、燕、布谷、鸽、子规、画眉、啄木、秧鸡、黑头公、绿翠、乌雉、鹜、雁、鸠、鸾雀、鸜鹆、鹦鹉、鹌鹑、鶺鸰、青鸠、八歌。

——民国《续修马龙县志》卷三《地理·物产》第 26 页

禽类　鹅、鸭、鸡、鸽、鹰、雁、燕、鸠、鹊、鸦、喜鹊、鹭、瓦雀、雉、布谷、鹌鹑、凫、

---

[1] 遍身白质鲜洁　《秋坪新语》卷二"白鹇雏"条作"遍身白质鲜洁如雪"。
[2] 潆洄　《秋坪新语》卷二"白鹇雏"条作"潆洄也"。

鹧鸪、白头鸟、百舌鸟、点水雀、画眉、沙和尚、鹡鸰、鸳鸯、黄鹄、鹦鸽、啄木雀、子规、鹦鹉、莺、清明鹊、苦雀、雕、鹗、伙雀、黄豆雀、鸥、鹑。

——民国《罗平县志》卷一《地舆志·土产》第 84 页

羽属 四十二类：鸡、鹅、鸭、孔雀、白鹇、山呼、鸦鹊、布谷、鹧鸪、燕、鹡鸰、雉鸡、鹭鸶、仓庚、子规、鹌鹑、隼、画眉、鸲、黄鹂、啄木、黑头公、青鹥、鸿雁、百舌、翡翠、秧鸡、八哥、旸鸟、水葫芦、鸽子、腊嘴、金翅、枭鸟、拖白练、红斑鸠、绿斑鸠、摆夷鸡、麻雀、竹鸡、鹳、鸬鹚。

——民国《马关县志》卷十《物产志》第 9 页

禽 黄莺、喜鹊、燕子、瓦沟雀、金丝鸟、鹭鸶、乌鸦、水鸭、啄木鸟、鸠、鸡、鸭、鹰、雉、画眉、鹧鸪、八歌、雁、翡翠、山鸡。

——民国《富州县志》第十四《物产》第 36 页

鸟之属 三十：燕、鹦鹉、画眉、斑鸠、黄鹂、鹧鸪、竹鸡、鹭鸶、瓦雀、黑头公、喜鹊、百夷鸡、八哥、野鸡、胭脂红、鹅、鸭、鸳鸯、翡翠、鸿雁、啄木冠、慈乌、拖白练、布谷、飞虎、秧鸡、杜鹃、雉、鹳、鹌鹑。

——民国《邱北县志》第三册《食货部·物产》第 15 页

羽属 鸡、鹅、鸭、雀、鹰、乌鸦、紫燕、鹊、鹌鹑、鹧鸪、鹭鸶、雉、仓庚、鹦鹉、鹡鸰、旧《州志》：俗名八哥。画眉、锦鸡、鸥、枭、拖白练、黑头公、秧鸡、啄木冠、杜鹃、隼鸲、鹡鸰、十样锦、巧妇、天白了、哈喇鸡。

——民国《元江志稿》卷七《食货志·羽属》第 9 页

羽属 鸡、鹅、鸭、雉、干雀、雀燕、莺、鸠、鹰、鹭、鸦、鹦鹉、鹧鸪、鸳鸯、画眉、鸥、白鹇、子规、鹦鸽、铁连甲、即乌鸠，俗呼为铁甲连。啄木、翠雁、山呼、青鸽、白头鸟。

——民国《镇南县志》卷七《实业志七·物产》第 636 页

羽属 山中产一种鹦鹉子，似鹦鹉而小，好啄梨果。四五月间，千百成群，一集梨树，则果皆破烂，不复成熟。种梨者必日为殴逐之。又产一种彩雀，俗呼戏子雀，成群而异色，有红羽者，有绿羽者，黄羽、黑羽、白羽者，鸣声互异，亦异种也。

——民国《姚安县地志·天产》第 904 页

禽属 故实二：锦鸡、按即箐鸡。白鹇。《一统志》：俱姚安府出。

李《通志》二十七：燕、莺、鹊、鸦、鸽、鸠、鹗、鹳、鹰、雉、鹤、鹊、鹑、锦鸡、黄鸭、白鹭、白鹇、画眉、翡翠、子规、鹧鸪、黄鹂、按即莺。鹦鹉、麻雀、拖白练、黑头翁、蜡嘴。

管《志》同上。

王《志》增二：鹦鸽、戴胜。

注：锦鸡，即箐鸡。《滇云历年传》：滇云山谷中有雉，白毛，羽元纤文，刻画如绘，土人名之曰箐鸡。《滇海虞衡志》：白雉产滇南，故《左赋》以配孔翠。今滇多箐鸡，尾长二三尺，白毛而尾间杂细黑点，或以为白雉。白鹇，《秋坪新语》：白鹇状类家鸡，尾秃首小而锐，毛色微黄如乳鹅，饮水啄粒无异长〔常〕。畜及长，长颈修翎，乌喙丹趾，首翘朱冠，目荧金弹，遍身白质鲜洁如雪，而黑章作水绉纹蹜缩然。尾长数尺，若曳匹练，黑纹层叠，宛若微波，因风而

潆洄^①，鸣则咧咧如索斗^②。时飞鸣于巨树，暮则栖树稍^③不去。王渔洋《香祖笔记》：蜀人射锦鸡、白鹇以食，尝有诗纪其事，是白鹇、锦鸡皆食用中佳品也，土人常捕入市售之。燕，候鸟，亦为食虫益鸟。莺，又名黄鹂，全身鬈黄，腹下灰白，鸣声最优，故有饲养之者。鹊，又名喜鹊，鸣声俨若呼茶。鸦，又名慈乌。鸽，有家鸽、野鸽二种。野鸽，体青灰色而带绿光，栖水边。鸠，有憨鸠、青鶴、鹁鸠三种。憨鸠，形稍大。青鶴，俗呼绿斑鸠，尾较鸠长。鹁鸠，《本草纲目》：鹁鸠，一曰鹁鹁，讹作批鹍鸟。江东曰乌血，又曰鹁血。三月即鸣，俗呼驾犁，农人以为候。五更辄鸣，曰"架架格格"，至曙乃止。滇人呼榨油郎，呼铁鹦鹉，能啄膺鹇。鹗，《滇海虞衡志》：鱼鹰，鹗也。鹳，似鹤而颈嘴皆长，全身色灰白，翼尾黑色，栖于高树。鹰，《滇海虞衡志》：滇人喜赶山，多畜鹰，臂之者盈市。雉，一名野鸡，栖山箐间，尾羽较家鸡特长。鹤，体小而无丹，光禄山一带产之。鹡，一名鹡鸰，有摇尾之特性，分黑、白、黄三种。鹑，即鹌鹑，头小尾秃，性好搏斗，有驯养之以为游戏者。黄鸭，肉味美。白鹭，顶具冠，羽纷披于后，栖息水边。画眉，小鸟，黄黑色，其眉如画，巧于作声。翡翠，羽可为首饰。子规，即杜鹃，鸣声凄厉。鹧鸪，声称"行不得也哥哥"。鹦鹉，《滇海虞衡志》：鹦鹉多产于金沙江边，五色俱备。麻雀，亦名谷雀，为农家害鸟。拖白练，较小于白鹇，尾白色而长如拖练。黑头翁，又名黑头公，腊嘴全体似桑扈，惟嘴淡黄作蜡色。鸜鸲，甘《志》：俗呼八哥，城乡俱有，人多畜之。《幽明录》云五月五日剪其舌端使圆，教令学语，今州人亦然。戴胜，头有冠，羽有文采，嘴长而侧扁，与脚皆赤色，春暮常栖水边。

甘《志》七：秃尾鸡、俗呼鹮鸡，雌雄俱无尾。青鸽、按《正字通》：鸽，大如鹤，青苍色，亦有灰色者，长颈高脚，无丹。土人所呼为老青桩者，其青鸽之讹乎？鹡鸰、今人呼为点水雀。李时珍云即百舌鸟也，状如鹡鸰而小，身略长，行则头俯。鹬、土人呼为发水雀。陈藏器云鹬如鹑，色苍喙长，在泥涂。《说文》云鹬知天将雨鸟也。鴷、按即啄木鸟，俗呼啄木官。山中最多，好啄木食虫，静夜闻之其声阁阁橐橐。按：尚有小啄木鸟一种。鸺鹠、俗呼狠虎。桂馥《札樸》云有鸟夜鸣，其声骨鹿是也。乌鹃。善逐鸟，即《尔雅》所谓鹝鹝者，俗呼为铁连甲，又曰铁甲连。

增补二十六：鸡、为普通家禽，体肥而头小，翼短而拙于飞。古之鸡多能飞，往往升屋升树，如陶渊明诗"鸡鸣桑树巅"可见，后因养者裁制之，始成今状。足强而善走，雄者首有冠，喉下有肉垂，趾有锐距，尾壮丽，羽毛丰美。雌者则否，此其雌雄淘汰之结果也。变种虽多，大体分产卵、肉用、抱卵数种，饲养得宜，产卵者年可得二百五十枚。肉用种，体肥而多肉。抱卵种则善孵鸡，皆可随人之目的而发展之。现今省会普基农场，已有改良饲养之品种。此外，又有矮足、长尾等种，皆随其形而名，此即人事淘汰之结果也。邑中四山孵者，种较肥大，人多购畜骗养，以供肉用，普通均为输出大宗。卵价较邻为低，故输出亦夥。鹯、全形似鹰，腹部有黄黑或赤白斑点，雌者能捕鸭、鹭，雄者能捕鹑、雀。鸢、体褐色，惟嗜腐肉，飞翔最力。翼不须动，能静悬于空中进行，常成环状攫食，次第降落，稍近则直下攫之而去。枭、羽色黑暗，昼隐夜出，为鸟类中最猛鸷者。郭公、即鸤鸠，俗呼雇工，即布谷也。邑中以郭公鸣即播稻，鸣止即禁栽稻。白颈鸦、体较乌小，头背黑而颈腹灰白，寺宇及人户檐下均有。交喙、两喙互相交叉，栖松林食松实。天鹨、一名云雀，形似雀，能飞至最高处不见其影。鸣声远彻，状若告天，俗呼告天子。白头鸟、身细尾长，羽色灰黑，眼边有白毛。飞翔甚巧，见人影辄远去。山雀、白鹣鸟、形均小，食害虫。绣眼儿、眼缘有白毛环，

---

① 潆洄　《秋坪新语》卷二"白鹇雏"条作"潆洄也"。
② 索斗　同上作"索斗状"。
③ 树稍　同上作"树杪"。

嗜食红熟果实。鹪鹩、一名巧妇鸟，形极小，色灰褐，以善作巢得名。常捕食害虫及其幼虫与蛹。伯劳、一名䴗，《孟子》作鴂，《幽风·月令》《尔雅》《说文》均作䴗，实一字也。郭注《尔雅》似鹪鹩而大，《禽经》云伯劳似鹎鸹，《尔雅》言夏扈窃玄。盖浅黑色，与农业令节有关，上嘴钩曲，尾极长，止时必上下动，性勇悍，善食害虫。桑鳸、全体灰色，顶深黑，嘴深黄，大而短，食果实、谷类。鹦鹉子、上嘴钩曲，羽色深绿。嗜食果实，与桑鳸同为害鸟。甘仲贤《乡土科书》：四五月间，千百成群，一集梨树，则果皆破烂，不复成熟，种梨者必日为之驱逐，是为一种害鸟。土八哥、形似八哥，惟无冠羽，栖墙穴中，食昆虫。山和尚、体较八哥稍大，羽色黄褐，中杂黑斑，顶有冠羽。食昆虫，人有饲养之者。彩雀、甘仲贤《乡土科书》：彩雀俗呼戏子雀，成群而异色，有红、绿、黄、白、黑各种，鸣声亦异。常栖松林间，不相远离。鹰隼、不能攫，亦食虫。凫、俗呼野鸭，并有八鸭一种。于水边丛棘下营巢，肉味颇佳。鹜、即家鸭。雁、《滇海虞衡志》：滇南始未有。黄夫人诗"雁飞曾不到衡阳，锦字何由寄永昌"，即升庵始于《泛舟见新雁》。《滇志》注：嘉靖中雁始至，犹在昆明。顺治庚子，雁大至，径往滇西云。鹅、为雁之变种，全体色白，亦有黑灰色者。鸳鸯、雌雄色彩互异，雄者尤美丽，喜并栖，故昔人以称夫妇之谐和者。鸊鹈、似凫而小，善潜水，俗呼水葫芦。秧鸡。又名水鸡，鸣声如击木柝，夏秋时田泽间多有之。

——民国《姚安县志》卷四十三《物产志之一·动物》第 3 页

禽之属　有鸡、俗分公鸡、母鸡、镦鸡，善斗者曰斗鸡，家多畜之。鸭、西南乡多饲之。鹅、畜之者少。鸽、又名鹁鸪。雉、俗呼野鸡，产于高山。黄鸭、色黄，味酸，产水泽。对子鸭、俗呼小食鸭，产水泽。箐鸡、产高山，尾长有文彩，商人收之销售外洋。乌鸦、色黑，反哺者为乌，颈白；不反哺者为鸦，俗呼老鸹。北城外有老鸹箐。水老娃、鸦之属，形类小乌，泅水敏捷。以其鸣似娃之啼也，故名。产水泽，获之可治气吼病。水葫芦、形如葫芦而小，泅水尤捷。常居水中，获之治气吼病尤效。老鹳、长颈高足，一名青庄。居水泽，食鱼螺。鹰、巢树林，晨鸣可占阴晴，俗有"一叫阴，二叫晴"之谚。兔鹰、猎人饲之，用以猎兔。鹞子鹰、又名蚂蚱鹰，少年饲之以扑谷雀。鹎鸪子、似乌而小，深夜飞鸣，有天阴叫晴之占。喜鹊、羽色黑白相间，传枝受卵，善营巢。将竣必择佳木为梁，雌雄并衔其端上之。灵能报喜，屡试皆验。雀、即瓦雀，褐色有黑斑，俗呼麻雀，又呼谷雀。鸠、俗称斑鸠，喜食桑葚。燕、有紫燕、麻燕二种，春分来衔泥草作巢屋檐。孵雏后，秋分携去，习以为常。雁、状似鹅，鸣声嘹亮。秋来春去，飞自成行，或如人字、一字，叫可占晴。布谷、一名催耕。当忙种之际，大呼播谷；越旬余，又呼藤芭谷，过时则否。画眉、全身黄黑色，其眉如画，居水泽。鹦鸪、即土八哥，能为人言。莺、一名黄鹂，鸣声宛转。杜鹃、一名子规。翡翠、羽毛美丽，可为饰品。伯劳、一名伯赵。春分鸣则群芳发，秋分鸣则群芳歇，能捕燕雀。鹌鹑、形似鸡雏，头小尾秃，性喜跳跃，善斗。鹭鸶、羽纯白，居水泽。啄木官、嘴锐而坚，凿木而居。有好事者以石塞其门，则寻沙画符，石自落下。贼盗窃习其符以开锁钥。鸳鸯、羽毛美丽，雄雌相依。偷鸽、有红头、褐羽二种。菜花黄时最多，饲之善叫，价有值十数元者。黄斗儿、形小色赤，善斗。铮铮雀、其声铮铮，能叫"自西、自东、自南、自北"之类。点水雀、羽白而花，居于水边。蒿丁丁、与黄斗儿相似。鹁鸪、形似鹌稍大，雌雄对啼，其鸣声若曰"行不得也哥哥"。马大头、形微似画眉，声音清脆，爱鹊者多笼饲之。黄腊嘴、形类八哥，色黄黑，人有饲之以算命者。扬鹊、羽色黑白相间，巢居山林。铁菱角、居山林，一叫辄连呼十数"铁菱角"之声然。鸥鹝、俗名恨虎。喜鸪鹊、形类鸠，首颈皆作黄白红花点，头部有冠，嘴尖利，与啄木相等，巢居。其鸣声，若天将雨则雄者呼曰"灰公公"，雌者应曰"杀杀杀"。叫天、形小，黄褐色，有纹。春居麦田，秋居凉山。高飞天空，其音响亮若像"急急急，放牛娃娃你莫息，急急急"。野鹅、与家鹅相似，脚稍短，油可治毒疮。胭脂鹊。形类喜鹊，通体羽毛皆属胭脂色，故名。以上皆属常见，外有不识名目者，概从略焉。

——民国《昭通志稿》卷九《物产志》第 1 页

禽之属 鸡、鸭、鹅、鸽、鹤、鸿、雁、乌、鸦、鸥、凫、鹳、雉、鹭、莺、鹊、燕、鹰、鸱鸮、鸱鸺、鸧鸡、鹭鸶、鱼狗、鹧鸪、秧鸡、班鸠、鸣鸠、桑鹰、鸤鸠、伯劳、鸜鹆、翠鹊、鹦鹉、画眉、瓦雀、白头翁、信天翁、啄木翠、点水雀、蝙蝠、黄豆雀。

——民国《巧家县志稿》卷七《物产》第 23 页

禽类 鸡、鸭、鹅、箭鸭、竹鸡、黄连鸡、产于铁厂沟。雉、俗呼野鸡。鸽、燕、莺、凫、俗名野鸭。鹇、有赤、白二种，即寒鸡也。鹌鹑、杜鹃、布谷、鹞鹰、俗呼岩鹰。雁、俗呼雁鹅。鹭、即鹭鸶。鹄、即青庄。翠鸟、画眉、鸜鹆、俗呼八哥。喜鹊、鹊、雀，俗呼麻雀。红花雀、冬时多喜群居。鹡鸰、俗呼点水雀。牛屎雀、鴮鸔、即黄豆雀。鸬鹚、俗名水老鸹。鴷、即啄木鸟。鸠、俗呼斑鸠。白头翁、乌、俗呼老鸦。黄老鸦、枭、猫头鹰、类凫，大与母鸡等，近发现。蝙蝠。

——民国《盐津县志》卷四《物产》第 1697 页

禽类 鸡、鹅、鸭、鸽、画眉、有京、土两种。京种善鸣好斗，人多捕养之，用作竞赛，胜负百金千金不等。斗时有评彩官，平时有鹊笼会，人数二百余。野鸡、秧鸡、竹鸡、庆鸡、一名锦鸡，雄者长尾花毛，色绚五彩，最为美观。谷雀、相思鸟、红嘴绿毛，杂以彩色，最美丽。鹌鹑、斑鸠、大小四五种。黄豆雀、古名鳭鹩。鹦鹉、鹡鸰、俗名点水雀。白鹤、鹭鸶、翡翠、燕、有家、野二种。喜雀、黄莺、乌鸦、瓦雀、鹳、鹞鹰、鸱、枭、啄木鸟、白头姑、俗名孝子雀，头白故也。雁、凫、鸳鸯、子规、一名杜鹃。夜食鹰、夜鸣蛙、九头鸟、夜出昼伏，每飞鸣经过，人以为不祥，鸣金鼓驱之。打鱼翁。

——民国《绥江县县志》卷二《物产志》第 25 页

羽毛之属 七十：鹤、乌、鸥、鹌鹑、火鹊、秧鸡、雕、鹊、鹭、画眉、鸜鹆、锦鸡、鹰、鸦、凫、翡翠、布谷、白头翁、鹞、鸠、鸡、百舌、啄木、白脰鸟、雁、鸿、鹅、仓庚、鸡鹊、山喜鹊、莺、雀、鸭、黄鹂、青鶬、黄豆雀、燕、鸮、鸽、子规、鹡鸰。以上羽四十一。马、驴、骡、獭、猬、豪猪、牛、鹿、麞、狐、崖羊、猓猁、羊、麂、兔、獾、香猫、竹鼦、犬、猫、豹、熊、黄鼬、松鼠、豕、豺、狼、鼠、蝙蝠。以上毛二十九。

——民国《大理县志稿》卷五《食货部二·物产》第 11 页

羽之属 有乌、纯黑反哺者，谓之乌。白鹇、羽族之奇幽者，素质黑章，文如涟漪，长二三尺，距嘴纯丹。亦有青黑者，颇类雉翟，神貌清闲，不杂于众，栖止遐深，与境罕接。周时越裳献白雉即此。鹦鹉、一名鹦哥。上嘴钩曲，舌肥厚能学人语，足二趾向前，二趾向后。蒙仅有色绿者。危照南有诗云：“人道鹦鹉灵，我道鹦鹉拙。红嘴招是非，绿衣诲磨折。不如海上鸿，保身尤明哲。羽毛任自丰，言语无人悦。一飞必冲天，凭他罗网设。”鹊、尾长与身相等，色黑白相间而光泽。俗以鸣声为吉祥，称为喜鹊。雀、即瓦雀，褐色有黑斑，俗呼为麻雀。鹰、嘴长而钩曲，脚四趾，其三向外，其一能前后回转，有钩爪，劲而有力。目甚锐敏，盘旋空中，无微不瞩，猎者多畜之以逐禽兔。雉、即野鸡，形状、性习与鸡相类。雄者毛羽美丽，尾甚长，恒栖息山野间。鸽、有黑、白、花三种。鸠、有祝鸠、斑鸠二种。燕、一名玄鸟，体小翼大而尾长。春分前后来巢于屋梁，秋分复去。雁、状似鹅，鸣声嘹亮，飞时自成行列。秋来春去，故又谓之候鸟。画眉、全身黄黑色，其眉如画，巧于作声，如百舌，性善斗。布谷、一名鸤鸠，一名郭公。绝类杜鹃而大，灰黑色，鸣声如呼“割麦插禾”，故名。鸜鹆、一名八哥。身首皆黑，剪其舌端，教之语，能为人言。莺、一名黄鹂，又名仓庚。鸣声婉转清脆，俗称黄莺。杜鹃、一名子规，一名杜宇。不自营巢，生卵于莺巢，而莺为之孵育。鸣声凄楚，能动旅客归思。陈佐才有《闻杜宇》诗云：“细柳桥边弄夕晖，哀哀杜宇树头飞。口中不住啼红血，唤得行人几个归。”鹈鹕、形类鹅而大，色灰白，嘴长尺余，脚短力强。翡翠、雄曰翡，雌曰翠，羽毛美丽可为饰品。锦鸡、古名鷩雉，形状大小略似常雉，羽尤美丽而光泽。伯劳、一曰博劳，一曰伯赵。春分鸣则众芳生，秋分鸣则众芳歇，能捕燕雀，并能制蛇。鹌鹑、形类鸡雏，头小尾秃，色黄褐而有黑斑，性喜跳跃而善斗。鹭鸶、羽纯白称曰白鹭，顶及肩背胸部生有长毛，氄氄如丝，西洋妇人取以为冠饰。鸬鹚、一名乌鬼。形似鸦而黑，额下有小喉囊，嘴长，末端稍曲。善潜水取鱼，俗称水老鸦。凫、俗名野鸭。体肥多脂，味鲜美，雄者羽毛甚丽。啄木、嘴锐直而坚，足四趾，二趾向前，二趾向后，便于攀树。舌细长，尖端有钩，以嘴叩树，察有木蠹，穿孔钩出食之。鸳鸯、雄曰鸳，雌曰鸯，雄者羽毛美丽。鸺鹠、即鸱鸮，鸷鸟也。大如鹰，头似猫，有毛，角如两耳，故人称为猫头鹰。昼伏夜出，鸣则若哭、若笑，声音衰，楚人皆以为不祥。嗜捕鸟而食，并食其母。危照南有《鸱鸮吟》云："鸱鸮鸱鸮何所说，呜呜嗷彻三更月。白昼无声黑夜飞，贼心贼胆惯行窃。窃得鹊卵据巢窠，窃得燕雏恣哺啜。哺啜之余乱呼风，昂然自谓禽中杰。禽中杰，眼莫黑，凤凰近伏梧桐叶，一时旭旦鸣高冈。雁阵鹅军出捕猎，捕彼不孝禽彼彼。无道孽鹰扬尚父，威鹏振武穆翻翎。刀羽箭，四围来，飞尽天涯难钻穴。"鹧鸪、形似鹑，稍大，色灰苍有斑点，胸有白圆点如珍珠。雌雄多对嗷，其鸣声若曰"行不得也哥哥"。危照南有诗云："应候知时许鹧鸪，如今时势转胡涂。山林正好藏名姓，何事声声只自呼。"马料、形微类画眉而小，通身黄麻色，头颈稍红。飞鸣跳跃，声音婉转，爱雀者多笼饲之。胭脂雀、其形类马料，惟通体皆着胭脂色，故名。白颈老鸦、形如喜鹊而尾短，声与鹦鹉相类，多飞集树稍。喜鸪鸪、形类鸠而小，首颈皆作黄白红黑花点，头部有冠向后，尖利与啄相等。其鸣声"呱呱"，天将雨则尾声有"耍"字音。点水雀、形类燕，身灰色，腹部毛稍白。鸣则首尾俱动，故谓之为点水雀。鸡、雌雄皆有肉冠，雄者羽毛美丽，以时而鸣。肉及卵皆有滋养之效。鹅、似雁而大，首端隆起，身躯肥满而尾脚皆短，翼力弱不能飞。鸭、翼小，拙于飞翔，性质木钝，产卵不择地，故又谓之鹜。其卵以盐浸之，味甚美。百舌。鸣禽，一名反舌。似伯劳而小，全体黑色，啄甚尖，色黄黑，根杂，鸣声圆滑。人或畜之，至冬则死。危照南有诗云："啧啧百舌鸟，碎语残春晓。此世罗网宽，何庸争佞巧。君不见，鹦鹉为多言，久系牢笼嗷不了。"

——民国《蒙化县志稿·地利部》卷十一《物产志》第 11 页

羽类 鸡、鸭、鹅、鸥、斑鸠、鹳、鸽、鹰、夜鹰、燕、白鹇、画眉、喜鹊、鹡、孔雀、鹧鸪、竹鸡、牛多药鸡、野鸡、布谷、黄鹂、雉、雁、啄木、鹡鸰、鹌鹑、白头公、子规、青鵻、鸦、鹊鸰、水鸟、秧鸡、山呼、松雀、催工、花花、汗沤、鹭丝、箐鸡、瓦鹊、仓庚、乌鸦、绿翠、鸳鸯、鹦鹉、八哥、呜吁、白乌、天白了。

——民国《景东县志》卷六《赋役志附物产》第 32 页

羽属 鸡、鸭、鹅、鸽、鹰、鹳、鹊、雀、燕、鹪、鸠、雕、鸦、鹭鸶、鸳鸯、鹧鸪、鹌鹑、拖白练、子规、山呼、白鹇、白头翁、鱼翠、山和尚、布谷、啄木、鹡鸰、画眉、鹦鹉、锦鸡、秧鸡、野鸭、黄鸭。

——民国《龙陵县志》卷三《地舆志·物产》第 21 页

禽属 鸡、鸭、鹅、鸽、鹰、雀、燕、鸠、鹊、鸦、雕、鹭鸶、鹧鸪、鹌鹑、子规、布谷、鹦鹉、画眉、白鹇、野鸡、孔雀、秧鸡、鹡鸰、啄木冠、点水雀、枭鸟、绿翠、山呼。

——民国《镇康县志》（初稿）第十四《物产》第 6 页

鹌鹑

鹌鹑 属鹑鸡类。旧《志》仅录其名。体较鸡小，羽多苍黑，或呈黄褐，间以黑白斑文，滇山麓草丛及田野间产之。昼伏夜出，性喜近人，故或笼为玩鸟。昆明、蒙自旧有斗鹌鹑之赌赛，此风今犹未熄。其肉质亦嫩美，称餐食之佳品。富民、罗平、曲靖、宁洱、大姚、保山等处产之。

——《新纂云南通志》卷五十九《物产考二•动物二•鸟类》第 11 页

白头公

白头公 属鸣禽类，旧名鹎，或白头翁，曲溪、寻甸、缅宁、芒遮板、广通、腾冲有是称。或白头鸟，镇南。或白脰鸟，邓川、鹤庆。或白雀，禄丰。或白脸雀，梁河。而白头公之名最普通。体大于鹡鸰，头顶毛羽白色，栖滇山林原野间。

——《新纂云南通志》卷五十九《物产考二•动物二•鸟类》第 20 页

白鹇

《云南记》曰：韦齐休使至云南，其国馈白鹇，皆生致之。

——《太平御览》卷九百二十四《羽族部十一•白鹇》第 8 页

白鹇 即竹鸡也，尾长，可饰文舞之籥。

——景泰《云南图经志书》卷四《景东府•土产》第 23 页

白鹇、孔雀。

——正德《云南志》卷七《景东府•土产》第 2 页

禽类之竹鸡，即白鹇，尾以饰文舞之籥。

——天启《滇志》卷三《地理志第一之三•物产•景东府》第 119 页

白鹇 《西京杂记》谓之鸬雉，赤足朱喙，其毛白质黑章。《尔雅》白雉名翰，张华以其行止闲暇，故谓之曰白鹇。李昉曰：是吾家闲客也。其性耿介，与他禽殊。

——《鸡足山志》卷九《物产》第 342 页

白鹇。

——康熙《云南通志》卷十二《物产•镇沅府》第 10 页

白鹇 《一统志》：姚安府出。

——道光《云南通志稿》卷六十九《食货志六之三•物产三•楚雄府》第 26 页

白鹇 旧《云南通志》：元江府出。

——道光《云南通志稿》卷七十《食货志六之四•物产四•元江直隶州》第 56 页

白鹇 《一统志》：镇沅府出。

——道光《云南通志稿》卷七十《食货志六之四•物产四•镇沅直隶州》第 56 页

白鹇 与白雉相似而实不同。状类家鸡，可供驯养，初时，尾秃首小，毛色微黄。及长，长颈修翎，乌啄丹趾，首翘朱冠，目荧金弹，遍身白质黑章，绉纹蹴踏。尾长数尺，若曳匹练。跹跹飞鸣，暮栖树杪。摘《秋坪新语》。羽毛之美，视锦鸡、翟鸡为过之。不过，近数年来，外商竞事滥猎收买，将与雉类同告式微矣。产地之著名者，有武定、曲靖、峨山、石屏、新平、景东、景谷、缅宁、云县、思茅、墨江、宁洱、镇沅、五福、金河、临江、芒遮板、麻栗坡、文山、马关、镇南、姚安、蒙化、云龙、鹤庆、剑川、阿墩、漾濞等处。红色者景谷产之，亦云红鹇。

——《新纂云南通志》卷五十九《物产考二·动物二·鸟类》第 10 页

白鹇 旧《云南通志》：出元江。《秋坪新语》：白鹇，状类家鸡，尾秃首小而锐，毛色微黄如乳鹅，饮水啄粒无异常。畜及长，长颈修翎，乌啄丹趾，首翘朱冠，目荧金弹，遍身白质鲜洁如雪，而黑章作水皱纹蹴缩然。尾长数尺，若曳匹练，墨纹层叠，宛若微波，因风而濛洄，鸣则羂羂如索斗状。时飞鸣于巨树，暮则栖树杪不去。

——民国《元江志稿》卷七《食货志·羽属特别产》第 10 页

百舌

百舌 属鸣禽类，旧名鶷，又名鸹，又名鸋鸠、反舌，俗名牛屎八。墨江、鹤庆有是名称，鹤庆土名百舌，为哑喇母。元谋则呼为猪屎雀，惟寻甸呼为乌春，则不免与铁连甲别名相混，形虽相似，而种类各别。曲溪、马关、罗平、宣威、双柏、蒙化、邓川、腾冲等处均产之。栖息树孔及岩穴中，状如鸜鹆而小，身稍长，羽毛灰黑，微有斑点，嘴尖而黑，行则头俯，好食蠕虫。旧历立春后，鸣声不已，能效诸鸟之音，最悦人耳，夏至以后，寂然无声，《月令》所以云"反舌无声也"，入冬藏蛰不见。疑泸水产之惊蛰鸟、罗平之清明鸟、大姚之春雀，即百舌之地方名？

——《新纂云南通志》卷五十九《物产考二·动物二·鸟类》第 19 页

摆夷鸡

茂里境上诸夷风俗虽异，然多习僰夷所为。……矮脚鸡，鸣无时，自更深鸣至彻晓，牝鸡亦然。

——万历《云南通志》卷十六《羁縻志十一·僰夷风俗》第 5 页

百夷鸡 产永昌诸蛮地，视家鸡足短而善鸣，昼夜无时，音稚若鸜鹆，然雌者亦鸣。又夏秋之交，生秋田中者曰秋鸡，小而黠，不可捕。其五色俱备，日中吐绶者曰锦鸡。

——《滇略》卷三《产略》第 17 页

顺宁准提寺僧养一摆夷鸡，鸣应更鼓，五更无差。盖童鸡也，与牝交过，鸣即不准。中甸人家牝鸡孚十二子，皆雄，鸣应十二时，后杀其一，余不复鸣。摆夷地方有野鸡，小于家鸡，能飞，声短。捕其雄与家鸡交，抱出雏，体大而声清，呼为摆夷鸡，其距长寸许。

——《札樸》卷十《滇游续笔·鸡》第 15 页

摆夷鸡 鸡身而凫脚，鸣声无昼夜，寺庙多畜之。镇沅谓之小鸡，南甸谓之叫鸡。然鸡非小也，以为叫鸡，又不应司晨之节，且好逐小儿而啄其眼，故人家不敢畜，多送之寺院。

——《滇海虞衡志》卷六《志禽》第 4 页

摆夷鸡 桂馥《札樸》：摆夷地方有野鸡，小于家鸡，能飞，声短。捕其雄与家鸡交抱出雏，体大而声清,呼为摆夷鸡,其距长寸许。顺宁准提寺僧养一摆夷鸡,鸣应更鼓,五更无差。盖童鸡也,与牝交,过即不准。

——道光《云南通志稿》卷六十九《食货志六之三·物产三·顺宁府》第 34 页

矮鸡　旧《云南通志》:俗名摆夷鸡,足短而鸣长。

——道光《云南通志稿》卷七十《食货志六之四·物产·元江直隶州》第 56 页

背明鸟

背明鸟　黄龙元年,吴都武昌时,越巂之南献背明鸟。形如鹤,止不向南[①],巢常对北,多肉少毛,声音百变,闻钟磬笙竽之声,则奋翅摇头,时人以为吉祥。是岁迁都建业,殊方多贡珍奇。吴人语讹呼"背明"为"背亡"。国中以为大妖,不及百年,当有丧乱、背叛、灭亡之事,散逸奔逃,墟无烟火,果如斯言。后此鸟不知所在。

——天启《滇志》卷三十二《搜遗志第十四之二·补灵异》第 1087 页

背明鸟　黄龙元年,越巂之南献背明鸟于吴。形如鹤,止不向南,巢常对北,多肉少毛,声音百变,闻钟磬笙竽之声,则奋翅摇头,时以为祥。吴人讹呼为"背亡"。人以为不及百年,当有丧乱之事。后此鸟不知所在。

——康熙《云南通志》卷三十《杂异》第 3 页

背明鸟　王嘉《拾遗记》:黄龙元年,始都武昌,时越巂之南献背明鸟。形如鹤,止不向明,巢常对北,多肉少毛,声音百变,闻钟磬笙竽之声,则奋翅摇头。

——道光《云南通志稿》卷七十《食货志六之四·物产·武定直隶州》第 52 页

蝙蝠

禄劝悬岩大蝙蝠极多,皆倒挂,疑千余年物,厂民每捕而烹食之,卒亦无他。乃知成仙泄死之说,均不足信。

——《滇海虞衡志》卷八《志虫鱼》第 9 页

蝙蝠　檀萃《滇海虞衡志》:禄劝悬岩大蝙蝠极多,皆倒挂,疑千余年物,厂民每捕而烹食之,亦无他。

——道光《云南通志稿》卷七十《食货志六之四·物产·武定直隶州》第 53 页

蝙蝠　属翼手类。体形似鸟,实非鸟类,胎生哺乳,体具茸毛且有齿,前肢成翼,连于胴及肢间之皮膜,故适于飞翔,又具钩爪,倒悬树枝,多属夜性。滇产特多,旧《志》仅著其名,普通可分为食虫蝙蝠、食果蝙蝠两类。

食虫蝙蝠类:

瓦蝙蝠　滇最常见。昏夜求食,争集人家墙壁,其最小者名小蝙蝠。

山蝙蝠　体形较大。其产域不限于山地,树穴、岩窟均栖息之。《滇海虞衡志》载"禄劝悬崖,

[①] 止不向南　康熙《云南通志》卷三十《杂异》同。《拾遗记》卷八作"止不向明",道光《云南通志稿》引《拾遗记》亦作"止不向明"。

大蝙蝠极多，皆倒挂，疑千余年物"，即此类也。

兔蝙蝠 耳较长，栖息寺院塔顶。滇多浮图，故此类特著。

菊蝙蝠 产滇山中。鼻端侧叶如蹄铁状，故又名马蹄蝙蝠。

食果蝙蝠类：此类为有名之大蝙蝠，滇不常见，仅迤南温热地有之。最著名者为寒号虫，古名鹖鴠，墨江名产，俗称光咕噜，鸡尾小头，及腹部带赤，余皆黑色，体长尺余，展翼达二尺以外，倒悬树枝，觅食果实，皮鞒密，供诸种用，茸毛稀疏，与滇谚光咕噜即裸体无毛之云，同一意义。

——《新纂云南通志》卷五十八《物产考一·动物一·哺乳类》第 5 页

蝙蝠 禄劝悬崖大蝙蝠极多，皆倒挂，疑千余年物，厂民每捕而烹食之，亦无异。

——民国《禄劝县志》卷五《食货志·物产》第 11 页

伯劳

铁鹦哥 铁鹦哥，鵙也，一曰鸦舅。蜀地名驾鹠，滇中名铁鹦哥，又名榨油郎。五更辄鸣不止，至曙乃息。《丹铅录》曰：《月令》鵙始鸣。鵙，即伯劳也。《左传》曰伯赵，《乐府》曰伯劳。今不知（识）为何鸟。《禽经注》云：伯劳，飞不能翱翔，直刺而已。形似鹨鸽，但鹨鸽喙黄，伯劳喙黑，以此别之。《易林》曰：鵙必单栖，鸯必匹飞。此鸟好只飞，未尝双性。亦能击搏鹰隼于林，则盘旋鸣聒，俟鹰飞辄击之。

——天启《滇志》卷三十二《搜遗志第十四之一·补物产》第 1047 页

伯劳 属鸣禽类，旧名为鵙。嘴尖而钩曲，侧缘有齿状缺刻，鼻孔裸出，性质猛鸷，能捕食毛虫，亦益鸟也。墨江、蒙化、鹤庆、丽江、剑川均产之。宣威产伯劳，谓"春分鸣则群芳发，秋分鸣则群芳歇"，是又为应候之鸟云。

——《新纂云南通志》卷五十九《物产考二·动物二·鸟类》第 19 页

布谷

郭公 属攀木类，一名催工，或云布谷，或云苞谷鹊，盖以鸣声相肖而定名者也。羽色完成者，与杜鹃殆难区别，惟鸟体比较稍大。幼者羽色焦褐，胸、腹部有黑条横行之鹰文，云南山野最普通，昆明、嵩明、寻甸、会泽、鲁甸、镇雄、永善、陆良、曲靖、宣威、平彝、罗平、曲溪、建水、蒙自、缅宁、云县、景谷、新平、元江、泸西、宁洱、墨江、文山、马关、江城、干崖、罗次、大姚、蒙化、弥渡、邓川、鹤庆、剑川、中甸、华坪、永平、腾冲等处尤多见之。春来秋去，候鸟也，夏日特多。此鸟一鸣，已近栽插时节，滇中即借以占候，故玉溪、泸水亦名催耕鸟。喜食害虫，与杜鹃相等，亦应为常期保护鸟云。

——《新纂云南通志》卷五十九《物产考二·动物二·鸟类》第 14 页

茶花鸡

茶花鸡，为云南思茅、普洱方面边地上之一特种生物，他处则无。茶花鸡又只生于思茅、普洱一带边地上之山林中，而尤以六大茶山中为最多。此一种鸡实不是一种家禽，而是一种山禽，以此种鸡，无论雌雄，无论大小，都是栖息于树上，即抱卵育雏，亦是不离开树。其在山间，多是搜寻土中活物而食，或啄山中木实草子而求果腹。若罗致到吾人家中畜养，饲以粮食，亦乐入口，此不过稍变易其习惯，稍变更其口头食也。

产生于山林中之茶花鸡，身体不大，体积甚轻，从无一个能重至二斤者，看去时，是身圆而背扁，足短而尾长。以其足短也，行于地面上遂愈矮小，以其尾长也，又不啻一只小剜（骟）鸡。顶上红冠却不甚大，但是无一鸡冠莫不分成五岔，土人则谓为五岳朝天。两眼较家鸡为大，眼珠分三层，外轮红，内轮黑，瞳子则泛金光，土人称之为火眼金睛。嘴壳作黑色，双脚绿而黑，两距指则色白，土人又名之为铁嘴玉钩。要如此者，方得认为是山中产出之茶花鸡。可是产于易武一带之茶山中者，体格尤较他处产出者为小，而长鸣一声则较一切之声音宏亮，因而易武之茶花鸡尤为珍贵。

茶花鸡之雄者，颈上背上之毛色实较家鸡为红。雌者，概是黄色，无一白毛黑毛者，亦无一毛色花麻者。雄鸡尤是一色红，从不见此一带山中有一白茶花鸡或一黑茶花鸡出现。茶花鸡产出之卵甚小，只较一鸽蛋大三之一。凡是山中之真正茶花鸡，无论公母，双翅俱健，展翅飞远可能达到十数丈，上腾亦能及二丈，所以在山中欲罗取其一，无论为雌为雄，都是大不易易之事。

有人在山间取得其窝内之卵，归而使家畜之鸡母伏（孵）之，亦能匏成孵，出窝后不失山中茶花鸡之形色，其身体则壮大，其强健处则逊矣。雄者鸣时，声音上亦不若山中鸡之清越，字韵上亦不如山中鸡之明晰，有些尚变成五个字音，人则配之为"撮箕装银子"，实则是声调变动也。由山中致来之雄者，多不喜与家畜之雌者接尾，由家畜鸡母匏出之雄者，则喜与一般雌者合。此而下出之蛋，再使家畜鸡母匏出，其形色则不似一茶花鸡矣，雄之鸣声，亦只依稀仿佛有着茶花鸡之一唱，雌者则不多下蛋。由山间得来之雌者，不惟不多下蛋，而且极易死去，此当是气候水土关系。

山中之茶花鸡，在长鸣时，听去的是"茶花两朵"四字，入于任何人耳中，都无异议。其在山间时，每日必鸣三次：一在东方明时，一在正午时，一在正酉时。每次必接连长鸣十数声，此则较家鸡报时认真。在山中鸣时，声音可达于三里以外，此不是声音宏亮，实是音韵清越，所以此种鸡十分可贵。

鸡之制服蜈蚣，是鸡特有之威力。茶花鸡之能制服蜈蚣，原是鸡之性能，自不足怪。惟是遇一尺许长之蜈蚣，都能啄其腰而断其躯，且长鸣一声，即能使居于百数丈外之一切大小蜈蚣，莫不发生动荡。又任何长大之蜈蚣，一误触其所遗之粪，便立即僵死，是真强于家鸡多矣。有宁洱夷族人某与某，曾挟一特别雄健之茶花鸡入宁洱地面之蜈蚣山探险，居然得到胜利而回。余曾撰有两夷人入蜈蚣山探险记，载于他一卷中，是记茶花鸡之雄也。

又属于元江州之勐烈（今江城县）山间，亦有茶花鸡产生，但形体较大，毛羽不及思普茶山上所产者之光彩，飞腾亦较为迟钝，人则易于捕罗。所啼之声为五个字音，彼财利迷心者，谓其啼声为"撮箕装银子"五字，听去亦颇相似。有由迤南携茶鸡来省畜养者，多是此类，云是茶山上之真正茶花鸡则少矣。

又茶花鸡极不合以熟饭饲之，常以此饲，啼声即改变，所唱之"茶花两朵"、所唱之"撮箕装银子"便不大似矣。余于此曾试验无讹，足见野生之物，大不宜吃经过烟火之食品也。

——《纪我所知集》卷十四《滇南景物志略之五·思普方面之茶花鸡》第 379 页

长鸣鸡

所产有叫鸡，昼夜依时而鸣。

——景泰《云南图经志书》卷六《南甸宣抚司》第 19 页

长鸣鸡　汉成帝时，越巂、交趾献长鸣鸡，一食顷不绝。伺鸡晨，即下漏验之，晷刻无差。长距善斗。

——天启《滇志》卷三十二《搜遗志第十四之一·补物产》第 1047 页

长鸣鸡　身小形昂，其鸣无时，声异常鸡。

——康熙《云南通志》卷十二《物产·顺宁府》第 9 页

长鸣鸡　《一统志》：身小形昂，其鸣无时，声异常鸡。《顺宁府志》：有矮脚者，长鸣不时。葛洪《西京杂记》：成帝时，交趾、越巂献长鸣鸡，伺晨鸡即下漏验之，晷刻无差，长鸣鸡则一食顷不绝，长距善斗。谨案：此疑即《札樸》之野鸡也。

——道光《云南通志稿》卷六十九《食货志六之三·物产三·顺宁府》第 34 页

叫鸡　《思茅厅采访》：矮脚善斗，应更而鸣。

——道光《云南通志稿》卷七十《食货志六之四·物产四·普洱府》第 7 页

叫鸡　《一统志》：南甸出。谨案：即摆夷鸡，见顺宁。

——道光《云南通志稿》卷七十《食货志六之四·物产四·永昌府》第 28 页

鸱

顺宁有鸟，夜鸣，其声骨鹿，苍黑色，大如拳，狸首有角，俗呼很虎，即兔鸱也。《释鸟》：萑，老鵵。郭注：木兔也。似鸱鵩而小，兔头，有角，毛脚，夜飞，好食鸡。[①]

——《札樸》卷十《滇游续笔·很虎》第 16 页

鸱　属猛禽类。古时鸱、鸮并称，但较鸮为小。体色苍黑，鸣声骨鹿兔。头有角，故车里、云县亦名角鸱。毛脚，夜飞，好袭食鸡，俗呼狼虎，墨江则称更虎。禄劝、罗平、牟定、宾川、剑川等处产之，又称兔鸱。

——《新纂云南通志》卷五十九《物产考二·动物二·鸟类》第 23 页

戴胜

戴胜　属攀木类。体小于鸠，羽色黄白，间以斑点及黑色鹰文，头上羽毛，如戴华胜，故名。此鸟得名甚早，《月令》云"戴胜降于桑"，《尔雅》释为戴鵀，谓"鵀即上首胜也"。旧注谓"农事方起，此鸟飞鸣桑间，云五谷可布种也，故曰布谷"。按：布谷即郭公，当属另一鸟类，与此不同。旧注又谓"戴胜，一名桑鸠，仲夏鹰所化也"云云。此等化生臆说，近已为人吐弃。滇中又一俗名，呼此鸟为喜姑姑，或屎姑姑，则以其常巢树穴或墙角隙地，有时且藏曝露之古柩中，不择污秽，觅食粪土中之昆虫。姑姑，盖绘其声。屎，则形容污秽。名虽俚俗，音、义殆两得之。晋宁、武定、大姚、蒙化、弥渡、

---

① 此条，道光《云南通志稿》卷六十九《食货志六之三·物产三·顺宁府》35 页引同。

云龙、华坪、云县等处产。又北方称戴胜为山老和尚，腾冲、陆良、罗平亦有山和尚，或沙和尚之称。

——《新纂云南通志》卷五十九《物产考二·动物二·鸟类》第 13 页

雕

雕 居大泽，飞则盘空如大车盖，滇人取其翎以饰箭。李时珍谓："雕，即鹫也。羌雕出西南夷，黄头赤目，五色皆备。"雕类能博鸿、鹄、獐、鹿、犬、豕，又有虎鹰，翼广丈，能博虎。鹰、雕虽鸷而畏燕，盖禽之制以气，物无大小也。院丁山荣得其爪，挂于前楼，盖新见获者也。为予述滇雕之状，殆即羌雕也。

——《滇海虞衡志》卷六《志禽》第 6 页

雕 属猛禽类。体形巨大，两翼广尺许，嘴强大，上端钩曲，趾强健有钩爪，力强视敏，眼眶凹陷，雌雄双栖，而雌大于雄，栖息高山大泽间及山中乔木上。嵩明、彝良、宣威、罗平、景东、景谷、梁河、芒遮板、楚雄、牟定、云龙、永北、鹤庆、中甸、保山等处往往见之。《志》称"雕，居大泽，飞则盘空如大车。性凶猛，能搏兽而食之。滇中旧取其翎，用以饰箭，谓之雕翎"，李时珍谓"雕，即鹫也。羌雕出西南夷，黄头赤目，五色皆备"，殆即今之羌鹫云。又臭雕，佛海、云县产，习性未详，或即雕之别种。

——《新纂云南通志》卷五十九《物产考二·动物二·鸟类》第 24 页

杜鹃

杜鹃 蜀人见鹃而思杜宇，盖杜宇蜀天子之所化，故诗"望帝春心托杜鹃"。《蜀王本纪》谓：望帝淫其臣鳖灵妻，乃禅位亡去。其时子规鸟鸣，故蜀人闻之则思帝，而悲伤其弃国如屣。

——《鸡足山志》卷九《物产》第 344 页

子规 始于秋则谓之杜宇，冬则为鶗鴂，应春候而鸣为子规，昼夜啼至口血出乃止，至春耕则化为布谷，将夏则为催归。《说文》以为均之怨鸟，周燕之所化，时珍统谓之阳雀，《汉书》服虔注为伯劳，则讹矣。

——《鸡足山志》卷九《物产》第 344 页

杜鹃 属攀木类，别名杜宇，一云子规，滇深山中有之。比鸠稍小，羽色灰褐。晚春自他处渡来，入夜悲鸣，夏日产卵他鸟巢中，初秋复向南去。嵩明、寻甸、会泽、鲁甸、镇雄、永善、峨山、曲溪、华宁、蒙自、陆良、宣威、罗平、平彝、文山、马关、新平、泸西、缅宁、镇沅、车里、江城、芒遮板、麻栗坡、镇南、广通、姚安、蒙化、祥云、弥渡、宾川、凤仪、邓川、华坪、丽江、鹤庆、剑川、漾濞等处见之。旧传，此鸟啼残，继以泣血，当系诗词家抒情写景之词，并非确据。惟性喜搜食毛虫，有益农林，称常期保护鸟焉。

——《新纂云南通志》卷五十九《物产考二·动物二·鸟类》第 13 页

鹅

《云南记》曰：韦齐休使云南，屯城驿。西墙外有大池，斗门垂柳夹荫，池中鹅鸭甚众。

——《太平御览》卷九百一十九《羽族部六·鹅》第 4 页

鹅 味甘，微寒。治五脏热，而润皮肤，可容脂。血，解毒。白鹅膏，治耳聋。胆，搽痔疮。蛋，补中益气。毛，烧灰治噎食。小儿惊风，水酒下。掌上黄皮，烧灰调油，搽黄水疮、冻疮神效。

——《滇南草本》卷一下《禽畜类》第 20 页

鹅 与鹄相似，较雁为大。羽白颈长，嘴大而黄，身躯肥满，不能飞翔。滇中多畜养之，肉肥美可食，毛亦有用。

——《新纂云南通志》卷五十九《物产考二·动物二·鸟类》第 2 页

翡翠

《南中八郡异物志》曰：翠，大如燕，腹背纯赤。民捕食之，不知贵其毛羽也。

——《太平御览》卷九百二十四《羽族部十一·翡翠》第 7 页

翡翠 府境出。

——正德《云南志》卷五《楚雄府·土产》第 6 页

翡翠 刘逵《蜀都赋》注：翡翠，常以二月、九月群翔兴古，千余。《南宁县志》《马龙州志》：俱出绿翠。

——道光《云南通志稿》卷六十九《食货志六之三·物产三·曲靖府》第 40 页

翡翠 常璩《华阳国志》：永昌郡出。又，南里县有翡翠。

——道光《云南通志稿》卷七十《食货志六之四·物产四·永昌府》第 28 页

翠鸟 属攀木类，或名翡翠，或名鱼狗，滇沼泽边有之。晋宁、罗次、武定、鲁甸、盐津、永善、宣威、玉溪、江川、华宁、蒙自、缅宁、云县、宁洱、临江、芒遮板、麻栗坡、梁河、干崖、五福、富州、镇南、广通、姚安、大姚、牟定、蒙化、弥渡、凤仪、宾川、华坪、丽江、剑川、永平、腾冲等处尤著。普通者为绿翠，形小喙尖，体被翠毛，成群飞止，捕鱼而食。丽江二、九两月尤多。其羽旧为翠钿织品。另有马翠、鱼翠、膏粱翠，体被赭色羽毛，习性与绿翠相同，或云即斑鱼狗也。元谋、金河种类特多，祥云并产五色翠。

——《新纂云南通志》卷五十九《物产考二·动物二·鸟类》第 14 页

翡翠 常以二月、九月群翔兴古，十余[1]。

——《滇绎》卷一《〈蜀都赋〉刘渊林注六条》第 21 页

凤凰

《水经》曰：叶榆水西北有鸟吊山，世传凤凰死于此。每岁秋冬，百鸟群聚，鸣呼唧唧。土

---

[1] 十余 道光《云南通志稿》卷六十九《食货志六之三·物产三·曲靖府》第 40 页"翡翠"条作"千余"。

人夜然火，张罗待之，鸟投火罹罗。多有异羽，匪真滇产也。内无嗉者，以为特哀不食，称为义鸟，放之。今九月至十一月，万鸟夜集，土人然火张罗，与《水经》所载无异。一夜所获以万计，官司恶其伤生物，频禁而卒莫之止也。山下聚落曰凤羽乡，汉置凤羽县，即此地也。

——嘉靖《大理府志》卷二《地理志·山川》第 64 页

《九州要记》云：吊鸟山在叶榆，则云南郡废邑也。山上有鸟千百群飞，鸣呼啁啾，岁凡六大集，俗云凤凰死于此地，故众鸟来吊。

——《太平寰宇记》卷七十九《剑南西道八·戎州》第 1600 页

《水经》曰：叶榆水西北有鸟吊山，世传凤凰死于此。每岁秋冬，百鸟群聚，鸣呼啁唽。土人夜然火，张罗待之，鸟投火罹罗。多有异羽，匪直滇产也。内无嗉者，以为特哀不食，称为义鸟，放之。今邓川、浪穹之间有凤羽乡，山曰鸟吊。每九月至十一月夜中，万鸟群聚，居民烛而罗之，所获万计，与《水经》所载无异。杨慎诗："鸟吊山头百鸟伤，刺桐茅竹隐斜阳。九苞文采不复见，千古令人空断肠。"按：蒙化亦有凤凰山，其说与此同。按：鸟以赴义至，而小民无知，网而取之，不仁甚矣。万历己未，余至，始行邑禁绝之。

——《滇略》卷二《胜略》第 15 页

己卯三月初二日……从土主庙更西上十五里，即关坪，为凤羽绝顶。其南白王庙后，其山更高，望之雪光皑皑而不及登。凤羽，一名鸟吊山，每岁九月，鸟千万为群，来集坪间，皆此地所无者。土人举火，鸟辄投之。

——《徐霞客游记·滇游日记八》第 996 页

凤羽山，在浪穹县西南三十里，旧名罗浮山。相传蒙氏细奴逻兴时，有凤翔于此，故名凤羽。后凤死，每岁冬，众鸟哀吊其上，故又名凤吊。至今土人于鸟来时举火取之，鸟见火辄赴火自死。[①]

——《名山胜概记》卷四十六《云南山川志》第 2 页

凤、鸾　为古滇时所自有。迤西接连氐羌，凤卵是食，以为俗。迄陈《王会》，西申以凤，氐羌以鸾，方扬以皇，随巴之比翼，方之孔雀而并进，则亦以家畜视之耳。迨其后览辉而去，千仞高翔，而遗迹犹存者。故永昌有吊鸟山，浪穹有凤羽山，黑井有凤凰台。台者，凤卵所遗也，井民往往掘得之。乾隆间，有得以献张提举，张君记云：大如僧钵，正圆，色深碧，外肤如凤尾芭蕉叶交护，剥尽，中空，缀黄十余枚，如枇杷，壳如栗，肉白，味如生银杏，微涩，食之固精气。据此，则知凤亦曾集于其地焉。世俗莫不以凤之见为瑞，然瑞一而妖四，瑞之少不敌妖之多。一曰鹝𫛢，其身义，戴信、婴礼、膺仁、负智，俨然凤也，至则疫。二曰发明，其身仁，戴信、婴义、膺智、负礼，犹之凤也，至则丧。三曰焦明，身义，戴信、婴仁、膺智、负礼，犹之凤也，至则水。四曰幽昌，身智，戴信、负礼、膺仁，犹之凤也，至则旱。此四凤者，皆托于仁、义、礼、智、信，以诱于人而济其私者也。一真挠于四伪，凤其如之何？故记之，以为他日求凤者知所辩也。

——《滇海虞衡志》卷六《志禽》第 2 页

乌凤、山凤皇、绿毛么凤等　滇南尽有之。虽托凤名而无所假，亦不愧为南方珍禽矣。

——《滇海虞衡志》卷六《志禽》第 3 页

---

① 此条，《明一统志》卷八十六《大理府·山川》第 20 页"凤羽山"条同。

朱凤 如指头大，能作声。生于深林，儿童折树枝，以饧水引之，得五六枚，绕树枝上不去，犹蜜之引散蜂也。插华堂上，飞鸣上下，不过七八尺，极可玩，尝于刘开化邸见之。

——《滇海虞衡志》卷六《志禽》第 8 页

浪穹县有罗平山，余自邓川往云龙，越山而过，自麓至颠，屈曲回转二十五里。案即《水经注》所称吊鸟山也。李彤《四部》云"吊鸟山，俗传凤死于上，每岁七月至九月，群鸟常来集其处"是也。今山下有村，名凤羽，俗传凤堕羽于此。

——《札樸》卷十《滇游续笔·罗平山》第 2 页

浪穹县凤羽山，俗传凤凰死，每岁八月间，必有异鸟百千为群，啁啾翔鸣，七昼夜方散，亦一奇也。俗又名鸟吊山。

——《云南风土记》第 50 页

邑人陈肇基《百鸟朝王志》：富州城南五十里，有一山势雄壮，蜿蜒奔腾而下，名曰古王山。山中有泉，每年夏历九月霜降后，有白鸟朝其山。未朝之先，鸟沐浴于泉，然后飞集于此山之上，山半有寨曰木社，寨中人各按地段，夜烧火塘，鸟见火焰冲天，翱翔于火光之上。愈飞愈下，乡人以柴击之，鸟落于地，观其形样，周身五彩翡翠之色，从所未见，亦奇事也。携鸟入室，剖其腹，无秽物。入山之时，不能谈官话，偶有误言官话者，虎豹即出现，但惊人而不害人，可见此山之灵，真是绝无而仅有矣。

——民国《富州县志》第二十三《诗文征》第 54 页

鸽

鸽 属鸠鸽类。滇中常鸟，到处养之。体形似鸠，羽毛有青、白、绿、灰、斑等色。性耐飞翔，且具认识力。其中有数种特训练之，可作军用、新闻用之传书鸽。普通卵、肉甚美，可供食用。

——《新纂云南通志》卷五十九《物产考二·动物二·鸟类》第 12 页

鹳

鹳 属涉禽类。较鹭为大，颈嘴俱长，足部亦甚高，体色灰白，翼尾色黑，栖息沼泽间，营巢高树，食田螺及鱼类，一名青庄，或青鸽，或大青庄。嵩明、会泽、鲁甸、永善、镇雄、盐津、曲靖、宣威、罗次、武定、平彝、峨山、石屏、曲溪、蒙自、新平、景东、文山、马关、麻栗坡、镇南、楚雄、牟定、姚安、大姚、弥渡、邓川、中甸、剑川、腾冲等处均产之。云县别名护田鸟。

——《新纂云南通志》卷五十九《物产考二·动物二·鸟类》第 3 页

鹤 鹄

仙鹤寺，在州治北十里。峰峦巀嶪，林木畅茂，常有鹤栖止其间，因以名寺，亦元时所建也。

——景泰《云南图经志书》卷一《云南府·昆阳州·寺》第 55 页

漕峰山，在州治北一里。与公山并峙，又名母山。常有鹤集其上。

——万历《云南通志》卷三《地理志一之三·鹤庆军民府·山川》第 33 页

灰鹤　《范志》云：大如鹤，灰惨色，能鸣舞。予居农部，署有二灰鹤，月夜交舞。小子惊之，以为见鬼。而凌霄之恣，乃为近玩，且蒙见鬼之巫，命长其翎而纵之。

——《滇海虞衡志》卷六《志禽》第 4 页

鹄　即为鹤，仙禽也。白者谓鹤，黄者谓鹄。二者皆不见，惟灰鹤多。仆居滇十余年，早见诸鹤飞出，晚则归来，分栖于寺院及文庙之大林，嘲哳之声彻晓夜。《本草》列鹄于鹤外，谓之天鹅。夫天鹅下湖渚以啄鱼，列阵而前。捕之者先插留于前，而从后徐驱之。距留尚数丈，急惊群起，肥重不能遽翔，拍水而飞，已陷于留不能去，故曰留天鹅。若黄鹄则弋而下之，故曰下高鹄。彼其一举千里，能留之哉？天鹅即鹄鹮鹅，郭注谓之野鹅是也。

——《滇海虞衡志》卷六《志禽》第 4 页

鹄　亦属游禽类。较雁稍大，颈部特长，羽色纯白，飞翔甚高，喉声洪亮，滇名天鹅，亦名野鹅。武定、鲁甸、宣威、通海、大理、永平等处，秋后往往见之，亦候鸟也。

——《新纂云南通志》卷五十九《物产考二·动物二·鸟类》第 2 页

鹤　属涉禽类。体形似鹳而大，嘴、颈细长，脚亦如之，适于涉水。羽毛健美洁白，两翼亦硕大，飞翔中空，能发清唳。栖息湖泽畔，捕食鱼、贝、小虫，有时亦食谷类。春去秋来之渡鸟也，会泽、镇雄、车里、五福、麻栗坡、楚雄、牟定、邓川、华坪、漾濞等处见之。此鸟当春、秋期间，每每百十成群，南北往来冥飞，避缴矰、猎弋，极不易得，但愈往远北，则渐不避人。在滇所常见者，有下二种：

丹顶鹤　白羽黑翎，颈顶丹红，定期渡来，栖止湖畔。镇雄、盐津、车里、麻栗坡、丽江、鹤庆等处有之。佛海亦称珠顶。

灰鹤　亦名高鹤，鹤庆有之。全身灰色，惟沿颈背至肩部，羽色殆白，与丹顶鹤不同，亦渡鸟也。

——《新纂云南通志》卷五十九《物产考二·动物二·鸟类》第 4 页

红嘴鸦

红嘴鸦　形如鸡，嘴较长，鸣如鸟，毛如髹。人取而饲之，依人不去，饲之人行，则翘鬵而随之，人止则下。[1]

——《维西见闻纪》第 14 页

红嘴鸦　嘴圆而红，脚细而黄，体态较乌鸦略小，毛色如黛，鸣声如雀。惟寻常绝不喜鸣噪，胆怯性驯，喜结巢于寺庙厅廊之厦角墙头。亦有取而饲之，以为玩弄品者。相传昔有此鸟，自缅甸国沦于英后，始鼓翼飞入中国，直至中甸。因其在祖国时，恒受缅寺僧侣之饲养，故常依人而不畏惧，岂见中甸之宗教色彩浓厚，易觅食欤！亦无巢可归之，亡国鸟也。

——民国《中甸县志稿》卷上《自然·特产》第 12 页

---

[1] 此条，道光《云南通志稿》卷六十九《食货志六之三·物产三·丽江府》第 47 页同。

画眉

画眉　养画眉者甚众，亦极认真，喂以牛肉丝、蛋清拌黍米，朝晚提携，或适野，或入市以调习之。将以为如吾乡之养之者，取其善鸣而已。讵又取其善斗，竟以之分胜负。他若鹌鹑、蟋蟀之属，则无养之使斗者，此亦乡俗之不同也。

——《滇南闻见录》卷下《物部·禽属》第 45 页

画眉　属鸣禽类。羽色灰黄，眼有白眉，即眼睑之白色部分也。滇中多笼畜之，以为玩鸟。亦善鸣，种类最多，各县均产。又滇产有马料、蒙化产。马大头、鲁甸产。白眉子、麻绳翠等，皆与此鸟极相似，故汇录之。

——《新纂云南通志》卷五十九《物产考二·动物二·鸟类》第 20 页

鸡

大鸡　永昌、云南出，重十余斤。嘴距劲利，能取鹱、鹗[1]、鴭、鹊、凫、鸽、鹡鸰之类。[2]

——《蛮书》卷七《云南管内物产》第 35 页

小鸡　形矮小，鸣无昼夜，与中国鸡声异。

——正德《云南志》卷八《镇沅府·土产》第 2 页

金鸡山，在州东五里。高出群峰，每日将升，山巅如火轮，昔有金鸡现其上。

——万历《云南通志》卷三《地理志一之三·楚雄府·山川》第 5 页

雄鸡　味甘。治妇人虚热、血崩漏下，温中。白者疗狂，下气消渴；乌骨者，补中止渴。

——《滇南草本》卷一下《禽畜类》第 19 页

鸡肫皮　味甘，性平。宽中健脾，消食磨胃。治小儿乳食结滞，肚大筋青，痞积、肝积、疳痰。

——《滇南本草》卷下《鸟部》第 28 页

己卯二月初六日，余留解脱林校书。木公虽去，犹时遣人馈酒果。有生鸡大如鹅，通体皆油，色黄而体圆，盖肥之极也。余爱之，命顾仆腌为腊鸡。

——《徐霞客游记·滇游日记七》第 958 页

金鸡　《述异记》：雩都县江边有石室，尝有神鸡，色如金。出穴，奋翼长鸣，见人辄飞入穴。夫见人入穴，何神之有？今鸡山金鸡，饮则双下，数至四十，静深妙好，见人不惊。饮不二泉，栖不他枝，真神矣。

箐鸡　其身色似麻似粟，类鹡鸰状。

松鸡　专喙松粒，巢于松树。大逾麻雀，声唧唧，群飞。毛上先铺水波纹，次缀珍珠点。

陇川鸡鸣无时，牝鸡亦能鸣。鱼有鲇头鲤身者，牛有水牛头黄牛身者。

——《蛮司合志》卷八《云南一》第 7 页

---

① 鹗　原本作"鳄"，据赵吕甫《云南志校释》第 282 页"大鸡"条改。吕甫按：鳄，乃水中凶鱼，猛暴异常，断非大鸡所能制服。况此句所举皆为鸟类，无容间插一水兽。此"鳄"字殆为"鹗"之误，鳄、鹗形近所致，今改正。

② 此条，道光《云南通志稿》卷六十九《食货志六之三·物产三·大理府》第 16 页引同。

鸡、鸭价甚贵而平常，虽小者肥者，皮肉俱老。鸡只可作羹，鸭更无味，惟永昌之鸭可食。

威远公鸡 尾长而足甚短，其鸣悠扬宛转，绝不类他处鸡鸣。土人云是"好一个威远州"数字，谛听之颇似，亦一奇也。威远先时为州，属镇沅府，今改属普洱，为同知分驻之所，专管抱母井盐务。

——《滇南闻见录》卷下《物部·肉属》第 33 页

金鸡 开化府西北与阿迷接壤处有山，奇峭峥嵘，面开一穴，光圆如镜。土人耕其下者，夜闻鸡声，清亮后有客架棚守候，经十余宿而去，鸡声遂不复闻。自金鸡崖北向二里许，石高三尺余，广如之，屹立道左，若小屏然。一夕忽被人凿，其当中一孔内空，一窟圆深滑润，不知取去何物？适有西洋人费隐至滇丈量，向道过其地留连久之，曰：不图此间有奇物，产金鸡、天马，然皆为人取去。始知石穴中之为天马，前此所闻者固金鸡也。

——《滇南杂志》卷十四《轶事八》第 3 页

秧鸡 《云南府志》：出昆阳州。

——道光《云南通志稿》卷六十九《食货志六之三·物产三·云南府》第 6 页

小鸡 《一统志》：形矮小，鸣无昼夜，与中国鸡声异。

——道光《云南通志稿》卷七十《食货志六之四·物产·镇沅直隶州》第 56 页

泥滑滑 旧《云南通志》：即竹鸡，能辟壁虱。

——道光《云南通志稿》卷七十《食货志六之四·物产·元江直隶州》第 56 页

鸡 与雉与箸鸡同属脊椎动物之鸟部。翼短飞拙，头部上下有肉突起，名鸡冠，脚强走速，前具三趾，后一趾，爪精而巧于掘地。身大尾长，毛色美，喈喈报喜者为雄鸡。身小尾短，毛不甚美，能产卵抱子者为雌鸡。肉味均美，其卵富于滋养分。

——光绪《元谋县乡土志》（修订）卷下《格致·第七至八课》第 396 页

秧鸡 属涉禽类。体较家鸡为小，翼长四寸许，体之上部羽毛带浅黄色，其中央部由褐移黑，眼前则为暗褐色，下尾筒有黑条。滇湖沼间有之，徘徊水边，杂食水草、蠕虫等，结巢粗糙，多自芦苇等而成。嵩明、寻甸、会泽、镇雄、盐津、禄劝、玉溪、峨山、曲溪、蒙自、文山、马关、麻栗坡、缅宁、泸西、宁洱、墨江、五福、临江、金河、大姚、云龙、华坪、鹤庆、永平、保山、腾冲等处产之。此鸟趾长，能张翼而疾走，以故弋获，亦颇不易云。

——《新纂云南通志》卷五十九《物产考二·动物二·鸟类》第 5 页

鸡 属鹑鸡类，滇中畜养之家禽也。种类甚多，最普通者即俗称之九斤鸡。原产山东，其后输入长江流域，今云南亦盛行饲养之，以武定产者为尤著，故亦名武定鸡。保山大鸡，重十余斤，嘴距劲利，得名又较武定鸡为早。此鸡体壮大，性驯良，足部较高，亦云高脚鸡，腿足均蔽毛，色有种种，红黄、黄黑诸色较多，白色较少，体重有至九斤以上者，故外间又云九斤黄，或黑十二。今泸水以产乌鸡著，开远以产白鸡闻。此外黄鸡一种，雄者冠部鲜红，腿脚黄色无毛，别于武定鸡，羽毛金黄色，雌者较淡，大羽毛则为黑色，体肥大，善产卵，亦滇产优良之家鸡也。又有羽毛如绢丝、皮骨黑色、肉质嫩美之乌骨鸡，或即乌鸡，但不多见。至于载在旧《志》可供玩饲，或各县《物产报告》所补入者，兹略述如下：

矮鸡 小于家鸡。足短，鸣长，应时无差，距长寸许，保山、顺宁、思茅、镇沅、临江等处产之。缅宁亦名矮脚鸡，镇沅并名小鸡。见《一统志》。以其长鸣，故又云长鸣鸡，见《顺宁府志》。或叫鸡。

见《一统志》永昌南甸条及《思茅厅采访录》。新平、文山、金河则名为咬鸡，叫与咬，殆同音而混称者也。此鸡来自沿边夷地，故通常更名摆夷鸡。见旧《志》镇沅直隶州产及桂馥《札樸》顺宁府产。保山、马关、梁河亦有是称。

哈喇鸡　本旧名，亦矮鸡类。鸣时似呼"茶花两朵"，故又称为茶花鸡。大理、永昌、顺宁、景东、新平、五福、临江、金河等处产。

斗鸡　雄者肉冠，不具缺刻，腿脚强健，距最发达，羽毛多作黄赤色。生性善斗，似自野生之赤籤鸡变种而来。蒙自等处产，且有畜作斗赛者。

珠鸡　似雉类。雄者羽毛美丽，如缀珠珞，故名。产滇山箐中。

牛多罗鸡　云县、景谷产，习性未详。

娃娃鸡　巧家俗名，习性未详。

凤头鸡　蒙自产，习性未详。

三爪鸡　华坪产，习性未详。

草公鸡　麻栗坡产，习性未详。

黄连鸡　永善产。盐津则名黄连鸟，亦名连雀。体色美丽，成群移徙，好食小果实，恐属鸣禽类，兹姑从地方名列入。

——《新纂云南通志》卷五十九《物产考二·动物二·鸟类》第 6 页

松鸡　属鹑鸡类。体较鸠类稍大，形状、习性在鹑与雉之间。羽多茶褐色，颈被白毛，冬时羽能变白，小羽覆鼻，尾翼广阔，丽江产之。至大姚之松哥与鹤庆及石屏南箐之松雀，是否即松鸡一类，尚待查考。因松哥、松雀除栖集松林、喜食松子之外，未详及其他习性，碍难作同类之标准也。又滇产松雀，一名错嘴雀，是否即石屏南箐产一类，亦俟续考。

——《新纂云南通志》卷五十九《物产考二·动物二·鸟类》第 7 页

雪鸡　属鹑鸡类。冬羽纯白如雪，故名。栖息西部高山草原，成群生活。阿墩名产，外人游猎者多珍视之。

——《新纂云南通志》卷五十九《物产考二·动物二·鸟类》第 8 页

金鸡　属鹑鸡类，为玩鸟中之极美丽者。全长二十四至二十六英寸，雄者较大。栖滇西南山地常绿树林中，当地居民常以笼畜之。蒙自名产。

——《新纂云南通志》卷五十九《物产考二·动物二·鸟类》第 8 页

箐鸡　《采访》：县之深谷幽箐，常有箐鸡一种。其羽毛五色绚烂，赤冠长尾，美丽可爱，俗呼为箐鸡。土人不时网捕，取其革入市售之，颇得善价。商贾收买输送省会，以转售于西商。其产额则不多云。

——民国《盐丰县志》卷四《物产志·天产》第 40 页

鸡　雄鸡头上喉下有红色肉，谓之冠。嘴尖壳，翼毛锦尾，毛长，足四趾，一趾向后，前有距爪搔土，报晓鸣午。牝形反是，体小，翼尾短，产卵孵雏。

——民国《楚雄县乡土志》卷下《格致·第三十二》第 1360 页

云南省治，北近川南，西下郡县，大都以金沙江为界。云南之元谋县、禄劝县、武定州、寻甸州俱在金沙江边。此四处之农产物却不多，惟鸡壮大，滇人俱名此四处之鸡为大种鸡，亦果然大倍于他处也。有一只劐鸡能重至十四五斤者，其肥大可知矣。武定劐鸡在滇中尤为驰名，又不特公鸡可劐，而母鸡亦可劐，且能使雌鸡化雄，顶冠而鸣，曰劐母鸡者，亦惟武定能有之也。究其所以然，此实关于地土之所出也。

在武定境内有斑鸠河一条，由城西而过城东，曲折而入禄劝县治，又曲折而流入金沙江。河流虽不甚长，然亦回旋至八九十里，河之两岸多居民，村寨自稠密。村人则善于养鸡，而又长于骟鸡。在此一河两岸之鸡极易肥大，凡鸡子出窠后，只须四阅月，即能重至一斤，六个月后，即至二斤以上，此则取其什之七八而劐之。劐公鸡只取出腰子两枚，三日内绝其水饮，头上冠子自缩，尾上毛便渐次抽长。此则易肥易壮，三年后无不重至七八斤乃至十斤上下。劐母鸡，是将母鸡肋胁划开，将公鸡之腰子纳入母鸡腹内，母鸡有此一对腰子后，头上冠子便能渐次长大，能作长声而鸣，是为劐母鸡，换言之，是使雌鸡化雄也。劐母鸡，要就斑鸠河一带取此河旁之鸡，而用此种手续骟之，鸡乃不死；若不在斑鸠河一带而作此播弄，鸡又无不死也。故劐母鸡一物，惟武定之斑鸠河一带始有此出产，若元谋、禄劝、寻甸等处，虽有十斤以上之大劐鸡，究无一劐母鸡产于其间也，顾此实属水土之关系。

——《纪我所知集》卷十一《滇南景物志略之二·武定之劐母鸡》第 283 页

集殿鸟

集殿鸟 释曰：山巅有鸟，如鹌鹑，如海边沙鸟，不鸣而饮啄不惊，常集金殿。自如，不畏寒气，不困饥渴，老于禅栖者不闻其声，亦不飞之他处。游者无杀心，必飞集其肩，用示感化。

——《鸡足山志》卷四《名胜下·异迹二十则》第 181 页

鹡鸰

鹡鸰 属鸣禽类，俗名点水雀，较雀为小而羽色似之。除白鹡鸰外，尚有黑鹡鸰、黄鹡鸰、蓝鹡鸰、腾冲亦名蓝鹊。斑鹡鸰诸种，滇均产之。栖息水边，头尾点动不已，故有点水雀之名。常食小虫，称益鸟焉。罗平、宣威、寻甸、缅宁、宁洱、思茅、车里、大姚、腾冲等处产。又缅宁之讲礼雀，虽地方土名，应属鹡鸰一类。

——《新纂云南通志》卷五十九《物产考二·动物二·鸟类》第 21 页

鹎鶋

鹎鶋 时珍曰：鹎鶋，《尔雅》名鴔鵖，音批及。又曰鴗鵖，音匹汲，戴胜也。一曰鴂鶋，讹作批鶋鸟。罗愿曰：即祝鸠也。江东谓之乌臼，音臼，又曰鸦鶋，小于乌，能逐乌，三月即鸣，今俗谓之驾犁，农人以为候。五更辄鸣，曰"架架格格"，至曙乃止，故滇人呼为榨油郎，亦曰铁鹦鶋，能噪鹰鹘乌鹊，乃隼属也。

——《本草纲目》卷四十九《禽部三》第 5 页

永平有鸟，黑色长尾，大如啄木，喜栖柳树。侵晨先众鸟鸣，既栖犹鸣，极可听。见乌必逐而击之，乌哀号遁去，土人呼为铁连甲，亦曰铁连柳，又曰铁翅膀。案《尔雅翼》云，许解《淮南子》"乌力胜日，而服于雏礼"，引《尔雅》谓之鹎鶀，秦人谓之祀祝，蚕时晨鸣人舍者，鸿乌皆畏之。当作乌鸿。据许说，则是今雅鸥尔。郭氏解鹎鶀亦云"小黑鸟，鸣自呼。江东名为乌鸥"，今乌鸥小于乌而能逐乌，俗言乌之舅也。馥案此即俗呼批夹是也。高诱《淮南注》引《尔雅》作裨笠。《荆楚岁时记》言四月有鸟如乌鸿，先鸡而鸣，声云"加各加各"，民候此鸟鸣则入田，以为催人犁格也。《玉篇》乌鸥，似鸠，有冠。今铁连甲无冠，其绕喙长毛似鹳鸽。郑氏《通志》有鸟似鹳鸽，无冠而长尾，多在山寺厨槛间，今谓之乌鸥。[①]

——《札樸》卷十《滇游续笔·铁连甲》第 15 页

铁连甲　属鸣禽类。形小，羽色黑，常追逐鸦类。善鸣，拂晓辄闻其声。旧名鶀，或云鶀鶀，或云鹎鶀，或云笠鸠，比较近古。但别名甚多，又加以地方土名，以致一鸟而讹为数种。大致铁连甲之名为最普通，其次则变称为铁菱角，鲁甸、腾冲、丽江。或铁铃哥，鹤庆。或铁翎鸽，丽江、芒遮板。或铁莲哥，麻栗坡。或铁连柳，鹤庆。或铁翅膀，宣威、双柏。或铁绕子，或铁嘴子，华坪。则以黑翅、黑嘴、黑足而得名者也。或云催明鸟，或天白了、云龙。榨油郎，则以其拂晓即鸣而得名者也。或云鹎鶀鸟，或云批颊鸟，或云白颊鸟，北方名白颊鸟，一云咱黑儿。殆以其颊部灰白色而得名者也。或云乌舅，或云鸦臼，或云乌鸥，墨江、武定。或云乌鹀，姚安。或云乌春，大姚、寻甸讹作乌春。殆以其追逐鸦类而得名者也。或称为黑头公，则又由俗谚黑头公之遇老鸦转变而来，仍状其追逐鸦类之情形也。今嵩明、宣威、镇南、保山、干崖多称铁连甲，晋宁、玉溪、华宁、武定、元谋、曲靖、泸西、缅宁、墨江、文山、罗次、鹤庆则称黑头公者最多。

此鸟当阳历四月中旬起，至九月中旬止，啄食害虫，有益农业，故在他国，常列为定期保护之益鸟类。

——《新纂云南通志》卷五十九《物产考二·动物二·鸟类》第 18 页

铁连甲　黑色长尾，大如啄木，嘴质甚坚，飞甚灵捷，见乌必逐而击之，乌哀号遁去，因此俗有"老鸦管鹰，铁连甲管老鸦"之说。

——民国《嵩明县志》卷十六《物产·各种特产》第 243 页

迦陵鸟

迦陵鸟　绛云露山有之，人但闻其鸣，不能见也。交响彻于瑶空，所以谓迦陵之音。盖乌蒙气与天通，此鸟居之。予长农部，曾宿山下得闻之也。[②]

——《滇海虞衡志》卷六《志禽》第 4 页

鹪鹩

鹪鹩　属鸣禽类，旧名巧妇，大姚、宣威、腾冲有是称。或名桃虫，俗称绿豆儿、墨江。黄脰鸟、盐津。或黄豆儿，鲁甸。或黄豆雀，峨山、寻甸、宣威、罗平、巧家、永善、宁洱、临江、麻栗坡、弥渡、

---

① 此条，道光《云南通志稿》卷七十《食货志六之四·物产四·永昌府》第 28 页引同。
② 此条，道光《云南通志稿》卷七十《食货志六之四·物产四·武定直隶州》第 53 页、民国《禄劝县志》卷五《食货志·物产》第 11 页引皆同。

邓川有是称。或黄雀，曲溪、寻甸、泸西。而黄豆雀一名为最普通。鹤庆、云县则直沿䲸鸮之旧称。此鸟形体最小，色青灰有斑或黄绿，长尾利喙，声如吹嘘，巢林薮间，好食草虫。善营巢，系以麻发，至为精巧。

——《新纂云南通志》卷五十九《物产考二·动物二·鸟类》第 20 页

金缕鸟

金缕鸟　哀牢人细奴逻耕于巍山，数有祥异。社会之日，白国主张乐进求率部众祭孔明铁柱。柱顶故有金缕鸟，忽飞下集细奴逻左肩，相戒勿动，八日乃去。众骇异，以为天意所属，进求乃以女妻之，因让国焉，自称奇王，是为南诏。

——康熙《云南通志》卷三十《杂异》第 3 页

锦鸡

锦鸡。

——康熙《云南通志》卷十二《物产·蒙化府》第 9 页

锦鸡　《一统志》：姚安府出。

——道光《云南通志稿》卷六十九《食货志六之三·物产三·楚雄府》第 26 页

锦鸡　《一统志》：蒙化出。

——道光《云南通志稿》卷七十《食货志六之四·物产四·蒙化直隶厅》第 42 页

鸠

鸠　《诗》"关关雎鸠"，以雌雄和鸣，甚相恬适。鸠性愨孝而拙于为巢，才架数茎，往往堕卵。天将雨即逐其雌，霁则呼返之。汉谚有之曰"雄呼晴，雌呼雨"，以雄得意在晴，雌感慨则雨耳。古者仲春罗氏献鸠以养国老，仲秋授老人以鸠杖，祝哽祝噎焉。食之且欲以扶助其气。鸠虽拙，其有益于人如此。宁若鹪巧而危，自丧其躯，良不若鸠拙而安矣。

斑鸠　有珍珠斑，微小，稍省巧捷。有憨斑，肥拙而不解鸣。

鹁鸠　类鸽而非家畜，其色灰带紫。

绿鸠　毛竟似鹦哥绿矣，身尾呼鸣，则均是鸠。可以入樊笼畜之，听其声，悠悠咽咽。

——《鸡足山志》卷九《物产》第 342 页

赵州人家养一绿鸠，似斑鸠而无绣项，色近鹦鹉，不鲜明。戴祚《西征记》云：祚至雍丘，始见鸽，大小如鸠，色似鹦鹉。馥案：鸽无绿色，戴所见即绿鸠与？

——《札樸》卷十《滇游续笔·绿鸠》第 15 页

绿鸠　《一统志》：顺宁府出。《顺宁府志》：斑鸠，旧有绿色者，今少。

——道光《云南通志稿》卷六十九《食货志六之三·物产三·顺宁府》第 35 页

鸠 属鸠鸽类，最普通者即斑鸠，其次绿鸠，红鸠不常见。

斑鸠 滇原野常鸟。体色灰褐，嘴末角质而膨大，其他皆被软皮，鼻孔伏鳞被下。翼长大，善飞翔，脚短色赤，栖息树上，鸣时能感应气候，故俗有鸠唤雨之称。

绿鸠 与鸠形似，羽毛绿色，峨山、新平、大姚、宾川、洱源、云龙、鹤庆、漾濞、顺宁均产之。鹤庆亦云露鸠。又滇中有吹箫鸟，习性虽未详，然考绿鸠鸣声，恰如吹箫，韵调悠扬。在日本有尺八鸠之异名，尺八，译即箫，未知滇产之吹箫鸟，即尺八鸠否？

红鸠 亦鸠鸽类，羽作赤色，马关名产，鹤庆一名火鸠。

——《新纂云南通志》卷五十九《物产考二·动物二·鸟类》第 12 页

鹫

灵鹫 《佛国记》：波丽国两峰双立，相去二三里，中道鹫鸟恒居其岭焉，故谓之鹫岭。崛为耆阇，竺法维云梵语耆阇即鹫也，崛谓青石头，似鹫鸟形。其王增之翼以肖之，则鹫形，为青色，与今朝门之鸟羽近似。

——《鸡足山志》卷九《物产》第 340 页

鹫 梵语又呼灵鹫之大者为姞栗陀，小者为揭罗阇鸟，非。此方生长，惟每岁春夏一来朝门即飞旋矣。非大树不栖，非高崖不止，不见其食，不见其饮，斯为灵矣。

——《鸡足山志》卷九《物产》第 340 页

秃鹫 剑地东北被震低陷，村民方困于水，有鸟来立水中，高约九尺，州民诧异，往观者日以千计。章参将带鸟枪手十名往击之，而鸟之貌甚闲暇，虽铅弹及身，前行数步而已。继施子母炮，始振翮去，止海东村秧田内。适村童数辈薙草塴间，鸟逐而啄之，童辈惊呼，其中稍长者，奋镰断鸟胫，村人闻声，群往捶毙。负呈州衙，厥形似鹳，作灰褐色，喙黑如锄，长颈赤目，头秃而肉紫红，叠起可憎，翅如轮。余曰此秃鹫也，见之大水，是秋果然。

——《滇南新语》第 24 页

鹫 大鹰也。西方人谓之鹫，滇山往往见之。[①]

——《滇海虞衡志》卷六《志禽》第 6 页

鹫 属猛禽类。《滇海虞衡志》谓："鹫，大鹰也。西方谓之鹫，滇山往往见之。"鹫，鸟之王，外观极威，常潜伏静处，俟鹰捕得食物，即突起而夺之。宁洱、芒遮板、丽江、华坪等山地产。其冠羽茸细裸出者，亦名兀鹰，或突鹫疑鲁甸产之兔鹰，倘亦兀鹰之混称欤？

——《新纂云南通志》卷五十九《物产考二·动物二·鸟类》第 24 页

孔雀

茫蛮部落，并是开南杂种也。……孔雀巢人家树上。

——《蛮书》卷四《名类》第 21 页

---

① 此条，道光《云南通志稿》卷六十八《食货志六之二·物产二·通省》第 23 页引同。

晋宁郡，本益州也。……郡土大平敞，原田，多长松皋。有鹦鹉、孔雀，盐池、田渔之饶，金银、畜产之富。

——《华阳国志》卷四《南中志》第 13 页

云南郡，蜀建兴三年置，属县七。……孔雀，常以二月来翔，月余而去。

——《华阳国志》卷四《南中志》第 19 页

孔雀 有雌雄，其雄者文采尤佳，本甸山中多产之。

——景泰《云南图经志书》卷三《镇沅府·马龙他郎甸长官司·土产》第 35 页

孔雀 有雌雄，其雄者文彩尤佳。

——正德《云南志》卷十二《新化州·土产》第 8 页

孔雀 自惜其毛，尝巢深草中，或依灌木，时于杲日舒翼崖阳，文采照耀山谷，尾色最丽，展之如屏，故称孔雀屏也。惟啖蛇虺，或云亦与恶蛇交，其胆毒人立死。夷人取其卵，使家鸡伏之，可畜，但不甚文耳。《华阳国志》云：云南郡孔雀，常以二月来翔，月余而去。今殊不然。

——《滇略》卷三《产略》第 15 页

孔雀 《华阳国志》：云南郡出孔雀，常以二月来翔，月余而去。今澜沧江浔多孔雀，其食金刚纂，故羽有毒。常浴于江，误食水，亦杀人。好事者捕之，畜于家，饲以稻粱，年余乃无毒矣。[①]

——天启《滇志》卷三十二《搜遗志第十四之一·补物产》第 1047 页

《华阳国志》：云南郡出孔雀，常以二月来翔，月余而去。今制，例贡有孔雀膀，镇中于秋后饬各关抚夷购之，皆于关外猎取。孔雀所食金刚纂，故有毒。好事捕而蓄之，亦能驯。野人间有得其卵者，令鸡翼之，亦能抱出，但羽毛不鲜耳。

——乾隆《腾越州志》卷十一《杂志·杂记》第 19 页

顺宁深山中颇产孔雀，城守、都司每年供上宪之用，取两翼下一层黄翎，至千余把、数百把，盖进以为御用箭翎者。营中鸟枪卒猎于虎、豹穴而得之，当其群聚饮啄时，以鸟枪击毙其雄者一二只，则雄、雌皆环绕扶救，可连击之，所获甚多。若一击不中，或中其雌者，则众鸟高飞尽矣。有金孔雀一种，光彩明艳，羽毛、皮肉毒甚，只取其翎。别种皆可食，肉细而香，宜煎炒，然亦不可多食。其有眼之翎，集数十枝为一把，以铜、锡制为座，长短不齐者，尤秀丽可爱。取其蛋，以鸡抱之，即生，生岁余，始长翎尾。平日其尾束而不伸，与寻常长尾之禽无异，偶一展放，从后竖立而上，名曰放屏，真灿烂可观也。

——《顺宁杂著》第 56 页

孔雀 产于迤南瘴地，遗矢最毒。雌者灰色，尾短，不足取；雄者五彩斑斓，尾长，翠色。不特人爱之，彼亦自爱其羽。每当天气晴和，喜而自舞，尾毛直立，如树画屏，两翼开张，盘旋扬抑，极为美观。闻在山间，常赴溪畔自照其影。觉山鸡舞镜之说，古人不余欺也。今土贡内有孔雀尾毛，其数不知若干。

——《滇南闻见录》卷下《物部·禽属》第 44 页

孔雀 出滇。雀尾一屏，值不高，人家多列之几。今以翎为冠饰，比于古之貂蝉，而以三眼

---

① 此条，康熙《云南通志》卷三十《补遗》第 18 页同。

为尊，故孔雀贵为南方诸禽首。然闻其血能杀人，故梁王使阿禨杀其夫以孔雀胆一具。《范志》谓民人或以鹦鹉为鲊，以孔雀为腊，以其易得。岂腊孔雀不遇毒，而鲊鹦鹉陋体腥臊，亦劳鼎俎耶？苏恭谓孔雀广有，剑南、楚无[1]。今云南孔雀颇多，则苏言不足信。

——《滇海虞衡志》卷六《志禽》第 1 页

孔雀 常璩《华阳国志》：云南郡出，常以二月来翔，月余而去。

——道光《云南通志稿》卷六十九《食货志六之三·物产三·大理府》第 16 页

孔雀 《顺宁府志》：产深山中，当群聚饮啄时，击毙其雄者，众皆环绕扶救，可连击之，若先中其雌，则尽飞去。有金孔雀一种，光彩明艳，其毒更甚。

——道光《云南通志稿》卷六十九《食货志六之三·物产三·顺宁府》第 35 页

翡翠、孔雀 常璩《华阳国志》：皆永昌郡出。又，南里县有翡翠、孔雀。刘逵《蜀都赋》注：孔雀出永昌南涪县。《腾越州志》：孔雀食金刚纂，故有毒，好事捕而畜之，亦能驯。野人间有得其卵者，令鸡翼之，亦能抱出，但羽毛不鲜耳。

——道光《云南通志稿》卷七十《食货志六之四·物产四·永昌府》第 28 页

孔雀 旧《云南通志》：景东出。

——道光《云南通志稿》卷七十《食货志六之四·物产·景东直隶厅》第 40 页

孔雀，章潢《图书编》：马龙他郎甸长官司出。

——道光《云南通志稿》卷七十《食货志六之四·物产·元江直隶州》第 56 页

孔雀 《一统志》：镇沅府出。

——道光《云南通志稿》卷七十《食货志六之四·物产·镇沅直隶州》第 56 页

孔雀 《华阳国志》云：云南郡出孔雀，常以二月来翔，月余而去。今澜沧江浔多孔雀，其食金刚纂，故羽有毒。常浴于江，误食水亦杀人。好事者捕之，畜于家，饲以稻粱，年余乃无毒矣。野人得其卵，令鸡翼之亦能出，但毛羽不鲜耳。今例贡有孔雀膀，腾越于秋后饬各关抚夷购之，皆于关外猎取。

——《滇南杂志》卷十四《轶事八》第 3 页

孔雀 属鹑鸡类，滇近边热地产之。体大于雉，头有羽冠，雄者尾翟较长，翟端有眼状圆环，光丽无比，羽色亦带金翠，见人则羽翘张如开屏然，栖息林地，啄食虫蛇。除野生者外，各地亦多养之，羽可作装饰织物，称珍重之名品云。产地之著名者，有文山、马关、新平、元江、景东、景谷、缅宁、云县、宁洱、思茅、墨江、镇沅、车里、五福、临江、梁河、江城、芒遮板、麻栗坡、蒙化、云龙、鹤庆、维西、永平、腾冲等处，以暖地密林产出尤多。按：孔雀、白鹇与雉类，均我滇名产。西人游历考查之，结果艳羡不置，竞肆滥猎，或唆当地山民穷搜博采，不惜以金钱展转收买之。二十年来，几于罗掘一空，不再禁猎而加意保护，此等名品，惟有反求诸外国博馆或动物园耳。

——《新纂云南通志》卷五十九《物产考二·动物二·鸟类》第 11 页

孔雀 《采访》：产老雾山之下箐，全身金碧色，尾长而有花纹如目，然能开屏，最为美观，亦有畜之家中者。

——民国《元江志稿》卷七《食货志·羽属特别产》第 10 页

---

[1] "苏恭谓……楚无"句 《本草纲目》卷四十九"孔雀"条引作"恭曰：交、广多有，剑南元无"，有异。

孔雀　特出永昌南涪县。

——《滇绎》卷一《〈蜀都赋〉刘渊林注六条》第21页

孔雀为飞禽中最美丽者，在云南边场上多有之，而尤以普洱一带为最盛。其次如永昌、顺宁两郡之边鄙上，亦有所产生。孔雀不择林树而栖，但就高大乔木及密茂树林中而结巢栖宿。孔雀之大者，昂其头可高至五尺，尾翎可长及三尺。孔雀固属谷食禽鸟，然极嗜蛇，无论大蛇小蛇与何种毒蛇，一遇孔雀即不能逃其喙下，蛇纵粗若人臂，亦无不被其啄食。孔雀亦不时时藏身于林树间，多成群结队，在岭上草间搜寻活物食，遇二三尺长之蛇，只用嘴十数啄即食尽。

有至戚李某，由永昌赴顺宁，经过古湾甸州，在一大岭下，见一长至丈五六之大蛇，昂其首由远处窜来，李某惧受其害，拟择地躲避。不意林树间突然飞下五只孔雀来，大蛇即慑伏而莫敢动，一若虎豹之遇驳马者然，雀则先啄蛇头，次啄蛇颈，顺次而下。少顷，又飞来二三只，更飞来四五只，俱大小相杂，于是与前者共啄此蛇而食。仅及一小时，便将此大蛇食尽，始群飞而去。时李某持望远镜在距半里路处瞭望，入目极其清晰，群雀飞去后，地面上即片鳞无存。

又有至戚陈某，是供职于邮政局者，在前清末季，曾任普洱分局长数年，以踏勘线路而到过距普洱府城两日半路之孔雀坪。孔雀坪系三五小村寨攒拢之一地处，村各烟户数十家，俱是夷族人也。比户俱养有一二只或四五只孔雀，饲以杂粮，若畜养鸡、鸭、鹅、鸽，而雀亦不飞逸，时依人左右。有孔雀者，则常剔剪雀尾上完好无疵之翎毛，货卖与一班收买山货之客，盖此种翎毛，在前清时，以做花翎之销路为最大，而外国妇人亦喜购用，故有人收买，有人肯畜养此禽也。

去孔雀坪十里外，尽丰草长林，且群山起伏，荒野已极。此一带之山林中，即孳生孔雀，在树林间结巢栖宿者，不知凡几，群去群来，都以数十计，对于农田，亦颇有伤害，但不似野猪等之残毒暴厉也。孔雀蛋大倍于鹅蛋，有类于绿鸭蛋色，且密排着不少的黑点，土人得到亦不敢食，云有毒也，得则毁之，免其孳生蕃息焉。

——《纪我所知集》卷十四《滇南景物志略之五·普洱之孔雀坪》第378页

苦姑

苦姑　一名姑恶，丽江、云县有是称。或云哥恶，石屏有是称。或云苦姑鸟，《寰宇记》。或云苦雀，昆明、罗次、建水、干崖有是称。与郭公同类。体色黑褐，滇山野间有之。梅雨节初，此鸟即自他处渡来，栖息树梢，鸣声凄恻，日以继夜，旅客闻之，颇触乡愁。农人则借以占雨，谓此鸟一鸣，梅雨将至，秧田亦开始栽插云。

——《新纂云南通志》卷五十九《物产考二·动物二·鸟类》第14页

鹦

鹦　属鸣禽类，一名了哥，或料哥、廖哥，均鹦之音讹也。又名秦吉了。栖山硐中，体色绛黑，丹喙黄距，颈纹深黄，能效人笑言而发音雄重，笼之可为玩鸟。会泽、永善、文山、新平、宁洱、金河、麻栗坡产之。

——《新纂云南通志》卷五十九《物产考二·动物二·鸟类》第17页

芦燕

芦燕 栖滇池芦荻中，池人捕之以贸于市，炙而荐酒，味甚美。[1]夫其畏人也，不袭诸人间而避诸海上，以为远于人患矣，卒相与俱糜，非失其托也哉？故书之以为戒。

——《滇海虞衡志》卷六《志禽》第 9 页

鸬鹚

滇南多山河，人畜鸬鹚以捕之，虽不至家家养乌鬼，亦到处有之。养鹰以捕雉、兔，养鸬鹚以捕鱼，此禽之所命于人而效所用者也。一名水老鸦，能合众以擒大鱼，或啄其眼，或啄其翅，或啄其尾与鬐。鱼为所困，而并异以出水，主人取之，可谓智矣。

——《滇海虞衡志》卷六《志禽》第 5 页

鸬鹚 属游禽类。似鸦而黑，喉部裸出，喙长微曲，滇中水鸟。渔户畜之，用以捕鱼，俗名水老鸦，昆明、寻甸、盐津、云县、缅宁、腾冲等处均如俗称，曲靖、曲溪、蒙自等处则云鸬鹚或鱼鹰，而鸬鹚之名较普通。兰茂诗"海上鱼鹰贪未饱"，即指此鸟而言也。捕鱼之法，初时以绳系鸟足部，迫逐入水，别设小鱼，使试撄食，尚未饱嚼，又曳绳上岸，反复教练，直至纯熟，然后载立小船，十数成列，以环束颈，防吞鱼下嚼。一声口号，此鸟即合众入水捕鱼，啄眼曳鬐，并异上岸，短时休息，解环迫之吐出，主人得鱼，此鸟实未尝饱也。滇多湖泽，到处均有畜养之者。

——《新纂云南通志》卷五十九《物产考二·动物二·鸟类》第 1 页

辘轳鸟

辘轳鹊 《琅盐井志》：色黑，喙爪如鹰而无头，昼伏夜飞，鸣如击柝，盖鸮属也。

——道光《云南通志稿》卷六十九《食货志六之三·物产三·楚雄府》第 26 页

辘轳鸟 属猛禽类。旧《志》载琅井产，黑色，喙爪如鹰，昼伏夜飞，声如击柝，盖鸮属也。今他处未闻产出。

——《新纂云南通志》卷五十九《物产考二·动物二·鸟类》第 23 页

鹭

鹭 属涉禽类，滇中常见之水鸟也。羽毛纯白，亦称白鹭。头脚均长，嘴长二三寸，顶有白毛，毵毵飞舞，体毛亦长，可为冠饰。常栖水边，捕食小鱼。昆明、罗次、武定、会泽、鲁甸、盐津、陆良、曲靖、罗平、江川、玉溪、石屏、河西、华宁、新平、景东、宁洱、镇沅、金河、五福、麻栗坡、富州、楚雄、牟定、华坪、剑川、漾濞、永平、保山等处产之。亦有体带灰青色者，特名青鹭，或苍鹭。墨江产麻鹭，未详习性，为迤南水鸟。又有朱鹭一种，亦鹭属，全身淡红如桃

---

[1] 此条，道光《云南通志稿》卷六十九《食货志六之三·物产三·云南府》第 6 页引同。

花色，故名桃花鸟，或名红鹤，夏间自远处渡来，栖息南方湖泽。

——《新纂云南通志》卷五十九《物产考二·动物二·鸟类》第 4 页

箆鹭 属涉禽类，亦朱鹭之一种。体形较鹭为大，羽毛白色，微带淡红，嘴部扁平如箆，故名。滇中本无此鸟，入夏自他处渡来。

——《新纂云南通志》卷五十九《物产考二·动物二·鸟类》第 4 页

念佛鸟

念佛鸟 非八哥，非鹦哥，大若百舌鸟。短尾，黑喙，不待人教，自会念佛。作三种声，一曰弥陀佛，如此数声则曰南无阿弥陀佛，悠悠扬扬，缓缓款款，念至数声而后曰陀佛陀佛，则急呼之矣。

——《鸡足山志》卷九《物产》第 345 页

念佛鸟 产武定狮子山正续寺丛林。鸣声似念"阿弥陀佛"四字，又有声作"释迦"者，故名。

——《新纂云南通志》卷五十九《物产考二·动物二·鸟类》第 25 页

鸥

鸥 亦涉禽类。云南所见，并非海鸥，体形较小，全身灰色，头颈纯白，腹部亦然，沿河支流及沼泽畔，往往遇之。盐津、墨江、广通、楚雄、镇南、大姚、邓川、云龙、华坪、鹤庆、干崖等处，为其漂泊地。

——《新纂云南通志》卷五十九《物产考二·动物二·鸟类》第 4 页

鸊鷉

鸊鷉 亦水禽类。其大如鸽，趾间具蹼，栖集池沼，以芦苇营巢，巧于潜泳。腾冲产，石屏异龙湖亦多，俗名水葫芦。

——《新纂云南通志》卷五十九《物产考二·动物二·鸟类》第 5 页

鸜鹆

鸜鹆 《周礼》为唎唎鸟，即万毕术之寒皋。端午剪其舌，能学人语，但食虫好杀，不宜于僧畜，未若鹦哥斋戒精严耳。

——《鸡足山志》卷九《物产》第 344 页

八哥 《广韵》曰即寒皋也。《周礼》鸜鹆不逾跻地，谓气之使然。今鸡山多寒，无其巢，惟从平原飞栖树颠，似欲避暑热者。

——《鸡足山志》卷九《物产》第 345 页

鸜鹆 属鸣禽类。全身黑色，嘴部赤黄，两翼有白点，巢于树穴或人家屋脊中。剪其舌端令圆，能效人语，滇中以为玩鸟，亦名八哥，或名黄老鸦，但八哥之名最普通。武定、元谋、寻甸、会泽、鲁甸、永善、盐津、曲靖、峨山、华宁、文山、缅宁、云县、景谷、新平、宁洱、墨江、镇沅、五福、临江、金河、富州、麻栗坡、干崖、罗次、镇南、牟定、大姚、蒙化、弥渡、宾川、云龙、鹤庆、剑川、腾冲等处均产。

——《新纂云南通志》卷五十九《物产考二·动物二·鸟类》第 17 页

雀

麻雀　一名瓦雀。味甘，性温。脑可入肾，兴阳泄精。白丁香，即公瓦雀屎。直立于地上，白色，更好。磨翳退雾，遮睛不堪，入药用之。

——《滇南本草》卷下《鸟部》第 28 页

宾雀　时珍以为尾短小鸟，巢于瓦隙中，盖指灰紫有斑之麻雀。谓雀家家有之，则犹人之佳宝也。江南以老而斑者为麻雀，小而口黄者为黄雀。建文帝避迹合州，史仲杉来，帝一见骤呼曰：携黄雀鲊来未？彬曰：有。君臣志合之感，虽一微物而同德若此。余昔读年谱，为之数行泣下。今书于此，令人知至性之所合，虽微物，足深有感于人者。

——《鸡足山志》卷九《物产》第 345 页

松雀　屏南箐邱多松，有鸟名松雀。喜食松子，随风飞坠，即生松树，不假人力。

——乾隆《石屏州志》卷八《杂纪》第 15 页

松雀　《临安府志》：石屏南箐多松，有鸟名松雀。喜食松子，随风飞坠，即生松树，不假人力。

——道光《云南通志稿》卷六十九《食货志六之三·物产三·临安府》第 22 页

云雀　属鸣禽类，一名天鹨。宣威。在滇俗名最多，或云叫天雀，或云告天子、叫天子，峨山、蒙自、寻甸、鲁甸、鹤庆有是称。或云老麻，丽江土名。或云的的矫，亦土名。或云蒿丁丁，鲁甸地方名。或云蒿雀，腾冲。混称火雀，峨山、开远、宁洱、墨江、江城、大姚、双柏、邓川、保山有是称，且最普通。或夥雀，富民、罗平、新平有是称，当是火雀之音讹。又或称为阳雀，寻甸、鲁甸、镇雄、云县、文山、马关、腾冲有是称，亦较普通。或旸雀、云县。洋雀、永善。羊雀、梁河。皆阳字之讹变也。此鸟形小，色黄褐有纹，鸣声响亮，高彻云天，故有云雀、叫天雀之名。滇原野、高岸均易见之。今鸟类图籍中，有命名为鹨者，当亦由蒿雀转变而来者也。《滇海虞衡志》载禄劝产伽陵鸟，鸣时高彻云天，疑亦云雀类。

——《新纂云南通志》卷五十九《物产考二·动物二·鸟类》第 22 页

雀　属鸣禽类，一云瓦雀。体形小，色茶栗，飞翔不高，鸣声啁噪，栖息人家屋瓦穴隙。虽属杂食，常害禾谷，滇到处产。

——《新纂云南通志》卷五十九《物产考二·动物二·鸟类》第 22 页

金翅雀　属鸣禽类，善鸣之玩鸟也。羽色金黄，故亦名金丝雀，或金丝鸟。文山、马关、富州产之，华坪亦名金翅子。

——《新纂云南通志》卷五十九《物产考二·动物二·鸟类》第 22 页

云雀 俗称地地雀。产郊野，体小，羽褐黑，高飞甚捷。其声脆锐，若地地云尔。

——民国《安宁县志稿》卷四《物产·禽类》第 8 页

鹊

练鹊 大逾喜鹊，有长尾，蓝质，白其尾稍。红嘴，赤足，金目，鸡距。《禽经》曰：冠鸟性勇，缨鸟性乐，带鸟性仁。

——《鸡足山志》卷九《物产》第 342 页

山喜鹊 小鸟，大于雀，形似鹊，滇人谓之山喜鹊。案即鸒鸟也。《尔雅》"鸒，山鹊"，《说文》"鸒，鸒鸟、山鹊，知来事鸟也"，俗言"乾鹊噪，行人至"。乾、鸒，声近而讹。^①

——《札朴》卷十《滇游续笔·山喜鹊》第 15 页

鹊 属鸣禽类，滇中俗称之喜鹊也。形似鸦微小，羽毛黑白混杂，两翅有蓝色金属光，鸣声啁噪，结巢树巅，障以荆棘，亦时掠地觅取杂食，称留鸟云。

——《新纂云南通志》卷五十九《物产考二·动物二·鸟类》第 16 页

山喜鹊 亦鹊属。产滇山中，善鸣，即《尔雅》之鸒鸟。别名甚多，镇南、顺宁亦称为乾雀。《札朴》：乾、鸒声近，俗言乾鹊。腾冲称为山鹊，石屏、墨江称为花花雀，大理、鹤庆则称山喜鹊，缅宁则又称为绍喜。据其《物产报告》云："绍喜，缅宁小鸟，体形似鹊，鸣必扬尾，人多笼蓄之，以供清玩。"

——《新纂云南通志》卷五十九《物产考二·动物二·鸟类》第 16 页

火鹊 《采访》：似鸠而小，雄者色红，雌者色灰。秋间百十成群，飞集江干，土人粘脂于网以取之，味肥美。

——民国《元江志稿》卷七《食货志·羽属特别产》第 9 页

箐鸡

箐鸡 生于荒山丛薄内，其身仅如鸽大，而尾毛长四五尺，五色璀璨，极可玩。夷人获而献之，养于署中，野性不肯近人，每寻穴隙躲避，且不肯食，几日即毙。

——《滇南闻见录》卷下《物部·禽属》第 44 页

箐鸡 生长于箐，滇南多箐，故箐鸡为多，即白雉、白鹇之类也。《尔雅》五雉，岂独江、淮而南，伊、洛之间哉？滇亦备有之矣。

——《滇海虞衡志》卷六《志禽》第 3 页

箐鸡 似雉，毛备五彩，美丽实过之。其尾甚长，畜马者取以为饰。眼眶红色，雄者头有凤冠，雌者多黄麻色。

——光绪《元谋县乡土志》（修订）卷下《格致·第十课》第 397 页

---

① 此条，道光《云南通志稿》卷六十八《食货志六之二·物产二·通省》第 24 页引同。

桑鳸

桑鳸 《尔雅》所谓窃脂也。少皞官九鳸，为农正，止民无淫也。夫窃脂不犹陆机所谓盗脂，以善啖，乌何以止民淫哉！则陆机泥窃脂之所啖，不足信矣！盖桑鳸有绸缪之意，思未雨而防焉，是以止淫耳。

——《鸡足山志》卷九《物产》第 343 页

蜡嘴鹊 郭璞所谓青雀，即桑鳸也。滇省人效江南畜之，以飞拔妇人簪珥花朵为戏。鸡山自驯之于林表，将以扈其淫心焉。此或释迦如来意也，故山僧持戒精严，一无敢犯，其桑鳸之力欤？

——《鸡足山志》卷九《物产》第 343 页

蜡嘴 属鸣禽类。云南多处产之，笼为玩鸟，教以习艺。其嘴部黄色者，又名黄蜡嘴，或名桑扈。夏时在山中，入冬则栖息平原林丛桑树上，亦时见之。寻甸、鲁甸、思茅、墨江、文山、马关、姚安、华坪、鹤庆、腾冲等处尤著名。

——《新纂云南通志》卷五十九《物产考二·动物二·鸟类》第 22 页

山呼

山呼 似鹦鹉而差小，樊之易驯。宋苏轼有《咏山呼》诗："终日锁筠笼，回头惜翠茸。谁知声嘒嘒，亦是意重重。夜宿烟生浦，朝鸣日上峰。故巢何处是，鹰隼岂能容？"

——《滇略》卷三《产略》第 14 页

《山呼诗》：东坡云"终日锁筠笼，回头惜翠茸。谁知声嘒嘒，亦是意重重。夜宿烟生浦，朝鸣日上峰。故巢何处是，鹰隼岂能容？"屏中亦产此鸟。

——乾隆《石屏州志》卷八《杂纪》第 10 页

山呼 属鸣禽类。镇南、大姚、祥云、芒遮板、景谷、马关等处山林中产之。羽淡红，尾翟长，大致靠山红一类也。

——《新纂云南通志》卷五十九《物产考二·动物二·鸟类》第 16 页

石燕子

石燕子 产于州北二十五里响水铺石崖内。其形类燕，周身有文，大者曰雄，小者曰雌。能愈眼疾，人多采之，以备药料。

——景泰《云南图经志书》卷二《曲靖军民府·马龙州·土产》第 22 页

石燕 出马龙州。状类燕，有文，大曰雄，小曰雌。能愈眼疾。

——正德《云南志》卷九《曲靖军民府·土产》第 6 页

石燕 出响水。类燕，有文。雄大雌小，遇风雨则飞。能疗目疾。

——康熙《云南通志》卷十二《物产·曲靖府》第 6 页

石燕　旧《云南通志》：出响水，类燕，有文，雄大雌小，遇风雨则飞，能疗目疾。檀萃《滇海虞衡志》：马龙州出石燕。

——道光《云南通志稿》卷六十九《食货志六之三·物产三·曲靖府》第 40 页

水扎鸟

水扎鸟　《南夷志》曰：水扎鸟出昆明池，冬月遍于水际。

——《太平御览》卷九百二十五《羽族部十二·水扎鸟》第 9 页

水扎鸟　樊绰《蛮书》：西洱河及昆池之南接滇池，冬月，鱼、雁、鸭、蚌、雉①、水扎鸟遍于野中水际。李昉等《太平御览》：《南夷志》"水扎鸟出昆明池，冬月遍于水际"。谨案：宋以前，昆明池即洱海，非今滇池。

——道光《云南通志稿》卷六十九《食货志六之三·物产三·大理府》第 16 页

鹬　属涉禽类，或名鹭，滇俗称水札，亦称水葫芦，湖沼溪田间最多。普通体长四寸，高不及二寸，头圆大，长寸余，眼睑有白圈，睛黑色，嘴长寸许，全身黑褐色，杂以灰、白、黑斑点，胸腹白色，风切羽十四五片，趾间无蹼。常栖水边，捕食小鱼及昆虫。种类甚多，在田间者特名田鹬，在山溪间者又特名山扎，但普通多属水扎。昆明、罗次、嵩明、寻甸、鲁甸、盐津、河西、华宁、石屏、蒙自、泸西、云县、思茅、墨江、文山、马关、姚安、大理、邓川、华坪、丽江、鹤庆等处产之。旧《志》引樊绰《蛮书》谓水扎出西洱河及昆池之南，又引《太平御览·南夷志》谓水扎鸟出昆明池。

——《新纂云南通志》卷五十九《物产考二·动物二·鸟类》第 5 页

水札鸟　樊绰《蛮书》：西洱河冬月，鱼、雁、鸭、蚌、雉、水札鸟遍于野中水际。

——民国《大理县志稿》卷五《食货部二·物产》第 12 页

松鼠

松鼠　毛长尾大，常依松林，其走如飞。②

——景泰《云南图经志书》卷四《顺宁府·土产》第 25 页

松鼠　属齧齿类，亦名栗鼠。似鼠而毛长，色栗褐，尾翘举，指趾皆具钩爪，适于攀援，其捷如猱，巢居树穴岩洞间，好食坚果、树皮、树芽，为山林之大害。但其毛皮供用，尾毛亦可作笔，名鼠毫，或栗毛笔，滇到处产之。色黄者别名金鼠，色有黄黑纵纹数条者，滇西一带俗名屎鼠，颇似五道眉，但腹部作赤土色，为不同耳。

——《新纂云南通志》卷五十八《物产考一·动物一·哺乳类》第 17 页

银鼠　亦松鼠类。毛色灰白，大姚亦谓之白鼠。罗次、武定、鲁甸、泸西、缅宁、华宁、蒙自、麻栗坡、弥渡、永北、丽江、漾濞、腾冲均产之。

——《新纂云南通志》卷五十八《物产考一·动物一·哺乳类》第 17 页

---

① 蚌、雉　樊绰《蛮书》卷七《云南管内物产》第 35 页作"丰鸡"。
② 此条，正德《云南志》卷八《顺宁府·土产》第 8 页同。

嗽金鸟

魏明帝时，昆明国贡嗽金鸟，常吐金屑如粟。此鸟畏寒，乃处以辟寒台，宫人争以鸟吐之金用饰钗佩，谓之辟寒金。故宫人相嘲曰：不服辟寒金，那得圣人心。

——《滇略》卷十《杂略》第 4 页

嗽金鸟 王子年《拾遗记》：魏明帝即位二年，起灵禽之园，昆明国贡嗽金鸟。人云其地去燃洲九千里，出此鸟，形如雀而色黄，羽毛柔密，常翱翔海上。罗者得之，以为至祥，闻大魏之德被于遐远，故越山航海来献大国。帝得此鸟，饴以珍珠，饮以龟脑，鸟吐金屑如粟，铸之可以为器。昔汉武时有人献神雀，盖此类也。

——天启《滇志》卷三十三《搜遗志第十四之二·补灵异》第 1086 页

嗽金鸟 魏明帝时，昆明国贡嗽金鸟。鸟出燃洲，形如雀而色黄，羽毛柔密，常吐金屑如粟。此鸟畏寒，乃处以辟寒台，宫中争以鸟吐之金饰钗佩。故宫人相嘲曰：不服辟寒金，那得圣人心。[1]

——康熙《云南通志》卷三十《杂异》第 3 页

吐金鸟 古出昆明。《丹铅录》引《酉阳杂俎》为：魏明帝时，昆明国贡辟寒鸟，常吐金屑如粟。昆明今无此鸟，以为段成式虚言。然此出王子年《拾遗记》，成式引之耳。其时所谓昆明夷者，在宁远、丽江之西，非今昆明县也。盖其地接西藏，已成佛国，佛地何所不有？鸭食沙而粪金，鸟食沙独不可以嗽金乎！今无，仍不妨于古有，并存之可也。

——《滇海虞衡志》卷六《志禽》第 5 页

嗽金鸟 王嘉《拾遗记》：魏明帝即位二年，昆明国贡嗽金鸟。人云其地去燃洲九千里，出此鸟，形如雀而色黄，羽毛柔密，常翱翔海上，罗者得之，以为至祥。帝得此鸟，畜于灵禽之园，饴以真珠，饮以龟脑，鸟常吐金屑如粟，铸之可以为器。昔汉武帝时，有人献神雀，盖此类也。此鸟畏霜雪，乃起小屋处之，名曰辟寒台，皆用水晶为户牖，使内外通光，宫人争以鸟吐之金用饰钗珮，谓之辟寒金。故宫人相嘲曰：不服辟寒金，那得帝王心。于是媚惑者乱争此宝金为身饰及行卧，皆怀挟以要宠幸也。魏氏丧灭，池台鞠为煨烬，嗽金之鸟亦自翱翔。

——道光《云南通志稿》卷七十《食货志六之四·物产·永北直隶厅》第 44 页

隼

隼 属猛禽类。较鹰为小，与鸢则极相似而貌，稍驯能捕食小雀，又人家鸡雏食之。结巢古塔及殿阁承鸱上，飞则回翔空中，止则独踞高阜。鸣时律律作声，《诗》言"鴥彼飞隼"，鴥，盖状其鸣声也。寻甸、马关、牟定、宾川、永北、华坪、腾冲等处产之。

——《新纂云南通志》卷五十九《物产考二·动物二·鸟类》第 24 页

鹈鹕

鹈鹕 属游禽类，与鸬鹚极相似，云南每多混称，但非一物。旧名淘河，腾冲谓之提壶，大姚谓之涛鹅，蒙化谓之鹈，以音类求之，大致同意通假，而渐至迁讹耳。羽色白，老鸟微带红色。

---
[1] 此条，《滇南杂志》卷十四《轶事八》第 4 页同。

成群游水，能于浅流捕鱼。长颈伸屈，颔下有大肉囊。数鸟同时并作，各以其啄与喉囊在水浅处捕鱼，如拖网然。河湖暖处之渡鸟也，西文音译百里康。

—— 《新纂云南通志》卷五十九《物产考二·动物二·鸟类》第 1 页

偷鸽

偷鸽 属鸣禽类。有红头、褐羽二种，善鸣，滇中多笼畜之，以为玩鸟，即俗称之栀子花酒也。泸西、鲁甸、宣威、盐津产者较著名，罗次谓之鹅鸽，亦有呼为偷鸽子者。

—— 《新纂云南通志》卷五十九《物产考二·动物二·鸟类》第 21 页

拖白练

拖白练 即带鸟之属。窥其性，而仁露其形。张华云：带鸟即练鹊，以尾拖长，故俗谓之拖白练。

—— 《鸡足山志》卷九《物产》第 342 页

拖白练 属鸣禽类。与鹦鸽相似而较小，羽毛黄黑，顶上横一带，又名带鸟，尾部最长，如拖白练，故滇中有此名称，思茅亦名练雀。武定、寻甸、曲靖、平彝、宣威、宜良、峨山、华宁、缅宁、新平、马关、麻栗坡、大姚、弥渡、云龙、华坪、鹤庆、漾濞、保山等处山地均产之。宣威俗又名山裂缝，谓其蹂践稼穑，为农田害鸟云。

—— 《新纂云南通志》卷五十九《物产考二·动物二·鸟类》第 17 页

乌

乌 属鸣禽类，云南常鸟。全体黑色，羽带暗绿闪光，嘴、脚亦呈黑色。终岁独居，从不合群，常栖乡村林树间，遇冬季食物稀少，则向人家附近觅取杂食，盖已由渡鸟变为留鸟矣。

—— 《新纂云南通志》卷五十九《物产考二·动物二·鸟类》第 15 页

下雨雀

下雨雀 俗多菜喜喜，形似小喜雀而灵活。每将雨之晨，辄于河边柳上，鸣声不止。若遇亢旱，则间鸣于山，故又称为候鸟。其鸣之音，宛若不下雨云。

—— 民国《安宁县志稿》卷四《物产·禽类》第 8 页

枭

枭 属猛禽类，别名甚多，或称为鸺，宣威。或称为鸮，武定等处。长羽环眼，趾具钩爪，且多毛，头部两端，载立长羽，如两耳状，全身亦被绒毛，飞翔时无骚音。武定、禄劝、寻甸、盐津、罗平、华宁、景东、宁洱、佛海、梁河、干崖、文山、马关、禄丰、牟定、姚安、腾冲等处产之。昼匿密林，夜出袭小禽，或捕兔而食之。

——《新纂云南通志》卷五十九《物产考二·动物二·鸟类》第 23 页

信天翁

杨林蓝廷瑞《信天翁》诗云："荷钱荇带绿江空，唼鲤含鲨浅水中[①]。波上鱼鹰贪未饱，何曾饿死信天翁。"诗中有讽。其《夏日》诗："终日凭栏对水鸥，园林长夏似深秋。槐龙细洒鹅黄雪，凉意萧萧风满楼。"《冬夜》云："枕上诗成喜不胜，起寻笔砚旋呼灯。银瓶取尽梅花水，已被霜风冻作冰。"《题嫦娥奔月图》曰："窃乐私奔计已穷，藁砧应恨洞房空。当时射日弓犹在，何事无能近月中。"三诗皆可喜。信天翁，水鸟也，食鱼而不能捕，俟鱼鹰所得偶坠者拾而食之。

按滇补云：兰茂，号止庵，杨林人，兵燹之后，著述散失，其七世孙世蕃所遗断简残编内，有止庵《元日家庆·沁园春》一调、《甲辰元夕怀亡弟·一剪梅》一调、《四月二十一日寿弟廷俊·西江月》一调，又古碑镌景泰年缑山兰秀等字，合参之，则止庵兄弟三人皆能诗。廷秀，茂字也。廷俊，秀字也。廷瑞，或止庵之又一弟也，年远遗名，无可考矣。又升庵诗云："兰叟和光卧白云，贾生东晦挹清芬。何人为续稽康传，题作杨林两隐君。"和光，止庵别号，东晦诗，不存。

——康熙《云南通志》卷三十《补遗》第 35 页

信天翁 鸟名，食鱼而不能捕，俟鱼鹰所得偶坠者拾食之。杨林兰廷瑞有诗云"波上鱼鹰贪未饱，何曾饿死信天翁"，顾名思义，可以安命矣。按《晁景迂集》，黄河有信天缘，常开口待鱼。

——《滇南闻见录》卷下《物部·禽属》第 45 页

信天翁 《丹铅录》云：鸟名，滇中有之。其鸟食鱼而不能捕，候鱼鹰所得偶坠者拾食之。兰廷瑞诗云"荷钱荇带绿江空，唼鲤含沙浅草中。波上鱼鹰贪未饱，何曾饿死信天翁"，亦可以为讽矣。廷瑞，滇之杨林人。信天翁，即鹢泽虞也，俗名护田鸟。守水圳，俟鱼过，啄食之。此语早传于天下，不知发自兰止庵也。盖鸟之安命而知所止也，品高亦亚于鹤矣。俗詈久住不动者为青鶄，音庄。

——《滇海虞衡志》卷六《志禽》第 5 页

信天翁 杨慎《丹铅总录》：信天翁，鸟名，滇中有之。其鸟食鱼而不能捕，候鱼鹰所得偶坠者拾食之。《云南府志》：信天翁，水鸟，出嵩明。檀萃《滇海虞衡志》：信天翁，即鹢泽虞也，俗名护田鸟。守水圳，俟鱼过，啄食之。明嵩明兰廷瑞诗："荷钱荇带绿江空，唼鲤含沙浅草中。波上鱼鹰贪未饱，何曾饿死信天翁。"

——道光《云南通志稿》卷六十九《食货志六之三·物产三·云南府》第 6 页

信天翁 亦涉禽类，偶一渡来，非滇常产。旧《志》引杨慎《丹铅总录》谓"信天翁，鸟名，滇中有之，其鸟食鱼而不能捕，候鱼鹰所得偶坠者始食之"，《云南府志》谓"信天翁，水鸟，出嵩明"，又《滇海虞衡志》"信天翁，即鹢泽虞也，俗名护田鸟。守水圳，俟鱼过，啄食之"。

——《新纂云南通志》卷五十九《物产考二·动物二·鸟类》第 3 页

---

　①唼鲤含鲨浅水中　《滇海虞衡志》卷六《志禽》、道光《云南通志稿》卷六十九《食货志六之三·物产三·云南府》"信天翁"条皆引作"唼鲤含沙浅草中"，有异。

绣眼

绣眼 属鸣禽类，与画眉相似。云县、腾冲产。

——《新纂云南通志》卷五十九《物产考二·动物二·鸟类》第 20 页

鸦

黑鸦血 味辛，性温，血微咸。治一切年深日久吼喘，喉中如扯据之声，每遇伤风或北风即发。

——《滇南本草》卷下《鸟部》第 28 页

鸦 鸦黑色，名乌鸦。嘴健爪强，捕小鸟为食，性知反哺。又名孝鸟。

——民国《楚雄县乡土志》卷下《格致·第三十三课》第 1360 页

鸦 亦鸣禽类。旧时乌、鸦混称，实则两类。羽毛全黑带蓝紫光，嘴较纤弱，羽亦柔软，是与乌不同之点，滇中常见之渡鸟也。常以树枝、小叶结巢林中，亦杂食。

——《新纂云南通志》卷五十九《物产考二·动物二·鸟类》第 15 页

白颈老鸦 亦鸦属。颈侧及胸部羽毛均呈白色，其余部分色黑，带紫光。产滇山岭间，结巢高树，时至平地觅食。一名北京老鸦，殆白颈之音讹，大姚别名白头鸦。

——《新纂云南通志》卷五十九《物产考二·动物二·鸟类》第 16 页

夜鸹子 亦鸦属。滇到处产，鲁甸、宣威、墨江尤多，寻甸则称夜鸮子。此鸟鸣时，似能感应气候，故滇中有"早鸹阴，晚鸹晴，半夜鸹子雨淋淋"之谚。

——《新纂云南通志》卷五十九《物产考二·动物二·鸟类》第 16 页

红嘴鸦 亦鸦属。羽毛黑色有光，嘴长而曲，与其脚同为珊瑚色，栖息山中，盐津、维西均见之。《志》引余庆远《维西闻见录》云"红嘴鸦，形如鸡，嘴较长，鸣如乌，毛如鬃，人取而饲之，依人不去，人行则翘翥而随之，人止则下"等语，可征此鸟之特性云。

——《新纂云南通志》卷五十九《物产考二·动物二·鸟类》第 16 页

鸭

鸭 味甘，大寒。治风寒、水肿、丹毒，止热痢。头生疮，煮食效。敷疮毒。同猪肉煮食，补气；同羊肉煮食，主人气，散发疮。老鸭同猪蹄煮食，补气而肥体。忌同牛肉煮食，冷骨而散血。同鸡煮食，治血晕头痛。

——《滇南草本》卷一下《禽畜类》第 19 页

野鸭 属游禽类，旧名为凫。体色黄，颈呈灰褐，有时亦作绿色，别名黄鸭。河西、梁河有是称。山溪水田边，入冬渐多，亦候鸟也。晋宁、玉溪、蒙自、禄劝、曲靖、佛海、漾濞、华坪、永平、保山、嵩明、昭通等处均盛产之。其肉最嫩，为餐食美品，猎取者多。河西杞湖之风鸭、八鸭，寻甸之石鸭，鲁甸之对子鸭，均野鸭之别种也。按：腊鸭之风干者，亦名风鸭，与此不同。

——《新纂云南通志》卷五十九《物产考二·动物二·鸟类》第 2 页

鸭 亦野鸭之变种，滇中畜养之家禽也。体色黑褐，带绿闪光，但亦有作他色者。嘴平扁，色赤黄，趾间具蹼，适于游泳。肉、卵均供食用。晋宁、玉溪、昆阳等处出产尤多。

——《新纂云南通志》卷五十九《物产考二·动物二·鸟类》第 3 页

鹜 即凫鸭 鹜喜泳水，体如舟，嘴扁，毛厚，二足向后，有蹼膜相连，游水时其作用如桡。雄头毛青，雌产卵借鸡孵之。

——民国《楚雄县乡土志》卷下《格致·第三十二课》第 1360 页

雁

雁 滇南始未有。黄夫人诗："雁飞曾不到衡阳，锦字何由寄永昌。"即升庵始于《滇池泛舟见新雁》诗云："忽见行行雁，来应自故乡。天涯多少路，云际几番霜。滇水饶菱茨，禺山足稻粱。金河尔休恋，无限塞弦张。"则为雁初入滇也。今则结阵联行，排空而至，不知纪极矣，然犹有去来也。客某言于滇之西境，见雁菢子将雏，人过，则负四雏于背而飞，几以滇为所家矣。古今地气之异，不能以常情论也。鲥鱼竟过小孤，且至于常德；雁竟过衡阳，且至于滇海矣，谁能格之哉？又《滇志》云"顺治庚子冬，鸿雁来"，分注谓"云南旧无鸿雁，至是百十为群，日数过，皆西去。自后年年皆有，不见回"。据此，则嘉靖中雁始至，犹在昆池。顺治庚子，雁大至，径往滇西而不复回，则客言为不爽矣。既以西滢为金河，将雏养子，则从升庵之祝矣。不知羽翼既成，更随阳向别方否？予在滇久，但见雁秋来，而不闻春归，心窃讶之。征于此，益信雁且安于滇不复回。农部五六月间，山箐溪河往往见雁，土人呼为雁鹅，以为另有一种。今合诸志参考，乃知本鸿雁也。藏诸深箐，人不能见，夏暑仍在，亦不他翔，各处如农部者谅更多，皆来而不回者也。升庵谓由蜀至，或然。[1] 盖自开辟而后，南北往来，徒充雁户，燕弦楚缴，常涉艰难。江湖之居已多，稻粱之求未足。滇地广莫，相率而来，更不念归，以为世守。此又翻开辟未有之局，故为发明之。

——《滇海虞衡志》卷六《志禽》第 6 页

雁 属游禽类。体形似鹅，故俗呼雁鹅，滇中候鸟也。旧时鸿、雁并称，惟鸿背颈色淡黑，体大，雁体较鸿稍小，额白，项颈均呈褐色。入秋北来，春至则归。趾间具蹼，成群善飞，亦适游泳。《滇志》分注载"云南旧无鸿雁，明嘉靖中雁始至，犹在昆池。清顺治庚子，雁大至，径往滇西而不复回"云云。考雁类之迁徙往来，基于食物气候，至有定则，应候渡来，年年如是，未足为奇。不过明清以前，鲜人注意，或记载稍疏所致耳。

——《新纂云南通志》卷五十九《物产考二·动物二·鸟类》第 1 页

燕

面甸距临百里，有燕子洞。自外观之，山皆浑朴，迤逦回环，复沓平铺，全无起伏。及抵洞口，始见前洞上有覆顶，高约二三丈，横约十数丈，宛若厅堂，洞门左右，石俨如柱，四面如壁，皆有天然纹理，极为精细，非人世刻镂所有。其后，漏见天空，亦如人家天井。转进后层，仍有顶壁，较前低小，均塑神像，天井四壁，均有石乳下垂，长短不一。燕子傍壁巢居，作燕窝，有土人能取之，须缘壁攀石乳，取得一窝，又由此石乳攀彼石乳，中间距离或五六尺、七八尺不等，少一失足，即坠落陨命，然必随有一人以继之，其能事非可学也。然不过久、暂之别，同归一跌而已。

---

① 此条，道光《云南通志稿》卷六十八《食货志六之二·物产二·通省》第 24 页引，文字略有异同。

每岁所得燕窝，多或三四十斤，少或十数斤，每斤价值五六元之谱，称为土燕窝。毛多不胜捡，须烘燥碾粉，吹去其毛，始可调服。燕皆肥硕如鹡鸰，他处无之，与寻常所见不相似，惟鸣声无异。有泉流，由天井前壁下入洞，过天井后壁，伏流二十余里始出，过洞所见，不过数丈，水声澎湃，有波涛汹涌之状。余初游，有五古诗，已佚，游刊一木联云："遂客重寻源，桃花依旧随流水。空堂余自在，燕子凭谁作主人。"

——《幻影谈》卷下《杂记》第 140 页

燕 属鸣禽类。体形较小，嘴部扁平而口特大，羽色暗褐青紫，尾羽分叉若剪，春来秋去之候鸟也。仲春以后，营巢人家，驱食蝇蚊等，为滇常见之益鸟。除普通燕而外，尚有以下数种：

沙燕 云县产，习性未详。

麻燕 墨江产，习性未详。

越燕 腾冲产，似以地方名得名。

黄燕 丽江产，习性未详。

芦燕 《滇海虞衡志》谓"栖滇池芦荻中，池人捕之以贸于市，炙而荐酒，味甚美"云云，颇似今之荷花雀也。

岩燕 一名胡燕，晋宁。或名土燕。开远、麻栗坡。习性虽与普通燕相同，但栖息深山幽谷，结巢岩穴洞壁，不知者取充燕窝，但多泥土气，殊少滋润，晋宁、开远皆然。考食用之燕窝，乃海燕唾液分泌所成，惟南洋群岛海边绝壁有之，远非岩燕可比，且亦不属滇产也。

——《新纂云南通志》卷五十九《物产考二·动物二·鸟类》第 21 页

燕 有紫黑红颔之分，而翅尾俱长，认巢旧主，春来秋去，食螟虫，有益苗稼。雀巢屋角，名瓦雀。黑眉。又有白眉居山者，名山麻雀。亦食螟虫，有益，然秋熟食实，又为害。

——民国《楚雄县乡土志》卷下《格致·第三十三课》第 1360 页

洞为燕子所居，在内筑巢结窝者，不知有若干千若干万。在秋冬两季，燕子多半在内安居，一至春日，即群出群入，由暗洞而达明洞，翩跹回斜于空阔之处，右舞左旋，纷乱如麻，总之，无一时之间断，无一时之停影息声也。燕就岩缝内营巢，巢中俱有燕窝，肯冒险者，常引火入洞，而探取岩间燕窝。在低处者得以手攫，在悬岩上者则用铁钩取之，携出而售于人，名曰土燕窝。但肉薄片小，色不白而质亦不洁，大逊于外来之缅燕，虽然，亦足供人口腹也。明洞深处即见水流，四、五、六、七月间，水势极大，稍近，即声响震耳，有时能等于万马奔腾，冬季水落，声响则不甚大。盖此河流，是由远来之四五条细流，至近洞处而合成巨流，始注于河，故在夏季水势十分大也。洞前有客房一院，上三下三，复配以四耳，结构虽不精美，然亦爽适，而一般游客多藉此憩息。洞侧有观音阁，奉大士像，阁固不大，却规模整齐。二月十九日办会，阁上拥挤不堪，来悬匾挂联者，多在是时，香火之盛不可言喻。近洞处多花木，中以桃杏为多，当春时，群芳吐艳，使此一岩洞增加不少的彩色。洞之奇绝处，又奇在洞里的四时气候，夫山洞幽深，石窟生寒，是定而不移之理也，即引远方近处之一切岩洞来言，亦绝不外是。夏季入此洞而清凉爽适，原是岩洞中应有之情事，此洞之奇处，是当隆冬之际入此，外则寒风栗（凛）冽，内则暖气充溢，坐久尤温和通体，殆黍谷回春之说欤！缘此，燕子洞之所以称奇者异也。夫天下事，多优于此而绌于彼，而燕子洞亦有不满于人意处也。洞中虽足以赏心，洞外却无以娱目，一排峭壁悬岩，障断人之远目。有游开化三元洞而来者，恒以是薄之曰："无一远景也，不如三元之甚。"及步入洞内，见到一切清奇，而更有若干飞飞燕子点缀，乃慷慨而言曰："燕子实佳，燕子实佳！"

——《纪我所知集》卷十四《滇南景物志略之五·临安燕子洞》第 355 页

鹞

鹞 属猛禽类，俗呼麻咋鹰，较鹰为小。羽色青黑，腹部有黄黑色或赤白色之斑点。性喜高翔，转折最捷，袭食鸡、雀。武定、会泽、鲁甸、盐津、曲靖、宣威、蒙自、文山、马关、佛海、金河、干崖等处产之，冬夏少见。

——《新纂云南通志》卷五十九《物产考二·动物二·鸟类》第 24 页

莺

莺 属鸣禽类，一名鸧鹒，或简称仓庚，又名黄莺，或黄鹂，或黄鸟，或简名鹂。种类最多，有名之泽莺、柳莺、云南山莺，均属此类。普通体大如鹞，或较为小。体毛黄色，翅及尾以黑色相间，文彩陆离，飞不成群，仲春始鸣深山，四月长鸣久啭。曲溪、华宁、建水、宜良、曲靖、宣威、罗平、平彝、武定、寻甸、永善、镇雄、新平、缅宁、镇沅、五福、文山、马关、富州、大姚、弥渡、宾川、云龙、华坪、永北、中甸、保山、腾冲等处产之，然不多见也。

——《新纂云南通志》卷五十九《物产考二·动物二·鸟类》第 19 页

谷雀 俗呼檐麻雀。体小，羽褐色，有黑斑，喜群居墙上，唧唧作声。另一种羽红或金黄，产于春季菜子熟时。古名仓庚，能歌，声多种，如"芝子花酒""玫瑰酒"等。清脆悦耳，好事者多笼养之。间有价重百金者。喜食菜子小米，别名偷仓。

——民国《安宁县志稿》卷四《物产·禽类》第 8 页

鹦鹉

《云南行记》曰：瞿笮馆，磴道崎危。又过两重山，上下各十四五里。山顶平，四望无人烟，多鹦鹉。又曰：新安城路多缦，山尽是松林，其上多鹦鹉飞鸣。

——《太平御览》卷九百二十四《羽族部十一·鹦鹉》第 2 页

鹦鹉山，在州西北。平地突然而起，上有鹦鹉栖焉。

——万历《云南通志》卷三《地理志一之三·楚雄府·山川》第 5 页

鹦哥水，在鹦哥水铺东。水自岩注下，常有鹦哥悬岩仰饮，故名，又因以名铺。

——万历《云南通志》卷三《地理志一之三·鹤庆军民府·山川》第 35 页

鹦鹉 滇山中甚众，仅值数十钱耳。驯于陇产者，教之，甚易言语。亦有黄者，产百夷中，永乐中尝贡此。金幼孜有《黄鹦鹉赋》。至于鸜鹆，赵州凤山以千计，能言，又易于鹦鹉也。

——《滇略》卷三《产略》第 15 页

太和段锦文、金齿汤琼、曲靖项瑄、柴宗儒、鹤庆奚谦、姚安李黼，先后隐居不仕，咸有时称。琼题《鹦鹉》诗云："翠阁香闺带绿荫，忽闻灵舌啭娇音。总将怀袖温存意，不称云林自在心。笼络反因毛羽误，矜夸休羡赋辞深。陇山烟雨春雏小，莫遣虞罗著意寻。"当时目为汤鹦鹉。又有明经陶宁者，字致远，亦永昌人，有诗云："杜宇枝头百舌吟，何人不动惜芳心。桃花红雨梨花雪，铺得春愁一寸深。"……

——《滇略》卷六《献略》第 19 页

退鹦鹉　刘斐《汉帝传》：兴平元年，益州蛮夷献鹦鹉三。诏曰：往者益州献鹦鹉三枚，夜食三升麻子。今谷价腾贵，此鸟无益有损，可付安西将军杨定国，令归本土。

——天启《滇志》卷三十二《搜遗志第十四之一·补事》第 1038 页

戊寅八月初十二日……广西府鹦鹉最多，皆三乡县所出，然止翠毛丹喙，无五色之异。

——《徐霞客游记·滇游日记二》第 749 页

平彝县，本卫地，明乙亥年始改县设吏。……又多鹦鹉诸禽，鸣声上下，颇倾客耳。

——《滇黔纪游·云南》第 14 页

却鹦鹉　兴平元年，益州蛮彝献鹦鹉三。诏曰：往者益州献鹦鹉三枚，夜食三升麻子。今谷价腾贵，此鸟无益有损，可付安西将军杨定国，令归本土。

——康熙《云南通志》卷三十《补遗》第 18 页

《一统志》：（楚雄府镇南州）州治西北有鹦鹉山，平地突出，甚高耸，鹦鹉产焉。

——《读史方舆纪要》卷一一六《云南四》第 5136 页

鹦鹛　儿能学母语，缘是得名，即师旷所谓乾皋也。白者为鹦鹉，绿色即鹦鹛矣，梵音呼为臊陀。

——《鸡足山志》卷九《物产》第 344 页

鹦哥　子能效母语，故艳其子而爱之，遂以哥名。绿毛，长尾，始则黄淡红喙，渐大则黑喙，久之则朱砂红喙。前后四距，圆舌，如人眼之两睑齐动，故慧鸟也，能效人语。鸡山多松子，而鹦哥喜食，故数千为群，栖松颠，啄食自如。岂非僧慈，遂令鸟之驯至若此耶！诗"开笼若放雪衣女，长念观音般若经"，盖谓明皇播蜀时之白鹦鹉耳。倘僧当悠暇之际，每一庵寺畜一二鹦哥，教以念佛，期三年娴熟焉，合之则可盈数百，然后纵之，使其归群，互相学习，仍按时施松粒饲之，令其相习于人。又三年，则群飞均能念佛，使游人听之，置身佛国中，胜烟火僧口中劝人念佛者万万。此种功德，冀鸡山合发慈心，斯亦鸡足山第一妙事。

——《鸡足山志》卷九《物产》第 344 页

鹦鹉鸟　三月探雏，可驯养，然畏寒。

——雍正《师宗州志》卷上《物产纪略》第 39 页

黄白鹦鹉　定远王沐晟《素轩集》载：永乐庚子春，丽江土知府木初获黄色鹦鹉一，遣其子上来送，余见他鸟翼中央之色，得山川之秀。性情驯良，辩慧能言，善解人意，粗趾丹嘴，拓衣素衿。虽无文彩，而妙质奇姿，诚南中异禽也。余不敢私，贡于朝，因绘斯图以记之。又土知府木增尝得白鹦鹉，养之甚驯，题有"性钟灵巧人为语，体厌沿华雪作裳"之句，见《云薖集》中。

——乾隆《丽江府志略》卷下《艺文略·杂异》第 122 页

鹦鹉　滇南山中甚多，红嘴绿羽，颈毛色灰红相接，饲以松仁，则香芬袭人。先引其舌数捻之，与之言，或教以诗歌，能念诵。姚旅《露书》云滇中多红色者，余未之见也。

——《滇南闻见录》卷下《物部·禽属》第 44 页

鹦鹉 多于金沙江边，五色俱备。亦有白鹦鹉，如画大士相随者。养之，伺以番稻及松子，其与孔雀皆文禽也。一被怀毒之疑，一婴见鲊之难，则所置有幸不幸也。夫以鹦鹉早著于《礼经》，历代之传其聪慧轶事，足以感人者又至多，谅无有出其上者。《范志》谓秦吉了比鹦鹉尤慧，鹦鹉声似儿女，秦吉了声似丈夫。按秦吉了形状，殆即鹦鹉之产外番者。惟黄嘴黄距，异于中土耳。乌凤亦然，皆头有肉冠，谓非鹦鹉类哉？二禽固聪慧能言，比于鹦鹉，以言语而兼文章，则不及远甚。任情轩轾，未为得其平也。大为鹦鹉，小为鹦鹉。

——《滇海虞衡志》卷六《志禽》第 1 页

鹦鹉 《古今图书集成》：云州无此。至冬月，漫乃江一带往往数百为群飞来，彝民用胶黏取，以供匕箸，非冬月则无有来者。

——道光《云南通志稿》卷六十九《食货志六之三·物产三·顺宁府》第 35 页

鹦鹉 《徐霞客游记》：广西府鹦鹉最多，皆三乡县所出，然止翠毛丹喙，无五色之异。《师宗州志》：三月探雏可驯养，然畏寒。

——道光《云南通志稿》卷七十《食货志六之四·物产四·广西直隶州》第 46 页

鹦鹉 檀萃《农部琐录》：鹦鹉，出普渡河金沙江边茂树深林，巢于穿穴，每抱三四觳，土人缘木探得而养之。佟世祐《咏绿鹦鹉》："误从吉了入番方，语骂身遭死异乡。安问上皇怀主切，赋呈黄祖助才长。红开两瓣珊瑚口，绿著千层翡翠裳。曾感贵妃珍重尔，琵琶每调忆昭阳。"

——道光《云南通志稿》卷七十《食货志六之四·物产·武定直隶州》第 52 页

鹦鹉 亦属攀木类。体较雅，稍大，羽毛苍翠，嘴大而短，色褐赤，二端钩曲，舌部肥厚，善学人语。足部两趾向前，两趾向后，适于攀木，群栖森林，啄食果实。滇江边热地常绿林中产之，寻甸、会泽、鲁甸、巧家、永善、彝良、罗平、华宁、蒙自、缅宁、云县、泸西、新平、元江、宁洱、思茅、墨江、车里、五福、景谷、镇沅、江城、临江、芒遮板、麻栗坡、镇南、蒙化、祥云、弥渡、宾川、邓川、永北、华坪、鹤庆、丽江、维西、漾濞、保山、腾冲等处为著，而以宁洱及金江边为最多。毛色纯白者，别名白鹦鹉，滇中亦偶见之，颇名贵。又祥云、弥渡山中，闻特产五色鹦鹉，但不常有。或云泸西亦产，惟《志》引《徐霞客游记》云"广西府鹦鹉最多，皆三乡县所出，然止翠毛丹喙，无五色之异"。广西府即今泸西，审是则亦普通之鹦鹉俦耳，不足以云五色也。

——《新纂云南通志》卷五十九《物产考二·动物二·鸟类》第 15 页

鹦鹉 《农部琐录》：出普渡河金沙江边茂树深林，巢于穿穴，每抱三四觳，土人缘木探得而养之。《滇海虞衡志》：多于金沙江边，五色具备，亦有白鹦鹉，如画大士，相随者养，饲以番稻及松子，其与孔雀皆文禽也。

——民国《禄劝县志》卷五《食货志·物产》第 10 页

鹦鹉 境内多鹦鹉，千百成群。余自班洪寨行七八里山谷中，见数百鹦鹉，唧唧飞过，绿羽蔽空，亦大观也。山中包谷田，四围杂树，枝头牵绳交错，系以笋叶。闻土人曰：地多鹦鹉，秋熟群栖于田间，包谷尽啄，故悬物以惊之。

——《滇西边区考察记》之一《班洪风土记》第 30 页

鹰

己卯四月二十一日……其山乃中起之泡也，其后复下，大山自后回环之，上起两峰而中坳，遥望之状如马鞍，故又名马鞍山。据土人言，其上多鹰，旧《志》名为集鹰山，而土音又讹为打鹰云。

——《徐霞客游记·滇游日记九》第 1069 页

滇人喜赶山，多畜鹰，臂之者盈市。此皆效用于人之良禽也。故连类而记之。

——《滇海虞衡志》卷六《志禽》第 6 页

鹰 猛禽也。两翼长大，其飞迅速，上嘴为钩曲于下方，其形似肉食兽之犬齿。视力甚强，虽高飞能视地上小动物。脚趾具利爪，故攫铒毫无有误，人一见而即知为猛禽类。

——光绪《元谋县乡土志》（修订）卷下《格致·第二十四课》第 400 页

鹰 属猛禽类。嘴及脚与雕相似而较为小，习性亦相类。毛色苍，翼极强健。猎者驯致饲养，行猎时臂之入山，使扑诸禽。武定、禄劝、江川、景东、宁洱、镇沅、车里、五福、金河、泸水、牟定、宾川等处产之。

——《新纂云南通志》卷五十九《物产考二·动物二·鸟类》第 23 页

鱼鹰

鱼鹰 鹗也，雎鸠也。五鸠鸠民，此其一也。鸷鸟累百，不如一鹗，而被以鱼鹰之名，失其义矣。[①]

——《滇海虞衡志》卷六《志禽》第 6 页

鹗 属猛禽类，一名鱼鹰。鸬鹚亦名鱼鹰，但与鹗非一类。嘴短，趾间有连膜，飞没水中，巧捕鱼类。弥渡产之。

——《新纂云南通志》卷五十九《物产考二·动物二·鸟类》第 24 页

玉鸟

玉鸟 属鸣禽类。体小于雀，与绿胆雀极相似。毛色淡黄，亦善鸣，或云即文鸟，滇山中产之。亦呼此鸟为黄豆雀。

——《新纂云南通志》卷五十九《物产考二·动物二·鸟类》第 19 页

鸢

鸢 属猛禽类。体带褐色，嘴强大，肩平钩爪，亦类鹰，飞翔力强，嗜食饐肉。峨山、新平、镇沅、剑川等处产之。

——《新纂云南通志》卷五十九《物产考二·动物二·鸟类》第 24 页

[①] 此条，道光《云南通志稿》卷六十八《食货志六之二·物产二·通省》第 24 页引同。

鸳鸯

鸳鸯 属游禽类。栖溪涧中，状如水鸭，羽毛赤黄，且多文采。雌雄双栖，浮水觅食。会泽、鲁甸、霑益、罗平、景东、梁河、镇南、祥云、大姚、华坪、丽江、腾冲等处均产之。旧《志》又载鸂鶒一种，亦鸳鸯属，不过鸂鶒羽色较紫，故宁洱、思茅间亦云紫鸳鸯。武定、邓川产鸂鶒，即鸂鶒之异类，栖池泽中，出入荄菰，亦名荄鸡，能巢高树，雌者毛羽较劣。

——《新纂云南通志》卷五十九《物产考二·动物二·鸟类》第 2 页

鶄鸡

鶄鸡 黑色，似家鸡而尾短。

——景泰《云南图经志书》卷三《临安府·宁州·土产》第 14 页

鶄鸡 水鸟也，出通海，然非土产。每岁以上巳前来，重阳前去。来时，以夜群飞，声如雷。其形金顶红嘴，色类鸦，身似鹭。烹之，香脆柔美，甲于水陆之鸟。宦澂江者谣云：濂食不入湖，大头不入海。十年万里滇云梦，惟有鶄鸡没处买。

——《滇略》卷三《产略》第 12 页

鶄鸡 出通海杞麓湖，鸡身鸭掌。上巳前来，重阳前去。

——康熙《云南通志》卷十二《物产·临安府》第 6 页

鶄鸡 《山海经·西山经》：松果之山有鸟焉，其名曰䳏渠，其状如山鸡，黑身赤足。吴任臣《广注》按杨慎《补注》：䳏音同庸，䳏渠即鶄渠，南中通海县有之，名曰鶄鸡。旧《云南通志》：鶄鸡，出通海杞麓湖，鸡身鸭掌。上巳前来，重阳前去。《临安府志》：渔人网取之，肉肥美，味极佳。杨慎《赋》所谓"搴鶄鸡兮为脯"也。《通海县续志》：羽产数十种，惟湖中鶄鸡最美。相传出于元江，鸡身鸭掌，春来秋去，千百为群，浮于湖面。澂江、江川湖内俱无之。

——道光《云南通志稿》卷六十九《食货志六之三·物产三·临安府》第 22 页

羽产 数十种，惟湖中鶄鸡最美。相传出于元江，鸡身鸭掌，秋来春去，千百为群，浮于湖面。澂江、江川湖内俱无之。

——道光《续修通海县志》卷三《物产》第 35 页

鶄鸡 属游禽类，一名䳏渠，或鶄渠。状如山鸡，黑羽赤足，鸡身鸭掌。旧历上巳来，重阳去之，候鸟也。旧《志》引《通海续志》谓"羽产数十种，惟杞麓湖鶄鸡最美。相传出于元江，春来秋去，百千为群，浮于湖面。澂江、江川湖面则无之"。河西亦产，肉肥可口。

——《新纂云南通志》卷五十九《物产考二·动物二·鸟类》第 3 页

鶄鸡 《云南通志》：《山海经·西山经》"松果之山有鸟焉，其名曰䳏渠，其状如山鸡，黑色赤足。"《广注》按杨慎《补注》：䳏，音同庸，䳏渠即鶄渠，南中通海县有之，名曰鶄鸡。《临安府志》：渔人网取之，肉肥美，味极佳。杨慎《赋》所谓"搴鶄鸡兮为脯也"。《通海县续志》：相传出于元江，鸡身鸭掌，春来秋去，千百为群，浮于湖面。

——民国《元江志稿》卷七《食货志·羽属特别产》第 10 页

鹧鸪

鹧鸪　即越雉，随阳感气而鸣，飞必南翥。

——《鸡足山志》卷九《物产》第 342 页

鹧鸪鸟　声称"行不得也哥哥"，南飞之鸟也。[1]

——雍正《师宗州志》卷上《物产纪略》第 38 页

鹧鸪　亦鸡类，农部至以名其河，则以出之之多也。

——《滇海虞衡志》卷六《志禽》第 4 页

鹧鸪　属鸣禽类。大如竹鸡而差长，头如鹑，背上间紫赤色，毛臆前有白圆点，飞不甚高，多对啼。旧《师宗州志》谓"'行不得也哥哥'，南飞之鸟也"，即指此鸟之鸣声。《本草纲目》谓"鹧鸪鸣声，钩辀格磔。性畏霜露，早晚稀出。时而夜飞，以叶复背"云云。今武定、元谋、寻甸、会泽、鲁甸、晋宁、宜良、罗平、江川、曲溪、华宁、蒙自、建水、泸西、新平、文山、马关、富州、江城、五福、梁河、富民、罗次、禄丰、广通、大姚、双柏、蒙化、弥渡、凤仪、鹤庆、保山、腾冲等处均产。

——《新纂云南通志》卷五十九《物产考二·动物二·鸟类》第 17 页

金戛戛　本滇土名，漾濞、云县谓即鹧鸪，镇南、云县、罗次、鹤庆均产之。金戛戛之音，与"钩辀格磔"之音相类，盖状此鸟之鸣声也。

——《新纂云南通志》卷五十九《物产考二·动物二·鸟类》第 18 页

贞鸟

贞鸟　康熙九年，有二大鸟巢于禄劝州之补者山前大树上，后雄者为猎人所伤，雌鸟飞鸣寻觅，其声至哀。次年春有一鸟来自山后，始栖于枝，渐近于巢，往来飞舞，状若私之。是鸟拒不与伍，鸟乃飞去。明日前鸟复率数鸟来，雌鸟拒之如前。土人见者，遂共传以为贞鸟云。

——《滇南杂志》卷十四《轶事八》第 4 页

雉

平帝元始元年正月，王莽风益州，令塞外蛮夷自称越裳氏重译献白雉一、黑雉二。

——《资治通鉴》卷三十五《汉纪二十七》第 14 页

雉附　《易》离为雉，象文明也。《礼》曰疏趾，可以祀宗庙矣。《服饰》曰华虫，被五彩也。《左传》五雉为工，正分方也。《夏小正》有玄雉，《禽经》有朱黄，谓之鷩雉、白鹇雉、玄海雉。首采山鸡，颈采有囊曰避株，背采曰翡翠，腹采曰锦鸡，均备焉则鸐鷱矣。故鸐鷇春翚夏翟，介鸟原禽，皆雉也。

山鸡附　有采文，红多者为雄，灰黑栗黄多者为雌。不善鸣，尾短。《汉书遗事》曰：吕后名雉，故讳之曰野鸡。然山鸡自周有来矣。

鸐鸡附　今人即谓之雉鸡矣，乃又讹雉为竹鸡者，非也。盖竹鸡即蜀中所谓泥滑滑者，乃江

---

[1] 此条，道光《云南通志稿》卷七十《食货志六之四·物产·广西直隶州》第 47 页同。

东人称为山菌子，即东坡所谓鸡头鹃，别为一种。今雉则尾长，白质黑章，其身多白质，上有光绿，带黑纹，膺间并头之光彩愈艳。善走，善鸣，斯所谓鷐鶋也。以勇健，自爱其尾，如雨雪则不入丛林，伏崖木栖，不敢下食，遂多饿死。师旷云"雪封枯原，文禽多死"者是也。吁！文禽之惜尾，尚不惜其死，而人子人臣之大节，宁仅惜一尾之重哉！乃干禄忍耻而惜死，真为禽兽所愧矣！尚武者取尾以志其冠，其名曰健翟，即取鷐鶋尚勇之义。段文昌《食经》：四足美于麛，两足美于鷐。沙弥持五戒，以杀为首，斯语勿事向鸡山僧颂之。

鷩雉^附　即锦鸡也。滇腾越以南颇有之，鸡山则今无有矣。

——《鸡足山志》卷九《物产》第 341 页

雉　白质五采者，滇人谓之箐鸡；青质五采者，谓之翟鸡。馥案：白质即翚也，袆衣画之；青质即摇也，揄狄画之。驯者畜于庭，喜食花。①

——《札樸》卷十《滇游续笔·雉》第 14 页

白雉　产于滇南，故《左赋》以配孔翠，导乎"绝景""曜仪"之光，亦太平献瑞之祥禽也。故越裳氏贡之，以表中国之有圣人。则志滇禽而配乎孔雀、鹦鹉者，舍白雉而谁属？今滇多箐鸡，尾长二三尺，毛白而尾间杂细黑点，或以为白雉，然白雉必全身俱白，无微玷，方得称之。越裳之贡白雉，犹《王会篇》蜀人之贡文翰，远人来宾，不以其物而取其诚，故礼受之而不辞。且越裳远隔重洋，所产白雉，羽毛鲜洁，必有异于中土，未可执内地所有而议其贡之轻。《蜀都》既郑重而言白雉，《吴都》至以白雉与黑鸨同，供獠者零落之资，何其亵用耶。赋家之论，未可执一概以相量也。夫时之献白雉、连理木者，以为祥瑞耳。高欢薪连理木以烹白雉而食之，何卤莽乃尔耶！此与烧琴煮鹤，同一可笑者也。

——《滇海虞衡志》卷六《志禽》第 2 页

武定之民善射雉，以媒诱野雉而射之，如潘《赋》所云也，谓之游子。当雉少时，大厨索之急，不得已以媒进。嗟良游之呃喔，供汤片于暖锅，岂不可惜。游当作由，吕温有《由鹿赋》。

——《滇海虞衡志》卷六《志禽》第 8 页

白雉、黑雉　《韩诗外传》：成王之时，越裳氏重九译而至，献白雉。崔豹《古今注》：越裳氏重译来贡，白雉一、黑雉二。

——道光《云南通志稿》卷七十《食货志六之四·物产四·普洱府》第 7 页

白雉　刘逵《蜀都赋》注：白雉，出永昌。

——道光《云南通志稿》卷七十《食货志六之四·物产四·永昌府》第 28 页

雉　类鸡无冠，腮后有毛若两耳者为雄雉，雌则无之。栖息山野，故又名曰野鸡。

——光绪《元谋县乡土志》（修订）卷下《格致·第九课》第 397 页

白雉　出永昌。

——《滇绎》卷一《〈蜀都赋〉刘渊林注六条》第 21 页

雉　属鹑鸡类。产滇山中及丛林，种类甚多，征之古籍，雉类共有十四种：一卢诸雉、《尔雅》作鸬。二乔雉、《尔雅》作鷮。三鳪雉、四鷩雉、五秩秩海雉、六翟雉、《尔雅》作鸐。七翰雉、《尔雅》作鶾。八卓雉、《尔雅》作鷷。九伊洛而南曰翚、十江淮而南曰摇、《尔雅》作鸐。十一南方曰

---

① 此条，民国《大理县志稿》卷五《食货部二·物产》第 12 页引同。

鹖、《尔雅》作鶅。十二东方曰甾、《尔雅》作鶅。十三北方曰稀、《尔雅》作鵗。十四西方曰蹲。《尔雅》作鷷。其中如鷮、鷩、鸐、鶾、翚等真正之雉类，尚得以今名互证之，雉不过其总名耳。兹特就滇产之著名者，列举如下：

野雉 即俗称之野鸡也。形略似鸡，雄比雌稍大，羽毛备极美丽，头羽翘举，尾翟长一二尺，黑白相间，拖向后方，可作羽饰。群居松林下，健飞善斗，性喜搔拨。雌者文暗尾长，有翼不能飞翔，任孵卵育雏而已，肉最嫩美，称餐食上品。变种甚多，分为血雉、耳雉两类：血雉，似自簌鸡变种而来，多在山地栖息杜松丛林中，食其肉果或落芽，故其肉有树脂气，不堪供食，嘴黑爪褐，腿足朱色，冠羽较长，耳羽长而尖锐，丽江产者称为丽江血雉，亦有小形者。耳雉，栖高山大松林中，往往数十成群，云南常见之野雉也，面孔裸出，呈鲜红色，亦近似常雉，腿作纯深红色，尾部略有白色，喉部及耳状丛毛亦为白色，其他羽部则呈石版青色。本省所产野雉，虽无以上显然之分类，大致耳雉为多，因所见多作石版青之羽色也。江川、华宁、禄劝、寻甸、永善、陆良、罗平、曲靖、新平、景东、文山、富州、泸水、金河、江城、五福、罗次、禄丰、牟定、祥云、弥渡、兰坪、丽江、阿墩、漾濞等处，均其著名之产地。

箐鸡 即耳雉之另一变种。羽毛白色，胸及翅黑色，背及尾部灰白，尾羽长而屈，梢头黑色。喉部有白纹路，上连头部，其左、右之耳状毛丛，使呈不祥好斗之状态，面部亦裸出，呈鲜红色，腿部亦作深红色，与常雉无异。据《尔雅》，旧说白质五彩者为翚雉。今雉中白质五采者，滇人谓之箐鸡，是翚雉与箐鸡为一类。《滇海虞衡志》云"箐鸡生长于箐，滇南多箐，故箐鸡为多，即白雉、白鹇之类也"，疑白雉即《尔雅》之鶾鸡，亦即白鶾鸡，与箐鸡不类，白鹇则更不易混同。此鸟之特点，重在白质五采，滇中亦以其羽毛之美丽，为玩鸟以畜之。嵩明、镇雄、盐津、曲溪、石屏、缅宁、云县、景东、景谷、墨江、麻栗坡、富民、罗次、双柏、中甸、鹤庆、阿墩、漾濞等处，其著名之产地也。盐丰产者，高冠长尾，翎毛五色，仪彩尤著。

锦鸡 滇中亦名庆鸡。雄者体带红色，顶有羽冠，亦作琥珀黄色，背部浓黄，上尾筒亦带深红色，其他之毛色，则以栗、黑、蓝、绿各色，巧为排列，使人一见即能识之。至雌者，则作锈褐色，有暗色之斑纹。雄者尾羽较长，雌尾则短，雄之身长五尺四寸许，尾之长实及四尺三寸。产东北山地，亦产西部、西南部山地。永善、巧家、金河特称庆鸡，寻甸、会泽、禄劝、曲靖、宣威、平彝、新平、云县、墨江、干崖、易门、双柏、蒙化、永平、保山等处则又称为锦鸡。

山鸡 全身呈赤黄色，有长尾，颇近锦鸡。雄者称山公鸡，雌者称山母鸡。昆明、蒙自、会泽、墨江、车里、富州、芒遮板产。

翟鸡 青质五采，《尔雅》释为鷂鸡。惟据桂馥《札樸》则谓即翟鸡，以为"青质即摇也，揄狄画之驯者。畜于庭，喜食花"云云。今鹤庆、腾冲产。按：日本亦产鸐雉，但雄者颜面有赤色部，全身为有光之赤铜色，尾羽长达三尺，与翟鸡较是，与滇产之山鸡转相类，而与《尔雅》及《札樸》所释不同。旧说之青质五采者，为翟鸡，亦即《尔雅》之鷂鸡，似与日本之寻常雉子相类似也。

白雉 或谓即《尔雅》之鶾雉。白者亦云白鶾，滇中或作鶾鸡，腾冲亦谓之糠鸡，华坪则谓之寒鸡。案：白雉载在史乘，越裳献之，《左赋》配之。全身俱白，了无微垢，非翰雉可比，亦与白鹇之为孔雀白化者不同，自当另为一类。鶾鸡、糠鸡、寒鸡同音，可以通假，今可见于腾冲、华坪诸地。白雉则渺不复睹，强名之为鶾鸡则凿矣。

——《新纂云南通志》卷五十九《物产考二·动物二·鸟类》第8页

雉　　雄雉，一名野鸡。生山箐，翼毛花锦，尾长，嘴、脚同家鸡，飞鸣高枝。雌则反是，毛杂尾短，产卵，肉味香嫩。

——民国《楚雄县乡土志》卷下《格致·第三十四课》第 1360 页

啄木鸟

鴷　　《禽经》：鴷志在木，鹢志在水。《异物志》云雷公采药吏所化也。

——《鸡足山志》卷九《物产》第 343 页

啄木官　　《尔雅》曰啄木鸟，即鴷也。有大有小，有褐有斑。褐者为雌，斑者为雄。眼能隔木见蠹，喙长亦仅寸，以能步罡，遂令啄入尺木中啄蠹，惟数啄而蠹即出矣。然闽、广、蜀之毛色，与滇大不相似。滇之鴷有凤头，两头尖，距与嘴俱长，其长色类蓖麻子之纹，尾短，其飞矫劲。《淮南子》"啄木愈龋"是也。其肉追劳治痫如神。僧得正定慧矣，其宁有劳与痫哉？曰：慎戒杀。

——《鸡足山志》卷九《物产》第 343 页

啄木鸟　　足具四趾，二趾前，二趾后，善攀树木寻昆虫而食之，属攀禽类。其啄劲利如锥，啄孔惊虫，候虫由孔出，以舌钩而食之，为有益于林业之鸟。

——光绪《元谋县乡土志》（修订）卷下《格致·第二十五课》第 400 页

啄木鸟　　属攀木类。一名鴷，罗次、武定、云县、姚安有是称，滇山野产之，旧《志》名啄木冠。体形比鸠稍大，有灰头啄木、青头啄木、珠眼啄木、赭眼啄木等各种，而杂色者为普通。嘴坚而直，舌狭且硬，栖息树上，能以两趾向前，两趾向后攀援树身，啄食甲虫。空山之中，凿木之声关关然者，即此鸟也。亦偶在地上觅取食物，以其能驱除蠹树之害虫，当视为益鸟而保护之。晋宁、嵩明、鲁甸、镇雄、彝良、盐津、玉溪、峨山、陆良、曲靖、曲溪、蒙自、文山、马关、富州、缅宁、泸西、新平、景谷、镇沅、宁洱、梁河、干崖、芒遮板、麻栗坡、广通、镇南、牟定、双柏、大姚、蒙化、弥渡、鹤庆、剑川等处产之。腾冲别称旋木鸟。

——《新纂云南通志》卷五十九《物产考二·动物二·鸟类》第 12 页

竹鸡

竹鸡　　形似家鸡。新平、马关、文山均产之。

——《新纂云南通志》卷五十九《物产考二·动物二·鸟类》第 6 页

竹鸡　　多产山阴野竹林间，形似小麻母鸡而爪黄。春末出觅山地麦食，猎人以扣诱获，售于市，较鸡价微高，烹而食之味较香。

——民国《安宁县志稿》卷四《物产·禽类》第 8 页

三、鳞介之属

蒙舍川……又有大池，周回数十里，多鱼及菱芡之属。

——《蛮书》卷五《六睑》第 25 页

《南中八郡志》曰：邛河纵广二十里，深百余丈，多大鱼，长一二丈，头特大，遥视如载铁釜然。

——《太平御览》卷七百九十一《四夷部十二·南蛮七·邛》第 6 页

异龙湖，在石平州。湖有九里曲，一曰研和曲……九曰红莲曲。源出湖西南二十里兀麽山，下注于湖，产大鱼、莲耦、红菱。

——《永乐大典方志辑佚》第五册《云南志》第 3225 页

山湖，在广西府弥勒州境。湖方五十里，内产大鱼。

——《永乐大典方志辑佚》第五册《云南志》第 3224 页

牛甸湖，在北胜府顺州东三里。源出山半，下注成湖，周六七里，湖中产鱼。

——《永乐大典方志辑佚》第五册《云南志》第 3225 页

鱼属 鲤鱼、鲇鱼、鳅鱼、鳝鱼、花鱼、鲫鱼、细鳞鱼、白鲦鱼。此种出清水海。

——嘉靖《寻甸府志》卷上《食货》第 32 页

鱼之属 十七：鲤、江鱼、一名公鱼，俗呼"江"为"公"，《一统志》误作"弓"。鲫、出滇池、榆水者佳。《〔异〕鱼图赞》曰：滇池鲫鱼，冬月可荐，中含腴白，号水母线，北客乍餐，以为面缆。樊绰《云南志》：蒙舍地有鲫鱼，大者重五斤。玳瑁鱼、金鱼、细鳞鱼、即桃花鱼，出龙尾城濞水中，味美。油鱼、中秋日始出，至十月而尽，长二寸，味美。竹钉鱼、湖荡鱼、鲫饥背黑，和海菜煮，甚美。白鱼、抖叶鱼、细小如鲫，积木枝于鱼叶下，因而取之故名。《诗》云"掺有多鱼"。鳊、扁头含石。鳝、鳅、石蟹、出濞水石穴中者佳。虾、螺。产河中，有黄有弹有腐，可食。又有田螺一种，乃田产也。

——嘉靖《大理府志》卷二《地理志·物产》第 76 页

鳞介之品 鲫、鲤、鳝、鳍、鲢、鲭、鳜、龟、鳖、虾、蟹、蚌蛤、螺蛳、公鱼、细鳞、鳅、鳢、金鱼、白鲦、黄骨、青鱼、花斑。

——隆庆《楚雄府志》卷二《食货志·物产》第 36 页

鱼介之属 十七：鲤、鲫、金线、金鱼、鳅、虾、白鲦、鲇、银鱼、鳝、黑鱼、花鱼、螺、蚬、蟹、龟、鳖。

——万历《云南通志》卷二《地理志一之二·云南府·物产》第 13 页

鱼之属 十七：鲤、鲫、鳊、鳅、鳝、金鱼、油、白鱼、江鱼、湖荡鱼、玳瑁鱼、细鳞鱼、竹钉鱼、抖叶鱼、石蟹、虾、螺。

——万历《云南通志》卷二《地理志第一之二·大理府·物产》第 34 页

鱼之属　十五：鲤、鲫、鲇、鳝、鳅、鳗、龟、鳖、螃蟹、蚌、螺、蛤、蛙、虾蟆、细鳞鱼。

——万历《云南通志》卷二《地理志第一之二·临安府·物产》第 54 页

鱼之属　十一：鲋、金、银、鲤、鲫、鳝、鳅、鲂、白鲦、玳瑁、比目鱼。

——万历《云南通志》卷二《地理志第一之二·永昌军民府·物产》第 67 页

鱼之属　十三：鲫、鲤、鳝、鳅、鲢、鲭、鳜、鲩、鳢、金、黄骨、花班、细鳞。

——万历《云南通志》卷三《地理志第一之三·楚雄府·物产》第 8 页

鱼之属　七：鲤、鲫、鲭、鳝、鳅、白、蟹。

——万历《云南通志》卷三《地理志第一之三·曲靖军民府·物产》第 14 页

鱼之属　十一：鲤、鳅、鲇、金、鳝、鳅、细麟、蜈螂、面条、大头、石鳊。

——万历《云南通志》卷三《地理志第一之三·澂江府·物产》第 22 页

鱼之属　七[1]：沙沟、鲤、鲫、花鱼、细鳞、石扁头、鳝、鳅。

——万历《云南通志》卷三《地理志第一之三·蒙化府·物产》第 28 页

鱼之属　十一：鲤、鲫、鲇、鳝、鳅、白鲦鱼、细鳞鱼、蛇鱼、谷花鱼、青铜鱼、陀罗红鱼。

——万历《云南通志》卷三《地理志第一之三·鹤庆军民府·物产》第 37 页

鱼之属　五：鲫、鲤、鳝、鳅、白条鱼。

介之属　五：龟、鳖、螺、蟹、蛤。

——万历《云南通志》卷三《地理志第一之三·姚安军民府·物产》第 46 页

山湖，在弥勒州境内，产大鱼。

——万历《云南通志》卷三《地理志第一之三·广西府·山川》第 51 页

鱼之属　八：鳅、鳝、鲤、鲇、白鲦、细鳞、花鱼、金鱼。

——万历《云南通志》卷四《地理志第一之四·寻甸府·物产》第 3 页

鱼之属　五：金绵、细麟、鳅、鳝、鲭鱼。

——万历《云南通志》卷四《地理志第一之四·武定军民府·物产》第 9 页

鱼之属　七：鲤、鲫、鳝、鳅、花鱼、石扁头、细鳞鱼。

——万历《云南通志》卷四《地理志第一之四·景东府·物产》第 11 页

鳞介之属　八：细鳞鱼、流黄鱼、刀鱼、鳝、鳅、石蟹、虾、田螺。

——万历《云南通志》卷四《地理志第一之四·顺宁州·物产》第 24 页

鱼之属　三：黄皮鱼、鳅、鳝。

——万历《云南通志》卷四《地理志第一之四·永宁府·物产》第 27 页

鳞介之属　十二[2]：鲤、鲫、鳅、鳝、金鱼、白鱼、油鱼、花鱼、青鱼、细鳞鱼、玳瑁鱼、螺、蚕。

——万历《云南通志》卷四《地理志第一之四·北胜州·物产》第 33 页

---

[1] 七　按下文所列，有八种。

[2] 十二　按下文所列，有十三种。

鱼 有鲤、鲫、金线、细鳞、金鱼、银鱼、玭珼、鳅、虾、蟹、白鱼、油鱼、鲇、鳝、乌、花、青鱼、鳃、马鱼。食之必去其子。近又有三尾鱼，具五色，亦有至四尾者，与陈眉公继儒《谱》同。

——天启《滇志》卷三《地理志第一之三·物产·云南府》第 113 页

鱼 曰鳊、金、抖叶、玭珼、细鳞、石蟹、虾、螺、油鱼、膏如其名。竹钉鱼、形如其名。江鱼。长不盈尺，俗名工鱼，古韵本叶工也。

——天启《滇志》卷三《地理志第一之三·物产·大理府》第 114 页

鱼 有细鳞、蚌、蛙、虾蟆。

——天启《滇志》卷三《地理志第一之三·物产·临安府》第 115 页

鱼中，为时鱼，即江南之鲭。为金、银、鲤，为鲦，为比目、瓦窑石鸡、石鹅。

——天启《滇志》卷三《地理志第一之三·物产·永昌府》第 115 页

鱼之属 如鳜，如鳗，如金，如黄，如斑，略与他处异。

——天启《滇志》卷三《地理志第一之三·物产·楚雄府》第 116 页

鱼 有蜣螂，夏秋食之，可以御瘴。有巨首，有石鳊。有青鱼，其胆以药目。

——天启《滇志》卷三《地理志第一之三·物产·澂江府》第 117 页

鱼 曰鲦，曰蛇，曰青铜，曰陀罗红。

——天启《滇志》卷三《地理志第一之三·物产·鹤庆府》第 118 页

姒隅 《世说》：郝隆为桓公南蛮参军，三月三日会作诗，不能者罚酒三升。隆初以不能受罚，既饮览笔，便作一句云："姒隅跃清池。"桓问姒隅是何物？答曰："蛮名鱼为姒隅。"桓公曰："作诗何以作蛮语？"隆曰："千里投公，始得蛮府参军，那得不作蛮语也？"

——天启《滇志》卷三十二《搜遗志第十四之一·补事》第 1038 页

西洱河产公鱼，一作魟，又作工，作弓。仅如指，长三寸许，而味甚佳。杨慎《图赞》云：西洱弓鱼，三寸其修。谁书以公，音是字谬。又晒多子，亦孔之羞。慎尝作戏语云：大理公鱼皆有子，云南和尚岂无儿！张志淳曰：工即江也。古韵"江"亦音"工"。陶渊明《停云诗》"时雨濛濛"、"平陆成江"，李翱《别灊山神文》"我亦何功"、"路沿大江"，未知是否？又上关石穴中，八九月产油鱼，视魟更小，而肥美过之，炙则腴溢。赵州产丁鱼，又小，仅如钉耳。诸河中蚌蚬充牣，人无捕者。螺大如拳，有黄、有卵、有腐，秋夏之交盈肆，亦奇错也。

——《滇略》卷三《产略》第 11 页

细鳞鱼产金沙江中，大者三尺许，肥甘异常鱼。龙尾关漾水中亦有之，而味不及也。澂江江中产大头鱼，尤佳。江川又有溇寅鱼，二水相通，而二鱼不相往来，见则交啮。

——《滇略》卷三《产略》第 12 页

《异鱼图赞》：滇中尚有二鱼，今未之见，聊志之。一曰发鱼，《赞》云：发鱼，带发，形如妇人，出于滇池，肥白无鳞。一曰竹头鲱，《赞》云：张揖《广雅》擿竹头鲱，滇池所饶，亦名竹丁。烹以为鲑，案酒荐馨。按：此恐即丁鱼。

——《滇略》卷三《产略》第 13 页

戊寅九月二十九日……余既至甸头村，即随东麓南行。一里，有二潭潴东涯下。……而潭南则祀龙神庙在焉。潭中大鱼三四尺，泛泛其中，潭小而鱼大，且不敢捕，以为神物也。

——《徐霞客游记·滇游日记三》第 819 页

己卯四月二十九日……路转其东北隅，有小水自峡间下注，有卖浆之庐当其下。入而少憩，以所负木胆浸注峡泉间，且问此海子即上干峨澄镜池否。其人漫应之，但谓海子中有鱼，有泛舟而捕者，以时插秧，止以供餐，不遑出卖。然余忆志言，下海子鱼可捕，上海子鱼不可捕，岂其言今不验耶？循海东峻麓行二里，及海子南滨，遇耕者，再问之，始知此乃下海子，上海子所云澄镜池者，尚在村东北重山之上，由此而上五里乃及之。余不能从。

——《徐霞客游记·滇游日记九》第 1092 页

己卯五月二十四日……是为九隆池……有坐堤垂钓者，得细鱼如指。

——《徐霞客游记·滇游日记十》第 1113 页

鳞属 鲤、鲫、鲇、鲦、鳅、鳝。

——康熙《云南通志》卷十二《物产·通省》第 5 页

星云湖，在县南，周八十余里。水由海门入抚仙湖，两湖之鱼不相往来，有界鱼石。

——康熙《云南通志》卷六《山川·澂江府·江川县》第 15 页

黑龙潭，在城北三十里。其水深黝，有鱼二种，各不相浸。祷雨辄应。

——康熙《云南通志》卷六《山川·云南府·昆明县》第 5 页

麟介 鲤、鲫、鲇、鲦、鳅、鳝、虾、螺、蟹。

——康熙《云南府志》卷二《地理志八·物产》第 4 页

鱼之属 鲤、鲫、鲭、鲇、鳅、白条、虾、蟹、花鱼、金线。

——康熙《晋宁州志》卷一《物产》第 14 页

鳞之属 鲤、鲫、鲔、鲦、鲇、鳝、黄□、鳅、细鳞。

介之属 鲮鲤、即穿山甲。螺、蚌、蚬、蟹、小。龟、少。

——康熙《寻甸州志》卷三《土产》第 22 页

鳞介 鲤、白鲦、鳝、鳅、蠡斯、蛇。

——康熙《富民县志·物产》第 27 页

鳞部 鲤、鲫、鲇、鳅、鳝、虾、谷鱼。

——康熙《通海县志》卷四《赋役志·物产》第 19 页

鳞之属 鲤、鲫、粗鳞、细鳞、马鱼、钩嘴、白鲦、红尾、鳅、鳝、黄鱼。

介之属 蟹、螺、龟、鳖。

——康熙《新平县志》卷二《物产》第 60 页

鳞部 鲤、鲫、马鱼、白鲦。

——康熙《罗平州志》卷二《赋役志·物产》第 8 页

鳞介类 鲤、鲫、鳝、螺蛳、细鳞、红鱼、白条、黄骨、青鱼、花斑、鳅。

——康熙《楚雄府志》卷一《地理志·物产》第 36 页

鳞介类　鲤、鲫、鳝、细鳞、红鱼、白条、青鱼、鳅。

——康熙《南安州志》卷一《地理志·物产》第 13 页

鳞甲类　鲤、鲫、鳅、虾、蟹、石鳅、白鲦、花班、黄骨、细鳞。

——康熙《镇南州志》卷一《地理志·物产》第 15 页

鳞之属　鲫、鲤、鳝、鳅、白条鱼。

——康熙《姚州志》卷二《物产》第 14 页

鳞之属　鲭、鲤、花鱼、鳅、鳝。
介之属　蟹、鳖、龟。

——康熙《元谋县志》卷二《物产》第 39 页

鳞之属　鲭、鲤、鲫、花鱼、鳅、鳝。
介之属　蟹、鳖、龟。

——康熙《武定府志》卷二《物产》第 64 页

水族类　鲤、细鳞、花鱼、鲫鱼。

——康熙《禄丰县志》卷二《物产》第 25 页

鳞属　为鲤，为鲫，为鳝，为白鱼，为鳅，细鳞。
介属　为龟，为螺蛳，为蚌。

——康熙《广通县志》卷一《地理志·物产》第 19 页

鳞介　细鳞、石扁、长四五寸。石鳅、长二三寸。鲤鱼。味肥美，春夏水干方能网捕。

——康熙《黑盐井志》卷一《物产》第 17 页

鱼类　鲤鱼、江鱼、鲫鱼、黑胆鱼、鳝鳅。

——康熙《续修浪穹县志》卷一《舆地志·物产》第 24 页

鳞属　青鱼、鲤鱼、鲫鱼、谷花鱼、石花鱼、鳝鱼、陀罗鱼、螺、虾、鳅、川山甲。

——康熙《剑川州志》卷十六《物产》第 60 页

青铜鱼、出腰江，细鳞，长不盈尺，夏日始出。石扁头、出锋密河。岩洞鱼。出龙门舍海。

——康熙《鹤庆府志》卷十二《物产》第 24 页

鳞介　细鳞、花鱼、沙沟、鲤鱼、鲫鱼、江鱼、鳅鱼、鳝鱼。

——康熙《顺宁府志》卷一《地理志·物产》第 32 页

鳞介　沙沟、同昆明之金线鱼。鲤、鲫、花鱼、细鳞、石扁头、出山涧。鳝、鳅、三尾鱼。

——康熙《蒙化府志》卷一《地理志·物产》第 42 页

鱼属　时鱼、出保山兰沧江，即东南之鲭鱼也。仲春月雷动始出，郡人重之。鲤、鲫、白条、鳝、鳅、虾、蟹、比目。出保山哀牢山麓，池中偶有之，不多。

——康熙《永昌府志》卷十《物产》第 3 页

（澂江府江川县）星云湖，在县南，周八十余里。四五月南风发，则鱼盛。水由海门入抚仙，达南海。海门桥，在县东南八里，为临安要路。通星云湖水，入抚仙湖，登舟始此。中央有界鱼石。

澂江二川，其鱼二种，以石为界，不敢越。越则相斗，斗而死，为兵象。

——《肇域志》第四册第 2354 页

（寻甸军民府）勇克山，在府西。……中有一海，多鱼利，界连霑益，六寨乾夷居之，曰额吾峰。

——《肇域志》第四册第 2381 页

（澂江府阳宗县）明湖，在县北。……周七十余里，两岸陡绝，山水赤色，产鱼甚佳。

——《读史方舆纪要》卷一一五《云南三》第 5114 页

鱼之属　鲤鱼、金线鱼、白鱼、鲫鱼、乌鱼、竹叶鱼、红虾、白虾、桃花鱼、草龙鱼。

——雍正《呈贡县志》卷一《物产》第 31 页

鳞之属　鲤、鲫、鳅、鳝、鲇、龙须、细鳞、金鱼。

介之属　螺、蚌、蚬子。

——雍正《马龙州志》卷三《地理·物产》第 23 页

康熙甲午夏四月，清水潭涸。潭在治西，四面峭壁，周里许，其深莫测，中产鱼如云形甚瘦。相传有异兽潜焉，至是忽涸，岁大饥。

——雍正《阿迷州志》卷二十三《祥异》第 268 页

鱼　鲤、鲫、鲇鱼、白鱼、细鳞鱼、鳅、鲑、蟹、鳝鱼、虾蟆、鳖。

——雍正《建水州志》卷二《物产》第 10 页

鳞属　上沧鱼、鲫鱼、鲤鱼、鳝鱼、鳅。

——雍正《宾川州志》卷十一《物产》第 3 页

麟之属　五：花鱼、细麟鱼、蛇鱼、折盖鱼、扁头鱼。

——雍正《云龙州志》卷七《物产》第 6 页

鳞属　金鱼、鲤鱼、鲫鱼、花鱼、鲇鱼、鳢鱼、鳅、青鱼、白鲦鱼、黄尾鱼、阿奈、细鳞、鳝鱼。

介属　蠏、蚌、螺、虾、穿山甲。

——乾隆《宜良县志》卷一《土产》第 30 页

鳞介类　鲤、细鳞、花鱼、江鱼、蟹、虾、鳝、鳅、螺、穿山甲、尺蠖、蛇。

——乾隆《东川府志》卷十八《物产》第 4 页

鳞之属　鲤、鲫、鳅、鳝、细鳞。

——乾隆《新兴州志》卷五《赋役·物产》第 35 页

鱼属　鲫、鲤、鳝、鳅。

——乾隆《续修河西县志》卷一《食货附土产》第 47 页

鳞介之属　有金鱼、鲤、鲫、青鱼、花鱼、马鱼、鲇鱼、鲸鲹鱼、白鱼、雪鱼、细鳞鱼、黑鱼、黄鳝、鳅、虾、螃蟹。有海、山二种。

——乾隆《黎县旧志》第 13 页

鳞介之属　鲤、鲫、鲂、鲉、白条、沙鳅、糠虾、蛙、鳞鲤、穿山甲。螳螂、倒推车、透明鱼、蟹。

——乾隆《广西府志》卷二十《物产》第 5 页

鳞之属 鲤、鲫、细鳞、鳅、虾、鲇、蟹、油鱼、鳝、蟹。

介之属 蚌、穿山甲。

——乾隆《霑益州志》卷三《物产》第24页

鱼 鲫、鲤、鳅、鳝、油鱼、金鱼、鲇鱼、白鱼、虾、蟹、虾蟆。

——乾隆《陆凉州志》卷二《风俗物产附》第29页

鳞属 鲤、鲫、鳅、鳝、青鱼、细鳞、凤尾鱼、老虎鱼、团鱼、马鱼、黄皮鱼、白条鱼、晴鳇鱼、出新现。荷叶鱼、出新现。鳞蛇。其胆可用，出新现。

——乾隆《开化府志》卷四《田赋·物产》第34页

鳞之属 鲤、鲫、鳅、鳝、细鳞、油鱼、白鱼。

——乾隆《弥勒州志》卷二十三《物产》第54页

鳞部 鲭、鲤、鲫、鲇、鳅、鳝、赶条、花鱼、谷花鱼、虾、金鱼、茄鱼。

介部 龟、鳖、螺、蚬。

——乾隆《石屏州志》卷三《赋役志·物产》第37页

鳞介 细鳞、鲟鳇鱼、木头鱼、鳝鱼。

——乾隆《碍嘉志稿》卷一《物产》第9页

鳞之属 鲤鱼、鲫鱼、鳝鱼、鲇鱼、鲢子、赤眼、白条鱼、泥鳅、青鱼、火头、豆角鱼、五色盆鱼、蚂虾。

介之属 蟹、鳖、龟、蚌、蛤、螺蛳、陵鱼。即穿山甲。

——乾隆《碍嘉志》卷二《赋役志·物产》第232页

鳞介类 白井鱼最少，所列数种，间一有之，姑备其名。鲫、鲤、鲂、细鳞、桃花、白鲦、龟、蟹。

——乾隆《白盐井志》卷三《物产》第37页

鳞属 鲤鱼、鲫鱼、黑胆鱼、细鳞鱼、白鱼、竹钉鱼、抖叶鱼、鳅、鳝、虾、蟹、螺。

——乾隆《大理府志》卷二十二《物产》第3页

鳞属 鲤、鲫、黑膳、弓鱼、油鱼、青蛊、黄鳞、鳊鱼、花鱼、竹丁、鳅、鳝、虾、蟹、蛤、螺蛳。

——乾隆《赵州志》卷三《物产》第59页

鳞属 鲤、鲫、鳝、虾、鳅、金鱼、细鳞鱼、白条鱼、青鱼。

——乾隆《腾越州志》卷三《山水·土产》第28页

鳞属 鲤、鲫、细鳞、面条、黑竹钉、鳅、鳝、虾、螺蛳。

——乾隆《丽江府志略》卷下《物产》第41页

鳞介蜾类 鲤鱼、鲫鱼、白条、鳝鱼、细鳞、金鱼、红鱼、油鱼、花鱼、青鱼、鳅鱼、鲢鱼、马鱼、花鳅、竹丁鱼、红翅鱼、虾、螺、虾蟆、蚌、穿山甲、蚕、龟、鳖、蝉、蛙、田鸡、蝙蝠、螃蟹、蚁、蚯蚓、蝌蚪、土蚕、壁虎、蛇。凡数种。

——乾隆《永北府志》卷十《物产》第5页

鳞介 有鲤、鲫、鲦、鲇、鳅、鳝、虾、蟹、龟、鳖、螺、蛤。而簾窅、一名鲐鲦，出宁州抚仙湖，凡山麓水涯之石洞曰窠窬，鱼出其中，土人挟巨笱承洞口而取之，鳞细味美，长五六寸，腹多腴，干亦不空。谷花则又鱼之别名也。

——嘉庆《临安府志》卷六《丁赋附物产》第 25 页

鳞介　大江龙川江中，各种亦或时有，不可为常有。若塘闸，则有鲤、鲫、鱇、螺。

——嘉庆《楚雄县志》卷一《物产志》第 49 页

鳞属附介属　鲤、白鱼、黑鱼、细鳞鱼、青鱼、猪嘴鱼、鲫鱼、鳝鱼、年鱼、马口鱼、白条鱼、红鱼、黄桑鱼、石鱼、鳅鱼、石蚌、螺、蟹、龟、鳖、鳍、石贬头、蛙。

——嘉庆《景东直隶厅志》卷二十四《物产》第 4 页

鳞介类　鲤、鲫、鳝、鳅、蟹、螺、龟、蛇、鲢、鳖、鳞鲤、俗名穿山甲。清波、细鳞鱼、江团、黄蜡钉。

——嘉庆《永善县志略》上卷《物产》第 564 页

滇南半是水国，产鱼处甚多，亦不过数种，不甚杂，而已足以供食料矣。兹录滇池之所日夕而见，且尝馔而味之者，以著明之，而他郡邑可以类推矣。

——《滇海虞衡志》卷八《志虫鱼》第 2 页

鳞介之属　螭、徐云虔《南诏录》：螭鱼，四足长尾，鳞成五色，头似龙无角。龙、檀萃《滇海虞衡志》：鳞虫，龙为首，天用莫如龙。农部茅山且有九十九龙，则全滇之龙，几成龙伯之国。况龙池泻瀑，漏江伏流，以灌稻田，以兴云雨，故自省、州、县至土司，莫不祀龙，而缅甸且有养龙池。大理李某曾三至于缅，亲见之。池有三青龙，无角，长数十丈，每日拿以牛肉，每龙二十六挞，如京师象俸然。尝一龙走，追而还之。后儒讥左氏御龙、豢龙之言为诬，今有明征如此，古人岂诬乎？鲤、檀萃《滇海虞衡志》：最美小者，不能盈掌，且满腹鱼子，此江乡所不见者。大或重至七八斤，且十余斤，味甚佳。鲤之小者与鲫似，滇人多不能分，又不解糟。鲤正发时，绍兴人糟池鲤以货于官，曰江乡糟鱼上来，价数倍。鲫、檀萃《滇海虞衡志》：鲫，本为鲋。滇池多草，产鲫多，皆白鲫，颇肥美，无淮扬之草鲫、乌鲫者。间亦有面肠鲫，味亦颇同。鳠、檀萃《滇海虞衡志》：鳠额白鱼，滇亦多，然无江乡重数斤且数十斤者之肥腴，极大不过一斤而止。江乡所谓白雀子，滇人甘之。鲨、檀萃《滇海虞衡志》：鲨鮀，吹沙小鱼。体圆而有点文，即丽醽之鲨也。滇多沙河，到处颇有，其名不同，味俱佳。惟滇池海口之金线鱼名特著，滇人艳称之。故是鲨也，多金线纹一痕耳。甲香、《唐本草》：甲香，蠡类，生云南者大如掌，青黄色，长四五寸，取厣烧灰用之，南人亦煮其肉啖。今合香多用，谓能发香，须酒蜜煮制，方可用。贝。李珣《本草》：云南极多，用为钱货交易。李时珍《本草纲目》：贝字象形，其中二点象其齿刺，其下二点象其垂尾，古者货贝而宝龟，用为交易，以二为朋。今云南用之，呼为海𧴪，以一为庄，四庄为手，四手为苗，五苗为索。

谨案：旧《志》鳞介属尚有鲦、白鱼、黑鱼、金鱼、油鱼、鲇、鳅、鳝、蟹、鳖、鲮、鲤，皆为滇产。

——道光《云南通志稿》卷六十八《食货志六之二·物产二·云南通省》第 30 页

滚山珠、豹子鱼、花板鱼、竹丁鱼、汪丝鱼　《威远厅采访》：并威远厅出。

——道光《云南通志稿》卷七十《食货志六之四·物产四·普洱府》第 7 页

鳞介之属　十有五：鲤、鲫、鲦、白鱼、黑鱼、金鱼、油鱼、鲇、鳍、鳝、贝、蟹、龟、鳖、鳞鲤。即穿山甲。

——道光《昆明县志》卷二《物产志》第 7 页

太华山之西有金线泉，泉透山腹为洞，出注滇池，池中细鱼溯流入，曰金钱鱼。大不逾四寸而中腴，首尾金一缕如线，滇池佳品也。旧《志》曰：带鱼，亦出太华山下，其肠如带。金鱼，五色，皆备有三尾、四尾者。

檀萃《虞衡志》：会城之鲤，小者不能盈掌，且满腹鱼子，此江乡所未见。大或重七八斤，至十余斤，味绝佳。鲤之小者与鲫似。鲫，本为鲋，滇池多草产鲫，众皆白鲫，颇肥美，间亦有面肠鲫。

师范《滇系》：滇池多巨螺，池人贩之，遗壳，名螺狮湾。尝穿育材书院地，入五六尺许，即为螺壳，他穿亦然。疑此地旧亦螺狮湾，渐成平陆，移湾于其下也。剔螺掯肉，担而叫卖于市，以姜米、酱油调之，人争食立尽，早晚皆然。又剔其尾之黄，名螺狮黄，以为羹糁，味尤佳。有曹姓人业此者，居九龙池畔，人谓曹螺狮云。曹家馆开于四月之半，游人来池上赏荷者必留饮焉，其所费亦不多也。以九月中辍业。

——道光《昆明县志》卷二《物产志·余论·论鳞介之属》第 19 页

鳞属　鲤、鲫、鳝、鳅、鲇、乌鱼、金线、白条、花鱼、螺狮、蝤蛑。

——道光《晋宁州志》卷三《地理志·物产》第 27 页

鳞类　鲤、鲫、鳝、鲇、细鳞鱼、金线鱼、虾、白鱼、谷花鱼。
介类　螺、蛤。

——道光《昆阳州志》卷五《地理志下·物产》第 14 页

鳞属　鲤、鲫、鲦、鳅、鳝、细鳞、青鱼、虾、螃蟹。

——道光《宣威州志》卷二《物产》第 24 页

鱼属　鲫鱼、鲢鱼、草鱼、鳅、鳝、七星鱼、螺、鳊嘴鱼、鳖、蟹、石蚌、鲤、青竹鱼、白跳鱼、小油鱼。

——道光《广南府志》卷三《物产》第 4 页

鱼之属　鲤鱼、鲫鱼、青鱼、出阳宗明湖，味佳，胆可疗目。白鱼、细鳞鱼、鳝鱼、鳅鱼、鲸鱼、金鱿鱼、石鳊嘴、鳖、螺、虾、紫蟹。出阳宗明湖，形小味佳。

——道光《澂江府志》卷十《风俗物产附》第 8 页

推官张鹄云间《界鱼石》："界鱼石，似鸿沟，楚汉划然息戈矛。青鲦白鲤各分投，奇峰插天至今留。我从云间历滇黔，山水奇观半九州。何为有此石，突兀屹中流。海门桥外湮波满，暂憩石前解敞裘。山为樽，沼为酒，蛟龙夜舞海浪翻，鱼虾恬然循故道。碌云循吏天下才，持杯进酒相慰劳。中间一亭属余题，绝似郎官湖脱稿。酣歌执笔思李白，星云抚仙风浩浩。"

——道光《澂江府志》卷十五《艺文·歌行》第 1 页

鳞族甚繁，而乌鱼惟通湖有之，鲫鱼亦肥。

——道光《续修通海县志》卷三《物产》第 35 页

鳞之属　鲤、鲫、金线鱼、大小龙泉有之，不可多得。苦马鱼、白鲦鱼、油鱼、上江渠黑龙潭有之。顺水下至江始肥，复逆水而上，人始捕之。味极肥鲜，不可多得。比目鱼、云龙寺前龙潭内有之。鳅、鳝。旧《县志》

介之类　蟹、螺、穿山甲。旧《县志》

——道光《续修易门县志》卷七《风俗志·物产》第 169 页

鳞之属　红尾鱼。其味甚甘美。

——道光《新平县志》卷六《物产》第 23 页

鳞介之属　鲫、鲤、鳝、鳅、蟹、虾、白条鱼、螺。

蛤之属　蚌、蛙、蛤蟆。

——道光《姚州志》卷一《物产》第 243 页

鳞之属　鲤、鲫、鲇、鲦、鳅、鳝、金鱼、青鱼、细鳞鱼。

介之属　龟、蚌、螺蛳、蛤蜊、蟹、穿山甲、蜿蝓、即山螺师。蜗牛。即旱螺蛳。

——道光《大姚县志》卷六《物产志》第 9 页

鳞属　鲤、鲫、细鳞鱼、出紫甸河，邑西七十里。白条鱼、出猛冈河，邑东百二十里。灰鱼、石扁鱼、出猛冈河。虾、鳝。

介属　龟、蟹、蚌、螺、鳞鲤。俗名穿山甲。

——道光《定远县志》卷六《物产》第 206 页

鳞属　鲤、鲫、清鱼、豹鱼、鲌鱼、红鳞鱼、紬子鱼、即细鳞。花板鱼、马口鱼、竹子鱼、汪丝鱼、石扁鱼、鳅、鳝。

介属　龟、蟹、鳖、蚌、螺、鲮鲤。皮曰穿山甲。

——道光《威远厅志》卷七《物产》第 5 页

鱼　有鲤，有鲫，有鲇，有鳅，有鳝，有细鳞，有竹丁，有油鱼，有工鱼。又惟工鱼为多，其色如银，狭长如鲦，无鳞少骨，味鲜美，产洱海中。

介属　则有螺蛳，有蛤蜊，有蟹，有虾。

——咸丰《邓川州志》卷四《风土志·物产》第 10 页

鳞之属　鲤、鲫、花鱼、粗鳞鱼、细鳞鱼、白鲦、油鱼、鳅、鳝、黄鱼、出丁癸乡，有极大者，不可多得。

介之属　蟹、鳖、龟、螺。

——咸丰《嶍峨县志》卷十二《物产》第 5 页

鳞属附介族　鲤、鲫、鲦、白鱼、金鱼、油鱼、鲇、鳝、鳅、蟹、鳖、蚌、蛤、螺。

——咸丰《南宁县志》卷四《赋役·物产》第 13 页

鱼之属　鲤鱼、金线鱼、白鱼、鲫鱼、乌鱼、竹叶鱼、红虾、白虾、桃花鱼、草龙鱼。

——光绪《呈贡县志》卷五《物产》第 2 页

鳞属　鱼、鲤、鲫、鲨、鳝、鳅、蟹、鳖、螺。

——光绪《平彝县志》卷四《食货志·物产》第 3 页

鳞之属　鲤、鲫、细鳞、鳅、虾、鲇、蟹、油鱼、鳝、蟹、青鱼。生德泽江，其胆能清喉火。

——光绪《霑益州志》卷四《物产》第 67 页

鳞之属　旧《志》五种：鲫、鲤、鳝、鳅、白条鱼。增补三种：面条鲫、出乌鲁溯及阳派溯。鱼形似鲫，腹中如切面细条，盘之无肠，面条即肠也。治鱼出其肠，蟠结胶轕，投水中，少顷即蠢蠢自相回解如寄居虫然。烹食，味甘美。惟此鱼腹大肉薄，不中食。细鳞鱼、出连水，鳞细似鲈，味美于鳜，形狭而长似鲦鲠，少肉，厚似鳊。刺头鱼。出子贝武河中，头有刺如针，出肤寸许，小者亦二三分。土人云此鱼泳游之处，群鱼四散，盖避其触也。人有不知而误捕者，亦往往被伤。

——光绪《姚州志》卷三《食货志·物产》第 51 页

鳞属　鲤鱼、鲫鱼、鳅、虾、白鲦鱼、鳝、花斑鱼、黄骨鱼、面肠鱼、细鳞鱼、蛇。

介属　鳞鲤甲、俗名穿山甲。蟹。

——光绪《镇南州志略》卷四《食货略·物产》第 33 页

鳞之属　旧《志》七种：鲫、鲤、鲹、俗呼鲹公鱼。细鳞、白条、龟、虾。谨案：白井无蟹，所称乃蟛蜞也。新增一种：面条鲫。

——光绪《续修白盐井志》卷三《食货志·物产》第 56 页

鱼中之脊椎动物也，种类甚多。通常分头、胸、尾三部。眼大嘴小，唇有须，以司感觉。体被多类之鳞成覆瓦状以保护身体。胸、腹、脊、尾均生有鳍，专用全身之波动，与鳍之运行以游泳水中。

——光绪《元谋县乡土志》（修订）卷下《格致·第三十课》第 401 页

鳞属　鲭、鲤、鲫、花鱼、鳅、鳝。

介属　蟹、鳖、龟。

——光绪《武定直隶州志》卷三《物产》第 13 页

鳞介部　鲤、鲫、鳅、鳝、虾、螺、鲛、溪沟鱼。

——光绪《云南县志》卷四《食货志·物产》第 18 页

鳞之属　鰕、石鳊头、出蜂密河。白鱼、蟹、田鸡、即哈喇鸡。青鱼、鲤、鳝、鳅、谷花鱼、鱼、岩洞鱼、出龙门舍海。青铜鱼。出腰江，长不满尺，夏日始出。

——光绪《鹤庆州志》卷十四《食货志·物产》第 9 页

鳞属　鲤、鲫、细鳞、鳅、鳝、虾、螺蛳、黑竹钉、一名他老火。土王鱼、出刺是坝之母别（平声）村，似鲫非鲫，长三四寸许，膏腴满腹，烹不需油，骨少脂多，名土王鱼。其味之美，滇中罕有，平素不见，唯土王用事之日乃出洞焉。丽所产鱼，皆以此为冠。江鱼、金沙江中所产鱼类甚多，有大嘴、虫嘴、尖嘴、无鳞、沙肚、花鱼、石扁头等名。当以石扁头、花鱼为上，诸种皆不逮也，有大至数百斤者。独目鱼。束河龙泉寺之北有龙潭，潭中有鱼，皆眇一目，或曰潭中龙神眇一目，故鱼亦然。

——光绪《丽江府志》卷三《食货志·物产》第 32 页

鳞之属　龙、鱼、虾、鳜、鳝、鳅、蚌、螺、龟、鳖、鲤鱼、鲢鱼、金鱼、青鱼、马鱼、红鱼、白鱼、油鱼、花鱼、田鸡、蛤蟆、蝌蚪、鲫壳鱼、白鲦鱼、细鳞鱼、面肠鱼、竹丁鱼、谷花鱼、石鳊头、崖洞鱼、穿山甲。

——光绪《续修永北直隶厅志》卷二《食货志·物产》第 32 页

鳞属　细鳞、花鱼、红尾、白甲、青钵、鲫鱼。

介属　穿山甲、山螺、田螺、山蟹。

——光绪《镇雄州志》卷五《物产》第 59 页

鳞属　时鱼、出澜沧江中，仲春月雷震始出。鲤、鲫、白条、鳝、鳅、虾、蟹。

——光绪《永昌府志》卷二十二《食货志·物产》第 5 页

鳞介之属亦多，鳞属有鲤、鲫、鳝、鳅、金鱼、青鱼，以及马鬃、细鳞、白条、面肠、比目等鱼。白条以龙川江产者为上，面肠出城东满金邑，比目产于界头。此外尚有花鱼、红鱼、石骈头三种。虾则生于叠水河下，然为数甚少，不可多得。其自缅甸输入者，则油鱼、鲍鱼、乾鱼、大虾、海参、鱼肚充斥市肆，亦漏卮之一端也。至于介属，仅螃蟹、螺蛳、龟、鳖，此外种类不多见。

——光绪《腾越乡土志》卷七《物产》第 15 页

鳞虫之属 江鱼、旧《志》：细鳞，味美，出澜沧江。惟二月中旬江岸罾舟取之，亦甚少，过此则无。甲香、《唐本草》：甲香，蠃类。生云南者大如掌，青黄色，长四五寸。取厣烧灰用之，南人亦煮其肉啖。今合香多用，谓能发香，须酒蜜煮制，方可用。谨案：顺宁尚有白鱼、泥鱼、鲸鱼、鲫花鱼、金鱼、谷花鱼、鳝、蟹、鮹、鳝、螺。脆蛇、陈仁锡《潜确类书》：一名片蛇，出云南大侯御夷州。长二尺许，遇人辄自断为三四，人去则复续。干之，治恶疮，腰以上用首，以下用其尾。桂馥《札樸》：傅元《神蛇铭》"嘉兹灵蛇，断而能续"，今顺宁有小蛇，见人则自断数节，人去复成完体，俗谓之脆蛇，主疗骨伤。旧《云南通志》：见人则断，人去复续。取而干之，可治肿毒。青竹飙、桂馥《札樸》：顺宁绿蛇，细而长，有毒。善逐人，其行如飞。击以木不中，惟竹之单节者能毙之。蛤蚧、《一统志》：云州出。檀萃《滇海虞衡志》：蛤蚧，守宫之巨者也。《统志》即《滇志》皆云顺宁亦出之。《统志》云：生枯树中，有雌雄，能鸣。金蛾、旧《志》：出云州。蚁、旧《志》：有飞者、鸣者，云州极多，最为物蠹。桂馥《札樸》：耿马有大蚁，结穴树头。夷人食之，味酸如酢。断肠草、旧《志》：有四足，形如断芦枯草，牛马误食之立死，盖腐草著毒气化生。桂馥《札樸》：顺宁有虫名断肠草，马误食则肠断而毙。形如枯草，长三四寸，六足，前两足能直出相并在草木上，终日不动，驱之不去。剪其首出蓝汁①，亦不仆，汁尽乃死。蚕、旧《通志》：热地多产，茧织土绸。毛辣子、桂馥《札樸》：毛虫螫人者，俗呼毛辣子。案《尔雅翼》云：蛓虫背有毒毛，能螫人，俗呼杨瘌虫。《说文》：楚人谓药毒曰痛瘌，音如辛辣之辣。此即《尔雅》"蛅，毛蠹"，陶注《本草》"蛅蟖，蚝虫也，其背毛螫人"。陈藏器《本草》云：蚝虫好在果树上，大小如蚕，身面背上有五色斑文，毛有毒，能螫人。蜻蛉、李京《云南志》：澜沧蒲蛮诸地，凡土蜂、蜻蛉、蚱蜢之类，无不食之也。芫青、陶宏景《本草别录》：斑蝥，一虫五变，二三月在芫花上，为芫青。蛊、杨慎《升庵外集》：《隋书志》云，江南之地多蛊，以五月五日聚百种虫②，大者至蛇，小者至虱，合置器中，令自相啖，存者成蛊。其毒食入人腹内，食其五脏，死则其产移蛊主之家。若盈月不杀人，则畜者自踵其害，累世相传不绝。自侯景之乱，杀戮殆尽，蛊家多绝，既无主人，故飞游道路，中之则殒焉。今此俗于滇中，每遇亥夜，则蛊飞出饮水，其光如星。鲍照诗所谓"吹蛊痛行晖"也，予亲见之。《采访》：顺属蛊毒亦多，中之者多系小儿，治之稍缓，必殒命云。蜂。《采访》：有岩蜂、土蜂、草蜂。

谨案：顺宁尚有蝶、蝉、萤、蟋蟀、蝇、蜘蛛、虾蟆、青蛙、蛇、蝙蝠、螽斯、蚊、蚱蜢、蜉蝣、蜻蜓、螳螂、蚁、蚯蚓、多脚虫、蚂蟥、蚋、蜣螂、蟟蛉、蝇虎、尖棕螯、蛾蝇、壁虎、蜈蚣。

——光绪《续修顺宁府志稿》卷十三《食货志三·物产》第 26 页

鱼属 《说文》水虫也。鲤、体扁而肥，鳞大，口之前端，有触须二对。背苍黑，腹淡黄。《滇海虞衡志》：鲤，味最美。陶弘景《本草》：鲤为鱼王，多成龙。大屯鲤海，以产此鱼而名。鲫、形似鲤，无触须，脊隆起而狭，鳞圆滑，头与口皆小，背青褐色，腹白。魏武帝《食制》曰：滇池鲫鱼，至冬极美。杨慎《鲫鱼赞》：

---

① 蓝汁　原本作"蓝汗"，《札樸》卷十《滇游续笔》第 17 页"断肠草"条作"蓝汁"，据改。
② 虫　原本作"蛊"，据《隋书》（清光绪二十九年五洲同文局石印本）卷三十一《志》第二十六《地理下》第 14 页改。另，下文所引《隋书》，尚有多处文字有异，可互参。

中含腴白，号水母线，北客下餐，以为面缆。俗名鱼带，蒙自鲫鱼，多生田中。金鱼、鲫之变种，体小，种类不一。或腹大，或额丰，眼凸，颈短，尾歧。或金红色，或黑或白，或黄白相交，畜之缸中，以供赏玩，非食品。《金鱼谱》六诀云：嘴要突、眼要出（俗名龙眼）、身要促、翅要独、尾要扑、脚要六，全体如蝴蝶戏瓜，尤物也。黑鱼、鳢鱼也，一名乌鱼。体圆而长，肉无细刺，蒙自初无此鱼，同治间邑人李成功于省取回，畜之学海中，今天屯长桥，各海俱有。油鱼、小不盈指，以纸包之，纸为油透，邑人以之喂猫。产北区沟浍海边。白鲦鱼、《正字通》：形狭而长，背淡黑，微青，腹白鳞细，好群游水面，多产田中。大鳞鱼、脊有一刺，如箭，俗名背箭鱼。被捕时，其刺伸出。出倘甸河中。鳝、同鳝，俗称黄鳝。似鳗，细长，体赤褐，腹黄，头部下有鳃孔二，内有鳃，腹中有肺，或谓之气囊。《尔雅翼》：黄质黑文，似蛇，无鳞。《异苑》：死人发所化。产水田埂旁。鳅、一作鳅。形似鳗，体圆尾扁，色清黑，无鳞，而有黏质。常潜居泥中，故又名泥鳅。虾、节足动物之长尾者。体分头部胸部腹部，背甲为圆筒状，青黑色，薄而透明。前端有长棘突出，触角二对，甚长，俗谓之须，腹部环节六，两侧有游泳器，谓之桡足。种类颇多，倘甸河中有一种名细虾。石扁头。头似泥鳅，身尾似鱼，无鳞。产倘甸河中，多贴石上。

——宣统《续修蒙自县志》卷二《物产志·动物》第 10 页

鳞类　鲤、鲫、鳅、鳝、虾、蛙、水鸡、田鸡、白鱼、汪丝鱼、面肠鱼、蛇。

介类　鳞鲤甲、俗呼穿山甲。龟、鳖、螃蟹、蚌、蛤。

——宣统《楚雄县志述辑》卷四《食货述辑·物产》第 20 页

鳞介类　鲤、细鳞、面肠鱼、此鱼肠肚中生白带一条，其味甚美。鲫鱼、蟹、虾、蝉[①]、鳅、花鱼、穿山甲、尺蠖蛇、螽斯、蜻蚨、螳螂、蝌蚪、蜗牛、蚯蚓。

——宣统《恩安县志》卷三《物产》第 184 页

鱼类　云南地处高原，距海辽远，寒热不齐，气温、水温殊不一致，海产鱼类未经发现，溯河鱼类亦比较为少。普通所见，多湖沼鱼类，其次江河鱼类，又其次溪涧、岩洞鱼类，要之皆淡水产也。综计各地供食鱼类，大约在五十种以上。此等经济之水产供用者，不只食用一项，徒以水产事业不知讲求，即有渔捞旧法，亦不过渔户之副业，又不知养殖补充，坐令空拥宝山，徒嗟无鱼，亦可慨已。兹摘述其较为习见者，以著于下。至于习性不明，则姑列其名称、产地，以俟续考。

鲟黄鱼　属硬鳞类，一名黄鱼，产思茅大江中。又名秦皇鱼，或鳣鳇鱼，亦产新平礼社江中，肉美可食。又金河、墨江、寻甸等处亦产。马关则讹作晴黄鱼。

锯镰鱼　脊鳍如锯镰，故名，且具歪尾。产新平斗门，亦鲟黄鱼属。

缅瓜鱼　肉黄色似瓜，故名。每尾重数百斤，产墨江、景谷、云县及缅宁戛里江中，疑亦鲟黄鱼一类。

江鱼　口方多脂，产罗次、泸水等江中。肉色白，可食。或即白鲟一类。

　　按：鲟本海产，而滇大江中往往有产出者，盖当生殖时期，此类能由海溯江而上，或径产大河中。

透明鱼　泸西特产，今不多见，疑即白鳝（鳗）之幼鱼。但麦鱼之白者亦极明透，未知孰是？

黄鳝　河沟泥穴中常产之。体形如蛇，俗呼蛇鱼，亦名黄师鱼，身长至尺许者，体黄色，有黑小点，无鳞，夏日最多，可供食用。

鲤　滇湖沼中常见之硬骨鱼也。体重有至十余斤者，鳞大，口有触须，味甚佳，为食用鱼中

---

① 蝉　蝉属昆虫类，即知了。归入鳞介类，误。疑"蝉"应为"鳝"。

之最要者。种类极多，如新平、元江、镇雄产红尾鲤鱼，亦有名。

鲫 一名鲋，与鲤相似，但无触须。滇池多草，产鲫皆白，一名白鲫，颇肥美，入冬更佳。另称冬鲫，微嫌刺多。蒙化、大理所产，有重至五斤以上者。他县亦常见，惟地方土名最多。

金鱼 鲫之变种。眼突出，尾鳍长，鳞有黄、赤、乌、褐诸色。滇中多养于水缸，以为玩品。

白鱼 一名鲦，种类极多，但最大不过一斤而止，亦滇常食品。冬季北风一起，此鱼上市，但见风即死，鬻市无生活者，或以醃藏，其小者多以饲猫。

白鲦鱼 或单名为鲦，细鳞色白，滇沼泽河渠产之。水涨时，污泥中亦可得。永昌、弥渡、鲁甸、富民、罗次、华宁、广通、江川、陆良、文山、泸西、武定、曲靖、盐津、峨山、双柏、永北、华坪、新平等处产者最佳。普通呼为细鳞鱼，食用鱼中之至美者也。景东、景谷、曲溪、漾濞、马龙、大关、马关、文山、剑川、鹤庆、缅宁、姚安、大姚、镇南等处亦产之。鳞粗者别名粗鳞鱼，华宁、河西产者尤著。又石屏异龙湖产之杆条鱼，亦白鲦鱼类，体长微扁，侧线上有九十个之鳞体，上部灰色，下部淡黄，亦称食用名品。

工鱼 一作公鱼，或弓鱼。似鲦而鳞细，长不满尺，肉细刺少，子腴美，可醃食。大理、弥渡、凤仪特产。

金线鱼 金色细鳞，侧线明显，颇似白鲦。长不盈尺，肉多刺少，质亦细腻，为滇池珍味。晋宁牛恋乡金线洞产者尤佳，宜良、罗次、嵩明、寻甸，及易门大小龙泉亦有之，但不可多得。

沙沟鱼 味与金线鱼相似，永北产。

油鱼 与鲦类似。长仅二三寸，鳞大色灰白，满腹脂油、肥美异常，入旧历中秋，味尤腴美。产洱河上游，如邓川、上关之岩穴间，别名丙穴鱼，及云龙南二十里之油鱼穴，或谓水咸，故肥也。河西、陆良、大关亦产。

面肠鱼 或云面肠鲫。巨者重一二斤，满腹如切面细条盘之，无肠。其面条部脆美可食，且入盛馔，为席面之珍品。但可食之部分，乃寄生鲫内之鱼鲦虫，形似面肠，实非真肠也。受害之鲫，羸瘠异常，除面肠外，不堪入口。产会泽、鲁甸、昭通、邓川、华坪、腾冲、弥渡、蒙化、姚安、镇南、凤仪、鹤庆、中甸等处沼泽中。其曝干之品，远销各县，亦云面鱼。又罗平产带鱼，未知属此类否？

鲶 滇俗称年鱼，殆鲶之音近而讹者也。体长盈尺，无鳞，全面粘滑，有花斑极多，上苍灰下白。口圆，有小须两对，一长一短。脊鳍最小，臀鳍最长，后端连于扇尾鳍，具扇尾，大河池沼中均有之，如新平、华坪、或名鲶鱼。盐津、永善亦产之，可食。另有一种体色黑褐，圆口，有小须四对，名胡子鲶，滇名黑鲶。滇中遇旧历新年，多喜购食鲫鱼及鲶鱼，取年年吉庆之义，亦民俗学中有趣之一故实也。

乌鱼 与体同属，因其体色苍黑，亦云黑鱼。《滇海虞衡志》谓"乌鱼，一名鳢。大者鲖，小者鲵，今乌鱼也"，滇池及各处池沼中均常产之。普通长尺许，色苍灰，细鳞粘滑，上有黑斑，分向两侧，各成二列，腹鳍全无，胸鳍一对甚大，作团扇状，背鳍与臀鳍均延长，尾系扇尾。此鱼为食用美品，今市中食馆及筵席上，每剥其皮，以炒鱼片，谓之乌鱼片，极白嫩鲜美，惜有微刺，为不足耳。

马鬃鱼 又名大头鱼，保山名产。一般传说谓去头可食，否则食之使人皮脱。陈鼎《滇黔纪游》亦谓"洱海出大头鱼，食之皮脱，土人不忌"，传说颇普遍，殆亦附会之辞耳。此鱼别名甚多，又简称马鱼，罗次、嵩明、华宁、罗平、寻甸、宣威、剑川、文山、马关均产之。新平别名鲦鱼，元江一名马头鱼。又峨山、华坪、梁河、干崖等处则马鱼，与大头鱼混称。

花鱼 或名沙鳅，体具花斑，味甚美，保山产者著名。弥渡产者，口角生须，有青、黄、黑各花色，摩之有浆。石屏异龙湖产者，长仅及寸，尤腴美。富民、罗次、华宁、寻甸、出车湖。剑川、永善、别名花鳅。武定、鲁甸、临江、金河、云县、景东、漾濞亦产之。另外，产于江中者名江鳅，景谷、峨山、麻栗坡、五福、泸水、墨江、蒙自等处有之，或简名鳅。

泥鳅 体长数寸，但稍扁。口有小须，鳞细小，侧线不明，体色上灰下白，上部遍布黑点。夏秋之交，池沼中多产之，可供食。

草鱼 一名带鱼。有黑、白二种，白者体极明透，池沼多草处有之，罗平产者较著。或云白色明透者，即泸西之透明鱼。

青鱼 为滇中食用鱼之常品，几于各处产之，黑井产者尤佳。保山澜沧江、腾冲龙川江均出时鱼，即青鱼，或云鲭鱼。鲭，即青鱼之旧称也。《滇海虞衡志》谓即青鳢，又名围鱼。口有齿，能啮草，饲草易长，但气味带膻，食者不多。就其出产地而言，有湖鳢、池鳢、江鳢三类。江鳢且大至数十斤，惟池鳢、湖鳢肥美可食，江鳢则带膻气。其出旧阳宗明湖者，味极佳，胆可疗目，旧《云南通志》。又能化痰并治恶疮，《一统志》。当是湖鳢一类也。又墨江产巴渣鱼，亦青鱼类。

鲈鱼 滇产，本无是专名，《滇海虞衡志》谓澂江所产青鱼即鲈鱼，而青鱼别有其物，即前所云之青鳢也。青鳢与鲈鱼，体色虽同是青色，然鲈鱼巨口细鳞，扇尾四鳃，显与青鱼不同，且亦多白质黑章者。澂江产鲈鱼，长二三尺，重六七斤，肉细，如桃花鳜，故默斋又以为即鳜鱼，肥美可食。按：此鱼今亦名鲃，体长微扁，吻长而尖，有小须两对，沿侧线上有五十个之鳞体，色微黄，背有硬刺，凤仪产者亦名桃花鱼，味亦最佳。

桂花鱼 保山名产，即鳜鱼之普通名。体色深而扁长，有至数尺者。头大鳞小，周身有黑点，自吻至背，又有褐色斑条，尾具扇形。盐津、永善、大关、车里池沼中产之。均名鳜鱼。一入春季，肥美可食。

鲩鱼 旧《志》载江川星云湖出，俗呼大头鱼。似鲤而首巨，习性与澂江产鲈鱼极相近，或即鲈鱼之同音通假者歟？俟续考之。

窟窢鱼 一名康郎，旧《临安府志》：一名鲍鲜，出抚仙湖。又江川星云湖亦产，凡山麓水涯之石洞，土人挟巨笱承湖口而取之。鳞细味美，长五六寸，腹多腴，干亦不空，多以盐醃之而货于省垣。江川产者，每年入夏以后，去七来三，无有迁期，来时成千盈万，任人捕捉而不知畏。

竹丁鱼 滇池沼中产之。如凤仪、祥云、剑川、弥渡、华坪等处。形小如竹丁，故名。张揖《广雅》以为即竹头鮁也，味香可食。晋宁亦产之，名细鱼，色白而小，亦此类。又色黄者，名黄蜡丁，盐津、永善产，味亦香腴。

谷花鱼 富民盛产之。当谷花开放时，幼小之鲤类，搅入涨水之泥土中，有捞取贮诸水桶以鬻于市面者。但不只幼鲤一类，即草鱼、白鱼等亦混杂其中，虽有泥土气，但亦可食。昆明湖边，又产小汪丝鱼，体小口扁，成群搅泥水中，广通亦产。

比目鱼 产宜良岩洞中。发生之初，本具二目，以不见日光，眼逐渐退化而偏向一侧耳。保山、马关、易门及云龙寺前龙潭内亦有此鱼。又石屏阿花寨潭水中所产，则名一目鱼，丽江则名独眼鱼。

石扁头 即比目鱼一类。体扁色淡，黄脊，鳍有棘，一本剖之，系数刺合成，味腴美，产鹤庆枫木河。或名为鳊，禄丰则称石鳊鱼，云龙则名扁头鱼，大致皆同类也。又罗次、罗平、丽江、剑川、漾濞、麻栗坡、平彝、腾冲名石骈头。等处均产之。

滇产鱼类，除上述各种外，尚有邓川之丙穴鱼，漾共江之安斯鱼，江川之波罗鱼，罗次之苦马鱼、威远之豹子鱼、花椒鱼等，以其习性不明，姑录其名，以俟后来者之续考。又白发鱼、花板鱼、疑花鳅鱼。十花鱼、倒推车波罗鱼、凤尾鱼、风参鱼、扒齿鱼、米汤鱼等类，名殊奇特，亦录列之。

——《新纂云南通志》卷六十《物产考三·动物三·鱼类》第 7 页

鳞介类 金鱼、大花鱼、青鱼、鲫鱼、鲤鱼、鳝鱼、金线鱼、鲇鱼、油鱼、产黑龙潭河，多脂。鳅、虾、单眼鱼、产于宝乡瞎白龙河。螺、蚌、螃蟹、龟、猪嘴鱼、产于禄丰村河。穿山甲。

——民国《路南县志》卷一《地理志·物产》第 49 页

鳞属 金鱼、形似鲫，大仅数寸，鳞甲鳍尾皆赤色。游泳水中，极可观玩。鲤鱼、青鱼、鲫鱼、洞鱼、花鱼、鳝鱼、油鱼、鳃鱼、鲢鱼、马鱼、鲇鱼、鳝鱼、黄尾鱼、大头鱼、面肠鱼、一名带鱼，其肠如带。白鲦鱼、金线鱼、《一统志》：金色细鳞，长不盈尺，味极鲜美。石鳊鱼、细鳞鱼、猪嘴鱼、谷花鱼、鳍、鳅、石花鳅、阿奈。

介属 龟、鳖、螃蟹、蚌、螺、虾、鳞鲤。即穿山甲，各处有之。长一二尺，形绝类鱼，鳞遍身，最坚厚。有四足，爪尤尖利，头如鱼而嘴近，下尾稍尖细。喜食蚁，每穴地数尺，张甲集蚁，出而食之。甲作药品。

——民国《宜良县志》卷四《食货志·物产》第 33 页

鱼 大池江产鲤鱼、鲫鱼、青鱼、花鱼、鲢鱼、石鳊鱼，诸鱼肥嫩，无腥膻气，味之鲜浓，可比黄河之鱼。又大赤江石马礁产洞鱼，三月间由石洞中出，长数寸，巨口细鳞，状如淞江之鲈，肉肥而脂多，味最佳，丙穴嘉鱼，殆不过是。近年取鱼者，多用鱼雷炮投，伤生最多，又网罟太密，两江之鱼，产者亦甚稀矣。

——《宜良县地志稿》十二《天产·动物》第 25 页

渔家所用以捕鱼者为渔船，渔具鱼船一叶扁舟，俗称老鸦船，无蓬无桨，只以竹篙运行。鱼具有罾网、网有丝网麻网。罩笼、花蓝、筒子钩、子虚笼、栏坝、跳坝等。嘉丽泽为产鱼最多之地，故业鱼者集中于嘉丽泽一带，卖鱼无专市，得鱼则运往各街场卖之。凡有鱼之区概属公产，每年由公家征收鱼租以作公益之费，约收入租洋二百余元。然自开挖海河以来，春季河水涸尽，鱼类亦较前减少矣。鱼类中以小花鱼为特产，以其味较他处产者为佳也。水沟田间皆可捞取，无养殖者。

——民国《嵩明县志》卷十三《农政·渔业》第 221 页

水产之属 鱼、虾、蟹、螺蛳、青鸡、鳍、有泥鳅、山干鳅二种。鳝、蚌、田鸡。谨案：水产以鱼虾为多，鱼有鲤鱼、鲇鱼、油鱼、马鱼、青鱼、面鱼、鲫鱼、鲢鱼、白鲦鱼、糠皮、粗鳞、细鳞、小花鱼、谷花鱼、蠣鱼、吹铁石、金线鱼、小拐枣、苦马生等。虾则只有细虾一种，以海河中为最多，土人以制虾酱，其味甚佳。盘龙江鱼，邵甸盘龙江有鲤鱼、油鱼、马鱼、金线鱼、小拐枣、青鱼、面鱼、苦马生等，味清香，较他处产者为美。

——民国《嵩明县志》卷十六《物产》第 241 页

盘龙江鱼 邵甸盘龙江有鲤鱼、油鱼、马鱼、金线鱼、小拐枣、青鱼、面鱼、苦马生等，味清香，较他处产者为美。

——民国《嵩明县志》卷十六《物产·各种特产》第 243 页

鳞之属 鳞、鲫、鳅、鳝、鲇、龙须、细鳞、金鱼、鲤。

介之属 螺、蚌、蚬子。

——民国《续修马龙县志》卷三《地理·物产》第 26 页

鳞属 鲤、鲫、鳝、鰕、鳅、油鱼、白条鱼、虾蟆、青鱼、石骈头、风参鱼、谷花鱼、蚌、青螺蛳。

——民国《陆良县志稿》卷一《地舆志十·土产》第 2 页

鳞介类 龟、鼈、鲤、鲫、鳝、鳅、青鱼、红鱼、细鳞鱼、黄皮鱼、马鱼、谷花鱼、带鱼、石扁头、蚌、螺、蟹、草鱼。

——民国《罗平县志》卷一《地舆志·土产》第 85 页

鳞属 十六类：鲤、鲫、鳅、鳝、青鱼、细鳞、凤尾鱼、老虎鱼、团鱼、马鱼、黄皮鱼、白条鱼、晴黄鱼、荷叶鱼、鳞蛇、比目鱼。出牛羊克广河。

——民国《马关县志》卷十《物产志》第 10 页

水产 团鱼、蚂蝗、鲤鱼、黄鳝鱼、龟、虾、螺。

——民国《富州县志》第十四《物产》第 37 页

鳞之属 十五：鲤鱼、鲫鱼、鲦鱼、团鱼、鳅鱼、鳝鱼、虾、丝线鱼、黑鱼、江鳅、油鱼、螺、蚌、蟹、鲶鱼。

——民国《邱北县志》第三册《食货部·物产》第 16 页

鳞介属 鲤、鲫、鲦、白鱼、金鱼、油鱼、鲇、鳝、鳝、蟹、龟、鳖、鳞、鳞鲤。旧《州志》俗名穿山甲。

——民国《元江志稿》卷七《食货志·鳞介属》第 11 页

鳞属 鲤鱼、鲫鱼、白条鱼、花斑鱼、黄骨鱼、面肠鱼、出蓆草海。细鳞鱼、出七河村，味最鲜。鳅、鳝、蛇、鲋。

介属 鳞鲤甲、俗名穿山甲。蟹。

——民国《镇南县志》卷七《实业志七·物产》第 636 页

鳞属 县西子贝武河中出一种刺头鱼，形似鲫，首有刺如针，出皮半寸。小者三四分群，鱼为所触则散去。土人见水中有此鱼，即不置网。

——民国《姚安县地志·天产》第 904 页

鳞属 李《通志》五：鲫、鲤、鳝、鳅、白条鱼。管《志》五：同上。王《志》五：同上。注：鲫、所产大仅数寸。鲤、仅盈尺，味均美。鳝、鳅、昔无人食，近来则嗜为美味。白条鱼。亦仅大二三寸。

甘《志》三：面条鱼、出乌鲁溯及洋派溯，形似鲫，腹中如切面细条盘之，无肠，面条即肠也。治鱼出其肠，蟠结胶轕，投水中少顷，即蠢蠢自相回解，如寄居虫然。烹食味甘美，惟此鱼腹大肉薄，不中食。细鳞鱼、出连水，鳞细似鲈，味美于鰋。形狭而长似鲦，鲠少肉厚，似鲤。刺头鱼。出子贝武河中，头有刺如针，出肤寸许，小者亦二三分。土人云：此鱼游泳之处，群鱼四散，盖避其触也。人有不知而误捕者，亦往往被伤。谨按：面条鱼乃条虫寄生于鲫，非即肠也。熟食固佳，否则有害，宜慎之。刺头鱼，即安思鱼。

增补二：小鳅鱼、形似鳗而小，长寸许。谷花鱼。亦小，产稻田中，人均喜烹食之。

介属 李《通志》五：龟、鳖、螺、蟹、蛤。王《志》五：蟹、螺、蚌、蛙、虾蟆。

注：龟，有水龟一种。昔人于北门内东偏，掘塘深八九尺，见一洞，径二尺余，周围润华，中伏一龟，大尺余，取出尚能爬行，不识密闭洞中究若何以为生存也。鳖，龟属。螺，有田螺，产沟塘中。又陆栖之蜗牛，无介壳之蛞蝓，均为植物害。蟹，有石蟹，亦名山蟹。蛤，有文蛤，产溪中。蚌，所产不盈寸。蛙，夜间鸣声甚大。尚有金钱蛙，俗呼青鸡，背有黄色纵线。雨蛙，形小色绿，多栖树间。金袄蛙，形小色黄。山蛙，俗呼石蛙，肉味甚美，人嗜食之。虾蟆，甘《志》：山谷中最多，能嘘气作瘴，其色如虹，中者发疟。南界有夷人，一长一少，宿羊于山，夜逢大雨，雨止，燃薪燎衣，闻有郭索声，视之见大虾蟆，如五六岁小儿，寻火光而来，长者惊避，少者自负力壮，取木桩击之，良久始去。每一击则痱瘤中浆出如噀，洒溅满身，天晓回家，见浆溅处成绿色，深入骨际，是日即毙，长者三日内亦毙。

——民国《姚安县志》卷四十三《物产志之一·动物》第 5 页

水族 水族中鱼类以鲫鱼、鲤鱼、青鱼、鲦鱼、细鳞鱼、木头鱼、麻鱼、泥鳅、黄鳝等为多。两栖类以青鸡、石蚌、螃蟹、螺蛳为多。蚌蚧则西区大河中产之，其肉皆可食。

——民国《广通县地志·天产·动物》第 1422 页

鳞之属 有鲤、体扁而肥，鳞大，口之前端有触须二对，背苍黑腹淡黄，以产至角者为尤肥美。面肠鱼、形圆扁类荷包，无肉，腹中仅有肠一条，色白，盘曲如面，煮食之味香美。飞马口、口大，形长而细，鳞软有芒刺。江白鱼、形似鲤，鳞粗而硬，多刺。每秋水涨时，逆流而上。金鱼、初生色黑，久乃变纯红，或红黑白相间，或纯白。尾作三歧，脊背皆金，灿烂可爱。盆畜之大至四五寸而止，其目如珠突出，又谓之龙眼鱼。黄膛鱼、俗名缅瓜鱼，长尺许，大者十余斤，肉肥美，产备溪江中。鲫、吕子曰鱼之美者，洞庭之鮒。鮒，小鱼也，即今之鲫鱼，肉厚味美。蒙化阳江所产之鲫鱼，较他处尤佳。花鳍、头扁如鱼，尾滑类鳍，肉厚无刺，身有黑斑。味鲜美，多产锦溪河。鳢、腹黄，故名黄鳢。似蛇无鳞，体多涎沫，夏出冬蛰。鳅、即泥鳅，似鳝而短，无鳞，以涎自染，难握，与鱼为牝牡。山甲。形类鼠，遍体皆鳞，居恒穿山作洞。饥则晒日，开鳞而卧，蚁闻膻附甲，多则抖出而舐食之。

介之属 有鳖、龟属，长七八寸，头类蛇而口尖，背腹有甲成圆形，仅露头尾四足，边缘柔软成肉幕。肉多滋养分，甲可入药，备溪、阳瓜两江皆产之。螺、生水田中者为田螺，生池沼中者为石螺。田螺捣烂入麝，贴脐间治禁口痢甚效，又治脱肛腋气。蛤蚧、与蜥蜴同类异种，长四五寸，首如虾蟆，背绿色，有黑白点，或鲜红斑纹。其鳞如粟粒，生水石间为佳，入药补肾定喘，其力在尾。蚌、与蛤同类而异形，圆者曰蛤，长者曰蚌。蟹。有山蟹、水蟹，小者为蟛蜞。

——民国《蒙化县志稿·地利部》卷十一《物产志》第 13 页

鳞之属 有龙、灵物。《说文》"春分而登天，秋分而潜渊"，其形变化无常。昭俗有挂龙之说，岁中恒见之。其起处风急电迅，雨骤云翻，遥望之有白、乌二种。蛟、《说文》：龙之属也。鱼类三千六百，蛟为之长，能率鱼飞。其状似蛇，四足，细颈。每岁水涨溃堤，相传即为起蛟。鲵鱼、俗呼娃娃鱼，其声如小儿啼也。眉目口鼻皆具，遍体无鳞，有粘液，恒于石上晒日，液干则粘，即呱呱而啼。鲫鱼、有苦、甜二种。苦者形小，取以饲猫；甜者形扁，肉厚，滋嫩而甜，味极鲜美。四乡多产之，南乡大闸尤美。鲤鱼、体扁身长。面肠鱼、形圆，腹大，中有面肠一条或二条，色白，软动而生，产南乡。白鲦鱼、细鳞，长身，产洒渔河鱼洞，味尤美。扒齿鱼、形如扒齿，色白，鳞细，肉多刺少，味颇美好。至杏花开时又谓杏鱼。金鱼、初生色黑，久乃变红或红身黑背，甲皆金色。草鱼、形如鲤而鳞细，味微苦，肉厚，生殖最蕃，产李家鱼塘。米汤鱼、形与鲤同，色灰白如米汤，故名。红虾、产南乡，色红，有壳，肉少而小。青虾、与红虾同，其色青。龙眼鱼、眼珠突出，形如龙眼，或有触须，故名。细花鱼、肉厚。无刺，身有黑斑，味亦美。鳅鱼、似鳝而短，无鳞，妇女买以放生。鳝鱼、形似蛇，无斑，腹黄，味美。产秧田中，夏秋时为多。大头鱼、一名蝌蚪，无鳞，头大尾细。大者变蟆，小者变蛙。产污水中，可治天泡病症。穿山甲。产高山，遍体皆甲，虫蚁趋附甲内，抖出舐食之。性怯，畏人，缩成一团。取其甲可入药，甲色赤黑，有铜甲、铁甲之分。

介之属 有龟、甲虫之长，性纯阴，肉可熬胶，龟板亦入药用。清官塘内产之。鳖、龟属，有壳成圆形，俗呼团鱼。龙洞及南乡大塘皆产之。田螺、生水田中，取之捣烂，入麝些许，用贴脐间，治噤口痢，又治脱肛、腋气、耳漏等病。蚌蛤、省耕塘及擦拉大河均产之。同类异形，圆者曰蛤，长者曰蚌。年久均能生珠。石蚌、产大河中，肉肥，无刺。其形类人而小，手足身首皆相似。螃蟹、四乡俱有，治漆疮甚效。蜗牛。形如小螺，全身宛转有纹，背有壳，首尾皆藏壳中，行则出。以上皆随时有者。

——民国《昭通志稿》卷九《物产志》第 3 页

鳞之属 鲤、鲫、鲢、鲭、龙眼鱼、细鳞鱼、鳝、虾、箭箭鱼、鳣鱼、江豚。

介之属 龟、鳖、蚌、螺蛳、蟹、蟛蜞、蜗牛。

——民国《巧家县志稿》卷七《物产》第 23 页

鳞介类 水鼻子、江团、岩鲤、鲳鱼、龙蒸鱼、以上四种为金河鱼中最上品，味极鲜美，年产不多。鲤鱼、鲢鱼、白甲、青波、红鱼、花鱼、乌鱼、金鱼、鲦鱼、黄鳝、出田溪中。白鳝、出河中，味极美。细鳞、泥鳅、鳖、俗名团鱼。龟、鲇壳、螃蟹、象鱼、鼻长如象，产金河中，最大者四五百斤，小者百斤。青蛙、黄蛙、干蛙、不下水。癞虾蟆、田螺。

——民国《绥江县县志》卷二《物产志》第 25 页

水产 青鲢、黄鲢、花灿鱼、产于花鱼坪溪洞，身干长圆，色青黄，嘴大能容拳，有须，甲粗厚，每尾重十斤至二十斤不等。江豚、俗名水猪。鲤、鲭、青波鱼或呼青膊鱼。细鳞鱼、花鱼坪溪流出产为多。鳜、白甲鱼、鲫、池塘田间出产。鲵、俗呼娃娃鱼，为两栖动物，时爬河滨石上，作小儿声。黄鳝、鳅、俗呼泥鳅。鳖、龟、蚌、虾、螃蟹、螺蛳、蛙。

——民国《盐津县志》卷四《物产》第 1698 页

鳞介之属 十二：虾、蟹、蚌、螺蛳、谷花鱼、竹钉鱼、鳝、鳝、蚬、田鸡、白鱼、大头鱼。

——民国《大理县志稿》卷五《食货部二·物产》第 12 页

鳞介鱼虫类 鲤鱼、把栅鱼、把庆鱼、细鳞鱼、红尾鱼、石砭头鱼、猪嘴鱼、跳坝鱼、细尾鱼、鲫鱼、胡须鱼、年鱼、花鱼、红鱼、青鱼、胆可入药。鳅鱼、鳝、石蚌、蛤蚧、蝉蜕、蜈蚣、蛇、各种俱有。蟆蟖、一名谷雀。地龙、穿山甲、龟、鳖、螺、螃蟹。

——民国《景东县志》卷六《赋役志附物产》第 175 页

鳞属 鲤、鲫、白条、鳝、鳅、虾、蟹。

——民国《龙陵县志》卷三《地舆志·物产》第 21 页

水产 水产以鳞介为类繁。鲤也、鲫也、鲦也、白鱼也、黑鱼也、金鱼也、油鱼也、鲇也。其他獭也，而獭又分河獭、红獭二种，附城江河皆有之。

——民国《维西县志》卷二第十四《物产》第 39 页

水产 鲤、鲫、鳝、鳅、虾、蟹、细鳞鱼、马鬃鱼、螺、蛙、蚂蟥。

——民国《镇康县志》（初稿）第十四《物产》第 6 页

鳞类

鲃鱼

《滇程记》云：云南百夷中有小孟贡江，产鲃鱼，食之，日御百妇，故夷性极淫，无论贵贱，俱有数妻。

——《滇略》卷三《产略》第 13 页

白发鱼

发鱼　魏武《四時食制》曰：发鱼，带发如妇人，白肥，无鳞，出滇池。

——《太平御览》卷九百四十《鳞介部十二》第 2 页

白发鱼　戴发，无鳞，如妇人，白而肥，出滇池。

——天启《滇志》卷三十二《搜遗志第十四之一·补物产》第 1049 页

白发鱼　段公路《北户录》：白发鱼，戴发，形如妇人，白肥，无鳞，出滇池中。

——道光《云南通志稿》卷六十九《食货志六之三·物产三·云南府》第 7 页

白发鱼　见滇池中。戴发，无鳞，状肖妇人，白而肥。

——《滇南杂志》卷十四《轶事八》第 11 页

白鲦鱼

鮥、黑鰦　即白鲦鱼。滇池多白鲦，予每以为鲊。

——《滇海虞衡志》卷八《志虫鱼》第 3 页

白鱼

白鱼　味辛寒。治痈疽疮疥，同大蒜食之效。

——《滇南草本》卷一下《鳞介类》第 18 页

白鱼　出陈海，似鲤而色白。

——景泰《云南图经志书》卷四《北胜州·土产》第 32 页

白鱼　陈海出，状如鲤鱼而色白。

——正德《云南志》卷十二《北胜州·土产》第 3 页

白鱼　《明一统志》：出云南北胜州陈海，状如鲤而色白。崔豹《古今注》：白鱼雄者曰鰊鱼子，群浮水上，曰白萍。

——道光《云南通志稿》卷七十《食货志六之四·物产四·永北直隶厅》第 44 页

比目鱼

比目鱼　《宜良县志》：出宜良。《易门县志》：云龙寺前龙潭内有之。

——道光《云南通志稿》卷六十九《食货志六之三·物产三·云南府》第 8 页

比目鱼 产于珍泉镇之涌泉潭内,体扁圆。二鱼互生,各具一目。大者约重七八两,惟肉不甚肥,特产也。

——民国《安宁县志稿》卷四《物产·水族类》第 6 页

鳔鱼

鳔鱼 产洱河。长约二三寸,脊青腹白,鳞细而软。秋冬极肥,煎焦微黄,沃醋调脍,复蒸透,味尤鲜美。

——民国《大理县志稿》卷五《食货部二·物产》第 13 页

草鱼

滇池附草,多麦鱼,黑、白二种,极明透。滇人谓之草鱼,食之者见笑。予与王若洲调以为羹,甚美,而草鱼从此贵矣。

——《滇海虞衡志》卷八《志虫鱼》第 4 页

麦鱼 檀萃《滇海虞衡志》:滇池附草,多麦鱼,黑、白二种,极明透,滇人谓之草鱼。

——道光《云南通志稿》卷六十九《食货志六之三·物产三·云南府》第 8 页

大头鱼

大头鱼 出星云湖。渔者以午、戌二日编竹为笼,沉水取之。其头味甚美,游泳至海门辄返,不入抚仙湖。

——正德《云南志》卷六《澂江府·土产》第 6 页

(洱海)海产大头鱼,食之皮脱,土人不忌。[1]

——《滇黔纪游·云南》第 20 页

碌鱼 出星云湖,形似鲤而首巨,极肥美,俗呼大头鱼。

——康熙《云南通志》卷十二《物产·澂江府》第 7 页

碌鱼 旧《云南通志》:出江川星云湖,似鲤而首巨,极肥美,俗呼为大头鱼。

——道光《云南通志稿》卷六十九《食货志六之三·物产三·澂江府》第 28 页

带鱼

带鱼勒鲞,吾乡鄙而不食之物,浙人携至滇中,每斤售价五六钱。此亦惟江浙人喜于得乡味而已,盖即莼鲈之意也。

——《滇南闻见录》卷下《物部·鱼属》第 34 页

带鱼 《云南府志》:出太华山下,其肠如带。

——道光《云南通志稿》卷六十九《食货志六之三·物产三·云南府》第 7 页

---

[1] 此条,道光《云南通志稿》卷六十九《食货志六之三·物产三·大理府》第 17 页同。

飞鱼

飞鱼 洱河尾产鱼一种，于无人时则跃嵌岸边岩石上，见人仍入水中，故谓之为飞鱼云。

——民国《大理县志稿》卷五《食货部二·物产》第 13 页

工鱼

公鱼 似鲫细鳞，而长不满尺，无间大小皆有子，其味肥甘。产于上、下二关之涌泉旁，一云江鱼，土人呼江为公，故名公鱼。

——景泰《云南图经志书》卷五《大理府·土产》第 3 页

公鱼 洱河出。似鲦细鳞而长，无间大小皆有子，味极美。产于上、下二关之涌泉傍，一名江鱼，土人呼江为公，故名。

——正德《云南志》卷三《大理府·土产》第 7 页

工鱼 大理出鱼，细鳞而纤长，长不盈尺，多腹腴而味美，名曰工鱼。云南旧《志》载之，谓土人不识"江"字，因误为"工"，不知古韵"江"有"工"音。陶渊明《停云》诗"时雨蒙蒙""平陆成江"，李翱《别灞山神文》"我亦何功""路沿大江"。大理自昔晓文义，故用古韵也。

——天启《滇志》卷三十二《搜遗志第十四之一·补物产》第 1049 页

工鱼 出洱海，如鲦，而鳞细，长不盈尺，明杨慎称为鱼魁。"工"或作"公"，又作"弓"。

——康熙《云南通志》卷十二《物产·大理府》第 8 页

工鱼 大理出鱼，细鳞而纤长，长不满尺，腴而味美，曰工鱼。云南旧《志》载之，谓土人不识"江"字，因呼为"工"，不知古韵"江"有"工"音。陶渊明《停云》诗"时雨濛濛""平陆成江"，李翱《别灞山神文》"我亦何功""路沿大江"。大理自昔晓文义，故用古韵。

——康熙《云南通志》卷三十《补遗》第 19 页

乾隆三十四年元月十一日，从白崖行二三里，过定西岭……遒河南岸至下关，即龙尾关也。其地大理府太和县属，令屠君可堂，浙江鄞人，赤水先生之裔，以功鱼见饷。功鱼出洱海，为滇省诸鱼之冠，然较丙穴槎头，迥不逮矣。

——《滇行日录》第 209 页

工鱼 大理产工鱼，土人颇重之，其形细小而味甚平常，不足取。有一种细鳞鱼颇大，肉质细致，味尚鲜美可食。

——《滇南闻见录》卷下《物部·鱼属》第 33 页

大理襟山带河，山珍多而水族殊鲜，工鱼产洱河中，最有名，而不甚适口。

——《云南风土记》第 50 页

吴才老谓滇语呼江为公，故名江鱼为公鱼。案：公当为工，江从工得声也。西洱河所出六七寸之小鱼，今犹呼工鱼。

——《札樸》卷十《滇游续笔·公鱼》第 18 页

工鱼 出大理，长三四寸，满腹子，可充鲝，炖肉而陈之。禄劝易龙河亦出此鱼。工，或作弓，

《南园录》谓应作工，工为江，江鱼也。此亦牵强，蛮名无正字，工、弓随用耳。

——《滇海虞衡志》卷八《志虫鱼》第 8 页

工鱼一作公鱼　《事物绀珠》：公鱼，似鲦细鳞，长不满尺，有子美，出大理。《一统志》：出洱海，如鲦而鳞细，长不盈尺，明杨慎称为鱼魁。檀萃《滇海虞衡志》：工鱼出大理，长三四寸，满腹子，可代鲞炖肉而冻之，禄劝易龙河亦出此鱼。工，或作弓，《南园录》谓应作工，工为江，江鱼也。此亦牵强，蛮名无正字，工、弓随用耳。杨慎《弓鱼赞》："西洱弓鱼，三寸其修，谁书以公，音是字谬，又哂多子，亦孔之羞。"

——道光《云南通志稿》卷六十九《食货志六之三·物产三·云南府》第 17 页

弓鱼　《一统志》：出洱海西北面者佳，如鲦而鳞细，长不盈尺，明杨慎称为鱼魁。

——民国《大理县志稿》卷五《食货部二·物产》第 12 页

谷花鱼

谷花鱼　《云南府志》：出富民。

——道光《云南通志稿》卷六十九《食货志六之三·物产三·云南府》第 8 页

瓜鱼

瓜鱼　《台阳随笔》：头偏无鳞，两腮有角，皮黝似滑而涩，肉作赭红色，酷似瓜，故名，产礼社江。又有网丝鱼，形亦与瓜鱼类，惟肉作白色，味均肥美。

——民国《元江志稿》卷七《食货志·鳞介属特别产》第 11 页

海参

滇人言滇池产海参，每年水盛时，渔人于得胜桥柱下得十数枚，长大白色，味美。亦私市，不令官知，恐诛求如大虾也。[①]

——《滇海虞衡志》卷八《志虫鱼》第 5 页

斑鸠河内尚产有一种特殊之生物，是为土海参，土海参之形状，与产于日本海内之小刺参无异，只不过较日本海参为小耳。其大者能长及二寸，粗及吾人手指，取出水后，剖开其腹而视察，腹里肠杂亦与海洋上所产之一切大小刺参同，只身上钉刺稍为短小而且稀少也。生时全体黑色，划开其身体，体内则白而不乌，以刀凌之，有如玉片，以法烹治而食，惟不及海洋上所产者之味浓。此物恒游泳于河底，少见于水面。初时土人等不知其为何物，且认为是蚂蟥之属，后经外省人查及，始证明为刺参，但出产不多，寻取殊难也。

——《纪我所知集》卷十一《滇南景物志略之二·武定之骗母鸡》第 283 页

花鱼

花鱼　味甘平。食之令人肌肤细腻，而解诸疮最效。烧灰服之，治症疾冷症。

——《滇南草本》卷一下《鳞介类》第 18 页

---

① 此条，道光《云南通志稿》卷六十九《食货志六之三·物产三·云南府》第 9 页引同。

花鱼　长仅寸，面卷而炙之，美而腴，盖亦吹沙之类也。他如小鳑鲏、小黄鲴子、牛矢鱼，亦尚有之，然不足数也。

——《滇海虞衡志》卷八《志虫鱼》第 5 页

花鱼　旧《云南通志》：出临安。檀萃《滇海虞衡志》：花鱼，长仅寸，面卷而炙之，美而腴，盖亦吹沙之类也。

——道光《云南通志稿》卷六十九《食货志六之三·物产三·临安府》第 22 页

花鱼　头大口巨，鳞细，背青腹白，呈金黄色。其肉肥厚，刺柔软。螳川年产亦多。

——民国《安宁县志稿》卷四《物产·水族类》第 3 页

花鱼　产洱河尾，鳞细嘴尖，身有黑黄花纹，大者十余斤，味较细鳞鱼尤鲜美。

——民国《大理县志稿》卷五《食货部二·物产》第 12 页

黄师鱼

黄师鱼　即鳠鱼也。字从尝，取尝祭之义也。江乡名黄颡鱼，为其颡之黄也。《山海经》作师鱼，谓獭祭鱼，捉鳠为巫师，能作声以祭天也。又曰杀人，谓其颊骨鲠人至死也。滇池多黄师鱼，亦鲜美。俗讹师为丝，失其义矣。

——《滇海虞衡志》卷八《志虫鱼》第 3 页

黄师鱼　檀萃《滇海虞衡志》：即鳠鱼也。江乡名黄颡鱼，为其颡之黄也。《山海经》作师鱼，谓獭祭鱼，捉鳠为巫师，能作声以祭天也。又曰杀人，谓其颊骨鲠人至死也。滇池多黄师鱼，亦鲜美。俗讹师为丝，失其义矣。

——道光《云南通志稿》卷六十九《食货志六之三·物产三·云南府》第 8 页

黄鱼

《南中八郡志》曰：江出黄鱼，鱼形颇似鱣，骨如葱，可食。郭义恭《广志》曰：犍为郡僰道县出臑骨黄鱼。

——《太平御览》卷九百四十《鳞介部十二·黄鱼》第 2 页

黄鱼　旧《云南通志》：肉金色，味甘肥。

——道光《云南通志稿》卷七十《食货志六之四·物产四·元江直隶州》第 56 页

鲫

鲫鱼　蒙舍池[①]鲫鱼，大者重五斤，西洱河及昆池之南接滇池，冬月，鱼、雁、鸭、丰鸡、水扎鸟遍于野中水际。

——《蛮书》卷七《云南管内物产》第 35 页

《南夷志》曰：蒙舍池[②]鲫鱼，大者重五斤。西洱河及昆池，南接滇池，冬月多鲫鱼。

——《太平御览》卷九百三十七《鳞介部九·鲫鱼》第 4 页

---

① 蒙舍池　道光《云南通志稿》卷七十《食货志六之四·物产四·蒙化直隶厅》第 42 页作"蒙舍川"。
② 蒙舍池　原本作"蒙舍地"，据《蛮书》卷七《云南管内物产》第 35 页改。《蛮书》卷五《六赕》"蒙舍川……又有大池，周回数十里，多鱼及菱芡之属"，当即此"蒙舍池"。

鲫鱼 味甘。和五脏，通血脉。与五味煮食，补虚损，温中下气，痢疾、痔漏之症。作羹食，治胃弱而补中。又治妇人阴疮诸疮。又杀虫消积。头，烧灰治癞疮。

——《滇南草本》卷一下《鳞介类》第 18 页

叶榆水……东岸有分水崖，俨如斧划。渔人谓自崖下分水为两戒，南为河，北为海。咸淡不类，河鱼不入海，海鱼不入河，鱼游至此则返。鱼族颇多，视他水所出较美，冬鲫甲于诸郡。d魏武帝《四时食制》曰"滇池鲫鱼，至冬极美"，盖谓池之在滇者美鲫也。魏武未尝至滇而云尔者，今之风鲫可以寄远，岂其遗制？

——嘉靖《大理府志》卷二《地理志•山川》第 60 页

鲫鱼 魏武帝《四时食制》曰："滇池鲫鱼，至冬极美。"今滇河冬月产者最佳，腹中白腴，长六七寸，若切面然，烹之，甘甚。杨慎《图赞》云："滇池鲫鱼，冬月可荐，中含腴白，号水母线。北客乍餐，以为面缆。"魏武未尝至滇，岂亦得之传闻耶。樊绰《南夷志》"蒙池鲫鱼，重者五斤"，然未之见也。

——《滇略》卷三《产略》第 11 页

魏武帝《四时食制》曰："滇池鲫鱼，至冬极美。"《大理志》言洱河鲫美。魏武盖言池之在滇者，非必滇池。其实滇池鲫鱼自美，未逊洱水也。①

——天启《滇志》卷三十二《搜遗志第十四之一•补物产》第 1049 页

鱼金带 剑池产鲫鱼带，其鱼与常鲫无异，重亦不过斤许，腹内有带如鳔，宽二三分，长尺余，玉色晶莹，多或八九茎。冬深带满，腹胀裂如被创，带从孔出，买鱼烹食，甚鲜美，取带曝干，应手脆折如粉。

——《滇南新语》第 6 页

鲫鱼 昭通府鲫鱼甚大而佳，自一二斤至四五斤不等，愈大则愈肥而嫩，其脂厚至半寸许。昭郡并无河渠，产于沮洳之内，诚足异也。

——《滇南闻见录》卷下《物部•鱼属》第 33 页

鲫 本为鲋。滇池多草，产鲫多，皆白鲫，颇肥美，无淮扬之草鲫、乌鲫者。间亦有面肠鲫，味亦颇同。②

——《滇海虞衡志》卷八《志虫鱼》第 2 页

黑龙潭，在越州西十里，为利甚溥。潭内鲫鱼有大至五六斤者，村民相戒不敢食。

——咸丰《南宁县志》卷一《地理•山川》第 14 页

鲫鱼 许缵曾《东还纪程》：洱海鱼类颇多，视他水所出更美，冬鲫甲于诸郡。魏武帝《四时食制》曰："滇池鲫鱼，至冬极美。"杨慎《鲫鱼赞》："滇池鲫鱼，冬月可荐，中含腴白，号水母线，北客下餐，以为面缆。"

——道光《云南通志稿》卷六十九《食货志六之三•物产三•大理府》第 17 页

鲫 一名鲋，俗称鲫壳鱼。体扁长二三寸，头口俱小，背部隆起，色青腹白。盛产水田池沼中，无庸放种，自然繁生。夏耕秋收之时，到处可捕，年产数万斤。为农家工作时之佳馔，惜不设池饲养，

---

① 此条，康熙《云南通志》卷三十《补遗》第 19 页同。
② 此条，道光《云南通志稿》卷六十八《食货志六之二•物产二•通省》第 31 页引同。

故体特小，然味则不减也。

——民国《安宁县志稿》卷四《物产·水族类》第 3 页

鲫鱼　许缵曾《东还纪程》：洱海鱼类颇多，视他水所出甚美，冬鲫甲于诸郡。

——民国《大理县志稿》卷五《食货部二·物产》第 12 页

嘉鱼

《云南记》曰：雅州丙穴出嘉鱼。所谓"嘉鱼生于丙穴"，大抵雅州诸水多有嘉鱼，似鲤而鳞细，或云黄河中味鱼此类也。

——《太平御览》卷九百三十七《鳞介部九·嘉鱼》第 5 页

清师范《昆明池金线鱼》："欲泛昆明海，先问金线洞。洞水深且甘，嘉鱼果谁纵。罟师向予言，秋风昨夜动。内腴体外热，衔尾游石空。本畅清凉怀，转作羹胹用。或应上官需，或诣高门送。我时获一二，不减熊蹯重。那羡瑶池仙，烹麟瀹紫凤。产非太僻远，拟向天厨贡。置之栾鲫前，坐看尹邢閧。"

——道光《晋宁州志》卷十二《艺文志·诗·五言古》第 6 页

江鱼

江鱼　《云南府志》：口方而多脂，出罗次。

——道光《云南通志稿》卷六十九《食货志六之三·物产三·云南府》第 8 页

江鱼　《顺宁府志》：细鳞，味美，出澜沧江。惟二月中旬江岸罾舟取之，亦甚少，过此则无。

——道光《云南通志稿》卷六十九《食货志六之三·物产三·顺宁府》第 36 页

金线鱼

金线鱼　味甘甜美，滇中有名。食之，滋阴调元，暖肾添精。久服轻身延年，此仙鱼也。出昆池中，晋宁多有之。

——《滇南草本》卷一下《鳞介类》第 19 页

金线泉自太华西山透腹出注海，海中细鱼，溯流入洞，是名金线鱼。鱼大不逾四寸，中腴脂，首尾金一缕如线，为滇池珍味。

——《徐霞客游记·游太华山记》第 736 页

金线鱼　出滇池中金线洞。

——康熙《云南通志》卷十二《物产·云南府》第 6 页

金线鱼　滇之鱼甚少，大者鲤鱼，小者鲦鲫之类而已。近者河内产一种金线鱼，色白而形细长，不过二寸，宛如吴江莺脰河之银鱼，其味鲜美，为滇鱼之最。

——《滇南闻见录》卷下《物部·鱼属》第 33 页

金线鱼　《一统志》：出滇池金线洞，金色细鳞，长不盈尺，味极鲜美。《徐霞客游记》：金线泉自太华西山透腹出注海，海中细鱼，溯流入洞，名金线鱼。鱼大不逾四寸，中腴脂，首尾金一缕如线，为滇池珍味。《易门县志》：大、小龙泉有之，不可多得。

——道光《云南通志稿》卷六十九《食货志六之三·物产三·云南府》第 7 页

金线鱼 体长五六寸许，重二三两，口小鳞细，白色带黄，腹部有鳞，一线金色，故以名。产于松坪、青水沟等处溪洞中。肉肥多油，味鲜美，年产无多，极珍贵。

——民国《安宁县志稿》卷四《物产·水族类》第 3 页

金鱼

金鱼 唇有两须，鳞甲金黄，长盈尺余。二三月间，满腹有油，味极鲜美。产于洱河东石峡处，渔人不能设网，故大者不易得。

——民国《大理县志稿》卷五《食货部二·物产》第 13 页

濂浪鱼

蜣蜋鱼 出玉笋山下抚仙湖中。其鱼形似鳅，有鳞而无胆，骨少而脆，其味颇美。常隐于渊，夏秋则依岸浮于水面，滃然若云，渔者捕而得之。俗云食此鱼可以御瘴，凡往广西、元江者，备之以行。

——景泰《云南图经志书》卷二《澂江府·土产》第 2 页

鲌鲜鱼 河阳县抚仙湖出，一名鮗鳜鱼。其藏有穴，其出有时，渔人以网待之。其鱼游泳至海门桥辄返，不入星云湖。食之能祛瘴，云南人竞买之。

——正德《云南志》卷六《澂江府·土产》第 6 页

康郎鱼 出抚仙湖，鳞细味美，长仅五六寸，相传可以御瘴。明杨慎以为濂寀，谓其干而中空也。

——康熙《云南通志》卷十二《物产·澂江府》第 7 页

寀寀鱼 亦出澂江。盐腌之而货于省，如江乡小盐蔑子，不中啖，所见不逮所闻。

——《滇海虞衡志》卷八《志虫鱼》第 8 页

寀寀鱼 《事物绀珠》：鲌鲜鱼，一名康郎。云南人以为瘴药。《临安府志》：寀寀鱼，一名鲌鲜，出宁州抚仙湖。凡山麓水涯之石洞，土人挟巨笋承洞口而取之。鳞细味美，长五六寸，腹多腴，干亦不空。《澂江府志》：康郎鱼，出抚仙湖，相传可以御瘴。明杨慎以为濂浪，谓其干而中空也。旧《云南通志》：出河阳抚仙湖。旧《志》讹康郎，杨慎以为濂寀，谓其干而中空，未确。檀萃《滇海虞衡志》：寀寀鱼出澂江，盐醃之，货于省，如江乡小盐蔑子，不中啖，所见不逮所闻。

——道光《云南通志稿》卷六十九《食货志六之三·物产三·澂江府》第 28 页

鲤

鲤鱼 味甘平。治妇人怀孕身肿，痢疾水泻，冷气存胸，作羹食。

——《滇南草本》卷一下《鳞介类》第 18 页

鲤鱼 味甘，肉嫩。煮食，令人下元有益，中不脱气，不炎火，添精补髓，能补三焦之火。

——《滇南草本》卷一下《鳞介类》第 19 页

鲤 最美小者，不能盈掌，且满腹鱼子，此江乡所不见者。大或重至七八斤，且十余斤，味甚佳。鲤之小者与鲫似，滇人多不能分，又不解糟。鲤正发时，绍兴人糟池鲤以货于官，曰江乡糟鱼上来，价数倍。[①]

——《滇海虞衡志》卷八《志虫鱼》第 2 页

鲤 为螳川鱼类上品，肉嫩骨软，味最鲜，可媲美松江之鲈。体侧扁似纺锤，口颇大，唇厚，口边有粉红色长短触须各一对，脊鳍特长，鳞大，背苍黑，腹部黄白。大者长二三尺，年产数千斤。以河水煮之，其味尤胜。

——民国《安宁县志稿》卷四《物产·水族类》第 3 页

鲤 檀萃《滇海虞衡志》：鲤，最美小者，不能盈掌，且满腹鱼子，此江乡所不见者。大或重七八斤，且十余斤，味甚佳。鲤之小者与鲫似。

——民国《大理县志稿》卷五《食货部二·物产》第 13 页

鲈鱼

鲈鱼 出澂江。方口而仰，头耸起，有四腮，鳞细而薄。长二三尺，重六七斤，肉细如桃花鳜、海黄鱼，无丝刺，与青鱼绝不相类。历来以为青鱼，因其身青而名，实非青鱼也。案青鱼即青鲩。鲩有二种，分青鲩、白鲩，江乡呼青鲩为青鱼。口有齿，能啮草，草饲易长。桐城东乡围田多兼养鲩，名围鱼。其人每言"三条鲩子吃草，敌一条牡牛"，盖饲草多而易长。凡三斤重鲩子，饲之一年，即长至数十斤。腊月，江涸湖干，鱼渐稀，围鱼始出。上自九江，下至苏扬，无不卖围鱼，其为钱粮至大。然鱼带膻气，味不佳，由饲草如牛羊故也。湖鲩、池鲩多肥美，往往跃入湖田，食禾一夕尽，齿利如此。重数斤，江鲩大者且数十斤，皆肥美，不同围鱼。故鲩，《尔雅》谓之鲧。郭注：鲧，今鲩鱼，似鳟而大。又注：鲵鳟似鲩子，赤眼。《本草》于鲧鱼曰草鱼，分青鲧、白鲧是矣。又于下另出青鱼，谓其似鲧，而不知青鲧统谓之青鱼。江乡治青鲩，必取其胆，谓之青鱼胆，治白鲩则弃胆。亦不闻于青鲩之外，别有青鱼。此则青鱼之考辨，断归青鲩无疑也。家乡无鲈鱼，而鳜为多，以鳜推鲈，与青鱼可立判。王平彝子音以一尾送予，曰：此澂江青鱼。予见之曰：此非青鱼也。细验四腮与肉味，得非松江之鲈。然思李氏《纲目》，鲈，白质黑章，四五月出吴中，松江尤盛，长仅数寸，似鳜，色白，有黑点，巨口细鳞，有四腮。因引扬诚斋诗"买来玉尺如何短，铸出银梭直是圆"，以实其长仅数寸之言。今按此鱼长且数倍，为不称，然其白质黑章，巨口细鳞，四腮，无不与鲈同，青鱼何能有一似此也。暇日，以语张君补裳：君往来吴淞，亦食鲈鱼乎？曰：食之多矣。鲈鱼亦有大者乎？曰：大且如巨鲩。予因思鲈、鳜为类，但鲈四腮，而鳜二腮。味诚斋诗结句"春风已有真风味，想待秋风更爽然"，言秋深鲈长，味更爽然不同，未尝限定数寸，禁鲈之不长至于一二尺，重六七斤也。且诚斋买鲈正二三月间，此时鲈长数寸，犹桃花鳜，已鲜嫩足佳。夏秋间鳜长盈尺，味正腴，至冬时鳜且重四五斤，老而味减于前，想鲈亦犹是也。故鲈无论大小，总以四腮为据。兹鱼四腮，可不定其为鲈乎？世尝谓鲐、鮆及鲥上时，过全归海，而不然也。鲐，即鲦鲐，今名河豚。鮆，即薄刀，一名杨花鲚，先鲥鱼而上。鲥上，二鱼皆不见，然皆化子于江湖。五六月间，鮆秧出，绝流渔之，一网堆山，谓之杉木枇。白晒入捆，

---

① 此条，道光《云南通志稿》卷六十八《食货志六之二·物产二·云南通省》第 31 页引同。

每捆一二百斤。八九月间，鲐子长且二三寸，其网之亦然。连皮炒食，谓之斑子河豚。皆入捆，贩至四远，史所谓鲐鲞千钧也。腊中，江涸，渔人往往得鲥秧卖之，长仅寸余。明春，川江涨下，西风暴起，新鲞以口迎之，一夜长尺余，河鲀与鲥亦然。皆出长江，不尽由于海也。谓鲥不过小孤，非也。甲申夏，于黄州目见网获鲥。庚寅夏，过洞庭，日馈鲥，且至于常德。李时珍言"蜀人见鲥，以为瘟鱼，不敢食"，则鲥之上来，且远至于蜀矣。乃知古人记载之言，多有不足信也。嗟乎！此鱼自吴淞穿洞穴，万里而上滇，犹王鲔自江穿洞穴，千里而至于秦。顾秦人犹识为鲔，滇人不识，直以青鱼目之，使张翰秋风之思，不表见于兹方，亦一缺事也。[1]又滇池海菜，其根即莼，二物皆出于滇，可见天下之大，无所不有，未可专怗此方而轻彼方也。

——《滇海虞衡志》卷八《志虫鱼》第 5 页

马头鱼

马头鱼　《台阳随笔》：其头酷似马首，肌黄而无鳞。产礼社江，不常有，每尾重数十百斤。土人获之，以为不利，辄砍其头，塞以草谷之属，仍投之江。

——民国《元江志稿》卷七《食货志•鳞介属特别产》第 11 页

面条鲫

面条鲫　出东川，巨者重一二斤，满腹如切面细条盘之，无肠，面条即肠也。治鱼出其肠，亦蠢蠢动，如寄居虫。烹之，面条亦可食。此水族从来所未见者，曰面条鲫，一曰面肠鱼。[2]按：剑湖亦出此鱼。

——《滇海虞衡志》卷八《志虫鱼》第 8 页

面肠鱼　产于洱河南北湖中。形似鲫鱼而腹大，剖之，一肠环结于内，如切面丝，秋季易捕。
——民国《大理县志稿》卷五《食货部二•物产》第 13 页

鱼面肠　产西南区圩田鲫鱼腹中，色白，形长而扁。一鱼所产约十数条，取出后，虽经年累日，遇水即蠕蠕动，盖鱼腹寄生虫也，故名曰鱼面肠。每年谷熟前后，农民采取数十条为一束，曝于日中，待干出售。入席味称鲜美，远近珍之，价若连城焉。

——民国《昭通县志稿》卷五第 388 页

鱼面肠、扁头附　面肠鱼，扁条形，煎之出油，味比肉美。扁头鱼，扁翅如刀，脊有黑斑，腹黄无鳞，无刺，味胜鲤、鲫等鱼。

——民国《楚雄县乡土志》卷下《格致•第三十四课》第 1360 页

鲵鱼

鲵鱼　娃娃鱼，属鲵鱼一类。产河口、大关亦名魜鱼。及近黔、桂河谷。水陆两栖，体色黑褐，头扁，齿锐，尾大，四肢甚短，体长数寸至尺许。安宁水沟产者小，仅二三寸，与蝶蟆为同类。

---

[1] 此条，道光《云南通志稿》卷六十九《食货志六之三•物产三•澂江府》第 28 页引同，并有按语云：檀氏谓滇人以鲈鱼为青鱼，然《一统志》及旧《志》所载青鱼，专取胆，似非鲈鱼，今并存之以俟考。
[2] 此条，道光《云南通志稿》卷七十《食货志六之四•物产四•东川府》第 37 页引同。

他县亦往往有之，并非一种。至黔省产者，名狗鱼，长可数尺，肉最嫩美可口，称为滋补品。桂省产者名纳鱼，当是鲵鱼之音讹。滇虽产此，尚未闻能供食用否也。

——《新纂云南通志》卷六十《物产考三·动物三·两栖类》第 7 页

鲇　鳠

鲇、鳠相似而异，滇池俱多。鲇脊青而肉嫩，鳠则花斑。鳠一名魾。魾，大鳠，小者鮡。鲇、鳠大者少，重一斤即为大，余皆小鮡之类耳。

——《滇海虞衡志》卷八《志虫鱼》第 2 页

鲇　檀萃《农部琐录》：其口如户，遥见其头，如戴铁釜状。

——道光《云南通志稿》卷七十《食货志六之四·物产四·武定直隶州》第 53 页

鲇　其口如户，遥见其头，如戴釜状。

——民国《禄劝县志》卷五《食货志·物产》第 11 页

青铜鱼

青铜鱼　出漾共江中，细鳞，长不盈尺，夏月始出。[①]

——康熙《云南通志》卷十二《物产·鹤庆府》第 9 页

青鱼

青鱼　味甘寒。治脾、肺、胃三经之气，能和中养肝明目。胆为眼科要药。

——《滇南草本》卷一下《鳞介类》第 19 页

石洞泉，在平定乡石山下。有三洞，广各二尺许，出泉会而为潭。中有青白大鱼，俗呼为随龙鱼，莫之敢捕。

——景泰《云南图经志书》卷一《云南府·昆阳州·井泉》第 59 页

青鱼胆　明湖出，可疗恶疮去痰。

——正德《云南志》卷六《澂江府·土产》第 6 页

戊寅十月二十六日……峡中有水一方，独清潆，土人指为青鱼塘，言塘中青鱼大且多。按志，昆阳平定乡小山下有三洞，泉出汇而为潭，中有青鱼、白鱼，俗呼随龙鱼，岂即此耶？北二里，峡稍开，有村在其下，为青鱼塘村。

——《徐霞客游记·滇游日记四》第 849 页

青鱼　出旧阳宗，胆可疗目。

——康熙《云南通志》卷十二《物产·澂江府》第 7 页

青鱼　出黑井，味佳。

——康熙《云南通志》卷十二《物产·楚雄府》第 9 页

---

① 此条，道光《云南通志稿》卷六十九《食货志六之三·物产三·丽江府》第 48 页引《一统志》同。

青鱼　旧《云南通志》：出黑井，味佳。

——道光《云南通志稿》卷六十九《食货志六之三·物产三·楚雄府》第 26 页

青鱼　旧《云南通志》：出旧阳宗明湖，味极佳，胆可疗目。《一统志》：能化痰，并治恶疮。

——道光《云南通志稿》卷六十九《食货志六之三·物产三·澂江府》第 28 页

澂江府城首县为河阳县，山水风物亟佳。后倚凤岭，前面抚仙湖，俗称"澂江海子"，中有孤山如岛，周围数百里，诸山蜿蜒罗列。湖与江川、通海相通，其源一由昆阳，一由大明湖，均伏流入。昆源浊，明源清。内产青鱼，一尾数斤，潭水深处，历历可数，清浊异种，亦若各有巢穴，不相越也。

——《幻影谈》卷下《杂记》第 141 页

鲭鱼

鲭鱼。

——康熙《云南通志》卷十二《物产·武定府》第 7 页

鲭鱼　澂江产鲭鱼，为他郡所无。此鱼宜美，然携至省垣食之，便少鲜味。

——《滇南闻见录》卷下《物部·鱼属》第 33 页

沙沟鱼

沙沟　大仅如指，同滇之金线。

——康熙《云南通志》卷十二《物产·蒙化府》第 9 页

沙沟鱼　旧《云南通志》：大仅如指，美同滇之金线。

——道光《云南通志稿》卷七十《食货志六之四·物产四·蒙化直隶厅》第 42 页

鲨鲉

鲨鲉　吹沙小鱼。体圆而有点文，即丽罾之鲨也。滇多沙河，到处颇有，其名不同，味俱佳。惟滇池海口之金线鱼名特著，滇人艳称之。故是鲨也，多金线纹一痕耳。江乡土名鲨为冷骨，有白冷骨、黑冷骨、花冷骨、船丁、痴胖之名不一。痴胖即虎头鲨，小不过三四寸，能唼鱼。海鲨能变虎，巨细悬殊，其种一也。

——《滇海虞衡志》卷八《志虫鱼》第 3 页

石编鱼

石编鱼　《云南府志》：出禄丰县。

——道光《云南通志稿》卷六十九《食货志六之三·物产三·云南府》第 8 页

石扁头

石扁头　《鹤庆府志》：出蜂蜜河。

——道光《云南通志稿》卷六十九《食货志六之三·物产三·丽江府》第 48 页

时鱼

己卯三月二十八日……至平坡铺，数十家夹罗岷东麓而居，下临澜沧，其处所上犹平，故以"平坡"名，从此则蹑峻矣。时日色尚可行，而负僧苦于前，遂止。按：永昌重时鱼，其鱼似鲭鱼状而甚肥，出此江，亦出此时。谓之时者，惟三月尽四月初一时耳，然是时江涨后已不能得。

——《徐霞客游记·滇游日记八》第 1044 页

时鱼　出兰沧江。味美，雷鸣始出。

——康熙《云南通志》卷十二《物产·永昌府》第 8 页

时鱼　《一统志》：出保山县澜沧江，即东南之鲭鱼也。味极美，雷鸣始出。《徐霞客游记》：永昌重时鱼，其鱼似鲭鱼状而甚肥，出澜沧江，三月时．谓之时者，惟三月尽四月初一时耳，然是时江涨后已不能得。

——道光《云南通志稿》卷七十《食货志六之四·物产四·永昌府》第 31

透明鱼

透明鱼　《一统志》：出泸源洞口。其大如指，额有肉，角色白无鳞，蓄水盆中，表里莹然。

——道光《云南通志稿》卷七十《食货志六之四·物产·广西直隶州》第 47 页

驼背鱼

驼背鱼　出黑龙潭。脊起如蛋，眼如朱砂。潭鱼种类多，此鱼亦间出，人不敢犯。[1]

——《滇海虞衡志》卷八《志虫鱼》第 5 页

乌鱼

乌鱼　味甘寒，平，大补气血。治妇人干血痨症，煅为末服之。又煮茴香食，治下元虚损。

——《滇南草本》卷一下《鳞介类》第 17 页

鳢鲖　一名鲣。大者鲖，小者鮵，今乌鱼也。滇池多乌鱼，大鲖绝少。官厨剥其皮以炒鱼片，极白嫩。[2]

——《滇海虞衡志》卷八《志虫鱼》第 2 页

乌鱼　亦名蛇鱼，或七星鱼。民国卅年疏浚海口后，始产之。体圆而长，似蛇，无鳞，尾部侧扁，口有须一对，体面多黏液，背色苍绿，散布黑色小班点。喜居江边水塘泞泥中，大者重数斤，味鲜。繁殖最速。

——民国《安宁县志稿》卷四《物产·水族类》第 3 页

细鳞鱼

细鳞鱼　出五浪河。头小鳞细，而身肥大者至二三十斤。

——正德《云南志》卷十二《北胜州·土产》第 3 页

---

[1] 此条，道光《云南通志稿》卷六十九《食货志六之三·物产三·云南府》第 8 页引同。
[2] 此条，道光《云南通志稿》卷六十九《食货志六之三·物产三·云南府》第 7 页引同。

细鳞鱼　《云南府志》：出安宁州。

——道光《云南通志稿》卷六十九《食货志六之三·物产三·云南府》第 8 页

细鳞鱼　许缵曾《东还纪程》：西洱河尾产细鳞鱼，皆鱼族之至美。

——道光《云南通志稿》卷六十九《食货志六之三·物产三·大理府》第 18 页

绿荫塘，距城三百七十里。……又名龙塘，产细鳞鱼。居人数家，日逐网取，终岁不乏。

——光绪《镇雄州志》卷一《山川》第 32 页

细麟鱼　《采访》：产清水河。巨口，细麟，无腮，味鲜美，土人呼为蛇鱼，又呼棒头鱼。

——民国《元江志稿》卷七《食货志·鳞介属特别产》第 11 页

细鳞鱼　《采访》：县之西北有大河曰三岔河，即一泡江，距县治可四十里许。产鱼数种，有一种长身细鳞，肉肥味美，因呼为细鳞鱼。每一尾可重三四两至七八两。其最大者恒居深潭，土人用鱼笱置水口下取之，又或用小船载水老鸦没水捕之。小者游于浅水处，徒手可捉。每年约产千数百斤，渔人捕得，辄上市出卖，人争购之。

——民国《盐丰县志》卷四《物产志·天产》第 40 页

细鳞鱼　许缵（曾）《东还纪程》：洱海河尾产细鳞鱼，为鱼类之至美者。

——民国《大理县志稿》卷五《食货部二·物产》第 12 页

细鱼

细鱼　《云南府志》：色白而小，出晋宁州。

——道光《云南通志稿》卷六十九《食货志六之三·物产三·云南府》第 8 页

岩洞鱼

岩洞鱼　《鹤庆府志》：出龙门舍海。

——道光《云南通志稿》卷六十九《食货志六之三·物产三·丽江府》第 48 页

鳠

鳠　鳠额白鱼。滇亦多鳠，然无江乡重数斤且数十斤者之肥腴也。此之白鱼，极大不过一斤而止，江乡所谓白雀子，而滇人亦甘之。[1]

——《滇海虞衡志》卷八《志虫鱼》第 2 页

一目鱼

一目鱼　阿花寨有潭，古木阴翳，一水泓然，中出鱼，俱一目。[2]

——乾隆《石屏州志》卷一第 36 页

[1] 此条，道光《云南通志稿》卷六十八《食货志六之二·物产二·云南通省》第 31 页引同。
[2] 此条，道光《云南通志稿》卷六十九《食货志六之三·物产三·临安府》第 23 页同。

油鱼

洱海首有石穴，八九月产油鱼，人谓水咸，故肥。

——嘉靖《大理府志》卷二《地理志·山川》第 60 页

邓川油鱼洞在南二十里。中秋则鱼肥，长仅二三寸，十月望则绝。洞东五里渔人每得异鱼，其色黄绿，红白须鬣，或类兽，以为龙化，不敢烹。貌绘之，揭于木，悬之龙王庙而数之，此鱼长三尺。

——嘉靖《大理府志》卷二《地理志·山川》第 64 页

己卯三月初十日……南崖之下，有油鱼洞，西山腋中，有十里香奇树，皆为此中奇胜。……小鱼千万头，杂沓于内。渔人见余至，取饭一掌撒，则群从而嗷之。盖其下亦有细穴潜通洱海，但无大鱼，不过如指者耳。油鱼洞在庙崖曲之间，……每年八月十五，有小鱼出其中，大亦如指，而周身俱油，为此中第一味。过十月，复乌有矣。

——《徐霞客游记·滇游日记八》第 1005 页

油鱼 《云南府志》：出呈贡。《易门县志》：上江渠黑龙潭有之，顺水下至江始肥，复逆水而上，人始捕之，味极肥鲜，不可多得。

——道光《云南通志稿》卷六十九《食货志六之三·物产三·云南府》第 8 页

油鱼 许缵曾《东还纪程》：洱海首有石穴，八九月产油鱼，人谓水咸，故肥。《云龙州志》：油鱼穴在州南二十里，中秋则鱼肥，长仅二三寸，十月望则绝。

——道光《云南通志稿》卷六十九《食货志六之三·物产三·大理府》第 17 页

油鱼 许缵曾《东还纪程》：洱海首有石穴，八九月产油鱼。按：烹食此鱼，不须用油，以白水煮之而油自足，故名。

——民国《大理县志稿》卷五《食货部二·物产》第 13 页

油鱼似金线鱼，只一骨而无细刺，脊梁作金色，而鳞细若无，煮之煎之，自有油出，味则鲜美极。以其富有油质也，故曰油鱼，而此为邓川特产耳。问产于邓川何处，曰沙坪镇之丙穴。沙坪镇居洱海之滨，镇去海边只二三百步，镇仅横街一条，街中间有庙，庙为每年办会处也。庙前有戏台，由台后下行百余步，有一池，池非人工凿成，乃自然界中之一点成就也。池深数尺，池面近圆而又类多角形，池底则是一片顽石结成。池之周围，界以嶙峋怪石，石脚下有若干缝隙，下通于海。冬季及春天池水干涸，近海穷黎多结茅于池内，夏秋之间海水涨，乃由缝隙浸入，池中水满便有油鱼产生。产鱼之期大都在七月以后，却年出不多，百数十斤耳。所以然者，缘鱼子函于石缝得水浸而滋生焉。池以穴名而不以池名者，以池为天然之一石穴也。名以丙穴者，取杜子美诗"鱼知丙穴犹来美"句义也。按丙穴二字，实为杨升庵所题，今镌于石上。

——《纪我所知集》卷十二《滇南景物志略之三·邓川之油鱼》第 311 页

鰺

鰺 《正字通》：鰺，音争。张揖《广雅》竹头鰺也。杨慎《异鱼图赞》：滇池所饶，亦名竹丁。

——道光《云南通志稿》卷六十九《食货志六之三·物产三·云南府》第 7 页

猪嘴鱼

猪嘴鱼　《台阳随笔》：出礼社江。嘴厚如猪，故名，味亦美。殆黑龙潭驼背鱼之类。

——民国《元江志稿》卷七《食货志·鳞介属特别产》第 11 页

介类

蚌

黄石蚌　形似田鸡，色黄，产山溪石洞中。可食，味甚美。

——民国《嵩明县志》卷十六《物产·各种物产》第 244 页

贝

《海药》云：贝子，云南极多，用为钱货易。

——《札朴》卷十《滇游续笔·贝》第 8 页

鳖

珠鳖之见于禄劝，戴生言：尝有罾于河者，得一物如牛肺，遍体皆眼。罾者不能胜，物缠于罾不得脱，系罾于柳树，呼其人共脱之。予曰：此珠鳖也，眼即珠也。捡《山海经》与际，后遍觅其处，不复见。

——《滇海虞衡志》卷八《志虫鱼》第 8 页

穿山甲

穿山甲　土炒，炮用。性寒凉，味咸。治疥癞痫毒，破气行血，胸膈膨胀逆气。治膀胱疝气疼痛。

——《滇南草本》卷三第 59 页

鳞鲤　郭璞称龙鲤，即《图经》所谓穿山甲也。而《图经》又名石鲮，《临海记》曰首尾如三角菱，其甲如石，是以得名。性喜蚁，开其甲作尸状，致蚁入其甲，夹色而后食之。能穿土作穴，一日夜能数丈。取其油调印色，妙甚。

——《鸡足山志》卷九《物产》第 349 页

穿山甲　属贫齿类，一名鲮鲤，山地产之。似獾而略带长形，体上被有角质之鳞甲，可供药用，能祛疯毒。今罗次、晋宁、嵩明、广通、凤仪、祥云、宾川、云龙、蒙自、姚安、玉溪、云县、寻甸、宁洱、华坪、保山、巧家、大关、景东、元江、五福、镇沅、曲溪、麻栗坡等处产。据《粤西偶记》云"鲮鲤，形如蛇而四足，腹围五六寸，头似蜥蜴，形如铠甲，能穿石入地，故名穿山甲。拱立如马，人履其背，不少蹲伏，物虽小而力甚强。惟食蚁，其甲入药，性走窜，治疮毒"等语，可晓然于其形态、习性矣，故特录之，以供互证。

——《新纂云南通志》卷五十八《物产考一·动物一·哺乳类》第 32 页

穿山甲　嘴尖尾长，满身有鳞甲，惟鼻部软，人触之则卷为一团，以藏其头，盖恐人击其鼻也。穿土甚速，遇其穿洞时，人以锄追踪挖之，而不能及。谨案：穿山甲似应列于兽类，惟因其有甲，故列为鳞介之属。

——民国《嵩明县志》卷十六《物产·各种特产》第 244 页

穿山甲　嘴尖爪利，扁体，表面皆鳞甲，唯喉腹里面无毛，力掘山地为窝巢，药中去毒品也。

——民国《楚雄县乡土志》卷下《格致·第三十六课》第 1361 页

鳄鱼

鳄鱼　滇西南边地，接近暹逻、缅甸，大江大河低岸，常有鳄鱼类栖息。今缅甸尚有专门蓄养之者。迷信之徒，震为神奇，自古至今，每有龙类之传说。但一经科学考查，则知其出于附会者泰半。滇产鳄鱼，以佛海之短吻种为著，谓之短吻鳄鱼，亦名大水蛤蚧。栖息河边隰热地，盖当地之特产也。至认鳄鱼为龙类，其历史传说本甚古，《通志》载入鳞介之属，引《滇海虞衡志》云"鳞虫，龙为首，天用莫如龙。农部茅山有九十九龙"等奇语。其实皆神怪不经之谈，展转传说，支配人心者历千数百年。若以科学律之，其为鳄鱼无疑。至古传御龙、豢龙之语，经近儒之研究，皆公认为驯弄鳄鱼之人，现时缅人尚有以此为业者。其邻境之佛海，产短吻鳄鱼，亦此类也。

——《新纂云南通志》卷六十《物产考三·动物三·爬虫类》第 6 页

蛤蚧

《云南记》曰：新安蛮妇人于耳上悬金环子，联贯瑟瑟，帖于髻侧。又绕腰以螺蛤，联穿系之，谓之珂珮。

——《太平御览》卷九百四十二《鳞介部十四·蛤》第 1 页

蛤蚧　生枯树中，有雌雄，能鸣。

——正德《云南志》卷十一《元江军民府·土产》第 14 页

蛤蚧　沅江山中有之，穴于枯树。其鸣雄曰蛤，雌曰蚧，声相和然后合。捕之相抱，至死不脱，房中药用之。

——《滇略》卷三《产略》第 20 页

蛤蚧　出云州。

——康熙《云南通志》卷十二《物产·顺宁府》第 9 页

蛤蚧　守宫之巨者也。《统志》及《滇志》皆云顺宁亦出之。《统志》云生枯树中，有雌雄，能鸣。《纲目》云雄蛤雌蚧，自叫其名，声甚大，多穴石壁、榕木、城楼间。牝牡上下相呼累日，情至乃交，相抱坠地，捕亦不觉，以手分劈，虽死不开。故以为房中之药，功比缅铃。此皆出于南中异闻。《纲目》又于蛤蚧之后附载盐龙，言宋时萧注破南蛮，得其盐龙，以海盐饲之，鳞中出盐，取服能兴阳。为蔡京所得，龙即死。按：萧注随狄青征侬智高，入广南特摩道，获其母及弟与子，则盐龙殆得自广南，固亦滇产也。

——《滇海虞衡志》卷八《志虫鱼》第 9 页

蛤蚧 《一统志》：云州出。檀萃《滇海虞衡志》：蛤蚧，守宫之巨者也。《统志》及《滇志》皆云顺宁亦出之。《统志》云生枯树中，有雌雄，能鸣。

——道光《云南通志稿》卷六十九《食货志六之三·物产三·顺宁府》第 36 页

蛤蚧 章潢《图书编》：元江军民府出，生枯树中，有雌雄，能鸣。

——道光《云南通志稿》卷七十《食货志六之四·物产·元江直隶州》第 56 页

蛮耗极热，其阴湿处多蛤蚧。尝数十聚成团，形如癞虾蟆，而有尾独坚，雌雄叫呼相应，雄声蛤，雌声蚧。取之甚易，剖而焙干，滋阴极品。余尝以酒浸之，日饮数杯。

——《幻影谈》卷下《杂记》第 135 页

龟

龟 滇产有龟、鳖两类。（一）龟多栖河边及沼泽地，普通名水龟，或云河龟、田龟，大同小异，体长数寸，色灰褐，背甲有缘，每片有六角同心环，曳尾泥土中。山龟则栖山涧，比水龟稍隆起。另有江龟一种，体大二尺余，背甲平滑无坼纹，腹部色灰白，头大，几达六七寸，产南溪、河口，为滇产龟之最钜者。（二）鳖为滇常产，或云脚鱼，或云甲鱼，栖息沼泽，体长数寸，色灰赤，甲软无缘，肉可供食，味亦嫩美。

——《新纂云南通志》卷六十《物产考三·动物三·爬虫类》第 5 页

螺

白螺粉 味咸，性温。消痞积，五积六聚，肚腹寒冷，饮食不下。烧酒为引，冲服。

——《滇南本草》卷下《虫部》第 28 页

汉螺 味酸，有毒。疗痈疽毒疮。生山岩者，壳治反胃症。入冰片，治痔漏症。

——《滇南本草》卷下《虫部》第 29 页

旱螺 性微寒，味咸，无毒。治瘰疬痈疽毒疮。生山岩者，壳治反胃病。肉入冰片，治痔疮。

——《滇南草本》卷三第 59 页

田螺 性大寒，味微咸。解酒毒，止呕吐、恶心反胃。

——《滇南草本》卷三第 59 页

南螺 味甘。滋阴降火，清理肺气。

——《滇南草本》卷一下《鳞介类》第 18 页

江川县双龙乡其山无石，皆螺壳积成。昔有夷妇浣衣于河，忽螺精出见，妇惊急以澣衣盆覆之，其精遂止。后人因以覆盆名山。

——《滇略》卷十《杂略》第 4 页

螺珠 洱水盛产螺，土人取大者剔之，截头和蒜生食，群夸珍味。剪其尾，别名螺黄，充宴客上品。更选大螺，破壳尾，用某庙中泉注釜待沸，滴螺内清水点沸汤中，一煞即漉出，尽成走珠，莹白可爱，脆美悦口。取他水制之，则散漫不融。官大理者，秘为奇货以赠人，惟嫌干后多菜色耳。

——《滇南新语》第 18 页

螺蛳蛋 邓川州有螺蛳蛋出售，净白而圆细，如小豆大。炒而食之，柔滑之至，亦微有鲜味，最宜于老年无齿者。疑即螺蛳之肠，但断之何以能圆，且色未能净白。又有一种黄者，竟名螺蛳黄。

——《滇南闻见录》卷下《物部·鱼属》第 34 页

用巨针针螺蛳口门，即有白浆流出。沥入沸汤中，匀圆莹洁，大如芡肉。土人以之调入羹汤，鲜美异常，第不堪多煮，恐失其脆嫩耳。

——《云南风土记》第 50 页

滇池多巨螺，池人贩之，遗壳，名螺蛳湾。尝穿成材书院地，入五六尺深许，即为螺壳，出之堆山，水泉迸出，他穿亦然。疑此地旧亦螺蛳湾，渐成平陆，移湾于其下，则滇嗜螺蛳已数百年矣。剔螺掩肉，担而叫卖于市，以姜米、秋油调，争食之立尽，早晚皆然。又剔其尾之黄，名螺蛳黄，滇人尤矜，以为天下所未有。有曹姓业于此者，居菜海边，人谓之曹螺蛳云。赵州并产螺蛋。

——《滇海虞衡志》卷八《志虫鱼》第 4 页

巨螺 檀萃《滇海虞衡志》：滇池多巨螺，池人贩之，遗壳，名螺蛳湾。剔螺掩肉，担而叫卖于市，以姜米、秋油调，争食之立尽，早晚皆然。又剔其尾之黄，名螺蛳黄，滇人尤矜，以为天下所未有。有曹姓人业于此，居菜海边，人谓之曹螺蛳云。

——道光《云南通志稿》卷六十九《食货志六之三·物产三·云南府》第 9 页

螺蛋 旧《云南通志》：出赵州。《大理府志》：出下关。

——道光《云南通志稿》卷六十九《食货志六之三·物产三·大理府》第 18 页

田螺 属软体动物。在水田池沟中，为滇常产。体有长、圆两种。圆形者壳多薄，呈苍黑色，剔壳掎肉，黑头白身，春时可醃食。又剔其尾之黄，滇名螺黄，可入汤馔，味佳美。至螺壳之巨而长者，别名巨螺，滇池、洱湖并皆产之。遗壳堆积，几成贝塚，令人回忆湖栖时代之先民也。今昆明之螺蛳湾、宜良之汤池、大理苍山之贝壳层，除巨螺外，犹有第四纪之别种。

金刚法螺 体细长至寸许，宽不过二三分，壳外有纵走之环纹，滇池泥土中不时发现其遗蜕，亦第四纪之化石动物也。

——《新纂云南通志》卷六十《物产考三·动物三·软体类》第 33 页

螺黄螺蛋 《大理府志》：出下关。按：今洱海一带皆有，春初较佳。

——民国《大理县志稿》卷五《食货部二·物产》第 13 页

昆明池中盛产海螺，咸名螺蛳。螺蛳却形体不大，仅及一小儿拳，壳圆而尖长，有旋而癫，干则色白。内含软质，却具有不少的涎汁，人以手法取出其软质，扎草把杵之，去其涎汁，配以芝麻酱、甜酱、芫荽、蒜泥，入口脆而且滑，复饶有滋味。此一种食品，滇人极喜啖之。螺蛳有黄，名为螺黄，入于荤汤内，加韭菜而烩之，可供酒席上用。

——《纪我所知集》卷十六《昆华事物拾遗之二·凉拌螺蛳与螺黄》第 426 页

前数十年，轿子巷内某姓，掘井而无水出，认为是不及于泉，遂深掘之，约及二丈五六尺，即发现无数的螺蛳壳，似厚处可能有数尺。又稍去其螺蛳壳，便有泉水冒出。又东寺街之西寺巷内，某姓亦以掘井，深及二丈，而亦有螺蛳壳发现。可知此一带地方在若干年前，概属巨浸也。

——《纪我所知集》卷十六《昆华事物拾遗之二·昆明地下之螺蛳壳层》第 426 页

鳅 鳝

泥鳅 味酸甘。煮食，治诸疮百癣，通血脉而大补阴分。

——《滇南草本》卷一下《鳞介类》第 18 页

鳛鳅 今泥鳅。鳅、鳝皆穴于泥。《尔雅》释鳅而遗鳝，统鳅以为言也。滇池多鳅、鳝，然无巨者。滇人四季皆剥鳝，成条盈把而卖于市，不似江乡过六月不食鳅、鳝，谓鳝之生毛也。但夏鳝不如春鳝之鲜美，岂生毛哉？宜滇南无月不食之也。

——《滇海虞衡志》卷八《志虫鱼》第 3 页

水鸡

水鸡 蛙类，生水石中，似蟆蛙，身腿长形，去皮，肉味鲜甜。

——民国《楚雄县乡土志》卷下《格致·第三十四课》第 1360 页

水蜈蚣

水蜈蚣 旧《云南通志》：冬月出漾江中，味肥美。

——道光《云南通志稿》卷七十《食货志六之四·物产·蒙化直隶厅》第 42 页

水蜈蚣 亦多足类。头部有触角一对，上具细节。其口器由颚脚一对及第一小颚一对、第二小颚一对而成，质硬色黑。头部以下有胴部，自十二环节而成。第一节最长，尾节最短，自背面观之，各环节皆有气金质之皮壳，因沉淀有石灰质，故极坚硬。自腹面观之，节与节间又界有不带石灰质之柔软部分，以便身体之伸屈。每节有步脚一对，分向两侧。体长在生时几及五寸，干后不及二寸。幼小时体圆色淡，藏沙土间，必掘之始出，洗去泥垢，剪去细脚，晒干以后，入火煎之，则脂油自然浸出，香腴异常，滇中馈食之珍品也。其长成者色黄赤，焙法如前，但肥美不如。亦有洗净炖肉，认为与冬虫夏草同一滋补者。今安宁螳螂川、鹤庆枫木河边沙地产之，旧历八九月间为掘出之时期。云龙县名皮蜮，安宁名沙虫，蒙自、开远名沙蛆，但实际非昆虫类。由其体构观察，应属多足类，与蜈蚣同属。蒙化、云县等处亦以水蜈蚣之名为最普通，惟煎食后遍体多骚痒，不解何故？岂其颚脚内亦具毒腺，能使人中毒软？此虫在滇中可视为特产之一，故详为纪之如此。

——《新纂云南通志》卷六十《物产考三·动物三·多足类》第 15 页

水蜈蚣 《采访》：上所列之三岔河河滨多细石，石罅中特产一物，皮黑色，多足，形类海参，俗呼为水蜈蚣。以沸水浇之，皮即脱，其肉洁白，用油炸干后又以肉汤烹之，味香适口。其性滋阴健胃，亦食物中之佳品也。

——民国《盐丰县志》卷四《物产志·天产》第 40 页

蜗牛

蜗牛 滇常产，陆生软体动物中之有肺者。形小，螺旋贝壳，平时藏体其中。

——《新纂云南通志》卷六十《物产考三·动物三·软体类》第 34 页

虾

鱼虾 州之东有中埏泽，富鱼虾，而其味优于他境所出者。

——景泰《云南图经志书》卷二《曲靖军民府·陆凉州·土产》第 19 页

紫虾 出河阳江川。

——康熙《云南通志》卷十二《物产·澂江府》第 7 页

虾 元江州产虾，为各郡所无，鲜者不能致远，或腌之而携至省中，虽不及鲜者之佳，然已颇觉其美，盖易食易饮之意也。省中有小虾而无大虾，皮硬，不如吾乡之绵虾。

——《滇南闻见录》卷下《物部·鱼属》第 34 页

鰝虾 海虾也。江乡且无，何况于滇。滇池多藻，出细虾，渔人干之粥于市，百钱一筐，由滇人不知重也。土人言亦有大虾，长数寸，渔人匿之而私市，恐官之诛求也。①

——《滇海虞衡志》卷八《志虫鱼》第 3 页

油虾 旧《云南通志》：出陆凉。

——道光《云南通志稿》卷六十九《食货志六之三·物产三·曲靖府》第 40 页

虾米 旧《云南通志》：出剑川，较他产者尤细腻。

——道光《云南通志稿》卷六十九《食货志六之三·物产三·丽江府》第 48 页

油虾 属十脚类中之长尾类，与沼虾同属。体形极小，长不盈寸，细碎如米粒，故滇俗有虾米之称。产池沼中，以陆良、剑川产者为著。见旧《志》。剑川产者较他处尤细腻，网取晒干，则甲壳现橙黄色，华美有光，中贮油质，香美可佐馔食。《滇海虞衡志》谓"滇池多藻，出细虾，渔人干之鬻于市，百钱一筐"者，殆即油虾。至旧《志》所录之鰝虾则系海产，滇不产此。

——《新纂云南通志》卷六十《物产考三·动物三·甲壳类》第 13 页

虾 有细虾一种，以海河为最多。土人以制虾酱，味甚佳。

——民国《嵩明县志》卷十六《物产·各种特产》第 243 页

蚬

蚬 出滇池最多，土人谓之歪歪。江浙人取而瀹之，始知食。有卖于市者。②

——《滇海虞衡志》卷八《志虫鱼》第 4 页

蚬 属瓣鳃类，产江河沟渠泥沙中。壳背黑色或褐色，内层灰白，有真珠光。《滇海虞衡志》载"蚬，出滇池最多，土人谓之歪歪"，他县亦常产。外套嫩美，煮食味佳。

——《新纂云南通志》卷六十《物产考三·动物三·软体类》第 33 页

---

① 此条，道光《云南通志稿》卷六十九《食货志六之三·物产三·云南府》第 8 页引同。
② 此条，道光《云南通志稿》卷六十九《食货志六之三·物产三·云南府》第 9 页引同。

蟹

山螃蟹　味咸，性寒。强壮筋骨，走经络，横行络分。爪甲破血，催生，治症瘕瘀血，块积疼痛。腹中有子，名纵横子，壮药中用之。

——《滇南本草》卷下《虫部》第 30 页

螃蟹　惟通海县有之，所产甚少，贩于省中出售。其形小，仅如蛤蜊大，壳硬，只堪取肉作羹，持螯胜事无有也。省中仅一家世其业，所居巷曰螃蟹巷。

——《滇南闻见录》卷下《物部·鱼属》第 33 页

蟹　亦出滇池。熟卖于市，一枚一文，贱甚。厨丁细剔以作蟹羹，陈于官筵，味亦佳。

——《滇海虞衡志》卷八《志虫鱼》第 4 页

通海蟹　螯大似江蟹，而篷脐亦如滇池蟹。酒醉之，装罐以馈送，曰糟蟹。

——《滇海虞衡志》卷八《志虫鱼》第 5 页

迤南有巨蟹，大盈数亩，其土沮洳，四时不干，流出细蟹无数。每起瘴，谓之螃蟹瘴。土人聚火器攻之，蟹死而地干，瘴不起，可居可种，成乐土也。蚂蝗瘴亦然，出于大树之叶。树成大林，而蚂蝗满之，入林辄中人，未有能为之攻者也。

——《滇海虞衡志》卷八《志虫鱼》第 12 页

通海有蟹，大如杏，右螯特强。案即彭蜞也。《古今注》：彭蜞，其有一螯偏大者，名拥剑。《集韵》：彭蟛似蟹而小，或作蜞。

——《札樸》卷十《滇游续笔·彭蜞》第 18 页

彭蜞　桂馥《札樸》：通海有蟹，大如杏，右螯特强。案即彭蜞也。崔豹《古今注》：彭蜞，其右螯偏大者，名拥剑。《集韵》：彭蟛似蟹而小，或作蜞。檀萃《滇海虞衡志》：通海蟹，螯大似江蟹，而篷脐亦如滇池蟹。酒醉之，装罐以馈送，曰糟蟹。

——道光《云南通志稿》卷六十九《食货志六之三·物产三·临安府》第 23 页

紫蟹　旧《云南通志》：出旧阳宗。《古今图书集成》：出河阳、江川。《澂江府志》：出明湖，形小，味佳。

——道光《云南通志稿》卷六十九《食货志六之三·物产三·澂江府》第 30 页

紫蟹　属十脚类中之短尾类。甲壳黑褐色，产湖河滨淡水之处，以澂江、宜良、江川产者较著，滇池、洱河、通海亦均产之。据《滇海虞衡志》：通海蟹，螯大似江蟹，而篷脐亦如滇池蟹。以酒醉之，装罐馈送，名曰糟蟹。滇池蟹，秋季上市，形小，味佳，亦可细剔以作蟹羹。今滇中俗称之螃蟹，即此类也。

——《新纂云南通志》卷六十《物产考三·动物三·甲壳类》第 14 页

蟛蜞　亦短尾类。其大如杏，右螯特强，通海产之。据《札樸》。别名拥剑，据崔豹《古今注》。亦名蟛蟛，据《集韵》。他处殊不多见。今蟹类中如格拉西乃（Galasinus），右螯特大，然头胸部甲壳稍为四角形，且穿穴于海岸砂中而居之。又巴塞诺扑（Panthanope）一类，头胸甲壳如栗实形，第一之步脚极大，成螯比较更近于蟛蜞，但产海岸，与云南通海淡水产者不同，未知同属否也？

——《新纂云南通志》卷六十《物产考三·动物三·甲壳类》第 14 页

四、虫之属

虫之属 十一①：蛇、蛤蚧、蚱蜢、蜻蜓、蛙、蝉、蝼蛄、蟆、蟹、水蜈蚣、螺、蜂、蚁。

——万历《云南通志》卷三《地理志第一之三·蒙化府·物产》第 28 页

尳虫之属 九：乌蛇、碎蛇、土蜂牙、水蜈蚣、瑟虫、螃蟹、蟆蛉、蜥蜴、蜂。

——万历《云南通志》卷四《地理志第一之四·顺宁州·物产》第 24 页

虫 有蝼、蝈、螳螂、蟋蟀、水蛭、虻、蚊、蚁、蜗牛、蜥蜴、萤火、蜘蛛、蝶、青蜓、蛺、蚯蚓、蟊斯、虾蟆、青蛙、蝌蚪、斑猫、蜈蚣、蜓蚰、螭虎、守宫、蜾蠃、蝉、蜩、蟪蛄、蜂、蟓螂。

——天启《滇志》卷三《地理志第一之三·物产·云南府》第 113 页

虫之属 如穿山甲。

——天启《滇志》卷三《地理志第一之三·物产·楚雄府》第 116 页

山中草棘丛生，其枝颠皆有泥结如巨丸，窆其中，有虫居焉，不知其何虫也。

——天启《滇志》卷三《地理志第一之三·物产·广南府》第 120 页

虫鱼之族 有脆蛇，见人则碎，取而干之，蛇分为数节，入药良。人见其碎也而去之，复为蛇，形如初。土蜂者，如蜜蜂而大，其螫弥毒，每春末为房于树上，大如斗。秋末冬初间，有为陨霜杀而坠地者，余皆入地穴，穴有前后两门，土人物色得之，塞其后，火其前，蜂皆熏死，取其子以为美馔，所伤实多。或曰即记所称八珍之一，曰腊是也。其服食亦曰蜂牙腐，即此虫为之。或者又曰，土蜂在土中，土人掘土乃可得，在树杪者，露蜂房也，其种类固难穷矣。刀鱼者，不知其形何似，流黄于鱼类，亦闻所未闻矣。

——天启《滇志》卷三《地理志第一之三·物产·顺宁府》第 120 页

虫之属 蝙蝠、螳螂、蝉、蚯蚓、蛇、虾蟆、蟊斯。

——康熙《晋宁州志》卷一《物产》第 14 页

虫之属 蛇、石蚌、青鸡、蜈蚣、虾蟆、蜜蜂、土蜂、岩蜂、葫芦蜂、草蜂。

——康熙《新平县志》卷二《物产》第 60 页

虫之属 蛇、蜈蚣。

——康熙《元谋县志》卷二《物产》第 39 页

虫之属 蛇。在深山大菁中，有长一、二丈者，能伤人。

——康熙《武定府志》卷二《物产》第 64 页

虫属 为蜂，为蝶，为蝉，为蛙，为蜥蜴，为萤、蝇，为蚊，为蜈蚣，为蛇，为蚱蜢，为蟪蛄。

——康熙《广通县志》卷一《地理志·物产》第 20 页

---

① 十一 按下文所列，有十三种。

蜂、蝶、蝉、螽斯、蜻蛉、蜘蛛、蟋蟀。

——雍正《白盐井志》卷二《地理志·物产》第 5 页

虫属 蚕、蝶、蝉、萤、蟋蟀、蝇、蜘蛛、蝙蝠、螽斯、蚊虻、蚱蜢、蜉蝣、蜻蜓、螳螂、蛇、蜥蜴、虾蟆、蝌蚪、蜗牛、蚁。

——乾隆《宜良县志》卷一《土产》第 30 页

虫类 蝉、蜩、螳、蜂、蝶、蜻蜓、蚊、蝇、促织、蟢、蠓、蜗、蚓、蛙、蚂蝗、百足虫、蝇虎、蜈蚣、蚁。

——乾隆《东川府志》卷十八《物产》第 5 页

昆虫之属 有蝉、螳螂、蟋蟀、蝼蝈、蜜蜂、蜢蚱、蝴蝶、蜻蜓、金凤雀、蟾蜍、蛙、蝎虎。俗呼苍蝇老虎。蜘蛛、蚯蚓。

——乾隆《黎县旧志》第 14 页

螫之属 蜂、蟾、蜈蚣、蝎虎、蜘蛛、蝼蝈、蟋蟀、蛇、蝉、萤、蛾、蜢、青蜓、蚯蚓、斑毛。

——乾隆《广西府志》卷二十《物产》第 5 页

虫之属 蜂、蝶、蝉、蜗牛、蟋蟀、蜻蜓、蚁、蛙、萤、蚯蚓、蜘蛛、蝙蝠、蚊虻、蝇、蛇、螳螂。

——乾隆《霑益州志》卷三《物产》第 24 页

虫 蜂、蝉、蝶、蚁、蛇、蝎、蛙、萤、蝇、蚊、螳螂、蟋蟀、螽斯、蚯蚓、蜻蜓。

——乾隆《陆凉州志》卷二《风俗物产附》第 30 页

虫之属 蜜蜂、蝉、蝶、螳螂、蚁、蛇、蝎、萤、蚊、蟋蟀、螽斯、蚯蚓、蛙、蜻蜓。

——乾隆《弥勒州志》卷二十三《物产》第 54 页

虫之属 蚕少、蜜蜂、蝴蝶、蝼蛄、蟋蟀、萤、蝇、螽斯、蚰子、蜉蝣、蜻蜓、螳螂、蛇、蚯蚓、蛙、鼋、虾蟆、蝗、蝉、蝉蜕、蜥蜴、蜘蛛、蝌蚪、蛹、蜚蚁、蚊、虻、螬、蛾、樵蟟、秋蝉、斑毛、蜈蚣、蜻蟑、蚰蜒、蛭、守宫、蛳蟆虫。

——乾隆《碍嘉志》卷二《赋役志·物产》第 233 页

虫类 蜂、蝶、蝉、螽斯、蜻蜓、蜘蛛、蟋蟀。

——乾隆《白盐井志》卷三《物产》第 37 页

虫属 蚕、暖地多产, 茧织土绸。蝉、凤子、有五色。蜂、有蜜蜂、土蜂、细腰、胡卢数种。蚁、有黄、黑、飞三种。螳螂、萤、蚤、蟋蟀、龟、蛙、田鸡、蚯蚓、蝌蚪、蜥蜴、蝇、蝨、俗作蚊。蜉蝣、蜘蛛、伏翼、一名蝙蝠。虼、螽斯、蜻蜓。

——乾隆《赵州志》卷三《物产》第 59 页

虫属 蚕、蜂、蝶、蝉、萤、蟋蟀、蝇、蜘蛛、蝙蝠、蚊虻、蚱蜢、蜉蝣、蜻蜓、螳螂、蛇、蜴、龟、虾蟆、蝌蚪、蛴螬、蜗牛、蚓。而黄莺儿虫极细, 无声, 咂即发痒, 名可爱而虫可恶。

——乾隆《腾越州志》卷三《山水·土产》第 28 页

虫属 蜂、蝶、蝉、萤、蟋蟀、蝇、蜘蛛、蝙蝠、蝌蚪、蚱蜢、蜻蜓、螳螂、虾蟆、蚯蚓、蚊、蚁。

——嘉庆《景东直隶厅志》卷二十四《物产》第 5 页

虫类 蜂、蚁、蜩、蝉、萤、蝇、蝶、蚊、螳、蚯蚓、促织、蜘蛛、螳螂、蜻蜓、蝇虎、虾蟆、蜈蚣、蚂蝗、蝙蝠、蚱蜢、蟋蟀、蛙。

——嘉庆《永善县志略》上卷《物产》第 564 页

按《尔雅·释虫》，皆陆虫也。而于蜎、蛭、蚪斗、蟾、鼋、守宫之水居者，统归之于《释鱼》。鱼兼鳞、介以为言，守宫、龙子故陆居而附于水族，古人分类之精，至于如此。其《释虫》不过五十余种，琐碎不足为民生日用所取资。未特著蚕，蚕有三种：曰蟓，曰雠由，曰蚢，皆能成茧。蟓，即今蚕，食桑。雠由，食樗、棘、栾。蚢，食萧。蚕类既多，食叶又兼乎桑、樗、栾、萧，皆叶之蠹也。圣人使之各得成茧，利益于民生日用。夫采蘩可以饲不齐之蚕，则蚢之食萧，岂有不足信者乎？后来失其遗法，仅知桑、柘之能养蚕，而利源不广耳。迄来毛辣虫之患，在山则松柏叶俱尽，入园林则花柳果菜叶俱尽，且有入洲渚食芦叶俱尽者。初生毛截辣人手，老则刺脱如蠋，脊金色，或有角，窜老树权缝间作茧自裹。入春化为蛾蝶，遗子仍为毛辣虫，其恼人如此。若使蚕失所以畜之，尽化野蛾蝶，恼人更甚于毛辣虫，安望其衣被天下？乃知《周礼》设官分治，虫豸之细，亦攻治之法所不遗，盖为此也。昆明、拓东，古有蚕桑之利，后来惟通海工织缎，近岁亦绝迹，则蚕事无可言矣。次蚕丝以利民者，为蜂蜜、虫蜡。《尔雅·释虫》举土蜂、木蜂，名见而已，不言酿蜜。郭注：江东呼大蜂，地中作房为土蜂，啖其子，似土蜂而小，树上作房为木蜂，又啖其子。意谓江东人俱啖其子，比供豆之蜩、范耳。刑疏不甚分明，壹似二蜂自啖其子者，读之令人胡卢。土蜂窠于土穴，木蜂窠于树林，其窠于崖穴，亦土蜂也，皆能酿蜜。即李氏《纲目》于二蜂外，另著土蜂，谓亦能酿蜜，又谓江东人啖土蜂及木蜂子，则知《尔雅》不言作蜜，蜜从蜂出，总括于土、木二窠，但有家畜、野生，形质巨细之异，其实皆酿蜜之蜂也。滇南崖蜜，既有志矣，而以蜜、糖从类，故入于《志果》，而酿出自蜂，故于《虫鱼》之后发明之。至于白蜡生于蜡树，利用更胜于蜜底之黄蜡，故入之《志草木》，而其发实缘于虫，则昆虫之利于民生日用，其表表者也。故推原《尔雅·释虫》与《释鱼》，见古经分部列品之精意，使后来览之者，知所原本焉。

——《滇海虞衡志》卷八《志虫鱼》第 13 页

虫之属 蚕、《唐书·南蛮传》：南诏自曲、靖州至滇池，人水耕，食蚕以柘。蚕生，阅二旬而茧，织锦缣精致。又，南蛮，庄蹻之裔。正月蚕生，二月熟。旧《云南通志》：热地多产，茧织土绸。又，《吴都赋》云"乡贡八蚕之绵"，注云"有蚕一岁八育"。《云南志》云"风土多暖，至有八蚕"。言蚕养至第八次，不中为丝，止可作绵，故云八蚕之绵。李商隐《烧香曲》云"八蚕茧绵小分炷，兽焰微红隔云母"。又，《唐书》云自曲、靖州至滇池云云。太和、祈鲜以西，人不蚕，剖波罗树实，状如絮，纽缕而幅之。今滇人不知蚕桑，尺帛寸缣仰给于江南，所织锦布①亦不足供，惟贾人是需。所谓波罗实者，亦不知其种类②矣。折腰蜂、樊绰《南蛮记》：宁州沙中有折腰蜂，岸崩则蜂出，土人烧治以为琥珀，常见琥珀中有物如蜂形。蜂窝、檀萃《滇海虞衡志》：赵朴庵言夷人炙带蛹小蜂窝，以为珍品，恐传之中国，将来贵必如燕窝，然此亦古礼。上公二十四豆，范与蜩并列，岂以为虫而轻之？燕窝与海参，见重于中国甫百余年，前此无所著闻。若使滇南蜂窝菜得行，亦可以竞胜于山右天花菜，彼菜犹带蛇臊气，蜂窝则悬结清高，燕窝险隔重洋，蜂窝则稳行陆地，以二窝相较，则蜂窝处其优矣。毛辣子、桂馥《札樸》：毛虫，螫人者俗呼毛辣子。案《尔雅翼》云：截虫，背有毒毛，能螫人，俗呼杨瘌虫。《说文》：楚人谓药毒曰痛瘌，音如辛辣之辣。此即《尔雅》"蛢，毛蠹"，陶注《本草》"蛅蟖，蛓虫也，其背毛螫人"。陈藏器《本草》云：蛓虫，好在果树上，

---

① 锦布　原本作"绵布"，据《滇志校考》改。
② 种类　康熙《云南通志》卷三十《补遗》同，天启《滇志》作"种汇"。

大小如蚕，身面背上有五色斑文，毛有毒，能螫人。蜻蛉、李京《云南志》：澜沧蒲蛮诸地，凡土蜂、蜻蛉、蚱蜢之类，无不食之也。芫青、苏恭《本草会编》：芫青，出宁州。陶宏景《本草别录》：斑蝥，一虫五变，二三月在芫花上，为芫青。冰蛆、郭祐之云：赛尚书尝官于云南，曾带得数条来，亦尝见之，其大如指。蛊、杨慎《升庵外集》：《隋书志》云江南之地多蛊，以五月五日聚百种虫，大者至蛇，小者至虱，合置器中，令自相啖，存者成蛊。其毒食入人腹内，食其五脏，死则其产移蛊主之家。若盈月不杀人，则畜者自踵其害，累世相传不绝。自侯景之乱，杀戮殆尽，蛊家多绝，既无主人，故飞游道路，中之则殒焉。今此俗移于滇中，每遇亥夜，则蛊飞出饮水，其光如星。鲍照诗所谓"吹蛊痛行晖"也，予亲见之。鳞蛇。祝穆《方舆胜览》：鳞蛇，出安南、云南镇康州、临安、元江、孟养诸处。巨蟒也，长丈余，有四足，有黄鳞、黑鳞二色，能食麋鹿。春冬居山，夏秋居水。能伤人，土人杀而食之，取胆治疾，以黄鳞者为上。檀萃《滇海虞衡志》：鳞蛇胆治牙疼，解毒药。邹经元言鳞蛇眼大如镜，初见者不利，即掣而牵行于市，儿童争坐其背以为嬉。《范志》云蚺蛇常逐鹿食，塞兵插满头花赴蛇，蛇喜驻视，竞拊其背，大呼红娘子，蛇俛不动，大刀断其首。近闻捕蚺蛇有蚺蛇藤，束而牵之。按：鳞蛇亦食鹿，当即一类而异名耳。蚺蛇胆亦入药。《天问》云灵蛇吞象，彼巴蛇也，要皆蟒也。蟒为腾蛇，为王蛇，大小随地为名耳。

谨案：旧《志》尚有蠡、蝶、蝉、萤、蟋蟀、蝇、蜘蛛、蝙蝠、螽斯、蚊、蚕、蚱蜢、蜉蝣、蜻蜓、螳螂、蜥蜴、蟗、虾蟆、蝌蚪、蛴螬、蜗牛、蚁、蚯蚓，皆滇产。

——道光《云南通志稿》卷六十八《食货志六之二·物产二·云南通省》第 32 页

虫豸之属 二十五：蚕、蜂、蝶、蝉、萤、蟋蟀、蝇、蜘蛛、蝙蝠、螽斯、蝨虻、蚱蜢、蜉蝣、蜻蜓、螳螂、蛇、蜥蜴、蛙、虾蟆、科斗、蚂蚱、蛴螬、蜗牛、蚁、蚯蚓。

——道光《昆明县志》卷二《物产志》第 7 页

谷雀 田间蚱蜢也。每岁秋获时，儿童攫而微煮之，作老红色卖于市，曰谷雀，一名蚂蚱。买得者掐而去其项与翼，油煠之，蘸以椒盐，味绝佳，可下酒。土人又谓能解炉烟毒，消积滞也。

檀萃《虞衡志》：螺峰山圆通寺有蝴蝶会，每岁春夏间来集，寺壁皆满，后不来者二十余年，辛亥四月朔忽至。赵朴庵言彝人炙带蛹小蜂窝，以为珍品，恐传之中土，将来贵必如燕窝。然此亦古礼，上公二十四豆，范与蜩并列，岂以为虫而轻之。燕窝与海参，见重于中国甫百余年，前此无所著闻也。若使滇南蜂窝菜得行，亦可竞胜于山右天花菜，彼菜犹带蛇臊气，蜂窝则悬结清高。燕窝险隔重洋，蜂窝则稳行陆地，以二窝相校，则蜂窝处其优矣。

桂馥《札樸》：毛虫，螫人者俗呼毛辣虫。案《尔雅翼》云：载虫，背有毒毛，能螫人，俗曰杨瘌子。《说文》：楚人谓药毒曰痛瘌，音如辛辣之辣。此即《尔雅》"蛄，毛蠹"，陶注《本草》"蚝螫，毛虫也，其背毛螫人"。陈藏器《本草》云：蚝虫，好在果树上，大小如蚕，身面背上有五色斑文，毛有毒，能螫人。

——道光《昆明县志》卷二《物产志·余论·论虫豸之属》第 20 页

虫之属 蚕、蚊、蜂、萤、蜩、蛙、蛇、蟋蟀、蜻蛉、蝴蝶、促织、蜉蝣、螳螂、蚯蚓、蜘蛛、蝼蝈、苍蝇、蜈蚣。

——道光《澂江府志》卷十《风俗物产附》第 8 页

虫之类 蛇、蜈蚣、蛤蟆、蝉、蜜蜂、土蜂、蛙、石蚌、班猫、蚯蚓、青鸡、田鸡、蚕。旧《县志》

——道光《续修易门县志》卷七《风俗志·物产》第 169 页

虫之属　岩蜂。一名大黑蜂，又名七里蜂。大如蛾，能蛋牛。

——道光《新平县志》卷六《物产》第 23 页

虫属　蚕、蜂、萤、蚊、蛙、脆蛇、蟋蟀、蛤蚧、蜈蚣、螳螂、蝴蝶、蜘蛛、蜻蜓、蝙蝠、穿山甲、斑蝥、蝉、蟑、蜗。

——道光《广南府志》卷三《物产》第 4 页

虫属　蝶、萤、蝉、蟋蟀、蜻蜓、螳螂、蜘蛛、蝇、蚊、虾蟆、蚓、蚕。

——道光《定远县志》卷六《物产》第 207 页

虫之属　蜜蜂、蛱蝶、蜻蜓、蝉、萤、蛴螬、蟋蟀、螳螂、蚯蚓、螽斯、斑蝥、蝌蚪、蚕、蜘蛛。
按：姚地产蚕，始于嘉庆二十三、四年间，至今出丝渐多，岁计可得四五千斤，固从前未有之利。

——道光《姚州志》卷一《物产》第 243 页

虫之属　蚕、野蚕。螽斯、蠡、蜜蠮、黄蠮、细腰蠮。蟋蟀、蝶、萤、蛾、蜻蛚、蜻蜓、蜘蛛、蝇、虻、蚊、蝙蝠、蚝、蚱蜢、醯鸡、蜉蝣、螳螂、蛇、蟏蟱、蜥蜴、蛙、蚁、蜺虎、蝌蚪、蝉、田鸡、石蛙、蚯蚓、鼠虫、蜈蚣、蠹、蟾蜍。

——道光《大姚县志》卷六《物产志》第 9 页

虫属　蠡、蝶、萤、蝉、蟋蟀、蜻蜓、螳螂、蝇、蚊、蜘蛛、蝌蚪、虾蟆、蚓、蚁。

——道光《威远厅志》卷七《物产》第 5 页

虫属则以胠鸣者，以注鸣者，以翼鸣者，以股鸣者，以胸鸣者，食叶者、食土者、食而不饮者、饮而不食者、不饮不食者，肖翘焉、喘蜎焉，无类不有，无时不生。

——咸丰《邓川州志》卷四《风土志·物产》第 11 页

虫之属　蛇、石蛙、土蜂、青鸡、蜈蚣。

——咸丰《嶍峨县志》卷十二《物产》第 6 页

虫属　蚕、蠡、蝶、蝉、萤、蟋蟀、鼅鼄、蝙蝠、蜻蜓、螳螂、蛇、蜥蜴、蛙、田鸡、虾蟆、蝌蚪。

——咸丰《南宁县志》卷四《赋役·物产》第 14 页

虫属　蚕、蜂、蝶、蝉、萤、蟋蟀、蜘蛛、蝙蝠、蛇、蜻蜓、螳螂、蛙、田鸡。

——光绪《平彝县志》卷四《食货志·物产》第 3 页

虫之属　蜂、蝶、蝉、蜗牛、蟋蟀、蜻蜓、蚁、蛙、萤、蚯蚓、蜘蛛、蝙蝠、蚊虫、蝇、蛇、螳螂。

介之属　蚌、穿山甲。

——光绪《霑益州志》卷四《物产》第 68 页

昆虫之属　蚱蜢、俗名麻蚱，一名麦蚱，又名谷雀。谷熟时，土人捕而卖于市，炙以荐酒，味颇佳。蟋蟀、蜂、蝶、水蛭、竹鼠。出州南永宁乡、阿雄乡诸处，肉甚美，烹食最佳，齿可刻竹。

——光绪《镇南州志略》卷四《食货略·物产》第 33 页

虫之属　增补六种：蚱蜢、土人食之，呼为麻蚱，亦曰谷雀。秋获时，儿童收而卖于市，炙以荐酒亦佳。蜻蛉、土人呼为虰虰。每六七月间，款款群飞。蛉河中尤多，此蜻蛉河之所以得名也，而绛绡赤足亦有。飞蛭、出昙华山深林中。每雨水盛时，人有经过者，即飞集手足上，初甚微茫不觉，迨痛痒视之，则庬然大矣。喙深入毛孔不脱，以刃刮去，血淋漓焉，亦异物也。飞蚁、即《本草》所谓蟗也。每大雨后，出穴群飞，土人以其飞之高下卜阴晴，云"蚁腾空，日影红；蚁扑地，雨将至"。大虾蟆、山谷中最多，能嘘气作瘴，其色如虹，中者发疟。南界有夷人，一长一少，宿羊于山，夜逢大雨，雨止，然薪燎衣，闻有郭索声，视之，见大虾蟆如五六岁小儿，寻火光而来。长者惊避，少者自负力壮，取木桩击之，良久始去。每一击，则痱癗中浆出如喙，洒溅满身。天晓回家，见浆溅处绿色深入骨际，是日即毙。长者三日内亦毙。青竹飘。出深山中，绿色。桂馥《札樸》云此蛇善逐人，其行如飞，击以木不中，惟竹之单节者能毙之。

——光绪《姚州志》卷三《食货志·物产》第 52 页

虫之属 旧《志》七种：蜂、蝶、蝉、螽斯、蜻蛉、蜘蛛、蟋蟀。新增七种：蚱蜢、俗呼麻蚱。螳螂、形如琵琶，俗呼草天蛾。飞蚁、即《本草》所谓"蟗"也。虾蟆、蜗牛、守宫、蛇、青竹飘、飞蛭。俗呼蚂蟥。

——光绪《续修白盐井志》卷三《食货志·物产》第 57 页

虫属 蛇。产乌蒙山大箐中，有长一二丈者，能伤人。

——光绪《武定直隶州志》卷三《物产》第 13 页

虫属 蚕、蜂、蝉、萤、蝶、蜘蛛、螽斯、虻蚊、蛇、有青竹标、钓钩子、乌梢、菜花、麻子、野鸡、班数种。蜻蜓、螳螂、石蚌、虾蟆、蝌蚪、蜗牛、蚁、蚯蚓。

——光绪《镇雄州志》卷五《物产》第 59 页

虫之属 蚕、蜂、蛤蚧、木头虫、蝴蝶、蚱蜢、蚚蠖、萤、蜻蜓、蜗牛、螺蛳、螳螂、蚓、蚰蜒、蜘蛛、壁虎、蚊、蛇、蚁、蝇、蛙、蟋蟀、蝉、蝙蝠、蝌蚪、蛴螬、虾蟆、蜈蚣。

——光绪《鹤庆州志》卷十四《食货志·物产》第 9 页

虫之属 蚕、蜂、萤、蚓、蚁、蛙、蝇、蝉、蝶、蜻蜓、蟋蟀、蜘蛛、蝙蝠、蜉蝣、螳螂、土蚕、蝼蝈、壁虎、蛴螬、蜗牛、蛤蚧、蚱蜢、蜈蚣。

——光绪《续修永北直隶厅志》卷二《食货志·物产》第 32 页

虫属 蜜蜂、蜻蜓、蝴蝶、螳螂、促织、田螺、萤、蜘蛛、虾蟆、蝉、蚯蚓、蚁。

——光绪《永昌府志》卷二十二《食货志·物产》第 6 页

昆虫之类甚多，其有益于人者，首则推蚕，厥丝可做蚕衣被甚重。考腾之气候，养蚕最宜，惟风气未开，尚待推广。次则数蜂，采其蜜，可以供食，并可以作蜡，人多畜之。他如萤、蝇、蝉、蝶、蜘蛛、蟋蟀、蚊虻、蚱蜢、蝙蝠、蜉蝣、蜻蜓、螳螂、虾蟆、蝌蚪、蛴螬、蚯蚓、蝈蟖、蜗牛、壁虎之类，虽亦天之所生，无甚裨益于世。至于蜈蚣、蛇、蝎，且有流毒，不可不防也。

——光绪《腾越乡土志》卷七《物产》第 15 页

虫属 蚕、吐丝虫。环节蠕动，胸腹及尾有足六对，食桑叶，自幼虫成长，蜕数次。每当蜕皮，则不食不动二三日，谓之蚕眠。经三四眠始上簇作茧，在茧变为蛹，由蛹化为蛾，则吐唾液，使茧受湿化软，破之以出，谓之蚕蛾。欲取丝者，必趁蛾未出茧时缫之，既出，则丝绪断绝，不复能缫也。《云南志》云风土多暖，可养至八次。蒙自亦然。蜂、种类甚多，以蜜蜂为益虫。有雌蜂、雄蜂、职蜂三种，以蜡为壁，簇聚如球。雌雄蜂皆黑色，翅灰色而透明，雌者尾端有毒针，以产卵管而兼御敌之用。职蜂亦曰工蜂，暗褐色，全体皆密生长毛。雌蜂每群一头，体长，通称蜂王。雄蜂亦少数，体较短，而翅大，但营生殖作用，不事工作，亦称游蜂。职蜂最多，为不完全之雌体，专管筑巢采蜜、育儿等事，并保护其群。取花汁酿而成蜜，以之哺子。食花粉及蜜，变质成蜡，以之营巢。养蜂者常割取其蜜及蜡，以资食用，制药和味，为利甚大。蟋蟀、《诗》时称蟊斯，时称莎鸡，一物也。因时异名，又名促织。长七八分，全体黑色，雄者前翅左下右上相重叠，连接处有刚强之声器，末端有尾毛二，较雌者为长。雌者翅短，尾毛之间并有产卵管一，秋夜，鸣声甚厉。螳螂、亦作螳蜋。体颇长，腹部肥大，头为三角形，复眼高突，前胸延长如颈，前肢变形为镰，有棘刺，便于捕获他虫，有益于农事。秋季产卵，簇聚成房，包以麦麸状之物，坚著枝茎，谓之螵蛸。蚱蜢、《诗》名阜螽，俗名麻蚱，蝗属。稻麦之害虫，体长寸许，深灰色、黄绿色等数种。头为三角形，前翅成革质，稍能飞翔，后脚腿节壮大，便于跳跃。好食禾本科植物，尤嗜稻叶，常于陇畔缀集。卵子成块，幼虫绿色，长七八分，为害尤甚。蝉、生于夏秋，头短，口为长吻，有复眼二，单眼三，四翅，膜质大都透明，前翅较大。雄者胸腹交界处有发声器，具小敛膜，并有大筋肉连接之，收缩振动以发高声。幼虫在土中，吸树根之汁液，蜕皮成蛹，出而登树再蜕皮而成蝉，其间为期约二年，既为成虫，交尾后即死。雌者产卵后亦死，有蚱蝉、茅蜩、蟪蛄等数种。蝴蝶、亦作蛺蜨，为蛅蟖、乌蠋等羽化而成。体小，有四翅，甚大，形色不一，甚美丽。喜飞翔于花间，遗黄色小卵于茎叶上，成蛹后始化为蝶。种类甚多，有粉蝶、黄蝶、凤蝶等。凤蝶，体长寸许，翅甚大，后翅一部分突出，如尾状，俗称梁山伯。翅黄者，称祝英台。见《虫荟》（《虫荟》方旭撰，凡五卷）。蜻蜓、分头、胸、腹三部，头部甚大，复眼尤巨，口器强壮便于咀嚼，翅薄如纱，止时为水平形，腹部细长，尾有歧，善捕食蝶、蛾、蚊、蝇等害虫，故于农家有益。胸部甚肥，飞翔能远，不甚停息。黄昏时，常高飞以捕虫类。产卵时，以尾蘸水，使附著水草之茎，其幼虫谓之水蛋。萤、长三分许，雄者体黄头黑，有复眼，翅稍柔软，点线密布。雌者无翅，形如蛆，尾端皆有发光器，呼吸时，空气传入生养化作用，发光颇美丽。夏间，就水草产卵，亦发微光，十余日成虫，成虫与其幼虫皆食种种害虫，于农事有益。蛾、种类甚多，翅有细鳞，与蝶类同。所异者体肥大，触角细长如丝，不为棍棒状，翅下面多美色，上面带灰白，止时形如水平，不叠合直立，常以夜出，好扑灯火。蚁、体分头、胸、腹三部。赤蚁，长不及一分，色黄赤。黑蚁，长四五分。山蚁，长四分，皆黑色，有光泽。白蚁最小，六足，群聚而居，分女王蚁、雄蚁、职蚁三种。女王蚁、雄蚁主生殖，职蚁为不完全之雌体，主营穴取食，谓之工蚁，一主战斗，谓之兵蚁，其组织尤胜于蜂。女王多数同居，不似蜂王之嫉妒专制。雌雄至交尾期，生翅，职蚁无翅，多在地下营穴，藏食其中。蝇、室内害虫。体长三分许，灰黑色，头上有复眼一对，甚大，褐色，几掩其全头。口器伸为管状，前端稍凹，适于舐食。脚之末端，有肉质吸盘二，止时，盘内真空，空气压于外，故倒跂斜行而不坠。搬运污物，传布恶疾，甚为危险。产卵于污物之上，孵化为蛆。此外尚有苍蝇、青蝇、大麻蝇诸种。蝙蝠、自手足至体之后端，有一膜连之，故能飞翔空中，捕食蚊蝇。全体密生暗灰色软毛，大致似鼠。口中有齿，后趾短，有钩爪，息止以之钩物而悬其身。昼隐夜出，以昆虫、果实为食。蜘蛛、节足动物。体分头、胸、腹三部，状如囊，口有颚二对，上颚一节，末节为钩。其尖端有毒腺之孔，胸部有脚四对，其肛门端有瘤状突起之物三对，是为纺织腺，内贮形如蛋白之液汁。上有细孔六七百个，脉体收缩，则液自细孔流出，触空气凝为极细之丝，以后爪组合之，织网张于空际，以捕昆虫食之。性残忍，同类亦相食。蜈蚣、节足动物。以扁平之环节，合成二十二节，第一节黄褐色，其余各色，背面深蓝色，腹面黄色，每节有脚一对，生口边者，变形成鳃脚，钩爪甚锐，端有小孔，内通毒腺，能注射毒液，潜伏于阴湿之地，捕食害虫。人被螫，以乌鸡粪或大蒜涂之。蛇、爬虫。体为长圆筒状，修尾，无足，以肋骨自由伸缩而行。全体有鳞纹透明之表皮，年年更脱，谓之蛇蜕，旧以入药。舌分裂两歧，齿曲如钩，其有毒者，别具毒牙二，自能起伏，当穴居土中，喜干燥之地。种类甚多，常见者为黑蛇，多在野，红膊蛇多在路旁，在人家内觅食鼠、雀者，则为麻蛇。壁虎、又名守宫。体扁平，色灰暗，有四足，趾端平润。善附著他物，游行墙壁等处捕食昆虫，为有益动物。蝇虎、蜘蛛之属。大三四分，白色，或灰色，善跳跃。徘徊窗户间捕蝇食之，故名蝇豹。螺、软体动物之硬壳有旋线，其体可以宛转藏伏，统谓之螺。种类甚多，南湖内出。蛭、蠕形动物。体黄褐色，有黑线，形略似蚯蚓，有轮纹甚多，口腔有缘如锯齿，好吸附人畜肌肤，而吮其血。入牛鼻中，数十日犹活，吸食其血，甚有害。蛙、水陆两栖之脊椎动物。体短阔，上锐下广，喜居阴湿地，雄者能鸣，雌则否。捕食害虫，于农有益，其子即蝌蚪。虾蟆、蛙属。似蟾蜍而小，居陂泽中，体暗褐色，背有黑点，亦有疣，善跳跃，其鸣作呷呷声。《酉阳杂俎》：虾蟆无肠。蟾蜍、蛙之大者。体暗褐色，后足趾间有蹼，皮肤有疣无数，疣内分泌白色毒液，曰蟾酥。取法：以辣物纳其口中，自出。螃蟹、节足动物。淡水、咸水皆产之。头胸部甲甚阔，腹甲扁平，屈折于胸部之下，有横纹。雄者小而尖，雌者大而圆。复眼在背甲前缘之深窝，有柄承之。大腮坚硬如齿，便于咀嚼。脚五对，第一对变形为螯，横行甚速。内脏皆在背甲下，俗所谓六角板者即心脏，所谓脂与黄者即精巢与卵巢也。蚯蚓、蠕形动物，亦名曲蟮。体圆而细长，有环节甚多，紫黑色。近前端处，有一红色肉带，平广无节，名曰环带，腹面列生小刺，向后以防体之退后而助其前进。雌雄同体，常吞食泥土，穿地为穴，故能使地中空气流通，植物易于成长，为农家间接之益。毛虫、《札樸》：螫人者。案《尔雅翼》云：蛓虫，背有毒毛，能螫人。《本草》：蚝虫，好在果树上（石榴树上最多），大小如蚕，毛色黑黄花俱有。又有杨癞虫，或云毛辣子，无毛，亦螫人。多绿色，或有五色斑文者，二种俱蝶蛾等遗子，及时则化为蝶蛾飞去。灶马、全体红色，后腿颇长，而有长刺，多集于灶间，俗呼为灶鸡。《酉阳杂俎》：灶马，状如促织，穴于灶侧，俗谓灶有马，足食之兆。又有一种，体状大小全同，惟色夹黑白花，多在饮食橱中及书架内，喜食面糊，不专在灶上。蠹、蠹木虫。种类最多，有大如指者，有细如发者，有幼虫为蛆，食穿后变翅能飞者。蠹鱼，白色，细鳞，尾毛三，专食书籍、衣服。蚊、螫人飞虫。其幼虫，乃污水中之孑孓，老则变形为蚊，如蛹之成蛾，全体灰褐色，喙为细管，中含毒质，故人被螫后，肌肤肿痒。凡吸收人血者皆为雌蚊，雄者则专吸草木之汁液，种类甚多。自中法越南班师后，又发生一种花蚊，多在阴暗处，白昼螫人，肿痒尤甚。蚤、头小体肥，赤褐色，前后股退化作鳞片状。雌大雄小，六足，善跳，口器发达，便于刺螫。寄生人体，吸取血液，亦有毒汁注人，与蚊无异。虱、体为长椭圆形，口突出，适于吸收之用。脚六，各有一爪，弯曲内向，腹部肥大。寄生于人体，及他哺乳动物，而吸其血。有头虱，在发毛间，灰色，其卵紧黏于发，搔之不脱。衣虱，在衣缝间，白色，遍体有毛。壁虱，俗名臭虫，今博物家谓之床虱，体圆而扁平，赤褐色，周缘簇生粗毛，日栖暗处，夜出吸人血，吸时注入毒汁，故被吸处，痛痒赤肿，体有臭液难闻。疥癣虫、寄生人体之虫，属蜘蛛类。体扁平而圆，脚四对甚短，在皮肤上穿细沟进行，吸取血液，有透明小胞凸起于皮面，患者常觉奇痒。其形微细，用针挑出，极目力亦能见之。蛔、蠕形动物。状似蚯蚓而无环节，色白，两端甚尖，寄生于小儿之小肠，患者腹痛吐泻。雌者长至尺余，雄者亦长七八寸，亦名蚘蛕，俗名锭子虫。

——宣统《续修蒙自县志》卷二《物产志·动物》第12页

虫类 蜂、蚕、蝶、蛾、蚁、萤、蝉、蛔、蛲、蚤、蜘蛛、蟋蟀、蚱蜢、俗名麻蚱，又名谷雀。土人捕卖于市，炙以荐酒，味佳。蜉蝣、螳螂、蜈蚣、蚯蚓、螟蝗、水蛭、蝇、蚋、蚊、蚤、蚍虱、柳树虫、产柳树内。寸金虫。俗呼竹节虫，产灰土中，与柳树虫皆为小儿出风发表妙药。

——宣统《楚雄县志述辑》卷四《食货述辑·物产》第21页

昆虫类 蚕、蝶、蜻蜓、蚂蚱、蚯蚓、竹节虫、蛇、蜈蚣、蝉、柴虫、蠹鱼、花瓶虫、蜘蛛、蝌斗、萤、蝇、蝙蝠、蚊虻、鼋、蜉蝣、蜗斗、蚁、蜂。

——民国《路南县志》卷一《地理志·物产》第49页

虫豸属 蚕、《唐书·南蛮志》：南诏自曲、靖州至滇池，人水耕，食蚕以柘。蚕生，阅二旬而茧，织锦缣精致。又，南蛮，庄蹻之裔。正月蚕生，二月熟。旧《云南通志》：热地多产，茧织土绸。谨按：宜邑少桑树，间有育者。三月间蚕自卵中孵出，饲以桑叶，数日蜕其毛，渐毛渐蜕，凡四次，蚕已长成，体灰色而多节，前后足共八对，由是吐丝作茧成缫，取其丝以作服物之用。蜂、蝴蝶、蝉、萤、蟋蟀、蝇、蜘蛛、蝙蝠、螽斯、蚊虻、蜉蝣、谷雀、田间蚱蜢也，一名蚂蚱。每岁秋获时，儿童攫而卖于市，买得者掐而去其项与翼，油煤之，蘸以椒盐，味绝佳，可下酒。土人又谓能解炉烟毒，消积滞也。蜻蜓、螳螂、蜻螂、蛇，有青蛇、乌蛇、白蛇、脆蛇、称杆蛇数种。蜥蜴、虾蟆、蝌蚪、蜗牛、蛙、田鸡、蚁、蜈蚣、蝼蝈、蟪蛄、蛴螬、蚂蝗、蚯蚓、柴虫、竹节虫、蠹、壁虎、俗名山白猴。土鳖、毛辣虫。桂馥《札樸》：毛虫，螫人者俗呼毛辣子。按《尔雅翼》云：蛅虫，背有毒毛，能螫人，俗呼杨瘌虫。《说文》：楚人谓药毒曰痛瘌，音如辛辣之辣。此即《尔雅》"蛅，毛蠹"，陶注《本草》"蛅蟖，蚝虫也，其背毛螫人"。陈藏器《本草》云：蚝虫，好在果树上，大小如蚕，身面背上有五色斑文，毛有毒，能螫人。

——民国《宜良县志》卷四《食货志·物产》第 33 页

昆虫之属 蚕、蛾、蟋蟀、蚂蝗、蜥蜴、即四脚蛇。多脚虫、形似蜈蚣，行甚速。蝶、萤、蟪蛄、螳螂、斑猫、草鞋虫、蚁、有黄、黑二种。蛙、蜻蜓、蜉蝣、灶马、牛皮虫、变水母鸡。蝉、蛇、蜗牛、蚯蚓、蝲虫、七里蜂、蚱蜢、蜂、螶、蜘蛛的一种，常于墙上做钱大白色的小窠。虾蟆、射公、俗呼山别猴。葫芦包、蜂名。蠹、蜘蛛、蜈蚣、蝌蚪、蜻螂、俗呼郎壳牛矢。白花蛇、蚊、苍蝇、壁虱、水虿、蜻蜓之幼虫。尺蠖、俗呼尽步虫。螺、细腰蜂。土蚕、毛虫、俗呼毛辣虫。黄石蚌。

——民国《嵩明县志》卷十六《物产》第 242 页

虫属 蜂、蝉、蝶、蚁、蛇、萤、蟋蟀、蝇、蛙、蝎、蚊、蚯蚓、螳螂、促织、螽斯、蜘蛛、蝙蝠、蚱蜢、蜉蝣、蝌蚪、蛴螬、蜗牛、黄犬。

——民国《陆良县志稿》卷一《地舆志十·土产》第 3 页

虫类 蜂、蚕、蝉、蝶、蛇、蝎、蚁、萤、蟋蟀、蝇、蛙、蚊、蚯蚓、促织、螽斯、蜉蝣、蝙蝠、蜈蚣、蜘蛛、蚱蜢、蝌蚪、蜗牛、螟、螣、蟊、贼、蝗、蜻蜓、土蚕、灶马、子孓、蛾、璧猴。

——民国《罗平县志》卷一《地舆志·土产》第 85 页

虫之属 二十：蚕、蜂、蝶、蚁、蝉、蛾、萤、蛙、蜥蜴、蚱蜢、蜻蜓、蜗牛、虾蟆、螳螂、蜈蚣、蜉蝣、天牛、蚯蚓、蜘蛛、蝌蚪、蟪蛄、蚂蝗、蝗。

——民国《邱北县志》第三册《食货部·物产》第 16 页

昆虫 蝉、蜂、螟蛉、蝇、蚊、蚕、蟋蟀、螳螂。

——民国《富州县志》第十四《物产》第 37 页

虫属 蚕、蠹、螺、蝉、萤、蝇、蟋蟀、蜘蛛、蜈蚣、蝙蝠、螽斯、蚊蝱、蜉蝣、蜻蜓、螳螂、蝌蚪、蚯蚓、蚂蝗、蛇、鼋、蚁、蜗牛、蚱蜢。

——民国《元江志稿》卷七《食货志·虫属》第 11 页

昆虫之属 蚱蜢、俗名麻蚱，一名谷雀。谷熟时土人捕而卖于市，炙以蓆酒，味颇佳。蟋蟀、蜂、蝶、水蛭、竹鼠。出阿雄乡、永宁乡诸处。齿可刻竹，肉甚美，烹食最佳。

——民国《镇南县志》卷七《实业志七·物产》第 636 页

虫属 县西旋涡塘田土肥美，禾稼坚好。近年忽生一种异虫，俗呼负矢虫，专食禾苗，饭则粪出于背，负之而行，亦害虫之特种也。

——民国《姚安县地志·天产》第 904 页

虫属 王《志》十四：蜜蜂、蛱蝶、蜻蜓、即蜻蛉。蝉、萤、蛴螬、蟋蟀、螳螂、蚯蚓、螽斯、斑蝥、蝌蚪、蜘蛛、蚕。

注：蜜蜂，各乡均有，所产蜜、腊为出品大宗。尚有山蜂，体较大，前端有长须。熊蜂，腰部赤黄，又名葫芦蜂，此二种均巢于山中木石上或废寺檐间。赤蜂，俗呼马蜂。青蜂，俗呼橡蜂。土蜂，巢于墙壁问。马尾蜂，则具三长尾。没食子蜂，长二分许，触角端直，翅甚长，腹部侧扁，初寄生于动植物之体，生于植物者，刺植物茎叶产卵，注射毒液使生虫瘿，初青，后成暗褐色，为有机化合物之一。恒由五倍子中析出，制之为白色细针形之结晶，有光色，无臭，味涩微酸，与绿化第二铁化合成青黑之沉淀，可制蓝墨水，为染色鞣皮等工业上之重要物品。蛱蝶，有凤蝶，形大而色美，幼虫嗜食橘柑之叶。斑蝶，形小，常卷稻叶作巢，为禾稻之害。粉蝶、黄蝶，幼虫均嗜食菜叶。蜻蜓，甘《志》：土人呼为虴虴，每岁六七月间，款款群飞。蛉河中尤多，此蜻蛉河之所以得名也。而绛绡赤足亦有，尚有草蜻蜓，即草蜉蝣，常捕食蚜虫。其卵具长柄，排列如花，佛氏称为优昙花。蛟蜻蛉，又名白齿蜉蝣，捕食蚁等小虫。黄蜻蛉、大蜻蛉、黑蜻蛉、鬼蜻蛉等均为益虫，惟鬼蜻蛉身大头巨，俗呼为大头虴虴。蝉，有春蝉、夏蝉、寒蝉三种，均害虫，但蝉蜕能明目。萤，尾部有发光器，呼吸时空气传入，生氧化作用，发光美丽。蛴螬，为金龟子之幼虫，白幼虫至成虫，均为稻、蔬、花果之害。蟋蟀，身油亮，有油葫芦、金钟儿、金琵琶等分别。螳螂，前足肥大如镰，善捕食害虫，药用之桑螵蛸即其巢之坚凝者也。蚯蚓，疏松土质，为农家益虫。螽斯，则为害虫。斑蝥，陶宏景《本草别录》：斑蝥，一虫五变，在芫花上者为芫青。县属多产黄豆苗中，可攻猘犬毒。蝌蚪，蛙之幼虫。蜘蛛，于屋角檐中张网，尚有络新妇，网如车轮。岩蜘蛛，营巢山岩土中。平蜘蛛，凝丝壁间如钱，故名壁钱。大蜘蛛，体形颇大。蝇虎，则跳跃壁间。蠊蛸，则足细如丝。螲蟷，一名袋蜘蛛，栖树根及墙基间，均捕食昆虫。蚕，王《志》：姚中养蚕，始于嘉庆二十三年，至今出丝渐多，岁计可得四五千斤，实昔年未有之利。惟昔日只知土法养育，现新法始由配蛾、产卵、孵卵、饲叶、调节温度、清洁蚕室、除沙、上簇、烤茧、缫丝，均用科学改良新法。并夏、秋二季均可养育，故获利丰而收效著，甚望职司农业者加意提倡而改进之。

甘《志》四：蚱蜢、土人食之，呼为蚂蚱，亦曰谷雀。昆明所呼谷花雀非蚱蜢。秋获时儿童收而卖于市，炙以荐酒亦佳。按：是一种害虫，食之有益无害。飞蛭、出崀华山深林中，每雨水盛时，人有经过者，飞集手足上。初甚微茫不觉，迫痛痒视之则庞然大矣，喙深入毛孔不脱，以刀割去，血淋滴焉，亦异物也。按：飞蛭即山蛭，俗呼旱蚂蝗，非真能飞也。栖山谷上石间，降雨时则升于枝叶间或草际，闻人之足声近，则急附着之，以吸其血液，甚为害。飞蚁、即《本草》所谓蠹也。每大雨后出穴群飞，土人以其飞之高下卜阴晴，云"蚁腾空，日影红；蚁扑地，雨将至"。青竹镖、出深山中，绿色。桂馥《札樸》云：此蛇善逐人，其行如飞，击以木不中，惟竹之单节者能毙之。

增补五十八：蜥蜴、守宫、蛇舅母、三种。蜥蜴、守宫均食昆虫，无毒害。蛇舅母，俗名四脚蛇，尾较长。赤练蛇、有淡黄而赤黑斑，或赤色而黑斑数种，均无毒。麻蛇、有黄、绿、白等种，亦无毒，善捕鼠。青蛇、形较长大，亦善捕鼠。响尾蛇、尾下有角质鳞片多枚，动则发声，有剧毒，紫贝武产一种。寸筋蛇、见人则惊断为数节，人去则接合而去。按：邑中毒蛇甚多，视其头如三角形者，即为有毒之蛇。红娘、一名瓢虫，有食害虫者。龙虱、生污水中，俗呼水母鸡。水黾、即豉豆虫，行水面如转轮，系益虫。

蚕蛾、即蚕之羽化者，初为桑之害虫，因人饲养而造绢丝，遂成为著名之益虫。糠虾、俗名虾子，可供食用。此数种多属益虫。天牛、一名角虫，又名发切虫，木蠹虫之羽化者也，常穿孔于竹木而产卵，故为森林大害。蜣螂、常运粪。叩头虫、秋夜灯前，常跳动作叩首状，亦害虫。谷象、为谷米害虫。吉丁虫、为松树害虫。尺蠖蛾、即尺蠖之羽化成虫者，有绿、灰、褐等种。蛅蟖、俗呼毛痢虫，其背毛螫人，蚀害桑之新芽后，卷叶作茧，成蛾产卵叶背。谷蛾、则蠹食仓谷。螟蛾、幼虫蠹入稻秆吸食髓液，卵子附着叶部，年发生二次，甚为稻害。蝇、有家蝇、青蝇、大麻蝇、蚕蛆蝇等。虻、有黄虻、圆虻、家畜虻、食虫虻等。蚊、有普通蚊、蚊姥、斑蚊等，斑纹为疟疾、热病传染之媒介。蚤、亦传染媒介。蚜虫、有蚁卷、蚁牛等名，为植物害虫。介壳虫、则以介壳复体，形如小贝，大为植物之害，惟白蜡虫有益。浮尘子、俗呼蟥子，种类甚多，为稻之害虫。椿象、前翅硬似甲虫，身放臭气。负矢虫、即其一种，大为稻害。甘仲贤《乡土科书》：州西旋涡塘，田土肥腴，禾稼坚好。近年忽生一种异虫，俗呼负矢虫，专食禾苗，食饱则粪出于背，负之而行，水荡粪落或积禾茎或浮水面，人足触之黏腻，皮肢浮肿作痒。在秋前不检去此虫，则禾渐萎败，全无收成，当究其原因，设法去之也。文龙河亦多此虫，秋初背上矢干色白，潜伏其中，数日后成蛾产卵田中，明年夏间复蜉化为幼虫。红娘华、俗呼夹夹虫，生沟渠中。田鳖、亦生沟渠中。虱、与壁虱，俱因不洁而生。羽蚁、一名白蚁，生朽木中。蝗、较螽斯大，俗呼老糯米。蝼蛄、为小麦、葡萄等害虫。蜚蠊、全体油黑。灶马、全体赤褐。即蟑螂，俗称蚱蚂虫。断肠草、《札楼》：断肠草，马误食，则肠断而毙。形如枯草，长三四寸，六足，前两足能直出相并，在草终日不动，驱之不去。剪其首出蓝汁，亦不仆，汁尽乃死。竹节虫、形如草木茎。蠹鱼、为衣服、书籍之害虫。跳虫、则夏日檐溜及水边甚多。恶蚋、栖书物、木皮下。蜈蚣、具有毒腺。马陆、俗名过山龙。鼠妇、俗呼草鞋虫。水蛭、俗呼蚂蟥，栖水塘、沟渠，附着人体则破皮吸血，故甚有害。牛虱、毛囊虫、疥癣虫、蛔虫、蛲虫、旋毛虫、绦虫、脏蛭皆寄生于人畜，为害最大，凡此多种均为农业及人生之害虫，吾人不可不深加注意。

论曰：旧时志乘于羽毛、鳞介之属，但举十数名称，即徵考故实，亦仅称是。本篇物鉴其弊，创例加详，盖因人与动物血缘较近，且同居一地，直接间接利害影响较大，苟能精研深究，即可明生物之进化，以之兴利除害，亦可积渐而成功。初非毫无凭藉，难于实现者。孔子曰多识鸟兽、草木之名，所深为小子致意也。

——民国《姚安县志》卷四十三《物产志之一·动物》第 6 页

虫之属 旧《志》七种：蜂、蝶、蝉、螽斯、蜻蛉、蜘蛛、蟋蟀。《续井志》十四种：蚱蜢、俗呼麻蚱。螳螂、形如琵琶，俗呼草天蛾。飞蚁、即《本草》所谓蟨也。守宫、蛇、青竹飘、飞蛭、俗呼蚂蟥。蚍、蛙、蟾蜍、蝾螈、蚯蚓、蜈蚣。

——民国《盐丰县志》卷四《物产志·天产》第 58 页

虫类 益虫有蚕、蜜蜂、蜻蜓、螳螂、蜘蛛等，害虫有蛇、蝎、蜈蚣、土蚕、水蛭、蚂蟥、蚊、马蜂、螽斯等。此外，如蝴蝶、蝉、萤、蛙、虾蟆、蝌蚪、蜗牛、蟢蛛、蟋蟀、蚯蚓等，亦皆有之。

——民国《广通县地志·天产·动物》第 1422 页

虫之属 有好蚧、害稼之虫。初生谷仓中，小而无脚，背有甲，赤褐色，头小口长，俗称油子。谷盗、体为椭圆形，长三寸许，黑褐色，有触角，状似小蚕，又名土蚕。蝗、翅黄褐色，后翅透明，胸有脊线，口阔大。飞集田间食稻，但不若外省之大害。雌虫秋产卵，明春孵化为蛹，农人于火把节燃炬照之则少。蟊、又谓根白蛆，长二三分，体大头小。专在土中食稻之根，秋间之季为害最甚。螟、害稻之虫，共三种：一曰化螟虫，初长八九分，黄白色；次曰二化螟虫；三曰大螟虫，形体稍大。三者皆入稻茎食其髓质，稻皆白枯而死，农家谓之曰庾三化螟虫，为害尤甚，故不可不预防之。螣、稻上小青虫也。长寸许，好食苗叶，吐丝缠裹，令穗不得发展，甚为苗害。蟼蟊、蝗类，一名蝶蚙。体寸许，绿色或黄褐色，无斑，头长。食农产物，甚为害。蚱蜢、俗称蚂蚱，有深灰色、黄赤色、绿色等数种。食稻叶，亦为农害。天牛居土中，专食稻之幼根，使稻株萎缩不能发育。等皆害稻者也。防止法：以杀幼虫为主。蠹鱼、蒸湿而生，体小，色白。甚为衣帛、书画之害。蜥蜴、俗名四脚蛇，雌者褐色，雄者青绿色。尾易断，断后复生，常栖于石壁之隙。蛄嘶、即毛虫。种类甚多，处处有之，大者毛身，三棱，有黄绿红褐等色，人咸恶之。蛇、爬虫类。体为长圆筒状，修尾，无足。大别为有毒、无毒二种。斑猫、产饭豆叶上，背有黑纹。入药用，销售四川。蚂蟥、产于池沟、山坡。有水蚂蟥、山蚂蟥之别，好吸人畜肌肤而吮其血。有由草丛过者，遍腿叮满，去之之法：以烟油涂患处。蛱、蝶之一种，翅赤黄，有黑、蓝纹两色。其幼虫黑色，背有白线二，多黑刺毛。栖于柳、桃等树，亦害虫也。蛾、与蝶并称。有天蛾蚕，又有扑灯蛾、涨水蛾等，种类甚多。止时形如水平，与蝶不同。昔荒岁，群蛾飞集田地间，谷与苞谷皆被害。蜈蚣、节足动物。其节二十有二，有脚一对，端有小孔，内通毒腺，能注射毒液。潜伏阴湿之地，捕食他虫。获之可入药用。蜒蚰、软体动物之有肺者，与蜗牛同类异种。其经行处辄留粘液，为植物之害。蜘蛛、节足动物。黑者布网檐下，捕食小虫。有患疟疾者，取大蜘蛛包之则愈。又有花纹者，体稍长，其丝甚牢，其网能止血。蝴蝶、体小，四翅，其状甚多，飞翔花间。产卵茎叶上，成蛹后，复化为蝶。青虫、种类甚多，最著者为粉蝶。幼虫在油菜、芜菁、莱菔等叶上，食叶成长，又卷稻叶成三角形，成蛹于中，后化为蛾。蝎、蜘蛛之属。长三寸许，青黑色，腹部环十三节，有毒钩，捕虫食，并能螫人。蛊毒害人之物也。夷俗：五月五日取百虫置皿中，俾相啖食，其存者为蛊，蓄为人害。近时已无。但患蛊者以铁杆星宿草磨米汁服之，最效，并可验其有无此患。等皆害物害人者也。至如蚕、吐丝之虫也。环节蠕动，摘桑叶饲之，经三四眠，上簇作茧，缫丝织帛，大有利益。蜂、酿蜜之虫也。能采花作蜜，农民多饲之。蠼螋、尾端有角质之附属作夹子状，迫之则放毒液以自保护。在野食蚜虫、叶卷虫等，有益于农圃。螵蛸、黏桑树者为桑螵蛸，可入药用。蚂蚁、有黑、黄二种，能列阵互斗，久雨尤多。虾蟆、居陂泽中，体暗褐色，背有黑点，俗称癞咯宝，可治病。青蛙、小蝌蚪所化，将雨则叫甚。田鸡、蟆属，可以治病，包脐。蟾蜍、三足，腹有丹书"八"字，可以取蟾酥治病。萤、喜食小虫，于农事有益。昔车允囊萤，借光以读书。蝉、即蜩也，有蚱蝉、茅蜩、蟪蛄等类。饮而不食，振翅作声。蠮、瓜中黄甲小虫也。常在瓜叶上食叶，而不食瓜，故又名守瓜。蜡、饲蜡虫于蜡树上，约百日，其蜡粘附树皮，取溶之即成白蜡。蟋蟀、一名促织，性善斗，其种十数。见《促织经论》。其生地、颜色、形状分优劣，童儿恒饲之以决斗。蜻蜓、幼时即水虿，有数色，四翅六足。善捕食蝶蛾、蚊蝇等害，于农家大有益。螳蜋、能食蜘蛛、螟蛉等小虫，有益于农产物。蜉蝣、长六七分，头似蜻蛉而小，四翅，尾有三毛。夏秋之交飞集水边，往往数小时而死。背米、形小，有壳，背有白点如米大。生水沟内，患痔疮者取以研末，酒服之可断根。蠼衣虫、体长八九分，行走极速，捕食害虫，有益农家。草鞋虫、形同草鞋，故名。蚯蚓、一名曲蟮，又名地龙，有环节，为蠕形动物。钓者取以为饵鱼之需。灶鸡、一名灶马，穴灶而居，状如促织。蜣螂、能以土包粪推转成丸，可入药用。蚂蚱、生稻田间者谓之谷蚂蚱，可炒食；生山间者有红黄绿黑花点，鸣声铦铦，俗谓山道士。蝙蝠、圆毛，肉翅，能飞能走，矢为夜明沙，可以入药。蛴螬等，或有益于人，或益少而无大害者等类，皆自无而有，自有而无，或细微莫测，以及奇异莫状者，所在有之，姑从略焉。

——民国《昭通志稿》卷九《物产志》第 4 页

虫之属　蜡虫、蚕、土蚕、蜂、土蜂、木蜂、大黄蜂、细腰蜂、竹蜂、蜘蛛、壁钱、草蜘蛛、土蜘蛛、蝇虎、蚁、蝇、狗蝇、蛆、蚋、蚊、蟆、白蚁、蛄蝼、鸱掇、蟾蜋、蛱蝶、蛾、蜻蜓、豆娘、蝉、促织、蛞蝓、萤、蠹螽、蚂蚱、吉丁、螳螂、斑蝥、牛虱、木蠹虫、蠹鱼、老木虫、山蛩虫、地牯牛、水蛭、蟾蜍、虾蟆、鼋、蝌蚪、沙虫、水黾、水蚤、蜚蠊、蚯蚓、蚰蜒、蜈蚣、穿山甲、青蛇、蛇医母、壁虎。

——民国《巧家县志稿》卷七《物产》第 23 页

昆虫 蚕、蜻蜓、蝉、蜂类、蜜蜂、岩蜂、草蜂、葫芦蜂、牛角蜂、大黄蜂、赤蜂等。蝶、种类甚多。螺蠃、螳郎、螗蜩、蚱蜢、蟋蟀、蜘蛛、蚂蚁、螽斯、蜉蝣、蝗、蠋、蛾蝶类害虫。浮尘子、害苗虫。土蚕、食农植物根。蝗虫、食瓜叶。蚁、背屎虫、背有虫尿，惯食秧苗。蜓蚰、害虫，与蜗牛同类。蜗牛、纺织娘、蜡虫、蛞蝼、即蝼蛄，俗名杜狗子。土鳖、蚯蚓、灶鸡、牛虻、虾蟆、蟾蜍、俗呼癞浆包。偷油虫、宿于碗厨灶隙。蜈蚣、斑蝥、壁虎、苍蝇、狗蝇、蛇类、有麻蛇、乌稍蛇、青竹标等。蜥蜴、俗称四脚蛇。滚山蛛、打屁虫、可食。萤、即萤火虫。毛虫、类多，以青钉子最辣。蝎、千脚虫、即草鞋虫。蠹鱼、蛾。

——民国《盐津县志》卷四《物产》第 1698 页

昆虫类 蜥蜴、俗称爬壁虎，最毒，以尾绞人鼻中，每不能治。蜈蚣、最毒。蝎、蜂、有蜜蜂、岩蜂、油七里、地波罗、狗尿蜂、大足蜂诸种。蝶、蚊、蛾、蝉、蠓、萤、蝗、螟、螣、蚕、养蚕户全境皆是，产丝不下五六万斤。螽斯、蜉蝣、蜻蜓、螳螂、螵蛸、蟋蟀、毛虫、浑身黑毛，头红，有毒，手触即肿。八角丁、害苗虫、青虫、花虫、猪儿虫、体大如拇，有青、花、黄、黑数种。黑者最大有毒，能作声。多脚虫、草鞋虫、蜘蛛、灶马子、蜗牛、蚱蜢、蝱蝴、水蛭、土鳖、地牯牛、偷油婆、能去百毒，治损伤。土蚕、生长土内，损害禾根。野蚕、生长于草木禾苗各物，又能结茧成蛹。蚯蚓、打屁虫、此虫少时青色，撒尿臭不可闻。每到白露后，河水初退，河岸乱石凌错，傍晚成群千万飞藏石底，约一小时顿变黑色，身体肥大，肚中纯是白脂。翻石捕之，置温水中去尿，炒食味鲜而美，且大温补。城中卖者数百人，月余绝迹。贫人恃为补药，亦特产中之奇异者。老母虫、色白体大，生沙土草屋内者最多，大不可食；生栗木桑树内者，如足拇大，味香可食。竹蜂、色黄褐，大如拇，专吃竹笋生长，能飞，可食，捕者甚多。竹蛆、生长各种大竹笋中，味香可食。粪鳖、可作药品。菜花蛇、乌梢蛇、风骚蛇、松花蛇、脆蛇、此蛇行走俱跳，或遇岩石跌碎成节，稍时自能生合复原，跌打药中要品。青竹标、麻子蛇、红边土伏、黑蛇、烙铁头、锅铲头。以上六种，皆恶毒非常，啮人难治。棒蛇、体大而短，头尾不分，大小形如棒。蝙蝠、蚁、有黄、白、黑三种，黑者大而弱，黄者强。蟆蚧、螺螺。一名螺蠃。

——民国《绥江县县志》卷二《物产志》第 26 页

虫豸之属 二十九：蚕、蜂、蚱蜢、蜻蜓、螳螂、蜘蛛、蝶、蛾、蟋蟀、蜗牛、蜉蝣、蜈蚣、蚁、萤、蜥蜴、蝘蜓、天牛、螺蠃、蝉、蛙、蚰蜒、虾蟆、蚯蚓、蝌蚪、蠹、蛇、蝼蛄、蚂蝗、螵蛸。

——民国《大理县志稿》卷五《食货部二·物产》第 13 页

虫之属 有蜂、有蜜蜂、土蜂、胡蜂、橡蜂、细腰蜂等类。蝶、有红、黄、黑、白、花等色，大曰蝶，小曰蛾。四翅有粉，以须代鼻，其交皆以鼻。一名蛱蝶，一名凤子。橘蠹、毛虫皆可化蝶。螺蠃、一名蠮螉，又名蒲卢，细腰虫也。常衔泥就树枝、墙壁间作球形之房。蚁、有赤、黄、黑、白诸类，小者曰蟊，赤者曰蠡，飞者曰螱，《尔雅》名蚍蜉，《礼记》名玄驹，《学记》谓之蛾子。无种之时以化生，有种之时以卵生。山间大而有翅者一种，土人谓之酸马蚁，可用作醋。蝉、即蜩也。蜩为蝉之总名，有蚱蝉、茅蜩、蟪蛄等类，饮而不食，虫之以膀鸣者也。蚕、有土红及二化、三化等种，春夏秋三季饲者甚多。萤、形如蛆，尾端有发光器，呼吸时空气传入，生养化作用，发光颇美丽。螳螂、一名天马，以其骧首奋臂，颈长而身轻，其行如飞，有马象也。蟋蟀、一名促织，性善斗，其种十数。贾秋壑有《促织经》，论其生地、颜色、形状，以分优劣。蛙、色青者曰青蛙，一名青约，色黄而有斑纹者曰金线蛙；体有癞者曰蟾蜍，俗谓之癞虾蟆，有麻班者曰虾蟆，腹大而脊青者曰鼃。螽斯、一名春黍，一名蜥螽，又名蚣蝑。雄者长寸许，绿褐色，前翅右下左上相重叠接合处成坚硬之发声器，故能作声；雌者微大，翅短于雄虫之，不妒忌，一母百子，故诗以为子孙众多之况。蜻蜓、幼时即水虿，有黄、红、绿、青数色。四翅六足，身小而细，有节，多飞水边。其大而黄色者，群飞空际，俗谓之为老鹳。蛾、种类甚多，其以夜出见灯光则扑赴之者，俗谓之扑灯蛾。蝇、有苍蝇、青蝇、大麻蝇诸种。搬运污秽败坏食物，且传布恶疾，甚为危险，室内之害虫也。蚊、啮人小飞虫也，幼时为污水中孑孒，老则变形为蚊，如蛹之成蛾。喙为细管，中含毒汁，故人被啮后肌肤必肿。蜘蛛、布网如罾，自处其中，飞虫触网者，缠缚食之。在地中布网者为土蜘蛛，络幕草者为草蜘蛛，小蜘蛛长股者俗呼嘻子。又一种扁薄，作茧贴壁间者曰壁钱，其腹大而足长，身有红黄黑绿斑纹。丝黄而硬者，俗呼蜘蛛龙。蚓、一名曲蟺，又曰地龙。体圆而细长，有环节甚多，为蠕形动物。水蛭、一名马蛭，俗称蚂蟥，多产深沟溜水中。体黄褐色，有黑线，形略似蚯蚓，有轮纹甚多。吸附人畜肌肤而吮其血，虽断之寸寸，得水复活。蜈蚣、一名蝍蛆，赤腹黑头，以扁平之环节合成二十二节，每节有脚一对，钩爪甚锐，端有小孔，内通毒，能注射毒液。旧说蟾蜍食蝍蛆，蝍蛆食蛇，蛇食蟾蜍，三物相遇，莫敢先动。蠹鱼、一名白鱼，一名衣鱼，又名壁鱼。蒸湿而生，甚为衣帛、书画之害。灶鸡、一名灶马，穴灶而居，状如促织。蜒蚰、形似蜗牛而无壳，头有触角四，惊则缩入，其经处辄留黏液之迹。蛇、毒虫也，有乌蛇、麻蛇、称杆蛇、蒿棒蛇。一种色青，俗名青竹标；一种见人则寸断，人去则自相续，名曰寸蛇，可入药。蛇之大者谓之蟒。蟆蚱、一名谷雀，生稻田间。身绿头黑，而翅灰有黑斑，四足，后生两距便于跳跃。其大者身黑色，翅黄色而有麻点，俗谓之老狸蟆。又一种形似老狸蟆，生山间，有红黄绿黑花点，鸣声铪铪者，俗谓之山道士。蜥蜴、一名石龙，头扁有四足，如壁虎，俗名四脚蛇。雌者褐色，雄者青绿色。尾易断，断后复生，常栖于石壁之隙。蛄蟖、即毛虫，种类甚多，生桑、柳、桃、石榴、葡萄等树。水蜈蚣、生沙石中，形似蜈蚣而色黑，多油脂，肉肥美，俗名江参。产备溪江边。水鸡、一名田鸡，一名箐鸡，形类石蜥而瘦。石蜥。人夜持火炬入深溪岩穴间，捕大虾蟆，名曰石蜥。

———民国《蒙化县志稿·地利部》卷十一《物产志》第 14 页

虫属 蜜蜂、蜻蜓、蝴蝶、螳螂、促织、田螺、萤、蜘蛛、虾蟆、蝉、蚯蚓、蚁。

———民国《龙陵县志》卷三《地舆志·物产》第 22 页

昆虫 蚕、蜜蜂、岩蜂、土蜂、七里蜂、葫芦蜂、蝴蝶、蜻蜓、螳螂、蜘蛛、虾蟆、蚯蚓、蝉、萤、蚁、蟋蟀、蝙蝠、蚊、蝇、蛇、大蟒蛇、蛙、蜈蚣、蜗牛、飞蛾、蜉蝣。

———民国《镇康县志》（初稿）第十四《物产》第 6 页

昆虫 虫之处亦类繁。邑所有者蚕也，蜂也，蝶也，蝉也，萤也，蟋蟀也，蝇也，蜘蛛也，蝙蝠、螽斯也，蜉蝣也，螳螂也，蚁也，蚯蚓也。

———民国《维西县志》卷二第十四《物产》第 40 页

白蜡虫

白蜡虫 属有吻类。形体最小，前翅有细毛，寄生女贞树上，亦名冬青树，木樨科植物。分泌白蜡。

滇中有放饲之者，旧时巧家、镇雄等县业此尤多，其虫种均采购至四川，现业此者已式微矣。

——《新纂云南通志》卷六十《物产考三·动物三·昆虫类》第 23 页

斑蝥

斑蝥 亦鞘翅类，与芫青相似而实两物。旧《志》引陶弘景《本草别录》谓"斑蝥，一虫五变，二三月在芫花上为芫青"云云，殆混两类为一虫也。斑蝥，体长八分许，鞘翅上有斑纹，故名。栖息山边路上、川原石砾间。普通捕食小虫类，有益虫之称。又尝栖息饭豆上，滇中亦呼饭豆虫。然似少有捕食农作害虫者，又医药上亦往往用之。种类多，亦有鞘翅，大部分呈纯白色者不常见，普通种滇多处产之。

——《新纂云南通志》卷六十《物产考三·动物三·昆虫类》第 30 页

蚕

境内甚热，四时皆蚕，以其丝染五色，织土绵，充贡。

——景泰《云南图经志书》卷六《干崖宣抚司》第 18 页

南甸、干崖、陇川，所谓三宣也，在腾越南半个山下。其山巅界限华夷，北寒南暑，迥然各天。南甸俗与木邦同。干崖旧名干赖赕，其地热，有桑，四时皆蚕，织五色丝为锦充贡。

——《滇略》卷九《夷略》第 29 页

有山间野蚕，取茧丝而为布。

——天启《滇志》卷三《地理志第一之三·物产·寻甸府》第 118 页

八蚕 《吴都赋》云"乡贡八蚕之绵"，注云"有蚕一岁八育"。《云南志》云"风土多暖，至有八蚕"。言蚕养至第八次，不中为丝，只可作绵，故云八蚕之绵。李商隐《烧香曲》云"八蚕茧绵小分炷，兽焰微红隔云母"。

波罗树实 《唐书》云：自曲州、靖州至滇池[①]，人水耕，食蚕以柘。蚕生，越二旬而茧，织锦缣精致。太和、祈鲜而西，人不蚕，剖波罗树实，状若絮，纽缕而幅之。今滇人不知蚕桑，尺帛寸缣咸仰给江南，所织锦布亦不足供，惟贾人是需。而所谓波罗实者，亦不知其种汇矣。

——天启《滇志》卷三十二《搜遗志第十四之一·补物产》第 1046 页

干崖土热，四时皆蚕，取其丝织五色土锦，充贡。

——《蛮司合志》卷八《云南一》第 7 页

桑 为木本中最要之树，其花雌雄异株，而开有萼，无冠无香气，无密槽，雄蕊之花粉甚多，随风而达于雌蕊之柱头，故谓之风媒花。桑叶大而薄，其里面脉高如缴状，为完全单叶，内含蛋白质，为养蚕者所必需。其木坚实，可造器具，皮可造纸，果可食并可分配药材。

——光绪《元谋县乡土志》（修订）卷下《格致·第二十一至二十二课》第 399 页

蚕桑多理财大宗，腾地宜桑，园圃墙下，随在能植，惜昧养蚕法，无以种桑为业者。近有试

---

① 曲州、靖州至滇池 《新唐书》卷二二二《南蛮下》第 6269 页作"自曲靖州至滇池"。

办之士，觅采桑叶供蚕食，竟成茧丝，诚能播种桑株，则土地自然之利，无有出于此者矣。

——光绪《腾越乡土志》卷七《物产》第 11 页

蚕桑一项，自清季锡制军良厉行禁烟，而欲以蚕桑代之，提倡督率，不遗余力，曾由官处发给桑苗，饬令各乡领栽。嵩明城辟有苗圃，由黄典史督导之。宣统二年，奉令办理蚕桑学校，委任高嵚充校长办事，尚热心试养家蚕，成效欠佳。及民二，县长李鸣盛开办山蚕传习所，改放山蚕，而以气候燥寒，不甚适宜，至结茧时多病死，后遂停办，而桑树亦砍伐罄尽矣。

——民国《嵩明县志》卷十三《农政·蚕桑》第 219 页

左进思《蚕桑说》：欧化东渐，已知国势之趋弱，由物质之不竞当亡。清末季，实业机关遍全国，提倡指导，颇具热力。中国固有之蚕桑业，当然在提倡之例，然无经验之事业，鲜有能成功者。马关地当温带，气候和平，华氏温度表最高不过九十，最低不过五十，而常在七十度之间，适合蚕儿生活需要。桑树则仲春萌芽，隆冬始凋，可以育蚕之时间甚长。于蚕桑上实有发展之可能，何以至于今日，尚无蚕桑之可言，其故何哉？盖马关生活简易，向未知蚕桑之利，当公家提倡之时，亦多购种试验，但不明学理，不识方法，并于蚕儿所需之桑业，亦完全不知计算，饿死者居其多数，病死者居其二三，仅有少数成茧者，又不能缫之成丝，制之成货，亦废物置之耳。官与民之成见盖相若也，一经失败，遂谈虎色变，数亩桑园，伐作柴薪，可太息也。甲子岁，汪君德一由大理退伍归，知蚕桑之有利也，乃壹志图之，领公地六七亩，植桑苗万余株，盖为移植扩张之准备。其志不在小也，仍以外行之，故频遭挫折，甚且力与愿违，未能遂移植扩张之目的，数年精力全用于数亩桑园中，家计亦因之至于困窘。一般人又从而讥讪之，汪君之志乃愈坚，不恤人言曰，埋头练习育蚕、缫丝等事于不辍，近且研究人工孵化法，亦告成功矣。自能缫丝制线，就地销售矣。桑园疏株酌留千余，而桑树亦茂盛矣。此后每年计可育蚕二十万以上，获丝三四十斤，汪君之家计将由窘入裕矣。前之不敢过问，必将望风兴起，他日桑林遍郊野，我邑亦获享丝货之利益。饮水思源，则汪君个人倡导之功，未可忘也。先为之说，以俟其后。

——民国《马关县志》卷十《杂类志》第 7 页

桑柘檿附　桑有山桑、家桑，性分硬软，花绿色。雌雄异株，雄无葚，雌有葚。葚紫黑色，食之明目，叶分锯齿形、掌形，可饲蚕，皮可作药，又与楮皮均可制纸。柘枝有刺，叶与檿叶均有浆，可饲幼蚕。柘楮之浆，亦可写字，贴金，利用甚溥。

——民国《楚雄县乡土志》卷下《格致·第二十三课》第 1357 页

蚕、蜂　蚕初生如黑蚁，蜕毛四次成蚕，体多节，旁有小孔通，呼吸空气，前后截有足各三对，口直，剪桑叶，下有赘疣，吐丝，丝尽成黄白茧，丝可织绸缎。蜂有窝巢，作房头，有须，口作管形，身翅有毛，六脚，尾有毒刺，窝有蜂王，小蜂采花酿蜜，渣成蜡。附：蚕在茧内一星期而变蛹，蛹经旬而变蛾，蛾破茧出，自配雌雄，摆子。

——民国《楚雄县乡土志》卷下《格致·第三十五课》第 1361 页

巧家蚕桑事业始于民国二年试办蚕桑实业团，至九年改为实业所，十八年又改为建设局，对于栽桑养蚕相继至今已二十余年，无甚成绩可言。至私人方面虽或有经营其事者，然以未得其法，且因天时地利之不大适宜，故产量亦极少。兹述其概要如下。

适宜地区：蚕桑区域以第一区、第九区、第十区沿金江一带与第七区濒牛栏江之一小部，尚有经营之可能，其余均因气候太寒，不能生息。桑树种类及产量：桑之种类及产量仅有青皮湖桑一种，建设局植有千余株，其他私人种植者多于田亩间，亦不过数千株而已。饲育及制造：蚕之饲育与丝之制造使用，因蚕种培养之不得法，故茧壳逐年递小，最近数年与十年前相比较即已减小四分之一。又因蚕室之设置与器具之制备均不合式，故蚕之生育不盛。至于私人之饲育，更无学理之研究，一任烟尘污染，病亡更多。缫丝无适宜器具，故育蚕之家多用箔抽成丝绵被，做绵袍、被褥之用。

——民国《巧家县志稿》卷六《农政·蚕桑》第 45 页

绥邑蚕桑，向由城乡各妇女自行养育。桑树只有甜桑、苦桑，即茨桑。多系宅边墙下自生自长，稍加保护。桑多者育蚕多，桑少者育蚕少，相沿已久，概用旧法，未加改良。宣统三年，县长林芝田奉命创办蚕桑所，将城隍庙改建，委聂敬敷充任所长，改良教育并采湖桑、扶桑及牛皮桑等种。除饬民间领取栽种外，又于东皇殿左右及后坝口、干池塘公地一带，新植千余株，前后获丝四五十斤，后因匪患停办。嗣奉省令并入建设局，经过局长王海泉、朱纯武、赵子端、师茂梧等，均无起色。至今园中桑叶自生自落，甚可惜矣。新滩镇左右种有桑树三百余株，其余五区亦有栽种者，惜未成林。绥属全境近年养蚕者不下二千户，每年出丝约二三千斤，若再加以改良提倡，诚开辟利源之一道也。

——民国《绥江县县志》卷三《农业志·蚕桑》第 43 页

蝉

蝉 尚洁，饮露，高栖长鸣，以翼高枝清吟。当秋，悽声应满山谷，亦鸡足之幽思矣。

蜩 亦蝉之属。《论衡》"蛴螬化蝮蜟，蝮蜟拆背出而为蝉"，则是蝮蜟者，育之于腹也。蝉者，变化相禅也。蚱，音窄。为蝉之声，调即蜩之声。《诗》"螓首蛾眉"，螓盖小蝉耳，故称蝉为齐女，盖《诗》为美庄姜，故云。

——《鸡足山志》卷九《物产》第 350 页

蝉 属有吻类。滇产极多，有鸣蜩、茅蜩、寒蝉、蛁蟟、蚱蝉、螗蜩等异名。普通体长有至二寸七分者，成虫体躯黑色，有茶色斑纹，膜翅二对，皆透明。雄者腹部有发声器，鼓膜颤动，鸣声最高。生卵树缝，孵化成幼虫后，顺缝而下，栖息地中，能从树根吸取液汁以为生活，数年后，成虫复缘树而上，旧时以为餐风饮露者，误也。滇森林最多，一入中夏，即可见此虫栖息树间，鸣声幽咽，山行闻此，惹人旅愁不置。另有角蝉一种，其前胸之背片，为特别突起如角状者，广通偶见之。

——《新纂云南通志》卷六十《物产考三·动物三·昆虫类》第 23 页

蝉菌 亦名蝉花，或称冠蝉。因蝉蛹自一化蜕皮后，即头向上而欲出土，乃为菌类细胞所侵袭，寄生于其头顶，蝉蛹遂僵卧而不能动，以整个身躯供蝉菌之营养，及蝉蛹之精华既尽，则蝉菌已完全成熟。惟此种菌类似为有性繁殖，必须雌器卵细胞受精而成卵子，始能发芽生长，故虽同在一地，同时一化蜕皮之蝉蛹，亦多数不受菌类细胞之侵袭，仍能出土上树，二化蜕皮而成蝉，否则蝉已绝种，而《本草》中既无蝉蜕之剂，诗词中亦无蝉鸣之声矣。蝉菌形为纤状，色黄微带碧绿，性滋补，能明目，产于县属第三区栏马坡之山阴、山阳两面山麓松栗间。考蝉之幼虫在土中时，专食草根，尤喜食玉蜀黍，即包谷之根，每二年发生一次，虫体粗大如指，色白。其硕大者，长三寸许，颈有红毛，状甚厌恶，土人呼为虫王。生虫之年，凡第三区沿江一带之包谷，大受其害，农家谓之虫年，其田地宽余者，凡值虫年，故将耕地荒芜以避之。辛间年始生一次，因蝉交尾产卵后，至次年始生幼虫，幼虫蜕皮成蛹后，至再次年始蜕皮成蝉，故蝉为间年生物。蝉之幼虫，亦为间年生物。若以一蝉之系统而言，则蝉菌亦间年生物也。

——民国《中甸县志稿》卷上《自然·特产》第 11 页

长吻虻

长吻虻　亦属半翅类。体躯肥大，长毛密生，色多黄褐，口吻延长，故有长吻虻之名。成虫往来花间，夏日尤多，滇中亦有误呼为胡卢蜂者。

——《新纂云南通志》卷六十《物产考三·动物三·昆虫类》第 24 页

豉豆虫

豉豆[①]　属鞘翅类。栖息水中，运动活泼，滇名写字虫，积水池沼产之。

龙虱　亦鞘翅类，与豉虫等同。栖水面，借其后肢拨水，运动活泼，捕食水中动物。是虫形楕圆，长一寸许，体色黑褐，亦滇池沼中常产也。

——《新纂云南通志》卷六十《物产考三·动物三·昆虫类》第 31 页

赤翅虫

赤翅虫　亦鞘翅类。体长五分，形如圆筒，触角一对甚长，由无数细节相缀而成，分向身体两侧，颇与天牛相类。鞘翅暗红，内翅色黑，夏时飞集花间，色极美丽。

——《新纂云南通志》卷六十《物产考三·动物三·昆虫类》第 30 页

椿象

椿象　亦属有吻类中之半翅类。体具恶臭，借吮吸口吸取植物之液汁，为害农作，滇到处产之，种类特多，不下百种。其有属于扁椿象者，体色黑褐，半翅鞘短，体长二分许，为害园蔬。其有属于长椿象者，体红黄色，长五分，为害繖形科植物。另有一种，色灰褐，体微小，为害大、小豆。其有属于绿椿象者，体长四五分，色黄绿，为害菊科、茄科、豆类等。至真正之椿象，种类更多，体色暗黄、赤黑不等，体长至四五分，多为禾本科、豆科、繖形科等之害虫。

——《新纂云南通志》卷六十《物产考三·动物三·昆虫类》第 23 页

蝶

己卯三月十一日……有村当大道之右，曰波罗村。其西山麓有蛱蝶泉之异，余闻之已久，至是得土人西指，乃令仆担先趋三塔寺，投何巢阿所栖僧舍，而余独从村南西向望山麓而驰。半里，

---

① 豉豆　《辞海》名"豉甲"，释曰：豉甲，亦称豉虫。昆虫纲，鞘翅目，豉甲科。背部隆起，黑色而有光泽。头呈三角形，触角短；眼分为上下两部分，适于水面生活。前足发达，中、后足短阔扁平呈桨状。为水平面上常见的甲虫。

有流泉淙淙，溯之又西，半里，抵山麓。有树大合抱，倚崖而耸立，下有泉，东向漱根窍而出，清冽可鉴。稍东，其下又有一小树，仍有一小泉，亦漱根而出。二泉汇为方丈之沼，即所溯之上流也。泉上大树，当四月初即发花如蛱蝶，须翅栩然，与生蝶无异。又有真蝶千万，连须钩足，自树巅倒悬而下，及于泉面，缤纷络绎，五色焕然。游人俱从此月，群而观之，过五月乃已。余在粤西三里城，陆参戎即为余言其异，至此又以时早未花，询土人，或言蛱蝶即其花所变，或言以花形相似，故引类而来，未知孰是。然龙首南北相距不出数里，有此二奇葩，一恨于已落，一恨于未蕊，皆不过一月而各不相遇。乃折其枝、图其叶而后行。

——《徐霞客游记·滇游日记八》第 1007 页

细蝶 鸡山无大蝶，惟盛夏始有五色细蝶逐花，翩翩可爱。其橘蠹所化耶？抑菜虫之所化耳。

——《鸡足山志》卷九《物产》第 351 页

蛱蝶会 有绾青篆翠，翘翘如髻，处省城内之北隅者，曰螺山，又名元通。于悬峭纡回中，建元通庵，山半悬绝处，翼以危亭，登巅远眺，则昆明可盥，太华可抚也。下有潮音洞，俗名红孩，谈其迹者，鄙谬解客颐。洞深里许，燃炬可游，今以藏奸塞，尚窍尺余，存其意。惟每岁孟夏，蛱蝶千百万，会飞此山，屋树岩壑皆满，有大如轮、小于钱者，翩翩随风，缤纷五采，锦色烂然。集必三日始去，究不知其去来之何从也。余目睹其呈奇不爽者盖两载。

——《滇南新语》第 4 页

蝴蝶会 省城东北隅有螺峰，县治倚之以建。治之右为圆通寺，山石秀削，亭榭幽胜，颇多名人题咏，镌于岩石，差足游览。端阳前后数日内，有蝴蝶飞集于寺中，不知其几千万也。大小不一，五色俱有，土人呼为蝴蝶会。会则年岁丰稔，人口平安，故每值此日，游人往来不绝，希得一睹也。

——《滇南闻见录》卷下《物部·杂物》第 45 页

蝴蝶会 每年来集，圆通寺壁皆满，后不来者二十余年，辛亥四月朔忽至。[①] 予与云谷老人、九鲤仙扶杖往看之，于时士女婆娑，门嗌塞路，三老亦竟日始归。老人曰：此为吾辈来者也。

——《滇海虞衡志》卷八《志虫鱼》第 11 页

蝶 分头、胸、腹三部，有触须复眼。口器之部曰头部，有翅及肢之部曰胸部，胸以下曰腹部，由数环节而成，每环节而侧具二气门以管呼吸，属节足动物昆虫类之鳞翅目。

——光绪《元谋县乡土志》（修订）卷下《格致·第三十二课》第 402 页

蝶 种类特多。旧《志》仅著其名，然蝶泉、蝶树载在滇乘。蝶与名胜，相得益彰，且滇中地形，颇富变化，夏令气候又最适蝶类之蕃息，以故蝶类之水平分布与垂直分布不相一致，即山地者少，而平野者多。又其分布之状态，在北部有古北州之性质，在南部有东洋洲之性质，使研究者特感兴趣。兹略举其习见者，分述于下：

蛱蝶 翅赤黄，有黑纹，外缘轮廓参差不齐。幼虫黑色，滇呼黑毛辣虫。具咀嚼口，有害植物，滇常产。

凤蝶 滇中种类极多。翅具鳞粉，色不一致，但其斑点，均美丽异常。大形者后翅下角普通作燕尾状，口器作螺旋状，长管插入花间吸取其蜜，借以传送花粉，称益虫焉。幼虫为乌蠋，色绿，寄生柑橘成蛹，亦裸出，借丝状物缀其长尾系附枝间。滇产尚有豆青一种，翅青绿，尤美丽。

---

① 此句，道光《云南通志稿》卷六十九《食货志六之三·物产三·云南府》第 10 页引同。

小灰蝶　亦名马尿蝶。体长四五分，翅之表面，有浓紫色，部分飞集花间草原，亦有群飞于马尿上者，故名。幼虫扁圆，生有细毛，自由伸缩，肢甚短小，蛹短而两端圆。有自缢其体者，又有以尾端悬垂者，为壳斗科植物之害虫，滇产种类多。亦有雄者，前后翅共暗褐色，其他部作赤橙黄色，而两翅之里面共为银白色有光泽者。在雌者，则赤橙黄部有变为苍白色之观，各处常产。

斑蝶　滇中夏日，郊外林莽草原地最多。四翅同形，色黑褐，上有淡青色斑点散布翅上。在其前翅之外缘又有白点成列，后翅内缘亦有白色之纵条，颇似日本、琉球产之斑蝶。

粉蝶　翅粉白，前缘上角呈黑色。幼虫淡绿，食害蔬菜，滇常产。

黄蝶　与粉蝶同类，惟翅淡黄，前缘色黑。幼虫亦为害蔬菜，亦滇常产。

——《新纂云南通志》卷六十《物产考三·动物三·昆虫类》第 25 页

蠹

蠹鱼　属弹尾类，旧名衣鱼。体扁平，长仅四分，色灰白，体后有较长之尾毛三枝，滇到处产之，食害书纸、古物等。

——《新纂云南通志》卷六十《物产考三·动物三·昆虫类》第 17 页

断肠草

顺宁有虫名断肠草，马误食则肠断而毙。形如枯草，长三四寸，六足，前两足能直出相并在草木上，终日不动，驱之不去。剪其首出蓝汁，亦不仆，汁尽乃死。

——《札朴》卷十《滇游续笔·断肠草》第 17 页

断肠草　《顺宁府志》：有四足，形如断芦枯草，牛马误食之立死，盖腐草著毒气化生。桂馥《札朴》：顺宁有虫名断肠草，马误食则肠断而毙。形如枯草，长三四寸，六足，前两足能直出相并在草木上，终日不动，驱之不去。剪其首出蓝汁，亦不仆，汁尽乃死。

——道光《云南通志稿》卷六十九《食货志六之三·物产三·顺宁府》第 36 页

断肠草　永昌腾越处处有之，骡马食之立毙。其草实虫，而其形似草，故名。按：此与粤中之断肠草异，粤中蔓生山谷间，春生秋杀，与常草无异，人食之断肠而死。

——《滇南杂志》卷十三《轶事七》第 13 页

断肠草　亦直翅类。状类草木枝条而色绿，颇肖环境，故易保护其体。滇西一带特呼为断肠草。据《顺宁府志》引《札朴》谓"马误食之，辄受伤害"，今滇中犹有马误食则肠断之传说，盖竹节虫之一类也。

——《新纂云南通志》卷六十《物产考三·动物三·昆虫类》第 18 页

杨香池《断肠草补证》：吾乡有名断肠草者，其状略类零断木贼，常附于篱落间或草树上。骤见之，莫能辨也，触之而动，始识之。六足，能倒行，惟触之易断，断余二三足亦能行。按桂馥《札朴》载："断肠草，马误食则肠断而毙。形如枯草，长三四寸，六足，前两足能直行，相并在草上，终日不动，驱之不去。剪其首出蓝汁，亦不仆，汁尽即死。"以余所见，春夏色绿，长二三寸，入秋则形同枯草，长达四寸许，《札朴》所载殆见于秋后者。或谓断肠草系毒鸟遗粪于腐草上，由阴湿受热化生，故牲畜误食之则立毙云。

——民国《顺宁县志初稿》卷十四《辩证》第 5 页

蛾

金蛾 《顺宁府志》：出云州。

——道光《云南通志稿》卷六十九《食货志六之三·物产三·顺宁府》第 36 页

蛾 滇产种类更夥。普通多具夜性，静止时翅平列，触角为羽毛状者多。兹举其习见者如下：

谷蛾 体微小，色灰黑，翅有褐色纹。幼虫作蛆状，食害贮藏之米麦，为室内害虫。

衣蛾 与谷蛾相似，色较灰白，幼虫害毛皮及衣服。

卷叶蛾 幼虫卷叶作茧，蠹蚀果实，或伤害其芽。

螟虫蛾 前翅灰色，外缘有小黑纹。幼虫即螟虫，侵入稻秆或卷叶，为大害。一岁之中，往往二化或三化，故驱除净尽颇难。与之同类者，有地蚕蛾，前翅灰色，稍稍带赤，害大、小豆等。一名土蚕，或名谷盗，均滇中常见之害虫也。

尺蠖蛾 幼虫色灰、白、黄、褐不等，环节显明，体长有至二寸者，为桑树、梅、桃等之害，园野间常见之。

灯蛾 体长五分，色白，前翅上散有黑纹，入夜，自灯光处飞来。幼虫食害果树。

蚕蛾 体躯肥大，密生软毛，翅宽大，色灰白，雌蛾具鞭状之触角，雄蛾则概为羽状，静止时作平列形。变态完全，雌蛾产卵孵化，是为幼虫时期，即普通所云之蚕。胸腹及尾有足六对，食桑叶，渐次成长，蜕皮数回，每经蜕皮，不食不动二三日，谓之蚕眠，经三四眠，始上簇作茧，是为由幼虫变蛹时期。自其吐丝口吐出绢丝，构成茧巢，藏蛹其中，再后由蛹变蛾，湿化茧壳，破之以出，是为成虫时期。雌雄蚕蛾交接产卵而死，卵经孵化，更为幼虫。吾人所欲取之丝，即乘蛾未出茧时缫之以得者也。蛹含油质最多，亦可取制蛹油。滇养家蚕，不知始自何时，《唐书》"南诏自曲、靖州至滇池，人水耕，食蚕以柘。蚕生，阅二旬而茧，织锦缣精致"云云，是滇在唐时，已知蚕桑之利。至宋、元、明、清，养蚕之法当仍继续，清末更设蚕桑学堂，延聘技师，改授新法。优种采自江浙，饲蚕、植桑、缫茧、络丝，诸成绩大有可观，风气所及，且遍三迤。惟为气候所限，夏蚕最宜，而春蚕较逊，秋蚕虽亦可饲育，茧质究不敌春夏蚕之佳。《唐书》所云"南蛮，庄蹻之裔。正月蚕生，二月熟"，当是今之春蚕。至《吴都赋》注谓"有蚕一岁八育"，则是统三化之秋蚕而言，实则不及八育。今滇中所云之冬蚕，实亦只为秋蚕而已，惟手续虽繁，养蚕之利甚溥。旧时出产之干崖五色锦，以及清代之滇缎，今古中外且艳称之。

山蚕 统天蚕蛾、柞蚕、樗蚕等而言。滇产柞蚕，多自生山野树林间，无专门饲养之者。体翅黄褐，前翅中央有透明之大圆环纹，后翅亦具有之，体长一寸四五分，两翅开张，几至四寸以外，幼虫食柞、桑、槲、栎，构成黄色硬茧。樗蚕，体翅绿褐，前翅近中央部有半月状之白纹，后翅如之，体长九分，开张二寸内外，亦自生滇山野楝树丛，无饲养之者。天蚕蛾，在民初甫由山东输入，放饲金殿橡树林中，幼虫色淡黄，有肉角，食橡叶，后亦能上簇构成黄茧，长及寸许，取丝织绸，滇称茧绸，但在试养期间，成效尚未大著，其体翅色有暗黄、赤褐二类。前后翅均有圆环及曲纹。体长一寸，开张四寸许。**按：**山蚕与民俗学有一段怪奇之关系，滇中遂缘是而有山蚕蛾为蛊之传说。盖此类山蚕，多具夜性，往往夏夜飞集屋宇，以其翅大，又具环纹如眼球状，一般迷信之徒，谓为鬼物所凭，骇而称之曰蛊，香火禳送，不敢触犯，否则投涸，以祓不祥。此项迷信，深中人心，其实自科学立场以观，不过翅形之诡奇者而已。

——《新纂云南通志》卷六十《物产考三·动物三·昆虫类》第 26 页

纺织娘

纺织娘 亦直翅类。体形较长，鸣声彻夜。《滇志》别名促织，芒遮板、罗平亦有此名。北方则名蝈蝈儿，促织其别种，且亦较为小也。

——《新纂云南通志》卷六十《物产考三·动物三·昆虫类》第 19 页

蜂

蜂 鸡山寒甚，论气候则不耐蜂。当松开花，则群蜂之声如奏天乐，此则蜜蜂也。时珍曰蜜以密成，故谓之蜜。余昔读蜜以密成四字，耐思竟至十日，遂以悟作文惜墨如金之法。回思往昔，今则齿脱颠毛种种矣。《礼》范则冠，而蝉有緌，盖谓螳蜂能肃君臣之义，得兰，负之于背以献其君。思于蜂，宁忘作忠之义哉！

岩蜂 高岩之蜂，稍大于家畜者。其腹圆大，黑色，善藏其芒而不螫人。蜂房竟有逾一二尺如箕如斗者，其蜜甜而远淡，故谓之石蜜。其蜡白，然不及放蜡树虫所熬之蜡白耳。

土蜂 《尔雅》为蟺蜂，即蠭零矣。而江东人呼土蜂为马蜂，荆巴间则呼马蜂为蟺蜂，而滇作小列于土墙壁，其身细长而红黄色者，乃名马蜂。其蟺蜂则谓之胡卢包，即《楚辞》所谓悬蜂若壶，《广雅》称玄瓠者也。结大如斗于树颠，作列于人屋则不祥。而土蜂作房于土内，不酿蜜，惟衔树皮作大窠列，生子其中，即岭南所谓白踊者是也。惟此蜂极大，色老红，螫人立死。人以烟熏其窠，然后燎其大者死尽，乃尽列以取其子，炒食之，香美补益，盖恶其螫人至死，亦食肉寝皮之义耳。鸡山为佛国，僧均戒杀好生，而蜂幸得长育其子孙，如蜂而有知，宜改图其毒螫之心，否则除恶务本，将必有伺僧之护持一炬之可怜，蜂其思全生之计。

——《鸡足山志》卷九《物产》第 349 页

岩蜂 在九龙江外，毒螫若昆仑之钦原，行者畏其蠚，每迁道而避之。康熙中，江西某为武官于蛮，蛮来攻劫，闭城不出，载巨箱数十车，当蛮来路。蛮见发之，皆红绿布片、线纩诸物，为蛮妇所喜者，欢呼而去。蛮贪无厌，居数月，侦又欲来，乃装箱加倍陈于路。蛮利汉货，争发之，则盈箱皆岩蜂，进出螫蛮，蛮死且过半。其王怒，率倾国之蛮，尽出来报复，又为箱加倍陈于路。王以为岩蜂，争投炬焚之，万炮齐发，声震天地，王及群蛮歼焉。王妻美而善战，带诸蛮女来复夫仇，铠服弓刀耀日，索战甚急。某戎装盛服登城，谕其来归。妻亦念国亡王死，无以为也，且悦某美，因归于某。某辞官回，与之偕老焉。则知善用此蜂者，能螫蛮立功，但不知采之之法，用何术也。乾隆间，川客载十九骡货物，道经岩下，蜂螫之，尽死。客子闻父遭此难，痛之，誓倾家除其祸。走告普洱官，官怜其志，为出示禁夷民毋阻，俾得尽所为。乃为厚布幄数百，壮士负幄，带火药，乘夜蜂归穴不出，扳崖而上，齐投火药于穴，烟焰蔽空，但听穴中如千万爆竹声。壮士匿幄中，蜂奔出不得螫。迨天明声息，穴蜂已尽死，余蜂散去不复归。入穴寻之，出蜜与蜡，盈巨万。彼盖拥其所有，相与屯聚为凶耳，亦诸土司之鉴也。此道今成坦途，客子之功亦巨矣。《楚辞·招魂》称赤蚁若象，元蜂若壶。兹其若壶之蜂乎？[①] 数十年前，南中有贡巨蚁者，其重九斤，饲以米花，道经潜山，邑人尽见之。则若象之传，当亦有可信。

——《滇海虞衡志》卷八《志虫鱼》第 11 页

赵朴庵言夷人炙带蛹小蜂窝，以为珍品，恐传之中国，将来贵必如燕窝。然此亦古礼，上公二十四豆，则范与蜩俱列，岂以为虫而轻之？燕窝与海参，见重于中国甫百余年，前此无所著闻。若使滇南蜂窝菜得行，亦可以竞胜于山右天花菜。彼菜犹带蛇腺气，蜂窝则悬结清高。燕窝远隔重洋，蜂窝则稳行陆地。以二窝相较，则蜂窝处其优矣。

——《滇海虞衡志》卷八《志虫鱼》第 12 页

崖蜜，出于滇。山民因崖累石为窝以招峰而蜂聚，其蜜甚白，真川蜜也。初莅农部时，值甚贱，近今客来收贩，渐昂矣，亦地方之利也。尝得蒋先生服茯苓方，茯苓三十斤，白蜜三斗，蒸捣三万杵，服之，眼能夜视，发神光。农部办二物甚便，彼时乐酒肉穿肠道在心，那暇及此，今悔之甚。武定山民有养至百窝者，家大饶裕，因谑为峰王。若和茯苓而服之，岂不成蜂仙乎！

——《滇海虞衡志》卷十《志果》第 10 页

蜜蜂 蓑衣山，在开化城西百里许，山势磅礴，绵亘三十余里。一石窦外狭内宽，崖蜂酿蜜成饼，其蜡溜积如山，人间有偶至者，若有意求之，杳不知所在焉。

——《滇南杂志》卷十四《轶事八》第 15 页

没食子蜂 属膜翅类。产卵植物叶茎，造成虫瘿，成为没食子原料，滇俗呼叶上果者是也。葫芦包，亦即同属，亦造虫瘿。

马尾蜂 属膜翅类。产卵管如丝状，长达五寸。

细腰马蜂 腰细，雌者腹部后端有毒剑，滇常产。

姬蜂 属膜翅类。产卵于螟蛉体内，以杀其幼虫，故为螟虫之天敌。

蜾蠃 属膜翅类。能以泥土造瓶状之巢，俗称螟蛉，有子蜾蠃负之者，当是观察姬蜂之误。因蜾蠃亦姬蜂类，姬蜂产卵螟体，不知者以为蜾蠃负之也。

大胡蜂 属膜翅类。体形大，以树皮及津液共筑成巢，其中有孔，俾便出入，亦滇常产。

竹蜂 树蜂之一种。寄生猫头竹林，幼虫似蛆，嘴红，食竹，长翅后，飞散空中觅食，害虫，墨江特产。

蜜蜂 属膜翅类。滇产种类甚多，普通由有翅之雌雄蜂及无翅之职蜂组成社会生活，常以吻管吸取花蜜及花粉等。普通蜜蜂遍体有毛，体长四五分，色灰褐，有黄黑斑纹。构成之巢，滇名蜂窝，中贮蜜蜡，供食用及工业用。上帕、普洱产者往往结穴岩间，而成岩蜂，能集群螫人，但亦可以取蜜。寻甸产者，有时结蜜至二万斤，每年出产，为全省冠。当地土人亦有炙带蛹小蜂以为珍品者，谓蜂窝，味美优于燕窝云。墨江产蜂类最多，除蜜蜂、岩蜂外，尚有夜蜂、黑蜂等数种。

——《新纂云南通志》卷六十《物产考三·动物三·昆虫类》第 31 页

养蜂之户，五区皆有，然均系土法。先视蜂群飞集某地，用篾编蜂招，内喷以盐水，外用香火

---

① 此条，道光《云南通志稿》卷七十《食货志六之四·物产四·普洱府》第 7 页引同。

或蚊烟熏之。驱入招后，复由招驱入桶中，两头用牛粪封满，桶面留一小孔以便出入。务须随时提防，遇有糖鹅、绵虫等为害，亟宜除之。又，同一桶内，另产生小王时，必予分出，此一定不易之法也。

——民国《绥江县县志》卷三《农业志·养蜂》第 43 页

养蜂一事为利甚溥，惟人民只知沿用旧法，不事扩充，且又交通不便，销路不广，遂致不甚讲求，不为无因也。

——民国《富州县志》第十二《农政·养蜂》第 79 页

浮尘子

浮尘子　属有吻类，滇产种类甚多。普通体长分许，色黄绿，后肢长，能飞跃。借吮吸口吸取植物之液汁，为滇中稻麦、蔬菜之大害，各县均产之。

——《新纂云南通志》卷六十《物产考三·动物三·昆虫类》第 23 页

蜉蝣

蜉蝣　属拟脉翅类。体长数分，开张几至寸许，前翅透明，稍带暗色，上翅脉纹暗褐，尾毛三枝，细长逾体。滇早春田间常见之。幼虫栖息水中，三年羽化成虫，飞出水面，不数时而死。

——《新纂云南通志》卷六十《物产考三·动物三·昆虫类》第 19 页

葛上亭长

葛上亭长　与萤大致相似。体长三四分，胸部黄赤色，鞘翅色黑，如古时亭长身著赤帻玄衣者然，故名。滇俗名王婆婆，亦常见，为葛叶、豆类、茄类之害。

——《新纂云南通志》卷六十《物产考三·动物三·昆虫类》第 30 页

蛊

畜蛊　鲍照《苦热行》："含沙射流影，吹蛊痛行晖。"南中畜蛊之家，蛊昏夜飞出饮水，光如曳彗，所谓行晖也。《文选》注云"行晖，行旅之光晖"，非也。

——天启《滇志》三十三《搜遗志第十四之二·补灵异》第 1087 页

蛊　蜀中多蓄蛊，以金蚕为最，能戕人之生，摄其魂而役以盗财帛，富则遣之，故有嫁金蚕之说。滇之东西两迤无金蚕，其鼠、蛇、虾蟆等蛊害较烈，每夜静云密，有物熠熠如流星，低度掠屋脊而遄飞，尾铓修烁，寒焰摇动心目。余甚诧之，询于同官，始知民家有放蛊事，并述蛊所止，善食小儿脑，为鬼盗如金蚕。然蓄蛊之家，其妇女咸为蛊所淫，稍拂欲，即转食蛊家小儿女，千计莫遣，必蛊家贫绝，始自去。人颇畏，不敢蓄，且官法日严，亦更无造蛊者，而遗孽未殄，散落民家，犹惧祸蓄养，踪迹隐秘，比邻莫知。余闻而痛恶之，屡于新兴、剑川设法告捕，思尽歼其种类，间有首者，往搜无所获，用生獝取之，亦缩缩无效，深以为恨，然缉之愈力，而蛊影流殃，亦随地渐灭。又山中摆夷，剥全牛，能咒其皮如芥子，货客入山不戒，或为夷女所悦，当货毕言归，即私投饮食以食客，女约来期，如约至，乃得解，逾期，则蛊作腹裂，皮出如新剥者。更闻元郡江外，以木易客腿，索财既足，始复其胫，否则木脱蘡立矣，其害亚于蛊。安能得此辈而尽律以大辟，边荒妖毒，庶其息乎？遗孽为害之说，余殊不敢信。

——《滇南新语》第 28 页

世传南人能造蛊，然余自昆池戍腾冲阅历十年，足迹半两迤，亦不能概见也。独沅江土司世传此法，其药最毒而最奇。凡郡守新任，例必设宴迎风，药已入腹矣。在任理事，药不即发也，但两目瞳子变黑而为蓝，面色淡黄，状类浮肿。至离任一月，则阖门并命矣。余同寅郡守潘一品，粮厅官素士父子、主仆、幕宾皆死此药，无一人得脱者。

——《南中杂说·沅江蛊》第 567 页

尤可怪者，缅人之蛊，不用药而用鬼。世传神呪能于四十九日呪牛皮如芥子，号曰"牛皮蛊"；呪犁头铁亦大如芥子，号曰"犁头蛊"。下蛊之法不需饮食，但藏芥子于指甲之内，对人弹之，药已入腹矣。然不肯无故药人，必无赖客子侵其妻妾，勒其赀财者，乃以此法治之。汉人中毒而还，彼又计其道里之日月，复诵神呪，则蛊毒大发，肌瘦而腹胀，数月而死。金齼周瑞生、龚吉贞皆死此物也。又可怪者，腾越所属土司中有杨招把者，亦能诵神呪拔出蛊毒，活汉人而杀缅人，佛书所谓"毒药及毒物还加于彼人"。天地之大何所不有，耳目所不经见，未可尽斥为诞妄也。

——《南中杂说·缅甸蛊》第 568 页

畜蛊法　聚虫豸、龟、蛇等物，汇入一大器皿中，顷之，强食弱，并为一物，即通神，能变化。《易》称"皿虫为蛊"，如是。畜蛊之家事之甚谨，每于夜放蛊，平明收之。不但饮食器中能为害，即畜蛊之人摩腹抚顶，皆能作痛血泻，以礼物求其人，则可作法解脱。或以鸡置前，祝而扑之，鸡死而人立苏。所畜物夜放出，如流星，如赤虹，喜咋小儿脑。收蛊藏笥中，钱帛丰盈，莫知其来。真眚孽也。[1] 有犯案牍，应穷治之。

——乾隆《腾越州志》卷十一《杂志·杂记》第 4 页

蛊　蛊为虫毒，有邪术，可以杀人。楚、粤盛行，迤东南地近粤西，颇有之。闻女子与人淫合，其人或欲别去，或更有他好，恶其人之弃己也，下蛊于饭食内，其人归家，渐渐腹胀而死。又闻蛊须善养之，崇奉之可以致富，欲驱之甚难，不善遣则还自杀。其说殊荒诞不经，然其事颇有，非虚言也。

——《滇南闻见录》卷下《物部·杂物》第 45 页

瓜守

瓜守　亦鞘翅类。体长一二分，形圆，鞘翅黄色。啮食瓜类，滇园野有之。

——《新纂云南通志》卷六十《物产考三·动物三·昆虫类》第 29 页

鬼弹

澜沧江，一名鹿沧，其源出吐蕃嵯和歌甸，一云出莎川石下。……其江中有物，黑如雾，光如火，

---

① 此条，《滇南杂志》卷十四《轶事八》第 15 页同。

声如析木破石，触之则死，或云瘴母也。《文选》谓之鬼弹，《内典》谓之禁水。惟此江有之，他所绝无。

——《滇略》卷二《胜略》第 12 页

瘴母　澜沧江，在顺宁东南四十里。岁五六月，江中有物，色如霜，光如火，声如析木破石，触之则死，或云瘴母也。《文选》谓之鬼弹，《内典》谓之禁水。此惟江边有之，郡治绝无。

——康熙《云南通志》卷三十《杂异》第 9 页

鬼弹　郦道元《水经注》：永昌禁水傍瘴气特恶，气中有物，不见其形，其作有声，中木则折，中人则害，名曰鬼弹。惟十一月、十二月差可渡，正月至十月径之，无不害人。故郡有罪人，徙之禁旁，十日皆死也。《腾越州志》：一名瘴母，色如霜，光如火，声如析木破石，五六月中有之。谨案：永昌无禁水，所言瘴气，盖潞江也。

——道光《云南通志稿》卷七十《食货志六之四·物产四·永昌府》第 27 页

蝗

蝗　属直翅类。身长一寸内外，体色黄绿。前胸两侧有褐色纵条，后翅膜质，适于飞翔。后腿膨大，又适跳跃。其雄者，后肢内侧别有突起一列，可与前翅摩擦发音，另有听器，成群飞过，声势逼人。口器锐利，咀嚼稻麦，为农田之大害。此虫变态不完全，幼虫发育，几与成虫无异，更无蛹期。查蝗虫为滇常产，滇受蝗害，历年有之，以无统计及报告，故不能知其确数。但一查荒政历史，则成灾之巨，固已惊人矣。然亦有气候不适，或因遭遇天敌，而其数不加不至成灾者，亦往往有之，要在随时加以注意耳。

——《新纂云南通志》卷六十《物产考三·动物三·昆虫类》第 18 页

介壳虫

介壳虫　属有吻类。能以其吻寄生植物，吮吸其液汁，亦如动物虱之吮吸血液者然，故亦称为植虱类。滇产害虫，此类最为重要，种类亦多。普通体长不及一分，雄者有翅一对，但后翅缺如，由介壳状之分泌物盖被其体，附著树叶及果实，吸其液汁，加以大害。滇产中有介壳作椭圆形，壳点白色，寄生于石南、苹果等之嫩枝及树皮者。有介壳如小红豆状，外缘浅黄，中心赤褐，寄生于海棠、梨、茶花等之叶腋及叶柄者。有介壳圆形，外白内黄，寄生于兰类及果木者。此外尚多，举不胜举，总之，皆滇产重要之害虫也。

——《新纂云南通志》卷六十《物产考三·动物三·昆虫类》第 20 页

金龟子

缅虫　《永昌府志》：可为妇人之饰。

——道光《云南通志稿》卷七十《食货志六之四·物产四·永昌府》第 32 页

金龟子　亦鞘翅类，俗名丁丁虫，亦云缅虫。滇西一带温热地最多，成虫体圆，长七八分。鞘翅作金绿色，极美丽。滇边旧俗，有取作妇女首饰，为翠钿之代用品者。幼虫名蛴螬，为农作物之害。

——《新纂云南通志》卷六十《物产考三·动物三·昆虫类》第 31 页

金花虫

金花虫 亦鞘翅类。种类甚多，普通体如圆筒，长数分，鞘翅黑绿，上有纵走之黄斑数条，极美丽。害果树蔬菜，滇中亦名金线虫。

——《新纂云南通志》卷六十《物产考三·动物三·昆虫类》第 29 页

龙

丽水，一名禄昺江。……水中有蛟龙、鳄鱼、乌鲗鱼。又有水兽似牛，游泳则波涛沸涌，状如海潮。

——《蛮书》卷二《山川江源》第 27 页

己卯八月初一日……有铁锁桥横架江上，其制一如龙江曲石，而较之狭其半。其上覆屋五六楹，而水甚急。土人言，桥下旧有黑龙毒甚，见者无不毙。又畏江边恶瘴，行者不敢伫足。云其南哈思凹更恶，势更甚于潞江，岂其峡逼而深坠故耶？

——《徐霞客游记·滇游日记十二》第 1165 页

龙潜五色 题辞曰：说者谓当迦叶入定时，驯伏七十二神龙，遣护灵山，而今灵泉百乳，皆神龙之所钟醴者也。昔之悉檀，则大龙潭也，有寺，则龙远移赤石崖下，石钟左赤龙潭也。既寺则云雷丕变，龙易嗔而慈矣，惟龙泉庵之小龙潭，龙能吹五色云作游戏，又能变青、红、黄、白、黑五色以显异。夫庸愚，故其牲牷之祀无间焉，僧常禁止之，乡愚往往于夜分潜为叩祷，翌日候之，则五色云出矣，临潭观之，则五色蛇见矣。夫大智若愚也，宜小龙潭之作小龙伎俩已耳，永宜勿祀，是为得理。

——《鸡足山志》卷三《名胜上·灵异八景》第 159 页

龙 山多龙，惟人见吐五色云者，如画法所谓头似驼，角似鹿，眼似兔，耳似牛，项似蛇，腹似蜃，鳞似鲤，爪似鹰，掌似虎。今询之见者，均不似。其身之皮色类水牛皱形，又如虾蟆背之癞点。鳞带金色，则藏于癞点皱皮之中。口横方腹，色如雄黄，此僧雪林之所目击者。《艺文》谓：龙首如博山，其名尺木，得之始能升天，呵气成云，以致雨泽。《尔雅》：龙爱美玉、空青，嗜燕肉，畏铁及菌草、蜈蚣、楝叶。山既多龙，而龙之爱恶，僧所宜知也。

——《鸡足山志》卷九《物产》第 349 页

龙薮 人谓滇地多龙窟，余初以为不经。辛未六月五日巳后，省邸颇晴朗，忽乱云起西北，近乃凝而不流。五龙夭矫，长百丈，悬空际，一护以白云，余则黑雾罩之。始见其身，可二三围，渐上，缩细如杖。其白者尾袅袅，复自上渐下，如初从地起者，然突与白云俱坠西城外。俄而雨点如飞槁叶，龙仍冉冉升天表，白云拥之，复缩细如线而隐。未几，西郊农民呈报，小龙白色，坠田间，蹂禾百余亩，房屋圮近三十间。院司饬令验实赈恤之。噫！滇果龙薮也哉，吾将学为豢龙氏。

——《滇南新语》第 3 页

起旱蛟 乾隆己巳正月二十日戌刻，省城风雨大作，电光射人可畏，雷訇訇声不断。忽霹雳一震，凡大小衙署，从外至内，中门洞开，虽重扉叠幢，灯火俱熄，民居亦然。大小东关横木重键，皆折若截薪。五华山之东北隅，官民廨舍，共倾颓一千六百余栋。火药局十一间，陷为深阱五尺余。局贮枪刃，咸屈曲飞散，挂数里外各檐墙，焦瓴分插远近街衢及瓦罅中。炮重千百斤者，悉觅归自城外各田间。余姻家董策三观察公署邻于局，亦化为瓦砾场。向闻楚北康熙中失毁火药局，与此情形相类，惟此有雷雨之异耳。当事以药局起旱蛟，致并毁民居详奏。奉旨饬赔，诚坐照万里矣。

——《滇南新语》第 4 页

鳞虫，龙为首，天用莫如龙。农部茅山且有九十九龙，则全滇之龙，几成龙伯之国。况龙池泻瀑，漏江伏流，以灌稻田，以兴云雨，故自省、州、县至土司，莫不祀龙，而缅甸且有养龙池。大理李某，吉君世琛之幕友也。李曾三至于缅，亲见之。池有三青龙，无角，长数十丈，每日豢以牛肉，每龙二十六挞，读上。如京师象俸然。尝一龙走，追而还之。又其苑养一独角兽，云是角觿，皆所以明其德盛致物，威服夷人也。后儒讥左氏御龙、豢龙之言为诬，今有明征如此，古人岂诬乎？

——《滇海虞衡志》卷八《志虫鱼》第 1 页

蝼蛄

土狗 一名地虎。味甘，性平。入胃，利小便，消水肿。上节痛者，用头身上半节；下节痛者，用身子下半节，去足翅方可用；上下俱肿，全用。

——《滇南本草》卷下《虫部》第 30 页

蝼蛄 亦直翅类，滇名土狗。形似蟋蟀，腹部末端具有尾毛，前肢膨大外曲，适于掘土，称掘拨足，色黄赤，振翅摩擦，能发鸣声。秋夜园野间有，能引商刻羽作蚓曲者，即此虫之鸣声也。滇产亦多，如泸水、曲溪等处。

——《新纂云南通志》卷六十《物产考三•动物三•昆虫类》第 19 页

马陆

马陆 亦与蜈蚣相类，但形体较小。体圆无颚脚，步脚最多，栖阴湿地，食腐殖质，触之辄蜷曲其体，滇各处产之。

——《新纂云南通志》卷六十《物产考三•动物三•多足类》第 15 页

蚂蝗

蚂蝗箐 箐在剑川西北三百里，至中甸之通衢要径也。路险峻，有十二阑干、鬼见愁、猴狲怕等名，惟蚂蝗箐更丑恶。援枝附叶，粘壁缠径皆满，或长寸余至数寸，过客袖手蒙头，掩面急趋，鲜不被吮毒者。马骡皆汗血，虽坐舆中，围幙四遮，而衣袖间必阴伏一二，状甚可憎。箐长数里，过此绝无。地之生物不测至此，即问之造物，亦何以自解？

——《滇南新语》第 20 页

毛辣子

按《尔雅·释虫》,皆陆虫也。……迩来毛辣虫之患,在山则松柏叶俱尽,入园林则花柳果菜叶俱尽,且有入洲渚食芦叶俱尽者。初生毛载辣人手,老则刺脱如蠋,脊金色,或有角,窜老树杈缝间作茧自裹。入春化为蛾蝶,遗子仍为毛辣虫,其恼人如此。若使蚕失所以畜之,尽化野蛾蝶,恼人更甚于毛辣虫,安望其衣被天下?乃知《周礼》设官分治,虫豸之细,亦攻治之法所不遗,盖为此也。

——《滇海虞衡志》卷八《志虫鱼》第 13 页

毛虫 螫人者俗呼毛辣子。案《尔雅翼》云:载虫,背有毒毛,能螫人,俗呼杨瘌虫。《说文》:楚人谓药毒曰痛瘌,音如辛辣之辣。此即《尔雅》"蛅,毛蠹",陶注《本草》"蛅蟖,蚝虫也,其背毛螫人"。陈藏器《本草》云:蚝虫,好在果树上,大小如蚕,身面背上有五色斑文,毛有毒,能螫人。[1]

——《札樸》卷十《滇游续笔·毛辣子》第 17 页

虻

虻 旧《志》作蝱,亦属双翅类。大形黑色,背有轮环,吸收牛马血液,诱起畜害,滇畜舍不洁处往往有之。

——《新纂云南通志》卷六十《物产考三·动物三·昆虫类》第 24 页

蟛蜞

大理襟山带河,山珍多而水族殊鲜。……夏秋间有蟛蜞,醉以椒酒,差可供咀嚼耳。

——《云南风土记》第 50 页

瓢虫

瓢虫 属鞘翅类。体圆形如小豆,色有各种,橙色者较普通,鞘翅上之斑点色黑,有七星者,有九星者,点数亦种种不同。往来果树,爱食蚜虫及介壳虫,为滇产之益虫类,各处产之。

——《新纂云南通志》卷六十《物产考三·动物三·昆虫类》第 29 页

潜花虫

潜花虫 亦鞘翅类。体微小,能潜身花冠,鞘翅色黑,滇素馨、茉莉花上往往见之。

——《新纂云南通志》卷六十《物产考三·动物三·昆虫类》第 31 页

蜣螂

蜣螂 亦鞘翅类,俗称黑头公公。体圆,长至寸许,触角亦大且分枝,鞘翅黑褐。穴处地下,

---

[1] 此条,道光《云南通志稿》卷六十八《食货志六·物产二·云南通省》第 32 页引同。

不能飞翔，孵卵牛粪，成虫后仍抟粪为丸，以塞居穴者，亦奇特之生态也。滇产多种，有触角单一，号为独角犀者。

——《新纂云南通志》卷六十《物产考三·动物三·昆虫类》第 31 页

蜻蛉

草蜻蛉 属脉翅类。体长寸许，色黄绿，有同大之膜翅一对，膜质透明，有网状脉。滇产有数种，皆统名小马孃。幼虫在土中，名蝇地狱。

——《新纂云南通志》卷六十《物产考三·动物三·昆虫类》第 20 页

蜻蜓

蜻蜓 属拟脉翅类，滇名老鹳，或名马孃。种类极多，最普通者体长二寸，内外复眼一对最巨，膜翅两对，呈三角形，翅脉如网，色黑纹细，静正时翅皆平列，但多徘徊远处，翘摇不定。黄昏夕时，飞集水田，捕蚊为食，不失为益虫。幼虫栖水中，称为水虿。滇产别有豆娘一种，膜翅黑绿，较蜻类尤美丽，静止时，翅自直立。

——《新纂云南通志》卷六十《物产考三·动物三·昆虫类》第 19 页

蚯蚓

地龙 名蚯蚓，又名蛐蟮。性寒，味苦辛。祛风，治小儿瘈疭惊风，口眼歪斜，强筋，治痿。

——《滇南草本》卷三第 60 页

蚯蚓 属蠕虫动物。体长数寸，色赤褐。外观虽自无数环节连合而成，但其关系并不亲密，亦如蛭类，能自截而再生。栖息地下阴湿处者为滇常产，食腐殖质，往往能使底土翻至表面，如受深耕者然。吾人但观地面蚓粪之多，即可知其潜势力之如何矣。亦有产水泽者，体色赤，细长，无环节，为滇产蚯蚓之另一种。

——《新纂云南通志》卷六十《物产考三·动物三·蠕虫类》第 33 页

蛇

《南中志》云：蛚多虺，其毒杀人，有冷石可以解之，屑著疮内即活。

——《太平寰宇记》卷一百六十六《岭南道十·贵州》第 3179 页

黄津江在郡南侧，有大蛇，名曰青葱，好食人。又有大蛇，在树上伺鹿过，绕之，鹿死，乃吞之。吞了，蛇亦绕树，其角骨亦钻皮而出，蛇亦殆死，疮差即更能吞之。

——《太平寰宇记》卷七十九《剑南西道八·戎州》第 1600 页

兴古郡，《郡国志》云有大蛇，长数丈，其尾有两歧如钩，在水中以尾钩取岸上人马食之。

——《太平寰宇记》卷八十《剑南西道九·巂州》第 1620 页

异龙湖，湖有九曲，各有其名，在石平州东南，周围一百五十里。中有三岛：一小岛名孟继龙，上有蛇虫，人不可居。昔蛮酋以有罪者流此。

——《永乐大典方志辑佚》第五册《云南志略》第 321 页

蟒蛇胆　安南长官司出。蛇长丈余，四足，有黄鳞、黑鳞，能食鹿。春冬在山，夏秋在水。土人杀而食之，取其胆治牙疼，解毒药。黄鳞为上，黑鳞次之。

——正德《云南志》卷四《临安府·土产》第 8 页

乌蛇　可入药。

——正德《云南志》卷六《顺宁府》第 367 页

蟒蛇　胆可解诸药毒。

——正德《云南志》卷十二《新化州·土产》第 8 页

蟒　巨蟒也。有四足，胆可解诸毒药。

——正德《云南志》卷十四《孟养军民宣慰使司》第 577 页

大理府浪穹县城南三十里凤羽乡有石窍，中藏一蛇，见头则插秧早，见腹则及时，见尾则旱，人以占农。

——《增订南诏野史》卷下第 52 页

脆蛇　一名片蛇，产顺宁大侯山中。长二尺许，遇人辄自断为三四，人去复续。干之，治恶疽。腰以上用首，以下用尾。又治大麻风及痢。

——《滇略》卷三《产略》第 13 页

蟒蛇　蟒属，四足，长丈余，能吞豕鹿，临安诸郡及镇康、孟养有之。冬春在山，夏秋在水。其胆治齿䘌，解毒药。黄鳞为上，黑者次之。

——《滇略》卷三《产略》第 13 页

蚺蛇　产孟艮山中。土人欲取之，先以鸡卜问诸神，得吉兆，则入麓求之。蛇见人辄伏不动，夷人语之曰：中国天子求尔胆，尔可伏死。否则吾亦不汝贳也。蛇反背就戮。今相传云去胆复活者，盖谬说耳。一蛇有三胆，居额下者以傅毒矢；居腹间者入药，有病疽者以童便研一合服之，又以傅患所，顷刻而愈；居尾者弃勿用。

——《滇略》卷三《产略》第 13 页

《寰宇记》云：滇池黄津江有大蛇，名曰青葱，好食人。又有大蛇，藏树上，伺鹿过，绕之，鹿死，乃吞而绕树，其角骨皆钻皮而出，蛇亦殆死，疮差即更吞之。又《郡国志》云：兴古郡有大蛇，长数丈，尾有两岐如钩，在水中以尾钩取岸上人马食之，然今俱未之有闻也。

——《滇略》卷三《产略》第 14 页

青葱　《寰宇记》云：滇池黄津江有大蛇，名曰青葱，好食人。又有大蛇，藏树上，伺鹿过，绕之，鹿死，乃吞焉。吞毕（了），蛇复（亦）绕树，其角骨（亦）钻皮而出，蛇亦殆死，疮差更吞之。

——天启《滇志》卷三十三《搜遗志第十四之一·补灵异》第 1087 页

戊寅九月二十八日……今谓之黄龙山。山小而石骨棱棱，乃弥雄山东下之脉，起而中峙如锥，州城环之，为州治之后山者也。昔多小黄蛇，故今以黄龙名之。登此，则一州之形势，尽在目中矣。

——《徐霞客游记·滇游日记三》第 814 页

鳞蛇胆　有黄、黑二种，长丈余，具四足，能食鹿。春夏在山，秋冬在水。土人取食之，其胆治牙痛，解诸毒。黄为上，黑次之。

——康熙《云南通志》卷十二《物产·元江府》第 7 页

鳞蛇胆　出安南长官司，与元江产者同。

——康熙《云南通志》卷十二《物产·开化府》第 8 页

脆蛇　见人则断，人去复续。取而干之，可治肿毒。

——康熙《云南通志》卷十二《物产·顺宁府》第 9 页

青葱　《寰宇记》云：滇池黄津江有大蛇，名曰青葱，好食人。又有大蛇，伺鹿过，盘绕而吞之。吞毕复绕树，其角骨钻皮而出，蛇疮甚殆死，瘥更吞之。

——康熙《云南通志》卷三十《杂异》第 7 页

瑞蛇锡类　题辞曰：食鹿吞象，蛇之大也。胆可治痛，骼可医疾。犹未若昆仑蛇绕山三匝之为，不可知之大也。《孙子》曰率然长腾，谓常山之蛇也。《山海经》曰肥遗六足，谓太华山之蛇也。又宁若包胥之乞封豕，修蛇之蚕食于天下哉？墨子曰龟近灼，蛇近暴，以其神而灵也。鱼属连行，蛇属纡行，则不灵矣；牛可以鼻听，蛇可以眼听，易官而能也。然谓蛇猪鬣獠牙，莫不皆有毒，未闻以见蛇为瑞者也。奝映昔至蜀渝之官廊，中有瑞蛇，见者争谈祥异。今瑞蛇在天鼓山，谓大白蟒，修真念一于此，出则其光如银，目环绕若电，睹之无不吉。夫蛇以善身之道，善及夫人，非其锡类之仁耶！恒闻之鸡山永无虎蛇之患，其慈氏之昭格欤？虽蛇虎也且如此，况于人哉？不欲见蛇为人之恒情，今转恒情而欲见之，亦奇矣。

——《鸡足山志》卷三《名胜上·灵异八景》第 155 页

收蛇洞　释曰：尝闻之丐者戏蛇乞食，则有收蛇咒。此极贱之鄙技，迫饥寒而工，是不得已之为也。兹以收蛇为异迹，夫何以哉？盖慈悲心，惧其毒之伤物，而遂以其毒之自伤其命于人矣。不若收之，使其两不相伤，解冤以释结。蛇而有知，岂不生感？则衔珠之报，蛇岂无心？庄子曰：蚿怜蛇，蛇怜风。蚿谓多足，其行且迟，蛇而无足，何以能行，是以怜之。蛇又曰：我虽无足，具有形也，风而无形，胡以行之，是以怜之。今而知多足不如无足之捷，有形不如无形之化而速也。今悉驱蛇，收归一洞，妙义在若有若无之间。劳生草草，谋名筹利，毒愈于蛇。此丹庭空洞无物中，悉收其妄之所起者，而不使之窜出，则人人可佛矣。佛者觉也，祈觉之者，慎斯独，谨斯几焉。

——《鸡足山志》卷四《名胜下·异迹二十则》第 168 页

脆蛇　生山径草石间，长至五六寸或七八寸，见人则自断，人去仍续。遇之者，当于其断时，拾取贮筐中，掩盖携归，挂当风处凉干收藏，可治跌打损伤。研成细末，以黄酒调服，如伤重昏迷，则合药服之。每蛇一两，加人参五钱，自然铜五钱，三七八钱，血竭一两，归尾一两，孩儿茶五钱，虎骨一两，共为细末，用米面酒调匀为丸，每丸重一钱，热酒送下，立愈。又治诸疮毒，用阴阳瓦焙干，研成末，酒调服。如毒生在首，即用其首；毒生在上身，即用上段；毒生在中身，即用其中段；毒生在下身，即用其下段。此蛇产于顺宁地方，以牛街附近各处为最。云州亦有，不甚佳，别郡皆无。来顺购求者甚多，不易得也。

——《顺宁杂著》第 56 页

脆蛇 亦产顺宁，形细小色白，见人辄跃起，坠于地，断为数截，复能自为连缀如初，殊可怪。其气甚毒，误触之致毙。治折跌损伤有神效。

——《滇南闻见录》卷下《物部·药属》第 37 页

钩蛇 出永昌，此古所传也。言其尾长，能钩岸上人与物而食，亦鳄之类也。今不闻有此事，其亦他徙而去与？潮州无鳄鱼，永昌无钩蛇，见生聚之盛也。又按《续传志物》以为出朱提，且言水旁有鬼弹，不见其形，其作有声，中物则折，中人则害，罪人徙此不过十日死。此水土恶劣，阴怪得窟穴其中为虐耳。驱之之法，投以烧石，注以溶铁，万众各鸣瓦盆、瓦器以号呼，其物不死即徙，为政者不可不知也。

——《滇海虞衡志》卷八《志虫鱼》第 9 页

鳞蛇 出临安、元江、孟养等处，巨蟒也。长丈余，四足，有黄鳞、黑鳞，能食鹿。春冬在山，夏秋在水。土人杀而食之，取其胆，治牙疼，解毒药。黄鳞为上，黑鳞次之。邹经元言：鳞蛇眼大如镜，初见者不利，即制而牵行于市，儿童争坐其背以为嬉。《范志》云：蚺蛇常逐鹿食，寨兵插满头花赴蛇，蛇喜驻视，竟捕其首，大呼红娘子，蛇俛不动，大刀断其首。近闻捕蚺蛇有蚺蛇藤，束而牵之。按：鳞蛇亦食鹿，当即一类而异名耳。蚺蛇胆亦入药。《天问》云灵蛇吞象，彼巴蛇也，要皆蟒也。蟒为腾蛇，为王蛇，大小随地为名耳。

——《滇海虞衡志》卷八《志虫鱼》第 10 页

傅玄《神蛇铭》"嘉兹灵蛇，断而能续"，今顺宁有小蛇，见人则自断数节，人去复成完体，俗谓之脆蛇，主疗骨伤。

——《札樸》卷十《滇游续笔·脆蛇》第 17 页

顺宁绿蛇细而长，有毒，善逐人，其行如飞。击以木不中，惟竹之单节者能毙之。

——《札樸》卷十《滇游续笔·青竹剽》第 17 页

青葱 乐史《太平寰宇记》：滇池黄津江有大蛇，名曰青葱，好食人。

——道光《云南通志稿》卷六十九《食货志六之三·物产三·云南府》第 9 页

大蛇 乐史《太平寰宇记》：滇池有大蛇，于树上伺鹿过，绕之，鹿死，乃吞之。吞讫，蛇亦绕树，其角骨亦钻皮而出，蛇亦殆死，疮差即更能吞之。

——道光《云南通志稿》卷六十九《食货志六之三·物产三·云南府》第 9 页

脆蛇 陈仁锡《潜确类书》：一名片蛇，出云南大侯御夷州。长二尺许，遇人辄自断为三四，人去则复续。干之，治恶疽，腰以上用首，以下用其尾。桂馥《札樸》：傅元《神蛇铭》"嘉兹灵蛇，断而能续"，今顺宁有小蛇，见人则自断数节，人去复成完体，俗谓之脆蛇，主疗骨伤。旧《云南通志》：见人则断，人去复续。取而干之，可治肿毒。

青竹剽 桂馥《札樸》：顺宁绿蛇细而长，有毒，善逐人。其行如飞，击以木不中，惟竹之单节者能毙之。

——道光《云南通志稿》卷六十九《食货志六之三·物产三·顺宁府》第 36 页

歧尾蛇 郭义恭《广志》：歧尾蛇，出云南。乐史《太平寰宇记》：兴古郡有大蛇，长数丈，其尾有两歧如钩，在水中以尾钩取岸上人马食之。

　　　　　　　　——道光《云南通志稿》卷六十九《食货志六之三·物产三·曲靖府》第 40 页

　　蟒胆　《一统志》：镇康州出。章潢《图书编》：出镇康州，可解诸毒药。孟养巨蟒，有四足，胆可解诸毒。

　　钩蛇　郦道元《水经注》：永昌西山有钩蛇，长七八丈，尾末有歧，蛇在山涧水中，以尾钩岸上人牛食之。

　　王蛇　陈鼎《蛇谱》：滇南近缅山中有之，长数里，色如黄金，盖数千年矣。常隐不常见，不害人物，以蛇为饭，每出小黄蛇千数，所止地凡蛇尽来朝，有罪及伤人者，辄命群蛇嗾之，即以为食。凡毒蛇伤人者尾必秃，所杀者皆秃尾，人以是知其讨有罪也，每杀蛇必留尾以为号令，人以其能讨恶，故曰王蛇，盖蛇之神武者也。

　　歌蛇　陈鼎《蛇谱》：长五尺，大一拱，不食生物，专食山间瓜果之类，不啮人，人以其不为民物害，亦不忍伤也。东印土及缅甸、永昌界俱有之，每至秋，清风明月之夜，辄长歌如蚓，然有节韵，抑扬宛转，俨若刻羽流商。

　　双身蛇　陈鼎《蛇谱》：一头两身，雌雄自具，自为合，单日粪从雄尾出，双日粪从雌尾出。三月则交，五月卵生如鸡子，七月子育，九月子成，自觅食。是蛇长五六尺，亦有八九尺者，不满丈，喜捕鼠及狸。出占城国、缅甸，滇西亦有之。食鱼虾，善泅水面，人以其善捕鼠，尝蓄于家，然能为苗害。

　　　　　　　　——道光《云南通志稿》卷七十《食货志六之四·物产·永昌府》第 27、32 页

　　鳞蛇胆　旧《云南通志》：出安南长官司，与元江产者同。章潢《图书编》：出安南，长丈余，足有黄麟、黑麟，食鹿。春冬在山，夏秋在水。可食胆，治牙疼，解毒药。黄麟为上，黑次之。

　　　　　　　　——道光《云南通志稿》卷七十《食货志六之四·物产四·开化府》第 34 页

　　鳞蛇胆　旧《云南通志》：有黄、黑二种，长丈余，具四足，能食鹿。春夏在山，秋冬在水。土人取食之，其胆治牙痛，解诸毒。黄为上，黑次之。

　　　　　　　　——道光《云南通志稿》卷七十《食货志六之四·物产·元江直隶州》第 56 页

　　蛇　冷血卵生动物也。体长，舌分为二歧，齿如钩，上颚具毒牙二，毒囊生于颊部。其进行则由脊骨之屈曲及腹部大鳞以助之，属爬虫类。

　　　　　　　　——光绪《元谋县乡土志》（修订）卷下《格致·第三十一课》第 401 页

　　滇池黄津江有大蛇，名曰青葱，好食人。又有大蛇，伺鹿过，盘绕而吞之。吞毕，复绕树，其角骨皆钻皮而出，蛇创甚殆死，瘥更吞之。

　　　　　　　　——《滇南杂志》卷十四《轶事八》第 11 页

　　观音山，距城六十余里。……其处建白衣阁，饶牧，改名凌霄阁，山多蛇，而不伤人。

　　　　　　　　——光绪《镇雄州志》卷一《山川》第 33 页

　　蛇　全世界产蛇六百三十五种，中有二百四十种均在东洋区，云南即属此区，故亦以产蛇为著。惟查旧《志》，不过举其地方名，多未言其习性，即偶有二三记载，又多涉神怪不经之谈，求合于科学之观点者，百不得一。如旧《永昌府志》引陈鼎所谈蛇类，虽极滇产之瑰奇，然展转附会，不免以讹传讹。纵其中普通性征尚未尽失，惟传说之演变日久，而愈离其实，非科学者所应有也。

兹特就滇产蛇类之常见者，与旧《志》所载而不能不加以怀疑辨正者，摘要录列如下，稍稍加以解释焉。

乌梢蛇　滇俗名，到处产之，如鹤庆、保山、大关、新平、云县等处。即黑玉黄领蛇也。背鳞乌黑，体长数尺，栖息草原，能吞食雀、鼠。

赤楝蛇　全身呈灰绿色，腹部侧面有赤色斑，亦能吞食小动物。若被逐时，则头部之边缘扩大，适于卫护己身。如鹤庆、保山等处。草原地产之。

菜花蛇　大关有是称，滇俗名草花蛇。种类极多，云县、新平又名麻蛇，鹤庆又名麻皮蛇，亦产草原地。花纹绮丽，最易夺目。宣威黑花蛇，嵩明、鹤庆产白花蛇，均属此类。

附水蛇　镇雄、新平、云县、宣威等处产，色赤褐，游息水中。

毒蛇　滇俗名，或云五步蛇，或云百步蛇，盖蝮蛇之属也。体长四五尺，背鳞呈暗灰色，腹部淡黄，吻具长牙，滇中误以为须。有剧毒，人畜犯之立毙。五步、百步，极言中毒之迅速也。滇草原地产。又嵩明邵甸，产小毒蛇，俗名半截乾，亦蝮蛇一类。

青竹剽　竹蛇之一种，色青绿如竹外皮，故名。亦云草上飞。滇温热草原地，如顺宁、缅宁、姚安、宣威、保山、大关、武定、新平、云县、亦名绿蛇。新平等处产之。体长数寸，亦有至一尺七八寸者。常生活于树上，但丛莽间亦多见之。有毒，能加害人类，惟因之而毒毙者则甚少。滇中俗称，遇此蛇时，蛇若惊跃而起，人应立即抛物与之竞高，不胜，必为所剽。旧《志》引桂馥《札樸》亦谓"青竹剽有毒，善逐人，其行如飞，击以木不中，惟竹之单节者能毙之"，均系过度形容之语，至其有毒善跃，则事实也。

王蛇　《永昌府志》谓之钩蛇，产西南沿边接近缅甸之山野，与鳞蛇、蚺蛇。蟒蛇等极相类似，能吞人畜之巨蛇也。体长二丈许，全身富于金黄色彩，间有黑色、褐色交杂其间，皮肤绉褶处反射光线，能呈虹彩。《滇海虞衡志》谓即鳞蛇，非是，殆阔口类之同属者也。或又谓王蛇即黄蛇，王、黄音近，而大小不侔。医家所用之黄蛇，乃矿物中之黄独，亦非蛇类。王蛇之称，殆形容其巨大，如蛇中之王也。

鳞蛇　马关、文山、麻栗坡等地有是称。新平讹作灵虫，亦称菜蛇，但旧名鳞虫，蛇之最巨者，滇近边热地有之。墨江、芒遮板、云县、腾冲、金河谓之蟒，佛海谓之巨蟒，体长数丈，能以身盘鹿类使毙而吞食之。鳞有黄、黑两色，均成巨片，故名。寻常蛇足，本已退化，此蛇仍于体之两侧留有爪状突起，为后足之遗存物，但非如各《志》所云之四足也。或以鳄鱼四足，误作鳞蛇，则更不侔。因鳄鱼与鳞蛇，截然两物也。

脆蛇　盐津名碎蛇。旧《志》载顺宁产，且引桂馥《札樸》云"傅元《神蛇铭》'嘉兹灵蛇，断而能续'，今顺宁有小蛇，见人则自断数节，人去复成完体，俗谓之脆蛇，主疗骨伤"等语，其他习性，则未述及。疑断而复续，或者系自截再生之现象，人能于短时间观其自截，而不能于长时间观其再生，遂猝以为断而复续耳，实则再生之现象，可于蜥蜴、蝌蚪、蚯蚓、阳遂足等见之。人体及寻常易见之高级动物，体制之结构关系异常亲密，皆无再生之现象，故不免以此事为奇，但在较下等之动物，再生有时且为必需之条件，盖必如是，始能以其形体之结构与环境求得均衡也。动物界中，如蚯蚓一类，因其有再生能力，故遇必要时，截为数段，亦易接续为一体，或引之至极长，或缩接使短，或中段之前后颠倒，均无不可，而接续后之蚯蚓，且甚健全。又据哈芮生之人工试验，可以新孵蝌蚪之前半段，与别种蚯蚓之后半段相接续，此连合后之物，能生活生长，且可变体成一完全之蛙。见汤姆生《科学大纲》。蜥蜴类中，如石龙子、蛇舅母等，其尾部脊椎内有软骨，最易断折，不幸其尾为敌所执，辄弃其尾而去，终乃再生一尾，以图自存。节足类中，如龙虾，断其有柄之复眼，仍能再生新柄。棘皮动物中，如阳遂足，亦能自截其臂，再生新臂。可见，断而复续，乃动物界中常见之事实。脆蛇虽载在旧《志》，多未详其形体，不能知其何类何属？但蛇与蜥蜴，同为爬虫动物，体形且相类似，或者即认蜥蜴为脆蛇，亦未可知。因蜥蜴类中，有无肢而蛇形之慢虫（Slawwarm）者，执其尾，亦辄弃之而逃。又如蛇舅母等，尾部最长，亦能自截。审是，则体断复续，自在意中，并非神奇。又顺宁以外，缅宁、麻栗坡等处，亦产脆蛇。

歌蛇 旧《志》载永昌产，然得名甚奇。据大陆之脊椎动物，其声音之获得者，实肇始于两栖类，蛇类之演进，本在两栖类以上，特一般蛇类，亦无以善鸣著称者。虽眼镜蛇振其头部，有"喜育喜育"似流水之声。之声，响尾蛇振其角质尾轮则有"戞来戞来"之声，是发声并不为奇。然音近单调，并非乐音，且传达音响之听觉器亦不发达，即（一）无耳壳，外耳仅被有鳞；（二）外听道、鼓膜、鼓室、欧氏管亦全无；（三）内耳亦仅由唯一之丝状骨与不完全之补助器而成。又，不但听觉器不发达而已，即其喉腔内之声带亦不显著。舌之先端虽微有音之振动，然轻易不能感知。陈鼎《蛇谱》谓"歌蛇，长五尺，大一拱，不食生物，专食山间瓜果，不蜇人，东印土及缅甸、永昌界俱有之。每至秋，清风明月之夜，辄长歌如蚯蚓，然有节韵，抑扬宛转，俨若刻羽流商"云云。惟此蛇既不善发音，入秋以后，开始冬眠，果如上述，或系别一善鸣之动物，由昔人观察不真，张冠李戴所致。俗间本传蚯蚓善鸣，音韵悠扬，谓之蚓曲。顾据近时之研究，已知为蝼蛄鸣声之误。然则歌蛇之歌，其诸蚯蚓之曲欤？蚯蚓之曲，其诸蝼蛄之鸣声欤？姑揭此疑，以俟续考。

——《新纂云南通志》卷六十《物产考三·动物三·爬虫类》第 1 页

小毒蛇 产于山中，有半截似干，俗名小干半截。口有液甚毒，多围于草木上，若啮人，须速将被啮处割去，否则其毒立传于遍体，不可救药。

——民国《嵩明县志》卷十六《物产·各种特产》第 244 页

鳞蛇 旧《州志》：产田野中，长丈余，如碗口粗，全身作黑花纹，重三四十斤。土人捕取，人争购之，味鲜美。祝穆《方舆胜览》：鳞蛇出元江、孟养诸处，巨蟒也。长丈余，有四足，黄鳞、黑鳞二色，能食麋鹿。春冬居山，夏秋居水，能伤人。土人杀而食之，取胆治疾，以黄鳞者为上。

——民国《元江志稿》卷七《食货志·虫属特别产》第 12 页

虱

虱类 属有吻类。口适刺吸，寄生人体，为害滋大。但虱之一字，自来即蒙不洁，人多讳言，《滇志》亦从未道及只字。其实由科学平等以观，吾人只论真妄，不计美恶，凡以阐明人生相互之关系而已。兹揭数种如下：

头虱 体长五六厘，卵形，寄生头发，传染伤寒等症。

衣虱 寄生衣服内，其卵经六七日即孵化，凡十八日而成熟，传染伤寒及回归热等症。

毛虱 生于毛发根际，吸取血液，为害人生。

牛虱、狗虱、马虱等 寄生于牛、狗、马等身体。

——《新纂云南通志》卷六十《物产考三·动物三·昆虫类》第 20 页

床虱 属半翅类，俗名臭虫。体卵形而扁平，缺翅，藏寝具及衣物间，借刺吸口吸人血液，传染黑死病、回归热等，滇到处产之，炎夏尤甚。

——《新纂云南通志》卷六十《物产考三·动物三·昆虫类》第 23 页

水蜡虫

水蜡虫 亦介壳虫类，寄生水蜡树，分泌白蜡。翠湖堤畔，盛植此树，旧时由四川采购虫种放饲其上，与白蜡虫相若，不过白蜡虫放饲之树为冬青树，滇名白蜡叶耳。

——《新纂云南通志》卷六十《物产考三·动物三·昆虫类》第 22 页

螳螂

螳蜋 蜙之属。其房则桑螵蛸也，以其怒背敌。《说文》名拒斧，《尔雅》为蚀肬，《别录》曰野狐，而又谓为鼻涕。今滇称鼻涕虫则蜗也，以其涎多，特如鼻涕耳。扬雄《方言》：蜱蛸、蟖蟭，可以致神。又名致神，则是矣。

——《鸡足山志》卷九《物产》第 350 页

堂螂 常璩《华阳国志》：堂螂县有堂螂。

——道光《云南通志稿》卷七十《食货志六之四·物产四·东川府》第 37 页

螳螂 亦直翅类。体细长至三寸，前肢变为镰状，谓之螳臂，能捕食害虫，有益农作。《华阳国志》载螳螂县产螳螂。按：蜀汉时所指之螳螂县，即今会泽。但滇产此虫，颇为普遍，滇西南各地均产，不只会泽也。

——《新纂云南通志》卷六十《物产考三·动物三·昆虫类》第 18 页

天牛

天牛 属鞘翅类。种类极多，滇中或名牵牛，或名茨牛。普通形如圆筒，体长由数厘至二寸许。鞘翅黑灰，上有条斑或点纹，触角一对最长，由无数短节连缀而成，分向身体两侧，如牛角然，故有天牛之名。出入花丛树枝，为桑树及果木之大害。

——《新纂云南通志》卷六十《物产考三·动物三·昆虫类》第 29 页

田鼋

田鼋 亦属半翅类，产滇池沼中。体扁平，长二寸许，前肢之腿节甚膨大，跗节先端，具有钩爪，称捕捉足，能捕食他虫，为养鱼者之害。

——《新纂云南通志》卷六十《物产考三·动物三·节足类》第 23 页

蛙 虾蟆 蟾蜍

田鸡 蛤也，滇池四时皆有，官厨以炒小碟。其大而皮多痱磊者，谓之石鼋磁，腿壮如笋鸡。

武定山箐多有之，鸣声如鹅鸭，故一名土鸭。纯阳，大补衰捐。宋君昌玮少患痨瘵，日购而食之，遂痊。

蛙 金线蛙，一名青鸡，或名田鸡，盖以其后肢多肉色白，而味似小鸡可食，故得此名称也。嵩明之特产黄石蚌，亦田鸡类，生溪洞中，食之味尤美。滇中普通呼为青蛙，体色淡绿，背上有黄色纵线，性喜近水，袭食蚊虫，故夏季沟泽畔尝见之。

虾蟆 背面色暗褐，杂生黑点，遍体多瘤，外貌殊丑劣，滇中一名癞虾蟆，鸣声聒噪，昼伏夜出，亦常见之蛙类也。

蟾蜍 与虾蟆极相似。身体肥钝，行步蹒跚，栖田舍侧，喜食昆虫。自其瘤状部，可取蟾酥，入药供用，为祥云之特产。

雨蛙 一名雨蛤，或云旧蛙。体小，呈鲜绿色，栖草木叶上，能借体色为保护。趾有吸盘，能吸著他物不坠，天将雨时，鸣声甚高。滇到处产之，昆明城堞、原野尤多。

——《新纂云南通志》卷六十《物产考三·动物三·两栖类》第 7 页

蝟

蝟 常璩《华阳国志》：滇池县有白蝟山，山无石，惟有蝟也。谨案：滇池县，今宜良县、晋宁州是。

——道光《云南通志稿》卷六十九《食货志六之三·物产三·云南府》第 7 页

蚊

蚊 属双翅类。体小不及一分，普通作纯灰色，雄者触角，状如羽毛，前翅一对，半透明，后翅退化，亦如家蝇类，成为平均棒。口器作管状，适于刺吸。滇中夏秋多雨，潴水湿地，极适此虫之生活。当产卵水中，往往凝结为块，孵化以后，幼虫即栖其中，食有机物，俗称孑孓。成虫生翅，自水面飞出，雄者吸收植物之液汁，雌则借刺吸口吸取人类之血液，且为间歇疟之媒介，称疟蚊焉。疟蚊，肢部细长，前翅缘有黑斑二块。

白蛉子 亦蚋蚊之一种。体最小，翅薄色白，静止时能直立，口器刺螫人体，甚感奇痛，北平最多，滇亦产之，但较少耳。

马蚊 蚊之最大者。体长几至寸余，色灰白，步脚细长而黑，滇原野产之。幼虫有害农作，成虫入夜，自向有灯火处袭来。因滇处高原，生产不适其，由此虫诱起之象皮病尚不多见。别有一种，头黑体小，不及马蚊，仅与寻常斑纹蚊一样，但其黑褐，步脚细长，几至七分以上，腹节八九，有黑环节，尾节突起膨大，翅之外下缘，各有黑斑一小块，习性与马蚊亦相似，滇亦往往见之。

——《新纂云南通志》卷六十《物产考三·动物三·昆虫类》第 24 页

蜈蚣

蜈蚣 属节足动物之多足类。体形扁平，身长有至尺许者，头部有颚脚一对，内具毒腺，胸腹部环节分明，每节有步脚一对，蛰伏石隙下低湿地，食动物质，滇各处产之。

——《新纂云南通志》卷六十《物产考三·动物三·多足类》第15页

五倍子虫

五倍子虫 属有吻类，为果蝇之一种。寄生漆科、盐肤木上，造为虫瘿，即五倍子，含单宁质，多供染料及药用。《志》引《本草纲目》云"肤木即楷木，七月结子，其核淡绿，核外薄皮上有薄盐，小儿食之，滇、蜀人采为木盐，上有虫，结成五倍子，八月取之"，是为滇产此虫之证。盐肤木，今生山野间，但亦不多，虫瘿则不限于盐肤木。昆明俗呼之叶上果，亦虫瘿类，乃寄生于壳斗科植物者也。

——《新纂云南通志》卷六十《物产考三·动物三·昆虫类》第22页

五倍子 系蚜虫寄生于盐肤树上，食其叶汁，成囊状之虫瘤中藏。蚜虫之卵有角凸出者，称角倍；长圆无角者，称肚倍。工业上以制墨水及黑色染料、中西药用为收敛剂，功用同没石子。盐津江西各乡出产较多。每年夏季，乡人多借闲暇，遍向上林草莽巉崖峡谷注意搜寻，持竿打取，每日所得无定。归家用沸水略煮、晒干，集少成多，销售于宜宾，裨益农村经济，亦非浅鲜。

——民国《盐津县志》卷四《物产》第1697页

蜥蜴

盐龙 檀萃《滇海虞衡志》：《纲目》于蛤蚧后附载盐龙，言宋时萧注破南蛮，得其盐龙，以海盐饲之，鳞中出盐，取服能兴阳。为蔡京所得，龙即死。案：萧注随狄青征侬智高，入广南特磨道，获其母及弟与子，则盐龙殆得自广南，固亦滇产也。

——道光《云南通志稿》卷六十九《食货志六之三·物产三·广南府》第31页

蜥蜴 滇产蜥蜴，多在南方温热地带，最著如下：

石龙子 比较常见之蜥蜴也。体长五六寸，舌短，稍出口外，眼有眼睑，开闭自如。体色黄绿美丽，匍匐草地，善捕昆虫，尾断折有再生力。以其形似蛇，又有步脚两对，故滇俗呼为四脚蛇。

蛇舅母 亦蜥蜴类。体色较褐，尾长三倍躯干，与石龙子相似，滇中亦产之。

狮子头 亦蜥蜴类。体绿色，长七八寸，头部较为圆大，形类狮子，故滇西以此名之。栖息荒园低地，不常见。

守宫 亦蜥蜴类。体长寸许，色灰褐，能匍匐墙壁或承尘等上，身体平扁，趾具吸盘，能吸著他物。舌短厚，捕昆虫，无毒。滇到处产之，如华宁、蒙自、广通，亦名壁虎。

蛤蚧 亦蜥蜴类。舌短而厚，肢部俱全，惟雌雄稍异，有圆形颗粒，可入药。滇近广西诸县热地产之，又缅宁、墨江、个旧、腾冲、景东亦常见。

十二时虫 亦蜥蜴类。与避役相似，滇近广西热地产之，身圆颈长，头部有冠，色随时变，故土人以此名之。

翦鬃唛 亦蜥蜴类，为鬣蜥之一种。体长数尺，全身绿色，头、颈部有锯齿，如翦鬃然，故名。左右扁压，适于攀缘树间，遇外敌时，体色能适应环境，便于隐匿。永昌、顺宁等处林莽间均产之，云龙所产，则名蠮螉焉。

盐龙 旧《志》载出广南，《本草纲目》收入药用动物类，习性未详。

飞龙 一名飞蛇，亦蜥蜴类中之一种。产开远，体长二百糎，头长十六糎，宽十糎，尾长一百三糎十，今北平国立大学生物部有此标本。

——《新纂云南通志》卷六十《物产考三·动物三·爬虫类》第 4 页

蟋蟀

蟋蟀 亦属直翅类，滇名蠖蠖，种类极多。体长八分，色黑有光，振翅高鸣，自成节韵，原野庭阶下均有之。其颈部别具金黄色纹者，斗玩之人辄锡以种种嘉名，称殿最焉。滇中旧历仲秋，有斗蟋蟀戏，多方蒐罗，以滋一骋，今此风已大杀矣。此类中体色赤褐者，别名油葫芦，不适斗蟋蟀用。

——《新纂云南通志》卷六十《物产考三·动物三·昆虫类》第 18 页

蟋蟀 即《诗》"蟊斯，斯蟊"也。生土中，身小黑色，头似蚱蜢，翅双搓即鸣，六脚，能飞跳，性善斗。

——民国《楚雄县乡土志》卷下《格致·第三十六课》第 1361 页

象鼻虫　谷象

象鼻虫 亦鞘翅类，体黑吻长，为草食之昆虫。恃绿色植物或树皮、木料以生存。以其形小，滇中向无人注意，但亦有大象鼻虫，体长七分许，长吻，胸前突长，前胸有颗状突起，春夏时生花园中。

谷象 与象鼻虫同类。体长一分五厘，体色幼时赤褐，老时黑褐，头小，口吻延长，蛀蚀米豆，为著名之室内害虫。滇中又名蚜蚼，或名油子。

——《新纂云南通志》卷六十《物产考三·动物三·昆虫类》第 29 页

雪蛆　雪虾蟆

雪蛆 产丽江之雪山，形如竹蛆。土人于积雪中捕得，臛食之，云愈心腹热疾，间有脯至鹤庆鬻者，然不恒有也。

——《滇略》卷三《产略》第 20 页

（丽江）小雪山亦出雪蛆，大者如兔，味如乳酥，多食，口鼻出血。①

——《滇黔纪游·云南》第 22 页

中甸……其中产雪蛆，形类大瓠。雪虾蟆如箕，性热，称珍药。

——《滇南新语》第 17 页

丽郡城外二十里有雪山，一名玉龙，蒙氏封为北岳者也。……产雪蛆，大者如兔，味如乳酥，性极热。

——《滇南闻见录》卷上《地部·山属》第 9 页

---

① 此条，道光《云南通志稿》卷六十九《食货志六之三·物产三·丽江府》第 48 页同。

雪蛆、雪虾蟆 出苍山，二物产于积雪之中，不知几何年。一曰，西藏积雪之中，尚产猪，谓之雪猪，性极热，盖阳极转阴，阴极转阳，理本相因也。又云，雪中产物甚多，不可为名数，而性皆极热。是知天地之大，何所不有。虽深山绝塞，涸阴冱寒，终古不见天日，而生机未尝中绝。天随寒热以为生，物游其中以自乐。火鼠之入火不焦，冰蚕乘冰自缲，彼又奚知火与冰哉？按：玉龙山产雪茶，亦采自积雪中。

——《滇海虞衡志》卷八《志虫鱼》第 10 页

雪蛆、雪虾蟆 檀萃《滇海虞衡志》：出苍山，二物产于积雪之中，不知几何年。

——道光《云南通志稿》卷六十九《食货志六之三·物产三·大理府》第 18 页

雪蛆、雪虾蟆 檀萃《滇海虞衡志》：二物产于苍山积雪之中，皆得之传闻，无人经目睹者。

——民国《大理县志稿》卷五《食货部二·物产》第 14 页

蚜虫

蚜虫 害虫中繁殖力大而损害最重者，莫如有吻类之蚜虫，滇中呼为腻虫。常聚于蔷薇、月季、紫薇、栀子等之花蕾或其他果树之叶上，而吸其液汁。在其无翅时代及有翅时代，均为雌虫，能营胎生，日产幼虫三四头。此等幼虫，经两星期后，即成为母虫，又能产生小虫，不数日，虫体遂蔽全叶面，借其刺吸口器，为害作物。虽有瓢虫为其天敌，自然吞食蚜虫，代人类除害，然终不敌其自身滋生之繁也。今驱除蚜虫，多用保茹拖液或石油乳剂，滇园艺业似可酌用。

——《新纂云南通志》卷六十《物产考三·动物三·昆虫类》第 22 页

蚁

蚁 即蚍蜉、玄驹之属。有君臣之义。其穴在下，上长蚁縱，盖蚁气蒸之为菌耳。其封土如疆，曰蚁封；壅土为队，曰蚁及。又曰蚁蛭、蚁塿，盖指其高下之次。谓死能为塚，曰蚁塚。能为阵，知候雨。细之若蚁，尚能用智，况于人乎？

——《鸡足山志》卷九《物产》第 351 页

耿马有大蚁，结穴树头，夷人食之，味酸如酢。

——《札樸》卷十《滇游续笔·蚁》第 18 页

蚁 《顺宁府志》：有飞者、鸣者，云州极多，最为物蠹。桂馥《札樸》：耿马有大蚁，结穴树头。夷人食之，味酸如酢。

——道光《云南通志稿》卷六十九《食货志六之三·物产三·顺宁府》第 36 页

白蚁 属拟脉翅类。体长数分有翅者，色赤褐，其翅同大，白色半透明，生活复杂，有社会组织。雌雄而外，分职蚁及兵蚁等，但与普通之蚁不同，口适咀嚼，为茶树根及建筑木材之大害。云县、车里产之，有白蚁之巨巢云。

——《新纂云南通志》卷六十《物产考三·动物三·昆虫类》第 19 页

蚁 属膜翅类。普通称为黑蚁，种类亦多。由有翅之雌、雄蚁与无翅之职蚁完成社会组织，生活与蜜蜂同，而复杂且过之。普通体长由数厘至四五分，色赤褐，胸腹间有细小之腰，而腹部较大，触角细长，嗅感锐敏。有翅者翅膜最薄，翅脉亦少，悉善飞翔。亦有失翅穴居，或司兵工役职者。顺宁、云州、墨江极多，最为树蠹。又耿马所产，亦有结穴树头而构成高塔者，即此类之蚁塔也。摘《札楼》

——《新纂云南通志》卷六十《物产考三·动物三·节足类》第 32 页

细蚁 余友旃荫棠，去岁以事至班洪，有调查日记，在昆明见之，记曰"夜来为细蚁螫，寝恒不能安枕，此种细蚁，嘴利如针，侵及皮肤，刺痛非常"。余至班洪，夜宿有戒心，而不为所扰，盖旃君三月至此，余至为十二月，或为节候使然也。

——《滇西边区考察记》之一《班洪风土记》第 30 页

萤

萤 丹鸟也。腐朽之所化，其名夜光、夜照、熠耀、据火、挟火、宵烛、即炤，皆缘其火得名。惟景天则以飞多，其光肖之。而救火，则谓人疑为真火，思救之也。《豳风》"熠耀宵行"，熠熠，盖其光也。《吕氏·月令》所谓腐草化为萤，《明堂·月令》则谓腐草化为蠲，则蠲所萤耳。

——《鸡足山志》卷九《物产》第 351 页

萤 属鞘翅类。滇名火亮虫，体长七八分，形如圆筒，色黑褐，鞘翅能飞。雌雄均有发光器，能发光不生热，其发光之理由，或因体内脂肪密集气孔，空气透入能起燃烧作用，因而发光，盖缘脂肪始能发光，而不生热也。幼虫如蛆状，栖腐草中。古时重视化生之说，以腐草为萤，殆不知萤虫能产卵草间，借腐草之积热促进其孵化作用，非腐草之能化萤也。盐津产之地气虫，亦同类，能自发光。

——《新纂云南通志》卷六十《物产考三·动物三·昆虫类》第 30 页

蝇

《元志》：乌蒙山峡多小黄蝇，生毒蛇鳞甲中。啮人痒痛，搔之即成疮，惟以冷水沃之，搽盐即愈。张志淳云永昌山中亦有。问土人，乃蛇粪中所生也。

——《滇略》卷三《产略》第 14 页

黄蝇 樊绰《蛮书》：朱提江下有黄蝇、飞蛭、毒蛇、短狐、沙虱之类。祝穆《方舆胜览》：云南乌蒙峡中多毒蛇，鳞中有虫名黄蝇，有毒，啮人成疮，但勿搔，以冷水沃之，擦盐少许即愈。

——道光《云南通志稿》卷七十《食货志六之四·物产四·昭通府》第 39 页

黄蝇 《元志》：乌蒙山峡多小黄蝇，生于毒蛇鳞甲中。啮人，初无所苦，顷之渐痒痛，搔即为疮。被啮者切勿搔，以冷水沃之，搽盐少许即不为疮。后有人至郡城东南六十里名桑科者垦田，为黄蝇所啮，问之土人，言此即深山中蛇粪中所出，非蛇鳞甲中所生，《元志》之说误矣。

——《滇南杂志》卷十四《轶事八》第 15 页

蝇 属双翅类，种类甚多。普通家蝇，体长数分，色黑褐，复眼最大，前翅一对，膜质，半透明，翅脉黑色，后翅退化，为平均棒一对，分向后胸部两侧。后肢附有吸盘，吸着他物，不致倾倒。又具刺吸口，吸取人畜血液。变态完全，产卵污秽物上，经久孵化成蛆，虽对人生有自然清洁之效，然一切病菌如伤寒、霍乱、痢疾等，皆成虫之蝇有以传染之。家蝇而外，有苍蝇、青蝇、马蝇。色灰，前翅向后平叠，亦称狗苍蝇。滇到处产之。另有黄蝇，产昭通，寄生蛇鳞，啮人成疮。见祝穆《方舆胜览》。果蝇，则寄生柑橘，幼时之蛆，亦为果树大害。

——《新纂云南通志》卷六十《物产考三·动物三·昆虫类》第 24 页

蚰蜒

蚰蜒　与蜈蚣极相似。体长至寸许，步脚极多，故滇俗称多脚虫，亦具夜性，食腐朽之植物质，石穴阴湿地产之。旧《志》仅收其名，嵩明、缅宁极多，邓川似名蠼蜓。

——《新纂云南通志》卷六十《物产考三·动物三·多足类》第 15 页

芫青　地胆

芫青及地胆　均属鞘翅类。体躯长，芫青带青绿色，地胆则体色黑。雌者腹大，鞘翅短，后翅退化，栖息地下石丛间，号称毒虫，可供药用，作发泡剂。

——《新纂云南通志》卷六十《物产考三·动物三·昆虫类》第 30 页

蚤

蚤　属微翅类。体小色褐，无翅，有跳跃足，寄生人体，以咀嚼口刺取血液。另有犬蚤，寄生犬体。鼠蚤，寄生鼠身，间接诱起病害。犬蚤比较为少。

——《新纂云南通志》卷六十《物产考三·动物三·昆虫类》第 24 页

蚱蜢

蟆蚱　味辛微甘，性温。入肝、脾二经。治山岚瘴气虐疾，寒热往来，不服水土，瘴疟炉烟。经年不愈者，立效。

——《滇南草本》卷三第 62 页

蟆蚱　一名谷雀。性温，味甘微辛。入肝、脾二经。治山岚瘴气，寒热往来，不服水土，瘴疟炉烟。瘴气经着未愈，用之良效。

——《滇南本草》卷下《虫部》第 30 页

（永昌府）蚱蜢，油炙如虾，或晒干下酒。倮倮男妇小儿，见草中螽斯之属，即欢笑扑取，火燎其毛，嚼吞之。

——《滇黔纪游·云南》第 24 页

谷雀之名颇佳，禾间蚱蜢也。收获时多，知风雨。儿童收而卖于市，曰谷雀，言谷中之雀也。又曰山鲗，曰水鸡，讳其名。蛮字从虫，故南蛮多嗜虫也。一曰麻蚝，厂民食之，能解炉烟毒。

——《滇海虞衡志》卷八《志虫鱼》第 11 页

谷雀 檀萃《滇海虞衡志》：田间蚱蜢也。秋获时，儿童收而卖于市，曰谷雀。厂民食之，能解炉烟毒。

——道光《云南通志稿》卷六十九《食货志六之三·物产三·云南府》第 9 页

谷雀 滇人好食蟆蚱，每刈获后，人于田中竞捕之。纳于瓮中，锅内放少水，以无顶锅盖扣上，微火烧，令热，乃将瓮口合于盖顶之空处，火仍慢烧，则瓮中蟆蚱俱跃入锅中而死，然后取出，或储或鬻，充为佳馔。买得时遂拔去其翼，与项尾并腿下截，则肠秽随项圈尾尖而出，净以清水，浇洗过晒干收贮。欲食置锅炒，先用酒泼之，炒数过，去其酒之余沥，复用醋泼之。如用酒法，于是腥气俱尽，乃用油炒黄色，下盐鼓葱椒起食，云嘉美异常。品珍之曰谷雀，且云能消食去积，治小儿痞癖如神。而方书不载，此殆如北方之食蝗蚕，家之食蟆不必笑，为夷俗也。按：蛹蚱即蚱蜢蟊也，方头如蝗，但身绿而差小耳，改名谷雀亦其雅。

——《滇南杂志》卷十四《轶事八》第 14 页

蚱蜢 属直翅类。古名蟊螽，种类甚多，别名亦夥。普通则或称为麻蚱，或称为谷雀。身长寸许，较蝗差似。体色黄褐，触角细长，虽具膜翅，亦适跳行。秋成之时，跳跃田间，捕食微虫，有益农作。晒干鬻市，为煎食之美品，各县产之。

——《新纂云南通志》卷六十《物产考三·动物三·昆虫类》第 18 页

蚱蜢一名麻蚱 生谷草间，头身脚似蟋蟀，羽能飞。乡人捕食，味香。螟虫出卵白色，自稻秆蠹入，吸食稻之养液，渐大成蛹，及成蛹出稻秆，则稻枯矣。与飞蝗害苗稼同。

——民国《楚雄县乡土志》卷下《格致·第三十六课》第 1361 页

蜘蛛

云南之蜘蛛类，种类特多，旧《志》以入虫类，但昆虫与蜘蛛虽同为节足动物，而昆虫步脚三对，蜘蛛四对，昆虫在成虫时期，头、胸、腹显分三部，蜘蛛则头、胸合为一部，腹又另为一部，故蜘蛛类实与昆虫类不同。兹就滇产中之习见者，略述如下：

喜蛛 滇产之最巨，而又最普通者。体色黑褐，步脚硕长，几达二寸，夜间驰走墙壁，状至骇人，且上颚毒腺分泌毒质，触其毒液，往往诱起巨害，漾濞、永平产者尤著名。

壁钱 状类喜蛛，扁贴壁上。滇产较少，腾冲有之。

络新妇 体亦巨大，有黄、白、黑三色之环轮。能以蛛网营巢树枝，状类车轮。本体则倒悬网中，或藏匿枝叶下面，捕食虫类，为滇秋时常见之蜘蛛，而人人所习知者。

棚蜘蛛 能于树枝屋角营造灰色致密之网状，类布棚，本体则潜伏其间，遇昆虫陷落，即捕而食之，滇到处产，旧建筑物上尤多。

蝰蟷 于地下石隙、草木根际，营管状巢，而栖其中，以伺昆虫之陷入，滇到处产之。

盲蜘蛛 步脚极长，为滇产各蜘蛛冠，具夜性，亦滇常产。

蝇虎 不张蛛网，但步脚肥大，颇适跳跃，栖息壁上，捕食蝇、蚊，亦滇中常产，为有益之动物。

游丝蜘蛛 或云微尘子。体最渺小，身系游丝，随风飞扬。滇中秋时，天气晴明辄多见之。

蝎 腹部最末一节，蜷曲如钩，中有毒腺，触其毒液，能伤害人，热地石隙有之。旧《志》

仅录其名，未详产地，惟据近时调查，盐津、新平、云县、梁河、牟定均产。

——《新纂云南通志》卷六十《物产考三·动物三·蜘蛛类》第 16 页

蛭

蛭　属蠕虫动物，俗名蚂蟥，一名飞蛭。种类甚多，体长由数分至寸许。体制关系，不甚亲密，断之辄能再生，有吸血之性质，故外医多乐用之。性好暖热地，虽水陆共栖，比较近于有湿气之地。深山溪洞间产者，滇名山蚂蟥，亦山蛭类也。水蛭则各处产之。

——《新纂云南通志》卷六十《物产考三·动物三·蠕虫类》第 32 页

紫梗虫

紫梗虫　本滇通称，亦介壳虫类。体长不过数厘，变态完全，有雌雄两性。雄虫数较少，交接后即早死。雌虫数较雄多，状如蚁牛，能以短吻吸着树上，分泌蜡被，产卵其下。卵既孵化幼虫，遂遍布植物全体。此种蜡被，攒簇如瘤，色具赤褐，有胶粘性，即紫梗也。欲取紫梗，当于产卵之前一小时，自其吸着之树叶或枝条上而扫取之，晒曝干燥，则雌虫已死，而蜡被被熔，色转浓赤、黑褐，凝冷而提取之。总之，第一次之采取，其品最纯，次期以后，因混有多少幼虫，多成劣品。此虫盛产东印度，我滇西南沿江热地，如保山、镇康、景东、元江、墨江、车里、五福、江城、陇川，及瑞丽设治局、猛卯、临江均产有之，均谓之紫梗虫，多放饲此虫，采集紫梗而售诸缅甸者。近年价跌，饲者无利可图，已减十分之八。但虫放饲之树，不限于枳梗，即橡树亦可放虫。橡树，滇名万年青，一云酸巴巴，与榕树相类，桑科植物也。滇边饲虫之人，只知由树取紫梗，不知此虫寄生之理由。繄古迄今，或误以为树脂，或误以为蚁壤，皆由观察不清所致。考紫梗在《唐本草》称为紫铆，与麒麟竭并名。当时用以入药，为止血补虚妙剂，亦不详其产生之由，均认两物同出树上，同是由树脂流出凝成之竭。其后更若干年，始利用其赤褐色，制为红色颜料。又利用其粘性，胶粘金属、玉石。于是，由紫铆又转为紫胶。晚近工业化学发达，始知应用此物为假漆之代用品，于型造工业中制成留音机唱片，于是，又由紫梗转称为洋干漆。紫铆之名，出自《唐本草》及《酉阳杂俎》，得名可谓最古。紫，盖状其色；铆，盖状其质。其后名渐变迁，讹为紫梗。铆、梗，殆一音之转，然已忘得名之朔矣。保山等县报告，又呼紫梗为枳梗，以为是虫寄生枳梗树。沿江一带呼为枳梗虫，其实放虫不限此树，殆又由紫梗同音相假而为枳梗耳。至《吴录》称为赤胶，余庆远《维西闻见录》称为紫胶，赤、紫均言其色，胶则言其粘性。不过比较之下，紫胶之名，较为普通。又，紫梗虫之学名，英文为 Coeewsrawa Laeea 之称，亦非无。自《酉阳杂俎》载紫铆出波斯，国人称为勒加。今此虫之学名，适与勒加音近，或者名源即出于波斯欤？又《本草》所云之蚁壤，当是紫梗虫之雌虫无翅时代，其时不明寄生之理，遂误以为系蚁牛构成者也。

——《新纂云南通志》卷六十《物产考三·动物三·昆虫类》第 20 页

紫胶　大青树上亦产紫胶，别有紫胶树，高不过三四丈，有虫满枝叶，其分泌裹枝如白蜡然，即紫胶也，土人取以售。闻总管家，年得数千斤贸于缅甸，班洪出口货，以鸦片紫胶为最著。

——《滇西边区考察记》之一《班洪风土记》第 31 页

世界花园篇

云南地处低纬高原，北回归线横贯全域，境内高山耸立，峡谷深切，天然造就了云南群英汇萃、众彩纷呈的生物多样性，使得云南成为全球花、草、茶、菌、香等观赏实用植物的主要起源地和种植资源基因库。云南的花之美、草之繁、茶之馨、菌之鲜、香之妙，丰厚珍贵的生物资源，使云南成为得天独厚、举世无双的"世界花园"。

本篇内容分为花、草、茶、菌、香五大门类，集中展示云南作为"世界花园"的深厚内涵和资源维度。从辑录的历史文献中，既可以细数云南缤纷斑斓的生物之奇，更可以看出历代云南先民是如何珍视生态物种丰富独特的地缘优势，亦完美地诠释了自古以来中华民族天人合一、人与自然和谐发展的生存智慧。

云南花草种类的纷繁多样及其独有特性在史料文献中得到了淋漓尽致地体现，历代史料专项记述花草的条目就达千余条，且描述的生态景观尤富诗意。早在元代，李京的《云南志略》即记载："冬夏无暑，四时花木不绝。"明隆庆间云南布政司参议冯时可在《滇行纪略》中更称"云南最为善地……，花木多异品"，详尽备述了云南花草的优异之处。其中名花山茶，其家育驯化当不晚于唐南诏时期，在明代以前即已受到广泛关注，到了明代，更有"滇中茶花甲于天下"之誉，明代陈仁锡《潜确类书》称"山茶有数种，而滇茶第一"，其同时代人总结山茶"十德"，为诗百韵，不仅有《山茶花赋》《山茶花一百韵》等洋洋鸿篇，更有大量咏花、赏花诗作连篇累牍，应接不暇，使云南花卉声名远播，享誉九州。

云南先民自古敬花、爱花的高远情怀也见诸各种文献，景泰《云南图经志书》描述山茶"有粉红、大红、纯白三色相间，谢时葩不落地，土人以为神异，不敢采"，足见本土居民对奇花异草之敬重与珍爱。此外，各民族钟爱花卉，尤以大理为最。"上关花"位列大理四绝之一，大理的和山花、龙女花留下了"仙人遗种"的神话故事。还有素馨花，据文献记载，因深得大理国主段素兴喜爱而得名。云南先民对花木之倚重，不单纯只为观赏，还充分发挥花草的药用价值，且与生产生活密切相关。清代云龙知州王凤文在《云龙记往》中记录了边地居民依靠花木开放时令来确定耕种与纪时的史事："其地不知岁月，耕种皆视花鸟。梅花岁一开以纪年，野靛花十二年一开以纪星次，竹花六十年一开以纪甲子。名杜鹃花为佣工，此花开则宜耕也。"云南先民以山花物候规律作为生活中的纪年标记，并同时运用于生产劳作实践中，这种对自然物候的诗意运用，呈现的正是中华道法自然、天人合一的民族智慧与民间最质朴的人文品格。因此，云南民间爱花风气大盛，进而演变为戴花、佩花风俗。《滇海虞衡志》载"滇俗重木香、粉团、金凤，小女儿争戴之"，陆贾《南中纪行》云"南中百花，惟素馨香特清烈，彼中女子以彩缕穿花心，绕鬓为饰"，呈现一幅风情万种的风土民情。明代谢肇淛《滇略》又记："民间自新年至二月，携壶觞赏花者无虚日，谓之花会。衣冠而下，至于舆隶，蜂聚蚁穿，红裙翠黛，杂乎其间，迄暮春乃止。其最盛者，会城乃大理也。"云南各地至今保留的花街、花会习俗，很多已被批准为云南省级非物质文化遗产项目，其根源便可追溯到此。

"云茶"，如今已成为云南一张享誉世界的名片。作为世界茶树的原生地，云南产茶的历史十分久远。除普洱茶外，云南历史名茶尚有太华茶、感通茶、宝洪茶和十里香等，其中太华茶与感通茶于清康熙年间被编入《御定佩文斋广群芳谱》之《茶谱》，亦全国知名。深受清宫皇室青睐的普洱茶，因从康雍朝开始正式入贡朝廷，而在海内外享有盛誉。乾隆《滇海虞衡志》载"普茶，名重于天下，此滇之所以为产而资利赖者也"，其对于云南的重要性由此可见。

云南同样有"野生菌王国"之称，是世界上食用野生菌种类最多、分布最广、产量最大的地区，目前已发现的食用野生菌多达200余种。明清之际就闻名遐迩、上达天听的鸡枞菌，更是得到明清文人的交口称赞。明谢肇淛《滇略》载"出土一日即宜采，过五日即腐，采后过一日，即香味俱尽，所以为珍"，天启《滇志》载"孝宗时，光禄寺以鸡枞进御，上食而美"，被帝王青睐。除鸡枞外，还有松茸、松露、干巴菌、虎掌菌、羊肚菌、竹荪、青头菌、鸡油菌、奶浆菌等均记录在案。云南食用野生菌这一特有的山珍佳馐、天地馈赠，足以使云南这座"世界花园"更加香爽甘美，妙不可言。

云南香料植物种类，大约有400余种，名列中国前茅，有"香料之乡"美称。云南历代文献中，早在明代即记录了云南大理府、临安府、永昌府、顺宁府等地的香料，及沉香、檀香、藏香、降真香等名品。披览这些史料记载，使人产生扑面清芬、满纸奇香之感。

当前，全球已达成生物多样性共识，旨在最大限度地保护地球上千姿万态、多种多样的生物资源，以造福于当代和子孙后代。透过书中所辑录的诸多历史文献，云南人民有幸借此向国际社会展示中华大地生物多样性的历史画卷，讲述一个个神奇动人的生态故事，用真切翔实的史料传达最生动鲜活的生态文明理念，支撑起创新、协调、绿色、开放、共享的新发展理念，为中国乃至世界的生态文明建设作出我们应有的贡献。

Garden of the World

Located in a low-latitude plateau, Yunnan lies astride the Tropic of Cancer with high mountains and deep canyons, which endows Yunnan with rich and colorful biodiversity and makes Yunnan the main origin of ornamental plants such as flowers, grass, tea, fungi and incense in the world and the gene bank of planting resources. With the rich and precious biological resources presented by its gorgeous flowers, attractive ornamental grasses, refreshing tea leaves, fresh edible mushrooms and aromatic incense, Yunnan is undoubtedly recognized as a unique "Garden of the World."

The plants listed in this chapter are classified into five categories: flower, grass, tea, fungus and incense, showcasing profound connotation and resource dimensions of Yunnan as "Garden of the World". The historical documents compiled in this book enable us to sense remarkable biodiversity in Yunnan, see how the ancient forefathers of Yunnan cherished the geographical advantages with unique ecological species. It also perfectly reflects philosophies and ideals of the Chinese people since ancient times in their pursuit of the unity and harmony between man and nature.

The variety and unique characteristics of Yunnan's flowers and plants have been fully reflected in historical documents. There are more than a thousand items narrating flowers and plants in historical documents of the past dynasties, and the ecological landscape described is particularly poetic. As early as the Yuan Dynasty, *A Brief Chorography of Yunnan* by Li Jing of the Yuan Dynasty (1271-1368) recorded that "Yunnan is a colorful landscape with eternal spring and ceaseless blooming season". Feng Shike, a counsellor of Yunnan's Chief Political Secretary during the reign of the Emperor Long Qing in the Ming Dynasty (1567-1573), held that "Yunnan is the paradise of many varieties of exotic flowers and plants" in *Diary of the Journey to Yunnan*, giving an account of the advantages of Yunnan's flora in great details. Among them, the domestication of the camellias was not later than the Nanzhao period of the Tang Dynasty (738-902), had received widespread attention before the Ming Dynasty. In the Ming Dynasty, Yunnan camellias enjoyed the reputation of "standing out as the world's best". *Encylopaedia of Qianque* by Chen Renxi held that "Yunnan camellias are second to none among various camellias" in the Ming Dynasty, wherein Chen Renxi's contemporaries summed up the "ten virtues" of camellias and wrote poems with a hundred rhymes containing the greatest poems such as *Ode to Camellia and One Hundred Rhymes of Camellia*, as well as a considerable number of poems of flower appreciation to make Yunnan flowers world-renowned.

The ancient forefathers of Yunnan, since ancient times, have inherent affection and reverence for the flower species, which can be found in the local literatures. For example, *Jinning Prefecture in Yunnan Tu Jing Zhi* during the reign of Emperor Jingtai in the Ming Dynasty recorded that "the colors of camellias are pink, bright and showy with red and pure white. The camellias don't shed their petals into the ground when withering away, which is considered to be so divine by the locals that they dare not pick the camellias." This reveals the the local residents' reverence and affection for the exotic flowers and plants of their own landscape. In addition, the ethnic groups show their affection for flowers, especially for those ethnic groups in Dali. "Shangguan Flower" is listed as one of four fantastic sceneries in Dali. For example, Heshan Flower and Longnu Flower could trace their history back to the fairy tales called "seeds remained by immortals" (the first seeds of Heshan Flower and Longnu Flower species were gifts from a fairy). The *suxinhua* (Jasminum grandiflorum), was said to be named after Duan Suxin, the emperor of Dali Kingdom who was fascinated by such flower. The ancient forefathers of Yunnan relied heavily on flowers and plants not only for viewing, but also for giving full play to the medicinal value of flowers and plants, and flowers and plants were closely related to production and life. Wang Fengwen, the governor of Yunlong County of Dali Prefecture in the Qing Dynasty, once recorded the historical events that the local residents depended on the blooming seasons of different flowers and plants to determine annual agricultural production in his *Legend of Yunlong*: "(Yunlong, present-day Dali) the locals, without any knowledge of lunar calendar, rely on the laws of the flowers blooming and the birds to identify and record time. For example, the opening period of plum blossom, Natural Indigo blooming (*yedianhua*) and bamboo blooming are marked as one year, a cycle of 12 years and a cycle of 60 years respectively; rhododendron (azalea) is viewed as the hired labor, and when it is in full bloom, the locals are busy with engaging in agricultural production. The ancient forefathers of Yunnan took the law on the phenology of wild flowers as the chronological mark in their life and applied it to the practice of production simultaneously, which vividly presented national wisdom and simple integrity of the Chinese nation in their pursuit of the unity and harmony between man and nature. Therefore, the ancient forefathers of Yunnan, whose affection for flowers prevailed greatly and gradually evolved into the flower-wearing customs. It was recorded that "flowers of *muxiang, fengtuan* and *jinfeng* are extremely popular in Yunnan, where the children are enthusiastically fond of wearing them" in *Records of Dianhai Yuheng. Journey to the South China* authored by Lu Jia stated that "the *suxinhua* features a unique aroma among numerous flowers in South China, and the local girls string the *suxinhua* with colorful strands, wrapping the updos as ornaments", presenting a picture of fascinating customs. *Notes on Yunnan* in the Ming Dynasty also recorded that "from the New Year to February in the lunar calendar, those who admire the blooming flowers over drinking enjoy a full and pleasurable time there, which is called Huahui（Flower Show）. The annual Huahui attract people from all walks of life, including high officials and common people. The Huahui goers, who are strikingly attired in colorful dresses, are coming and going in bustling and hustling. The celebration of Huahui can come to an end when the pace of spring is approaching, and it is particularly prevailing in Dali." All of the aforementioned materials can successfully interpret the reasons why many of the flower streets and customs of Huahui that have long been preserved in various parts of Yunnan, have been approved as Yunnan provincial-level intangible cultural heritage projects.

"Yunnan Tea" has become a world-renowned business card of Yunnan. As the native place of the world's tea trees, Yunnan has a long history of tea production. In addition to Pu'er tea, Yunnan's famous historical teas include Taihua tea, Gantong tea, Baohong tea and Shilixiang. Among them, Taihua tea and Gantong tea were selected into the Tea Handbook of *The Royal Handbook of Flowers and Plants (Yuding Peiwenzhai Guangqunfangpu)* during the reign of Emperor Kangxi (1661-1722) in the Qing Dynasty, and they are also well-known throughout the country. Pu'er tea, favored by the royal family of nobility in the Qing Dynasty, enjoyed a high reputation at home and abroad because of its official contribution to the Qing court from the reign of Emperor Kangxi and Yongzheng in the Qing Dynasty. According to *Annals of Dianhai Yuheng* in the reign of Emperor Qianlong (1711-1799)) of the Qing Dynasty, "Pu'er tea enjoys universal appeal, and the tea enterprises in Yunnan can make profits as a result of mainly depending on its reputation, which is of great importance to Yunnan.

Yunnan is also known as "Kingdom of Wild Mushrooms". It is the region with the largest variety of edible wild mushrooms, the widest distribution and the largest output in the world. So far, more than 200 species of edible wild mushrooms have been discovered. During the Ming and Qing dynasties, the well-known collybia albuminosa (Jizong) captured the hearts of literati in the Ming and Qing dynasties. According to *Notes on Yunnan* by Xie Zhaohe in the Ming Dynasty, "collybia albuminosa (Jizong) is better harvested within one day after its emergence from soil, for it will get rotten in five days after being picked. If the harvested collybia albuminosa is left uncooked until the second day, its unique fragrance will be exhausted. This is the reason why collybia albuminosa is precious among the mushrooms." According to *Annals of Yunnan* during the reign of Emperor Tian Qi in the Ming Dynasty, "the collybia albuminosa was presented to serve Emperor Xiaozong as a royal meal by Guanglu Monastery, and it is favored by Emperor Xiaozong due to its overwhelming delicacy". In addition to collybia albuminosa,matsutake, truffle, Thelephora ganbajun Zang, tiger palm fungus, Morchella esculenta, Dictyophora, cephalosporin, chicken oil fungus and milk fungus were all recorded in *Annals of Yunnan*. The overwhelming delicacy, the wild edible wild mushrooms are the gift from nature, which suffices to make Yunnan, "Garden of the World" more beautiful and wonderful.

More than 400 species of spice plants in Yunnan rank first in China, and is entitled as "Hometown of Spice". As early as the Ming Dynasty, spice from Dali Prefecture, Lin'an Prefecture, Yongchang Prefecture, Shunning Prefecture, as well as famous products such as agarwood, sandalwood, Tibetan incense, and Jiangzhen incense were recorded in the historical literature of Yunnan. When opening and reading these precious historical records, people are made to feel refreshed and fragrant as if they are engulfed with the scent of the aromatic woods.

At present, the world has reached a consensus on biodiversity, aiming to protect the various and diverse biological resources on the earth to the greatest extent for the benefit of present and future generations. Through many historical documents recorded in the book, the people in Yunnan have the great honor to show the historical pictures of the biodiversity of China to the international community, share with magical and moving ecological stories, convey the concept of ecological civilization based on informative historical materials, and support the new development concept of innovation, coordination, greenness, openness, and sharing, making our due contribution to the ecological civilization construction of China and the world.

一、群芳谱·花之属

花之品　木犀、牡丹、海棠、芍药、萱草、蔷薇、罂粟、金凤、木槿、芙蓉、鸡冠、金钱、石竹、地棠、杜鹃、金梅、素馨、瑞香、詹葡、粉团、茉莉、鹦鹉、白鹤、龙爪、山茶、芭蕉、石斛、扶桑、石榴、长春、滴滴金、百日红、十样锦、映山红、丁香、老来红、十姊妹、剪红罗、月月红、木香、金盏银台、兰、菊、种类最多。紫薇、桂莲。

——隆庆《楚雄府志》卷二《食货志·物产》第 36 页

花草属　桂、菊、紫薇、玉簪、木香、七里香、牡丹、芍药。

——嘉靖《寻甸府志》卷上第 31 页

太和点苍山……其阳多山茶，其阴多丹桂。又有木莲踯躅花树，并高数丈，春日红白错杂，被于溪谷。

——嘉靖《大理府志》卷二《地理志·山川》第 57 页

花之属　六十五：正月华者六[①]，山茶、《谱》有二十八品。碧桃、杏、海棠、兰、郁李、樱桃。二月华者八，绛桃、芙蓉桃、小桃、梨、李、牡丹、灯笼花、棣棠、米壳、张家种，其五色。木瓜。三月华者十，芍药、绣球、蝶珠花、以状名。苏子由诗："谁唱残春蝶恋花，一团粉翅压枝斜。美人欲向钗头插，又恐惊飞鬓似鸦。"楼子花、其五色，有数种。荼蘼、莺粟、蔷薇、《谱》有十三品。杜鹃、《谱》有四十七品。茉香、黄、白二种。夜合花。晋杨芳诗："青敷罗翠彩，绛葩象赤云。"四月华者六，海石榴、名品不一，花大如盘者不实，有白者。葵、花色不一。剪春罗、玫瑰、花红艳清香，可以点蜜，作熟水供。丁香、紫、白二种。良姜。五月华者十二，簪卜、俗名卮子，花六出，香芬袭人。山丹、有数种，曰宝珠，曰灯笼，其最也。鸡冠、具五色数种，如扇如掌如凤尾。石竹、五色错杂，凡十余种。萱花、地涌莲、高一二尺，形如棕榈，顶花如莲。西蕃莲、蔓生，开小白花，似莲。连翘〔翘〕、扶桑花、俗名花上花。椒花、其华绿色。龙爪花、红、黄二种，似鹿葱。结香花、《楚辞》所谓露申也。扁竹。一名绿蒡草，唐诗"名花采绿蒡，新果摘杨梅"。六月华者七，紫薇、一名含笑。素馨、蔓生，一名耶悉茗。开白花，其花酷烈。按：陆贾《南中行记》云"彼中女子，以丝贯花绕髻为饰"，梁章隐诗云"细花穿弱缕，盘向绿云鬟"，杨慎诗云"金碧佳人堕马妆，鹧鸪林里斗芬芳。穿花贯缕盘香雪，曾把风流恼陆郎"。木槿、白鹤花、以状名。金石斛、一名林兰，一名杜兰。杨慎诗："□洲春草杜兰芳，不数金钗十二行"。水仙。谚云：五月不在土，六月不在房。开向东篱下，寒花朵朵香。一名金盏银台，一名老鸦蒜。七月华者三，刺桐花、一名苍梧，布叶□密，花赤色，间生，叶间傍照他物，皆朱殷然，如是者竟岁。荷花、金凤花。八月华者二，木犀、有丹、黄二种。□子曰：春华秋实曰桂。王维诗"人闲桂花落，夜静春山空"，郡人呼木犀为桂横矣。木芙蓉。一名拒霜花。九月华者五，菊、《谱》有三十四品。龙女花、树叶金似山茶，蕊大而香。蓼花、白乐天诗"水蓼冷花红簇簇"。蘋花、水荭花。李贺诗"江图画水荭"。十月华者四，茉莉、兰、四种，曰玉蝴蝶，直箭，狮尾，小冬。银石斛、名状与金石斛同，而华时差。瑞香。花细如

[①] 六　按下文所列，有七种。

锦，其香醉人。杨慎诗："晓屏残梦暖香中，花气曛人怯晓风。"十一月华者一，山樱桃、坡翁诗："归来春酒熟，共看山樱然。"十二月华者一，梅花。名品不一，曰照水，曰楼子，曰绿萼，曰千叶，曰单叶，曰红迎春，有实有不实。四季恒华者三，映山红、蔷薇、长春花。一名金梅花。嵇含曰：凡草木春华者冬秀，夏华者春秀，秋华者夏秀，冬华者秋秀，故南中四时，未尝一日无花也。

——嘉靖《大理府志》卷二《地理志·物产》第 73 页

花之属 二十八：葵、萱、荷、菊、木樨、木香、鸡冠、凤仙、剪红罗、水红、棣棠、芍药、海棠、牡丹、素馨、山茶、蔷薇、玉簪、蝴蝶、绣球、木兰、邓花、杜鹃、鹭鸶、龙爪、白合、粉团、山丹。

——万历《云南通志》卷二《地理志一之二·云南府·物产》第 13 页

花属 七十一：杏、梨、李、葵、兰、山茶、碧桃、海棠、郁李、樱桃、绛桃、小桃、牡丹、棣棠、米壳、木瓜、芍药、绣球、荼蘼、莺粟、蔷薇、杜鹃、茉香、丁香、良姜、蒨卜、山丹、玫瑰、鸡冠、石竹、萱花、连翘、椒花、扁竹、紫薇、素馨、玉簪、木槿、水仙、荷花、木樨、菊花、蓼花、蘋花、茉莉、瑞香、梅花、蔷蘼、芙蓉桃、灯笼花、蝶珠花、楼子花、夜合花、剪春罗、地涌莲、西蕃莲、扶桑花、龙爪花、结香花、白鹤花、金石斛、刺桐花、金凤花、木芙蓉、龙女花、水渶花、银石斛、山婴桃、映山红、长春花。

——万历《云南通志》卷二《地理志一之二·大理府·物产》第 34 页

花之属 四十一：莲、菊、兰、葵、萱草、匾竹、牡丹、玉簪、芍药、十样锦、石竹、剪红罗、凤仙、夜落、金钱、鸡冠、蝶戏珠、山茶、珍珠佩、婴粟、木犀、紫荆、栀子、玉堂春、郁李、月月红、粉团、荼蘼、蔷薇、木槿、碧桃、石榴、地涌金莲、棣棠、茉莉、丁香、迎春、芙蓉、紫薇、海棠、降桃、素馨。

——万历《云南通志》卷二《地理志一之二·临安府·物产》第 54 页

花之属 三十九：桃、李、杏、梅、梨、榴、桂、兰、萱、蕙、牡丹、山茶、杜鹃、碧桃、樱桃、棣棠、蔷薇、茉香、荼蘼、粉团、玉簪、蝴蝶、郁李、莺粟、山丹、紫薇、鸡冠、石竹、素馨、龙爪、石斛、茉莉、绣裳、金凤、芙蓉、海棠、剪春罗、红白莲、玉堂春。

——万历《云南通志》卷二《地理志一之二·永昌军民府·物产》第 67 页

花之属 二十九：兰、菊、桂、莲、牡丹、海棠、芍药、萱草、蔷薇、莺粟、金凤、木槿、鸡冠、石斛、石榴花、金钱、杜鹃、素馨、粉团、茉莉、龙爪、山茶、长春、丁香、紫薇、剪红罗、木香、石竹子、棣棠。

——万历《云南通志》卷三《地理志一之三·楚雄府·物产》第 7 页

花之属 四十四：桂、兰、菊、葵、莲、牡丹、芍药、木犀、山丹、水仙、山茶、蔷薇、绿葱、芙蓉、石竹、紫荆、木莲、玉簪、金凤、海棠、腊梅、木香、素馨、月香、灯盏、碧桃、匾竹、棣棠、粉团、鸳鸯、鸡冠、丁香、珍珠、绣球、龙爪、樱粟、金梅、小桃红、白鹤、蝴蝶、映山、栀子、剪春罗、三春梅。

——万历《云南通志》卷三《地理志一之三·曲靖军民府·物产》第 14 页

花之属 二十八：兰、蕙、莲、葵、菊、桂、榴、石斛、牡丹、芍药、紫薇、龙爪、丁香、百合、金凤、栀子、粉团、杜鹃、鸡冠、山茶、海棠、玉簪、茉莉、芙蓉、玉李、剪红罗、素馨、萱草。

——万历《云南通志》卷三《地理志一之三·澂江府·物产》第 22 页

花之属 二十八：茉莉、栀子、佛桑、山茶、杜鹃、素馨、牡丹、芍药、兰、山丹、石竹、郁李、剪春罗、玉簪、龙爪、桂、梅、丁香、水仙、海棠、桃、罂粟、蔷薇、长药、莲、菊、鸡冠、葵。

——万历《云南通志》卷三《地理志一之三·蒙化府·物产》第 **28** 页

花之属 四十五：葵、菊、栀子、蕙、兰、石竹、龙爪、石榴、海棠、蘡粟、丁香、芍药、玉簪、石竹、金梅、粉团、紫薇、山茶、棣棠、鹿葱、郁李、金凤、白鹤、木樨、鸡冠、珍珠、绣球、水红、素馨、蔷薇、牡丹、山丹、山矾、芙蓉、蜜檀、水仙、萱草、红梅、碧桃、映山红、剪春罗、挂金灯、月月红、十姊妹、花上花。

——万历《云南通志》卷三《地理志一之三·鹤庆军民府·物产》第 **36** 页

花之属 三十四：兰、萱、葵、桂、菊、荷、紫薇、素馨、粉团、金凤、牡丹、芍药、芙蓉、海棠、蔷薇、红梅、玉簪、金梅、碧桃、绛桃、丁香、水红、石竹、山茶、鸡冠、龙爪、木槿、栀子、山丹、杜鹃、扶桑、木香、映山红、剪红罗。

——万历《云南通志》卷三《地理志一之三·姚安军民府·物产》第 **46** 页

花之属 九：桂、菊、紫薇、木香、牡丹、芍药、玉簪、七里香、金凤花。

——万历《云南通志》卷四《地理志一之四·寻甸府·物产》第 **4** 页

花之属 二十一①：牡丹、芍药、芙蓉、紫荆、杜鹃、素馨、金凤、蔷薇、海棠、栀子、芋香、玉簪、菊、荷、茶、桂、剪红罗、攀枝花。

——万历《云南通志》卷四《地理志一之四·武定军民府·物产》第 **9** 页

花之属 十九：摩莉、海棠、山茶、木樨、芋香、粉团、杜鹃、牡丹、芍药、蝴蝶兰、蕙、素馨、菊花、黄石斛、金凤、鸡冠、花上花、百日红、萱草花。

——万历《云南通志》卷四《地理志一之四·景东府·物产》第 **12** 页

花之属 二：千叶桃、蟾花。

——万历《云南通志》卷四《地理志一之四·广南府·物产》第 **21** 页

花之属 四十二：牡丹、芍药、五色菊、绣球、蝶珠花、桃、杏、李、梅、梨、棣棠、茶蘼、莺粟、剪春罗、杜鹃、茉香、石榴、葵、丁香、蕌卜花、凉姜、山丹、鸡冠、石竹、萱花、西番莲、扁竹、紫薇、素馨、玉簪、木槿、石斛、水仙、荷花、木犀、蓼花、水漢、蘋花、茉莉、山樱桃、榆花。

——万历《云南通志》卷四《地理志一之四·顺宁州·物产》第 **25** 页

花之属 三十九②：山茶、海棠、香兰、芙蓉、牡丹、末香、粉团、芍药、绣球、蝴蝶、罂粟、茶蘼、夜合、石榴、葵花、丁香、栀子、山丹、鸡冠、石竹、龙爪、扁竹、紫薇、素馨、玉簪、木槿、石斛、刺桐、金凤、桂、菊、樱桃、杏、梅、桃、李、剪春罗、映山红、月月红、玉蝴蝶。

——万历《云南通志》卷四《地理志一之四·北胜州·物产》第 **33** 页

花之属 四十七：山茶、碧桃、香兰、牡丹、芍药、海棠、绛桃、梨花、罂粟、小桃、鹅行、李花、棠花、木瓜、茉香、蔷薇、杜鹃、夜合、葵花、石榴、丁香、山丹、鸡冠、玉簪、木槿、刺是、金凤、梅花、荷花、菊花、冬兰、桂花、直箭、玉蝴蝶、山樱桃、金石斛、灯盏花、木犀花。

——万历《赵州志》卷一《地理志·物产》第 **25** 页

---

① 二十一　按下文所列，仅有十八种。
② 三十九　按下文所列，有四十种。

花 有葵、萱、荷、菊、木犀、芙蓉、刺桐、俗称鹦哥花。树高数丈，多刺，其色丹，形如其名，开以星回节，至巧夕乃谢。茉莉、鸡冠、凤仙、剪红罗、水红、棠棣花、色纯素，芳以春，采为蔬茹，亦以佐茗。芍药、海棠、牡丹、罂粟花、有红、白、黄、紫四色。素馨、蔷薇、玉簪、瑞香、蝴蝶、绣球、木兰、茄莲、杜鹃、龙爪、鹭鸶、百合、山丹、水仙、山茶。郡人前进士赵璧有谱近百种，其名各异，著颜色绘画，各赋以诗，总以序、记、赋，一奇制也，今失传矣。观察使晋安谢公肇淛《滇略》谓其品七十有二，豫章邓公渼传其十德。其他题咏品藻，载在《艺文》。

——天启《滇志》卷三《地理志第一之三·物产·云南府》第 113 页

花 曰山茶、郁李、绛桃、小桃、牡丹、蔷薇、良姜、茉莉、地涌金莲、西番莲、龙爪、白鹤、长春兰、扁竹、木槵、杜鹃、水仙、芙蓉、石斛。

——天启《滇志》卷三《地理志第一之三·物产·大理府》第 114 页

花 有十样锦、夜落金钱、珍珠珮、莎罗花、玉常春。

——天启《滇志》卷三《地理志第一之三·物产·临安府》第 115 页

卉中，山茶与省会并驱争先，其品三十有六，杜鸣之品二十，郡人张侍郎志淳作《二芳记》，即二种。为红山药，近年兵备副使潮阳黄公文炳自粤传来，今所在有之。为海石榴、山桃兰，为玉朱，为绿，为金粟玉簪，为紫，为秋海棠、地金莲、番葵、六月柿、金铃、金盏、番锦、十锦。

——天启《滇志》卷三《地理志第一之三·物产·永昌府》第 115 页

花之属 山茶为胜，亦有金钱、茉莉、长春。兰之在广通者，叶大而香远，可以纫。

——天启《滇志》卷三《地理志第一之三·物产·楚雄府》第 116 页

山茶、香兰、荼蘼、瑞香、玉堂春、鸳鸯、佛见笑，卉也。山茶丛生，叶单者采其实，脂膏焉。

——天启《滇志》卷三《地理志第一之三·物产·曲靖府》第 117 页

花 茉莉为珍。

——天启《滇志》卷三《地理志第一之三·物产·澂江府》第 117 页

卉 曰金梅，曰蔷薇，曰山丹，曰山矾，曰挂金灯。

——天启《滇志》卷三《地理志第一之三·物产·鹤庆府》第 118 页

花卉 有冲天桃。

——天启《滇志》卷三《地理志第一之三·物产·武定府》第 118 页

卉中，荼蘼，或是各地之粉团，其色凡三，不知孰居，如蘑卜，实少。西番莲，酷似藕花，千叶，色微红，开于地面，花谢而叶生，其叶甚大，与花相称，省会间有之。榆花、创见、香兰，前志已入。

——天启《滇志》卷三《地理志第一之三·物产·顺宁府》第 120 页

（太和）花之属四时不绝，虽大雪，五色烂漫，略不萎谢。草至五月始生，以地不热之故，然花独不畏寒耶，理不可解也。

——《滇黔纪游·云南》第 21 页

金棱河，在府治东十里，俗名金汁。引盘龙江水，由金马山麓流经春登里，灌溉东乡之田，为利甚广。蒙、段时堤上多种黄花，名绕道金棱。元赛典赤瞻思丁复修筑为堤，今废。又府西十里有银棱河，俗名银汁，亦引盘龙江水，由商山麓流过沙浪里，南绕府治。蒙、段时堤上多种白花，名紫城银棱。明朝弘治中常浚二河，亦谓之东、西沟。今涸。

——《读史方舆纪要》卷一百十四《云南二》第 5064 页

花属^{草附}　牡丹、茶花、明晋安谢肇淛谓其品七十有二，豫章邓渼传其十德，郡人赵璧作谱近百种，大抵以深红、软枝、分心、卷瓣者为上。梅、有九月即华者。桃、杏、有腊月即华者。李、梨、玉兰、木笔、海棠、杜鹃花、有五色双瓣者，永昌、蒙化多至二十余种。山丹、唐棣、瑞香、绣球花、石榴、有四季开者。海石榴、丁香、桂、有五月即华者。紫薇、芙蓉、蜡梅、木董、刺桐花、兰、有七十余种。芍药、素馨、即《南方草木状》所谓耶悉茗也，称其种来西国。《滇略》云南诏段素兴好之，故名。《通雅》云南汉刘银之姬曰素馨，葬处生此，人以名之。玫瑰、茉莉、荼蘼、蔷薇、鱼子兰、山矾、粉团、旋葍花、剪红罗、十样锦、长春花、佛手花、莲、萱、栀子、凤仙、鸡冠、葵、蜀葵、菊、百合、秋海棠、罂粟、虞美人、水仙、报春、迎春、石竹、西番莲、石斛、凤尾、玉簪。芭蕉、红者名血蕉。凤尾蕉、美人蕉、吉祥草、茜草、象鼻草、可治丹毒。火草、土人绩以为衣。虎掌草、通草、灯心草、薜荔、蒲、虎须蒲、蕨、藻、荇、芦、苇、茅。

——康熙《云南通志》卷十二《物产·通省》第 3 页

花属^{草附}　牡丹、茶花、明晋安谢肇淛谓其品七十有二，豫章邓渼传其十德，郡人赵璧作谱近百种，大抵以深红软枝、分心卷瓣者为上。梅、有九月即华者。桃、杏、有腊月即华者。李花、梨花、玉兰、木笔、海棠、杜鹃花、有五色双瓣者。山丹、唐棣、瑞香、绣球花、石榴、有四季开者。海石榴、丁香、桂、有五月即华者。紫薇、芙蓉、腊梅、木槿、刺桐、兰、芍药、素馨、即《南方草木状》所谓耶悉茗也，称其种来西国。《滇略》云南诏段素兴爱之，故名。《通雅》云南汉刘錤之姬曰素馨，葬处生此，人以名之。玫瑰、茉莉、荼蘼、蔷薇、鱼子兰、山矾、粉团、旋葍、剪红罗、十样锦、长春花、佛手花、莲、萱、栀子、凤仙、鸡冠、葵、蜀葵、菊、百合、秋海棠、罂粟、虞美人、水仙、报春、迎春、石竹、西番莲、石斛、凤尾、玉簪、芭蕉、红者名血蕉。凤尾蕉、美人蕉、吉祥草、茜草、象鼻草、可治丹毒。火草、土人绩以为衣。虎掌草、通草、灯心草、薜荔、蒲、虎须蒲、蕨、藻、荇、芦、苇、茅。

——康熙《云南府志》卷二《地理志八·物产》第 2 页

花之属　优昙、牡丹、芍药、茶花、葵、凌霄、兰、桂、鸡冠、金凤、洛阳、紫薇。

——康熙《晋宁州志》卷一《物产》第 14 页

花之属　牡丹、少。芍药、少。梅、茶、杏、石榴、兰、青、绿、草、蕙、山五种。桃、红、白、碧三种。梨、罂粟、凌霄、杜鹃、月季、俗呼粉团。玫瑰、蜀葵、栀子、金凤、马樱、玉簪、十姊妹、木香、木槿、芭蕉、观音蕉、一滴油、龙爪、金盏、秋葵、荷、桂、秋海棠、鸡冠、剪春罗、木芙蓉、虎头兰、蓼、菊、十二种。素馨、报春、迎春、紫薇、紫荆、西番菊、铁线莲、皮袋香、萱、蝴蝶、绣球、草牡丹。

——康熙《寻甸州志》卷三《土产》第 20 页

花　山兰、素馨、山茶、梅花、凤仙、玉簪、桂、菊、粉团。

——康熙《富民县志·物产》第 27 页

花部　碧桃、海棠、三种。兰、山茶、四种。桂、素馨、杜鹃、蔷薇、粉团、一种。白木香、芙蓉、月月红、蝶戏珠、芍药、牡丹、丁香、菊花。十种。

——康熙《通海县志》卷四《赋役志·物产》第 18 页

花之属　桂花、梅花、茶花、海棠、兰、蕙、萱、小桃红、茉莉、丁香、栀子、葵花、莲花、玉簪、牡丹、芍药、粉团、蔷薇、紫薇、映山红、菊花、珍珠兰。

——康熙《新平县志》卷二《物产》第 58 页

花部　桂、兰、芍药、荼蘼、玫瑰、栀子、水仙、菊、芙蓉、紫薇、百合、石斛、木槿、石竹、萱、杜鹃、秋海棠、蝴蝶花、金雀、素馨、马络缨。

——康熙《罗平州志》卷二《赋役志·物产》第 8 页

花品　桂、牡丹、海棠、芍药、金雀、萱草、蔷薇、莺粟、金凤、木槿、芙蓉、鸡冠、金钱、石竹、杜鹃、梅、素馨、瑞香、草兰、粉团、草菊、茉莉、莺鹛、百鹤、龙爪、玉兰、扶桑、紫薇、丁香、蝴蝶、栀子、莲、山茶、地金莲、映山红、十姊妹、月月红、西来菊、剪红罗。

——康熙《楚雄府志》卷一《地理志·物产》第 34 页

花品　桂、牡丹、芍药、海棠、杜鹃、蔷薇、芙蓉、石竹、金梅、素馨、兰、紫薇、莲、菊、山茶、丁香、白鹤、石斛、茉香、粉团、木槿、剪红罗。

——康熙《镇南州志》卷一《地理志·物产》第 15 页

花之属　兰、萱、葵、菊、荷、紫薇、素馨、粉团、金凤、牡丹、芍药、海棠、蔷薇、荼蘼、红梅、玉簪、金梅、碧桃、绛桃、水红、石竹、山茶、鸡冠、龙爪、木槿、栀子、辣蓼、山丹、杜鹃、映山红、剪秋罗、凤仙。

——康熙《姚州志》卷二《物产》第 14 页

花之属　桂、茶花、梅花、碧桃、海棠、兰、茉莉、山丹、白鹤、素馨、葵花、玉簪、金凤、丁香、芍药、木槿、莲花、粉团、玫瑰、马缨、杜鹃、菊。

——康熙《武定府志》卷二《物产》61 页

花品　桂、牡丹、海棠、芍药、金雀、萱草、蔷薇、莺粟、金凤、木槿、芙蓉、鸡冠、金钱、石竹、杜鹃、金梅、素馨、瑞香、草兰、粉团、草菊、茉莉、莺歌、白鹤、龙爪、石斛、扶桑、紫薇、丁香、蝴蝶、末香、山茶、莲、地金莲、映山红、十姊妹、月月红、西来菊、剪红罗。

——康熙《南安州志》卷一《地理志·物产》第 12 页

花之属　茶花、梅花、碧桃、海棠、茉莉、兰、山丹、素馨、葵花、玉簪、金凤、丁香、莲花、粉团、山茶花、杜鹃、菊、鹦哥花。

——康熙《元谋县志》卷二《物产》第 36 页

花竹类　桂、菊、牡丹、栀子、筋竹、木竹、龙竹。

——康熙《禄丰县志》卷二《物产》第 25 页

花属　山兰、石竹、蜀葵、丁香、茶、梅、桂、菊、杜鹃。

——康熙《罗次县志》卷二《物产》第 16 页

花属　为牡丹、芍药，为海棠、蔷薇，为红梅、绿梅，为碧桃，为山茶，为兰，为蕙，为杜鹃，为萱花，为紫薇，为粉团花，为榴花，为莲，为芙蓉，为桂，为月桂，为秋海棠，为末香，为丁香，为罂粟，为金凤、金雀，为水仙，为瑞香、金钱、素馨，为石竹、鸡冠，为梨花，为茉莉、鹦哥、木槿，为石斛，为扶桑、白鹤、龙爪、蝴蝶、地金莲，为菊，为西来菊，为十姊妹、月月红、映山红、剪红罗，为迎春柳，为葵花，为美人蕉，为腊梅。

——康熙《广通县志》卷一《地理志·物产》第 18 页

花类 兰花、玉簪、山茶、金梅、石竹、灯盏花、水红、丁香、芙蓉、素馨、粉团、金凤、鹿葱、海棠、郁李、鸡冠、紫薇、绛桃、碧桃、红桂、金钗、银钗、莲、菊。

——康熙《续修浪穹县志》卷一《舆地志·物产》第 23 页

花属 山茶、牡丹、芍药、梅、杏、桃、李、莲、桂、海棠、蔷薇、罂粟、葵花、兰、菊、石竹、鸡冠、龙爪、玉簪、紫薇、蝴蝶、金梅、水仙、剪科罗、石斛、绣球、紫荆花、棠棣。

——康熙《剑川州志》卷十六《物产》第 58 页

千叶桃、碧桃、绛桃、二红桃、芙蓉桃、日月桃、千叶梅、玉蝶梅、揉碎梅、白照水梅、红照水梅、楼子梅、绿萼梅、宝珠梅、海棠果、山茶、山丹。兰、榧子、出剑川。山兰、产山谷中，芳香最远。红莲瓣、白莲瓣、绿莲瓣、俱香。蜜腊花。形如莲而小，清香袭人，产白龙潭。

——康熙《鹤庆府志》卷十二《物产》第 21 页

花 绿葱、凤仙、灯盏花、剪春罗、地昙、莲花、葵花、刺牡丹、十姊妹、山丹、罂粟、蔷薇、步步娇、莲枝秀、粉团、牡丹、芍药、玉堂春、十样锦、长春、玉簪、水红、映山红、剪红罗、丁香、绿兰、绣球、照水梅、蝴蝶花、海棠、石竹、郁李、金交枝、绿萼梅、桂花、菊花、紫薇、宝珠梅、玉芙蓉、茶花、鸡冠、荼蘼、龙爪花、避麝玉、木莲、木香、红梅、杜鹃花、月月红、栀子、夕阳、地棠、金雀花、秋海棠、龙胆。

——康熙《顺宁府志》卷一《地理志·物产》第 29 页

花 兰、四季皆有，春兰、朱兰、百日、虎头、玉兰、绿兰、莲瓣，各类不一，惟春冬者香。又有鱼子兰、珍珠兰。长春、月月红、十样锦、牡丹、芍药、有数种。粉团、红、黄、白三种，白者香甚。蔷薇、荼蘼、玉堂春、花白蕊红。鸡爪、花类素馨，香微逊之。罂粟、连枝秀、步步娇、郁李、山丹、十姊妹、刺牡丹、又名海榴红。地昙、莲、红、白、锦边三种。葵、五色俱全，千叶者佳。剪春罗、五种。灯盏花、凤仙、鹿葱、二种。龙爪、红、黄、白三种。石斛、串枝莲、玉簪、茉莉、素馨、蔓生，花白而香，堪结架为棚。一名耶悉茗，陆贾为之记。女人以丝贯盘于髻，南诏以为宫人之饰。红素馨、铁线牡丹、有二种。秋海棠、有三种。丁香、有白、紫二种。蓼、石竹子、扁竹、美人蕉、即珊瑚花。菊、二十余种。水仙、报春、即金梅花。芭蕉、二种。西蕃菊、梅、杏、梨、木瓜、桃、有碧桃、迎春、绛桃、二红、芙蓉、醉仙俏桃、波斯桃各种。李、山茶、旧传有七十二种，今惟止数种而已。杜鹃、亦有五色数种。海棠、有垂丝、桃叶、铁脚各种。茄兰、绣球、山枇杷、花如莲，九瓣而香，与安宁曹溪寺之优昙花同类。石榴、大红、粉红二种。紫薇、佛桑、木槿、紫、白二种。刺桐、俗名鹦哥花。蝴蝶花、桂、有丹、黄、白三种，花大者曰金桂，结子。芙蓉、瑞香、木兰、蜡梅、有尖瓣、磬口二种。鸡冠、簪卜、即栀子。白鹤。有大、小二种。

——康熙《蒙化府志》卷一《地理志·物产》第 39 页

花 兰、菊、蔷薇、莺粟、金凤、木槿、芙蓉、鸡冠、石竹、地棠、海棠、杜鹃、金梅、粉团、茉莉、绿葱、鹦鹉、白鹤、龙爪、山茶、芭蕉、石斛、玉簪、扶桑、石榴、长春、十样锦、映山红、丁香、状元红、老来红、十姊妹、剪红罗、月月红、金盏银台、马缨、灯盏、莲枝秀、栀子。

——康熙《定边县志·物产》第 22 页

花属　牡丹、茶花、有三十六种，以深红软枝、分心卷瓣为佳。杜鹃、有二十种，以五色双瓣者为佳。芍药、有紫、红、白三种。碧桃、红杏、樱桃、兰花、梨、李、棣棠、蔷薇、有五色者。木香花、荼蘼、海棠、灯笼、粉团、金梅、映山红、月月红、报春、玉簪、小桃红、七里香、佛指甲、蝴蝶戏珍珠、郁李、莺粟、花上花、玉堂春。以上俱开于春。蜀葵、剪春罗、山丹、萱、蕙、紫薇、石榴、鸡冠花、海石榴、千日红、石竹、西番莲、红莲、白莲、椒花、素馨、栀子、水仙、龙爪花、宝盖花、石斛、五月菊、茉莉、铁线牡丹、蛱蝶花、滴地金、地金莲、槐花、绣球、九层楼。以上俱开于夏。金凤、木稷、木槿、芙蓉、芷、菊、凡三十四种。桂花、有红桂、黄桂、银桂三种。西番菊、蘋、蓼、水红、秋海棠、金盏银台、丁香、吊兰。以上俱开于秋。雪兰、瑞香梅、有红、白二种。山桃、蜡梅。以上俱开于冬。

——康熙《永昌府志》卷十《物产》第 4 页

花果　优昙花、在曹溪寺，状如莲，有十二瓣，闰月增一瓣，色白气香，种来西竺，有升庵碑记。茶、桂、兰、牡丹、芍药、杜鹃、海棠、素馨、月季、桃、梨、杏、梅、栗、李、林檎、石榴、松实、柿子。

——雍正《安宁州志》卷十一《盐法附物产》第 48 页

花果之属　牡丹、芍药、玉兰、海棠、山茶、芙蓉、杜鹃、素馨、丁香、菊、桂、梅、桃、蜡梅、林檎、花红、核桃、栗、杏、梨、千叶莲。

——雍正《呈贡县志》卷一《物产》第 31 页

花之属　正月华者，杏、碧桃、铁线海棠、春兰、郁李、樱桃、木瓜。二月华者，桃、李、牡丹、垂丝海棠、芙蓉桃、绛桃、梨、金雀、李、罂粟、玉马鞭、布谷、俗名十姊妹。棣棠、玉堂春。三月华者，芍药、绣球、杜鹃、荼蘼、夜合、苔、凌霄。石榴、月季、粉团。茉香。四月华者，蜀葵、玫瑰、丁香、十样锦、海石榴、草牡丹、良姜。五月华者，栀子、一名蘑葡。石竹、萱、地涌莲、遍地锦、五月菊、扶桑、龙爪、扁竹、荷、葵。六月华者，槐、木槿、紫薇、玉簪、白鹤、石斛、剪红罗。七月华者，刺桐、金凤、凤仙。秋海棠、鸡冠。八月华者，木芙蓉、桂、鱼子兰、菊。九月华者，西番菊、水荶、蘋、蓼。十月华者，虎头兰、芷、水仙、茉莉。十一月华者，迎春柳、报春、小桃红、金钱、山樱桃。十二月华者，绿萼梅、照水梅、红梅、玉剪梅、山梅、山茶、玉兰、腊梅。四季长华者，蔷薇、素馨、月桂、长春。

——雍正《马龙州志》卷三《地理·物产》第 20 页

花属　千日红、木芙蓉、秋冬俱开。佛手花、佛桑花、素馨花。

——雍正《阿迷州志》卷二十一《物产》第 255 页

花　牡丹、芍药、莲花、茶花、兰蕙、葵花、萱花、菊花、玉簪花、匾竹兰、石竹花、十样锦、剪红萝、凤仙花、鸡冠花、夜落金钱、罂粟花、蝶戏珠、珍珠佩、木犀花、紫荆花、栀子花、玉堂春、月月红、郁李花、荼蘼花、蔷薇花、木槿花、石榴花、碧桃花、绛桃花、地拥金莲、茉莉花、报春花、紫薇花、迎春柳、素馨花、木香花、四季花、芙蓉花、海棠花、杜鹃花、玫瑰花、虞美人、粉团花、水仙花、凤尾花、西番莲、丁香花、夹竹花、吉祥草。

——雍正《建水州志》卷二《物产》第 7 页

兰、桂、菊、荷、萱、榴花、芙蓉、紫薇、牡丹、芍药、海棠、凤仙、粉团、蔷薇、茉莉、山茶、鸡冠、杜鹃、瑞香、木兰、芭蕉、十姉妹、蜀葵、映山红。

——雍正《白盐井志》卷二《地理志·物产》第 4 页

花属　山茶、牡丹、芍药、梅、素馨、李、桃、桂、茉莉、兰花、石榴、丁香、海棠、菊、棣棠、莲、紫薇、粉团、凤仙、玉簪、鸡冠、石竹、莺粟、葵花、石斛、扁竹、剪春罗。

——雍正《宾川州志》卷十一《物产》第 2 页

花之属　二十八：山茶、有绣球红松子壳、宝珠数种。牡丹、茨牡丹。芍药、紫、红、白三种。桂、赤桂金钗、银钗二种。樱桃、棠棣、即郁李。梅、腊梅、绿萼、红梅、雅梅。兰、有春兰、虎头、香兰、绿兰、鱼子兰数种。瑞香、丁香、旧红、白二种，今惟红一种。花上花、茉莉、木芙蓉、栀子花、石榴花、莲、金边、红、白三种外，有木莲、西方早莲。菊花、十姉妹、紫薇花、白粉团、刺桐花、六月开，一名苍梧，花殷红，形如鹦哥，俗名鹦哥花。紫荆花、桃花、李花、杏花、梨花、海棠花、有梨叶、垂丝、铁脚三种。马鼻缨花。

——雍正《云龙州志》卷七《物产》第 4 页

花属　牡丹、桂花、山茶、碧桃、梅花、海棠、垂丝、铁线。石榴、杜鹃、紫薇、樱桃、芙蓉、绛桃、小桃红、映山红、丁香、芍药、瑞香、茉莉、夜来香、素馨、粉团、迎春、蜡梅、水仙、凌霄、雪团、郁李、玫瑰、荼蘼、玉兰、春兰、鱼子兰、珍珠兰、莲花、玉簪、玉琮、伽兰、菊花、白鹤花、凤仙、金银花、金雀、秋海棠、石斛、龙爪、鸡冠、葵花、木槿、绣球、石竹子、蔷薇、蝴蝶、三春柳、月月红、金凤、扶桑花、栀子、倒垂莲、剪秋罗、罂粟、美人蕉、芭蕉、棣棠、辛夷、刺桐、长春、山矾。

——乾隆《宜良县志》卷一《土产》第 27 页

花类　牡丹、芍药、玉兰、兰、蕙、菊、荷花、倒垂莲、缠枝莲、玫瑰、玉簪、棣棠、蜀葵、杜鹃、秋海棠、绣球、罂粟、月季、木瓜花、小阳春、山丹、马缨、剪秋罗、波斯菊、西番菊、石竹、剪红罗、报春。

——乾隆《东川府志》卷十八《物产》第 2 页

花之属　正月花者，茶、碧桃、杏、铁线海棠、春兰、郁李、木瓜、樱桃。二月花者，绛桃、芙蓉桃、桃、金雀、牡丹、垂丝海棠、罂粟、棣棠、布谷、俗名十姉妹。玉马鞭、玉堂春、梨、李。三月花者，芍药、绣球、荼蘼、杜鹃、茉香、夜合、苕、即凌霄。月季、滇俗名粉团花。石榴。四月花者，海石榴、俗名千叶。蜀葵、玫瑰、丁香、良姜、十样锦、草牡丹。五月花者：蒨卜、即栀子花。石竹、萱、地涌莲、遍地锦、扶桑、有红、黄、水红、姜子数种。龙爪、扁竹、荷、红、白、锦边三种。建兰、葵、五月菊。六月花者，紫薇、槐、玉簪、木槿、紫、白二种。剪红萝、红、白二种。白合、石斛、凤仙。七月花者，刺桐、金凤、秋海棠、鸡冠。五色。八月花者，桂、木芙蓉、鱼子兰。九月花者，菊、蓼、蘋、水溪、西番菊。十月花者，茉莉、芷、虎头兰、水仙。十一月花者，山樱桃、金钱、迎春柳、报春、小桃红。十二月花者，照水梅、绿萼梅、玉剪梅、红梅、山梅、山茶、玉兰、茄兰、蜡梅。四季长花者，映山红、蔷薇、长春、素馨、月桂。

——乾隆《新兴州志》卷五《赋役·物产》第 32 页

花属　葵、菊、栀子、蕙、兰、石竹、玉簪、紫薇、山茶、棣棠、红梅、碧梅、剪春罗。

——乾隆《续修河西县志》卷一《食货附土产》第 47 页

花之属　有梅、杏、桃、樱桃、海棠、桂、李、蜡梅、扶桑、夹竹桃、婆罗蜜、马缨、木芙蓉、杜鹃、蕙、珠兰、牡丹、芍药、玫瑰、酴醾、一名木香。菊、七月菊、水仙、白玉簪、紫玉簪、绣球、金钱、金银花、剪春萝、百合、山丹、小白鹤花、金雀花、石竹、十样锦、转枝莲、荷、马蓼、一名水莱。长春花。

——乾隆《黎县旧志》第 14 页

花之属 春华：兰、报春花、迎春柳、牡丹、芍药、芙蓉桃、波斯桃、绛桃、碧桃、冲天桃、观音柳、罂粟、有五色。凤尾、龙爪、鹭丝、茉香、有黄、白。粉团、有红、黄、白三种。绣球、铁线牡丹、郁李、素馨、海棠、鸡冠、有五色。水仙。夏华：蕙、莲、葵、萱、千叶榴、紫薇、玉簪、金钗、栀子、茶梅、茄蓝、蜀葵、五色。秋华：芷、菊、蓼、蘋、桂、丹、黄、白三色。木芙蓉、凤仙、五彩。海棠、白鹤、十样锦、芦荻、瑞香、西番锦、丁香、有五色。冬华：荀、茶花、有数种。玉剪梅、照水梅、绿萼梅、朱砂梅、腊梅、款冬、月桂、胜春。俗名月月红。

——乾隆《广西府志》卷二十《物产》第 3 页

花之属 梅、莲、菊、牡丹、芍药、茶花、木槿、蔷薇、海棠、茉香、剪红罗、萱、报春、石竹、金银、罂粟、虞美人、桂、向日葵、丁香、秋海棠、海石榴、山丹、俗名映山红。粉团、凤仙、素馨、葵、鸡冠、碧桃、玉簪、玉兰、绣球、紫薇、茄兰、茉莉、芙蓉、金盏银台、栀子、象鼻草、蒲草、苇、芦。

——乾隆《霑益州志》卷三《物产》第 22 页

花 牡丹、茶花、兰、葵花、萱花、黄白木香、茄蓝、金雀、红梅、素馨、荼蘼、紫薇、报春、粉团、玫瑰、杜鹃、蔷薇、木犀花、绣球、棣棠、小桃红、海棠、辛夷、凤仙花、丹桂、石榴、丁香、玉簪、鸡冠、芙蓉、碧桃、荷花、菊花、西番菊、水仙、腊梅。

——乾隆《陆凉州志》卷二《风俗物产附》第 27 页

花属 春：茶花、在枯木。贴梗海棠、春兰、郁李、玉兰、腊梅、樱桃、绛桃、金雀、牡丹、白茨花、罂粟、棣棠、十姊妹、玉马鞭、玉堂春、玫瑰、百合、凤仙花、七里香、芍药、绣球、荼蘼、杜鹃、木香、有黄、白二种。夜合、凌霄、虞美人、月月红、即长春。粉团。夏：海石榴、俗名千层。蜀葵、钱葵、草牡丹、优昙、栀子、金丝桃、石竹、蕙、萱、地涌金莲、扶桑、有红、黄二种。龙爪、扁竹、荷、有红、白、锦三种。建兰、五月菊、紫薇、槐、珍珠兰、茉莉、玉簪、木槿、有紫、白二种。剪红萝、有红、白二种。白鹤、石斛、凤尾花。秋：串枝莲、秋海棠、刺桐、鸡冠、有红、白二种。桂、芙蓉、鱼子兰、芷、兰、蓼、蘋、水红花、西番菊、菊。冬：虎头兰、水仙、丁香、冬兰、山樱桃、金钱、迎春柳、报春、小桃红、照水梅、绿萼梅、红梅、山茶、茄兰、蜡梅、雪兰、飘带兰、珠砂兰。四季长华：映山红、长春、素馨、月桂。

——乾隆《开化府志》卷四《田赋·物产》第 30 页

花之属 报春花、迎春花、杜鹃花、樱桃花、兰花、粉团花、牡丹花、海棠花、芍药花、桃花、荼蘼花、茉香花、杏花、梨花。以上俱春花者。紫薇花、剪红罗、郁李花、山丹花、葵花、玉簪花、白鹤花、丁香花、扶桑花、萱花、凤仙花、榴花、扁竹、石竹、素馨、木槿、地涌莲、石斛花。以上俱夏花者。桂花、菊花、苹花、水红花、芙蓉花、瑞香花、鸡冠花。以上俱秋花者。长春花、宝珠花、山樱桃、茉莉花、山茶、梅。以上俱冬花者。

——乾隆《弥勒州志》卷二十三《物产》第 52 页

花部　桂、山茶、牡丹、芍药、碧桃、绛桃、海棠、梅、杏、郁李、迎春、兰、报春、玉簪、丁香、素馨、映山红、灯笼、杜鹃、蔷薇、荼蘼、夜合、玉兰、鱼子兰、葵、粉团、芙蓉、铁线牡丹、地涌金莲、剪红罗、西番莲、茉莉、槐杏三春、金凤、鸡冠、白鹤、石斛、蝶采珠、水仙、十样锦、佛指甲、冲天红、龙爪、菊、石竹子、玫瑰、樱粟、夜落金钱、水漠、蓼、蕨、芸香、莲。

——乾隆《石屏州志》卷三《赋役志·物产》第 35 页

花类　兰、桂、菊、荷、葵、萱、石榴、芙蓉、紫薇、牡丹、芍药、素馨、海棠、金凤、粉团、蔷薇、茉莉、玉簪、红梅、丁香、金梅、山茶、鸡冠、杜鹃、石竹、石骨、罂粟、瑞香、木兰、玉兰、雪兰、野兰、荼蘼、芭蕉、龙爪、栀子、扶桑、碧桃、绛桃、水红、蜀葵、郁李、报春、山丹、鹅毛、茄兰、鸡爪、芙蓉桃、映山红、剪红罗、小桃红、仙人掌、鱼子兰、月月红、千日红、十姊妹、虎头兰、金弹子。

——乾隆《白盐井志》卷三《物产》第 35 页

花品　桂花、茉莉、紫薇、蔷薇、茶花、扶桑、杜鹃、素馨、枝子[①]、芭蕉、芙蓉、白鹤、山兰、美人蕉、莺粟、凤仙、石竹、菊花、莲花、粉团、剪红罗、鸡冠、麦菊、映山红、十姊妹、鱼子兰、秋海棠。

——乾隆《碍嘉志稿》卷一《物产》第 8 页

花之属　菊花、数种。茶花、数种。桂花、数种。兰花、数种。牡丹、数种。芍药、数种。梅花、数种。海棠、数种。芙蓉、玉兰、月季、丁香、杜鹃、蝴蝶花、鹦哥花、一名刺桐。茉莉、荼蘼、紫薇、蔷薇、栀子、绣球花、秋海棠、地棠、木槿、山丹、俗名映山红。小桃红、数种。虞美人、芭蕉、刺梅、鸡冠、罂粟、素馨、迎春、迎夏、凌霄、木香、瑞香、粉团、仙人掌、水仙、剪秋罗、荷花、少。西洋菊、山矾、水红花、灯笼花、向日葵、蜀葵、玉簪、天竺、夜香、夜来香。状元红、龙爪花。

——乾隆《碍嘉志》卷二《赋役志·物产》第 231 页

花之属　茶花、梅花、碧桃、海棠、兰、茉莉、山丹、素馨、葵花、玉簪、金凤、丁香、莲花、粉团、山茶、杜鹃、菊、鹦哥花、而元谋瘴荒气泄、花无佳品、惟扶桑、木棉为盛。扶桑细枝纠盘，朱红艳发，多单瓣者，不及粤之复出，而丹朱过之。木棉土名扳枝，亦逊粤之浓厚，惟立多村一枝，其西向一枝，花开七层，瓣有三十六。能海闹一株，围十余抱，垂荫数亩，足敌粤产。

——乾隆《华竹新编》卷二《疆里志·物产》第 228 页

花属　山茶、有绣球红、松子壳、贤珠数种。牡丹、芍药、紫、红、白三种。梅、腊梅、绿萼、江梅、稚梅。杏、桃、碧桃、绛桃、芙蓉桃。李、莲、锦边、红、白三种外，有木莲、西蕃莲，皆早种。桂、有赤桂、金钗、银钗三种。海棠、有梨叶、垂丝、铁脚三种。木瓜、石榴、杜鹃、红色、浅、深三种，黄、紫、青、白各一种。芙蓉、蔷薇、茉莉、罂粟、葵花、兰、有春兰、虎头、香兰、绿兰、鱼子数种。菊、石竹、五色错杂，凡十余种。鸡冠、龙爪、黄、红二种。素馨、似茉莉，瓣单藤盘，春秋二季开。刺桐、六月开，一名苍梧，花殷红，形如鹦哥，俗名鹦哥花。玉簪、紫薇、蝴蝶花、色黄绿相间，形如蝴蝶，春夏盛开。止有上关一株，树大花繁，蝶栖花上，首尾相衔，垂下如串，下有蝶泉。夜合、萱花、丁香、旧有红、白二种，今惟红一种。金梅、所在俱丛生，花似梅，色黄，与素馨相类。剪春罗、大红、肉红二种。石斛、金钗、银钗二种。樱桃、红、白二种，红子苦，白子甜，可食。龙女花、惟感通寺一株，其树高数丈，花类白茶，相传为龙女所种。灯笼花、花开结子，红色，如灯笼状。棠棣、即郁李。棣棠花、

---

①　枝子　原本作"枝"，据民国《陆良县志稿》补。枝子，即栀子。

黄色，草本，俗呼为地团花。绣球花、蝶珠花、白色，每朵如蝴蝶状，中有圆珠数点。玫瑰、簪卜、俗名卮子花。扁竹。类萱花，一名荔蓣。

——乾隆《大理府志》卷二十二《物产》第 2 页

花属　兰、建兰、蕙兰、雪兰、砧兰、绿兰、玉兰、莲瓣、折春、秋芝、虎头、珍珠、鱼子。山茶、有宝珠、绣球红、松子壳、菊瓣、紫袍玉带、分心卷瓣、桂叶、银红。牡丹、香粉、红紫。芍药、紫、红、白三种。绛桃、芙蓉桃、碧桃、梅、红、白、绿萼、蝶翅、宫粧、宝珠、楼子、照水。杏、莲、红、碧、锦边三种。桂、金钗、银钗、丹桂。海棠、梨叶、垂丝、铁梗三种。萱、杜鹃、红色、浅、深三种，黄、紫、青、白四种。木本玉兰、芙蓉、蔷薇、洋绣球、茉莉、罂粟、葵、菊、有鹤翎、状元红、太师黄、粉西施、紫绶金章各种。石竹、五色各种。玉簪、鸡冠、龙爪、黄、白、红三种。凤仙、各种。素馨、紫薇、鹦哥花、丁香、粉团、剪红罗、石斛、有五色。金梅、腊梅、郁李、蝴蝶戏珍珠、棣棠、栀子、蘆卜。扁竹、佛桑、即花上花。十姊妹、月月红、木槿、秋海棠、木笔、报春、灯笼、瑞香、木本绣球、山丹、水仙、仙人掌、蓼、荇、鹅毛、白鹤、铁线牡丹、红蕉草、象鼻草、治丹毒。虎掌草、灯心草、茜草、镜面草、蒲草、席草、牛筋草。

——乾隆《赵州志》卷三《物产》第 57 页

花草　牡丹、山茶、梅、桂、杏、桃、李、梨、海棠、丁香、高五六丈。芙蓉、杜鹃、五色双瓣者，胡家园第一。茉莉、石榴、樱桃、绣球、紫薇、蔷薇、玉兰、辛夷、荼蘼、唐棣、地棠、山丹、即映山红。刺桐、形如鹦哥，名鹦哥花。木香、粉团、佛手、夜合、瑞香、十姊妹花、荷、城东有金镶玉版莲花。芍药、菊花、凤仙、鸡冠、素馨、报春、迎春、长春、虞美人、美人蕉、罂粟、葵、灯笼、玉簪、花上花、南甸甚多此种。蛱蝶兰、鱼子兰、串珠兰、剪秋罗、剪春罗、百合、木瓜、番莲、番菊、灯盏仙、鹤之花、高良姜、菖蒲、蕨、藻、荇、苇、芦、茅草、紫草、夏枯、虎掌、马鞭、青蒿、薜荔、凤尾、通草、灯草、锅铲草、象鼻、一把伞草、仙人掌、金刚纂，而薤叶芸香草为武侯所遗种，极可治瘴。

——乾隆《腾越州志》卷三《山水·土产》第 27 页

花属　山茶、牡丹、芍药、梅、腊梅、红萼、红梅、稚梅。李、桂、赤桂、金桂、银钗三种。海棠、有梨叶、垂丝、铁脚三种。木瓜、杜鹃、蔷薇、樱粟、葵花、兰、有春兰、虎头、幽谷、玉兰数种。石竹、龙爪、玉簪、紫薇、夜合、萱花、玫瑰、丁香、剪春萝、白刺花、灯笼花、紫荆花、棠棣花。

——乾隆《丽江府志略》卷下《物产》第 40 页

花类　山茶、海棠、牡丹、芍药、春兰、茉香、绣球、蝴蝶、罂粟、荼蘼、夜合、石榴、蜀葵、丁香、山丹、鸡冠、金灯、龙爪、扁竹、紫薇、玉簪、石斛、刺桐、金凤、金桂、银桂、丹桂、粉团、素馨、石竹、木槿、棠棣、玉兰、秋芷、茉莉、剪春萝、花上花、月月红、月月桂、千叶梅、十里香、木芙蓉、佛手花、栀子花、报春花、小阳春、小桃红、菊花、各色凡十数种。千叶桃、红、白数种。槐叶三春柳、串枝莲、水仙花。

——乾隆《永北府志》卷十《物产》第 4 页

乾隆三十三年十二月初七日……岩前竹树蓊茜，松杉数十本离立，悉数百年物，古梅方作花，冰雪缀其间。……又二十余里过平州，馆舍有梦花，方蕊上，人云开时大如碗，其色正绿。……二十二日，……微阴薄冷，道旁豌豆出土六七寸，油菜已作花矣。……二十三日……即杨磨山，上有诸葛武侯庙，四围松恬千万株，冰莹玉缀，俱在银海中。而西风送雪，皆有梅花香气，凌兢塌冻中，叹为奇绝。……二十五日……行六十里至板桥驿，舍中红梅、辛夷花已烂熳矣。……二十七日，晴暖，滇省南门最盛，值岁暮，梅花、山茶，卖者盈市，而山茶尤殷红可爱。……己丑元旦，初三日启行，……下有关，小憩，过关，循螳螂川而西，菜花尽开，香甚。又十余里，至玉泉山之云涛寺，寺前洞穴嵌空，寺中红梅二株，及山茶皆盛开。……三十四年三月初二日，别明制府赴腾越。……途间见黄果树，树如千株万株合并而成，其枝下垂及土，复成根，与本合为一，大者数围，阴蔽蒂数亩，未尝生花结实，其材亦不中器用。夷人云树间有神，往往携酒禳赛于此。

——《滇行日录》第 205 页

滇南之花，四时不绝，炎夏亦同。

——《滇南杂记》第 238 页

花卉 如山茶之艳，优昙之素尚已。其余牡丹、芍药、海棠、石竹、凡杏、梅诸类已见果部者不载。珠兰、玉兰、红薇、蔷薇、辛夷、紫荆、扶桑、蜡梅、凤仙、罂粟、绣球、玫瑰、茉莉、芙蕖、水仙、番菊、报春、丽春、迎春、长春、月季、夜合、刺桐、丁香、剪春罗、夹竹桃、虞美人、玛瑙缨、地涌金莲。

——嘉庆《临安府志》卷六《丁赋附物产》第 24 页

花果 邑土较瘠，本无奇花异果，惟山茶有数种，胡桃、松子多于各邑。

——嘉庆《楚雄县志》卷一《物产志》第 48 页

花属 万岁菊、王者香、四季各种。日月桂、朱砂桂、金桂、银桂、春富贵、牡丹。状元红、有紫、白各种。长春花、十姊妹、蔷薇、黄刺花、白刺花、茉莉、夜来香、紫微花、雁来红、有二种。梅花、有红、白、照水、绿萼各种。白莲、红莲、菡萏、丁香、芍药、粉团、有红、白、黄三种。茶花、有大红、桃红、白、菊瓣四种。绣球菊、白鹤翎、黄鹤翎、紫鹤菊、丈菊、葵花、金弹子、松子壳、紫粉须、美人面、白菊、黄菊、朱砂片、状元红、金孔雀、虎皮菊、萱花、栀子、糙米菊、杜鹃、有大红、二红、桃红、银红、黄、白、紫、绿、绛各种。攀枝花、木瓜花、小桃红、红花、染色。扁竹花、水仙花、石竹、五色错杂数种。夹竹桃、千叶榴、剪红罗、遍地锦、二种。串枝莲、马缨花、红白、大小二种。鹰爪花、百合花、樱桃花、红、白二种。木玉兰、海棠花、秋海棠、铁线花、粉桃花、玉马鞭、鱼子兰、金盏银台、蒲草、象鼻草、菖蒲、火草、鱼眼草、虎掌草、猪鬃草、笔管草、即木贼。芦、芸香草。

——嘉庆《景东直隶厅志》卷二十四《物产》第 3 页

花类 莲、兰、菊、水仙、凤仙、鸡冠、玉簪、月季、金银、玫瑰、绣球、栀子、西番菊、蜀葵、冬葵、向日葵、芭蕉、芙蓉。

——嘉庆《永善县志略》上卷《物产》第 562 页

《范志》载花十六种，除标山茶于前，而凡上元红、白鹤红、豆蔻、泡花、红蕉、拘那、史君子、裹梅、象蹄、素馨、茉莉、石榴、添色芙蓉、侧金盏，共十五花，粤有滇即有。今按红蕉纤细，亦不足睹。裹梅即木槿，插篱落者亦奚奇？榴花中土最多，金盏阶砌草，更不堪入目。至于素馨，品极贱，蔓延墙壁，曾不能与蔷薇争奇，而滇人矜之，以为出于大理国主段素兴，因名所爱之花曰素兴花，一曰素馨花。夫段素兴者，则《野史》所谓之天明皇帝也，即位于宋仁宗庆历时，四年见废，是时宋与大理不通。范公作志当孝宗时，其外斥滇南，辄曰西蕃，曰南蛮，曰蛮国，不应录其花，著其国主之名。而《志》中已有此素馨花与茉莉为俦，俱出于番隅，不因天明之爱而始著。曰素馨者，为其白而香耳，牵兴为馨，于义安居？今曰木香花。按：木香花别是一种，木香木本，素馨藤本也。

——《滇海虞衡志》卷九《志花》第5页

花之属　牡丹、旧《云南通志》：有红、黄、紫、香、粉红数种。山茶、王世懋《花蔬》：吾地山茶重宝珠，有一种花大而心繁者，以蜀茶称，然其色类殷红，尝闻人言滇中绝胜。王象晋《群芳谱》：山茶花有数种，十月开至二月，有鹤顶茶，大如莲，红如血，中心塞满如鹤顶，来自云南，曰滇茶。陈仁锡《潜确类书》：山茶有数种，而滇茶第一，大如椀，红如血，中心满如鹤顶，来自滇南，名曰滇茶。《瓶史月表》：正月花，山卿山茶；三月花，盟主滇茶。王世懋《闽部疏》：滇茶不宝珠，而色鲜好，娇于宝珠茶，其大如椀，瓣有重台交覆，可当芍药。莆人林大辂中丞宦彼带一株归，今传种家有之，开时千朵艳发，绿叶掩映，大是佳卉。旧《云南通志》：茶花奇甲天下，明晋安谢肇淛谓其品七十有二，豫章邓渼纪其十德，为诗百咏。赵璧作谱近百种，以深红软枝、分心卷瓣者为上。明唐尧官《山茶花赋并序》：滇土繁花，而山茶最奇，十月即放，盖中原所未有也，然鲜播之咏歌者。余观往籍，陈思有《芙蓉赋》，钟会有《菊花赋》，张协有《石榴赋》，虞繁有《蜀葵赋》，宋璟有《梅花赋》，古人艳焉。余效之，虽极意敷扬，殊未尽体物耳。"惟元冥之启候兮，岁将暮而凝寒。严风慄冽以振野兮，霜霏集而蒙霭。草木摇落而变衰兮，讶萧瑟于林端。梅欲占而须时兮，菊东篱之既残。洵穷津之黯澹兮，惨游展而鲜欢。爰有嘉树，植自滇域，天集象巧，地孕殊色，抽神缄与鬼秘，宛葩刊而蕚刻。诡状异态，莫之省测：或如粉傅，或如珠串，或如磐圆，或如榴灿，或如赤玉盘，或如绛纱幔，或如鹤顶之丹，或如火齐之干。棱棱兮翠叶，是谁兮匀劗？缕缕兮金粟，是谁兮丝穿？既逐瓣兮心分，复惹烟兮条愞。其未开也，扶疏磊砢，葱葱青青，拟佳树之冬荣；迨既开也，鞞鞢陆离，煌煌艳艳，恍飞霞之烂漫。邈东皇之朱缵兮，绝朋援而先芳。冒雪霜而吐艳兮，适蝶冻而蜂僵。眇南枝之纤素兮，占春林而倔强。翔阴晴之摩定兮，逞丽质而相羊。尔其朔风飘飙，乍起乍伏，旖旎婀娜，譬彼飞燕，则昭阳之妖舞也；薄暮霏微，溟蒙沾洒，淋漓绛玉，譬彼太真，则华清之洗沐也；晴曦斜照，扬辉荡采，掩映光华，譬彼西施，则越溪之浣纱也；皓雪飞扬，揣封营积，缟妆艳冶，譬彼文君，则临邛之新寡也；震霆倏撼，披拂蟠缠，秀堕芳躁，譬彼绿珠，则金谷之坠楼也。于是，群芳惭沮，不知所营。香兰之艺楚畹，丛桂之生淮南。芙蓉之名益都，牡丹之盛雒园。与夫海棠芍药，桃李山矾，或体裁么麽，或标格瘦清，或摧砭冰雪，或移落风尘。恶朝蕣而夕谢兮，节歇变于冬春。题名葩之冠绝兮，岂敢望乎等伦！若乃画阁云连，彤轩槛荫；参拟平台，别开三径；倚绯英之玓瓅，与交疏而相映；绿筠翠柏助其精神，朱丝玉笛添其风韵。于是，布几筵，集宾客，呼妙妓，燕良夕。曳文縠以蹁跹兮，戴金摇之暐晔。杨百里之遗声兮，昭阳阿之清越。杂兰羞以兼御兮，饮琼饴之仙液。笑簪朵于云鬉兮，颓玉山而未歌。若夫幽崖古刹，岝崿之巅，旅店孤村，寥廓之地，野况凄凉，一株衰植，寄秾艳于清冷，发辉光于颠顶；徒使孤赏者握管而沉吟，趣行者绁马而留滞。缅香亭之宠渥兮，与倾国而交欢。洎蓄蓥之表识兮，名历世而周刊。胡奇英之傲诡兮，委炎方而自安。良璧产于荆山兮，卞氏抱而长叹。骐骥困于虞坂兮，望伯乐一盼之为难。慨遭逢之有素兮，效达人以自宽。岂知希之我贵，养寿命于嵒峦。乱曰：'姑射仙人霞绡帔，乘风率尔滇云至。爱此山川恣游戏，化作花神显灵异。番隅之种亦奇特，比之迥然霄壤别。格外丰姿岂易貌，抽毫谁是茂陵客？移栽上林不可得，留与西南壮颜色。'"明邓渼《茶花百咏》诗并序：滇茶甲海内，种类之繁至七十有二，其在省城内外者尤佳。余以庚戌岁按部，事竣驻省候代，时值冬末春初，此花盛开，名园精舍，间获寓目。烁日蒸霞，摛文布绣，火齐四照，云锦成帷。信天壤之奇观，品物之钜丽也。昔人谓此花有七绝，余以为未尽厥美，有十德焉：色之艳而不妖，一也；树之寿有经二三百年者，犹如新植，二也；枝干高耸有四五丈者，大可合抱，三也；肤纹苍润，黯若古云气樽罍，四也；枝条黝斜^①，状似麈尾龙形可爱，五也；蟠根兽攫，轮囷离奇，可屏可枕，六也；丰叶如幄，森沉蒙茂，七也；性耐霜雪，四时常青，有松柏操，八也；次第开放，近二月始谢，每朵自开至落，可历旬余，九也；折入瓶中，水养十余日不变，半吐者亦能开，十也。此皆他花所不能及者。因考唐人以前，此花独不经题咏，以僻远故不通中土，遂使奇姿艳质，沦落无闻。近代有作，率多不能为此花传神。暇日，因戏为百咏诗一首，牵缀比拟，未免儿态，庶几为此花吐气，传之四方，或有采焉。"遍检古人句，山茶未得名。形容应有待，品价似难轻。此地本炎德，在天疑火精。芳菲迎暮岁，烂熳及元正。宜寿如山木，经霜似女贞。柔条牵百丈，老干倚孤撑。美荫围松盖，新蕤怒竹萌。重葩翻蔽叶，歧蒂总依茎。接植人工巧，开先品物亨。光华分若木，肌理细殷桱。叠萼争承露，丰苞独向明，丛深疑避蝶，春浅未闻莺。次第开偏久，交纷压恐倾。巨于璙碧盏，圆若紫繁缨。靫绶交垂緌，绡纨午染柽。红肤时绽甲，赤色合居庚。按谱遗金谷，邀欢即锦棚。流云相点映，射日更光晶。筐启红罗缬，餐分紫石英。摘须嫌断线，接蕊爱连璎。览德冠称凤，能言啄属鹦。火齐衔粉壁，舍利到金罂。道士霞为帔，佳儿锦作绷。枝枝经纂组，朵朵荐玑瑆。汉苑裁何得，隋宫剪不成。深宜藏翡翠，艳欲恼鹡鸰。步障裹华薄，氍毹展绛绤。影悬金较带，汗落锦斑騂。似焰嘘丹灶，为霞烧赤城。深元同燕燕，点血类猩猩。绣羽悬雕笼，朱辉发短檠。霜林摇翠葆，海日浴金鉦。锦水徐鄰浪，乔云不作霙。红球分彩索，朱苇间葱珩。柳絮空伤媚，芝房讵足撄。称名根野荨，夺色炉山樱。莲或羞泥污，葵空向日诚。珠离酒泉奈，蜜剖楚江萍。质本坚蒲柳，香无取杜蘅。道旁徒树李，庭院枉栽荆。乍可兰为友，谁言棣是兄？缤纷异红药，憔悴惜朱嬴。逾月迟莫落，终朝惜舜荣。讵称霜挺桂，何事雨移橙。嘉种虽分部，兹花合主盟。杜鹃殊不类，鹈鴂敢先鸣。的皪披林影，菲微散晓晴。后凋仍早放，雾绕更烟萦。闽婵空惭贱，杨妃别有情。宝珠光自溢，謦口韵犹清。枝爱垂丝软，心怜卷瓣生。蝶翎看坠粉，鹤顶似含琼。一种皆称美，群芳孰与争？娇姿长似窹，姱质更如仁。露下啼妆泫，风前舞态呈。施朱嫌太赤，颣玉未辞酲。倏似颦容敛，遥当笑靥迎。口脂香泽傅，眉黛远山横。合德偕宜主，娥皇俪女娀。令人疲应接，有客更屏营。倚处惭形秽，看时恐目盲。每当春澹荡，及此岁峥嵘。节候佳南诏，繁华匹上京。深红间浅紫，布谷复弥坑。旭景宜兰若，霞铺骇楚伧。纷敷弥绣野，徙植近雕甍。窃虑霜威入，思将夏屋帲。窥垣恒寂寂，隔水更盈盈。早沐绯衣赐，偏宜素腕擎。助娇斜宝髻，充耳当琼莹。赏玩须歌伎，吹嘘借墨卿。招摇多伴侣，感慨易虋悍。天女贪分供，园丁苦价赢。出门逢巨丽，曳杖陟峣峥。婀娜随乌帽，飘飖堕兕觥。杯盘狼藉列，车马往来侦。晓驻浮云盖，宵移玉柱筝。佳人理钗钏，贵客住干旌。竞作寻花使，宁辞醉酒铛。夷讴征穆护，曲调拟清平。舞袖淹同坐，缠头费从伶。攀留思远道，折赠付来伻。不遇神农录，空留姚魏声。红颜消瘅疠，珍品失寰瀛。安得移中土，犹堪慰此行。僰僮应见惯，楚客易心惊。几树临官舍，三千慰旅程。有时还独倚，竟日但空瞪。盛极忧衰至，怜深与恨并。物华虚冉冉，此意自怦怦。坐抚琴三弄，闲消酒一盛。眠须携枕簟，狂或绕檐楹。相赏无知己，余酣对老兵。何心思北土，有赋俟南征。感动人千里，吟当月五更。未须怨摇落，终许比嫮嫇。暗觉乡园近，深嗟世网婴。嵇含状草木，桂海志虞衡。逸史奇应续，新诗暇自赓。属辞深比兴，从此定佳评。"

天女花、旧《云南通志》：花似玉兰而白过之，暮春始开，香甚清远。木莲花、《古今图书集成》：树高大，叶如枇杷，花如莲，有青、黄、红、白四种。郎中仪征阮福《云南督署宜园木莲花说》：宜园有树二株，一在香雪斋之西，阶高丈许，年久干老花稀；一在仙馆之南，高约三丈，枝干坚壮，叶大如掌，细纹而厚。四月作花甚繁，花苞绿色，厚而坚紧，花开大如碗，色白心黄，在内之瓣白色，分八九出，在外之苞瓣绿

---

① 黝斜 《名山胜概记》、《御定佩文斋广群芳谱》皆作"黝斜"，道光《昆明县志》作"夭娇"，《滇略》作"妖娇"，有异。

色，分三四出不定。花瓣如莲，心亦有须，似莲房特尖而不平，又其瓣似辛夷而坚肥过之。初开色白，半日即淡绿色，两日即黄而萎落。叶亦似辛夷而大厚过之，香清远如兰而辛近贯鼻。相传为佛国之优昙花，见于云南省志，为滇中罕见者。余窃以为未然，文人学士，往往艳羡佛书禅藻，以名内地之奇花异木，即以优昙花而论。《梁书•波斯国传》：国中有优钵昙花，鲜华可爱。又《法华经》：如优钵昙花时一现尔。又《涅槃经》：佛出世难如优钵昙花。又苏东坡诗云"优钵昙花岂有花"。以此证之，则在彼土尚非寻常易见之花，为佛出世难之喻，岂内地常见之树乎？余谓此花似是木莲耳。据《旧唐书•白居易传》，南宾郡花木多奇，居易在郡写《木莲荔支图》，寄朝中亲友。又《长庆集》有《木莲树图》诗并序，云树生巴峡山谷间，巴民亦呼为黄心树，大者高五丈，涉冬不凋。身如青杨，有白文。叶如桂厚大无脊。花如莲，香色艳腻皆同，独房蕊有异。四月初始开。白公此说，与今树皆合，且滇蜀相邻，惟诗有"红似燕支"句，与今花色不合。福复检《云南府志》，有按察使常安撰《红优昙花记》，云优昙花，闻两迤之间所在多有。夫优昙在众香国已为嘉祥，乃今制府轩中所开，以殷红特闻，则尤为希世之瑞。又检《通志》，云南督署自康熙初至今百余年，未曾改地，常按察之《记》是雍正庚戌夏至日所作，彼时制府为鄂少保文端，所言制府轩为今署无疑。惟今署二树皆是白花，无红色者，或是昔时别有红花之树，而今已朽，抑或即昔时树嫩花红，而今树老花白耶？又或蜀产者红色多，滇产者红色少，故以为异，亦未可遽定。然可知此树实有红、白二色，而唐时蜀产，与今树无异也。今滇省中虽名为优昙花，而大理亦有此花，《府志》则以为生于和山，曰和山花。又《通志》云省城土主庙生树，与和山不异，名娑罗树。大抵皆不知古名，异其地，异其名耳。而鄙意窃谓香山所谓木莲者，自是此花最古之正名，何必假借释典，广博异号，以乱正名哉？蝴蝶花、桂馥《札朴》：绣球花，周围先开，其瓣五出，酷似小白蝶，俗呼蝴蝶花。中心别有数十蕊，小如粟米。旧《云南通志》：蝴蝶花，色黄绿相间，形如蝴蝶，春夏盛开。大理上关一株树大花繁，更为滇省之冠，其花首尾相衔，垂下如串，下有蝶泉。绣球花、旧《云南通志》：有红、白、紫色三种。梅花、旧《云南通志》：有红梅、白梅、朱砂、玉剪、绿萼、照水数种。又大理上关唐梅寺有唐梅一林。檀萃《滇海虞衡志》：红梅，莫盛于滇，而龙泉之唐梅、腾越之鲁梅，见于画与传者，光怪陆离，极人间所未有。桂花、旧《云南通志》：有丹桂、金桂、银桂三种。又有月桂，四季开花，夏秋结子。桃花、旧《云南通志》：有绛桃、碧桃、芙蓉桃、夹竹桃数种。丁香、旧《云南通志》：有红、白二种。杜鹃、旧《云南通志》：有五色双瓣者，永昌、蒙化多至二十余种。檀萃《滇海虞衡志》：杜鹃花满滇山，尝行环洲乡，穿林数十里，花高几盈丈，红云夹舆，疑入紫霄，行弥日方出林，因思此种花若移植维扬，加以剪裁收拾，蟠屈于琼砌瑶盆，万瓣朱英叠为锦山，未始不与黄产争胜，而弃在蛮夷，至为樵子所薪，何其不幸也！佛桑花、檀萃《滇海虞衡志》：佛桑花，亦佛国花也。枝叶如桑而丛生，花轻红，娟娜可爱。佛坐桑下，僧曰桑门，宜桑之献花绕佛而为供养，此佛桑之义也。妄者改名扶桑，失其义矣。旧《云南通志》：扶桑有五色。芙蓉、旧《云南通志》：有深红、浅红二种。茉莉、李时珍《本草纲目》：茉莉原出波斯，移植南海。今滇、广人栽莳之。其性畏寒，不宜中土。旧《云南通志》：产元江者，花较茂盛。蜡梅、旧《云南通志》：有磬口、雀舌二种。石榴、段成式《酉阳杂俎》：南诏石榴子大，皮薄如藤纸，味胜于洛中。又云甜香名天浆，能已乳石毒。旧《云南通志》：有四季开者。海石榴、旧《云南通志》：有红、黄二种。樱桃花、旧《云南通志》：樱桃有红、白二种，红为苦樱，白子甘可食。紫薇花、王象晋《群芳谱》：一名百日红，一名怕养树，一名猴刺脱。树身光滑，花六瓣，色微红紫，皱蒂长一二分，每瓣又各一蒂，长分许，蜡趺茸萼，赤茎，一颖数花。每微风至，妖娇颤动。人以手爪其肤，彻顶动摇，故名怕养。四五月始花，开谢接续，可至八九月，故又名百日红。省中多植此花，取其耐久且烂漫可爱也。檀萃《滇海虞衡志》：树既高大，花又繁盛茂密。多植于官署庭前，满院绛云，不复草茅气象。蔷薇、旧《云南通志》：有五色者。《妆楼记》：周显德五年，昆明国献蔷薇水以洒衣，衣敝而香不灭。海红、旧《云南通志》：即浅红山茶，自十二月开至二月，与梅同时，故一名茶梅。金梅、旧《云南通志》：花开黄色，与梅同时，故名。又以垂条似柳，一名迎春柳。山丹、旧《云南通志》：俗名映山红。刺桐、彭纲《咏刺桐花》诗："树头树底花楚楚，风吹绿叶翠翩翩。一枝两枝红鹦鹉。"注：刺桐花，云南名鹦哥花，花形似之。旧《云南通志》：一名苍梧。树高数丈，花开丹红，形如鹦嘴，俗又名鹦哥花。元江产者尤多。檀萃《滇海虞衡志》：刺桐花，滇名鹦哥花。叶如梧而蔽芾，花亦巨而鲜，但取其枝插之，即易生如青桐也。木质轻松，亦似青桐，官府取以为杖。桂馥《札樸》：永昌、顺宁有木，高数丈，叶如桐，多刺，花色似红焦。土人谓之鹦哥花，以其似鹦哥嘴。案即刺桐也，亦谓之赪桐。《南方草木状》：赪桐，花连枝萼，皆深红之极者，俗呼贞桐花。赪，音之讹是也。折其枝，插地即生。陈鼎《滇黔纪游》：太和刺桐花开于七月，极红，旁映他树，山石皆赤。木香花、旧《云南通志》：有黄、白二种。粉团花、旧《云南通志》：有红、黄、白三种。檀萃《滇海虞衡志》：滇俗重木香、粉团、金凤，小女儿争戴之。木香论围，粉团论朵，金凤作团，插于鬟，高至盈尺，如霞之建标，呼于市而货之，顷刻俱尽。仙人掌、旧《云南通志》：叶肥厚如掌，多刺，相接成枝，花名玉英，色红黄，实似小瓜，可食。金刚纂。旧《云南通志》：花黄而细，土人植以为篱。又一种形类鸡冠。《谈丛》：滇中有草名金刚纂，其干如珊瑚多刺，色深碧，小民多树之门屏间。此草性甚毒，犯之或至杀人。余问滇人，植此何为？曰以辟邪耳。唐锦《梦余录》：滇缅有木曰金刚纂，状如棕榈，枝干屈曲无叶，剉以渍水暴，牛羊渴甚而饮之，人食其肉必死。谨案：以上俱木本。

兰、旧《云南通志》：有七十余种，雪兰为胜。桂馥《札樸》：余访兰于滇，不可遍知也，得卅余种，就土俗名目，次而记之。其开于春者十二：曰春建，叶长不折，花香远布，出通海。曰春绿，极娟秀，出大理、蒙化。曰觅兰，色浅碧，叶如箭，出宜良。曰独占春，花最大。曰铜紫兰，花小而繁，色如紫铜，出蒙化、顺宁。曰幽谷，花红叶细，香最久，杨升庵为赋《采兰引》，出广通。曰双飞燕，每茎两苞，似雪兰而大，紫表白里，亦有一花者，谓之孤飞。曰石兰，花大无香。曰棕叶，一茎中抽花最小，叶大如掌。曰赤舌，花色如碧玉，大似虎头兰。曰紫线，叶长三三尺，花香澹白，瓣有纽文，出永昌。夏开者有六：曰夏蕙，花繁叶厚，处处有之。曰箭干，花紫，迤西多有。曰朵朵香，出昆明。曰白莲瓣，花稀叶疏。曰绿莲瓣，叶长，出迤西。曰绛兰，叶短花赤，普洱、元江热地所生也。秋开者有七：曰秋菭，花碧，处处有。曰麻莲瓣，出蒙化。曰露兰，茎短，出广南。曰大朱兰，叶广二寸，干修三寸，一干数十花，色紫，生顺宁深菁中。曰菊伴，花紫瓣长，出云南、曲靖二府。曰崖兰，生山谷中，花藏叶底，采花阴干，主妇人难产。冬开者有十：曰寒友，花小叶密，出富民。曰朱砂，绿瓣赤舌，香最烈，出蒙化、景东深山石壁上。曰雪兰，色正白，舌赤，出大理、顺宁。出宁州者不甚白而香清舌碧，又一种也。曰绿干绿。曰紫干绿。曰马尾，黄色，瓣不分张；曰火烧兰，叶长茎短，并出顺宁。又一种出云州，茎长而花香，曰虎头，花最大，品亦最下。顺宁又一种，花黄，生深菁枯木上，五月开，曰净瓶，似瓜，生石上，两叶，一大一小，广寸许，花如雪兰而小。其四时开者：曰素心，花小叶纤，出昆明。又有风兰，根不著土，或凭木石，或悬户牖皆生，出普洱、开化。又有鹭鸶蝴蝶，叶有节，花形如鹭如蝶，兰之别子也。檀萃《滇海虞衡志》：滇中虎头兰，兰中壮巨者，花而不香。又有风兰，蓄之烟窗风架乃蕃，如仙人掌。李厚冈治恩乐，搜哀牢山兰甚多，以木斗运省，其奇异之品，皆世所未见。近检张记，有神品兰，盖朱砂兰也。叶似建兰稍大，茎高尺，一茎十余花，色如渥丹，香清洌过诸种，开于夏秋间。本出老挝、孟艮土司地，新兴人善养之，蒙化差劣，他郡养之则不花。又有雪兰，一茎三花，瓣如通草，心吐微红，叶柔如绵，迎年即开，秀美怡人。滇人蓄兰，多建兰、鱼魫兰，皆来自粤闽，非滇产。产则虎头、风兰，俱粗大，惟厚冈所得与张君所记，皆产自滇，一洗虎头、风兰之陋。陈鼎《滇黔纪游》：太和兰不香，梗叶之大过于闽兰二十倍。赛兰、《华夷花木考》：

赛兰，花小如金粟，香特馥烈，戴之发际，香闻十步，经日不散。杨升庵曰佛经所谓伊兰，即此花也。伊者，西域尊称，以其香无比，故曰伊兰。檀萃《滇海虞衡志》：升庵谪滇，乃赋伊兰，是伊兰又出于滇。《序》称江阳有花名赛兰，香不足于艳而有余于香，戴之髻䯻[①]，经旬犹馨，古者纫佩頮浴皆是物。西域有伊兰，以为佛供，即《汉书》所谓伊蒲之馔。滇为佛国，宜产此兰，然伊兰即猗兰。夫子操之，如来馔之，其重如此。猗兰亦作花，古人不取花而取叶，所以为容臭。朱砂兰、王象晋《群芳谱》：朱兰，色如渥丹，叶阔而柔。檀萃《滇海虞衡志》：朱砂兰，即红兰，江淹《别赋》所谓见红兰之受露，是中国原有此兰，今独见于滇也。莲花、旧《云南通志》：莲有红、白、锦边三种，又二色莲，红白中分。檀萃《滇海虞衡志》：滇南莲花特异，古云已开为荷花，未开为菡萏，本一花而因开与未开异名。至滇，始知茶花开而结实，菡萏合终不开不结实，盖两物也。其最奇者，花一朵而半白半红，广通学宫出此花，余为记之。芍药、旧《云南通志》：有红、紫、白数种。菊、旧《云南通志》：有九十余种。素馨、旧《云南通志》：山野蔓生，家园广植，蕊红花白，质秀香清，亦有四季开者。旧志即《南方草木状》所谓耶悉茗也，称其种来西域。又《滇略》云南诏段素兴好之，故名。《通雅》云南汉刘铣之姬曰素馨，葬处生此，人以名之。檀萃《滇海虞衡志》：素馨，品极贱，蔓延墙壁，曾不能与蔷薇争奇，而滇人矜之，以为出于大理国主段素兴，因名所爱之花曰素兴花，一曰素馨花。段素兴，《野史》所谓天明皇帝也，即位于宋仁宗庆历时，四年见废。是时，宋与大理不通，范氏作《桂志》当孝宗时，其外斥滇南，辄曰西番，曰南蛮，曰蛮国，不应录其花，著其国主之名，而《志》中已有此花与茉莉为俦，俱出于番禺，不因天明之爱而始著。曰素馨者，为其白而香耳，牵兴为馨，于义安居？凤仙、旧《云南通志》：俗名金凤。《花谱》：一名金凤花，各色俱有。鸡冠、旧《云南通志》：有高足、矮足、百鸟朝王数种。石竹、徐炬《事物原始》：石竹，青节绛花，枝柔叶细。旧《云南通志》：五色错杂，凡十余种。蝴蝶戏珍珠花、旧《云南通志》：白色，花开如蝴蝶状，中有圆珠数点，故名。马缨花、檀萃《滇海虞衡志》：马缨花冬春遍山，山氓折而盈抱入市供插瓶，深红不下于山茶。制其根以为羹匙，坚致胜施秉。又有白马缨，亦可玩，而艳丽终不及红也。粤中亦有马缨花，非此花也。含笑花。檀萃《滇海虞衡志》：含笑花，土名羊皮袋。花如山栀子，开时满树，香满一院，耐二月之久。谨案：以上草本。

山海棠。阮元《文选楼诗序》：迤南、迤西皆有之，昆明无，富民有。树大数丈，冬至前开花，交春方谢，花叶皆似海棠，蒂亦垂丝而浓密过之，霜雪满山，红林独盛。近年省督署中已植数株。诗："何来冬岭树，道是海棠枝。万卉雕零日，此花襛艳时。凌云垂鄂不，傲雪湿燕支。桃李春风耳，岁寒谁与诗。"谨案：以上补木本。

又案：旧《志》尚有杏花、李花、梨花、海棠、栀子、玉兰、茄兰、荼蘼、唐棣、地棠、木槿、辛夷、小桃红、佛手花、夜合、七里香、瑞香、水仙、玫瑰、地涌金莲、龙爪、凤尾、玉簪、秋海棠、剪红罗、鱼子兰、十样锦、萱、迎春、报春、凌霄、金钱、鹭鸶毛、罂粟、虞美人、扁竹、十姊妹、西番菊、西番莲、西番锦、水丁香、金盏银台、长春、佛手、向日葵、蜀葵、冬葵、旋葍、百合、石斛、山矾、灯笼花、灯盏花、仙鹤花、鹭鸶花，俱滇产。

——道光《云南通志稿》卷六十七《食货志六之一·物产一·云南通省》第 24 页

花草之属 百有二：茶花、奇甲天下，明谢肇淛谓其品七十有二，邓渼亦纪其十德，为诗百咏，赵璧作谱近百种，以深红软枝、分心卷瓣者为上。优昙花、叶如波罗而有九丝，花如芙蓉而开十二瓣，遇闰则加一瓣。梅花、有朱砂、玉剪、绿萼、照水诸名。牡丹、有红、黄、紫、香、粉红数种。桂花、有丹桂、

---

① 髻䯻 《滇海虞衡志》卷九《志花》作"綦絯"，杨升庵《伊兰赋序》作"鬈絯"。鬈：发鬈。作"髻"，意同。

金桂、银桂三种。又有月桂，四季开花，夏秋结子。杏花、李花、梨花、桃花、有绛桃、碧桃、芙蓉桃、夹竹桃数种。海棠、丁香、有红、白二种。杜鹃花、有五色双瓣者。栀子、佛桑、一作扶桑，有五色。芙蓉、有深红、浅红二种。蜡梅、有磬口、雀舌二种。茉莉、石榴、有四季开者。海石榴、有红、黄二种。樱桃、有红、白二种，红为苦樱，白子甘可食。绣球、有红、白、紫三色。紫薇、蔷薇、有五色者。玉兰、酴醾、唐棣、即郁李。木槿、海红、即浅红山茶，自十二月开至二月，与梅同时，故又名茶梅。金梅、花开黄色，与梅同时，故名。又以垂条似柳，一名迎春柳。山丹、俗名映山红。辛夷、刺桐、一名苍梧，树高数丈，花开丹红，形如鹦嘴，故又名鹦哥花。小桃红、木香、有黄、白二种。粉团、有红、黄、白三种。夜合、七里香、仙人掌、金刚纂。花黄而细，土人植以为篱。以上木本花三十九。

兰、有素心、风兰二种，又一种名朵朵香。莲、有红、白、锦边三种，又二色莲，红白中分。芍药、有红、紫、白数种。菊、有九十余种。水仙、素馨、凤仙、俗名金凤花。玫瑰、地涌金莲、凤尾、龙爪、马缨、鸡冠、玉簪、石竹、金钱、秋海棠、剪红罗、鱼子兰、十样锦、萱、迎春、报春、凌霄、罂粟、一名米囊花。虞美人、十姊妹、西番菊、西番莲、西番锦、长春、含笑、俗名羊皮袋花。向日葵、旋蕾、百合、山矾、灯盏、金盏银台、蝴蝶戏珍珠花。白色，花开如蝴蝶状，中有圆珠数点，故名。以上草本花三十九。

芭蕉、有凤尾、象牙、美人蕉数种。吉祥草、通草、蒲草、虎须草、凤尾草、鱼眼草、薛荔、菖蒲、蘋、藻、荇、苇、芦、茆、灯心草、铁线草、火草、紫草、蓼草、青蒿、虎掌草、马鞭草、夏枯草。以上草二十四。

——道光《昆明县志》卷二《物产志》第 4 页

"花枝不断四时香"，兰茂句也。会城凡草木之花，不独其种繁，而开亦最早。方冬十月，梅已先春，岁除日，桃杏皆可供瓶，无论金梅、海红也。梅之红者，莫盛于滇，而龙泉观之唐梅，夭矫离奇，极人间所未有。城隍庙又有雪柳一株，皆数百年物。茶花则以城东之云安寺为最。

彭大翼《山堂肆考》：云南滇池中产衣钵莲，花盘千叶，蕊分三色。旧《府志》亦曰：衣钵莲出县西湖。师范《滇系》：滇中茶花甲于天下，而会城内外尤胜。其品七十有二，冬春之交，霰雪纷积，而繁英艳质，照耀庭除，不可正视，信尤物也。豫章邓渼称其有十德焉：艳而不妖，一也；寿经三二百年，二也；枝干扶疏，大可合抱，三也；肤纹苍黝，若古云气尊罍，四也；枝条夭矫，似尘[①]尾龙形，五也；蟠根轮囷，可几可枕，六也；丰叶如幄，森沉蒙茂，七也；性耐霜雪，四序长青，八也；自开至落，可历数月，九也；折供瓶中，旬日颜色不变，半含亦能自开，十也。为诗一百韵赏之。

其紫薇树，亦极繁盛，皆高十数丈，荫数亩许，官廨尤多，尽千百年物也。自夏徂秋，绀英照庭庑，令人流连吟赏，不忍舍去，足称二绝。

地涌莲，高一二丈，形类棕榈，花如莲，亦名木莲。其小而蔓生者，曰西番莲。

优昙花，滇中颇多，其花青白无俗艳，诚佛花也。花千年一见，一见之后，于是我佛乃说妙法莲华经，经流传人间，花亦不复收去，俾人间见花即如见佛，是从前之千年一见者，今则日日见之矣，其多也，亦又何疑。檀萃《滇海虞衡志》：佛桑花，亦佛国花也。枝叶如桑而丛生，花轻红，婀娜可爱。佛坐桑下，僧曰桑门，宜桑之献花绕佛而为供养，此佛桑之义也。妄者改佛为扶，失其义矣。

---

① 尘　《滇略》同，道光《云南通志稿》、《名山胜概记》、《御定佩文斋广群芳谱》皆作"麈"。

滇俗重木香、粉团、金凤，小女儿争戴之。木香论围，粉团论朵，金凤作团，插于藁，高至盈尺，如霞之建标，呼于市而卖之，顷刻俱尽。

马缨花冬春遍山，山氓折而盈抱入市，供插瓶，深红不下于山茶。制其根以为羹，坚致胜施秉。又有白马缨，亦可玩，而艳丽终不及。

旧《通志》：素馨，山野遍生，家园广植，蕊红花白，质秀香清，亦有四季开者。《南方草木状》所谓邪悉茗也，旧《志》称其种来西域。又《滇略》云南诏段素兴好之，故名。《通雅》云南汉刘鋹之姬曰素馨，葬处生此，人以名之。皆不免附会。

——道光《昆明县志》卷二《物产志·余论·论花草之属》第14页

花属　优昙、茶花、桂花、牡丹、芍药、兰、凤仙、百合、素馨、凌霄、鸡冠、木香、玫瑰、菊、玉簪、海棠、葵、紫薇。

——道光《晋宁州志》卷三《地理志·物产》第26页

花类　桂、山茶、碧桃、海棠、葵、郁李、迎春、菊、杜鹃、玉簪、丁香、素馨、百合、蓼、粉团、莺粟、白木香、黄木香、金凤、莲、剪红萝、水仙、月月红、蘋。

——道光《昆阳州志》卷五《地理志下·物产》第13页

花属　牡丹、茶花、芍药、玉兰、山兰、莲花、茄蓝、辛夷、芙蓉、天女、绣球、十样锦、栀子、瑞香、石榴、玉簪、山丹、西番菊、金凤、鱼子兰、粉团、玫瑰、紫荆、百合、木兰、蜡梅、石竹、剪绒、鸡冠、海石榴、葵花、杜鹃、金线牡丹、蔷薇、金桂、银桂、绛桃、碧桃、凤尾、黄菊、白菊、蝶戏珠、藏金花、仙人掌、荷包牡丹、垂丝海棠、虞美人、报春花、木槿花、红白郁李、菜菊。

——道光《宣威州志》卷二《物产》第22页

花属　荷花、兰花、素馨、蔷薇、紫薇、玉兰、梅花、桂花、石榴花、木芙蓉、月季花、秋海棠、铁线莲、俗名串枝莲。牡丹、芍药、山茶、子午莲、腊梅花、芭蕉、凤尾蕉、金凤花、水仙花、海棠、凤尾花、碧桃、玫瑰、十姊妹、鼓子花、金灯花、鱼子兰、绣球花、丁香花、栀子花、辛夷花、俗名茄兰。菊花、石竹花、葵花、百合花、茉香花、粉团花、玉簪花、茉莉花、杏花、桃花、玉莉花、木槿花、迎春柳、地涌金莲、鸡冠花、梨花、蓼花。

——道光《广南府志》卷三《物产》第3页

花之属　兰花、蕙花、芷花、苟花、莲花、梅花、石榴花、桂花、葵花、石斛花、菊花、有数种。金雀花、牡丹、芍药、山茶、紫薇花、丁香花、百合花、金凤花、栀子、粉团花、杜鹃花、鸡冠花、茉香花、扶桑花、海棠、素馨花、玉簪花、茉莉花、芙蓉、石竹花、玉莉花、凤尾花、腊梅花、鱼子兰、水仙、碧桃、虎爪兰、木槿花、迎春柳、剪红罗、虎须草、小桃红、建兰、龙胆草、象鼻草、报春花、杏花、桃花、芭蕉、梨花。

——道光《澂江府志》卷十《风俗物产附》第6页

花之属　牡丹、芍药、茶花、桂花、梅花、海棠、石榴、春兰、夏蕙、秋芷、丁香、绛桃、碧桃、菊花、茄兰、玉兰、芙蓉、粉团、木香、素馨、杜鹃、莲花、雪兰、草兰、莲瓣兰、蜀葵、蔷薇、栀子花、秋海棠、玉簪花、迎春柳、芙蓉花、佛桑花、紫薇花、珍珠兰、月月红、虎头兰、西番菊、小桃红、百合花、萱花、鸡冠花、蝴蝶花。旧《县志》

——道光《续修易门县志》卷七《风俗志·物产》第169页

花之属　红梅、东岳庙一株，游击署一株，皆数百年。茶花、云南最胜，新龙王庙一株亦大而古。兰花、出密勒。棉花。出漫干。

——道光《新平县志》卷六《物产》第 22 页

花之属　兰、萱、葵、菊、荷、紫薇、素馨、粉团、金凤、牡丹、芍药、海棠、蔷薇、荼蘼、红梅、玉簪、金梅、碧桃、绛桃、水红、石竹、山茶、鸡冠、龙爪、木槿、栀子、辣蓼、山丹、杜鹃、映山红、鹿葱、木芙蓉、桂花、剪秋罗。

——道光《姚州志》卷一《物产》第 242 页

花之属　牡丹、茶花、红、大红、玛瑙、硬枝、白、粉红、软枝。梅、红、白、绿萼、照水、宝珠、鸳鸯、品了。桃、红、绛、胭脂、白、绯、芙蓉。杏、李、梨、玉兰、珊瑚、直干。木笔、海棠、西府、垂丝、贴梗。山丹、唐棣、瑞香、绣球、石榴、榆叶梅、海石榴、丁香、粉、红、白。桂、金、四季、银、丹。紫薇、芙蓉、粉、红换色。蜡梅、圆瓣、尖瓣。木槿、兰、雪兰、建兰。绿兰、马缨、芍药、红、粉红、白。素馨、玫瑰、茉莉、荼蘼、鱼子兰、山矾、粉团、粉红、白、四季。栀子、佛桑、白、紫、状元红。凌霄花、剪红罗、十样锦、长春花、佛手花、莲、萱、凤仙、白、大红、红、粉红、玛瑙、绣球。鸡冠、秋葵、蜀葵、红、粉红、白。菊、种类甚多。秋海棠、虞美人、蝴蝶、水仙、报春、迎春、石竹、西番莲、西番菊、石斛、凤尾、蔷薇、玉簪、红、白。夹竹桃、优昙花、晚香玉、夜合、杜鹃、红、白、黄、紫。金针、金银、金雀、银雀、即白茨花。金丝莲、子午莲、串枝莲、龙爪花、鸡爪花。

——道光《大姚县志》卷六《物产志》第 5 页

花属　牡丹、芍药、莲、茶花、种数不一，有浅红、深红、白茶、洋茶。梅、有红、白、绿萼、照水数种。优昙花、天女花、桃花、杏花、李花、梨花、玉簪、桂花、有丹桂、金桂、银桂三种。海棠、分春、秋二种。丁香、杜鹃、有五色。扶桑、有紫、白二种。芙蓉、有深红、浅红二种。茉莉、素馨、石榴、樱桃、茄兰、玉兰、荼蘼、木槿、石竹、四季粉团、木香、黄、白二种。午子莲、佛手花、元旦兰、春兰、夏蕙、秋芷、朱砂兰、无香。虎头兰、白木兰、冬兰、鱼子兰、剪红绒、小桃红、金钱、玉棃、报春、虞美人、水仙花、十姊妹、扁竹、名绿葱花。石斛、长春花、金丝莲、金雀花、迎春、俗名金梅花。栀子花、夹竹桃、凤仙花、鸡冠花、有红、白二种。绣球花、灯盏花、紫薇、菊、种类甚多。玉芙蓉、即仙人掌花。连翘花、龙爪花、海红、即浅红山茶，自十二月开至二月，与梅同时。鸡爪花、映山红。

——道光《定远县志》卷六《物产》第 204 页

花属　莲、茶花、有红、白二种。梅、有红、白、绿萼数种。桃花、有红、白、碧数种。长春花、杏花、李花、梨花、玉簪、桂花、有丹桂、金桂、银桂三种。海棠、芙蓉、茉梨、紫微、石榴、樱桃、五子莲、菊、有黄菊、白菊、胭脂菊、万寿菊、美女菊数种。玉兰、春兰、夏蕙、秋芷、雪兰、朱砂兰、虎头兰、鱼子兰、绣球花、栀子花、扁竹花、粉团花、有红、白二种。木槿、剪红绒、金丝莲、夹竹桃、凤仙花、俗名金凤。鸡冠花、灯盏花、玉芙蓉、即仙人掌花。迎春、即俗名金银花。串枝莲、木瓜、映日红、五彩花、向日葵、凤尾花、铁线花、报春花。

——道光《威远厅志》卷七《物产》第 3 页

其花四时竞秀，清如蜡梅、雪兰、水仙、白莲，雅如玉兰、木笔、玉簪、素馨、剪春罗、夹竹桃、棣棠、梨、绣球、海棠、石竹、蝴蝶、木槿，淡如秋菊、秋葵，香如栀子、丁香、晚香玉、鱼子兰、金银桂，艳如牡丹、芍药、山茶、秋海棠、粉团、紫薇、杜鹃、石榴、桃、杏，皆遍产，然惟罂粟盛。罂粟胡为盛，花落苞肥时，取汁作芙蓉饼，售诸吸烟者，利较豆麦多数倍。黠者倡之，愚者效之，遂治麦垅为花田，可慨也。卉则有芭蕉、茜草、镜面草、灯心草、菖蒲、茅、蘋、藻、荇、芦、荻、仙人掌。

——咸丰《邓川州志》卷四《风土志·物产》第 8 页

花之属　茶花、桂花、梅花、碧梅、海棠、兰、芝、蕙、萱、小桃红、茉莉、丁香、长春花、栀子花、秋海棠、素馨、葵花、玉簪、莲花、粉团、杜鹃、菊、珍珠兰、千日红、玫瑰、荼蘼、芍药。

——咸丰《嶍峨县志》卷十二《物产》第 3 页

花属　牡丹、茶花、奇甲天下。明晋安谢肇淛谓其品有七十二，豫章邓渼纪其十德，为诗百咏，赵璧作谱近百种，以深红软枝、分心卷瓣者为上。蝴蝶花、色黄绿相间，形如蝴蝶，春夏盛开。梅花、桂花、有丹桂、金桂、银桂三种。杏花、桃花、有绛桃、碧桃、芙蓉桃、夹竹桃数种。李花、梨花、海棠、丁香、有红、白二种。杜鹃、有五色双瓣者。栀子、扶桑、有五色。芙蓉、蜡梅、石榴、有四季开者。海石榴、有红、黄二种。樱桃、绣球、紫薇、蔷薇、有五色者。玉兰、茄兰、荼蘼、棠棣、地棠、木槿、金梅、山丹、俗名映山红。小桃红、木香、有黄、白二种。粉团、有红、黄、白三种。夜合、瑞香、仙人掌、叶肥厚如掌，多刺，相接成枝。花名玉英，色红黄，实似小瓜，可食。山矾、金刚钻。以上俱木本。兰、有七十余种，雪兰为胜。莲、有红、白二种。芍药、有红、紫、白数种。菊、有数十余种。水仙、素馨、山野蔓生，家园广植，蕊红花白，质秀香清。亦有四季开者，即《南方草木状》所谓耶悉茗也，称其种来西域。《滇略》云南诏段素兴好之，故名。《通雅》云南汉刘錂之姬曰素馨，葬处生此，人以名之。凤仙、俗名金凤。玫瑰、地涌金莲、开花者胜。凤尾、龙爪、鸡冠、玉簪、秋海棠、荷包牡丹、剪红罗、金银花、珍珠兰、萱、报春、石竹、罂粟、五子莲、十姊妹、西番菊、西番锦、葵、百合、蝴蝶戏珍珠花、芭蕉、有凤尾、象牙、美人数种。吉祥草、蒲草、鱼眼草、菖蒲、铁线草、火草、虎掌草、镜面草。

——咸丰《南宁县志》卷四《赋役·物产》第 11 页

卉之属　春兰、夏蕙、秋芷、冬绿、雪兰、元旦兰、白木兰、虎头兰、朱砂兰、有大朱砂、小朱砂二种。香草兰、有红莲瓣、绿莲瓣、麻莲瓣、素心数种。玉兰、茄兰、鱼子兰、牡丹、芍药、丁香、茉莉、优昙花、桂花、有丹桂、银桂、金桂三种。梅花、有红梅、白梅、绿萼梅、照水梅、玉版梅、宝珠梅数种。茶花、有浅红、深红、硬枝、软枝、分心卷瓣、松子壳、白茶、洋茶、山茶数种。莲花、有红白金边数种。杜鹃、种有红色三、白色二、紫黄不一，黄者有毒。海棠、西府海棠、秋海棠、石竹、蔷薇、芙蓉、绣球花、剪红罗。菊花、种甚多，色俱备，春夏秋皆有之。紫薇、丁香、白丁香、小桃红、迎春、萱草、蜀葵、鸡冠、木槿、玫瑰、夜合、凤仙、月季、酴醾、木香、棠棣、玉簪、紫玉簪、夹竹桃、鸡爪花、石斛、百合花、金丝莲、午子莲、粉团、长春、栀子花、十姊妹、龙爪花、玉梨、报春、映山红、樱桃花、石榴花、千叶石榴、扁竹、灯盏花。

——咸丰《镇南州志》卷二《地理志·物产》第 130 页

花果之属　牡丹、芍药、玉兰、海棠、山茶、芙蓉、杜鹃、素馨、丁香、菊、桂、梅、桃、蜡梅、林檎、花红、核桃、栗、杏、梨、千叶莲、李子、平（苹）果。

——光绪《呈贡县志》卷五《物产》第 2 页

花属　牡丹、茶花、梅花、桂花、杏花、李花、桃花、梨花、海棠、栀子、绣球、紫薇、木笔、茄兰、兰、菊、山丹、小桃红、冬青、粉团、仙人掌、芍药、莲、凤仙、龙爪、鸡冠、玉簪、金银花、三台罂粟、金丝莲、茈菁、葵、芭蕉、石榴。

——光绪《平彝县志》卷四《食货志·物产》第 2 页

花之属 梅、莲、菊、牡丹、芍药、茶花、木槿、蔷薇、海棠、茉香、剪红罗、萱、报春、石竹、金银、罂粟、虞美人、桂、向日葵、丁香、秋海棠、海石榴、山丹、俗名映山红。粉团、凤仙、素馨、葵、鸡冠、碧桃、玉簪、玉兰、绣球、紫薇、茄兰、茉莉、芙蓉、金盏银台、栀子、象鼻草、蒲草、苇、芦。

——光绪《霑益州志》卷四《物产》第 65 页

花品 牡丹、惟粉色一种。山兰、种类甚多，不具录。蕙、芷、珍珠兰、俗呼鱼子兰。玉兰、茄兰、芍药、有赤、白二种。丁香、茉莉、桂、有丹桂、金桂、银桂三种。梅、有红梅、白梅、照水、玉版、宝珠、绿萼七种。茶花、莲、杜鹃、种类甚多，有红、白、紫、黄四色。海棠、秋海棠、石竹、蔷薇、紫薇、木芙蓉、绣球、剪红罗、剪红绒、剪秋纱、菊、种类甚多，不具录。丁香、有紫、白二种。小桃红、迎春花、萱、葵、鸡冠、木槿、夜合、凤仙、月季、酴醾、玉簪、有紫、白二种。桃竹、鸡爪、龙爪、石斛、金丝莲、子午莲、粉团、长春、栀子、姊妹花、玉梨、报春、马缨、扁竹、灯盏花、金雀花、色黄味甘，可作蔬。银雀花。色白，味大苦，以水浸之，可作蔬，俗呼刺白花。

——光绪《镇南州志略》卷四《食货略·物产》第 31 页

花之属 旧《志》三十一种：兰、萱、葵、菊、荷、紫薇、素馨、粉团、金凤、牡丹、芍药、海棠、蔷薇、荼䕷、红梅、玉簪、金梅、碧桃、绛桃、水红、山茶、鸡冠、龙爪、木槿、栀子、辣蓼、山丹、杜鹃、映山红、剪秋罗、凤仙。

增补四十二种：兰有雪兰、春兰、绿兰、莲瓣兰、虎头兰、双飞燕、单飞燕数种。考之朱子《楚辞辨证》、王象晋【正伪】[1]、《本草纲目》诸说，则今之所谓兰者，皆非灵均"九畹"故物矣。又有珠兰、泽兰二种。菊之黄者有剪金球、金玲珑、大金球、大金钱、小金钱、黄马耳数种，白者有玉芙蓉、玉楼春、白马耳、出炉银数种，紫者有醉杨妃、剪紫绒二种。荷，有紫、白二种。牡丹，惟醉西施一种，红、紫、黄色皆无。芍药，红者点妆红，白者试梅妆而已，皆中品也。梅，有绿萼梅、照水梅、品字梅、蜡梅、红梅、野梅数种。凤仙，有红、紫、白、黄、碧数色。又有白瓣红点、红瓣白点、黄点者，即《群芳谱》所谓"洒金"是也。按：《群芳谱》谓此花"头翅足尾俱翘然如凤状"，故又有金凤之名，旧《志》误分为二。梨花，乡村甚多，或拥山巅，或列山麓，或环村庄，望之如涛如雪。《滇云纪胜书》有"乍疑洱海涛初起，忽忆苍山雪未消"之句，洵然。槐花，土人多取以染纸。刺白花，丛生山谷或田塍上，多刺，细叶。花取作蔬，用水浸二三宿，食之，味清淡。金雀花，作蔬甚美。又有小桂花，生山中，花白酷似木犀，二三月开，香闻数里。又有马缨花，山谷中最多，开时万紫千红，如缨似络。又有白鹤花，亦生山谷中，色白甚香，形似飞鹤，头翅足尾皆具。

——光绪《姚州志》卷三《食货志·物产》第 46 页

花之属 旧《志》五十七种：兰、桂、菊、荷、萱、榴花、芙蓉、紫薇、牡丹、芍药、素馨、海棠、有垂丝、西府、铁梗三种。金凤、有红、紫、白、碧数色。粉团、蔷薇、十姊妹、茉莉、玉簪、红梅、金梅、丁香、山茶、有红、白二色。鸡冠、杜鹃、石竹、罂粟、瑞香、木兰、玉兰、雪兰、草兰、荼䕷、

---

[1] 正伪 王象晋《群芳谱》卷三《花谱》第 15 页作"正讹"。此"正讹"似应为"王象晋《群芳谱》【正讹】"。

芭蕉、龙爪、栀子、扶桑、碧桃、绛桃、水红、蜀葵、郁李、报春、山丹、鹅毛、茄兰、鸡爪花、映山红、剪红萝、小桃红、仙人掌、鱼子兰、千日红、珍珠兰、月月红、虎头兰、金弹子、芙蓉桃。

新增三十二种：李花、槐花、黎花、马缨花、白鹤花。兰，有春兰、绿兰、莲瓣兰、双飞燕、单飞燕、珠兰、泽兰、雪兰。菊之黄者有剪金球、金玲珑、大金球、大金钱、小金钱、黄马耳，白者有玉芙蓉、玉楼春、白马耳、出炉银，紫者有醉杨妃、剪紫绒。梅，有绿萼梅、照水梅、品字梅、腊梅、野梅。凤仙，俗呼金凤。有红、紫、白、黄、碧数色，又有瓣与点各色相间者。小桂花，生山中，酷似木犀，二三月开，香闻数里。

——光绪《续修白盐井志》卷三《食货志·物产》第 54 页

花属 桂花、茶花、梅花、碧桃、海棠、兰花、茉莉、山丹、百合、素馨、葵花、玉簪、金凤、丁香、芍药、木槿、莲花、粉团、玫瑰、马缨、杜鹃。

——光绪《武定直隶州志》卷三《物产》第 11 页

花属 山兰、石竹、蜀葵、丁香、茶、梅、桂、菊、杜鹃。

——光绪《罗次县志》卷二《物产》第 22 页

花部 牡丹、芍药、海棠、碧桃、山茶、玉兰、荼蘼、杜鹃花、海石榴、鸡冠、扶桑花、菊花、绣球、芙蓉、灯笼花、蝶采珠、杏花、栀子花、丁香花、李花、刺桐花、米壳、葵花、石竹、棣棠花、梨花、小桃红、木瓜花、茉香花、梅花、蔷薇花、素馨花、扁竹、夜合花、龙爪花、紫薇花、白鹤花、玉簪、木槿花、金凤花、夏蕙、山婴花、荷花、灯盏花、玉蝴蝶、山丹、香兰、剪春罗、地涌金莲、小冬兰、水红花。

——光绪《云南县志》卷四《食货志·物产》第 17 页

花之属 映山红、龙爪花、即萱草。夹竹桃、素馨、金银花、剪春罗、长春花、葵、绣球花、地涌金莲、栀子花、芙蓉花、婴粟花、山茶花、菊、八九十种。碧桃、蝴蝶花、玉簪、绛桃、茉莉、千叶桃、灯盏花、二红桃、日月桃、芙蓉桃、桂、金、银二种。山兰、产山谷中，香最远。鸡冠、莲瓣、红、白、绿三种。紫薇、郁李、鱼子兰、迎春花、牡丹、芍药、木槿、粉团花、玉兰花、水仙花、玫瑰、鹿葱花、小桃红、报春花、月月红、蔷薇、杜鹃、野丁香、十姊妹、秋海棠、绿萼梅、梅子梅、宝珠梅、千叶梅、揉碎梅、玉蝶梅、腊梅、照水红、红、白二种。蜜腊花、形似莲而小，清香袭人，生白龙潭。雁来红、凤仙花、俗名指甲花，分五色。阳春花。

——光绪《鹤庆州志》卷十四《食货志·物产》第 5 页

花属 山茶、牡丹、有铅粉、红紫牡丹，又一种名紫袍金带，三种。荷包牡丹、芍药、有紫、白二种。蝴蝶花、杏花、夜合花、棠棣、玫瑰、素馨花、虞美人、玉簪花、藏金莲、萱花、木瓜花、海棠、白马龙潭有古海棠一株，兵燹之后，岿然独存，千百年物也。荼蘼、分黄、白，有刺、无刺二种，其香最烈，俗谓之香花。剪秋罗、分春罗、秋罗二种。刺桐花、俗名鹦哥花。茉莉、桃花、有碧桃、绛桃、芙蓉桃、大红桃、白碧桃数种。灯笼花、杜鹃、有五色，丽惟有红、黄、白三种。龙爪花、姊媚、即十里香。梅花、有绿萼梅、玉蝶[1]梅、朱砂梅、照水梅、腊梅数种。木荆花、有紫、白二种。荷花、红、白。蓼花、绣球花、灯盏花、雪兰、秋海棠、有二种，惟紫背花最艳丽。蔷薇、桂花、有金桂、银桂、丹桂三种。紫薇、水仙花、凤仙花、菊花、玉兰、丁香、伽兰、金菱花、金冠花、粉团花。

——光绪《丽江府志》卷三《食货志·物产》第 30 页

---

[1] 蝶 原本作"碟"，据康熙《鹤庆府志》、光绪《鹤庆州志》改。

花之属 牡丹、荷包牡丹、龙爪、山茶、金灯、玉簪、凤仙、分五色。石斛、芍药、粉团、鸡冠、银桂、丁香、紫荆、木槿、石竹、海棠、素馨、金桂、荼蘼、刺桐、棠棣、绣球、有草本、木本。茉莉、腊梅、榴花、茉香、樱桃、婴粟、丹桂、玉兰、玫瑰、杜鹃、郁李、蔷薇、鹿葱、地堂、荷花、葵花、灯笼、红蓼、长春、菊花、有数种。莌头石竹、水仙花、报春花、金银花、兰花、有数十种。蝴蝶花、映山红、小阳春、夹竹桃、水芙蓉、木芙蓉、花上花、秋海棠、十里香、剪罗红、绿萼梅、月月桂、千叶桃、篆□□①、栀子花、小桃红、鱼子兰、馨口梅、夜来香、十姊妹、串枝莲、万年青、千叶梅、满枝秀。

——光绪《续修永北直隶厅志》卷二《食货志•物产》第27页

花属木本 牡丹、野茶花、梅花、杏花、桃花、李花、梨花、杜鹃、石榴花、樱桃花、木绣球、栀子花、紫荆、蔷薇、辛夷、地棠、木槿、紫、白二种。小桃红、玫瑰、芙蓉。

花属草本 兰、蕙、葵、莲、芍药、菊、凤羽菊、水仙、凤仙、龙爪、鸡冠、玉簪、罂粟、秋海棠、七姊妹、西番菊、向日葵、珍珠、芭蕉。开黄花如莲，实名甘露子，可食。

——光绪《镇雄州志》卷五《物产》第57页

花属 梅花、有红梅、绿萼、照水、宝珠数种。杏花、桃花、有红、白、绛三种。李花、梨花、棠梨花、樱桃花、石榴花、有二，一名海石榴。荷花、有青、红、锦边三种。以上实见果属。牡丹、海棠、有西府、垂丝二种。玉兰、辛夷、紫荆、紫薇、卮子、杜鹃、有五色。木槿、有紫、白二种。雪球、扶桑、木芙蓉、木兰、桂、有丹、银二桂。茶花、有数种。蜡梅。以上木本。迎春、金雀、蔷薇、酴醾、玫瑰、木香、棣棠、小桃、有红、白二种。茉莉、素馨、凌霄、十姊妹、玉堂春。以上蔓本。兰蕙、有十余种。芍药、金盏、剪春罗、蝴蝶花、石竹、罂粟、虞美人、萱花、蜀葵、金凤、向日葵、百合、山丹、凤仙、金钱、玉簪、秋葵、蓼花、百子图、竹笀、菊花、数种。洋绣球、鸡冠、水仙。以上草本。

——光绪《永昌府志》卷二十二《食货志•物产》第2页

花 《志》载城内鲁氏梅花生老干，相传千余年物，与城外胡家杜鹃五色双瓣，均花属之最著者，韵士诗人多赏咏。经咸丰兵燹，树皆摧折，惟城南大董练三教寺古梅一株，自明初至今，亦枯干含葩，苍然独秀。如牡丹、山茶、海棠、芍药、紫薇、莲荷之类，则因时荣枯，为园池中习见品耳。

腾诸山产火把花，一名酒吊藤。叶大如杏，既干犹可毒人，村民自尽图赖者，生服之立死。事或见讼牍，识者于星回节采而燎之，欲尽绝其种，以藤蔓诸山，种类终不能绝。

——光绪《腾越乡土志》卷七《物产》第9页

花之属 木棉花、《府志》：俗名板枝花，山箐内常有之。枝干粗大，枝叶稀疏如核桃树叶，花似山茶花，可食，花谢结成蓓蕾，至四月间如大拳，烈日曝开，其子带羢飞出，宛如柳絮，漫天飞舞。其羢长一二寸，洁白有光，胜于竹棉，好事者收取十数斤装入筐，其子不用车压，止用手在筐内徐徐搅之，子在下，羢在上，羢装袍褥，暖而温。《一统志》：出云州。花上花、《古今图书集成》：顺宁府产花上花，叶如山桑，花如杜鹃，有台。花心内复生一朵若层台然，严冬时盛开，三序亦常有之，即扶桑花。树头花、《图书集成》：顺宁府产树头花，年久枯树上所生。状似吉祥草而叶稍大，开花如蕙，一茎有花十余朵，其香逊于幽兰。雪兰、《图书集成》：树上所生，与树头兰相仿，色白而香。牡丹、《采访》：有粉红、粉白二种，铁线一类。梅花、《采访》：有红、白、绿萼、照水数种。又锡铅古驿有寒梅数株。山茶、《采访》：有花大色血红与白如雪分心卷瓣二种。桃花、《采访》：有绛桃、碧桃、芙蓉桃、夹竹桃数种。丁香、《采访》：有红、白二种。杜鹃、《采访》：

---

① 篆□□　原本漫漶不清，疑为"篆林莲"。

有五色双瓣者。榴花、《采访》：有花大不结实者。紫薇花、《采访》：此花树身光滑，花六瓣，色微红紫，蒂长一二分。一名白日红，一名怕痒树。四五月始花，开谢接续，可至八九月，故曰白日红。以手抓其肤，彻顶动摇，故曰怕痒。顺宁多有。粉团花、《采访》：有红、白二种。仙人掌、旧《通志》：叶肥厚如掌，多刺，花色红黄。滇中遍地多有。兰、旧《通志》：花小而繁，色如紫铜，出蒙化、顺宁，曰幽谷兰。叶广二寸，干修三寸，一干数十花，色紫，生顺宁深箐中，曰菊瓣兰。曰绿干绿；曰紫干绿；曰马尾，黄色，瓣不分张；曰火烧兰，并出顺宁。又一种出云州，茎长而花香，曰虎头，花最大，品亦最下。又一种花黄，生深箐枯木上，五月开，曰净瓶。《采访》：顺宁尚有双飞燕、朱砂、苋兰、独占春、珍珠兰、吊兰。芙蓉、《采访》：有深红、浅红二种，曰刺芙蓉、木芙蓉。茉莉、李时珍《本草纲目》：茉莉原出波斯，移植南海，今滇、广人栽莳之。其性畏寒，不宜中土。《采访》：云州多植，顺宁仅见，气候寒热各异也。樱桃花、旧《通志》：樱桃有红、白二种，红为苦樱，白子甘可食。《采访》：顺宁有山樱桃二种，子如牛乳者味苦，子如细米者味甘可食。金梅、旧《通志》：花开黄色，与梅同时，故名。又以垂条似柳，一名迎春柳。山丹、旧《通志》：俗名映山红。刺桐、桂馥《札樸》：永昌、顺宁有木，高数丈，叶如桐，多刺，花色似红蕉，土人谓之鹦哥花。案即刺桐也，形似鹦哥嘴，故名，亦谓之赪桐。《南方草木状》：赪桐，花连枝萼，皆深红之极者，俗呼贞桐花。赪，音之讹是也。折其枝，插地即生。芍药、《采访》：有粉白者。菊、《采访》：有十数种。素馨、旧《通志》：山野蔓生，家园广植，蕊红花白，质秀香清，亦有四季开者。旧志即《南方草木状》所谓耶悉茗也，称其种来自西域。又《滇略》云南诏段素兴好之，故名。《通雅》云南汉刘鋹之姬曰素馨，葬处生此，人以名之。凤仙、旧《通志》：俗名金凤。《花谱》：一名金凤花，各色俱有。《采访》：顺宁有玛瑙色者。鸡冠、旧《通志》：有高足、矮足、百鸟朝王数种。鸡爪、《采访》：花类素馨，香微逊之。金银花、《采访》：有红色一种。蝴蝶戏珍珠花、旧《通志》：白色，花开如蝴蝶状，中有圆珠数点，故名。马缨花、檀萃《滇海虞衡志》：马缨花冬春遍山，山氓折而盈抱入市供插瓶，深红不下于山茶。制其根以为羹匙，坚致胜施秉。又有白马缨花，亦可玩，而艳丽终不及红也。莲花。旧《通志》：滇南有红、白、锦边三种，又半白半红，一朵而二色者。《采访》：顺宁有红、白二种。

谨案：顺宁尚有桃、李、杏、梨各花。海棠、栀子、玉兰、茹兰、地棠、木槿、辛夷、佛手、夜合、龙爪、凤尾、玉簪、秋海棠、剪红罗、鱼子兰、送春魁、报春、金钱、扁竹、十姊妹、西番菊、子午莲、金丝莲、蜀秋葵、百合、石斛、灯盏花各种。绣球、木香花、罂粟、蔷薇、郁李、棣棠、西番莲、佛桑、金银桂花、萱花、蓼花、楼台花、木笔、月月红、千日红、瑞香花、镜面草、茑萝。

——光绪《续修顺宁府志稿》卷十三《食货志三·物产》第 8 页

花属 棉花、有木棉、草棉二种。草棉，温暖坚韧，胜于木棉，江外多种，花有紫、白二色。《唐〔书〕·环王传》：古贝，草也。缉其花为布，粗曰贝，精曰氎。《南史·高昌国传》：有草实如茧，中丝为细缕，取以为布，甚软白。[①] 自轧子、弹絮、纺线，以织成布，须经十余次手续，被服甚薄。攀枝花、杨慎《丹铅总录》：南中木棉，树大如抱，花红似山茶，而蕊黄，花片极厚。王世懋《闽部疏》：吴中所谓攀枝花也，杨乃曰班枝花，盖三名实一物也。高士奇《天录识余》：云南阿迷州有之。蒙自亦随地皆有，特邑人不知收用，任其随风飞散耳。《顺宁府志》：木棉花，俗名扳枝花，花谢结成蓓蕾，烈日曝开，其子带羢飞出，宛如柳絮。其羢长一二寸，洁白有光，胜于竹绵，其子不用车压，止用手在筐内徐徐搅之，子在下，羢在上，羢装裯褥，软而温。牡丹、有红、黄、紫、香、粉红数种，古人称为花王。芍药、有红、紫、白数种。兰、有七十余种，雪兰为胜，为王者香。桂、有丹桂、金桂、银桂三种。莲、有红、白、锦边三种。

---

① "有草实……软白"句 《南史》卷七十九《夷貊下》作"有草实如茧，茧中丝如细缕，名曰白叠子，国人取织以为布。布甚软白，交市用焉"。中华书局1975年版，第1983页。

《滇海虞衡志》：滇南莲花特异，南湖亦盛。菊、种类最多，颜色各异。葵、有数种。向日葵，茎高六七尺，叶作卵形，互生，有锯齿。夏秋之交，茎头开一花，花瓣鲜黄，向太阳旋转，子曰西番莲。马樱、《岭南杂记》：马樱花，色赤如马缨，其花下垂，树高丈许。《滇海虞衡志》：冬春遍山，山氓折抱入市，供插瓶玩。玉堂春、夜来香、蔓生草。秋开，花白微黄，瓣尖五裂，夜深，香特奇郁。蔷薇、落叶灌木。多刺，花五瓣，有红、白、黄等色，可制香水。十姊妹、落叶灌木。有红、白、紫、淡紫四种，约十朵成一簇，故名。茉莉、常绿灌木，其种来自西域。四季、一年四季俱有花。长春、即月季，逐月开花，四时不绝，故名，见《广群芳谱》。剪春罗、多年生草。茎叶皆有毛，叶卵形，端尖，花开六瓣，多红色。金凤、本名凤仙。茎粗，高尺余，叶如箭镞，花开叶腋，有红、白等色。鸡冠、茎高二三尺，叶长椭圆形，有红、黄、白数种，状如鸡冠，子细黑光滑。迎春柳、小灌木。茎上部纤细，延长如蔓，叶为复叶，早春开黄花，六瓣，先叶而发，为春花中最早者，故名。素馨、蕊红花白，质秀香滑，亦有四季开者。金银花、亦名忍冬，蔓生小灌木。叶为椭圆形，凌冬不凋。初夏叶腋开白花，如喇叭①形，经二三日，则变黄色，黄白相映，故曰金银花。有香气，味甘，花与藤可作药。木槿、落叶小灌木。叶为卵形，三裂互生，夏秋之交开花，五瓣，短柄如蜀葵，色红、紫、白皆备，朝开暮落。《尔雅》谓之椴，《诗》"颜如舜华"，注云木槿。绣球、叶为卵圆形，花团栾如球，色多白，间有淡红者。水仙、多年生草。高尺许，叶细长，有并行脉，丛生。花茎生于叶丛之间，花为缴形，色白，别有黄色杯状之副冠，花有单瓣，有重瓣，地下茎为块状，有毒，然可治痈肿。原自粤来，近已实验，收其魁，隔年即花。山茶、叶如木樨，稍厚而硬，经冬不凋，以其类茶，又可作饮，故得茶名。花自十月开至二月，种类甚多，有单瓣、重瓣、红、白、斑数色，皆美艳。《潜确类书》：山茶以滇南为第一，邓渼纪其十德。海棠、落叶亚乔木。高丈余，叶作长卵形，端尖，有锯齿，春日开花，五瓣，淡红，萼红色，略黑。有数种，有不结实者，有结实者。折枝插瓶中，水浸灌之，可以开花发叶。玫瑰、落叶灌木。高二三尺，有刺，叶为羽状复叶，作椭圆形，绝类蔷薇，惟茎较短，花紫萼绿，亦有白花。花托为台状，外生密刺，香气清烈，可制香水、蒸露、浸酒、和糖。玉簪、色洁白如玉，含蕊如簪头，故名。秋后开花，亦有紫色者，曰紫玉簪。粉团、落叶灌木。叶略成圆形，有锯齿，多皱纹，生细毛，夏初开花，色粉红。《滇海虞衡志》：滇俗重木香、粉团、金凤，女儿争戴之。碧桃、桃花之重瓣者，不结实。《群芳谱》：千叶桃，一名碧桃。李时珍《本草》：桃有红桃、绯桃、碧桃、缃桃，皆以色名。丁香、常绿乔木，一名鸡舌香。叶长椭圆形，春开紫花，或白花，四瓣，子黑色，以为香料，并供药用。夹竹桃、常绿灌木。高丈余，叶作箭镞形，质厚轮生。夏月开红花，类杜鹃，间有白花，茎叶似竹而不劲，有毒。棣棠、落叶灌木。山野自生，高四五尺，叶互生，长卵形，端尖，有锯齿。春暮开花，金黄色，单瓣者结实，重瓣则否，茎中瓤白如通草。栀子、常绿灌木，亦名山栀。高丈余，叶椭圆而厚。夏开白花，实椭圆，色黄，有纵棱五六，可入药，并为黄色染料。木笔、即辛夷，落叶乔木。树高数丈，叶似柿叶而狭长。春初开花，花初出时，尖锐如笔，故谓之木笔。有紫、白二色，大如莲花，香味浓郁，白者俗称为玉兰。今植物学家谓辛夷、玉兰皆为白色，惟玉兰九瓣而长，辛夷六瓣而短阔，以此为别。芙蓉、落叶灌木，干高四五尺，叶掌状浅裂，柄长互生。秋半开花，大而美艳，有红、白、黄等色。又莲花亦称芙蓉，故芙蓉又称木莲，亦曰木芙蓉。优昙华、梵语花名，亦名优昙钵华，为无花果类。产于喜马拉耶山麓，及德干高原、锡兰等处，乃与佛同来东土。云南蒙自又属近邻，故亦有之。干高丈余，叶有二种，一平滑，一粗糙，皆长四五寸，端尖。雌雄异花，甚细，隐于壶状凹陷之花托中。常误以为隐花植物，花托大如拳，或如拇指，十余聚生，可食而味劣，世称三千年开花，一度，值佛出世始开。紫薇、落叶亚乔木。高丈余，树皮极滑泽，叶椭圆形，对生，花红、紫或白，花片多皱襞。夏日始开，秋季方罢。《群芳谱》：一名百日红，以其耐久，

---

① 喇叭　原本作"叭喇"，据文义乙正。

一名怕痒，以手抓之，全身摇动。花时满院绛云绚烂，无草茅气象。杜鹃、常绿灌木。高三四尺，叶椭圆，深绿，茎叶皆有毛。夏日开红、紫花，间有白色者，花冠为漏斗状，边绿，五裂，甚深。每于杜鹃啼时盛开，故名。石竹、多年生草。茎高尺许，叶细长而尖，对生。花有单瓣、重瓣，色白，亦有深红、淡红者。状颇类瞿麦花，惟花瓣上部分裂甚浅，花下之苞亦较长而尖，故易辨别。合欢。落叶乔木。叶似槐，花至暮即合，故又名合昏，亦作合棓，俗称夜合花。夏开小红花，甚美，结实成荚，长三四寸，子如米粒。

——宣统《续修蒙自县志》卷二《物产志·植物》第 33 页

花类 梅花、有红梅、白梅、黄蜡、绿萼、照水、玉版、宝珠七种。兰花、种类甚多，不具录。珠兰、俗呼鱼子兰。玉兰、茶花、有红、白二种。桂花、有三种。牡丹、芍药、有红、白二种。茉莉、丁香、有紫、白二种。杜鹃、有红、黄、紫、白四种。菊花、有约一百余种。莲花、白为莲，红为荷。素馨、紫薇、棠棣、海棠、秋海棠、芙蓉、绣球、水仙、月季、俗呼十姊妹。玉簪、有紫、白二种。荼蘼、报春、状元红、栀子、木笔、剪红罗、辛夷、夹竹桃、葵花、金丝莲、五子莲、夜合、龙爪、粉团、长春、小桃红、木瓜、石斛、鸡冠、鸡爪、金凤、晚来香、大白花、马缨、灯盏、金雀花、色黄味甘，可作蔬。银雀花、色白味大苦，以水浸之可作蔬，俗呼刺白花。黄花、即菜花。攀枝花、即木棉。棉花。现在试种。

——宣统《楚雄县志述辑》卷四《食货述辑·物产》第 18 页

花类草本 兰、蕙、葵、莲、菊、芍药、秋海棠、粉须、佛须、西番、水仙、鸡冠、玉簪、婴粟、向日葵、剪红绒、珍珠、芙蓉、淑气花、郁李、金银、绣球、倒提、石竹、白鹤、金雀、雪山丹、金凤、粉团、虞美人、龙爪花、芝、菊。

花类木本 牡丹、山茶、桃花、梅花、李花、杏花、榴花、柘、梅、桂、杜鹃、樱桃、栀子、玫瑰、小桃红、白木槿、紫木槿、木瓜花、七姊妹、棣棠花、艳山红、棠梨花。

——宣统《恩安县志》卷三《物产》第 180 页

花草类 梅花、牡丹、芍药、桂花、杏花、桃花、海棠、珠兰、剑兰、丁香、芙蓉、蜡梅、茉莉、海石榴、虎头兰、蒲草、映山红、即山丹。山茶花、秋海棠、杜鹃、樱桃花、紫薇、酴醾、木槿、金梅、即迎春柳。粉团花、刺通花、月季花、仙人掌花、金刚钻花、菊花、水仙花、素馨花、凤仙花、莲花、地涌金莲、龙爪、鸡冠、玉簪、石竹、金钱花、鱼子兰、萱、报春花、婴粟、十姊妹、洋菊花、金丝莲、含笑花、俗名羊皮袋花。向日葵、旋覆花、百合花、灯盏花、金盏银台、洋灯盏、朝颜花、芭蕉、吉祥草、通草、蒲草、虎掌草、凤尾草、虎须草、鱼眼草、薜荔、葛蒲、蘋、藻、荇、苇、芦、茅、灯心草、铁线草、火草、蓼草、青蒿、马鞭草、夏枯草、艾、荨麻、耐冬花。

——民国《路南县志》卷一《地理志·物产》第 51 页

花属 牡丹、有红、黄、紫、香、粉红数种。茶花、奇甲天下。明晋安谢肇淛谓其品七十有二，豫章邓渼纪其十德，为诗百韵，赵璧作谱近百种，以深红、软枝、分心、卷瓣者为上。山茶花、王象晋《群芳谱》：山茶花有数种，十月开至二月。有鹤顶茶，大如莲，红如血，中心塞满如鹤顶，来自云南者，曰滇茶。陈仁锡《潜确类书》：山茶有数种，而滇茶第一，大如碗，红如血。《瓶史月表》：正月花，山卿山茶；三月花，盟主滇茶。洋茶花、优昙花、叶如婆罗而有九丝，花如芙蓉而开十二瓣，遇闰则多一瓣。桂花、有丹桂、金桂、银桂三种。又有月桂，四季开花，夏秋结子。天女花、花似玉兰而白过之，暮春始开，香甚清远[①]。木莲花、《古今图书集成》：树高大，叶如桃杷，花如莲，有青、黄、红、白四种。蝴

---

① 清远 原本作"清楚"，据道光《云南通志稿》改。

蝶花、桂馥《札楼》：绣球花，周围先开，其瓣五出，酷似小白蝶，俗名蝴蝶花。中心别有数十蕊，小如粟米。旧《云南通志》：蝴蝶花，色黄绿相间，形如蝴蝶，春夏盛开。绣球花、有红、白、紫色三种。杏花、桃花、有绛桃、碧桃、芙蓉桃、夹竹桃数种。李花、梨花、丁香、有红、白二种。杜鹃花、有五色双瓣者。檀萃《滇海虞衡志》：杜鹃花满滇山。梅花、有红梅、白梅、朱砂、玉剪、绿萼、照水数种。栀子花、洋栀子花、佛桑花、檀萃《滇海虞衡志》：佛桑花，亦佛国花也。枝叶如桑而丛生，花轻红，婀娜可爱。佛坐桑下，僧曰桑门，宜桑之献花绕佛而为供养，此佛桑之义也。妄者改为扶桑，失其义矣。旧《云南通志》：扶桑有五色。芙蓉、有深红、浅红二色。茉莉、李时珍《本草纲目》：茉莉原出波斯，移植南海。今滇人栽莳之。其性畏寒，不宜中土。蜡梅、有磬口、雀舌二种。石榴花、有四季开者。樱桃花、有红、白二种。紫薇花、王象晋《群芳谱》：一名百日红，一名怕痒树，一名猴脱。树身光滑，花六瓣，色微红紫，皱蒂长一二分，每瓣又各一蒂，长分许，蜡跗茸萼，赤茎，一颗数花。每微风至，妖娇颤动。人以手爪其肤，彻顶动摇，故曰怕痒。四五月始花，开谢接续，可至八九月，故又曰百日红。蔷薇花、有五色者。荼蘼花、唐棣花、即郁李。海棠花、有垂丝、铁线、秋海棠数种。山海棠、木槿、海红、即浅红山茶。自十二月开至二月，与梅同时，故一名茶梅。金梅、花开黄色，与梅同时，故名。又以垂条似柳，一名迎春柳。山丹、俗名映山红。辛夷、刺桐、一名苍梧。树高数丈，花开丹红，形如鹦嘴，俗又名鹦哥花。小桃红、木香、有黄、白二种。佛手花、马缨花、檀萃《滇海虞衡志》：马缨花冬春遍山，山氓折而盈抱入市供插瓶，深红不下于山茶。制其根以为羹匙，坚致胜施秉。又有白马缨花，亦可玩，而艳丽终不及红也。粤中亦有马缨花，非此花也。夜合花、夜来香、七里香、瑞香、粉团花、有红、黄、白三种。仙人掌、叶肥厚如掌，多刺，相接成枝，花名玉英，色红黄，实似小瓜，可食。金刚纂、花红[1] 而细，土人植以为篱。又一种形类鸡冠。唐锦[2]《梦余录》：滇缅有木曰金刚纂，状如棕榈，枝干屈曲无叶，刨以渍水暴，牛马渴甚而饮之，人食其肉必死。五子莲。状如青藤，盘架上，每茎凡五叶，花如圆笠形，边有白片十，黄、绿、黑、白各色相间，中生一茎贯顶，上分为三，下垂如子，俱黑色。种自外洋，近年始种之。以上俱木本。

兰、有雪兰、玉兰、珠兰、春兰、建兰、风兰、茄兰、鱼子兰、虎头兰、珍珠兰、素心兰、江西兰十数种。莲花、有红、白、锦边三种。又二色莲，红白中分。檀萃《滇海虞衡志》：滇南莲花特异。古云已开为荷花，未开为菡萏，本一花而因开与未开异名。至滇始知，荷花开而结实，菡萏合终不开，不结实，盖二物也。芍药、有红、紫、白三种。菊花、有九十余种。洋菊花、有十余种。素馨、山野蔓生，家园广植。蕊红花白，质秀香清。亦有四季开者。《南方草木状》所谓耶悉茗也，称其种来自西域。又《滇略》云南诏段素兴好之，故名。《通雅》云南汉刘锯之姬曰素馨，葬处生此，人以名之。水仙花、洋水仙花、凤仙花、一名金凤花，各色俱有。玫瑰花、倒垂莲、地涌金莲、高一二丈，形类棕榈，花如莲，亦名木莲。其小而蔓生者曰西番莲。凤尾花、龙爪花、鸡冠花、有高足、矮足、百鸟朝王数种。石斛、玉簪花、玉玺花、金银花、金雀花、金钱花、三春柳、月月红、剪红罗、剪秋罗、十样锦、萱花、报春花、长春花、凌霄花、石竹花、徐炬《事物原始》：石竹，青节绛花，枝柔叶细，五色错杂，凡十余种。鹭鸶花、罂粟花、有五色，一名米囊花。虞美人、含笑花、檀萃《滇海虞衡志》：土名羊皮袋，花如山栀子，开时满树，香一院，耐二月之久。淑气花、十姊妹花、有红、白、紫三种。秋芷、夏蕙、水丁香、一名紫茉莉。耐冬花、金盏银台花、向日葵、又有蜀葵、冬葵。灯笼花、灯盏花、仙鹤、宛如飞鹤。山矾、太阳红、叶似芭蕉而小，花开深红色。旋蕾花、百合花、白刺花、蝴蝶戏珍珠花。白色，花开如蝴蝶状，中有圆珠数点，故名。以上俱草本。

——民国《宜良县志》卷四《食货志·物产》第 26 页

---

① 花红　道光《云南通志稿》、《植物名实图考》引旧《云南通志》皆作"花黄"，有异。

② 唐锦　原本作"唐绵"，据道光《云南通志稿》改。

花之属 五十一：梅、凤仙、迎春柳、粉团花、桂、玉兰、姊妹花、俗呼十姊妹。扁竹兰、杏、月季、龙爪花、小玉梨、桃、玫瑰、凤尾花、山茶花、李、栀子、石榴花、淑气花、梨、玉簪、金银花、杜鹃花、莲、紫薇、素行（馨）花、地涌金莲、菊、腊梅、牵牛花、打滥碗花、兰、牡丹、秋海棠、老祖公花、即野蔷薇，花蓝色，七月半人折祭以供献宗祖，故名。木槿、海棠、金丝莲、遍地金、芍药、绣球、水仙花、木香花、茶花、野薄荷、金凤花、小桃红、黄花、多顺水开。洋水仙、碧桃花。

——民国《嵩明县志》卷十六《物产》第 240 页

花属 牡丹、茶花、玛瑙茶、白茶、梅、有红、白、绿萼三种。春兰、桂、杏、桃、李、梨、海棠、萱花、木香、茄蓝、金雀、素馨、芍药、芙蓉、茉莉、丁香、荼蘼、紫苏、报春、粉团、玫瑰、杜鹃、蔷薇、绣球、玉兰、棣棠、石榴、枝子、山丹、即映山红、刺桐、夜合、玉簪、鸡冠、荷、菊、有数种。水仙、腊梅、月季、迎春、长春、雪兰、虎头兰、珠兰、凤尾兰、凤仙花、灯盏花、凌霄、木槿、金银花、槐、葵、蓼花。

——民国《陆良县志稿》卷一《地舆志十·土产》第 2 页

花之属 正月华者，杏、碧桃、铁线海棠、春兰、郁李、樱桃、木瓜。二月华者，桃李、牡丹、垂丝海棠、芙蓉桃、绛桃、梨、金雀、李、罂粟、玉马鞭、布谷、俗名十姊妹。棣棠、玉堂春。三月华者，芍药、绣球、杜鹃、荼蘼、夜合、苔、凌霄。石榴、月季、粉团。茉香。四月华者，蜀葵、玫瑰、丁香、十样锦、海石榴、草牡丹。五月华者，栀子、一名薝蔔。石竹、萱、地涌莲、遍地锦、五月菊、扶桑、榴、龙爪、扁竹、荷、葵。六月华者，槐、木槿、紫薇、玉簪、白鹤、石斛、剪红罗。七月华者，刺桐、金凤、一名凤仙。秋海棠、鸡冠。八月华者，木芙蓉、桂、鱼子兰、菊。九月华者，西番菊、水漈、蘋、蓼。十月华者，虎头兰、芷、早梅、水仙、茉莉。十一月华者，迎春柳、报春花、小桃红、金钱、樱桃。十二月华者，绿萼梅、照水梅、红梅、玉剪梅、山梅、山茶、玉兰、腊梅。四季长华者，蔷薇、素馨、月桂、长长。

——民国《续修马龙县志》卷三《地理·物产》第 23 页

花类 牡丹、芍药、莲花、荷花、菊花、桂花、缅桂、丹桂、红梅、绿萼梅、碧桃、海棠、紫荆、栀子、粉团、玫瑰、兰花、凤仙、珍珠兰、鱼茨兰、玉兰、茄兰、茶花、红、白二种。金雀、素馨、芙蓉、月季、杜鹃、玉簪、蔷薇、绣球、茉莉、木槿、鸡冠、山茶、腊梅、丁香、玉马鞭、秋海棠、馣山红、灯盏花、茉香花、马缨花、石斛花、龙爪花、金凤花、牵牛花、棉花。

——民国《罗平县志》卷一《地舆志·土产》第 86 页

花属 九十五类：春，茶花、贴梗海棠、春兰、郁李、玉兰、腊梅、樱桃、绛桃、金雀、牡丹、白茨花、罂粟、棣棠、十姊妹、玉马鞭、玉堂春、玫瑰、百合、凤仙花、七里香、芍药、绣球、荼蘼、杜鹃、木香、有黄、白二种。夜合、凌霄、虞美人、月月红、即长春。粉团。夏，海石榴、俗名千层。蜀葵、钱葵、草牡丹、优昙、栀子、金丝桃、石竹、蕙、萱、地涌金莲、扶桑、有红、黄二种。龙爪、扁竹、荷、有红、白、锦三种。建兰、五月菊、紫薇、槐、珍珠兰、茉莉、玉簪、木槿、紫、白二种。剪红萝、有红、白二种。白鹤、石斛、凤尾花。秋，串枝莲、秋海棠、刺桐、鸡冠、有红、白二种。桂、芙蓉、鱼子兰、芷、兰、蓼、蘋、水红花、西番菊、菊。冬，虎头兰、水仙、丁香、冬兰、山樱桃、金钱、迎春柳、报春、小桃红、照水梅、绿萼梅、红梅、山茶、茄兰、蜡梅、雪兰、飘带兰、朱沙兰。四季长华，映山红、长春、素馨、月桂。

——民国《马关县志》卷十《物产志》第 5 页

花　一十六种：桂、菊、荷、榴花、紫薇、金凤、有红、紫、白、碧四色。粉团、茉莉、丁香、洋菊、绣球、红牡丹、芙蓉、鸡冠、鱼子兰、鸡爪兰。

——民国《富州县志》第十四《物产》第 35 页

花之属　五十九：牡丹、芍药、海棠、碧桃、山茶、玉兰、荼蘼、杜鹃、海石榴、鸡冠、扶桑花、菊花、绣球花、芙蓉花、灯笼花、杏花、栀子花、李花、桃花、米壳、刺桐花、葵花、丁香花、梨花、茉莉花、梅花、小红红、蔷薇花、木瓜花、棣棠花、素馨、扁竹、金凤花、龙爪花、夏蕙、荷花、木槿、玉簪、灯盏、紫薇、山丹、香兰、冬兰、玉蝴蝶、山樱、白鹤、水红、粉团、茶花、剪春罗、珠兰、地涌金莲、茄兰、夹竹桃、蜡梅、虞美人、秋海棠、串枝莲、洋水仙、洋莲花。

——民国《邱北县志》第三册《食货部·物产》第 15 页

花属　茶花、梅花、桂花、杏花、李花、黎花、栀子、芙蓉、茉莉、海棠、丁香、腊梅、石榴、樱桃、绣球、紫薇、玉兰、木槿、刺桐、粉团、七里香、仙人掌、金刚纂、莲、菊、凤仙、鱼子兰、鸡冠、玉簪、石竹、金钱、扁竹、十姊妹、西番菊、长春、葵、兰。

——民国《元江志稿》卷七《食货志·花属》第 6 页

花属　李《通志》三十四：兰、萱、葵、桂、菊、荷、紫薇、素馨、粉团、金凤、牡丹、芍药、芙蓉、海棠、蔷薇、红梅、玉簪、金梅、碧桃、绛红、丁香、水红、石竹、山茶、鸡冠、龙爪、木槿、栀子、山丹、杜鹃、扶桑、木香、映山红、剪红罗。谨按：山茶各乡盛产，冬月满山开花，红白灿烂。花谢结实，秋间成熟，可榨油，每小升可得油一升，滓可作肥料，并去垢，加工可制作肥皂。惟不知利用，任牛羊践踏，樵牧砍伐不知保护。

管《志》：无桂、芙蓉、丁香、石竹、扶桑、木香六种，金凤与凤仙重复，剪红罗作剪秋罗。外增荼蘼、辣蓼二种，余与李《通志》同。

王《志》：无丁香、扶桑二种，增荼蘼、辣蓼、鹿葱三种，剪红罗亦作剪秋萝，余与李《通志》同。谨按：紫薇，《群芳谱》一名白〔百〕日红，一名怕痒树。邑中插秧，恒以此花开谢为其工作起讫时期。素馨，《滇略》以南诏段素兴好之，亦名素兴。粉团，《通志》有黄、红、白三种。蔷薇，《通志》有五色者。金梅，《通志》以垂条似柳，一名迎春柳。山丹，《通志》俗名映山红，二物也。扶桑，《滇海虞衡志》：扶桑花，亦佛国花也。佛坐桑下，僧曰桑门，宜桑之献花绕佛而为供养，此佛桑之义也。妄者改为扶桑，失其义矣。

甘《志》四十四：兰、有雪兰、春兰、绿兰、莲瓣兰、虎头兰、双飞燕、单飞燕数种。考之朱子《楚辞辨证》、王象晋【正伪】、《本草纲目》诸说，则今之所谓兰者，皆非灵均"九畹"故物矣。又有珠兰、泽兰二种。菊、黄者有剪金球、金铃珑、大金球、大金钱、小金钱、黄马耳数种，白者有玉芙蓉、玉楼春、白马耳、出炉银数种，紫者有醉杨妃、剪紫绒二种。荷、有紫、白二种。牡丹、惟醉西施一种，红、紫、黄色皆无。芍药、红者点妆，红白者试梅妆而已，皆中品也。梅、有绿萼梅、照水梅、品字梅、蜡梅、红梅、野梅数种。凤仙、有红、紫、白、黄、碧数色，又有白瓣红点、红瓣白点、黄点者，即《群芳谱》所谓"洒金"是也。按：《群芳谱》谓此花"头翅足尾俱翘然如凤状"，故又有金凤之名，旧《志》误分为二。梨花、乡村甚多，或拥山巅，或列山麓，或环村庄，望之如涛如雪。《滇云纪胜书》有"乍疑洱海涛初起，忽忆苍山雪未消"之句，洵然。槐花、土人多取以染纸。刺白花、丛生山谷或田塍上，多刺，细叶。花取作蔬，用水浸二三宿，食之味清淡。金雀花。作蔬甚美。又有小桂花，生山中，花白酷似木樨，二三月开，香闻数里。又有马樱花，山谷中最多，开时万紫千红，如缨似络。又有白鹤花。亦生山谷中，色白甚香，形似飞鹤，头翅足尾皆具。谨按杨升庵《采兰引》：双飞燕，每茎两苞，似雪兰而大，紫表白里。亦有一花者，谓之孤飞。

增补二十九：兰、有以元旦日开者，名之曰元旦兰。又山中产一种火烧兰者，叶似虎头兰，特香，味较浓。菊、有火炼金者，花瓣表红里黄；有鹅毛菊者，色白而瓣宽；有鸳丝毛者色白而瓣长；有朱砂菊者，色红而深；有绿菊者，色黄而绿。秋海棠、则有木本者。绣球花、则有闪蓝色者。灯笼花、则形似灯笼下垂。蝴蝶花。则形似蝴蝶展翅。其余渐芰花、有粉、红两种。洋水仙、有红、白两类。桂花、有丹桂、银桂之别。木兰、有茄兰、玉兰之分。山茶、有红色、白色之异。东洋菊、有红、黄、紫、白之殊。金丝海棠、则鲜艳满树。郁李、则细花盈枝。报春、则锦缛田塍。牵牛。则珠缀篱落。此皆春秋佳日所常见者。

附刘德修《县志资料采访程式》：花属中最有益于民生者惟棉，县属二区，土质疏松，温度亦高，最宜种棉。民国二十七年试种结果，绽裂后花絮鲜白细长，惟播种时须用水灌溉。三十六年烟萝乡、光禄镇试种者多，均获成效。议者竞谓姚不宜棉，岂知镇南、祥云温度与姚相同，现已划为植棉区矣。除虫菊，近有试种者，若得大量培植，为益亦甚大矣。

论曰：禾黍、桑麻、山泽、萑蒲之利，人民之命脉所托。然仅安常守故，或只图近利，饮鸩止渴，盗种违禁物品，不但法令所不容，亦难语于今后生存之数必也。速采科学方法，集团组织，举凡木材、果实与夫工业、医药原料，苟为土质所宜者，大量生产，务期地尽其利，则十年树木，利赖正自无穷矣。

——民国《姚安县志》卷四十四《物产志二·植物》第 7 页

花品　牡丹、惟粉色一种。梅、有红梅、白梅、照水、玉版、宝珠、绿萼六种。茶花、山茶花。山兰、种类甚多，不具录。素心兰、购自大理。蕙、芷、珍珠兰、俗呼鱼子菌。茄兰、芍药、丁香、茉莉、桂、有丹桂、银桂、金桂三种。莲、杜鹃、种类甚多，有红、白、紫、黄色四色。海棠、秋海棠、石竹、蔷薇、紫薇、木芙蓉、绣球、剪红罗、剪红绒、菊、种类甚多，不具录。小桃红、迎春花、萱、葵、鸡冠花、凤仙花、木槿、夜合花、月季花、酴醾、棠棣、玉簪、有紫、白二种。桃竹、鸡爪、龙爪、石斛、金丝莲、子午莲、姊妹花、粉团、灯盏花、长春、栀子、玉梨、报春花、马缨花、扁竹、金雀花、色黄味甘，可作蔬。银雀花。色白味苦，以水浸之，可作蔬。

——民国《镇南县志》卷七《实业志七·物产》第 634 页

花卉　木本者有山茶、木槿、杜鹃、蔷薇、迎春、俗名鸡梅，有单、复瓣二种。丁香、木香、辛夷、玉兰、玉林、绣球、小桃红、海棠、碧桃、腊梅、茉莉、马缨、芋子、栀子、桂、有金桂、银桂、丹桂、四季桂四种。千层榴、千姊妹、月季、状元红、白阳茶、金丝桃、刺牡丹等。草木者有牡丹、芍药、鸡冠、龙瓜、凤仙、玉簪、兰、有春兰、夏兰、秋兰、冬兰、钏兰、雪兰、朱丝白兰、虎头兰等数十种，然多系由他处移来者，本地原产者不过数种。菊、有红、白、橙、紫诸色之分，又有调羹、鹅毛、碎米、绒球诸类之别。若以别名辨之，则名目尤多。凤尾竹、鸡爪、石菖蒲、小菖蒲、莲花、蓼花、秋海棠、报春花、草本绣球、天竺牡丹、蜀葵、金莲花、铁线莲、金盏、绿葱等，均可供赏玩。

——民国《广通县地志·天产·植物》第 1420 页

花草之属　百有四不知名者不载：梅、有红、白、绿萼、照水、朱砂各种。桃、有碧绛、牡丹、寸金各种。丁香、有红、白二种。桂、有金、银、丹桂、四季各种。海棠、有垂丝、西湖、梨叶、铁脚各种。棣棠、有黄、白二种。杜鹃、有朱红、绛红、浅红、黄、白、青、紫诸种。菊、种类极繁，不胜纪载。芍药、有红、白二种。牡丹、有紫、粉二种。木芙蓉、有红、黄二种。水仙、有单、双二种。凤仙、色有红、紫、白、码磠，瓣有单、双各种。迎春柳、俗名金梅花。木槿、有紫、白二种。玉兰、一名辛夷，又名木笔。姊妹花、有红、白、紫各种。粉团、有红、白二种。莲花、腊梅、木瓜花、大桃红、小桃红、荷花、玉簪、龙爪花、鸡冠花、石斛花、月季、紫薇、金雀花、素馨花、石榴花、郁李、瑞香、夹竹桃、蝴蝶花、金银花、茄兰、茉莉、绣球花、珍珠兰、竹节花、栀子、蔷薇、灯笼花、阳春花、牵牛花、报春、笑春、剪春罗、剪红罗、状元红、夜合、含笑、铺地锦、夜来香、秋海棠、长春、刺桐、子午莲、串枝莲、金丝莲、玫瑰、金盏、凌霄花、郁金花、万年红、荷、牡丹。以上花六十九。兰、有素心兰、雪兰、朱兰、绿兰，红、黄、白、麻、藕色各莲瓣及独占春、双飞燕、夏蕙、秋芝、虎头兰诸种。蕙、蓝、萱草、凤尾草、虎掌草、芝、蒿、芭蕉、吉祥草、如意草、蘋、萍、瓦松、书带草、荷包草、荇、苔、芦草、灯心草、镜面草、藻、蓼、薜荔、鱼眼草、虎耳草、荻、蒲草、菖蒲、铁线草、象鼻草、苇、金刚钻、仙人掌、地涌金莲。以上草三十五。

——民国《大理县志稿》卷五《食货部二•物产》第 4 页

花之属 有兰、冬开者为兰，夏开为蕙。或又谓一茎一花者为兰，一茎数花者为蕙。有朱兰、绿兰、雪兰、春兰、建兰、素馨、元旦、莲瓣、火烧、虎头、独占春等种，然以素馨兰为最。素馨与元旦相似，惟元旦兰叶稍宽而大。雪兰有硬枝、软枝，软枝尤佳。绿兰有紫茎、绿茎，绿茎尤香。莲瓣有红、白、麻三种，白者为难得。火烧莲则香气过烈。莲、有红、白二种。木樨、即桂，有金桂、银桂、丹桂三种。其树以三甲地慕劭庵二株、大龙塘接龙寺一株为最大。梅、有红梅、白梅、照水梅、绿萼梅数种。又一种原非梅，而谓之腊梅，因其与梅同时而香又相近，色似蜜蜡。彭印古有《咏梅花》诗云："偏于冷落独争奇，骨傲风霜莫敢欺。照水一枝疏入画，隔篱数点淡成诗。雪藏野径寻春早，月挂山村梦晓时。漫道古今多赋赏，香中别韵几人知。"《咏红梅》云："竹外斜斜挂月魂，怜香独坐正黄昏。东风不醒梅花醉，红满枝头腻酒痕。"陈佐才《咏老梅》云："年来岁去数回老，叶冷枝寒几换新。若是梅花不忍耐，那能经得许多春。"又《月夜赏梅闻笛》云："疏影画空墙，斜枝贴冷屋。笛声夜半吹，恍是梅花哭。"桃、有红桃、粉桃、绛桃、白桃、碧桃等种，以复瓣者为美。李、古人谓李花有九标，谓香、雅、细、淡、洁、密、宜月夜、宜绿鬓、宜白酒，蒙山间多有之，而有花癖者又恒不植焉。山茶、茶花以滇南为第一，娇鲜艳丽。其大如碗，瓣有重台交复，有红、白、粉、玛瑙等色。其种有九心十八瓣、四心红、桂叶银红、青梅、菊瓣、大红袍、紫袍金带、绣球红、松子壳、宝珠、十样锦、胭脂片、分心、蝶翅、磬口等类。其树以魏山主君殿二本、沙滩哨广善寺一本为最大。苏州陈金珏《咏山茶》诗云："丛深春浅不闻莺，露下啼妆别有情。可惜琼葩因僻远，分心磬口独含颦。"海棠、考陈思《海棠谱》云："惟紫锦色者谓之真海棠，余悉棠梨花耳。有三种，曰贴梗、曰垂丝、曰西府，盖以樱桃接之则成垂丝，以棠梨接之则成西府，以木瓜接之则成白色。"秋海棠、一名断肠花，昔人谓有寡妇夜哭泪落墙下而生。其茎甚脆，早秋始花，略似海棠，半含浅红，娇韵欲滴，绿叶紫茎，界以红丝，尤觉风致翩翩。陈佐才有《咏秋海棠》诗云："虽有海棠名，虽有海棠姿。花开春不见，花落春不知。最是风流种，偏逢冷淡时。"菊、有甘菊、白菊、小杭菊、黄鹤翎、白鹤翎、胭脂片、玉绣球、懒梳妆、金弹子、旧朝衣、糙米菊、火炼金丹等种。又一种茎叶与菊俱不相似，惟花瓣颇类，五六月间即开，人或谓之五月菊。又一种枝茎较高，叶亦不类，花黄而圆大，其味臭烈，名曰西番菊。又有金钱菊、万寿菊，现复有洋菊、东洋菊等类。陈佐才《咏五月菊》诗云："世事已经付水流，且向篱边把酒瓯。五月菊开不怕羞，欲使人知夏是秋。"张端亮《月下菊》云："已过秋之半，几见秋月明。今夜照我圃，照见金菊英。如濯清冷波，空庭碧一泓。动地影迷离，妖韶塔下行。谁谓花是色，有月色浑成。谁谓花是香，有月香更清。何以谢婵娟，勺然一举觥。翘首望河汉，颏波如有声。"范运吉《咏菊》云："忠孝台边小雨酥，不锄蔓草自然无。乘时移得南华种，植取经雷对丈夫。桃李春光遍海涯，生来性不爱春华。怀秋独自吞篱月，何处临风弄晚霞。晚夜篱东起白云，几枝雪貌弄香氛。若非素叶摇青影，碧月阑干不见君。"茉莉、一作末利，一作抹厉，一作没厉，又作鬘华，字虽异，音义并同。玉兰、春初苞托千干，万蕊不叶而花。木笔、即辛夷，俗名木兰花，似玉兰而紫。素馨、花最香而根最毒，以酒磨服，一寸则昏迷一日，二寸则二日。凡跌损、脱臼、接骨，用此则不知痛。明卫经历李辙有《咏素馨花》诗云："满架柔春点粉墙，素娥乘鹤下潇湘。小台收拾春如许，薰透梨园白羽裳。"木芙蓉、一名木莲，有红、黄、白三种。秋半开花，大而美艳。陈金珏《咏白芙蓉》诗云："素质轻盈浅淡妆，临流无语对斜阳。幽人解读楼东赋，不同杨家斗海棠。"绣球、一花众蕊，团团凑合如簇球然。初青后变粉红，其大如碗。紫薇、俗谓不耐痒花，搔其本，枝叶皆动。自六七月开至九月，又呼为百日红。夹竹桃、其叶如竹，其花似桃，故名。杜鹃、一名山踯躅，一名映日红，有黄、白、深红、浅红及紫者。浅红名迎春，深红名送春。陈金珏有《咏杜鹃》诗云："披叶春残夜不飞，妈然亦解傍朝晖。一从选胜幽人赏，游子天涯唤不归。"木堇、有紫、白二种。《诗》"颜如舜华"，舜即木堇也。陈佐才有四言诗云："物有相类，此花不同。朝开暮落，劳苦东风。"棣棠、有黄、白二种。粉团、花微似玫瑰而无香。其一茎十余朵花，紫红者谓之为十姊妹，四季开者谓之四季粉团。月一开者谓之月月红，一名月季花。陈佐才有《咏月月红》诗云："凋零万木总堪哀，独是此花最快哉。暑往寒来管不着，陈年累月自家开。"蔷薇、枝叶有毛刺，花似玫瑰而微小。牡丹、有紫、粉、白三种。陈佐才有《咏白牡丹》诗云："相陪数嫩叶，随侍几柔枝。不染胭脂色，终成艳丽姿。"芍药、仅有粉红一种。陈佐才有《移来香粉红芍药变白》诗云："几枝增倚市门中，作态迎人淡抹红。自入深闺知有主，不将颜色嫁东风。"花上花、有黄、红、粉三种，一种有重台，名为花上花；一种形如马缨，俗谓抽心花；一种瓣复而大，谓之将军盏。剪春罗、即剪红罗，一名碎剪罗，有红、白、粉三种。秋开者为剪秋纱。长春花、花瓣四出，小而鲜艳。灯盏花、形如灯盏，花小而色黄。凤仙、一名金凤，一名小桃红，有大红、粉红、玛瑙及白者数种。其子名急性子，可用为催生药。陈金珏有《咏凤仙花》诗云："番舶初分已六年，梦庐无岁不周旋。偶然万里同为客，纤态含娇倍可怜。"映山红、形同马缨。百合、别名玉手炉。花露下滴，结实如蒜，数十片相累，类白莲，故名百合花。与萱相似，色黄红有黑斑点。蓼花、多生水岸，即水红花。鸡爪、形似素馨而背微有红色。子午莲、藤蔓极长，多附墙而上。一叶五杈，旁有须，花瓣白色，中有重台，内生直心一蕊，形如丁字，其横者每子午能自旋转。丁香、分公、母二种，其紫、粉二色则形似丁香而小。栀子、有二种，色白而微带嫩黄者香极清艳，小而瓣复者名阳栀子。珍珠兰、形似靛叶，有软枝、硬枝二种，花白如珍珠形，香清远。鱼子兰、形似珍珠兰，叶稍小而枝似藤，花色黄如鱼子。鸡冠、一名波罗奢，有黄、白、紫三种。蝴蝶花、叶似菖蒲而大且短，花蓝色，一茎数蕊，与蝴蝶相肖。铁线牡丹、叶类牡丹而瘦小，花扁茎长，其复瓣者如菊。朱光霁有《游圆觉寺赏铁线牡丹诗》云："间从曲槛醉西风，何事天葩分外工。野寺漫猜秋寂寂，珠林今见锦丛丛。洁疑西子新妆罢，艳比杨妃汗颊红。谢却姚黄君独后，于今梁苑有谁同。"珊瑚花、抽叶如蕉，形如野姜中含苞，苞内出三茎或二茎，每茎花五六朵，状类指甲，红艳如珊瑚色，故名。果如核桃，有三棱而小长，通体有刺，软不伤手，中有三房，每房结子，或八枚十枚，子圆黑紧贴，多偶数。一种叶似珊瑚，茎仅尺余，花瓣似粉团，色粉红而艳丽，名美人蕉。萱、有红、黄二种，一名忘忧草，一名宜男草，一名丹棘，一名鹿剑。其芽俗谓之黄花菜，又曰金针菜。石竹、形似小竹，花如簇锦，纤秾合度，深浅适宜，亦花草中艳丽者。玉簪、一茎数花，含吐以次递开，如削玉抽簪，与绿裳照映。又紫色者名紫钗。扁竹兰、叶宽扁形，如扇柄，中抽一茎，花蓝色如兰瓣。金梅花、一名迎春柳。花黄色，形如梅瓣，有单瓣、复瓣二种。金丝莲、叶似荷而小，花黄微类凤仙。串枝莲、藤叶均与木通相似，花白绿色，愈开而瓣愈复。连枝秀、一名玉马鞭，有红、白二种，花小而瓣复。茉香花、花小而瓣复，形类□芭花。龙爪花、根叶均如蒜，一茎直起，花黄色如龙爪。淑气花、花大如杯，有深红、浅红、紫、白等色，以复瓣者为美。

其花朵小者，根名土黄蓍。锦葵、花开向日，黄中结饼，子有黑、白二种，俗谓之朝阳饼。瑞香。一名睡香，俗呼为夜来香，其味芳烈。

——民国《蒙化县志稿·地利部》卷十一《物产志》第 3 页

花之属　有兰、冬开者为兰，一花一茎；夏开者为蕙，一茎数花。有春兰、建兰、虎头兰等。莲、色红，叶圆，各乡有之。桂、一名木樨，有金桂、银桂、丹桂三种。梅、有黄梅、腊梅、金梅等数种。桃、有夹竹桃、碧桃，复瓣色美。山茶、有红、白二种，生于山间。其植于园圃者有九心十八瓣之艳，有红、白、玛瑙等色。垂丝海棠、花红，有须，植于文庙者为最美丽。秋海棠、早秋始花，半含残红。菊、有甘菊、白菊、小杭菊、胭脂、复绉、绣球、懒梳妆、火炼、金丹、紫袍金带、绿萼菊、金钱菊、鱼眼菊、万寿菊、西洋菊、东洋菊、贵州菊、金毛、狮子、黄鹤翎、白鹤翎、五彩洋菊。以色分者，并有赤、红、紫、绿、黄、白等种，城乡园圃处处有之。玉兰、色白如笔，元宝山一株最佳。茄兰、花鲜红，毛壳三层，脱后二月开花，气香味涩。凤凰山一株最大，盖二百年物也。余者色紫，无香气。绣球、一花众蕊，团团凑合如簇球然。初绿白，后粉红而蓝，又谓五彩绣球。紫薇、俗谓搔痒树，又呼为百日红。花鲜红，六七月后开花。杜鹃、俗呼艳山红。牡丹、以白色、粉红为上，其红色各种次之，城乡均盛产之。郡人谢文翘有诗云："名园竞说牡丹开，准拟花前醉一回。恰喜家家争折简，真成富贵逼人来。"芙蓉、秋半开花，大而美。芍药、有红、白二种，生山间者谓之赤芍。木槿、有白、紫二种，花成杯状形。棣棠、有黄、白二种，茎瓤即通草。粉团、有白色、粉红、四季粉团。月月红、花微似玫瑰，月月开花。七姊妹、紫红色，一茎十余朵，茎有刺，无香。蔷薇、枝叶有毛刺，花似玫瑰而小。玫瑰、花紫色，气极香。花上花、有黄、红、粉三种。一种有重台，名为花上花；一种形如马缨，俗谓抽心花；一种复瓣而大，谓之将军盏。剪春罗、有红、白、粉三种。春时开花，至秋开花者为剪秋罗。灯盏花、形如灯盏，花小而黄。凤仙、一名金凤花，有数色。其子为急性子，可用为催生药。百合、别名玉手炉。花露下滴，结实如蒜，数十瓣相累如白莲，故名百合，花赤色。龙爪、花如百合，有红、黄、白三种。蓼花、多生水岸，一名水红花，有红、白二种。子午莲、朝开暮落，花有五色。夜合、一名合欢。见月则开，又称月见花，成筒状形。号令花、生山上，形如号筒。丁香、有紫、粉二色，分公、母二种。鸡冠、有红、白、紫三种。蝴蝶、形类蝴蝶，故名。铁线牡丹、叶类牡丹而瘦，稍扁，茎长，其复瓣者如菊。鱼儿牡丹、一名合包花。叶似牡丹，花色红，形与鱼相肖。芭蕉、花黄，如笋包。石竹、形似小竹，种类极多。丁香石竹为有香有色。玉簪、色白如簪，其味清香。扁竹兰、叶宽，扁形如扇，花蓝色。露葱、花黄色，筒状形。茉香花、花小而复瓣，色黄白而香。锦葵、花开向日，色黄，子有黑、花二种。洋葵、花瓣长，子较大。蜀芪花、花大如杯，红白色，有大、小二种，根名红芪。密蒙、即大酒药花。金雀、又呼金脚，入食品。苦豆花、色白，形如金雀而小，可入食品。小兰花、色蓝，可治小儿疳病。破碗花、花淡红色，形如酒杯。牵牛、蔓藤，黄色。金银、花黄白色，味香。红者名为西湖锦。茶春、花小黄色，与金梅略同。瑞香、四季常绿，花细小，结红子。脆菊、日晒则开，雨湿则闭。有白、红、黄多种，经久犹鲜。狮子花、红、白二色，形如狮子开口。虾子花、红色，形类小虾子。洋灯盏、色黄，易植。洋玫瑰、绛色，清香。荷花、前荷花塘有之，近时种者甚少。灯笼花、形如灯笼，色深红。松针菊、有黄、白二色，细如松针。八角花、色红，八角。碎米、生山间，有粉白、淡红二色。旋覆、花黄，味涩，入药用。石莲、生岩上，形莲瓣，色碧。锦屏松、叶细如茴香，花有红、白、淡红三种。雪团、花小朵，若绒球，有白与粉红色。野棉花、花冠淡红色，结实如覆盆，弹之若棉。山丹、色赤红，花类金丝莲。状元红叶如蕉而小，花鲜红美丽。等草本、木本之花。

——民国《昭通志稿》卷九《物产志》第 12 页

花之属　牡丹、芍药、梅、莲、桂、兰、蕙、菊、珍珠兰、紫薇、萱、茉藜、鸡冠、红蓝花、芭蕉、美人蕉、向日葵、凤仙、月季、金银花、木槿、扶桑、茶花、腊梅、木棉、胭脂花、金丝莲、夜来香、夹竹桃、杜鹃、山踯躅、白鹤花、鹦哥花、绣球花、罂粟、粉团。

——民国《巧家县志稿》卷七《物产》第 21 页

花类即观赏植物　梅、腊梅、桂、菊、兰、玉兰、即辛夷。珍珠兰、俗呼鱼子兰。夹竹桃、山茶、牡丹、芍药、芙蓉、蔷薇、紫薇、玉簪、玫瑰、蕙、茉莉、杜鹃、月季、粉团、胭脂、素馨、美人蕉、萱草、木槿、栀子、水仙、茑萝、又名锦屏松。南天竹、鸡冠、荷、石蒜、花有红、黄二色，盐津附近河岸多有之，又名龙爪。绣球、有木本、草本两种。春秋海棠、金丝莲、金蝴蝶、一名竹叶梅。金银花、即忍冬。报春、牵牛花、向日葵、阳雀花、可调蛋炒食。丁香、夜来香、鹦哥花、凤仙花。一名金凤花、指甲花。

——民国《盐津县志》卷四《物产》第 1694 页

花果类　梅、茶、荷、兰、棉、桂、芍药、菊、种类最多。紫荆、牡丹、茉莉、玉簪、杜鹃、紫薇、月月红、海棠、粉团、碧桃、龙抱柱、牵牛花、双石榴、绣球花、洋芍药、萱、大栀子、海栀子、金蝴蝶、水仙、鸡冠、洋牡丹、葵、夜来香、金丝莲、佛顶珠、洋雀、玫瑰、桃、李、杏、梨、枣、胡桃、黄梅、橘子、县产极多。枇杷、葡萄、橙柑、黄果、贵州柑、梳头柑、佛手柑、樱桃、石榴、木瓜、栗子、香橼、林青、花红、柿子。

——民国《绥江县县志》卷二《物产志》第 27 页

花类　富春花、王者香、种类极多。桂、分朱砂、金银二种。梅、长春茶、山茶、分红、白二种。十姊妹、粉团、菊、分黄、白、红、绿四种。杜鹃、栀子、串枝连、象鼻、芸香、郁李、报春、玉簪、丁香、素馨、灯笼、蔷薇、紫薇、夜合、玉兰、鱼子兰、葵、芙蓉、茉莉、金凤、鸡冠、白鹤、玫瑰、落地金钱、剪绒、海棠、碧桃、绛桃、莲、荷、子午莲、蓼、蘋、电光、木槿。

——民国《景东县志》卷六《赋役志附物产》第 173 页

花属　梅花、有红梅、绿萼、照水、宝珠数种。杏花、桃花、有红、白、绛三种。李花、梨花、棠梨花、樱桃花、石榴花、有二，一名海石榴。荷花、有青、红、锦边三[1]种。以上实见果属。牡丹、海棠、有西府、垂丝二种。玉兰、辛夷、紫金、紫薇、卮子、杜鹃、有五色。木槿、有紫、白二色。雪球、扶桑、木芙蓉、木兰、桂、有丹、银二桂。茶花、有数种。蜡梅、以上木本。迎春、金雀、蔷薇、酴醾、玫瑰、木香、棣棠、小桃、有红、白二种。茉莉、素馨、凌霄、十姊妹、玉堂春。以上蔓本。兰蕙、有十余种。芍药、金盏、剪春罗、蝴蝶花、石竹、罂粟、虞美人、萱花、蜀葵、金凤、向日葵、百合、山丹、凤仙、金钱、玉簪、秋葵、蓼花、百子图、竹笔、菊花、数种。洋绣球、鸡冠、水仙。以上草本。

——民国《龙陵县志》卷三《地舆志·物产》第 18 页

花果　我邑虽处滇徼外，冬无大寒，夏无大暑，花果之属，亦与内地不甚差别。冬十月梅已先春，岁除日兰已抽前，上元后桃杏皆可供瓶，茶花则数兰经寺之大红玛瑙为当，枝干扶蔬〔疏〕，大可合抱，开时花大如碗，繁英艳质，照耀庭台，亦数百年物也。其他以牡丹为最，牡丹俗传来自印度，我邑旧属藏地，牡丹之盛，亦有由来。芳春三月，牡丹开时，或紫或粉，或紫袍金带，或白如皓月，其树大枝繁者，每株或七八十朵，或五六十朵，少亦二三十朵，篱边墙角，在在有之，

---

① 三　原本作"四"，据文意及康熙《蒙化府志》、乾隆《新兴州志》、乾隆《大理府志》、乾隆《赵州志》改。

俗呼维西牡丹甲天下，信不诬也。

——民国《维西县志》卷二第十四《物产》第 38 页

花属　梅花、桃花、李花、桂花、梨花、棠梨花、荷花、兰花、菊花、素馨、樱桃花、石榴花、紫薇、栀子、丁香花、四季花、白露花、艳山红、十姊妹、鸡冠花、凤尾花、黄心者味佳。金梅花、双者名花上花。树兰花、色淡红，数年不开，如一开，时年必不利。牡丹、芍药、金银花、茶花、缅桂。镇康坝有，其花可泡茶食。

——民国《镇康县志》（初稿）第十四《物产》第 4 页

黑龙潭之寺观为古黑水神祠，远基于汉代，而唐蒙氏、宋段氏俱于此有修建焉。……上观殿宇，计有四重，入门塑像为白玉蟾仙师，后为正殿，殿墀下有茶花两株，为一品红，殊色也。左右俱为大客厅，左廊檐下，昔有木本绣球花两株，高与檐齐，今蓂如也。在六七十年前，墀下有芍药极繁，春日开时，红白相衬，香艳溢于客座，今亦无一枝一茎存留。……更上为三清殿，殿前墀内多古梅树，枝干盘屈，大都为五六百年前之所植，以云唐梅，惟有观石刻画本耳。四层殿宇之台墀阶磴，俱随其山势建筑，层次回旋而上。顾一切规模，实属古雅清幽，以沿数百年前旧制也。今昆明附近各寺，能保存得古代文物者，亦惟此一处而已。观内原有唐时种植之梅花数株，然于二三百年前枯槁矣。今则根株俱没。有元、明两朝及清代初叶之所植者，固是老树杈桠，然亦能疏疏落落而著花，真是古香古色。观内有宋柏二株，高标云际，参天翠色，诚为昆明境内无两之物。

中殿左廊屋内，刻有唐梅图，石高三尺余，阔近六尺，图梅树于其上，并刊有清乾隆时总督李侍尧《龙泉观唐梅图记》，云："距省二十里曰黑龙潭，水黝而溁，游儵出没万千，时兆雨旸，驱被恢宣，于是焉赖，郭内外咸奔走焉。自潭之左折而上，岩壑环亘，竹树葱茜，林隙鸥吻翼然，为龙泉观。层城累楹，其殿宇中植红梅二，根于纠结连蜷，殆难状喻。花复瓣如重台，视群梅小异，相传为李唐时物。丁酉（乾隆四十二年，1777）奉命来滇，廉得其概，而簿领殷凑，不暇轻诣。顷阅度六河水利，地接花所，破萼旬有余矣。与午桥中丞便证所闻，舒带坐南荣下，古香在树，落英沾衣，譬诸步瀛登阆，不足云其乐且适也。余维滇之卉木，甲于直省，梅犹称首，兹花为唐为宋，不载志乘，睇视树身，如冶铁然，要非近代物也。余与中丞先后下车，即知是花，顾寝弥年月，星纪且一周矣。始因阅河过之，而艳述事之在耳目前。其未能测识者，岂鲜也哉！爰属写生家，象梅之形，刻于石而为之记。"

又巡抚裴宗锡有跋云："梅以色香韵冠群花，高迈处尤在骨。若乃铜柯铁根，霜皮黛影，白摧龙蛇，黑垂雷雨，此二本盖松柏之流也。余与钦齐相公列坐花下，公顾语余，生平于世味，泊然寡营，独雅爱梅，自庾岭所见，斯为观止，不负万里行矣。余念是梅蔚然滇中，且数百年，时眼恒卑之，不相矜许。余三至滇矣，今始得从公游而睹此花，花之遇欤！抑余之遇欤！类亦非偶然者。公既属娴绘事者图之，复为之记，微以写生未工为憾。余谓得公之记，即此花丹青于世矣。爰缀数语，拟题名云。"

又道光年间，总督阮元题二律，并书刊于壁。诗曰："千岁梅花千尺潭，春风先到彩云南。香吹蒙凤龟兹笛，影伴天龙石佛龛。玉斧曾遭图外划，骊珠常向水中探。只嗟李杜无题句，不与逋仙季迪谈。""铁石心肠宋开府，玉肌白雪古梅花。边功自坏鲜于手，仙树遂归南诏家。今日太平多雨露，当年万里隔烟霞。老龙如见三苍海，试与香林较岁华。"又闻前辈人云："古唐梅树，已于明末清初枯槁矣，李钦齐制军所见者，或系元明时代所植之树也。然此二树，又于咸丰年间死去，今殿墀间之横斜老干，据观中老道士云，多是明末清初补植之树。"所闻如是，当不虚尔。

——《纪我所知集》卷八《昆华名胜纪略·黑水神祠》第 229 页

木本之花

白刺花

白刺花　生云南田塍。长条横刺，刺上生刺，就刺发茎，如初生槐叶。春开花似金雀而小，色白，袅袅下垂，瓣皆上翘，园田以为樊。

——《植物名实图考》卷二十九《群芳类》第 7 页

波罗花

波罗花　属木兰科，山野乔木。四月开花，状如木笔，瓣片极大，色带黄绿，香味远逊。昆明、安宁、富民一带有野生者。又木笔、辛夷、厚朴，皆与波罗花相似，同属木兰科，滇山野亦常见之。

——《新纂云南通志》卷六十三《物产考六·植物三·花卉类》第 7 页

草葵

草葵　生云南。黄花五出，而三二瓣分开，形几近方。

——《植物名实图考》卷二十九《群芳类》第 21 页

草玉梅

草玉梅　生云南。铺地生叶，抽葶开尖瓣白花如积粉。

——《植物名实图考》卷二十九《群芳类》第 23 页

茶花

奇花　有山茶一株产于州南天王庙前。其花开于冬月，有粉红、大红、纯白三色相间，谢时葩不落地，土人以为神异，不敢采。

——景泰《云南图经志书》卷一《云南府·晋宁州·土产》第 44 页

茶梅　《类林》云：新罗国多海红，即浅红山花而差小。自十二月开至二月，与梅同时，故曰茶梅。刘仕亨曰：小院犹寒未暖时，海红花发昼迟迟。半深半浅东风里，好似徐熙带雪枝。[1]

——天启《滇志》卷三十二《搜遗志第十四之一·补物产》第 1046 页

茶花最甲海内，种类七十有二。冬末春初盛开，大于牡丹，一望若火齐云锦，烁日蒸霞。南城邓直指有《茶花百韵》诗，言茶有十绝：一寿经三四百年尚如新植；一枝干高竦四五丈，大可合抱；一肤纹苍润，黯若古云气罇罍；一枝条黝斜，状如麈尾龙形；一蟠根轮困离奇，可凭而几，可藉而枕；一丰叶森沉如幄；一性耐霜雪，四时常青；一次第开放，历二三月；一水养瓶中，十余日颜色不变。

---

[1] 此条，康熙《云南通志》卷三十《补遗》第 17 页同。

直指公有百韵甚工也。

又曰：滇省山水奇绝，及花事皆甲天下，花木高大有十丈余者。茶花如碗，大树合抱，花开烂如江霞。即垂丝海棠，高数丈，每当春时，鲜媚殊常，真人间尤物。自大理至永昌，沿山历涧往往而是。

又曰：余每以文士语，大底多过其实。自躬历滇南，乃知昔游所记犹不能尽其胜。盖至极胜处多神为境夺，如画美人，不能肖者辄十九。

——《名山胜概记》卷四十八《滇中茶花记》第 1 页

滇中茶花甲于天下，而会城内外尤胜。其品七十有二，冬春之交，霰雪纷积，而繁英艳质，照耀庭除，不可正视，信尤物也。豫章邓渼称其有十德焉：艳而不妖，一也；寿经二三百年，二也；枝干高竦，大可合抱，三也；肤文苍黯，若古云气尊罍，四也；枝条妖娇，似尘尾龙形，五也；蟠根轮囷，可几可枕，六也；丰叶如幄，森沈蒙茂，七也；性耐霜雪，四序长青，八也；自开至落，可历数月，九也；折入瓶中，旬日颜色不变，半含亦能自开，十也。为诗一百韵赏之。

——《滇略》卷三《产略》第 7 页

秀山花　通海县秀山上有花一株，如芍药，中土未能有之，俗不识其名，乃呼为白山茶。

——《增订南诏野史》卷下第 51 页

出省城，西南二里下舟，两岸平畴夹水。十里田尽，萑苇满泽，舟行深绿间，不复知为滇池巨流，是为草海。……抵太华寺，寺亦东向，殿前夹墀皆山茶，南一株尤巨异。

——《徐霞客游记·游太华山记》第 732 页

滇中花木皆奇，而山茶、山鹃为最。山茶花大逾碗，攒合成球，有分心、卷边、软枝者为第一。省城推重者，城外太华寺。城中张石夫所居朵红楼楼前，一株挺立三丈余，一株盘垂几及半亩。垂者丛枝密干，下覆及地，所谓柔枝也。又为分心大红，遂为滇城冠。

——《徐霞客游记·滇中花木记》第 737 页

……游县南之秀山。上一里半，为灏穹宫。宫前巨山茶二株，曰红云殿。宫建自万历初，距今才六十年，山茶树遂冠南土。

——《徐霞客游记·游颜洞记》第 738 页

戊寅十二月十七日……山间茶花盛开。又二里，为水目寺。

——《徐霞客游记·滇游日记五》第 900 页

己卯正月初九日……入其西藏经阁。阁前山茶树小而花甚盛，为折两枝而出。

——《徐霞客游记·滇游日记六》第 929 页

己卯二月初十日……二把事曰："馁久矣，请少迟之。后有茶花，为南中之冠，请往一观而就席。"盖其主命也，余乃从之。由其右转过一厅，左有巨楼，楼前茶树，盘荫数亩，高与楼齐。其本径尺者三四株丛起，四旁萎蕤，下覆甚密，不能中窥。其花尚未全舒，止数十朵，高缀丛叶中，虽大而不能近觑。且花少叶盛，未见灿烂之妙，若待月终，便成火树霞林，惜此间地寒，花较迟也。把事言，此树植与老把事年相似，屈指六十余。余初疑为数百年物，而岂知气机发旺，其妙如此。

——《徐霞客游记·滇游日记七》第 965 页

己卯二月十四日……植盆中花颇盛，山茶小仅尺许，而花大如碗。

——《徐霞客游记·滇游日记七》第 976 页

己卯三月十四日……其后又有正殿，庭中有白山茶一株，花大如红茶，而瓣簇如之，花尚未尽也。

——《徐霞客游记·滇游日记八》第 1018 页

（大理感通寺写韵楼）楼前白茶花，高数十丈，大数十围，花如玉兰，心殷红，滇南只此一树，埋条分种，皆不活也。

——《滇黔纪游·云南》第 17 页

（苍山）茶花，亦有黄、紫、红、白四种，其大如碗。

——《滇黔纪游·云南》第 20 页

宝洪寺在民和乡。山高千仞，远眺百里诸峰皆伏。其下寺内有茶花，可以比美通海。

——康熙《路南州志》卷三《古迹寺庙附》第 60 页

【原】山茶，一名曼陀罗树，高者丈余，低者二三尺，枝干交加，叶似木樨，硬有稜稍厚，中阔寸余，两头尖，长三寸许，面深绿光滑，背浅绿，经冬不脱，以叶类茶，又可作饮，故得茶名。花有数种，十月开至二月，有鹤顶茶、大如莲，红如血，中心塞满如鹤顶，来自云南，曰滇茶。玛瑙茶、红、黄、白、粉为心，大红为盘，产自温州。宝珠茶、千叶攒簇，色深少态。杨妃茶、单叶，花开早，桃红色。焦萼白宝珠、似宝珠而蕊白，九月开花，清香可爱。正宫粉、赛宫粉、皆粉红色。石榴茶、中有碎花。海榴茶、青蒂而小。菜榴茶、踯躅茶、类山踯躅。真珠茶、串珠茶、粉红色。又有云茶、磬口茶、茉莉茶、一捻红、照殿红、郝经诗注云：山茶大者曰月丹，又大者曰照殿红。千叶红、千叶白之类，叶各不同，或云亦有黄者。不可胜数，就中宝珠为佳，蜀茶更胜。《虞衡志》云：广州有南山茶，花大倍中州，色微淡，叶薄有毛，结实如梨，大如拳，有数核，如肥皂子大。于若瀛云：宝珠山茶，千叶，含苞历几月而放，殷红若丹，最可爱。闻滇南有二三丈者，开至千朵，大于牡丹，皆下垂，称绝艳矣。

【增】《云南志》：土产山茶花，谢肇淛谓其品七十有二，赵璧作谱近百种，大抵以深红软枝、分心卷瓣者为上。……

【原】《学圃余疏》：……吾地山茶重宝珠，有一种花大而心繁者，以蜀茶称，然其色类殷红。尝闻人言滇中绝胜。余官莆中，见士大夫家皆种蜀茶，花数千朵，色鲜红，作密瓣，其大如杯。云种自林中丞蜀中得来，性特畏寒，又不喜盆栽。余得一株，长七八尺，舁归植澹园中，作屋幕于隆冬，春时拆去，蕊多辄摘却，仅留二三，花更大。

【增】《闽部疏》：滇茶不宝珠，而色鲜好，娇于宝珠茶。其大如碗，瓣有重台交覆，可当芍药，莆人林大辂中丞宦彼带一株归，今传种家有之。开时千朵艳发，绿叶掩映，大是佳卉。……《滇中茶花记》：茶花最甲海内，种类七十有二。冬末春初盛开，大于牡丹，一望若火齐云锦，烁日蒸霞。南城邓直指有《茶花百韵》诗，言茶有数绝：一寿经三四百年尚如新植；一枝干高竦四五丈，大可合抱；一肤纹苍润，黯若古云气罇罍；一枝条黝斜，状如麈尾龙形；一蟠根轮囷离奇，可凭而几，可藉而枕；一丰叶森沉如幄；一性耐霜雪，四时常青；一次第开放，历二三月；一水养瓶中，十余日颜色不变。《滇云纪胜书》：山茶花在会城者，以沐氏西园为最。西园有楼名簇锦，茶花四面簇之，凡数十树，树可二丈，花簇其上，树以万计，紫者、朱者、红者、红白兼者，映目如锦，落英铺地，如坐锦茵，此一奇也。仆尝以花时登簇锦赏之，有"十丈锦屏开绿野，两行红粉拥朱楼"之句。及登太华，则山茶数十树罗殿前，树愈高，花愈繁，色色可念，不数西园矣。《滇南太华山记》：两墀山茶树八本，皆高二丈余，枝叶团扶，万花如锦。……

——《御定佩文斋广群芳谱》卷四十一《花谱》第 1 页

大宋茶 释曰：传衣寺有古松，其枝虬蟠，横撑二十余丈。其奇在根仅一二围，身则十数围。画松欲似真松树，今真松似画而愈画不出。憾仅得一见，今无存矣。惟大宋茶在寺中之锦云楼前，高五七丈，大十数围，花则数万朵，烂若锦云焉。升庵先生题曰锦云，志茶也。今龙大古拙犹存，花则甚少。老成之具有典型，存其义而已。花时凭吊其下，使人增淡泊明志、宁静致远之想。如对高人韵士，于一无所言之际，令人于恍然处得之。茶植于大宋何年，无典可考矣。以意揣之，则为不谬。

——《鸡足山志》卷四《名胜下·异迹二十则》第 171 页

山茶 初产南中山林中，以其花色争妍，遂植之园亭。究其栽接之法，于是花之性情为人有矣。故移植他省则名之为滇茶，以其叶颇类茶，子又似之。昔大周宪王取其叶焙熟，水淘而后蒸晒，偶作茶饮，遂已吐血、衄血、肠风下血之疾，因著入《救众本草》焉。但其叶厚硬有棱，中阔头尖，面绿背淡，与茶茗之叶有别。东坡诗云"叶厚有棱犀角建，花深少态鹤头丹"，特其谓碗口红耳。若茶之名，则有宝珠、四心红、一捻红、紫袍玉带、海榴红、榴蒂青，惟红白踯躅、千钟粟、万卷书、松子壳、红白菊瓣、杜鹃红、宫粉白、串珠、含珠、四分珠、千叶紫、玛瑙红、玛瑙紫、磬口、粉红、照殿红、吐银须、吐黄须、蝶翅等为最。

四心红 即分心卷瓣，惟分四心者。

宝珠 簇族如珠。

粉红 如美人临酒面。

大宋茶 见异迹。

白茶花 类菊瓣而朵小。

——《鸡足山志》卷九《物产》第 328 页

通海山茶 山茶宜于滇，惟银红、大红二种，在在有之，无黄、白、锦边各色。而常一树千花，俱大如盘，瓣若连环相扣，洵足美观。通海县螺顶者名尤著。

——《滇南新语》第 2 页

主君阁在文昌宫之右，内有山茶二本，花事极盛。

——乾隆《续修蒙化直隶厅志》卷二《建设志·寺观》第 105 页

嵩明州境有大鼎山，坡极绵亘，不甚高。上有海潮寺，多竹木，面海子，广阔数十里，景致殊幽旷。……海潮寺有书室三楹，颇可憩。庭有浅红色茶花二树，广覆庭院，花开如锦幔遮护，光艳夺目。

——《滇南闻见录》卷上《地部·山属》第 8 页

山茶 滇省花卉多而且佳，花朵大而耐久，其最胜者，莫过于山茶。花之颜色不一，大小浓淡之间，种分数十品，花家能辨之。大红者最贵，名曰宝珠，猩红可爱，衬以浓绿，益增光艳，有端冕黼黻、垂绅委佩气象。其粉白色者，洁净之中又饶浓厚，品质高雅，有名山石室、硕士高人气象。惟浅红色者最多，树亦最大，常有一本可蔽屋两三楹者。花之盛约可万千计，有广厦细旃，歌筵舞席，琳琅满室，锦绣被墙气象。古诗云"浅为玉茗深都胜，大甲山茶小海红"，都胜即宝珠。浅红色者，殆玉茗耶？

——《滇南闻见录》卷下《物部·花属》第 38 页

滇南茶花甲于天下，昔人称其七绝，而明巡按邓渼以十德表之，称为十德花。此花宜为第一。

——《滇海虞衡志》卷九《志花》第 1 页

花各种俱出，而茶花最盛。三元宫一株，今已枯朽，惟玉皇阁、南山寺极茂盛，士庶家种植亦多。

——道光《续修通海县志》卷三《物产》第 35 页

（临安府城文庙）阶前有大红茶花，高齐檐，开时极绚烂。院中老桂、古柏，夭矫掩映，气象肃穆森严，每低徊不能去。

——《幻影谈》卷下《杂记》第 138

茶花 属山茶科，有乔木、灌木各种。叶革质，面部浓绿有光。花重瓣，色有红、浓红、绯红、玛瑙、紫红及白色等等，为滇名产，载在志乘，誉满全国。《滇中茶花记》云：茶花最甲海内，种类七十有二。此种考查，远在数百年前。今多年栽培园艺，变种名品日出，恐不止如上之数。或者谓茶花有色无香，是其缺点。然焦萼白宝珠，九月开花，清香可爱，《群芳谱》且艳称之。至于茶花之色，尽态极妍，实足以压倒群卉，如《花镜》山茶释名共十九种，而诸色茶花中，如宝珠茶之殷红，真珠茶之淡红，杨妃茶之桃红，踯躅茶之深红，赛宫粉、串珠茶之粉红，此外又有鹤顶红、一捻红、照殿红诸名色。冯时可云"滇中茶花，冬末春初盛开，大于牡丹，一望如火齐云锦，铄日蒸霞"数语，诚尽之矣。以花形言，花瓣之大，花冠之匀整，花姿之绰约圆转，或堆如盘，或簇如球，或攒如丹砂，或缀如璎珞，天然美化，直夺人工。邓渼长歌百咏，更为此名花增色不少。今滇中最流行者如下数种，大致皆自山茶栽培，历久变迁而出也。

菊瓣 花色红艳，瓣片微厚，似菊花之舌状重轮，故名。叶圆厚浓碧，枝亦秀挺，为盆景茶花之极选，大理名产。今省市亦偶见之，花期稍迟，是其缺点。

通草片 大理亦名松子壳，常绿大灌木。枝干秀挺，叶广卵形。春季开花，重瓣绯红，作浅杯状，瓣片肥厚多肉，似通草片，故名。以白茶花作台木，可行稼接，为滇名品。

狮子头 滇西一带，亦名九心十八瓣，晋宁又名元茶花。大如浅盘，径几盈尺，片片攒聚，殷红万态，花期最长，开可数月。常绿乔木，茎高达数丈，周围亦三四尺。叶革质，色淡绿，边缘有细锯齿。花色有粉红者，昆明亦称之为银红，种类甚多，因叶形为分别，似柳叶者曰柳叶银红，桂叶者曰桂叶银红，亦滇名品。

紫袍 有大、小紫袍两种，自四川输入。叶椭圆形，革质而薄。花色深红，瓣片多层，薄弱异常。萼片总苞裹，固开放较难，往往未花而先陨，或云滇中气候使然。

十样锦 白瓣红点，殆由白茶花变种而成，日久则红点褪去。滇庭园中亦栽植之。

玛瑙茶 常绿大灌木。叶浓绿光润，作广卵形，早春开花，红白斑驳，滇中喜盆植之，插枝可活。

宝珠茶 常绿灌木。花丝变形，如红缨状，下部相连成环，大理名产。

金边牡丹 花瓣内部红，边缘黄，亦美观，大理特产。

白茶花 与玛瑙茶极相似，惟花瓣白色，插枝易活。此花除观赏外，滇中多以为台木，稼接各种茶花。

——《新纂云南通志》卷六十三《物产考六·植物三·花卉类》第 16 页

山茶 陈仁锡《潜确类书》：山茶有数种，而滇茶第一，大如椀，红如血，中心满如鹤顶，来自滇南，名曰滇茶①。案：今有绣球红、松子壳、宝珠、玛瑙、菊瓣、十样锦、胭脂片、桂叶、银红数种。

——民国《大理县志稿》卷五《食货部二·物产》第 4 页

春园有二，一在东山寺下，一在球璘山下。茶花成林，烂漫如锦，足为春游佳赏，今废。又按：城南张姓有茶花一株，旧称张茶，与鲁梅齐名。

——民国《腾冲县志稿》卷七下《地舆二·名胜》第 135 页

滇茶花为全国冠，推名省花，人无异词。三泊废县入安宁，有大茶花，摘花运省，岁售千金，供一小学校岁修之半。

——《滇绎》卷四《三泊茶花》第 30 页

滇中花木，当首屈一指曰山茶。盖树大花蕃，种类繁多，且有奇葩异英，足为海内之冠，所以在前二十余年，昆明市政府曾订（定）茶花为市花。

《滇中茶花记》记载：茶花实甲海内，种类七十有二。冬末春初盛开，大于牡丹，一望若火齐云锦，烁日蒸霞。邓直指有《茶花百韵》诗，言茶有数绝：一寿经三四百年尚如新植；一枝干高竦可四五丈，大至合抱；一肤纹苍润，黯若古云；一枝条黝斜，状如麈尾龙形；一蟠根轮囷，形至离奇，可凭而几，可籍而枕；一丰叶森沉如帷；一性耐霜雪，四时常青；一次第开放，历二三月之久；一水养瓶中，十余日颜色不变。

又《滇云纪胜》："山茶花在会城者，以沐氏西园为最。西园有楼名簇锦，乃以茶花四面簇之，凡数十株，树可高二丈，花簇其上，朵以万计，紫者、朱者、红者、红白兼者，映目如锦，落英铺地，犹张锦茵，此一奇也。"又《滇南太华山记》云：两墀山茶树八本，皆高二丈，枝叶团扶，万花如锦。此皆前人所记载，其间摛藻挬华，似已表尽云南茶花之形色，并写尽其繁茂状态而无所余也。

惟自余论之，若犹有未尽者。论云南山茶，三迤俱称甚盛，而迤西方面，犹超驾乎东、南，亦强于云南府属。以言种类，直在三十有余，如《群芳谱》所纪之鹤顶红、一品红、珍珠红、一捻红、照殿红、千叶红、卷瓣红、杜鹃红、石榴红、玛瑙茶、杨妃茶、粉宫桩、东方亮、白宝珠、千叶白及攒蕊、分心等类名贵之品，无不有焉。斯则强于附近昆明百里内外之所有者也。

附近昆明百里内外之茶花，其树身大，葩蕊丽者，人莫不夸耀昆明城东金殿上之一株。本来此一株红茶，在种类上为照殿红，的确是一贵品也，而又是五六百年前之古树，树身已超过一人合抱，高度亦至三丈有余，诚不易有之一木也。论一株花木，能于数百年前，蟠根错节以至今日，殆与青山偕老、流水齐新者也。而且每年花放必至千朵，其生气之盛，又岂他树所能媲哉！惟惜近百年来，花树竟枯去一小半，花放时便不如往昔之茂盛，虽然，亦能满树红也。

其次，则争夸黑龙潭上黑水神祠内一株，亦树大花蕃，根干已粗至手之四围，种则为一品红，实名贵品物。有植生于稍远地处者，则有晋宁蟠（盘）龙寺内之一大株，其根已粗及一挑水桶，高可二丈六七尺，种为真正之九心十八瓣，色艳独称最。每年著花能近千朵，花朵则大过饭碗口，忖度其寿数当在三百年以上。旁有玛瑙茶一株，其高大处则逊于此一树，又不足道。惟此二者，是共耀人目，为众口同夸者也。

有寓于幽深地处而无多数人觉及者，如松花坝前去十余里，有小地名曰芹菜冲（为龙云建筑

---

① 茶　原本作"叶"，据道光《云南通志稿》改。

水库处），是处有小佛寺一，寺之佛殿前，有红茶一大株，种为宝珠红，花色正红，不带殷紫色。花系攒瓣，包裹紧密，不惟与狮子头、九心十八瓣之组合不同，即与俗呼之松球壳一种亦不相同。枝叶则繁茂极，尤无挺直硬竖之象，诚山茶中至佳之品也。在六七十年前，昆明妇女多喜簪花于髻，乡间人则摘取此处茶花，篮装入城而售卖，呼之为松花坝茶花。士女辈喜其颜色鲜艳，花朵不大，簪髻最宜，故此花入市，极易销售。乡人等俱聚于寺内摘取，遂名此为茶花寺。寺原名观音寺，以殿塑观音像也。寺从建筑材料上查看，实建于数百年前。据村人传云，寺建于大理国段氏，后圮，明崇祯年间（1628～1644），村人募资修复之。是则此一茶花树当为数百年古物也。逮至清代乾隆年间（1736～1795），昆明钱南园先生尝读书于寺内，寺遂负盛名。

民国二十四五年间（1935～1936），龙云为省坝谋水利，筑水库于芹菜冲，以检阅工程故，遂常至此茶花寺内憩息，见茶花而赏识之，称为异种，每至，必盘桓于树下数刻。龙亦爱重古物古迹，知寺为钱南园读书处，树为南园所凭依者，鸟也，屋也，俱宜宝之贵也。且认此树茶花又为昆明之冠，更不能不珍重护惜，乃命石屏郑崇贤荣庐呪笔为文，命石屏袁丕佑蔼耕和铅书石，竖碑于佛殿之右，意在望滇人共同爱护之也。碑泐于民国二十八年秋日，序末署龙云名。

除此一树外，省坝内近龙头村处之瓦窑村，有某姓之一大花园，园有红茶两大株，一为红玛瑙茶，一则类似芹菜冲茶花寺内之红宝珠，却花片薄而色淡，然亦较一般狮子头、分心、卷瓣者为佳。玛瑙茶亦只微微带白，不得称为真正之玛瑙茶，朵子舒开亦不甚大，较一茶碗口犹小，亦茶花中之一特别种也。两树根株均粗逾合抱，在无比并上看之，似犹强于金殿上照殿红之树身。但树老枝疏，花开时不能达到繁盛，闻每年都只能开数百朵耳。在往昔时，乡人亦喜摘其花入城售卖，供城中妇女簪戴，此数者，俱以寓于幽远，致无多人见其色相，知其古老也。

距离昆明数百里以外之茶花，陆凉之珍珠红固有名，而究不十分古老也。既古老而又神奇，则惟顺宁琼岳山嘉木寺之一株红茶，是不特在顺宁郡内茶花群中称巨擘，在迤西方面茶花群中称巨擘，而在全滇之茶花群中亦称巨擘焉。今则从其所在之地处而言之。琼岳山为顺宁县治内之一座大山也，山距顺宁城约四十里，距云州城转近，仅三十里耳。琼岳固不甚耸峻，然亦不十分漫延，在形势上却能东西南北开面，雄镇于地上，故名之为岳，复美其名曰琼岳。山不甚高，上下都只有十余里，山之中部多寺观，中以嘉木为一最大之佛刹。寺富有历史性，实系大理国段素英所建，时在宋太宗雍熙年间（984～987），距今已一千一百余年矣。且传云：在宋真宗时，大理国段素隆禅位于其侄素贞后，隆即焚修于此寺，然此亦能有之事也。

嘉木在近代，实琼岳山中之一大丛林，僧众逾百人。寺在山半之一段平衍地面，因而基址开展，殿宇崇宏。寺为五进，是连山门而计。第四进之大殿前，有最古最老、至高至大之山茶一株，自根至杪高及四丈余尺，其出于地面之树根几粗至二人合抱，真千秋大树也。每年冬至后必花，花朵大过于五寸盘。种为千叶红，蕊瓣极密，花心为细瓣包攒，约有六七层，每层均有黄须间隔，略似九心十八瓣之组合，色较一品红为艳，洵异种也。花却次第开放，自冬十一月绽苞，至次年春三月，花英始云谢尽，为时几近半年，其占领春光，发舒阳气，真充足过于万卉矣。而每年开放之花，据寺中住持云，当在二三千朵，其树大如此，亦可能也。

寺中之山茶，除此巨大无伦之一株外，尚有三四根株粗及小水桶口者，其形色亦与此老树同，其享寿亦必有二三百年。至粗及拱把者则有数十株焉。远近高低，一若儿孙之侍立左右，惟是一切小树，花开虽盛，究无此老树之花朵大，色艳鲜耳。顾此老树，传云已近千年，吾人固不敢据以为实，然审查肤纹，确古雅已极，枝干又坚结无似，是非历尽千百年之霜露，必不能致此也。

山中自有千年树之说，自是对松柏而言，山茶亦能傲霜雪，又何尝不可享千年寿哉！若论滇中山茶，高及二三丈者甚多，但芃勃处、高爽处、苍老处、荣茂处，终逊于此也。余故曰，滇中茶花，当以此为巨擘，若金殿、若黑水神祠、若芹菜冲、若瓦窑村、若盘龙寺、普济寺等者，俱后辈尔。

按：顺宁之嘉木寺，余未到过，老友郑君荣庐曾出守顺宁四年，游过嘉木寺两次，间尝以其所见所闻详语于我。是则嘉木寺里山茶之一切色相，实是郑君语我者，我则本其所言而序入斯文。后来顺宁杨香池君及昆明苏筱村君阅斯文，俱云郑君所言不诬。

——《纪我所知集》卷九《谈谈云南之茶花》第 242 页

嵩明城外，名胜地处绝少，若云唐、宋遗迹，已渺无可寻。惟城之西北有灵宝山，距城约七八里，为往昔之名胜处也。缘山上有一大寺，寺曰法界。……寺于咸丰七年（1857）毁矣！今只余一院曰龙王庙。其殿宇前有红、白茶花各一株，俱根粗及手之五六围，高亦在二丈以外，似可与晋宁盘龙寺之茶花树同其寿数。此残余之庙外，尚有七八处殿宇之基址可寻。且山间多有山茶、白茶、玛瑙茶、银红茶树，杂见于丛灌间，而大小高矮不一，可见其在一二百年前是处花木之茂也。迩来花开时，山中犹艳丽非常，惟以路远地僻，致无多人前往赏之也。

——《纪我所知集》卷十《滇南景物志略之一·法界寺之遗迹》第 254 页

盘龙寺在滇中各县多有之，其最著者，厥为晋宁之盘龙寺。……此寺在近省一二百里内，堪称第一。山势之雄，林树之茂，庙貌之古，丛林之大，院宇之多，香火之盛，僧众之繁，资产之富，真莫之与京也。……如有一处曰茶花殿，殿系一小院耳，内有茶花两株：一为真正之九心十八瓣之大红茶，花朵大逾饭碗口，色尤鲜艳异常，此种诚为昆明所无。树则高至二丈，根粗若汲水小桶，枝干虽不及金殿之古老，花开时却繁盛过之。旁株为玛瑙茶，树高丈余，根粗亦及手之三围。顾此当是二三百年前所植者也。……

——《纪我所知集》卷十《滇南景物志略之一·晋宁盘龙寺》第 265 页

光绪甲午年（1894），余随侍于丽江县署七阅月，闻人云，距城十余里之某一地处有大喇嘛寺一，其间景物甚佳，遂心焉慕之。……前数年，戚串中有杨绍儒君语于我曰：某年，以部署军事至丽江、维西两郡，因而得游于两郡之各大喇嘛寺。见丽江之某一喇嘛寺中有红茶花一株，花之种类已与一切山花有异，色若丹朱，瓣极繁密，花朵之大，将及一饭碗口径，枝条亦软，有类于川中山茶。树在寺之大殿天墀当中，其栽种处亦奇也。树身却不十分巨大，舒指围之，仅及五围，然亦是数百年物也。

寺中僧人真有能耐，竟将此树之枝条柯干节节握弯，编成一屋，高约及丈，阔大处则至丈余，前为门户，其他三面为墙，树身即为此屋之中间站柱，中空处可坐十二三人，顶有覆盖，可以搪猛雨骄阳。花开时，其艳丽处直不能以言语形容。据寺中喇嘛僧云，编造此座屋宇，实经历过四十余年，始云告成，诚耗费工夫不小也。虽然，今亦须随时修整之。咦！此真茶花丛中绝无仅有之一树也！然亦非喇嘛寺中之僧人，不能有此功力也！

又一喇嘛寺内有花牌坊一座，系以若干株十里香（十里香属蔷薇科，花朵大于一银蚨，色白、瓣密、香浓，花之组织与木香同，滇人呼之为大木香花）编制而成，高丈余，而宽至三丈余。坊下有门三道，通人出入，花时颇似一座雪筑牌坊，亦唯一无二之景也。其言下如此，余特记之，时在一九四三年春日。

——《纪我所知集》卷十三《滇南景物志略之四·丽江喇嘛寺中之特殊景物》第 342 页

蟾花

蟾花 其花叶皆类木兰。

——景泰《云南图经志书》卷三《广南府·土产》第 26 页

蟾花 花叶皆类木兰,俱府境出。

——正德《云南志》卷七《广南府·土产》第 6 页

卉 有蟾花,叶类木兰。

——天启《滇志》卷三《地理志第一之三·物产·广南府》第 119 页

芘碧花

芘碧花 《浪穹县采访》:产宁湖中,似白莲而小,叶如荷钱,根生水底。茎长六七丈,气清芬,采而烹之,味美于莼。八月花开满湖,湖名芘碧,以此。

——道光《云南通志稿》卷六十九《食货志六之三·物产三·大理府》第 14 页

子午莲 滇曰芘碧花,生泽陂中。叶似莼有歧,背殷红。秋开花作绿苞,四坼为跗,如大绿瓣,内舒千层白花,如西番菊,黄心。亦作千瓣,大似寒菊。《浪穹县志》:茎长六七丈,气清芬,采而烹之,味美于莼。八月花开满湖,湖名芘碧,以此。按《本草拾遗》:萍蓬草叶大如荇,花亦黄。李时珍谓叶似荇而大,其花布叶数重,当夏昼开花,夜缩入水,昼复出。则此草其即萍蓬耶?

——《植物名实图考》卷十七《水草类》第 35 页

芘碧花 洱源特产,疑属瑞莲一类。

——《新纂云南通志》卷六十三《物产考六·植物三·花卉类》第 27 页

刺桐花

(太和)刺桐花开于七月,极红,旁映他树,山石皆赤。

——《滇黔纪游·云南》第 21 页

刺桐花 滇名鹦哥花。叶如梧而蔽芾,花亦巨而鲜,但取其枝插之,即易生如青桐也。木质轻松,亦似青桐,官府取以为杖。尝命地方头人取数十捆,分植于农部之南郊官路旁,阴浓花繁,行人悦憩。迫予于役三年回,而已无矣。所植城中桃李夹街,亦皆伐去。西园花木,废为马队,则接政之为也。败于俗吏,念之能不慨然!

——《滇海虞衡志》卷九《志花》第 4 页

红鹦哥花 属唇形科,亦舶来品,译名萨尔微亚,宿根草本。茎之下部为木质,叶椭圆形,对生,夏秋际开深红色之唇形花,叶及幼枝治喉炎症。

——《新纂云南通志》卷六十三《物产考六·植物三·花卉类》第 23 页

灯笼花

己卯九月十二日……仍东随大路一里,过西竺寺前,上圆通庵,观灯笼花树。其树叶细如豆瓣,根大如匏瓠,花开大如山茱萸,中红而尖蒂俱绿,似灯垂垂。余从永昌刘馆见其树,未见其花也。

此庵为妙行旧居，留瀹茗乃去。

——《徐霞客游记•滇游日记十三》第 1213 页

灯笼花　昆明僧寺中有之。藤老蔓杂，小叶密排，糙涩无纹，俱如络石。春开五棱红筒子花，长几径寸，五尖翻翘，色独新绿，黄须数茎，如铃下垂。僧云移自腾越，余以为山中石血之别派耳。

——《植物名实图考》卷二十九《群芳类》第 11 页

邓花

邓花　有五色，八头八蕊。

——景泰《云南图经志书》卷一《云南府•土产》第 3 页

邓花　五色。

——正德《云南志》卷二《云南府•土产》第 9 页

木香、邓花、蔷薇　俱石屏州出。

——正德《云南志》卷四《临安府•土产》第 9 页

丁香

丁香叶　味辛苦，性温。芳香入肺，肺寒咳嗽，或咳血，或咳痰带血。单剂，蜜炙，煎服。

——《滇南本草》卷中《草部》第 27 页

苦丁香　即野丁香，花开五色，用根。性寒，味咸微辛。入膀胱经，治膀胱偏坠、疝气疼痛，利小便。若泡水吃，可消水肿。

——《滇南草本》卷二第 45 页

丁香花　色红，花头蓓蕾未开时形如丁香。自夏初至秋末常开，被严霜方萎。

——景泰《云南图经志书》卷一《云南府•晋宁州•土产》第 44 页

己卯八月二十七日，雾，乃散步藏经阁，观丁香花。其花娇艳，在秋海棠、西府海棠之间，滇中甚多，而鸡山为盛，折插御风球，时球下小截，为驮夫肩负而损，与上截接处稍解。余姑垂之墙阴，以遂其性。"御风"之意，思其悬崖飘飏而名之也。

——《徐霞客游记•滇游日记十三》第 1206 页

丁香　【集解】谓雄树虽花无子，而诸家凡言丁香者，均谓出昆仑。产交州、爱州、广州者，乃入药之丁香耳。谓其类桂，则今之丁香不类桂；谓其叶凌冬不凋，今丁香畏霜，其叶即凋；谓花如梅花，颇似之矣，而却多长蒂；谓鸡舌香酿花成之，则又与沉水之本迥别。是前人之言丁香者，均之不足凭。然花之风姿雅韵，真为清品。

紫蒂　有朱砂红、粉红二种。今鸡山仅有粉红者。

桃红　数蒂连于枝上，如璎珞然。清香可爱，叶之香犹清于花。初开稍紫，久之则肉红色。其韵态胜于山茶。

——《鸡足山志》卷九《物产》第 330 页

观音阁即龙华寺，后院内有古本丁香一株，老干磊落。

——乾隆《续修蒙化直隶厅志》卷二《建设志·寺观》第 105 页

丁香 花枝攒簇，色泽艳雅，开最久，至雪中犹有花朵点缀。

——《滇南闻见录》卷下《物部·花属》第 39 页

野丁香 生云南山坡。高尺许，赭茎甚劲。数叶攒簇，层层生发，花开叶间，宛似丁香，亦有紫、白二种。

——《植物名实图考》卷二十九《群芳类》第 5 页

滇丁香 生云南圃中。大本如藤，叶如枇杷叶微尖而光。夏开长柄筒子花，如北地丁香成簇，而五瓣团团，大逾红梅，柔厚娇嫩，又似秋海棠。中有黄心两三点，有色鲜香，故不甚重。

——《植物名实图考》卷二十九《群芳类》第 13 页

杜鹃花

杜鹃花 品类甚多。

——正德《云南志》卷二《云南府·土产》第 9 页

杜鹃 俗谓之映山红，花色有十数种，鲜丽殊甚，家家种之盆盎。又有灯笼花，开如小灯笼，红色，其叶近干者青，远梢者赤。又有蝶戏珠花，以其形似名之。宋苏子由诗："谁唱残春蝶恋花，一团粉翅亚枝斜。美人欲向钗头插，又恐惊飞鬓上鸦。"

——《滇略》卷三《产略》第 8 页

山石榴花 一名映山红，一名踯躅，一名杜鹃花。踯躅者，羊见之而踯躅也；杜鹃者，杜鹃叫时开也。蜀中彭县丹景山多产此花。唐张籍诗云："五渡溪头踯躅红，嵩阳寺里讲时钟。春山处处行应好，一月看花到几峰。"注云：杜鹃花也，羊食则死，见之踯躅。又唐人呼为山柘榴花。雍陶《闻杜鹃》诗云"深山一夜几枝红"是也。又李群玉《山石榴》诗："洞中春风朦瞳暄，尚有红英千树繁。可怜夹水锦步障，羞数石家金谷园。"又雍陶《叹灵鹫寺山榴》云："水蝶岩峰俱不知，露桃凝艳数千枝。山深春晚无人赏，即是杜鹃摧落时。"滇中种汇甚繁，俗呼山丹花。永昌张司徒作《二芳记》，盖山茶、山丹二种也。[1]

——天启《滇志》卷三十二《搜遗志第十四之一·补物产》第 1046 页

滇中花木皆奇，而山茶、山鹃为最。……山鹃一花具五色，花大如山茶，闻一路迤西，莫盛于大理、永昌境。

——《徐霞客游记·滇中花木记》第 737 页

己卯四月十三日……是为芹菜塘。其前小水，东北与大盈之源合。村庐不多，而皆有杜鹃灿烂，血艳夺目。若以为家植者，岂深山野人，有此异趣？若以为山土所宜，何他冈别陇，杳然无遗也？

——《徐霞客游记·滇游日记九》第 1057 页

杜鹃花 杜鹃鸟啼，适会花开，是以得名，然其名不一。太白诗"一叫一回肠欲断，三春三月忆三巴。蜀国曾闻子规鸟，宣城还见杜鹃花"，白乐天诗拟为红绡巾，杜牧之诗拟为翠云黄、

---

[1] 此条，康熙《云南通志》卷三十《补遗》第 16 页同。康熙《志》引作"柘榴"。

含琴轸房、胜金腰带，皆其故实也。

石榴红 类千叶石榴，而万卷书者愈艳。阳瓜今有之，鸡足则少。

山踯躅 色黄，单瓣，大朵，有臭气。羊食之即死。

茄带紫 双套，类茄色。

鱼肚白 白光皑皑，类之。

映山红 单瓣，溪水边则遍生，映山朱烂矣。

—— 《鸡足山志》卷九《物产》第 332 页

（苍山）杜鹃，有五色。

—— 《滇黔纪游•云南》第 20 页

蓝杜鹃 迤西楚雄、大理等郡盛杜鹃，种分五色。有蓝者，蔚然天碧，诚宇内奇品。余得一本，为人索去，然滇中亦不多觏。

—— 《滇南新语》第 2 页

杜鹃 杜鹃花枝绰约可爱，种类亦数十，五色俱有。明永昌张少宰合订山茶、杜鹃为《二芳谱》，罗列分疏，各尽其妙。少宰名志淳，工于诗，与升庵先生相倡和。

—— 《滇南闻见录》卷下《物部•花属》第 38 页

山柘榴 即杜鹃花也。云南种类极繁，以重台者为胜，而蒙化更盛。其黄花而有赤点者曰羊踯躅，俗呼闹羊花者滇人亦呼山丹，一名为映山红，今总谓之杜鹃花，惟唐人诗俱曰山柘榴云。

—— 《滇南杂志》卷十三《轶事七》第 8 页

马缨花 即唐诗所称之山枇杷也，以其叶颇相似马缨，故名。山中俱有，高者不过丈余，好生石罅中，材不常用，亦不嫩泽，纹理纠戾，焚之无焰。花丛生，有筒，每筒长二寸许，一攒围三五寸，宛如繁缨，此滇之所以称马缨花耶？四月开，色有深红、浅红、紫、白四色，亦山花之浓丽者也。

—— 《滇南杂志》卷十三《轶事七》第 8 页

杜鹃花满滇山，尝行环洲乡，穿林数十里，花高几盈丈，红云夹舆，疑入紫霄，行弥日方出林，因思此种花若移植维扬，加以剪裁收拾，蟠屈于琼砌瑶盆，万瓣朱英叠为锦山，未始不与黄产争胜，而弃在蛮夷，至为樵子所薪，何其不幸也！

—— 《滇海虞衡志》卷九《志花》第 7 页

马缨花冬春遍山，山氓折而盈抱入市供插瓶，深红不下于山茶。制其根以为羹匙，坚致胜施秉。又有白马缨，亦可玩，而艳丽终不及红也。粤中亦有马缨花，非此花也。①

—— 《滇海虞衡志》卷九《志花》第 8 页

马银花 生云南山坡。枝干虬拏，树高丈许，枝端生叶，颇似瑞香，柔厚光润，背有黄毛。花苞作球，擎于叶际，宛如泡桐，一苞开花十余朵，圆箭四瓣或五瓣，长几盈寸，似单瓣茶花微小，白须褐点，有朱红、粉红、深紫、黄、白各种。红者叶瘦，余者叶阔。春飔煦景，与杜鹃同时盛开，茶火绮绣，弥罩林崖，有色无香，炫晃目睫。其殷红者，灼灼有焰，或误以为木棉。乡人采其花，

---

① 此条，道光《云南通志稿》卷六十七、光绪《续修顺宁府志稿》卷十三、民国《宜良县志》卷四引皆同。

煤熟食之。檀萃《滇海虞衡志》：马缨花，冬春遍山，山氓折而入市，深红不下山茶。制其根以为羹匙，坚致。又有白马缨，亦可玩。似未全睹。

——《植物名实图考》卷三十六《木类》第 18 页

杜鹃　李京《云南志》：杜鹃有五色双瓣者，永昌、蒙化多至二十余种。

——道光《云南通志稿》卷七十《食货志六之四·物产四·永昌府》第 24 页

杜鹃　属石南科。滇西北高寒地带自然繁殖，成灌木丛林，种类极多，又经园艺家多年栽培，变种益富，花色花轮之变化，据吾人所知，仅仅杜鹃一属，已在二三十种以上。是花多矮生，春际新叶多集嫩枝，似轮生，而实互生。晚夏之叶，则集合于枝端，叶形椭圆，有强光。其隔年者表面有细毛，花单生，有时每三数聚为一丛，花质柔，为浅筒状，花筒上部作五裂片，白色者多，名白杜鹃，滇庭园盆植，最为普通。亦有萼片变形如花瓣之色，类似重瓣者，有红杜鹃、紫杜鹃两种，滇中尤喜植之。

——《新纂云南通志》卷六十三《物产考六·植物三·花卉类》第 19 页

映山红　与杜鹃同属，而种不同。变种尤多，花期较迟，亦常绿灌木。茎高间及丈许，叶形椭圆，密接互生，叶及新梢均有毛茸，四五月顷，枝桠上有五裂之合瓣花，多数聚开，绯红者多，亦有浓红、滇名石榴米。亚蓝者，萼与花筒同色，望若重瓣，花筒上有二裂片，上有黑色斑点无数。亚蓝花期最迟，色极美艳，每岁花开，极态争妍，与杜鹃、茶花竞爽，诚滇中之名品也。

——《新纂云南通志》卷六十三《物产考六·植物三·花卉类》第 20 页

马鼻缨　属石南科，一名马缨花，此与夜合之别名马缨花者不同。滇高寒山地拔海在三千呎上者始产之，常绿乔木。叶长几及五寸，面部绿色，背部稍淡，革质，薄有细毛。花大而美艳，数花筒相聚作繖状，色浓红、绯白不等，滇西大理一带亦移植之，惟不及原产山地之较易生活也。

——《新纂云南通志》卷六十三《物产考六·植物三·花卉类》第 20 页

杜鹃　木本，多年落叶乔木。种最繁，约百余种。又有高至数丈者，相传以金黄为上。花喇叭状，五色绚灿，间有重瓣，而瓣上有卅点者并有铁干银枝之异。先花后叶，开时霞光百尺，照耀山谷，故又名映山红。又因杜鹃啼时着花落，故名杜鹃花。吾县山中所产，多朱红、紫红及白色者。

——民国《安宁县志稿》卷四《物产·花类》第 18 页

杜鹃亭　在雷起潜生员胡伟家，旧有记文诗词，今废。

附赵翼《同璞函游杜鹃园作歌》："腾越之花多杜鹃，杜鹃园更花骈阗。我来戎幕暂无事，况有胜友同流连。相邀联骑看花去，城东十里地最偏。沿地环列十万树，无一杂树参其间。低昂相映出浩态，烂漫不怕春风颠。窃红浓紫色不一，浅深乃有六十余种相争妍。不暇细分别，一一索笑嫣。但觉花光高出花头四五尺，照人不觉红两颧。满园艳彩晃不定，乃在无花之处烘云烟。此即徐熙妙手亦难写，蘸笔徒费胭脂钱。一队吴娃肉阵拥，三千隋女锦缧率。笑他空谷佳人渺独立，未免寒饿空婵娟。天寒倚翠袖，何似裹衣炫服相新鲜。不意绝徼中，有此巨丽观！兹园若重移，得占中土地一阡，何减邓尉之梅雪成海，武陵之桃花为源。我为作歌使之传，毋令长此埋没南荒天。"

赵文哲《游杜鹃亭》诗并序：腾越州治东数里，有胡氏旧池馆，杜鹃最盛。己丑春，曾偕家云松游焉。水竹幽蔚，花光绛天，为徘回久之。云松即返粤西，予顾频还往于北。又值花时，遣奴子探视，云已试花十数日，后当大开。予适以事遽返永昌,遂不及往。临发惘惘,辄为此诗寄云松,对床听雨之外,此又一可感事也。"蛮乡二月花如海,系马青杨巷未改。天涯白发几春风,差喜花前故人在。繁红罨户芳昼阴,游丝千尺摇春心。茅亭临水短于艇,一篙疑入桃花林。绛云围枝霞倚树,日影波光眩朝暮。花深深处醉眠多,粉蝶随人出无路。花开相遇典春衣,花落相思减带围。又见啼红遍山郭,登临何日送将归。刘郎老矣空前度,莫怪来君苦相误。多恐重来不忍看,故遣摇鞭背花去。"

——民国《腾冲县志稿》卷七下《舆地二·名胜》第 135 页

粉团

粉团花 属蔷薇科,常绿灌木。以其四季开花,亦曰月月红或月季花。茎有疏刺,叶自三小叶而成羽状复叶。花开红、紫、橙、黄、白各色,瓣片白者尤素洁可爱。插枝分株,均可繁殖,故滇中栽培者多。别有野蔷薇一种,一名刺粉团花,单片,原野篱落,自然发生。

——《新纂云南通志》卷六十三《物产考六·植物三·花卉类》第 12 页

佛桑

花尚花 出元谋县。树如木槿,其花上下连开,四时红绽。

——正德《云南志》卷十《武定军民府·土产》第 14 页

己卯六月十八日,迁馆于山麓西南打索街,即刘北有书馆也。……乘雨折庭中花上花,插木球腰孔间辄活,蕊亦吐花。花上花者,叶与枝似吾地木槿,而花正红,似闽中扶桑,但扶桑六七朵并攒为一花,此花则一朵四瓣,从心中又抽出叠其上,殷红而开甚久,自春至秋犹开。虽插地辄活,如榴然,然植庭左则活,右则槁,亦甚奇也。

——《徐霞客游记·滇游日记十》第 1128 页

扶桑 即木槿之属。以叶似桑,花类蜀葵,千层雕簇,重敷柔泽,凝若焰生。中心有蕊,抽银吐玉,上缀黄英,似金屑,日光所烁,则细粉烟飞,故名日及。而谓海东日出,有扶桑。今光焰照日,亦以扶桑名之也。有红、黄、白、米色、灯色五种,今鸡山惟见有白。

——《鸡足山志》卷九《物产》第 332 页

佛桑花 亦佛国花也。枝叶如桑而丛生,花轻红,婀娜可爱。佛坐桑下,僧曰桑门,宜桑之献花绕佛而为供养,此佛桑之义也。妄者改名扶桑,失其义矣。永昌产吉祥草,亦佛所坐之草也。此皆如来遗迹,滇俗所皈心。儒官为治在因俗,何必执辟佛之见,易其名哉!

——《滇海虞衡志》卷九《志花》第 5 页

花上花 《古今图书集成》:顺宁府产花上花,叶如山桑,花如杜鹃,有台,花心内复生一朵,若层台然,严冬时盛开,三序亦常有之,即佛桑花。

——道光《云南通志稿》卷六十九《食货志六之三·物产三·顺宁府》第 32 页

花上花 杨慎《升庵外集》:朱槿之红鲜重台者,永昌名之曰花上花。《徐霞客游记》:永昌花上花者,叶与枝似吾地木槿,而花正红,似闽中扶桑,但扶桑六七朵并攒为一花,此花则一朵四瓣,从心中又抽出叠其上,殷红而开久,自春至秋犹开。虽插地辄活如柳然,然植庭左则活,右则槁,亦甚奇也。

——道光《云南通志稿》卷七十《食货志六之四·物产四·永昌府》第 23 页

佛桑 一名花上花,云南有之。《岭南杂记》:佛桑与扶桑正相似,中心起楼,多一层花瓣。《南越笔记》:佛桑,一名花上花,花上复花重台也,即扶桑,盖一类二种。又《杨慎外集》:朱槿之红鲜重台者,永昌名之曰花上花。《徐霞客游记》:永昌花上花者,叶与枝似木槿,而花正红,闽中扶桑相类,但扶桑六七朵并攒为一花,此花一朵四瓣,从心中又抽出叠其上,殷红而开久,自春至秋犹开。虽插地辄活,如柳然,然植庭左则活,右则否,亦甚奇也。檀萃《虞衡志》谓佛桑不应改为扶桑,殊欠考询。

——《植物名实图考》卷二十九《群芳类》第 1 页

佛桑花 属锦葵科,一名扶桑花,或朱槿花,或状元红,旧《志》作花上花。亦有红、赭两色,茎高不及五尺,最宜盆景。原产印度,佛桑之得名以此。滇中产者,花有时作重台,是皆花瓣之变形,园艺好奇,遂又以为花上花也。朱槿之名,见《南方草木状》,一名赤槿,一名日及,《永昌府志》亦载之。惟考朱槿,深红五出,并非重台,或系另外一种。

——《新纂云南通志》卷六十三《物产考六·植物三·花卉类》第 14 页

桂花

桂 有四季开者,而秋时尤盛,香如他省。闻开化郡城关帝庙中,有大桂两株,树叶茂盛,庭中风日不透,下可列席数十,香闻数里,真巨观也。

——《滇南闻见录》卷下《物部·花属》第 38 页

桂 有三种,曰金、曰银、曰丹,丹者香冽更甚。七月初即放花,落蕊生子,可至十月。府署中有四五本,书室曰学古山房,庭心二树,尤极丛茂。余尝谓曼卿生香不断之句,洵于此数十日中遇之。

——《云南风土记》第 50 页

桂花 属木樨科,一名木樨,或曰岩桂,滇庭园多栽培之,常绿木本。茎高达丈余,叶刚厚,革质,面部浓绿,缘有细锯齿,秋末自叶腋簇生小花,色黄赤者曰金桂,香气最烈;色白者曰银桂,香气较微;色深红者曰丹桂,不甚香。又有四季开放者,曰四季桂,滇中亦植有之。至于花繁香浓,开时凡三放,园艺家推为桂中第一者,曰球中木樨,则滇所未见。金桂有来自夷地者,迤西呼为缅桂,与木兰科之缅桂同名异物。香色两绝,得未曾有。

——《新纂云南通志》卷六十三《物产考六·植物三·花卉类》第 21 页

海棠

海棠 《李白诗注》谓海红出新罗国,即李德裕谓花木从海,均自海外者也。天下海棠无香,惟蜀之大足县海棠有香,故谓之海棠香国。

西府 初萼时淡水红色,渐开白如雪矣。惟此种能结果,长蒂上结子如朱樱状,食之味酸涩。

垂丝 紫红色。千叶累累,垂之若丝。

铁线 蒂如铁针,长逾一寸许。一线颠如穿一花然。

——《鸡足山志》卷九《物产》第 330 页

秋海棠 性喜阴湿,往往植于墙阴阶砌间,为园林点缀。叶稍粗,花枝却颇鲜艳。省城甘公祠内,池畔假山，高可数丈，遍植海棠花，盛时直如翠屏锦幔，真堪悦目赏心。

——《滇南闻见录》卷下《物部·花属》第 39 页

昆明山海棠 山海棠生昆明山中。树高丈余，大叶如紫荆而粗纹，夏开五瓣小白花，绿心黄蕊，密簇成攒。旋结实如风车，形与山药子相类，色嫩红可爱，山人折以售为瓶供。按：形颇似湘中水莽，疑非嘉卉。

——《植物名实图考》卷三十六《木类》第 15 页

山海棠 生云南山中，园圃亦植之。树如山桃，叶似樱桃而长。冬初开五瓣桃红花，瓣长而圆，中有一缺，繁蕊中突出绿心一缕，与海棠、樱桃诸花皆不相类。春结红实，长圆，大如小指，极酸，不可食。阮仪征相国有《咏山海棠》诗，序谓花似海棠，蒂亦垂丝者，则土人谓为山樱桃，以其树可接樱桃，故名。若以花名，则此当曰山樱，彼当曰山棠也。

——《植物名实图考》卷三十六《木类》第 21 页

山海棠又一种 生云南山中。树茎叶俱似海棠，春开尖瓣白花，似桃花而白腻有光，瓣或五或六，长柄绿带，袅袅下垂，繁雪压枝，清香溢谷。花开足则上翘，金粟团簇，玉线一丝，第其姿格，则海棠饶粉，梨云无香，未可侪也。幽谷自赏，笮篮折赠，偶获于卖菜之佣，遂以登列瓶之史。

——《植物名实图考》卷三十六《木类》第 22 页

海棠 属蔷薇科，与樱花相类似。滇产有西府海棠、垂丝海棠两种。垂丝者枝条纤细，惟较修整，若以花色论，则绯红者多，惜有色无香，开期又促，由嫩红变惨白，似逊樱花一等云。通海秀山海棠，为县名品，他县亦多见之。

——《新纂云南通志》卷六十三《物产考六·植物三·花卉类》第 11 页

秋海棠 属秋海棠科，一年生草本。茎部中空多节，叶心脏形。秋时开淡红色花，叶腋间出有黑色珠芽，即以为繁殖之用，滇庭园中产之。近时，洋秋海棠一种，宿根草本，如灌木状，茎直多节，叶心脏形，缘且深裂。自夏至秋，开绯色总状之美花，与滇产秋海棠相似。舶来之新品，滇庭园喜盆植之。花期极长，插枝可活，但不耐霜雪。

——《新纂云南通志》卷六十三《物产考六·植物三·花卉类》第 18 页

海棠 有木本、草本二种。木本海棠，以禄腾大千寺所产一株，高丈余，粗可合抱。花四瓣，淡红如樱花，每簇数百朵，光艳夺目，惟不结果。草本，即西湖海棠，茎有节，高尺余，叶大如掌，背有红筋。于阶砌间，开粉红色花，雨后露朝，景色最佳。

——民国《安宁县志稿》卷四《物产·花类》第 19 页

含笑花

含笑花 土名羊皮袋。花如山栀子，开时满树，香满一院，耐二月之久。[①] 他如牡丹、芍药、桃、李、梨、杏、海棠之类，不可胜纪，其艳丽俱与内地同，不赘陈也。按：杜鹃、马缨、含笑三花，开时满山，秋冬则砍以为柴，余干再发，仍满山。惟某厅含笑一株成拱，余因效之，命山人移一兜植于西园，不及见花，而予已去矣。

——《滇海虞衡志》卷九《志花》第 8 页

---

① 此条，道光《云南通志稿》卷六十七《食货志六之一·物产一·云南通省》第 37 页引同。

小紫含笑 生云南山中。紫茎抱叶，梢垂紫苞，开口如笑，内露黄白瓣，掩映参差，难为形拟。一名青竹兰。

——《植物名实图考》卷二十八《群芳类》第 30 页

和山花

和山花 《南中集》有《和山花歌》，序曰：树高六七丈，其质似桂。其花白，每朵十二瓣，应十二月，遇闰辄多一瓣。俗以为仙人遗种，滇中更无别本。在大理府上关和山之麓，土人因以其地名之。余过时值花盛开，其岁遇闰，试摘验之，良然。此花即会城土主庙娑罗树花也。佛日盛开，其色白，微带黄意，异香芬馥，非凡花臭味，中出一蕊如稗穗，垂出瓣中。今岁丙寅闰六月，花瓣凡十三。相传高僧以二念珠入土，一珠出树，不知大理所传"仙人遗种"者，又出何典故？且不独和山有之也。王伯厚《纪闻》云：梧桐不生，则九州异。注谓：一叶为一月耳，有闰十三叶。《平园闰月表》用梧桐之叶十三，不知尧时历草于闰月何如？

——天启《滇志》卷三十二《搜遗志第十四之一·补物产》第 1045 页

大理上关和山之麓有树，高七八丈，叶如桂花，开白色，每朵十二瓣以应月数，遇闰辄多一瓣。相传仙人所种，更无别本，土人因其地名之曰和山花。豫章邓渼诗有云"此花种来不知岁，要识岁功验花蒂。霜叶青青雪作葩，风前十二钗横斜"，又云"古来才士有弃置，不信请看和山花"。

——《滇略》卷三《产略》第 6 页

己卯三月十日……抵三家村。问老妪，指奇树在村后田间。又半里，至其下。其树高临深岸，而南干半空，矗然挺立，大不及省城土主庙奇树之半，而叶亦差小。其花黄白色，大如莲，亦有十二瓣，按月而闰增一瓣，与省会之说同，但开时香闻远甚，土人谓之"十里香"，则省中所未闻也。榆城有风花雪月四大景。下关风，上关花，苍山雪，洱海月。上关以此花著。按志，榆城异产有木莲花，而不注何地，然他处亦不闻，岂即此耶？花自正月抵二月终乃谢，时已无余瓣，不能闻香见色，惟抚其本辨其叶而已。

——《徐霞客游记·滇游日记八》第 1006 页

和山花 《南中集》有《和山花歌》，序曰：树高六七丈，其质似桂。其花白，每朵十二瓣，应十二月，遇闰辄多一瓣。俗以为仙人遗种，在大理府上关和山之麓，土人因以其地名之。

——康熙《云南通志》卷三十《补遗》第 15 页

和山花 《黄山志》：和山花，树高六七丈，其质似桂。其花白，每朵十二瓣，应十二月，遇闰辄多一瓣。俗以为仙人遗种，在大理府上关和山之麓。《古今图书集成》：今树已为火焚。邓川艾濂《和山花考》：榆郡四景，上关则以花著名，花去关北二里许，地属邓界。考其遗址，今所称花树村者是也。花始于唐，质似桂，色白香闻里许。每朵十二瓣，逢闰加一，土人借以占时无爽。自唐以来，未得名，因生于和山，即以和山花名之，噫，异矣！旧《志》所载迁客骚人，题咏甚富，沿及明季，传闻日广，冠盖时临，居民遂受其累，由是根摧栋折，不旋踵而属子虚，惜哉！夫芝兰生于幽谷，不以无人而不芳。维兹花也，不幸不生于岩壑，又不幸而干造物之忌，是岂不为瑞而为妖与？抑或有阶之厉者乃至此与，故略志之，以寄夫山榛隰苓之慨云。

——道光《云南通志稿》卷六十九《食货志六之三·物产三·大理府》第 14 页

大理风景为风、花、雪、月四者：风曰下关风，花曰上关花，雪曰苍山雪，月曰洱海月。夫雪与月为最著者也。……曰上关花者，从实地上考之，却不在上关，而在上关前去十余里之沙坪街后约距二里之和山寺内。寺居苍山北头云弄峰麓，和山为峰麓之一小地名，是处有一佛寺，咸曰和山寺。《志》载："和山花，树高六丈，其质似桂。其花白，每朵十二瓣，应十二月，遇润（闰）辄多一瓣。俗以为仙人遗种，在大理府和山之麓，土人因以其地名之。"似此，和山花亦优昙花之流也。惟据地方父老而具有充足知识者言，云："和山花，状若单片牡丹，大如拱拳，白而微黄，花心如莲房，作黄绿色，复有如指大之十余细瓣围簇着花心，叶则如岩桂而色泽略逊，香味则较桂叶为浓。此花种自何时，殊不可考，但传云为仙种耳。"又传云："在元至正年间（1341~1370），花极繁荣，年开数百朵，香溢百步外，花开于春初，而能延至春末，要必春尽，始云谢尽。"又云："花之种绝，是由花开放时，来观之众多属显贵，随来仆从在在搔扰地方，彼怨恨难蠲者乃将此花麝死，而后来亦无萌蘗之生焉。"其说如是，不知确否。

——《纪我所知集》卷十二《滇南景物志略之三·大理之风花雪月》第 305 页

荷苞山桂花

荷苞山桂花　生云南山中。小木绿枝，叶如橘叶，翩反下垂。叶间出小枝，开花作穗，淡黄长瓣类小豆花。花未开时绿蒂扁苞，累累满树，宛如荷包形，故名。近之亦有微馨。

——《植物名实图考》卷二十九《群芳类》第 12 页

蝴蝶花

大理府龙首关之东，泉从石腹中涌出，旁有蝴蝶花一株，高丈余。夏月花开，状如蝴蝶，而蝶衔之。蝶与蝶复首尾相衔，长垂至地，亦奇观也。

——《增订南诏野史》卷下第 50 页

绣球花周围先开，其瓣五出，酷似小白蝶，俗呼蝴蝶花。中心别有数十蕊，小如粟米。

——《札樸》卷十《滇游续笔·蝴蝶花》第 13 页

蝴蝶戏珠花　即绣球之别种。桂馥《札樸》：绣球花，周围先开，其瓣五出，酷似小白蝶，俗呼蝴蝶花。中心别有数十蕊，小如粟米。按：此花五瓣，三大两小，形微似蝶。中心绿蓓蕾，圆如碧珠，开不成瓣，白英点点，非蕊也。

——《植物名实图考》卷三十六《木类》第 8 页

大理旧有风、花、雪、月四景之称：下关之风，洱海之月，上关之花，点苍山之雪。上关昔有蝴蝶花一树，每岁盛开时，有大蝴蝶攒住最大之花心，各种蝴蝶相继至，次第相衔，围绕全树，久之不散。时满城文武必往游观，主家以难供应，逐日以米泔汤灌其根，树旋萎。此载于志，去今远矣。相传其时有龙女花一树，尤奇异。

——《幻影谈》卷下《杂记》第 137 页

珍珠花　属蔷薇科，一名蝴蝶戏珍珠，落叶小灌木也。叶狭披针形，微有锯齿，春末开白色繖状之小花，如缀珠璐，故名。滇庭园喜盆植之。

——《新纂云南通志》卷六十三《物产考六·植物三·花卉类》第 12 页

黄连花

黄连花 独茎亭亭，对叶尖长，四月中梢开五瓣黄花如迎春花，繁密微馨。昆明乡人摄售于市，因其色黄，强为之名。

——《植物名实图考》卷二十九《群芳类》第 4 页

夹竹桃

夹竹桃 属夹竹桃科，常绿灌木。叶为披针状，对生或轮生，自七月顷开绯红总状之美花，亦有重瓣之品种。近颇流行，滇庭园喜植之，元江产者四时盛开。此花嫩枝中有白色乳汁，多毒。

——《新纂云南通志》卷六十三《物产考六·植物三·花卉类》第 22 页

夹竹桃 《采访》：叶如竹，花如桃，瓣多而大。人家寺庙多种之，其植最茂。

——民国《元江志稿》卷七《食货志·花属特别种》第 6 页

金蝴蝶

金蝴蝶 生云南圃中。细茎如蔓，叶对生如石竹而长，色绿微劲。夏开五瓣红花似剪秋罗，初开每瓣有一缺，饶袅娜之致。

——《植物名实图考》卷二十九《群芳类》第 3 页

金雀花

金雀花 属豆科，小灌木。春三月间，开黄色之蝶形花，状似金雀，故名。滇原野间自生，有摘取其花煎食者。

——《新纂云南通志》卷六十三《物产考六·植物三·花卉类》第 13 页

蜡梅

蜡梅 非梅，以与梅同时，因谓之梅。其香颇类梅，然浓浊。其袭君子之气味而过为伪者耶！蜡之色则竟似之矣。

狗蝇 树小，枝丛生，叶尖质燥，不经栽接而自长。腊月开小花，其香初嗅之带梅花浊气，转味少酸。僧或套之以蜜，作茶心，然此食之令人气闷，不宜食。

磬口 花带蜜气，疏落可观。昔亦有紫檀芬，为蜡梅之最品，必接而后始成，今无其种矣。取蜡梅叶数片或皮，和水捣澄之，用以磨墨，则光彩灿绿，如孔雀彩金。

——《鸡足山志》卷九《物产》第 332 页

蜡梅 属蜡梅科，落叶小乔木也。扦插可活，滇庭园中常栽培之。叶呈尖卵状。入冬，百卉凋残，此花独出冠时，瓣片浓黄，类似梅花，聚作倒钟形，香味盎然，沁人鼻观。果实如长卵，肖虫蛹形。此类植物，含有毒性，旧《志》不载，故人多忽之。

——《新纂云南通志》卷六十三《物产考六·植物三·花卉类》第 9 页

李花　梨花

野李花　一名山末利，生云南山中。树高五六尺，赭干如桃枝。叶本小末团有尖，柔厚不泽，深纹微齿，淡绿色。春开五瓣小白花，如李花而更小，蕊繁如球，清香淡远，故有末利之目。

——《植物名实图考》卷三十六《木类》第 14 页

李花、梨花　均蔷薇科。花粉白、淡红，亦春时开，惟李花碎小而密。滇庭园中栽培之。

——《新纂云南通志》卷六十三《物产考六·植物三·花卉类》第 11 页

凌霄花

凌霄花　属紫葳科，落叶灌木。有缠绕茎，叶对生，为羽状复叶，小叶有锯齿。夏秋之际，开黄赤色之合瓣花，花汁蕴毒，入眼有大害。龙泉寺山径有野生者，园庭中亦植之。

——《新纂云南通志》卷六十三《物产考六·植物三·花卉类》第 23 页

龙女花

写韵楼龙女花　大理府城南圣应峰麓海光寺，一名荡山寺，又名感通寺。杨庄介公著《六书转注古音》处，李元阳中谿侍御题额楼前，有龙女花六瓣，中心有金色小如意状，滇中惟此一树。相传昔有龙女因听法悟道，化身为此花云。

——《增订南诏野史》卷下第 54 页

己卯三月十三日……（感通寺写韵楼）前有龙女树。树从根分挺三四大株，各高三四丈，叶长二寸半，阔半之，而绿润有光。花白，小于玉兰，亦木莲之类而异其名。时花亦已谢，止存数朵在树杪，而高不可折，余仅折其空枝以行。

——《徐霞客游记·滇游日记八》第 1016 页

龙女花　出太和感通寺。

——康熙《云南通志》卷十二《物产·大理府》第 8 页

龙女花　树高五丈有奇，围七尺余，叶如木笔，大倍之，冬不凋。花于秋，如盎。瓣类莲，洁白似玉攒，丛黄须中，一须长四五寸，结顶状如意，出瓣外，香类优昙，闻数里，一开千数百朵，远望疑层雪。滇南惟此一本，岂古之琼花与？俗传为龙女所植，竭智分之，立槁。树在大理苍山之感通寺前。

——《滇南新语》第 22 页

龙女花　惟榆城外感通寺中一株，相传为观音大士手植。花之形色似白茶花，花心内有如意一枝，色殷红。傍有几株，为后人埋条分种，则无如意也。菩提本无树，乃留此雪中爪痕，以示后人，惟拈花微笑者，当领此意欤！

——《滇南闻见录》卷下《物部·花属》第 40 页

龙女花　天下止一株，在大理之感通寺，犹琼花亦止一株，在扬州之蕃釐瞰也。昔赵迦罗修道于此，龙女化美人以相试，赵以剑掷之，美人入地，生此花以供奉空王，至今数百年，缘分已满。朴庵子，迦罗之后人也。前年来言，此花忽被天上收去，如琼花匿无影矣。予同官多见龙女，予来此已久，放废羁离，不能自便，而龙女亦不及相待以献珠，何缘分之悭哉？故命一清写其像于《蝴蝶阳秋》，志不忘矣。

——《滇海虞衡志》卷九《志花》第 1 页

龙女花　《黄山志》：龙女花，出大理府太和感通寺。树叶全似山茶，蕊大而香。旧《云南通志》：太和感通寺一株，树高数丈，花类白菜，相传为龙女所种。《徐霞客游记》：感通寺龙女树，树从根分挺三四大株，各高三四丈，叶长二寸半，阔半之，绿润有光。花白，大于[①]玉兰，亦木莲之类而异其名。檀萃《滇海虞衡志》：龙女花，天下止一株，在大理之感通寺，犹琼花亦止一株，在扬州之蕃釐瞩也。昔赵迦罗修道于此，龙女化美人以相试，赵以剑掷之，美人入地，生此花以供奉空王，至今数百年，缘分已满。前年，此花忽被天上收去，如琼花匿无影矣。

——道光《云南通志稿》卷六十九《食货志六之三·物产三·大理府》第 13 页

龙女花　《云南志》：龙女花，太和县感通寺一株，树高数丈，花类白茶，相传为龙女所种。余访得绘本，其花正白八出，黄蕊中有绿心一缕，俗谓绿如意花。谢时收弄，可以催生云。又《徐霞客游记》，感通寺龙花树，从根分挺，三四大株，各高三四丈，叶长二寸半，阔半之，绿润有光。花白，大于玉兰，亦木莲之类而异其名。

——《植物名实图考》卷三十六《木类》第 6 页

龙女花　《荡山志》：龙女花，出大理府太和感通寺。树叶全似山茶，蕊大而香。邑人杨文翽《咏龙女花》诗："岂因雨露出天工，秋到寒山却傲风。蝶翅粉团金粟外，蜂须黄簇玉盘中。琼花难擅无双价，祇树应推第一丛。不独拈来迦叶笑，当年曾献大明宫。"《徐霞客游记》：感通寺龙女树，树从根分挺三四大株，各高三四丈，叶长二寸半，阔半之，绿润有光。花白，大于玉兰，亦木莲之类而异其名。邑人周之烈《龙女花歌》："祇园树散花开处，有情无情俱可度。侬身不爱龙宫住，龙宫日日风波起。谁怜陷溺终无已，回头是岸点苍来。妙香佛语清如水，一听再听万缘空。老僧惊觉太朦胧，天花坠地亭亭放。谁怜维摩一笑中。"邑人沙琛诗："优婆离女钵呈花，听法毗楼示现遐。雪里孤芳森贝叶，天然素貌忆弥家。香飘金粟浓云气，露冷银盘射月华。直揭妙明心一点，花开真见佛陀耶。"邑人王友榆诗："盈盈玉钵花，云是龙女施。夜半异香起，炯炯白云气。"邑女周雁沙诗："檀心雪瓣绝尘埃，如意中抽点绿荄。一献宝珠春透早，水晶宫外立徘徊。"案：此花今不存。

——民国《大理县志稿》卷五《食货部二·物产》第 5 页

梅花

戊寅十一月初三日，晨往阮仁吾处。……其亭名竹在。……亭前红梅盛开。此中梅俱叶而花，全非吾乡本色，惟一株傍亭檐，摘去其叶，始露面目，犹故人之免冑相见也。……窗外有红梅一株盛放，此间皆红梅，白者不植。中夜独起相对，恍似罗浮魂梦间，然叶满枝头，转觉翠羽太多多耳。

——《徐霞客游记·滇游日记四》第 864 页

戊寅十二月初七日……桥侧有梅一株，枝丛而干甚古，瓣细而花甚密，绿蒂朱蕾，冰魂粉眼，恍见吾乡故人，不若滇省所见，皆带叶红花，尽失其"雪满山中，月明林下"之意也。乃折梅一枝，

---

① 大于　《植物名实图考》、民国《大理县志稿》皆同，《徐霞客游记·滇游日记八》作"小于"，有异。

少憩桥端。十二日……寺号龙华。……庭中药栏花砌甚幽，墙外古梅一株，花甚盛，下临深箐，外映重峦。十五日……是为龙马哨，有哨无人。山壑幽阻，溪环石隘，树木深密，一路梅花，幽香时度。

——《徐霞客游记•滇游日记五》第 892、895、897 页

（大理崇圣寺）唐朝老梅，状若古松，亭亭直上，枝干如桧柏。

——《滇黔纪游•云南》第 18 页

唐梅 大理之西村中，有梅一株，大可合抱，半就槁，做坡仙笔意，半葱翠而花。土人云：唐时物也。古秀可爱，花时，游人甚夥，更于枯干之上，每发一二花，贴梗如寿阳妆，益奇妙。军门潘公，饰取枯干，凿作酒器，名曰唐梅杯，亦韵。

——《滇南新语》第 22 页

含真楼在培鹤楼前，气势宏敞，郡人张嵥同绅士新建。内有古梅四株暨金粟泉。

——乾隆《续修蒙化直隶厅志》卷二《建设志•寺观》第 105 页

鲁梅 鲁家之梅也，在城中西偏。其梅甚古，传为千余年物。李节相曾图其形，上之内府。金松，金氏庭中松也，在南门外。其松盘折空际，正覆庭心，古干虬枝，数百年物也。好事者以配鲁梅，赠太仆卿赵损之。从军金川，有札来，云：鲁梅、金松，时入毡裘梦寐间。其为文人之所赏鉴，不忘如此。损之，即文哲也。

——乾隆《腾越州志》卷十一《杂志•杂记》第 23 页

梅 滇之梅，玉蝶、绿萼颇少，红色者多。黑龙潭之岭上有红梅二株，干已剥蚀殆尽，仅存枯皮，古质斑斓，横卧于地，离奇夭矫，如虬龙，如横峰，而花朵攒簇，又如锦片，如火球。坐玩其旁，清芬袭人，不知植自何代。相传以为唐梅，疑或然也。

鲁梅 闻腾越州有鲁姓家老梅亦甚奇古，云系李唐时所植，人称为鲁梅。余未之腾越，不及见，未审与黑龙潭者相颉颃否也。

——《滇南闻见录》卷下《物部•花属》第 39 页

梅花 一似吾乡，但不需培植，且早且久，盖南中地气温暖，故其花葩易发。

——《云南风土记》第 50 页

红梅 莫盛于滇，而龙泉之唐梅，腾越之鲁梅，见于画与传者，光怪离奇，极人间所未有。此花宜为第二。

——《滇海虞衡志》卷九《志花》第 1 页

唐梅 《大理府志》：在喜州灵会寺右，相传植自唐时。其花千层，玉红色，铁干横撑，自是千年物也。总督范承勋《灵会寺唐梅》："乱云荒草汨幽奇，谁向花间一赋诗。洱海清波横瘦影，苍山古雪映芳姿。已除积石孤根隐，更剪繁枝老干宜。千载植来蒙诏树，至今犹说是唐时。"

——道光《云南通志稿》卷六十九《食货志六之三•物产三•大理府》第 14 页

唐梅 在喜州灵会寺右，相传植自唐时者。其花千层，玉红色，铁干横撑，自是千年物也。过者拱之，不敢亵视。鲁梅者腾越州鲁家之梅也，在城中西偏。其梅甚古，传为千余年物也。李制军侍尧曾图其形上之内府。又有金松者，金氏庭中松也，在南门外。其松盘折空际，正覆庭心，古干虬枝，亦数百年物，好事者以配鲁梅。

——《滇南杂志》卷十三《轶事七》第 7 页

梅花　属蔷薇科，落叶乔木。入冬开花，有红、白、淡绿之殊，单瓣、千叶之别。今滇寺观庭园所植，如落凤梅、即罗浮梅。胭脂梅、照水梅、绿萼梅、红梅、白梅、朱砂、玉剪等等，或取其形似，或取其色异，或因地方掌故而殊称，如唐梅、鲁家梅等，往往一花而有三数名者，非科学上之分类也。

——《新纂云南通志》卷六十三《物产考六·植物三·花卉类》第 11 页

唐梅　《大理府志》：在灵会寺右，相传植自唐时。其花千层，玉色，铁杆横撑，自是千年物也。总督范承勋《咏灵会寺唐梅》诗："乱云荒章泊幽奇，谁向花间一赋诗。洱海清波横瘦影，苍山古雪映芳姿。已除积石孤根稳，更剪繁枝老干宜。千载植来蒙诏树，至今犹说是唐时。"邑人李允元《咏唐梅》诗："历宋元明春不老，饱风霜雪干常新。"案：此梅今不存。

——民国《大理县志稿》卷五《食货部二·物产》第 5 页

滇梅有奇种，花心如有人坐状，以阁罗凤种而得名。人雄花雄，一也。陈兰卿云。

——《滇绎》卷二《罗凤梅》第 41 页

省城之东出鳌岬门二十里许，有黑龙潭。……山上有古寺院，内古梅数十本，皆偃蹇蜷曲拥肿，红英绿萼，盛开时烂漫相映，云是唐梅。

——《幻影谈》卷下《杂记》第 138 页

蒙肚花

景东山中有花名蒙肚，生树皮上如藓，土人采以用蛊。欲人醉死则醉往采，欲人淫死则淫往采，欲人狂争死则狂争往采，及毒发一如其状。嘉靖丙寅，千户陈祺奉命往景东赐知府陶金金帛，祺善书法，金厚款之，请书匾额。祺醉，墨潘涴其锦袍，金恚，以蒙肚毒之。归，发狂死。

——《滇略》卷四《俗略》第 17 页

蒙肚花　出景东山中。生树皮上如藓，土人采以用蛊。欲人醉死则醉往采，欲人淫死则淫往采，欲人狂争死则狂争往采，及毒发一如其状。嘉靖丙寅，千户陈祺奉命往景东赐知府陶金金帛，祺善署书，金厚款之，请书匾额。祺醉，墨潘涴其锦袍，金恚，以蒙肚毒之。归，发狂死。后雷击其树，今无。

——康熙《云南通志》卷三十《杂异》第 12 页

蒙肚花　出景东山，生树皮上，如藓，土人采以用蛊。欲人醉死则醉往采，欲人淫死则淫往采，欲人狂争死则狂争往采，其毒发一如其状。明嘉靖丙寅，千户陈祺奉命往景东赐知府陶金金帛，祺善书，金厚款之，请书匾额。及醉，墨潘涴其锦袍，金恚，以蒙肚花毒之。归，发狂死。后雷击其树，今无。

——《滇南杂志》卷十三《轶事七》第 11 页

蜜蜡花

蜜蜡花　《古今图书集成》：形如莲而小，清香袭人，产鹤庆白龙潭。

——道光《云南通志稿》卷六十九《食货志六之三·物产三·丽江府》第 46 页

蜜蜡花　一名弥勒花，鹤庆特产。茎细长三四尺，浮卧水面，叶圆如莲，花白而蕊黄。或即黄瑞莲也。

——《新纂云南通志》卷六十三《物产考六·植物三·花卉类》第 26 页

缅桂

缅桂 属木兰科，热带常绿乔木。叶阔大如木兰，初夏花开，瓣片重叠，色带黄白，香可刺鼻，滇园庭中近时盛栽培之。此花自安南输入，不逾十数年。性畏寒，入冬非覆霜被，则枝叶黄落枯萎。但临江、新平、开远等热地，则有其自生种云。

——《新纂云南通志》卷六十三《物产考六·植物三·花卉类》第 7 页

茉莉

柰花 《洛阳名园记》谓抹厉也，佛经作抹利，《王龟龄集》作没利，《洪迈集》又作末丽。嵇含《草木状》均之，则为茉莉耳。夫张叔敏呼之为远客，则其静好者似殊，韦使君呼之为狎客，而其幽冲者不类。况升庵艳晋人之簪柰花，眉公吟南园之穿花串。狎耶远耶，谓之为别客小近焉，以其冷香幽折者颇似之。

——《鸡足山志》卷九《物产》第 333 页

茉莉 叶几几似鱼子兰而少大，其柯大仅盈指，而枝则扶疏柔蔓，高不能逾三尺。花白者一岁接续递开，红及淡黄者惟夏开，至秋则蕊尽矣。此花性畏寒，难与鸡山相宜，而盆中仅见之。时珍谓本出波斯，移至南海，惟滇、广多者，是也。花开芬香可爱，熏茶甚佳，以香清绝也。

——《鸡足山志》卷九《物产》第 333 页

茉莉 属木樨科，一名抹厉，或云暗麝，释经名鬘华。原产波斯南方暖地，早经移植，今亦遍滇中庭园矣。花本有藤本、木本两类。藤本者闻产江南，滇未经见。本省所植，概系木本，茎高数尺，枝桠歧出，叶黄绿，全边。夏季花开，瓣片乳白，单瓣者多，重瓣双台者尤名贵，《晋书》"都人簪柰花"即此。初蕊如璎珞，盛开时香满一院，兰、麝不及也。

——《新纂云南通志》卷六十三《物产考六·植物三·花卉类》第 21 页

牡丹

……素习者惟牡丹，枝叶离披，布满石隙，为此地绝遘，乃结子垂垂，外绿中红，又余地所未见。土人以高远莫知采鉴，第曰山间野药，不辨何物也。

——《徐霞客游记·游太华山记》第 736 页

己卯正月十一日……其地亦重牡丹，悉檀无山茶而多牡丹，元宵前，蕊已大如鸡卵矣。

——《徐霞客游记·滇游日记六》第 934 页

牡丹 洛阳俗尚花，滇颇近之，况于名胜哉？以其心闲，故能寄趣于花木。但谓之寄趣，则无名花，可知山产牡丹意之而已。谓之鼠姑鹿韭则可，若谓花王百两金，则名不称实矣。

出炉银 亦有焰花，深桃红色。

西瓜瓢 真类极熟之西瓜瓢，其香似芍药味。

童子面 白红色，微带蜜香气。

紫袍玉带 谓花紫色而白围之也，今无其种矣。

茄带紫 数年前尚有之，今为好事者购尽。

姚黄 旧《志》则有之，久无其种矣。或曰谓山后之野牡丹，单瓣而有黄色者。果谓此，又奚足取？

——《鸡足山志》卷九《物产》第 328 页

牡丹花　各种俱有，花朵之大，异于他省，即紫色者亦然，不独玉楼春也。尝于元旦见案头小盒中牡丹，干不盈尺，无枝叶，只有一花，形如斗大，铺于盆外。此盖得之人工者，故若此之早，而花之富丽浓郁，实属可观。

——《滇南闻见录》卷下《物部·花属》第 39 页

四喜牡丹 即追风藤　生云南山中。长茎如蔓，附茎生叶。三叶同柄，复多花叉，微似牡丹，长五六分。春开四瓣白花，色如栀子，瓣齐有直纹。黄蕊绿心，楚楚有致。惟茎长花少，颇形寂寞。

——《植物名实图考》卷二十三《蔓草类》第 1 页

牡丹　属毛茛科，落叶灌木也。大者高达六七尺，叶为二次复叶，小叶细长而分裂，色淡绿，新叶则呈淡红。旧历二三月花开，硕美绚丽、尽态极研，夙有国色天香之誉，滇庭园多盆植之，有白、紫、绯红诸种。维西、中甸、阿墩等处篱角园隙均有此花，不俟栽培，自具各色，惟瓣片稍单耳。《花镜》载此花之性，宜凉畏热，喜燥恶湿，西北高原，土宜正合，或疑即此花之原产地云。

——《新纂云南通志》卷六十三《物产考六·植物三·花卉类》第 8 页

天竺牡丹　西洋菊中花轮大、色最美丽者，当推此花。品种最多，花色有白、黄、红、绯、紫等各种，恃地下茎蕃殖，虽系舶来，今已为滇中归化植物矣。

——《新纂云南通志》卷六十三《物产考六·植物三·花卉类》第 26 页

牡丹　牡丹世称花王，相传洛阳为盛，种凡五六十种。本县仅有淡红色一种，复叶，花大如盘石，醉杨妃以木本，又木芍药之称。温水塘最盛，辄售诸省城。

——民国《安宁县志稿》卷四《物产·花类》第 18 页

牡丹　为中国之特产，而结实牡丹又为中甸之特产。其实为荚角形，近世生物学家凡游历中甸者，皆争先采集而去，但以蛮荒绝域之物产，植之中原沃壤，不知能育苗否也？

——民国《中甸县志稿》卷上《自然·特产》第 12 页

木笔

木笔　【释名】藏器及陶弘景《别录》则均以辛夷为木笔，非矣。又以杜兰为木莲，讹木莲为木兰，又非矣。其黄心厚质之三道四道不足论，又讹桂心牡桂不足凭。今滇之永昌宝台，其山产五色木莲花，其花诚若莲花矣，则此方可谓之木莲花。若木笔云者，花未花时，如作擘科之大笔，绿光油油可爱。其叶厚劲，大盈人履，又如掌中扇，然此滇山皆产之。滇僧又讹为优钵罗花，其实为木笔花耳。今鸡山深谷中有之，慎勿羡七里滩前鲁班之刻舟，又勿疑浔阳江上歌木难而怀桂浆也。

——《鸡足山志》卷九《物产》第 331 页

木芙蓉

木芙蓉　属锦葵科，乔木。叶为掌状，缘边浅裂。秋时花开，色浅红，或黄白，大如莲蕖，瓣片有平行细脉，滇中莳之水边或阴湿地，近时各公园亦喜植之。万绿丛红，点缀秋景。考广西《全州志》：木芙蓉，一名拒霜。初开雪白，半日浅红，逾时深红，先后舒萼，红白参错，人谓之三醉云。

——《新纂云南通志》卷六十三《物产考六·植物三·花卉类》第 15 页

木槿

木槿　《诗》"有女同车，颜如舜华"，故名舜华，以朝开暮落，取一瞬之义。

——《鸡足山志》卷九《物产》第 331 页

木槿　属锦葵科。花有白、红、紫各种，皆灌木类，纯白者名舜英，红者曰裹梅花，滇园野间植之。

——《新纂云南通志》卷六十三《物产考六·植物三·花卉类》第 14 页

木莲花

木莲花　树大而高，叶似枇杷，花开如莲，有青、黄、红、白四种。

——景泰《云南图经志书》卷五《大理府·土产》第 2 页

木莲花　树高大，叶如枇杷，花如莲，有青、红、黄、白四种，冬末春初开。

——正德《云南志》卷三《大理府·土产》第 6 页

己卯三月二十七日……（永平宝台山）其上多木莲花，树极高大，花开如莲，有黄、白、蓝、紫诸色，瓣凡二十片，每二月则未叶而花，三月则花落而叶生矣。

——《徐霞客游记·滇游日记八》第 1038 页

宝台山木莲花，亦大如牡丹，色赤而微紫，状如千叶红莲。至春二月，环金光寺而盛开者三十余里。隔箐望之，红如火，高不盈二三尺。即而就之，乃高十丈，大十围，亦异种也。或曰是佛书之优昙花云。

——《南中杂说·花木》第 571 页

李忠本《木莲花记》：花之有木莲，惟杉阳见之。树甚高，花开如莲，有红、白二色。瓣凡二十，每二月则未叶而花，三月则花落而叶生。袁枚《咏黄山木莲花》诗云"云海荡波涛，一碧千万顷。莲花认作池，误生高树顶"，可谓传木莲之神矣。

——《永昌府文征·文录》卷三十《民十二》第 10 页

木香花

木香花　属蔷薇科，攀缘性之木本也。茎长易蔓延，叶自五小叶构成羽状复叶，春末花开，小蕊攒聚，色黄白，有芳香。滇庭园植之，亦有野生于篱落间者。

——《新纂云南通志》卷六十三《物产考六·植物三·花卉类》第 12 页

南天竹

南天竹　属伏牛花科，常绿灌木。叶为羽状复叶，各小叶又为披针状，六月顷开白色细花，浆果红色，极鲜丽。一名长寿果，滇中喜盆植之。

——《新纂云南通志》卷六十三《物产考六·植物三·花卉类》第 9 页

牛角花

牛角花　生云南平野。铺地丛生，绿茎纤弱。发叉处生二小叶，又附生短枝三叶。茎梢开花如小豆花，又似槐花，有黄、紫、白三种，春畴匝陇，灿如杂锦。土人以小葩上翘，结角尖弯，故名牛角。

——《植物名实图考》卷二十九《群芳类》第 6 页

皮袋香

皮袋香　一名山枝子，生云南山中。树高数尺，叶长半寸许，本小末奓，深绿厚硬。春发紫苞，苞坼菁葵，洁白如玉，微似玉兰而小。开花五出，细腻有光，黄蕊茸茸，中吐绿须一缕，质既缟洁，香尤清秘。蔷薇对此，色香俱粗。山人担以入市，以为瓶供。俗以花苞久含，故有皮袋之目。檀萃《滇海虞衡志》：含笑花俗名羊皮袋，花如山栀子，开时满树，香满一院，即此。但含笑以花不甚开放，故名。此花瓣少，全坼，非大小含笑也。

——《植物名实图考》卷三十六《木类》第 11 页

琪花

琪花　旧《云南通志》：产晋宁天王庙，冬花开三色，落不沾尘。

——道光《云南通志稿》卷六十九《食货志六之三·物产三·云南府》第 4 页

千里香

千里香　为野本。其藤干若虬，花开飞遍山谷，初闻则香极清越，久之与鼻相忘，浑化归一矣。
七里香附　即大金樱子。其花大朵，而香胜于蔷薇。

——《鸡足山志》卷九《物产》第 337 页

七里香　生云南。开小白花，长穗如蓼，近之始香。

——《植物名实图考》卷二十九《群芳类》第 20 页

千叶葵花

千叶葵花　葩多色重而不结实，土人唤为千叶葵。

——景泰《云南图经志书》卷二《曲靖军民府·土产》第 12 页

千叶葵花　花多色重，而不结实。

——正德《云南志》卷九《曲靖军民府·土产》第 6 页

千叶榴花

千叶榴花　其地有榴葩，多色，艳而不结实。土人唤为千叶榴，以其产之异也。①

——景泰《云南图经志书》卷二《澂江府·新兴州·土产》第 6 页

---

① 此条，正德《云南志》卷六《澂江府·土产》第 6 页同。

千叶桃花

千叶桃花　其花他郡亦有之，但其地所产者尤为美丽，而经久不谢，故以为异。[①]

——景泰《云南图经志书》卷三《广南府·富州·土产》第 28 页

蔷薇

蔷薇　《格物论》谓此花为玉鸡苗。昔许司马圃中蔷薇最盛，五色灿然，掘之得玉鸡焉。物有感类而致者，其然也。蜀之南呼蔷薇为牛棘，以其多，贱之也，掘之宁有玉鸡之贵哉？越南呼之为刺红，盖藤绿其身而刺作红色。陕州则称为牛勒，以其有刺，牛不敢入耳。今鸡山无瑟瑟之蹙金装，无猩猩之凝血点，无浓麝可以分香，无琉璃可以开艳，无石家之锦帐，无陈席之宫袍，无红须绿刺，无艳色繁香，孰曰飞蕊散馥、攒紫霏红也，孰曰琉璃开艳、胭脂抹浓也。惟当春昼，散来一种清香，跌跏月夕，吹堕黄金数片而已。白色有千叶、单瓣二种，香虽薄，甚为清幽，僧种之以作藩篱，皆是。黄色，香极清艳，似用鹅梨汁浴沉水香，调石蜜以爇之者，开时清越，令人神醉。

——《鸡足山志》卷九《物产》第 337 页

白蔷薇　滇南有之。五瓣黄蕊，茎紫，叶如荼蘼，香达数里。

——《植物名实图考》卷二十九《群芳类》第 24 页

蒣萁花

蒣萁花　盛于夏，而历秋及冬，绵延不绝，干长丈余，直立不挠，品固不凡也。花丛层累而上，直跻于巅，其诸上达之君子欤！

——《滇南闻见录》卷下《物部·花属》第 39 页

莎罗花

莎罗花　其色粉红，出纳楼茶甸。

——景泰《云南图经志书》卷三《临安府·土产》第 3 页

娑罗花　在会城土主庙。其本类大理和山花，佛日盛开。其色白，微带黄意，异香芬馥，非同凡花臭味。中出一蕊如稗穗，垂出瓣中，每朵十二瓣，遇闰辄多一瓣。相传高僧以二念珠入土，一珠出树，不知大理所传仙人遗种者，又出何典故？且不独和山有之也。王伯厚《记闻》云"梧桐不生，则九州异"，注谓一叶为一月耳，有闰则十三叶。平园《闰月表》用梧桐之叶十三，不知尧时历草于闰月何如耳。俗传娑罗树灸之能却病，土人有疾者，度其高下，以艾灼焉，今树枯死。安宁曹溪寺右有优昙花，亦娑罗树类也，杨慎以碑志之，后因兵燹伐去，遂无其种。今忽一枝从根旁发出，已及拱矣，然杂植于丝荆乱棘内，人竟不知。康熙二十年，总督范承勋过其处，见而识之，亟加培护，次岁即华，岂琼葩仙卉，不忍久寂人间耶！亦一奇矣。

——康熙《云南通志》卷三十《补遗》第 17 页

婆罗花　《古今图书集成》：《云南志》婆罗花在会城土主庙。其本类大理和山花，佛日盛开。

[①] 此条，正德《云南志》卷七《广南府·土产》第 6 页同。

色白，微带黄意，异香芬馥，非同凡花臭味。中出一蕊如稗穗，垂出瓣中，每朵十二瓣，遇闰辄多一瓣。相传高僧以二念珠入土，一珠出树，不知大理所传仙人遗种者，又出何典故？且不独和山有也。

——道光《云南通志稿》卷六十九《食货志六之三·物产三·云南府》第 4 页

娑罗花　在会城土主庙。其本类大理和山花，佛日盛开。其色白，微带黄〔意〕，异香芬馥，非同凡花臭味。中出一蕊如稗穗，垂出瓣中，每朵十二瓣，遇闰辄多一瓣。相传高僧以二念珠入土，一珠出树，不知大理所传仙人遗种者，又出何典故？且不独和山有之也。今庙中树亦不存。

——《滇南杂志》卷十三《轶事七》第 8 页

山梅花

山梅花　生昆明山中。树高丈余，叶如梅而长。横纹排生，微似麻叶。夏开四团瓣白花，极肖梨花而香。昔人谓梨花溶溶，无香为憾，此花兼之矣。

——《植物名实图考》卷三十六《木类》第 7 页

山枇杷

山枇杷　《蒙化府志》：花如莲，九瓣而香，与安宁曹溪寺之优昙花同种。

——道光《云南通志稿》卷七十《食货志六之四·物产四·蒙化直隶厅》第 42 页

山枇杷　属木兰科，落叶乔木。旧《志》引《蒙化府志》云"山枇杷，花如莲，九瓣，而香与安宁曹溪寺之优昙花同种"云云。此花并产楚雄。

——《新纂云南通志》卷六十三《物产考六·植物三·花卉类》第 8 页

水朝阳花

水朝阳花　生云南海中。独茎，高四五尺，附茎对叶，柔绿有毛。梢叶间开四瓣长筩紫花，圆小娇艳，映日有光。《滇本草》有水朝阳草与此异。此草花能结角，细长寸许，老则迸裂，白絮茸茸，如婆婆针钱包而短，应亦可敷刀疮。

——《植物名实图考》卷十七《石草类》第 41 页

四照花

四照花　属山茱萸科，落叶乔木也。花色白，四瓣对生，花径二寸，有四照之名。秋末结红色果实，与桑椹相似，味甘可食。材质有用，且为庭植上选。

——《新纂云南通志》卷六十一《物产考四·植物一·木材类》第 25 页

松叶牡丹

松叶牡丹　属马齿苋科，一年生草本。茎叶多肉，高不及尺，叶圆细，花色各种，略似牡丹，故名。开期极短，盖果横裂，散布亮黑色种子。性耐干燥，喜于日光中开花，滇近时盆植皆舶来品，但扦插亦可繁殖。

——《新纂云南通志》卷六十三《物产考六·植物三·花卉类》第 5 页

素馨

素馨花。

——正德《云南志》卷二《云南府·土产》第 9 页

素馨 一名那悉茗[1]花，一名野悉蜜花，来自西域。枝干袅娜，似茉莉而小。叶纤而绿，花四瓣，细瘦，有黄、白二色。须屏架扶起，不然不克自竖。雨中妩态，亦自媚人。《南方草木状》：那悉茗花与茉莉花皆自西域移植南海，南人爱其芳香，竞植之。

——《御定佩文斋广群芳谱》卷四十三《花谱》第 23 页

素馨 段素兴，宋庆历中嗣位，性好狎游，广营宫室。于春登堤上多种黄花，名绕道金棱；云津桥上多种白花，名萦城银棱。每春月必挟妓载酒，自玉案三泉，溯为九曲流觞，男女列坐，斗草簪花，以花盘髻上为饰。银花[2]中有素馨者，以素兴最爱，故名。又有花，遇歌则开；有草，遇舞则动。素兴令歌者傍花，舞者傍草。后卒，以荒逸失国。

——《滇南杂志》卷十三《轶事七》第 9 页

素兴花 生云南。蔓生，藤叶俱如金银花，花亦相类。初生细柄如丝，长苞深紫，袅袅满架。渐开五瓣圆长白花，淡黄细蕊，一缕外吐，香浓近浊。亦有四季开者。《滇略》云南诏段素兴好之，故名。《志》即谓素馨，殊与粤产不类。蒙化厅有红素兴，又有鸡爪花，相类而香逊。檀萃《滇海虞衡志》以为即与茉莉为俦，同出番禺之素馨，未免刻画无盐，唐突西施。

——《植物名实图考》卷二十九《群芳类》第 10 页

素馨 属木樨科。《南方草木状》谓为耶悉茗，称其种来自西域。《通雅》则谓南汉刘鋹之姬曰素馨，葬处生此，因以名花。《滇略》又谓大理国王段素兴凤爱此花，因以得名。或皆附会不经之谈。此花在滇中山野蔓生，庭园遍植，旧《志》得名亦最早。花开时，裂片乳白，下部作细长筒状，纯洁清香，插瓶最宜。亦有四时开者俗称四季素，清明开者称为清明素。檀默斋谓素馨云者，为其白而香耳，说近是之。

——《新纂云南通志》卷六十三《物产考六·植物三·花卉类》第 21 页

桃花

戊寅十月二十五日……（海口里仁村）其内桃树万株，被陇连壑，想其蒸霞焕彩时，令人笑武陵、天台为爝火矣。西一里，过桃林，则西坞大开，始见田畴交塍，溪流霍霍，村落西悬北山之下，知其即为里仁村矣。

——《徐霞客游记·滇游日记四》第 845 页

己卯正月二十四日……五里间，聚庐错出，桃杏缤纷。……北一里，有村当平冈间，是曰甸尾村，担者之家在焉，入而饭于桃花下。……自甸尾至此，村落散布，庐舍甚整，桃花流水，环错其间。其西即为朝霞寺峰，正东与石宝山对。于是路转东北，又八里余而入鹤庆南门。城不甚高，门内文庙宏整。土人言其庙甲于滇中，亦丽江木公以千金助成。

——《徐霞客游记·滇游日记六》第 949、951 页

---

① 那悉茗 康熙《云南通志》、康熙《云南府志》、康熙《蒙化府志》、咸丰《南宁县志》、《新纂云南通志》皆作"耶悉茗"。耶悉茗，植物名，一名素馨，原产印度。又，道光《昆明县志》作"邪悉茗"。邪：耶的异体字。作"耶悉茗"是。

② 银花 康熙《云南通志》卷三十《杂异》第 7 页作"金花"，有异。

己卯二月十二日……则有桃当门，犹未全放也。……前则桃花点缀，颇有霞痕锦幅之意。

——《徐霞客游记·滇游日记七》第 969、970 页

己卯二月十四日……数百步而桃花千树，深红浅晕，倏入锦绣丛中。穿其中，复西上大道，横过其南，其上即万松庵，其下为段氏墓，皆东向。段墓中悬坞中，万松高踞岭上，并桃花坞，其初皆为土官家山，墓为段氏所葬，而桃花、万松，犹其家者。

——《徐霞客游记·滇游日记七》第 977 页

碧桃花　大而色深红，攒簇成球，极富丽可玩。

——《滇南闻见录》卷下《物部·花属》第 39 页

桃花　属蔷薇科，温带乔木。二月开花，有粉红、深红及白色。结果实者花概单瓣，惟碧桃以美花著称。有千瓣粉红、千瓣白、即芙蓉桃或牡丹桃。千瓣深红即绛桃。等各种，盆栽者多珍赏之。

——《新纂云南通志》卷六十三《物产考六·植物三·花卉类》第 10 页

天女花

天女　其香胜于玉兰，花白如雪，碗口擎擎，中心寸许标立，黄紫凝香。其瓣肥短，不如玉兰长挺耳。亦可以接玉兰，则花香胜于辛夷之接本，然树不能乔乔然大。

——《鸡足山志》卷九《物产》第 331 页

桐花

己卯五月三十日……阁前南隙地，有花一树甚红，即飞松之桐花也。色与刺桐相似，花状如凌霄而小甚，然花而不实，土人谓之雄树。

——《徐霞客游记·滇游日记十》第 1115 页

荼蘼

荼蘼　属蔷薇科，落叶大灌木。叶卵圆形，有掌状，脉质硬厚，花开晚香，故俗有"开到荼蘼花事了"之谚。花色黄白，重瓣者滇中盆植之。

——《新纂云南通志》卷六十三《物产考六·植物三·花卉类》第 12 页

仙人掌

仙人掌　形如履底，厚半寸许，长尺许，宽二寸许，色深绿，无枝叶，遍生小刺，插土中即活。就刺上生花，黄色，复结成一掌，层累而上，即可成树。乍见之颇以为异，其实不足观也。

——《滇南闻见录》卷下《物部·花属》第 40 页

仙人掌　《岭南杂记》：仙人掌，人家种于田畔，以止牛践；种于墙头，亦辟火灾。无叶，枝青嫩而扁厚有刺，每层有数枝，枒杈而生，绝无可观。其汁入目，使人失明。……又三年，臣移抚云南，检《滇志》，云：仙人掌，肥厚多刺，相接成枝。花名玉英，色红黄，实如小瓜，可食。节署颇多，大者高及人肩，春末、夏初，开花结实，俱如《志》所述，因俾画手补绘。……

——《植物名实图考》卷十五《隰草类》第 22 页

仙人掌、金刚纂　仙人掌属大戟科。原产南美，今滇温暖地带野生，多以为障篱之用。茎体绿色扁平，业已变形作刺，花黄赤色，果实梨状，味美多浆，滇西一带有取饲家畜者。近时舶来仙人掌，球形，多细刺，莳置盆中，颇耐干燥，园艺观赏珍品也。另有金刚纂，旧《志》见之，生态与仙人掌相类，但非以果实著称。此植物亦属大戟科，原产热带，今顺宁、建水以及江边热地均盛产之。茎体青绿，四周成棱，如铜鞭状，叶多退化为刺，用以范篱，人不敢犯。茎中又泌白乳，多毒，取其汁，撒水面，鱼类均受麻醉，易于受捕云。

　　——《新纂云南通志》卷六十二《物产考五•植物二•果实类》第 32 页

小雀花

小雀花　生云南山坡。小树高数尺，瘦干细韧。春开小粉红花，附枝攒簇，形如豆花而小，瓣皆双合，上覆下仰，色极娇韵。花罢生叶。

　　——《植物名实图考》卷二十九《群芳类》第 9 页

小桃红

小桃红　其本高不逾四尺，身薄具茨。其干条皆细。子绿，在其下作蒂，而花即开其上。红色甚鲜妍，单瓣类水仙花状，可作盆景。

　　——《鸡足山志》卷九《物产》第 330 页

小桃红　叶如海棠，干如枳棘，花如木瓜，赤色黄蕊，果如龙眼而扁，形如金瓜有楞，香味亦多类木瓜。二月花，十月实，城中及其宗喇普皆有之。

　　——《维西见闻纪》第 13 页

小桃红　余庆远《维西闻见录》：叶如海棠，干似枳棘，花如木瓜，赤色黄蕊，果如龙眼而扁，形如金瓜有棱，香味亦多类木瓜。二月华，十月实，城中及其宗喇普皆有之。

　　——道光《云南通志稿》卷六十九《食货志六之三•物产三•丽江府》第 46 页

辛夷花

木兰花。

　　——正德《云南志》卷二《云南府•土产》第 9 页

辛夷　《别录》谓生汉中魏兴、梁州山谷间。保昇曰：树能合抱，叶类柿叶而狭长。宗奭曰：植诸园亭，先花后叶。昔刘禹锡见苑中树高三四丈，其叶繁茂，正、二月花开，紫带白色，其叶藏苞中，上有毛，类彊桃，花毕，叶始从苞中发者是也。《甘泉赋》"植〔列〕辛雉于林薄"，即辛夷矣。缘其有苞，名侯桃；缘其花始在房中，名房木。花甚清香，在房苞中时，采之可以入药。

　　——《鸡足山志》卷九《物产》第 331 页

杏花

己卯正月初三日……前同莘野乃翁由寺入狮林，寺前杏花初放，各折一枝携之上；既下，则寺前桃亦缤纷，前之杏色愈浅而繁，后之桃屬更新而艳，五日之间，芳菲乃尔。睹春色之来天地，益感浮云之变古今也。

——《徐霞客游记·滇游日记六》第 923 页

杏花 属蔷薇科。春二月开花，单瓣，色较红艳，亦滇常产。

——《新纂云南通志》卷六十三《物产考六·植物三·花卉类》第 11 页

绣球花

绣球花 数花盘簇如球，其叶有皱纹，质理亦涩。蜀中则有红、紫、黄、白、缅青、桃红、间绿等七色。于念东诗云"绿萼间琼朵，团团低入户。错落水晶球，苔痕杂委露"，又杨巽峰《诗》"纷纷红紫竞芳菲，争似团酥越样奇。料想花神闲戏击，随风吹起坠繁枝"，其张铭盘诗云"散作千花簇作团，玲珑如琢巧如攒。风来似欲拟明月，好与三郎醉后看"。

——《鸡足山志》卷九《物产》第 332 页

滇中绣球 红白者极盛，有浅红木本者，花与叶大不过如小胡桃，向阳成深粉红色，置之背阴处一二日，即变为翠羽色，非青非蓝，花光照人，土人亦极贵重，呼之曰翠核桃。其叶大而花繁者，则弥满山谷矣。

——《云南风土记》第 50 页

绣球花 属虎耳草科，一名八仙花，落叶小灌木。能自根际丛生新梢，叶形椭圆，叶脉突起。六七月顷开缴状花，初时色淡绿，开久则变红紫，渐至深蓝。旧《志》谓有白、红、紫三种者，误也。今园庭中盆栽之，舶来者尤美艳。

——《新纂云南通志》卷六十三《物产考六·植物三·花卉类》第 10 页

雪柳花

雪柳 《昆明县采访》：会城城隍庙内有雪柳一株，已数百年物。

——道光《云南通志稿》卷六十九《食货志六之三·物产三·云南府》第 5 页

雪柳 《昆明县采访》：会城城隍庙雪柳，已数百年物。按：树已半枯，叶如冬青，大小疏密无定。春深开花，一枝数朵，长筒长瓣，似素兴而色白。雪柳之名，或以此。插枝就接皆不生。

——《植物名实图考》卷三十六《木类》第 9 页

雪柳 生云南山阜。小木紫干，全似水柳，而叶小柔韧，黄花作穗。老则为絮，幂树浮波，吹风落氄。滇南有柳少花，得此矮柯，但见糁径铺毡，不能漫天作雪矣。

——《植物名实图考》卷三十六《木类》第 37 页

燕子花

燕子花 属鸢尾科，与扁竹兰相类。春日开美花，略似飞燕，故名。花色深蓝，极绚丽。滇园野自生，亦有移植花坛者。

——《新纂云南通志》卷六十三《物产考六·植物三·花卉类》第 2 页

洋紫藤

洋紫藤 属忍冬科，系舶来品。茎有蔓性，复叶对生。花筒特大，由黄绿渐移紫色，滇各公廨有取以饰垣篱者。

——《新纂云南通志》卷六十三《物产考六·植物三·花卉类》第 24 页

罂粟花

罂粟花 龙江、蒲窝、盏西、河东皆可种植。花后结子，割其皮取浆为鸦片，倍于种谷利。自光绪壬寅后，薪桂米珠，戒烟有禁，种者渐稀。昔日鸦片流毒之场，一转移间，半成谷地。或有种葵者，以花为药饵，医淋病。葵子至老，剖而储之，斗值制钱捌百文。

——光绪《腾越乡土志》卷七《物产》第 10 页

樱花

樱花 滇产樱花来自日本，不过十数年，今三迤均有栽培之者。属蔷薇科。花春末开，色有淡红、粉白各种。八重樱尤名贵，惜花期稍短，盆栽灌木者较多。

——《新纂云南通志》卷六十三《物产考六·植物三·花卉类》第 11 页

樱桃花

野樱桃 生云南。树纹如桃，叶类朱樱。春开长柄粉红花，似垂丝海棠，瓣微长，多少无定，内淡外深，附干攒开，朵朵下垂。田塍篱落，绛霞弥望，园丁种以接樱桃。《滇志》云红花者谓之苦樱，或云此即山海棠。阮相国所谓富民县多有者，俗以接樱桃树，故名其苦樱。以小雪节开，谚云樱桃花开治年酒，盖滇樱以春初熟也。

——《植物名实图考》卷三十六《木类》第 16 页

优昙花

优昙花 云南府省城土主庙。南诏蒙氏时，有僧菩提巴波，一名大又法师，自西天竺来，以所携念珠九子种左右。树高数丈，枝叶扶疏，每岁四月花开如莲，有十二瓣，遇闰多一瓣。今存西一树，尚茂。

——《增订南诏野史》卷下第 40 页

安宁温泉西岸有寺曰曹溪寺，其中有昙花树一株，相传自西域来者。扶疏百尺，绿叶白花，移蘖他种，终不复活。

——《滇略》卷三《产略》第 10 页

戊寅十月二十六日……殿东西各有巨碑，为杨太史升庵所著，乃拂碑读之，知寺中有优昙花树诸胜。……二十七日……党生因引余观优昙树。其树在殿前东北隅二门外坡间，今已筑之墙版中，其高三丈余，大一人抱，而叶甚大，下有嫩枝旁丛。闻开花当六月伏中，其色白而淡黄，大如莲而瓣长，其香甚烈而无实。余摘数叶置囊中。

——《徐霞客游记·滇游日记四》第 856 页

戊寅十一月初六日……过土主庙，入其中观菩提树。树在正殿陛庭间甬道之西，其大四五抱，干上耸而枝盘覆，叶长二三寸，似枇杷而光。土人言，其花亦白而带淡黄色，瓣如莲，长亦二三寸，每朵十二瓣，遇闰岁则添一瓣。以一花之微，而按天行之数，不但泉之能应刻，州勾漏泉，刻百沸。而物之能测象如此，亦奇矣。土人每以社日，群至树下，灼艾代炙，言炙树即同炙身，病应炙而解。此固诞妄，而树肤为之瘢癗无余焉。

——《徐霞客游记·滇游日记四》第 866 页

优昙花 出安宁曹溪寺。状如莲，有十二瓣，闰月则多一瓣。色白气香，种来西域。

——康熙《云南通志》卷十二《物产·云南府》第 6 页

优昙花 凡内地所有之花，无不有，亦无不佳。而又有内地所无者，如优昙花。叶似梧桐，花之形色似玉兰，而花瓣微短，白稍逊，间有微香，相传为佛家遗种。

——《滇南闻见录》卷下《物部·花属》第 40 页

优昙花 滇中颇多。花青白无俗艳，诚佛家花也。优钵昙花，一年一见。一见之后，于是我佛乃说《妙法莲华经》。经流传人间，花亦不复收去，俾人间见花即如见我佛。是从前之千年一见者，今则日日见之矣，亦可以无疑于其多矣。

——《滇海虞衡志》卷九《志花》第 2 页

优昙花 《云南府志》：出安宁州曹溪寺。种自西域，状如莲，有十二瓣，闰月则多一瓣。色白气香，他处绝少。《黄山志》：安宁州优昙花，亦婆罗花类，后因兵燹伐去，遂无其种，今忽一枝从根旁发出，已及拱矣。

——道光《云南通志稿》卷六十九《食货志六之三·物产三·云南府》第 4 页

优昙花 生云南。大树苍郁，干如木犀，叶似枇杷，光泽无毛，附干四面错生。春开花如莲，有十二瓣，闰月则增一瓣。色白，亦有红者，一开即敛，故名。按《滇志》所纪，大率相同。或有谓花开七瓣者。抚衙东偏有一树，百余年物也，枝叶皆类辛夷花，只六瓣，似玉兰而有黄蕊。外有苞，与花俱放如瓣三，色绿，人皆呼波罗花。考《白香山集》，木莲生巴峡山谷，花如莲，色香艳腻皆同，独房蕊异。四月始开，二十日即谢，不结实。其形状、气候皆相类，此岂即木莲耶？滇近西藏，花果名多西方语，纪载从而饰之，遂近夸诞。许缵曾《东还纪程》谓优昙和山娑罗皆一物，而云花叶无异载乘。今此花只及一岁之半，又园圃分植，辄生乡间，摘叶以为雨笠，非复灵光岿存，岂昙花终非可移，而姑以木莲冒之耶？抑此花本六瓣，闰月增一为七，而《纪乘》误耶？否则和山等同为一种，以肥瘠、灵俗而有千层、单瓣耶？又滇花瓣数，一树之上，多寡常殊，应月之瓣，或偶值之耶？余以所见绘之图，而录《东还纪程》于后以备考，其余耳食之谈，皆不具。《东还纪程》：大理府山为灵鹫，水为西洱。灵鹫之旁为和山，树生和山之麓。高六七丈，其干似桂，其花白，每花十二瓣，遇闰则多一瓣。佛日盛开，异香芬馥，非凡臭味。中出一蕊如稗穗，俗以为仙人遗种，主僧恶人剥啄，佯置火树下成灰烬。《云南府志》：优昙花在城中土主庙内，高二十丈，枝叶扶茂。每岁四月，花开如莲，有十二瓣，闰岁则多一瓣，亦名娑罗树。昔蒙氏乐诚魁时，有神僧菩提巴波自天竺至，以所携念珠分其一手植之，久没兵燹中。谢肇淛《滇略》：安宁过泉西岸有寺，曰曹溪，其中有昙花树一株，相传自西域来者。绿叶白花，移蘖他种，终不复活。余谓安宁之优昙，大理之和山，土主庙之娑罗，其花同，其色同，其枝干亦同，特异地而异名耳。壬子夏，昙花盛开，州守驰使折一枝以赠，其花叶枝干，合之载乘，果无异也。太守乃采柔条，遍插于大树之旁。三月后报曰：一枝已萌蘖矣。余喜甚，乃移置盆盎，碧叶烂然，一根五干。土人惊诧，以为奇瑞。又，《云南通志稿》载郎中阮福《木莲花说》，与鄙见合。惟云南督署旧有红优昙，说中以为皆是白花。余访之，信。偶买花担上折枝得紫苞者，疑为红花也。及苞坼则绿白瓣，无少异。岂制府中之殷红者亦此类耶？李时珍以木莲初作紫苞，似辛夷，尤相吻合，而又以真木兰即此。然则虬干婆娑者，其即征帆送远之花身耶？阮说尚未之及。昔人有谓木兰与桂为一种者。此树叶皮味皆辛，微似桂。

——《植物名实图考》卷三十六《木类》第 1 页

优钵昙花 一名优昙钵罗花，在安宁州曹溪寺左侧。种来西竺，或云西域僧念佛珠所种者，叶似娑罗而有九丝，花如菡萏而分九瓣，香如水沈而带蜜气。其色黄白如玉，其心紫色如球，惟花无果，多于佛诞日放。明新都杨慎戍滇时见之，诧为天宫分种，非人间物，有《宝华阁记》。按：娑罗花、和山花、优昙花，许鹤沙太史以为一花，特因其地而异其名耳。详其所著《优昙花记》中特优昙花，志称九瓣与志称娑罗花十二瓣者有异，其所考犹未尽实也，故备录如左，以质格物者。今土主庙、大理二树无存，曹溪之树亦已就衰，而省中此花甚多，滇人亦不以为异。花色、花香俱无足贵，仅供胆瓶折枝，案头清玩而已。

——《滇南杂志》卷十三《轶事七》第 9 页

优昙华 我滇毗连缅、藏，多佛国花。旧时南诏又好奉佛，香花供养，历史流传，往往一花一木之名，多杂有经典意味。如旧《志》所举优昙华、优昙钵、佛桑花、天女花、龙女花、花钵莲、菩提树、念珠菜、波罗蜜果之类皆是。此花亦属木兰科，与厚朴同类，或谓即波罗花，常绿乔木。叶大如广卵形，浓绿光泽，夏初开花，与莲花同大，外苞绿厚瓣片，黄白雄蕊攒聚，如剪黄罗，香远而清，溢芬满院。开后半日，花色渐变淡绿，两日由黄而萎，俗谓昙花一现，或即指此。安宁曹溪寺中植有此树，邓川别名和上花。大理亦有天女花、龙女花，俱载《府志》，寻绎记事，与优昙华大致相同，不过文人品题，好作异名，年远代湮，其花生意亦尽，徒使后来者妄作猜亿耳。或谓永昌江顶寺亦有是花，夏初盛开，白似玉兰，花叶同时云。

——《新纂云南通志》卷六十三《物产考六・植物三・花卉类》第 7 页

优昙 多年生，不落叶乔木。叶椭圆，大如掌，正面有光泽。秋开花，花瓣十二片，淡黄色，如白莲，故俗名木莲花。花中有蕊，突出，色棕，清香袭人。花落结成鳞状苞，长凡二三寸，裂开则子出。产葱山之阳，为滇南希有之花。

——民国《安宁县志稿》卷四《物产・花类》第 18 页

玉兰

玉兰 即服虔所谓迎春也。必用辛夷接之始成，以故以辛夷为玉兰之本。花状与辛夷同，但其白如雪，其香似兰，铁干冰姿，相为映带，然叶与树，均与辛夷同耳。

——《鸡足山志》卷九《物产》第 331 页

玉兰 属木兰科，落叶乔木也。滇产有白玉兰、紫玉兰两种。

白玉兰 叶长椭圆形，滑泽有光。入夏，鳞片发生，包被嫩芽，及届隆冬，鳞片褪脱，花即先叶而开，瓣片大，色玉白，有芳香。滇庭园栽培之。

紫玉兰 一名茄兰。春时花开，瓣片与白玉兰同大，色紫红，发育极易，插枝可活。滇中切接白玉兰，或用丁香玉兰，或用此花为台木。

丁香玉兰 落叶灌木。丛生山野间，茎直立而纤细，叶革质长，椭圆形。叶面浓绿，背部色淡，花朵较小，作长杯状，色玉白，有芳香。春夏二季开，滇中取为盆玩者有之。

——《新纂云南通志》卷六十三《物产考六·植物三·花卉类》第 6 页

玉薇花

玉薇花 阿迷冰泉山旧有玉薇花一本，似紫薇而色纯白。相传华则州必有登甲科者，如甲戌王廷表、戊戌杨应登、壬戌李桂明、甲戌万民表，皆验。后为野火所烧，迫雍正丙午重一发蕊，丁未张坦登第，亦异征也。

——《滇南杂志》卷十三《轶事七》第 8 页

玉薇花 《临安府志》：阿迷冰泉山有玉薇花一本，似紫薇而色纯白。相传华则州必有登甲科者，屡试皆验。后为野火所烧，雍正丙午重发一蕊，丁未张坦登第，亦异征也。

——道光《云南通志稿》卷六十九《食货志六之三·物产三·临安府》第 21 页

郁李

郁李 属蔷薇科，一名玉李，或云雪团，落叶小灌木。春日，先叶开重瓣花，缤纷五色，以红玉李、白玉李为滇盆栽常品。

——《新纂云南通志》卷六十三《物产考六·植物三·花卉类》第 11 页

珍珠花

珍珠花 一名米饭花，生云南山坡。丛生，高三二尺，长叶攒茎劲垂，无偏反之态。春初梢端白箭子花，本大末收，一一下悬，俨如贯珠，又似糯米。一条百数，映日生光。土人折卖，担头千琲，可称富洁。此树大致如南烛，而花极繁，叶少光润。土人云未见结实，未审一种否？

——《植物名实图考》卷三十六《木类》第 12 页

珍珠花 属石南科，一名闹鸡花，有剧毒，亦灌木。叶革质，广披针形。花色白，成簇下垂如璎珞状。滇山野自生，无栽培者。据《花镜》所述，殆石南也。

——《新纂云南通志》卷六十三《物产考六·植物三·花卉类》第 20 页

紫荆

紫荆 属豆科，落叶乔木。枝条纤而细长，春时先叶开花，浓红色，蝶形，花冠相聚作总状花序，滇园野有植之者。又刺桐，滇亦有混称为紫荆者，实则两类，不过同属豆科植物耳。

——《新纂云南通志》卷六十三《物产考六·植物三·花卉类》第 13 页

紫藤

紫藤 属豆科，木本。有缠绕茎，不能直立。叶为羽状复叶，色淡绿，春季开紫色总状之花，颇美丽,花梗长达数尺,开花以后,结细长荚果。滇庭园中植之,有千叶之品种。

——《新纂云南通志》卷六十三《物产考六·植物三·花卉类》第 12 页

紫薇

滇中茶花甲于天下,而会城内外尤胜。……其紫薇树尤极繁盛,皆高十数丈,荫数亩许,公署尤多,尽千百年物也。自夏徂秋,绀英照耀庭庑,令人留连吟赏,不忍舍去,足称二绝。

——《滇略》卷三《产略》第 7 页

己卯六月十四日。……一里而至金鸡村,其村居庐连夹甚盛,当木鼓山之东南麓。村东有泉二池,出石穴中,一温一寒。居人引温者汇于街中为池,上覆以屋。又有正屋三楹临池之南,庭中紫薇二大树甚艳,前有门若公馆然。

——《徐霞客游记·滇游日记十》第 1127 页

玉薇花 正德间,冰泉山玉皇阁中紫薇一本,相传有登甲科者开玉薇一枝。历考正德甲戌王廷表、万历戊戌杨应登、壬戌李柱民、天启甲戌万民表,屡验,后为野烧所毁。本朝雍正丙午年,重发一蕊,迨丁未张坦登甲,亦异征也。

——雍正《阿迷州志》卷二十三《杂异》第 269 页

紫薇花 树既高大,花又繁盛茂密,多植于官署庭堂。满院绛云,不复草茅气象。此花宜为第三。滇无鼎甲,以三花鼎甲之,足以破荒而洗陋矣。此固花王得以开科,花神读之得以品第进呈者矣。美矣!尚矣!至其他之奇出者,以类次之。

——《滇海虞衡志》卷九《志花》第 1 页

紫薇 属千屈菜科。树身高大,成乔木状。叶苍翠,秋初开花,瓣绯红,花序密集,俨如火树,俗有火把花之称,滇寺观庭园喜栽培之。枝茎各部,每因摩擦生电,往往搔其下部,则上部细枝因而感动,旧《志》遂有怕痒花之名。花期极长,故一名百日红。另有似紫薇而花色纯白者,曰玉薇花,开远冰泉山有之。见《临安府志》

——《新纂云南通志》卷六十三《物产考六·植物三·花卉类》第 19 页

草本之花

白鹤花

白鹤花 檀萃《农部琐录》:宛如飞鹤,头翅尾俱全,色白,草本。

——道光《云南通志稿》卷七十《食货志六之四·物产·武定直隶州》第 51 页

白鹤花 邓川特产,在中和村,木本。旧历清明时,先花后叶,花瓣有五四瓣,分披左右如翼。其一特长,向后如尾,雌蕊挺出于前如首,远望之如白鹤之飞翔,故名。

——《新纂云南通志》卷六十三《物产考六·植物三·花卉类》第 13 页

白鹤花 宛如飞鹤,头翅尾俱全,色白,草本。

——民国《禄劝县志》卷五《食货志·物产》第 10 页

白蝴蝶花

白蝴蝶花　属柳叶菜科，宿根，草本。茎高二三尺，旁分多枝，叶长，椭圆形。夏时著白色总状美花，形如飞蝶，故名。滇中所植亦舶来品。

——《新纂云南通志》卷六十三《物产考六·植物三·花卉类》第 19 页

报春花

报春花　乃草花也，开最早，故名。花瓣纤细，色淡青莲，雅致可爱，遍满阶砌间，为百花铺衬，甚佳。

——《滇南闻见录》卷下《物部·花属》第 40 页

报春花　生云南。铺地生叶如小葵，一茎一叶。立春前抽细葶，发杈，开小筒子五瓣粉红花。瓣圆中有小缺，无心。盆盎山石间，簇簇递开，小草中颇有绰约之致。按：傅元《紫华赋序》"紫华，一名长乐，生于蜀"，苏颂亦有《长乐花赋》。《遵义府志》引《益部谈资》云：长乐花，枝叶皆如虎耳草，秋后丛生盆盎间，开紫色小花，冬末转盛，鲜丽可爱。居人献岁，以此为馈，名曰时花。核其形状，当即此花。今滇俗亦以岁晚盆景。

——《植物名实图考》卷二十九《群芳类》第 8 页

报春花　属樱草科，一年生草本也。茎叶皆有腺毛，花开早春，繖形，花序多作重台，花色淡红或紫，滇草原带之美花也。种类极多，鹤庆所产有山报春一种，花尤奇丽，为当地名品。此花枝、茎、叶面均附著银白色粉，可为黄色染料，亦称黄碱植物之一云。

——《新纂云南通志》卷六十三《物产考六·植物三·花卉类》第 21 页

扁竹兰

扁竹兰　属鸢尾科。叶类扁竹而长，色淡绿，花色紫蓝，瓣片六数。滇原野间自生。

——《新纂云南通志》卷六十三《物产考六·植物三·花卉类》第 2 页

串枝莲　铁线莲

串枝莲、铁线莲　滇中有两类，同名而科不同。有云子午莲者，属西番莲科，舶来草本，有常绿之缠绕茎，叶为掌状，裂先端成卷须，夏日开轮状之美花，外部为一列之白色，瓣片内部丛生细须，瓣如剪绒，彩色，浓紫或淡紫，花形如莲，故名。滇各公园中用以串花架或障篱，殊别致。又有铁线莲者，属毛茛科，亦多年生草本，茎为蔓性，叶为复叶，五月顷开白色轮状花，瓣微淡绿，滇中有四季开者，亦有重瓣者，其串枝之得名，盖因具有缠绕茎也。

——《新纂云南通志》卷六十三《物产考六·植物三·花卉类》第 18 页

地涌莲

地涌莲　高一二丈，形类棕榈，花如莲，亦名木莲。其小而蔓生者曰西番莲，鸡足僧寮多植之。

——《滇略》卷三《产略》第 7 页

滇瑞香

滇瑞香 瑞香，《本草纲目》始著录。盖即圃中所植所谓麝囊花、紫风流者，不闻入药。滇南山中有一种白花者，的的枝头，殊无态度，而叶极光润。……

——《植物名实图考》卷二十三《芳草类》第 62 页

独牛

独牛 生云南山石间。初生一叶，似秋海棠叶而光滑无锯齿，淡绿厚脆，疏纹数道，面有紫晕如指印痕。茎高三四寸，从茎上发苞开花。花亦似海棠，只二瓣，黄心一簇。盆石间植之，有别趣，且耐久。

——《植物名实图考》卷十七《石草类》第 28 页

飞燕草

飞燕草 属毛茛科，一年生草本。茎高二尺，裂叶细长。当六月顷开深紫色奇丽之花，花冠不整齐，且有长距，因形似飞燕，故名。滇花坛所植，尚有红、白、蓝诸色。又有重瓣者，皆舶来品。

——《新纂云南通志》卷六十三《物产考六·植物三·花卉类》第 8 页

凤仙

凤仙 花色变态不一状，红紫、玛瑙、桃红、牙色、白色，无所不有，惟黄色者间有之。张宛丘呼之为菊婢，韦里居呼之为羽客，其类菊婢矣，何为羽客哉！妓之颇识字者类之矣。初玩则然，细玩则幽情艳举，则又识字妓之转想，欲作女黄冠入道者也。其子名急性子。《救荒秘笈》名之为海蒳花。叶捣之可染指甲。类状，则花曰金凤子，曰旱珍珠。

金凤花 虽非野生，以子落则他年必发，故种不能遗。

——《鸡足山志》卷九《物产》第 338 页

金凤花 属金凤花科，一名凤仙，一年生草本。盛夏花开，有赤、白、红、紫、绯斑诸色。蒴果成熟，能自裂开散播种子，以故庭园各处，均盛繁殖，变种极多，重瓣者较名贵。

——《新纂云南通志》卷六十三《物产考六·植物三·花卉类》第 14 页

伏牛

伏牛 此野本，俗呼作山黄杨，其实即隔虎刺花也。【集解】谓产益州泽中者是也。

隔虎刺花 叶坚劲，其棱有刺，其花冲黄，灿灿作薼穗，凌冬不凋，其木色胜黄蘗。

——《鸡足山志》卷九《物产》第 339 页

荷包牡丹

荷包牡丹 属罂粟科，宿根草本。茎高二尺，质最脆软，羽状裂叶，色淡绿。四五月顷开淡红色总状美花，形似荷包，故名。原省外产品，滇庭园中早栽培之。

——《新纂云南通志》卷六十三《物产考六·植物三·花卉类》第 9 页

红花

己卯四月十一日……峡中所种，俱红花成畦，已可采矣。

——《徐霞客游记·滇游日记九》第 1050 页

红花　子亦可作油。

——康熙《云南通志》卷十二《物产·大理府》第 8 页

红花、藏青果　多产西北高寒山地，东北高原亦产红花。

——《新纂云南通志》卷六十三《物产考六·植物三·药材类》第 31 页

花菱草

花菱草　属罂粟科，一年生草本。茎高一二尺，复叶细裂，其色粉绿。五月枝梢开橙色美丽之花，与罂粟花相似。原产北美西部，滇中所植即系国外输入，重瓣者尤美。

——《新纂云南通志》卷六十三《物产考六·植物三·花卉类》第 9 页

火焰草

火焰草　属鸢尾科，舶来草本。地下有球茎，叶为长线状。当冬季时，先端易受冻伤，七月抽出花梗，上缀橙黄色总状之美花，类似火焰，故名。此花原产南非好望峰，云南所植亦系自外输入，花坛钵植均宜，切花上选也。

——《新纂云南通志》卷六十三《物产考六·植物三·花卉类》第 3 页

鸡冠花

鸡冠花　象形也。花最耐久，有五色。《苏子由诗集注》谓《玉树后庭花》曲谱，由是得名焉。

赤玉丹砂　梅圣俞《鸡冠诗》曰：“花神记百卉，五色异甘酸。乃有秋花实，金如鸡帻丹。宠烟何耸壑？泣露更团团。取譬无可意，得名殊足观。逼真归造化，任巧即凋剹。赤玉书留魏，丹砂句诵韩。诚能因物化，谁谓入时难？”盖魏文有“赤如鸡冠”之句，昌黎有“头垂碎丹砂”之诗也，然诗如《艺文类聚》中语，甚觉腐俗。

——《鸡足山志》卷九《物产》第 338 页

鸡冠花　属苋科，一年生草本。茎高二三尺，叶互生，椭圆形。夏秋间梗生美花，有红、赤、黄、白诸色。花序攒聚，形似鸡冠，故名。殆花梗之变形也。种子碎小，色黑有光。滇园野中自生，亦有自外输入者，矮生种最流行。

——《新纂云南通志》卷六十三《物产考六·植物三·花卉类》第 6 页

鸡爪花

鸡爪花　亦野素馨也。满山有之，初开微紫，久则白矣。可以作棚架，芬气中微带浅臭。

——《鸡足山志》卷九《物产》第 337 页

鸡爪　《蒙化府志》：花类素馨，香微逊之。

——道光《云南通志稿》卷七十《食货志六之四·物产四·蒙化厅》第 42 页

金莲花

金莲花 属金莲花科。多浆，草本也。茎有蔓性，发生多枝，叶形似莲，有长叶柄。夏秋季开五瓣美花，有橙黄、浓红诸种。萼片之一部变为长距果，为葫形，原产南美，滇中所植，系早年输入者。

——《新纂云南通志》卷六十三《物产考六·植物三·花卉类》第 14 页

锦葵

锦葵 属锦葵科，滇俗名鸡冠花，宿根草本。茎枝细长上挺，多具茸毛，叶大，心脏形，亦有纤毛，花期极长，有绯红、浓红两种。重瓣者系自外输入，播种繁殖，庭园中喜栽培之。

——《新纂云南通志》卷六十三《物产考六·植物三·花卉类》第 14 页

菊花

戊寅八月初十日……是日午霁，始见黄菊大开。菊惟黄色，不大。又有西番菊。

——《徐霞客游记·滇游日记二》第 747 页

戊寅九月初九日……是日为重九，高风鼓寒，以登高之候，而独作袁安僵卧之态，以日日跻攀崇峻不少也。下午，主人携菊具酌，不觉陶然而卧。

——《徐霞客游记·滇游日记三》第 791 页

戊寅九月十二日……庭中有西番菊两株，其花大如盘，簇瓣无心，赤光灿烂，黄菊为之夺艳，乃子种而非根分，此其异于诸菊者。

——《徐霞客游记·滇游日记三》第 794 页

戊寅九月十四日……半里入金龙庵。庵颇整洁，庭中菊数十本，披霜含雨，幽景凄绝。

——《徐霞客游记·滇游日记三》第 798 页

己卯九月初一日，在悉檀。上午，与兰宗、艮一观菊南楼，下午别去。

——《徐霞客游记·滇游日记十二》第 1173 页

菊花 其菊之名称百一十有四，而为菊之谱者、品者、经者、钞者、赋者、诗者、颂者、说者，则指不胜屈矣。今鸡山有花而不善养，凡植接之法，均无有焉，则仅可若《尔雅》以菊为治墙而已。昔之有硕隐者，种瞿麦为大菊，马蔺为紫菊，乌啄苗为墨菊。肖其状，又名为鸳鸯菊，旋覆花名为黄菊，肖之则名为艾菊。今鸡山之有真菊，转类是而已。不俟屈平之飡，陶潜之摘，不得仙，不称寿，听其和霜伴月、披烟沐雨而已。黄菊、白粉西、千钟粟、状元红、胭脂、金孔雀、鹤翎白、金弹子、醉杨妃、太师黄、紫罗纱、赭黄袍、小金钱、五月菊、金纽丝、银纽丝，计十六种，听其自生，花时方移之盆中作玩。

——《鸡足山志》卷九《物产》第 338 页

菊花 菊花在中国栽培最早，《夏小正》"九月荣鞠"，《月令》"鞠有黄华"，《尔雅》"蘜治墙"，《离骚》"夕餐秋菊之落英"。字或作菊，或作鞠，要为是花名字，见于中国典籍之始，且其播布区域非常广泛。滇产菊花，除温带区自生者外，其由省外输入，因园艺培养而变种者甚多，旧《志》载菊有九十余种，虽未一一详纪，足征名目之多。今园艺进步，名品年有增加，固不限于九十余种矣。此花在菊科合瓣群中，原占最高之位置，寻常植物集多瓣而成一花，菊花则每瓣即一独立之花，各瓣相聚而成轮状，一朵即一轮，一轮实无数朵花也。其位于外轮者为舌状部，位于心轮者为筒状部，此原菊花之正型。但各随其演化，遂有舌状、花筒状花之两大群。当中国菊渡入西洋，在一千六百八十年，顷因栽培者各异其趣，东方珍视之舌状花，反为西方所忽视，转盛行筒状花之栽植，园艺作风，划然两变。在东方之莳菊者，瓣部必取其大，心部必喜其小，西洋之菊，心部特别求美化，瓣部则不甚求发达。故前者疏落多姿，愈不规则，愈见奇雅，后者虽乏雅致，而整齐调和，不失其美，各徇一时之好尚，遂各发挥其特色。园艺界之消息，吾人可于东、西两分野宛转以得之。如五月菊与秋菊，原产滇山野间。五月菊，原野草本，茎直立，叶互生，色暗绿，叶脉掌状，花有紫红、绯红各色，然外轮虽为舌状，内轮筒部，色密黄，如雄蕊花心毕露，殊损美观，虽为切花插瓶之选，不足以登大雅之堂。至于秋菊，一名油菊，初本野生草本，花亦单瓣，但多年栽培之结果，不惟花色种种，瓣片亦重复变化，抑且傲霜，枝叶偃仰多姿，在百卉凋残之后，此花独出冠时。今滇花市比较名贵之菊花，如一捧雪、鹭鸶毛、螃蟹壳、醉西施、福寿菊、墨菊、绿菊、牡丹片等，下至千头佛、火焰、金丹等等，无一不自秋菊变迁而出。虽园艺好事，一花而赋以多名，然此花之适应环境，实予园艺者以改进之机会，则亦显明之事实也。晚近大轮菊，自东洋输入，一花直径，几盈一尺，艺菊风尚又将一变。另外如天竺牡丹、大丽花、太阳花、百日草、西洋葵等，花轮或硕大无朋，花色或弄姿顾影。下至翠菊、花环菊、矢车菊等，玲珑娇小，楚楚可怜，要皆自国外输入，各有特色，种类之多，有加无已。然吾人于花卉之殿军，仍不能不推重吾滇之秋菊，不能不推重由秋菊演进之菊花也。

——《新纂云南通志》卷六十三《物产考六·植物三·花卉类》第24页

兰花

楚雄之响水坡产兰甚繁，杨慎称其叶大而香远，实《离骚》所称可佩之真兰。茎叶皆香，不独花也。

——《滇略》卷三《产略》第7页

戊寅十一月初八日……游禾木亭。……中有兰二本，各大丛合抱，一为春兰，止透二挺；一为冬兰，花发十穗，穗长二尺，一穗二十余花。花大如萱，乃赭斑之色，而形则与兰无异。叶比建兰阔而柔，磅礴四垂。穗长出叶上，而花大枝重，亦交垂于旁。其香盈满亭中，开亭而入，如到众香国中也。

——《徐霞客游记·滇游日记四》第869页

己卯正月十一日……因过安仁斋中观兰。兰品最多，有所谓雪兰、花白。玉兰、花绿。最上，虎头兰最大，红舌、白舌以心中一点，如舌外吐也。最易开，其叶皆阔寸五分，长二尺而柔，花一穗有二十余朵，长二尺五者，花朵大二三寸，瓣阔共五六分，此家兰也。其野生者，一穗一花，与吾地无异，而叶更细，香亦清远。

——《徐霞客游记·滇游日记六》第934页

己卯六月十八日……又以杜鹃、鱼子兰、兰如真珠兰而无蔓，茎短，叶圆有光，抽穗，细黄子丛其上如鱼子，不开而落，幽韵同兰。小山茶分植其孔，无不活者。

——《徐霞客游记·滇游日记十》第1129页

兰　楚畹幽骚，谢庭凝秀。袭之入室，则思善人。怜其当门，宁斩壮士。高标全疏淡之风，灵德负贞操之概。名山清净，不须燕姞梦成；古寺冲深，止许罗畸友让。虽不红芽紫艳，奉有西方美人；既足霜萼霞茎，且接南中君子。

红莲瓣　其瓣上多红丝，而瓣亦带水红白色，极清香。

白莲瓣　白瓣上有淡红丝，其香能久。

四季兰　月月能开，然香少。

朱兰　小朵红甚赤，极香，今无种矣。

蜜兰　花类蜂形，盈枝多花，舌有朱砂点，香带蜜气。

绿兰　清香为第一品，今蒙化则有之。往岁登鸡山，已感无遗种之叹。

虎头兰　大朵大叶，微有臭气。

风兰　采之树颠，悬于檐下，风袭之则自生，无劳灌溉。其花甚小，叶仅一寸许，根则全露于外。

鱼子兰　绿茎圆叶，花类鱼子，以香类兰，是以得名。

珍珠兰　均似鱼子兰，惟叶稍尖长。其茎挺直，能长至二尺许，花白色。

雪兰　产之顺宁深谷中。将冬则抽箭开花如雪，一箭四五花。有朱点舌、黄点舌二种，花朵极肥大，极香，叶尖有剪口，购之植于盆内，三两岁则篦上升篦，以土壅其老篦之黑色者则丰，否则死矣。

奤映曰：昔称春兰、夏蕙、秋芷、冬荀，故《格物丛话》以紫茎、赤节、绿叶之长短、肥瘦、柔健为别。《说文》又以一干双头、一茎数花、一箭六七花，以分蕙、芷、荀之名焉。《退居录》又判色之浅、碧、赤、绿、黄为蕙、芷、荀之各种，然均以兰统之。奤映谓四季应候而开，此兰之各有常性，均之为兰是已。若蕙为香草之名，今兰之叶不香，则芷者亦犹香。白芷、吴白芷之属，皆非兰也明矣。若荀者，抽箭如竹之谓也，胡可以冬属荀乎？均之名兰是也。

——《鸡足山志》卷九《物产》第 334 页

（太和）惟兰不香，梗叶之大，过闽兰二十倍。

——《滇黔纪游•云南》第 21 页

神品兰　滇之朱砂兰称神品。叶与建产同，花稍大，茎高尺许，一茎十余花，色如渥丹，香清洌过诸种，开于夏秋之交。出南掌国，孟艮土人贸易携归，惟新兴人善养护，蒙化间效之而劣，他郡邑种之不花。值颇昂，一茎需银十五星，然得一盆置书室中，对啜苦茗，真君子之室也。吾友周梅园载数茎至维扬，人皆惊奇来观，门几如市。乃性不耐寒，经冬槁矣。又有雪兰，一茎三花，瓣如通草，心吐微红，叶柔如线，秀美怡人，岁暮迎年而开，更觉可爱。

——《滇南新语》第 1 页

兰　兰、蕙俱有，种亦不一，皆有香味。最可爱者，蒙化朱兰花，枝不甚高，色如朱砂，香气袭人。室有一茎，满座皆清芬也。昔人谓滇花无香，余不禁为花白其诬，岂昔之花无香，而今之花有香，亦沾濡于大圣人明德之馨香也欤！

——《滇南闻见录》卷下《物部•花属》第 39 页

《范志》十六花不及兰，滇粤连界，滇南多诡异，粤岂无之？其不入《志》，或偶遗耳。滇中虎头兰，兰中壮巨者，花而不香。又有风兰，畜之烟窗风架乃蕃，如仙人掌。李厚冈治恩乐，搜哀牢山兰甚多，以木斗运省，招予赏之。其奇异之品，皆世所未见。近检张记，有神品兰，盖朱砂兰也。叶以建兰稍大，茎高尺，一茎十余花，色如渥丹，香清冽过诸种，开于夏秋间。本出老挝、孟艮土司地，新兴人善养之，蒙化差劣，他郡养之则不花。尝载至维扬，人争来看，门几如市。性不耐寒，冬即槁^①，故称为神品。又有雪兰，一茎三花，瓣如通草，心吐微红，叶柔如线，迎年而开，秀美怡人。滇人蓄兰，多建兰、鱼魫兰，皆来自粤闽，非滇产。产则虎头、风兰，俱粗犷，惟厚冈所得与张君所记，皆产自滇，一洗虎头、风兰之陋。若使人争畜之，以市于中土，则滇兰未尝不与建兰东西竟爽也。兰为王香，奈何遗之？升庵谪滇，乃赋伊兰，是伊兰又出于滇也。《序》称江阳有花名赛兰，香不足于艳而有余于香，载之鬊紒^②，经句犹馨。古者纫佩頮浴者皆是物。西域有伊兰，以为佛供，即《汉书》所谓伊蒲之馔。滇为佛国，宜产此兰，然伊兰即猗兰也。夫子操之，如来馈之，其重如此，顾可略乎？猗兰亦作花，古人不取花而取叶，所以为容臭，今特附于兰花后。朱砂兰即红兰，江淹《别赋》所谓"见红兰之受露"，是中国原有此兰，今独见于滇也。白兰，即粤东素心兰，纯白，品极贵，畜此可防产厄。客粤时，庄生曾以一盆相贻。

——《滇海虞衡志》卷九《志花》第 6 页

余访兰于滇，不可遍知也，得卅余种，就土俗名目，次而记之。

其开于春者十二，曰春建、叶长不折，花香远布，出通海。曰春绿、极娟秀，出大理、蒙化。曰苋兰、色浅碧，叶如箭，出宜良。曰独占春、花最大。曰铜紫兰、花小而繁，色如紫铜，出蒙化、顺宁。曰幽谷、花红叶细，香最久。杨升庵为赋《采兰引》，出广通。曰双飞燕、每茎两苞，似雪兰，而大，紫表白里。亦有一花者，谓之孤飞。曰石兰、花大无香。曰棕叶、一茎中抽花最小，叶大如掌。曰赤舌、花色如碧玉，大似虎头兰。曰紫线。叶长二三尺，花色澹白，瓣有纽纹，出永昌。

夏开者有六，曰夏蕙、花繁叶厚，处处有之。曰箭干、花紫，迤西多有。曰朵朵香、出昆明。曰白莲瓣、花稀叶疏。曰绿莲瓣、叶长，出迤西。曰绛兰。叶短花赤，普洱、沅江热地所生也。

秋开者有七，曰秋苣、花碧，处处有。曰麻莲瓣、出蒙化。曰露兰、茎短，出广南。曰大朱兰、叶广二寸，干修三尺，一干数十花，色紫，生顺宁深箐中。曰菊伴、花紫瓣长，出云南、曲靖二府。曰崖兰。生山谷中，花藏叶底，采花阴干，主妇人难产。

冬开者有十，曰寒友、花小叶密，出富民。曰朱砂、绿瓣赤舌，香最烈，出蒙化、景东深山石壁上。曰雪兰、色正白，舌赤，出大理、顺宁。出宁州者不甚白，而香清舌碧，又一种也。曰绿干绿、曰紫干绿。曰马尾、黄色，瓣不分张。曰火烧兰、叶长茎短，出顺宁。又一种出云州，茎长而花香。曰虎头、花最大，品亦最下。顺宁又一种，花黄，生深箐枯木上，五月开。曰净瓶。似瓜，生石上，两叶，一大一小，广寸许，花如雪兰而小。

其四时开者，曰素心。花小叶纤，出昆明。又有风兰，根不著土，或凭木石，或悬户牖皆生，出普洱、开化。又有鹭鸶蝴蝶。叶有节，花形如鹭如蝶，兰之别子也。

山川之气，不能无所钟。既不钟于人，必钟于草木，故滇南四时之花多可爱玩，然既无人矣。虽有名花草，谁为采撷，谁为品目，终衰谢于荒山穷谷间耳。此兰被崖缀涧，自乐其天，若无望世人之知者，是则兰也已矣。

——《札樸》卷十《滇游续笔·兰》第 9 页

① 槁 原本作"稿"，据文义改。
② 鬊紒 原本作"鬊紒"，杨升庵《伊兰赋序》作"鬊紒"。鬊：发髻。据改。

朱兰 云南山中有之。叶光润，似铜紫兰而宽，冬间初红，渐淡有香。

——《植物名实图考》卷二十八《群芳类》第 5 页

风兰 _{大理} 叶短干长，花碧，生石厓古木上，挂檐间即活。

——《植物名实图考》卷二十八《群芳类》第 17 页

五色兰 _{大理} 叶柔小，一枝十余花，红、黄、紫、绿互相间杂。滇南兰之最异者，士女珍佩之。

——《植物名实图考》卷二十八《群芳类》第 18 页

大朱砂兰 _{大理} 叶长阔，一茎数十花，朱色，秋开。

——《植物名实图考》卷二十八《群芳类》第 19 页

小朱砂兰 _{大理} 叶短，一茎数花，尤韵。

——《植物名实图考》卷二十八《群芳类》第 20 页

佛手兰 生云南。根如蒜，大于蔓菁，环生，众根如九子芋。叶长二三尺，似蘘草，宽寸余，光滑细腻，同文殊兰而根色深紫，突出土上。叶傍迸茎，扁阔挺立。发苞孕蕾，花在苞中，钩屈如佛手柑，故名。花形开放，逼似玉簪，紫艳照耀。内外六瓣，瓣外紫内白，中亦紫，稍淡，五六长须黑紫，端有横蕊深黄。一苞五六花，先后参差，可半月余。然老本亦仅一箭，新荑未易有花也。

——《植物名实图考》卷二十八《群芳类》第 21 页

鹭鸶兰 云南圃中多有之。叶如蘘草，翕而皱。夏抽葶，开花六瓣六蕊，瓣白蕊黄，间以细须。《志》谓之鹭鸶毛，以其洁白纤细如执鹭羽。舒苞衬萼，沐露刷风，伫立阶墀，静态弥永。桂馥《札樸》谓为兰之别派，无香有韵，觉虎头硕大，神意皆痴。

——《植物名实图考》卷二十八《群芳类》第 28 页

雪兰 《古今图书集成》：树上所生，与树头兰相仿，色白而香。

——道光《云南通志稿》卷六十九《食货志六之三•物产三•顺宁府》第 33 页

山兰 《鹤庆府志》：产山谷中，芳香最远。

——道光《云南通志稿》卷六十九《食货志六之三•物产三•丽江府》第 46 页

挂兰 《他郎厅志》：不土而生。

——道光《云南通志稿》卷七十《食货志六之四•物产四•普洱府》第 5 页

双飞燕、孤飞燕 《威远厅采访》：并威远厅出。

——道光《云南通志稿》卷七十《食货志六之四•物产四•普洱府》第 5 页

鱼子兰 《徐霞客游记》：永昌鱼子兰，如真珠兰而无蔓，茎短叶圆有光，抽穗细黄，子丛其上如鱼子，不开而落，幽韵同兰。

——道光《云南通志稿》卷七十《食货志六之四•物产四•永昌府》第 24 页

兰 《蒙化府志》：四季皆有，春兰、朱兰、百日、虎头、玉兰、绿莲瓣，各类不一，惟冬春者香。又有鱼子兰、珍珠兰。

——道光《云南通志稿》卷七十《食货志六之四•物产•蒙化直隶厅》第 42 页

兰 中国产兰之区，福建而外，当推云南。旧《志》载兰有七十余种，雪兰为胜。桂馥《札樸》则谓访兰于滇，得三十余种。其开于春者有春建、春绿、莧兰、独占春、铜紫兰、幽谷兰、双飞燕、独飞[①]、石兰、棕叶兰、赤舌兰、紫绿兰[②]之十二种；开于夏者有夏蕙、箭干、朵朵香、白莲瓣、绿莲瓣、绛兰之六种；秋开者有秋苴、麻莲瓣、菊瓣、露兰、大珠兰、崖兰之六种；冬开者有寒友、朱砂兰、雪兰、绿干绿、紫干绿、马尾兰、火烧兰、虎头、净瓶、素心之十种。其中异名甚多，亦不尽属兰科植物。总之，兰类在单子叶花群中，颇占最高位置，花形复杂，花色不一，内花被之一片，往往变形为下唇状、囊状，又往往有距园艺栽培者，以其形态各别，遂赋以种种瑰奇之名。花粉块附著柱头，分泌香液，竟体芬芳，韵味敻绝，自古即有香草之称。最宜于山谷阴地，滇西一带如缅宁，尤为适当区域。最著名者有下八种。

素心兰　亦名素馨兰。花开在旧历元旦，一名元旦兰。叶为长披针状，但较他种窄细，花梗上缀白色瓣片之美花，每梗不过一二朵，花粉块经久破绽，幽香四溢，为各种之冠，洱源特产，鹤庆、泸水亦著名。

白莲瓣　与素心兰相似，花大过之，每瓣片有细脉，平行射出，颇明显。春时著花，香色双绝，大理名产。今昆明亦盆植之。

春建　花色净白，微带玉色，香味亦佳，叶浓绿，长劲挺生，极旺，通海名产。夏期开者，亦名夏建，缅宁、云县等处亦产之。

朱砂兰　花叶姿态均似素心，惟花瓣上有朱红、褐色斑点，幽香沁人。缅宁、华宁、富民等处喜盆植之。

雪兰　亦建兰类。花瓣雪白，亦有清香，大理、顺宁、缅宁、保山名产。贡山产者，有大、小雪兰两种。素心兰外，此花推独步云。

莲瓣　除白莲瓣外，有绿莲瓣、麻莲瓣等等。花虽与朵朵香无异，而韵秀过之，香色浓馥，但不甚烈，是此兰名贵处。大理、邓川一带喜盆植之。

凤尾兰　叶浓碧，长似凤尾，故名。花色花香，颇似建兰，为鹤庆名产。

风兰　一名荣兰，或名挂兰，或名吊兰。宁洱、思茅、文山、保山、顺宁、缅宁等处均产之。以其营气生生活，故能不著土壤，自凭木石。又借菌根共生，吸收水分养分，且每一花梗，倒垂数花，色洁白，香清洌，不沾埃尘，挺生温暖带高爽处，又似滇产兰类中别一名品云。

　按：滇产兰类，除上列各种外，尚有虎头兰、双飞燕、朵朵香等，比较普通，故不赘述。

——《新纂云南通志》卷六十三《物产考六·植物三·花卉类》第 4 页

小丛兰　一节一叶，花雪白，舌纯黄。邑人杨士云诗："山人赠我小丛兰，一叶分明一节间。绝代佳人真独立，中黄仙子合谁班。光风得意传芳信，丽日多情照玉颜。安得江淹挥彩笔，为题新句播人寰，乞得灵根四五茎，开花六月照簪楹。吸风饮露来姑射，驾凤骖龙上太清。象外谁知温白雪，坐中如见许飞琼。何当为袖离骚传，直傍荪茎写异名。"

——民国《大理县志稿》卷五《食货部二·物产》第 8 页

老少年

老少年　即雁来红。当秋则红逾枫叶。

——《鸡足山志》卷九《物产》第 **339** 页

---

　① 独飞　《札樸》卷十《滇游续笔》第 9 页作"孤飞"。
　② 紫绿兰　同上作"紫线兰"。

汉宫秋 属苋科，或云雁来红。叶黄斑，点缀秋色，滇花市喜盆植出售。据云来自北平，以细叶矮生者为最。

——《新纂云南通志》卷六十三《物产考六·植物三·花卉类》第 6 页

莲花

嘉莲 双花共干，景泰五年夏，产于滇之水云乡。

——景泰《云南图经志书》卷一《云南府·土产》第 3 页

（异龙）湖有九曲三岛，周一百五十里。岛之最西北近城者，曰大小城，顶有海潮寺。稍东岛曰小水城。舟经大小城南隅，有芰荷百亩，巨朵锦边。湖中植莲，此为最盛。

——《徐霞客游记·盘江考》第 823 页

（云南府）西湖，在滇池上流，又名积波池。周五里许。荇藻长青，产衣钵莲，花千叶，蕊分五色。

——《肇域志》第四册第 2323 页

莲花 有锦莲池，惟见铁线莲。谓地寒，必烧土拌硫黄栽之，始得开一二岁，今废焉。

——《鸡足山志》卷九《物产》第 333 页

康熙癸卯六月，南关外产瑞莲，一茎二蒂，色青红相间。

——雍正《阿迷州志》卷二十三《灾祥》第 268 页

苴兰城……山下即菜海子，有大池，可百亩，赤旱不竭，土人于中种千叶莲。

——《滇南新语》第 3 页

滇南莲花特异，古云已开为荷花，未开为菡萏，本一花而因开与未开以异名。至滇，始知荷花开，而结实；菡萏合，终不开，不结实，盖两物也。其最奇者，花一朵而半红半白，广通学宫出此花，予为记之。

——《滇海虞衡志》卷九《志花》第 8 页

衣钵莲花 彭大翼《山堂肆考》：云南滇池中，产衣钵莲花，盘千叶，蕊分三色。《云南府志》：衣钵莲，出昆明县西湖。

——道光《云南通志稿》卷六十九《食货志六之三·物产三·云南府》第 4 页

莲花 属睡莲科。有红、白二色。宜良、澂江多白莲，他处则多红莲。莲花开后，果实嵌入膨大之花托中，是为莲蓬，子实成熟，是为莲子。滇产肥美者较稀，亦有不结子者名千叶莲。

——《新纂云南通志》卷六十三《物产考六·植物三·花卉类》第 13 页

莲生桂子花

莲生桂子花 云南园圃有之。细根丛茁，青茎对叶，叶似桃叶微阔。夏初叶际抽枝，参差互发，一枝蓓蕾十数，长柄柔绿，圆苞摇丹，颇似垂丝海棠。初开五尖瓣红花，起台生小黄筒子，五枝簇如金粟。筒中复有黄须一缕，内嵌淡黄心微突。此花大仅如五铢钱，朱英下揭，黇蕊上擎，宛似别样莲花中撑出丹桂也。结角如婆婆针线包而上蠹，绒白子红，老即迸飞。

——《植物名实图考》卷二十九《群芳类》第 2 页

柳穿鱼

柳穿鱼 属玄参科，亦舶来之宿根草本也。茎部缩短，多茸毛，英译名有狐手套之意。叶长，椭圆形，夏日开钟状紫红之花，播种蕃殖。阴干其叶，治心脏病有特效。

——《新纂云南通志》卷六十三《物产考六·植物三·花卉类》第 23 页

耧斗菜

耧斗菜 属毛茛科，宿根草本。叶三出，茎、叶均被白粉。五月顷开碧、紫、白各色之美花，瓣片十五数下垂，五数向上，有距，类似耧斗，故名。本野生种，滇园圃中间栽植之。

——《新纂云南通志》卷六十三《物产考六·植物三·花卉类》第 8 页

玫瑰

玫瑰 即唐人所谓裴徊花也。叶细多刺，茎短，花紫橐青，其蕊则黄，芬馥交艳。然今江南甚讲栽接之法，于四月中，育其条入土，拥之，却露其稍，俟生根而后剪断，即分种矣。采其瓣套蜜作饼馅，入蜜梅子中，谓之状元红，矜贵其清香也。又入茶，袭衣，捣入扇坠，入香珠中，其用甚广。紫花千叶，香清味厚。单瓣亦紫花，心少带白，香薄不堪用。宋人入嵩山深处得碧色者，香盈百里，鸡山深处得无有哉！

——《鸡足山志》卷九《物产》第 337 页

玫瑰花 属蔷薇科，落叶灌木。茎有密刺，叶自五小叶构成羽状复叶，叶柄上托，叶对生。四五月顷开大轮重瓣之美花，色浓红、深紫不等，有芳香，可制香料，滇园野间常栽培之。近尚有洋玫瑰一种，花色尤美丽，瓣片有芳香，可渍糖及制香料。

——《新纂云南通志》卷六十三《物产考六·植物三·花卉类》第 12 页

美人蕉

美人蕉 属昙华科，宿根草本。茎高五六尺，叶长卵形，有并行脉，颇类芭蕉、良姜。自夏至秋，开浓红或橙黄色之花，硕华绚丽。仅有一雄蕊，具完全药囊，余皆变形如花被，蒴果面有颗状突起，果中有黑色种子。滇园庭花坛均喜植之，虽系舶来品，但输入较早。

——《新纂云南通志》卷六十三《物产考六·植物三·花卉类》第 3 页

千日红

千日红 以其茎叶渐久渐红得名。其本小于鸡冠，花则小团簇簇。

——《鸡足山志》卷九《物产》第 339 页

牵牛花

牵牛花 属旋花科，一年生草本，别名草金铃、天茄儿。茎有蔓性，叶圆形，有钝头。夏秋交花梗自叶腋抽出，上缀美花，为漏斗形，色有红、白、紫各种，朝开午落，翌早另生新花，滇中用饰垣篱。色深蓝者系舶来品，插种繁殖。

——《新纂云南通志》卷六十三《物产考六·植物三·花卉类》第 23 页

芍药花

芍药 犹绰约也，故名余容，盖谓其颜容芳好耳。《诗·郑风》"伊其相谑，赠之以芍药"，《韩诗外传》谓为离草，将别则赠之。今乃卢都挂壁，无事于谑。萍游空寄，何感于离？惟观其幽清于砌上，亦无劳效安期生以炼法饵之也。

白芍药 单瓣者多，千叶者少。

晚紫 初开淡红色，久之微紫，其黄心类蘸金香。

水红 单瓣出梗，稍类楼子红，而挺直无韵。

———《鸡足山志》卷九《物产》第 333 页

芍药 以京都丰台为最盛，色紫，花如茶碗大而已。滇中芍药，有深桃红者，大如玉楼春，颇为目所未睹。

———《滇南闻见录》卷下《物部·花属》第 39 页

芍药 属毛茛科，有将离、余容、婪尾春诸旧名。今滇园艺家亦盛植之，宿根灌木。春初，赤芽丛生，枝叶三五，叶似牡丹而狭长浓绿，春暮开花，有红、紫、绯、白诸色，名目亦多。

———《新纂云南通志》卷六十三《物产考六·植物三·花卉类》第 8 页

武定城西有狮子山……上有佛寺，名曰正续，建于元时，实一郡之名胜处也。……建文住持正续，亦积有年，乃于寺之佛殿前植有木芍药二本。按：木芍药亦花中异品，属灌木也。花大如盘，有类于红茶，却瓣繁若牡丹，复有香气，叶则纷披如芍药，而高可丈，故以木芍药三字名之。此一种花在云南地处颇少，惟见鹤庆之朝霞寺内有此佳种，建文当日或许是由迤西移其种而来也，在繁花时，建文殊爱重之。

某年春间，花盛开，有武定太守之公子某游于寺中，见花大悦，命僮仆扳折多枝，拟携归插瓶，小沙弥等阻之不及，乃入报长老和尚（即建文帝）。长老出，见已折枝盈把，心大恚，便对公子厉声而言曰：'老僧若不奈（念）汝为太守之子，当以掌掴汝颊。'言时，曾举手作式以比拟之，然未下击也。公子回，颊上即现掌痕，五指分明，且作青紫色。太守廉得其情，遂认定寺中长老为妖僧，派差捉之入衙，然无实据，不便加刑，仅系之于县狱，时禄劝县与府同城也。……

———《纪我所知集》卷十一《滇南景物志略之二·武定之正续寺》第 279 页

水仙花

水仙 始出拂林国。蒜大如鸡卵，用肥地栽之。其叶如韭、蒜之叶，但肥、长、宽、嫩过之耳。俟其蒜大取出，连叶结束，熏之烟暖处，伺其干至八九分，即去叶，将蒜头浸童便中一宿，然后用白沙炒童便栽之，沃之以清水，盖其性宜卑湿，得水中为良也。昔人谓冬生夏死，非矣。结璘则月月可以玩花，盖养其肥大者作数田，内择大蒜熏之，欲正月开者则十月尽栽，欲二月开者则十一月尽栽，如此择大蒜，一月一栽，则三月后均可玩花矣。既开花之蒜头，另入一田栽，听其滋膏饱肥，必三年落土中，然后方择出，熏而栽花作玩。若已开花即熏，熏后即栽，决无花理。

———《鸡足山志》卷九《物产》第 335 页

金盏银台 即水仙也，以其形似之。杨诚斋以千叶水仙为佳，真俗眼耳。黄山谷极推赏其单瓣者有风韵，余与有同解焉。其诗曰"何时持上紫宸殿，乞与宫梅定等差"，须谓"乞与宫梅定等差"一句，而单瓣水仙之态毕露。华阴人汤夷服水仙花八石，即得水仙去，鸡山安得有八石之多？知僧亦不屑作仙耳。

——《鸡足山志》卷九《物产》第 336 页

滇海水仙花 生海滨。铺生，长叶如车前草而瘦，粗厚涩纹，层层攒密。夏抽葶开粉红花，微似报春花，团簇作球，映水可爱。疑即龙舌草之类，根甚茸细。

——《植物名实图考》卷十七《石草类》第 38 页

水仙 属石蒜科，草本。叶细长，地下茎为球部，严冬之际，自茎心抽尺许花梗，上缀美花，花盖白色，内缘有黄色副冠，故俗有金盏银台之称。茎体不高，适于水钵培养。今滇中所植之球茎，多来自福建。

又红色洋水仙，亦属石蒜科，留根草本。夏初开花，副冠红色，系舶来品。

又黄色洋水仙，亦属石蒜科。花小，全部色黄，亦有重瓣者，叶短而宽，春末开轮状花，浓黄美丽，副冠亦极发达。此种自外国输入，滇花坛多珍视之。

又有龙爪，亦属石蒜科，宿根草本。下有鳞茎，初冬生叶，翌春枯萎，以故秋日花期，只见尺许花梗上缀红黄色之美花片，皆外卷，雌雄蕊突出花外，有毒之植物也。滇园野栽培，用为切花之选云。

又有洋水仙，亦属石蒜科，宿根草本。地下有鳞茎，叶狭长，夏时自每一花梗顶端各开淡红色花一朵，花坛盆栽均宜。滇中所产，早自外国输入。

——《新纂云南通志》卷六十三《物产考六·植物三·花卉类》第 1 页

晚香玉

晚香玉 属百合科。夏秋季花梗上缀穗状白花，夜间香味益烈，故别名夜来香。滇园圃中栽培之，切花上选也。

——《新纂云南通志》卷六十三《物产考六·植物三·花卉类》第 1 页

向日葵

丈菊 《群芳谱》：丈菊，一名迎阳花。茎长丈余，干坚粗如竹，叶类麻多直生，虽有傍枝，只生一花，大如盘盂，单瓣色黄，心皆作窠如蜂房状，至秋渐紫黑而坚。取其子种之，甚易生。花有毒，能堕胎云。按：此花向阳，俗闻遂通呼向日葵。其子可炒食，微香，多食头晕。滇、黔与南瓜子、西瓜子同售于市。

——《植物名实图考》卷二十九《群芳类》第 16 页

向日葵 草本。花轮大，舌状片，黄色。花后结子，滇名朝阳子，或葵子，香美可食，亦可取葵子油。滇园圃中栽植之。

——《新纂云南通志》卷六十三《物产考六·植物三·花卉类》第 26 页

压竹花

压竹花 一名秋牡丹，云南园圃植之。初生一茎一叶，如牡丹叶，浓绿糙涩，抽葶高二尺许，附葶叶微似菊叶，尖长多叉。葶端分叉。又抽细葶打苞，宛如罂粟。秋开花如千层菊，深紫缛艳，大径寸余，绿心黄晕，蕊擎金粟，一本可开月余。

——《植物名实图考》卷二十九《群芳类》第 17 页

洋绣球花

洋绣球花　属牻牛儿科，宿根草本。茎叶皆具细毛，且呈奇臭，叶肾脏形，夏季开美花，瓣片五数，亦有重瓣，色浓红、绯红不等。绯红者叶上无臭味，系舶来新种，滇庭园中常栽培之，插枝可活。

——《新纂云南通志》卷六十三《物产考六·植物三·花卉类》第 14 页

洋玉簪花

洋玉簪　属鸢尾科。叶类菖蒲，花色各种，绯红、朱黄者较佳，译名伊里斯，舶来新种也。滇花市中，盛栽培之。恃地下茎而蕃殖，现为切花上选云。

——《新纂云南通志》卷六十三《物产考六·植物三·花卉类》第 3 页

野萝卜花

野萝卜花　生云南。细茎长叶，秋开花五瓣，色如靛。

——《植物名实图考》卷二十九《群芳类》第 26 页

罂粟花

罂粟花　其叶若苦麻菜，花开繁大，有红、白、黄、紫四种。

——景泰《云南图经志书》卷四《楚雄府·土产》第 2 页

己卯三月初十日……莺粟花连畴接陇于黛柳镜波之间，景趣殊取。

——《徐霞客游记·滇游日记八》第 1004 页

迎春花

迎春花　《本草纲目》：迎春花，处处人家栽插之。丛生，高者二三尺，方茎厚叶。叶如初生小椒叶而无齿，面青，背淡，对节生小枝，一枝三叶。正月开小花，状如瑞香，花黄色，不结实。叶气味苦涩，平，无毒。主治肿毒、恶疮，阴干研末，酒服二三钱，出汗便瘥。《滇志》云花黄色，与梅同时，故名金梅。

——《植物名实图考》卷十四《隰草类》第 64 页

迎春柳

迎春柳　属木樨科，一名金梅花。茎有蔓性，枝条纤碧，复叶对生。早春开花，裂片作金黄色，下部花筒细长，开期耐久，扦插亦易。一春清供，观赏者多，但有色无香，是其缺点。

——《新纂云南通志》卷六十三《物产考六·植物三·花卉类》第 22 页

游蝶花

游蝶花 属堇菜科，草本。茎高二三尺，分生多枝。叶长椭圆形，有大托叶，自春徂秋，开蝶形美花。近因人工媒粉之结果，花之直径有至三四寸者。初由西洋输入，其花紫色，与滇土产紫花地丁相类。今黄褐色、鸢色、炼瓦色等皆有之，甚有真黑如天鹅绒之光泽者。萼片附属体甚大，距短，蒴果卵形，播种繁殖，滇庭园喜钵植之。

——《新纂云南通志》卷六十三《物产考六·植物三·花卉类》第 18 页

虞美人草

虞美人草 罂粟科中以美花著称者罂粟花，而外首推虞美人草。一年生草本。全形似罂粟而稍矮小，茎、萼皆有刺毛，叶分裂为羽状，花色深红，心部褐黑，亦有他色。重瓣者尤美丽，蒴果中种子特多。此花原产欧洲，但早年即已输入中国，故《花镜》亦纪载之。滇中所植，则又自省外输入。

——《新纂云南通志》卷六十三《物产考六·植物三·花卉类》第 9 页

玉蝉花

玉蝉花 属鸢尾科，多年生草本。叶为长剑状，花大形，色有种种，蓝、紫色较普通，内花盖为倒卵形，五六月开，滇园野均栽培之。

——《新纂云南通志》卷六十三《物产考六·植物三·花卉类》第 2 页

玉簪花

玉簪 象物以得名，盖未开时似玉搔头也。二月生苗，今鸡山至三四月始生，成丛高尺余许，茎叶少类白菸。其叶上纹竟似车前大叶，然嫩绿娇莹。其抽茎，茎上如笋箨，于细叶箨中始抽花数朵。每花长二三寸，未开时如辽海蘑菇状，微绽四瓣，中吐黄蕊，有暗香而不结子。根连生如鬼臼，又类老姜，有须毛。旧茎死则根成一臼，新根生则旧根腐矣。

白鹤仙 山产有白鹤花，抽长本六七尺许。本肥则几逾指顶，本上生绿细叶，叶长数寸，顶开大朵花，几与木笔花相似，此药中白合之属。亦有紫者则本小，亦有红者则山丹矣。今考白鹤仙，即玉簪花也。黄山谷诗云："宴罢瑶池阿母家，嫩琼飞上紫云车。玉簪坠地无人拾，化作江南第一花。"

紫玉簪 叶微狭小，余均同。

——《鸡足山志》卷九《物产》第 335 页

玉簪 属百合科，宿根草本，一名白萼。生滇山野间，但盆栽者多。叶丛生，为掌状脉，夏日花梗缀白花，形如玉簪，故名。亦有紫色者，名紫玉簪。

——《新纂云南通志》卷六十三《物产考六·植物三·花卉类》第 1 页

藏报春

藏报春 滇南圃中植之。叶如蜀葵，叶多尖叉，就根生叶，长柄肥柔。春初抽葶开花，如报春稍大。跗下作苞，花出苞上，一葶数层，一层四五苞。与报春同时，而不如报春繁缛耐久。滇近藏，凡花以藏名者，异之也。

——《植物名实图考》卷二十九《群芳类》第 18 页

珠兰

珠兰 属金粟兰科，一名鱼子兰。《通志》及《札樸》载入兰类，不确。宿根草本。叶浓绿有锯齿，夏季开花成穗，累累若贯珠，晶莹皎洁，幽香四射。滇庭园中喜植之，推为盆栽名品，惟性畏寒，又惧烈日，园艺栽培，亦颇不易。

——《新纂云南通志》卷六十三《物产考六·植物三·花卉类》第 5 页

紫罗兰

紫罗襕 属十字花科，草本植物。茎为灌木状，能亘多年，高二三尺，叶披针形，有细毛。五月顷开紫红色花，四瓣对列，成十字状，果实长角，中藏扁黑种子。滇中所植，皆由西洋输入。变种极多，重瓣者花更美丽，香味亦浓。

——《新纂云南通志》卷六十三《物产考六·植物三·花卉类》第 10 页

咏花之作

诗

五言古

神坪赏花

毛铉

未折海棠花，先观海棠树。树高三丈余，花开锦无数。
春风二月初，游者争先睹。列馔献花神，仿佛闻神语。
但愿花常存，年年来此处。初筵酒三行，穷欢饮无度。
纷纷车马尘，日暮忘归路。

——景泰《云南图经志书》卷九《诗·五言古体》第13页

栀子花

沐璘

娟娟六出花，郁郁发朱阳。移根自西域，独擅名园芳。
幽香通鼻观，炎天亦清凉。何当献佳实，染作天袍黄。

——景泰《云南图经志书》卷九《诗·五言古体》第15页

和山花歌

邓渼

蓂荚才分日，菖蒲早占春。讵似栽培巧，兼宜裁剪匀。此花种来不知岁，要识岁功验花蒂。
霜青青，雪作葩，风前十二钗横斜，长向山中新历纪。且悲尘世骏年华，胡不移值太上家？飘芳
委素沦幽遐，古来才士有弃置。不信且看和山花，往来过者徒咨嗟。

——天启《滇志》卷二十六《艺文志第十一之九·歌行》第890页

和邓侍御远游山茶花百韵 [1]

樊鼎遇

绛树珍炎域，琼华僻异乡。春随青鸟报，晓斗赤乌妆。
四照珊瑚皎，千株靽鞥光。宝茎清露濯，锦蒂媚风飔。
著雨胭脂腻，冲寒火齐芒。梅先羞冷俭，桃渥谢严庄。
隋苑虚雕彩，杨园漫护香。宣华贫竞蜀，碎锦陋矜唐。
帝药丹砂碗，神膏紫玉房。宵疑分夜烛，昼恐乱朝桑。
弄色娇堪似，酡颜睡更详。施唇迷上客，啼颊误蛮王。
为雨飞滇水，蒸霞曳点苍。柔丝伤织短，疏蘖为鞢黄。

---

① 邓渼《山茶花百咏》诗并序，见本书第639页。

散恨裁红叶，离情湿茜裳。血深悲杜帝，粉浅泣何郎。

赭啄报鹦鹉，朱弦挑凤凰。同心文杏阁，比莩绣云廊。

大小参昴映，晶荧日月彰。蟠根千岁铁，刻蕊百神觞。

远汉留金锁，居夷扃玉堂。烧空终自焰，绣谷倩云防。

贵种甘幽处，姝容讵苟将。比红欺代美，披昼冠闺嫱。

南诏岁迟莫，西京日邈茫。遭逢褷襁子，歌舞踏谣娘。

蛮瓮酣醴酒，羌筵剪蜡细。辞枝恨有色，落地寂无伤。

那更陪铜辇，空怜荐宝坊。正元如列贡，王会奖殊方。

奇藻不登庙，英姿独倚墙。衬妍须玉槛，洗色灿银床。

干可齐温室，花应压建章。龙旗扬大赤，麟绂箸斯皇。

朝射鸳鸯殿，午烘朱雀珩。妒深肥婢宠，柔让婕好良。

卫夢皆焦萎，嬴苕亦董粮。绮葩钟火德，艳质发天阳。

早秀能雕晚，繁秾习故常。且生妖冶谤，翻以丽情妨。

犟借官袍稳，猩殷帝服昌。公知宜阆苑，谁为载车箱？

零落春风陌，凄其秋水塘。牂牁通汉使，邛竹得胡商。

那茗移西土，石榴赆海航。何如令园色，犹复滞穷荒。

特缺王褒颂，兼遗陆贾装。迷楼疏绮缀，艮岳寝花纲。

托社材非散，长门怨莫当。孙枝稍度岭，标格始浮漳。

不畏柔条雪，聚惊杀菽霜。懊回珠树影，羞近玉台傍。

道路宁疲险，风尘未易藏。生怀坡老虑，[1] 借得用修昂。[2]

初挂墨卿齿，偏萦柱史肠。七弦佳品目，十德馨游扬。

纂组思工赡，粲花论炳煌。菁华刊邺架，芳润满奚囊。

写态真诗史，看题动酒狂。神农增百药，侯史续三仓。

苏蕙图新寄，斑姬赋正倡。锦工传镐邑，天女荐燕疆。

色藉绣衣重，名因彩笔张。上林方被幸，山木乍回庆。

悔不诛毛谱，应追戮许珰。承明忻晔晔，泫雾感浪浪。

解语挥姚魏，当杯选赵梁。画裾联五柞，缬袷近长扬。

药畹培文砌，薰炉惹绿洋。小年催羯鼓，献岁宴猊饧。

显色禁中鹤，分香园外狼。何曾巢粉蝶，更不坐黄莺。

点缀支机石，翩嬛华子冈。乐游承翠葆，恋赏闭苍琅。

搴密舒绂甲，争骈控紫缰。朵堆七宝髻，本值百金偿。

茗价评鸿渐，芳林敢鹜行。龟年来善阐，凤女嫁苴咩。

谱牒真龙虎，要盟失犬羊。渐台临织室，太液近天潢。

绘实先书姓，文心欲沥盂。琰娥终入汉，归妹复宁汤。

佩结紫鸾尾，股凝赤雁肪。缠头学毳纑，染面醉槟榔。

齐缯惧陈败，蜀绡啼远忘。神还愁瘴疠，貌若急勤勤。

----

① 原注：苏东坡诗云"待得春风几枝在，年来谷菽有秋霜"。

② 原注：杨用修诗云"海边珠树无颜色，羞把琼枝照玉台"。

爝火被归鲁，彩丝投吊湘。荣逾九锡蕙，贞失万年橿。
献寿椒花日，迎恩桃李场。无心欺众卉，独契表孤芳。
勒剡过千字，停梭报七襄。呈身裁绣段，将信合珪璋。
把摘罍樽玩，嵬峨凤沼望。俯临大北胜，低涩小南强。
华盖临天座，榆珠倚帝闾。兰台鹭鼓歇，花掖鲸钟锵。
侍女香衾卷，昭仪绯袖长。朱缨趋剑佩，卉服列苞筐。
熳烂石渠侧，温浓玉署厢。鹿衔来博苑，象踏意澜沧。
尽室逢知己，惟浇顾建康。

——天启《滇志》卷二十六《艺文志第十一之九·五言古诗》第 898 页

咏山茶花
龙允升

滇南有嘉木，贞干吐花滋。灼灼连冬春，秀色不凋移。
剪裁云霞气，凿落珊瑚枝。空山结幽赏，御苑宁后时。
洛阳多牡丹，百种逊芳菲。品题应自异，造物若专奇。
名高能避世，所贵知者稀。

——天启《滇志》卷二十六《艺文志第十一之九·五言古诗》第 900 页

采兰引
杨慎

广通县东响水关产兰，绿叶紫茎，春华秋馥，盖楚骚所称纫佩之兰也。人家盆植如蒲萱者，盖兰之别种，曰荪与芷耳。时川姜子见而采以赠予，知九畹之受诬千载矣，一旦而雪，作《采兰引》。

秋风众草歇，丛兰扬其香。绿叶与紫茎，猗猗山之阳。
结根不当户，无人自芬芳。密林交翳翳，鸣泉何汤汤。
欲采往无路，踽步愁寒裳。美人驰目成，要予以昏黄。
山谷岁复晚，修佩为谁长？采芳者何人？荪芷共升堂。
徒令楚老惜，坐使宣尼伤。感此兴中怀，弦琴不成章。

——康熙《楚雄府志》卷十《艺文志下·诗·五言古》第 1 页

采兰引
李铨

秋山响林木，秋蝉鸣野塘。秋雨天外净，秋风送客裳。
幽兰在谷底，猗猗蒂叶长。不傍高人室，偏生鸟道傍。
涧水疏其根，山泽有余香。羞与众草伍，宁随蘼芜黄。
撷芳来胜侣，为尔吐气扬。谁云化萧艾？楚骚徒悲伤。

——康熙《楚雄府志》卷十《艺文志下·诗·五言古》第 3 页

采兰引

张深

罗浮寄岭南，封蒂发西蜀。弥远令人思，谁谓损其馥？

楚辞九畹芳，托身在绝域。琼委寒不死，清魂久愈卓。

鸣涧落空山，百里幽芳濯。万卉竞春华，蓬生萎犹速。

荪芷经岁荣，过时有余绿。道傍顾何人？况乃佩而服。

但适泉石间，伍草亦何辱。

——康熙《楚雄府志》卷十《艺文志下·诗·五言古》第 4 页

辛夷

王士章

春姿漾阶墀，素壁移清影。辛夷开晓花，莹白压桃杏。

珍此良玉姿，不数绝代靓。淡然台榭间，日永天风静。

但觉仙露滋，仍畏春日冷。高出无尘滓，坐对有严整。

遐想君子德，清冽如可领。红紫奚堪赏，令人发深省。

——乾隆《续修河西县志》卷四《艺文志·诗·五言古》第 32 页

红云殿茶花

韩荧

名林同一色，长望流霞孤。三春花未开，此独三冬舒。

烛龙挟若木，铁网罗珊瑚。何必冰雪姿，共道梅花腴。

——康熙《通海县志》卷八《艺文志·诗·五言古》第 2 页

蒙寓雨后看素馨花

胡蔚

园明余宿雨，凉气侵石骨。涓涓素馨花，芬香午正发。

攀条试回转，径侧苍苔滑。幽姿岂迟暮，不与众芳歇。

采撷佐清樽，疏帘候佳月。

——乾隆《续修蒙化直隶厅志》卷六《艺文志·诗·五言古》第 3 页

葡萄花

陆绍阅

骞传海内植，汉代初不识。蔓延若虬龙，飞扬无羽翼。

至今多流株，直夺万花色。暮春修禊时，忽见新枝苗。

轻风拂座来，清芬绕书帙。寻芳仰绿阴，微黄丛如织。

碎朵不能分，约之数千亿。糁糁落阶前，未扫顷先失。

高洁惟自持，远彼飞尘沕。羯鼓纵相催，但觉香无匹。

上苑非不尊，何妨长蓬荜。世态尚炎凉，奇葩亦太息。

诗人少其吟，搦管留残幅。

——咸丰《嵋峨县志》卷二十八《艺文·五古》第 1 页

山茶花
赵文哲

蛮语成狂讴，蛮花发狂葩。问花花无语，听我吟山茶。

山茶滇所独，随地横桠杈。最忆金浪巅，群仙抱含岈。

离立十万株，虬枝肆腾挐。翠阴接如幄，风日清且嘉。

一树千朵花，一花千缕霞。蒸为半天赤，桑旭摇光华。

无人为培溉，雨露天所加。何不如海榴，远载博望槎。

每逢迁谪人，攀条重咨嗟。我谓花勿嗟，尔生乐幽遐。

深深十笏庐，曲曲六枳笆。不须粉瓷贮，不须绣幔遮。

凌冬避蜂蝶，阅世缠龙蛇。夫岂畏霜雪，北土非我家。

松桂有同性，将为岁寒夸。南州市花盛，红紫粉天斜。

颇闻芙蓉幕，排阶斗豪奢。山茶吾与汝，勿作姚黄花。

——乾隆《腾越州志》卷十三《记载下·诗》第 41 页

鲁梅
赵文哲

去年日南至，我从战场回。萧然腾冲城，扶病访鲁梅。

主人久迁徙，池馆封蛛埃。老梅逃小劫，独荷天栽培。

其本四五抱，盘盘如古槐。年深腹空尽，苍皮化为苔。

幽香死不歇，况有东风催。炎陬雪意薄，吹作五出开。

花开在何许，濛濛自雪堆。独游爱寂寞，时复携芳罍。

翠禽似留客，欲去复徘徊。逝将与花别，北辕向燕台。

岂知一弹指，花时我重来。玉颜定无恙，旅客增衰颓。

年年繁征马，鲁梅良可哀。自注：时又赴腾越。

——乾隆《腾越州志》卷十三《记载下·诗》第 42 页

七言古

梅花吟
张桥

君家梅开酿正浓，邀我赏梅小亭中。参差梅树不知几，只见大梅小梅破东风。幽人空有寻梅兴，不遇梅花雪满鬓。如何此处坐观梅，池畔无风梅影定。忆昔陇梅折一枝，欲传梅信君不知。江城怅惘梅花落，故国看梅那可期。罗浮仙子梦梅去，梦觉梅魂在何处？人人歌彻落梅风，家家摘尽黄梅雨。而今有兴为梅来，早梅树树不须催。不堪梅蕊惊愁眼，更惜梅香掩积苔。君不见，梅容浅淡无颜色，腊梅自是花中杰。又不见，梅酸溅齿不堪尝，江梅需尔荐岩廊。有时染翰写梅挂，梅神可传不可画。有时梅下抚瑶琴，梅花三弄少知音。有时梅映当窗月，忽忆梅神期不得。惟欲梅花对酒开，一梅一饮三百杯。

——天启《滇志》卷二十七《艺文志第十一之十·七言古诗》第 912 页

秀山海棠花树歌

张含

玉山海棠五十尺，树不贴梗蕊垂丝。正月二月花盈枝，倒照玉山朱离离。

湖上风来花自醉，那能更向面花吹。晓妆带露匀宫粉，斜阳送暖着胭脂。

漫卷疏帘归紫燕，且隔深柳弄黄鹂。春光百里都收尽，桃李烂熳空相知。

看花罗酒日千人，谁解长歌有所思。香亭倾国成黄土，怜尔托根得其宜。

——康熙《通海县志》卷八《艺文志·诗·七言古》第 4 页

兰谷关

杨慎

响水关水绕兰谷，兰之猗猗环谷芳。瑶涡玉潨涌神瀵，绿叶紫茎涵帝浆。

湘累采作美人佩，尼父嗟为王者香。怀哉千古两不见，独立苍茫愁大荒。

——康熙《楚雄府志》卷十《艺文志下·诗·七言古》第 9 页

唐梅

担当

其树不大亦不皱，枝柯几股如绳纽。此物踞傲无朝代，此地呵护有鬼神。

幽赏只宜即时酒，何必感慨千载春。但携一壶在其下，想见开元大历人。

——《担当遗诗》卷三《七言古》第 13 页

木槿花

担当

君不见，人生荣枯不可必，一刻千金当爱惜。千金不足多，一刻岂容轻一掷。又不见，木槿花，名卑臭恶强交加，敢与宫锦争娇媚，合同野草委泥沙。一朝雨露偶相及，也在人前斗丽华。臆歔欷！人生但得如木槿，朝开暮落不怨嗟。不然春风本是无情物，年年吹在别人家。

——《担当遗诗》卷三《七言古》第 16 页

滇南月令词·重阳折梅

顾开雍

摘得黄花换绿醑，登高偏到寄梅亭。

那知白雁哀鸣急，吹入羌中笛里听。

——《御选明诗》卷十四《乐府歌行十一》第 38 页

滇南月令词·七夕桃花

顾开雍

月下穿针乞巧归，玉阶露染素秋衣。

长河尚有桃花浪，红晕偏侵织女机。

——《御选明诗》卷十四《乐府歌行十一》第 38 页

滇南月令词·端阳采菊

顾开雍

菖蒲初进石榴卮，忽报黄花香满篱。

总是朱灵分寿缕，长生先试傲霜枝。

——《御选明诗》卷十四《乐府歌行十一》第 38 页

滇中竹枝词·归化词

施武

滇中山茶天下第一，唯归化寺者。其本合抱，花大如盂，国初已前物也，往来宦游羁客，留别交好，至此莫不堕泪。

鸳鸯梦断彩楼空，马首萧萧故向东。

归化寺前多少泪，年年三月蜀茶红。

——《御选明诗》卷十四《乐府歌行十一》第 32 页

拈香室把菊

高奣映

拈香室外雨初来，拈香室内黄菊开。细雨着花香散室，日光射雨将香催。

坐吟何必东篱下，蕉团泼菊能几回。我顾白衣岂王弘，葛巾陶令差追陪。

况复葛巾亦白衣，送酒不用临崔嵬。两手把菊不必醉，颓唐独许香相偎。

白云望断杳天际，眼伤碧树西风摧。每欲拈香香意缈，中心难告已成灰。

歌之气噎歌焉歇，不歇续之无南陔。

——《鸡足山志》卷十二《诗上·七言古》第 498 页

尊胜塔院看落梅

大错

春来籁籁到帘栊，横笛孤吹怨未终。素质销残冰是窟，芳魂化去玉为丛。

桥边驴踏香泥湿，湖上鹤归霜径空。剩有数枝犹带雪，殷勤起拜落花风。

——《鸡足山志》卷十二《诗上·歌行》第 515 页

杜鹃花行

杨谊远

昔日蜀帝之魂化为鸟，鸟兮啼血复为花。精灵若有讬，散漫之天涯。春山历历多杂卉，此花烂熳如朝霞。我行忍见伤心物，不道还尔富贵家。岂是怜呜咽，无乃贵奇葩。胸中磊魂浇不释，西望岷峨空洛嗟！古来得失事已矣，三峡何曾断流水。魂兮胡不归去来，以色事人徒为耳。君不见，秋霜下井梧，弃掷春根委泥滓。

——康熙《楚雄府志》卷十《艺文志下·诗·七言古》第 19 页

紫溪山茶花

杨书

东风吹绿紫溪草，碧汉璃宫觉春早。大块韶光一片明，群山树色千重晓。
韶光树色映璇台，堤柳参差递岭梅。争识薇溪春树好，奇葩异彩超凡材。
奇葩异彩从无匹，高髻凌空朵盈尺。宝珠移种漫相夸，斗大朱英擅第一。
庆云烂熳迷朝霞，赢却春前百万花。绣被锦帷天半叠，直愁青帝穷精华。
深山绝谷称荒僻，野寺萧疏谁著屐。余生好结烟霞缘，不别群材应不识。
梵王宫殿日迟迟，每到林泉一首诗。寄与山僧须护惜，滇南无此最高枝。

——康熙《楚雄府志》卷十《艺文志下·诗·七言古》第 20 页

通海梨花行

张一鹊

壬寅春王二日，有临安之役，自省至呈贡，呈贡至晋宁，皆云南府属也。取道于澂江府之江川，由江川六十里至通海，一望梨花如雪，绵亘数里，与赵子蜚令下马，席地而坐，遥望颓垣圮榭，皆梨花覆被，宛如瑶宫琼室，诚异观也，且秀拱峙，苍翠逼人，梨花增白，为作《梨花行》。

驱车过澂江，江浪白于雪。无山不嵯峨，无泉不清冽。忽然疋练半空来，白云黯黯砌瑶台。停车纵目多奇状，平原绝巘梨花开。江南此时花未吐，花开千树亦可数。那能遍地靓明妆，东阡西陌谁为主。高如玉峰插层霄，楼台十二气蒸敲。幕地席天坐绞绡，山山连属成香国。树树轻盈负殊色，樊婆蛮女笑簪花。旷然此地无荆棘，曲江宁海绕花前。暮鸦残照促红鞯，驱驰万里筋骨尽。一日看花胜一年，顾谓赵子扬鞭去。急须索酒醉花处，嗟彼游宦忘朝昏。只见梨花等飞絮。

——康熙《通海县志》卷八《艺文志·诗·七言古》第 11 页

秀山茶花吟

阚祯兆

红云阁下茶花树，独占玉山高晓雾。冬去春来花接开，软枝健叶不相妒。
宝珠宫粉各擅名，粉晕珠胎兼所赋。一林冰雪吐丹砂，半亩芳梅空朴素。
欲动花枝风雨寒，分心夹瓣吸霜露。晶晶落霞走赤乌，明明流火失白兔。
汉武王褒持节来，碧鸡金马遥回沂。移得奇花上苑栽，魏紫姚黄孰敢顾。
深根老干几千年，待我品题花神窹。仙桃御杏摇落多，颜色何曾改朝暮。
昨岁今年看花鲜，高天厚地同呵护。传与游人莫浪攀，六龙远驾长安路。

——康熙《通海县志》卷八《艺文志·诗·七言古》第 12 页

小寺古丁香歌

刘垲

蒙诏小寺丁香花，殿前横卧形纷挐。欲卧难卧撑以木，或恐入地化为龙与蛇。谁道老干少生气？春条冉冉抽槎枒。花开如火燃木末，烂漫不比楛杨华。树古无乃香亦古，波斯安息休争夸。由来滇南称火地，丁力郁结萌根芽。而况咫尺妙香国，岂是古拂拈天葩。噫！宜花宜木，旧传阳瓜求柴胡，桔梗于罘黍梁父，挹河取燧载郊车。尔乃几经盘错方结子，收入药笼同丹砂。

——乾隆《续修蒙化直隶厅志》卷六《补遗艺文志·诗·七言古》第 8 页

蒙署花卉杂咏二首·饮池梅

杨履宽

山空泽坚老蛟渴，迸出悬崖饮绝窟。掀髯饮讫向晴霄，古干槎枒气蓬勃。
垂头却更恣酣嬉，倒映水姿摇溟渤。谁构斯亭曳其尾，雷雨扬鬐望恍惚。
膏流节断不复生，霜折努筋犹强活。影落沉潭格自奇，香生南浦吹不歇。
何当携觞雪后来，片片玉鳞铺夜月。

——乾隆《续修蒙化直隶厅志》卷六《补遗艺文志·诗·七言古》第 9 页

莲蒲谣

李含章

采莲女儿十五六，藕花香处兰桡泊。朝来荡桨出波心，惊起鸳鸯并头宿。
鸳鸯飞起彩云间，锦石清江整翠环。落尽红衣风露冷，满湖明月棹歌还。

——道光《晋宁州志》卷十二《艺文志·诗·七言古》第 20 页

西山法雨庵古梅

段琦

五十年光看一溜，当年我壮梅花幼。今年挂杖看梅花，岂料梅花比我瘦。
梅瘦有花花尤奇，根如藤蔓曲肥遗。倏然右右复左左，积薪一束谁掷之。
我欲剑断投诸火，细玩忍为斧以斯。薪中含新有生气，长枝短枝每荟蔚。
干苍不作老菩蓬，条青肯受蟊蠹腻。霜皮着花花个个，以手捼之坚不破。
绕树百回嗅古香，艾纳松苔和雨那。我昔赏梅龙泉观，两树唐梅枯已半。
支颐倚杖动客怜，未若兹梅骨更换。相对情移神清秀，痛饮一斗一斗又。
痴狂把酒问东风，到底我瘦梅花瘦？

——道光《澂江府志》卷十五《艺文·七言古》第 16 页

郡署优昙花

萧炳春

罗伽郡署有优昙花，甚高大，相传滇省有名之物，远近多来采其叶，以疗目疾，因赋之。

昔我购得优昙画，予得富春董文恭相国所藏倪云林《优钵昙花图诗》画，旁有董文敏宗伯重题此图。明时藏曹甫暨程季白家。今年乃见优昙花。种移西域花一钵，其香清幽无以加。瓣类莲朵色黄白，叶大于掌如枇杷。此本屈曲高二丈，苍柯老干多岁华。夏初秋深风露夜，芬芳竞体滋萌芽。花开每在夜分。静惹旃檀别有悟，气吹兰桂奚足夸。菩提自宜空王地，长与贝多参无遮。胡乃风烟历凡劫，盘根错节来官衙。我知前人手植有深意，相期生佛慈悲庇万家。东阁官梅兴不浅，南国甘棠爱无涯。杞梓竞秀相辉映，樕朴赓歌同拜嘉。趋民福林勤爱惜，毋令樾荫凋谢群咨嗟。

——道光《澂江府志》卷十五《艺文·七言古》第 17 页

和周初白少尉打谷场看牡丹

严廷珏

手不能补召伯棠，诗歌千载名流芳。昨夜老僧报花信，身随竿木聊逢场。
绿阴一径入山寺，途远不知春昼长。到门日影刚卓午，花自绰约人何忙。
繁阴乱花媚晴霁，天衣无缝云为裳。清风徐来帘押动，隔栏阵阵吹浓香。
照人光艳尤夺目，美女绝代初成妆。晨霞夕月互烘托，环肥燕瘦谁低昂。
纷纷蝶使任采撷，余馥尚堪呈蜂王。仙尉对花出快语，斯游惜未携壶觞。
不然山阴一瓯酒，乐事胡为思吾乡。相视大笑别花去，花梢仿佛明残阳。
恨不移花种官廨，日餐秀色充饥肠。明年游兴如可续，定来醉卧花之旁。

——道光《续修易门县志》卷十二《艺文志上·诗》第 289 页

仲春陪严司马比玉先生打谷场看牡丹归后赋呈

周锡桐

冥冥社雨堕海棠，园林晓霁无遗芳。山寺牡丹破萼早，花繁最数打谷场。
先生命驾约游赏，兴浓那惮谷路长。僻村忽讶长官至，妇孺杂遝传呼忙。
松杉一径入古刹，微风馥郁吹衣裳。石台左右绿云密，朵朵妩媚枝枝香。
粉痕酒晕总绝俗，翩然丰度仙人妆。更有山茶落未尽，余姿映日红低昂。
艳影姗姗幸相倚，似亦颒首参花王。两年乌蛮对佳丽，快集朋辈倾壶觞。
如此名葩得屡玩，一官不负来蛮乡。禅榻茗炉小留恋，归骢廿里愁斜阳。
夜窗命酌意缱绻，何辞兀坐搜枯肠。三鼓诗成烛欲尽，吟魂犹绕烟峦傍。

——道光《续修易门县志》卷十二《艺文志上·诗》第 293 页

太平寺看茶花

周锡桐

太平寺里茶花繁，一株百朵开轩轩。射目光浮绛雪腻，摇风势拥红潮翻。
金灯火珠密悬缀，高枝耸出薛荔垣。午晴走马得奇赏，欲夸颜色先忘言。

窗拓四面看不定，茗香忽引游蜂喧。忆昔艳映拙政园，长歌感慨推梅村。

二百年来品题重，树虽灰烬名则存。此花妙丽当春暄，奈何老托荒山根。

譬彼才人谪边徼，烟寒雨瘦空消魂。僰童蛮女过亦罕，谁解携酒敲僧门。

愧我束缚仅一醉，纷纷余子焉足论。作诗朗诵与花听，峰头细月愁黄昏。

——道光《续修易门县志》卷十二《艺文志上·诗》第 296 页

董氏别墅赏海棠

周锡桐

东风吹老桃杏花，海棠一树如红霞。马上凝眸忽惊喜，不知婀娜开谁家。

归来问信约游赏，便携肴果客自嘉。双扉乍起鸣鸟散，屋挂蛛网墙粘蜗。

小阁钩帘对佳丽，驻颜愿与调丹砂。残妆堕钗鬓徐理，翠袖舞倦珠嵾斜。

肌肤柔腻露痕薄，兰汤欲试愁搔爬。传说西川盛此卉，昌州昔最称繁华。

工部无诗固憾事，何劳臆度滋喧哗。后人描摹态总俗，天姿轻比吴宫娃。

独有坡公善写照，嫣然风韶非浪夸。董氏园亭颇幽僻，门依杨柳池兼葭。

得倩仙子为馆主，那须绮绣争豪奢。倾壶莫辞渴霓饮，十千市酝犹可赊。

垂发蛮童与助战，百声羯鼓春雷挝。夕烟霏微日光螟，高枝望若窗隔纱。

我醺却疑花亦醉，一盏索进云腴茶。恐搅深睡促客去，未烧绛烛先回车。

深院夜寒锁明月，梦移锦障重重遮。酒醒作歌不能忆，枯肠芒角生权桠。

——道光《续修易门县志》卷十二《艺文志上·诗》第 296 页

鲁梅[①]

朱锦昌

腾越治西数十武，有红梅状极奇古，盖三五百年物。明季绍兴鲁君讳舜中牧是州，其后嗣流寓焉，遂号鲁梅。余于己亥腊调任兹土，见花开三度矣。忆在会城龙泉观观梅，用东坡《定惠院海棠》诗韵，公余依韵再赋，誌梅兼慰鲁也。

旧家余荫盼乔木，系姓居然标置独。得所未见霜雪姿，封殖清门两不俗。

鲁之先世牧腾冲，遭时进退嗟维谷。归老空怀乞鉴湖，城西借赁卢仝屋。

中有梅花半亩宽，云礽相于娱骨肉。绝域三冬瘴雾消，万里一庭春气足。

怒发苔枝缀花朵，百卉未许分清淑。肌理中空状于趾，髯髭倒竖蟠其腹。

漠漠晴烟散绮霞。毿毿寒绿围修竹。臃肿屈曲同不材。菁花一泄惊群目。

揭来殊方得殊观，座上人联吴楚蜀。一本能胜千百本，丹砂的砾翔文鹄。

抚兹嘉树愿无忘，祇须惆怅怀剞劂。东阁西冈都已矣，韬荒永脱诸尘触。

——光绪《永昌府志》卷六十六《艺文志·诗·七言古》第 9 页

---

① 鲁梅　此诗名原本无，辑者加。

五言律

兰

兰茂

彼美葳蕤质，先春吐颖长。露滋时度洁，风汎欲流光。

众草焉能望，无人亦自香。空遗幽谷里，叹息为明王。

——光绪《续修嵩明州志》卷八《艺文下·五言律》第 74 页

紫菊

兰茂

彭泽分佳种，盈枝紫气旋。凝脂非本质，清操喜林泉。

霜压香逾爽，霞侵萼倍妍。伥堪娱冷眼，偕隐结忘年。

——光绪《续修嵩明州志》卷八《艺文下·五言律》第 75 页

蕉

兰茂

未展同诗卷，开来比翠笺。影分窗上绿，清助笔头妍。

雨振三秋响，凉招六月眠。云苗虚体性，果是出天然。

——光绪《续修嵩明州志》卷八《艺文下·五言律》第 75 页

紫木笔

兰茂

昔日生江梦，应疑即此花。扫云挥画锦，拂汉洒春霞。

紫颖摇丰韵，青阳展丽华。能教濡翰墨，免管未须夸。

——光绪《续修嵩明州志》卷八《艺文下·五言律》第 75 页

龙爪花

兰茂

灵物曾遗爪，秋来亦挺妍。託根虽自地，有势欲腾天。

壮气偏宜雨，潜神不在渊。夜深含露见，恍似抱珠眠。

——光绪《续修嵩明州志》卷八《艺文下·五言律》第 75 页

奉和学宪致虚樊公署中瑞菊韵

谢三秀

奇葩开月下，分影上瑶窗。诗垒因之破，愁城于此降。

蕊宫应第一，花史本无双。清赏未云已，余欢趁夜缸。

——天启《滇志》卷二十七《艺文志第十一之十·五言律诗》第 922 页

咏茶花

王子楷

天南风土异，雪里产名花。瓣卷五云晓，心分七窍赊。

琼台常作客，金谷不为家。绝色真无价，枝枝放锦霞。

——乾隆《续修河西县志》卷四《艺文志·诗·五言律》第 40 页

赏桂

王芷

爽气西山接，木樨雨又开。香从天上馥，人自月中来。

覆地皆金粟，沾襟尽玉埃。瑶池知宴集，不惮路崔嵬。

——乾隆《续修河西县志》卷四《艺文志·诗·五言律》第 42 页

寄寄斋看梅

光勋

一树孤山雪，千秋吐碧花。香随风寄寄，影逐月斜斜。

老蚌含珠润，新蟾带露奢。高斋时寓目，疏淡绾流霞。

——《鸡足山志》卷十三《诗下·五言律》第 531 页

古雪斋看山茶

陈大猷

名山虽浪迹，四海已无家。幸有鹏游好，来看野寺花。

高枝低夕照，丛萼带晴霞。怪杀寒梅瘦，当春艳已赊。

——《鸡足山志》卷十三《诗下·五言律》第 526 页

寂光寺看玉兰花

沈天锡

一片玉光明，寒花弄晚晴。淡烟过有影，清露滴无声。

色引霜禽下，香迷粉蝶轻。素娥何处梦？枝上月初生。

——《鸡足山志》卷十三《诗下·五言律》第 528 页

帅府桃林

谭璜

想得桃源径，雄风秉重钧。关屯千里帅，戟耀一林春。

往事残阳断，花光晓露新。遥闻枝上鸟，多是唤游人。

——乾隆《续修河西县志》卷四《艺文志·诗·五言律》第 41 页

优昙花

段曦

分得曹溪种，婆娑一树偏。不嫌幽径寂，竟夺众芳鲜。

兰麝随风袅，水肌带月娟。色空如有悟，相对漫谈禅。

——民国《安宁县志稿》卷十《艺文》第 149 页

烟寺看牡丹

周锡桐

路折清溪上，人来乱篆中。名花仍绝代，古寺亦春风。

不信颜能驻，徒怜色未空。黄昏从雨过，酒晕向谁红。

——道光《续修易门县志》卷十二《艺文志上·诗·五律》第 296 页

闺中四咏

李含章

牡丹

芳树鹃啼后，初开第一花。何人真富贵，群卉失秾华。

锦障千重映，雕栏百宝斜。小园春未老，不用羡杨家。

芭蕉

十丈红蕉好，清阴袅绿萝。满庭凉意早，一夜雨声多。

山馆秋如许，晴窗梦若何。雪中曾见汝，书意问维摩。

蔷薇

曲径晓行处，满身花影红。香浮琼岛露，障作锦屏风。

一笑美人远，十分春色空。多情石华袖，牵住在墙东。

夹竹桃

未觉红颜老，遥怜翠袖翻。此君真解事，之子最销魂。

洞口云常合，湘江泪有痕。莫嫌清节减，得气总暄温。

——道光《晋宁州志》卷十二《艺文志·诗·五言律》第 30 页

八咏并序 ①

沙琛

咏紫霞堆

旧名马鼻缨。僰俗以綵结缨饰马鼻间，今犹然。花团栾似之，树高丈余，花攒十数房为一朵，

大逾尺，深红莹澈。叶藉之如堆阜然，易今名，状其光曜也。

---

① 此诗名原本无，辑者加。原本文末有按语曰："谨按滇池无大寒暑，花木多异，点苍冬夏积雪，花又以寒毓者极清奇秾丽之，致山民搜岩剔穴，悉入花市，并可移植焉。但皆俚句呼名，不知珍异，吾邑沙献如先生择其尤者为之序，并系以诗，得八首，录之于右，以待赏鉴者之品题。"

蟠根移瘦岭，翠叶莞枯槎。冒雪披红蕊，凌炎挨冷花。

晶莹堆火齐，云雾养丹砂。落落寒暄外，相娱野士家。

咏碧灜香

旧名白花。叶如桂而圆厚，花纯白，心蕊皆绿，土人采渍蔬蒿之，苴之如鸡膔，然秀色浓香，实异卉也，因名之以此。

花菜供新馔，花枝浸碧漪。雅堪餐秀色，端与咏凝脂。

翠叶分岩雪，幽春沁蜜脾。灵均高寄意，兰菊那充饥。

咏浅绛雪

俗名红白花，产深岩间。花亦聚开而萧疏襕襳，叶浅绿，花嫣红，浓淡如玫瑰，名以此，庶尽其色之异耳。

匝岁含苞久，花当杪叶中。芳菲春自媚，峭蒨雪初融。

紫艳偏宜浅，清妍欲洗红。妙香开佛界，占断好东风。

咏雪牡丹

原名翠花。花萃聚柔薄多瓣，白色中有晕红，茄色者花头大逾盘，叶长厚，光润可人，产雪中，密林无际，为名牡丹，始足肖其秾郁也。樵山以为薪材，亦昆吾之玉抵鹊乎，惜哉！

买爨花柴好，农夫语漫猜。谁知深谷底，花似牡丹开。

馥郁披云鬟，晶莹涌雪堆。诗成题韧叶，惜此部阇才。

咏萃金钟

俗名山枇杷。叶长大，紫背，花纯黄，房平阔，可注酒，因以名之。

莫以枇杷似，花名亦强从。如盘铺翠叶，承露仰金钟。

璀璨黄中彻，团圞玉籍重。挹房深注酒，试饮色香浓。

咏玉翘翘

俗名山龙。花殊无味，或以虬枝蜿蜒状耶。花如玉簪，舒放者莹白，绿心参差挂叶间，香极清远，状甚风致，因以名之。

浥人余姿态，芳心露碧房。皑如花似雪，莞尔玉生香。

翠叶微云缀，交枝细影长。尘寰如一现，仙子下南昌。

咏金凤翎

旧名蜜蜡花。花韧厚圆，锐累如聚珠，大叶织长，莹净可爱，易兹名兼状其叶也。

岩径半消雪，虬枝生倔强。翘翘织叶大，蛰蛰蜡珠黄。

金凤览翔集，翠翎垂短长。红绯满花市，光耀竦群芳。

咏波罗花

原名波罗，或曰优昙，则内典已言，其开难值矣。花六出，大逾尺，心圆锐如笔，叶如贝多罗一种，花开香闻数里。按波利质多罗花，一曰薰衣，詹蔔诸花香皆不能及，正与此相符，波罗与多罗无异耳。

> 贝叶原多种，多罗花更奇。折树莲六出，含意笔尖垂。
> 皎洁光轮宝，玲琮落正匙。效灵供佛子，云鬟拥迷离。

——民国《大理县志稿》卷五《食货部二·物产》第 6 页

七言律

碑院官梅

钱谟

古刻苔连嶙峋深，梅花庭院锁浓阴。倏看几树璩瑶色，都发三冬铁石心。
万里湖西来白鹤，五更檐外度青禽。儿童莫把东枝折，留与游人寄好音。

——景泰《云南图经志书》卷九《诗·七言律》第 29 页

指林寺诗

沐璘

过城公暇兴偏赊，跃马来游释子家。绿映隔窗罗汉竹，红开满树佛桑花。
山光水色如迎客，蒌叶槟榔当啜茶。又得浮生闲半日，此身忘却在天涯。

——万历《云南通志》卷十三《寺观志九·临安府·寺观》第 22 页

山茶花

李之达

滇海名葩独擅芳，护持全不藉东皇。嫣红日映浑疑锦，艳质天成岂畏霜。
金谷三春空绮丽，御园几度忆辉光。移根傥共中原赏，何必花王逊洛阳。

——天启《滇志》卷二十八《艺文志第十一之十一·七言律诗》第 951 页

山茶花

杨居寅

昆明在望水沄清，独产奇葩擅众英。高致不因寒焕改，芳丛偏冒雪霜荣。
艳铺绿绮千层锦，价重丹霄十五城。游赏漫多知己少，一枝何自达瑶京。

——天启《滇志》卷二十八《艺文志第十一之十一·七言律诗》第 951 页

同周木泾赏白梅山茶

张时彻

思君魂梦绕天涯，汉使今传嫖姚家。曾说一枝临水竹，不闻连理并山茶。
石床小苑风全细，玉笛孤亭月半斜。身世年来太蓬转，霜天遍地愧瑶华。

——天启《滇志》卷二十八《艺文志第十一之十一·七言律诗》第 951 页

初正过泉署，茶梅满架，光艳欲然，为庄毓壶宪长、杨霞标督学赋

朱泰祯

霜清法署昼无哗，管领春风第一花。数点琼酥欺艳雪，一栏红玉散明霞。
南华同梦谁为蝶，奇字何人酒漫赊。还忆朝元双缺下，温房新浴牡丹芽。

——天启《滇志》卷二十八《艺文志第十一之十一·七言律诗》第 952 页

赤佛崖署中见白兰一本，奇姿艳发，旁有墨兰数茎，并所未睹，因志之，时立冬前一日

朱泰祯

秋冬之际美山行，况复殷宵作雨声。明玉万条清响乱，溪烟微抹黛痕轻。
白兰静对通禅观，赤佛应知入化城。雾晚孤吹聊极目，百轮新水碓香秔。

——天启《滇志》卷二十八《艺文志第十一之十一·七言律诗》第 953 页

腊日西楼赏茶花

杨师孔

春风迎腊斗繁华，谁剪红云散古槎？艳吐山阴虽近酒，性含清苦不离茶。
醉颜面面看成晕，香气层层结作霞。吸尽奇芳归酩酊，梦中犹见笔生花。

——天启《滇志》卷二十八《艺文志第十一之十一·七言律诗》第 954 页

人日直指朱白翁招院中看火树

杨师孔

芳晨节候喜从新，景色天涯倍觉亲。肺腑收春我怜我，樱花随俗人宜人。
海云净敛舒晴眼，华月孤明惬夜情。惟有柏台春树艳，天花和露总铺银。

——天启《滇志》卷二十八《艺文志第十一之十一·七言律诗》第 954 页

秀山茶花

杨慎

山茶竞开如火然，山城淑气销寒烟。几经南国芳草远，忽忆上林花信前。
赏心避地日多阻，抱病闭门春可怜。黄须紫萼莫相恼，青镜绿樽非壮年。

——康熙《通海县志》卷八《艺文志·诗·七言律》第 19 页

春初见榴花

顾琳

春光何事早天涯，正月迷城榴已花。入眼疑生枝上火，盈眸惊见树头霞。
夭桃比拟惭无色，红杏逡巡羞见华。自是绿云团彩缬，梅珠点点不须夸。

——雍正《阿迷州志》卷二十四《艺文志·七言律》第 379 页

帅府桃林

朱光正

名园花放试春妆，武地今为礼让邦。曾泛禹门三汲浪，骨陪陶径九秋香。
东风驰荡红霞烂，丽日暄妍翠景芳。贤尹后来能继植，河西即是古河阳。

——乾隆《续修河西县志》卷四《艺文志•诗•七言律》第 43 页

圆明寺茶花碧桃盛放

徐琳

红白翩翩次第芳，无边生意斗韶光。琼玉山头妃子醉，桃瑚树下素娥藏。
曾欺寒雪流霞集，又向东风点翠妆。碧桃原是真仙种，特与茶花供佛王。

——乾隆《续修河西县志》卷四《艺文志•诗•七言律》第 46 页

茶花

王芷

百花队队各分群，独与寒梅争冠军。炉拥严冬融绛雪，腊烧丙夜喷红云。
芳心九醉非关酒，绣萼双缠不厌文。莫道滇南无异产，名山历遍始逢君。

——乾隆《续修河西县志》卷四《艺文志•诗•七言律》第 51 页

弥勒盆梅有感

张依仁

仙姿本不与凡同，几向缶中毓化工。撮土焉能任大木，孤情独自迈乔松。
迂回曲折观时态，磊落英多见古风。只待花开春信早，天香横出小墙东。

——乾隆《续修河西县志》卷四《艺文志•诗•七言律》第 53 页

阁中牡丹

杨绳武

上苑春工夺紫黄，移来纶阁吐瑶芳。色香无约逢琼玉，富贵何心冠洛阳。
烘彩更须劳赤帝，染根端不借韩郎。公门嘿嘿闲桃李，不作清平醉里狂。

——乾隆《弥勒州志》卷二十七《艺文志•七言律》第 5 页

曹溪寺宝花

范青

祖庭曾记说风幡，赢得优昙散寺门。青菡萏吹香有韵，碧琅玕写滑无痕。
分来少室怜同气，看到杨州恨不存。怪底闰年葩一月，此花元是月为魂。

——康熙《云南通志》卷二十九《艺文十•七言律》第 56 页

和杨升庵太史赏山茶

张讚

才人常自爱名山，况值庭花展盛颜。张饮欲矜珠粉艳，裁诗每压碣苔斑。

春风岁首先盈座，紫气东来正及关。敢附素心元亮侣，且凭沉酒赋情闲。

金勒翩翩选胜来，惊人恃有谢公才。花灵会解千秋盛，词峡真看万里回。

昭代英华传海岳，野人名姓乐蒿莱。此时倾盖情先结，肯负流霞激滟杯。

——康熙《通海县志》卷八《艺文志·诗·七言律》第 26 页

题红云殿茶花

张垣

谁借春阳金殿头，南天佳气为花留。柔枝偏解凌霜发，寒夜如看秉烛游。

丹穴成群文篇下，元都迎岁锦云浮。东风若选千红冠，京洛林园逊几筹。

——康熙《通海县志》卷八《艺文志·诗·七言律》第 27 页

题红云殿茶花

张炜台

每于京国看名花，选胜还推秀岭茶。密叶细分金谷障，高枝金起赤城霞。

千年锦绣留宫剪，十丈珊瑚共海槎。恰是雪晴丹陛下，红云多处玉皇家。

——康熙《通海县志》卷八《艺文志·诗·七言律》第 27 页

题红云殿茶花

姚卜相

山茶何处冠南中，螺髻峰阴路向东。粉濯渭桥脂点晕，珠擎隋室火齐红。

冰天已觐花王国，霞盖真开玉帝宫。独发艳阳当领袖，肯同凡卉待春风。

——康熙《通海县志》卷八《艺文志·诗·七言律》第 28 页

看秀山山茶

阚祯兆

往岁花开忆少时，今年将老对花枝。未容白发归沧海，肯负红颜照酒卮。

漏泄春光长自叹，侵凌雪色不差池。漫夸彩笔干霄汉，同在南天让尔奇。

——康熙《通海县志》卷八《艺文志·诗·七言律》第 36 页

秀山宝珠茶盛开邀金刺史令弟同诸友赴魏伯鸿公子酌

阚祯兆

白发青春看宝珠，去年宫粉赏何如。花开本爱当时好，人老翻嫌乐事迁。

坐拥南山貂作珥，樽倾北海麟堪图。嘉宾贤主真云集，尽醉风光不可孤。

——康熙《通海县志》卷八《艺文志·诗·七言律》第 37 页

春山东连骑看梨花

阚祯兆

处处春风倚素妆，千红万紫总荒唐。轻飞彩燕还欺雪，娇语黄鹂不避霜。
小径穿花连野骑，深溪问水袭山香。老来纵我游仙兴，群玉瑶台两莫当。

——康熙《通海县志》卷八《艺文志•诗•七言律》第 37 页

看梨花晚归

阚祯兆

游罢东山侭落晖，谁家园子竞芳菲。高林带雪回青眼，初蕊流英出翠微。
尽醉浑忘春色是，隔年转觉物情非。雕鞍络绎琼瑶满，携得梨花趁月归。

——康熙《通海县志》卷八《艺文志•诗•七言律》第 38 页

赏香粉红牡丹一本十花

阚祯兆

名花岂畏春风寒，乘兴朝来静里看。嫩叶阴齐香十蕊，高枝翠满日三竿。
为匀晓露脂犹湿，长带月华粉不残。黄紫漫夸真富贵，西池擅拔助清欢。

——康熙《通海县志》卷八《艺文志•诗•七言律》第 39 页

天宝阁月夜对桂花

阚祯兆

秋清院厂桂花香，高阁凌虚露气凉。山入夜来青未了，月横窗处白相当。
少年彩笔摇金蕊，孤兴仙舟想玉妆。攀得棱枝天上子，种教千载会留芳。

——康熙《通海县志》卷八《艺文志•诗•七言律》第 42 页

见海潮寺旁樱桃

阚祯兆

野寺樱桃一树红，遥看花色岂朦胧。临风何必惊霜醉，倚竹依然带雪工。
驻马相怜宫翠外，安祥独照佛灯中。征尘老大谁休歇，甘苦春光结实同。

——乾隆《黎县旧志》第 32 页

人日酌秀山海棠

黄应泰

花满春山让海棠，欢招人日共飞觞。不须剪彩为金胜，正好临风对玉妆。
国色原分珠蕊秀，仙根欲傲紫芝香。淡烟濯雪匀新露，独叫流莺细啭簧。

——康熙《通海县志》卷八《艺文志•诗•七言律》第 31 页

山池红梅花水吟

台联甲

花放春山水到池，悠悠流水溅花枝。水如明镜窥花早，花似绛纱傍水宜。
临水问花须酌酒，对花玩水且拈诗。风来水面花摇影，水自澄清花自奇。

——康熙《通海县志》卷八《艺文志·诗·七言律》第 32 页

春郊赏梨花

姚燮理

东郊联辔得高思，踏遍梨花绕竹居。素色偏宜朱屐客，闲心且趁春风扈。
文章烂熳乾坤老，山水荣华鸟雀嬉。满眼化工搜不尽，题诗俍教夕阳迟。

——康熙《通海县志》卷八《艺文志·诗·七言律》第 32 页

兰谷关

李铨

千仞雄关俯碧涯，飞虹横亘锁丹霞。行人影向残阳度，询客题留醉墨斜。
水激云根晴亦雨，草深谷底老还花。停骖极目烟岚里，怪石嶙峋古道赊。

——康熙《楚雄府志》卷十《艺文志下·诗·七言律》第 35 页

新移牡丹腊初早放

骆俨

名葩带露压群芳，瑶岛分来斗艳阳。花自腊初呈国色，人于岁首沐天香。
丹心烂熳披朝旭，丽质缤纷傲晚凉。知是龙川风气转，故教奇萼泄春光。

——康熙《楚雄府志》卷十《艺文志下·诗·七言律》第 40 页

奇峰寺梅花

陈天斗

矫矫仙姿迥出尘，淡妆斜压玉钗新。幽香散处风宜细，明月移来影绝伦。
燕子回飞春透早，雪花添晕粉初匀。从来浪说罗浮梦，不及山亭入画频。

——康熙《楚雄府志》卷十《艺文志下·诗·七言律》第 53 页

安石榴

姜维藩

谁将红萼植天家，汉使携来赏物华。赐出上方惟白马，动人春色在名花。
丹砂蕴石含珠粒，绿叶攒红笼绛纱。尽道吹嘘栽翰苑，谁知天半遍朱霞。

——康熙《楚雄府志》卷十《艺文志下·诗·七言律》第 55 页

南浦荷花

裴律度

绿毂平铺十里长，红蕖袅袅映湖光。风吹菡萏香生韵，雨净琅玕影倍凉。
碧筒摘来新翠盖，玉环梦去旧珠房。花神解语羞花貌，懊恨多情比六郎。

——康熙《路南州志》卷四《艺文·诗·七言律诗》第 43 页

茶花

伻蜕

曾记珊瑚碎石崇，谁教幻出此花红。软枝弄影娇堪对，细舌含香语欲通。
休问鹤丹千载上，竟分猩血一鞭中。还怜绝色沉蛮徼，零落烟脂泣晓风。

——雍正《建水州志》卷十四《艺文新增·七言律》第 14 页

东川十景并引·竜募桃花

方桂

禹门跃浪类嘉名，堪助飞腾万里程。陵口漫寻渔父迹，渡头常系美人情。
润沾鳞甲翻红雨，光动牙须耀赤瑛。花事正繁春水暖，陆行仙客肯骑鲸。

——乾隆《东川府志》卷二十下《艺文·古今体诗·七言律》第 70 页

九日钱局神诞赏菊观剧

方桂

东川户户接东篱，歌管楼台任转移。节届重阳成素节，曲高刻羽绕霜枝。
金花胜却登高会，铜局工停九日祠。可比山公多逸兴，接篱倒着习家池。

——乾隆《东川府志》卷二十下《艺文·古今体诗·七言律》第 73 页

玉皇阁观梅

魏文轼

闻说名山自有神，循名今恐失其真。红云殿下看云物，白玉楼前立玉人。
咫尺天颜通造化，光明帝座隔凡尘。乾纲默运无知者，一线香风漏泄春。

漫拟蕃釐观裏神，别于风格有高真。初非山水之间辈，原是烟霞以上人。
金阙玉阶偏寄迹，冰容月鉴不沾尘。上林琼树知多少，要让瑶草占早春。

森森立圃万花神，独有高空颔略真。潇洒不殊林下士，婵娟原是月中人。
须知香色俱双艳，何止仙凡隔一尘。弱柳春蒲今在否？眼前谁见百年春。

空山何计护花神，苦节犹能保一真。种种芳花宁有用，纷纷裘马揔无人。
斋心己悟空中色，白眼聊看世上尘。竹杖芒鞋须势力，层台曲径好归春。

驿使安能远寄神，偶从竹院见来真。冰心未必空于我，雪鬓徒伤老向人。
自抱孤情成独立，岂堪随俗学同尘。异香不用东风引，散遍诸天大地春。

洁士清操静士神，君于何处得其真。论心未敢云知己，扬世安能少此人。
只有孤芳堪独赏，不妨高致自离尘。笔尖杖底吾犹健，肯负韶光九十春。

杈枒古树老如神，留得萧疏几点真。有尽荣华成过客，无端感慨是诗人。
开从净地名虽垢，为有关心号去尘。锦里角巾东郭里，当年相与订长春。

宋璟心肠太白神，并为孤艳一生真。玉皇阁下三千载，青女宫中第一人。
历尽风霜方结实，看来桃李已成尘。我还直笔修花史，名节输君独擅春。

——乾隆《黎县旧志》第 30 页

郡署池上古梅

刘德绪

曾忆罗浮别样妆，斜横老干卧池塘。雪霏曲径成三友，春动疏枝笑一阳。
细蕊蜂窥怜冷艳，澄潭鱼漱挹寒香。倚阑坐对黄昏月，照影棱棱见古芳。

——乾隆《续修蒙化直隶厅志》卷六《补遗艺文志·诗·七言律》第 15 页

咏兰

李因培

看锄萧艾领孤芳，支枕时来袅妙香。静里烈馨深自惜，久之幽意转相忘。
石阑舌倩丹砂点，月下痕窥碧玉装。幸缀闲庭分数本，不教清梦落三湘。

——道光《晋宁州志》卷十二《诗文·诗·七言律》第 51 页

栖贤山看茶花

伊里布

塞垣烽火化春烟，有客招游醉老禅。风月可谈来问道，水云留迹想栖贤。
连山翠抱看无地，一树花开撒满天。楼阁上灯归骑晚，夜间林壑梦犹牵。

——光绪《永昌府志》卷六十六《艺文志·诗·七言律诗》第 10 页

优昙花

范清

祖庭曾记说风幡，赢得优昙现寺门。青菡苕吹香有韵，碧琅玕写滑无痕。
分来少室怜同气，看到扬州恨不存。怪底闰年增一瓣，此花原是月为魂。

——民国《安宁县志稿》卷十《艺文·诗·七律》第 149 页

五言绝句

碑院官梅

逯昶

寒梅发幽院，几树玉玲珑。

还比孤山下，横斜清浅中。

——景泰《云南图经志书》卷九《诗·五言绝句》第 23 页

石斛花

担当

花中有石斛，我为尔根愁。

姚魏虽豪逞，还须土一抔。

——《担当遗诗》卷六《五言绝句》第六第 11 页

七言绝句

山茶花

杨慎

绿叶红英斗雪开，黄蜂粉蝶不曾来。

海边珠树无颜色，羞把琼枝照玉台。

——《升庵集》卷三十四《七言绝句》第 7 页

素馨花

杨慎

金碧佳人堕马妆，鹧鸪林里斗芬芳。

穿花贯缕盘香雪，曾把风流恼陆郎[1]。

——《升庵集》卷三十四《七言绝句》第 6 页

华亭寺僧德林送山茶花

杨慎

宝地香风吹雨花，林公分送子云家。

玄亭丈室同岑寂，相望白牛山月斜。

——《升庵集》卷三十五《七言绝句》第 6 页

粉团花

杨慎

靓饰丰容腻玉肌，轻风渥露锦屏帏。

---

[1] 原注 陆贾《南中行纪》云：南中游女以采丝贯素馨为饰，事载《南方草木状》，贯花绕髻，今犹然。

钗头懒戴应嫌重，留取余香染夜衣。

——《升庵集》卷三十四《七言绝句》第 7 页

蝴蝶戏真珠花

杨慎

漆园仙梦到绡宫，栩栩轻烟袅袅风。

九曲金针穿不得，瑶华光碎月明中。

——《升庵集》卷三十四《七言绝句》第 7 页

咏箐底香花

杨慎

滇海花名箐底香，山矾风味水仙妆。

琼枝本是天边种，零落遐荒四十霜。

——《升庵集》卷三十五《七言绝句》第 8 页

杜鹃花

刘泾

软红轻紫绽胭脂，烂熳春风奇绝姿。

蜀魄当年多少恨，至今啼血染花枝。

——天启《滇志》卷二十九《艺文志第十一之十二·七言绝句》969 页

素馨花

李辙

满架柔春点粉墙，素娥乘鹤下潇湘。

小台收得香如许，薰透梨园白羽裳。

——康熙《蒙化府志》卷六《艺文志·诗·七绝》第 45 页

咏菊三绝

范运吉

忠孝台边小雨酥，不锄蔓草自然无。

乘时移得南华种，植取经霜对丈夫。

桃李春光遍海涯，生来性不爱春华。

怀秋独自吞篱月，何处临风弄晚霞。

晚夜篱东起白云，几枝雪貌弄香氛。

若非素叶摇青影，碧月阑干不见君。

——康熙《蒙化府志》卷六《艺文志·诗·七绝》第 46 页

洪愿庵茶花

张祖谦

群贤集寺玩山茶，异域偏能产异花。

应是鹑星分野处，春盈火树漫回车。

——康熙《镇南州志》卷六《艺文志·诗》第 59 页

雪兰

担当

尽道冰肌在上林，滇兰无色到如今。

岂知天下争春处，一朵能寒百卉心。

——《担当遗诗》卷七《七言绝句》第 6 页

腊月牡丹

担当

脂粉丛中雪不寒，一杯未了一杯干。

化工只得随人转，先遣春风上牡丹。

——《担当遗诗》卷七《七言绝句》第 31 页

山茶花

担当

冷艳争春喜烂然，山茶按谱甲于滇。

树头万朵齐吞火，残雪烧红半个天。

——《担当遗诗》卷七《七言绝句》第 40 页

开口石榴

担当

家家有粟奈饥何，桃李从旁感慨多。

世事而今难下口，石榴那得不呵呵。

——《担当遗诗》卷七《七言绝句》第 68 页

华盖山赏海棠

禄厚

夜深明月影朦胧，嫋嫋春风漾浅红。

九十韶光终日醉，一生赢得酒情浓。

——乾隆《黎县旧志》第 30 页

华盖山赏海棠

禄洪

绿阴深处笑红妆，日落西山兴未央。
更把檀枝花下问，可怜娇艳不生香。

——乾隆《黎县旧志》第 30 页

署中咏小桃

段缙

连日春深雨正催，小桃花见几枝开。
草堂昨夜诗怀壮，笑饮明霞数举杯。
——乾隆《续修河西县志》卷四《艺文志·诗·七言绝》第 39 页

帅府桃林

向岳

曲陀关峻垒千寻，帅府门前草木深。
想是将军不好武，放牛应亦在桃林。
——乾隆《续修河西县志》卷四《艺文志·诗·七言绝》第 39 页

题秀山茶花

阚祯兆

名花开处玉山寒，雪夜何人竟晓看。
瓣剪红绡千叶绿，春前芍药倚阑干。
——康熙《通海县志》卷八《艺文志·诗·七言绝》第 44 页

薇溪玉兰

王悦

素质天然依太清，千枝堆雪眼增明。
淡妆虢国初呈面，归璧相如不换城。
——康熙《楚雄府志》卷十《艺文志下·诗·七言绝句》第 66 页

琅井古梅

许如纶

拂露凌霜带雪开，疏疏小院是妆台。
月光凝处幽香动，疑是孤山跨鹤来。
——康熙《楚雄府志》卷十《艺文志下·诗·七言绝句》第 66 页

荼蘼架

陈元

夭枝无力斗春风，斜倚栏杆十二重。

绝似江都金带芍，一时花朵作三公。

——康熙《镇南州志》卷六《艺文志·诗》第 56 页

荼蘼架

涂昕

俸钱半是折清风，曲坞空盘翠几重。

最是名花开绰约，笼烟罩月伴愚公。

——康熙《镇南州志》卷六《艺文志·诗》第 57 页

蒙署花卉杂咏二十一首

陈金珏

芭蕉

黛绿参天倦眼降，芳心屈曲羡无双。

何当摊饭初抛枕，勾引清风入小窗。

锦葵

层红缬翠最撩人，西蜀分支十丈春。

惟解倾阳能卫本，凭他蜂蝶故相亲。

芙蓉

素质轻盈浅淡妆，临流无语对斜阳。

幽人解读楼东赋，不向杨家斗海棠。

栀子

六瓣嫣然虢国妆，不将素面面君王。

凄清独立雕阑畔，谁领含娇娘子香。

秋葵

滇中独木本，他处不尔也。

亭亭木本称鹅黄，裹露含情新样妆。

幽思夜深傅顾惜，日斜默默斗秋香。

莲

红、白二种

好将声价重濂溪，素质红颜却污泥。

不向江南歌子夜，蛮云瘴雨一重题。

紫薇

老干凝脂世所希，无端殷紫斗朝晖。

遐方不尽摩娑意，书记空惭杜紫薇。

凤仙

自日本分支于敝庐已六载矣，兹偶携种粒植于蒙署，色泽嫣然，故得例及。

番舶初分已六年，梦庐无岁不周旋。

偶然万里同为客，纤态含娇倍可怜。

石榴

唾艳倾阳安石榴，朱盘捧出火云浮。

众中多子甜于蜜，翻讶金衣热眼偷。

美人蕉

蕙质兰芬态绝尘，喜同蕉影伴嘉宾。

月明风静珊珊处，碧绶黄衫号美人。

玉兰

独立空庭带笑颦，卍阑几曲静无人。

夜深弄月能飘瞥，我欲吮毫照洛神。

杜鹃

披叶春浅夜不飞，嫣然亦解傍朝晖。

一从选胜幽人赏，游子天涯唤不归。

木笔

玉兰母本

如椽锐颖逸山林，苞孕琼楼意独深。

却笑我来刚万里，拾将班掷作闲吟。

柳

东皇漏泄应张星，抹月批风倦眼醒。

逢掖不烦神汁染，丹崖翠壑自垂青。

山茶

木高丈余，有宝珠、分心、蝶翅、磬口等十数种。

丛深春残不闻莺，露下啼妆别有情。

可惜琼葩因僻远，分心磬口独含颦。

海棠

有垂丝、西府、铁梗

软媚垂丝吐舜荣，点砂西府复流赪。

知余欲补少陵句，绰约疑将笑靥迎。

桃

有人面、绛衣、凝雪、赛梅数种

琼肤粉甲绽层层，临水夭斜态不胜。
应念刘郎飘泊远，紫烟红雨付蕾腾。

李

琐碎幽姿傍雪梅，云霞为蒂玉为台。
东君分得隋宫巧，虚拟鹅翎剪出来。

杏

明霞十里逐香尘，烂漫天真孰与亲。
九十韶华只自惜，负他锦绣曲江春。

樱桃

柳烟冥冥燕劳劳，漏泄春归属尔曹。
万里愁怀消未得，夜深一曲郑樱桃。

木芍药

紫屏红褥玉珑璁，彩笔无心羁旅同。
莫惜江郎青鬓改，拂阑无绪倚春风。

——康熙《蒙化府志》卷六《艺文志 · 诗 · 七言绝》第 50 页

翠景轩十二截（选八首）

毛振翱

海棠

雨泣烟愁醉欲沉，名妃颊晕尚堪寻。
谁能诗继香霏阁，徒向秋窗费苦吟。

兰花

贪眠犹是山林性，□□低垂任晚风。
乍出一茎香便满，肯偕百草委荒丛。

萱花

静植亭亭黯不华，幽闲宛在淑人家。
黄泉有诰向从见，痛杀西园萱草花。

芍药

开残芍药曾谁顾，珍惜东君罩尚存。
敢与名花今作主，春来从看放香魂。

琪树

露滴琪花泪欲红，银墙半倚醉薰风。
刘郎去后知谁爱，泣望狼烟瘴雨中。

玉簪

乱绾乌云髻未成，侍儿摘得一枝轻。

却嫌嫩软香无力，空说冰肌白似珩。

榴花

绿映苍苔血染枝，艳人正及雨残时。

红裙妒杀卿谁爱，未便轻教丽女知。

菊花

谁向东篱学种花，平台风度数茎斜。

渊明归去知何岁，莫令秋霜染鬓华。

——雍正《师宗州志·续编》第 1 页

咏红白各半莲花

舒珣

出塞昭君去未央，轻身飞燕在昭阳。

汉宫空有三千女，不及徐妃半面妆。

——道光《新平县志》卷八《艺文下·诗·七言绝》第 50 页

培鹤楼古梅

郭恒山

短砌长廊疏影连，垂垂深倚鹤楼烟。

山中谁似林和靖，消受寒香六十年。

——乾隆《续修蒙化直隶厅志》卷六《续补·七言绝》第 20 页

咏碧潼香

赵廷玉

寒梅嚼过雪残溪，蜜沁花房具洁齐。

虽次蒙山白凤肺，天厨分供臛如鸡。

——民国《大理县志稿》卷五《食货部二·物产》第 7 页

咏萃金钟

赵廷玉

曾侍中黄泻酒浓，触翻滴下点苍峰。

枇杷正熟时相见，翠袖依然捧玉钟。

——民国《大理县志稿》卷五《食货部二·物产》第 7 页

五言排律

赏茶花述怀二十韵呈诸同台
薛梦雷

南国生嘉树，红芳天下奇。托根依翠柏，敷采结华芝。绿萼霜前茂，丹香雪里披。
枝头霞片片，树底锦垂垂。秀色含风媚，鲜葩醉日滋。芙蕖惭艳态，芍药避娇姿。
群卉皆萎落，孤芳偏反而。冲寒丛鹤顶，泡露湿燕支。金碧疑春早，青葱应候迟。
朱辉朝烂漫，皓彩晚葳蕤。灼灼殷帘幌，芬芬袭罘罳。居兰同臭味，倚玉奏埙篪。
绮度花间集，清尊月下移。玩华忘岁暮，浮白慰天涯。照眼枝如绣，酡颜鬓欲丝。
飞英频对客，捃藻强裁诗。谩遣王孙兴，何论幼妇词。繁荣宁足羡，佳景且堪怡。
坐上千卮酒，花阴几局棋。如赓白雪诗，增重彩云同。

——天启《滇志》卷二十七《艺文志第十一之十·五言律诗》第914页

山茶和韵有引
杨绳武

　　老杜不作海棠诗，千古遗恨。予谓山茶亦然，尝拟作短篇，为花吐气，恐雅俗不称，花神笑人。庚午春，适震泽葛震甫出邓虚舟侍御所著《山茶百韵》示予，且嘱予和，予竭一日之力，扯凑成篇，时将整计偕之装，别思与花神俱萦，故语多离去，然皆由姿弱力单不能文，固陋也，幸进而教之。

异种畸天末，春衙耻署名。夺将山品重，分得茗香轻。
侣桂含金粟，侪松吐珀精。水嬉端日午，灯闹上元正。
苔印肤纹滑，云封骨干桢。惜深铃作护，防肃槛为撑。
肯后梅仙发，宁输桃女萌。拒霜餐玉屑，泡露饱金茎。
缯失天公巧，红开物色亨。芳幽伦畹蕙，条软笑河柽。
绣颊披霞灿，丹衷贯日明。舞娆将学燕，语涩暂教莺。
石嵌根相错，枝繁势若倾。啼鹃乾血舌，游骑妒朱缨。
宫剪裁冰赤，吴机谢锦颎。蕊开松绽甲，焰炽火融庚。
浸水珊瑚网，张筵玳瑁棚。茜帘拖幅浪，书帐透笼晶。
乘炤明珠颗，藜辉琢玉瑛。玲珑仙嶠珮，历乱佛龛璎。
丹顶涂霄鹤，荷衣袭陇鹦。羞容脂入镜，醉意酒浇罂。
唇启排绯齿，心分锐锦绷。图成笔上綵，瓶供掌中珵。
鬟处看眉语，欢时送目成。凭栏嗔唤起，濯影懊鸡鸣。
占候先尧荚，敷荣迈舜英。光流血汗马，斑缀锦毛騂。
宝地侈华藏，金莲列巨城。采苞分穴凤，艳质点交猩。
促放春迎爆，醒眠夕照檠。药炉翻鼎水，球海挂铜钲。
暖趣忘冬冷，烟丰破晚霙。彩绳牵画板，紫绶曳玱珩。
并蒂称家瑞，殊芳兆岁祯。肢柔娜絮柳，口磬聚樊樱。
披影芬山气，开颐见野诚。坚凝差类菊，飘泊岂如萍。

蝶翅飞仙羽，龙香恼细蘅。绣团穿幌幪，零叶补篱荆。

照影宜天姊，临芳喜露兄。轻温迎淑气，溽暴避长嬴。

雾散看晨腻，春归庆画荣。鼓妖憝并芍，记景漫劳橙。

寺谱遗芳字，诗坛订丽盟。搅肠百舌语，破闷一鸠鸣。

倦意星初落，浓妆雨乍晴。枝乔飘韵远，瓣卷注心萦。

秋夏逃名赫，西南重物情。繁华宜上苑，潇洒称西清。

笼尔群姬会，嫣然万倩生。觞催劳羯鼓，博戏胜明琼。

好共优昙赏，肯同桃李争。风清姿欲跃，雪重体如儜。

巧向天孙乞，矜将团色呈。杨妃亭北睡，飞燕汉宫醒。

倩女含羞折，檀郎带笑迎。帽簪垂髻拂，妆次映钗横。

金谷怜珠绿，沉香倚玉娙。园庭堪彳丁，台砌费经营。

午憩神偏荡，宵看目不盲。缀阶菲错落，照壁影峥嵘。

植本遗中土，分根上玉京。红甜浮楚水，清隽侣曾阬。

寄远烦梅驿，怀人倚竹闳。近窗妆玉牒，当户丽簪薨。

娃屋春娇贮，纱笼暮霭帡。百千樽漾漾，十五月盈盈。

展簟终朝卧，撩衣尽日擎。浅深花间色，瑰异宝支莹。

荡子怜娼嫏，王孙妮爱卿。喧时烘调笑，静时耐孤孕。

献俏邀人顾，追欢厌贾赢。险探穿虎豹，奇选步峣峥。

写照重调粉，摇鲜更洗觥。只堪纤素摘，未许狡顽侦。

急管江城笛，繁弦月夜筝。游人赏胜具，贺客斾诗旌。

舞紬垂绡紫，歌钟动晓枪。披纷宜次第，标格喜和平。

艳骨培香土，丹颐并简伶。误传惊海市，早买嘱家伻。

频洗敲窗叶，闲听落径声。未宜韬下里，端拟植蓬瀛。

梦绕关山月，魂惊出塞行。开时家万里，物候客偏惊。

结缔凌虚望，春明送远程。掀髯徒自哂，揩目为他瞪。

不作迷花阵，年来多难并。北行人去去，南浦恨怦怦。

代谢谁张主，倾筐入满盛。丈夫羞牖下，儿女恋家楹。

宿坞留知己，行厨走步兵。破愁凭蚁泛，挥涕寄鸿征。

佳萼年常放，青春日渐更。啼乌鸣曲怨，别鹤哝琴贞。

行路方伊始，痴情半似婴。芳丛珍逸品，风雅定骚衡。

短喙应难置，长谣不易赓。众中推第一，分付化工评。

——乾隆《弥勒州志》卷二十七《艺文·五言排律》第 18 页

曹溪寺优昙花

段昕

西南多宝地，慧蕊冠群芳。珠落牟尼种，根移选佛场。

不争凡雨露，几历古沧桑。玉蕾悬璎珞，琼姿点雪霜。

护花曾有范，作记旧称杨。何意空中色，有闻风里香。

火云烘素萼，天女换新妆。锦簇珊瑚朵，霞蒸琥珀囊。

仙陀微欲笑，星劫不能藏。法雨霏朱夏，心灯照夜光。

旃檀虚赞叹，檐卜漫称扬。似此菩提树，宁惟媚觉皇。

——民国《安宁县志稿》卷十《艺文》第 149 页

七言排律

琅井古梅

马天选

琅井奇峰寺，有梅一株，大数围许，古干婆娑，百余年种也。花叶层台，一蕊三实，树枯而复生，盖地灵使然。余收入《志》中，以见一方异产云。

玉女何年降碧苍，步摇环佩识新妆。人间咏尽罗浮景，天末珍留阆苑芳。

野僻传来春信早，山深爱与月明将。根蟠不复稽朝暮，岁久何知问汉唐。

起卧林皋飞燕羽，婆娑岩岫挹琼浆。娇躯扑地声无腻，倩颊迎人笑带香。

堆簇冰团千万叠，胎凝珠粒两三行。蚪枝高耸青葱盖，翠蒂重添薜荔裳。

清畏人知名自淡，时逢景好兴偏狂。别来寒骨愁驴背[①]，看到奇茎袭锦囊。

万里吹横夜笛冷，千溪影散晓云忙。也知东阁惆饥急，谁念西陵绕梦长。

铁石广平情有赋，风流冰□韵成章。因思鼎弦和羹重，取向青峰练雪霜。

——康熙《楚雄府志》卷十《艺文志下•诗•七言排律》第 59 页

琅井古梅

张深

银床一叶响梧桐，清署园亭幽事通。露挹花香秋气冷，晴摇塔影暮霞红。

簿书有暇招方外，时有僧在座。琴鹤无尘赋湛空。座客飞觞浮镜渚，雅歌夺席忆江枫。

欢娱思结南中操，慷慨才雄邺下风。何羡长卿持节地，东山巉峻即崆峒。

——康熙《楚雄府志》卷十《艺文志下•诗•七言排律》第 59 页

琅井古梅

刘联声

古干离离挂夕阳，频年未肯泄春光。魂销庾岭三更月，瘦减罗浮五夜霜。

雪踏江皋难觅偶，烟迷驿路漫寻芳。倚阑忽见琼瑶色，绕砌重惊浅淡妆。

绰约层台清蝶梦，萧疏并蒂倩蜂忙。影斜碧水晴波丽，枝带徵苔晚径凉。

素质偏同松节劲，孤标不逐柳丝狂。行吟销[②]得诗千首，洗痛还浇酒一觞。

莫道调羹须耐冷，应知彻骨自生香。暮云敛尽铅华态，一点冰心映玉堂。

——康熙《楚雄府志》卷十《艺文志下•诗•七言排律》第 60 页

① 原注：时余叨选秩北上。
② 销　康熙《楚雄府志》刻本作"销"，民国间抄本作"锁"，有异。

诗余

滇南月节词 十二阕调寄渔家傲

杨慎

正月滇南春色早，山茶树树齐开了，艳李夭桃都压倒。妆点好，园林处处红云岛。彩架秋千骑巷笫，冰丝宝料银球小，误马随车天欲晓。灯月皎，洁鸡三唱星回卯。蔚按：巷笫未详，疑巷字或有误。

二月滇南春宴婉，美人来去春江暖，碧玉泉头无近远。香迳软，游丝摇曳杨花转。沽酒宝钗银钏满，寻芳争占新亭馆，枣下艳词歌纂纂。春日短，温柔乡里归来晚。

三月滇南游赏竞，牡丹芍药晨妆竟，太华华亭芳草迳。花馆钉，罗天锦地歌声应。陌上柳昏花未暝，青楼十里灯相映，絮舞尘香风已定。沉醉醒，提壶又唤明朝兴。

四月滇南春迤逦，盈盈楼上新妆洗，八节常如三月里。花似绮，钗头无日无花蕊。杏子单衫鸦色髻，共倾浴沸金盆水，拜愿灵山催早起。争乞嗣，珠丝先报鈒梁喜。

五月滇南烟景别，清凉国里无烦热，双鹤桥边人卖雪。水碗啜，调梅点蜜和琼屑。十里湖光晴泛艓，江鱼海菜鸾刀切，船尾浪花风卷叶。凉意惬，游仙绕梦蓬莱阙。

六月滇南波浪渚，水云乡里无烦暑，东寺云生西寺雨。奇峰吐，水椿断处余霞补。滇人谓虹为水椿。松炬荧荧宵作午，星回令节传今古，玉伞鸡枞初荐祖。荷芰浦，兰舟桂楫喧箫鼓。

七月滇南秋已透，碧鸡金马新山瘦，摆渡村西南坝口。船放溜，松花水发黄昏后。七夕人家衣暴袖，彩云新月佳期又，院院烧灯如白昼。风弄袖，刺桐花底仙裙皱。

八月滇南秋可爱，红芳碧树花仍在，菌圃全无摇落态。春莫赛，玫瑰绿缕金针鎪。屈指中秋餐沆瀣，遥岑远日天澄泒，七宝合成银世界。添兴快，凉砧敲月胜清籁。

九月滇南篱菊秀，银香玉露香盈手，百种千名殊未有。摇落后，橙黄橘绿为三友。摘得金英来泛酒，西山爽气当窗牖，鬓插茱萸歌献寿。君醉否，水昌宫里过重九。

十月滇南栖暖屋，明窗巧钉迎东旭，咂鲁麻钩藤酒也。香春瓮熟。歌一曲，酥花乳线浮杯绿。蜀锦吴绫熏夜馥，洞房窈窕悬灯宿，扫雪烹茶人似玉。风弄竹，霜天晓角寒生粟。

冬月滇南云护野，曹溪寺里梅花也，绿萼黄须香趁马。携翠斝，墙头沽酒桥头泻。江上鸣蟾初冻夜，渔蓑句好真堪画，青女素娥纷欲下。银霰洒，玉鳞皱遍鸳鸯瓦。

腊月滇南娱岁晏，家家饵块雕盘荐，鸡骨香馨火未焰。梹榔串，红潮醉颊樱桃绽。苔翠氍毹开夜宴，百夷枕粲文衾烂，醉写宜春情兴懒。妆阁畔，屠苏已识春风面。

——《增订南诏野史》卷下第 72 页

九月八日醉菊台 金菊对芙蓉

张汉

露井桐飘秋，畦菊绽，主人新垦花荒。更二难四美，辐辏东墙。举杯还笑陶彭泽，空独饮，谁共飞觞。试搴黄白英餐，一醉拟到仙乡。佳节何必重阳，陋登高，往事只属寻常。架空台榭，自古无双。赌谈邱壑横胸出，卧游处，志在高岗。少焉月出，素琴三弄，其乐洋洋。

——乾隆《石屏州志》卷七《艺文志三·诗余》第 75 页

琅井古梅梅花引

李载膺

冰撑骨，萼萃绿，老干百年妍似玉。秦楼妆，汉苑香，暗中影动群芳谁竞芳。离离垂实每同蒂，玉颊檀心昭异瑞。承霜华，发奇葩，冷清自别休猜梨树花。

——康熙《楚雄府志》卷十《艺文志下·诗余》第 76 页

雨霖铃·咏蒙署木芍药

陈金珏

一段幽魂，袅袅沉香，亭北春意。透睡余无力，谁来羯鼓，一声声相逼。强扶起，梦腾护风独立。雪剪琼雕锦裁，香袭生妒煞，玉奴衣襞，惊蜂却蝶，深怜浅惜，莫谩学马嵬，等闲狼藉。

——康熙《蒙化府志》卷六《艺文志·词·中调》第 56 页

赋

山茶花赋①

唐尧官

滇土繁花品，而山茶最奇，十月即放，盖中原所未有也，然鲜播之咏歌者。余观往籍，陈思有《芙蓉赋》，钟会有《菊花赋》，张协有《石榴赋》，虞繁有《蜀葵赋》，宋璟有《梅花赋》，古今艳焉。余效之，作赋一首，虽极意敷扬，殊未尽体物耳。

惟玄冥之启候兮，岁将暮而凝寒。严风栗冽以振野兮，霜霰集而蒙霑。草木摇落而变衰兮，讶萧瑟于林端。梅欲绽而须时兮，菊东篱之既残。泃穷津之黯澹兮，惨游屐而鲜欢。

爰有嘉树，植自滇域，天集綦巧，地孕殊色，抽神缄与鬼秘，宛葩刜而萼刻。诡状异态，莫之省测：或如粉傅，或如珠串，或如磬圆，或如榴灿，或如赤玉盘，或如绛纱幔，或如鹤顶之丹，或如火齐之干。棱棱兮翠叶，是谁兮匀劃？缕缕兮金粟，是谁兮穿丝？既逐瓣兮心分，复惹烟兮条慄。其未开也，扶疏磊砢，葱葱青青，疑桂树之冬荣；迨既开也，鞾鞾陆离，煌煌葩葩，恍飞霞之烂曼。邀东皇之朱辔兮，绝朋援而先芳。冒雪霜而吐艳兮，适蝶冻而蜂僵。眇南枝之纤素兮，占春林而倔强。矧阴晴之靡定兮，逞丽质而相伴。尔其朔风飘飖，乍起乍伏，旖旎婀娜，辟彼飞燕，则昭阳之妖舞也；薄暮霏微，溟蒙沾洒，淋漓绛玉，辟彼太真，则华清之洗沐也；晴曦斜照，扬辉荡采，掩映光华，辟彼西施，则越溪之浣纱也，皓雪飞飏，揣封营积，缟妆艳冶，辟彼文君，则临邛之新寡也；震雹倏撼，披靡幡纚，秀堕芳蹂，辟彼绿珠，则金谷之坠楼也。于是，群芳惭沮，不知所营。

① 此赋，另见道光《云南通志稿》卷六十七《食货志六之一·物产一·云南通省》第 25 页、道光《晋宁州志》卷十二《赋》第 49 页，可参。

香兰之艺楚畹，丛桂之生淮南。芙蓉之名益都，牡丹之盛雒园。与夫海棠芍药，桃李山矾，或体裁么髍，或标格瘦清，或摧砭冰雪，或移落风尘。恶朝蕣而夕谢兮，节歘变于冬春。毖名葩之冠绝兮，岂敢望乎等伦！

若乃画阁云连，彤轩槛荫；爹拟平台，别开三径；倚绯英之玓瓅，与交疏而相映；绿筠翠柏助其精神，朱丝玉笛添其风韵。于是，布几筵，集宾客，呼妙妓，燕良夕。曳文毅以蹁跹兮，戴金摇之暐晔。杨北里之遗声兮，昭阳阿之清越。杂兰羞以兼御兮，饮琼饴之仙液。笑簪朵于云髻兮，颓玉山而未歇。

若夫幽崖古刹，岹嵲之巅，荒店孤村，寥廓之地，野况凄凉，一株衰植，寄秾艳于清冷，发辉光于鯷顉；卒使孤赏者握管而沉吟，趣行者纰马而留滞。缅香亭之宠渥兮，与倾国而交欢。洎蕃禧之表识兮，名历世而罔刊。胡奇英之俶诡兮，委炎方而自安。良璧产于荆山兮，卞氏抱而长叹。骐骥困于虞坂兮，望伯乐一盼之为难。慨遭逢之有数兮，效达人以自宽。岂知希之我贵兮，养寿命于嵒峦。

乱曰：姑射仙人霞绡帔，乘风倏尔滇云至。爰此山川恣游戏，化作花神显灵异。赉隅之种亦奇特，比之迥然霄壤别。格外丰姿岂易貌，抽毫谁是茂陵客？移栽上林不可得，留与西南壮颜色。

——天启《滇志》卷十八《艺文志第十一之一·赋类》第 604 页

灵芝赋

段曦

壬申秋，堂川学署中，产灵芝一本，云攒锦簇，其状似真目所未睹，大抵与昔年甘露之降，同一嘉瑞。既已索枯肠麝里句矣，然天甘地乳之灵苗，有非短音促节所能尽其奇者。古人赋物咏歌之不足，而长言之，有以也。用是不揣芜陋，漫试雕虫，亦聊以纪瑞尔。

惟灵贶之潜畅，致瑞草之荣昌。蓂荚纪历，蓳莆扇凉。嶰竹生律，而黄帝取用；屈轶指佞，而后世传扬。翳彼三秀，振古嘉祥。钟天地之和气，和蒸毓之非常。共仙葩以竟茂，处幽谷而亦芳。汉苗铜池兮可羡，唐产延英兮称良。曾入羊歆之梦，能当四皓之尝。紫微赠兮意远，甘泉赋兮韵长。久已震耀乎前代，兹更擅奇领异于连然之宫墙。维时炎威乍歇，清露微悬；光风细转，银河泻天。菊欲花而渐吐，芷正馥而未残。尔乃不根而植，不莳而研。金茎膏润，绣叶冰鲜，俨神仙之在望，似卿云之下攒。低云苔而引绿，轻拂草以留烟。其在昼也，文园瑞满，幽拗螭飞；暂扶风而干劲，蚤餐霞而貌肥。元光结于紫盖，赤箭焕于锦围；布绮罗而织彩，葆直蕴以生辉。其于夜也，仰空明其若镜，摇蟾影以腾芳。清濯冰壶之莹，芒分太乙之光。朱英与玉杵而交灿，纤容连碧汉以为章。其向晨也，曦驭初开，朝华欲旦。呈金掌而盘鲜，盥瑶浆而色烂。晓披翡翠之裳，晴罩玻璃之幔。兰皋对之而愈芳，惠畹邻焉而更绚。其或天高鸿起，百卉凄清。彼独翩翩而振影，亦复灼灼以舒英。浴秋霖兮神洁，御商飚兮骨棱。若夫严冬肃事，云冷霜寒；倏花零而箨陨，且朝菀而夕阑。当兹摇落之相逼，胡尔美丽之依然。傲比竹梅，而不衰晚节；贞如松柏，而可以长年。此诚琼室之灵苗，人间之瑞植也。歌曰：人文蔚兮霱自流，惬圣心兮瑞草抽，发华滋兮庭之幽。育清秋兮秋正好，气瑟瑟兮颜不老。压群卉兮化工巧。光陆离兮贲九天，奎曜悬兮炳堂川，协苞符兮驾昔年，奋图南兮鸟高骞。

——民国《安宁县志稿》卷十《艺文》第 115 页

赏石榴花

李毓奇

北山之阳天河之滨有榴焉，质最美，余与倪子过而爱之，移植厅事数月，髡然无复萌蘖之生，色枯槁，枝柔弱不自胜，或曰锄之，或曰锯之，当复活。或曰爪其肤验之，以决去留。倪子弗之答，旦视而暮抚者如故。自是过之者日不乏，人皆置弗顾。幸而顾者非笑则鄙，不则太息已耳。谁复知其长养生息犹勃勃然有日新之机，盖榴之幸，不见弃于悠悠之口者几希矣。居无何，柘者荣，槁者华，髡者蔚然而深秀，柔者弱者翘然而错起，或含或吐，奇葩异卉披锦列绣，灿然而改观。斯时也，少者奔，老者行列，男女相聚，惊骇环绕，疑出望外。呜呼！何花之晚也。岂不屑争荣于方春之时耶？抑待其候，而不能以诡致耶？又不知天将抑其气，摧折其皮肤使养其根，厚其实而后始得以大泄其英华耶？虽然是榴也，桃李尝望而笑之，榴几无如何也。向使倪子凭盛衰于流俗之口芟刈之，绝其本根，虽有美质而遭逢之不时，庸讵知不凋伤于风霜雨露之中，究与枯木朽株同其腐烂耶？吾又以悲榴之所遭诚幸也。于是引觞满酌，击节而歌之，歌曰：嗟榴之方植兮，谢桃李之芳荣。伤皮骨之仅存兮，几受戕于斧斤。何萌蘖之复生兮，历时日而忽新。睹枝叶之繁阴兮，将绮密其含英。经盘错而不逾兮，见大器之晚成。

——康熙《鹤庆府志》卷二十六《艺文下•序》第 11 页

刁君仲熊梅花百咏序

裴律度

多识草木三百篇，皆托诗以言志也。而正变殊其遇，通塞异其时，寄托者因以区其情未易，概为状耳。雅颂降而楚骚兴，其所咏江蓠、辟芷、秋兰、蕙茝之属，犹是风人之旨，岂徒流连光景，铺叙物华已哉！花之有梅，为百卉之冠，先春而开，得天地心。犹忆宋广平为相，负姿刚劲，疑其铁石心肠，不解吐婉媚词，乃读其梅花一赋，便尔富艳绝伦。山阴徐天池负不世之才，落魄穷愁，至今讽其《梅赋》，所谓"寄江南之遐信"，"报塞北以春天"，风致翩翩，斯真以演罗浮之逸兴，而著处士之高风者矣。俞城刁君仲熊，裔本西迤，流寓仙湖。迹其学富才高，宜鼓吹休明而笙歌廊庙。奈遭时不偶，竟以明经学博终老。此其丰材塞遇，论者惜之。仲熊著作等身，书法轶群，其情词郁勃，不可磨灭之致一一寄之于《梅花百咏》中。余守澂阳，公余，数相往还。一日，出其稿问序于余，适散步园亭，顾红梅掩映，则见其绛影横阶，素姿耀壁，仿佛乎君之丰神焉；则见其冰肌临水，仙客履霜，仿佛乎君之淡泊焉。至如围棋酌酒，落日回风，挥琴三弄之下，余与君且相忘于淡漠之天，有不可以言语形容者矣。自兹以往，余更祝君处淡泊而贞吉，守冷艳而陶怡。优游松菊之圃，盘桓湖山之间。瘴疠靡扰，风景日新。斯固梅之岸然独全者乎！亦即君之所以不朽也。

——道光《澂江府志》卷十五《艺文•序》第 7 页

赏花之俗

无极，名法天，感通寺僧。洪武癸亥，率其徒入觐，献白驹一、山茶一。高皇帝临朝纳之，山茶忽开一朵，帝喜，以宸翰荣之，又命翰林侍讲学士李翀奉制赋诗以赠之。

——万历《云南通志》卷十三《寺观志九·大理府·寺观》第 21 页

滇中气候最早，腊月茶花已盛开，初春则柳舒桃放，烂漫山谷。雨水后则牡丹、芍药、杜鹃、梨、杏相继发花。民间自新年至二月，携壶觞赏花者无虚日，谓之花会。衣冠而下至于舆隶，蜂聚蚁穿，红裙翠黛，杂乎其间，迄莫春乃止，其最盛者会城及大理也。

——《滇略》卷四《俗略》第 7 页

素馨 陆贾《南中行记》云：南中百花，惟素馨香特酷烈，彼中女子以彩缕穿花心绕髻为饰。梁章隐《咏素馨花》诗云"细花穿弱缕，盘向绿云鬟"，用陆语也。花绕髻之饰，至今犹然。《丹铅录》载杨用修诗，曰："金碧佳人堕马妆，鹧鸪林里采秋芳。穿花贯缕盘香雪，曾把风流恼陆郎。"[1]

——天启《滇志》卷三十二《搜遗志第十四之一·补物产》第 1046 页

素馨 段素兴，宋庆历中嗣位，性好狎游，广营宫室。于春登堤上多种黄花，名绕道金稜；云津桥上多种白花，名萦城银稜。每春月必挟妓载酒，自玉案三泉，溯为九曲流觞，男女列坐，斗草簪花，以花盘髻上为饰。金花中有素馨者，以素兴最爱，故名。又有花，遇歌则开；有草，遇舞则动。素兴令歌者傍花，舞者傍草。后以荒逸失国。

——康熙《云南通志》卷三十《杂异》第 7 页

素馨 种移于西域，梵称耶悉茗。《酉阳杂俎》所载野悉蜜花是也。南诏段素兴好侠游，筑春登、云津两堤，分种百花。九曲流觞，男女杂坐，以此花盘所爱美人髻上，因赐名素馨。且曰：我不离汝雅髻边耳。《稗海》谓素馨妓名，生于其塚，缘是得名。

指甲花 即素馨也。可以染指，胜于凤仙花。其花有红、白、紫三色，而红者为最。鸡山惟有白带微紫者，枝干婀娜，渐长若藤，可以作棚架。花自蒂出，抽半寸许，中有小孔。其颠四瓣，细瘦，不似迎春柳花肥挺也。六朝尚口脂面药，以此花同茉莉合之，兼入油，可以泽头。于鸡山也何有乎？

——《鸡足山志》卷九《物产》第 336 页

滇南山茶花，大如牡丹，赤如朱砂，分心卷瓣，以通海为第一，然亦昆明之人所见不广耳。余戍腾冲时，废弁陈指挥招赴村庄赏花。其木高十余丈，围丈余，垂荫数亩，望之如火，树下可坐百人。盛开之日，荐之以红毡，席地而饮。座中有粉面白衫者，上下相映为红晕。通海虽妙，恐未能夺此头筹也。

——《南中杂说·花木》第 571 页

山花 山花四季皆有，五色备具，大小不一，莫能名之，而皆可爱。霜雪中点缀尤佳，故滇省行路，颇不寂寞。余每于肩舆中悬一胆瓶，遇有花，则命仆折取以供赏玩。

——《滇南闻见录》卷下《物部·花属》第 40 页

---

[1] 此条，康熙《云南通志》卷三十《补遗》第 17 页、乾隆《石屏州志》卷八《杂纪》第 12 页同。

野茶　山茶之盛极矣，固半出于人工之培植。又有一种野茶，丽江、永北一带皆有。本高一二尺，花如茶碗大，单瓣，浅红色。每乘肩舆，或策马经行，如游花市，目不暇给也。

——《滇南闻见录》卷下《物部·花属》第 40 页

滇俗重木香、粉团、金凤，小儿女争戴之。木香论围，粉团论朵，金凤作串。插于藁，高至盈丈，如霞之建标，呼于市而货之，顷刻俱尽。此皆穷民赖以为衣食之资者，则花之济于芸芸亦大矣。石虎关民争种菊，人肩车载而入于市，即以为菊庄收成，可不谓花农乎？亦种鸡冠，供中元祀祖，即弃之矣。菜海边多花院子，各花俱备，以供衙门及公馆，名繁不胜计，民生利用，多出于花，故述而载之。

——《滇海虞衡志》卷九《志花》第 7 页

百合花　滇俗以插瓶，而其实则比佳果，以为馈。出于曲靖、南宁、宣威，且洗之以为粉，清香甚美。滇俗以临安藕粉、南宁百合粉、宣威蕨粉充官场馈送。

——《滇海虞衡志》卷十《志果》第 8 页

素馨　《蒙化府志》：花白而香，堪结架为花棚，一名耶蒸茗。陆贾为之记，女人以丝贯盘为髻，南诏以为宫人之饰。

——道光《云南通志稿》卷七十《食货志六之四·物产四·蒙化直隶厅》第 42 页

茶花　《临安府志》：通海三元宫有茶花一本，奇艳异常，月夜，姿尤妍妙。落时瓣皆仰而不俯。明宏治间，贡入御苑，不花，后仍发回本观，始花。

——道光《云南通志稿》卷六十九《食货志六之三·物产三·临安府》第 21 页

倒插山茶　明僧无住者，出家于邑西化佛山，开山建白云窝寺，精心修持。寺前有水一潭，住折山茶一枝，倒插于潭侧，誓以茶花之荣枯，征吾道之成否。厥后觉悟，通三昧宗旨。山茶发荣滋长，花色较原本更艳，后住坐化水目山。此花自明至乾隆年间方枯槁。后人题咏，称此花为验道花。

——道光《定远县志》卷八《艺文下·杂记》第 323 页

通海县三元宫旧有茶花一本，奇艳异于常树，月夜姿尤妍妙，花落时瓣皆仰而不俯。明宏治间，贡入御苑，不花，后仍发回本观，始花。滇南茶花甲于天下，明侍郎张志淳作《永昌二芳记》，内载茶花有三十六种，杜鹃花有二十种，皆永昌所产者。

——《滇南杂志》卷十三《轶事七》第 7 页

大毛毛花　即夜合树。有二种，一种叶大，花如马缨，初开色白，渐黄；一种叶小，花如球，色淡绿，有微香近甜。滇俗四月八日，妇女无不插簪盈鬓以花，似佛髻云。陈鼎《滇黔纪游》：夜合树高广数十亩，枝干扶疏曲折，开花如小山覆锦被，绝非江浙马缨之比。宜其攀折不尽，足供茶云压鬓颤钗矣。

——《植物名实图考》卷三十六《木类》第 10 页

山桂花　生云南山坡。树高丈余，新柯似桃，腻叶如橘。春作小苞，迸开五出，长柄袅丝，繁蕊聚缕，色侔金粟，香越木犀。每当散萼幽崖，担花春市，翠绿摩肩，鹅黄压髻，通衢溢馥，比户收香。甚至碎叶断条，亦且椒芬兰臭，固非留馨于一山，或亦分宗于八桂。但以锦囊缺咏，药裹失收，听攀折于他人，任点污于厕溷，姑为胆瓶之玩，聊代心字之香。

——《植物名实图考》卷三十六《木类》第 17 页

野春桂花　俚㑩持售于市，见其折枝，红干独劲，绿叶未生，擎来圆紫苞，迸出金粟。滇俗佞佛，供养无虚，但有新蕚，俱作天花也。

——《植物名实图考》卷三十六《木类》第 27 页

山茶花　属山茶科，野生大灌木，一名茶梅，或云海红。早春开花淡红，五瓣，滇中多折取插瓶。

——《新纂云南通志》卷六十三《物产考六·植物三·花卉类》第 15 页

金丝桃　属金丝桃科，常绿小灌木。叶对生，色淡绿，四五月顷开嫩黄色花，雄蕊三体，亦作黄金色，故有金丝桃之称。滇中呼为连翘花，或云芒种花。旧历端午，束抱上市，盖时令之小点缀品也，亦供药用。按：连翘有两种，一属木樨科植物，一即小连翘，金丝桃殆属于后之一种。

——《新纂云南通志》卷六十三《物产考六·植物三·花卉类》第 17 页

丁香花　属木樨科，温带灌木。茎不甚高，叶形似桂，作广披针状，革质光滑，叶脉较粗。花有各色，秋时开放，色红者曰红丁香，紫者曰紫丁香，白者曰白丁香。合瓣，花筒中有蜜香气味，花后结蒴果，但插枝可活，亦有用女贞、白蜡条行稼接法者。花开美丽，极耐盆赏。另有山丁香，系野生种，多在高寒地带，花色深紫，花序作圆锥形，无香味，今花市中切枝出售，插瓶最宜。案：滇产丁香有两种，一系桃金孃科植物，果实入药，与此不类。

——《新纂云南通志》卷六十三《物产考六·植物三·花卉类》第 22 页

丁香花　余家蓄丁香花一盆，冬令盛开，香气清幽，伯父极爱之，余兄弟亦护之惟谨。前岁在大理天生桥温泉旁见一株，花正开，以无人培养为惜。余自南腊至焦山寨，遍山丁香树，鲜花可人，恨不得移植数本于伯父墓道也。尝游鸡公山，时四月，满山杜鹃花树，余乡以为贵，至此见丁香花，不觉回忆往事也。

——《滇西边区考察记》之一《班洪风土记》第 31 页

吁！凡在平地上或山谷间之花卉草木，其性有耐寒而惧热者，有畏霜雪而喜风日者，又大寒大热俱惧，只爱温和气候者，此则是秉中和之气而不偏于寒暑者也。然查看一切植物，具有此性者实多，或能占十中之五六也。

云南气候咸称温和，然是指附近昆明一二百里内外而言，若在稍远地处，言气候，便与省垣相悬也。如元江、元谋两处，夏季之炎热，犹倍于湘、赣、川、广，如中甸、维西、昭通、镇雄等处，在隆冬时又几与东三省相同。似此一些地处，则不能云气候温和矣。惟是省垣气候实温和极，故若干秉中和气之花卉，在昆明境内俱能蕃殖焉。

今以昆明所有之花卉，就其能滋生蕃殖者而言，则有百数十种矣。曰茶花、梅花、菊花、兰花、桃花、杏花、梨花、荷花、牡丹、芍药、海棠、杜鹃、木笔、丁香、芙蓉、碧桃、蜡（腊）梅、紫薇、紫荆、紫藤、蔷薇、昆明人名此为十姊妹。茉莉、玫瑰、粉团、月季、昆明人名此为月月红。荼䕷、木香、金银、素馨、金雀、石斛、珠兰、玉簪、吊兰、凌霄、木槿、金灯、罂粟、石竹、秋葵、鸡冠、凤尾、马缨、鹿葱、绣球、簇蝶、白鹤、射干、昆明呼为扁竹兰。百合、山丹、龙爪、隶棠、长春、报春、芒种、丽春、雪团、水仙、良姜、蓼子、波罗、优昙、琼花等，又有夹竹桃、大栀子、洋栀子、秋海棠、冬海棠、状元红、百日红、万年红、五月菊、东洋菊、曼陀罗、虞美人、大理婆、木绣球、绿茉莉、晚香玉、昆明呼为夜来香。剪春罗、昆明呼为剪红绒。金丝莲、汉宫秋、滴滴金、金凤花、荷包牡丹、铁线牡丹、西湖海棠、牡丹石榴、金丝凤尾、莲生桂子等，以上有九十余种，是皆一般人种植于花盆及种植于花坛内者。若刺桐花、棠梨花、苹果花及十里香、打破碗等，则无人供作玩品，犹不计也。

右述之若干类花中，每类又有若干种。如茶花一类，据《昆明志》载，谢肇淛谓其品七十有二，赵璧作谱则近百种，大抵以深红、软枝、分心、卷瓣为上。但余在滇中，亦只见过二十余种，眼福殊薄也。今述其常能见到者，为红玛瑙、银红玛瑙、狮子头、九心十八瓣、按此即分心也。恨天高、冲天茶、一品红、即黑龙潭上观内所种之一种。照殿红、即金殿内之一树。红宝珠、即松花坝前去，近芹菜湾处某寺内所种之一树。此寺为钱南园读书处，龙云曾命郑崇贤为之作记，泐石于寺内。余以日久而忘其寺名。杨妃红、即通草银红。卷瓣红、昆明呼为松球壳。软枝红、千叶红、柳叶银红、蜡瓣银红、牡丹银红、白宝珠等。此外有若干特种，要不过偶一能见之也。总之，余眼界窄，未能看遍一切也。

又若菊花一类，《群芳谱》载将近三百种，而滇中菊花亦有百余种之多，亦可谓种之繁也。今若将此百余种之名目，一一举而出之，不无浪费笔墨。兹言其类而不别其种，然亦有十多类焉。曰银针、曰钩瓣、曰葵龙、曰偏瓣、曰攒心、曰僧鞋、曰蜂窝、曰蟹爪、曰包瓣、曰金钱、曰鹅毛管、曰鹭鸶毛、曰调羹瓣、曰黄罗缬、曰满天星、曰牡丹片等是。而一类之中，又有若干种之分焉，以故有百余种之多也。其间之最贵重者，则莫如金盏银盘之葵龙菊。此菊之茎较软于他种菊，且长而可盘，叶细小，花开时，有甜蜜香味。花朵不大，仅及一寸，却分内外两盘，内盘占十之七，外盘只占十分之三，内盘却不似他种菊心有蕊有子，而是无数细瓣攒成一盘，有如一小饼向日葵。外盘花瓣微钩，作白色，约有三四层。是外白而内黄，故曰金盏银台（盘），花如葵而枝如龙，故名葵龙，诚是一种极其名贵之品也。次如雪里送炭一种，花瓣微钩而色白如雪，花心则赤若朱涂。又有紫袍金带一种，花瓣里外俱深紫色，但紫瓣边上，则有一黄线圈之。又有杨妃吐舌一种，为调羹瓣菊，花色白，花心略带淡绿色，而又不似绿菊之色艳，惟每一花瓣尖上，俱作红色，观之诚妖艳已极。此数种，俱菊中之异品也。

至若兰花，见于省垣内外之园亭间者亦有多种，如素心兰、元旦香、朱砂兰、雪兰、墨兰以及建兰、夏惠、春绿兰、双飞燕、朵朵香等，亦在二几十种，然大都由外郡或由外省移来，非全由昆邑山谷间之所产者也。至云牡丹、芍药，似省垣气候，宜于芍药而不大宜于牡丹。彼栽芍药者，年无不开，且开时花朵亦大，色香俱足。种牡丹则不能望其年年有花，开时，色香亦不足，朵小而花瓣薄，若气不足者然。盖牡丹之性，在枝未发芽时，是喜霜雪相催，而不喜风日助长。所以，迤西之中甸、维西一带，迤东之镇雄、彝良、昭通、宣威一带，冬季霜雪多，牡丹到春季开放，是异常繁盛。且开时，多有重瓣簇心者，复大逾于盘，香极浓郁，色极艳丽，大不似省垣所开之薄弱也。而维西之牡丹直大如树，有高至丈余而干若人臂粗者。但此一带之牡丹，惟粉白、淡红者多，若深红、浅碧则未之见及。大理境内亦多牡丹，究不若维西、中甸之壮盛，但是种类却多焉。迤东之牡丹，种类则繁矣。即以宣威而论，有深红、有浅红、有粉白、有金叶紫、有翠叶紫、有玉面白，而更有一种金边红，亦异种也。彝良则有绿牡丹与墨牡丹，往昔曾有人盘此两种牡丹至省来栽种，但是开放一年后其色即变。绿牡丹系外围花瓣纯白，内作绿淡色，花之朵盘亦大，叶茎上不隐红色，其它亦与红白两种无异。墨牡丹则花朵较小，开时大不及碗，含苞时花蕾即隐有乌色，开后外瓣转作白色，内心始现乌色，然亦非如墨之所染也。其香淡，不似红白两种之浓郁。

省垣梅花亦有多种，有红梅、有白梅、有胭脂梅、有绿萼梅、有千叶者、有怀中抱子者，然有六七种也。碧桃亦有多种，有红碧桃、有粉碧桃、有白碧桃、有牡丹碧桃，是色粉而花朵极多。

又有名三学士者，是一枝碧桃花上能开红、白、粉三个颜色，或一朵花而是半红半白。又有金丝碧桃，花须则夹杂于花瓣间，花瓣亦是红粉相间。又有芙蓉碧桃，花心中有一小苞，此纯系粉色。此二者花朵俱大于一切碧桃，仅小于牡丹碧桃少许，俱异品也。杜鹃有十余种色，以密黄色、兰色为最名贵。〔眉注：密黄色与蓝色惟蒙化之南涧地处有此种，时有人移来省城种之者。〕木笔则有红、白、紫三种。

岩桂昆明固多，然不及易门繁盛。易门桂树，大至合抱者甚多，以是，有桂花寄生。桂花寄生，为治痧症圣药，煮鸡食，永断痧根。桂以银桂为最香，金桂次之，丹桂尤次。易门桂树却是什九皆金桂。宣威银桂较多，某寺里有银桂六大株，花开时，百步外能闻其香。余更见宣威城外窑头上某姓大门前，有丹桂一株，不知为何时何代古物。树身上段已为人锯去，仅发枝杈而亦能著花，下存根干约高二丈，余与友人某君各以双臂合抱其树身，尚欠尺余。余笑曰："此株桂树，真堪受吴刚斧削也。"

红、白丁香原属灌木，不应若何高大。省垣种植此两品，多贮以盆，其生意自不十分畅旺，若植于地面则易于发生。余曾于迤西路上某神庙内，见有红丁香一株，植于一大花台内，其树尖高于佛殿前檐者约七八尺，根粗若汲水桶，上分两岔，俱各粗至拱把。顾此，当是数百年前所植者，诚丁香中之巨擘矣。宣威有墨菊一种，状类五月菊，但瓣密盘大，心作深黑色，瓣作蓝黑色，枝则较五月菊长而且软，花开于八九月间，开时含有幽香。余在宣威城内某佛寺中见之，亦异种也。

右述昆明之各种花木，自是昆明之所原有者，惟一切山花野卉则未之及。惟在近三十年来，昆明又增多百数十种花卉。盖欧美人有来侨居于滇者，又喜将其祖国之花木子种带来种植而传播，年有所增，日有所长。以是，昆明地处，多是花山、花地、花海、花城也。嘻嘻！

——《纪我所知集》卷九《昆明之花木》第 236 页

读陆放翁诗有"深巷明朝卖杏花"之句，陈简斋又有"门前恒有卖花声"之句，可知古人亦多喜爱于花也。百数十年前，昆明之青年妇女，最讲究梳妆打扮，插花于鬓，是不可免之事。因而每日早晨，必有若干卖花娘子，高声喊叫着，行行于直街曲巷间。所卖之花，即是茶花、梅花、碧桃花、迎春柳、木香、茉莉、丁香、珠兰、玉簪、栀子、海棠、粉团、素馨、金银花等，而值亦贱也。

——《纪我所知集》卷十五《昆华事物拾遗之一·卖花娘子》第 405 页

十五为花朝节。昆明人喜种花，屋宇宽者多有花园，即天井中亦必种花。是日，以红纸贴于花上，以祝长春。三月三日，人家门上必插荠菜花，男亦插于襟，女簪于鬓，不审何义。是日为西山会期，亦为黑龙潭会期。西山以舟行三十里，涉罗汉壁，游石室，名胜甲宇内。黑龙潭在东北二十里，为古黑水祠，有唐梅宋柏。潭水极深，传有龙，祈雨极应。

——《昆明近世社会变迁志略校注》卷三《礼俗》第 48 页

花药之用

白淑气花

白淑气花　用小朵者，根又名土黄。性平，味甘，微涩。凡白带、筋骨疼良效。

——《滇南草本》卷三第 2 页

百合花

百合花　性微寒，味甘平，微苦。入肺，止咳嗽，利小便，安神、宁心、定志。味甘，清肺气，易于消散。味酸，敛肺。有风邪者忌用。

——《滇南草本》卷二第 42 页

地涌金莲

地涌金莲　味苦涩，性寒。治妇人白带、血崩，日久大肠下血。

——《滇南本草》卷中《草部》第 16 页

地涌金莲　生云南山中。如芭蕉而叶短，中心突出一花，如莲色黄，日坼一二瓣，瓣中有蕤，与甘露同。新苞抽长，旧瓣相仍，层层堆积，宛如雕刻佛座。王世懋《花疏》有一种金莲宝相，不知所从来，叶尖小如美人蕉，三四岁或七八岁始一花，黄红色而瓣大于莲。按：此即广中红蕉，但色黄为别。《滇本草》：味苦涩，性寒，治妇人白带久崩、大肠下血，亦可固脱。

——《植物名实图考》卷二十九《群芳类》第 15 页

地涌金莲花　其本圆直，如三尺阑柱，花开其颠，状千叶莲，深黄作金色，花落叶出，亦如凤蕉。然当未开时，俨疑刻木立表也。

——《滇南新语》第 25 页

灯盏花

灯盏花　性寒，味苦。治小儿脓耳，捣汁滴入耳内。

——《滇南草本》卷二第 49 页

灯盏花　治小儿脓耳，捣汁滴入耳内。

——《滇南本草》卷下《草部》第 3 页

独叶一枝花

独叶一枝花　味甘辛。此草生山中有水处，绿色者荷花叶，独梗，梗上有花，根有二子。服者延年轻身。主治一切诸虚百损，五痨七伤，腰疼腿痛，其效如神。取根二子，用麦面包好，入火内烧一时为末，救瘟疫。取叶根煮硫磺成宝丹，能治百病如神。取汁点眼，夜能视物。取花为末，生肌长肉。此草同草果捣烂，晒干为末，合丸，每服一钱，以扁柏叶一钱同服之，乌须黑发。八旬之人亦能生子，久服必效。单服地草果，治胃气疼。

——《滇南草本》卷一第 7 页

芙蓉花

芙蓉花　性寒，味苦甜。入肺，止咳嗽。解诸疮毒。单剂煎汤，止咳嗽。其叶可箍疮出头。

——《滇南草本》卷二第 43 页

狗屎花

狗屎花　一名倒提壶，一名一把抓。味苦，性寒。入肝、肾二经，升降肝气。利小便，消水肿，泻胃中湿热。治黄疸眼仁发黄、周身黄如金，止肝气疼。治七种疝气疼。白花者，治妇人白带、淋症；红花者，治妇人赤带、红崩，泻膀胱火热。

——《滇南本草》卷下《草部》第 4 页

附地菜又一种　生田野，茎有微毛亦劲，开五圆瓣小碧花，结小蒴如铃。云南生者，叶柔厚多毛，茸茸如鼠耳，俗呼牛舌头花，又名狗屎花。土医用之。《滇南本草》：狗屎花，一名倒提壶，一名一把抓。味苦，性寒。入肝、肾二经，升降肝气。利小便，消水肿，泻胃中湿热。治黄疸、眼珠发黄、周身黄如金，止肝气疼，治七种疝气。白花者治白带，红花者治赤带，泻膀胱热。

——《植物名实图考》卷十三《隰草》第 19 页

哈芙蓉

哈芙蓉　夷产也，以莺粟汁和草乌而成之。其精者为鸦片，价埒兼金，可疗泄痢风虫诸症，尤能坚阳不泄，房中之术多用之。然亦有大毒，滇人忿争者，往往吞之即毙。

——《滇略》卷三《产略》第 18 页

黄杜鹃

黄杜鹃　属石南科。形似马鼻缨，落叶大灌木。春夏之季，先叶开花，花筒色丹黄，上有褐色斑点，滇西亦名杜鹃花，实则非杜鹃、映山红一类。叶亦革质，广披针形，全缘，叶尖多钝头。花供观赏外，亦可入药，消肿毒有奇效。

——《新纂云南通志》卷六十三《物产考六·植物三·花卉类》第 20 页

鸡冠花

鸡冠花　味苦，性寒。花有赤白。止肠风血热，妇人红崩带下。赤痢下血，用红花效；白痢下血，用白花效。

——《滇南本草》卷中《草部》第 14 页

金鹊花

金鹊花　味甜，性温。主补气、补血。劳伤气血，畏凉发热，咳嗽，妇人白带日久，气虚下陷者，良效。头晕耳鸣，腰膝酸疼，一切虚劳伤损，服之效。此性不燥不寒，用之良。或煨笋鸡、猪肉食，亦可。

——《滇南本草》卷中《草部》第 1 页

金银花

金银花　性寒，味苦。清热，解诸疮，痈疽发背，无名肿毒，丹瘤瘰疬。杆，能宽中下气，消痰，祛风热，清咽喉热痛。

——《滇南草本》卷三第 44 页

金银花　属忍冬科，多年生灌木。有缠绕茎，羽状复叶，对生，另有抱茎叶。春时开唇形香味之花，色兼黄白，故有金银花之名。分枝扦插，均易繁殖，滇庭园喜植之，花可入药。

——《新纂云南通志》卷六十三《物产考六·植物三·花卉类》第 24 页

马尿花

马尿花[①]　一名水旋覆。味苦，微咸，性微寒。治妇人赤白带下。生海中草地边，仙人塘近华浦前。

——《滇南本草》卷中《草部》第 22 页

马尿花　生昆明海中，近华浦尤多。叶如荇而背凸起，厚脆无骨，数茎为族，或挺出水面。抽短莛开三瓣白花，相叠微皱，一名水旋覆。《滇本草》：味苦，微咸，性微寒。治妇人赤白带下。按《野菜赞》云：油灼灼，苹类。圆大一缺，背点如水泡，一名苶菜，沸汤过，去苦涩，须姜醋，宜作干菜，根甚肥美，即此草也。

——《植物名实图考》卷十七《水草类》第 36 页

木瓜花

贴梗海棠　丛生单叶，缀枝作花，磬口，深红无香。新正即开，田塍间最宜种之。《花镜》云有四季花者，滇南结实与木瓜同，俗呼木瓜花。其瓜入药用，春间渍以糖或盐，以充果实，盖取其酸涩，以资收敛也。

——《植物名实图考》卷二十七《群芳类》第 24 页

木槿花

木槿花　味苦平，性寒。治妇人白带良。枝、根，治疮痈疼痛。

——《滇南本草》卷中《草部》第 1 页

---

① 马尿花　《滇南草本》卷二作"马屎花"，药效同。

芍药花

芍药　毛茛科。号花相，广陵最盛。叶为复叶，深裂为三片。品种亦多，至三四十种。吾邑迭遭兵燹，园圃多废，仅存淡红白，及单瓣、复瓣一二种。亦以温水塘产为最盛。

——民国《安宁县志稿》卷四《物产·花类》第 18 页

蜀葵花

白蜀葵　味甘酸，性寒。行经络，治手足痿软，筋骨疼痛，止妇人白带。

——《滇南本草》卷下《草部》第 5 页

白蜀葵　一名小蜀芪。性微温，味甘，微酸。行经络，治手足痿软，筋骨疼痛，止妇人白带。

——《滇南草本》卷三第 49 页

蜀葵　《尔雅》："菺，戎葵。"注：今蜀葵。《嘉祐本草》始著录。叶亦可食。滇南四时有花，根坚如木，滇花中耐久朋也。雩娄农曰：陈标《咏蜀葵》诗云"能共牡丹争几许，得人轻处只缘多"，流传以为绝妙好词矣。余以岁暮至滇，百卉具腓，一花独娖，虽太阳不及，亦解倾心。刘长卿《墙下葵》诗："太阳偏不及，非是未倾心。"如火如荼，何多之有？韩魏公诗"不入当时眼，其如向日心"，则人情轻所多者，亦未具冷眼耳。记儿时在京华，厨人摘花之白者，剂以面，油灼食之，甚美。迩来南北无以入馔者，毋亦众口难调。

——《植物名实图考》卷三《蔬类》第 5 页

黄蜀葵　属锦葵科。茎不甚高，枝亦纤细，叶为掌状，花色嫩黄，瓣片奇大，根有粘液质，滇庭园栽培之。

——《新纂云南通志》卷六十三《物产考六·植物三·花卉类》第 15 页

水红花

水红花　味苦平，性寒。破血，治小儿痞块，消一切年深坚积，疗妇人石瘕症。

——《滇南本草》卷中《草部》第 11 页

水金凤

水金凤　性寒，味辛。洗湿热筋骨疼痛、疥癞等疮。

——《滇南草本》卷三第 24 页

水金凤　生云南水泽畔。叶、茎俱似凤仙花，叶色深绿。《滇南本草》：味辛，性寒。洗筋骨疼痛、疥癞癣疮，殆能去湿。夏秋时叶梢生细枝，一枝数花，亦似凤仙，而有紫黄数种，尤耐久。

——《植物名实图考》卷十七《水草类》第 40 页

水毛花

水毛花　有毒。形似毛鎗梅花叶，生水中。采取作麻药，剐疮不疼。或剐尿结，先搽此药，剐之不疼。

——《滇南草本》卷一第 34 页

水毛花 生滇海滨。三棱，丛生，如初生茭蒲，高二三尺。梢下开青黄花，似灯心草微大，一茎一花。根如茅根。

——《植物名实图考》卷十七《水草类》第 39 页

叶下花

叶下花 状似蕨，花在叶下，可入药剂，去痨。

——民国《嵩明县志》卷十六《物产·各种特产》第 243 页

野棉花

野棉花 味苦，性寒，有毒。下气，杀虫。小儿寸白虫、蚘虫犯胃用，良。

——《滇南本草》卷中《草部》第 10 页

玉芙蓉

玉芙蓉 生大理府。形似枫松树脂，黄白色，如牙相粘，得火可然。俚医云味微甘，无毒。治肠痔泻血。

——《植物名实图考》卷十七《石草类》第 27 页

玉兰花

玉兰花 味辛微苦，性温。治脑漏、鼻渊，去风，新瓦焙为末。治面寒疼、胃气疼，引点热烧酒服。

——《滇南本草》卷中《草部》第 5 页

紫薇花

紫薇花 性寒，味酸。治产后血崩不止，血隔症瘕，崩中带下，淋漓，疥癞癣疮。

——《滇南草本》卷三第 21 页

栀子花

栀子花 性寒，味苦。泻肺火，止肺热咳嗽，止鼻衄血，消痰。

——《滇南草本》卷二第 40 页

栀子花 属茜草科，常绿灌木。茎高六七尺，叶对生，色浓绿，椭圆形，面有光泽。七月顷自枝上开乳白色美花六片，深裂，有芳香。花落之前，渐变黄色。果实入冬黄熟，可作黄色染料，亦供药用。滇庭园喜植之。另有洋栀子一种，矮生花，亦白色，惟较小。有香味重瓣者，多盆植之，或云即瑞香，非是。

——《新纂云南通志》卷六十三《物产考六·植物三·花卉类》第 24 页

二、百草园·草之属

草之属 十一：蕨、蓼、蓆草、蒲、芦、荻、万年青、蒿、茅、茭、芭蕉。

———万历《云南通志》卷二《地理志一之二·云南府·物产》第 13 页

草之属 三：宜男、凤尾、蕨。

———万历《云南通志》卷四《地理志一之四·武定军民府·物产》第 9 页

草之属 二：紫梗、黄姜。

———万历《云南通志》卷四《地理志一之四·元江军民府·物产》第 15 页

草之属 六：香兰、叶镂金、叶镂银、扶留、蒟酱、苔莎。

———万历《云南通志》卷四《地理志一之四·顺宁州·物产》第 24 页

草类 叶镂金、叶镂银、扶留。苔莎，或作深山之鹿草，或与众卉而齐芳，幸于此郡见也。蒟酱者，唐蒙食之于番禺，前史称其实如桑椹，味辛辣，似蓁子。杨慎曰："南糯藤，似竹杖，收其实为酱，色正黄，味美于中国之豆酱。"而斥《史记》《汉书注》《吴都蜀都赋》注及贾氏《齐民要术》、顾氏《广州记》皆信耳之谈，然不可知也。

———天启《滇志》卷三《地理志第一之三·物产·顺宁府》第 120 页

草之属 茅、莎、茜、虎掌、芦、蒲、龙胆草、火草、稻草、稗草、麦草、烟叶。

———康熙《寻甸州志》卷三《土产》第 20 页

草属 为鹿衔，为虎耳，为马鞭，为狗尾，为吉祥，为芳草，为萍，为藻。其于属也为萝薜，为藤。其毒而宜避者为辣麻，为断肠草。

———康熙《广通县志》卷一《地理志·物产》第 18 页

草 芝、茅、虎须蒲、吉祥草、如意草、莎、火草、能取火。灯草、紫草、象鼻草、茜草、莽草、青蒿、秧草、铃儿草、狗尾草、酸浆草、鱼眼草、鬼箭草、茅之属。铁线、牙齿草、萍、黄花草、苇、蓼、蕨、藻、滇草、银丝荷叶、金刚钻。

———康熙《蒙化府志》卷一《地理志·物产》第 40 页

草 青蒿、秧草、鬼箭草、虎须草、眼草、火草、灯草、铁线草、如意草、滇草、茅草、紫草、马胡草、吉祥草、水草、浮萍、墨草、忘忧草、银鹤草、酢草、银丝荷叶、斑茅草。

———康熙《顺宁府志》卷一《地理志·物产》第 30 页

草之属 薜荔、芭蕉、吉祥、珍珠、翠云、虎掌、象鼻、茜、蕨、藻、芦、茅。

———雍正《马龙州志》卷三《地理·物产》第 21 页

草属 金刚纂、大者高二丈许，垒块岈峥，参差可爱，棘刺攒簇，居民恒以为篱。罗汉松草、枝柔叶碎，绿花似丁香，鲜红可爱。独根、酒浸可以治疥。仙人掌。大者亦高丈许，垒块攒族，势如金刚纂而形扁末圆，开有黄花。

——雍正《阿迷州志》卷二十一《物产》第 256 页

草之属 芭蕉、美人蕉、吉祥、象鼻、虎掌、火草、茜、蘋、藻、芦、茅。

——乾隆《弥勒州志》卷二十三《物产》第 52 页

草属 凤尾蕉、美人蕉、芭蕉、吉祥、茜、象鼻、虎掌、火草、薜荔、蕃松、芦、茅、猪鬃、灵芝、芸香、虎耳、透骨、血莽、风藤、紫、薯、萱、藤条、通草、灯草、大蕨、夏枯、龙须。

——乾隆《开化府志》卷四《田赋·物产》第 31 页

卉之属 有菖蒲、芸香、芭蕉、美人蕉、秋海棠、凤尾草、虎掌草、一名虎耳草。象蹄草、瓦松、苔。

——乾隆《黎县旧志》第 14 页

草之属 芭蕉、凤尾蕉、美人蕉、吉祥、茜、象鼻、虎掌、火、薜荔、蘋、藻、芦、茅。

——乾隆《新兴州志》卷五《赋役·物产》第 34 页

草之属 吉祥草、通草、蒲草、芦、荻苇、莎草、车前草、象鼻草、虎须草、猫耳草、鱼子草、马鞭草、凤尾草、狮头草、旱莲草、黄柏草、竹叶草、铁线草、益母草、薜荔、芸草、萍、藻、荇、茅、蘅、蓼、蒿、蓬、藜、稂、莠、火草、紫草、兰草、抓地龙、爬山虎。

——乾隆《碍嘉志》卷二《赋役志·物产》第 232 页

淫草 夷地淫风最甚，而物产因之。永昌外有草名一拿缴，摘而取之，携至内地，枯叶卷缩，以热酒泡之，舒展如鲜时。维西有鹿衔草，皆淫药也。大理有和合草，两叶相并，云夫妇有不合者，吞之则和好无间，并可以此草诱致所思之人。又有一草，据云男子过之则不动，女子近之则草叶俯垂着地。女人往往觅此草，潜置诸饮食内啖其夫，则诸事顺从，不敢违拗，因名为怕老婆草。果尔？真世间之奇事也。

——《滇南闻见录》卷下《物部·木属》第 41 页

卉 则有兰、蕙、菊、萱、菖蒲、蘋、藻、荇、苇、菰、芦、红蓼、芸香、虎掌、龙须、鱼服、象鼻。

——嘉庆《临安府志》卷六《丁赋附物产》第 24 页

草之属 芭蕉、旧《云南通志》：有凤尾、象牙、美人数种。元江又产缅芭蕉、公芭蕉二种。段成式《酉阳杂俎》：南中红芭蕉，花时有红蝙蝠集花中。吉祥草、王象晋《群芳谱》：吉祥草，丛生，不拘水土、石上俱可种。色长青，花紫，蓓结小红子，然不易开花，可登盆，以伴孤石、灵芝，清雅之甚。或云花开则家有吉庆事，人以其名佳，多喜种之。旧《云南通志》：云南产。蒲草、旧《云南通志》：用以织席。又一种虎须蒲。菖蒲、王圻《三才图会》：菖蒲，生上洛池泽及蜀郡岩道，今处处有之，而池州、戎州者佳，一名昌阳。打不死、《桂馥》：滇中有草，似马齿苋，而叶尖茎青，盛于冬，拔之不死，折而弃之，得土复生，俗名打不死。案即《尔雅》"卷施草，拔心不死"也，郭注以为宿莽，故盛于冬。毒草、常璩《华阳国志》：朱提郡有堂狼山，山多毒草，盛夏之月，飞鸟过之，不能得去。桂馥《札樸》：毒草，滇南极多。余在顺宁，多有被冤家毒害告官者，案牍累累。案《论衡·言毒篇》：草木有巴豆、冶葛，食之杀人，夫毒太阳之热气也，天下万物含太阳之气而生者，皆有毒螫，故冶在东南，巴在西南。馥谓滇位西南，故多毒草。缅茄。《滇南杂记》：缅茄，出缅甸，大而色紫，蒂圆整，蜡色者佳。今云南亦有种之者，然绝不可多得。今会城以小者于蒂上刻人物鸟兽之形，殊杀风景。过滇中者多市之，滇中人亦以此赠远。

谨案：旧《志》尚有象鼻草、虎须草、凤尾草、鱼眼草、薜荔、萍、藻、荇、苇、芦、茅、铁线草、火草、紫草、夏枯草、蓼草、虎掌草、马鞭草、青蒿，俱滇产。灯心草即龙须草，系复出，谨取可考者登而记之。

———道光《云南通志稿》卷六十八《食货志六之二·物产二·云南通省》第 1 页

草属　芭蕉、茜草、火草、通草、蒲草、茅草、灯草、葛长草、莽草、鱼腥、三角、蒴、繁、荇、芦、艾。

———道光《宣威州志》卷二《物产》第 22 页

卉之属　芭蕉、凤尾蕉、美人蕉、凤尾草、吉祥草、茜草、即紫草。象鼻草、镜面草、火草、通草、虎掌草、虎耳草、灯心草、马鞭草、鸡舌草、薜荔、菖蒲、石菖蒲、虎须蒲、烟草、即淡巴菰。席草、蒴、萍、藻、荇、芦、荻、茅、仙人掌、金刚钻。即绿珊瑚，其根千年，结枷楠香。

———道光《大姚县志》卷六《物产志》第 6 页

草属　芭蕉、吉祥草、蒲草、象鼻草、虎须草、鱼眼草、菖蒲、蒴、藻、荇、苇、芦、茅、灯心草、火草、紫草、夏枯草、蓼草、虎掌草、马鞭草、青蒿。

———道光《定远县志》卷六《物产》第 205 页

草属　芭蕉、笔管草、龙胆草、虎掌草、芸香草、鱼眼草、菖蒲、蒴、藻、荇、苇、芦、茅、蓼草、火草、青蒿、马鞭草、车前草。

———道光《威远厅志》卷七《物产》第 3 页

草之属　吉祥草、金纲钻、如意草、仙人掌、铃儿草、铁线草、狗尾草、酸浆草、大草、青蒿、马鞭稍、白蒿、象耳草、地石榴、扁茅、萍、藻、蓼。

———光绪《鹤庆州志》卷十四《食货志·物产》第 6 页

草之属　吉祥草、仙人掌、金纲钻、狗尾草、白蒿、青蒿、马鞭草、火草、萍、藻、象耳草、蓼。

———光绪《续修永北直隶厅志》卷二《食货志·物产》第 28 页

草属　藻、蒲草、用以织席。菖蒲、艾、丝茅、灯心草、凤尾草、虎耳草、铁线草、火草、笔管草、即木贼。马鞭草。

———光绪《镇雄州志》卷五《物产》第 57 页

卉属　芝、菖蒲、吉祥草、老少年。以上芳草。芸、九叶为佳。白芷。以上香草。红花、茜草、蓝。以上染草。芭蕉、茅、蓬、青蒿。以上隰草。荇、芦、萍、苔、藻。以上水草。仙人掌、金刚钻、虎掌草、佛甲草。以上杂草。

———光绪《永昌府志》卷二十二《食货志·物产》第 4 页

草　草有夏枯、青蒿、益母、芸香之属，堪作药饵。而薤叶芸香[1]，俗传为武侯遗种，多生石岩间，采之尤能治瘴。苇芦蓬茅，杂出山丛中，仅备樵牧薪烝而已。毒草之繁生者有二：一曰断肠草，草形而实虫，骡马误食必死，惟鸡食之不为患；一曰假莴苣，高自一尺至三尺，一茎直上，叶则周围纷披，花多蓝，汁白如粉，俗名努箭药，人畜中其毒，无不立毙。

———光绪《腾越乡土志》卷七《物产》第 10 页

---

[1] 薤叶芸香　乾隆《腾越州志》卷三《山水·土产》同，道光《云南通志稿》、道光《昆明县志》"芸香草"条引《一统志》皆作"韭叶云香"。

草之属 鹿衔草、《滇南本草》：生于山中，仙品，味甘，无毒。叶似鹿葱，花开黄色，枝干极软。狐狸食之，易形而仙；麋鹿食之，交死复生；人得食之，平地登仙。《采访》：草产顺宁之蚂蝗岩石上。鹿交至死，牝鹿衔取此草与雄鹿食之，可以复生。俗传鹿食之是以生草益寿。其味苦甘，其性辛温，配造为膏，为补血生精之圣药。鸡血藤、旧《志》：枝干年久者，周围阔四五寸，小者亦二三寸。叶类桂叶而大，缠附树间，伐其枝，津液滴出，入水煮之，色微红，佐以红花、当归、糯米熬膏，为血分之圣药。滇南惟顺宁有之，产阿度吾里尤佳。芭蕉、旧《通志》：有凤尾、象牙、美人数种。蒲草、旧《通志》：用以织席。菖蒲、王圻《三才图会》：菖蒲，生上洛池泽及蜀郡岩道，今处处有之，而池州、戎州者佳，一名昌阳。打不死、桂馥《札樸》：滇中有草似马齿苋，而叶尖茎青，盛于冬，拔之不死，折而弃之，得土复生，俗名打不死。案即《尔雅》"卷葹草，拔心不死"也，郭注以为宿莽，故盛于冬。桑寄生草、桂馥《札樸》：顺宁各村俱有，每于枝干上无因而生，如草如藤，开黄白花，结子如莲实。《古今图书集成》：生桑上者为佳，入药为良。毒草、桂馥《札樸》：毒草，滇南极多。余在顺宁，多有被冤家毒害告官者，案牍累累。案《论衡·言毒篇》：草木有巴豆、冶葛，食之杀人，夫毒太阳之热气也，天下万物含太阳之气而生者，皆有毒螫，故冶在东南，巴在西南。馥谓滇位西南，故多毒草。仙草、《采访》：蚂蝗岩有仙草一丛，其色翠绿，经冬不凋，人可远观而不能取。秧草、《采访》：用以织席。金刚纂。《一统志》：色青，状如刺桐，有毒。《谈丛》：滇中有草名金刚纂，其干如珊瑚多刺，色深碧，小民多树之门屏间。此草性甚毒，犯之或至杀人。余问滇人，植此何为？曰以辟邪耳。

　　谨案：顺宁尚有象鼻、鱼眼、虎掌、马鞭、铁线、夏枯、灯心各草，萍、藻、芦、茅、白蒿、蓼草、一枝蒿、鼓搥草、艾。

——光绪《续修顺宁府志稿》卷十三《食货志三·物产》第 12 页

草属 龙修席、出元谋县。甘蔗、出元谋县。糖。出元谋，有冰、白、红三种。

——光绪《武定直隶州志》卷三《物产》第 12 页

草属 烟草、一作菸草，又名淡巴菰，一年生草。高三尺许，叶无柄，卵形，端尖。花作石青色，成漏斗状。其叶可制卷烟、鼻烟，或推切丝烟等。制法：先采叶曝露干，又令湿润喷油，发酵，而生香味。所含重要之质，一为尼古丁（植物中碱类之质），即放辣味者；一为油质（原有油质），即放香味者；他如糖质、枸橼酸、林檎酸等，凡十余种。以其有麻醉之性，能解疲劳，故人多嗜之。其种于明代由吕宋传入中国，县属向只新安所一隅多种，然每年价值已合十余万圆。山草、山地所生之草，《本草》草部分类有山草、芳草、隰草、毒草、蔓草、水草七种。邑人所称山草，多生山石间，叶细，坚韧，绹为臂大巨索，长二丈余，以穿菸叶，便晒露。又有绹为指粗长丈余草索，用以汲水捆物，为用亦广。蓆、种水田中，可织为席，邑人能自为之，但供不及求百分之一。仙草、蒙自山中有仙草，叶圆枝细，采而干之，一二年醮以井泉，或气呵之，复鲜茂如故，此亦如太和山万年松之属也（《滇系》）。葛、多年生草，茎细长蔓生，叶为复叶，阔大。秋日开花，紫赤色，花冠蝶形，结实成荚，根外紫内白，入药。春初煮食，谓之葛根。捣碎取汁，制成白粉，谓之葛粉，为小粉中最佳之品，可制种种食物。茎之纤维，可织葛布，古时夏布多以此为之，故对冬之皮衣而言，曰裘葛。罂粟、越年生草，高三四尺，叶为长椭圆形，有锯齿，平滑，无叶柄。花大而美艳，故又称芙蓉，色红、紫、白，雌蕊状如瓶。实为干果，状亦如瓶，可榨油，入药，作油画。嫩叶可作蔬，实未熟时，以刀划之，取其浆，曰烟浆。《本草纲目》名阿芙蓉，名阿片，即鸦片药名。碱类植物，味苦，有异臭，内含吗啡等质，为定痛安眠之药品。自印度传入中国，人多嗜之，久服成瘾，农家以利大贪种，为近数十年民俗之大患。何家寨东山一带多出。芦、多年产草，生于陂泽，茎高丈许，中空似竹，叶细长而尖，有平行脉。秋开细花甚繁密，成大圆锥花序。其茎可以制帘、葺屋、作薪，萌芽可食，如笋，入药。紫苏、一年生草，茎方，高二尺余，叶卵形，端尖，有锯齿，对生，背红紫色。夏日出长花茎，开小唇形花，色白，或淡红，为总状花序。实如芥子，茎、叶、实皆为药品。又有白苏，曰荏，专为香料。子榨油，以涂纸伞雨衣。菖蒲、多年生草，生于水边，叶有平行脉，花小色淡黄，为肉穗花序。有大、小二种，大者长三四尺，气味香烈，叶上有脊如剑状，俗于端午日，剪其叶作剑，以悬门上。《本草》谓之白菖，亦曰泥菖蒲。小者高尺余，叶纤细，无中肋，曰细叶菖蒲，亦曰石菖蒲。根可入药，一寸九节者良。艾、多年生草，茎白色，高四五尺，叶互生，长卵形，为羽状分裂，背生白毛，甚密。嫩时可食，干后揉之，则成艾绒，医者灼以灸病，又可作印泥。夏秋之间，开小花，淡褐色，结实累累。五月五日，束作人形，曰艾人，作虎形，曰艾虎，悬门户上，以禳邪毒。苜蓿、蔬类植物，原野自生，有三种。叶倒卵形，花小，色黄。其形似蝶，荚作螺旋形，有刺，马喜食之。苎麻、多年生草，茎高三四尺，叶卵形而尖，边有锯齿，背生白毛，花单性，淡黄绿色。其皮之纤维坚韧柔滑，夏秋刈取，沤浸水中，俟绿质腐脱，劈之成丝，纺线织布。欧西人谓之支那草，为吾国之特产。又有火麻一种，大同小异。蒿、艾类，有青蒿、壮蒿、白蒿、茵陈蒿等数种，多年生草。野生青蒿，初春时，叶布地丛生，羽状分裂，抽茎，高三四尺。秋，叶细裂如丝，花黄绿色，为小头状花序，排列如穗，嫩茎可食，入药。《尔雅》谓之菣。壮蒿，叶本狭末广，形如尖劈，上部有缺刻，互生，秋开小花成穗，淡褐色，似艾而小。《尔雅》"蔚，杜蒿"，即此。梗、叶入药。白蒿，似青蒿而粗，叶背密生白毛，自初生至秋，白于众蒿。茵陈蒿，产于河边砂地，叶似胡萝卜，有白毛密生，余略同。以其经冬不死，更因旧苗而生，故名。萍、水面浮生之小植物。叶状体扁平而小，面背俱青，有一须根下垂。又有叶状体较大，面青背紫，下垂多数须根者，为紫萍。猪喜食之。晒干烧烟，可以驱蚊。黄藤草、无根无叶，蔓生于荆棘丛上。打不死、《札樸》：滇中有草，似马齿苋，而叶尖，茎青。盛于冬，拔之不死，折而弃之，得土复活，俗名打不死。按：即《尔雅》"卷施草，拔心不死"也。郭以为宿莽，故盛于冬。火草、叶背有白绒，土人缉以为衣。晒干揉之，引火焚香。秧草。圆细如绳，农人用以捆秧，坚韧。《南宁县志》谓可织席。县属㱔人刈百草，纽为丈余长巨绠，双折之，曰草结，束成把，人挑车辇，罶供城市烹饪之用，年约值银数万圆，而四方童山濯濯，㱔荛者将无所往矣。

——宣统《续修蒙自县志》卷二《物产志·植物》第 38 页

草类　菖莆、丝芽、凤尾草、万年青、虎爪草、龙胆草、笔管草、即木贼。马鞭稍、益母草、蜡烛草、挖耳草。

——宣统《恩安县志》卷三《物产》第 181 页

草属　芭蕉、有凤尾、象牙、美人数种。吉祥草、王象晋《群芳谱》：吉祥草，丛生，不拘水土石上俱可种。色长青，花紫，蓓结小红子，然不易开花，可登盆以伴孤石灵芝，清雅之甚。或曰花开则家有吉庆，人以其名佳，多喜种之。如意草、蒲草、芝草、通草、象鼻草、虎须草、牛筋草、凤尾草、鱼眼草、灯心草、锁眼草、铁线草、虎掌草、马鞭草、紫草、马豆草、透骨草、牙齿草、伸筋草、尖刀草、火草、土人缉以为衣。酸浆草、斑茅草、棉絮草、夏枯草、薜荔、即香草。蓼、萍、菖蒲、瓦松、青蒿、蘋、藻、荇、苇、芦、荻、茅、艾、荨麻、靛。各处皆宜，现植此者惟栗者、章堡、玉龙等村。形极似蓼，长约尺余，根色赤，茎有节，叶形椭圆，有绿色浓斑，花形似穗，色淡红。秋间植苗，种蚕其旁，以避霜雪，春季移植，由夏而秋，刈取二三次，坎地嵌池，渍汁，和以石灰，制为靛青，以染布为青蓝之色。

——民国《宜良县志》卷四《食货志·物产》第 28 页

草属　六十九：稗、有米稗、摇风稗、脚稗三种。蒿、有白蒿、苦蒿二种。萍、苔、藻、藤、蓼、蘋、四瓣相合为一叶，俗呼四瓣草。海菜、蕉草、秧草、菖蒲、渣草、蒲草、面蒿、山草、全吗、苋菜、芭蕉、芦草、浆梨、茅草、有黄茅、白茅二种。鸡葼、柳菌、松菌、水冬瓜菌、小野蒜、玉龙草、过山龙、毛风藤、仙人掌、苦老头、即蒲公英。酸浆草、铁线草、被单草、牙齿草、牛毛草、老鸦头、香铲草、三楞子、水松毛、水膏药、水芹菜、杨梅草、红杆草、辛气草、牛尾草、马耳草、灯笼草、大麦草、刺菱角、灰挑菜、奶浆菜、白马刺、小白草、野播荷、小苏草、马豆草、野马豆、蚊子草、马鞭稍、打鼓草、粘人草、销眼草、尖刀草、毛叶菜、鱼眼菜、野波荷、山毛芹、藜蒿。尤为本属野蔬特产。谨案：菌类及苋菜、水芹菜、小野蒜、辛气草，可作蔬食，惟系自生于山野中，故不列入园蔬。又面蒿、苦老头，可作食物。

——民国《嵩明县志》卷十六《物产》第 239 页

草属　蘋、藻、荇、苇、芦、茅、紫草、夏枯、虎掌、马鞭、姜味、凤尾、青蒿、通草、灯草、芸香、益母、茜、龙胆、锅铲草、挖耳草、仙人掌、笔管、香附草、苍蝇草、鱼星草、蚊子草、黄烟。

——民国《陆良县志稿》卷一《地舆志十·土产》第 2 页

草之属　薜荔、芭蕉、吉祥、珍珠、翠云、虎掌、象鼻、茜、蘋、藻、芦、茅。

——民国《续修马龙县志》卷三《地理·物产》第 25 页

草类　笔管草、通草、黄草、紫草、茅草、芦苇、寄生草、被单草、虎掌草、鸡尾草、墨兰草、打精草、挖耳草、秧草、堤筊草、蚊子草、苍蝇草、瓦草、凤尾草。

——民国《罗平县志》卷一《地舆志·土产》第 86 页

草属　二十七类：凤尾蕉、美人蕉、吉祥、茜、象鼻、虎掌、火草、薜荔、蕃松、芦、茅、猪鬃、灵芝、芸香、虎耳、透骨、血莽、风藤、紫、薯、萱、藤条、通草、灯草、大蕨草、夏枯草、龙须草。

——民国《马关县志》卷十《物产志》第 7 页

草属　通草、蒲草、象鼻、虎须、凤尾、鱼眼、虎掌、马鞭、蘋、藻、荇、苇、芦、茅、菖蒲、铁线、火草、紫草、青蒿。

——民国《元江志稿》卷七《食货志·草属》第 6 页

草属　甘《志》二：茜草、土人取以染毡。柴草。土人炙以染烛，亦可为丹雘之料，有以掘贩为业者。增补十三：烟草、有大叶、柳叶、兰花、腊叉四种，人民多种以供吸食。蒲草、秧草、可以织席。烛草、可以燃灯。火草。可以织布。镜面草、芭蕉、菖蒲、打不死、亦随处产之。兰。光绪间，乡缙绅马驯良在光禄乡提倡种兰，亦经著有成效。

谨按：姚安农家，每年夏季多有栽植烟草，以供本地吸食者，但其味辣苦，销行不广。又自鸦片禁种，农村经济倍加艰窘，山坡瘠壤，仅种蜀黍、高粱等物，产量不丰，益形困散。前因国际通路封锁，美烟种籽输入，卷烟工业勃兴，需要烟草日增。近玉溪等县大量种植，村落经济顿形活泼。烟叶改进所现已派员到县提倡，邑中现于三十七年设立美烟种植推广所，推定人员负责指导试种五百亩至一千亩，先建烤房十座，将来所得利益，当较膏、黍等什倍，裨益农村经济，定非浅鲜。

——民国《姚安县志》卷四十四《物产志二·植物》第 7 页

草之属　有茅、茅类甚多，细民多用以盖墙垣，覆牛屋。灯心、泽地丛生，苗茎圆细长直者，取中心白瓤燃灯照夜，并可入药，茎可为席。铁线、茎如藤蔓，缘地而生节，皆长根。芝、一名灵芝，一紫芝，有青、黄、赤、白、黑、紫等类。蘋、大萍曰蘋，生于浅水，四叶合成一叶，如田字形，故又名田字草。萍、一名水萍，一名浮萍，叶背面俱青。一种较大，面青背紫，名曰紫萍。苇、即芦也。芒、即菅草，似茅多丛生，皮可为绳索及草履等物。蒿、形如艾，有青蒿、白蒿、苦蒿数种，青蒿叶稍细。艾、嫩时叶可食，干后揉之，则成艾绒，医者灼以治病。钱麻、有大、小二种，大者较高，叶大刺锐；小者如芹，叶小而刺茸。荻、与芦同类，而叶较宽，茎亦较韧。鹿衔草、叶圆而厚润，其背有紫有绿，紫背者为良，一名吴风草。蓼、生水边，色红，故又名红蓼叶。味辛香，古人食馔多用以调和，有水蓼、马蓼、辣蓼等类。苎、皮之纤维坚韧柔滑，夏秋剥取沤浸水中，俟绿质腐脱，劈之成丝，可制线及布。芭蕉。有象牙、凤尾二种，象牙芭蕉，叶黄绿色，实长大形似象牙，成熟后味极香甜；凤尾芭蕉深绿色。

——民国《蒙化县志稿·地利部》卷十一《物产志》第 11 页

草之属 有山茅、叶如稻草，花穗白色，高五六尺，刈以揪皮革。野茅、比山茅细而短，可用以盖屋。茅针、生河堤，高三寸，叶细花白，嫩时味甘可食。根名甜草，可治鼻衄。灯芯、泽地丛生，苗茎圆长。取心白瓤作燃料，并可入药，茎可织席。菖蒲、叶扁如剑，生沟边，花如茅茹。艾、嫩时取其茎以接菊，干之为艾绒，用以炙病最良。凤尾、穗长叶翠，秀健可爱。麦冬、一名书带草。叶如韭形，根结麦冬，可以入药。茅狗、叶长，穗寸许，子如小米，饲马最佳。又一种有绒毛，均产河边及熟地。虎掌、叶瓣圆如虎掌，取之可革疟疾。龙胆、叶细，味苦，可入药用。白花、产熟地河边，高尺许，穗长尾白，可饲畜。笔管、生河边，即木贼，俗呼锁眼草，有黑节，直线可治眼科。马鞭梢、生陆地，枝歧出，开细红花。味苦，质绵，用以穿鳝。益母草、生陆地，枝歧出，高者六七尺。红花、有重台，可熬膏。挖耳草、长四五尺，叶尖有钩，形同挖耳，故名。金针、形类针，生山坡，可治劳伤疾。老鹳草、又呼五叶草。叶圆有缺，生黉宫者最佳，可以止血，又可泡酒治劳伤。铁线草、蔓生，茎如藤，节长，根最牢。浮萍、叶背、面俱青，生水中，形长圆如芋叶。大蘋、生聚水中，四叶合成一叶，如田字，又名田字草，又曰四瓣草。四乡闸沟均多有之。芦苇、高丈余，生山涧棘丛中。花长色白，茎有节，叶如茅草，剖之取其瓤为笛膜，吹之音亮。芒、即管草，似茅丛生。性牢，可为绳索织笋及编草鞋等。蒿、形如艾，有青蒿、白蒿、面蒿数种。面蒿有茸可和面食，青蒿叶细尖可入药用。萱、一名忘忧，又名宜男，即露葱是也。藻、生深水中，叶如竹叶，茎细而长，鱼善食之。薇蕨、一名龙爪。叶尖圆有锯齿形，嫩时采而干之，用入席，味甚美。荻、生水边，与芦同类，叶较宽，茎亦较韧。鹿衔草、叶圆润，有紫背、绿背者，均可入药用。辣子草、生浅水中，色淡红，与蓼相似。制神曲、制醋覆之，发酵甚速。牙齿草、生水田中，叶圆长，有一缺，眼热取以贴之去热。护盆、生花盆及园圃中，叶细，开黄花。火烫伤，可清热毒。鼠耳、形类鼠耳，叶对生。仙桃草、生麦田内，细叶错生，茎端结果如小桃。果内有虫，剖视之，振振作动。端午后始破壳飞出，俗谓采以泡酒，又治劳伤。夏枯草、叶椭圆而长，茎尖，开细红花，采入药用。车前、俗呼癞蛤蟆叶，子为前仁，入药。牛毛草、生秧田内，丛如牛毛，又名谷精草，可入药用。仲（伸）筋、生山谷中，可入药用。透骨、生山谷中，可入药用。苍蝇草、色黑，有茸毛，茎尖，结果如苍蝇。根下有红珠一颗，秀润可爱。相传小儿患蛊毒者，以珠包之则泡，以果食之则吐，均能治愈如响。星宿草、生水边，叶圆细柄，可炖肉食，颇为清香。生高山者高约五六寸，色微白，叶茎相类而硬劲，名曰铁杆星宿草，治蛊毒尤效，并可用以试其有无。珍珠草、生山上，叶长，结果如珠。猪鬃草、生山上，叶如猪鬃，长三四寸，可入药用。五瓣、蔓生，叶类豆瓣，取之可止血。韭叶、生山上，又名野韭菜。根下结实如小麦冬。泥鳅串、与马鞭梢同类，生沟边，可入药。龙须、丛生，细长如须，可用以编物。酸浆、细如豆叶，味酸，蔓生，可揉筋痛。茜、蔓生，茎方中空，叶长卵形。夏月开小白花，实黑色，根赭黄，可染绛，并供药用。茳荛、生于水田，叶高二三尺，三棱形，根下结实，名为茳荛。味甘，荒年饥民食之。千里光、附刺而生，藤长，叶脉羽状，开小黄花。端午节人多取以热水沐浴，可免疮疾。丰藤草、与千里光相似，叶背有毛，藤极蕃引，故名丰藤。**鱼眼草**、叶尖茎圆，端结小饼，形同鱼眼。沾衣、细叶，丛生，结实成三角形，破裂有钩，触之沾衣。**双胞草**、细叶，蔓生，一花结二子，绿圆如珠，可治头目昏晕。**薴麻**、音潜，一名蓉麻，有大、小二种。大者茎高茨锐，小者叶如芹状。茎叶均有莒茨，人误触之，痛痒不可耐。**苔草**、隐花植物之一种。叶状扁平，里面生假根如毛状。**瓦松**。生屋及深山石罅中，叶厚，细长而尖，多数相重，远望如松。

——民国《昭通志稿》卷九《物产志》第 14 页

草之属　莎、萱、蘋、荇、葛、皇、苹、丝茅、菅茅、黄茅、芭茅、水蓼、马蓼、茜草、水萍、陟釐、屋游、乌韭、青蒿、白蒿、角蒿、虉蒿、牡蒿、艾蒿、龙须、席草、火草、荨麻、灯心草、鬼茅针、狼把草、狗尾草、醉鱼草、地衣草、酸浆草、黄花蒿、马矢蒿、马齿苋、茅蜡烛、龙胆草。

——民国《巧家县志稿》卷七《物产》第 21 页

草类　甘蔗、滨江一带出产最多。荻、益母草、金银花、车前草、以上产额最多。青蒿、夏枯草、灯笼草、俗名卜地蜈蚣。蕲艾、陈艾、苍蒲、莞草、蒲草、灯心草、谷精草、龙胆草、虎耳草、独足蒿、笔节草、水皂角、苏毛草、茜草、菜子。分黄、黑二种，均能榨油，黄者可作芥末。

——民国《绥江县县志》卷二《物产志》第 26 页

草类　马湖草、清明草、又名艾，可和米粉作饵饼。红酸草、牛筋草、蓄作草场最宜。熟地草、狗尾草、鸭屎草、铁线草、蒲草、虎耳草、芭茅、蕨、详后。薇、藻、芦、苇、蓼、可作醋之酵母。蔺、即灯心草。莎、根即香附子。青蒿、牛尿蒿、可同青蒿作蚊烟。葛藤、椅子藤、可缠椅轿用具。莎葛、蓝靛、详后。竹参、详后。毛蜡烛、状似烛，系细毛簇，成可敷轻伤。马鞭梢、马齿苋、鱼鳅串、随手香、丝茅、芭蕉、苎麻、详后。火麻、玄麻、仙人掌、叶肥厚如掌，多刺，相接成枝。花名玉英，色红黄，实如小瓜，可食。金刚纂。多刺，性毒，人植为篱。

——民国《盐津县志》卷四《物产》第 1694 页

卉属　芝、菖蒲、吉祥草、老少年。以上芳草。芸、九叶为佳。白芷。以上香草。红花、茜草、蓝。以上染草。芭蕉、茅、蓬、青蒿。以上湿草。荇、芦、萍、苔、藻。以上水草。仙人掌、金刚钻、虎掌草、佛甲草。以上杂草。

——民国《龙陵县志》卷三《地舆志·物产》第 20 页

草属　菖蒲、茅、莲、青蒿、火草、荇、芦、萍、苔、藻、仙人掌、金刚钻、虎掌草、笔管草、即木贼。秧草、蜡烛草、可织席，即蒲草。蕨菜、可食。蒲草、可织席。鸡血草、龙骨草、开花必不利。寄生草、夏枯草。

——民国《镇康县志》（初稿）第十四《物产》第 3 页

白龙藤

白龙藤　生云南山中。粗藤如树，巨齿森森，细枝小叶，亦络石之类。土医云能舒筋骨。

——《植物名实图考》卷二十三《蔓草类》第 19 页

半把伞

半把伞一名雄过山　生云南山石上。横根，黑须如乱发。茎端生叶，长二三寸，披垂如伞而阙其半，背有点如金星。

——《植物名实图考》卷十七《石草类》第 29 页

鞭打绣球

鞭打绣球　生大理府。细叶，茎如水藻。近根处有叶大如指，梢端开淡紫花，尖圆如小球。俚医用之，云性温，味微甘，治一切齿痛，煎汤含口吐之。

——《植物名实图考》卷二十三《蔓草类》第 21 页

鞭绣球

鞭绣球　生昆明山中。蔓生。细根黑须，绿茎对叶，叶似薯蓣而末团，疏纹圆齿。夏开五瓣黄花，颇似迎春花。

——《植物名实图考》卷二十三《蔓草类》第 26 页

草棉

草棉　属锦葵科，一年生草本。滇温暖地带及金沙江流域元谋、罗平、永北、宾川等处产之。茎高三四尺，叶互生，掌状分裂，夏日开花，瓣片黄白，各片基部微带赤紫，外被绿色。总包内有聚药雄蕊，花后结蒴，蒴裂则种絮飞出，取而集之，即棉花也。种子亦可榨油，称棉子油。草棉之蒴果开裂，与气候极有关系，大概热地蒴早裂，遇寒则蒴不易裂开。滇产棉地，南至思普、临江、车里、五福、佛海、镇越、猛丁、麻栗坡、蒙自，西至腾永沿边燠热之区。内地如元谋、永北、宾川等濒金沙江流域，无不为其适当区域，每年产量至少在数百万斤以上，惜尚未闻有专门统计之者。今滇棉之来源，多仰给于缅甸瓦城，名瓦花。与东京，自植之者进程尚缓，然既系舶来品，利权不免外溢。衣食之源，以能自给为要，晚近倡购美洲草棉子种，海岛棉，质纯而白，纤维长韧。植于滇中热地，设区督种，期以数年，将来产棉成绩，必不亚于河南、陕西诸省云。

——《新纂云南通志》卷六十二《物产考五·植物二·作物类》第 6 页

菖蒲

水菖蒲　味辛苦，性温。治九种胃气疼痛。用一寸九节者良，新瓦焙为末，烧酒吃，良效。

——《滇南本草》卷下《草部》第 2 页

花菖蒲　属鸢尾科。浮生沼泽，花色绯红。滇翠湖所植，殆为近年舶来品。

——《新纂云南通志》卷六十三《物产考六·植物三·花卉类》第 3 页

大发汗藤

大发汗藤　生云南山中。蔓生劲挺，茎色淡绿。每节结一绿片，圆长寸许。片端发两枝，横亘下垂。长茎中穿，宛如十字。附枝生叶，叶如苦瓜叶而少花叉，有锯齿。土人以其藤发汗，故名。

——《植物名实图考》卷二十三《蔓草类》第 23 页

地笋

地笋 生云南山阜。根有横纹如蚕，傍多细须，绿茎红节，长叶深齿。

——《植物名实图考》卷二十三《芳草类》第 61 页

地棠草

地棠草 生云南山阜。细蔓绿圆，叶大如钱，深齿龃龉，三以为簇，花开叶际。土医云能散小儿风寒。

——《植物名实图考》卷二十三《蔓草类》第 20 页

滇兔丝子

滇兔丝子 滇兔丝细茎极柔，对叶如落花生叶微团。茎端开紫筒子花，双朵并头，旋结细子。

——《植物名实图考》卷二十三《蔓草类》第 44 页

吊钟草

吊钟草 属桔梗科，二年生草本。茎直而高，由一尺至四尺，周围延生细毛。叶披针形，无柄。夏日开大轮钟状之美花，色白或蓝紫，亦有重瓣者。钵植最宜，滇中亦有莳之花坛者，系舶来品。

——《新纂云南通志》卷六十三《物产考六·植物三·花卉类》第 24 页

都拉

都拉 有草出迤西，名都拉，能解诸药性。凡市药者，远而弃之，误入药室，则诸品不效，虽砒石之烈，亦化为乌有。服毒者用此立解，其形类栀子而黑。

——《滇南新语》第 2 页

堵喇 生大理府。蔓生黑根，一枝一叶，似五叶草，大如掌。俚医云性寒，解草乌毒。产缅地者能解百毒。

——《植物名实图考》卷二十三《蔓草类》第 7 页

豆瓣绿

豆瓣绿 生云南山石间。小草高数寸，茎叶绿脆。每四叶攒生一层，大如豆瓣，厚泽类佛指甲。梢端发小穗长数分，亦脆。土医云性寒，治跌打。顺宁有制为膏服之，或有验。惟滇南凡草性滋养者，皆曰鹿衔，诞词殊未可信，姑存其方。六味鹿衔草膏：六味鹿衔草皆生顺宁县瑟阴洞林岩、扳岩，采取豆瓣鹿衔草、紫背鹿衔草、岩背鹿衔草、石斛鹿衔草、竹叶鹿衔草、龟背鹿衔草六味，加大茯苓，用桑柴合煎去渣，更加别药熬一日夜。冰糖融膏。性平和，男女老幼皆可服，忌酸冷。治痰水，用苎根酒服。年老虚弱、头晕眼花，用福圆大枣汤服。年幼先天不足、五痨七伤，火酒调服。患病日久，难以起欠，福圆大枣茯苓姜汤服。此膏长服，益寿延年，须发转黑。

——《植物名实图考》卷十七《石草类》第 18 页

毒草

《永昌郡传》曰：朱提郡，在犍为南千八百里，治朱提县。……有堂狼山，山多毒草，盛夏之月，飞鸟过之，不能得去。[1]

—《太平御览》卷七百九十一《四夷部十二·南蛮七·朱提》第 11 页

毒草 滇南极多。余在顺宁，多有被怨家毒害告官者，案牍累累。案《论衡·言毒篇》：草木有巴豆、冶葛，食之杀人。夫毒太阳之热气也，天下万物含太阳气而生者，皆有毒螫，故冶在东南，巴在西南。馥谓滇位西南，故多毒草。

—《札樸》卷十《滇游续笔·毒草》第 13 页

对叶草

对叶草 生云南山石上。根如麦门冬，累缀成簇，下有短须甚硬，根上生叶如指甲，双双对生。冬开小白花四瓣，作穗长二三分。与瓜子金相类而花异，性亦应同石斛。

—《植物名实图考》卷十七《石草类》第 14 页

繁缕

繁缕 《别录》下品。《尔雅》"薂，薎蒌"，注：今繁缕也，或曰鸡肠草。《唐本〔草〕》相承无异。李时珍以为鹅儿肠非鸡肠。今阴湿地极多。零娄农曰：余初至滇，见有粥鹅肠菜于市者，甚怪之，以为此江湘间盈砌弥坑，结蒌纠蔓，薙夷不能尽者。及屡行园不获一见，命园丁莳之畦中，亦不甚蕃，始知滇以夐而售也。李时珍以为易于滋长，故曰滋草，殆不然矣。滇城郭外皆田畴，无杂草木，而山花之可簪、可瓶，野草之可药、可浴，根核果蓏之可茹、可玩者，倮倮皆持以入市，故不出户庭，而四时之物陈于几案。

—《植物名实图考》卷四《蔬类》第 7 页

飞龙掌血

飞龙掌血 生滇南。粗蔓巨刺，森如鳞甲，新蔓密刺，叶如橘叶，结圆实如枸橘微小。

—《植物名实图考》卷二十三《蔓草类》第 45 页

凤尾草

凤尾草 味辛，无毒。生山中有水处。采枝叶用，忌犯铁器。然扫天晴明草，硬梗，凤尾草，软梗。主治跌打损伤，筋断骨碎，敷患处。治脱肛，敷颠门即入，随后换药，神效。此草能溃人大疮，小儿佩之，虫毒远去。

—《滇南草本》卷一第 31 页

---

[1] 此条，天启《滇志》卷三十二《搜遗志十四之一·补山川》第 1042 页引同。

钩藤

钩藤 藤也，可以酿酒。土人渍米麦于罂，熟而著藤其中，内注沸汤，下燃微火，主客执藤以吸。按：钓藤即千金藤，主治霍乱及天行瘴气，善解诸毒。其功似与槟榔同也。

——《滇略》卷三《产略》第 3 页

钩藤 《别录》下品。江西、湖南山中多有之。插茎即生，茎叶俱绿。《本草纲目》云：藤有钩，紫色，乃枯藤也。雩娄农曰：钩藤或作钓藤，以其钩曲如钓针也。《滇志》咂酒出镇雄州。陆次云《峒谿纤志》：咂酒，一名钩藤酒，以米杂草子为之，以火酿成，不篘不酢，以藤吸取。多有以鼻饮者，谓由鼻入喉，更有异趣。镇雄直滇东北，千里而遥，鼻饮之风，今无闻焉。考镇雄为芒部地，旧隶乌蒙。雍正八年改昭通府，以镇雄为州，其属有威信、牛街、母亨、彝良，皆设吏分治。其夷则有苗、沙二种。盖地旷岭奥，蛮俗犹有存焉。然其植物，昔有五加、方竹、龙眼、荔支诸物，今志不载龙眼、荔支，而谓采笋践躏，方竹殆尽。五加已绝种。又谓有海竹，空中为咂酒竿，则咂酒亦不尽用钩藤。今昔殊风，大都皆然。而旧谚所谓乌蒙与天通者，今已为运铜孔道，驮负佹佹，流人占籍，宜其濡染华风，非复峒溪故状。抑夷性吝而土地硗确，一草一木辄惜之。或以易食物，而畏官之需索尤甚。志盖因其俗而杜诛求云尔。然以方竹为守土累者，实有之矣，务奇诡而不恤艰难，乌可以长民哉？

——《植物名实图考》卷二十二《蔓草类》第 57 页

锅铲草

锅铲草 《腾越州志》：出竹芭铺，以象形名之。[①]

——道光《云南通志稿》卷七十《食货志六之四·物产四·永昌府》第 25 页

过江龙

过江龙 一名铺地虎，又名地蜈蚣。[②]味辛，性大寒。行周身十二经络，发散表汗，手足湿痹不仁、麻木，湿气流痰，筋骨疼或打伤经络，用力挣伤经络疼痛，能强筋骨，活经络，定痛。散风湿气寒，治膀背寒痛。

——《滇南本草》卷下《草部》第 7 页

旱连草

旱连草 味咸，性寒。固齿，乌发，肾虚。齿痛，焙为末搽。根，止痛，洗九种痔疮漏，良效。

——《滇南本草》卷中《草部》第 13 页

和合草

合和草 生必相对，夷女采为末，暗置饮馔中，食所厚少年，则眷慕如胶漆，效胜黄昏散，

---

① 此条，《滇南杂志》卷十三《轶事七》第 13 页同。
② 一名铺地虎，又名地蜈蚣　此句原本无，据《滇南草本》卷三"过江龙"条补。

不更思归矣。反目者宜用之。多生夷地深山中。余戏谓友人曰：此氤氲使者也，合和云尔哉。而或则资以逞欲，谬矣！

——《滇南新语》第 3 页

低头草，为一种四时常青之草，每丛发生十二叶，叶类蒲公英，却叶叶上竖，而叶背有毛，中抽一心长二三寸，茎端着花一朵，朵必十二瓣，大逾于钱。花瓣作淡红色，花心有细蕊一簇，作淡绿色，看之殊艳丽，而开花必在端午节后，喜生于山谷阴湿处或路隅沟边，人若俯身离尺许而大声喝之，花即低头下垂，一切上竖之叶亦片片低落，此则须过刻余钟后，花与叶始能渐次上扬。女人喝之则否。此余在桂之平乐地方所见者也。

民国七年（1918），余在平乐中学任教，课余恒喜往山间闲游。一日，在某一山谷中，有此草甚多，乃撬取一二棵而回，植之于盆，意欲考究其喝而低头之故。植活后，置于住室窗下，同人等无不常来喝之，以资一笑。一日，余仅以口中气喷之，叶亦低落，以时在八月，花已开过，仅有叶耳。余意此草或不耐热气，人以口中热气触之，故尔低头，乃以铁筋挟燃炭，自上而熨之，草叶上扬如故。此而方悟人口中热气是阳气也，此是一纯具阴气之生物也，故一触阳气即自行低垂。惟是此一种低头草，据一般人言，有以此草合他物为药，以蛊妇人，凡有挑之而不从者，以药弹其头面或衣领间，此女子即乐与之狎，是则此亦一种淫妖之生物也。然能制此药剂者究少耳，或者，所谓之他物，当是一种不易寻求之物也，不然，为害岂不大哉！

滇西中甸阿墩子地方亦产一种低头草，并产一种和合草。据来自阿墩子之人云：低头草之生形是一丛十余叶，叶类凤尾草，对生于茎上。花则朵数不等，每花六瓣，大如指尖，色黄而微赤，香味浓郁。人若大声喝之，亦不论为男为女，其叶则对对相合，在着花时，花亦低垂。且云花可为房中媚药，叶若使男子食之，见内必惧。其说如是，此又与桂中所产者有所不同。

和合草，则未闻其生发如何，惟昔在丽江时，曾有人持其干者以示余。草叶约长一寸，极似毛尖茶，以两片草叶，用红绒扎成一合。据云：无论男女，握此草叶于手中，俟手心有汗，抹其汗于他人肉上，其人即从己而行。此无论男施于女，女施于男，俱同样生效也。或以汗涂于牛马身上，牛马亦必来附己，此则是先迷其性，而后听己之所为，从己之所欲也，是又较低头草为厉害。又有人云：凡藏此草于怀者，不仅于名利上多不利达，且常招飞灾横祸，甚至凶死，故鲜有人藏之，可谓有天道在也。不然，以少许银钱即购得灵草两苗，又何事不可为耶！讵知天则不能容也。

又闻阿墩子又产一种毒草，名曰天茄，形似茄而差小，皮色亦与茄同，只皮上有毛，触之如荨麻（荨麻）之辣手。茄心函实约十数颗，实似板栗，亦有一层硬壳，壳色青紫，去壳见肉，肉作淡青色，曝焙其肉而成粉，即为匪类等所用之蒙汗药。在用时，只入少许于饮食间，受之者立即昏迷，凡图财害命行奸之事，大都利用此种药。但是，此种毒草虽产在夷方，而夷方人却不甚重之，惟高其价值而售与汉族人。盖夷方之人多半性气刚强，如古宗、怒子、傈僳、山头、庞族等，杀人便杀人，抢劫便抢劫，概以强硬手段施行，绝不用此柔邪物品而制人也。

又有人云：此草之叶与昆明之狗核桃叶极相似，捣融而拌以槐花汁，涂于白净之大理石上，则成绿色花纹，且能透入一二分。花可随意而涂，然须手快，以汁见风即干，又不能和水故也。云在若干年前，有人携大理石两块，俱微现绿色花纹者，在槐花开时，赶赴阿墩子，费尽若干力而得到槐花、天茄两物，乃用方法，就此两石上之原有花纹而加以涂染，一涂成杨柳两枝，一涂成尖峰三座、林树一丛。此两块楚石则有人以重价购往沪上，转卖与外国人。按：此种毒草实与钩吻、断肠、羊角纽等，同为天南恶物。盖偏僻之境，气候杂而不纯，故有此异草产出。

——《纪我所知集》卷十三《滇南景物志略之四·低头草与和合草》第 346 页

胡麻饭

胡麻饭 味甘辛，性平，无毒。软叶细叶，枝尖上有一撮细子，其根大而肥壮。采取熬服食，能辟谷，神仙多用此。采子治肺痨，采叶治风邪入窍、口不能言，采梗治头风疼痛，采根能大补元气，久服轻身延年，乌须黑发。

——《滇南草本》卷一第 31 页

虎耳草

虎耳草 属虎耳草科，常绿草本。叶圆色绿，茸毛最多。又有紫、赤色丝状之匍匐枝横卧于地，到处延生发生新苗。初夏之顷，花梗上缀蝶状之白花，三瓣小，二瓣大，且有斑点，滇庭园中植之。

——《新纂云南通志》卷六十三《物产考六·植物三·花卉类》第 10 页

虎掌草

虎掌草 味苦辣，有小毒。行经络，攻热，攻胃中痰毒。胃有痰毒，饮食呕吐。消疽疬诸疮红肿，血风疥癞癣疮。治瘰疬核疮、结核、痰核、气瘰。或有溃烂，痰入经络，红肿疼痛，走注痰火症，外乳蛾疰腮肿疼，内乳蛾咽喉肿痛，牙根肿疼。

——《滇南本草》卷上《草部》第 21 页

黄龙藤

黄龙藤 生云南山中。藤巨如臂，纹裂成鳞。细蔓紫色，长叶绿润。开五瓣团花，中含圆珠，殷红一色，珠老则青。

——《植物名实图考》卷二十三《蔓草类》第 18 页

火把花

火把花 一名酒吊藤，诸山俱有。叶如杏，大毒，服无不立死者，干之亦可毒人。滇中以六月二十五日火把节，则采此草束而燎之，故名。盖欲绝其种类，而蕃滋弥甚。村氓自尽图赖，时见讼牍，厉禁之不得也。

——《滇略》卷三《产略》第 9 页

《酉阳杂俎》：胡蔓，毒草名，滇南名火把花。

——天启《滇志》卷三十二《搜遗志第十四之一·补物产》第 1045 页

《酉阳杂俎》：胡蔓，毒草，滇南名火把花。

——康熙《云南通志》卷三十《补遗》第 15 页

余入景东,过一地长五里,他草不生,遍地皆断肠草,与人驰过如飞。似此之地,安得不成瘴也?断肠草之叶为火把花,干为酒吊藤,根名断肠草。滇人无大小,裙袖中咸赍些须,以备不测之用,其俗之轻生如此。

——《肇域志》第四册第 2422 页

边地草木亦有异者,断肠草处处有之,骡马食之立毙。其草实虫,而形似草。

——乾隆《腾越州志》卷十一《杂志·杂记》第 22 页

火把花　一名酒吊藤,诸山俱有。叶如杏,大毒,生服无不立死者,干之亦可毒人。滇中以六月二十五日为火把节,则采此草束而燎之。盖欲绝其种类,而蕃滋弥甚。村氓自尽图赖,颇见讼牍。

——乾隆《腾越州志》卷十一《杂志·杂记》第 24 页

火把花　《腾越州志》:一名酒吊藤,诸山俱有。叶如杏大,生服无不立死者,干之亦可毒人。滇中火把节,则采此草束而燎之。盖欲绝其种类,而蕃滋弥甚。村氓自尽图赖,颇见讼牍。

——道光《云南通志稿》卷七十《食货志六之四·物产四·永昌府》第 24 页

火把花　一名酒吊藤,腾越诸山皆有之。叶如杏大,生服之无不立死者,干之亦可毒人。滇中以六月二十五日为火把节,则采此草束而燎之。盖欲绝其种类,而蕃滋弥甚。村氓自尽图赖,往往见于讼牍。

——《滇南杂志》卷十三《轶事七》第 11 页

荐草

荐草　《唐书·南蛮传》:越睒之西,多荐草。

——道光《云南通志稿》卷七十《食货志六之四·物产四·永昌府》第 24 页

姜黄草

姜黄草　生滇南。蔓、叶俱如牵牛,根如姜而黄,极硬,以形得名。

——《植物名实图考》卷二十三《蔓草类》第 27 页

椒藤

椒藤　嵇含《南方草木状》:椒藤,生金封山,乌浒人往往卖之,其色赤。又云似草芝,出兴古。谨案欧阳询《艺文类聚》:椒藤作莍藤,乌浒人作俚人。

——道光《云南通志稿》卷六十九《食货志六之三·物产三·曲靖府》第 38 页

金刚刺

金刚刺　生云南山中。木皮绿紫,巨刺对生,觕锐如杷,槎枒可怖,疏叶垂垂,似麻叶而尖长,盖樊圃之良材也。

——《植物名实图考》卷三十六《木类》第 34 页

金星凤尾草

金星凤尾草　味苦，性寒。解硫黄毒，升（丹）轻粉毒。今用洗暴赤火眼，老年晕，退翳膜遮睛。煎汤候温，或洗或用笔管吹。

——《滇南本草》卷中《草部》第 12 页

金鱼草

金鱼草　属玄参科，宿根草本。茎高二尺，叶椭圆形。自夏徂秋，开假面状之美花，有红、紫、黄、白诸色。蒴果熟时，孔口裂开，散布种子。滇中常见之，舶来品也。

——《新纂云南通志》卷六十三《物产考六·植物三·花卉类》第 23 页

镜面叶

镜面叶　属虎耳草科，一名香尘草。茎矮叶圆，表部光滑无毛，宜于钵植，滇到处栽培之。

——《新纂云南通志》卷六十三《物产考六·植物三·花卉类》第 10 页

蓝

蓝　属蓼科者曰蓼蓝，草本。茎高二尺许，夏、秋开淡红小花，叶片可为青蓝色染料，即滇所云之靛蓝也。玉溪、寻甸、大理出产，栽植之者亦多。今人造蓝来滇，出品已式微矣。另有一种名红蓝，属茜草科，茎细长，比蓼蓝为高。叶缘有硬刺，夏季开红黄色小花，花片可为红色染料。滇原野旧有栽培者，但阿尼宁输入，遂无专莳红蓝者也。

——《新纂云南通志》卷六十二《物产考五·植物二·作物类》第 5 页

灵芝草

灵芝草　此草生山中，分五色，味甘，无毒，俗呼菌子。赤芝，治胸中有积，补中，强智慧，服之轻身，不老。白芝，味辣，无毒，治一切肺痿痨咳，力能安魂延年，仙品也。黑芝，味咸，性平，无毒，补肾，通窍，利水，黑发，治百病，人服成仙。黄芝，味甘辛，性平，无毒，治一切百病如神，熬膏久服，轻身延年。青芝，味咸，无毒，治一切眼目不明，服之目视千里。

——《滇南草本》卷一第 23 页

龙吟草

龙吟草　味甘平，无毒。生山中向阳处，断根有丝，大叶，黄子，根大，白色。采根服之，延年益寿，齿落重生，乌须黑发。久服，目视十里，上品仙草也。采叶服之，治大头伤寒症，神效。采梗，治舌上生疮，名曰重舌，服之即愈。

——《滇南草本》卷一第 25 页

龙竹草

龙竹草　味酸，无毒。此草生石上，或大山中有水处，形似竹，软枝，黄叶。治一切肾虚腰疼，大兴阳事炙用延年。

——《滇南草本》卷一第 29 页

麻

牧麻县，山出好升麻。

——《华阳国志》卷四《南中志》第 14 页

升麻　性寒，味苦平。升也，阴中之阳也。引诸药由行四经。发表伤寒无汗，发表小儿痘疹要药。解诸毒疮疽，止阳明齿痛，祛诸风热。

——《滇南草本》卷三第 26 页

麻山，山有麻，能解彼瘴气之毒，故曰麻山。

——《太平寰宇记》卷八十《剑南西道九·嶲州》第 1618 页

升麻　俱宁州出。

——正德《云南志》卷四《临安府·土产》第 9 页

升麻　刘昭《后汉书·郡国志注》：牧靡，李奇曰出升麻。常璩《华阳国志》：升麻县，山出好升麻。郦道元《水经注》：建宁郡牧靡县乌句山南五百里，生牧靡草，可以解毒，鸟多误食，乌喙口中毒，必急飞往牧靡山，啄牧靡以解毒。

——道光《云南通志稿》卷六十九《食货志六之三·物产三·曲靖府》第 39 页

麻　滇产麻类，最普通者有大麻、亚麻、苎麻等数种。

大麻　属桑科，一年生之作物也。方茎复叶，高达六尺以上，花开雌雄异株。成长期短，栽培亦易，利用其纤维，为滇农家副业之一。寻甸产麻，为出口大宗。

亚麻　属亚麻科，一年生草本。花开紫蓝色，亦名火麻。纤维长韧柔细，美丽光滑，适于稍湿气候，粘土质壤地尤宜。三四月下种，六月采麻，在滇一年，可栽两回。子入药，称火麻仁，泸西尤多。

苎麻一种　属苎麻科，宿根草本。高四尺至一丈，圆茎单叶，但其茎部均有皮层，由纤维质组成，刮取外皮，则得纤维，至韧之。粗麻再行细劈，纤维则为精麻，供绩麻布、夏布之用。滇各处产之，临江出口为大宗。又鹤庆产水麻，不知何属，姑附于此。考古时桑、麻并称，知麻之利不亚于桑，但滇产麻类，只为副业之一，其用及于绩绳制布而止，且亦仅限于荒原瘠地已也。

——《新纂云南通志》卷六十二《物产考五·植物二·作物类》第 5 页

马尿藤

马尿藤　生云南。一枝三叶，光滑如竹叶，开花作角，红紫色，如小角花。

——《植物名实图考》卷二十三《蔓草类》第 40 页

马藤

马藤 生云南山中。木本大叶，面绿背紫，红脉交络，直是秋海棠叶，非特似之。

——《植物名实图考》卷三十六《木类》第 33 页

马蹄草

马蹄草 味苦，性寒。子午潮热，头晕怕冷，肢体酸困，饮食无味，男妇童痨，虚劳发热不退凉者用之，利小便。水牛肉引。

——《滇南本草》卷中《草部》第 9 页

苜蓿

苜蓿 《别录》上品。……滇南苜蓿，稆生圃园，亦以供蔬，味如豆藿，讹其名为龙须。

——《植物名实图考》卷三《蔬类》第 56 页

盘龙草

盘龙草 属豆科。邓川特产，苜蓿类之草本也，又名蕖便草。高五寸，茎末四叶环生，缀花如穗。又有紫红细碎之花冠，盛夏花开，用以饲牛，颇益乳汁，亦制乳扇，油质较佳。

——《新纂云南通志》卷六十二《物产考五·植物二·作物类》第 6 页

蒲草

西湖，在云南府城西。湖方五里，蒲藻常青，土人多泛舟游赏。

——《永乐大典方志辑佚》第五册《云南志》第 3224 页

杨保山，在州治东北六里。下有池，多蒲草。

——万历《云南通志》卷三《地理志一之三·鹤庆军民府·物产》第 33 页

（鹤庆军民府顺州）杨保山，在州东北八里。下有池，中多蒲草，凫鹜之薮也。

——《读史方舆纪要》卷一一七《云南五》第 5173 页

蒲草 属香蒲科。邓川特产，可以编席，远销各处。

——《新纂云南通志》卷六十二《物产考五·植物二·作物类》第 5 页

七星草

七星草 味甘，性寒，无毒。此草形似鸡脚，上有黄点，按宿度而生，或依根贴土上，或石上。采服，治沙淋、血淋、白浊、冷淋。又能包肚脐，治阴症。敷名疮大毒，如神。

——《滇南草本》卷一第 27 页

鹅掌金星草 生建昌山石间。横根，一茎一叶，叶如鹅掌，有金星。《滇本草》谓之七星草，云此草形如鸡脚，上有黄点，贴石生。味甘，性寒，无毒。治五淋白浊，又包敷无名大疮神效。又熨脐，治阴寒。

——《植物名实图考》卷十六《石草类》第 13 页

染铜皮

染铜皮　生云南。蔓生，无枝，三叶攒生一处，有白缕，结实如粟。

——《植物名实图考》卷二十三《蔓草类》第 37 页

山豆花

山豆花　生云南。蔓生，大叶长穗，花似紫藤花。

——《植物名实图考》卷二十三《蔓草类》第 48 页

山红豆花

山红豆花　生云南山中。叶蔓如紫藤而细小，花如豆花，色红。

——《植物名实图考》卷二十三《蔓草类》第 49 页

石椒草

石椒草　味苦辣，性温，有小毒。走经络，止胸膈气痛，攻心腹胀疼、胃气疼，发散疮毒。不拘多少，叶根俱可。

——《滇南本草》卷上《草部》第 22 页

石交　生云南山坡。高尺余，褐茎如木，交互相纠。初附茎生叶，渐出嫩枝，三叶一簇，面绿背紫。大者如豆，小者如胡麻，参差疏密，自然成致。《滇本草》：性温，味苦辣，有小毒。走筋络，治膈气痛、冷寒攻心、胃气疼、腹胀，发散疮毒。

——《植物名实图考》卷十七《石草类》第 17 页

石筋草

石芹草　味辛酸，性微温。治风寒湿痹，筋骨疼痛，痰火痿软，手足麻木。此药舒筋络，药酒用之良。

——《滇南本草》卷中《草部》第 3 页

石筋草　性微温，味微辛酸。主治风寒湿痹，筋骨疼痛，痰火痿软，手足麻木。舒筋活络，药酒方中之良效。

——《滇南草本》卷三第 10 页

石筋草　生滇南山石间。丛生易繁，紫绿圆茎，叶似乌药叶，淡绿深纹，劲脆有光。叶间抽细紫茎，开青白花，碎如黍米，微带紫色。《滇本草》：性微温，味辛酸。主治风寒湿痹，筋骨疼痛，痰火痿软，手足麻痹，活筋舒络方中之良效。

——《植物名实图考》卷十七《石草类》第 11 页

石龙草

石龙草 味苦，无毒。生石上，花似丁香花，叶似桃叶。采梗枝煎服，能目视百里。治一切眼科，神效。采根者，铁成银。

——《滇南草本》卷一第 13 页

石龙尾

石龙尾 生云南山石上。独茎细叶，四面攒生，高四五寸。颇似初生青蒿而无枝叉，大致如石松等，而茎肥，叶浓，性应相类。

——《植物名实图考》卷十七《石草类》第 25 页

石南藤

石南藤 一名搜山虎。味甘微酸，性微温。入肝、胆、小肠经。治风寒湿痹伤筋骨疼痛，祛风，利小便。茎中痛，热淋初起，小便急速，治效。生石崖者，功效于筋络；土地，利小便效。

——《滇南本草》卷中《草部》第 2 页

石松

石松 生云南山石间。矮草大根，长叶攒簇似罗汉松叶，叶脱剩茎，粗痕如错。

——《植物名实图考》卷十七《石草类》第 5 页

树头花

树头花 《古今图书集成》：顺宁府产树头花，年久枯树上所生。状似吉祥草而叶稍大，开花如蕙，一茎有花十余朵，其香逊于幽兰。

——道光《云南通志稿》卷六十九《食货志六之三·物产三·顺宁府》第 32 页

树头花 云南老屋木板上皆有之，开三瓣紫花。《古今图书集成》：顺宁府产树头花，年久枯树上所生。状似吉祥草而叶稍大，开花如穗，一茎有花十余朵，香逊幽兰。状颇相类。

——《植物名实图考》卷十七《石草类》第 15 页

松寄生

松寄生 松顶上寄生草耳，聊以代茗，产补罗、锅底诸嶰。①

——雍正《师宗州志》卷上《物产纪略》第 38 页

---

① 此条，道光《云南通志稿》卷七十《食货志六之四·物产四·广西直隶州》第 46 页同。

藤蒴

藤蒴 生永昌、河赕。缘彼处无竹根，以藤渍经数月，色光赤，彼土尚之。案：此条文义未明，疑有脱讹。

——《蛮书》卷七《云南管内物产》第 33 页

《云南记》曰：云南出藤，其色如朱，小者似为马策，大者可为柱杖。

——《太平御览》卷九百九十五《百卉部二·藤》第 4 页

红藤 户撒、暗撒间有之，藤越本以藤州名。红藤取为杖，不甚贵，唐白乐天有《红藤杖》诗。

——《滇南杂志》卷十三《轶事七》第 12 页

铁马鞭

铁马鞭 生云南山中。粗蔓色黑，短枝密叶，攒簇无隙。叶际结实，紫黑斑斓，大如小豆。土医云浸酒能治浮肿。

——《植物名实图考》卷二十三《蔓草类》第 17 页

铁线牡丹

铁线牡丹 味微辛，性微温。入肝、肾二经，可升可降。上行温暖脾胃，止呕吐恶心，吞酸呕吐痰，饮食翻胃，胸隔胃口作痛，饮食饱闷懵卤，暖胃进食。下行入肾，能补命门相火之弱，温暖丹田，补火兴阳。

——《滇南本草》卷上《草部》第 24 页

铁线牡丹 生云南圃中，大致类罂粟花。土医云性温，能散、暖筋骨，除风湿，治跌打损伤。捣细入无灰酒煮热，包敷患处。

——《植物名实图考》卷二十九《群芳类》第 19 页

铜锤玉带草

铜锤玉带草 生云南坡阜。绿蔓拖地，叶圆有尖，细齿疏纹。叶际开小紫白花，结长实如莲子，色紫深，长柄擎之。带以肖蔓，锤以肖实也。

——《植物名实图考》卷二十三《蔓草类》第 16 页

碗花草

碗花草 生云南。蔓生如旋花，叶似鬼目草叶无毛，花出苞中，色白五瓣作箭子形，无心。临安土医云治丸子痒，以根泡酒敷自消。昆明谓之铁贯藤。

——《植物名实图考》卷二十三《蔓草类》第 30 页

仙草

蒙自山中有仙草,叶圆枝细。采其叶干之一二年,蘸以井泉,或气呵之,复鲜茂如故。此亦太和山万年松之属也。

——《滇略》卷三《产略》第 11 页

仙茅

仙茅 味辛,微咸,性温。入肾、肝二经。治老人失溺,补肾,兴阳道,暖腰膝。治妇人红崩下血,攻痈疽,排脓。

——《滇南本草》卷中《草部》第 14 页

仙茅 《一统志》:河阳县出。

——道光《云南通志稿》卷六十九《食货志六之三·物产三·澂江府》第 27 页

仙茅 《一统志》:景东出。

——道光《云南通志稿》卷七十《食货志六之四·物产四·景东直隶厅》第 40 页

相思草

相思草 一名合欢草,又名低头草。见妇女至,其草即低头,取以馈夫,夫辄为妇所制。[①]

——乾隆《腾越州志》卷十一《杂志·杂记》第 22 页

香草

戊寅十二月二十八日……下半里,得小坪,伏虎庵倚之,庵南向,从其前,多卖香草者,其草生于山脊。

——《徐霞客游记·滇游日记五》第 912 页

响铃草

响铃草 味苦酸,性寒。入肺敛肺气,止咳嗽,消痰定喘。

——《滇南本草》卷中《草部》第 25 页

象鼻藤

象鼻藤 生云南。对叶如槐,亦夜合,结角如椿角,一一下垂。

——《植物名实图考》卷二十三《蔓草类》第 51 页

象头花

象头花 生云南。紫根长须,根傍生枝,一枝三叶,如半夏而大,厚而涩。一枝一花,花似南星,

---

① 此条,道光《云南通志稿》卷七十《食货志六之四·物产四·永昌府》第 24 页、《滇南杂志》卷十三《轶事七》第 13 页同。

其包下垂，长尖几二寸余，宛如屈腕。又似象垂头伸鼻。其色紫黑，白筋凸起，条缕明匀，极似夷锦。南星、蒟蒻，花状已奇，此殆其族，而尤诡异。土人以药畜之，主治同天南星。即由跋之别种。亦有绿花者，结实亦如南星，而色殷红。

——《植物名实图考》卷二十三《毒草类》第 75 页

鸭头兰花草

鸭头兰花草　生云南太华诸山。黑根细短，尖叶内翕，抱茎齐生似玉簪，抽葶叶而长又肥，内绿外淡，有直勒道。茎梢发叉，开白绿花，微似兰花，有柄长几及寸。三瓣品列，中瓣后复有一大瓣，色淡，花心有紫晕，微凸。心下近茎出双尾，白缕如翦，燕尾分翘，野卉中具纤巧之致。

——《植物名实图考》卷二十八《群芳类》第 27 页

野草香

野草香　云南遍地有之，墙瓦上亦自生。茎叶微类荆芥，颇有香气。秋作穗如狗尾草而无毛，开淡红白花。滇俗中元、盂兰，必以为供。盖蘹车、胡绳之类，而失其名。

——《植物名实图考》卷二十三《芳草类》第 60 页

一把伞

边地草木亦有异者。……又分水岭有一把伞草，竹芭铺有锅产草，以象形名之。一把伞虽枯，置之滚水、热酒中辄泛青色，亭亭而立，真不可解也。

——乾隆《腾越州志》卷十一《杂志·杂记》第 22 页

一把伞草　产腾越州分水岭。虽枯，置之滚水、热酒中辄泛青色，亭亭而立，真不可解也。又腾越州竹芭铺有锅铲草，以其象形名。

——《滇南杂志》卷十三《轶事七》第 14 页

一把伞草　《腾越州志》：出分水岭，草虽枯，置滚水、热酒中辄泛青色，亭亭而立。

——道光《云南通志稿》卷七十《食货志六之四·物产四·永昌府》第 25 页

一把伞　生大理府石上，似峨眉万年松而叶圆。俚医用之，云味甘涩，性温，入足少阴，补腰肾，壮元阳。

——《植物名实图考》卷十七《石草类》第 23 页

油点草

《酉阳杂俎》曰：油点草，叶似君达，每叶上有黑点相对。[1]

——天启《滇志》卷三十二《搜遗志第十四之一·补物产》第 1045 页

---

[1] 此条，康熙《云南通志》卷三十《补遗》第 15 页、《滇南杂志》卷十三《轶事七》第 10 页同。

紫罗花

紫罗花　生滇南。蔓生，叶涩如豆叶，子如枸杞作球。俗医谓之蛇藤。

——《植物名实图考》卷二十三《蔓草类》第 38 页

紫罗花　生云南。子如枸杞。土医云产妇煎浴，却筋骨痛。一名蛇藤。

——《植物名实图考》卷三十六《木类》第 51 页

竹叶吉祥草

竹叶吉祥草　生云南山中。绿蔓，竹叶垂条。开花如吉祥草，六瓣，红白相间。长根色微红。土医谓之竹叶红参，主补益。

——《植物名实图考》卷二十三《蔓草类》第 47 页

三、滇嘉木·茶之属

己卯四月二十五日……乃滇滩关道，已茅塞不通。惟茶山野人间从此出入，负茶、蜡、红藤、飞松、黑鱼，与松山、固栋诸土人交易盐布。中国亦间有出者，以多为所掠，不甚往也。其关昔有守者，以不能安居，多遁去不处，今关废而田芜，寂为狐兔之穴矣。

——《徐霞客游记·滇游日记九》第 1080 页

滇苦无茗，非其地不产也。土人不得采取制造之方，即成而不知烹瀹之节，犹无茗也。昆明之泰华，其雷声初动者，色香不下松萝，但揉不匀细耳。点苍感通寺之产过之，值亦不廉。士庶所用，皆普茶也。蒸而成团，瀹作草气，差胜饮水耳。

——《滇略》卷三《产略》第 25 页

滇山茶叶 叶劲滑类茶，味辛。开黄白花作穗，滇山人以其叶为饮。

——《植物名实图考》卷三十六《木类》第 44 页

茶 旧《志》：味淡而微香。谨案：郡属土司地产茶甚广，种类亦不一。其香味不及思普各大茶山远甚，又其次者只销行西藏、古宗等地。

——光绪《续修顺宁府志稿》卷十三《食货志三·物产》第 19 页

茶 属山茶科，常绿乔木或灌木。通常有五六尺之高，枝桠密生，叶披针形或椭圆形，边缘有细锯齿，互生，质厚而滑泽。秋后，自叶腋抽出短梗，上缀六瓣白花，雄蕊多花丝，下部相连成环，雌蕊一，子房三室，各室有一枚之胚珠，即茶果也。延至翌年初秋，始行成熟。但滇产茶树，均以采叶为目的而栽培之，此种植物，性好湿热，适于气候湿润、南面缓斜、深层壤土、河岸多雾之处。我滇思普属各茶山，多具以上条件，故为产茶最著名之区域。普洱茶之名，在华茶中占特殊位置，远非安徽、闽、浙可比。旧《志》引阮福《普洱茶记》云：所谓普茶者，非普洱界内所产，盖产于府属之思茅厅界也。厅治有茶六处，曰倚邦，今五福属。曰架布，曰嶍崆，曰蛮砖，曰革登、曰易武，今五福属。与《通志》所载之名互异。至载普洱所属六茶山，除革登、倚邦、蛮砖三茶山外，另举攸乐、今车里属。莽披〔枝〕、慢撒今麻栗坡属。之名。古今音微有出入，要之皆思普沿边一带，可断言也。元江、江城、景东、镇越、五福、佛海，今亦以茶为大宗，猛板、猛夏、临江、麻栗坡亦出产。至于普茶之采收，均有当地专门术语。春季摘其嫩者谓之毛尖，经过蒸、揉、搓、烘焙等等之手续，始行运市出售。至摘其叶之少放而犹嫩者曰芽茶，采于旧历三四月者曰小满茶，采于七八月者曰谷花茶，茶大而圆者曰紧团茶，其入商贩手外细内粗者曰改造茶。此采茶时之名目也。至制成之茶，多属绿茶，红茶则滇尚无出品。现在分析茶叶，知其所含成分有茶素、鞣酸、单宁酸。芳香油、灰分等等，茶之价值亦以各成分之多寡而异。鞣酸味涩，多含老叶中，不适于沸水泡制。嫩叶含茶素、芳香油较多，温泡、沸泡均宜。普茶之可贵，即在采自雨前，茶素量多，鞣酸量少，回味苦凉，无收涩性，芳香油清芬自然，不假薰作，是为他茶所不及耳。普茶每年出产甚多，除本省销用者外，为出口货之大宗。车里、佛海等处，径有就近采制装销，直售至暹罗、印、缅者，苟能推广改良，锡兰产茶不难抵制也。滇产茶，除普茶外，有宝红茶产宜良，西山茶产洱源，感通茶产大理，见《大理志》，今已式微。均为各该地之特品云。云龙特产之萝峰茶，有凤尾、雀舌二品，于清明节采出茁芽者曰雀舌，曝干后携赠远方，最为珍贵。其将叶而采取者曰凤尾，贮之一年，炒香烹之，味回甘，能消食止渴，但袭茶名，并非茶科。

——《新纂云南通志》卷六十二《物产考五·植物二·作物类》第 7 页

茶 县属之茶，自改流后，人民始种，渐以推广。二十余年来，除热处不宜处，其余各区乡镇无处不种。年产数千石，行销外县，观其情形，以后日益发达，不可限量也。

——民国《镇康县志》（初稿）第十四《物产》第 6 页

清室在同〔治〕、光〔绪〕以前，长城内仅有十八行省，而各个行省的督抚，在地位上也就等于真正封建时代的分封诸侯。诸侯讲朝贡于天下，督抚亦讲进贡于皇帝。此十八行省中，当然各省有各省的出产，而又各省有各省的特殊出产，或属于衣着，或归于食用，或入于药饵者。只要此省所产之某一种什物，或某一种食品，在实质上及功用上，强胜于他省所产，或此一种品物，仅为此省所用，而为他省所无，都可以入贡。

云南则以普洱茶为最有名，果也色香两全。虽然，普洱茶固称名贵，但泡出茶来，入于云南人之口，无非道一声"味道不错"，好似仍认为不及外省之水仙、龙井。夫"人离乡贱，货离乡贵"，是千古名言，普洱茶一输到他省，泡在茶壶内，便能发生出一种特别的香味来，可以说能隔座闻香，然此尚是一些平常的普茶。若是雨前毛尖，那就更能芳香沁齿了。因此，云南的普洱茶，有入贡于朝的价值。

论云南贡茶入帝廷，是自康熙朝开始。康熙某年有旨，饬云南督抚"派员，支库款，采买普洱茶五担运送到京，供内廷作饮"。自此，遂成定例，按年进贡一次。逮至嘉庆年间，则改为年贡十担，但除正贡外，尚有若干担副贡。副贡不入内廷，是送给内务府中大小官员及六部堂官。此一件事，在光绪朝以前，究不知作何办法。在光绪年间，贡茶是由宝森茶庄领款派人到普洱一带茶山上拣选采办，自是一些最好最嫩之茶。茶运到省，则由宝森茶庄聘请工匠，将茶复蒸，乘茶叶回软时，做成些大方砖茶、小方砖茶，俱印出团寿字花纹，是则不仅整齐，而亦美观。此外，又做些极其圆整、极其光滑之大七子圆、小五子圆茶，一一包装整齐妥当，然后送交督抚衙门。此则照例派员查验点收，随即装箱，准备派人解贡。

普洱茶，是奉旨呈进之贡，然除普洱茶外，尚附有十个八个云南出产之大茯苓，而每个都是重在七八斤或十斤上下者。又附有宝森茶庄所制之茶膏若干匣。此则装以黄缎匣子，匣绘龙纹，是为贡呈于帝廷之物。分送内务府中官员及六部堂官者，却用红缎匣子装贮。然赠送一般当道者之茶膏，总数当不下五百匣，实超过贡入内廷之件数在五倍以上。本来云南茶膏，较他省熬煎者为佳，如遇一切喉症，噙半块于口中，不过三小时，病即消除，所以在北京的人，对于云南茶膏，十分宝贵。

贡入帝廷之茶叶，原系十担，则装成二十箱。然有内务府及六部衙门与夫都察院等之分送，故于正贡外，而更具二十箱，及搭上些鹿筋、熊掌、冬虫草、黄木耳等，为外官应酬内官之物，于是起运时，直有五几十只箱子。

解运此项贡物入京，督辕派戈什哈二、承差二，抚署亦如是。运输路线，由云南遵驿路而行，经迤东方面之霑益、平彝（富源）而入贵州境，过湖南，经湖北、河南，入直隶省而达北京，沿路上均由地方官派兵勇差役护送，当然沿途顺利。并且〔在〕一切箱子上，都插有奉旨进贡的黄旗，谁敢来惹。贡物运到北京，系落于京提塘处，立即呈递奏折。上阅折奏，批"交内务府存储"，此而才将所有正贡送交内务府。分送各衙门之物品，亦分别致送，事始完毕。一行人仍乘驿而还滇。此是定例，年年俱有此一次，然亦耗费不大，约为几千两银耳。

——《纪我所知集》卷十九《杂谈·解茶贡》第 508 页

茶酒　班洪寨旁有茶树，他寨亦间种之，惟无多。土人品茗，味甚浓，余至土人家，以煮罐浓茶进，苦不能下口，劝饮，又不便却，而不能进一杯也。……

——《滇西边区考察记》之一《班洪风土记》第 21 页

宝洪茶

宝洪茶　产县治西北宝洪山及江头村、河溪营、栗者村、蓬莱村、左卫营等处，共有茶树五万余株，每年收茶一万余斤，运销省垣及各县，每斤价银约三角，宜邑以米为大宗，茶利甚微，故无人讲求种植制造，村人每于春季采叶，蒸半熟，将苦水揉去，晒干。每家于山地内种数十株或百余株，并无茶业团体。

——《宜良县地志稿》十四《产业·茶业》第 23 页

宝洪茶　产北区宝洪山附近一带，其山宜良、路南各有分界，茶树至高者三尺许，夏中采枝移莳，一二年间即可采叶。清明节采者为上品，至谷雨后采者稍次，性微寒，而味清香，可除湿热，兼能宽中润肠，藏之愈久愈佳。回民最嗜。路属所产年约万余斤，上品价每斤约五角余。

——民国《路南县志》卷一《地理志·物产》第 52 页

感通茶

感通茶　产于感通寺，其味胜于他处所出者。

——景泰《云南图经志书》卷五《大理府·土产》第 2 页

感通茶　感通寺出，味胜他产。

——正德《云南志》卷三《大理府·土产》第 6 页

己卯三月十三日，与何君同赴斋别房，因遍探诸院。时山鹃花盛开，各院无不灿然。中庭院外，乔松修竹，间以茶树。树皆高三四丈，绝与桂相似，时方采摘，无不架梯升树者。茶味颇佳，炒而复曝，不免黝黑。

——《徐霞客游记·滇游日记八》第 1014 页

感通茶　出太和感通寺。

——康熙《云南通志》卷十二《物产·大理府》第 8 页

茶　感通、三塔皆有，但性劣不及普茶。

——乾隆《大理府志》卷二十二《物产·大理府》第 3 页

感通寺在大理府城西，产茶。

——《滇南杂记》第 238 页

茶　旧《云南通志》：出太和感通寺。《大理府志》：感通、三塔皆有，但性劣不及普茶。《徐霞客游记》：感通寺茶树，皆高三四尺，绝与桂相似。茶味颇佳，炒而复曝，不免黝黑。

——道光《云南通志稿》卷六十九《食货志六之三·物产三·大理府》第 10 页

感通茶　旧《云南通志》：出太和感通寺。《大理（府）志》：感通、三塔皆有，但性劣不及普茶。《徐霞客游记》：感通寺茶树，皆高三四尺，绝与桂相似。茶^①味颇佳，炒而复^②曝，不免黝黑。按：感通、三塔之茶皆已绝种，惟上末尚存数林。

——民国《大理县志稿》卷五《食货部二·物产》第 9 页

谷茶

南甸、干崖、陇川，所谓三宣也。……（干崖）其田一岁两收，婚姻以谷茶、鸡卵为聘，客至亦以为供。

——《滇略》卷九《夷略》第 29 页

孟通茶

其孟通山所产细茶，名湾甸茶，谷雨前采者为佳。

——景泰《云南图经志书》卷六《湾甸州》第 20 页

茶　境内有孟通山，所产细茶名湾甸茶，谷雨前采者为佳。^③

——正德《云南志》卷十四《湾甸州·土产》第 13 页

湾甸州，蛮名细赕，在姚关东南七十里。……有孟通山，所产细茶，胜于中国。

——《滇略》卷九《夷略》第 32 页

孟通山，在司境。产茶，名湾甸茶，味殊胜。

——《读史方舆纪要》卷一一九《云南七》第 5223 页

茶　《一统志》：出湾甸州孟通山。章潢《图书编》：湾甸境内孟通山产细茶，名湾甸茶，谷雨前采者尤佳。《腾越州志》：团茶色黑，远不及普洱，出滇滩关外小茶山境。

——道光《云南通志稿》卷七十《食货志六之四·物产四·永昌府》第 9 页

普洱茶

普耳茶　出普耳山，性温味香，异于他产。

——康熙《云南通志》卷十二《物产·元江府》第 7 页

普洱产茶，旧颇为民害，今已尽行革除矣。

——《滇南杂记》第 238 页

滇茶　滇茶有数种，盛行者曰木邦，曰普洱。木邦叶粗味涩，亦作团，冒普茗名以愚外贩，

---

① 茶　原本脱，据《徐霞客游记》、道光《云南通志稿》补。
② 复　原本作"夏"，据《徐霞客游记》、道光《云南通志稿》改。
③ 此条，万历《云南通志》卷四《湾甸州·物产》第 46 页同。

因其地相近也，而味自劣。普茶珍品，则有毛尖、芽茶、女儿之号。毛尖即雨前所采者，不作团，味淡香如荷，新色嫩绿可爱。芽茶较毛尖稍壮，采治成团，以二两、四两为率，滇人重之。女儿茶亦芽茶之类，取于谷雨后，以一斤至十斤为一团。皆夷女采治，货银以积为奁资，故名。制抚例用三者充岁贡，其余粗普叶，皆散卖滇中。最粗者熬膏成饼摹印，备馈遗。而岁贡中亦有女儿茶膏，并进蕊珠茶。茶为禄丰山产，形如甘露子，差小，非叶，特茶树之萌苗耳，可却热疾。又茶产顺宁府玉皇庙内，一旗一枪，色莹碧，不殊杭之龙井，惟香过烈，转觉不适口，性又极寒，味近苦，无龙井中和之气矣。若迤西之浪穹、剑川、丽江诸边地，则采槐柳之寄生以代茶，然惟迤西人甘之。

——《滇南新语》第 27 页

团茶　产于普洱府属之思茅地方，茶山极广，夷人管业。采摘烘焙，制成团饼，贩卖客商，官为收课。每年土贡有团有膏，思茅同知承办，团饼大小不一，总以坚重者为细品，轻松者叶粗味薄。其茶能消食理气，去积滞，散风寒，最为有益之物。煎熬饮之，味极浓厚，较他茶为独胜。

——《滇南闻见录》卷下《物部·药属》第 36 页

普茶　名重于天下，此滇之所以为产而资利赖者也。出普洱所属六茶山：一曰攸乐，二曰革登，三曰倚邦，四曰莽枝，五曰蛮耑，六曰慢撒，周八百里，入山作茶者数十万人。茶客收买，运于各处，每盈路，可谓大钱粮矣。尝疑普茶不知显自何时，宋自南渡后，于桂林之静江军，以茶易西蕃之马，是谓滇南无茶也。故范公志桂林，自以司马政，而不言西蕃之有茶。顷检李石《续博物志》，云："茶出银生诸山，采无时，杂椒姜烹而饮之。"普洱古属银生府，则西蕃之用普茶，已自唐时。宋人不知，犹于桂林以茶易马，宜滇马之不出也。李石于当时无所见闻，而其为志，记及曾慥端伯诸人。端伯当宋绍兴间，犹为吾远祖檀倬墓志，则尚存也。其志记滇中事颇多，足补史缺云。茶山有茶王树，较五茶山独大，本武侯遗种，至今夷民祀之。倚邦、蛮耑茶味较盛。又顺宁有太平茶，细润似碧螺春，能径三瀹，犹有味也。大理有感通寺茶，省城有太华寺茶，然出不多，不能如普洱之盛。

——《滇海虞衡志》卷十一《志草木》第 4 页

茶　檀萃《滇海虞衡志》：普茶，名重于天下，出普洱所属六茶山：一曰攸乐，二曰革登，三曰倚邦，四曰莽枝，五曰蛮耑，六曰慢撒，周八百里，入山作茶者数十万人。茶客收买，运于各处。普茶不知显于何时？宋自南渡后，于桂林之静江军，以茶易西蕃之马，是谓滇南无茶也。顷检李石《续博物志》，云："茶出银生诸山，采无时，杂椒姜烹而饮之。"普洱古属银生府，则西蕃之用普茶，已自唐时，宋人不知，犹于桂林以茶易马，宜滇马之不出也。李石《志》记滇中事颇多，足补史缺云。茶山有茶王树，较五茶山独大，本武侯遗种，至今夷民祀之。倚邦、蛮耑茶味较胜。《思茅厅采访》：茶有六山，倚邦、架布、嶍崆、蛮砖、革登、易武。气味随土性而异，生于赤土或土中杂石者最佳，消食散寒解毒。二月间开采，蕊极细而白，谓之毛尖。采而蒸之，揉为茶饼，其叶少放而犹嫩者名芽茶，采于三四月者名小满茶，采于六七月者名谷花茶，大而圆者名紧团茶，小而圆者名女儿茶。其入商贩之手而外细内粗者名改造茶，将揉时预择其内之劲黄而不卷者名金月天，其固结而不解者名疙瘩茶，味极厚难得。种茶之家，芟锄备至，旁生草木，则味劣难售，或与他物同器，即染其气而不堪饮。郎中仪征阮福《普洱茶记》："普洱茶，名遍天下，味最酽，京师尤重之。福来滇，稽之云南通志，亦未得其详，但云产攸乐、革登、倚邦、莽枝、蛮耑、慢撒六茶山，而倚邦、蛮耑者味最胜。福考普洱府，古为西南夷极边地，历代未经内附。檀萃《滇海虞衡志》云：尝疑普洱茶不知显自何时？宋范成大言南渡后于桂林之静江军，以茶易西蕃之马，是谓滇南无茶也。李石《续博物志》称'茶出银生诸山，采无时，杂椒姜烹而饮之'。普洱，古属银生府，则西蕃之用普茶，已自唐时，宋人不知，犹于桂林以茶易马，宜滇马之不出也。李石，亦南宋人。本朝顺治十六年，平云南，那酋归附，旋叛伏诛，编隶元江通判，以所属普洱等处六大茶山纳地设普洱府，并设分防思茅同知，驻思茅，思茅离府治一百二十里。所谓普洱茶者，非普洱府界内所产，盖产于府属之思茅厅界也。厅治有茶山六处：曰倚邦，曰架布，曰嶍崆，曰蛮砖，曰革登，曰易武，与《通志》所载之名互异。福又检贡茶案册，知每年进贡之茶例，于布政司库铜息项下动支银一千两，由思茅厅领去，转发采办，并置办收茶锡瓶、缎匣、木箱等费。其茶在思茅本地收取鲜茶时，须以三四斤鲜茶，方能折成一斤干茶。每年备贡者，五斤重团茶、三斤重团茶、一斤重团茶、四两重团茶、一两五钱重团茶，又瓶盛芽茶、蕊茶，匣盛茶膏，共八色。思茅同知领银承办。《思茅志稿》云其治革登山有茶王树，较众茶树高大，土人当采茶时，先具酒醴礼祭于此。又云茶产六山，气味随土性而异，生于赤土或土中杂石者最佳，消食散寒解毒。于二月间采，蕊极细而白，谓之毛尖，以作贡。贡后，方许民间贩卖，采而蒸之，揉为团饼。其叶之少放而犹嫩者名芽茶，采于三四月者名小满茶，采于六七月者名谷花茶，大而圆者名紧团茶，小而圆者名女儿茶，女儿茶为妇女所采于雨前得之，即四两重团茶也。其入商贩之手而外细内粗者名改造茶，将揉时预择其内之劲黄而不卷者名金月天，其固结而不解者名扢搭茶，味极厚难得。种茶之家，芟锄备至，旁生草木，则味劣难售，或与他物同器，即染其气而不堪饮矣。"

——道光《云南通志稿》卷七十《食货志六之四•物产四•普洱府》第 1 页

茶 产普洱府边外六大茶山。其树似紫薇，无皮，曲拳而高，叶尖而长，花白色，结实圆匀如栟榈子，蒂似丁香，根如胡桃。土人以茶果种之，数年新株长成，叶极茂密。老树则叶稀，多瘤如云物状。大者制为瓶，甚古雅；细者如栲栳，可为杖。茶味优劣，别之以山。首数蛮砖，次倚邦，次易武，次莽芝，其地有茶王树，大数围，土人岁以牲醴祭之。次漫撒，次攸乐，最下则平川产者，名坝子茶，此六大茶山之所产也。其余小山甚多，而以蛮松产者为上，大约茶性所宜，总以产红土带砂石之阪者多清芬耳。茶之嫩老，则又别之以时，二月采者为芽茶，即白毛尖，三四月采者为小满茶，六七月采者为谷花茶。熬膏外，则蒸而为饼，有方有圆。圆者为筒子茶，为大团茶，小至四两者为五子圆。拣茶时，其叶黄者名金蜍蝶，卷者名疙瘩茶。每岁除采办贡茶外，商贾货之远方。按：思茅厅每岁承办贡茶，例于藩库铜息项下支银一千两，转发采办，并置收茶、锡瓶、缎匣、木箱等费。每年备贡者五斤重团茶、三斤重团茶、一斤重团茶、四两重团茶、一两五钱重团茶，又瓶承芽茶、蕊茶，匣盛茶膏，共八色。樊绰《蛮书》：茶，出银生城界诸山，散收，无采造法。蒙舍蛮以椒、姜、桂和烹而饮之。阮福以普洱古属银生府。按：银生，今楚雄府。唐蒙氏立银生节度，威远归其管辖。因威远属银生，界近车里，而谓普洱亦属银生，则非也。案六茶山，《通志》云攸乐、革登、倚邦、莽枝、蛮耑、慢撒，而阮福《普洱茶考》及《思茅采访》则云倚邦、架布、嶍崆、蛮砖、革登、易武，与《通志》互异。

——道光《普洱府志》卷八《物产》第 6 页

普洱茶 亦滇产之大宗也，元江、思茅、他郎皆有茶山。茶味浓厚，过于建茶，能去油腻、消食，惟山口有高下优劣之分，名目各异。初皆散茶，拣后，用布袋揉成数两一饼，或团如月形，或方块，蒸黏压紧，以笋箨裹之。其最佳者，制如馒头，形色味皆胜。所出无多，价亦数倍，多为外人购去，即在滇省，殊不易得。其入滇普通行销者最低，迤西庄、四川庄较优。

——《幻影谈》卷下《杂记》第 142 页

顺宁茶

乾隆三十三年十二月初三日，抵南甸，已接总督印任事。是晚，抚军以顺宁、普洱茶见饷。顺宁茶味薄而清，甘香溢齿，云南茶以此为最。普洱茶味沈刻，土人蒸以为团，可疗疾，非清供所宜。

——《滇行日录》第 211 页

太华茶

戊寅十月二十五日……老俵保言："此石隙土最宜茶，茶味迥出他处。今阮氏已买得之，将造庵结庐，招净侣以开胜壤。岂君即其人耶？"余不应去。

——《徐霞客游记·滇游日记四》第 847 页

戊寅十一月初八日……侍者进茶，乃太华之精者。茶冽而兰幽，一时清供，得未曾有。

——《徐霞客游记·滇游日记四》第 869 页

己卯八月十四日……宿于高简槽，店主老人梅姓，颇能慰客，特煎太华茶饮予。

——《徐霞客游记·滇游日记十二》第 1187 页

太华茶 出太华山，色味俱似松萝。

——康熙《云南通志》卷十二《物产·云南府》第 6 页

太华茶 出太华山，色味俱似松萝，而性较寒。

——雍正《云南通志》卷二十七《物产·云南府》第 7 页

太华茶 旧《云南通志》：出太华山，色味俱似松萝，而性较寒。《徐霞客游记》：里仁村石城隙土宜茶，味迥出他处。

——道光《云南通志稿》卷六十九《食货志六之三·物产三·云南府》第 2 页

太平茶

顺宁为滇省僻远之地，在万山之中，他省人鲜知之者。……郁密山，在郡城西南三十里外，幽深高旷，松柏阴翳。楚僧洪鉴来此，坐枯树空身中，苦行二十余年，渐立禅院，名太平寺。迄今百余年来，善果叠成，规模清整，花木繁秀，为顺郡禅林第一。寺旁多别院，亦皆静雅。其岩谷间，偶产有茶，即名太平茶。味淡而微香，较普洱茶质稍细，色亦清。邻郡多觅购者，每岁所产只数十斤，不可多得。僧房之左有清泉一股，石上横流，潺湲可听，凿池贮水，汲烹新茗，尤助清香。

——《顺宁杂著》第 54 页

乌爹泥

乌爹泥 李时珍《本草纲目》：出南蕃、瓜哇、暹罗诸国，今云南、老挝暮云场地方造之。云是细茶末入竹筒中，坚塞两头，埋污泥沟中，日久取出，捣汁熬制而成。其块小而润泽者为上，块大而焦枯者次之。

——道光《云南通志稿》卷七十《食货志六之四·物产四·普洱府》第 7 页

雪茶

雪茶 阿墩子、奔子栏盛雪，夏融如草，叶白色，生地无根，土人采售，谓之雪茶。汁色绿，味苦性寒，能解烦渴，然多饮则腹泻，盖积雪寒气所成者。

——《维西见闻录》第 13 页

雪茶 《丽江府志》：生雪山中石上，心空味苦，性寒下行。余庆远《维西闻见录》：阿墩子、奔子阑皆有，盛夏雪融如草，叶白色，生地无根，土人采售，谓之雪茶。汁色绿，味苦性寒，能解烦渴，然多饮则腹泄，盖积雪寒气所成者。

——道光《云南通志稿》卷六十九《食货志六之三·物产三·丽江府》第 41 页

雪茶 《巧家厅采访》：产向化里。

——道光《云南通志稿》卷七十《食货志六之四·物产四·东川府》第 37 页

雪茶 为地衣类植物，由菌类与绿藻类共生而成。产滇西北草原荒寒山地，雪线以上犹能生活，故有雪茶之名。性宜清热，中甸等处为山货之一种。

——《新纂云南通志》卷六十三《物产考六·植物三·药材类》第 27 页

野茶

茶 蒙乐山间产野茶，然味苦涩，人少采食，民间所用之茶，大都买自普洱。冬春之间，入山采茶者甚众，或转卖于弥渡、昆阳。故景东商贩生意以茶叶、棉花二项为大宗。

——嘉庆《景东直隶厅志》卷二十四《物产》第 5 页

四、山珍肴·菌之属

菌子　土人呼为鸡㚰，每夏秋间雷雨之后，生于原野。其色黄白，其味甘美，虽中土所产，不过是也。

——景泰《云南图经志书》卷一《云南府·安宁州·土产》第 53 页

菌子　各州县俱出，其味与中州出者无异。

——正德《云南志》卷二《云南府·土产》第 10 页

菌　姚安山谷中，每夏秋雷雨后则生。夷人采之鬻于市，其味与汴菌不殊。云南各州县俱产。

——正德《云南志》卷九《姚安军民府·土产》第 18 页

菌之属　八：鸡㚰、松菌、胭脂菌、牛乳菌、柳菌、香蕈、木耳、白生。

——嘉靖《大理府志》卷二《地理志·物产》第 71 页

菌之属　五：木耳、松菌、柳菌、鸡㚰、白生。

——万历《云南通志》卷二《地理志一之二·云南府·物产》第 13 页

菌之属　九：鸡㚰、香蕈、木耳、白生、黄菌、柳菌、松菌、胭脂菌、牛乳菌。

——万历《云南通志》卷二《地理志一之二·大理府·物产》第 34 页

菌之属　四：鸡㚰、香蕈、木耳、八担柴。

——万历《云南通志》卷二《地理志一之二·临安府·物产》第 54 页

菌之属　六：鸡㚰、树莪、香蕈、白蕈、松菌、柳菌。

——万历《云南通志》卷二《地理志一之二·永昌军民府·物产》第 67 页

菌之属　五：鸡㚰、松菌、香蕈、滑菌、木耳。

——万历《云南通志》卷三《地理志一之三·楚雄府·物产》第 8 页

菌之属　四：鸡㚰、松菌、木耳、香菌。

——万历《云南通志》卷三《地理志一之三·曲靖军民府·物产》第 15 页

菌之属　六：鸡㚰、松菌、香蕈、木耳、白生、竹器。

——万历《云南通志》卷三《地理志一之三·澂江府·物产》第 22 页

菌之属　五：鸡㚰、香蕈、茅草菌、木耳、白生。

——万历《云南通志》卷三《地理志一之三·蒙化府·物产》第 28 页

菌之属　七：鸡㚰、白生、香蕈、木耳、天花菌、竹菌、鸡脚菌。

——万历《云南通志》卷三《地理志一之三·鹤庆军民府·物产》第 36 页

菌之属　五：香蕈、鸡㚰、柳菌、白生、木耳、树菌。

——万历《云南通志》卷三《地理志一之三·姚安军民府·物产》第 46 页

菌之属 　四：鸡枞、香蕈、木耳、白生。

　　　　　　　　——万历《云南通志》卷四《地理志一之四·武定军民府·物产》第 9 页

菌之属 　六：鸡枞、香蕈、树菌、木耳、白生、柳菌。

　　　　　　　　——万历《云南通志》卷四《地理志一之四·景东府·物产》第 12 页

菌之属 　五：鸡枞、菌、香蕈、白蕈、木耳。

　　　　　　　　——万历《云南通志》卷四《地理志一之四·顺宁州·物产》第 24 页

菌之属 　十：鸡枞、香蕈、木耳、发烂紫、牛乳菌、胭脂菌、松菌、柳菌、白菌、刷箒菌。

　　　　　　　　——万历《云南通志》卷四《地理志一之四·北胜州·物产》第 33 页

菌之属 　九：松菌、柳菌、牛乳菌、木耳、白生、胭脂菌、芝麻菌、刷帚菌、香蕈。

　　　　　　　　万历《赵州志》卷一《地理志·物产》第 25 页

　　己卯正月十一日……菌之类，鸡葼之外，有白生香蕈。白生生于木，如半蕈形，不圆而薄，脆而不坚。黔中谓之八担柴，味不及此。

　　　　　　　　——《徐霞客游记·滇游日记六》第 934 页

　　胭脂菌、黄罗繖、谷熟菌、牛屎菌、松皮菌、草皮菌、奶脂菌、竹篱菌、香蕈、木耳、白森，以上味特寻常，毋事品题，致烦游目，然而谷熟、松皮驾香蕈上，奶脂、竹篱、草皮与白森等。

　　　　　　　　——《鸡足山志》卷九《物产》第 361 页

　　菌属 　香蕈、广西府者佳。木耳、白森、鸡葼、旧《志》谓"鸡以形言，葼者飞而敛足之貌"，说本杨慎。或作蚁堫，以其产处下皆蚁穴。《通雅》又作鸡堫，出临安蒙自者佳。菌。有青头、牛肝、胭脂、羊奶数种。

　　　　　　　　——康熙《云南通志》卷十二《物产·通省》第 2 页

　　鸡堫、白菌、一窝鸡。

　　　　　　　　——康熙《鹤庆府志》卷十二《物产》第 24 页

　　菌 　木耳、各山皆有。香蕈、白森、鸡葼、又名蚁堫。柳菌、栗窝、青头菌。

　　　　　　　　——康熙《蒙化府志》卷一《地理志·物产》第 39 页

　　菌之属 　香蕈、鸡堫、柳菌、白参、木耳、树菌。

　　　　　　　　——康熙《姚州志》卷二《物产》第 14 页

　　菌属 　鸡葼、香蕈、木耳、白森、树莪、生山谷中古木上，秋雨久则生。松菌、柳菌、芝麻菌、茅草菌、胭脂菌、青头菌、羊奶菌。

　　　　　　　　——康熙《永昌府志》卷十《物产》第 2 页

　　菌 　鸡葼、栗莴、青头菌、木耳、香蕈、白森、柳菌、胭脂菌、牛肚菌、红菌、芝麻菌。

　　　　　　　　——康熙《顺宁府志》卷一《地理志·物产》第 29 页

　　菌之属 　鸡葼、青头菌、香蕈、木耳、牛肝菌、大把菌、松毛菌、冻菌、荞面菌、黄罗繖菌、鸡油菌。

　　　　　　　　——雍正《马龙州志》卷三《地理·物产》第 19 页

菌　香蕈、木耳、白森、黄冻菌、青头菌、鸡𡑏、出蒙自者佳。鸡冠菌、雷打菌。

——雍正《建水州志》卷二《物产》第 7 页

菌之属　鸡葼、香蕈、白森、木耳、青头菌、胭脂、松毛菌、黄罗缴。

——乾隆《弥勒州志》卷二十三《物产》第 51 页

菌　香蕈、木耳、鸡𡑏、松菌、胭脂菌、芝麻菌。

——乾隆《陆凉州志》卷二《风俗物产附》第 26 页

菌属　鸡葼、香蕈、木耳、白森、青头菌、黄罗缴、羊肝菌、胭脂蕈、松毛菌、冻菌、有黄、白、黑三种。鸡葼花、茅草菌、米汤菌、牛肚菌、鸡油菌、扫帚菌。

——乾隆《开化府志》卷四《田赋·物产》第 29 页

菌之属　鸡葼、青头菌、黄罗缴、羊肝菌、胭脂菌、冬菌、松毛菌。按：诸菌因雨后山气湿热而生，间有毒。

——乾隆《新兴州志》卷五《赋役·物产》第 32 页

菌类　鸡葼、木耳、松菌、柳菌、牛乳菌、发烂柴、香菌、黄罗、白罗、白森、胭脂菌、刷帚菌、一窝鸡菌、青头菌、老人头菌。

——乾隆《永北府志》卷十《物产》第 3 页

滇南多菌，今据俗名记之。青者曰青头。黄者曰蜡栗，又曰莜面，又曰鸡油。大径尺者曰老虎。赤者曰胭脂。白者曰白参，又曰茅草。黑者曰牛肝。大而香者曰鸡葼。小而丛生者曰一窝鸡。生于冬者曰冬菌。生于松根者曰松菌。生于柳根者曰柳菌。生于木上者曰树窝。丛生无盖者曰扫帚。绉盖者曰羊肚。生于粪者曰猪矢。有毒者曰撑脚伞。《庄子》"朝菌不知晦朔"，蔡氏《毛诗名物解》引作鸡菌，北方谓之鸡腿磨菇，即鸡葼也。

——《札樸》卷十《滇游续笔·菌》第 11 页

桂馥《札樸》：滇南多菌，今据俗名记之。青者曰青头。黄者蜡栗，又曰荞面，又曰鸡油。大径尺者曰老虎。赤者曰燕支。白者曰白参，又曰茆草。黑者曰牛肝。大而香者曰鸡葼，小而蘩生者曰一窝鸡。生于冬者曰冬菌。生于松根者曰松菌。生于柳根者曰柳菌。生于木上者曰树窝。丛生无盖者曰扫帚，绉盖者曰羊肚。生于粪者曰猪矢。有毒者曰撑脚伞。案：旧《志》尚有羊肝、羊奶、鸡冠、松毛、一窠蜂、黄罗缴、红罗伞、木蕈等诸名。

师范《滇系》：鸡𡑏，菌属，以六七月大雷雨后，生沙土中，或在松下林间。鲜者多虫，间有毒。出土一日即宜采，过五日则腐矣。采后过一日，即香味俱尽，所以为珍。土人盐而脯之，熬液为油，以代酱豉。亦作塅，土菌也。又作葼，葼者，鸟飞而敛其足之象，鸡取其形。或作蚁，误也。余案：古人谓蕈为树鸡，唐肃宗取作博子，与张良娣戏者，名或取此。又有白森、牛乳、柳菌、松菌，皆其属也，而味不逮。桂馥《札樸》曰"朝菌不知晦朔"，蔡氏《毛诗名物解》引作鸡菌，北方谓之鸡腿蘑菰，即鸡𡑏也。考湘潭张九钺《鸡𡑏》诗，注：明熹宗嗜此菜，滇中岁驰驿以献，惟客魏得分赐，而张后不与焉。

——道光《昆明县志》卷二《物产志·余论·论蔬之属》第 12 页

黄罗缴菌　《顺宁府志》：色黄，此种多有毒，不可食，有绝大如雨伞者。

树窝菌　《顺宁府志》：山间古木，雨久则生。

——道光《云南通志稿》卷六十九《食货志六之三·物产三·顺宁府》第 31 页

香蕈 檀萃《农部琐录》：禄劝马地极多，蛮人资以为生，上味者圆而小，其肉厚似口外蘑菇，惟大而薄者下，以曝干为上，炕干为下。

——道光《云南通志稿》卷七十《食货志六之四·物产·武定直隶州》第 50 页

香蕈 《新平县志》：出哀牢山。

——道光《云南通志稿》卷七十《食货志六之四·物产·元江直隶州》第 55 页

菌之属 香蕈、鸡㙡、柳菌、白参、木耳、树菌。

——道光《姚州志》卷一《物产》第 242 页

菌之属 香蕈、木耳、白森、冻菌、柳菌、梨窝、鹅掌、树花、虾蟆皮。以上树生。鸡㙡、羊肚菌、稻黄菌、刷帚菌、青头菌、胭脂菌、羊腮菌。以上土生。

按：蘑菰即香蕈，土生曰菌，木生曰蕈。李时珍曰：蕈，延也。蕈从覃，以蕈味隽永，有蕈延之意。陈仁玉《菌谱》云：台菌，生台之韦羌山，其质外褐色，肌理玉洁，芳香韵味，一发釜鬲，闻于百步。此香蕈也。陈藏器曰：地生者为菌，木生者为檽。江东人呼为蕈。《尔雅》中"馗菌"也。孙炎注云：地菌也。是菌必生于土，蕈乃生于木，然《玉篇》谓蕈即地菌，是。菌、蕈通名也。大姚向产香蕈，皆深林密箐中，枯桩朽干，雨后薰蒸而出，所谓蒸成菌也。其质脆，其气香，其味鲜。山居者于夏秋采之，晒晾使干，入市售买，不过数斤而已。近年有吴越客民典买树林，将轮围合抱大树斫伐卧地，削去枝稍，于树身斧数十孔，用细灰土置孔内，将旧香蕈脚舂为末，和冷粥搅匀，每孔置少许，覆以树叶，令不见日。越一二年后，春雨既降，微生数十朵。四五年而大出，密铺满树，数千株一律，谓之红山。十余年后，树朽而山亦童矣。居民贪目前之利，致连冈叠岭、干霄蔽日之材，不转瞬而化为朽腐，甚至樵苏无所从出，合境皆然。然种出之蕈，味淡香薄，远逊于自出者，尚美其名曰蘑菰。商人运至吴越，亦获重利，惟堪贮年余，过一梅天即蛀矣。

——道光《大姚县志》卷六《物产志》第 3 页

菌品 香菌、柳菌、色白黄，似香菌，味较香美。虎掌菌、出州西北山中，形如虎掌，伞里有须，面皱。有黄、黑二种，黑者味芳烈，置筐中，香气不散；黄者似紫芝，气香而味苦，不中食。同治初年始出。栗窝菌、丛生栗树下，伞小脚矮，味香脆，胜蘑菇。所产最夥，产于北界山中者伞黑味佳，产于西界山中者伞白味淡。鸡㙡、谷熟菌、谷熟时生，一名九月菇，一名大黄菌，色黄味香脆。青头菌、伞微皱，面青里白，味稍逊谷熟菌。木碗菌、形如碗。过手青、著手即青。石灰菌、色白味辛，不中食。松毛菌、生松树下，味淡，不中食。木耳、白生、胭脂菌。色红味辛，不中食。谨案：菌品甚多，有毒有良，不能尽载，今第载其有名者数种而已。

——光绪《镇南州志略》卷四《食货略·物产》第 30 页

菌之属 故实一种：鸡㙡。《升庵集》：鸡以形言，㙡者飞而敛足之貌。以六七月大雨后，生沙土中，或松间林下，鲜者香味最美，土人咸而脯之。檀萃《滇海虞衡志》：滇南山高水密，臭朽所蒸，菌蕈之类无不有，而鸡㙡之名独闻于天下。旧《志》四种：香蕈、柳菌、白参、木耳。增补十二种：栗窝、香美异常，菌品之上者。九月菇、九月始生。青头菌、香喷菌、老红菌、俱味甘而脆。羊腮菌、理有芒如羊腮。过手青、著手即青。奶汁菌、折之有汁似乳。刷帚菌、形如帚。松毛菌、草皮菌。味俱淡而不中食。又有一种似菌非菌，雨后突出地上，或大如馒首，或小如鸡卵，无秆无伞，质柔而体轻，或炙或烹，香美似鸡㙡，土人谓之马皮包。无名毒菌如鬼盖、地芩之类甚夥，皆不可食。

——光绪《姚州志》卷三《食货志·物产》第 44 页

菌之属 新增十三种：鸡葼、有二种。香蕈、柳菌、白参、木耳、栗窝、青头菌、羊肚菌、谷熟菌、胭脂菌、刷帚菌、松毛菌、草皮菌、马皮包。杂菌甚多，及无名毒菌，兹不备载。

——光绪《续修白盐井志》卷三《食货志·物产》第 53 页

菌部 柳树菌、早谷菌、青头菌、羊肝菌、黄罗繖、芝麻菌、胭脂菌、牛乳菌、刷帚菌、铜绿菌、鸡葼、香蕈、木耳、白生。

——光绪《云南县志》卷四《食货志·物产》第 15 页

菌类 虎掌菌、香蕈、栗窝、冻菌、鸡葼、羊肚菌、木耳、香喷头、白生、柳树菌、青头菌、谷熟菌、木碗菌、刷把菌。

——宣统《楚雄县志述辑》卷四《食货述辑·物产》第 17 页

菌 滇多森林，往往为菌类托身之区，除食用菌营死物寄生者外，菌害之侵及农林建筑者，损失不可数计。每夏季风一起，梅雨自东南卷来，露菌、泪菌等之各种胞子，以次发生，菌丝吸收潮湿，蔓延寄主体中，使其组织日就腐朽。吾人试一考查，即知本省菌害之如何矣。至于食用菌类，其载在旧《志》者有青头、羊肝、胭脂、羊奶、鸡冠、松毛、一窝蜂、黄罗繖、红罗繖、术莪等十数种，大致举其要者言之。桂馥《札樸》则据俗名记录鸡樅、鸡油、白参、老虎、茅草、牛肝、松菌、柳菌、扫帚、羊肚、树窝、猪矢、撑脚繖等十数种。然滇产菌类，亦有一物而数名者。今据各县调查所及综记，有香菌、青头、栗窝、胭脂、鸡樅、鸡油、谷熟、刷把、冻菌、柳菌、木耳、白森、羊肚、羊肝、冬菇、竹荪、虎掌、松毛、北风、木碗、云彩、过手青、黄罗繖、马皮泡、石灰、茯苓、干粑、努把、沉香、芝麻、羊奶、黄丝、青焖、大坝、荞把、草皮、老鹰、牛舌、鼓首、母把、一窝云、黄癞头等四五十种之多。但略一检校，即知牛肝菌即过手青，干粑菌即荞把菌，亦即荞面菌，以其色黄又称蜡栗，或云鸡油菌，见《札樸》。是一菌而数名。惟鸡油菌，另是一种耳。又谷熟即鼓首，冬菌即冻菌，树窝即树蛾，见《徐霞客游记》。马皮菌即马皮泡，亦即马勃，只可入药。一窝云即一窝蜂，亦即北风菌等。准是以推，菌名虽多，实不为多。若更严格分别编列菌谱，则吾人所熟知之鸡樅、香菌、白参、木耳、北风菌、青头菌、干粑菌、扫帚菌、羊肚菌、竹荪、茯苓等，斯诚有一述之价值也。

鸡樅 属担子菌科，与松蕈松菇。相类。《临安府志》引《升庵外集》"鸡冠菌，菌如鸡冠也。以形言鸡葼者，鸟飞敛足之貌"，是鸡樅即鸡葼，亦即旧《志》之鸡冠菌也。入夏，菌体丛生荫地，菌柄伸长竟达数寸，菌繖直径二三寸者亦多。表面色褐如灰鼠，内部白色，担子柄在菌褶中担著胞子，黄熟时飞散如细粉，一得潮湿，发生菌丝即营死物寄生生活。此菌柄褶芳嫩，为食用菌之极品。油质亦香美，可取鸡樅油，顺宁、蒙化、缅宁、腾冲、石屏、蒙自、寻甸、镇南、牟定、嵩明产出者尤佳。曝干盐渍，可远销各处，富民出产尤称大宗。

香菌 即栗窝，亦即椎蕈，属担子菌科。柄形较短，繖背较黄微硬，固是与鸡樅不同处。香味极浓，曝干可久储，远销各处，每岁合计约十八万斤之谱。香菌、栗窝合计。顺宁、缅宁、镇南、元江、蒙化、寻甸产者最佳，上帕、贡山产亦有名。

青头菌 亦担子菌科。菌繖肉质色淡褐，伤之则变青色。菌柄淡白而嫩，质厚味美，可佐蔬食。产滇山野林地。

北风菌 亦担子菌科。菌繖半圆，肉质色灰褐。菌柄细长而白，千本丛生，故亦有一窝云之称。发生较晚，柄褶甘嫩，为食用菌之清品。滇山野卑湿地盛产之。

牛肝菌 亦担子菌科。柄褶黄褐，作牛肝色，故名。滇山地产之，早生可食。

鸡油菌 亦担子菌科。缬面平滑无褶，色朱黄，缬背有褶，菌柄细长，均黄褐色，类似鸡油，故名。滇林地产之，可佐食。

扫帚菌 亦担子菌科。但无菌缬，菌柄下部白色，分歧较少。上部分枝参差，作红珊瑚状，又如扫帚，故名。滇林地自生，七月上市，可佐食。

干粑菌 亦担子菌科。缬柄不分，成褶扇状，色黑褐，多毛，菌体革质而薄，如干粑状，故名。滇林地产之，微有香气，可炒食。

虎掌菌 亦担子菌科。缬柄不分，有黄、黑二色，黄者云黄虎掌，黑者云黑虎掌，质脆味香，佐食上品。今罗次、楚雄、镇南、牟定等处特产之。

白参 一作白森，类似干粑菌之薄小者，亦似地衣。菌缬附着一处，作扇状，或雌鸡冠状。色白，后带灰色，无菌柄，菌体香脆可食。今武定、永昌、顺宁等处产之。

羊肚菌 属多孔菌科。缬径一寸，乃至三寸，形类馒头。表面淡黄褐色，里面暗黄绿色。管孔粗大，类似羊肚，故名。菌柄比缬径微长，色恰相同，食法甚多。滇林野产之，以永胜出产者为最。

竹荪 属多孔菌科，一名竹参。菌体幼时为小球，下有菌丝如根状，小球外面有皮膜，三层包被之中，皮遇水膨胀若粘液质，球内有菌柄及菌伞部分，外皮一破，缬柄突现于外，遂成网孔，孔边生长胞子，熟时飞散林地而营寄生生活。此菌之网孔，香美柔脆，即席宴上珍赏之部分。罗平、盐津等处竹林地产之，销数每岁合计约一百六十斤，销路之远，次于贵州。

木耳 属复菌类。缬形，参差不齐，变成胶质，柔脆可食，菌面色有各种，普通为黑木耳。滇山林地，如上帕、贡山、永昌、开远盛产之，每岁产数约二十余万斤。又黄者为黄木耳，白者为白木耳，或称银耳，汉医家称为滋补上品。接近川黔边界山地产之，如鲁甸。但不如川产远甚。近有放倒青枫树干，截为数段，使受腐湿，用以培养此菌者。

茯苓 此为药用菌类，当另于药用植物一节详述之。为滇特产，医药界每郑重称之为云苓，以别于产茯苓之诸省。滇中如姚安、寻甸、武定、楚雄、石屏、漾濞产者尤有名。

以上所举，除茯苓外，共十三种，实不过滇用菌之一小部分。此外，如柳菌、谷熟菌等亦可食。因滇为森林国，在在均与菌类发生关系，是在研究者随时加意，勿负此产菌之名区也。

——《新纂云南通志》卷六十二《物产考五·植物二·蔬菜类》第 19 页

蕈类 菌蕈、音义皆同，可通用。惟近时科学家以物体之细小者曰细菌，应以体大状如伞者曰蕈，状如僧帽者曰菰。鸡棕蕈、鸡棕蕈为滇南特产。杨升庵《南诏野史》称他蕈多生于树阴朽木落叶杂草之上，鸡棕蕈则生于蚁穴，乃感蚁穴之湿气而生，所以生有一定不移之位，又名蚁塚蕈。根下数尺有球状之苓，名鸡棕茯苓，可入药。干巴蕈、状如云，又有乌云菌之名。味清香，多生于松树之根，为灵芝之类。道家称玄芝也。北风蕈、秋冬之交，北风起而发生山林中。其形如朱菰，色灰白，每寻获一丛，可采一二担，即冬菰。杨柳蕈、多生柳树之根，或柳树腐处。色白而面滑腻，背有摺叠，形状如蚌，为片或半圆形者，味甘可食。若色灰黑，不堪食。鸡油菌、色黄如鸡油，形如伞。其柄细，菌小如钱。肉脆，烹者色不变。牛肝菌、色紫黑如牛肝，故名。黄泥头、色黄，菌肥大而肉厚，无摺。多生于黄土，故名。见手青、色面黄，背绿，菌之表里，则呈深绿色，而无摺叠。铜绿菌、菌背色如铜绿，故名。谷熟菌、谷熟时始生，菌小如榆钱，色苍黄，肉薄易残。扫把菌、形如帚，肉似珊瑚树枝，惟茎大如小指，形状甚美，味不甚佳。栗窝菌、生于栗树朽根，菌细小，色灰黑。青头菌、菌大如碗，肉厚，茎粗，皮青绿者，无毒苦。菌面周围皆青，仅中部有紫红色者，名鬼脸菌，味麻，有毒。东瓜菌、生于水东瓜树根，或枯朽之树桩，菌小，色赤。杉崀菌、生于杉松树之根，形如鸡蛋。须白色者方能食，颜色灰黑者味苦涩，不堪用。胭脂菌、色红如胭脂，故名。惟与之类似者很多，须以舌舐之，无麻味者方能食。否则有毒，不堪食。马庇泡、即杉崀包也。因色黑味苦，鲜时不堪食，须切片晒干，储藏之，作干菜之用。白森菌、生于树上，形如鱼鳞也，灰白有蚌纹。《滇南本草》载功能，疗妇科带症。水木耳、生于沙砾不毛之山地。形如木耳，色灰黑而夹细沙碎石。菽麦菌。又名冬菌、吹打菌、松毛菌、一窝蜂、梨窝菌。

——民国《安宁县志稿》卷四《物产》第 30 页

菌属　鸡葼、各处皆有，生温湿之地，下有窝，虫数百千皆如蚁。夏秋间，气蒸初出，伏土中如尖锥。既出如张盖，顶尖而边裂，表面有黄、白二种，顶际皆略带黑色，里面有扁摺无数柄，纹如网形。间日或每日一出，每窝由一二本至四五本止。香味甚佳，鲜食、醃食均可口。肥者如盘如盘，若大至如盆如笠。其下必有毒蛇，日必一出，或再出，食之伤生，不可不慎。师范《滇系》：菌属以形似名，六七月间大雷雨后，生沙土中，或在松下林间。鲜者多虫，间有毒，出土一日即宜采，过五月即腐，采后过一日即香味俱尽，所以为珍。土人盐而脯之，熬液为油，以代酱豉。亦作壒。《集韵》：壒，土菌也。葼者，鸟飞而缩其足之象，鸡取其形。或作蚁，误也。余按：古人谓葼为树鸡，唐肃宗取作博子，与张良娣戏者，名或取此。又有白生、牛乳菌、柳菌、松菌，皆其属也，而味不逮。潘之恒《广菌谱》：鸡㙡葼出云南，产沙地间下葼[1]也。高脚伞头，土人采烘寄远，以充方物，气味似香葼而不及其风韵。陈仁锡《潜确类书》：《庄子》"鸡菌不知晦朔"，今本作朝菌。《杨升庵外集》：鸡菌，菌如鸡冠也，故云南名佳菌曰鸡葼，鸟飞而敛足，菌形似之，故以鸡名有以也。郎瑛《七修类稿》：云南土产也。葼，《诗》《书》本菌字也，而《方言》谓之鸡宗，以其同鸡烹食至美故。予问之土人，云生处蚁聚丛盖，盖以味香甜也。桂馥《札樸》：《庄子》"朝菌不知晦朔"，蔡氏《毛诗名物解》引为鸡菌，北方鸡腿蘑菇，即鸡葼也。一窝鸡、小而聚生者，状类鸡葼，味逊之。摆衣菌、状类鸡葼，然色多白而较小，质带硬而味略逊。每出窝，由十数本至百余本。麻母鸡菌、状似鸡葼，味较淡。鹅蛋菌、鸡冠菌、松毛菌、香葼、木耳、白森、亦曰茅草菌。牛乳菌、羊奶菌、分红、黄、黑、白数种。一窝蜂、黄罗繖、红罗伞、术茇、青头菌、蜡栗菌、色黄。胭脂菌、色赤，忌食。荞面菌、鸡油菌、老虎菌、大径尺者。冬菌、生于冬者。松菌、生于松根者。柳菌、生于柳根者。树窝、丛生于木上者。扫帚菌、无盖者。猪矢菌、生于粪者。撑脚菌、有毒者。北风菌、谷熟菌、谷熟时始生。牛肝菌、分黄、白、黑、酸数种。雷打菌、忌食。木楂菌、俗名干苑菌，味清香。米汤菌、铜绿菌、皮条菌、滑肚菌、石灰菌、色白，忌食。沉香菌、水冬瓜菌。

——民国《宜良县志》卷四《食货志·物产》第 24 页

菌之属　鸡葼、青头菌、香葼、木耳、牛肝菌、大把菌、松毛菌、冻菌、荞面菌、黄罗繖菌、鸡油菌。

——民国《续修马龙县志》卷三《地理·物产》第 22 页

菌类　竹森、白森、鸡㙡、香菌、木耳、大坝菌、青头菌、荍面菌、老人头、乳浆菌、铜绿菌、刷把菌、冻菌、北风菌、母把菌、梨窝菌、羊肚菌、牛舌菌、鼓首菌、石灰菌。

——民国《罗平县志》卷一《地舆志·土产》第 87 页

---

[1] 下葼　道光《云南通志稿》同，《本草纲目》《钦定续通志》《西湖游览志余·委巷丛谈》皆作"丁葼"。"圆头而细脚者名为丁葼"，作"丁葼"是。

菌属　十九类：鸡𡓕、香菌、木耳、白森、青头菌、黄罗繖、羊肝菌、胭脂菌、松毛菌、冻菌、有黄、白、黑三种。麻栗菌、米汤菌、茅草菌、鸡𡓕花、牛肚菌、石灰菌、鸡油菌、扫帚菌、㰚巴菌。

——民国《马关县志》卷十《物产志》第 4 页

菌品　香菌、柳菌、色白黄，似香菌，味甘美。鸡𡓕、栗窝菌、多生栗树下，伞小脚矮，味香脆，胜蘑菇。产于北界山中者，伞黑味佳；产于西界山中者，伞白味淡。青头菌、伞微皱，面青里白味美。过手青、着手即青。木碗菌、形如碗。云彩菌、最近始出，味亦佳。谷熟菌、谷熟时生，一名九月菇，一名大黄菌，味香脆。刷帚菌、形如刷帚。木耳、白生、虎掌菌。出县西北山中，形如虎掌，伞里有须，面皱中空。有黑黄二种，黑者味芳烈，黄者似紫芝，不可食。同治初年始出。

——民国《镇南县志》卷七《实业志七•物产》第 633、634 页

菌类　虎掌菌有黑、黄二色，黑味香，黄味苦，产紫溪山一带。羊肚菌产水边。鸡𡓕、栗窝、青头等菌，产深山中。其味滋嫩鲜甜，然皆无花无叶，无子无根。

——民国《楚雄县乡土志》卷下《格致•第十二课》第 1354 页

香蕈、木耳、白森　香蕈、木耳、白森，亦菌类，种朽栗木上。香蕈绛色，肉厚味香。木耳黑色，肉薄朵大。白森小如半珥，皆无根，土人采取晒干卖，供肴馔，味佳。

——民国《楚雄县乡土志》卷下《格致•第十三课》第 1354 页

虎掌菌　产地在紫溪山，状态为色黑而有刺，产量百余斤，用途多为菜品。除此山外，其他山产量少许。

——民国《楚雄县地志》第十二目《天产•植物》第 1374 页

菌品　栗窝、香菌、鸡𡓕，县境皆产，有收蓄成苴贩运他境者。栗窝乃天然生物，香菌则伐山栗铺地上，用药浆点种，二三年滋生不绝，有买山点种者。近来产一种虎掌菌，味最美，然产额不多，故价少贵。

——民国《姚安县地志•天产》第 903 页

菌属　李《通志》五：香蕈、鸡㮨、柳菌、白生、木耳、树菌。管《志》五：同上。王《志》五：同上。注：香蕈，檀萃《农部琐录》：香蕈上味者圆而小，其肉厚，似口外蘑菇，惟大而薄者下，以曝干为上，炕干为下。土人种蕈，秋分前后伐栗木去枝叶，横卧山中名曰厂，来春将木面遍砍成缺，煮粥和香蕈水浇之。两年后香蕈稍生，三年大出，五六年后生木耳。若出白参，则木朽坏，得不偿失矣。外东乡生产较多，且为大宗出品。鸡𡓕，《升庵集》：鸡以形言，𡓕者飞而敛足之貌。以六七月大雨后，生沙土中，或松间林下，鲜者香味最美，土人咸而脯之。《南园漫录》作鸡㞨，谓鸡取其形似，㞨则飞而敛之之义。不加草头，𡓕字或作㮨（见《全唐诗》及《南园漫录》）。《滇海虞衡志》：滇南山高水密，臭腐所蒸，菌蕈之类无不有，而鸡𡓕之名独闻于天下。旧时邑中多产细柄一种，近细柄之外尚有粗柄、大把、小把三种，尤以粗柄为佳，几比蒙梭，均可咸脯作油，贮以佐食。近年因交通之便，往往以飞机送出外省，尚未腐败，故销路骤增，宜讲究改良培养之法，亦增进物产之一道也。柳菌，柳树产，肥嫩甘芬。谨按：邑中鸡𡓕，近年产量渐增，产地土质较松，且系胞子繁殖，上年产处次年亦多生产。如择粗柄、大柄者，将洗涤后含有胞子之水浇于预置松土园林，以资试验，是亦培养之一法也。

甘《志》十二：栗窝、香美异常，菌品之上者。九月菰、九月始生。青头菌、香喷菌、老红菌、俱味甘而脆。羊腮菌、理有芒，如羊腮。过手青、著手即青。奶汁菌、折之有汁似乳。刷帚菌、形如帚。

松毛菌、草皮菌。味俱淡而不中食。又有一种似菌非菌，雨后突出地上，或大如馒首，或小如鸡卵，无杆无伞，质柔而体轻，或炙或烹，香美似鸡葼，土人谓之马皮泡。无名毒菌，如鬼盖、地苓之类甚夥，皆不可食。

增补十六：虎掌菌、干后烹食，味香美，产量微。北风菌、冷雨后始生。竹菌。生竹林内，色黄味美。其余黑木碗、黄木碗、白木碗、裂头菌、铜绿菌、揩土菌、羊肝菌、胭脂菌、羊奶菌、松毛菌、黄罗繖、红罗伞、一窝蜂等，亦可为蔬。谨按：菌类可食者甚多，但常有毒，所宜慎重，不然如东坡之言，以一口腹之微，而害及性命，大不值矣。植物学家考查菌类，大抵淡白色、土黄褐色者少毒，若色为红黄黑白而浓艳者，多有毒也。且化分其原质，养料甚少，土著者宜知之。

——民国《姚安县志》卷四十四《物产志之二·植物》第 4 页

菌类　无毒菌类有鸡葼、有反毛鸡葼、牛皮鸡葼、黄草鸡葼、小白鸡葼等分。香菌、栎窝、木耳、糖菌、有铜绿菌、谷熟菌二种。虎掌菌、有黄、白、黑三种，内以黑者为最佳。云彩菌、俗名牛舌团，有黄、黑二种，以黑者为佳。黄裂头、青头菌、羊肝菌，牛腮菌、鸡油菌、母猪青、麻栎香、黄黑木碗、白木碗、红毡帽、大脚菇、刷把菌、马屁泡、杉老包、叭喇菌、草栎窝、乳汁菌，俗名如浆菌、兔香。无毒树之白森、葱菌、柳菌等皆可食。其中尤以虎掌菌、鸡葼、香菌、栎窝为珍品。有毒菌内有胭脂菌、石灰菌、揩土菌、易捏青、麻雀菌、十八转，有毒树之白森、莜巴菌、火焰菌、鬼盖青、火炭菌等俱有毒，不可食。

——民国《广通县地志·天产·植物》第 1420 页

蕈之属　木生者为蕈，土生者为菌，总称曰菰。香蕈、生青杠树朽木上。前产西三区花椒沟，近东方尤多。松菰、松下生者。柳菌、生柳上者。青头菌、色青而圆。梨窝菌、生于梨树。茅草菌、生茅草丛中。鸡油菌、又名黄丝菌，苞黄如鸡油。胭脂菌、色如胭脂。鸡棕菌、气香味美。谷熟菌、谷熟之时而生者。奶浆菌、性脆，破之有汁。大櫼菌、黑褐色，又称大脚菌。老鹰菌、略似鸡棕。刷把菌、形如刷把。石灰菌、色白，有毒。莜粑菌、色黄，有毒。马皮泡、即肉苁蓉，入药用。白木耳、树上生者。黑木耳、亦生腐树之上。地木耳、略似木耳，久雨之后，地气蒸发而生者。土灵芝菌类，朽木所生，有赤、白、黄等，柄硬。等皆系天然生成，其有人种而生者，统谓之香蕈。

——民国《昭通志稿》卷九《物产志》第 10 页

菌类　极多，草鸡葼最美，盐津呼为三塔菌。

——民国《盐津县志》卷四《物产》第 1694 页

蕈在生物的科目上，属于芝栭。芝栭两字，见《礼·内则》。庾蔚云：无华叶而生曰芝栭。今不曰芝栭而曰蕈者，以此一名较通俗也。昆明境内之山间，蕈子极多，然亦有不生于山间，而产生于大树下、田塍畔者，其种类实多也。蕈属中以鸡葼蕈为最有名，可是鸡葼远不如富民者，故昆明鸡葼不足数也。昆明所产之蕈，应以柳树菌居第一，清、甜、脆、嫩四者俱全，但出数微耳。次为北风菌、冻菌、青头菌、黄牛肝菌，此俱质美而无毒。若黑牛肝、白牛肝、胭脂菌、麻母鸡等，人多疑其有毒，不敢轻食。有谷熟菌、鸡油菌、刷把菌等，虽无毒，却味不见佳。又有干巴菌一种，形则粗劣，味殊清甜，且有香气，有与迤西之虎掌菌同一味道。

——《纪我所知集》卷十六《昆华事物拾遗之二·昆明的菌》第 423 页

佛头菌

佛头菌 白肉。其緻面深浅微生靛色，若佛顶螺璇者，俗曰青头菌。有似之者一，名鬼打青，有毒，则不可食。其别在青蓝之间，而佛头菌明洁而青色鲜爽，鬼打青则黑黯青紫矣。

——《鸡足山志》卷九《物产》第 360 页

鸡油菌

鸡油菌 状如木耳，浑似鸡油肥美，爽人唇舌。

——《鸡足山志》卷九《物产》第 360 页

鸡㙡

鸡㙡 【释名】鸡菌。时珍曰：南人谓为鸡㙡，皆言其味似之也。【集解】时珍曰：鸡㙡出云南，生沙地间丁蕈也。高脚緻头，土人采烘寄远，以充方物。点茶烹肉皆宜，气味皆似香蕈而不及其风韵也。

——《本草纲目》卷二十八《菜部五》第 28 页

鸡㙡 各州县俱出。

——正德《云南志》卷二《云南府·土产》第 10 页

鸡㙡 出本府，六七月遇雷雨则生。色青白，煮食味如鸡肉，视汁菌尤佳。

——正德《云南志》卷十《武定军民府·土产》第 14 页

鸡㙡 菌属，以形似名，永平产者最佳。以六七月大雷雨后，生沙土中，或在松下林间，鲜者多虫，间有毒。出土一日即宜采，过五日即腐。采后过一日，即香味俱尽，所以为珍。土人盐而脯之，熬液为油，以代酱豉。亦作㙡，《集韵》：㙡，土菌也。㙡者，鸟飞而缩其足之象，鸡取其形，或作蚁，误也。余按：古人谓蕈为树鸡，唐肃宗取作博子，与张良娣戏者，名或取此。闽村谷中亦有之，俗不知珍，谓之鸡内菰。又有白生、牛乳菌、柳菌、松菌，皆其属也，而味不逮。蒙榆山中亦产天花，而土人不识，谓之八担柴。

——《滇略》卷三《产略》第 5 页

《酉阳杂俎》：蒟酱，鸡㙡酱也。取㙡之鲜者蒸其汁，味如酱。梁武帝日惟一食，食止菜蔬。蜀献蒟蒻，啖觉美，曰："与肉何异！"敕复禁之。今鸡㙡味与肉同。蒟蒻，当亦㙡类。[1]

——天启《滇志》卷三十二《搜遗志第十四之一·补物产》第 1045 页

戊寅八月十八日……入罗平南门。半里，转东，一里，出东门，停憩于杨店。是日为东门之市，既至而日影中露，市犹未散。因饭于肆，观于市。市新榛子、薰鸡㙡还杨店。

——《徐霞客游记·滇游日记二》第 758 页

己卯七月二十七日，余再还刘馆，移所未尽移者。并以银五钱畀禹锡，买鸡㙡六斤。湿甚，禹锡为再蒸之，缝袋以贮焉。

——《徐霞客游记·滇游日记十一》第 1155 页

---

[1] 此条，康熙《云南通志》卷三十《补遗》第 15 页同。

己卯八月二十日……先是余从途中，见牧童手持一鸡葼，甚巨而鲜洁，时鸡葼已过时，盖最后者独出而大也。余市之，至是瀹汤为饭，甚适。

——《徐霞客游记·滇游日记十二》第 1199 页

鸡蚁 蚁长腰俊细，其须颠有目，其身金黄色，俗呼为地鸡。能于土中穿穴作窝房，有君臣位次，开四门，曲折上升为出入之户穴。又从石隙中能作天窗，多就沙地为之，偶为牛马践，乃见其房，细觇之，有纹理，甚为工巧。凡一窝房上，年年必生鸡蚁，盖此蚁之气蒸而为菌也。《正字通》谓蚁为土菌，高脚缄头，出滇南，实泥《本草》之说。今考《通汇》及《唐音义》，蚁者，蚁穴中气道也。道犹道路之道，由田之有阡陌。礼之设，绵蕞尔，盖蚁行道中，而气相贯注，斯气之所上蒸而为菌，即以蚁蚁得名。而蚁俗谓为地鸡，菌之味又大胜鸡肉之味，是以即地鸡之蒸菌，仍以鸡蚁得名，此为徵本探源之说。伪作鸡蝬，蝬乃蛙蛤之属。又作鸡蟻，无此蟻字。又以虫在从下，名鸡蟹。今地鸡即蚁也，而蟹则蝢螽之属，非蚁矣。胡乃刺谬如是哉！特为正出，今后当以鸡蚁，用土傍加从为是。

鸡蚁菌 香蕈味浊，此味甚清。蘑菇味虽清而香短，此味清而香厚。天花香清矣，却带寒瘦之气味，而此清香醇爽，又饶一种大家风度。《本草》曰宜点茶，宜烹肉，烹鸡肉则妙甚矣。点百沸水则可，若点茶，以有盐，未免坏茶味。但唐宋人茶中多入姜盐，苏东坡《养生集》已陋之矣。方茁土时，于土中采之，则其本肥大胜天花矣。其头上缄，仅如指顶，渐出渐开，则其缄如伞之盖，而本若伞之柄，香气顿去，便成瘦枯，食之则有渣，不堪烘以供远寄。滇称蒙自县者为第一，盖其沙土肥泽，故鸡蚁亦极肥泽，但作伪者多以好酱拌烘，则鸡蚁之味大失。鸡足山均之沙地，然寒瘦，产鸡蚁甚少。间有之，则胜蒙自者不啻霄壤，余尝谓人知尝蒙自鸡蚁味，不能知鸡足之鸡蚁味。以地鸡性耐寒，多游衍于冰雪中，一切富贵之态，非此蚁所习，一种清标雅韵，均如置身冰玉壶中，其气蒸而为菌，香洌达于神明，非俗舌之所能尝者。譬如洞片、芥片，老庙后色如白水，此中胜品，亦须得胜人，而后方不负天地钟灵，高人指点。至若健脾益味，清神除痔，均非所论。

栗窝^附 茎仅寸许，缄作紫色。其肉厚嫩，数十百朵作一丛，其细而未开者类蝌蚪状，清香胜于鸡蚁，味少薄而肉嫩又胜之。

银星堆^附 昂宿，俗呼为一窝鸡。今菌似之，故滇文之曰银星堆，俗呼之曰一窝鸡。细白嫩朵，丛根于一，其缄尚无鹅眼钱大，其茎如线，仅长一寸。

——《鸡足山志》卷九《物产》第 359 页

鸡葼 产蒙自者佳。明孝宗时，光禄寺以鸡葼进御。上食而美，将复取，辄止。近臣请故，上曰："朕索后，必预储以待，为费多矣。"

——雍正《云南通志》卷三十三《杂纪·异迹》第 33 页

蒙化府产鸡蚁菜，赤、白二种，赤色味绝佳，其油甘香，可调五味。^①椒油色碧如泉，其香如兰，入蔬中食，则沁肺腑，溲溺皆馥。

——《滇黔纪游·云南》第 24 页

鸡蚁 产蒙自。少佳，味极鲜美。

——《滇南杂记》第 238 页

---

① 此条，道光《云南通志稿》卷七十《食货志六之四·物产·蒙化直隶厅》第 41 页同。

鸡㙡　即木菌也，各郡俱有，而蒙自独佳。大如饭碗，色黄白，煮汤食之，其味颇鲜洁。取其卤作酱油，极甘美。向疑为鸡葼，及阅《杨升庵先生文集》，乃作鸡㙡。释云：㙡者，取其形似鸡所栖之处，先生当必有所据而云。又《说铃》作㙡。木菌间有有毒者，掘地成穴，注以冷水，搅之令浊，少停取饮，谓之地浆，可疗一切菌毒。

——《滇南闻见录》卷下《物部·蔬属》第 31 页

鸡葼　出蒙自者佳，石屏亦有，不及蒙产。明孝宗时，光禄寺以鸡葼进御。上食而美，将复取，辄旋止，曰："朕索后，必预储以待，为费多矣。"

——乾隆《石屏州志》卷八《杂纪》第 13 页

清罗仰錡《鸡葼》："夏月闻雷后，鸡葼入市多。珍羞推第一，不数五台蘑。"

——乾隆《碍嘉志稿》卷四《诗》第 20 页

滇南山高水密，臭朽所蒸，菌蕈之类无不有，而鸡㙡之名独闻于天下，即鸡㙡亦无郡邑无之，而蒙自鸡㙡之名，独冠于全滇，且以鸡㙡为油，诸生珍重而馈之，然咸而不可入口，则名实之难也。

——《滇海虞衡志》卷十一《志草木》第 15 页

鸡葼　菌属，以形似名，永平产者最佳。以六七月大雷雨后，生沙土中，或在松下林间。鲜者多虫，间有毒。出土一日即宜采，过五日即腐。采后过一日，即香味俱尽，所以为珍。土人盐而脯之，熬液为油，以代酱豉。亦作塅，《集韵》"塅，土菌也"。葼者，鸟飞而缩其足之象，鸡取其形。或作蚁，误也。余按：古人谓蕈为树鸡，唐肃宗取作博子，与张良娣戏者，名或取此。又有白生、牛乳菌、柳菌、松菌，皆其属也，而味不逮。蒙榆山中亦产天花，而土人不识，谓之八担柴。昆明杨永芳《鸡葼赋》[①]云："维滇南之异产兮，别其品曰蒙㙡。禀山川之和气兮，擢孤秀于庞茸。常居幽以善晦兮，入尘市而不逢。大烹庶几适用兮，小畜可以御冬。《尔雅》以南荒见略兮，食经欲搜录而无从。世或虞其瘴疠兮，胡为遍列于鼎钟。闻诸刘静修先生，凡物必胜其气兮，乃能迈种而独秾。尔其植不待扶兮，表亭亭之修干。实不尚华兮，似胶胶之羽翰。虽齿齿以成文兮，混棕笋而不乱。类田田之为盖兮，比鸡头而尤粲。脯脆于蒸梨兮，纵无鱼而奚叹？脂浓于烧芋兮，即有鹅而不换。《通雅》之载鸡葼兮，固易名而轻窜。《玉篇》以为土菌兮，亦无知而妄断。尝考食有四品兮，馔交错夫八珍。蓼同濡于四物兮，味必和夫五辛。笋掘杨妃之指兮，瓠启齐姜之唇。蕨开拳于钩弋兮，菰见咏于唐人。子瞻惟嗜巢菜兮，张翰驰想于丝莼。十八品晒高阳之贵兮，廿七种嗟庚子之贫。戏器之参玉版兮，嘲与可饱渭滨。泣豆萁于子建兮，咬菜根于信民某也。木恒病于多瘿兮，柳漫生于其肘。耻越俎而代疱兮，惟茹草而饭糗。储新菊以为粮兮，削松肪而求寿。惊半梦之踏园兮，讶蛇纹之八口。学蒙诮于蹲鸱兮，才莫预于薪槱。将大嚼于屠门兮，宁染指于齑臼。独此物之逸群兮，恣老饕之濡首。则将指蓬蒿之胜处兮，辟草莱而幽居。采云峰之驼白兮，拾雨岫之肉芝。袭清飚以作扇兮，取阳燧以为炊。配坎离之二气兮，辨旨否于五齍。添骨中之绿髓兮，换额上之白髭。招麴生而拥篲兮，佐雕胡而抄匙。薄姜芽之盗母兮，愿芦菔之生儿。彼绿葵与紫苋兮，徒取媚于容姿。即春韭与秋菘兮，讵足方其旨饴。斯真可小越人之四海兮，而擅食品之一奇。"

——《滇系》第五册《赋产·异产》第 61 页

鸡葼　菌属。滇中在在有之，惟蒙自为最。以六七月大雷雨后，生沙土中，或松下或林中，鲜者多虫，间有毒，或云其下有蚁穴。出土一日即宜采，过五日即腐，采后过三日，则香味俱减。

---

① 此赋，另见民国《邱北县志》第九册《艺文部·诗文》第 15 页，文字有异，可参。

土人盐而脯之，经年可食。若熬液为油，以代酱豉，其味尤佳。浓鲜美艳，侵溢喉舌，洵为滇中佳品。

——《滇南杂志》卷十四《轶事八》第 2 页

鸡葼 《临安府志》：杨慎说云鸡以形，言葼者飞而敛足之貌。以六七月大雨后，生沙土中，或松间林下，鲜者香味甚美。土人咸而脯之，经年可食。或蒸汁为油，以代酱豉，味尤美，出蒙自者佳。檀萃《滇海虞衡志》：滇南山高水密，臭朽所蒸，菌蕈之类无不有，而鸡葼之名独闻于天下，即鸡葼亦无郡邑无之，而蒙自鸡葼之名，独冠于全滇，且以鸡葼为油，诸生珍重而馈之，然咸而不可入口，则名实之难也。

——道光《云南通志稿》卷六十九《食货志六之三·物产三·临安府》第 19 页

鸡㙡 檀萃《农部琐录》：禄劝鸡㙡大者高尺余，盖径五六寸，甲于他产，鲜香甚美。

——道光《云南通志稿》卷七十《食货志六之四·物产·武定直隶州》第 50 页

鸡葼 菌属。滇中在在有之，永郡惟永平尤多。以六七月大雷雨后，生沙土中，或松下或林中，鲜者多虫，间有毒，或云其下有蚁穴。出土一日即宜采，过五日即腐，采后过一日，则香味俱减。土人盐而脯之，经年可食。若熬液为油，以代酱豉，其味尤佳。浓鲜美艳，侵溢喉舌，洵为滇中佳品。汉使所求蒟酱，当是此物，从来解者皆以为扶留藤，即今蒌子也。其味辛辣，以和槟榔之外，即不堪食，此有何美而求之？盖虽泥于蒟字之义，实于酱字之义何取？必非扶留可知。然古今相沿已久，卒莫有识其误者，特为表而志之。格物之士，或有采焉。

——光绪《永昌府志》卷六十二《杂纪志·轶事》第 9 页

鸡㙡 禄劝鸡㙡大者高尺余，盖经五六寸，甲于他产，鲜香甚美。

——民国《禄劝县志》卷五《食货志·物产》第 9 页

鸡㙥，或写作鸡葼，俱从俗写也。鸡㙥为中国西南方面芝栭类珍品，尤盛产于滇，而黔中亦有所产焉。滇省鸡㙥，以近省之富民、迤西顺宁、迤南蒙自为最有名。其美好处是肥而且嫩，味特清甜也。至云其他地处固有所产，究不若此三处之所产者能使人朵颐也。此三处之鸡㙥，在比较上，昆明人则曰，当以富民所产者居第一。果然，富民赤鹫乡之鸡㙥实别有一种鲜甜味也。兹则就富民之所产者而谈。

鸡㙥以产于赤土平原上者为最佳，产于山岭上者，不特味失鲜美，而质亦瘦弱也。富民年产鸡㙥至多，数可至万斤以上，其出产最盛之地为赤鹫乡。余友高君蕴崧宰是邑时，尝派绅就是乡在一切货卖之鸡㙥上，略抽捐款，年中竟得富滇新币三四千元，乃创办一两等小学于赤鹫乡，是则可知其产量之巨矣。

鸡㙥固产于山原旷野间，其产生处，却有个定而不移之地处，尤有个一定之时间。如今年六月六日在此一地处采得鸡㙥一朵，明年六月六日仍能在此一地处求得，其间情事颇奇，高君任富民县事，计四十有余月，于鸡㙥之产生上，曾深查而细究，地方人士亦尽情而白于高君，高君复详述于我，我方悉其梗概。

鸡㙥产生时间是在夏至后秋分前，不在此时日内，即无所出。本来一切芝栭都是凭藉暑湿气而毓成，鸡㙥当不异于群类。论到鸡㙥产生，固有定处，固有定时，可不是尽人都能采得。采鸡㙥者，是诚个里专家，既识其生发地处，复知其成长时日，则就其将近冒土之前数日内，即走往是处查勘。若土已松动，是菌欲冒土而出也，则拨开其土，菌即见焉。此而用指拨取而出，则为戴帽而不张盖者，必肥美异常。若面上不松动，是菌未成熟，纵依据时日而强取出，得来亦不甚可口，以其过嫩也。假据此而耽延时日，不往刨取，菌即出土而张盖，质即不嫩，味即不清甜。此故非采取鸡𡎚之专家，不能轻云洽适其当。在市上售卖之张盖鸡𡎚，不是专家之所得，是一般常人就山野间寻取而得者。

据一般专家云：鸡𡎚生处，其下必有一窝小动物，形似蚁而又不是蚁，数必逾千，且有一极大者统之，亦若蜂窝中之有一王。此一王子，在其形色上多不一致，有形近于蜣螂者，有形类于蝼蛄者，然都不甚巨大，其至大者，要不过及于吾人一指颠耳。此等小动物之窝巢，是就地下泥土内营成，形则似一罂，中空而边实。此一指大之虫，则在中间另营一巢而栖息，无其数之幺幺小虫，则各营一巢于周围壁上，望去亦如蜂房，而且层次分明，丝毫不乱。此足见一切生物都各有奇能也。顾此中空处虽不十分阔大，然亦足以容吾人之一拳；虽不甚高深，亦差可至七八寸；此又不能不认是此辈小动物之一种巨大工程。有时人掘地见此，绝不可动之，动则必迁往他处，此处便无鸡𡎚出。鸡𡎚出土，生气犹存，能延至一二日，尚有发展力，惟一见冷水，生气立绝，此不惟不能拓展张大，味亦失去鲜甜。高君之语我也如是，我觉其具有科学意味，特泚笔记之。

          ——《纪我所知集》卷十《滇南景物志略之一·富民之鸡𡎚菌》第 259 页

木耳　白森

木耳、白森　檀萃《农部琐录》：皆树鸡也，其色黑。木耳如耳，其质柔。白森如雌鸡冠，其质坚，味带海腥，而美于木耳，亦马分所出也。

          ——道光《云南通志稿》卷七十《食货志六之四·物产·武定直隶州》第 50 页

木耳、白森　皆树雏也。木耳如耳，其质柔白，森如雌鸡冠，其质坚，味带海腥，而美杉木耳亦马分所出也。

          ——民国《禄劝县志》卷五《食货志·物产》第 9 页

树蛾　木蛾

己卯七月初六日……元康命凿崖工人停捶，向垂箐觅树蛾一筐。乃菌之生于木上者，其色黄白，较木耳则有茎有枝，较鸡葼则非土而木，以是为异物而已。

          ——《徐霞客游记·滇游日记十一》第 1136 页

木蛾　生樏木树端，形类粉蛾停飞时状。其味香冽清美，颇胜鸡𡎚，但嚼之微带脆骨意，俗呼樏木菌。余尝侍制军范苏公先生座次，先生曰云南此物甚美，宜名之为木蛾耳，今遵先生之命名以传之。

          ——《鸡足山志》卷九《物产》第 360 页

树蛾　《徐霞客游记》：生保山玛瑙山。乃菌之生于木上者，其色黄白，较木耳则有茎有枝，较鸡葼则非土非木，以是为异物而已。

          ——道光《云南通志稿》卷七十《食货志六之四·物产四·永昌府》第 22 页

松橄榄

松橄榄 味苦甘，性微寒。治大肠下血，热毒，内外九种痔疮。

——《滇南本草》卷中《草部》第 10 页

松芝

松芝 大本隆起，上杂遝。其芝蕊若珊瑚者，若凤尾帚者，若竹锅刷者，其本白，皆嫩肉。其枝自白，渐上带桃红色。其味清香幽长，当烧笋晚食之际，烹此佐之，真幽人上味也，不足为烟火中人道破。惟黄色者味带苦，多食寒胃，宜掷之。

——《鸡足山志》卷九《物产》第 360 页

万年松

万年松 味苦微寒，无毒。似松青草，又似瓦松、佛指甲，俗呼笞帚菌，一名千年菌。采之，治一切疔疮、发背、无名肿毒，敷之神效。

——《滇南草本》卷一第 26 页

香蕈

香蕈 禄劝马地极多，蛮人资以为生，上味者圆而小，其肉厚似口外蘑姑，惟大而薄者下，以曝干为上，炕干为下。

——民国《禄劝县志》卷五《食货志·物产》第 9 页

猪苓

猪苓 菌类植物，奇生枫树。其块黑如猪矢，故名。多产西北山地，近已远销省外。

——《新纂云南通志》卷六十三《物产考六·植物三·药材类》第 27 页

竹荪

竹参〔荪〕 为近来食品中之一珍贵者，系蕈类。当夏间多产于慈竹中，色纯白，茎高三四寸，质松而内有小孔，其伞为网状，形同汽灯纱罩顶，附似溏鸡屎秽物，有异臭，取时宜去之，贯以蔑丝挂檐际晾干。食时调和咸甜均可，味颇清淡。盐津各乡俱产，唯量极少。近来商贩零星收买，积有成数，运销宜宾。

——民国《盐津县志》卷四《物产》第 1697 页

紫马勃

紫马勃 长松苍石之下，当入夏时，蒸而为团菌，即俗所谓马屁泡。《本经》所谓马疕、马窟也。往者游秦，忽见窟字，不知其音，渭南南君廷铉曰音庀，以言马勃中灰，盖气之所积也。往岁登鸡山，见勃以触思，不免兴停云之感。爰以思蜀人呼为牛屎菇，则蜀人之声如在耳。楚之荆南呼灰菇，又如闻楚人之声触之聆矣。韩昌黎《进学解》：牛溲马勃，败鼓之皮；兼收并畜，医师之良也。勃圆若弹若球，蜀中有大如斗者。今鸡山大至茶瓯，止取其灰，疗恶疮并傅刀疮，甚良。生时嫩若腐，炒而脍以酱，食之亦美。

——《鸡足山志》卷九《物产》第 360 页

五、妙香国·香之属

香之属 七：降真、香芸、乾打香、紫榆香、桂皮香、交阯沉、檀香。

——嘉靖《大理府志》卷二《地理志·物产》第 73 页

香之属 三：降真香、乾打香、柏枝香。

——万历《云南通志》卷二《地理志一之二·云南府·物产》第 13 页

香之属 七：芸香、降真香、乾打香、紫榆香、桂皮香、冬青香、柏枝香。

——万历《云南通志》卷二《地理志一之二·大理府·物产》第 33 页

香之属 二：胜沉香、降真香。

——万历《云南通志》卷二《地理志一之二·临安府·物产》第 54 页

香之属 一：降香。

——万历《云南通志》卷二《地理志一之二·永昌军民府·物产》第 68 页

香之属 三：降真香、地盘香、甘檀香。

——万历《云南通志》卷三《地理志一之三·鹤庆军民府·物产》第 36 页

香之属 二：降香、土檀。

——万历《云南通志》卷四《地理志一之四·武定军民府·物产》第 9 页

香之属 二：降真、紫檀。

——万历《云南通志》卷四《地理志一之四·元江军民府·物产》第 15 页

香之属 三：降真、乾打、桂皮。

——万历《云南通志》卷四《地理志一之四·顺宁州·物产》第 24 页

香之属 二：木香、沉香。

——万历《云南通志》卷四《地理志一之四·车里军民宣慰使司·物产》第 38 页

香 又有白檀、甘檀、紫榆、青木、降真诸种，而麝为之最。然土人不知制香，售之估客而已。焚、供皆劈檀、榆之属爇之。

——《滇略》卷三《产略》第 18 页

香 有降真、甘檀、土檀、冬青、柏油、化香。

——天启《滇志》卷三《地理志第一之三·物产·云南府》第 113 页

香 有降真、紫榆、桂皮、芸香。

——天启《滇志》卷三《地理志第一之三·物产·大理府》第 114 页

香 曰降真，曰地盘，曰甘檀。

——天启《滇志》卷三《地理志第一之三·物产·鹤庆府》第 118 页

香 首降真，以供百神，以佐清士之几案。

——天启《滇志》卷三《地理志第一之三 · 物产 · 武定府》第 118 页

有降真、紫檀二香。

——天启《滇志》卷三《地理志第一之三 · 物产 · 元江府》第 119 页

迤西诸郡皆近金沙江，惟是州湍流稍缓，可以淘金。缘江而上，多降真，曰上江香，视他郡为最。

——天启《滇志》卷三《地理志第一之三 · 物产 · 北胜州》第 120 页

紫榆、降香。

——康熙《鹤庆府志》卷十二《物产》第 24 页

香 胜沉香、降真香、青皮香、清净香、青香、红香。

——雍正《建水州志》卷二《物产》第 8 页

香类 降真香、龙头香、桦香、鸡骨香、青皮香、麝香。

——乾隆《东川府志》卷十八《物产》第 4 页

香之属 肝胆香、地盘香、清净香、白叶香、化香、黄花香、青皮香、降香。

——乾隆《广西府志》卷二十《物产》第 4 页

香 麝香、降香、青皮香。

——乾隆《陆凉州志》卷二《风俗物产附》第 28 页

香类 降香、赶檀香、柏香、青香。

——乾隆《永北府志》卷十《物产》第 5 页

《范志》云："广东香自舶来，广右香产海北，惟海南胜。"滇中诸土司皆海南地，故所出皆滇本境也。……《范志》诸香，曰沉水香，曰蓬莱香，曰鹧鸪斑，曰笺香，曰光香，曰沉香，曰香珠，曰思劳香，曰排草，曰槟榔苔，曰橄榄香，曰零陵香，凡香之品十有二，其间多一物数名。下至于香珠、排草与零陵香，皆妇女之所亵用者，取之以与沉水并列，何轻重、贵贱、大小之不伦也？按：沉水香一名沉香，一名密香。密香者则香所出之本树也。树如榉柳，皮青，叶似橘，隆冬不凋，花白而圆，实似槟榔，大如桑椹，出六种香：曰沉香，曰鸡骨香，曰桂香，曰牋香，曰黄熟香，曰马蹄香。六香同出一树，有精粗之异。第此树岭表俱有，傍海尤多，接干交柯，千里不绝。土人恣用，盖舍、架桥、饭甑、狗槽，皆用是物。木多如此，有香者百无一二。

盖木得水方结，多在折枝枯干中。或为沉，或为煎，或为青皮。故香之等凡三：一曰沉，入水即沉，谓之沉香。二曰煎，一作牋，《范志》作笺。半浮半沉，曰煎香，又曰甲煎。三曰黄熟，香之轻虚，俗名速香。

入水则沉，其品凡四：一曰熟结，膏脉凝结，自朽出者。二曰生结，伐木仆地，膏脉流结，香成，削去白木，结成斑点，名鹧鸪斑。三曰脱落，木析而结。四曰蠹漏，蠹蚀而结。

故生结为上，熟结次之。坚黑为上，黄色次之。角沉黑润，黄沉黄润，蚁沉柔利，革沉纹横，皆上品也。其他因形命名，为类至多，皆附沉香之上品者也。

——《滇海虞衡志》卷三《志香》第 2 页

香类 檀香、茄兰香、麝香、柏枝香、画香、楠木香、黄花香、青皮香、马蹄香。

——宣统《恩安县志》卷三《物产》第 183 页

香之属 有麝香、生于麕脐，俗呼臭子。楠木香、常绿乔木，高者十余丈，其木坚密，芳香异常。柏枝香、圆柏老根，磨屑制香。黄花香、花黄色，四瓣，叶形长圆，其香若蜜。杉木、材木，用外磨屑制香。香樟木、色赤有纹，可入药用。松香、即松油，经日光蒸晒而成，用以制药。马蹄香、一名蜘蛛香。根有节有须甚多，小儿用于帽上避疫。大茴香、即八角也，用以制酱。小茴香、入药用，并以制酱。阴陈木。燕山之芦茅沟多产之。木倒埋土中，不知其数百年物，每遇山水暴发，土去木露，见者聚众掘之。长三十余丈，径有五六尺不等，其花纹以虹板、钉板、胶板最美，以金黄色为主，俗谓偷油婆色也。红次之，牛肉色又次之，乌者为下。虹板剖开，五色相间，有如虹然。钉板上螺纹一一布满，远望之钉如鼓出者，谓之鼓眼钉，凹下者谓之闭眼钉，实则鼓者凹者摩之皆平也。制成材木，价值颇重，今则少见矣。

——民国《昭通志稿》卷九《物产志》第 16 页

安息香

安息香 亦出八百大甸土司，古八百媳妇地。[①]

——《滇海虞衡志》卷三《志香》第 1 页

唵叭香

唵叭香 不知何物所制，以其国名。气味稍似阿魏，可和诸香爇之。昔人有赁凶宅者，既知其凶，不得便徙。橐中有唵叭香，取焚之数夕，中夜闻鬼语曰：彼焚何物？令我头痛不堪，亟避之。翌日，宅遂清吉无患。

——《滇略》卷三《产略》第 18 页

唵叭香 出吐蕃外境。

——康熙《云南通志》卷十二《物产·丽江府》第 10 页

藏香 《古今图书集成》：唵叭香，出吐蕃外境。

——道光《云南通志稿》卷六十九《食货志六之三·物产三·丽江府》第 42 页

柏香

老柏香 取老柏肤内绛色者已成香矣，锯而饼之，厚寸余，再析而焚之，颇似檀香。省城多老柏，以其叶末之为条香、盘香。

——《滇海虞衡志》卷三《志香》第 1 页

槟榔香

槟榔香 出西南海岛，生槟榔木上，如松身之艾纳。初爇极臭，以合泥，香成温麿，用如甲煎。《范志》所谓西南海岛，即云南诸土司也。

——《滇海虞衡志》卷三《志香》第 4 页

---

① 此条，道光《云南通志稿》卷七十《食货志六之四·物产四·永昌府》第 27 页引同。

沉水香

沉水香　如上所说出于密香树，而李石云"太学同官有曾宦广中者，谓沉香杂木也，朽蠹浸沙水，岁久得之。如儋、崖海道居民，桥梁皆香材。如海桂、橘、柚之木沉于水多年，得之即为沉水香"。《本草》谓为似橘，是矣，然生采之即不香也。以予客岭表数年，闻其人所说，亦如是语，恐此说为然也。

——《滇海虞衡志》卷三《志香》第 5 页

沉香

胜沉香　即紫檀香，河西县出。

——正德《云南志》卷四《临安府·土产》第 8 页

胜沉香　出河西。

——康熙《云南通志》卷十二《物产·临安府》第 6 页

沉香　亦出车里土司。①
胜沉香　出河西县，即紫檀香。谓比沉香为胜，故名之。

——《滇海虞衡志》卷三《志香》第 1 页

胜沉香　旧《云南通志》：出河西。檀萃《滇海虞衡志》：胜沉香，出河西县，即紫檀香。谓比沉香为胜，故名之。李时珍《本草纲目》云南人呼紫檀香为胜沉香，即赤檀也。

——道光《云南通志稿》卷六十九《食货志六之三·物产三·临安府》第 22 页

橄榄香

橄榄香　其树脂也。脂如黑饴，合黄连、枫脂为榄香，有清烈出尘意。《范志》以桂江之人能之，宁云南而有不能？著之以俟其能。

——《滇海虞衡志》卷三《志香》第 4 页

降真香

降真香　比他处所产者，香气尤异。

——景泰《云南图经志书》卷二《武定军民府·和曲州·土产》第 32 页

降香　阿迷州出。

——正德《云南志》卷四《临安府·土产》第 8 页

降香　产于州治山后。锯之或有人物、蝴蝶之文。

——正德《云南志》卷十二《北胜州·土产》第 3 页

降真香。

——康熙《云南通志》卷十二《物产·元江府》第 7 页

---

① 此条，道光《云南通志稿》卷七十《食货志六之四·物产四·普洱府》第 6 页引同。

降香　一名降真香，详下。

滇人祀神用降香，故降香充市，即降真香也。一名紫藤香、鸡骨香。焚之，其烟直上，感引鹤降。醮星辰，烧此香为第一度箓。李时珍谓云南及两广、安南峒溪诸处有此香，则降真香固滇产也。

——《滇海虞衡志》卷三《志香》第 2、5 页

藏香　……《中甸厅采访》：中甸土产鸡骨香。

——道光《云南通志稿》卷六十九《食货志六之三·物产三·丽江府》第 42 页

降真香　旧《云南通志》：元江府出。

——道光《云南通志稿》卷七十《食货志六之四·物产·元江直隶州》第 55 页

龙脑香

龙脑香　乃深山穷谷千年老杉，土人解作板，板缝有脑，乃劈取之。大者成片如花瓣，即今冰片也，曰梅花冰片。清者名脑油。今金沙江板充路而来，杉板也，纹作野鸡斑矣，岂无藏缝之龙脑乎？记之以待劈之者。

——《滇海虞衡志》卷三《志香》第 6 页

末香

末香　即锯柏香之末也。以煨炉，亦氤氲耐焚。

——《滇海虞衡志》卷三《志香》第 2 页

木香

青木香　永昌出，其山多青木香，山在永昌南三日程。

——《蛮书》卷七《云南管内物产》第 33 页

《南夷志》曰：昆仑国，正北云蛮界西洱河八十一日程。出象，及青木香、旃檀香、紫檀香、槟榔、琉璃、水精、蠹杯。又曰：南诏青木香，永昌所出。其山名青木山，在永昌南三日程[①]。

——《太平御览》卷九百八十二《香部二·青木》第 2 页

木香　出车里土司，古产里也。名早见《周书·王会》，今属普洱。[②]《别录》云木香生永昌山谷。
西木香　亦出老挝。交趾在东，故以此为西也。[③]

——《滇海虞衡志》卷三《志香》第 1 页

木香　陶宏景《名医别录》：生永昌山谷。樊绰《蛮书》：永昌出，其山多青木香，山在永昌南三日程。

——道光《云南通志稿》卷七十《食货志六之四·物产四·永昌府》第 27 页

---

① 三日程　原本作"三月日程"，疑衍"月"字，据《樊书》卷七《云南管内物产》第 33 页改。
② 此条，道光《云南通志稿》卷七十《食货志六之四·物产四·普洱府》第 6 页引同。
③ 此条，道光《云南通志稿》卷七十《食货志六之四·物产四·普洱府》第 7 页引同。

木香　　《本经》上品。《宋图经》著其形状，云出永昌山谷。今惟舶上来者，他无所出。按《本经》所载，无外番所产，或古今异物。近时用木香治气极效，盖《诸蕃志》所谓如丝瓜者。凡番产皆不绘，兹从《本草衍义》图之。然皆类马兜铃蔓生者，恐非西南徼所产。零娄农曰：本香旧出云南，《蛮书》云永昌山在府南三日程，多青木香。《云南志》：车里土司出，或谓即古产里。又西木香出老挝，皆不著形状。大抵深堑绝岩，老木多香，种种笺名，亦难尽凭。夷倮负贩，多集大理，粤人裒载，辄云海药，惟皆枯槎，难译其柯条花实。

——《植物名实图考》卷二十五《芳草类》第 11 页

青皮香

青皮香　　出河阳。

——康熙《云南通志》卷十二《物产·澂江府》第 7 页

昆明境内及附近于昆明一些地处，产一种青皮香，烧燃有烟，烟气颇香，蝇触其香气，立即呛死。且燃烧一二小时，即能使镇日无一蝇飞来，真一杀蝇之妙选也。

青皮香，略似赤松树皮，亦不甚厚，乡人挑入城来卖，俱卷成筒，展开约及五六寸，或系一种较为粗大之灌木皮也。

又有一种木浆子，大处尤弱于一粒胡椒，子结枝上甚密，色白而微黄，形则圆而扁，且有香味，可以食。若舂细而拌凉菜，菜味尤美。其特有之功力，是能杀蟗蚤（蟑螂），蟗蚤闻着其气立死，其效力犹强于近日药房中所售最出名之一些杀蟗剂也。惜此二物，近俱绝迹于市。

——《纪我所知集》卷十六《昆华事物拾遗之二·青皮香与木浆子》第 423 页

雀头香

雀头香　　香附之子。香附生水泽中，猪喜食之，俗呼为猪莛荠。滇池多有之，记之以待他日之为香者。

——《滇海虞衡志》卷三《志香》第 5 页

乳香

乳香。

——康熙《云南通志》卷十二《物产·永昌府》第 8 页

乳香　　出老挝土司地。老挝今名南掌，在九龙江外。[①]
水乳香　　出镇康州。[②]

——《滇海虞衡志》卷三《志香》第 1 页

---

① 此条，道光《云南通志稿》卷七十《食货志六之四·物产四·普洱府》第 6 页引同。
② 此条，道光《云南通志稿》卷七十《食货志六之四·物产四·永昌府》第 27 页引同。

麝香

麝香　出永昌及南诏诸山。土人皆以交易货币。

——《蛮书》卷七《云南管内物产》第 34 页

射香　以獐脐制之，入药品。

——景泰《云南图经志书》卷四《澜沧卫军民指挥使司·滇䔉州·土产》第 30 页

麝香　三迤俱有，收贮甚难，须用酒润之，候干，裹以皮，用锡盒贮之，严密封固，无使泄气。滇中人云系狸猫之肾。按《正字通》：狸有数种，一种香气袭人，名曰香狸，不闻其肾即麝香也。又麝如小鹿，其脐有香，为人所迫，自剔其香，亦不言麝之肾也。狸，猫属。麝，鹿属。截然两种。狸肾之说，未知何如，姑存以俟知者。

——《滇南闻见录》卷下《物部·药属》第 37 页

麝香　出于滇南。麝别详于《志兽》，兹特著其香。香多有假，而李石以三说辨其真，谓"鹿群行山中，自然有麝气，不见其形为真香。入春，以脚踢入水泥中藏之，不使人见为真香。杀之取其脐，一鹿一脐为真香"，此三真者尽之矣。然前二真，得之良难，亦无所据以信于人，惟取脐为有据。然脐亦有作伪者，所谓刮取血膜，杂糁皮毛者是也。香客收麝，必于农部之鼠街。余居农部久，未尝过而问之，即以于役行，未尝将一麝，恐以香气惹人寻索耳。

——《滇海虞衡志》卷三《志香》第 5 页

檀香

檀香　【释名】旃檀、真檀。时珍曰：檀，善木也。字从亶。亶，善也。释氏呼为旃檀，以为汤沐，犹言离垢也。番人讹为真檀，云南人呼紫檀为胜沉香，即赤檀也。

——《本草纲目》卷三十四《木部一》第 104 页

白檀香　出八百大甸土司，即旃檀。

——《滇海虞衡志》卷三《志香》第 1 页

白檀香　檀萃《滇海虞衡志》：出八百大甸土司，即旃檀。

——道光《云南通志稿》卷七十《食货志六之四·物产四·永昌府》第 27 页

檀香树　属檀香科，一名旃檀，为寄生乔木。茎有蔓性，云南温暖地产。白檀产八百大甸，今车里一带。树叶皆似荔枝，皮青色而滑泽，有紫檀、皮腐色紫。白檀、皮洁色白。黄檀皮实色黄。三种。木材坚重清香，而白檀、黄檀尤盛，宜以纸封固使不泄气，入药能理胃气，利胸膈。紫檀材质新者色红，旧者色紫，有鳞爪纹，坚韧光润，为制桌机及木细工之上选，亦可入药消肿，治金疮。

——《新纂云南通志》卷六十一《物产考四·植物一·木材类》第 18 页

绣球香

绣球香　《他郎厅志》：出治后山，焚之馨香，能辟除烟瘴之气。

——道光《云南通志稿》卷七十《食货志六之四·物产四·普洱府》第 6 页

郁金香

郁金香　一名草麝香，根即姜黄，入酒为黄流。

——《滇海虞衡志》卷三《志香》第 2 页

藏香

藏香　红而细者最佳，黄色而粗者次之。香味氤氲，灰有金星。生产时点之则易产，出痘者点之则起发，颇有明效。以上四者（冬虫夏草、延寿果、藏葡萄、藏香）非滇土物，而滇俱有，又有益于人，因附志于此。

——《滇南闻见录》卷下《物部·药属》第 38 页

藏香　出中甸。中甸多喇嘛，黄教、红教尽居于此，成村落，且出活佛。少长，藏僧来访，以厚币迎归，主其藏。甸人能作此香，如线香，甚纤细，长二尺，百茎为束。滇中贵之，以为通神明。凡房帏产厄、天花危笃，焚此香即平安。

——《滇海虞衡志》卷三《志香》第 1 页

藏香　檀萃《滇海虞衡志》：藏香出中甸，如线香，甚纤细，长二尺，百茎为束。滇中贵之，以为通神明。凡房帏产厄、天花危笃，焚此香即平安。

——道光《云南通志稿》卷六十九《食货志六之三·物产三·丽江府》第 42 页

附录　征引书目

通史专志

〔西汉〕司马迁撰：《史记》，中华书局，1959 年。

〔东汉〕班固撰：《汉书》，中华书局，1962 年。

〔晋〕常璩著：《华阳国志》，清嘉庆十九年刻本。

〔晋〕嵇含著：《南方草木状》，马俊良辑《龙威秘书》第一集第一册，清乾隆间世德堂刻本。

〔晋〕戴凯之撰：《竹谱》，《左氏百川学海》本、《龙威秘书》本。

〔南朝宋〕范晔撰：《后汉书》，中华书局，1965 年。

〔唐〕魏征等撰：《隋书》，清光绪二十九年五洲同文局石印本。

〔唐〕李延寿撰：《南史》，中华书局，1975 年。

〔唐〕欧阳询等编纂：《艺文类聚》，清光绪五年重刻本。

〔唐〕段成式撰：《酉阳杂俎》，《丛书集成初编》本，上海商务印书馆，1936 年。

〔唐〕樊绰撰：《蛮书》，武英殿本。

〔后晋〕刘昫等撰：《旧唐书》，中华书局，1975 年。

〔宋〕欧阳修、宋祁撰：《新唐书》，中华书局，1975 年。

〔宋〕李昉等编纂：《太平御览》，清光绪十八年刻本。

〔宋〕乐史撰：《太平寰宇记》，王文楚等点校，中华书局，2007 年。

〔宋〕范成大撰：《桂海虞衡志》，《知不足斋丛书》第 23 集。

〔宋〕唐慎微撰：《大观本草》，宋艾晟刊订，尚志钧点校，安徽科学技术出版社，2002 年。

〔宋〕司马光编：《资治通鉴》，清光绪十七年刻本。

〔元〕脱脱等撰：《宋史》，中华书局，1977 年。

〔明〕宋濂等撰：《元史》，中华书局，1976 年。

〔明〕陈文修：景泰《云南图经志书》，李春龙、刘景毛校注，云南民族出版社，2002 年。

〔明〕周季凤纂修：正德《云南志》，中国国家图书馆藏民国间抄本。

〔明〕邹应龙修，李元阳纂：万历《云南通志》，民国二十三年龙氏灵源别墅排印本。

〔明〕谢肇淛纂：《滇略》，文渊阁《四库全书》第 494 册，台湾商务印书馆，1983 年。

〔明〕刘文徵纂：天启《滇志》，古永继点校，云南教育出版社，1991 年。

〔明〕兰茂著：《滇南本草》，《云南丛书》子部之十五。

〔明〕兰茂著〔清〕管暄较，管浚订：《滇南草本》，清光绪十三年昆明务本堂刻本。

〔明〕杨慎撰：《升庵集》，文渊阁《四库全书》第 1270 册，台湾商务印书馆，1983 年。

〔明〕杨慎辑，〔清〕胡蔚订正：《增订南诏野史》，清光绪六年刻本。

〔明〕唐泰撰：《担当遗诗》，民国三年云南图书馆刻本。

〔明〕李时珍撰：《本草纲目》，商务印书馆，1954 年。

〔明〕何镗纂：《名山胜概记》，明末刻本。

〔清〕范承勋等修，吴自肃等纂：康熙《云南通志》，日本京都大学藏清康熙三十年刻本。

〔清〕鄂尔泰修，靖道谟纂：雍正《云南通志》，清乾隆元年刻本。

〔清〕浮槎散人编：《秋坪新语》，清乾隆六十年刻本。

〔清〕阮元等修，王崧等纂：道光《云南通志稿》，清道光十五年刻本。

〔清〕岑毓英等修，陈灿等纂：光绪《云南通志》，清光绪二十年刻本。

〔清〕陈鼎撰：《滇黔纪游》，中国国家图书馆藏清康熙四十一年刻本。

〔清〕檀萃辑：《滇海虞衡志》，清嘉庆九年刻本。

〔清〕曹樹翘编：《滇南杂志》，清嘉庆十五年刻本。

〔清〕桂馥撰：《札樸》，清嘉庆十八年山阴小李山房刻本。

〔清〕师范纂辑：《滇系》，清光绪十三年重刻本。

〔清〕吴应枚撰：《滇南杂记》，《小方壶斋舆地丛钞》第七帙，清光绪十七年上海著易堂排印本。

〔清〕陈淏子辑：《秘传花镜》，《续修四库全书》第 1177 册，上海古籍出版社，1992 年。

〔清〕张泓纂：《滇南新语》，《丛书集成初编》本，上海商务印书馆，1936 年。

〔清〕余庆远撰：《维西见闻纪》，《丛书集成初编》本，上海商务印书馆，1936 年。

〔清〕毛奇龄撰：《蛮司合志》，《四库全书存目丛书·史部》第 227 册，齐鲁书社，1996 年。

〔清〕刘昆撰：《南中杂说》，胡思敬辑《豫章丛书》，江西教育出版社，2002 年。

〔清〕顾炎武撰：《肇域志》，谭其骧等点校，上海古籍出版社，2004 年。

〔清〕高奣映著：《鸡足山志》，侯冲、段晓林点校，中国书籍出版社，2005 年。

〔清〕顾祖禹撰：《读史方舆纪要·云南》，贺次君、施和金点校，中华书局，2005 年。

〔清〕汪灏等撰：《御定佩文斋广群芳谱》，文渊阁《四库全书》第 846 册，台湾商务印书馆，1983 年。

〔清〕张豫章等奉敕纂：《御选明诗》，文渊阁《四库全书》第 1442 册，台湾商务印书馆，1983 年。

〔清〕张咏撰：《云南风土记》，方国瑜主编《云南史料丛刊》卷十二，云南大学出版社，1998 年。

〔清〕刘靖撰：《顺宁杂著》，方国瑜主编《云南史料丛刊》卷十二，云南大学出版社，1998 年。

〔清〕吴大勋撰：《滇南闻见录》，方国瑜主编《云南史料丛刊》卷十二，云南大学出版社，1998 年。

〔清〕陈琮撰：《烟草谱》，《续修四库全书》第 1177 册，上海古籍出版社，1992 年。

〔清〕王昶著：《滇行日录》，方国瑜主编《云南史料丛刊》卷十二，云南大学出版社，1998 年。

〔清〕吴其濬撰：《植物名实图考》，《续修四库全书》第 1117 ～ 1118 册，上海古籍出版社，1992 年。

〔清〕夏瑚撰：《怒俅边隘详情》，方国瑜主编《云南史料丛刊本》卷十二，云南大学出版社，1998 年。

袁嘉穀纂：《滇绎》，民国十二年排印本。

李根源辑：《永昌府文征》，民国三十年排印本。

龙云、卢汉修，周钟岳等纂：《新纂云南通志》，民国三十八年排印本。

贺宗章撰：《幻影谈》，方国瑜主编《云南史料丛刊》卷十二，云南大学出版社，1998年。

王云编辑：《滇志校考》，云南民族出版社，1999年。

马蓉等点校：《永乐大典方志辑佚》，中华书局，2004年。

方国瑜著：《滇西边区考察记》，云南人民出版社，2008年。

罗养儒撰：《纪我所知集》，李春龙整理，云南民族出版社，2014年。

府州县志

昆明市

〔明〕王尚用纂修：嘉靖《寻甸府志》，上海古籍书店1963年据宁波天一阁藏明嘉靖刻本影印。

〔清〕张毓碧修，谢俨纂：康熙《云南府志》，清康熙三十五年刻本。

〔清〕戴絅孙纂修：道光《昆明县志》，清道光二十七年刻本。

〔清〕杜绍先纂修：康熙《晋宁州志》，《中国地方志集成·云南府县志辑6》，凤凰出版社2009年据清康熙五十五年钞本影印。

〔清〕朱庆椿纂修：道光《晋宁州志》，民国十五年排印本。

〔清〕朱庆椿修：道光《昆阳州志》，清道光十九年刻本。

〔清〕杨若椿修，段昕纂：雍正《安宁州志》，清乾隆四年刻本。

〔清〕金廷献修，李汝相等纂：康熙《路南州志》，民国十七年石印本。

〔清〕彭兆逵修：康熙《富民县志》，云南民族历史社会调查组1960年抄本。

〔清〕李月枝纂修：康熙《寻甸州志》，《故宫珍本丛刊》第227册，海南出版社2001年据清康熙五十九年刻本影印。

〔清〕孙世榕纂修：道光《寻甸州志》，中国国家图书馆藏民国间抄本。

〔清〕胡绪昌等修，王沂渊等纂：光绪《续修嵩明州志》，清光绪十三年刻本。

〔清〕方桂修，胡蔚辑：乾隆《东川府志》，清光绪三十四年重印本。

〔清〕李淳重修：乾隆《宜良县志》，云南官印局排印本。

〔清〕王诵芬纂修：乾隆《宜良县志》，《故宫珍本丛刊》第227册，海南出版社2001年据清乾隆三十二年刻本影印。

〔清〕朱若功纂：雍正《呈贡县志》，《故宫珍本丛刊》第226册，海南出版社2001年据清雍正三年刻本影印。

〔清〕朱若功原修，李明鋆续修：光绪《呈贡县志》，清光绪十一年刻本。

马标修，杨中润纂：民国《路南县志》，民国六年云南官印局排印本。

许实等纂：民国《宜良县地志稿》，民国九年稿本。

许实编纂：民国《宜良县志》，民国十年云南官印局排印本。

许实纂修：民国《禄劝县志》，民国十七年云南开智公司排印本。

李景泰修，杨思诚纂：民国《嵩明县志》，民国三十四年排印本。

安宁文献委员会编：《安宁县志稿》，民国三十八年稿本。

陈度撰：《昆明近世社会变迁志略校注》，高国强校注，云南民族出版社，2016 年。

昭通市

〔清〕汪炳谦纂修：宣统《恩安县志》，《中国地方志集成・云南府县志辑 5》，凤凰出版社 2009 年据清宣统三年钞本影印。

〔清〕屠述濂纂修：乾隆《镇雄州志》，清抄本。

〔清〕吴光汉修，宋成基等纂：光绪《镇雄州志》，清光绪十三年刻本。

〔清〕查枢等纂修：嘉庆《永善县志略》，《中国地方志集成・云南府县志辑 25》，凤凰出版社 2009 年据清嘉庆八年稿本影印。

符廷铨、蒋应澍总纂，杨履乾编辑：民国《昭通志稿》，民国十三年排印本。

陆崇仁修，汤祚等纂：民国《巧家县志稿》，民国三十一年排印本。

刘承功修，钟灵纂：民国《绥江县县志》，民国三十六年石印本。

陈一得编辑：民国《盐津县志》，《昭通旧志汇编》第六册，云南人民出版社，2006 年。

张瑞珂编纂：《鲁甸县民国地志资料》，《昭通旧志汇编》第六册，云南人民出版社，2006 年。

曲靖市

〔清〕黄德巽修，胡承灏等纂：康熙《罗平州志》，《中国地方志集成・云南府县志辑 19》，凤凰出版社 2009 年据清康熙五十七年钞本影印。

〔清〕毛玉成修，张翔辰、喻怀信纂：咸丰《南宁县志》，清咸丰二年刻本。

〔清〕韩再兰修，李恩光纂：光绪《平彝县志》，中国国家图书馆藏民国间抄本。

〔清〕沈生遴纂修：乾隆《陆凉州志》，传抄清乾隆十七年刻本。

〔清〕管棆纂修，夏治源增修：雍正《师宗州志》，中国国家图书馆藏民国间抄本。

〔清〕王秉韬纂修：乾隆《霑益州志》，《故宫珍本丛刊》第 227 册，海南出版社 2001 年据清乾隆三十五年刻本影印。

〔清〕陈燕等修，李景贤等纂：光绪《霑益州志》，清光绪十一年刻本。

〔清〕刘沛霖修，朱光鼎纂：道光《宣威州志》，清道光二十四年刻本。

〔清〕许日藻修，杜诠等纂：雍正《马龙州志》，清雍正元年刻本。

刘润畴等修，喻赓唐等纂：民国《陆良县志稿》，民国四年文汇石印局石印本。

朱纬修，罗凤章纂：民国《罗平县志》，民国二十一年石印本。

王懋昭纂修：民国《续修马龙县志》，中国国家图书馆藏民国间抄本。

玉溪市

〔清〕任中宜原本，徐正恩续纂：乾隆《新兴州志》，《故宫珍本丛刊》第 228 册，海南出版社 2001 年据清乾隆十五年增刻本影印。

〔清〕严廷珏纂修：道光《续修易门县志》，梁耀武主编《玉溪地区旧志丛刊》，云南人民出版社，1997 年。

〔清〕陆绍闳修，彭学曾纂，薛祖顺增纂，思槐堂主人续纂：咸丰《嶍峨县志》，清抄本。

〔清〕张云翮修：康熙《新平县志》，云南省图书馆藏抄本。

〔清〕李诚纂修：道光《新平县志》，民国三年排印本。

〔清〕董枢纂修：乾隆《续修河西县志》，《故宫珍本丛刊》第 227 册，海南出版社 2001 年据清乾隆五十三年刻本影印。

〔清〕魏荩臣修，阚祯兆纂：康熙《通海县志》，《中国地方志集成·云南府县志辑 27》，凤凰出版社 2009 年影印本。

〔清〕赵自中纂修：道光《续修通海县志》，民国九年石印本。

〔清〕李熙龄等纂修：道光《澂江府志》，清道光二十七年刻本。

〔清〕佚名：乾隆《黎县志》，民国五年排印本。

黄元直修，刘达武纂：民国《元江志稿》，民国十一年排印本。

大理白族自治州

〔明〕李元阳纂：嘉靖《大理府志》，《云南大理文史资料选辑·地方志之一》，大理白族自治州文化局 1983 年翻印云南省图书馆藏钞本。

〔清〕傅天祥等修，黄元治等纂：乾隆《大理府志》，《故宫珍本丛刊》第 230 册，海南出版社 2001 年据清乾隆十一年补刻本影印。

〔明〕庄诚修，王利宾纂：万历《赵州志》，传抄明万历十五年钞本。

〔清〕程近仁修，赵淳等纂：乾隆《赵州志》，《故宫珍本丛刊》第 231 册，海南出版社 2001 年据清乾隆元年刻本影印。

〔清〕陈钊镗修，李其馨纂：道光《赵州志》，《中国地方志集成·云南府县志辑 78》，凤凰出版社 2009 年影印本。

〔清〕王世贵修，张伦纂：康熙《剑川州志》，中国国家图书馆藏民国间抄本。

〔清〕蒋旭修，陈金珏纂：康熙《蒙化府志》，《中国地方志集成·云南府县志辑 79》，凤凰出版社 2009 年据清康熙三十七年刻本影印。

〔清〕刘垲等修，吴蒲等纂：乾隆《续修蒙化直隶厅志》，《故宫珍本丛刊》第 232 册，海南出版社 2001 年据清乾隆五十五年刻本影印。

〔清〕佟镇修，邹启孟纂：康熙《鹤庆府志》，《故宫珍本丛刊》第 232 册，海南出版社 2001 年据清康熙五十三年刻本影印。

〔清〕杨金和等纂修：光绪《鹤庆州志》，清光绪二十年刻本。

〔清〕杨书纂：康熙《定边县志》，云南民族历史社会调查组 1960 年抄本。

〔清〕周钺纂修：雍正《宾川州志》，清雍正五年刻本。

〔清〕陈希芳修，胡禹谟纂：雍正《云龙州志》，《中国地方志集成·云南府县志辑82》，凤凰出版社2009年影印本。

〔清〕钮方图修，侯允钦纂：咸丰《邓川州志》，清咸丰五年刻本。

〔清〕伍青莲纂修：康熙《云南县志》，中国国家图书馆藏民国间抄本。

〔清〕项联晋修，黄炳堃纂：光绪《云南县志》，清光绪十六年刻本。

〔清〕赵珙纂：康熙《续修浪穹县志》，中国国家图书馆藏民国间抄本。

〔清〕罗瀛美修，周沆纂：光绪《浪穹县志略》，清光绪二十九年刻本。

张培爵等修，周宗麟等纂：民国《大理县志稿》，民国六年排印本。

梁友檍编辑：民国《蒙化县志稿》，民国八年排印本。

杨金铠编著：民国《鹤庆县志》，民国十二年稿本。

文山壮族苗族自治州

〔清〕汤大宾修，赵震纂：乾隆《开化府志》，云南民族历史社会调查组1960年抄本。

〔清〕何愚纂修：道光《广南府志》，清道光五年刻本。

张自明纂修：民国《马关县志》，民国二十一年石印本。

徐孝喆修，缪云章纂：民国《邱北县志》，民国十五年代印本。

甘汝棠纂修：民国《富州县志》，云南民族历史社会调查组1960年抄本。

楚雄彝族自治州

〔明〕徐栻修，明张泽等纂：隆庆《楚雄府志》，民国间抄本。

〔清〕张嘉颖纂修：康熙《楚雄府志》，《中国地方志集成·云南府县志辑58》，凤凰出版社2009年据清康熙五十五年刻本影印。

〔清〕苏鸣鹤修，陈璜纂：嘉庆《楚雄县志》，《中国地方志集成·云南府县志辑59》，凤凰出版社2009年据清嘉庆二十三年刻本影印。

〔清〕崇谦修，沈宗舜纂：宣统《楚雄县志述辑》，《中国地方志集成·云南府县志辑60》，凤凰出版社2009年影印。

〔清〕张伦至纂修：康熙《南安州志》，《故宫珍本丛刊》第229册，海南出版社2001年据清康熙四十八年刻本影印。

〔清〕王清贤修，陈淳纂：康熙《武定府志》，中国国家图书馆藏民国间抄本。

〔清〕郭怀礼修，孙泽春纂：光绪《武定直隶州志》，中国国家图书馆藏民国间抄本。

〔清〕罗仰锜纂修：乾隆《碌嘉志稿》，中国国家图书馆藏民国间抄本。

〔清〕王聿修纂辑：乾隆《碌嘉志》，杨成彪主编《楚雄彝族自治州旧方志全书·双柏卷》，云南人民出版社，2003年。

〔清〕李德生修，李庆元纂：道光《定远县志》，清道光十五年刻本。

〔清〕陈元、李犹龙纂修：康熙《镇南州志》，杨成彪主编《楚雄彝族自治州旧方志全书·

南华卷》，云南人民出版社，2003 年。

〔清〕李毓兰修，甘孟贤纂：光绪《镇南州志略》，清光绪十八年刻本。

〔清〕管槌纂修：康熙《姚州志》，清康熙五十二年刻本。

〔清〕额鲁礼、王垲纂修：道光《姚州志》，杨成彪主编《楚雄彝族自治州旧方志全书·姚安卷上》，云南人民出版社，2005 年。

〔清〕陆宗郑等修，甘雨纂：光绪《姚州志》，清光绪十一年刻本。

〔清〕吴殿弼纂修：康熙《大姚县志》，杨成彪主编《楚雄彝族自治州旧方志全书·大姚卷上》，云南人民出版社，2003 年。

〔清〕黎恂修，刘荣黼纂：道光《大姚县志》，清光绪三十年刻本。

〔清〕刘邦瑞纂修：雍正《白盐井志》，《中国地方志集成·云南府县志辑 67》，凤凰出版社 2009 年影印本。

〔清〕郭存庄纂修：乾隆《白盐井志》，《故宫珍本丛刊》第 228 册，海南出版社 2001 年据清乾隆二十三年刻本影印。

〔清〕李训鋐等修，罗其泽等纂：光绪《续修白盐井志》，清光绪三十三年刻本。

〔清〕莫舜鼎修，王弘任续补：康熙《元谋县志》，《中国地方志集成·云南府县志辑 61》，凤凰出版社 2009 年影印。

〔清〕檀萃纂修：乾隆《华竹新编》，杨成彪主编《楚雄彝族自治州旧方志全书·元谋卷》，云南人民出版社，2003 年。

〔清〕杨德恩等撰：光绪《元谋县乡土志》，杨成彪主编《楚雄彝族自治州旧方志全书·元谋卷》，云南人民出版社，2003 年。

〔清〕刘自唐纂修：康熙《禄丰县志》，杨成彪主编《楚雄彝族自治州旧方志全书·禄丰卷上》，云南人民出版社，2003 年。

〔清〕王秉煌修，梅盐臣纂：康熙《罗次县志》，清康熙五十六年刻本。

〔清〕胡毓麒等修，杨钟璧等纂：光绪《罗次县志》，清光绪十三年刻本。

〔清〕李铨纂修：康熙《广通县志》，清康熙二十九年刻本。

〔清〕沈懋价修，杨璇纂：康熙《黑盐井志》，《中国地方志集成·云南府县志辑 67》，凤凰出版社 2009 年影印本。

〔清〕沈鼐修，张约敬等纂：康熙《琅盐井志》，《中国地方志集成·云南府县志辑 67》，凤凰出版社 2009 年影印本。

初等小学堂学童著：民国《楚雄县乡土志》，杨成彪主编《楚雄彝族自治州旧方志全书·楚雄卷下》，云南人民出版社，2003 年。

楚雄县署编辑：民国《楚雄县地志》，杨成彪主编《楚雄彝族自治州旧方志全书·楚雄卷下》，云南人民出版社，2003 年。

霍世廉等修，由云龙纂：民国《姚安县志》，民国三十七年排印本。

段世璋纂修：民国《姚安县地志》，杨成彪主编《楚雄彝族自治州旧方志全书·姚安卷上》，云南人民出版社，2003 年。

葛延春、陈之俊纂修：民国《武定县地志》，杨成彪主编《楚雄彝族自治州旧方志全书·武定卷》，云南人民出版社，2003 年。

郭燮熙编辑：民国《镇南县志》，杨成彪主编《楚雄彝族自治州旧方志全书·南华卷》，云南人民出版社，2003 年。

伍作楫纂修：民国《广通县地志》，杨成彪主编《楚雄彝族自治州旧方志全书·禄丰卷下》，云南人民出版社，2003 年。

李钤纂修：民国《盐兴县地志》，杨成彪主编《楚雄彝族自治州旧方志全书·禄丰卷下》，云南人民出版社，2003 年。

红河哈尼族彝族自治州

〔清〕江浚源纂修：嘉庆《临安府志》，《中国地方志集成·云南府县志辑 47》，凤凰出版社 2009 年据清嘉庆四年刻本影印。

〔清〕程封纂修：康熙《石屏州志》，畲孟良标点注释，石屏县地方志编纂委员会办公室编，中国文史出版社，2012 年。

〔清〕官学宣纂修：乾隆《石屏州志》，清乾隆二十四年刻本。

〔清〕秦仁等修，伍士玠纂：乾隆《弥勒州志》，《故宫珍本丛刊》第 229 册，海南出版社 2001 年据清乾隆四年刻本影印。

〔清〕佚名纂修：宣统《续修蒙自县志》，上海古籍书店 1961 年据清宣统间稿本影印。

〔清〕周埰纂修：乾隆《广西府志》，清乾隆四年刻本。

〔清〕祝宏修，赵节纂：雍正《建水州志》，清雍正九年刻本。

〔清〕陈权修，顾琳纂：雍正《阿迷州志》，传抄清雍正十三年刻本。

丁国梁修，梁家荣纂：民国《续修建水县志稿》，民国九年排印本。

保山市

〔清〕罗纶修，李文渊纂：康熙《永昌府志》，清康熙四十一年刻本。

〔清〕刘毓珂等纂修：光绪《永昌府志》，清光绪十一年刻本。

〔清〕屠述濂纂修：乾隆《腾越州志》，《中国地方志集成·云南府县志辑 39》，凤凰出版社 2009 年影印。

〔清〕寸开泰纂修：光绪《腾越乡土志》，中国国家图书馆藏清抄本。

李根源、刘楚湘总纂：民国《腾冲县志稿》，许秋芳主编，云南美术出版社，2004 年。

张鑑安修，寸晓亭纂：民国《龙陵县志》，民国六年石印本。

普洱市

〔清〕罗含章纂：嘉庆《景东直隶厅志》，云南民族历史社会调查组 1960 年抄本。

〔清〕郑绍谦原纂，李熙龄纂修：道光《普洱府志》，清咸丰元年刻本。

〔清〕谢体仁纂修：道光《威远厅志》，清道光十九年刻本。

周汝钊修，侯应中纂：民国《景东县志稿》，民国十二年石印本。

临沧市

〔清〕董永艾纂修：康熙《顺宁府志》，云南民族历史社会调查组 1960 年抄本。

〔清〕党蒙修，周宗洛纂：光绪《续修顺宁府志稿》，清光绪三十一年刻本。

张问德修，杨香池纂：民国《顺宁县志初稿》，民国三十六年石印本。

纳汝珍修，蒋世芳纂：民国《镇康县志》，《中国地方志集成·云南府县志辑 58》，凤凰出版社 2009 年据民国二十五年稿本影印。

丽江市

〔清〕官学宣修，万咸燕纂：乾隆《丽江府志略》，《中国地方志集成·云南府县志辑 41》，凤凰出版社 2009 年据钞本影印。

〔清〕陈宗海修，李福宝等纂：光绪《丽江府志》，中国国家图书馆藏民国间抄本。

〔清〕陈奇典修，刘慥纂：乾隆《永北府志》，《故宫珍本丛刊》第 229 册，海南出版社 2001 年据清乾隆三十年刻本影印。

〔清〕叶如桐等修，刘必苏等纂：光绪《续修永北直隶厅志》，清光绪三十年刻本。

迪庆藏族自治州

段绥滋纂修：民国《中甸县志稿》，《中国地方志集成·云南府县志辑 83》，凤凰出版社 2009 年据民国二十八年钞本影印。

李炳臣修，李翰湘纂：民国《维西县志》，《中国地方志集成·云南府县志辑 83》，凤凰出版社 2009 年影印本。

后　记

　　编著《生物多样性云南史料辑校》一书，从文献史料整理研究角度，突出云南"植物王国""动物王国""世界花园"的生物多样性优势，既展现了云南丰富的生物物种种类，也展现出云南多民族的文化多样性，对研究亚洲乃至世界特有物种变化状况，世界物种保护区横纵向生态状况，外来物种与环境、西南地区环境变迁，物产生命史，以及当代我国生态资源安全等方面都有着重要的文献价值和历史意义。专家认为，该书填补了生物多样性云南古代历史研究的空白。

　　云南省社会科学院、中国（昆明）南亚东南亚研究院成立编纂团队，秉承史料辑录继承传统、忠于文献、注明来源、方便核查的原则，参考历史时期分类方法标准，结合当前实际，分为植物王国篇、动物王国篇和世界花园篇，以求呈现历史上独具生物多样性的云南。全书总序、前言、各分序、后记以中英文形式同时呈现，以满足不同人群的使用需要。

　　全书由杨正权院长统筹策划，沈向兴副院长协调落实，沈向兴、尤功胜撰写总序，江燕、毕先弟负责全书文献辑校编撰并撰写前言，张人仁、郑畅、彭博负责撰写各分序及部分文献辑录工作，刘婷、顾胜华撰写后记，金杰、陈亚辉负责翻译。

　　云南省社会科学院、中国（昆明）东南亚南亚研究院院党组高度重视，在书稿整理编纂过程中给予大力支持，使本书得以顺利出版；云南师范大学朱端强教授，云南大学秦树才教授、申仕康教授、赵建立副研究员，云南省农科院张颢研究员和云南省社会科学院文献研究所刘景毛研究员提供了诸多宝贵建议；云南人民出版社陈浩东主任、熊凌编辑、杜佳颖编辑等人付出大量心血，在此一并致以感谢。

　　限于资料收集和编纂水平，全书仍有遗漏或其他不足，请予批评指正。

2021 年 4 月 20 日　谷雨

Afterword

From the perspective of literature review and historical data, *Collection and Verification of Yunnan Historical Materials on Biodiversity* highlights the biodiversity advantages of "Kingdom of Flora" "Kingdom of Fauna" and "Garden of the World" in Yunnan, which not only shows rich biological species in Yunnan, but also reflects the cultural diversity of Yunnan's multi-ethnic groups. It has important theoretical value and practical significance in various aspects, such as the research on the changes of endemic species in Asia and the world, the horizontal and vertical ecological conditions of the World Species Reserves, the alien species and the environmental changes in Southwest China, the history of material production and life and ecological resources security in contemporary China. Therefore, experts deem that the book fills the gaps in the study of biodiversity in ancient Yunnan history.

Yunnan Academy of Social Sciences and Chinese (Kunming) Academy of South and Southeast Asia Studies have set up a compilation team. They adhered to the principles of inheriting the tradition, being loyal to the literature, indicating the source and convenient verification, and refer to the classification method standards of historical periods. Based on the current reality, it is divided into "Kingdom of Flora" "Kingdom of Fauna" and "Garden of the World", in order to present the unique biodiversity of Yunnan in history. The general preface, foreward, sub-preface, and afterward of the book are presented in both Chinese and English to meet the needs of different groups of people.

The whole book is under the direct leadership of and guided by President Yang Zhengquan and coordinated and implemented by Vice president Shen Xiangxing. Shen Xiangxing and You Gongsheng are responsible for its general preface. Jiang Yan and Bi Xiandi are responsible for the Collection and verification of the book's literature as well as the preparation of its foreword. Zhang Renren, Zheng Chang and Peng Bo are responsible for the compilation of each preface and part of the literature. Liu Ting and Gu Shenghua are responsible for its afterward. Translation work is shared by both Jin Jie and Chen Yahui.

The Party Committee of Yunnan Academy of Social Sciences and Chinese (Kunming) Academy of South and Southeast Asian Studies have attached great importance to the compilation and manuscript of this book and given strong support, which enabled the book to be published smoothly.

We are sincerely grateful to Professor Zhu Duanqiang of Yunnan Normal University, Professor Qin Shucai, Professor Shen Shikang, and Associate Researcher Zhao Jianli of Yunnan University, Researchers Zhang Hao of Yunnan Academy of Agricultural Sciences and Liu Jingmao of Institute of Literature of Yunnan Academy of Social Sciences for providing valuable suggestions on this book, and we are greatly indebted to Director Chen Haodong, Editors Xiong Ling and Du Jiaying from Yunnan People's Publishing House and others concerned for their contributions to the compilation and manuscript of this book. Here, please let me express my deepest gratitude to them for their strenuous efforts.

The omissions and other deficiencies still exist in this book as the author's knowledge is limited in terms of materials collection and compilation, and your comment is always appreciated.

April 20, 2021　　Grain Rain